AF344234

PARIS. — TYPOGRAPHIE ET LITHOGRAPHIE Vve LACOUR, RUE SOUFFLOT, 18.

NOUVEAU DICTIONNAIRE

D'HISTOIRE NATURELLE

ET DES

PHÉNOMÈNES DE LA NATURE

PAR LE Dr ANTONIN BOSSU

Médecin de l'Infirmerie Marie-Thérèse, du Bureau de Bienfaisance du Xe Arrondissement;
Membre titulaire de la Société de Médecine de Paris; honoré d'une Médaille (Choléra) par le Gouvernement;
Auteur de l'*Anthropologie*, du *Traité des Plantes Médicinales*, *précédé d'un Cours de Botanique*,
du *Nouveau Compendium Médical*; Rédacteur en chef de l'*Abeille Médicale*, etc.

OUVRAGE ENRICHI D'UN TRÈS GRAND NOMBRE DE FIGURES

RÉSUMÉ DES TRAVAUX DE TOUS LES SAVANTS :

BUFFON. — DAUBENTON. — LACÉPÈDE. — GEORGES CUVIER.
FRÉDÉRIC CUVIER. — GEOFFROY-SAINT-HILAIRE. — DE JUSSIEU. — BRONGNIART. — ARAGO. — LEVERRIER.
FLOURENS. — DUMÉRIL. — VALENCIENNES. — HAUY. — REAUMUR. — HUMBOLDT. — DUMAS.
PAYEN. — BEUDANT. — ÉLIE DE BEAUMONT, ETC., ETC.

TOME TROISIÈME

PARIS

AU BUREAU DE *L'ABEILLE MÉDICALE*

31, RUE DE SEINE, 31

1859

NOUVEAU DICTIONNAIRE

D'HISTOIRE NATURELLE

ET DES

PHÉNOMÈNES DE LA NATURE

N

NACELLE. Nom vulgaire d'une espèce de *Patelle.* — V. ce mot.

NACRE (de l'arabe *nakar*, coquille). Substance dure, éclatante, blanche ou argentée qu'offre l'intérieur d'un grand nombre de coquilles, et qui reflète un agréable mélange de couleurs, particulièrement la pourpre et l'azur. Cette substance animalisée résulte d'une disposition particulière des molécules calcaires que sécrètent le collier et le bord du manteau du mollusque ; elle doit le brillant et l'éclat qui en font tout le mérite à de petites couches d'air excessivement minces qui restent enfermées entre les couches calcaires et transparentes dont elle est composée. Les coquilles qui fournissent la plus belle Nacre sont celles des Haliotides, des Sabots, des Mulettes, des Anodontes et des Pintadines.

On distingue dans le commerce : la *Nacre franche*, qui vient de l'Inde, de Ceylan et du Japon ; la *Nacre blanche*, qui vient du Levant ; la *Nacre noire*, d'un blanc bleu ou noirâtre très remarquable ; l'*Or ille de mer* ou *Haliotide*, qui se trouve dans toutes les mers ; la *Burgaudine*, qui vient des Antilles.

NAGEOIRES. Organes locomoteurs des Poissons ; constituant les membres de ces Vertébrés, elles sont formées d'un nombre variable d'os, appelés rayons, parce qu'ils vont en divergeant comme les branches d'un éventail, et forment comme une large rame susceptible de se rétrécir au gré de l'animal. On appelle *Nageoires pectorales* celles qui sont situées en avant, près des branchies ; *N. ventrales*, les deux de derrière, situées tantôt vers la queue (Poissons *abdominaux*), tantôt près des pectorales (P. *subrachiens* ou *thoraciques*), quelquefois même en avant de celles-ci (et elles sont alors dites *jugulaires*) ; les *N. dorsale, anale, caudale* sont celles qui se trouvent sur le dos, à l'anus, à la queue. Les Nageoires manquant, les Poissons qui offrent cette particularité sont dits *apodes*. Du reste, le nombre, la forme et la disposition des Nageoires sont très variables, et fournissent des caractères importants pour la classification des Poissons. Ceux-ci sont appelés *Chondroptérygiens* lorsque les rayons des Nageoires sont cartilagineux ; *Acanthoptérygiens*, lorsqu'ils sont osseux et piquants ; *Malacoptérygiens*, quand ils sont mous. — V. *Poissons.*

NAGOR. Sous-genre d'Antilopes, caractérisé par des cornes divergentes, plus ou moins recourbées en avant, implantées à l'angle postérieur des orbites. — Cette Antilope est de la grandeur du Daim. Elle habite une partie de l'Afrique, et surtout le Sénégal et l'Abyssinie.

L'*Antilope onctueuse* est une espèce qui appartient à ce sous-genre. Un individu a vécu plusieurs années à la ménagerie du Muséum ; pendant l'hiver il suintait une humeur grasse d'une odeur très désagréable, qui tombait en gouttelettes de chacun de ses poils ; l'animal se roulait par terre, et, cette huile s'épaississant, le poil s'agglomérait en mèches qui prenaient toutes les directions.

NAIADACÉES. Famille de Plantes monocotylédones qui, ainsi que l'indique leur nom mythologique, croissent dans l'eau ou nagent à sa surface. Leurs feuilles sont alternes, souvent embrassantes à leur base ; fleurs très petites, plus souvent unisexuées qu'hermaphrodites, et plus souvent aussi monoïques que dioïques : les mâles consistent quelquefois en une seule étamine, nue, ou accompagnée d'une écaille, ou enfin renfermée dans une spathe 2 ou pluriflore ; les fleurs femelles ont le pistil nu ou renfermé dans une spathe ; elles sont solitaires, géminées ou réunies en plus grand nombre, et quelquefois environnées de fleurs mâles, dans une enveloppe commune ; ovaire libre, style court ; stigmate variable selon le genre. — Cette famille est très voisine des Aracées, dont elle se rapproche par son port et par ses caractères. Elle se divise en quatre tribus : les Naïadées (genre type *Naias*) ; les Ruppiacées (*Ruppia*) ; les Zostéracées (*Zostera*) ; les Lemnacées (*Lemna*).

NAIADE (*Naias*). Genre type de la famille des Naïadacées, à fleurs dioïques, axillaires : fleur mâle réduite à 1 étamine entourée d'une spathe ; fleur femelle réduite à l'ovaire entouré d'une spathe.

La Grande Naiade (*N. major*) a les tiges disposées en touffe, rameuses dichotomes ; les feuilles épaisses, presque linéaires, sinuées dentées ; fleurs très petites ; style 3. — Cette plante est assez commune dans les rivières, les eaux limpides, les mares, les étangs à fond sablonneux ; elle fleurit en juillet-septembre. On l'arrache avec des râteaux dans quelques endroits, pour en fumer les terres. Les carpes mangent ses graines.

NAIN. On désigne ainsi tous les êtres organisés dont la taille reste de beaucoup inférieure à celle de leur espèce. Cet arrêt de développement tient habituellement à un défaut d'assimilation, à une faiblesse du principe vital. Chez les animaux, la stature semble dépendre surtout de l'abondance des aliments : elle est petite là où les pâturages sont maigres, peu riches ; plus grande dans les contrées où le fourrage abonde. Chez les végétaux, la taille dépend beaucoup du climat, du terrain, de l'exposition, et elle se montre toujours plus petite dans les contrées froides, les terrains maigres, les lieux trop ombragés, etc. Quant à l'espèce humaine, s'il est certain que sa stature suit les mêmes lois, témoin le Lapon du Nord, l'homme grand, gros et fort de l'Allemagne et de la Grande-Bretagne, où la nourriture animale est

très abondante, il faut admettre que plus souvent encore la taille naine dépend du rachitisme, des scrofules et quelquefois aussi de l'étroitesse de la matrice qui a entretenu la vie fœtale. Notons encore que l'usage des liqueurs fermentées, la fréquence prématurée des plaisirs de l'amour, arrêtent l'accroissement de l'homme et des animaux.

Il n'y a point de peuples entiers de Nains ni de Géants. Les anciens Troglodytes dont les auteurs grecs ont fait mention sont fabuleux ; car le pays qu'on disait habité par ces Nains est peuplé d'hommes de taille ordinaire. Les Nains qui se voient assez fréquemment chez toutes les nations ne forment aucune race distincte. Leur conformation est fort irrégulière dans la plupart, car ils ont une grosse tête, l'esprit stupide et le corps mal fait. Ils sont ordinairement impuissants, soit entre eux, soit avec des individus d'une taille ordinaire. La nature, dit Virey, repousse les monstruosités de son sein et ne les laisse pas vivre longtemps ; les rapports sexuels énervent et tuent bientôt les Nains, qui restent toujours analogues aux enfants dans tous leurs caractères, comme eux dormant beaucoup, ayant des mouvements vifs et l'esprit inconstant. Comme le sang se porte avec force au cerveau, qui est volumineux, ils sont exposés au carus, à l'apoplexie.

Fabrice de Hilden a vu un Nain de 40 pouces ; C. Bauhin parle d'un Nain de 3 pieds ; on en a vu de 30 pouces, de 28, de 24, de 18 et même moins. Birch en cite un de 16 pouces, qui était âgé de 37 ans. C'est un des plus petits qu'on ait pu voir. Bébé, ce Nain si connu du roi de Pologne, Stanislas, duc de Lorraine, était plus grand, il avait 33 pouces. Vers 1840 a paru un charmant petit Nain du nom de Tompouce et que tout Paris a vu. La plupart de ces petites tailles sont causées par quelque maladie du fœtus qui diminue l'accroissement ultérieur.

NAIS (*Nais*). Genre d'Annélides de la famille des Abranches, petits, au corps allongé, presque filiforme, dépourvu de tentacules et d'appendices cirrhiformes latéraux, mais toujours garni de soies placées sur les côtés des anneaux, soies plus ou moins longues, simples ou fasciculées ; la plupart présentent des crochets sous le ventre, au moyen desquels ils se meuvent : un seul groupe est dépourvu de ces crochets, tandis qu'un autre qui en est pourvu manque de soies latérales ; chez certaines espèces, il y a des appendices simples ou doubles placés à l'une ou à l'autre extrémité, de simples filaments charnus.

Les Naïs ont quelque analogie avec les Lombrics ; leur bouche est terminale ainsi que leur anus, et leur canal intestinal est droit ; leur sang est rouge et leur circulation est très facile à observer. Leur mode de reproduction est analogue à celui des Lombrics : ils sont bisexués dioïques.

Les Naïs vivent dans les ruisseaux peu rapides, dans les eaux stagnantes, se tenant dans la vase ou dans les détritus de végétaux ; à moitié enfoncés dans le fond, ils laissent flotter le reste de leur corps et sont assez faciles à distinguer par ce moyen ; d'autres paraissent errants, et il en est qui nagent avec facilité ou qui s'enroulent autour de petits corps submergés. Ces vers se nourrissent de petits animaux qu'ils saisissent avec assez de facilité ; mais eux-mêmes deviennent souvent la proie des Hydres.

Les individus femelles pondent des œufs arrondis, blancs et réunis au nombre de huit ou neuf dans un petit cocon ovoïde : ils peuvent pondre plusieurs cocons en quelques jours, et des œufs qui y sont renfermés sortent, au bout de peu de temps, de petits Naïs déjà pourvus de soies latérales peu allongées. Remarquons aussi que les Naïs sont un exemple de multiplication scissipare ; dans certaines circonstances, il se détache de la partie postérieure du corps des adultes des portions vivantes qui constituent bientôt de nouveaux individus complets.

Le Naïs vermiculaire (*N. vermicularis*), confondu avec le *N. filiforme*, se trouve aux environs de Paris ; il a une longueur de 12 à 14 cent. ; chaque articulation est pourvue de soies.

L'espèce la plus connue est le Naïs proboscidale (*N. proboscidea*), qui a les soies latérales

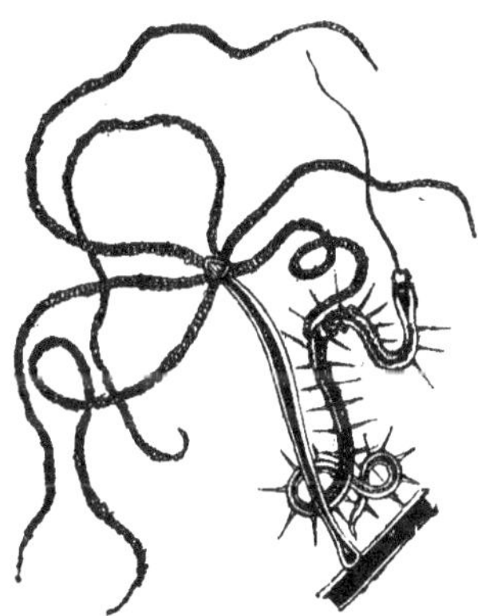

Fig. 893. — Naïs dévoré par une hydre.

longues et solitaires, une trompe pour bouche. Il habite nos eaux douces et attaque souvent les plumatelles ; son corps n'a que 6 à 9 millimètres de long.

NAJA (*Naja*). Genre de Reptiles de l'ordre des Ophidiens, dont voici les caractères génériques : corps cylindrique, couvert d'écailles, un peu plus gros vers le milieu du ventre, pouvant se dilater considérablement dans la région du cou, où les écailles sont plus grandes, distinctes, espacées ;

queue conique, longue, pointue, en trigone arrondi.

Le genre Naja est considéré par beaucoup d'erpétologistes comme une espèce de Couleuvre. Ces Serpents ont des crochets à venin implantés sur les os maxillaires supérieurs, et cachés, au moment du repos, dans un pli de la gencive ; les mâchoires sont très dilatables, la langue très extensible. On ne connaît que deux espèces particulières à l'archipel des Indes, à l'Egypte et au Cap, mais chacune d'elles présente d'assez nombreuses variétés.

« Les allures des Najas sont des plus singulières : quand l'animal est en repos, le cou n'a pas plus de diamètre que la tête ; mais sous l'influence des passions et quand il est irrité, il le distend rapidement, puis, aussitôt que le danger cesse, cette sorte de membrane se resserre, se plisse sur elle-même, et les côtes se replacent successivement et parallèlement les unes aux autres le long de la colonne vertébrale. Cela n'a lieu que lorsqu'ils se dressent ou quand ils élèvent presque verticalement la portion antérieure de leur tronc, sur le bout duquel l'animal porte la tête inclinée pour la faire tourner à droite ou à gauche, et pour la diriger à volonté partout où le besoin et la crainte semblent l'exiger. Ce redressement du tronc des Najas ou *Serpents à coiffe* provient d'une faculté particulière dont ils semblent jouir ; et ils maintiennent ainsi une partie de leur corps comme une verge inflexible, tandis que l'autre partie, posant sur le sol et servant de point d'appui, est mobile et permet la locomotion dans cette position. Les Egyptiens adoraient ces ophidiens, auxquels ils attribuaient la conservation des moissons par la destruction qu'ils font des rats. Les jongleurs prétendent exercer un pouvoir surnaturel sur ces reptiles dangereux par leur venin : ils les endorment, les rendent immobiles ou les font se redresser en pratiquant certains attouchements sur eux, et après leur avoir arraché leurs crochets. »

Naja commun (*N. vulgaris*), vulg. *Serpent à lunettes* ou *à coiffe*. Long de plus d'un mètre, il est d'un brun jaunâtre en dessus, à reflets bleuâtres cendrés. — Ce reptile habite la côte de Coromandel ; il a beaucoup de courage et de force ; sa morsure est très dangereuse. Son cou se gonfle considérablement dans la colère, et constitue alors une sorte de large collier. Dans l'Inde, il est respecté, adoré même, comme tous les objets de la crainte des peuples ignorants : les jongleurs, après avoir eu soin de lui arracher ses crochets meurtriers, s'en vont le promenant de ville en ville, assurant qu'ils peuvent le charmer, et vendant des spécifiques qui ont, selon eux, le pouvoir de guérir de sa morsure.

Naja-Aspic (*N. haje*). L'Aspic est plus petit que le Naja ; sa couleur générale est verdâtre, avec des taches brunâtres ; son cou est moins dilatable, sa taille plus petite. — Cet ophidien se trouve dans l'Afrique méridionale et orientale.

La mort de Cléopâtre, produite volontairement par sa piqûre, l'a rendu célèbre. Les anciens ont dit que sa blessure ne causait aucune douleur, qu'elle déterminait seulement un sommeil léthargique, et qu'elle était si fine qu'il n'en restait aucune trace. Lorsque l'Aspic est provoqué, il gonfle fortement son cou, redresse sa tête, et s'élance d'un seul bond. Ce Serpent a été craint et presque adoré par les Hommes; les Egyptiens en faisaient l'emblème de la divinité protectrice

Fig. 892. — Naja.

du monde. Les jongleurs du Caire ont, dit-on, le secret, en lui pressant la nuque, de le plonger dans une espèce de catalepsie qui le retient debout : ils le montrent ainsi pour quelques pièces de monnaie.

NANDOU (*Struthio Rhea*). Espèce du genre Autruche, connu aussi sous les noms d'*Autruche d'Amérique*, *A. de Magellan*, *A. bâtarde*, etc. Bec droit, court, mou, déprimé à la base, à pointe obtuse et onguiculée; pieds longs assez robustes, 3 doigts dirigés en avant, ce qui distingue cet oiseau de l'Autruche d'Afrique : tibia emplumé, sauf au genou; ailes propres au vol et éperonnées; taille beaucoup plus petite que celle de l'Autruche, 1 m. 60.

Le Nandou habite les contrées les plus froides du Brésil, du Chili, du Pérou, etc. Il y représente l'Autruche de l'ancien continent, qui ne se trouve que dans l'Afrique, comme le Lama paraît y remplacer le Chameau; de là l'appellation d'*Oiseau-chameau*. Il avale tout ce qu'on lui présente, même le fer; mais les grains, les herbes et surtout les insectes, qu'il prend avec beaucoup d'adresse, composent le fond de sa nourriture. L'Autruche de Magellan est dans l'impossibilité de voler, mais elle marche et court avec célérité, encore que son pas soit mal assuré. Elle n'étend ses ailes que lorsqu'elle voit un animal qui lui est inconnu ou qu'elle veut exprimer son contentement. Elle est d'ailleurs très douce et facile à apprivoiser; elle n'attaque point les autres animaux, et si elle est forcée de se défendre, elle ne le fait qu'avec ses pieds, dont elle se sert pour se débarrasser de tout ce qui l'incommode.

Les œufs de ces Oiseaux sont jaunâtres, un peu moins gros que ceux de l'Autruche d'Afrique; les femelles pondent vers la fin d'août; elles en font d'ordinaire une quinzaine qu'elles déposent simplement dans un creux fait à la terre. Ces œufs, qui sont bons à manger, éclosent en novembre après une incubation de six semaines; les petits, à leur naissance, sont de la grosseur d'une poule : ils courent déjà et peuvent subvenir à leurs besoins. La mère, lorsqu'elle appelle ses petits, fait un sifflement qui ressemble à celui de l'homme. Le mâle, à l'époque des amours, pousse des mugissements assez semblables à ceux d'une vache. Les Nandous paraissent ne pas connaître la jalousie, puisqu'ils se réunissent par bandes pour faire un nid où toutes les femelles font en même temps leur couvée; un seul mâle se charge même de couver les œufs et de conduire les petits. L'on assure que si quelqu'un vient à toucher les œufs, l'oiseau les abandonne. C'est aussi une opinion générale, dit d'Azara, que le mâle sépare avec soin quelques œufs qu'il casse quand les petits éclosent, afin qu'ils trouvent à leur naissance de la pâture dans la multitude de mouches qui s'y rassemblent.

Les Nandous courent si vite qu'il n'y a que d'excellents chevaux montés par de bons cavaliers qui puissent les atteindre; ils font de nombreux ricochets pour échapper à leurs ennemis. Leurs plumes sont loin d'être aussi belles que celles de l'Autruche d'Afrique; aussi ne les emploie-t-on qu'à faire des balais et d'autres instruments de ce genre.

NANGUER (*Antilope Dama*). Espèce d'Antilope, du sous-genre Dorcas, dont la taille est celle du Daim. — Le Nanguer habite la Nubie et le Sénégal; son caractère est doux et sa chair est très bonne à manger.

NAPHTE. — V. *Bitume.*

NARCISSE (*Narcissus*). Genre de la famille des Amaryllidacées ; plantes bulbeuses, à tige nue, fistuleuse, souvent comprimée ou anguleuse; spathe monophylle, fendue d'un côté, renfermant une seule fleur, qui est blanche ou jaune, plus ou moins penchée sur le pédicelle : périanthe à tube prolongé au-dessus de l'ovaire, à 6 divisions entières , égales: gorge munie d'une couronne ou d'un tube campanulé pétaloïde, qui renferme les anthères et le style ; étamines 6 , insérées sur le tube du périanthe; capsule subglobuleuse trigone.—On connaît plus de trente espèces de Narcisses, dont les bulbes, les feuilles et les fleurs jouissent de propriétés plus ou moins faibles ou énergiques, qu'on ne met d'ailleurs jamais en usage en médecine.

Fig. 894. — Narcisse-faux-narcisse,
(1 , fleur ouverte; — 2, fruit; — 3, bulbe).

NARCISSE-FAUX-NARCISSE (*N. pseudo-narcissus*), vulg. *Fleur de Coucou, Jeannette.* Tige de 20 à 40 centim., comprimée, à 2 angles , uniflore; feuilles linéaires, assez larges, plus courtes que la tige; fleur grande, presque inodore, à périanthe infundibuliforme campanulé , d'un jaune pâle ou de soufre, et à couronne jaune en forme de tube campanulé, inégalement lobée au sommet.

Cette plante est commune dans tous les prés et es bois de l'Europe , où partout elle fleurit de bonne heure (mars-avril). On en cultive dans les jardins une jolie variété à fleurs doubles qui fleurit en avril. Les fleurs de cette espèce sont antispasmodiques. Elles contiennent une matière colorante jaune qui pourrait être utilisée.

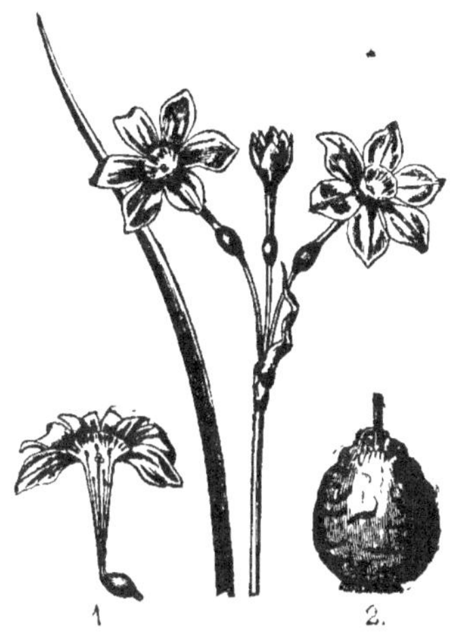

Fig. 895. — Narcisse Jonquille.
(1 , fleur ouverte ; — 2, bulbe.)

NARCISSE DES POÈTES (*N. poeticus*), vulg. *Œillet de mai, Narcisse.* Feuilles linéaires assez larges, égalant environ la longueur de la hampe, qui a de 40 à 60 cent., et qui est à 2 angles saillants, uniflore ; fleur grande , exhalant une odeur suave : périanthe à tube légèrement comprimé , vert, dont les divisions sont d'un beau blanc; couronne jaunâtre , très courte , étalée en coupe d'un beau rouge.

L'Œillet de mai croît naturellement dans tout le midi de l'Europe; c'est le Narcisse le plus anciennement cultivé dans nos jardins , où il fleurit en mai : on en a obtenu des variétés à fleur double où le nectaire disparaît. Cette jolie plante est assez rare à l'état sauvage. Les fleuristes la multiplient de graines ou de caïeux.

Ces deux Narcisses sont à une seule fleur; il y a ensuite le **N. A DEUX FEUS** (*N. biflorus*), qui croît en Angleterre, en France , en Suisse, etc. , dans les prés humides; puis viennent les espèces pluriflores, parmi lesquelles nous distinguerons le

NARCISSE JONQUILLE (*N. jonquilla*), vulg. *Jonquille.* Feuilles grêles, semi-cylindriques, jonciformes, canaliculées ; fleurs assez nombreuses (1 à 2 à l'état sauvage) : périanthe à tube allongé, à divisions 3 fois plus longues que la couronne ou nectaire, qui est en forme de coupe très évasée, crénelée, plissée.

Cette espèce, indigène dans tout le midi de

l'Europe, est cultivée dans tous les jardins, où elle offre des variétés à fleurs doubles. Son port gracieux, ses jolies couleurs jaunes, sa suave odeur l'ont fait rechercher et cultiver de prédilection. Comme la Jacinthe, sa superbe rivale, la Jonquille orne le boudoir des belles oisives, quand du haut de son vase de cristal, il l'emplit l'hiver de ses doux et suaves parfums.

Les poètes ont célébré cette jolie plante dans leurs vers. Ovide a chanté le Narcisse en supposant qu'un beau jeune homme de ce nom, mourant d'amour pour sa personne qu'il regardait sans cesse au bord d'une eau limpide, fut transformé en cette fleur par la pitié des Dieux. Chez les Orientaux, la Jonquille, symbole de l'amour sincère et souffrant, sert de moyen de correspondance aux amants séparés.

NARD (*Nardus*). Genre de Plantes de la famille des Graminées, qui offre pour caractères : une balle de 2 valves, dont l'extérieur est lancéolée, linéaire, longue, embrassant l'intérieure qui est plus petite ; étamines 3 ; ovaire supère ; style filiforme, long, pubescent, à stigmate simple ; semence nue ou renfermée dans une balle qui fait corps avec elle.

Nard serré (*N. stricta*). Rhizome horizontal court, d'où naissent un grand nombre de fascicules de feuilles rapprochées en une touffe très compacte, les fascicules des années précédentes

Fig. 896. — Nard.

persistants marcescents ; tiges de 10-40 centim., grêles, raides, nues, à nœuds rapprochés vers la base ; feuilles glaucescentes, enroulées subulées, raides, arquées étalées ; épi grêle, à épillets bleuâ-

très espacés.—Cette plante est vivace et se trouve abondamment sur les montagnes des parties méridionales de l'Europe. Elle fleurit en juin.

Nard des Indes (*N. indica*). Racine dure, odorante, divisée en filaments noueux, fasciculés, d'où naissent des tiges très élevées, articulées, remplies d'une moelle blanche et fongueuse ; feuilles alternes, amples, très lisses, assez semblables à celles des roseaux, fort longues, larges de 3 centimètres ; fleurs très nombreuses, disposées en une panicule terminale, d'un vert pâle. Ces fleurs sont polygames dans les Andropogons ; balle calicinale uniflore, à 2 valves ; corolle bivalve, la valve extérieure est munie, dans les fleurs hermaphrodites et sessiles, d'une arête située à la base ; 3 étamines ; 2 styles ; les fleurs mâles sont pédicellées sans pistil, sans arête.

Cette plante croit dans les Indes orientales, aux environs de la ville de Colombo, à Java, aux Moluques et dans l'île de Ceylan. Elle a joui dans l'antiquité d'une très haute réputation, comme propre à calmer les douleurs, à dissiper la fatigue, chasser les troubles de l'âme et guérir une foule de maladies. On rapporte que Galien guérit Marc-Aurèle d'une langueur d'estomac, en lui appliquant sur l'épigastre de l'huile de Nard étendue sur de la laine. La partie de cette graminée qui est en usage est l'extrémité inférieure de la tige entourée de feuilles radicales desséchées, et dont il ne reste ordinairement que les nervures. Toutefois, elle est souvent unie dans le commerce avec une partie de la racine qui est extrêmement chevelue. Son odeur est fragrante et suave ; sa saveur aromatique, douceâtre, un peu amère, répand une sorte de chaleur âcre dans la bouche quand on la mâche.

Le Nard s'administre en substance (2 gram.) ou en infusion (16 gram.) ; il entrait jadis dans une foule de préparations aujourd'hui tombées en désuétude. Les peuples orientaux faisaient particulièrement usage des préparations de Nard pour oindre les voyageurs auxquels, dans les temps reculés, on accordait une hospitalité si généreuse. C'est par suite de cet usage que l'Écriture-Sainte nous représente Marie et Marthe oignant les pieds de J.-C. avec de l'huile de Nard.

On a donné le nom de *Nard* à plusieurs plantes très différentes, notamment à plusieurs espèces de Valérianes pourvues de racines odorantes et touffues, à la Lavande-Spic (*Nard-aspic*) ; mais le véritable Nard du commerce appartient, selon Linné, et l'*Andropogon nardus* que nous venons de décrire.

NARVAL (*Monodon*). Genre de Cétacés de la famille des Souffleurs, dont les caractères peuvent se résumer ainsi : une grande défense, rarement deux, implantée dans l'os incisif, droite, longue, pointue, ordinairement sillonnée en spirale, dirigée dans le sens de l'axe du corps ; pas d'autres dents ; orifices des évents réunis et situés au plus haut de la partie postérieure de la tête ; nageoire dorsale remplacée par une simple saillie de la peau ou crête longitudinale ; nageoires des flancs de forme ovale , formes générales analogues à celles des Dauphins; taille considérable.

Le Narval ressemble au Marsouin par la forme de son corps et sa tête sphérique ; mais ce qui le distingue surtout , c'est qu'il porte à l'extrémité de sa mâchoire supérieure une dent en forme de corne, droite, sillonnée en spirale et souvent longue de plus de trois mètres. En réalité , ce Cétacé a deux défenses, mais il est rare qu'elles se développent toutes deux à la fois. — Ce genre ne se compose jusqu'ici que d'une seule espèce.

Le Narval (*M. monoceros*), vulg. *Licorne de mer*, a la forme générale du corps ovoïde un peu allongée; sa peau est d'un gris noirâtre marqueté de taches plus noires très nombreuses; ventre blanc; flancs blancs marqués de taches noires moins nombreuses ; la longueur de la tête et du corps est de 7 mètres , celle de la défense 3 m. 50.

Le Narval se rencontre vers les côtes d'Islande et du détroit de Davis , ainsi que dans les mers du Groënland et du Spitzberg. Il vit en troupes quelquefois assez nombreuses; ses mouvements sont pleins de vivacité et il nage avec une incroyable vitesse. Scoresby a donné quelques détails intéressants sur ces Cétacés. « Nous vîmes, dit-il, un jour un grand nombre de Narvals qui nageaient près de nous en bande de quinze ou vingt: la plus grande partie étaient des animaux mâles et avaient de longues défenses , ils étaient très gais, élevant leurs défenses au-dessus de l'eau et les faisant

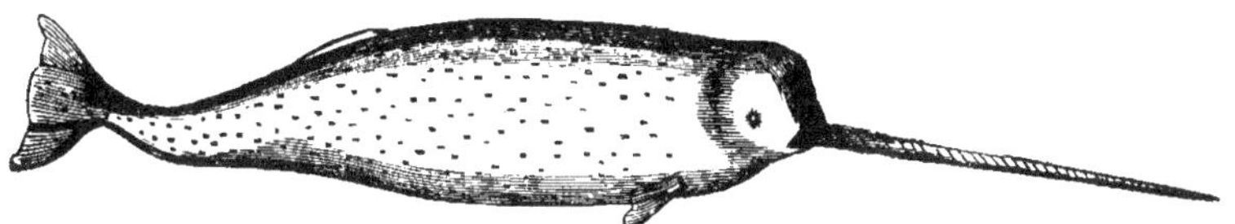

Fig. 897. — Narval.

croiser comme pour faire des armes. Pendant leurs jeux , ils faisaient entendre un bruit tout à fait extraordinaire et qui ressemblait au *glou-glou* que fait l'eau dans la gorge ; et il est probable que ce n'était pas autre chose, car le bruit ne se faisait entendre que lorsque, en étendant leurs défenses, ils avaient la bouche hors de l'eau; la plupart , suivant le vaisseau, semblaient attirés par un motif de curiosité; comme l'eau était transparente, on put parfaitement les voir descendre presque à la quille et jouer avec le gouvernail. Au bout de quelque temps, ils s'éloignèrent pour respirer... Mon père, ajoute Scoresby , m'envoya le contenu de l'estomac d'un Narval tué à quelques lieues de nous, et qui me parut extraordinaire ; il consistait en quelques poissons à demi digérés, avec d'autres dont il ne restait que les arêtes. Outre les becs et autres débris de seiches, qui semblent constituer le fonds général de sa nourriture, il y avait une partie de l'épine d'un pleuronecte, probablement un petit turbot; des fragments de l'épine d'un gade, espèce de morue; la colonne vertébrale d'une raie, avec une autre raie du même genre , évidemment la *Raya batis*, presque entière, et de grande taille... Il paraît remarquable que le Narval, animal dépourvu de dents , ayant une petite bouche, des lèvres non flexibles et une langue qui ne semble pas pouvoir sortir de la bouche , soit capable de saisir et d'avaler un si grand poisson, dont la largeur est trois fois aussi grande que sa propre bouche. Comme l'animal dans lequel ces restes extraordinaires furent trouvés était un mâle, avec une défense de sept pieds, je pense qu' cette arme a été employée à prendre le poisson dont il avait fait précédemment sa proie. »

Le Narval est armé d'une défense en forme d'épée : à quoi peut servir cette arme terrible en apparence ? Attaque-t-il la baleine et la tue-t-il en lui crevant le ventre, comme on l'a prétendu ? Cela n'est nullement probable et n'a jamais été vérifié. On a dit encore qu'il arrive parfois à ce cétacé de prendre un vaisseau pour une baleine et d'enfoncer si profondément sa défense dans le bordage, qu'il ne peut plus l'en retirer, et qu'il reste pris s'il ne parvient à la briser pour s'échapper. Ceci ne paraît pas exact non plus : il peut arriver cependant que cet animal, effrayé et cherchant à fuir avec vitesse, se heurte par hasard contre un vaisseau et y laisse un fragment de sa dent; mais ceci n'est qu'un accident et non une habitude. Lorsque l'on prend ce Cétacé, dit M. Boitard, on remarque que sa dent n'est point une arme , mais simplement un instrument dont il se sert pour détacher des rochers et du fond rocailleux de la mer des huîtres et autres mollusques à coquille dont il se nourrit.

Les Islandais ne mangent pas la chair du Narval, par superstition, et parce qu'ils croient qu'il se nourrit de cadavres. Son nom, qui signifie en effet *mangeur de baleine,* a donné lieu de croire qu'il mange la chair putréfiée de ces grands cétacés, mais l'authenticité de ce fait est attaquée par presque tous les voyageurs. Les autres habitants du Nord trouvent sa chair excellente. Son huile est préférable à celle de la baleine.

Comme les autres Cétacés, le Narval est vivipare; sa femelle porte deux mamelles vers sa vulve, qui est placée auprès de l'anus ; le membre viril, chez le mâle, est renfermé dans une gaine. Ces animaux ne produisent qu'un petit à la fois.

NASON (*Naseus*). Genre de Poissons acanthoptérygiens, dont le nom vient de ce qu'ils ont le front proéminent, muni d'un appendice osseux en forme de corne ou de lame située au-dessous du museau ; leur queue est armée de boucliers porteurs de lames tranchantes et fixes, et non pas d'épines ou de lancettes mobiles comme cela s'observe chez les Acanthures. — Une douzaine d'espèces, des Indes et de l'Arabie.

Le NASON LICORNET (*N. fronticornis*) est long de 45 à 50 centim.; il paraît entièrement gris cendré ; tout son corps est couvert d'écailles très petites et très serrées qui lui donnent une âpreté fine. Il porte une longue corne, formant les quatre cinquièmes de la distance du bout du museau à l'angle supérieur et antérieur de l'orbite. — Ce poisson abonde à l'île de France ; il nage en grandes troupes, et l'on en prend souvent beaucoup à la fois dans les filets. Il se nourrit de fucus. On le prend au filet, non au hameçon ; et sa chair, qui est peu estimée, sert à la nourriture des nègres.

Le NASON A MUSEAU COURT (*N. brevirostris*) a le profil très court et presque vertical, beaucoup dépassé par la corne, qui naît un peu plus bas que l'orbite, presque au-dessus de la bouche ; le grenu de sa peau est encore plus fin; sa taille est de moitié moindre que celle du précédent.

NATICE (*Natica*). Genre de Mollusques testacés; coquille univalve, ampullacée, sans épiderme, spiroïde, dont l'ouverture est demi-circulaire, à columelle calleuse, à bord droit, lisse, etc.; l'animal (*Naticier*) est ovale subenroulé, recouvert d'un manteau très mince dont les bords sont entiers ; pied divisé en deux lobes; tête large ; yeux sessiles; sexes séparés.

Les Natices ont généralement la forme des Nérites, mais sont cependant moins globuleuses. Elles vivent dans les eaux marines, à peu de distance du rivage, au milieu des algues : on les trouve aussi quelquefois à peu de profondeur dans le sable. On en décrit un grand nombre d'espèces.

La NATICE GLAUCINE (*N. glaucina*) est considérée comme l'espèce type. La coquille est d'un fauve varié de jaune et de bleuâtre, avec la spire courte et l'ombilic rouge; l'animal est d'un blanc transparent au-dessus du corps, la tête légèrement colorée en orange. — Ce Mollusque se trouve dans l'océan Américain, aux côtes de l'Inde, etc.

NATRON. Nom donné au carbonate de soude hydraté. C'est un sel très soluble, d'une saveur urineuse, qui s'effleurit promptement quand il est exposé à l'air. Mélangé avec d'autres substances, et surtout avec de l'urao, il se rencontre assez abondamment dans la nature; on le voit effleurir dans les temps secs sur le sol de certaines plaines russes, où il forme des enduits pulvérulents ou des croûtes à texture grenue et rarement de petites aiguilles très fines. Le Natron se rencontre aussi, surtout en Asie, mélangé avec d'autres sels dans les eaux de certains lacs. Dans les temps de sécheresse, il se forme à la surface de ces lacs des croûtes plus ou moins épaisses composées de Natron, de sel marin et de quelques autres sels en petite quantité.

A une certaine époque, le Natron était recueilli pour les verreries et les savonneries; mais il a été depuis remplacé par la soude, obtenue par la décomposition artificielle du sel marin.

L'*urao*, qui est toujours associé au Natron, et dont nous avons parlé plus haut, est composé des mêmes éléments, qui se trouvent seulement combinés dans des proportions différentes.

NATURALISTE. « On appelle ainsi, dit Et. Geoffroy St-Hilaire, l'homme qui se livre à l'étude approfondie de l'histoire naturelle. Le zoologiste, le botaniste, le minéralogiste, portent en commun ce nom général, que l'on étend ordinairement, et avec raison, au zootomiste et au géologue, et qui devrait aussi, d'après ses données étymologiques, être appliqué à l'anatomiste, au physiologiste, au physicien, au chimiste et même à l'astronome. La nature et ses lois sont en effet le but commun de leurs travaux; et toutes les sciences que leurs recherches tendent à perfectionner ne sont, en dernière analyse, qu'une seule et même science, dont on s'est partagé l'étude : la science de la création. Le minéralogiste, qui distingue et décrit les divers matériaux de notre globe ; le chimiste, qui les analyse; le géologue qui cherche à pénétrer les mystères de leur formation; le zoologiste et le botaniste, qui comptent les innombrables habitants de la terre et des eaux; l'anatomiste, qui nous apprend ce que sont les organes; le physiologiste, qui nous indique ce qu'est leur vie; le physicien, qui nous révèle les lois générales de la matière; enfin, l'astronome, qui pèse et mesure les corps célestes ; tous rassemblent des faits pour la solution de trois grands problèmes, dont la pensée des hommes ne peut encore embrasser l'ensemble : ce qu'est l'univers, ce qu'il a été, ce qu'il sera. Sans doute l'esprit humain atteindra difficilement ce but, où ses efforts tendent depuis trois mille ans ; mais un mouvement de plus en plus rapide l'en rapproche chaque jour, à travers une route semée d'utiles et de sublimes vérités.

« Dans l'enfance de la civilisation, quand à peine encore quelques voies étaient ouvertes vers la recherche de la vérité, le même homme pouvait les parcourir toutes : un philosophe cultivait, non la philosophie telle que nous la concevons aujourd'hui, mais toutes les sciences, unies alors par les liens les plus intimes. Thalès, le premier des sages de la Grèce, était physicien, astronome, géomètre, métaphysicien et moraliste ; Anaxagoras s'occupait d'histoire naturelle, de géologie, d'anatomie et de physique ; Démocrite , anatomiste, médecin, naturaliste, était aussi géomètre et moraliste ; Pythagore , Zénon d'Élée et plusieurs autres n'avaient pas une instruction moins variée , moins diverse ; enfin Aristote , qui tient le premier rang parmi les naturalistes comme parmi les philosophes de l'antiquité , se serait immortalisé par ses seuls travaux sur la rhétorique , l'anatomie, la physique et l'astronomie. A la renaissance des lettres et des sciences, toutes les branches des connaissances furent également cultivées par les mêmes hommes. Je citerai , pour unique preuve, la fameuse thèse , *de omni re scibili* , dans laquelle Pic de la Mirandole, à l'âge de vingt-trois ans , prétendit réunir tout ce qu'il est possible de savoir; mais où, sans doute , il avait oublié de consigner cette vérité établie dès le temps de Socrate , que le plus savant des hommes est celui qui croit l'être le moins.

« Ce ne fut guère qu'au dix-huitième siècle que l'on commença à comprendre qu'un seul homme, de quelque génie que la nature l'ait doué, ne peut embrasser dans ses méditations toutes les branches des connaissances humaines , et que celui qui essaie de marcher à la fois dans toutes les routes ne peut réussir à en parcourir une seule. Cette impossibilité ne dépend pas seulement de ce que le nombre des vérités qu'il importe de découvrir est immense et hors de toute proportion avec les limites étroites de notre intelligence, mais aussi de ce qu'il existe plusieurs ordres de vérités, dont chacune exige , dans celui qui veut s'en occuper avec fruit, une aptitude d'esprit, une méthode et des connaissances spéciales. Aussi, dans le dix-huitième siècle, si nous voyons encore quelques hommes cultiver avec éclat plusieurs sciences à la fois, nous remarquons que ces sciences ont toujours des principes communs , que souvent elles sont établies sur les mêmes bases , et qu'il existe entre elles , si l'on peut ainsi s'exprimer , des liens nombreux de fraternité. Pascal , philosophe sublime, géomètre profond , a enrichi la physique de plusieurs découvertes ; mais jamais il ne cultiva ni l'histoire naturelle ni la médecine. Linné, que l'on a nommé le prince des naturalistes, fut aussi un médecin illustre: mais la chimie, les mathématiques, sont toujours restées étrangères à ses recherches. Et comme plus s'agrandit le cercle des connaissances humaine, plus il devient impossible d'en embrasser toute l'étendue , nous voyons de nos jours que non-seulement l'histoire naturelle s'est isolée des autres sciences, mais que ses trois branches principales sont elles-mêmes devenues des sciences bien séparées, bien distinctes, et déjà trop vastes pour l'intelligence et pour la vie d'un homme. C'est à peine si parmi les Naturalistes distingués de notre époque on en peut compter quelques-uns dont les recherches s'étendent à l'ensemble du règne végétal ou du règne animal. Tel botaniste ne s'occupe que de cryptogamie; tel autre de phanéro-

gamie; tel autre même, d'une seule famille de plantes. C'est aussi à peine s'il existe de notre temps des zoologistes dans le sens véritable de ce mot. On ne cultive plus la zoologie , mais seulement l'ornithologie , l'histoire naturelle des mammifères, l'ichthyologie ou quelque autre division de la science : encore est-il quelques branches, l'entomologie surtout , dont il serait presque impossible à un seul homme de parcourir toute l'étendue. Une vie tout entière suffirait à peine à la connaissance exacte et approfondie de certains ordres d'insectes, des hyménoptères ou des coléoptères , par exemple. Parmi ces derniers seuls on compte aujourd'hui plus de mille genres ; et il est tel d'entre eux dont le Naturaliste le plus laborieux ne pourrait terminer en moins de deux ans l'histoire complète : encore n'entendons-nous par ce mot que l'histoire zoologique proprement dite, c'est-à-dire l'histoire des mœurs, les descriptions, la synonymie, et seulement quelques notions générales sur l'organisation intérieure. La durée du temps qu'exigerait une histoire anatomique serait bien plus considérable encore. Lyonnet, célèbre par ses longs travaux sur la chenille du saule, prodige de patience et de talent, n'a rempli cependant que la moindre partie de la tâche qu'il s'était donnée : suivre le même insecte dans ses métamorphoses, faire pour la chrysalide et le papillon ce qu'il avait fait pour la chenille, tel était le but qu'il se proposait, mais que la vieillesse et la mort l'empêchèrent d'atteindre; car de tels projets, s'ils ne dépassaient pas l'étendue de son zèle et de son talent, étaient du moins trop vastes pour les forces d'un seul homme et pour une seule vie.

« Telle est donc l'immensité de la science de la nature, que ceux qui ont le noble désir de contribuer à ses progrès doivent concentrer tous leurs efforts sur une seule partie : leur instruction sera ainsi moins étendue , mais plus profonde ; ils ne sauront pas tout à demi , mais ils sauront quelque chose en entier. Du reste, on se méprendrait beaucoup sur le sens de nos paroles si l'on voulait en conclure que , dans notre opinion, celui qui cultive une branche de la science doit lui sacrifier entièrement tous les autres. Nous pensons précisément le contraire, et nos plus illustres contemporains l'ont établi d'une manière incontestable par leur exemple comme par leurs préceptes. Toutes les sciences naturelles sont unies par des liens indissolubles ; il n'en est aucune qui ne prête et n'emprunte quelque chose aux autres, ou plutôt, comme on l'a vu, toutes ne forment qu'une seule et même science. Celui qui cultive une branche des sciences naturelles, et qui veut la servir utilement, doit donc bien se garder de rester étranger aux autres; il faut que des connaissances générales sur l'ensemble viennent féconder les connaissances spéciales qu'il possède sur une partie. S'il n'en était pas ainsi, les faits de détail seraient seuls connus , et leurs conséquences ne seraient jamais déduites; l'histoire de la nature ne serait qu'un amas de propositions

sans liaison, sans accord, et souvent contradictoires ; les matériaux de la science existeraient
partout, et la science nulle part. »

NATURE. Ce mot a trois acceptions différentes,
il exprime une chose, une qualité ou une force.
— Dans le premier sens, c'est l'ensemble de tous
les êtres qui composent l'univers ; — dans le second, c'est l'ensemble des propriétés qu'un être
tient de sa naissance, de son organisation, de sa
conformation primitive, par opposition à celles
qu'il peut devoir à l'art ; — dans le troisième, c'est
le système des lois qui président à l'existence des
choses, à la succession des êtres, et alors on
personnifie presque toujours cette expression,
qui devient un synonyme plus ou moins vague de
Dieu.

Leucippe, Épicure, chez les anciens ; Diderot,
d'Holbach, chez les modernes, ont fait de la Nature une force nécessaire, mais aveugle, cause
universelle et toute-puissante par laquelle ils ont
prétendu tout expliquer. Cette doctrine, qui a reçu
le nom de *Naturalisme*, se trouve exposée dans
le poème de Lucrèce : *De natura rerum*, et dans
les ouvrages d'Holbach, de Robinet, de Delisle
de Sales, etc. Cette doctrine, à moins qu'elle n'ait
pour but de désigner Dieu par une idée concrète,
n'est que le code du Matérialisme, se confondant
avec l'Athéisme ou avec le Panthéisme.

L'étude de la Nature comprend l'universalité
des connaissances, au point de vue matériel ou
physique ; son spectacle imposant conduisant naturellement aux causes premières, elle embrasse
aussi les systèmes philosophiques et toutes les
théories psychiques et théologiques qui en décou-
lent. — V. *Naturaliste*.

La Nature est souvent représentée, chez les anciens, sous l'emblème de Pan, dont le nom en
grec veut dire *tout*. Les Égyptiens la peignaient
sous l'image d'une femme couverte d'un voile,
pour faire entendre qu'elle est impénétrable. Sur
quelques médailles, c'est une femme qui a les mamelles gonflées de lait, comme symbole de la fécondité, et qui tient un vautour dans la main, ce
qui désigne sa force active.

Écoutons maintenant Buffon, définissant à sa
manière la Nature : « La Nature, dit-il, est le système des lois établies par le Créateur pour l'existence des choses et pour la succession des êtres.
La Nature n'est point une *chose*, car cette chose
serait tout. La Nature n'est point un être, car cet
être serait Dieu ; mais on peut la considérer comme
une puissance vive, immense, qui embrasse tout,
qui anime tout, et qui, subordonnée à celle du
premier être, n'a commencé d'agir que par son
ordre, et n'agit encore que par son concours ou
son consentement. Cette puissance est de la puissance divine la partie qui se manifeste ; c'est en
même temps la cause et l'effet, le mode et la substance, le dessein et l'ouvrage : bien différente de
l'art humain dont les productions ne sont que des
ouvrages morts, la Nature est elle-même un ouvrage perpétuellement vivant, un ouvrier sans cesse
actif, qui sait tout employer, qui, travaillant d'a-
près soi-même, toujours sur le même fonds, bien
loin de l'épuiser, le rend inépuisable : le temps,
l'espace et la matière sont ses moyens, l'univers
son objet, le mouvement et la vie son but.

• Les effets de cette puissance sont les phénomènes du monde ; les ressorts qu'elle emploie sont
des forces vives, que l'espace et le temps ne peuvent que mesurer et limiter sans jamais les détruire ; des forces qui se balancent, qui se confondent, qui s'opposent sans pouvoir s'anéantir :
les unes pénètrent et transportent les corps, les
autres les échauffent et les animent ; l'attraction
et l'impulsion sont les deux principaux instruments de l'action de cette puissance sur les corps
bruts ; la chaleur et les molécules organiques vivantes sont les principes actifs qu'elle met en œuvre pour la formation et le développement des
êtres organisés.

« Avec de tels moyens que ne peut la Nature ? Elle
pourrait tout si elle pouvait anéantir et créer ;
mais Dieu s'est réservé ces deux extrêmes de
pouvoir ; anéantir et créer sont les attributs de la
toute-puissance ; altérer, changer, détruire, développer, renouveler, produire, sont les seuls droits
qu'il a voulu céder. Ministre de ses ordres irré-
vocables, dépositaire de ses immuables décrets,
la Nature ne s'écarte jamais des lois qui lui ont
été prescrites ; elle n'altère rien aux plans qui lui
ont été tracés, et dans tous ses ouvrages elle présente le sceau de l'Éternel : cette empreinte divine, prototype inaltérable des existences, est le
modèle sur lequel elle opère ; modèle dont tous
les traits sont exprimés en caractères ineffaçables,
et prononcés pour jamais ; modèle toujours neuf,
que le nombre des moules ou des copies, quelque
infini qu'il soit, ne fait que renouveler.

« Aussi avec quelle magnificence la Nature ne
brille-t-elle pas sur la terre ! Une lumière pure,
s'étendant de l'orient au couchant, dore successivement les hémisphères de ce globe ; un élément transparent et léger l'environne ; une chaleur douce et féconde anime, fait éclore tous les
germes de vie ; des eaux vives et salutaires servent
à leur entretien, à leur accroissement ; des éminences distribuées dans le milieu des terres arrêtent les vapeurs de l'air, rendent ces sources in-
tarissables et toujours nouvelles ; des cavités
immenses faites pour les recevoir partagent les
continents : l'étendue de la mer est aussi grande
que celle de la terre ; ce n'est point un élément
froid et stérile, c'est un nouvel empire aussi riche, aussi peuplé que le premier. Le doigt de
Dieu a marqué leurs confins ; si la mer anticipe
sur les plages de l'occident, elle laisse à découvert celles de l'orient ; cette masse immense d'eau,
inactive par elle-même, suit les impressions des
mouvements célestes, elle balance par des oscillations régulières de flux et de reflux, elle s'élève
et s'abaisse avec l'astre de la nuit, elle s'élève
encore plus lorsqu'il concourt avec l'astre du jour,

et que tous deux, réunissant leurs forces dans le temps des équinoxes, causent les grandes marées. notre correspondance avec le ciel n'est nulle part mieux marquée. De ces mouvements constants et généraux résultent des mouvements variables et particuliers, des transports de terre, des dépôts qui forment au fond des eaux des éminences semblables à celles que nous voyons sur la surface de la terre ; des courants qui, suivant la direction de ces chaines de montagnes, leur donnent une figure dont tous les angles se correspondent, et, coulant au milieu des ondes comme les eaux coulent sur la terre, sont en effet les fleuves de la mer. »

NAUCLÉE *(Nauclea)*. Genre d'Arbustes ou d'Arbres, de la famille des Rubiacées, indigènes des contrées équinoxiales. — La **N.** **GAMBIR** (*N. gambir*) est l'espèce principale. C'est un arbrisseau sarmenteux qui atteint une assez grande hauteur, et qui fournit la *Gomme kino*.

Le *Kino* est une substance résineuse d'un noir brillant, dont les fragments sont légèrement rougeâtres sur les bords, inodores et d'une saveur astringente très marquée. Médicament astringent énergique qui s'administre en lavement le plus souvent.

NAUCLER (*Nauclerus*). Genre d'Oiseaux de l'ordre des Rapaces diurnes, ayant pour caractères distinctifs : ailes aiguës, extrêmement longues ; bec courbé dès sa base, non denté, à bords mandibulaires sinueux ; tarses courts, faibles, réticulés ; queue très longue et très fourchue.

Fig. 898. — Naucler.

Le **NAUCLER A QUEUE FOURCHUE** (*N. furcatus*), vulg. *Milan de la Caroline*, type du genre, a le plumage blanc, le manteau, les ailes et les rectrices d'un bleu pourpré brillant, les tarses bleuâtres, le bec noir, l'iris roux ; sa taille est de 42 centim. — Cet oiseau habite l'Amérique, où il vit de lézards, de serpents, d'insectes, qu'il saisit en volant. « Son vol est prolongé et plein d'élégance ; dans les temps calmes, on le voit s'élever à une hauteur considérable, et exécuter les évolutions les plus gracieuses, en ouvrant ou refermant sa queue comme une paire de ciseaux ; il vole presque continuellement, ne se repose que sur la cime des arbres les plus élevés, et au bout de quelques instants, il reprend sa course : c'est ordinairement au-dessus des eaux qu'il tournoie ; et la longueur de ses ongles a fait penser qu'il se nourrit aussi de poissons morts flottants sur l'eau, ainsi que de grosses sauterelles qui vivent près des rivages. Les Nauclers voyagent de lac en lac, toujours en société ; ils arrivent en avril aux Etats-Unis, et en partent en septembre. Quand ils sont occupés à chercher leur pâture, il n'est pas difficile de les approcher ; lorsqu'un d'eux est tué et tombe à terre, la troupe entière se précipite sur l'oiseau mort, comme si elle avait l'intention de l'emporter. — Le Milan de la Caroline niche sur les branches supérieures d'un chêne ou d'un pin situé au bord d'un ruisseau ; le mâle et la femelle se succèdent dans l'incubation.

NAUTILE (*Nautilus*). Les anciens ont parlé, sous ce nom, de deux espèces d'animaux, dont l'une, moins explicitement décrite, pourrait être le Nautile des modernes, ce qui n'est toutefois pas hors de doute ; tandis que l'autre est certainement le Poulpe de l'Argonaute.

Le genre actuel comprend des Céphalopodes polythalames cloisonnés, dont la coquille, polythalame discoïde, est plus ou moins large, enroulée verticalement et symétrique : le dernier tour de spire, plus grand que les autres, les cache entièrement ; les cloisons sont simples, concaves, percées par un siphon, et il y a une impression musculaire, point d'attache de l'animal à sa coquille, double, latérale et arrondie. — On ne connait que deux espèces vivantes, mais plusieurs autres à l'état fossile.

Le **Nautile flambé** (*N. pompilius*), des mers des Indes, offre une coquille qui atteint un diamètre de 20 cent.; elle est blanche, nacrée, et se trouve dans presque toutes les collections conchyliologiques. Elle nous vient fréquemment par le commerce à cause de la belle nacre que les tabletiers et les bijoutiers en retirent; les cloisons les plus petites et les plus excavées sont employées pour faire des pendants d'oreilles. Les Orientaux, en enlevant la couche non nacrée de cette coquille, en font des vases à boire d'un grand éclat sur lesquels ils gravent des figures diverses.

Le **Nautile ombiliqué** (*N. ombilicatus*), qui est beaucoup plus petit et plus rare que le précédent, se distingue par un large ombilic qui laisse voir, de chaque côté, tous les tours de sa spire. Il vit également dans les mers indiennes.

NAVET (*Brassica napus*). Espèce du genre Chou. Racines épaisses, charnues, de forme, de grosseur et de couleur différentes, selon les variétés, ordinairement un peu globuleuse ou ovale, prolongée en une queue grêle, presque fusiforme et garnie de quelques fibres; tiges rameuses, atteignant 1 mètre; feuilles alternes, amplexicaules, glabres, échancrées en cœur; fleurs disposées en grappes lâches terminales, jaunes ou d'un blanc jaunâtre; siliques presque cylindriques.

Le Navet croît sans culture dans les champs, les moissons, mais est généralement cultivé. Sa racine exhale une odeur forte; son parenchyme blanc, ferme, charnu, est doué d'une saveur fraiche et sucrée : il contient beaucoup de mucilage et une grande quantité de sucre. Cette racine est nutritive, mais on l'a employée aussi comme médicament adoucissant, relâchant et comme pectoral, incisif et diurétique. Les semences fournissent une huile grasse, bonne pour l'éclairage et pour la fabrication du savon.

NAVETTE (*Brassica napus oleifera*). Cette plante est une simple variété de la précédente, mais sa racine reste fusiforme et n'acquiert jamais la dimension de celles du Navet. — La Navette, le Colza et la Moutarde sont des plantes cultivées en grand dans nos champs pour récolter leurs graines, dont on retire une huile excellente, propre à l'éclairage, à la préparation des laines et à la fabrication du savon noir. La Navette est aussi destinée à servir de fourrage. — On en distingue des sous-variétés, comme la *N. d'été* ou *Quarantaine*, qui ne met guère que 60 ou 80 jours pour achever son entière végétation.

NAVICELLE (*Navicella*). Genre de Mollusques très voisins des Nérites, que l'on a décrits aussi sous le nom de *Patelles*.

NAVICULE (*Navicula*). Espèce du genre Arche, coquille qui a beaucoup d'analogie avec celle que l'on désigne vulgairement sous le nom d'Arche de Noé.

NAYADES. — V. *Naïades*.

NÉBULEUSES. Étoiles ou amas d'étoiles extrèmement éloignées qui apparaissent par l'effet de l'irradiation, comme de petits nuages blanchâtres, et qu'on peut résoudre par le télescope en étoiles distinctes. La voie-lactée est un assemblage de semblables Nébuleuses. Herschell pense « que c'est aux Nébuleuses que les étoiles doivent naissance, qu'elles s'engendrent ainsi sous nos yeux ; que, nébuleuses aujourd'hui, elles deviennent peu à peu un noyau scintillant, et se résolvent enfin entièrement en étoiles. D'après ce système, chaque jour voit donc se former de nouvelles Nébuleuses, qui, à leur tour, deviennent étoiles le lendemain. Seulement, le lendemain n'est rien moins que quelques siècles. Pour montrer combien les grandes intelligences se rencontrent facilement, rapportons ici l'explication donnée par notre illustre Laplace, dans son Système du monde. Ce savant astronome est parvenu à expliquer les phénomènes que nous présentent le soleil, les planètes et leurs satellites, en admettant que primitivement tous ces astres ne formaient qu'un grand tourbillon de matière, tournant d'occident en orient, autour du point où est aujourd'hui le soleil ; peu à peu, cette matière se serait retirée vers divers noyaux, le principal au centre, les autres dans des points déterminés de l'ensemble, et de cette masse ainsi condensée seraient nés, par les lois naturelles de la mécanique céleste, d'abord un soleil central, puis toutes les planètes continuant à tourner autour de lui dans les orbites respectifs où la matière a commencé de se ramasser, au commencement du monde. Certes il y a quelque chose de merveilleux dans cette espèce de divination : Laplace, par la seule puissance de son génie, établit un système par lequel il explique la formation de tout ce qui existe de l'univers ; vient, à peu près à la même époque, un autre homme qui, s'appuyant sur l'observation presque directe, explique comment se forment les étoiles, et il se trouve que ce que Laplace avait rêvé coïncide parfaitement avec les travaux d'Herschell. Cependant, hâtons-nous de le dire, les observations d'Herschell sont un peu hypothétiques, de sorte qu'il pourrait bien se faire que tout ne fût point vrai dans ce qu'il nous a annoncé. Il faudra plusieurs siècles pour vérifier de pareilles hypothèses, et encore dans le cas où les observations astronomiques relevées aujourd'hui pourraient être transmises intactes à nos plus reculés neveux.—Attendons donc, ou plutôt n'attendons pas; car ce n'est pas nous qui devons vérifier de pareils faits.—Revenons à nos Nébuleuses. »

On a établi plusieurs classes ou plutôt plusieurs degrés de Nébuleuses : la 1re se compose d'agglomérations où les étoiles se distinguent nettement; la 2e comprend les *N. résolubles*, qu'on soupçonne composées d'un amas d'étoiles, et qui tôt ou tard sont destinées à être résolues, à mesure du perfectionnement des instruments d'optiques;

la 3ᵉ classe, les *N. proprement dites*, dans lesquelles on n'aperçoit aucune étoile, même à l'aide des plus puissants instruments; la 4ᵉ les *N. planétaires*, ainsi nommées parce qu'elles ont l'apparence des planètes; la 5ᵉ, les *N. stellaires*, qui offrent l'aspect d'une étoile pâle et couverte de taches.

NÉCROBIE (*Necrobia*). Genre de Coléoptères pentamères, famille des Clavicornes, établi par Latreille, qui lui assigne pour caractères : 1ᵉʳ article des palpes en massue obconique; antennes terminées par 3 articles disposés transversalement et formant une massue en forme de triangle renversé; tête inclinée, très enfoncée dans le corselet qui est cylindrique; élytres plus larges que le corselet. — On trouve ces insectes habituellement dans les maisons, mais souvent aussi sur les fleurs et sur les charognes. Ils sont presque tous ornés de couleurs métalliques. Leurs larves vivent sur les cadavres en putréfaction, et s'y métamorphosent même après un prompt accroissement.

La **Nécrobie violette** (*N. violacea*), velue, bleue, avec stries régulières de points sur les élytres, est commune partout. Longueur, 4 millim.

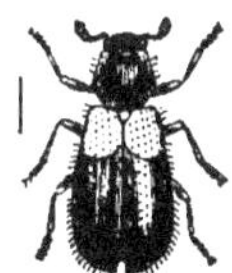

Fig. 899. — Nécrobie à col rouge.

La **Nécrobie rouge** ou *Ruficolle* (*N. ruficollis*) est bleue, avec thorax et pattes rouges, tête et antennes noires. — Elle se trouve depuis le midi de l'Europe jusqu'aux Indes orientales.

Cette espèce est célèbre en ce que sa mort a sauvé la vie à Latreille : de là sans doute son nom, du grec *necros*, mort, et *bios*, vie. Latreille n'était connu, avant 1792, que par des communications d'insectes nouveaux faites aux entomologistes de l'époque, et par des mentions de Fabricius et d'Olivier. Prêtre à Brives-la-Gaillarde, il fut arrêté avec les curés du Limousin qui n'avaient pas prêté serment, et incarcéré à Bordeaux. « Le médecin des prisons de Bordeaux, dit Geoffroy Saint-Hilaire, s'étonne un jour de voir un prisonnier absorbé dans la contemplation d'un insecte, quand sa tête est menacée. *C'est un insecte très rare*, répond M. Latreille aux questions qu'il lui adresse; l'insecte est demandé et obtenu pour un naturaliste de Bordeaux, alors jeune homme d'une très grande espérance, aujourd'hui notre confrère, M. Bory de Saint-Vincent : celui-ci, flatté de tenir ce don d'un entomologiste dont le nom était déjà connu par d'honorables travaux,

s'impose le devoir de soustraire M. Latreille au danger qui le menace, et bientôt il a le bonheur de voir ses démarches et celles de leur ami commun, Dargelas, couronnées du plus heureux succès: Latreille est rendu à la liberté et à la science ! On frémit en pensant qu'un mois plus tard, il pouvait périr avec ses compagnons d'infortune, enseveli dans la Gironde. Miraculeuse délivrance ! si on la rapporte à sa cause, la rencontre fortuite d'un insecte, circonstance dont notre illustre confrère a depuis consacré le souvenir dans le plus important de ses ouvrages : *Genera Crustaceorum et Insectorum.* » La plupart des entomologistes, dit plus bas M. Geoffroy, conservent, dans une place privilégiée de leur collection, en souvenir de son bienfait, l'insecte de la prison de Bordeaux, la *Nécrobie de Latreille.* »

NÉCROPHORE (*Necrophorus*), encore connu sous le nom de *Fossoyeur*, qui signifie la même chose. Genre de Coléoptères pentamères, de la famille des Clavicornes, très voisin des Boucliers et des Dermestes, caractérisé par : antennes terminées par une massue presque globuleuse de 4 articles; mandibules avancées, pointues; élytres tronqués; pattes fortes, propres à fouir; fémurs postérieurs en massue, trochanters épineux; tarses assez grêles; tête forte; abdomen pointu, ne dépassant pas les élytres; taille moyenne.

Les Nécrophores sont communs presque partout. Ils courent assez bien; dans le vol, relevant les élytres l'un contre l'autre, ils n'en font voir que le dessous, et font entendre un petit bruit assez aigu dû au frottement de ces élytres. Ils répandent une odeur musquée de décomposition qui, si elle leur sert pour s'attirer entre eux, leur est nuisible en ce qu'elle guide beaucoup d'animaux carnassiers vers les cadavres sur lesquels

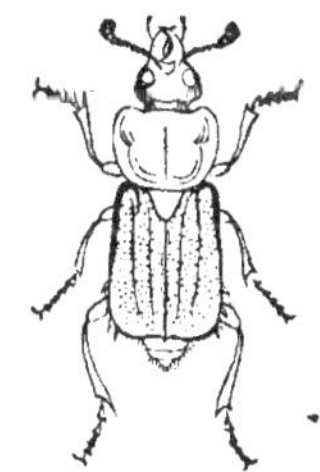

Fig. 900. — Nécrophore germanique.

ils se rassemblent. Ils sont quelquefois tellement couverts eux-mêmes d'une espèce d'acarus, qu'ils en deviennent hideux : cet acarus attaque en général tous les insectes qui se trouvent dans les cadavres.

Les Nécrophores ont l'odorat des plus subtils; ils parcourent l'espace d'un vol rapide pour saisir sous le vent la trace de quelques taupes, souris, crapauds, etc., morts récemment. Aussitôt qu'ils ont fait une découverte semblable, ils se mettent au nombre de quatre ou cinq, à fouir la terre sous ces petits animaux jusqu'à ce qu'ils soient complétement enterrés, et même, dit-on, enfouis à plus de 30 centim. au-dessous du sol, ce qui exige au moins 24 heures d'un travail assidu. Ils se repaissent ensuite de ces cadavres, et les femelles y déposent des œufs qui se développent promptement en larves. Celles-ci sont d'un blanc grisâtre, assez longues ; leur corps est composé de 12 anneaux, etc. Quand ces larves ont acquis tout leur accroissement, elles s'enfoncent à près de 300 millim. en terre, et se construisent une loge ovalaire qu'elles enduisent d'une matière gluante qui durcit bientôt beaucoup, et dans laquelle elles se transforment en nymphe. Trois ou quatre semaines après, l'insecte parfait en sort, va reproduire son espèce et mourir peu de temps après.

Le N. FOSSOYEUR (*N. vespilio*) est le type du genre. Ce Coléoptère est noir, long de 16 à 18 millimètres, et commun partout.

NÉFLIER (*Mespilus*). Genre de la famille des Rosacées, tribu des Pomacées, qui se compose d'arbres de petite taille, à feuilles alternes, ovales,

Fig. 901. — Néflier.

(1, fleur détachée ; — 2, la même dont on a enlevé les pétales ; — 3, fruit coupé horizontalement ; — 4, semence.)

lancéolées, lisses en dessus, légèrement cotonneuses en dessous ; à fleurs solitaires et terminales, grandes, blanches, dont le calice est velu et couronne le fruit qui consiste en une baie d'un brun verdâtre, globuleuse, charnue, ombiliquée à son sommet, renfermant 5 semences osseuses.

NÉFLIER COMMUN (*M. germanica*). C'est l'espèce type, indigène de l'Europe moyenne et septentrionale ; arbre de médiocre grandeur, dont le tronc tortu émet des branches nombreuses, irrégulières, épineuses à l'état sauvage seulement. Les fruits, appelés *Nèfles*, offrent, avant leur parfaite maturité, un parenchyme d'une consistance très dure et d'une saveur extrêmement styptique; mais, par l'influence des premiers froids de l'hiver, et lorsqu'ils ont été conservés pendant un certain temps, leur substance devient molle, pulpeuse, et acquiert une saveur douce, acidule, agréable. Le bois de Néflier est d'une très grande dureté ; les tourneurs en font des manches de fouet, des cannes et autres objets analogues.

Hippocrate connaissait la propriété astringente des Nèfles, qui n'ont jamais été très employées en médecine, parce que la matière médicale abonde en médicaments de même nature qu'on peut se procurer en toutes saisons.

Le **NÉFLIER A GRANDES FLEURS** (*M. grandiflora*) est une espèce très voisine de la précédente, qui nous est venue de l'Allemagne.—On connaît plusieurs variétés de Néfliers que l'on multiplie, par graines, par marcottes ou que l'on greffe sur le cognassier.

Quelques botanistes comprennent dans le même genre l'*Aubépine*, l'*Azérolier* et le *Buisson ardent*.

NÈGRE (de *niger*, noir). Race d'hommes noirs, qui se trouve dans la zone torride, surtout en Afrique, entre les deux tropiques. La coloration de la peau chez les Nègres est due à un développement considérable du *pigmentum*, matière de teinte brune qui forme une couche continue sur la surface du corps, entre le derme et l'épiderme, et sur l'origine de laquelle on a beaucoup discuté, les uns l'attribuant à l'ardeur des rayons solaires, les autres la croyant spéciale à cette race d'hommes, qu'elle caractérise essentiellement, race inférieure assurément aux races blanche et jaune. — V. *Homme*. — En général, les Nègres varient entre eux par la nuance de leur teint, mais ils diffèrent encore des autres hommes par tous les traits de leur visage: leurs joues sont rondes, leurs pommettes élevées, leur nez court, large, écrasé ou plat; leurs lèvres grosses, leurs cheveux crépus, etc. On leur donne en partage la paresse, la perfidie, la vengeance, la cruauté, le vol, le mensonge, l'irréligion, le libertinage, la malpropreté et l'intempérance; mais il y a de l'exagération dans les vices qu'on leur prête, et ils ne sont pas, comme on l'a dit, *un exemple terrible de la corruption de l'homme abandonné à lui-même.*

« Si on cite quelques exemples de Nègres susceptibles d'intelligence et doués de quelques rares qualités, il faut les rechercher dans les Nègres qui, par leur organisation, se rapprochent le plus de nous. Il suffit de voir la tête du Nègre Eustache, qui a remporté un prix Monthyon, pour juger que c'est au développement extraordinaire de son cerveau qu'il devait les excellentes qualités dont il était doté. Parmi les Nègres malgaches dont nous avons parlé plus haut, un d'eux (chef des éco es) a le front plus bombé que les autres, et paraît ainsi avoir plus d'intelligence. Sont-ils du reste de pur sang nègre ? Nous en doutons, parce qu'il doit y avoir du sang malais mélangé au leur. »

On frémit d'horreur en se rappelant qu'il n'y a pas encore de longues années que cette malheureuse race d'hommes était la proie de l'avarice et de la tyrannie de ceux qui se disaient leurs maîtres. Avec quelle répugnance lisons-nous qu'on faisait une partie de plaisir en allant à la chasse aux Nègres dans les îles, et que *la chasse était bonne* lorsqu'on en *avait tué un grand nombre!* Quelquefois encore des maîtres impitoyables se faisaient un jeu atroce de poignarder parmi leurs Nègres les malades mutilés ou trop vieux pour éviter que les frais de traitement ou d'entretien absorbent le prix de la vente de ces esclaves ! Ces infortunés sacrifiaient patiemment leur vie et leurs travaux à la fortune de leur maître, et souvent à satisfaire leur luxe ou leurs passions brutales, sans attirer sur eux la même pitié que celle qu'on a pour les bêtes de somme que l'on fait travailler : pour ces animaux le repos suit la fatigue et les aliments réparent les forces, tandis que la crainte des supplices, le fouet et les traitements les plus douloureux assujettissaient à un travail forcé les Nègres dans les colonies soumises aux Européens. Mais depuis un demi-siècle, le commerce des Noirs a soulevé l'indignation universelle. La plupart des Etats, la Russie même, ont décrété l'abolition de la traite, et la France, par ses lois, décrets et ordonnances de 1814 à 1848, a émancipé définitivement les esclaves dans leurs colonies. Des croisières permanentes, établies par l'Angleterre et la France sur les côtes de l'Afrique, rendent la traite des Noirs sinon impossible, du moins fort difficile et très dangereuse.

Ajoutons toutefois que la philanthropie ne doit pas seulement consister à rendre libres les Nègres esclaves, elle doit, ce nous semble, s'attacher à faire leur bonheur, et, pour bien juger cette délicate question, il faut avoir vécu longtemps dans les pays à Nègres et dans les colonies, car, nous avons vu au cap de Bonne-Espérance et dans d'autres colonies des Nègres libres regretter l'esclavage. Pendant son séjour à la Martinique, Garnot a été témoin que des Nègres deserteurs, libres à Sainte-Lucie, ont supplié leurs maîtres de les reprendre sur leurs habitations. Les Nègres, en général, ne peuvent pas apprécier, comme nous, peuples civilisés, la liberté, parce que leur organisation est bien différente de la nôtre. Il y a des rameaux de la race nègre qui sont inhabiles à la civilisation. Les Anglais ne sont point parvenus jusqu'à ce jour à tirer parti des Nègres qui avoisinent leur établis-

sement de la Nouvelle-Galles du Sud, dont l'organisation est la plus rapprochée des Babouins. »

Table des mélanges d'où résulte la dégradation des couleurs blanche et noire dans l'espèce humaine, par Valmont de Bomare.

1º Un *blanc* avec une *négresse*, ou un nègre avec une blanche, produisent un MULATRE, moitié blanc et moitié noir, ou d'un jaune noirâtre, à cheveux noirs, courts et frisés ;

2º Un *blanc* avec une *mulâtre*, ou un *nègre* avec un *mulâtre*, produisent un QUARTERON, trois quarts blanc et un quart noir, ou trois quarts noir et un quart blanc, ou d'un jaune moins foncé que ci-dessus ;

3º Un *blanc* avec une *quarteronne*, ou un nègre avec une *quarteronne*, produisent un OCTAVON, sept huitièmes blanc et un huitième noir, ou sept huitièmes noir et un huitième blanc ;

4º Un *blanc* avec une *octavonne*, ou un *noir* avec une *octavonne*, produisent l'un presque tout blanc, l'autre presque tout noir. Et dans les générations suivantes toujours mêlées (le mariage du blanc se faisant en Europe et celui du noir au Sénégal), le teint s'éclaircirait ou deviendrait plus foncé jusqu'à ce qu'enfin il naquit un individu blanc ou un individu noir.

Telle est la marche des influences et des causes physiques de la dégradation ou du retour de la couleur dans l'espèce humaine. Il ne faut que quatre générations de races croisées pour rendre un Negre blanc, et il n'en faut pas plus pour rendre un blanc noir. L'on comprend que les mélanges d'un mulâtre avec une quarteronne ou une octavonne, produiront d'autres teintes qui approcheront du blanc ou du noir, en proportion de la progression décrite plus haut.

NEIGE. Eau congelée qui tombe du haut de l'atmosphère sur la surface de la terre, sous la forme d'une multitude de flocons d'une blancheur éblouissante. La formation de ce météore diffère peu de celui de la pluie, sans doute, mais pourtant on ne sait rien encore de bien exact sur ce point. Deux conditions sont indispensables à la formation de la Neige, une basse température et une atmosphère chargée d'humidité : de là résulte que cette congélation de l'eau atmosphérique ne se voit jamais dans les régions équatoriales, du moins dans les parties basses et moyennes ; car, comme la température diminue à mesure que l'on s'éloigne de la surface de la terre, il en résulte que, sous l'équateur même, les sommets des monts les plus élevés sont couverts de Neiges éternelles.

La Neige affecte, dans sa cristallisation, la forme de petites étoiles hexagonales qui se terminent en pointes très aiguës, et qui, se groupant les unes sur les autres, forment un grand nombre de figures régulières. Elle est beaucoup plus légère que la glace ordinaire, et elle a 10 ou 12 fois plus de volume que l'eau qu'elle fournit une fois fondue. Ainsi que toutes les substances cristallisées, la Neige, au lieu d'avoir cette blancheur qui est devenue proverbiale , devrait être transparente; mais l'interposition d'une certaine quantité d'air, en séparant les flocons, rend la masse opaque exactement de la même manière que l'albine de l'œuf, naturellement diaphane , devient blanche lorsqu'en la battant on la mélange avec de l'air, que sa viscosité lui fait retenir. D'après cela , on conçoit que l'on peut , en comprimant fortement de la Neige, lui donner la transparence de la glace; et c'est même à cet état qu'elle se trouve dans les glaciers , par suite de la condensation que le temps et les vicissitudes atmosphériques lui font éprouver.

L'eau provenant de la fonte de la Neige retient plus d'oxygène que l'eau de pluie ou de rivière. Ce fait remarquable explique pourquoi l'eau de Neige rougit légèrement la teinture de tournesol et rouille très promptement le fer. Un fait plus remarquable encore est la couleur rouge que présente quelquefois la Neige , couleur qui paraît tenir à une substance végétale, à une espèce d'Algue.

La Neige offre ses inconvénients et ses avantages : par les premiers, elle produit des avalanches (V. ce mot); elle fait disparaître sur la terre les indices qui peuvent servir à guider le voyageur; par l'éclat de sa blancheur, elle blesse la vue, etc. Mais elle nous indemnise en contribuant à l'entretien des eaux courantes, en préservant la terre du froid qu'elle éprouverait au préjudice des semailles, durant les longs et rigoureux hivers. Il est certain, en effet, que le thermomètre enfoncé profondément dans la Neige indique une température moins basse que celle qu'il marquerait s'il était simplement appliqué à sa surface : ce fait rend compte de l'instinct de certains animaux qui, pour se garantir du froid, se tapissent sous la Neige. On prétend que l'usage habituel des eaux de Neige développe le goître. La Neige peut remplacer la glace, comme moyen thérapeutique.

NELOMBO (*Nelumbium*). Genre de Plantes aquatiques, voisines des Nymphéacées, et qui appartiennent aux eaux douces de l'Asie et de l'Amérique tropicale. — Le N. BRILLANT (*N. speciosum*) a des fleurs magnifiques , blanches ou roses, atteignant jusqu'à 3 décim. de diamètre; corolle à plus de 15 pétales. Cette plante est une de celles dans lesquelles on a reconnu le *Lotus* des anciens Egyptiens. — Le N. JAUNE (*N. luteum*) est commun dans la Floride et la Caroline.

NÉMOCÈRES. Famille de *Diptères*. — **V.** ce mot. — Leurs larves ont toujours la forme de Vers allongés , ayant une tête écailleuse et dont la bouche offre des apparences de mâchoires et des lèvres; les uns vivent en terre (*Tipulaires*), les autres dans l'eau (*Culicides*).

NEMOURE (*Nemoura*). Genre de Névroptères planipennes, insectes aptères dont l'abdomen est terminé par des soies ou des fils. Taille petite; forme grêle et délicate; couleur fuligineuse ou brunâtre. — Ils se trouvent dans les bois humides au printemps et au commencement de l'été. Leurs larves vivent dans l'eau ; elles sont carnassières ; elles subissent plusieurs changements de peau.

NÉNUPHAR (*Nymphæa*). Genre type de la famille des Nymphéacées, dont voici les caractères spécifiques : calice à 4 sépales, colorés à la face interne, caducs ; corolle de 10-18 pétales lancéolés plurisériés, blancs , les intérieurs insensiblement plus petits que les extérieurs et portant supérieurement une anthère plus ou moins complétement développée.

NÉNUPHAR BLANC (*N. alba*). Racines très longues, blanches , épaisses, noueuses et charnues, couvertes d'écailles brunes; pas de tige. Feuilles portées sur de très longs pétioles, s'épanouissant à la surface des eaux en une lame très grande , ovale, lisse, glabre, coriace, échancrée en cœur , entière. Hampes ou pédoncules simples, épais , de la longueur des pétioles, se terminant par une grande et belle fleur blanche. Le fruit est une capsule sèche, assez grosse, un peu globuleuse, couronnée par le stigmate.

Fig. 902. — Nénuphar.

(1, pistil accompagné de quelques étamines ; — 2, fruit entier ; — 3, le même coupé horizontalement).

« Le Nénuphar brille sur les eaux tranquilles des étangs comme le lis dans nos parterres. Si , comme lui, il ne parfume point l'air d'émanations odoriférantes, il l'emporte par sa grandeur, par le luxe imposant de ses fleurs d'un blanc virginal et d'une pureté inaltérable, par le nombre de ses pétales, leur élégante disposition, par ses nombreuses étamines, dont le jaune doré donne encore plus d'éclat à la corolle. » Comment cette belle plante est-elle devenue l'objet des plus vagues, des plus hypothétiques idées sur sa puissance anti-aphrodisiaque ? C'est ce qu'il est impossible de savoir. Il est certain toutefois que, dès la plus haute antiquité, on lui a reconnu la vertu d'éteindre les désirs vénériens, et même d'abolir la faculté génératrice; qu'il fut un temps où les moines et les religieuses de nos couvents en faisaient usage pour réprimer la révolte d'un sens qui s'irrite souvent de tous les obstacles. Leur erreur était grande, et le but qu'ils visaient leur échappait d'autant plus sûrement que ces pieux cénobites, croyant trouver dans le maigre gibier de leurs étangs une nourriture réfrigérante, donnaient de nouvelles ardeurs au sens qu'ils voulaient réduire au silence, puisque le poisson fournit une chair phosphorée et excitante.

Les semences, les fleurs, les feuilles et la racine de Nénuphar ont été mises en usage. Nous n'énumérerons pas les propriétés contradictoires, opposées, jamais démontrées par l'expérience dont on les a gratifiées. Elles sont tout au plus émollientes, relâchantes et rafraîchissantes. Le sirop de Nénuphar, quoique excessivement vanté, n'agit pas autrement que le sirop de guimauve.

« Sous les feuilles du Nénuphar blanc on trouve une foule de buccins d'eau douce; ils les rongent et y déterminent ces taches jaunes et transparentes qu'on aperçoit fort souvent à leur face supérieure. Une autre observation non moins curieuse que fournit l'étude du développement de ces feuilles, est de prévoir la température de l'hiver suivant. Ces feuilles, très longuement pétiolées, sortent, dans les premiers jours d'automne, des écailles écartées qui se voient à la face supérieure de la souche; elles restent très petites, et totalement enroulées pendant cette saison et la suivante; aux approches du printemps, elles commencent à grandir et à s'étaler; le pétiole, d'abord à peine sensible, s'allonge, monte peu à peu au niveau de l'eau à mesure que la température s'élève; mais au moindre refroidissement il s'arrête et attend le beau temps; dès qu'il est assuré, dès que la chaleur a triomphé de la mauvaise saison, les feuilles se déploient, forment de doux tapis sur lesquels la fleur viendra flotter somptueusement. Si, dans le mois de septembre, pour nos climats, le Nénuphar a disparu de la surface des eaux, ce qui, d'ordinaire, n'a lieu qu'en octobre, vous pouvez en conclure que l'hiver avance à grands pas, que les gelées ne tarderont pas à se faire sentir, et que la saison des frimas sera rigoureuse et de longue durée. Il est très aisé de multiplier les Nénuphars; il suffit de jeter dans les eaux dormantes des capsules arrivées à maturité parfaite. Les semences tombent au fond de l'étang ou de la rivière, y germent et donnent des fleurs dès l'année suivante. Elles se propagent ensuite d'elles-mêmes, et finissent en peu d'années par couvrir l'onde jusque sur les bords. C'est une plante d'ornement très pittoresque et du plus bel effet durant la floraison; sous le point de vue de l'utilité, les Chinois nous ont appris que partout où elle abonde les poissons sont à l'abri de la voracité de la loutre. »

Le Nénuphar jaune (*N. luteum*), vulg. *Plateau*, est facile à distinguer par la couleur de ses fleurs, qui sont aussi moins grandes, et dont les sépales sont plus longs que les pétales; ses feuilles sont plus grandes et plus rondes.

C'est au même genre ou à un genre voisin (*V. Nelombo*) qu'on dit appartenir le célèbre *Lotus du Nil*, dont les rois d'Égypte se formaient des couronnes.

NÉOMORPHE. Genre de Passereaux ténuirostres qui ne repose que sur une espèce de la Nouvelle-Zélande.

Le Néomorphe de Gould (du nom du voyageur qui l'a décrit) offre un plumage exactement le même chez le mâle et la femelle; mais chez cette

Fig. 903-904. — Néomorphe de Gould.

dernière le bec atteint 80 millim. de longueur en ligne droite et 93 en ligne courbe, tandis qu'il est réduit à 50 millim. chez le mâle, singularité unique dans toute la série ornithologique. Les deux sexes portent à la commissure du bec deux caroncules jaunâtres qui paraissent destinées à faciliter l'ouverture de la bouche, caractère commun d'ailleurs aux trois principales espèces d'oiseaux connus de la Nouvelle-Zélande : le Gaucope, le Philesturne et le Néomorphe. Le plumage est entièrement noir foncé , uniforme, lustré de bleu verdâtre , à l'exception de l'extrémité des pennes de la queue, qui présente une large bande d'un blanc pur ; etc.

La nourriture de ces Oiseaux consiste en graines et insectes. On ne connaît pas leur manière de nicher; l'espèce est d'ailleurs rare, et comme elle est sans défiance, elle sera probablement bientôt exterminée par les naturels, qui parviennent à les tuer avec des bâtons en les appelant avec un cri aigu et prolongé.

Fig. 905. — Nèpe cendrée.

NÈPE (*Nepa*). Genre d'Insectes de l'ordre des Hémiptères hétéroptères , famille des Hydroco-

rises, créé par Linné, qui lui assigne pour caractères : corps elliptique, très déprimé ; tête petite, logée en partie dans une échancrure du corselet, avec les yeux assez saillants, sans petits yeux lisses ; antennes à 3 articles bien distincts ; abdomen terminé par 2 filets sétacés, presque aussi longs que le corps, et qui servent à ces animaux pour respirer dans les lieux aquatiques et vaseux où ils vivent.

Ces insectes habitent en effet les eaux dormantes des marais, des lacs, des fossés, des canaux. Ils nagent lentement, et le plus souvent ils marchent sur la vase, en cherchant à saisir avec leurs pattes antérieures les petits animaux dont ils font leur nourriture. La femelle pond des œufs qui ressemblent à une graine couronnée de sept petits filets, dont les extrémités sont rongées ; et elle les enfonce dans la tige des plantes aquatiques. Les larves sortent des œufs vers le milieu de l'été; elles ne diffèrent de l'insecte parfait que parce qu'elles n'ont ni ailes ni filets au bout de l'abdomen. La nymphe n'a de plus que la larve que les fourreaux contenant les ailes, et qui sont placés sur les côtés du corps. L'insecte parfait quitte les eaux à l'entrée de la nuit, et vole avec assez d'agilité.

La Nèpe cendrée (*N. cinerea*) est l'espèce type. Longue de 20 millim., d'un gris rougeâtre , avec ailes noires à nervures roses; abdomen en dessus rouge de brique. — Cette espèce se trouve dans toute l'Europe , et n'est pas rare aux environs de Paris. Elle pique fortement avec son bec.

La Nèpe bélostome (*N. belostoma*) a été sépa-

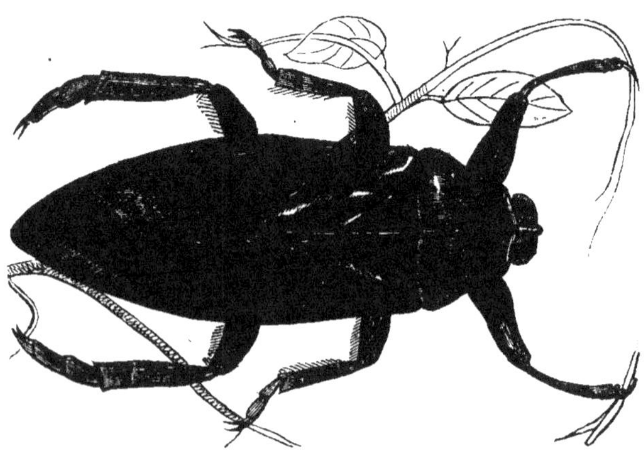

Fig. 906. — Nèpe-Bélostome.

rée du genre Nèpe pour former un genre à part, parce qu'elle a les tarses de deux articles et les antennes presque pectinées. — C'est un insecte géant dans l'ordre des Hémiptères ; quelques es-

pèces atteignent 7 à 8 centimètres. Nous l'avons déjà dit au mot *Bélostome*, ce sont de terribles punaises, carnassières sous tous leurs états, et dont il faut redouter la piqûre.

NÉPENTHÈS (du gr. *nè*, privatif; *penthos*, douleur). Homère, dans l'*Odyssée*, appelle ainsi un breuvage narcotique que composa Hélène pour calmer la douleur de Télémaque. Elle avait reçu le *Népenthès* de Polydemna, femme de Thonis, roi d'Egypte. Les uns ont cru que c'était l'opium ou la jusquiame blanche; d'autres, l'aunée, la buglosse ou la bourrache.

Ce mot désigne aujourd'hui un genre de plantes des Indes, type de la petite famille des Népenthacées, détachée des Aristolochiacées. Ces plantes sont remarquables par une sorte d'urne qui se trouve à l'extrémité de leurs feuilles, et qui renferme une eau douce et limpide, dont s'abreuvent les voyageurs.

NÉPHRITE. En minéralogie, substance que l'on nomme aussi *Pierre de hache* et *Céraunite*, et qui est une pierre amorphe d'une couleur blanchâtre ou verdâtre, avec un éclat gras. Sa pesanteur spécifique est 2,95; elle a une texture compacte, une cassure esquilleuse; elle est très tenace, et assez dure pour rayer le verre; enfin elle fond au chalumeau en un émail blanc.

C'est avec des Néphrites que sont faites la plupart des haches celtiques et de celles dont se servent encore les peuplades sauvages de plusieurs contrées. On travaille cette substance en Chine et dans l'Océanie pour faire des statuettes, des poignées de sabre et un grand nombre d'objets d'ornement.

NÉRÉIDE (*Nereis*). Famille de Vers de la classe des Annélides, à corps cylindrique, très allongé et très grêle, composé d'un très grand nombre d'anneaux qui sont mobiles les uns sur les au-

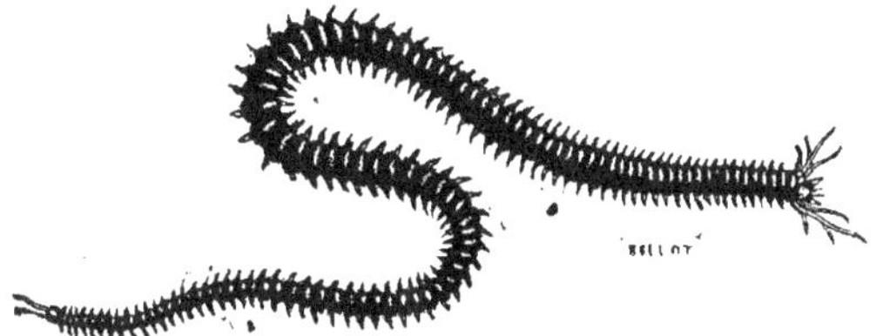

Fig. 907. — Néréide.

tres, plus larges au milieu du corps qu'aux extrémités. La plupart sont pourvus d'un certain nombre de petites taches qui paraissent être des yeux, et leur tête est garnie de plusieurs filaments analogues aux cirrhes des pieds, et appelés antennes et cirrhes tentaculaires, lesquels paraissent être des organes de tact. Dans certaines espèces, les anneaux de la partie inférieure sont fendus inférieurement dans une direction oblique, et c'est à cette fente qui précède l'œsophage qu'on a donné le nom de bouche; dans d'autres espèces, les anneaux ne sont pas tronqués et servent à recouvrir une trompe extensible composée de un ou deux anneaux. A l'extrémité postérieure, on ne remarque aucun renflement; cette partie est courte, va toujours en s'aplatissant, et souvent se prolonge en une pointe mucronée. Les côtés des anneaux sont garnis d'appendices, qui constituent en général une petite lame comprimée, et divisée par une échancrure en deux portions plus ou moins distinctes, placées l'une au-dessus de l'autre.

Les organes respiratoires de ces animaux sont extérieurs; mais ces branchies sont quelquefois confondues avec les cirrhes tentaculaires, de sorte que ces derniers, pense de Blainville, peuvent alors en tenir lieu. Leur sang est d'un beau rouge, très semblable à celui des Vertébrés. Les organes de la génération sont peu connus.

Les Néréides se trouvent dans toutes les parties du monde; les plus volumineuses paraissent appartenir aux régions équatoriales. Elles vivent dans les fentes de rochers situés aux bords de la mer, dans des fissures de polypiers, dans la vase ou dans le sable (V. *Tubicoles*), et se nourrissent de matières animales, de petits vers, de polypes, etc. Ces vers sont recherchés par les pêcheurs comme un excellent appât.

La Néréide proprement dite est l'espèce principale de ce groupe, qui comprend aussi l'*Eunice*, le *Glycère*, l'*Ophélie*, le *Syllis*.

NERFS. Au mot *Encéphale*, il a été question déjà non-seulement des Nerfs, mais encore du Cerveau et de la Moelle épinière. Nous pourrions donc nous dispenser de revenir sur ce sujet, dans un ouvrage tel que celui-ci, qui ne comporte pas de longs détails anatomiques. Mais cependant, vu l'importance des questions physiologiques qui se rattachent nécessairement à l'étude des Nerfs, nous devons donner quelques détails sur ces cordons nerveux que nous n'avons fait d'ailleurs qu'indiquer. — Les Nerfs sont, en effet, des organes ayant la forme de cordons qui servent de conducteurs au sentiment ou sensibilité, et au mouvement ou motilité. Ils sont composés de filaments particuliers qui, aussitôt après leur sortie des organes centraux, se réunissent en un certain nombre pour produire des faisceaux, qu'on nomme *racines des Nerfs*. Ces racines, en se réunissant, forment des troncs qui, vers la périphérie, se di-

visent en branches, lesquelles deviennent de plus
en plus grêles , et finissent par se perdre , du
moins en apparence, dans la substance des organes. Les branches nerveuses sont de deux sortes :
les unes, fermes, d'un blanc brillant, se répandent principalement dans les muscles du tronc
et de la peau ; les autres, molles, d'un gris rougeâtre, plates et unies ensemble par de nombreuses anastomoses, appartiennent surtout aux viscères , et accompagnent les vaisseaux sanguins.
Les premières portent le nom de *Nerfs cérébro-
spinaux* ou de la *vie animale* ; les secondes sont
appelées *Nerfs sympathiques* ou de la *vie organique, végétatifs*. Ces derniers présentent des
ganglions sur divers points de leur parcours en
réseau. — V. *Grand Sympathique*. — Les Nerfs
possèdent une gaîne de tissu cellulaire nommée *né-
vrilème*, qui pénètre entre les faisceaux primitifs.

Les Nerfs de la vie organique , qui seuls nous
occupent dans cet article, se distinguent en *intracrâniens* et *extracrâniens*. Les premiers sont
ainsi appelés parce qu'ils naissent dans l'intérieur du crâne, du cerveau et de la moelle allongée ; les seconds naissent au contraire, ainsi que
l'indique leur nom , hors du crâne, de la moelle
épinière : de là les dénominations encore très
souvent employées de *Nerfs encéphaliens* et de
Nerfs rachidiens.

En parlant de l'Encéphale, nous avons énu-
méré, dans l'ordre anatomique qui leur a été imposé, les *Nerfs intracrâniens*. Ici nous désirons
être un peu plus complet ; et sûrement, grâce à
la figure que nous ajoutons, nous serons un peu
plus clair. Cette figure représente le Cerveau , le
Cervelet , la Protubérance cérébrale et la Moelle
allongée ou bulbe rachidien, qui est la partie qui
se prolonge depuis la protubérance jusqu'au trou
occipital ; elle représente, par conséquent, la
masse encéphalique , renversée de manière à ce
que sa face inférieure, qui repose sur la base du
crâne, regarde en haut. Elle offre à considérer
AAA, les lobes antérieur, moyen et postérieur ;
sur la ligne médiane, le sillon qui divise le cerveau
en deux parties égales, l'entrecroisement des Nerfs
optiques (B), la protubérance oculaire (H), la moelle
épinière (M), le cervelet (N) ; et, de chaque côté,
l'origine des nerfs. — V. la fig. 908 et sa légende.

Le *Nerf olfactif* (B) ou 1re paire, d'abord mou,
pulpeux et logé dans un sillon du lobe cérébral
antérieur, pénètre dans les cavités nasales par
mille filets qui se perdent dans la muqueuse de
ces parties.

Le *Nerf optique* (C) ou 2e paire s'entrecroise
avec son congénère ; puis ils s'écartent en se dirigeant en avant et pénètrent dans l'orbite et dans
le globe de l'œil pour s'épanouir dans la rétine,
qui est la membrane nerveuse percevante de l'organe visuel.

Le *Nerf moteur oculaire* (D) ou 3e paire s'introduit dans l'orbite, où il fournit une branche
au muscle droit de l'œil et une autre qui donne
3 rameaux aux muscles abducteur, abaisseur et

petit oblique, auxquels il donne le mouvement.

Le *Nerf pathétique* (E) ou 4e paire entre aussi
dans l'orbite pour s'épanouir entièrement dans
le muscle grand oblique de l'œil qu'il anime.

Le *Nerf trijumeau* (F) ou 5e paire se divise en
Nerf ophthalmique, Nerf maxillaire supérieur et
Nerf maxillaire inférieur ; il a pour fonction de
communiquer la sensibilité aux différentes parties
de la face.

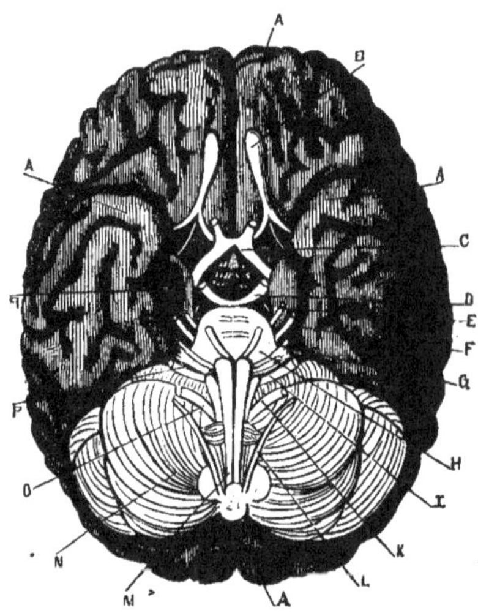

Fig. 908. — Cerveau et origine des nerfs intracrâniens.

(AA, circonvolutions cérébrales ; B, Nerf olfactif ;
C, Nerf optique ; D, Nerf moteur oculaire commun ;
E, Nerf pathétique ; F, Nerf trijumeau ; H, Nerf
moteur externe ; G, Nerfs facial et auditif ; I, Nerf
glosso-pharyngien ; K, Nerf pneumo-gastrique ;
L, Nerf spinal ou accessoire de Willis ; M, moelle
épinière coupée à l'origine du bulbe rachidien, et offrant vers son milieu un faisceau transversal qui est
le nerf grand-hypoglosse.)

Le *Nerf facial* et le *Nerf auditif* (G) ou 7e paire
se trouvent accolés pour s'introduire dans le conduit auditif interne , au fond duquel ils prennent
chacun une direction différente : le premier va
couvrir de ses rameaux la moitié de la face à laquelle il donne le mouvement, tandis que le second se perd dans les parties profondes de l'o-
reille interne et préside à la perception du son.

Le *Nerf pneumogastrique* (K) ou 8e paire
descend le long du cou, pénètre dans la poitrine
et va se terminer dans les parois de l'estomac,
auxquelles il communique la sensibilité relative
à la sensation de la faim. Dans son trajet il fournit des branches au pharynx, au larynx, au cœur,
aux plexus pulmonaire et cardiaque.

Le *Nerf glosso-pharyngien* (I), considéré à tort comme une partie de la 8ᵉ paire, se porte d'arrière en avant, et, arrivé à la base de la langue, il se divise en branches destinées à rendre cet organe et le pharynx sensibles.

Le *Nerf hypoglosse* ou 9ᵉ paire est destiné aux muscles de la langue qu'il fait mouvoir; une branche se perd dans le cou.

Le *Nerf spinal* (L) naît hors du crâne de la moelle épinière, mais il y pénètre ensuite, accolé à la moelle, puis en sort avec le Nerf de la 8ᵉ paire pour se diviser en 3 branches destinées aux muscles du cou.

Nerfs extracrâniens ou *rachidiens*. Ils naissent de la moelle épinière ou vertébrale, au-dessous du trou occipital, par une double série de filets composant deux *racines;* ces racines, dont l'une est antérieure et l'autre postérieure, d'abord distinctes, se réunissent bientôt dans le trou de conjugaison vertébrale, et forment un renflement d'où naissent trois branches : l'une est destinée aux parties antérieures et latérales, l'autre aux parties postérieures, la troisième enfin s'anastomose avec les Nerfs de la vie organique, c'est-à-dire avec le Grand-Sympathique. — Les Nerfs rachidiens forment trente paires, dont 7 cervicales, 12 dorsales, 5 lombaires et 6 sacrées.

Les *paires cervicales* forment, par l'entrelacement de leurs branches antérieures : 1° le *plexus cervical*, qui fournit des Nerfs aux parties voisines, et un Nerf qui pénètre dans le thorax pour se distribuer au diaphragme; 2° le *plexus brachial*, qui donne naissance aux Nerfs du bras.

Les *paires dorsales* donnent les Nerfs intercostaux par leurs branches antérieures, et, par les postérieures, elles communiquent la sensibilité à toutes les parties postérieures du tronc.

Les *paires lombaires* forment, par leurs branches antérieures, le *plexus lombaire*, qui fournit les Nerfs des parois abdominales, du membre inférieur, etc.

Les *paires sacrées* constituent l'origine des Nerfs qui vont à la vessie, au rectum, au vagin, etc., et surtout du *Nerf sciatique*, qui descend tout le long de la partie postérieure de la jambe. — V. *Encéphale* (fig. 492).

NÉRION (*Nerium*). Genre d'Arbrisseaux de la famille des Apocynées, dont voici les caractères : calice à 5 divisions profondes; corolle beaucoup plus grande, infundibuliforme, régulière, à 5 lobes, à la base desquels se trouvent 5 appendices pétaloïdes frangés; étamines distinctes, incluses: follicules allongés, contenant un grand nombre de graines aigrettées.

NÉRION LAURIER-ROSE (*N. oleander*). Arbrisseau toujours vert, haut de 2 à 4 mètres, à rameaux trifurqués, allongés et pubescents, chargés de feuilles sessiles, lancéolées, raides, entières, longues de 9 à 15 cent. et larges de 3. Fleurs roses très grandes, formant une sorte de corymbe à la partie supérieure de la tige : calice petit, campanulé; corolle monopétale régulière, infundibuliforme, orifice du tube garni de 5 appendices pétaloïdes frangés à leur partie supérieure; 5 étamines attachées à la partie moyenne du tube, etc.

Le Laurier-rose végète avec vigueur dans les contrées méridionales de la France, où il croît dans les fentes des rochers et les lieux les plus escarpés; mais au centre et dans le nord, on le rentre en serre tempérée pendant l'hiver. Cet arbrisseau, qui flatte notre vue par la beauté de son feuillage toujours vert, par l'élégance de ses fleurs grandes et roses, possède cependant des propriétés extrêmement délétères, surtout lorsqu'il croît au milieu des rochers dans les régions méridionales de l'Europe. Son principe vénéneux est tellement subtil que ses émanations ont suffi, au rapport de quelques auteurs, pour occasionner les accidents les plus graves et même la mort chez les individus qui y étaient exposés pendant quelque temps. Ses feuilles étaient usitées autrefois contre les affections dartreuses invétérées.

NERVEUX (Système). Le Système nerveux, envisagé dans son ensemble, se compose du Cerveau, de la Moelle épinière et des Nerfs (V. *Encéphale*), plus du *Grand-Sympathique*. — (V. ce mot).

Sous le rapport physiologique, comme sous le rapport anatomique, l'étude du Système nerveux trouve sa place dans plusieurs endroits de cet ouvrage (V. *Mouvements, Sensations, Intelligence, Phrénologie*); cependant, comme ce sujet est sans doute peu familier à la majorité de nos lecteurs, nous croyons utile d'exposer ici les généralités suivantes, empruntées à M. Flourens.

« On a reconnu de bonne heure que le Système nerveux est tout à la fois l'organe par lequel l'animal reçoit ses sensations, l'organe par lequel il exécute ou détermine ses mouvements, l'organe par lequel il perçoit et veut.

« Mais la faculté de vouloir et de percevoir réside-t-elle dans les mêmes parties que la propriété de sentir? Mais la propriété de sentir réside-t-elle dans les mêmes parties que la propriété de mouvoir? Mais penser, sentir, mouvoir, ne sont-ils qu'une seule propriété? sont-ils trois propriétés diverses? Les organes de l'une de ces propriétés sont-ils distincts des organes de l'autre?

« Ces grandes questions, débattues depuis tant de siècles, attendaient encore leur solution.

« Mes expériences montrent, de la manière la plus formelle, qu'il y a trois propriétés essentiellement diverses dans le Système nerveux, l'une de percevoir et de vouloir, l'autre de sentir, l'autre de mouvoir; que ces trois propriétés diffèrent de siège comme d'effet, et qu'une limite précise sépare les organes de l'une des organes de l'autre.

« Les nerfs, la moelle épinière, la moelle allongée, les tubercules bijumeaux ou quadrijumeaux excitent seuls immédiatement la contraction musculaire; les lobes cérébraux se bornent à la vouloir et ne l'excitent pas; de plus, dans la moelle épinière même, et dans les nerfs comme dans la moelle épinière, les parties qui excitent les mouvements ne sont pas celles qui sont sensibles; celles qui sentent ne sont pas celles qui excitent le mouvement.

« Il y a donc dans le Système nerveux trois propriétés essentiellement distinctes :

« L'une, de percevoir et de vouloir, c'est l'*intelligence*;

« L'autre, de recevoir et de transmettre les impressions, c'est la *sensibilité*;

« La troisième, d'exciter immédiatement la contraction musculaire; je propose de l'appeler *excitabilité* ou *motricité*.

« L'irritabilité ou contractilité est, comme chacun sait depuis Haller, la propriété exclusive au muscle de se contracter ou raccourcir avec effort, quand une excitation quelconque l'y détermine.

« Enfin, dans le cervelet réside une propriété dont rien ne donnait encore l'idée en physiologie, et qui consiste à coordonner les mouvements voulus par certaines parties du Système nerveux, excités par d'autres.

« D'un autre côté, chaque partie déterminée du Système nerveux joue un rôle déterminé dans les mouvements de locomotion.

« Le nerf *excite* directement la contraction musculaire; la moelle épinière *lie* les diverses contractions partielles en mouvements d'ensemble; le cervelet *coordonne* ces mouvements d'ensemble en mouvements réglés de locomotion, marche, course, vol, station, etc.; par les lobes cérébraux, l'animal *perçoit* et *veut*.

« Ainsi donc les facultés *intellectuelles* et *perceptives* résident dans les lobes cérébraux; la *coordination* des mouvements de locomotion, dans le cervelet; l'excitation immédiate des contractions musculaires, dans la moelle épinière et ses nerfs.

« Tout montre donc une indépendance essentielle entre les facultés intellectuelles et les facultés locomotrices, entre la coordination des mouvements et l'excitation des contractions musculaires. L'organe par lequel l'animal perçoit et veut ne coordonne ni n'excite; l'organe qui coordonne n'excite pas, et réciproquement celui qui excite ne coordonne pas.

« Ainsi, par exemple, les excitations des lobes cérébraux ou du cervelet n'excitent jamais des contractions musculaires. La moelle épinière, qui excite toutes les contractions, et par ces contractions tous les mouvements, n'en veut ni n'en coordonne aucun. Un animal privé de ses lobes cérébraux perd toutes ses facultés intellectuelles, et conserve toute la régularité de ses mouvements; un animal privé de son cervelet perd toute régularité dans ses mouvements, et conserve toutes ses facultés intellectuelles.

« Et ceci même, ceci est le grand fait qui domine tous les autres faits de mon ouvrage. Une indépendance complète sépare les fonctions des lobes cérébraux de celles du cervelet : d'une part, l'intelligence réside exclusivement dans les lobes cérébraux, et d'autre part, le principe qui coordonne les mouvements de locomotion réside exclusivement dans le cervelet.

« Les diverses parties du Système nerveux ont donc toutes des propriétés distinctes, des fonctions spéciales, des rôles déterminés; nulle n'empiète sur l'autre. Le nerf excite, la moelle épinière lie, le cervelet coordonne; par les lobes cérébraux l'animal perçoit et veut. De l'indépendance des organes dérive l'indépendance des phénomènes.

« Enfin, non-seulement l'origine des mouvements est distincte, dans la masse cérébrale, de l'origine des perceptions, l'origine même des sens s'y distingue de celle des perceptions.

« L'ablation des lobes cérébraux, par exemple, fait perdre à l'instant la vue; mais l'iris n'en reste pas moins mobile, le nerf optique excitable, la rétine sensible. L'ablation au contraire des tubercules bijumeaux ou quadrijumeaux abolit sur-le-champ la contractilité des iris et l'action de la rétine et du nerf optique. Dans le premier cas, on n'avait détruit que la perception de la vue; on détruit le sens de la vue dans le second.

« Il y a donc, en dernière analyse, dans la masse cérébrale des organes distincts pour les sens, pour les perceptions, pour les mouvements.

« Les nerfs sont tout à la fois organes du sentiment et du mouvement; mais le sont-ils indifféremment par tous les filets dont ils se composent? Non. Chaque nerf (du moins chaque nerf à double racine) se compose de deux ordres de filets : de filets *sensoriaux* et de filets *moteurs*. En d'autres termes, chaque nerf se compose proprement de deux nerfs : un nerf *moteur* et un nerf *sensorial*.

« Le nerf *moteur* vient des *racines antérieures* qui sont purement *motrices*, et le nerf *sensorial* des *racines postérieures* qui sont purement *sensoriales*.

« Enfin, les *racines postérieures* viennent de la *région postérieure* de la moelle épinière, région *sensoriale*; et les *racines antérieures* de la *région antérieure* de la moelle épinière, *région motrice*.

« Des expériences précieuses, et dont la première idée est due à une vue admirable de M. Charles Bell, nous ont démontré toutes ces choses. Ces expériences ont séparé dans le nerf même, dans la moelle épinière même, le mouvement du sentiment, l'excitabilité ou *motricité* de la sensibilité.

« Si sur un animal on touche la face postérieure de la moelle épinière, l'animal témoigne de la douleur; si l'on touche la face antérieure, l'animal ne paraît point souffrir; si l'on coupe la racine postérieure de l'un des nerfs qui partent de cette moelle, l'animal perd aussitôt le sentiment dans toutes les parties auxquelles ce nerf se rend, mais le mouvement s'y conserve encore; si l'on coupe la racine antérieure, c'est au contraire le mouvement qui se perd et le sentiment qui subsiste.

« Ainsi donc, et à ne parler ici que de la moelle épinière, du nerf et des racines du nerf, le mouvement peut être séparé du sentiment, l'un peut être aboli sans l'autre, et chacun a son siége propre : le sentiment dans le faisceau postérieur de la moelle épinière et dans les racines postérieures des nerfs ; le mouvement dans le faisceau antérieur de la moelle épinière et dans les racines antérieures des nerfs. »

NÉRITE (*Nerita*). Genre de Mollusques, de la famille des Néritacées, à laquelle Lamarck a assigné pour caractères : trachélipodes operculés, à coquille semi-globuleuse ou ovale, aplatie, sans columelle, et dont le bord gauche de l'ouverture imite une demi-cloison. Cette famille comprend les genres Natice, Nérite et Navicelle.

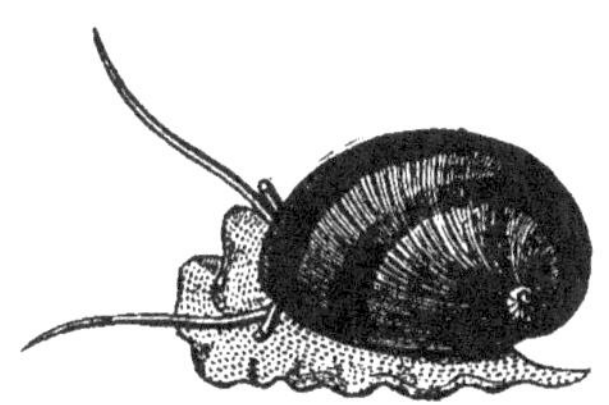

Fig. 909. — Nérite polie.

Quoi qu'il en soit, les Nérites peuvent être ainsi caractérisées : coquille épaisse semi-globuleuse, à spire peu marquée, sans ombilic, à ouverture semi-lunaire, à bord gauche tranchant ; animal globuleux, à pied épais, circulaire ; yeux pédonculés, placés à la base externe de tentacules coniques, etc. — Les espèces se divisent en marines et en fluviatiles. Toutes, d'après M. Quoy, passent une partie de leur vie hors de l'eau, sans jamais trop s'en éloigner ; celles qui cherchent les ruisseaux ou les marais peuvent se suspendre aux feuilles des arbres, mais non aller dans les terres. Nous étions quelquefois étonnés, dit M. Quoy, de voir de ces mollusques marins supporter, sur des roches noires, toute l'action du soleil de l'équateur, sans paraître en souffrir. Cette faculté tient à ce qu'en se collant, ils font provision de quelques gouttes d'eau qui rafraîchissent suffisamment leurs branchies. Les Nérites sont très répandues dans les pays chauds. Elles aiment à vivre en familles ; aussi en trouve-t-on plusieurs espèces groupées sur le même rocher.

La **NÉRITE POLIE** (*N. polita*) a la coquille épaisse, le plus souvent noire, ayant le pli sur le bord gauche, deux dents peu saillantes ; l'opercule, lisse à son centre, a le bord droit agréablement strié. — Elle se trouve dans les mers des Indes.

NERPRUN (*Rhamnus*). Genre de Plantes de la famille des Rhamnacées ; arbrisseaux à rameaux avortés, souvent convertis en épines ; feuilles ovales ou oblongues, glabres ; fleurs petites, verdâtres : calice urcéolé ou campanulé, persistant, à 4-5 divisions ; corolle à 4-5 pétales très petits, ou nulle par avortement ; étamines 4 ; style et stigmate 2-4 ; fruit globuleux, bacciforme, indéhiscent, à 2-4 noyaux monospermes coriaces, cartilagineux.

NERPRUN PURGATIF (*R. catharticus*), vulg. *Nerprun*. Arbrisseau plus ou moins élevé, très rameux, à rameaux souvent opposés, offrant à leurs bifurcations une épine ; feuilles ovales, régulièrement dentées, disposées en rosette sur les rameaux florifères, ou opposées ; fleurs polygames ou dioïques, d'un jaune verdâtre, réunies en fascicules terminaux ; style 2-3-fide ; baie noire à la maturité.

Le Nerprun ou Noirprun (de noire prune, à cause de la forme et de la couleur de son fruit) est assez commun dans les bois, les taillis humides, où il fleurit en mai-juin et fructifie en août-septembre. Il exhale une odeur désagréable, et ses feuilles, son fruit et son écorce sont amers, nauséabonds au goût. Il doit son nom spécifique aux propriétés purgatives de ses baies, qui sont mises à profit dans les hydropisies, la paralysie, les dartres chroniques. Ce n'est guère que sous forme de sirop que les baies du Nerprun sont employées en médecine. Leur suc, préparé avec l'alun, produit le *vert de vessie* des peintres.

Fig. 910. — Nerprun.

(1, fleur ; 2, baie montrant ses noyaux.)

Cet arbrisseau forme d'excellentes haies, dont le vert foncé contraste avec la couleur plus claire des autres arbustes. Il réussit partout.

NERPRUN BOURDAINE (*Rhamnus frangula*), vulgair. *Bourdaine*. Arbrisseau très rameux, à rameaux opposés ou alternes, les terminaux déve-

Fig. 911. — Nerprun alaterne.

loppés, jamais convertis en épine; feuilles très entières, éparses ou rapprochées à la partie supérieure des rameaux ; fleurs hermaphrodites, d'un blanc verdâtre, en fascicules axillaires; style indivis. — Cette espèce se trouve aux endroits humides des bois, taillis, rochers. Ses fruits sont aussi purgatifs. Son bois donne un charbon très léger, qu'on emploie surtout dans la fabrication de la poudre à canon.

L'ALATERNE (*R. alaternus*) est une autre espèce du genre Nerprun qui forme de très jolis buissons toujours verts, à feuilles dures, lisses, ovales, dentées à leurs bords; ses fleurs sont d'un vert jaunâtre, presque sessiles, souvent unisexuées , à 5 étamines. — Fréquemment cultivé dans les parcs.

NÉVROPTÈRES. Ordre de la classe des Insectes, division des Tétraptères, dont voici les caractères spécifiques : point d'élytres ou étuis; quatre ailes membraneuses et réticulées, ou égales entre elles , ou les inférieures un peu plus grandes que les supérieures , ou bien enfin les inférieures manquant presque complètement comme dans les éphémères. 2 lèvres, 2 mâchoires et 2 mandibules très fortes; en un mot, une bouche organisée comme les Insectes broyeurs; abdomen sessile sur le thorax, jamais armé d'aiguillon chez les femelles ; 2 yeux à facettes très volumineux, quelquefois 3 stomates ou yeux simples sur le milieu du front; antennes souvent filiformes, composées d'un grand nombre de petits articles.

Les Névroptères se distinguent facilement, à cet ensemble de carac'ères, des autres ordres d'insectes à côté desquels ils sont placés. Ainsi, on ne peut les confondre avec les Hémiptères ho-

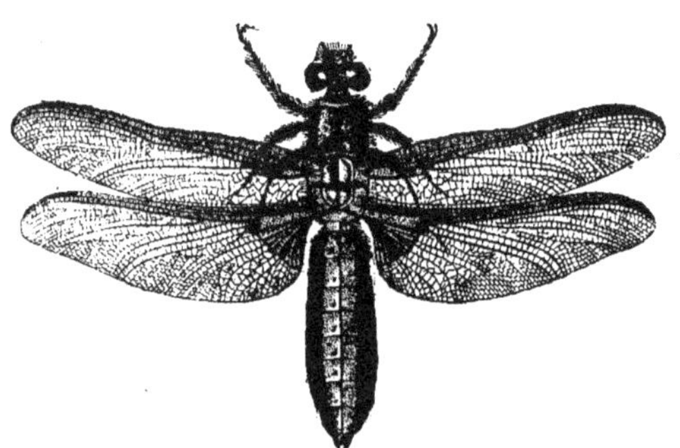

Fig. 912. — Névroptère.

moptères, qui ont également quatre ailes membraneuses et réticulées, à cause de la conformation de leur bouche qui les distingue de suite. Les Hyménoptères ont, comme les Névroptères, 4 ailes membraneuses et réticulées , des mandibules et des mâchoires; mais ces organes très allongés et minces ne servent plus à broyer les aliments, mais plutôt à sucer; de plus, leurs ailes inférieures sont constamment plus petites que les supérieures, et les femelles sont armées d'un aiguillon à l'extrémité de leur abdomen, qui est attaché au thorax par un étranglement, et non sessile comme celui des Névroptères. Ceux-ci se distinguent enfin des Orthoptères par leurs ailes complètement membraneuses et réticulées , les supérieures n'étant pas épaisses et coriaces à leur base.

Les larves de ces insectes sont munies de six pattes; plusieurs d'entre elles vivent dans l'eau (Libellules, Ephémères), les autres sont terrestres. Elles sont généralement carnassières et se nourrissent d'autres insectes. — On partage les Névroptères en trois tribus :

1° Les Subulicornes. Les antennes, composées de sept articles, sont subulées et à peu près de la longueur de la tête : *Libellules, Ephémères*, etc.

2° Planipennes. Les antennes, composées d'un grand nombre d'articles, sont plus longues que la tête ; les ailes sont nues et réticulées : *Panor. pes, Fourmilions, Hémérobes, Termites.*

3° Plicipennes. Les ailes inférieures sont ordinairement plus larges que les supérieures , et plissées suivant leur longueur; pas de mandibules : *Friganes.*

NICKEL (mot allemand). Corps simple métallique , d'un gris-blanc qui tient le milieu entre la couleur de l'argent et celle de l'acier; sa structure est fibreuse et crochue; il est ductile, malléable et très tenace ; sa densité est de 8,28 quand il a été fondu , et de 8,66 quand il a été forgé. Comme le fer et le cobalt, il est magnétique, mais à un moindre degré. Il décompose l'eau à la chaleur rouge; à une température élevée, il absorbe l'oxygène de l'air et se convertit en oxyde vert. Le Nickel se rencontre dans les terrains anciens, et dans ceux de transition de la Saxe, du Dauphiné , de l'Angleterre , de la Suède; on le trouve fréquemment dans les aérolithes.

Ce métal n'existe jamais à l'état natif. Celui auquel Hauy avait donné ce nom est du Nickel sulfuré. On le trouve communément associé au soufre, à l'arsenic et à l'acide arsénique.

Le Nickel a été isolé pour la première fois en 1751 par Cronsted, qui l'a retiré de la mine connue depuis fort longtemps sous le nom de *kupfernichel* ou Nickel arsenical.

NICOTIANE (*Nicotiana*). Genre de Plantes de la famille des Solanacées , dont les caractères sont : calice en tube, persistant, à 5 lobes ; corolle en entonnoir , avec un tube beaucoup plus long que le calice , et un limbe à 5 divisions et à 5 plis; étamines 5; ovaire supère; capsule ovoïde, marquée de 4 stries, à 2 loges et à 2 valves, etc.

Ce genre a de grands rapports avec les Jusquiames; il comprend une vingtaine d'espèces, les unes vivaces, les autres annuelles, toutes originaires de l'Amérique, excepté une qu'on trouve en Chine et au Cap , la Nicotiane frutiqueuse, qui a de très grands rapports avec la *N. Tabac.* — V. ce mot. — La N. rustique, dont les feuilles sont pétiolées au lieu d'être sessiles comme dans la précédente, est une des plus acclimatées parmi nous, et annuelle. On croit que c'est la première espèce qui ait été apportée en Europe.

Fig. 913. — Nigaud.

NIELLE (*Lychnis githago*). Espèce du genre Lychnide ; plante annuelle, poilue, à feuilles linéaires, velues soyeuses , très longues ; à fleurs grandes d'un rouge-violet, veinées, longuement pédonculées, dont le calice couvert de poils soyeux est à divisions linéaires dépassant les pétales ; ceux-ci sont dépourvus d'écailles; capsule ovoïde, sessile, uniloculaire. — La Nielle est très commune dans les moissons, où elle fleurit en juin-août, atteignant une hauteur de 30 à 80 centim.

NIGAUD. Nom vulgaire que porte le Cormoran. — V. ce mot. — Cet oiseau, dont nous donnons ici le portrait que nous n'avons pu exposer en son lieu, est de la taille de notre Oie; son plumage est d'un beau noir, ondé sur le dos d'un noir foncé et mêlé de blanc vers le bout du bec, et le devant du cou; le tour de la gorge et les joues sont de couleur blanche chez le mâle, qui porte aussi une huppe sur la nuque. — Le Nigaud se trouve dans les deux continents et n'est pas rare en France. Son vol est rapide et soutenu, mais à terre il marche mal. Il plonge parfaitement, et poursuit entre deux eaux avec une vitesse étonnante les anguilles dont il se nourrit.

NIGELLE (*Nigella*). Genre de Plantes de la famille des Renonculacées, annuelles, glabres ou à peu près, dont les feuilles sont bi-tripinnatiséquées, à segments linéaires presque capillaires; les fleurs sont blanchâtres veinées de bleu ou bleuâtres, solitaires à l'extrémité des rameaux, quelquefois entourées d'un involucre foliacé persistant multiséqué, composé de feuilles verticales : calice à 5 sépales pétaloïdes, étalés, caducs; corolle à 5-10 pétales beaucoup plus courts que les sépales, onguiculés, munis d'une fossette nectarifère que recouvre une écaille, à limbe bifide ; follicules 5-10 plus ou moins soudés.

Nigelle des champs (*N. arvensis*): Tiges de 10 à 30 cent., rameuses à rameaux dressés; fleurs dépourvues d'involucre; sépales longuement onguiculés, à limbe ovale acuminé, veiné ; pétales brusquement coudés au niveau de la fossette nectarifère, qui est couverte d'une écaille bleue, à limbe divisé en 2 lobes terminés en pointe et poilus.

Cette plante, appelée vulgairement et improprement *Nielle* (V. ce mot) est assez commune dans les moissons, les champs maigres, etc., et fleurit en juin-août.

Nigelle de Damas (*N. damascena*). Cette espèce s'élève un peu plus que la précédente, dont elle se distingue aussi par ses fleurs entourées d'un involucre multiséqué, et par ses anthères mutiques et ses follicules soudés jusqu'au sommet en une capsule ovoïde globuleuse.

La Nigelle de Damas se nomme vulgairement *Barbiche, Barbe de Capucin, Cheveux de Vénus,* à cause des laciniures de l'involucre qui enveloppe le double périanthe. C'est une gracieuse plante qu'on rencontre quelquefois dans le voisinage des jardins, où elle est fréquemment cultivée. Elle fleurit en juin et juillet ; par la culture elle produit de jolies variétés, dont quelques-unes à fleurs doubles.

La **Nigelle cultivée** (*N. sativa*) est encore une autre espèce, dite vulgairement *Cumin noir*, qui croît naturellement en Égypte, en Barbarie, et qu'on cultive dans les jardins. — Les graines des Nigelles sont aromatiques et forment en Orient un assaisonnement usité depuis un temps immémorial.

« On a remarqué dans les *Nigella sativa* et *N. damascena*, un phénomène digne de tout l'intérêt des physiologistes (phénomène, au reste, qui doit être, à notre avis, à peu près commun à tous les végétaux qui, comme les Nigelles, ont dans leurs fleurs dressées les pistils plus élevés que les étamines). Au moment de la fécondation, les pistils se penchent sur les étamines d'une manière souvent très visible, et se redressent peu à peu, cha-

Fig. 914. — Nigelle.

(1, feuille de l'involucre; 2, pétale coudé au niveau de la fossette nectarifère; 3, pistil; 4, capsules.)

cun à son tour, après avoir accompli l'acte qui assure la propagation de l'espèce. Un écrivain accuse ici, plaisamment, la Nigelle d'impudicité, parce qu'en effet, chez les animaux comme chez les végétaux, les mâles s'empressent de faire toutes les avances, tandis que chez la Nigelle, au contraire, les femelles viennent courtiser l'autre sexe. Le phénomène ci-dessus relaté doit également se manifester dans les autres plantes du même genre, selon toute probabilité; mais on n'a pas encore occasion de le remarquer, parce que, sans doute, elles se rencontrent moins fréquemment sous les yeux des observateurs. »

NIKA (*Nika*). Genre de petits Crustacés décapodes, de la famille des Macroures, ayant beaucoup d'analogie avec les Palémons ; mais ils s'en distinguent, ainsi que des Salicoques, par la singulière anomalie de leurs pieds antérieurs, dont l'un se termine en une serre à deux doigts, tandis que l'autre finit simplement en pointe. — Ces Crustacés sont très répandus dans nos mers ; ils n'abandonnent jamais le rivage, où les femelles déposent leurs œufs plusieurs fois dans l'année, au milieu des plantes marines. Leur chair est savoureuse , et l'on s'en sert aussi comme d'un excellent appât pour prendre les poissons.

NIPA. Palmier des îles de la Sonde, à feuilles gigantesques, longues de près d'un mètre et demi; les Indiens s'en servent pour couvrir leurs maisons, pour faire des parasols , des chapeaux. Le fruit donne une boisson d'excellente qualité.

NITIDULE (*Nitidula*). Genre de Coléoptères pentamères, de la famille des Clavicornes, offrant pour caractères : mandibules bifides à la pointe; mâchoires à un seul lobe; palpes courtes, presque filiformes; antennes de 11 articles, dont les 3 derniers forment une massue globuleuse; élytres ne recouvrant pas l'extrémité de l'abdomen.

Ces insectes sont de petite taille ; leur corps est en forme de carré long, un peu convexe en dessus et s'inclinant vers la tête et l'anus. La tête est enfoncée à moitié dans le corselet qui est carré, etc. On trouve les Nitidules dans les charognes, les substances animales desséchées, sous les écorces des arbres , dans certains champignons et même sur les fleurs. Leurs larves s'enfoncent en terre pour subir leur métamorphose.

La **Nitidule bipustulée**, qui est longue de 2 lignes , noire, offre deux taches fauves au milieu du disque des élytres. Elle se trouve aux environs de Paris, ainsi que la N. **discoidale** et la N. **bronzée**.

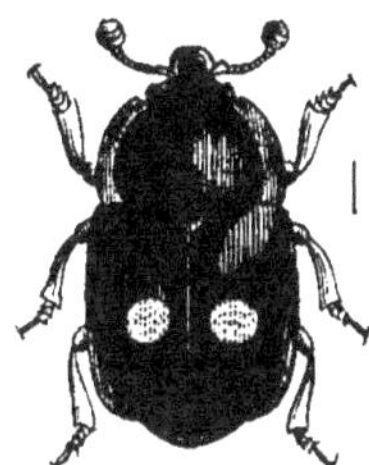

Fig. 915. — Nitidule.

NITRE, vulgairement *Salpêtre* ; sel composé d'acide nitrique et de potasse (*Nitrate de potasse*), cristallisant en prismes à 6 faces terminées en biseaux , incolore, fusible, d'une saveur fraîche et amère. Projeté sur des charbons ardents, il y *fuse avec bruissement*, propriété qui suffit pour le distinguer au premier abord.

Le Nitre ne se trouve pas naturellement cristallisé dans la nature; mais simplement en aiguilles courtes, soyeuses, qui sortent des murs et du sol des bâtiments où des matières végétales et animales se putréfient simultanément, telles que dans les écuries, les caves, les vieilles carrières abandonnées , etc. Mais quand on fait dissoudre du Nitre dans de l'eau chaude et qu'on laisse refroidir la liqueur très lentement, le Nitre alors cristallise en grandes aiguilles ou en baguettes qui convergent vers le centre du vase. Lorsque l'on agit tout à fait en grand, ces aiguilles grossissent et prennent la forme de prismes à six pans terminés par des pyramides à six faces.

« La plus grande partie du Nitre se retire par le lessivage et l'effloraison des terres qui en sont imprégnées ; on les dispose à cet effet en petites murailles parallèles que l'on place dans les circonstances les plus avantageuses à la production du Nitre, et c'est l'ensemble de ces établissements que l'on nomme *Nitrières artificielles*; mais, outre ces manufactures où le Nitre se reproduit presque à volonté , il en existe de grands dépôts dans la nature que l'on nomme *Nitrières naturelles*; l'une d'elles est située dans la Pouille en Italie , sur la mer Adriatique au lieu dit la *Molfetta*, et l'on voit en examinant cette nitrière qu'elle s'est formée dans un grand enfoncement conique qui est résulté de l'affaissement des bancs calcaires qui la contiennent; à l'époque où on la découvrit on estimait à douze quintaux la quantité de Nitre qu'elle contenait.

« Le Nitre est dissous dans certaines eaux de la Hongrie , et le fameux souterrain de Syracuse , bâti par Denis le Tyran, s'est changé en une mine inépuisable de Nitre ; ce sel est excessivement répandu en Asie , il effleurit avec effusion à la surface de la terre au Bengale, en Perse , en Arabie et dans plusieurs parties de l'Inde et de la Chine, particulièrement sur les plaines qui entourent la ville de Pékin; on en transporte jusqu'en Europe où il est fort estimé ; l'Afrique et l'Amérique en produisent aussi de très grandes quantités.

« Le principal usage du Nitre, celui qui en absorbe la plus grande quantité, c'est la fabrication de la poudre à canon, dans laquelle on l'emploie à plus ou moins grande dose suivant la qualité de la poudre que l'on veut fabriquer. »

La poudre à canon est composée de : salpêtre, 75, 0; charbon , 12,5; soufre, 12,5. Voici ce qui se passe dans la détonation : le soufre et le charbon se combinent avec l'oxygène de l'acide nitrique contenu dans le Nitre , d'où résultent de l'acide sulfurique et de l'acide carbonique. La totalité du premier acide et une partie du second restent combinées avec la potasse du Nitre ; mais la plus grande partie de l'acide carbonique se dégage avec l'azote de l'acide nitrique sous forme de gaz, dont le volume est plusieurs milliers de fois plus considérable que celui que ces corps occupaient dans la poudre. C'est à cette augmentation de volume des substances composant la poudre que celle-ci doit sa force de projection.

NIVÉOLE (*Leucoium*), Genre d'Amaryllidacées, très voisin du Galanthe ou Perce-Neige , présentant les caractères suivants : périanthe à tube court non prolongé au-dessus de l'ovaire, et à limbe à 6 divisions presque égales , épaissies et verdâtres au sommet; étamines insérées sur le disque, qui recouvre l'ovaire; anthères s'ouvrant par deux fentes longitudinales. — On cultive quelquefois dans les parterres la Nivéole du printemps (*N. vernum*), à tige uniflore, ainsi que la N. d'été (*N. æstivum*) à tige pluriflore.

NOCTHORE (*Nocthora*) ou Douroucouli, Nyctipithèque. Genre de Singes du Nouveau-Monde, de la tribu des Cébiens, à queue non prenante, ayant pour caractères principaux : tête ronde, très large; museau court; yeux grands et rapprochés; narines séparées l'une de l'autre par une narine très mince; oreilles petites; queue plus longue que le corps, non prenante, quoique s'enroulant autour des corps, recouverte de poils.

Ce sont de jolis petits Singes nocturnes qui dorment à peu près tout le jour, pour reprendre toute leur vivacité quand la nuit arrive. Ils ne vivent pas en troupes, mais se tiennent deux à deux dans un véritable état de monogamie, dans les creux des gros arbres où la femelle fait ses petits. — L'espèce la mieux connue est le N. Douroucouli, dont le pelage est cendré, le ventre d'un jaune roux, et qui présente trois lignes brunes et parallèles, étendues du front à l'occiput.

NOCTILION (*Noctilion*). Genre de Carnassiers, de la tribu des Chéiroptères, famille des Vespertilions, particulièrement caractérisé par sa double fissure labiale, et par le manque de phalange onguéale aux doigts de l'aile; le museau est court, très renflé, fendu, garni de verrues ou de tubercules charnus; nez confondu avec les lèvres; narines un peu tubuleuses formant une légère saillie; lèvre supérieure divisée dans son milieu en bec de lièvre; membrane interfémorale très grande, saillante.

Ces Chauves-Souris ont reçu de quelques naturalistes le nom de *Becs-de-Lièvre*, tiré de la disposition particulière de la lèvre supérieure. Elles se trouvent dans les contrées chaudes et boisées de l'Amérique méridionale, telles que le Brésil, le Paraguay, la Guyane, le Pérou, les Florides, etc. Leurs mœurs n'ont pas été observées, mais il y a tout lieu de croire d'après la forme de leurs vraies molaires qu'elles vivent d'insectes et non pas de fruits. Les espèces se ressemblent tellement qu'on ne peut les distinguer spécifiquement qu'avec beaucoup de doute.

Le Noctilion léporin (*N. leporinus*) est de la taille d'un Rat de moyenne grandeur; son envergure est de 40 cent. Son pelage est d'un fauve roussâtre plus ou moins jaunâtre, uniforme, avec les membranes claires un peu brunâtres.

NOCTUELLE (*Noctua*). Genre de Lépidoptères de la famille des Nocturnes, ayant pour caractères : trompe cornée, longue; palpes comprimées, ayant leur dernier article court; antennes sétacées, composées d'un très grand nombre d'articles; tête petite, velue, unie intimement au corselet qui est très grand, très velu; abdomen moins velu que le thorax, terminé brusquement chez les mâles, en pointe chez les femelles; ailes tantôt en toit, tantôt horizontales, toujours assez allongées; les taches qui les couvrent sont habituellement des lignes transverses plus ou moins onduleuses, et sur le disque deux taches rapprochées, dont l'une, plus près de la base, ronde, et l'autre réniforme.

Fig. 916-917. — Noctuelle et sa chenille.

Les Noctuelles, comme tous les autres Lépidoptères, ont les ailes recouvertes d'une poussière, que le moindre frottement enlève; les inférieures sont plissées dans leur longueur au côté interne. On trouve ordinairement ces papillons dans les bois, les prairies et les jardins où leurs chenilles ont vécu, et aux environs des plantes sur lesquelles elles doivent déposer leurs œufs. Ils ne volent en général que vers le coucher du soleil; toutefois quelques espèces sont très agiles pendant le jour, et on les rencontre sur les fleurs, occupées à chercher leur nourriture.

Les chenilles des Noctuelles sont cylindriques, de couleurs sombres, vivant sur les plantes basses, dont elles rongent les unes les feuilles, les autres les racines; elles se tiennent toutes couchées pendant le jour, soit sous les feuilles caulinaires, soit sous des pierres, soit enfin dans des trous qu'elles se creusent dans la terre. — Les Chrysalides sont lisses, luisantes et renfermées dans des coques peu solides, composées entièrement de terre, et plus ou moins profondément enterrées.

Les Noctuelles se trouvent répandues dans toutes les parties du globe; les espèces sont au nombre de plusieurs centaines, dont la majeure partie habite les pays tempérés. Toutes ont été partagées en plusieurs groupes, dont on est parvenu à faire deux divisions : les *Erèbes* et les *Noctuelles*.

Les Erèbes diffèrent des Noctuelles proprement dites par les derniers articles des pattes qui sont longs et grêles, et par leurs ailes toujours étendues et horizontales. A l'exception d'une seule, toutes les espèces sont exotiques.

NOCTURNES. Epithète donnée aux animaux qui restent pendant tout le jour cachés dans leur retraite, et qui ne sortent que la nuit, comme les Chouettes, les Chauves-Souris, le Lion, le Tigre, etc. — C'est aussi le nom spécial d'une famille de Lépidoptères, dont font partie notamment les Noctuelles.

NODDI. Genre d'Oiseaux palmipèdes, distrait du genre Sterne, et qui en diffère par la queue non fourchue et très arrondie.

Le **Noddi noir**. (*Sterna stolida*), vulg. *Oiseau fou*, à cause de sa confiance ou de sa stupidité, est long de 32 cent., le dessus et le dessous du corps sont entièrement d'un brun nuancé de roussâtre ; le front est blanc, le vertex gris cendré, l'occiput gris ; les rémiges et les rectrices sont brun-roussâtre, bec et pieds noirs. — Cette espèce habite le nord de notre hémisphère ; elle se jette avec étourderie sur les navires, soit par fatigue d'une course lointaine, soit par imprévoyance, et se laisse prendre par les matelots, qui mangent avec appétit sa chair noire, dure et de mauvais goût.

NOISETIER ou **COUDRIER** (*Corylus*). Genre de la famille des Cupulifères, dont voici les caractères : fleurs monoïques : fleurs mâles en chatons allongés écailleux, composées chacune d'une écaille trilobée sur laquelle sont insérées 8 à 10 étamines ; fleurs femelles au nombre de 6 à 8, formant de petits groupes entourés d'écailles imbriquées, et se composant d'un ovaire globuleux à 2 loges renfermant chacune un ovule renversé, et de 2 stigmates filiformes saillants. Le fruit est un gland osseux, enveloppé d'une capsule foliacée monophylle et tubuleuse, irrégulièrement lobée.

Fig. 918. — Noisetier.

(Chaton de fleurs mâles ; groupe de fleurs femelles et noisette.)

Le **Noisetier commun** (*C. avellana*), arbriseau touffu qui s'élève à 4 ou 5 mètres, est connu de tout le monde parce qu'il est commun dans nos forêts, où il forme des buissons très épais. Il fleurit en janvier, février et mars, et ses fruits sont en maturité en août. L'amande ou graine, renfermée dans le péricarpe osseux, est douce, agréable, nourrissante ; elle contient environ la moitié de son poids d'une huile fixe et grasse. On peut en faire des émulsions adoucissantes.

Les mêmes propriétés existent dans plusieurs espèces de Noisetiers.

Le Noisetier a joué un grand rôle dans la poésie symbolique et la physique occulte. Nous en avons déjà touché un mot. — V. *Coudrier*.

NOIX. Fruit du *Noyer*. — V. ce mot.

On donne aussi le nom de Noix, mais improprement, à une foule de fruits ou d'objets divers présentant des caractères de ressemblance avec la Noix. Ainsi on nomme *Noix d'acajou*, la graine de l'Anacarde ; *Noix des Barbades*, le fruit du Médicinier cathartique ; *Noix d'Inde*, le fruit du Cocotier ; *Noix de galle*, les excroissances ligneuses produites sur diverses espèces de chêne par la piqûre d'un insecte du genre Cynips ; *Noix vomique*, la baie du Vomiquier, etc.

NOMBRIL DE VÉNUS. « Ce nom trivial s'applique à deux plantes de genres et de familles très éloignés, au Cynoglosse à feuilles de lin, *Cynoglossum linifolium*, à cause de ses capsules qui présentent à leur surface une cavité rappelant un peu la forme du Nombril ; et au Cotylet ombiliqué, *Cotyledon umbilicus*, à cause de ses feuilles concaves, surtout celles radicales qui sont marquées d'un petit creux semblable à celui produit par le nœud fait au cordon ombilical que l'on a séparé du corps humain. Ces rapprochements plus ou moins forcés sont des restes d'une nomenclature vicieuse qu'il serait important d'oublier, s'ils ne se trouvaient dans les anciens auteurs, surtout dans Pline et Dioscorides, et s'ils ne demandaient par conséquent d'être ramenés à la nomenclature scientifique, quand on veut se rendre compte des passages de ces naturalistes empiriques. »

NOTACANTES ou mieux **Notacanthe** (du gr. *notos*, dos ; *akantha*, épine). Famille de Diptères qui ont un écusson épineux, la tête globuleuse, les ailes croisées sur le dos dans le repos, l'abdomen grand, méplat, arrondi. Leurs larves sont aquatiques, allongées, avec un bouquet de poils à l'anus, servant à tenir cette partie au ras de la surface du liquide, où la nymphe est plongée, et à permettre à l'air de pénétrer dans les trachées.

NOTONECTE (*Notonecta*). Genre d'Hémiptères hétéroptères, de la famille des Hydrochorises, ayant le corps épais, le rostre court, conique et triangulaire, les antennes courtes, cachées sous le rebord de la tête ; les ailes retombant en toit des deux côtés du corps.

Ces insectes sont aquatiques et carnassiers sous tous leurs états. On les nomme *Notonectes* parce qu'ils nagent toujours sur le dos pour pouvoir saisir avec plus de facilité la proie qui passe au-dessus d'eux.

Le Notonecte glauque (*N. glauca*), vulg. *Araignée d'eau*, est long de six lignes ; il a la tête jaunâtre, les yeux bruns, les élytres jaunes, avec quelques points bruns le long de la côte antérieure. — Il attaque principalement les larves d'éphémères. Dans l'accouplement, le mâle est monté sur le dos de la femelle, et les deux individus nagent malgré cela avec une grande vitesse. La femelle place ses œufs sur les tiges des plantes aquatiques.

NOURRITURE. — V. *Aliment*.

NOYER (*Juglans*). Genre d'Arbres de la famille des Juglandées, dont le tronc est recouvert d'une écorce lisse dans la jeunesse, mais épaisse et gercée à un âge plus avancé, et dont la cime est large et touffue. Ses feuilles sont grandes, alternes, pétiolées, ailées, d'un beau vert, composées de 7 à 9 folioles, quelquefois moins, sessiles, opposées, glabres, aiguës, entières, rarement

Fig. 919. — Noyer.

(1, chaton de fleurs mâles ; — 2, fleurs femelles détachées montrant leurs pistils au moment de la fécondation ; — 3, noix ; — 4, amande du fruit.)

denticulées. Fleurs monoïques, les mâles disposées en longs chatons cylindriques pendants, d'un brun vert, réunis sur le vieux bois plusieurs ensemble ou solitaires, longs de 5 à 6 centim. ; les fleurs femelles sont axillaires, situées vers l'extrémité des rameaux, presque sessiles, au nombre de 2 ou 3 ; il leur succède, sous le nom de *noix*, des drupes ovales-globuleux, enveloppés d'un brou ferme, épais, d'un beau vert.

Le Noyer commun (*J. regia*), dont les caractères botaniques viennent d'être indiqués (caractères auxquels il faut ajouter toutefois ceci : que le calice, dans les fleurs mâles, est à 6 divisions, et renferme une vingtaine d'étamines presque sessiles ; et que, dans les femelles, le calice est double à 8 divisions, avec ovaire surmonté de 2 styles épais et 2 stigmates en massue déchirés) ; le Noyer, disons-nous, n'est point indigène à l'Europe, bien qu'il y soit très anciennement connu. Pline le dit originaire de la Perse, où on le trouve encore dans son état sauvage au milieu des forêts. Quoiqu'il jouisse parmi nous de tous les droits de la naturalisation, il n'y est point acclimaté au point de pouvoir résister au froid des hivers rigoureux.

Le Noyer est le plus beau de nos arbres fruitiers. Il paraît exhaler certaines émanations qui nuisent aux autres végétaux et les empêchent de prospérer autour de lui ; les douleurs de tête qu'elles occasionnent aux hommes qui y demeurent longtemps exposés semblent indiquer qu'elles ont quelque chose de vireux. Mais l'opinion populaire, qui attribue au Noyer la propriété de donner la fièvre à ceux qui reposent sous son ombre, a besoin de confirmation. Le bois de cet arbre est très recherché pour la fabrication des meubles, des coffres de voitures, à cause de sa couleur agréablement veinée, de sa résistance, etc. Sa racine, ses feuilles et l'enveloppe extérieure de son fruit fournissent une couleur jaunâtre utilement employée dans la teinture.

Les fruits méritent surtout d'être signalés à cause de leurs usages en économie domestique et en médecine. L'enveloppe extérieure (*brou de noix*) est verte, charnue, d'une saveur styptique très acerbe ; elle renferme beaucoup de tannin et d'acide gallique, et noircit fortement les doigts. Les anciens ont célébré les propriétés vermifuges du brou de noix, mais de nos jours on ne l'emploie pas. La seconde enveloppe de la noix est dure, sillonnée, comme testacée. L'amande, qui est de forme quadrilatère, est recouverte d'un épiderme jaunâtre, très mince, qui jouit de propriétés astringentes ; lorsque cette amande est dépouillée de son épiderme, elle est douce, nutritive, adoucissante en raison de l'huile et du mucilage qu'elle contient. L'huile de noix obtenue par expression et sans chaleur des amandes de l'année dépourvues de leur épiderme, est douée de propriétés relâchantes, adoucissantes, et peut suppléer l'huile d'olive dans les usages culinaires et pharmaceutiques ; dans les cas contraires, elle exhale une odeur forte et irrite la gorge.

Les feuilles de Noyer ont été mises en honneur dans ces dernières années, comme antiscrofuleuses et détersives. On s'en sert avec avantage et économie pour injections chez les femmes affectées de catarrhe utérin.

L'Amérique du Nord nous a fourni plusieurs espèces du genre Noyer : aucun ne paraît dépasser le 40e degré de latitude nord.

La culture du Noyer commun lui a fait donner naissance à plusieurs variétés remarquables : 1° le *N. de jauge*, qui donne des noix très grosses, mais dont l'amande n'est pas en rapport et ne se garde pas aussi longtemps ; — 2° le *N. mésange* dit *N. miraculeux*, à cause de sa haute stature, de l'abondance et de la bonté de ses fruits, dont la coque est si tendre que la Mésange la perce de son bec ; — 3° le *N. tardif*, qui craint les derniers froids et fleurit tard ; — 4° le *N. à fruit anguleux* ou *N. féroce*, remarquable par l'excellence de son bois et la coque petite, mais très épaisse et très dure de ses fruits.

NUAGES. Nous empruntons cet article au *Dictionnaire classique d'Histoire naturelle*. « Ceci est encore un sujet d'étude pour les météorologistes ; on ne peut présenter que des conjectures plus ou moins hasardées sur les causes qui influent sur la forme des Nuages, sur leur élévation dans l'atmosphère, sur les couleurs si brillantes qu'ils affectent quelquefois, sur l'étendue et les apparences variées qu'ils prennent sans cesse. Aussi nous ne pourrons donner à nos lecteurs rien de positif à cet égard. Cependant nous leur ferons connaître, autant qu'il sera en nous, le résultat des travaux des différents savants qui se sont occupés de l'examen des Nuages.

« Les Nuages, comme chacun de nous le sait, ne sont que des amas de brouillards, lesquels doivent leur naissance aux vapeurs qui s'élèvent de la terre dans les contrées humides, dans les vallées, sur les rivières, sur les marais, etc., etc. Toutes les fois que ces brouillards ne sont pas emportés par des vents violents au moment de leur formation, ils s'accumulent, s'élèvent, et forment alors par leur assemblage ces masses que nous observons au-dessus de nos têtes. Ce n'est pas là cependant la seule cause qui donne naissance aux Nuages ; il en est d'autres qu'il est bon de rapporter ici. Ainsi, par exemple, lorsque deux vents contraires viennent à se rencontrer, s'ils sont suffisamment saturés d'humidité, et qu'ils soient à des températures différentes, il adviendra qu'il y aura condensation d'une part de l'humidité dont le vent était saturé, et que cette condensation amènera la formation d'un Nuage. Il se pourrait que des Nuages dussent aussi leur existence à des vapeurs qui, s'élevant de la terre dans des régions élevées, rencontrassent des milieux ambiants dont les températures ne seraient pas assez élevées pour les maintenir à l'état élastique. Toutes ces diverses causes ont été reconnues pour produire les Nuages.

« Les vapeurs dont les Nuages sont composés ont été observées avec soin, et le résultat de ces observations a été qu'elles s'y trouvaient à l'état vésiculaire, c'est-à-dire que la vapeur, au lieu d'être continue, était séparée et contenue dans de petits globules, semblables aux bulles de savon. Les Nuages ne sont donc autre chose qu'un amas de ces petits globules remplis d'air humide

qu'une température moins élevée résout facilement en pluie. Ici se présente un phénomène assez curieux et qu'il est bien difficile d'expliquer. Ces globules se soutiennent dans l'air, et pourtant leur densité est plus grande que celle du milieu où ils se trouvent ; cette augmentation de densité provient de la petite enveloppe dont la vapeur vésiculaire est entourée ; or, comment expliquer qu'un corps d'une densité plus grande que le milieu ambiant puisse se soutenir dans ce milieu ? Voilà certes une anomalie dont il est difficile de donner les raisons ; aussi les savants ne sont point encore d'accord sur ce point. Les uns, parmi lesquels on range M. Gay-Lussac, prétendent que les courants d'air chaud que fournit sans cesse la terre suffisent, en s'élevant, pour servir de support aux vapeurs vésiculaires et pour les soutenir dans les régions élevées de l'atmosphère. D'autres savants, et parmi eux se trouve Fresnel, supposent que la chaleur solaire absorbée par les Nuages en forme des espèces de montgolfières qui prennent un essor en raison directe de l'élévation de température, de sorte que, en admettant cette hypothèse, on arriverait à ce corollaire que, plus on aurait lieu de croire à la nécessité de la chute des vapeurs vésiculaires, plus, au contraire, elles seraient destinées à s'élever. Nous ne déciderons pas entre ces deux hypothèses, qui sont peut-être vraies l'une et l'autre et concourent ensemble à produire le même résultat, nous laisserons à nos lecteurs le soin de se ranger dans l'un ou l'autre camp, et de prendre parti pour César ou pour Pompée. »

NUCULAINE. Fruit charnu provenant d'un ovaire libre et contenant plusieurs noyaux ou *Nucules* disposés circulairement autour de l'axe du fruit.

NUDIBRANCHES. Ordre de Mollusques de la classe des *Gastéropodes* (V. ce mot), caractérisé par la position des branchies à nu sur quelques parties du corps.

NUMMULITE ou **NUMMULINE** (*Nummulites*). Genre de Coquilles de Céphalopodes, dont voici les caractères : ouverture contre l'avant-dernier tour de spire, masquée dans l'âge adulte ; coquille discoïdale, dépourvue d'appendices, quelquefois aussi grande que des pièces de monnaie, d'autres fois pas plus grande que des lentilles.

Ces coquilles sont extrêmement répandues ; elles forment quelquefois des montagnes entières ou couvrent de vastes contrées. Elles ont singulièrement exercé la sagacité des naturalistes ; Strabon avait admis l'opinion populaire qu'elles étaient les résidus des aliments des ouvriers, dans les décombres avoisinant les pyramides d'Egypte ; Pline avait constaté leur présence dans les sables de la plus grande partie de l'Afrique, sans en préjuger l'origine ; plus tard on conçut l'idée de les rattacher à des faits miraculeux ; mais de nos jours les savants pensent que l'animal qui a produit ces corps ne pouvant être contenu dans la coquille, celle-ci était intérieure en tout ou en partie et qu'elle n'adhérait à l'animal que par la dernière cloison, dans laquelle un muscle ou un ligament devait s'insérer.

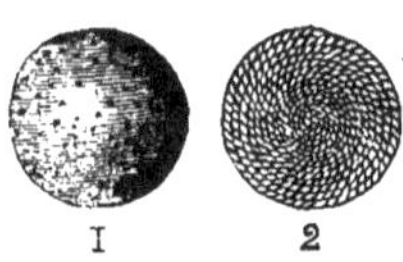

Fig. 920. — Nummulite.

Il existe un assez grand nombre d'espèces de Nummulites, presque toutes fossiles. Elles se trouvent en quantités innombrables dans certains pays : la pierre de Laon en est entièrement formée, et les rochers sur lesquels sont fondées les pyramides d'Egypte en sont pétris. Toutes sont à peu près semblables dans leurs formes, de taille plus ou moins grande, lisses. — La N. LISSE (*N. levigata*) a de 4 à 8 lignes de diamètre ; son épaisseur est peu considérable, et elle est également bombée aux deux faces opposées. Commune à Villers-Cotterets, à Soissons, en Suisse, etc. — La N. APLATIE est celle qui est si abondante en Egypte. — La N. RADIÉE est une petite espèce moins grande qu'une lentille ; on a trouvé cette coquille dans la Méditerranée.

NUPHAR (*Nuphar*). Genre de Nymphéacées, ayant le port et les habitudes des Nénuphars, dont quelques botanistes font une espèce particulière : calice à 5 sépales persistants ; corolle de 10-20 pétales beaucoup plus courts que le calice, jaunes, épais, charnus, disposés sur 2 rangs.

Le NUPHAR JAUNE (*N. luteum*), ou *Nénuphar jaune*, *Plateau*, *Lis des étangs*, a les feuilles d'un très grand diamètre, très entières, coriaces, profondément cordées à la base ; les fleurs d'un beau jaune, le plateau des stigmates fortement ombiliqué.

Le Nuphar est commun dans les eaux claires profondes, les étangs, les rivières peu rapides, où ses fleurs se montrent tout l'été depuis le mois de juin. Son fruit, qui est ovoïde et de la grosseur d'une tête de pavot, s'ouvre en lanières de la base au sommet. Il suffit de jeter des graines bien mûres ou des portions de racines venant d'être arrachées, pour multiplier cette belle plante dans les eaux d'agrément.

Dans les temps de disette, on a quelquefois réduit en farine la racine, qui est vivace, grosse et longue, pour en faire du pain. On assure que cette racine, pilée dans du lait, détruit les Belettes, les Fouines, les Grillons et les Courtilières.

NUTRITION. Envisagée d'une manière générale, la Nutrition consiste dans la série des transformations successives qu'éprouvent les substances nutritives, depuis le moment de leur entrée dans l'organisme jusqu'à celui de leur sortie. Conséquemment, cette fonction multiple et complexe résulte de la *Digestion*, de l'*Absorption*, de la *Circulation* et de la *Respiration*. — V. ces mots.

Mais si nous avons vu dans les articles susdits comment les aliments introduits dans les voies digestives y subissent divers changements de nature et de composition ; comment ils parviennent, par absorption, dans le torrent de la circulation, directement par les veines ou indirectement par les chylifères ; comment l'oxygène de l'air est à chaque instant introduit dans le sang, il nous reste à étudier les changements qui surviennent dans les matières absorbées, à déterminer la nature des produits définitifs de la nutrition, ainsi que le mode suivant lequel les matériaux qui ont servi à la réparation des tissus ou des liquides de l'économie se modifient à leur tour, pour sortir au dehors par la voie des sécrétions. Le sang est le milieu de tous les phénomènes de Nutrition : c'est lui qui fournit les matériaux de réparation que la digestion renouvelle sans cesse ; c'est lui qui reçoit, pour les conduire vers les organes d'expulsion, les matériaux usés par le renouvellement de la vie.

La partie nourrissante du sang est liquide et transsude au travers des parois des vaisseaux capillaires, qui sont d'une ténuité extrême : c'est la *lymphe plastique*, la *lymphe coagulable*, le *suc nourricier*, qui contient nécessairement tous les éléments des tissus, et qui peut être considéré comme un liquide albumineux et fibrineux, contenant des sels divers et une petite proportion de matières grasses à l'état de sels. Le sang est dans un état de métamorphose perpétuel ; d'un côté, il fournit les éléments des tissus et des produits de sécrétion ; et, de l'autre, il se régénère sans cesse, tant aux dépens des matières digestives absorbées dans l'intestin et versées dans sa masse par l'absorption, qu'aux dépens des matériaux régressifs puisés par le système lymphatique et le système veineux dans la trame des tissus.

Les globules du sang ne prennent pas une part immédiate à la Nutrition ; car ils ne font point partie du liquide nutritif ; cependant ils jouent un rôle des plus importants, puisque leur diminution retentit d'une manière directe sur les phénomènes de Nutrition : c'est l'élément à la constitution duquel toutes les substances azotées sont en quelque sorte subordonnées ; ces globules se développent aux dépens des matières albuminoïdes introduites dans le sang par le travail de la digestion, et ils se détruisent en abandonnant de nouveau dans les parties liquides du sang les matières albumineuses qui les ont fournis.

La Digestion introduit dans l'organisme des

éléments minéraux (soufre , phosphore, chlore, silicium , fluor, calcium , sodium , magnésium , fer, manganèse), et des éléments organiques, d'origine animale ou végétale (matières albuminoïdes, sucre , féculents). Les premiers pénètrent dans l'économie à l'état de sels ; les seconds, sous forme de peptone ou d'albuminose et sous celle de matières grasses et de glycose. On ne peut savoir si les diverses substances alimentaires qui entrent dans le sang, sortent après leurs métamorphoses, au travers des parois capillaires pour se fixer dans les tissus et en faire partie intégrante ; on ne saurait affirmer non plus que les diverses substances alimentaires se bornent simplement à se métamorphoser dans le sang pour former les divers produits de sécrétion.

Les matières *azotées* de l'alimentation se reconstituent promptement à l'état d'albumine, qu'on retrouve déjà dans la veine porte. Cette albumine prend part à la formation des globules dans le sang ; et il est probable que c'est dans les globules que se forme la fibrine du liquide sanguin, par l'intervention de la respiration. La fibrine a une tendance naturelle à la formation solide ; lorsque les liquides qui la contiennent sont exhalés hors des vaisseaux, ils se solidifient et concourent à la réparation des tissus. La fibrine, en sa qualité de matière coagulable, joue un rôle essentiel dans la Nutrition des tissus ; elle peut être envisagée comme le point de départ des phénomènes d'organisation. Les divers tissus ont pour base organique la fibrine ou l'albumine, en vertu de modifications peu connues (soit en fixant de l'oxygène et de l'hydrogène dans les proportions de l'eau , soit en fixant de l'hydrogène et de l'azote dans les proportions de l'ammoniaque). Les tissus sont eux-mêmes, dans leur épaisseur, le théâtre de transformations chimiques variées, et passent par une succession de produits intermédiaires qui rentrent dans le sang sous forme soluble, où ils constituent ce qu'on appelle les *matières extractives*, lesquelles ne sont vraisemblablement que des degrés plus ou moins avancés d'oxydation des matières albuminoïdes, dont les derniers termes sont l'acide urique et l'urée.

Les matières *féculentes* de l'alimentation absorbées à l'état de sucre (glycose), et les matières grasses absorbées en nature , circulent pendant quelque temps avec le sang, et finissent enfin par disparaître, par suite d'un phénomène de combustion lié à l'introduction incessante de l'oxygène par la voie des poumons, et qui constitue la principale source de la chaleur animale. Le dernier terme de la combustion du sucre et des matières grasses consiste en eau et en acide carbonique, et les produits sont éliminés de l'organisme par les poumons, les reins et la peau. — V. *Respiration* et *Sécrétions*.

Lorsque l'Homme ou l'Animal augmente de poids, les aliments respiratoires (féculents) concourent pour la plus grande part à cette augmentation, et l'on dit qu'il *engraisse*. Les matières

s'accumulent dans les tissus ; lorsque la quantité de glycose l'emporte sur les besoins de la respiration, une partie se transforme en graisse et contribue à la formation des dépôts adipeux de l'organisme. Cette métamorphose des féculents, de leur produit digéré (la glycose) en matières grasses, nous explique comment les animaux, tels que bœufs, moutons, cochons, soumis à l'engraissement , se remplissent de tissu adipeux à l'aide d'une nourriture végétale, composée surtout de fécule (fourrages de toute espèce , orge, maïs, avoine , pommes de terre, etc.). Les animaux carnivores qui vivent exclusivement de chair sont remarquables par la faible quantité de graisse que renferment leurs tissus.

Lorsque les hydrates de carbone ont été déposés dans l'organisme sous forme de tissu graisseux, ce tissu joue le rôle d'un aliment respiratoire, quand les aliments font défaut dans l'alimentation. Chez les animaux soumis à l'abstinence, la graisse diminue en peu de temps et finit bientôt par disparaître. Lorsque les hydrates de carbone font défaut dans l'alimentation, les aliments plastiques (albumine , fibrine , etc.) peuvent ils donner directement naissance à des matières grasses ? C'est ce qu'on ne sait pas.

Les deux espèces d'aliments (plastiques et respiratoires) sont nécessaires à l'entretien régulier des fonctions animales. Sans doute les principes azotés sont plus nécessaires à l'entretien de la vie que les principes non azotés, puisqu'en concourant à la rénovation des tissus, ils peuvent aussi, dans une certaine mesure , se transformer en sucre ou en aliments respiratoires, tandis que les seconds ne peuvent engendrer des tissus azotés ; mais néanmoins les uns et les autres ont leur importance relative et leur rôle spécial qu'il faut respecter. L'alimentation de l'Homme doit contenir 1 partie d'aliments plastiques (albumine ou matériaux analogues) et 4 parties d'hydrates de carbone (fécule ou graisse) ; cette proportion correspond aussi à la constitution du lait des femmes, qui contient en effet 10 parties de caséine (aliment plastique), 40 parties de sucre et de beurre (hydrates de carbone). Les sels , et particulièrement le sel marin (chlorure de sodium), jouent un rôle important dans la Nutrition ; car la suppression du sel dans l'alimentation est promptement suivie d'une altération grave de la santé. Il y a 200 à 250 gram. de chlorure de sodium ou de sels équivalents dans le corps de l'homme ; le chlorure de sodium est le plus répandu dans le sang, où son intervention paraît nécessaire pour entretenir l'alcalinité de ce liquide et maintenir à un degré déterminé le point de coagulation de l'albumine. Les sels alcalins du sang favorisent sans doute les métamorphoses des éléments organiques en présence de l'oxygène.

« L'homme bien portant rend en vingt-quatre heures et en moyenne 28 grammes d'urée dans l'urine. Il expulse donc par cette voie environ 13 grammes d'azote. A cette quantité nous pouvons ajouter 1 ou 2 grammes pour l'azote expiré par les poumons ou avec les matières azotées de la transpiration cutanée. Ce n'est pas tout : il y a encore dans l'urine de l'acide urique et d'autres matières extractives azotées variables en quantité; il y a 22 grammes d'acide cholique et d'acide choléique (modifiés) expulsés dans les vingt-quatre heures par l'intestin; ajoutons pour ces divers produits 5 grammes d'azote. Il en résulte que la nourriture doit contenir en moyenne 20 grammes d'azote au minimum, pour correspondre à la réparation normale.

« L'acide carbonique expulsé par les poumons et par la peau dans les vingt-quatre heures équivaut en moyenne, nous l'avons vu, à 10 grammes de charbon brûlé par heure, ou à 240 grammes dans les vingt-quatre heures. Mais ces 240 grammes ne représentent pas exactement tout le carbone utilisé, car les matières organiques azotées des déjections solides ou liquides (fèces, urine, sueur) renferment aussi du carbone (surtout les matériaux de la bile qui sont riches en carbone). Cette quantité de carbone peut être évaluée à 50 ou 60 grammes. La ration alimentaire doit donc contenir au minimum 300 grammes de carbone en vingt-quatre heures (1). »

Cette ration est très convenable lorsqu'elle se compose de 1,000 gram. de pain, qui renferment 300 de carbone et 10 d'azote, et de 300 gram. de viande où l'on trouve 30 de carbone et 10 d'azote. Avec plus de viande il faudrait moins de pain, et réciproquement; mais dans l'un et l'autre cas, le régime pourrait fatiguer les forces digestives sans profit pour l'économie. Les habitants de la France qui se nourrissent principalement ou presque exclusivement de pain joignent ordinairement et instinctivement à leur nourriture l'usage d'une substance très azotée, le fromage.

Ainsi, les aliments non azotés pris isolément, et même en grande quantité, sont insuffisants pour l'entretien de la Nutrition; les aliments azotés pris isolément, quoique nourrissant mieux que les précédents, ne constituent pas une nourriture complète. Il ne faut pas entendre, par ces deux genres d'aliments, les substances végétales d'une part, et les substances animales d'autre part, car les unes et les autres renferment des principes azotés et des principes non azotés. Mais si l'alimentation exclusive avec des matières végétales variées peut entretenir la vie, ce n'est qu'à la condition de contenir en proportion convenable les divers principes nécessaires à la Nutrition; et comme les aliments animaux contiennent des matériaux azotés plus abondants que les végétaux, ils interviennent naturellement d'une manière favorable dans le régime et permettent de diminuer la masse de nourriture ingérée.

Nous n'entrerons pas dans l'examen des questions relatives à la Nutrition interstitielle qui préside au renouvellement et à l'entretien des divers tissus de l'économie, ni de l'influence de l'alimentation, suivant qu'elle est plus ou moins suffisante, sur les naissances, la mortalité, la production des maladies, etc.; ce sont là des sujets de biologie encore assez obscurs, ou des sujets d'hygiène parfaitement élucidés maintenant, mais qui ne peuvent entrer dans notre cadre.

Un acte organique en opposition radicale avec la Nutrition est la décomposition; elle est le résultat de cette action absorbante intérieure par laquelle une quantité de matériaux égale à celle des matériaux nouveaux qui y a déposés le mouvement de composition est reprise par les vaisseaux absorbants. — V. *Absorption*.

La Nutrition, si compliquée chez l'Homme et chez les animaux d'un ordre supérieur, se simplifie à mesure que l'organisation elle-même présente plus de simplicité. C'est ainsi que, dans les animaux d'un ordre tout à fait inférieur, les Infusoires, les Vers et quelques Mollusques, les fonctions assimilatrices sont réduites à l'absorption et à l'assimilation. Les animaux qui vivent dans l'eau absorbent par tous les points de leur surface externe les matériaux nutritifs qu'ils puisent dans le fluide au milieu duquel ils se meuvent, et souvent sans qu'on puisse suivre ce fluide; il est immédiatement employé à l'entretien et à l'accroissement des tissus.

Il en est de même dans les Végétaux : c'est en vertu d'une force de succion qu'ils absorbent dans l'atmosphère ou dans le sein de la terre les substances solides, liquides ou gazeuses qui doivent être employées à la Nutrition.

NYCTAGE (*Nyctago*). Genre de Plantes de la famille des Nyctaginacées, herbacées, vivaces dans leur patrie, tandis qu'elles sont annuelles étant cultivées dans le nord de la France; feuilles opposées ou alternes; fleurs d'une durée éphémère, offrant : calice monosépale à 5 divisions lancéolées, inégales; corolle monopétale infundibuliforme, dont le tube est une fois plus long que le limbe et resserré au-dessus de l'ovaire, tandis qu'il est un peu ventru au-dessous, le limbe s'élargit en s'ouvrant et offre 5 lobes peu marqués; 5 étamines; ovaire supère; style filiforme à stigmate globuleux.

---

(1) Les substances alimentaires (matières albuminoïdes et hydrates de carbone) renferment aussi de l'oxygène et de l'hydrogène. L'oxygène et l'hydrogène sont contenus dans les produits expulsés, soit à l'état de combustion binaire, c'est-à-dire à l'état d'eau, soit à l'état de combinaison organique avec l'urée, l'acide urique, les principes extractifs de l'urine, les éléments modifiés de la bile contenus dans les excréments et les principes de la transpiration cutanée. On peut en déterminer la proportion par différence, lorsqu'on a directement dosé l'azote et le carbone. Ces deux derniers éléments (azote et carbone), constituant les parties fondamentales des principes alimentaires et des produits d'excrétion (urée et acide carbonique), ont généralement servi de base à tous les calculs qui ont été faits sous ce rapport.

Nyctage du Pérou (*N. hortensis*). Cette espèce, qui est la *Belle-de-Nuit* de nos jardins, le *Mirabilis jalapa* de L., a une racine charnue, napiforme, noire en dehors, blanche en dedans, qui fournit une tige haute de 60 à 70 centim., glabre, très rameuse, garnie de feuilles ovales, molles, très entières, pointues, et portant des fleurs qui forment de petits corymbes au sommet des rameaux et dont les couleurs diffèrent.

Les Belles-de-Nuit ou *Merveilles du Pérou* sont presque naturalisées en France. Elles fleurissent pendant le mois de juillet, et continuent de montrer leurs fleurs jusque dans l'arrière-saison. La culture n'est pas encore parvenue à faire doubler ces fleurs, qui sont pourpres, jaunes ou blanches, selon les variétés, et qui quelquefois présentent ces diverses couleurs réunies sur le même pied. Cette culture d'ailleurs exige peu de soins.

Nous ne parlerons pas des autres espèces, qui, sauf le **Nyctage a longues fleurs**, dont les fleurs sont toujours blanches et rouges à l'entrée du tube, sont de serre chaude.

NYCTAGINACÉES. Famille de Plantes dicotylédones, herbacées ou à l'état d'arbustes ou d'arbres dont le *Nyctage* forme le genre type. — V. ce mot.

NYCTÈRE (*Nycteris*). Genre de Chauve-Souris ayant pour caractères : narines recouvertes par un opercule cartilagineux mobile ; oreilles très grandes, antérieures, contiguës à leur base ; membrane interfémorale plus grande que le corps et embrassant la queue qui est terminée par un cartilage bifurqué en forme d'un $\mathtt{I}$ renversé. — Ce genre est d'Asie et d'Afrique. Il renferme quatre espèces, d'Afrique, du Sénégal, de Java et de l'île de Pâques.

NYCTÉRIBIE (*Nycteribia*). Genre de l'ordre des Diptères pupipares, ayant pour caractères : tête très petite, élevée verticalement ; pieds écartés ; cuisses et jambes épaisses, et ces dernières ayant de longs poils ; tarses allongés, très menus ; leur premier article très long et arqué, les autres très courts ; ongles simples ; pas d'ailes ni de balanciers. L'organisation de ces petits animaux est toute particulière, mais nous n'entrerons pas dans de plus longs détails à ce sujet.

Les Nyctéribies vivent sur les Chauves-Souris, elles courent très vite quand elles sont sur le corps de l'animal ; mais une fois qu'on les en a séparées, elles ne peuvent plus marcher et ne font que des mouvements désordonnés. On a observé que ces insectes se renversent sur le dos pour sucer le sang des Chauves-Souris : leur tête étant placée sur le dos, il était difficile, avant cette dernière observation, de concevoir comment la Nyctéribie aurait pu approcher sa bouche de la peau de sa victime.

Le **N. de la Chauve-Souris** (*N. Vespertilionis*) se trouve presque dans toute l'Europe sur la Chauve-Souris fer-à-cheval.

NYCTICÈBE (*Nycticebus*). Ce mot, qui veut dire singe de nuit, désigne un genre de Quadrumanes lémuriens ayant beaucoup d'analogie avec le véritable Loris. Il est surtout remarquable par sa tête ronde, ses yeux énormes, et ses oreilles en cornet arrondi si courtes qu'à peine on les aperçoit. Cet animal est de l'Inde ; il est long d'environ 32 cent. et de mœurs assez peu connues.

NYL-GAU. Sous-genre d'Antilopes, connu encore sous les noms de *Portax*, *Risie*, dont voici la caractéristique : proportion du corps assez élancée ; tête allongée mais retenue dans la position horizontale ; un mufle ; des larmiers ; quatre mamelles ; des cornes chez le mâle seulement, petites, un peu recourbées en avant, ayant un prolongement triangulaire et tuberculeux à leur base antérieure qui simule un commencement d'andouiller.

Cet animal s'éloigne des Antilopes ordinaires pour ressembler aux Bœufs sous certains rapports. De Blainville le réunissait aux Connochètes sous le nom de *Boselaphus*, qui rappelle des affinités simultanées avec les Bœufs et avec les Cerfs.

Fig. 921. — Nyl-gau.

Le Nyl-Gau est le *Bœuf bleu du Guzerate* décrit dans la plupart des auteurs. Ce bel animal a la taille d'un Cerf ; son pelage est gris-noir avec du blanc aux lèvres, sous le cou, entre les jambes de derrière, etc. Le mâle a un fort beau bouquet de poils sétiformes sur le milieu du cou. Il habite l'Inde et remonte jusqu'aux montagnes de Cachemire. Il est courageux et difficile à dompter. Au dire des voyageurs, lorsqu'il attaque son ennemi, il se jette sur les genoux, avance en conservant cette position, puis, se redressant avec rapidité, il s'élance en avant et fond ainsi sur l'homme ou sur les animaux.

NYMPHALE (*Nymphalis*). Genre de Lépidoptères de la famille des Diurnes, formant, sous le nom de *Nymphalides*, une tribu caractérisée ainsi : massue des antennes allongée, peu épaisse et se confondant insensiblement avec la tige ; tête généralement plus étroite que le corselet ; ailes très amples, les supérieures légèrement sinuées et les inférieures denticulées, ces dernières ayant la cellule discoïdale ouverte et le bord interne plus ou moins profondément creusé en gouttière pour recevoir l'abdomen, qu'elles cachent entièrement dans le repos.

Les chenilles sont en général vertes ; elles ont la peau chagrinée, tantôt avec des épines ou des tubercules épineux sur le dos, tantôt avec la tête épineuse seulement. Elles ont la tête et l'extrémité du corps souvent bifides ou fourchues.

Les chrysalides, plus ou moins carénées, portent sur le dos une protubérance déprimée latéralement : quelques-unes sont ornées de taches métalliques ; elles sont suspendues par leur extrémité et toujours la tête en bas.

Les Nymphales sont de beaux papillons de haut

Fig. **922-923**. — Nymphale iris et sa chenille.

vol ; leurs ailes fortes et épaisses leur permettent aisément de voler en planant. Ils se posent quelquefois sur la terre quand elle est humide, et souvent sur les fientes des bestiaux ; ils semblent aussi rechercher les matières en fermentation, comme l'urine, le vin, les pommes pourries, etc. ; on a même profité de cela pour s'en emparer, ce qui est assez difficile, car les Nymphales sont très farouches, et dès qu'on les effraie elles s'élèvent au-dessus du sommet des arbres.

On connaît un assez grand nombre d'espèces de Nymphales, rangées en une vingtaine de groupes génériques. Les bois des environs de Paris en nourrissent quelques espèces, ornées des couleurs les plus brillantes et les plus variées. Les Chenilles vivent particulièrement sur les saules, les peupliers, etc., et s'attachent aux feuilles situées à l'extrémité de ces arbres, ce qui en rend encore la possession plus difficile.

Le Nymphale iris, l'une des plus belles espèces de notre pays, a les ailes brunes au-dessus, chatoyantes en bleu-violet chez le mâle ; sur les ailes supérieures sont trois groupes de taches blanches disposées obliquement, composés le premier de deux petites taches, le second de cinq, le dernier de trois, etc. — Ce papillon se tient habituellement dans les grands bois, où il vole avec rapi-

dité surtout dans les allées humides. Il se pose sur les troncs d'arbres qui suintent par quelques ulcères, sur les endroits humides du sol et même sur les excréments. La femelle est plus rare que le mâle.

Nous figurons la chenille du *Nymphale du peuplier*, qui habite plutôt le nord que le midi et ne

Fig. 924. — Chenille du Nymphale du peuplier.

se trouve que dans les forêts humides. Cette chenille a la tête plate bilobée ; le second anneau offre deux mamelons très élevés ; les 3, 5, 7, 9 et suivants ont aussi des mamelons, mais plus courts ; tous les mamelons sont garnis de poils terminés en massue. Cette chenille est verte avec une raie blanche au-dessus des pattes et une partie du dos brune ; elle vit sur les peupliers et les trembles.

Elle est toujours placée, ainsi que la chrysalide, au haut des arbres.

NYMPHE. C'est le second état par lequel la plupart des insectes passent avant de parvenir à celui de perfection. — Les insectes ont été distribués en quatre classes, fondées sur les différents changements par lesquels ils ont à passer, et dont Réaumur et Lyonnet ont parfaitement décrit les circonstances essentielles.

« Dans la première classe, où les insectes, après être sortis de l'œuf ou du ventre de la mère, ne subissent aucune transformation proprement dite, sont compris les *Poux*, les *Araignées*. Dans la seconde classe, où les insectes ne subissent qu'un changement incomplet, et deviennent *semi-nymphes* avant de parvenir à leur dernière forme, se trouvent les *Libellules*, les *Ephémères*, les *Cigales*, les *Sauterelles*, et en général les NÉVROPTÈRES et les HÉMIPTÈRES. La troisième classe, où sont placés les insectes qui éprouvent un changement total de forme, et qui quittent leur peau pour paraître sous la forme de *nymphes* ou de *chrysalides*, se divise en deux sections. La première, celle où les parties extérieures sont couvertes d'une membrane fine qui les rend très visibles, comprend les *Abeilles*, les *Guêpes*, les *Ichneumons*, les *Fourmis* et autres HYMÉNOPTÈRES, ainsi que tous les COLÉOPTÈRES; la seconde section, celle où ces parties sont cachées sous une enveloppe commune, ordinairement écailleuse ou crustacée, renferme seulement les *Papillons*, les *Sphinx*, les *Phalènes*, et autres LÉPIDOPTÈRES. Enfin, la quatrième classe, formée des insectes qui deviennent *nymphes* sous leur propre peau, dont ils ne se défont pas, contient la plupart des insectes DIPTÈRES. »

NYMPHEACÉES. Famille de plantes dicotylédones qui nagent à la surface des eaux et dont la tige forme une souche souterraine rampante. Feuilles alternes, entières, orbiculées ou cordiformes, portées sur de très longs pétioles, fleurs très grandes, solitaires et portées sur de longs pédoncules cylindriques : périanthe formé d'un nombre variable, parfois très grand, de sépales et de pétales disposés sur plusieurs rangs; étamines très nombreuses, plurisériées, insérées au-dessous ou sur les parois de l'ovaire, qui s'en trouve recouvert ainsi que des pétales intérieurs qui ne sont probablement que des étamines transformées. L'ovaire est divisé en plusieurs loges; il est couronné au sommet par autant de stigmates rayonnants qu'il y a de loges. L'embryon est dicotylédoné : ceci n'est plus douteux et a fait cesser la contestation des botanistes à l'endroit de cette famille. — Deux tribus.

EURYALÉES. Ovaire adhérent : *Euryale*.

NYMPHÉES. Ovaire libre : *Nénuphar, Nuphar*.

NYMPHON (*Nymphon*). C'est un genre d'Arachnides de l'ordre des Trachéennes, de la famille des Pycnogonides, établi par Fabricius, et ayant, suivant lui, pour caractères : pieds fort longs; deux mandibules et deux palpes; corps de forme très étroite et oblongue; la seule espèce de ce genre, connue par Linné, avait été confondue par cet auteur avec les Phalangium. Le corps des Nymphons est long, très étroit, grêle et composé entièrement par le thorax; on voit à sa partie antérieure un suçoir tubulaire portant des mandibules et des palpes; les mandibules sont didactyles ou en pinces; elles sont beaucoup plus longues que le suçoir; celui-ci est tubulaire, et Latreille pense qu'il pourrait bien être une réunion des mâchoires et de la lèvre inférieure prolongées et soudées. Les palpes sont composées de cinq articles et terminées par un petit crochet. Ces animaux n'ont point d'yeux composés; seulement on voit des yeux fixés sur un petit tubercule. Les pieds des Nymphons sont composés de neuf articles; les antérieurs sont organisés de manière à porter les œufs quand l'animal les a pondus. L'abdomen est représenté par un petit article en forme de queue. — Ce genre se compose de deux ou trois espèces marines. Fabricius dit qu'une d'elles (*N. grossipes*) s'insinue dans les valves des moules et épuise l'animal à force de le sucer. L'espèce que l'on peut regarder comme servant de type à ce genre est :

Le NYMPHON GROSSIPÈDE (*N. grossipes*). Cette espèce est longue d'un demi-pouce sur une demi-ligne de large; le corps est cylindrique et a de chaque côté quatre incisions ou crénelures qui forment, indépendamment de la tête, quatre anneaux mieux distincts au-dessous du corps qu'au-dessus, et dont le premier est très grand et les autres insensiblement plus étroits. Sur le dos du premier anneau s'élève un piquant droit à la base duquel sont placés de chaque côté deux petits yeux noirs ayant le milieu blanc. Au dernier anneau est attachée une queue courte, horizontale, droite ou cylindrique, dont l'extrémité est un peu amincie et percée d'un trou qui est probablement l'ouverture de la partie anale. Les vraies pattes, au nombre de huit, sont longues, minces, presque de même longueur entre elles : il en part deux de chaque anneau, une de chaque côte; elles sont formées de huit articles, savoir : deux petits, globuleux; deux un peu plus longs que les premiers, et presque ovales; ensuite trois beaucoup plus longs, un peu comprimés, presque égaux ou allant à peine en décroissant; le dernier, à peine de la longueur du quatrième, mais plus mince, est en croissant, et est terminé par un ongle blanc, mobile, d'un tiers plus court. La tête, qu'on peut regarder comme un cinquième article semblable au suivant, en est séparée par un col postérieurement plus étroit, et elle se prolonge antérieurement en un tube incliné, extérieurement plus épais, terminé par un orifice presque triangulaire. Ces parties égalent ensemble en longueur trois articles du corps. Tout le corps est couvert d'une membrane lisse, un peu dure, semblable à celle des Squilles, mais un peu moins solide. La couleur varie : elle est tantôt rougeâtre , tantôt blanchâtre, rarement verdâtre. Celle des œufs est de même rouge , verte , pâle, et semblable à la couleur du corps. Dans quelques individus ces filets manquent , ce qui doit les faire regarder comme des mâles.

Fabricius observe qu'il est bien rare qu'on possède un individu parfait ; les antennes, et surtout les pattes , se détachent facilement et ont la faculté de se reproduire, comme chez les Crabes. Le même auteur fait mention d'une variété qui a la tête plus adhérente au corps et qui manque d'antennes, quoique pourvue d'antennules , et souvent des deux fausses pattes. Cette variété , d'ailleurs en tout semblable à l'autre, lui a paru être un jeune individu qui acquiert avec l'âge les parties qui lui manquent.

Ces Arachnides se trouvent parmi les ulves capillaires , les conferves, et sous des pierres du bord de la mer, en Norwège et dans le Groënland. Les plus grandes espèces sont plus particulièrement au fond de la mer, vers les racines des plus grandes espèces d'ulves. Elles se nourrissent d'insectes et de petits vers marins, et , selon quelques auteurs, elles pénètrent dans l'intérieur des coquilles des moules pour se nourrir de ces mollusques. Elles se meuvent lentement et s'attachent avec les ongles à tous les corps qu'elles rencontrent. On les trouve au mois d'octobre, portant des œufs enfermés dans un sac léger, et fortement attachés aux filets des fausses pattes dont nous avons parlé. En décembre , ces œufs sont devenus plus grands et faciles à détacher; ce qui fait soupçonner que c'est l'époque où l'animal éclot.

NYSSA (*Nyssa*), vulg. *Tupelo*. Genre de Plantes dicotylédones, apétales, de la famille des Eléaginées. Grands et beaux arbres propres à l'Amérique septentrionale , dont la plupart sont utilisés dans ces vastes contrées, à cause des excellentes qualités de leur bois , dur ou tendre , selon les espèces. Il serait à désirer qu'ils fussent introduits dans notre France , où ils rendraient de grands services dans les arts et l'économie , et d'autant plus qu'ils ont le mérite de croître dans les terrains marécageux où fort peu d'autres peuvent végéter. Parmi les six ou sept espèces qui composent ce genre , nous en citerons deux ou trois principales :

Tupélo aquatique (*Nyssa aquatica*). Très bel arbre, fort rameux et de près de 33 mètres de haut; feuilles grandes (20 à 25 centim.), oblongues, lancéolées, plus larges à la base, acuminées, alternes, pétiolées, subcoriaces, très glabres, ayant quelques dents à leurs bords ; un peu tomenteuses en dessous dans la jeunesse; pétioles longs et grêles ; fleurs mâles réunies en une sorte de capitule ; fleurs femelles solitaires; drupe violet, de la grosseur d'une prune, contenant un noyau monosperme, irrégulièrement sillonné en long.

Cet arbre est commun, selon M. Bosc, dans tous les terrains submergés pendant l'hiver, ou marécageux pendant l'été, dans la Caroline, la Géorgie, la Louisiane, etc. Son bois est blanc, fort léger, fort tendre, et celui de ses racines l'est encore davantage. Les entomologistes s'en servent avec succès pour garnir leurs boîtes , à cause de sa consistance uniforme et sans trous , comme celle du liège; mais il n'est point propre à boucher les bouteilles ni aux autres usages auxquels ce dernier est employé, à cause de sa trop grande propension à absorber l'eau, et de plus, il a le défaut de pourrir promptement. Bon nombre d'oiseaux et de quadrupèdes, parmi lesquels on range même l'ours, mangent ses fruits, un peu fades.

Tupélo des montagnes ou mieux des forêts (*Nyssa sylvatica*). Arbre de 34 mètres de hauteur ; tronc à base pyramidale, à écorce blanchâtre ; ses racines poussent extérieurement des nodosités semblables à celles du Cyprès distique ; feuilles alternes , plus courtement pétiolées que celles de l'espèce précédente et un peu plus petites, ovales-allongées, entières, velues en dessous vers les bords, la nervure médiane et les pétioles; fleurs femelles axillaires, au nombre de deux sur les pétioles, et souvent de trois, hermaphrodites, petites, peu apparentes; fruits petits, de la forme et de la grosseur de ceux du Cornouiller, d'un noir chatoyant ou bleu-noirâtre, à noyau arrondi et strié. Ses fruits sont aussi recherchés par les mêmes animaux.

Tupélo a feuilles blanches ou Oyéchée (*Nyssa candicans*). Presque de moitié plus petit que les précédents, cet arbre n'atteint guère que 15 mètres au plus de hauteur. Son tronc fournit de nombreuses branches horizontales ou même pendantes , munies de feuilles courtement pétiolées, ovales-oblongues , presque entières ou un peu denticulées , blanchâtres et tomenteuses en dessous, dans la jeunesse; périanthe, bractées et pédoncules couverts d'un duvet cendré ; pédoncules des fleurs hermaphrodites fasciculés ; fleurs mâles en capitule ; drupe pulpeux, ovale-oblong, rouge, de la grosseur d'une prune , d'une saveur un peu acide et agréable au goût. — Il croît abondamment sur les bords du fleuve Oyéchée, qui lui donne son nom vulgaire.

NYSSON. Genre d'Hyménoptères fouisseurs, section des Porte-aiguillons; ils sont noirs avec une raie jaune sur le corselet et des pattes fauves. — On trouve cet insecte aux environs de Paris, particulièrement sur les fleurs de la carotte.

OBSIDIENNE. Roche à base de feldspath vitreux dans laquelle on a généralement trouvé de la silice, de l'alumine, de la soude et de l'oxyde de fer ; matière homogène, vitreuse, de diverses couleurs, susceptible le plus souvent de se boursouffler beaucoup lorsqu'on vient à la fondre ; passant à une ponce tantôt boursoufflée, tantôt à petits pores allongés qui déterminent une sorte de structure fibreuse et un éclat soyeux. — Cette matière a été vomie en abondance dans les îles de Lipari à Téréniffe, dans les volcans des Andes, partout, en un mot, où les bouches volcaniques se sont ouvertes dans les trachytes. Les éruptions sont accompagnées de ponces qui sont rejetées en fragments nombreux ; les coulées s'arrêtent souvent en culots épais sur des pentes très rapides.

Plusieurs peuples anciens, et notamment les Péruviens, employaient des fragments d'Obsidienne pour servir de miroir (*miroir des Incas*), d'où son nom, d'*opsis*, vue.

OCELOT (*Felis pardalis*). Espèce du genre Chat, dont les caractères spécifiques sont les suivants : museau plus gros et plus long que celui du Chat ; pelage gris fauve en dessus, blanc en dessous et sur une partie de la face, relevé par de grandes taches d'un fauve vif, bordées de noir, qui forment des bandes obliques sur les flancs ; tête et pattes marquées de taches plus petites ; les anneaux noirs de la queue sont en grande partie incomplets ; longueur, 80 centim., non compris la queue qui en a 40.

Fig. 925. — Ocelot.

L'Ocelot est un très joli animal qui habite presque toutes les parties de l'Amérique méridionale, mais principalement le Paraguay. Ses habitudes sont nocturnes ; il dort tout le jour dans les fourrés et n'en sort que la nuit pour se livrer à la chasse des oiseaux, des singes et autres petits mammifères. Selon d'Azara, il paraîtrait que le mâle cantonne avec la femelle, qui est un peu plus petite que lui, et qu'il ne quitte point la forêt qui l'a vu naître. On pourrait très aisément le rendre domestique ; d'Azara en a vu un qui était libre, il aimait son maître, ne cherchait pas à s'échapper, et n'avait conservé de son état de nature que le goût de la rapine.

OCHTÈRE (*Ochtera*). Genre de Diptères, de la tribu des Muscides, établi par Latreille aux dépens du grand genre *Musca* des anciens auteurs ; il a pour caractères propres : cuillerons petits ; balanciers nus ; ailes couchées sur le corps ; antennes plus courtes que la face de la tête, insérées entre les yeux ; tête presque triangulaire ; pieds antérieurs ravisseurs. — Ces insectes qui, au premier aspect, ressemblent entièrement aux mouches, se rencontrent dans les lieux aquatiques et au bord des étangs. Ils courent sur la surface de l'eau et cherchent à saisir avec les pattes antérieures les petits insectes qui s'y trouvent.

L'OCHTÈRE MANTE (*O. mantis*) est longue de plus de 5 millim., noire ; tête et thorax à duvet noirâtre ; face à reflets blancs ; thorax à 3 bandes noires ; abdomen d'un vert métallique noirâtre, à point blanc de chaque côté des segments ; ailes grisâtres. Ses pattes postérieures sont conformées comme celles des Mouches, mais les antérieures ressemblent assez à celles des Cigales ou des Mantes et sont ravisseuses. — Cette espèce se trouve aux environs de Paris et dans toute la France.

OCRE (du gr. *okhros*, jaune). Substance argileuse colorée en jaune, en rouge ou en brun par une certaine quantité de peroxyde de fer. L'Ocre est composé d'argile et de fer oligiste pour le rouge, et d'argile et de limonite pour le jaune et le brun. — Elle se trouve dans plusieurs terrains, et surtout au-dessus du calcaire oolithique, où elle forme des couches, des amas et des filons.

Les variétés terreuses sont souvent employées pour les peintures grossières, sous le nom de *rouge de Prusse* et d'*Ocre rouge* ; les plus argileuses forment le crayon rouge ou la *sanguine*. Les variétés stalactitiques, qu'on nomme hématites, sont recherchées pour faire des brunissoirs au moyen desquels on donne le dernier brillant à l'argenterie et à quelques métaux.

OCTANDRIE. Huitième classe du système sexuel de Linné, comprenant les végétaux à fleurs hermaphrodites ayant 8 étamines. — V. *Classification végétale.*

OCTOPODES. Famille de Mollusques céphalopodes, dont les tentacules sont au nombre de huit. — V. *Céphalopodes.* — Cette famille comprend :

1° Les Poulpes : ventouses bisériées ; pas de coquille.

2° Les Argonautes : ventouses bisériées ; coquille extérieure.

3° Les Elédons : ventouses unisériées.

OCYPE (*Ocypus*). Genre de Coléoptères très voisin des Staphylins, dont on a décrit plus de

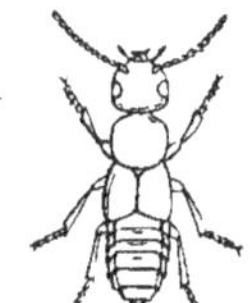

Fig. 926. — Ocype.

30 espèces, toutes d'Europe, et qui se trouvent sous les mousses, les pierres, dans les bois, les prés.

L'espèce type est l'*Ocypus olens;* sa larve est blanche, très carnassière et très courageuse. Elle subit sa transformation à la fin de mai. Au bout de 15 jours, l'insecte sort de la nymphe.

OCYPODE (*Ocypoda*). Genre de Crustacés, de l'ordre des Décapodes brachiures, dont le nom vient de la rapidité de leur course (du gr. *ôkus*, vite; *pous*, pied). Leur carapace est rhomboïdale ou même presque carrée, et à peu près aussi large en avant qu'en arrière ; leur front est plus large que long ; leurs orbites sont très grands, peu profonds, et divisés en deux portions distinctes. Leur cornée est ovalaire, très grande, et s'étend en dessous jusqu'à une très petite distance de la base du pédoncule; mais en général celui-ci se prolonge au-delà de son extrémité, de façon que les yeux se terminent par une espèce de corne, dont la longueur parait augmenter avec l'âge. Les antennes internes sont petites et les externes rudimentaires Le troisième article des pattes-mâchoires externes est quadrilatère, beaucoup plus petit que le précédent; les pattes antérieures sont en général moins longues que les suivantes : la main qui les termine est fortement comprimée, et elles augmentent de longueur jusqu'à la quatrième paire inclusivement. L'abdomen est étroit à sa base. A l'inverse de ce que l'on voit dans la plupart des Crustacés, il n'y a pas de branchie sur l'antépénultième article des flancs.

« Les Ocypodes se tiennent le plus souvent à terre, surtout après le coucher du soleil; on les rencontre sur les plages sablonneuses des bords de la mer ou des fleuves, surtout vers leur embouchure; ils se creusent des terriers où ils se

Fig. 927. — Ocypode-Cératophthalme.

retirent pendant la nuit, et où ils s'enterment peut-être dans le temps de leur mue. Ces crustacés courent tellement vite, qu'Olivier assure avoir vainement tenté d'atteindre à la course une espèce qu'il a trouvée sur es côtes de la Syrie, et qu'il a nommée *Ocypode chevalier.* Latreille pense que c'est cette espèce dont Pline fait mention, et que les Grecs désignaient sous le nom d'*Hippeus.*

Bosc a observé à la Caroline une autre espèce d'Ocypode (*Ocypoda albicans*), qui, dit-il, court avec tant de vélocité, qu'il avait de la peine à le devancer avec un cheval, et à le tuer à coups de fusil. Latreille pense que ces crustacés doivent se nourrir de cadavres d'animaux, comme le font d'autres crustacés voisins. Suivant Olivier, ils sont très voraces. Les cadavres et charognes de toute espèce, ainsi que les substances anima'es que la mer rejette sur le rivage sont dévorés par eux en un instant. Il est curieux de leur voir disputer aux goélands et aux vautours une proie dont ils se sont emparés, et sur laquelle ils accourent par milliers de tous les environs. Beaucoup de voyageurs ont parlé des habitudes de plusieurs crustacés qu'ils désignent sous le nom vague de *Crabes de terre*, et il est probable que plusieurs Ocypodes sont désignés ainsi par eux. Cependant, comme les Gécarcins, les Gélasimes, les Ucas et les Grapses sont désignés par eux sous cette dénomination, il est fort difficile de savoir à quelle espèce s'appliquent les détails qu'ils ont donnés de leurs habitudes. »

Le genre Ocypode se compose d'une dizaine d'espèces qui habitent les deux hémisphères, dans les régions les plus chaudes. Latreille les divise ainsi qu'il suit : 1° pédicules des yeux prolongés au-delà de leur extrémité supérieure, en forme de pointe ou de corne (*O. blanc*, *O. chevalier*, *O. cératophthalme*) ; 2° pédicules des yeux se terminant avec eux (*O. cordimane*, *O. rhombe*).

Nous figurons l'OCYPODE CÉRATOPHTHALME (*O. ceratophthalma*), qui est le *Cancer cursor* de Linné. Les pédicules des yeux sont prolongés d'un tiers au plus de leur longueur totale, audelà des yeux, avec une pointe conique et simple; les pinces sont grosses, en cœur, granuleuses, dentelées sur leur tranche, la gauche étant la plus grande. — Cette espèce habite les Indes orientales.

OCYPTÈRE (*Ocyptera*). Genre de Diptères, de la famille des Athéricères, formé aux dépens du genre *Musca* de Linné, ayant : les cuillerons grands, couvrant la majeure partie des balanciers; trompe distincte ; antennes en palettes, à

Fig. 928. — Ocyptère.

3 articles; ailes écartées; abdomen long, cylindrique ou conique; corps généralement parsemé de poils longs et raides. — Les mœurs de ces insectes sont très peu connues. Toutefois, L. Dufour a étudié avec soin la larve de l'Ocyptère bicolore, et il a été témoin d'un fait singulier, bien inattendu, c'est que cette larve vit dans le corps de la Pentatome grise et s'y transforme en chrysalide. Occupé d'investigations entomologistes, dit ce naturaliste, je découvris au milieu des viscères de la *Pentatoma grisea* une larve vivante. Je plaçai dans des bocaux un assez grand nombre d'individus de ce dernier hémiptère, dans l'espoir d'obtenir l'insecte parfait de la larve parasite ; le 18 mai je trouvai une chrysalide, et le 23 juin suivant, il en surgit un Ocyptère qui est l'*O. bicolor*.

« Cette larve a donc pu vivre plusieurs mois consécutifs au milieu des viscères de la Pentatome, et aux dépens de sa graisse; elle a pu y prendre un volume considérable, s'y métamorphoser en chrysalide, et être expulsée avec violence, sous cette dernière forme, sans occasionner la mort de l'hémiptère. Voilà déjà un phénomène assez curieux, mais qui nous révèlera l'adresse, les ruses, l'artifice, la patience que l'Ocyptère, insecte faible et délicat, doit mettre en usage pour insinuer dans le stigmate imperceptible d'un hémiptère cuirassé de toutes parts ou l'œuf ou la larve exiguë qui doit désormais trouver dans les entrailles de son hôte tous les éléments de son existence? Qui nous dira à quelle époque doit se faire l'insertion de ce germe parasite, puisque les Ocyptères ne se montrent qu'en été, et que leur vie, ainsi que celle des Hémiptères dont leur larve est parasite, ne se prolonge pas au delà de l'automne? Qui nous résoudra le problème de la présence de la larve dans la Pentatome aux premiers jours du printemps, précisément à l'époque de la naissance ou du moins de l'apparition de ces Hémiptères eux-mêmes? Où se trouvait donc recélé le germe de la larve pendant l'hiver? Mais nous n'avons pas encore surpris la nature sur le fait pour la solution de ces questions. •

OCYTHOE. Nom proposé par M. Rafinesque pour un groupe de la famille des Poulpes (*Octopus*), dans lequel il place une espèce des côtes de Sicile, remarquable par la large bride ou palmature qui élargit et dispose en nageoire, comme chez les Poulpes de l'Argonaute, la paire supérieure de ses tentacules. Cet Ocythoë, qui n'a pas de coquille, d'après ce que dit M. Rafinesque, et qui est commun dans le port de Palerme, a paru à M. de Blainville un animal fort voisin du Poulpe de l'Argonaute sinon identiquement le même ; et comme ce savant naturaliste admet que la coquille de l'Argonaute, et le Poulpe qu'on y trouve sont deux productions différentes, en ce sens que la première serait produite par un animal fort différent du second, et que celui-ci n'y vivrait qu'en parasite, comme le Bernard-l'Hermite dans sa coquille, il a été conduit à adopter pour le sousgenre de la catégorie des Poulpes, qui comprendra le Poulpe de l'Argonaute et l'Ocythoë de Rafinesque, le nom du dernier de ces animaux. Nous ne devrions donc parler ici que de l'Ocythoë de Rafinesque, mais comme l'article ARGONAUTE de ce Dictionnaire est trop incomplet pour mettre le lecteur au courant de l'intéressante discussion à laquelle ce mollusque a depuis longtemps donné lieu, nous profiterons de l'heureuse occasion qui s'offre à nous d'en traiter avec quelques détails.

On trouve fréquemment sur les côtes méditerranéennes une coquille uniloculaire, grande, car elle a jusqu'à dix cent. et plus de longueur, mince, légère, fragile, comme papyracée, symétrique, à bords tranchants, si ce n'est en arrière, et à sillons très nombreux sur ses flancs, et presque transparente : c'est celle de l'Argonaute. L'animal qui l'habite est un Poulpe, distinct par son corps en ovale allongé, dont les appendices tentaculaires sont pourvus d'une double série de ventouses serrées, la paire dorsale offrant pour caractère particulier d'être plus longue que les autres et comme bridée par une membrane large et fort mince. Cet animal ne tient à la coquille dans laquelle on le trouve par aucun organe spécial musculaire, et il peut en être retiré sans mourir instantanément. Il paraîtrait même que des Poulpes de cette espèce auraient été vus sans leur coquille, ce qui serait le cas de l'Ocythoë de M. Rafinesque.

Nous avons suffisamment indiqué le mode de navigation de ce mollusque (V. *Argonaute*), les

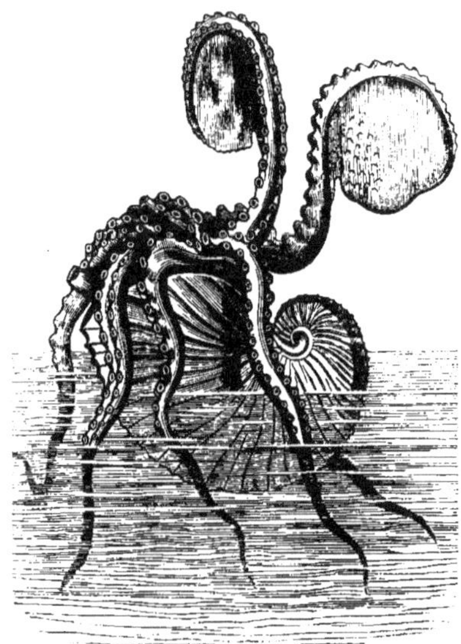

auteurs les plus anciens. Pline en parle et le décrit. En voguant à l'aide du vent, dit Rumphius, il tire les plus grands secours des bords relevés de son vaisseau, qu'il présente au souffle du zéphir. Alors il retire fortement en arrière son corps dans sa coquille, et il gouverne sa barque avec deux bras qui lui servent à la diriger; si le vent vient à tomber, il rame avec ses bras; enfin, s'il aperçoit quelque danger, il rentre tout entier,

tourne la quille de son navire vers le ciel, la remplit d'eau et coule à fond. On le voit fréquemment flotter à la surface de la mer, s'attachant au moyen de ses bras aux différents morceaux de bois qui y flottent aussi, et se laissant dériver. Au fond de la mer cet animal marche à l'aide de ses bras, la carène de la coquille en haut.

Mais il s'est élevé un long débat sur la question de savoir si la coquille et l'animal, dans l'Argonaute, appartiennent l'un à l'autre, ou s'il ne faudrait pas voir en eux un fait de parasitisme. Aristote dit qu'à cet égard on ne sait rien de positif : ce n'est pas étonnant pour l'époque où vivait ce naturaliste; mais ce qui étonne, c'est que les modernes n'aient pas encore résolu la question de manière à dissiper tous les doutes. Cuvier croit que l'idée de parasitisme est très problématique, pour ne rien dire de plus, parce que, dit-il, on trouve toujours le Poulpe dans la même coquille, et qu'on n'y trouve jamais d'autre animal. L'auteur de l'article Ocythoë du *Dictionnaire classique d'histoire naturelle* soutient la thèse contraire. « On ne saurait admettre l'opinion qui veut que la coquille et le Poulpe soient deux parties d'un même être, et en dépendance réciproque. La coquille est sans doute celle d'un animal voisin des Carinaires, et le Poulpe est destiné à y vivre après que l'animal auquel elle appartenait est détruit ou qu'il l'en a chassé. Le grand nombre de coquilles et de Poulpes, et la difficulté qui a toujours empêché de recueillir le véritable animal de l'Argonaute, ne sauront être considérés comme des arguments, si l'on se rappelle que l'on n'a encore eu qu'un seul échantillon complet et quelques débris de l'animal de la spirule, quoique les coquilles de cette curieuse espèce soient des plus nombreuses dans certains parages. Le véritable Argonaute est donc un animal qu'il importe de chercher; et si l'on suppose sa taille proportionnellement à celle des Carinaires, il doit être fort grand; car sa coquille dépasse beaucoup celle de ces animaux. Il y a, d'ailleurs, plusieurs espèces d'Argonautes, connues d'après leurs coquilles, et cette partie, chez l'une d'elles, n'atteint pas moins de 8 à 10 pouces.

« Quant aux Poulpes, nous ajouterons seulement qu'on en distingue aussi plusieurs espèces, dont chacune s'approprie ordinairement une coquille différente. »

ODACANTHE (du gr. *odous*, dent; *acantha*, épine). Genre de Coléoptères pentamères, de la famille des Carabiques, ayant le corselet presque cylindrique ou ovale tronqué et plus étroit que la tête. — Trois espèces, qui vivent dans les lieux aquatiques et se fixent de préférence sur les joncs.

L'O. MÉLANURE se trouve en France; l'O. DU SÉNÉGAL, en Afrique; l'O. ALLONGÉE est d'Amérique.

ODONTOGNATE (du gr. *odous*, dent; *gnathos*,

mâchoire). Genre de Poissons malacoptérygiens abdominaux, de la famille des Clupes, ne comprenant qu'une seule espèce, d'eau salée, qui est

L'O. AIGUILLONNÉ (*Odontognatus mucronatus*). Ce poisson a la tête, le corps et la queue très comprimés; il est surtout remarquable par ses os maxillaires dentelés, terminés en longues pointes mobiles qui peuvent faire presque un demi-cercle et porter alors leur pointe en avant comme des cornes; taille petite, de 15 à 20 cent. de longueur. — Il vit sur les côtes de la Guyane. Il présente sur tout son corps le vif éclat de l'argent. Il est bon à manger comme la Sardine.

ODORAT. — V. *Olfaction*.

ODYNÈRE (*Odynerus*). Ce nom, qui vient du grec *odyneros*, douloureux, à cause de la douleur que cause leur piqûre, désigne un genre d'Hyménoptères porte-aiguillons de la famille des Diploptères, insectes guêpiaires solitaires, offrant pour caractères : les 2 ou 3 derniers articles des palpes maxillaires dépassant l'extrémité des mâchoires; lobe terminal de ces mâchoires court, brièvement lancéolé.

Les Odynères ressemblent beaucoup aux Guêpes : leurs ailes sont semblables; mais ils s'en distinguent par leurs mandibules étroites et par leurs habitudes solitaires. En effet, ces Hyménoptères ne construisent pas de ruches, tandis que les Guêpes forment de grandes sociétés, composées de trois sortes d'individus, et font des travaux analogues à ceux des Abeilles.

L'ODYNÈRE DES MURAILLES (*O. murarius*) est la *Guêpe des murailles* de Linné. Elle est noire, avec le milieu du front jaune; le corselet offre deux taches de la même couleur en devant, et l'abdomen présente quatre bandes jaunes.

Cette espèce se trouve assez communément aux environs de Paris, dans les lieux secs et sablonneux. Suivant Réaumur, qui a étudié ses habitudes, la femelle pratique, dans le sable ou dans les enduits des murs, un trou profond de quelques pouces, à l'ouverture duquel elle élève en dehors un tuyau d'abord droit, ensuite recourbé et composé d'une pâte terreuse, disposée en gros filets contournés; elle entasse dans la cavité de la cellule intérieure huit à douze petites larves du même âge, vertes, semblables à des chenilles, mais sans pattes, en les posant par lits, les unes au-dessus des autres, et sous une forme annulaire. Après y avoir pondu un œuf, elle bouche le trou, et détruit l'échafaudage qu'elle avait construit; les larves qui sont déposées au fond du trou servent de nourriture à la petite larve, qui ne tarde pas à éclore de l'œuf qui a été déposé par la femelle; et comme ces vers, ainsi renfermés, sont sans moyens de nuire, ils ne peuvent faire périr la larve de l'Odynère, qui prend son accroissement, et qui ne se transforme probablement qu'après avoir mangé toute la provision de petits vers.

L'ODYNÈRE RUBICOLE (*O. rubicola*) n'offre pas d'épines aux cuisses intermédiaires chez le mâle: l'extrémité des cuisses, les jambes et les tarses sont jaunes. — Cet insecte vit dans le midi de la France. Il choisit pour construire son nid une tige sèche de ronce, horizontale ou inclinée vers le sol; il la creuse en enlevant la moelle qui la remplit, puis construit à l'intérieur de 2 à 10 coques, toutes placées à environ 2 lignes de distance les unes des autres, et formées de terre bien pétrie, mêlée à des grains de sable. Les dimensions de ces loges sont de 7 à 8 lignes de longueur sur 3 de largeur; elles sont placées à la file les unes des autres, et dans l'intervalle qui les sépare on trouve de la moelle entassée. La femelle approvisionne son nid. La larve acquiert tout son développement quand elle a consommé toutes ses provisions; elle sécrète alors une matière soyeuse, blanchâtre, dont elle garnit les parois internes de sa coque, et construit son couvercle pour s'enfermer hermétiquement. Les larves ne mettent pas plus d'une douzaine de jours pour acquérir toute leur croissance; mais ensuite elles restent dans un état complet d'engourdissement pendant dix à onze mois, c'est-à-dire jusqu'à la fin d'avril ou au commencement de mai de l'année qui a suivi la ponte des œufs, époque à laquelle on trouve des nymphes qui éclosent à la fin de mai et au commencement de juin. La manière dont s'effectue la sortie de l'insecte parfait est assez singulière pour être notée ici : les coques sont toutes placées les unes au-dessus des autres; si un insecte parfait d'une des loges inférieures venait à éclore le premier, il détruirait tous les autres par son passage; aussi en est-il autrement : c'est l'insecte renfermé dans la coque placée près de l'extrémité de la tige, c'est-à-dire dans la dernière construite, qui doit sortir le premier et frayer le chemin au second, qui en fera autant pour le troisième, et ainsi de suite jusqu'au dernier.

ŒCOPHORE (*Œcophora*). « Genre de Lépidoptères nocturnes de la grande tribu des Tinéites, insectes à antennes filiformes dans les deux sexes, de la longueur du corps, à ailes supérieures en forme d'ellipse très allongée, avec une longue frange à l'extrémité du bord interne, et à ailes inférieures très étroites, cultriformes, également entourées d'une longue frange. Les Œcophores sont des lépidoptères de petite taille, ornés de couleurs agréables et souvent très brillantes. Les chenilles n'ont été bien connues que dans ces derniers temps, et principalement par les travaux de M. Guérin-Méneville, qui a été à même de les observer en étudiant les insectes nuisibles à l'agriculture. Ces chenilles se nourrissent de végétaux : les unes attaquent les feuilles entières, les autres seulement le parenchyme; quelques-unes même pénètrent dans les graines des céréales, et en mangent toute la substance farineuse, sans même toucher à l'écorce : elles font, de cette manière, des ravages

considérables dans les champs de blé et d'orge.
Les chenilles qui vivent sur les arbres filent leurs
coques entre les gerçures des écorces ; les autres
les placent à terre dans la mousse.

« On connaît une quarantaine d'espèces du genre
Œcophora : toutes sont propres à l'Europe. L'espèce type, et celle que l'on doit le mieux connaître pour s'en mieux préserver, puisque c'est elle
qui détruit si promptement plusieurs de nos produits agricoles, est l'ŒCOPHORE OLIVIELLE, dont
les ailes supérieures sont d'un noir doré , avec
une tache jaune à la base, et au milieu, ainsi que
derrière cette bande, une petite raie argentée ;
les antennes présentent un anneau blanc près de
leur extrémité. »

OEDICNÈME (*Œdicnemus*). Genre d'Oiseaux
de l'ordre des Echassiers, séparé des Pluviers
par Temminck , et qui semble faire le passage
naturel des Outardes aux Pluviers. Le bout du
bec est renflé en dessous comme en dessus, et la
fosse des narines étendue seulement sur la moitié de sa longueur ; doigts courts , bordés , et
réunis par une membrane jusqu'à la seconde articulation ; les ailes sont médiocres, aiguës ; la
queue allongée et pointue.

L'ŒDICNÈME CRIARD (*Œ. crepitans*), vulg. *Courlis de terre*, a 36 centim. de longueur ; il est de
la taille d'une Bécasse ; son plumage est gris fauve
avec une flamme brune sur le milieu de chaque
plume ; le ventre est blanc ; il y a un trait brun
sous l'œil.

Ces oiseaux sont répandus dans toute l'Europe ;
ils vivent dans les terres sèches et pierreuses, et
y prennent des limaçons , des insectes, des lézards et même de petits mammifères. Immobiles
et comme assoupis pendant le jour , ils se mettent en mouvement au crépuscule, courent sur
les pelouses avec une extrême rapidité, et volent
de toutes parts en poussant des cris retentissants
exprimant le mot *turlui*, dont on a fait leur nom
de *Courlis*. Ils nichent à terre, dans des endroits
pierreux ; les œufs, au nombre de 2 à 4, sont très
gros, d'un gris jaunâtre, moucheté de brun. A la
fin de l'automne , ces oiseaux se réunissent en
troupes de trois à quatre cents, et émigrent vers
le Midi. Leur chair n'est pas très agréable au
goût ; cependant on la mange, surtout quand elle
provient d'un individu jeune.

OEIL. — V. *Vision.*

OEILLET (*Dianthus*). Genre de la famille des
Dianthacées , tribu des Silénées , dont voici les
principaux caractères : périanthe double ; l'extérieur (calice) est monophylle , tubuleux , cylindrique, persistant, à 5 dents au sommet, muni à
sa base de 2 à 4 écailles opposées, persistantes,
presque engaînantes ; l'intérieur se compose de
5 pétales à limbe plans , crénelés , se terminant
par un onglet de la longueur du tube ; 10 étamines à filets tubulés ; ovaire supère ; 2 styles fili-

formes dépassant les étamines ; capsule unilo\-cu\-
laire, quadruvalve au sommet.

Les Œillets sont des plantes herbacées, de peu
de hauteur, à tiges articulées, noueuses ; à feuilles
linéaires, entières, opposées , d'un vert particulier. Ils appartiennent aux quatre parties du

Fig. 930-931. — Œillet de poëte et O. à pétales de
sang.

monde ; seulement le plus grand nombre croît
en Europe et en Asie ; sept ont été trouvés en
Afrique et deux seulement en Amérique. Ce sont
de charmantes plantes qui se partagent avec la
Rose les faveurs des horticulteurs et des amants
des fleurs, tant à cause de la grâce et de l'éclat
de leurs pétales que de leur suave odeur. — On
distingue près de 120 espèces d'Œillets ; et quant
aux variétés, elles sont, comme celles de la Rose,
innombrables : les catalogues des amateurs en no-
tent plus de 7 à 8 cents.

Voici les espèces principales auxquelles nous
devons accorder une mention : L'ŒILLET DES
FLEURISTES (*D. caryophyllus*), dont les fleurs
sont rouges, roses , blanches , quelquefois panachées ou doubles, et qui ont l'odeur du girofle.
Plante médicinale : on en fait un sirop. — L'ŒIL-
LET MIGNARDISE (*D. móschatus*) est une plante
gazonnante, à feuilles glauques, à pétales laci-
niés, rouges, ou blancs, ou rosés, ponctués de
blanc et de pourpre. — L'ŒILLET DE POÈTE (*D.
barbatus*) offre des fleurs en corymbe serré, pro-
tégées par des bractées calicinales qui les égalent

ou les dépassent. — L'ŒILLET A PÉTALES COU-
LEUR DE SANG (*D. cruentus*) a été récemment
envoyé de Russie; il vient probablement du Caucase; ses fleurs forment une cyme presque globuleuse, et sont entremêlées de bractées roussâtres et longuement mucronées; le calice est
violacé; le limbe des pétales, élégamment denti-
culé et muni à sa base de quelques poils violacés,
est d'un rouge carmin très vif.

L'Œillet est annuel, bisannuel ou vivace, selon
l'espèce. Dans ce dernier cas, comme il ne vit pas
au delà de 4 à 5 ans, pour conserver son espèce
sans qu'elle dégénère, il faut lui accorder de
grands soins dont le meilleur est une terre franche employée pure, telle que celle que déposent
les inondations, ou bien celle tirée des marais ou
des tourbières, etc., qui lui conviennent parfaitement. On a recours ensuite aux divers procédés
de multiplication, qui sont la graine, la greffe, la
marcotte et la bouture.

ŒNANTHE (*Œnanthe*). Genre de Plantes de
la famille des Ombellifères, voisin de l'Æthuse (1).
Voici les caractères du genre Œnanthe : involucre
nul ou composé de quelques folioles ; involucelles
polyphylles ; pétales inégaux, cordiformes ; ceux
de la circonférence plus grands ; fruits prismatiques ou ovoïdes allongés, striés, couronnés par

Fig. 932. — Æthuse.

(1, fleur ; 2, fruit.)

les dents du calice et les styles, à 5 côtes, dont
les intervalles contiennent chacun une bandelette.

(1) Nous représentons ici l'Æthuse, dessin destiné
à remplacer, dans le prochain tirage, celui qui a été
placé à tort au mot *Æthuse.*

Ce sont des plantes vivaces, croissant dans les
lieux humides ou même tout à fait dans l'eau; à
fleurs blanches, et à propriétés vénéneuses, etc.

ŒNANTHE FISTULEUSE (*Œ. fistulosa*), vulgair.
Persil des marais. Racines fibreuses, rampantes,
un peu tuberculeuses à leur origine; tige grosse,
cylindrique, fistuleuse, glabre, rameuse, presque
nue, haute de 45 cent. environ. Feuilles longues,

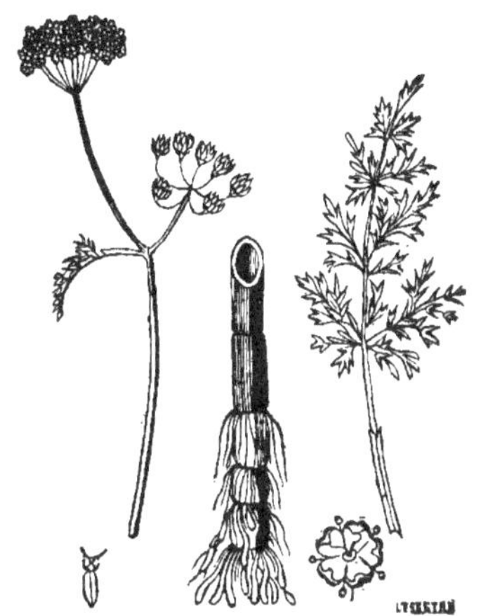

Fig. 933. — Œnanthe-Phellandre.

deux fois ailées, très lisses; folioles à découpures
petites; pétioles longs, droits et fistuleux. Fleurs
blanches, en ombelle de 3 rayons ordinairement,
lesquels soutiennent chacun une ombellule très
serrée : pas d'involucre; involucelles de plusieurs
folioles; fleurs du centre sessiles; celles de la
circonférence portées sur de longs pédoncules;
fruit hérissé par les dents du calice et les styles
persistants.

L'Œnanthe est commune aux bords des étangs,
des marais herbeux, dans les fossés humides.
Elle est bisannuelle et fleurit en juin-juillet. Sa
racine, tuberculeuse, a une saveur analogue à
celle des panais, avec laquelle elle a été souvent
confondue. Elle est très vénéneuse, et plus d'une
fois elle a donné lieu à des méprises funestes. On
a toujours négligé son emploi en médecine; la
prudence commande d'ailleurs de le faire.

ŒNANTHE SAFRANÉE (*Œ. crocata*). Cinq ou six
tubercules allongés, fusiformes et rapprochés,
composent sa racine, d'où naît une tige dressée,
haute de 60 cent. à 1 mètre, cylindrique, cannelée, creuse, rameuse supérieurement; feuilles inférieures grandes, pétiolées, engaînantes à leur
base, bi ou tripinnées; fleurs blanches, petites et
très rapprochées, etc.

Cette espèce croît dans les prés humides et sur

le bord des fossés; on la trouve en fleurs aux mois de juin et juillet. Comme elle est une des plus vénéneuses des Ombellifères, il importe de la reconnaître. Il s'écoule de ses différentes parties, lorsqu'on les entame, un suc laiteux délétère; la racine surtout paraît contenir le principe vénéneux le plus actif.

ŒNANTHE PHELLANDRE (*Œ. phellandrium*), vulg. *Phellandre*, *Ciguë aquatique*, etc. Sa racine, bisannuelle, est grosse, allongée, blanchâtre, pivotante, terminée par des fibrilles nombreuses, et surmontée d'une tige dressée, cylindrique, grosse, rameuse, creuse intérieurement, noueuse, striée, donnant naissance, de ses nœuds inférieurs, à des fibres radicales qui partent annulairement; cette tige s'élève à 1 mètre 30 cent., et même à 2 mètres. Les feuilles sont décomposées, pinnées, très grandes, formées d'un nombre considérable de folioles profondément pinnatifides; fleurs blanches, en ombelles terminales, sans involucre; involucelles composés de 7 à 8 folioles étalées, plus courtes que les pédoncules.

Le Phellandre croît très abondamment dans les mares et sur le bord des étangs et des ruisseaux, aux environs de Paris. Il fleurit en juillet. Ses feuilles, quand on les froisse entre les doigts, exhalent une odeur analogue à celle du Persil; cependant c'est une plante dangereuse. On en fait usage en médecine. Ce sont ses graines que l'on emploie principalement, soit comme fébrifuge (Kramer), soit pour combattre les progrès de la phthisie pulmonaire. On a aussi recommandé l'application des feuilles fraîches et pilées sur les plaies, les ulcères et les contusions.

OESTRE (*Œstrus*). Genre de Diptères, de la famille des Notacanthes; insectes qui ressemblent à de grosses Mouches, mais beaucoup plus velus. Voici leurs principaux caractères : corps ordinairement velu; trompe tantôt nulle, ou cachée dans la cavité buccale, qui semble parfois fer-

Fig. 934. — Œstre.

mée, tantôt rudimentaire, et alors la bouche étant légèrement fendue; palpes tantôt distincts, tantôt nuls; antennes courtes, insérées dans la cavité de la face; abdomen ovale; cuillerons grands; ailes souvent écartées, présentant trois cellules postérieures. En outre, à l'état parfait les Œstres ont le port de la mouche domestique; leur corps est velu et coloré par bandes, à la manière de celui

des bourdons; leurs antennes sont terminées en palettes lenticulaires portant chacune sur le dos et près de son origine une soie simple; les tarses sont terminés par deux crochets et deux pelotes.

« On trouve rarement ces insectes dans leur état parfait; et le temps de leur apparition, ainsi que les lieux qu'ils habitent, sont très bornés. Comme les femelles déposent leurs œufs sur le corps de plusieurs ruminants, c'est dans les bois et les pâturages fréquentés par ces animaux qu'il faut les rechercher. Chaque espèce d'Œstre est ordinairement parasite d'une même espèce de mammifère, et choisit pour placer ses œufs la partie du corps qui peut seule convenir à ces larves, soit qu'elles doivent y rester, soit qu'elles doivent passer de là dans l'endroit favorable à leur développement. Le bœuf, le cheval, l'âne, le renne, le cerf, l'antilope, le chameau, le mouton et le lièvre sont jusqu'ici les seuls mammifères connus comme propres à recevoir des larves d'Œstres. Il paraîtrait cependant que les larves d'une espèce particulière de ce genre, l'*Œstrus hominis*, attaqueraient l'homme lui-même; mais, malgré de nombreuses recherches, ce fait n'est pas encore aujourd'hui confirmé. Les animaux craignent beaucoup l'Œstre lorsqu'il cherche à faire sa ponte.

« Les larves ont été divisées en trois classes, suivant leur séjour : elles sont dites *cuticoles* quand elles vivent dans des tumeurs ou bosses formées sous la peau; *cavicoles*, dans quelques parties de l'intérieur de la tête ou du corps; et *gastricoles*, dans l'estomac ou les intestins de l'animal destiné à les nourrir. Les œufs des premières sont placés par la mère sous la peau, qu'elle a percée avec sa tarière écailleuse; les œufs des autres espèces sont simplement déposés et collés sur quelques parties de la peau, soit voisines des cavités naturelles et intérieures où les larves doivent pénétrer et s'établir, soit sujettes à être léchées par l'animal : action qui a pour effet de transporter des œufs ou de jeunes larves dans la bouche, d'où elles se rendent dans le lieu qu'elles doivent habiter. L'accouplement a lieu comme dans tous les diptères. Les œufs sont blanchâtres. Les larves, petites à leur naissance, ne tardent pas à prendre un assez grand accroissement : arrivées à toute leur taille, elles sont apodes, de forme conique et allongée. La larve de l'*Œstrus equi* se développe dans l'estomac du cheval; et quand elle a pris tout son accroissement elle descend en suivant les intestins, se traînant au moyen de ses épines, ou bien portée simplement avec les excréments, et elle arrive ainsi à l'anus, sur les bords duquel en en voit souvent suspendues, dans les mois de mai et de juin, et prêtes à tomber à terre pour y subir leur dernière métamorphose. Arrivées à terre, ces larves se changent bientôt en chrysalides; leur peau se durcit, devient d'un beau noir et leur sert de coque; elles restent six ou sept semaines dans cet état; puis l'insecte parfait sort de sa coque en faisant sauter une pièce ovalaire située au bout extérieur de cette enveloppe. »

Le nombre des espèces d'Œstres connues est assez considérable. L'ŒESTRE DU CHEVAL (l'*Œstruse qui*, Clarck), qui est la plus grande espèce de toutes, se trouve en France, en Angleterre, en Italie et en Orient, dans les mois de juillet et d'août, près des pâturages. La femelle dépose ses œufs sur les jambes et les épaules des chevaux, qui, en se léchant, transportent les œufs ou les jeunes larves dans leur estomac, où elles se développent.

D'autres espèces parasites du cheval sont l'ŒESTRE SALUTAIRE (*Œstrus salutaris*, Clarck); — l'ŒESTRE NASAL (*Œstrus nasalis*, Linné), qui se trouve aussi dans l'âne, le mulet, le cerf et la chèvre; — et l'ŒESTRE HÉMORRHOIDAL (*Œstrus hæmorrhoidalis*, Linné).

Enfin nous indiquerons l'ŒESTRE DES TROUPEAUX (*Œstrus pecorum*, Fabricius), qui semble propre au nord de l'Europe, et dont la larve vit dans les intestins du bœuf.

ŒSTRIDES. — V. *Œstre*.

ŒUF. Philosophiquement, on admet que tout être organisé sort d'un Œuf. En effet, si l'*Œuf type* est celui des oiseaux, dont nous allons examiner tout à l'heure l'organisation, la *graine* dans les végétaux, l'*ovule* qui renferme l'embryon dans les femelles vivipares, présente avec lui la plus grande analogie. Chez les Mammifères, l'embryon, arrivé à l'état de fœtus, paraît au premier abord différer complétement du jeune animal renfermé dans la coquille de l'Œuf; mais l'organe dans lequel vit ce fœtus est encore un véritable Œuf; ce qui le distingue seulement de l'Œuf des ovipares, c'est que le fœtus y reçoit directement les sucs nourriciers de la mère par des conduits et des vaisseaux admirablement disposés pour cet effet, tandis que chez les autres, le petit poulet, par exemple, trouve sa nourriture dans l'enveloppe ou l'Œuf, sans qu'il ait besoin de sa mère. — V. *Ovulation*.

Les Œufs des Oiseaux se composent de plusieurs parties distinctes, qui sont :

1º La *coquille*, enveloppe ou coque calcaire, ellipsoïde, formée de carbonate de chaux, d'une plus petite quantité de carbonate de magnésie, de phosphate de chaux et d'oxyde de fer.

2º La *membrane de la coque*, pellicule mince, blanche, qui revêt la face interne de la coquille.

3º Les *chalazes*, sortes de ligaments glaireux qui servent de moyen d'union entre la membrane de la coque et le jaune.

4º Le *blanc* ou *albumen*, masse visqueuse formée d'albumine, avec quelques sels de soude, et qui est plus épaisse vers le centre qu'à la circonférence.

5º Le *jaune* ou *vitellus*, masse globuleuse, jaune, opaque et molle, enveloppée d'une membrane propre, et suspendue au milieu du blanc.

A l'extrémité la plus grosse de l'ovoïde, le blanc se sépare de la coque pour laisser un espace vide qu'on nomme la *chambre à air*, espace limité par la membrane de la coque et la membrane propre au blanc.

Le jaune est la partie de l'Œuf la plus importante. Il offre : une cavité centrale pleine de matière claire, pourvue d'un canal à l'extrémité duquel est une masse de cellules appelée *cumulus proligère*; une tache blanche, adhérente à sa surface, appelée *cicatricule*, qui, pendant l'incubation, devient l'embryon de l'oiseau par l'effet du développement. Tel est l'Œuf à l'état parfait et pondu.

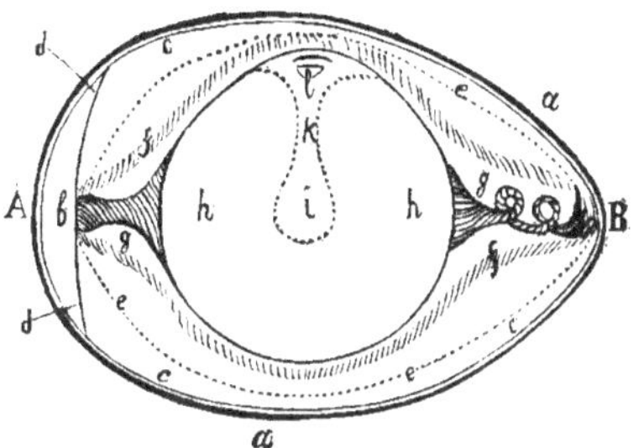

Fig. 935. — Coupe théorique de l'Œuf.

A B, grosse et petite extrémité de l'œuf. — *a, a*, coquille; — *b*, chambre à air; — *c, c, c*, membrane de la coque; — *d*, membrane qui limite le blanc et maintient la chambre à air; — *e, e, e*, ligne où l'albumen commence à être plus épais; — *f, f*, ligne où l'albumen est très épais; — *g, g*, chalazes ou ligaments glaireux qui servent de moyen d'union entre la membrane de la coque et le jaune; — *h, h*, le jaune; — *i*, cavité centrale pleine de matière claire, pourvue d'un canal (*k*) à l'extrémité duquel est le cumulus proligère (*l*), que surmonte la cicatricule, laquelle est une tache blanche adhérente à la surface du jaune.

Mais nous devons étudier : 1º le développement successif de l'Œuf, à commencer par son état d'ovule; 2º le développement des organes du jeune oiseau.

Les Oiseaux ont un ovaire unique, situé au devant de la colonne vertébrale, et qui se compose de petits sacs membraneux disposés en grappes. Les parois de ces sacs sécrètent intérieurement les *ovules*, qui ne consistent qu'en une matière jaune entourée d'une fine pellicule. Ces ovules grossissent rapidement, fendent le sac qui les renferme, et tombent dans un entonnoir membraneux nommé *oviducte*, dont le pavillon s'applique sur l'ovaire, et dont l'orifice inférieur s'ouvre dans le *cloaque*. L'Œuf, qui ne se compose encore que du *vitellus* ou *jaune*, descend peu à peu dans l'oviducte, et, parvenu à la moitié de son trajet, il s'entoure d'une matière glaireuse (albumen ou blanc); et un peu plus bas, il se forme autour du blanc une membrane épaisse dont le feuillet externe s'encroûte rapidement d'un dépôt calcaire qui constituc la coquille. C'est dans cet état que l'Œuf est pondu.

Alors s'il est soumis à l'incubation, c'est-à-dire maintenu à une température convenable par le contact du corps de la mère ou même par un moyen artificiel, on peut constater, au bout de quelques heures, un commencement de travail dans l'évolution embryonnaire. Le disque prolifère ou cicatricule se soulève au-dessus de la masse du jaune; il devient opaque et son volume augmente rapidement ; sa forme change aussi.

Bientôt les globules du vitellus et les vésicules du disque prolifère (*cumulus proligène*) s'arrangent de manière à former deux régions bien distinctes : l'une périphérique, nommée *aire opaque;* l'autre médiane, formant une bande diamétrale, nommée *aire transparente.* Au commencement du deuxième jour, on voit les molécules accumulées sur les parties latérales de l'aire opaque obéir à une sorte d'impulsion, que M. Serres a nommée *loi centripète,* et se porter avec ensemble de la périphérie vers la ligne médiane de l'aire transparente, où elles se groupent pour donner naissance à la colonne vertébrale; à mesure que ce mouvement centripète se poursuit, il se forme deux séries parallèles de taches carrées ; ces taches carrées se superposent, et sont séparées l'une de l'autre par une lame pellucide. Elles doivent se réunir deux à deux par leur face interne pour constituer le corps d'une vertèbre ; la ligne séparant les deux séries est occupée par un fluide transparent, qui formera, en se condensant, la moelle épinière et le cerveau.

Au commencement du troisième jour, le système vasculaire ne s'est pas encore manifesté. Toute la surface de l'aire transparente paraît granuleuse ; ces granulations représentent d'innombrables globules transparents, qui abondent aussi dans l'aire opaque et là où sont les vésicules huileuses du disque : ces globules et ces vésicules sont renfermés dans un double feuillet; c'est entre ces feuillets que se forme le sang, dont la multiplication des globules coïncide avec la diminution des vésicules et des grains globuleux. Vers la cinquantième heure de l'incubation, les globules du sang sont visibles, mais les vaisseaux n'existent pas encore. Le sang se creuse d'abord un réseau dans les tissus, et ce n'est que plus tard, quand le trajet des globules sanguins est régulièrement établi, que les parois vasculaires se constituent pour contenir le sang.

Un réseau circulaire s'établit, au centre duquel est un vaisseau recourbé, renflé et palpitant : ce vaisseau est le *cœur.* Tout le réseau est limité, circonscrit par une veine, nommée *veine primigéniale,* qui ne fournit aucune branche à son pourtour externe, mais dont le pourtour interne est constamment interrompu par des communications qui aboutissent toutes dans une trame de vaisseaux capillaires, ce qui donne à l'aire vasculaire l'apparence d'une dentelle à mailles très petites. Les deux bouts de la veine primigéniale se

rejoignent du côté qui correspond à la tête de l'embryon, puis s'adossent, et le tronc qui résulte de leur jonction aboutit au cœur, en recevant à droite et à gauche des radicules venant du réseau capillaire. Du côté diamétralement opposé, arrive au cœur un autre tronc veineux, nommé *veine caudale;* trois autres veines, prenant naissance dans le réseau capillaire, viennent également

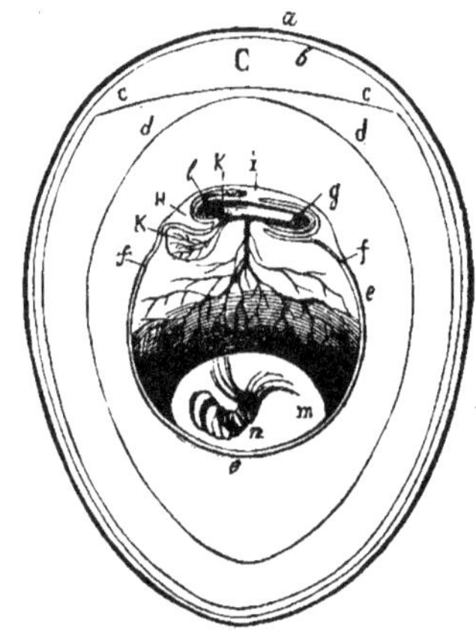

Fig. 936. — Coupe théorique d'un Œuf de poule au 5e jour de la fécondation.

a, la coque ; — *b,* membrane externe de la chambre à air (C), tapissant la face interne de la coque ; — *d, d,* membrane enveloppant l'albumen liquide ; — *e,* membrane chalazienne ; — *f, f,* membrane vitelline enveloppant le jaune ou vitellus ; *g,* cavité de l'amnios qui s'agrandit de plus en plus par l'accumulation successive d'un liquide séreux transparent ; — *h,* replis de la cavité vitelline formant les capuchons céphalique et caudal ; — *l,* embryon ; — *k,* allantoïde commençant à se développer ; — *m,* cercle vitellin, limitant, au 5e jour de l'incubation, les progrès de l'aire vasculaire qui s'étend de plus en plus sur le vitellus, où ses vaisseaux, à la manière des chylifères, puisent d'abondants matériaux pour l'accroissement de l'embryon, — *n,* chalaze (l'autre chalaze se trouve du côté opposé et ne se voit pas).

aboutir au cœur. Le cœur, recevant le sang venant de la circonférence au centre, pousse à son tour le sang par des artères du centre à la circonférence.

Le réseau vasculaire, théâtre de cette circulation primitive, peut être regardé comme un poumon que l'embryon déploie au-dessus de lui, et qui se trouve placé dans la partie de l'Œuf où l'oxygène peut pénétrer le plus facilement, c'est-à-dire au-dessous de la chambre à air. C'est une simple circulation pulmonaire, analogue à celle des Poissons; sa durée est de deux jours environ. Cette brièveté d'existence vient de ce que les ramifications artérielles et veineuses, qui courent parallèlement les unes aux autres, s'ouvrent des communications entre elles, et que les veines primigéniale et caudale, recevant moins de sang, s'atrophient et se flétrissent.

Alors commence une nouvelle circulation : l'aire vasculaire, privée de ses principaux troncs veineux, devient impropre à la respiration ; mais ses fonctions nutritives se perfectionnent; elle s'étend de plus en plus sur le vitellus, où ses vaisseaux, à la manière des chylifères, puisent des matériaux abondants, destinés à l'accroissement de l'embryon. Mais comment le sang recevra-t-il de l'oxygène ? Le voici : à mesure que l'aire vasculaire perd ses veines *primigéniale, caudale* et leurs affluents, on voit surgir sur un autre point un organe respiratoire nouveau, destiné, en outre par son origine, à favoriser le développement, retardé jusqu'alors, des parties inférieures de l'embryon. En effet, vers la fin du troisième jour apparaît sur la région abdominale une vésicule que recouvre la membrane vitelline ; quelques heures après elle fait saillie, implantant son pédicule sur l'intestin rectum, et se recouvrant de vaisseaux à sa surface externe qui refoule la membrane vitelline. Cette poche membraneuse est l'*allantoïde*.

Cette allantoïde recouvre le petit embryon du cinquième au sixième jour; vers le dixième jour elle a déjà contourné et embrassé la totalité du vitellus, l'embryon et tout l'albumen. Du douzième au treizième jour, la jonction de l'allantoïde s'opère au petit bout de l'OEuf; son feuillet externe, qui s'adosse à la membrane interne de la chambre à air jusqu'à l'éclosion du poulet, se revêt d'un magnifique réseau vasculaire qui reçoit le sang veineux venant de l'embryon et le met en contact avec l'air pour le changer en sang artériel.

Pendant que ce poumon provisoire fonctionne, les organes de l'animal se développent; le système vasculaire se perfectionne, et le sang se détourne peu à peu de l'allantoïde, dont le rôle commence à déchoir et qui se flétrit et rompt son pédicule.

Dès ce moment, l'oiseau est assez bien organisé pour respirer, avec ses poumons, l'air amassé dans la coquille. Ajoutons que ses mouvements sont rendus faciles, grâce à un sac de nature séreuse nommé *amnios*, dont il s'est enveloppé dès les commencements de l'évolution embryonnaire.

Vers le dix-neuvième jour, le vitellus, qui a fourni tous les matériaux nécessaires à la nutrition de l'animal, n'est pas complètement épuisé; il en reste encore une certaine quantité enveloppée dans la membrane vitelline, et faisant hernie par l'ombilic de l'oiseau. Mais cette masse superflue est soutirée dans l'abdomen par l'ouverture de l'ombilic, qui se referme ensuite par-dessus ; le jaune se trouve ainsi contenu dans le tube digestif.

Enfin au vingt-unième jour, l'oiseau, dégagé de toutes ses membranes protectrices, qui se sont desséchées, déjà habitué à la respiration pulmonaire, et muni des provisions de première nécessité, est prêt à sortir de sa coquille; il n'a plus

qu'à la briser ; mais il ne pourrait rompre les murailles qui l'enferment si la nature n'avait armé l'extrémité de son bec d'une pointe cornée; il s'en sert comme d'un marteau, et s'en débarrasse peu après sa naissance.

Ce que nous venons de dire se rapporte également aux OEufs d'oiseaux en général et aux OEufs de poule en particulier. Ceux-ci présentent deux

Fig. 937. — Poulet examiné deux jours avant l'éclosion.

La masse vitelline et les vaisseaux vitellins tendent à se loger dans la cavité de l'abdomen, en passant par l'ouverture ombilicale ; cette ouverture se ferme et laisse une cicatrice qui est presque oblitérée le 21e jour, au moment de l'éclosion.)

phénomènes dont nous ne pouvons nous dispenser de dire un mot en passant. Nous ne prétendons pas toutefois qu'ils n'aient pas lieu dans tous les OEufs d'oiseaux ; mais la poule étant un des animaux les plus répandus dans les basses-cours, c'est sur les siens qu'ils ont été principalement observés. Il y a des OEufs à double jaune, et d'autres sans jaune. On a remarqué que les premiers sont presque toujours fournis par les mêmes poules, tandis que d'autres n'en ont jamais. Les premières sont généralement très fortes et bien nourries : c'est probablement à l'état de santé qu'elles éprouvent qu'il faut en attribuer l'origine. Les deux jaunes, ainsi que l'a très bien observé **M. Audouin**, se détachent de l'ovaire à un petit intervalle, enveloppés tous deux par la même masse de blanc et par la même coquille. Assez ordinairement l'un des deux jaunes est fécondé, et l'autre reste infécond; il s'ensuit que l'OEuf ne donne naissance qu'à un seul poulet. Mais lorsque les deux jaunes sont fécondés, les deux fœtus finissent par s'accoler; il en résulte alors un poulet monstrueux. C'est ainsi que se forment les poulets à deux têtes et autres monstruosités analogues.

Quant aux Œufs sans jaune, que l'on appelle dans les campagnes Œufs de coq, et qui donnent, dit-on, naissance à des serpents, ils sont dus à une cause très simple. Lorsque l'Œuf se forme, le jaune tombe le premier dans l'oviducte, le blanc est sécrété ensuite, puis la coquille. Le blanc se moule ordinairement sur le jaune; mais si celui-ci est détourné dans sa route, le blanc n'enveloppe pas le jaune, et la coquille n'en continue pas moins à envelopper celui-ci. Du reste, c'est à l'amour pour le merveilleux qu'il faut attribuer les prétendus serpen s que renferment ces Œufs : ce qui a donné lieu à cette opinion populaire, c'est que les chalazes, cordons blanchâtres que renferme le blanc, s'enroulent souvent comme le ferait un ver ou un serpent.

OGNON (*Allium cepa*). Espèce du genre Ail, caractérisé ainsi : racine composée d'une touffe de fibres simples, presque filiformes, attachées à la base d'un plateau, dont la partie supérieure est

Fig. 938. — Ognon.

(1, fleur entière grossie; — 2, l'une des trois étamines, bidentée à la base; — 3, pistil; — 4, fruit entouré de son calice persistant; — 5, coupe transversale du même; — 6, racine ou bulbe.)

chargée de plusieurs tuniques plus ou moins épaisses formant un bulbe ou Ognon ventru, considéré comme formé de la base inférieure d'un grand nombre de feuilles non développées. Du centre des feuilles véritables qui sont toutes radicales, cylindriques, fistuleuses, très pointues, s'élève une hampe nue, cylindrique, fistuleuse, ventrue à sa partie inférieure, terminée par une tète de fleurs. Ces fleurs sont disposées en une sorte d'ombelle terminale, renfermée dans une spathe à deux valves; la corolle (calice, selon

d'autres) est partagée en 6 divisions profondes, renfermant 6 étamines, dont les filaments sont alternativement simples et élargis, bidentés à la base; style simple; capsule triangulaire à 3 valves, 3 loges pluriovulées.

L'Ognon est connu de toute antiquité. Il exhale une odeur alliacée, forte et pénétrante, et sa saveur est à la fois douce, âcre et piquante. Les parties volatiles qui en émanent produisent un picotement douloureux sur la membrane pituitaire, sur la conjonctive, et déterminent un abondant écoulement de larmes. On connaît ses usages comme condiment; on le sert aussi préparé de diverses manières sur nos tables; car, cuit, son âcreté disparaît, et il acquiert une saveur douce et sucrée, qui est plus prononcée dans l'Ognon des climats chauds. C'est toujours le bulbe qu'on emploie, soit dans les cuisines, soit dans les pharmacies. Médicalement parlant, il agit tantôt comme adoucissant, tantôt comme irritant, suivant qu'il est employé cuit ou cru. Dans le premier état, on s'en sert comme expectorant, diurétique, maturatif, etc. L'usage longtemps continué de ce bulbe a fait disparaître, dit-on, des hydropisies idiopathiques, des anasarques, et il guérit, ou tout au moins prévient le scorbut.

OIE (*Anser*). Suivant les uns, espèce du grand genre Canard; selon d'autres, sous-genre ou même genre à part caractérisé par : bec plus court que la tète, plus haut que large à la base, renflé près du front, garni de dents coniques formées par le bord des lamelles; jambes plus rapprochées de la partie antérieure du corps que dans les autres espèces de Canards, etc.

Les Oies, par la dimension générale du corps et du cou, semblent tenir le milieu entre les Canards et les Cygnes proprement dits, avec lesquels elles offrent une grande analogie d'organisation et de mœurs. Cependant elles sont moins aquatiques, nagent peu et ne plongent pas; elles recherchent les prairies humides. Elles sont polygames comme nos Gallinacés; chez ces oiseaux il y a un accouplement réel par intromission de l'organe mâle qui est assez développé. Ils font à terre leur nid, dans lequel ils pondent de 6 à 8 œufs dont la couvaison dure un peu plus d'un mois; les petits, en sortant de la coquille, marchent et se nourrissent eux-mêmes. Le cri naturel de l'Oie est très bruyant et comme un son de trompette; il est répété assez fréquemment au moindre bruit, et par toute la compagnie. Tout le monde connaît les Oies du Capitole, qui sauvèrent les Romains en les avertissant de l'assaut nocturne que tentaient les Gaulois. Pourtant ces animaux passent pour stupides, réputation moins méritée qu'on ne pense; car, même à l'état de domesticité, ils sont doués d'un instinct très remarquable; l'on cite même d'eux des traits fort singuliers d'attachement et de reconnaissance. L'Oie est la volaille qui vit le plus longtemps; on porte son existence à 80 ans.

Les Oies sauvages ne se montrent dans nos contrées tempérées que l'hiver, mais on en voit des troupes fort nombreuses en Allemagne. Pendant l'été elles se portent dans les latitudes les plus élevées, vers le Spitzberg, le Groënland, la baie d'Hudson, etc., où leur graisse et leur fiente sont une ressource pour les malheureux habitants de ces contrées. Cependant on a remarqué

Fig. 939. — Oie Hyperborée.

chez nous que la fiente d'Oie est d'une âcreté extrême, et que les champs où elle est déposée deviennent stériles.

Les Oies sauvages ont le vol élevé; suivant qu'elles sont peu ou plus nombreuses, elles se rangent sur une seule ligne à la file les unes des autres, ou sur deux lignes obliques en forme de V; le chef est à la pointe de l'angle, et lorsqu'il est fatigué il va se reposer au dernier rang : tous les individus de la bande prennent ainsi tour à

Fig. 940. — Oie Cravant.

tour la première place pour fendre l'air. Ces oiseaux ont la vue fort bonne, l'ouïe très fine et l'instinct de défiance remarquable; aussi est-il très difficile de leur faire la chasse et de les atteindre. — Le genre Oie offre un assez grand nombre d'espèces.

L'Oie première ou cendrée (*A. cinereus*), qui se trouve dans toutes les contrées orientales, est la souche de toutes nos races domestiques. Dans l'Allemagne et la Poméranie, on en nourrit des troupeaux considérables : et de là nous viennent des pâtés de foie gras très recherchés.

L'Oie hyperborée (*A. hyperborea*) habite les régions polaires ; elle a le front très élevé, le corps d'un blanc de neige, le bec rouge-écarlate ; les pennes des ailes sont noires, etc.

L'Oie sauvage vulgaire (*A. segetum*) diffère peu de l'Oie première ; elle a la tête et le haut du cou un peu plus foncés, ainsi que le bas du cou et les parties inférieures. On dit qu'elle vit très longtemps. — « Pour les industrieux habitants de Kilda (petite île de l'Ecosse, la plus occidentale de toutes les Hébrides), l'Oie sauvage est le sujet d'une sorte de chasse des plus difficiles, des plus productives et des plus curieuses que l'on puisse voir. Le Palmipède poursuivi niche par grandes familles au pied des rochers et des écueils baignés par les eaux de la mer, situés dans le voisinage de l'île. La pièce la plus importante pour une semblable chasse est une longue corde tressée avec des lanières de cuir de vache, recouvertes de peaux de mouton, afin qu'elle ne se déchire point en frottant contre les aspérités anguleuses du lieu. Cette corde constitue en majeure partie la dot des jeunes Kildanes et le plus souvent l'unique ressource du nouveau ménage. Pour s'en servir il faut être à deux et monter au haut d'un rocher ; là, les deux oiseleurs se ceignent de la corde, chacun par un de ses bouts ; le plus adroit plonge dans l'abîme, tandis que le plus robuste se tient cramponné sur une pointe avancée. Quand le premier a rempli d'œufs le sac attaché à son cou et fixé autour de ses reins, qu'il a placé le long de ses cuisses et de ses jambes, sur son dos et ses bras le plus de jeunes Oies possible, où elles demeurent appendues par les pattes, attachées aux cordons fortement cousus à ses vêtements, alors le second le hisse au sommet du rocher à force de bras et de tours qu'il fait faire à la corde en l'enroulant autour de son corps. Comme on le voit, il faut à l'un et à l'autre beaucoup de sang-froid, une grande puissance nerveuse et surtout une longue habitude pour se hasarder de la sorte. Il est infiniment rare qu'il arrive quelque accident grave durant cette chasse si hardie.

Introduite de la sorte dans la maison rurale des peuples septentrionaux, l'Oie est devenue promptement domestique ; elle est très disciplinable et surtout fort sensible aux soins qu'on lui donne ; aussi l'a-t-on vue s'habituer avec plaisir à peupler nos basses-cours depuis la plus haute antiquité. Elle s'attache volontiers à son maître, parait l'aimer ; elle lui obéit, et comme le chien fidèle elle le défend et l'avertit du danger. »

L'Oie cravant (*A. canadensis*) a la taille un peu plus forte que notre Oie commune ; elle a la gorge d'un blanc pur qui remonte en large bande à l'occiput ; le cou est noir à reflets violets ; le reste du plumage est d'un brun mêlé de gris. — Espèce magnifique, placée par quelques auteurs dans la section des Cygnes.

Au point de vue de l'agriculture et de l'économie domestique, l'Oie offre un sujet d'étude très important. Nous nous bornerons à signaler l'usage qu'on fait de son foie pour certaines pâtisseries. « En Alsace l'engraissement a pour but de développer la masse du foie et d'en modifier le tissu par l'infiltration graisseuse. C'est une sorte de cachexie hépatique que l'on cherche à produire. Dans ce but on renferme les Oies individuellement dans de petites loges où elles ne peuvent se retourner. Ces loges présentent en arrière, au fond, une ouverture pour le passage de la fiente, en avant, en haut, une autre ouverture pour sortir la tête ; en face de cette loge et à portée de l'animal qui y est renfermé, est placée une auge remplie d'eau dans laquelle on a mis du charbon de bois broyé. Chaque jour, matin et soir, on le gorge de nourriture ; seulement, vers les deux tiers de l'engraissement on ajoute au maïs, qui est l'aliment préféré, quelques cuillerées d'huile de pavot, puis dans les derniers jours on supprime toute boisson. La présence d'une pelote de graisse sous chacune des ailes avertit qu'on est au terme de l'opération : l'Oie ne respire alors qu'avec la plus grande difficulté, et il est temps de la tuer. Elle peut peser 9 kilog., rendre 2 kil. 5 de graisse et donner un foie pesant jusqu'à 1 kil. Ce dernier produit forme la base des célèbres pâtés de Strasbourg. »

OISEAU DE PROIE. — V. *Oiseaux, Rapaces*.

OISEAU DE PARADIS. — V. *Paradisier*.

OISEAU-MOUCHE (*Trochilus*). Les Oiseaux-mouches font partie de la famille des Trochilidés, ainsi que les Colibris, et la même dénomination latine leur a été appliquée. C'est qu'en effet la plupart du temps, lorsqu'on fait l'histoire des uns on comprend celle des autres ; et comme nous avons été très court en parlant des Colibris, nous invitons ces jolis petits oiseaux à prendre leur part des considérations dans lesquelles nous nous proposons d'entrer ici, puisque aussi bien tous les naturalistes attribuent aux uns et aux autres la même manière de vivre.

Commençons d'abord par indiquer les caractères des Trochilidés : bec ordinairement plus long que la tête, droit dans les Oiseaux-mouches, recourbé dans les Colibris, avec la mandibule inférieure rentrant dans la supérieure, se dilatant un peu vers la pointe ; ailes suraiguës, queue de 6 à 10 rectrices ; tarses minces, grêles, emplumés jusqu'aux talons, écussonnés, plus courts que le doigt médian.

« De tous les êtres animés, dit Buffon, voici le plus élégant pour la forme, et le plus brillant pour les couleurs. Les pierres et les métaux polis par notre art ne sont pas comparables à ce bijou de la nature ; elle l'a placé dans l'ordre des Oiseaux au dernier degré de grandeur : *maxime miranda in minimis*. Son chef-d'œuvre est le petit Oiseau-mouche ; elle l'a comblé de tous les dons qu'elle n'a fait que partager aux autres Oiseaux : légèreté, rapidité, prestesse, grâce et riche parure, tout appartient à ce petit favori. L'émeraude, le rubis, la topaze, brillent sur ses habits; il ne les souille jamais de la poussière de la terre, et, dans sa vie tout aérienne, on le voit à peine toucher le gazon par instants : il est toujours en l'air, volant de fleurs en fleurs : il a leur fraîcheur comme il a leur éclat; il vit de leur nectar, et n'habite que les climats où sans cesse elles se renouvellent.

« ...Leur bec est une aiguille fine, et leur langue un fil délié; leurs petits yeux noirs ne paraissent que deux points brillants; les plumes de leurs ailes sont si délicates, qu'elles en paraissent transparentes. A peine aperçoit-on leurs pieds, tant ils sont courts et menus : ils en font peu d'usage; ils ne se posent que pour passer la nuit, et se laissent, pendant le jour, emporter dans les airs. Leur vol est continu, bourdonnant et rapide. Marcgrave compare le bruit de leurs ailes à celui d'un rouet, et l'exprime par les syllabes *hour-hour-hour*. Leur battement est si vif, que l'Oiseau, s'arrêtant dans les airs, paraît non-seulement immobile, mais tout à fait sans action. On

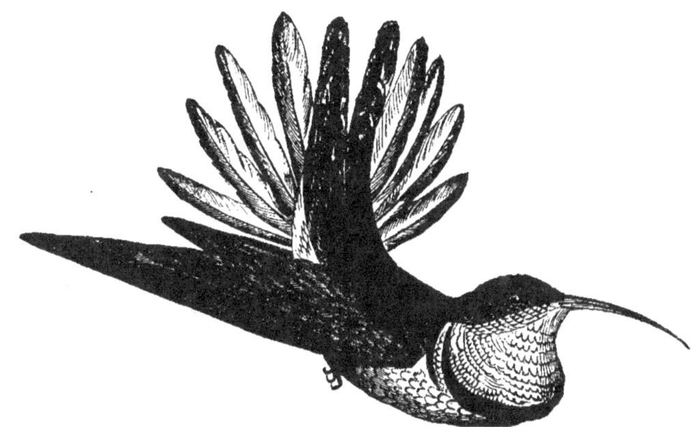

Fig. 911. — Colibri.

le voit s'arrêter ainsi quelques instants devant une fleur, et partir comme un trait pour aller à une autre. Il les visite toutes, plongeant sa petite langue dans leur sein, les flattant de ses ailes, sans jamais s'y fixer, mais aussi sans les quitter jamais; il ne presse ses inconstances que pour mieux suivre ses amours et multiplier ses jouissances innocentes; car cet amant léger des fleurs vit à leurs dépens sans les flétrir; il ne fait que pomper leur miel, et c'est à cet usage que sa langue paraît uniquement destinée.

« Les Oiseaux-mouches appartiennent tous à l'Amérique, et habitent, sans la dépasser, la zone intertropicale. Leur bec est long, grêle et renferme une langue qui s'allonge comme celle des Pics, et se divise en deux filets servant à l'oiseau de siphon pour pomper le nectar des fleurs. C'est ce qui avait fait croire aux naturalistes qu'ils vivaient entièrement de substance saccharine contenue dans les corolles; mais il est bien démontré maintenant qu'ils se nourrissent d'insectes plus particulièrement. Rien n'égale la vivacité de ces petits volatiles, si ce n'est leur courage ou plutôt leur audace; on les voit poursuivre avec furie des oiseaux vingt fois plus gros qu'eux, s'attacher à leur corps, et se laissant emporter par leur vol, le becqueter à coups redoublés, jusqu'à ce qu'ils aient assouvi leur petite colère; quelquefois même ils se livrent entre eux de très vifs combats. L'impatience paraît être leur âme; s'ils s'approchent d'une fleur et qu'ils la trouvent fanée, ils lui arrachent les pétales avec une précipitation qui marque leur dépit. Ils n'ont point d'autre voix qu'un petit cri : *screp-screp*, fréquent et répété. »

Tous les auteurs s'accordent sur le caractère querelleur de ces petits êtres, qui sont extrêmement jaloux les uns des autres; s'ils se rencontrent plusieurs sur les mêmes arbres en fleurs, ils s'attaquent avec la plus vive impétuosité, et ne cessent de se poursuivre avec tant d'ardeur et d'opiniâtreté, qu'ils entrent dans les appartements, où le combat continue et ne finit que par la fuite du vaincu et la perte de quelques plumes. Mais la plupart des espèces vivent solitaires et ne se trouvent sur les mêmes arbres qu'accidentellement. Quelques-uns cependant se réunissent et forment des essaims que les mêmes besoins, que les mêmes fleurs attirent.

Le nid que se construisent les Oiseaux-mouches

répond à la délicatesse de leur corps ; il est fait d'un coton fin ou d'une bourre soyeuse recueillie sur les fleurs. Ce nid est fortement tissu et de la consistance d'une peau douce et épaisse ; la femelle se charge de l'ouvrage et laisse au mâle le soin d'apporter les matériaux ; le nid est attaché à deux feuilles ou à un seul brin d'oranger, de citronnier, ou quelquefois à un fétu qui pend à la couverture de quelque case ; il n'est pas plus gros que la moitié d'un abricot, et fait de même en demi-coupe.

Il est facile, dit Lesson, de prendre les Oiseaux-mouches en se cachant dans les buissons et les saisissant avec un brusque mouvement, lorsqu'ils bourdonnent comme des sphinx devant une fleur, en se servant d'un filet à papillons, plus large et plus longuement emmanché que ceux qu'on emploie pour les Lépidoptères. On doit rejeter la glu, qui gâterait leur parure. Quelques voyageurs ont aussi employé des sarbacanes, des fusils bourrés de suif et remplis d'eau, qui les étourdissent, etc.; mais, dans nos excursions, nous les avons toujours tués au fusil simplement chargé avec du très petit plomb, et en nous tenant à douze ou quinze pas de distance. Cette méthode nous a procuré des Oiseaux nullement endommagés, et est la plus expéditive.

Les plumes des Oiseaux-mouches servaient jadis, chez les Péruviens et les Mexicains, à faire des tableaux d'une rare beauté et d'une grande fraîcheur, que Ximenez et les autres anciens historiens des conquêtes espagnoles ne cessent de louer. Leur corps entier, desséché et revêtu de ses plumes, servait, dans les forêts du Brésil, de parure aux jeunes *Machakalis*. Elles s'en formaient des bandeaux ou les suspendaient à leurs oreilles, et ces parures naturelles égalaient, certes, les pierres qu'avec tant de magie taillent en facettes les artistes des peuples civilisés. Combien ne devaient point avoir d'attraits ces filles de a nature vêtues de quelques grandes plumes d'Aras rouges ou bleues, les cheveux retenus par une guirlande de fleurs d'héliconia, le cou ou les oreilles garnis de saphirs, d'émeraudes, de topazes, empruntés aux Oiseaux-mouches!

La famille des Trochilidés a été divisée par M. Is. Geoffroy Saint-Hilaire en dix genres, ainsi nommés :

Ramphomicron . :	Bec moins long que la tête.
Héliotrix	
Oiseau-mouche.	
Ériope	Bec un peu plus long que la tête.
Avocettine ...	
Héliomastre .	
Grype	
Colibri	Bec beaucoup plus long que la tête.
Campyloptère .	
Docimastre ... :	Bec aussi long que le corps de l'oiseau.

« L'espèce type du 1er genre est l'Oiseau-mouche microrhynque, dont le bec n'a que trois lignes de longueur ; le dessus du corps est d'un violet luisant, à reflets pourprés rouges ; le dessous est vert émeraude, à reflets cuivrés ; le plastron guttural, d'un beau vert à reflets dorés, est terminé en pointe arrondie ; les ailes sont noires, à reflets violets ; la queue est noire, à reflets pourprés. Il habite l'Amérique méridionale.

L'Héliotrix a oreilles d'azur (2e genre) habite la Guyane ; le bec est fort, robuste ; la queue étagée, les rectrices moyennes blanches, les latérales noires ; le plumage vert en dessus, blanc de neige en dessous ; un trait noir derrière l'œil, précédant des plumes écailleuses d'un bleu d'azur.

L'Oiseau-mouche minime (3e genre) habite les Antilles. Son plumage est, en dessus, d'un blanc sale ; en dessous, d'un vert doré ; les rectrices moyennes sont vertes ; les latérales, blanches à leur extrémité.

L'Oiseau mouche vêtu (4e genre) habite Santa-Fé de Bogota ; son plumage est vert brillant ; la cravate et les tectrices sous-caudales sont dorées ; les sous-caudales bleu d'azur ; la queue est fourchue ; le ventre est vert ; les pieds revêtus de plumes blanches.

L'Avocettine a bec recourbé (5e genre) est une espèce péruvienne, dont le plumage est d'un vert doré métallique, le plastron émeraude sur le devant du cou ; l'abdomen est marqué d'une raie longitudinale ; les plumes des cuisses sont blanches.

L'Héliomastre d'Angèle (6e genre) habite le Chili et Buenos-Ayres ; le bec est allongé, noir ; la queue médiocre, fourchue, parsemée de petites taches glauques ; le dos et la croupe sont émeraude ; une goutte blanche se voit derrière l'œil ; la gorge est brillante d'écailles rubis ; les plumes jugulaires sont étalées en deux éventails d'azur ; le ventre est bleu foncé.

Le genre Colibri (7e genre) a été étudié au mot *Colibri*.

Le Grype ruficole (8e genre) habite les environs de Rio-Janeiro. Son bec est noir et blanc ; le dos est vert cuivré ; la gorge noirâtre ; les côtés du cou sont d'un jaune de buffle ; le ventre est gris, tacheté de noir. La queue est verte, pourprée et rousse en dessus, noire et rousse en dessous.

Le Campyloptère latipenne habite la Guyane ; son bec est robuste, légèrement recourbé, long d'un pouce ; les parties supérieures sont d'un vert doré brillant ; les parties inférieures, d'un gris cendré. Les ailes ont les tiges de leurs pennes aplaties, dilatées et coudées, ce qui leur donne l'aspect d'un sabre.

Le Docimastre ensifère (10e genre) est une espèce des plus connues, à cause de son bec gigantesque. L'Oiseau est long de sept pouces, et son bec forme à lui seul la moitié du corps. Le plumage est d'un vert brillant, à reflets cuivreux, surtout en dessus et en arrière de la tête ; le bec est noir, plus haut que large, un peu renflé au bout, terminé en pointe aiguë, et faiblement arqué dans sa longueur ; le dessus de la tête est noirâtre, avec chaque plume finement bordée de brun pâle ; le ventre est vert, ainsi que les sous-caudales ; les ailes sont noirâtres, à reflets d'un violet sombre, avec les rectrices vertes ; la queue est fourchue, d'un vert sombre ; les pieds courts, jaunâtres ; les ongles bruns.

Aux espèces types que nous venons de décrire succinctement, nous joindrons quelques autres espèces appartenant à divers genres, non mentionnés dans le tableau synoptique de M. Isid. Geoffroy Saint-Hilaire. Nous commencerons par

Fig. 942-943-944. — Oiseaux-Mouches.

la plus grande espèce de la famille, l'Oiseau-mouche géant (*Trochilus gigas*, de Vieillot), dont M. Gray a fait le type de son genre *Patagona*. Sa taille est presque égale à celle de notre Martinet. Son bec est long, fort, renflé ; le plumage vert et brillant en dessus, plus foncé sur les petites couvertures et les rectrices ; le corps est d'un roux brun, avec des flammettes brunes.

L'Oiseau-mouche huppe-col (*Ornismyia ornata*, de Lesson), espèce type du genre *Bellatrix*, de Boié, habite la Guyane et le Brésil. Le bec est petit, jaune, noir à la pointe ; le front et la gorge sont émeraude ; la tête porte une huppe effilée, allongée, couleur de rouille ; les plumes sont longues, fasciculées sur les côtés du cou, colorées en rouge, terminées en vert-doré ; le corps est vert-doré ; le croupion porte une ceinture blanche ; la queue est rousse, avec les deux rectrices moyennes vertes.

L'Oiseau-mouche améthyste (*Ornismyia amethystina*, de Lesson), espèce type du genre *Tryphœna*, de Gould, habite la Guyane ; le bec est grêle, droit, mince ; le corps est brun, doré en

Fig. 945. — Oiseau-Mouche Huppe-col.

dessus ; la gorge est améthyste ou rouge de rubis ; les parties inférieures sont grises.

L'Oiseau-mouche Delalande (*Ornismyia Delalandi*, de Lesson), vulg. nommé *Plumet bleu*, est le type du genre *Cephalepis*, de Ch. Bonaparte ; la tête est surmontée d'une huppe, mélan-

Fig. 946. — Oiseau-Mouche Sapho.

gée de vert et de bleu ; le corps est vert en dessus, azuré en dessous ; la queue est brune, à rectrices œillées de blanc. Il habite le Brésil.

L'Oiseau-mouche Sapho (*Ornismyia Sapho*, de Lesson ; *Trochilus radiosus*, de Temminck), type du genre *Cometes*, de Gould, vulgairement nommé *Colibri chatoyant*, et, au Brésil, *Béja-*

Flor, est une magnifique espèce du Brésil, à queue très fourchue, resplendissante d'or, de pourpre et de velours noir; le dessous du corps est d'un vert-doré brillant. »

OISEAUX. Deuxième classe des Vertébrés. Ces animaux sont caractérisés par une disposition particulière des membres supérieurs, conformés pour le vol; par des parties spéciales légères (plumes) couvrant le corps et favorisant la locomotion dans les airs; par des poumons sans lobes, un sang chaud, une circulation double, et enfin par un mode de reproduction ovipare. — On nomme *Ornithologie* la partie de l'histoire naturelle qui traite spécialement de ces animaux.

En parlant des Mammifères (1re classe des Vertébrés), nous avons dû renvoyer, pour éviter des répétitions fastidieuses, aux mots *Relation, Nutrition* et *Génération*, où en effet ces grandes fonctions sont étudiées avec des détails très suffisants, eu égard aux limites de cet ouvrage, et parce qu'en outre ces divisions premières de la vie en exercice diffèrent peu dans les divers ordres de cette classe. Mais ici nous trouvons des modifications si profondes, tant dans le squelette que dans les autres systèmes, et particulièrement dans le mode de reproduction, que nous devons rétablir la trinité fonctionnelle qui aide tant à l'intelligence des phénomènes de la vie.

Fonctions de relation des oiseaux. La charpente osseuse rappelle assurément celle des Mammifères, mais cependant elle est, dans les détails, accommodée à la locomotion dans l'air, dans l'eau et sur le sol. Les os joignent à une grande solidité une pesanteur relative peu considérable par leur porosité. Les membres postérieurs sont les seuls qui servent à la station terrestre; le tarse et le métatarse sont réunis en un seul os, comparable en quelque sorte à l'os du canon chez les Ruminants; les doigts sont au nombre de quatre, rarement l'un des deux manque ou est rudimentaire; dans la plupart des cas, trois doigts sont placés en avant, et un (le pouce) en arrière, quelquefois au contraire il y a deux doigts en avant et deux en arrière, comme chez les Perroquets. Dans d'autres cas, les doigts sont réunis entre eux dans une partie ou dans toute leur longueur, au moyen d'une membrane lâche qui donne à la patte la forme d'une rame.

Les membres antérieurs sont développés en ailes, sorte de rames étendues, garnies de plumes raides fixées par leur base au bras, à l'avant-bras et à la main. — V. *Aile.* — L'*humérus*, le *cubitus* et le *radius* sont analogues à ceux de l'Homme; l'avant-bras est d'autant plus long que le vol est plus puissant; quant au *carpe*, il se réduit à deux petits os placés l'un à côté de l'autre; le *métacarpe* se compose de deux os soudés par leurs deux extrémités, etc. — V. fig. 918.

Les vertèbres cervicales sont très mobiles dans leurs articulations; aussi les Oiseaux ont-ils la faculté de pouvoir retourner la tête en arrière.

En revanche, toutes les vertèbres dorsales, les côtes, le sternum, son intimement soudés et forment une cavité osseuse continue qui offre un point d'appui solide aux muscles puissants destinés à mouvoir l'aile. A sa face antérieure, le sternum présente une crête longitudinale saillante, qui augmente encore la surface d'insertion de ces muscles, et deux clavicules osseuses soudées en avant, formant un seul os nommé *fourchette*, servent à maintenir l'écartement des deux ailes.

Les plumes sont le caractère le plus essentiel des Oiseaux, puisque ce sont les seuls animaux qui en présentent. Nous ne dirons rien de leur disposition, si ce n'est qu'elles offrent toutes les nuances de coloration, depuis le reflet éclatant de l'or ou des pierres précieuses, jusqu'aux teintes les plus sombres et les plus ternes. Elles conservent à l'animal sa chaleur propre, en même temps qu'elles le protègent contre les variations trop brusques de l'atmosphère.

Les Oiseaux ont un double larynx, qui ne fait qu'un pour ainsi dire avec la trachée artère. Le *larynx supérieur* n'est pas recouvert par une épiglotte; ses lèvres sont immobiles, et il est très éloigné des cordes vocales; plus bas, au point où la trachée va se bifurquer pour former les bronches, est une traverse osseuse, surmontée d'une pellicule ou membrane en croissant; au-dessous et de chaque côté de cette traverse, c'est-à-dire à l'origine de chaque bronche est une fente dont les deux lèvres sont de véritables cordes vocales. Le premier arceau des bronches est séparé par une membrane du dernier osselet qui termine la trachée; c'est dans ce double tambour, nommé *larynx inférieur*, que se forme la voix des Oiseaux, grâce au jeu compliqué des muscles nombreux qui tendent ou relâchent les cordes vocales et les membranes de ce merveilleux appareil. L'énorme volume d'air contenu dans tout le corps de l'animal, comme nous le verrons bientôt, contribue puissamment à l'intensité de la voix. Chez les Oiseaux dont le chant est peu modulé, la cloison en forme de croissant n'existe pas; et chez ceux qui ne chantent point les muscles du larynx manquent toujours.

Au mot *Mouvement* nous avons parlé du vol et de la station des Oiseaux, nous n'y reviendrons pas ici.

Le cerveau des Oiseaux est en général assez peu développé, complètement lisse sur la surface de ses deux hémisphères, c'est-à-dire sans circonvolutions, et le cervelet, placé en arrière des lobes cérébraux, n'est pas recouvert par eux. — V. *Encéphale.* — Les organes des sens existent chez tous les Oiseaux, mais plusieurs sont peu développés. L'odorat est généralement très faible, excepté chez les Vautours, les Corbeaux par exemple. La vue est en général très étendue; le cristallin est susceptible de déplacement d'avant en arrière, au moyen d'une membrane qui part du fond de l'œil et embrasse la circonférence de la lentille oculaire, et c'est ce qui permet aux

Oiseaux de distinguer avec une égale facilité les corps éloignés comme ceux qui sont plus rapprochés. L'ouïe est assez faible, et l'oreille n'offre à l'extérieur qu'une ouverture sans conque ; il y a pourtant une sorte de conque externe chez les Nocturnes qui ont l'ouïe fort délicate. Le goût existe à peine. — Mais nous craignons de nous répéter, et nous renvoyons le lecteur aux mots *Olfaction, Vision, Audition, Gustation.*

Fonctions de nutrition des Oiseaux. Ce sont

Fig. 947. — Condor.

celles de digestion, d'absorption, de circulation, de respiration, de sécrétion, etc. Elles sont très énergiques.

Digestion. Ce mot forme le sujet d'un article où déjà nous avons mis en parallèle la digestion des Oiseaux et celle des autres classes. Les Oiseaux n'ont pas de *voile du palais*, comme les Mammifères ; leur *œsophage*, vers la moitié de sa longueur, se dilate pour former un sac, nommé *jabot*, lequel est leur premier estomac, analogue à la *panse* des Ruminants. Ils ne ruminent pas, mais dans les premiers jours de la maternité ils dégorgent dans le gosier de leurs petits une nourriture qu'ils ont à moitié digérée. Après le jabot vient le *ventricule succentorié*, autre renflement de l'œsophage garni intérieurement de nombreuses glandes, qui sécrètent une liqueur abondante, véritable suc gastrique servant de dissolvant pour les aliments. Ce ventricule succenturié est l'organe le plus intéressant de l'appareil digestif des Oiseaux; les parois en sont d'une épaisseur énorme et d'une force prodigieuse; un épiderme cartilagineux les tapisse à l'intérieur, et les aliments sont broyés avec énergie par les muscles vigoureux qui les entourent. Pour aider à la puissance de cette trituration, les Oiseaux avalent de petites pierres, qui font en quelque sorte l'office de dents : si bien que l'on peut dire que l'animal mâche sa nourriture non pas avec ses mandibules, mais avec son gésier. L'intestin reçoit la bile du foie et la salive du pancréas, comme chez les **Mammifères.** — Quant à l'*Absorption*, le *chyle* se forme de la même manière que chez ces derniers; les vaisseaux chylifères se réunissent en deux canaux, qui s'ouvrent dans les veines jugulaires, à la base du cou.

Respiration. Chez les **Oiseaux**, les *bronches* rampent à la périphérie du poumon, qui est privé de plèvre et qui adhère aux organes voisins ; elles présentent ainsi une paroi adhérente au parenchyme et criblée d'orifices d'où partent les petites bronches; leur paroi est membraneuse, mince et adhère aux côtes, muscles intercostaux, diaphragme, lesquels, en s'écartant ou se rapprochant, les dilatent ou les resserrent, et favorisent ainsi l'inspiration et l'expiration. Les Oiseaux possèdent deux diaphragmes très peu développés, mais pourvus de faisceaux musculaires assez puissants : l'un, appelé *diaphragme pulmonaire*, est triangulaire et naît du sternum et des 3e, 4e, 5e et 6e côtes par autant de faisceaux musculaires qui s'épanouissent pour former un centre aponévrotique tapissant la face inférieure des poumons, auxquels il adhère par sa face supérieure, tandis que l'inférieure recouvre les réservoirs thoraciques en avant et diaphragmatique en arrière. Ce diaphragme est perforé au niveau des orifices du poumon et adhère assez fortement à leur pourtour. Il reçoit ses nerfs des branches intercostales. Il est placé sur la ligne médiane et répond au diaphragme proprement dit des Mammifères. — L'autre diaphragme ou *thoracico-abdominal* est formé de deux moitiés semblables, naissant comme les piliers du diaphragme des Mammifères, de la face inférieure du rachis, et formant une cloison qui sépare les viscères thoraciques de ceux de l'abdomen. Les fibres musculaires se trouvent dans les faisceaux d'origine près du rachis; le reste de l'organe est aponévrotique. Il reçoit ses nerfs de deux cordons grisâtres qui suivent l'aorte et qui représentent le grand sympathique. M. Sappey a démontré que ce dernier diaphragme est destiné à l'ampliation des réservoirs diaphragmatiques et à l'aspiration de l'air extérieur. Le premier dilate directement les poumons et les orifices qui font communiquer ces organes avec les sacs aériens. Suivant M. Sappey, ces sacs ou réservoirs aériens sont au nombre de neuf ; ils communiquent entre eux et avec le poumon, ainsi qu'avec les cavités que présentent la plupart des os, cavités qui ne servent pas à l'hématose et dont la destination est toute mécanique. Les réservoirs moyens et les antéro-postérieurs sont antagonistes, en ce que les uns se dilatent lorsque les autres se dépriment, et réciproquement. L'air qu'ils contiennent présente aussi des qualités inverses et opposées d'oxygène et d'acide carbonique. Ces réservoirs servent en outre au mécanisme de l'effort, en l'isolant complétement de la respiration ; ils rendent l'équilibre de l'animal plus stable, son poids spécifique moindre; ils concourent également à la production de la voix, dont ils augmentent l'étendue, la force et l'intensité, en servant de magasin à l'air dont la dépense peut être ainsi à la fois plus abondante et de plus longue durée.

Les Oiseaux ont des organes propres à la *sécrétion* de l'urine ; les reins et les uretères aboutissent dans le cloaque; ils manquent de vessie : l'urine se mêlant avec les excréments à mesure qu'elle est sécrétée, ces animaux semblent pour la plupart ne pas uriner.

Circulation. Nous n'avons rien à ajouter à ce que nous en avons dit déjà (t. I, p. 275), si ce n'est que les Oiseaux consomment, par l'acte de la respiration, une bien plus grande quantité d'oxygène que les autres animaux; que leur hématose plus active tient à ce que le cœur bat 130 à 150 fois par minute, au lieu de 70 à 80, comme chez les Mammifères; qu'ils font 20 à 25 inspirations au lieu de 12 à 18; et que par conséquent leur sang se trouvant deux fois plus souvent en contact avec l'air, l'excédant de 3° à 5° de chaleur sur celui des Mammifères s'explique par là tout naturellement.

FONCTIONS DE REPRODUCTION DES OISEAUX. Nous avons suffisamment exposé ce sujet aux articles *Génération* et *Œuf.*

« L'instinct social n'est pas donné à toutes les espèces d'Oiseaux, mais, dans celles où il se manifeste, il est plus grand, plus décidé que dans les autres animaux. Non-seulement leurs attroupements sont plus nombreux, et leur réunion plus constante que celle des quadrupèdes, mais il semble que ce n'est qu'aux Oiseaux seuls qu'appartient cette communauté de goûts, de projets, de plaisirs, et cette union des volontés qui fait le lien de l'attachement mutuel, et le motif de la liaison générale. Cette supériorité d'instinct social dans les Oiseaux suppose d'abord une nombreuse multiplication, et vient ensuite de ce qu'ils ont plus de moyens et de facilités de se rapprocher, de se rejoindre, de demeurer et voyager ensemble ; ce qui les met à portée de s'entendre et de se communiquer assez d'intelligence pour connaître les premières lois de la société, qui, dans toute espèce d'êtres, ne peut s'établir que sur un plan dirigé par des vues concertées. C'est cette intelligence qui produit entre les individus l'affection, la confiance, et les douces habitudes de l'union, de la paix et de tous les biens qu'elles procurent. En effet, si nous considérons les sociétés libres ou forcées des animaux quadru-

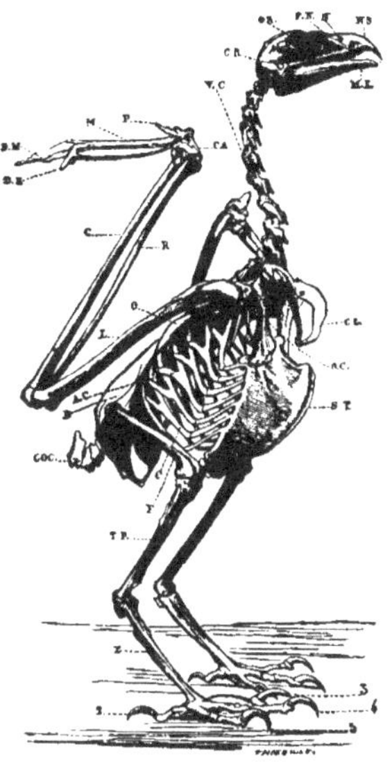

Fig. 948. — Squelette de l'Aigle pygargue.

M. S. Mandibule supérieure. — M. I. Mandibule inférieure. — N. Narine. — F. N. Fosse nasale. — OR. Orbite. — CR. Crâne. — V. C. Vertèbres du col. — CL. Clavicules. — O. C. Os coracoïdien. — ST. Sternum. — C. Côtes. — A. C. Apophyses costales. — B. Bassin. — COC. Coccyx. — F. Fémur, os de la cuisse. — T. P. Tibia et Péroné. — T. Tarse. — 2 Pouce à deux phalanges. — 3. Doigt interne à trois phalanges. 4. Doigt médian à quatre phalanges. — 5. Doigt externe à cinq phalanges. — O. Omoplate. — L. Humérus. — C. R. Cubitus et Radius. — CA. Carpe. — P. Pouce. — M. Métacarpe. — D. M. Doigt médian. — D. R. Doigt rudimentaire

pèdes, soit qu'ils se réunissent furtivement et à l'écart dans l'état sauvage, soit qu'ils se trouvent rassemblés avec indifférence ou regret sous l'empire de l'homme, et attroupés en domestiques ou en esclaves, nous ne pourrons les comparer aux grandes sociétés des Oiseaux formées par pur instinct, entretenues par goût, par affection, sous les auspices de la pleine liberté. Nous avons vu les pigeons chérir leur commun domicile, et s'y plaire d'autant plus qu'ils y sont plus nombreux; nous voyons les cailles se rassembler, se reconnaitre, donner et suivre l'avis général du départ; nous savons que les Oiseaux gallinacés ont, même dans l'état sauvage, des habitudes sociales que la domesticité n'a fait que seconder, sans contraindre leur nature; enfin nous voyons tous les Oiseaux qui sont écartés dans les bois, ou dispersés dans les champs, s'attrouper à l'arrière-saison; et, après avoir égayé de leurs jeux les derniers beaux jours de l'automne, partir de concert pour aller chercher ensemble des climats plus heureux et des hivers tempérés; et tout cela s'exécute indépendamment de l'homme, quoique alentour de lui, et sans qu'il puisse y mettre obstacle; au lieu qu'il anéantit ou contraint toute société, toute volonté commune dans les animaux quadrupèdes : en les désunissant il les a dispersés. La marmotte, sociale par instinct, se trouve reléguée, solitaire, à la cime des montagnes: le castor encore plus aimant, plus uni, et presque policé, a été repoussé dans le fond des déserts. L'homme a détruit ou

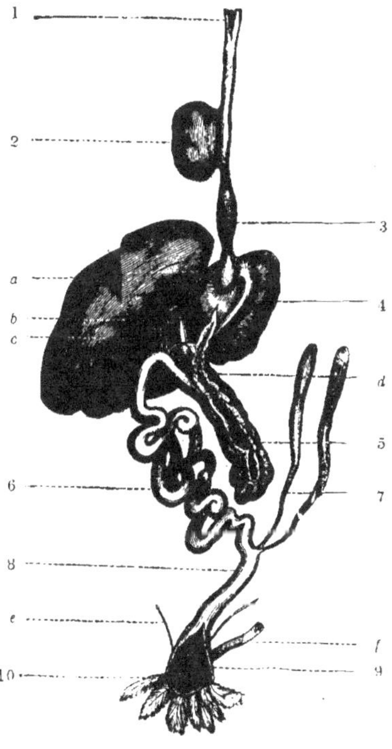

Fig. 949. — Organes digestifs

1, OEsophage. — 2, Jabot. — 3, Ventricule succenturié. — 4, Gésier. — 5, Duodénum — 6, Intestin grêle. — 7, Cœcums. — 8, Gros intestin. — 9, Cloaque. — 10, Anus.

a, foie; b, vésicule biliaire; c. canaux biliaires; d, pancréas; e, uretère; f, oviducte.

prévenu toute société entre les animaux; il a éteint celle du cheval, en soumettant l'espèce entière au frein; il a gêné celle même de l'éléphant, malgré la puissance et la force de ce géant des animaux.

Les Oiseaux seuls ont échappé à la domination du tyran ; il n'a rien pu sur leur société , qui est aussi libre que l'empire de l'air; toutes ses atteinte · ne peuvent porter que sur la vie des individus : il en diminue le nombre ; mais l'espèce ne souffre que cet échec, et ne perd ni la liberté, ni son instinct, ni ses mœurs. Il y a même des Oiseaux que nous ne connaissons que par les effets de cet instinct social , et que nous ne voyons que dans les moments de l'attroupement général et de leur réunion en grande compagnie. Telle est , en général , la société de la plupart des espèces d'Oiseaux d'eau.

· Le genre de vie, les habitudes et les mœurs dans les animaux ne sont pas aussi libres qu'on pourrait l'imaginer : leur conduite n'est pas le produit d'une pure liberté de volonté, ni même un résultat de choix, mais un effet nécessaire qui dérive de la conformation , de l'organisation et de l'exercice de leurs facultés physiques. Déterminés et fixés chacun à la manière de vivre que cette nécessité leur impose et prescrit, nul ne cherche à l'enfreindre, ne peut s'en écarter : c'est par cette

nécessité , tout aussi variée que leurs formes , que se sont trouvés peuplés tous les districts de la nature. L'aigle ne quitte point ses rochers , ni le héron ses rivages : l'un fond du haut des airs sur l'agneau, qu'il enlève ou déchire par le seul droit que lui donne la force de ses armes , et par l'usage qu'il fait de ses serres cruelles ; l'autre , le pied dans la fange, attend, à l'ordre du besoin, le passage de la proie fugitive. Le pic n'abandonne jamais la tige des arbres, alentour de laquelle il lui est ordonné de ramper; la barge doit rester dans ses marais, l'alouette dans ses sillons, la fauvette dans ses bocages ; et ne voyons-nous pas tous les Oiseaux granivores chercher les pays habités et suivre nos cultures , tandis que ceux qui préfèrent à nos grains les fruits sauvages et les baies , constants à nous fuir, ne quittent pas les bois et les lieux escarpés des montagnes , où ils vivent loin de nous, et seuls avec la nature, qui d'avance leur a dicté ses lois et les moyens de les exécuter ? Elle retient la gelinotte sous l'ombre épaisse des sapins ; le merle solitaire sur son rocher; le loriot dans les forêts , dont il fait

Fig. 950. **—** Casoar.

retentir les échos , tandis que l'outarde va chercher les friches arides, et le râle les humides prairies. Ces lois de la nature sont des décrets éternels, immuables, aussi constants que la forme

des êtres ; ce sont ces grandes et vraies propriétés qu'elle n'abandonne ni ne cède jamais, même dans les choses que nous croyons nous être appropriées ; car, de quelque manière que nous les ayons acquises, elle n'en reste pas moins sous son empire : et n'est-ce pas pour le démontrer qu'elle nous a chargés de loger des hôtes importuns et nuisibles, les rats dans nos maisons, l'hirondelle sous nos fenêtres, le moineau sur nos toits? Et lorsqu'elle amène la cigogne au haut de nos vieilles tours en ruine, où s'est déjà cachée la triste famille des Oiseaux de nuit, ne semble-t-elle pas se hâter de reprendre sur nous des possessions usurpées pour un temps, mais qu'elle a chargé la main sûre des siècles de lui rendre?

« Ainsi, les espèces nombreuses et diverses des Oiseaux, portées par leur instinct, et fixées par leurs besoins dans les différents districts de la nature, se partagent pour ainsi dire les airs, la terre et les eaux ; chacune y tient sa place, et y jouit de son petit domaine et des moyens de subsistance que l'étendue ou le défaut de ses facultés restreint ou multiplie. Et comme tous les degrés de l'échelle des êtres, tous les points de l'existence possible doivent être remplis, quelques espèces, bornées à une seule manière de vivre, réduites à un seul moyen de subsister, ne peuvent varier l'usage des instruments imparfaits qu'ils tiennent de la nature : c'est ainsi que les cuillers arrondies du bec de la spatule paraissent uniquement propres à ramasser les coquillages ; que la petite lanière flexible et l'arc rebroussé du bec de l'avocette, la réduisent à vivre d'un aliment aussi mou que le frai des poissons ; que l'huîtrier n'a son bec en hache que pour ouvrir les écailles, d'entre lesquelles il tire sa pâture, et que le bec croisé pourrait à peine se servir de sa pince brisée, s'il ne savait l'appliquer pour soulever l'enveloppe en écaille qui recèle la graine des sapins ; enfin, que l'Oiseau nommé *bec-en-ciseaux* ne peut ni mordre de côté, ni ramasser

Fig. 951. — Rapace. 952. — Grimpeur. 953. — Palmipède. 954. — Coureur. 955. — Échassier.

devant soi, ni becqueter en avant, son bec étant composé de deux pièces excessivement inégales, dont la mandibule inférieure, allongée et avancée hors de toute proportion, dépasse de beaucoup la supérieure, qui ne fait que tomber sur celle-ci, comme un rasoir sur son manche. » (BUFFON.)

Passons enfin à la classification. Les organes qui, dans les Oiseaux, servent principalement de caractères sont le bec et les pattes, qui sont généralement en rapport avec les mœurs de l'animal. Pour ce qui est de ces dernières, les Oiseaux de proie, comme l'Aigle, ont les pattes courtes et vigoureuses ; les Oiseaux marcheurs, tels que l'Autruche, ont les pattes robustes, longues, et le pied petit ; les Oiseaux qui vivent sur le bord des eaux et y cherchent à gué leur nourriture, ont les pattes grêles, excessivement longues, et semblent montés sur des échasses ; les Oiseaux qui habitent les eaux profondes ont les pattes palmées, c'est-à-dire qu'entre les doigts s'étend une membrane qui ne les empêche pas de s'écarter ni de se rapprocher, et fait du pied une véritable nageoire ; enfin chez les Oiseaux qui ont besoin d'une position verticale pour grimper le long des arbres, le doigt externe se porte en arrière, à côté du pouce, d'où il résulte qu'ils ont deux doigts seulement en avant : le Perroquet et le Pic-vert sont dans ce cas.

CLASSIFICATION DES OISEAUX (CUVIER).

Jambes emplumées jusqu'en bas :
    Doigts conformés pour déchirer . . . . I. RAPACES.
    Doigts non conformés pour déchirer :
        2 doigts en avant et 2 en arrière (rarement 1 seul) . . . . III. GRIMPEURS.
        Un seul doigt postérieur, quelquefois nul :
            Doigts palmés . . . . VI. PALMIPÈDES.
        Doigts libres :
            Doigt uni plus ou moins avec le médian ; ongles
            recourbés. . . . . II. PASSEREAUX.
            Doigts antérieurs réunis à leur base par une membrane ou libres et seulement bordés ; ongles peu
            arqués . . . . IV. GALLINACÉS.
Jambes nues vers le bas : Tarses très élevés . . . . V. ÉCHASSIERS.

TABLEAU SYNOPTIQUE DES ORDRES D'OISEAUX (A. Richard).

Doigts postérieurs au nombre de	deux, et deux antérieurs.				III. Grimpeurs.
	un ou nuls.	libres; bec et ongles crochus			I. Rapaces.
	les antérieurs	réunis	entièrement par des membranes		VI. Palmipèdes.
			en partie	tous à la base.	IV. Gallinacés.
				les deux extérieurs; tarses { très longs.	V. Échassiers.
				médiocres.	II. Passereaux.

OLÉINÉES. Tribu de la famille des *Jasmina-cées.* — V. ce mot.

OLFACTION. Fonction sensitive par laquelle les animaux apprécient les odeurs. Nous étudierons l'Olfaction ou Odorat : 1° chez l'*Homme* ; 2° chez les *Animaux*, sous le titre d'*Olfaction comparée.*

OLFACTION CHEZ L'HOMME. Pour exposer tout ce qui est relatif à cette fonction, il est nécessaire d'étudier : 1° l'appareil organique ; 2° les odeurs; 3° le mécanisme de la fonction.

Appareil organique de l'Olfaction. Cet appareil représente une espèce de crible placé sur le chemin que l'air parcourt le plus souvent avant de s'introduire dans la poitrine. Il est remarquable par sa simplicité, et en cela il diffère essentiellement de celui de la vue et de l'ouïe. Dans l'homme et chez tous les animaux qui lui ressemblent le plus, la cavité nasale est partagée en deux par une cloison médiane, par un os plane nommé *vomer.* La paroi externe de cette cavité, constituée en grande partie par l'os maxillaire supérieur, présente, quand on l'examine dans l'état frais, plusieurs replis épais dirigés transversalement d'arrière en avant, et séparés par des enfoncements ou sinus profonds. Ces replis, au nombre de trois, sont soutenus par de petits os de même forme qui portent le nom de *cornets*, distingués en supérieur, moyen et inférieur. C'est également dans différents points de cette paroi externe que viennent s'ouvrir des cavités irrégulières, également désignées sous le nom de *sinus*, et qui sont creusées dans l'épaisseur des os maxillaires, frontaux ethmoïdaux. Une membrane muqueuse revêt les anfractuosités du nez et se continue dans les sinus. Cette membrane reçoit deux nerfs : le *nerf olfactif* et le *nerf de la cinquième paire.* Disons tout de suite que c'est le nerf olfactif qui préside à la perception de l'odorat. Ce nerf, comme nous l'avons dit déjà (V. *Nerfs*), constitue avec son congénère la première paire; il pénètre dans la fosse nasale par la lame criblée de l'ethmoïde, pour distribuer ses nombreux filets, comme une pluie nerveuse, dans la muqueuse olfactive ou pituitaire.

Odeurs. On pense généralement que les odeurs sont dues à des particules extrêmement déliées qui se dégagent de la substance même des corps odorants. C'est donc à la plus ou moins grande volatilité des corps que sont dues les odeurs.

Diverses circonstances modifient leur dégagement, comme la chaleur, la lumière, l'électricité, l'état hygrométrique de l'atmosphère, le choc, le frottement, etc.; et, selon leur nature, on les a divisées en *aromatiques* (fleurs d'œillet, feuilles de laurier); *fragrantes* (lis, safran); *ambrosiaques* (ambre, musc); *alliacées* (ail assa fœtida); *fétides* (bouc, valériane) ; *repoussantes* (œillet d'Inde, solanées); *nauséeuses* (courge, concombre). Cette classification est due à Linné. Ce serait encore celle qu'il faudrait admettre s'il était possible d'assigner aux odeurs des qualifications qui pussent être acceptées pour vraies par toutes les idiosyncrasies olfactives.

Mécanisme de l'olfaction. Ce mécanisme est fort simple : l'inspiration de l'air odorant, son passage à travers les fosses nasales, son ascension vers les parties supérieures, et la sécrétion normale de la membrane pituitaire, telles sont les conditions fondamentales de toute impression olfactive. Le mucus qui lubrifie la pituitaire s'imprègne des particules odorantes disséminées dans l'air qui traverse les fosses nasales, et la portion de cette membrane qui reçoit les filets des nerfs olfactifs perçoit l'odeur, laquelle, transmise au cerveau par le nerf olfactif, devient l'occasion d'une sensation et d'une idée, d'une notion. L'usage des sinus serait, d'après P. Bérard, de faire pénétrer l'air chargé d'émanations odorantes dans toutes les anfractuosités des fosses nasales, et lorsqu'une odeur nous revient après que nous avons cessé de la respirer, cela tient vraisemblablement à ce qu'il s'était introduit dans les sinus des molécules odorantes qui s'en échappent plus tard. Le nez n'a d'autre rôle que de diriger l'air chargé d'odeurs vers la partie supérieure des fosses nasales où s'accomplit la fonction. Les odeurs qui arrivent avec l'air *expiré* ne sont pas perçues; mais ce fait n'est pas admis par tous les physiologistes, qui prétendent que si l'individu qui a bu de l'alcool ou mangé de l'ail ne sent pas les odeurs qu'il porte en lui, bien que ces odeurs soient senties par les assistants, cela s'explique par la durée de l'impression, durée qui, on le sait, diminue la perception et la rend imperceptible.

L'odorat est placé en sentinelle à l'entrée des voies respiratoires et de l'estomac ; il révèle les qualités nuisibles de l'air et des aliments; sous ce rapport il sert à la conservation de l'individu; mais il joue aussi un rôle, au point de vue de la conservation de l'espèce, car il est des hommes

et des femmes qui trouvent dans certaines émanations sexuelles le principe de dispositions très
érotiques. Chez les animaux, les individus d'une
même espèce peuvent se rencontrer rien que par
les émanations d'odeurs spéciales au rut entraînées au loin par l'atmosphère. L'odorat est peu
développé à la naissance, mais il se perfectionne
peu à peu. Il se maintient jusque dans les derniers moments de la vie, à moins de lésions de
l'appareil, telles que des modifications dans la
sécrétion du mucus, modifications qui surviennent assez souvent d'ailleurs, surtout dans le co-
ryza ou rhume de cerveau.

OLFACTION COMPARÉE. L'homme n'est pas le
plus heureusement doué sous le rapport de l'odorat, quoique ce sens se montre chez lui à des
degrés extrêmes ; il est loin aussi des classes inférieures, où les organes de l'olfaction vont rapidement en se simplifiant et disparaissent bien
avant d'arriver aux derniers degrés de l'échelle
zoologique.

Mammifères. L'étendue de la fonction olfactive est proportionnelle à celle de la surface nasale : cette règle n'est pas générale, mais elle
paraît confirmée par l'exemple des Carnassiers,
des Ruminants, etc., qui offrent des cavités nasales d'une étendue et d'une complication dont
celles de l'homme ne donnent aucune idée. Aussi
qui ne connaît la perfection de l'odorat du Chien,
qui distingue encore la trace de la proie qu'il
poursuit trois ou quatre heures après son passage, et qui sait franchir des distances prodigieuses
pour aller retrouver son maître. On peut dire en
général que chez les Mammifères qui ont le museau allongé la perception des odeurs est puissante. — Il n'en est pas de même pour ceux qui
vivent dans l'eau, pour les Cétacés, dont les narines se confondent avec les évents par lesquels
passent continuellement des quantités d'eau, et
parmi lesquels plusieurs même manquent de nerfs
olfactifs.

Oiseaux. Chez eux, l'organe de l'odorat, caché
dans la base du bec, n'a d'ordinaire que des cornets cartilagineux ; il manque de sinus creusés
dans l'épaisseur des os du crâne. Les nerfs olfactifs varient beaucoup de volume : ils sont grêles
relativement dans les Gallinacés et les Passereaux,
plus forts dans les Rapaces et les Palmipèdes,
mais très gros dans les Échassiers. On reconnaît
que la finesse de l'odorat suit cette gradation
proportionnelle. Toutefois, bien que l'appareil
soit peu développé, le sens paraît généralement
assez fin ; les exemples de l'olfaction la plus étendue chez les Oiseaux sont fournis par les Rapaces et les Corbeaux, etc., et l'on cite le fait des
Vautours arrivés d'Asie sur le champ de bataille
de Pharsale, où quinze mille soldats de Pompée
restèrent sans sépulture.

Reptiles. Ces animaux ont les cavités nasales
très peu développées, et il y a toute apparence
qu'ils odorent très faiblement. Cependant Scarpa
a vu que toutes les fois qu'il plongeait ses mains

dans l'eau après les avoir imprégnées de l'odeur
de grenouilles, les Grenouilles mâles s'empres-
saient d'accourir de loin et les embrassaient étroitement. On dit aussi que l'odeur de la plante appelée rue fait fuir les Serpents.

Poissons. Leurs narines consistent en deux
fosses creusées sur le devant du museau et terminées en cul-de-sac ; elles ne sont par conséquent traversées ni par l'eau ni par l'air pendant
la respiration. L'eau, au surplus, nous paraît peu
propre à transmettre les odeurs. La rue agirait
sur les Poissons comme sur les Reptiles.

Invertébrés. Dans les Mollusques, les Articulés
et les Rayonnés, on ne trouve plus d'organe spécial pour la perception des odeurs. Les Insectes
ont l'olfaction très développée, mais on ne sait
pas bien encore où est placé l'organe de cette
fonction. Dans tous les animaux inférieurs, on peut
admettre que c'est par la surface des téguments,
surtout quand ils sont mous et lubrifiés, que les
odeurs sont perçues, si toutefois ces êtres en sont
influencés.

OISEAUX FOSSILES. — V. *Ornitholithes.*

OLIGISTE. Substance composée d'oxyde de
fer, dont la poussière est toujours brune ou rougeâtre, et qui se présente souvent en assez
grande masse dans la nature pour mériter d'être
mise au rang des roches ; on en distingue deux
variétés principales :

•*Oligiste spéculaire.* Couleur gris de fer, passant au brun et même au noir, quelquefois irisée,
éclat métallique, poussière d'un brun rougeâtre.
Cette variété se rencontre principalement dans les
terrains plutoniques et dans les terrains altérés
par la venue des roches ignées, qui l'ont souvent
injecté dans l'intérieur de celles qu'elles ont traversées. L'Oligiste spéculaire se présente en parties disséminées en petites veines dans les roches.
Il forme quelquefois des filons puissants et des
amas considérables, qui sont exploités comme
minerais de fer : à Framont dans les Vosges, à
l'île d'Elbe, en Perse, en Suède, en Norvége, en
Laponie, etc., ces minerais donnent du fer d'excellente qualité.

•*Oligiste rouge.* Couleur rouge, passant au brun
et au violet ; aspect ordinairement terne, quelquefois luisant, tachant les doigts, et pouvant même
souvent servir de crayon ; texture compacte, grenue, même oolithique, terreuse ou fibreuse.—Cette
substance se présente aussi en amas et en filons,
mais qui sont généralement moins considérables
que ceux de la précédente, bien qu'elle soit réellement plus répandue dans la nature : c'est le principe colorant de presque toutes les roches rouges ;
on la rencontre dans un grand nombre de terrains stratifiés, mais surtout dans les terrains
inférieurs à la grande formation houillère.

On exploite comme minerais de fer les variétés
tenaces et friables ; les premières donnent un fer
de bonne qualité les secondes donnent un fer

aigre. On recherche pour faire des brunissoirs les variétés fibreuses et stalactitiques qui ont une forte cohérence. Les variétés terreuses sont employées pour polir les métaux et les pierres; quelques-unes peuvent servir de couleurs; mais comme celles-ci sont toujours plus ou moins argileuses, il est souvent bien difficile de les distinguer des ocres rouges ou de la sanguine. »

OLIVE (*Olivia*). Genre de Coquilles, confondu tour à tour avec les Volutes et les Buccins, dont les formes et les couleurs toutefois offrent de nombreuses et importantes variations. Ces coquilles sont ovales, allongées, épaisses, solides, à tours de spire très petits et à ouverture longue et étroite. Nous ne décrirons pas l'animal.

Les Olives se plaisent sur les fonds sablonneux et dans les eaux claires : elles rampent avec beaucoup d'agilité, se redressent vivement à l'aide de leur pied, quand elles sont renversées, et cherchent à vaincre les obstacles qu'on oppose à leur progression; mais dès que l'eau dans laquelle elles se trouvent s'altère et se souille, elles rentrent dans leur coquille pour ne plus en sortir. Ces mollusques aiment la chair : on les prend à l'île de France au moyen de cet appât. On trouve des Olives dans toutes les contrées chaudes, et elles sont très recherchées par les amateurs. M. Quoy a fait connaître l'anatomie de cinq espèces de ce genre, et ce n'est que depuis cette époque que M. de Blainville a pu les caractériser d'une manière complète en réunissant les caractères extérieurs et ceux, si longtemps négligés, de l'animal.

OLIVIER (*Olea*). Genre de la famille des Jasminacées, dont voici les caractères propres : calice évasé à 4 dents; corolle courte et subcampanulée, quadrifide; ovaire à 2 loges biovulées; style terminé par un stigmate bilobé : drupe charnu renfermant un noyau à une seule graine.

Olivier d'Europe (*O. europœa*). Arbre d'une médiocre grandeur, dont les rameaux sont très lisses, grisâtres, garnis de feuilles opposées, dures, persistantes, simples, entières, ovales, étroites, d'un vert sombre en dessus, blanches et un peu soyeuses en dessous ; fleurs blanches, petites, quelquefois solitaires, plus souvent disposées en petites grappes axillaires : calice court à 4 dents ; corolle petite, à tube un peu élargi et comme renflé, à limbe quadrilobé ; le fruit est un drupe ovale, revêtu d'une pulpe verdâtre charnue, très huileuse, renfermant un noyau très dur.

L'Olivier est originaire d'Asie, du moins on le suppose ; c'est un des premiers arbres que les hommes aient cultivés. Il aurait été transporté en Europe par les Phocéens à l'époque où ils vinrent établir leur colonie en Provence, environ 600 ans avant J.-C. Les anciens avaient une telle vénération pour l'Olivier, qu'ils lui attribuaient une origine merveilleuse ; selon eux, il ne pouvait avoir été produit que par une divinité bienfaisante. Ils en firent le symbole de la sagesse et de la paix.

« La culture de l'Olivier est une des sources principales de la richesse des régions méridionales de l'Europe. L'huile grasse que l'on retire du péricarpe charnu de l'olive est une des plus fines et des plus employées, soit pour l'usage de la table et de la pharmacie, soit pour la fabrication du savon. Il est digne de remarquer ici que l'Olivier est du très petit nombre des arbres dont

Fig. 956. — Olivier.

(1, rameau de fleur ; — 2, calice et pistil ; — 3, fleur entière grossie.)

le péricarpe charnu fournit une huile grasse ; c'est généralement des graines qu'on retire les différentes autres huiles fixes. A l'époque où l'on récolte les olives, leur chair est dure et d'une âpreté insupportable. Aussi ne les sert-on sur les tables qu'après les avoir laissées pendant quelque temps macérer dans l'eau salée ; elles sont alors fort recherchées et d'un goût agréable. Avant de les soumettre à la presse pour en retirer l'huile, on les met en tas jusqu'à ce qu'elles se soient ramollies, et qu'elles aient subi un commencement de fermentation. L'huile d'olive peut être employée dans toutes les préparations pharmaceutiques où l'on prescrit d'ordinaire l'huile d'amandes douces. Mais c'est principalement pour servir d'assaisonnement dans une foule de préparations culinaires que sa consommation est immense. Dans plusieurs départements méridionaux, on emploie exclusivement l'huile d'olive au lieu de beurre pour assaisonner une foule de mets.

Les feuilles de l'Olivier ont une saveur acerbe. Quelques auteurs les regardent comme astringentes et fébrifuges. Le docteur Bidot, médecin de l'hôpital de Longwy, les a proposées comme un des meilleurs succédanés indigènes du quinquina dans le traitement des fièvres intermittentes. Quelques essais tentés à l'hôpital de la Charité à Paris ont prouvé que ces feuilles séchées et réduites en poudre n'étaient pas sans action sur les fièvres périodiques ; mais elles sont loin d'être aussi efficaces que le prétend M. Bidot ; et quoique ce remède soit assez fréquemment employé en Provence , cependant les praticiens en font généralement peu de cas. La gentiane, l'écorce de chène , etc., sont des toniques également indigènes, beaucoup plus actifs et plus certains. »

Il découle du tronc de l'Olivier, en Afrique, en Sicile, dans la Calabre , un suc concret (*gomme d'olivier*) d'un brun rougeâtre , dans lequel Pelletier a signalé la présence d'un principe particulier que ce chimiste a nommé *olivile* , et qui est sans usages.

L'Olivier commun n'est pas la seule espèce dont les fruits soient mangeables. Il compte aussi un bon nombre de variétés.

L'OLIVIER SAUVAGE, vulg. *Aulivier-fer* , *Olivastro*, est l'individu né spontanément d'individus autrefois cultivés et abandonnés. Il est petit, grêle, rude d'aspect, irrégulier de forme , et ne produit que des olives petites, sèches, d'une huile légère, mais très fine.

Fig. 957. — Æthuse. (Ombellifère.)

(Sommité portant fleurs et fruits ; pas d'involucre à l'ombelle , mais involucelle aux ombellules. — 1, fleur détachée ; — 2, fruit.)

OMBELLIFÈRES. Famille de Plantes dicotylédones polypétales , l'une des plus naturelles du règne végétal, comprenant des végétaux herbacés, rarement sous-frutescents, dont la tige est souvent creuse intérieurement. Les feuilles sont alternes , engaînantes à leur base , généralement

décomposées en un grand nombre de folioles. Les fleurs , toujours fort petites, sont blanches ou jaunes , disposées en ombelles simples ou composées ; on trouve quelquefois à la base de l'ombelle de petites folioles dont la réunion constitue l'*involucre* , et à la base des ombellules d'autres folioles constituant les *involucelles*. Calice adhérent, à limbe presque entier ; corolle à 5 pétales

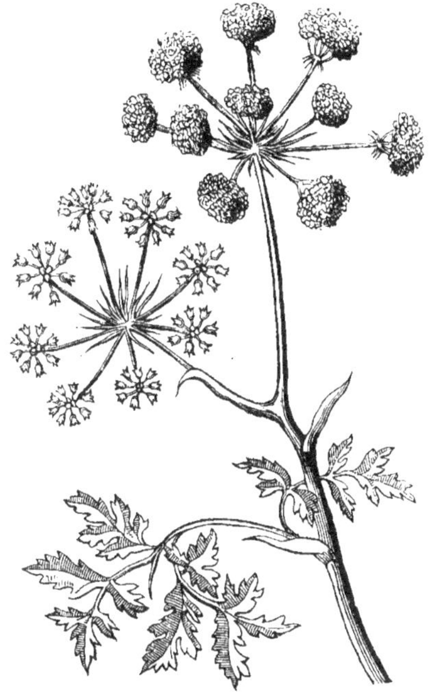

Fig. 958. — Ciguë.

(Ombelle de fleurs et ombelle fructifère. — Involucre à l'ombelle et involucelles aux ombellules.)

étalés , souvent les deux externes plus grands que les trois autres ; 5 étamines épigynes , alternes avec les pétales ; ovaire infère à 2 loges, couronné à son sommet par un disque épigyne et bilobé ; 2 styles à stigmate simple. Le fruit est un diakène de forme très variée , se séparant à sa maturité en deux akènes monospermes, réunis entre eux par une petite columelle filiforme. (Fig. 559.)

Le groupe des Ombellifères est excessivement naturel ; cependant l'inflorescence n'est pas toujours en ombelle : dans quelques genres les fleurs sont simplement disposées en ombelle simple ou sertule ; quelquefois les pédicelles disparaissent, et elles forment un capitule analogue à celui des Synanthérées, ou enfin les fleurs sont presque solitaires. Nous devons ajouter que les caractères tirés des fleurs ne suffisent pas pour la distinction des espèces, et que la plupart des genres ne sauraient être déterminés que d'après l'examen

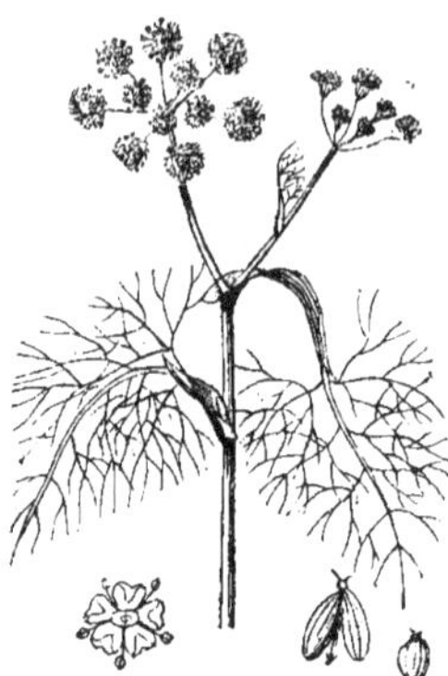

Fig. 959. — Fenouil.

(Ni involucre, ni involucelles. — Fleur détachée; — fruit montrant la columelle; graine.)

du fruit complétement mûr. Or, l'étude de ce fruit exige un soin tout particulier et des détails que nous n'exposerons pas ici.

Les grains présentent un endosperme très dé-

veloppé, quelquefois charnu, plus souvent dur et corné. Examiné du côté interne, cet endosperme est plane, sillonné ou concave; de là trois tribus basées sur cette distinction :

ORTHOSPERMÉES. Endosperme plane et sans sillon du côté interne : *Sanicle*, *Ammi*, *Ciguë aquatique*, *Angélique*, *Æthuse*, *Carotte*, etc.

CAMPYLOSPERMÉES. Endosperme marqué d'un sillon longitudinal produit par l'enroulement de ses bords : *Scandice*, *Cerfeuil musqué*, *Grande Ciguë*, etc.

CŒLOSPERMÉES. Endosperme concave par l'incurvation de son sommet et de sa base : *Coriandre*, etc.

OMBRE (*T. hymallus*). Genre de Poissons, démembré du grand genre des Saumons, ayant la bouche très peu fendue, les dents très fines, la première dorsale longue et haute, les écailles encore plus grandes que celles des Saumons, dont il montre d'ailleurs les habitudes.

L'OMBRE COMMUN (*T. salmo*), unique espèce de ce genre, aime l'eau rapide et se trouve dans les ruisseaux ombragés qui avoisinent les montagnes. Il croît si vite qu'en peu de temps il devient long de 30 à 60 cent., et pèse alors 1 k. et demi. Il se nourrit d'escargots et d'autres coquilles, aime de préférence les œufs de truite. Ce poisson exhalerait une odeur agréable qu'Ælien a comparée au thym, mais que d'autres nient. Il fraie en avril et en mai, et dépose ses œufs sur les pierres du fond. Il ne multiplie pas beaucoup, parce que d'abord les oiseaux-pêcheurs en sont très

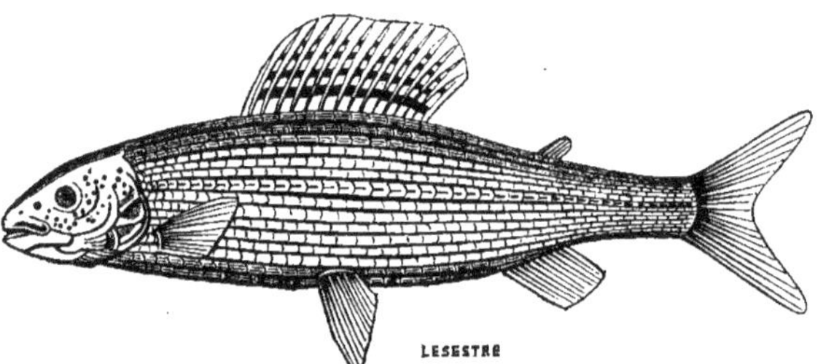

Fig. 960. — Ombre.

avides, et qu'ensuite on le prend avec le coleret, la louve, la nasse et la ligne; car sa chair est blanche et délicate, surtout en automne et en hiver. Sa graisse fournit une huile à laquelle on a attribué la propriété de guérir les marques de petite-vérole, les taches de la peau, etc. Comme le Saumon, l'Ombre remonte la mer du Nord et la Baltique, au printemps, et entre dans les fleuves pour y déposer son frai.

OMBRELLE (*Scopus*). Genre d'Échassiers cultri-

rostres très voisin des **Cigognes**; le bec est comprimé, à arête tranchante, renflée vers la base; les narines se prolongent en un sillon qui croît parallèlement à l'arête jusqu'au bout, lequel est un peu crochu.

L'OMBRELLE DU SÉNÉGAL est la seule espèce connue. Sa taille est celle de notre Corneille; son plumage est généralement d'un brun terre d'ombre, avec des reflets irisés violets, notamment sur les grandes pennes des ailes. Le mâle est pourvu d'une huppe occipitale. L'Ombrelle est répandue dans toute l'Afrique.

OMBRINE (*Umbrina*). Genre de Poissons acanthoptérygiens, de la famille des Sciénoïdes, ne différant des Sciènes proprement dites que par la présence d'un barbillon sous la symphyse de la mâchoire inférieure.

L'OMBRINE COMMUNE, vulg. *Sciène barbue*, *Daine*, est le type du genre. Ce poisson, qui atteint 60 à 70 cent., et qui pèse 15 à 16 kilogr., a la tête comprimée, tout écailleuse, formant une pointe obtuse, avec la mâchoire supérieure plus longue que l'inférieure, toutes deux armées en forme de lime ; sa couleur est jaune-citron, avec le ventre blanc, la nageoire de l'anus rouge, les dorsales brunes, les ventrale et pectorale noires.

L'Ombrine se trouve dans la Méditerranée, où elle se nourrit de vers et de zoophytes. Sa chair est ferme et digestive. Suivant Rondelet, on faisait de la tête de ce poisson des présents aux triumvirs de Rome.

OMMASTRÈPHE (*Ommastrephes*). Genre de Mollusques de la classe des Céphalopodes, démembré du grand genre Calmar, différant de ce

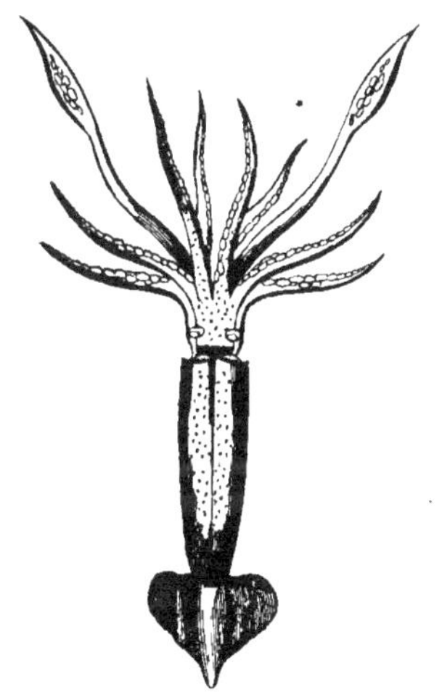

Fig. 961. — Ommastrèphe des pêcheurs.

dernier par les nageoires terminales qui forment ensemble un rhombe plus large que long, par ses yeux qui sont mobiles et garnis de paupières. Animaux à sac allongé comme les Calmars, avec la tête munie de dix pieds garnis en totalité ou en partie de ventouses pédonculées, contenant un cercle corné presque toujours garni de pointes à son pourtour interne. Deux de ces pieds

constituent des bras rétractiles sur eux-mêmes et susceptibles d'être projetés vivement en avant pour saisir une proie qui, touchée, leur adhère fortement par l'effet du vide qu'opèrent les ventouses dont ils sont garnis.

Les Ommastrèphes vivent dans les hautes mers, qu'ils couvrent dans tous les parages ; ils ne viennent jamais, comme les autres Calmars, pondre sur le littoral des continents à des époques fixes. Ils jouissent au plus haut degré de la faculté de changer de couleur. Ils possèdent des nageoires latéralement plus larges et de forme plus aiguë, et sont les habitants de l'élément liquide qui nagent avec la plus grande vitesse. Ayant des habitudes nocturnes, ils ne paraissent jamais le jour à la surface des mers ; leurs yeux sont susceptibles de se mouvoir dans tous les sens, ce qui n'a pas lieu chez les Calmars proprement dits. Ils pondent en pleine mer, et leurs œufs flottent souvent à la surface.

Nous avons vu, au mot *Calmar*, qu'on donne vulgairement le nom d'*Encornet* au Calmar commun. Avant les remarques d'Acide d'Orbigny, les deux genres étaient en effet confondus ; nous profitons de l'occasion qui se présente pour donner sur ces animaux, et en particulier sur l'ENCORNET DES PÊCHEURS (*Loligo piscatorius*), des détails intéressants qu'on doit à M. de La Pilaie.

Ce Mollusque est long de 50 centim. environ ; blanchâtre, parsemé de points ocellés purpurins, plus foncés et plus rapprochés sur le milieu du dos ; sa queue est munie de nageoires larges, terminales, dont l'ensemble représente la forme d'un cœur très évasé latéralement. — V. la fig. 231. — L'Encornet paraît par troupes ou bancs qui offrent l'image d'une agitation continuelle. Il se meut, prend ses ébats, lance de petits jets d'eau ; mais les mouvements rétrogrades sont ceux qu'il exécute avec le plus de rapidité, grâce à la forme de son corps, terminé en pointe et représentant même assez bien un javelot dans son ensemble. Effrayé ou sur la défensive, il fuit et laisse derrière lui une liqueur noire qui le dérobe à la vue de son ennemi. Cette liqueur est corrosive ; les pêcheurs de la morue, qui le prennent pour s'en faire des appâts, s'entourent de précautions pour n'en pas être atteints. « Étant jetés dans le bateau où on les amoncelle, les Encornets s'agitent encore quelque temps et viennent saisir avec leurs bras et pieds les bottes des pêcheurs auxquelles ils restent adhérents jusqu'à ce qu'ils aient entièrement cessé de vivre. Mais ils ont bientôt mis en usage et consommé tous leurs moyens de défense, et dès qu'ils ont rejeté toute l'eau qu'ils contenaient, et leur encre ensuite, ils restent anéantis et ne tardent pas d'expirer, comme si cette substance était le principe de leur force vitale.

« Comme cet animal paraît extrêmement curieux, l'on peut amener ses légions à la surface des eaux par le moyen le plus simple, même lorsqu'elles sont par cinq ou six brasses de profondeur. Il suffit de descendre le turlut au milieu d'elles et de l'élever successivement en retirant la corde. Les Encornets poursuivent ce corps brillant, remontent et viennent jusque sur l'eau, où il n'y a plus qu'à les prendre avec la main. »

OMNIVORES. Se dit, en zoologie, de tous les animaux qui se nourrissent à peu près indifféremment de substances animales ou végétales :
l'Homme, l'Ours, le Corbeau, la plupart des animaux domestiques sont dans ce cas. — Les Omnivores ont le canal intestinal moins long que les Herbivores, mais moins court que celui des Carnivores ; c'est-à-dire que les êtres animés s'alimentent de végétaux ou de chair, suivant la capacité et la longueur de leur tube digestif, qui a besoin de garder plus longtemps les premiers que les seconds pour en extraire les particules nutritives moins abondantes.

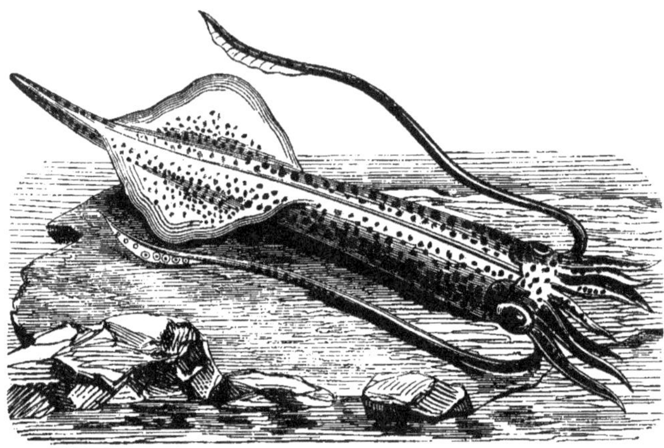

Fig. 962. — Calmar.

OMOPHRON (*Omophron*). Genre de Coléoptères pentamères, de la famille des Carnassiers, caractérisés surtout par la forme hémisphérique du corps. — Ils habitent les bords des rivières, courent sur le sable avec agilité et s'y enfoncent.

Fig. 963. — Omophron.

Nous représentons l'OMOPHRON A LIMBE grossi. Cet insecte est très carnassier, et l'on a plusieurs fois constaté qu'il mangeait certains mollusques fluviatiles qui avaient été jetés sur la rive. Sa larve se trouve sur les bords de la Seine ; elle se tient dans les lieux où croît principalement le *Polygonum persicaria.*

OMPHALIER (*Omphalea*). Genre d'Arbres ou d'Arbrisseaux de la famille des Euphorbiacées, appartenant aux Antilles et à la Guyane.

L'O. A TROIS ÉTAMINES ou *Noisetier d'Amérique* est un arbre de 12 à 15 mètres, à fleurs petites, verdâtres, disposées en panicules ; le fruit est une grosse baie pendante, renfermant un noyau dont l'amande a le goût de la noisette et qui fournit une huile analogue à celle d'amandes douces. Toutes les parties de la plante autres que l'amande sont purgatives.

ONAGRARIÉES ou ŒNOTHÉRACÉES. Famille de Plantes dicotylédones polypétales périgynes, renfermant des plantes herbacées, dont les caractères spécifiques sont : calice adhérent à l'ovaire, 4-5 lobé ; corolle de 4 à 5 pétales ; étamines en nombre égal, parfois double ou moindre ; ovaire à 4 ou 5 loges pluriovulées ; style simple ; baie indéhiscente, ou capsule à 4-5 loges, etc.

Cette famille comprend pour principaux genres l'*Onagre,* le *Fuschia,* l'*Epilobe,* etc.

ONAGRE (*Œnothera*). Genre type de la famille des Onagrariées ; plantes herbacées, annuelles ou

Fig. 964. — Onagre odorante.

bisannuelles (deux espèces sont ligneuses), qui ont le calice long, cylindrique, grêle, tubuleux, à 4 folioles étroites, caduques ; corolle de 4 pétales, larges, incombants ; 8 étamines dressées, à anthères linéaires, vacillantes et penchées ; capsule longue et cylindrique, à 4 angles obtus, 4 loges, 4 valves. — Ces végétaux sont originaires d'Amérique, et cependant de pleine terre pour toute la France.

ONAGRE BISANNUELLE (*Œ. biennis*). Plante bisannuelle, à tige de 1 mètre environ, dressée, rude, poilue ; à feuilles éparses, entières ; à fleurs jaunes, grandes, pétales émarginés dépassant les étamines. — On trouve l'Onagre dans les endroits sablonneux, les terrains remués, les décombres, où elle fleurit en juin-septembre. Sa racine est grosse, longue, pivotante, charnue ; sa forme et sa couleur lui ont fait donner le nom vulgaire de *Jambon du jardinier*. En Saxe cette racine se mange ; elle paraît sur les tables de l'Allemagne sous la fausse dénomination de *Raiponce rouge*. En France nous l'abandonnons aux pourceaux, qui s'en montrent très friands.

ONAGRE ODORANTE (*Œ. suaveolens*). Cette espèce, que l'on cultive fréquemment dans les jardins, se distingue de la précédente par ses fleurs très grandes d'une odeur suave, par le calice à divisions ordinairement soudées irrégulièrement entre elles et déjetées d'un seul côté, etc. — Elle est d'ailleurs annuelle ; et ses fleurs, fortement odorantes et d'un jaune d'or, ne durent pas plus que l'astre qui les a vues naître le matin. Le lendemain d'autres corolles remplacent celles de la veille, et le phénomène se succède ainsi tout l'été.

Il y a les espèces *pourprée, rose*, etc., qui sont exotiques.

Fig. 965. — Onagre (Ane sauvage).

ONAGRE. C'est le nom de l'Ane sauvage. — V. *Ane*. — L'Onagre est un animal d'Asie et d'Afrique ; il a le pelage d'un beau gris, quelquefois plus ou moins jaunâtre ; ses oreilles sont moins longues et moins hautes que celles des races domestiques.

Les Anes sauvages se trouvent encore aujourd'hui en assez grand nombre dans le pays des Kalmouks, où on les connaît sous le nom de *Koulan* ou *Choulan*. Ils sont très légers à la course; ils se réunissent en troupes innombrables qui se portent du nord au midi et du midi au nord, suivant les saisons. Les Kalmouks les chassent pour leur chair qu'ils emploient comme aliment, et aussi pour leur peau qui est très dure et très élastique. Cette peau sert à différents usages : on en fait des cribles, des tambours, ainsi qu'un gros parchemin pour les tablettes de portefeuille, et que l'on enduit d'une couche de plâtre. C'est aussi avec le cuir des Onagres que les Orientaux fabriquent le *sagri*, que nous appelons *chagrin*.

ONCE (*Felis uncia*). Cette espèce de Chat a ajouté à la confusion à laquelle a donné lieu ce grand genre. On a surtout confondu la Panthère avec l'Once, et réciproquement; aussi Cuvier a cherché à démontrer : 1° que les caractères fondés sur l'infériorité de la taille que Buffon avait assignée à ce dernier tenaient à ce que le grand peintre de la nature ne l'avait pas comparée à la Panthère d'Afrique, mais au *Felis unca* (Jaguar); 2° que la teinte et l'irrégularité du poil, autres caractères assignés à l'Once, pouvaient bien appartenir à une seule variété de Panthère d'un fauve plus pâle.

Après avoir été rayé des catalogues mammologiques, comme faisant double emploi, l'Once a été admis par Lesson comme espèce distincte. On le trouve en Perse, dans la Sibérie orientale, et jusque sur les bords du lac Boïkal. Quant à ses mœurs, Buffon, qui seul en a parlé, a tellement confondu son histoire avec celle d'autres grands Chats, qu'il est à peu près impossible d'en rien démêler de certain. Néanmoins, il est excessivement probable que ses habitudes diffèrent peu de celles de la Panthère et du Léopard.

« La plupart des voyageurs, dit Buffon, conviennent que l'Once s'apprivoise aisément, qu'on le dresse à la chasse, et qu'on s'en sert à cet usage en Perse et dans plusieurs autres provinces de l'Asie ; qu'il y a des Onces assez petits pour qu'un cavalier puisse les porter en croupe ; qu'ils sont assez doux pour se laisser manier et caresser avec la main. La Panthère paraît être d'une nature plus fière et moins flexible ; on la dompte plutôt qu'on ne l'apprivoise ; jamais elle ne perd en entier son caractère féroce, et lorsqu'on veut s'en servir pour la chasse, il faut beaucoup de soins pour la dresser, et encore plus de précautions pour la conduire et l'exercer. On la mène sur une charrette, enfermée dans une cage dont on lui ouvre la porte lorsque le gibier paraît ; elle s'élance vers la bête, l'atteint ordinairement en trois ou quatre sauts, la terrasse et l'étrangle ; mais si elle manque son coup, elle devient furieuse, et se jette quelquefois sur son maître, qui d'ordinaire prévient ce danger en portant avec lui des morceaux de viande ou des animaux vivants, comme des agneaux, des chevreaux, don il lui en jette un pour calmer sa fureur. »

ONCIDIE (*Oncidium*). Genre d'Orchidée, renfermant des plantes parasites, bulbiformes; à feuilles coriaces planes, triquêtres ou cylindriques ; à fleurs grandes, fauves, rarement blanches, portées sur des hampes radicales et le plus souvent disposées en panicules. — Ces Plantes, des contrées chaudes du Nouveau-Monde, croissent soit au pied, soit sur le tronc des arbres. On en connaît une trentaine d'espèces, dont la plus élégante est l'ONCIDIE JOLIE (*O. variegatum*), à fleurs élégantes disposées en épi, blanches, teintes de rose à la base, et mouchetées de jaune en haut.

ONDATRA (*Ondatra*). Mammifère de l'ordre des Rongeurs, fort voisin des Campagnols ; leurs pieds sont pentadactyles en arrière comme en avant, mais les doigts postérieurs ont leurs bords garnis d'une rangée de soies raides et serrées; la queue est longue, ronde à la base, et comprimée dans le reste de son étendue.

L'Ondatra est beaucoup plus grand que toutes les espèces de Campagnols. On le trouve dans l'Amérique septentrionale. Il vit en famille sur le bord des eaux, où ses pieds garnis de poils raides, comme ceux des Desmans, lui permettent de nager. Il exhale une forte odeur de musc, et se construit des demeures à la manière des Castors.

ONONIDE. — V. *Bugrane* (*Ononis*).

ONOPORDE (*Onopordum*). Genre de Plantes, de la famille des Composées, herbacées, épineuses, dont voici les caractères spécifiques : involucre ventru, imbriqué, à écailles lâches, étalées, avec pointe aiguë ; réceptacle nu, alvéolé; graines lisses, sillonnées transversalement. — On en compte une quinzaine d'espèces, propres à l'ancien continent, mais dont une seule croît aux environs de Paris, dans les lieux incultes.

C'est l'ONOPORDE-ACANTHE (*O. acanthium*), vulg. *Chardon-acante, Pet-d'Ane, Epine blanche*. Sa tige, qui atteint de 50 centim. à 2 mètres, est robuste, raide, pubescente-aranéeuse, largement ailée, épineuse, rameuse ; feuilles ovales oblongues, sinuées-dentées, décurrentes, épineuses ; fleurs en corymbes terminaux, purpurines, rarement blanches ; pédoncules à 4 ailes.

L'Onoporde croît abondamment le long des chemins, dans les décombres, et fleurit en juin-juillet. Le réceptacle en est bon à manger ; il a le goût de celui de l'Artichaut, mais est beaucoup plus petit. Probablement que la culture améliorerait cette plante si on s'en occupait.

L'ONOPORDE VERDATRE et l'O. TRÈS ÉPINEUX se trouvent dans le midi de la France.

ONTHOPHAGE (*Onthophagus*). C'est un genre

de l'ordre des Coléoptères, section des Pentamères, famille des Clavicornes, se distinguant
des Bousiers proprement dits par les caractères
qui suivent : antennes de neuf articles, terminées
par une massue de trois articles, lamellée, presque aussi longue que large; palpes maxillaires de
quatre articles dont le dernier est ovalaire; les
labiaux ayant leur dernier article presque nul;
écusson nul; corps court, déprimé en dessus, et
ovale. Les Bousiers proprement dits se distin-

Fig. 966. — Onthophage-Taureau.

guent de ces insectes par leur corps convexe en
dessus, et par d'autres caractères tirés des palpes et des pattes. La tête des Onthophages est
arrondie antérieurement, armée de cornes, d'é-
minences ou de tubercules, selon les espèces; le
labre et les mandibules sont membraneux et cachés sous le chaperon. Le corselet est plus large
que long, armé le plus souvent d'éminences en
forme de cornes ou de tubercules; il n'y a point
d'écusson; les élytres sont arrondis postérieurement, et laissent à découvert l'extrémité postérieure de l'abdomen. Les ailes sont pliées sous
les élytres.

Les insectes de ce genre ont les mêmes habitudes que les Bousiers et les Onites; comme eux,
ils vivent dans les bouses et dans les excréments.
On en trouve dans toutes les parties du monde.
L'Europe et l'Afrique sont les pays où il y en a le
plus. Les espèces renfermées dans ce genre sont
très nombreuses; on peut les placer dans trois
divisions, suivant que la tête est bicorne, unicorne ou sans cornes.

Onthophage taureau (*O. taurus*). Cette espèce
est longue de près de deux lignes et demie, noire;
le corselet est simple; la tête est armée de deux
longues cornes arquées. Ces cornes sont beaucoup plus courtes dans les femelles. — Des environs de Paris.

Onthophage nuchiforme (*O. nuchicornis*).
Longue de près de trois lignes, de couleur bronzée. Les élytres sont sétacés; la tête avec une
corne postérieure, élevée et déprimée à la base.
— Se trouve assez communément aux environs
de Paris.

ONYX. Variété d'Agate dont les bandes ou raies
sont disposées parallèlement, et offrent des teintes
diverses qui lui donnent une certaine ressemblance avec l'ongle, d'où lui est venu son nom
(du gr. *onyx*, ongle). — V. *Calcédoine*. — Les
Onyx sont surtout recherchés pour camées, et
l'on exécute alors le petit bas-relief sur l'une des
couches, en laissant l'autre pour le fond.

OOLITHE (du gr. *óon*, œuf; *lithos*, pierre).
Nom donné à diverses concrétions pierreuses,
souvent calcaires et souvent ferrugineuses, offrant l'aspect de petites granulations ou d'œufs
de poisson. — L'Oolithe abonde principalement
dans les terrains jurassique et du lias, que pour
cette raison on nomme terrain oolithique. — V.
Terrain.

OPALE. Substance minérale composée de silice et d'eau, i: fusible, blanchissant au feu, donnant de l'eau par la calcination. C'est le *quartz*
ou *silex opalin* des minéralogistes. La couleur
de l'Opale est d'un blanc laiteux et bleuâtre offrant
des reflets irisés fort remarquables. Cette pierre
est recherchée par les lapidaires qui en font
toutes sortes de bijoux. Ils en distinguent six
variétés principales : l'*Opale orientale* ou à
flammes, l'*O. arlequine* ou à *paillettes*, l'*O. gi-
rasol*, l'*O. noirâtre* ou *sombré*, l'*O. vineuse* et la
Prime ou *matrice d'Opale*. — La plupart des
Opales qui se trouvent aujourd'hui dans le commerce se tirent de la Hongrie.

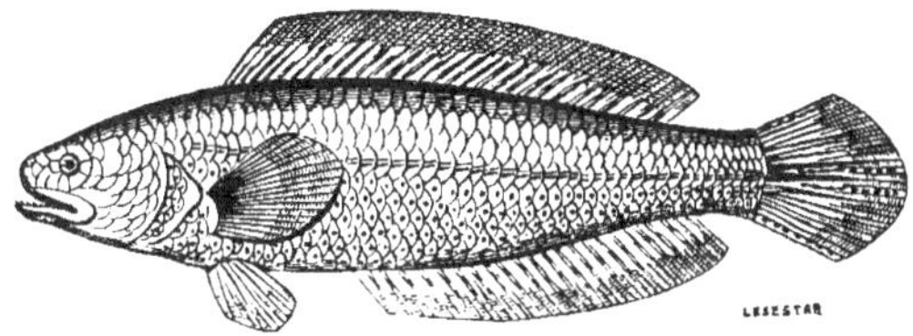

Fig. 967. — Ophicéphale.

OPHICÉPHALE (*Ophicephalus*). Genre de Poissons acanthoptérygiens, de la famille des Pharyngiens labyrinthiformes, ainsi appelés (de
ophis, serpent; *kephalê*, tête) parce qu'ils ont la
tête déprimée et couverte de grandes écailles
comme les Ophidiens. Voici leurs caractères : pas

d'aiguillons aux nageoires, si ce n'est le premier rayon des ventrales, qui est simple, non poignant; corps allongé, presque cylindrique; museau court, obtus; tête déprimée, garnie en dessous de plaques polygones; cinq rayons à leurs ouïes : dorsale s'étendant sur presque toute la longueur du corps; anale très longue; caudale arrondie.

Les Ophicéphales constituent un genre très curieux, dont les anciens ont parlé. Cuvier en a décrit une vingtaine d'espèces, toutes propres aux eaux douces de la Chine et de l'Archipel indien. Tous les bateleurs de l'Inde ont de ces poissons à sec pour divertir le public, et les enfants mêmes s'amusent à les faire ramper sur le sol ; dans les marchés de la Chine, on coupe les grandes espèces toutes vivantes pour les distribuer aux consommateurs, qui les recherchent à cause de la délicatesse de leur chair.

L'espèce type est l'OPHICÉPHALE STRIÉ, qui a un très grand nombre de rayons à la dorsale ; il est d'un gris-brun verdâtre en dessus, avec des lignes blanches ; rosé blanchâtre en dessous. — Il habite presque toutes les parties de l'Inde.

OPHIDIENS (du gr. *ophis*, serpent). Ordre de Reptiles connus sous la dénomination générique de *Serpents*, et dont voici les caractères spécifiques : corps allongé, arrondi, étroit; pas de

Fig. 968. — Couleuvre.

pattes ni de nageoires paires; bouche garnie de dents pointues en crochets, séparées entre elles et non contiguës; mâchoire inférieure à branches dilatables, plus longues que le crâne; tête à un seul condyle arrondi; point de cou distinct, ni conque, ni canal auditif externe; pas de paupières mobiles; peau coriace, extensible, écailleuse ou granuleuse, recouverte d'un épiderme caduc d'une seule pièce qui se détache en entier et se reproduit plusieurs fois dans l'année.

Vie de relation. La tête n'est pas séparée du corps par un cou distinct, et la queue, plus ou moins longue, n'est pas toujours très distincte du corps. Le nombre des vertèbres est quelquefois de 2 à 3 cents ; ces os sont articulés de manière à ce que leurs mouvements soient très faciles dans tous les sens; le nombre des côtes est aussi très considérable ; elles sont libres, le sternum n'existant pas.

Les mouvements qu'exécutent les Ophidiens sont très variés; c'est toujours à l'aide des sinuosités qu'ils impriment à leur corps qu'ils les produisent. — Leurs sens sont en général obtus. Le cerveau est très petit, les nerfs cérébraux fort exigus, mais la moelle épinière fournit des nerfs vertébraux excesssivement nombreux. Les yeux manquent de paupières mobiles et paraissent fixes; mais une paupière unique et immobile, d'une minceur extrême et transparente, recouvre le globe oculaire, qu'on distingue néanmoins très bien malgré ce voile translucide. — Les narines sont très développées dans certains genres. — L'organe de l'ouïe est très incomplet. — La langue est à moitié cartilagineuse et à moitié cornée, extrêmement extensible; elle est engagée et retenue à sa base dans un fourreau, et bifide à son extrémité ; c'est à tort que le vulgaire la nomme *dard*, parce qu'elle est tout à fait inoffensive. — Les téguments indiquent assez le peu de développement de l'organe du toucher.

Vie de nutrition. Les mâchoires des Ophidiens, par une disposition particulière, peuvent se dilater considérablement, et permettent la déglutition de proies énormes. Indépendamment des dents qui garnissent leurs mâchoires, un certain nombre de ces animaux ont des crochets mobiles très acérés, marqués d'une rainure ou gouttière longitudinale, et à la base desquels est une petite vésicule remplie d'un venin extrèmement subtil et dangereux. « Les Serpents venimeux par excellence, dit Cuvier, ont une structure très particulière dans les organes de la manducation. Leurs os maxillaires supérieurs sont fort petits, portés sur un long pédicule, analogue à l'apophyse ptérygoïde externe du sphénoïde, et très mobiles; il s'y fixe une dent aiguë,

Fig. 969. — Boa.

percée d'un petit canal qui donne issue à une liqueur sécrétée par une glande considérable située en arrière de l'œil, et environnée des muscles destinés à mouvoir la mâchoire et qui excitent en quelque sorte son action sécrétoire. C'est cette liqueur qui, versée dans la plaie par la dent, porte le ravage dans le corps des animaux, et y produit des effets plus ou moins funestes, selon l'espèce qui l'a produite. Cette dent se cache dans un repli de la gencive, quand le Serpent ne veut pas s'en servir, et il y a derrière elle plusieurs germes destinés à la remplacer si elle se casse dans une plaie. » Les naturalistes ont nommé *crochets mobiles* les dents venimeuses; mais c'est proprement l'os maxillaire qui se meut; il ne porte pas d'autres dents, de manière que, dans

cette sorte de Serpents malfaisants, l'on ne voit dans le haut de la bouche que deux rangées de dents palatines. — Le canal intestinal offre une longueur qui ne dépasse guère celle du corps; l'estomac est peu distinct; il n'y a pas de cœcum. — Le cœur est petit; dans certaines espèces il existe une communication entre le ventricule droit et l'aorte descendante, et la cloison ventriculaire est percée. — Des deux poumons, qui ont la forme de sacs allongés, l'un est constamment presque tout à fait atrophié; l'autre, très développé et très allongé, s'étend sous l'œsophage, l'estomac et le foie. L'acte de la respiration en est modifié en lui-même par l'absence du sternum et par celle du diaphragme; elle n'est pas très active, et peut être suspendue au gré de l'animal. Quoi qu'on en ait dit, ces animaux ne font pas entendre un sifflement particulier, et quelques-uns seulement produisent un soufflement très sourd provenant de l'air qui sort plus ou moins rapidement des poumons.

Reproduction. Les Ophidiens sont en général ovipares, comme les autres Reptiles. Ils ressemblent aux Sauriens véritables par leur double pénis, mais s'éloignent, sous ce rapport, des Crocodiles et des Chéloniens, chez lesquels le pénis est simple; toutefois ils manquent de vésicules séminales. Leurs œufs ont une coquille ordinairement molle et coriace. Il est des espèces dont les œufs éclosent avant de franchir le cloaque, en sorte que leurs petits naissent sans enveloppe. Ces espèces sont dites vivipares, comme les Vipères, les Crotales, etc. Ces animaux prennent soin de leurs petits dans le jeune âge, et semblent même, dit-on, pendant le danger, leur donner un abri dans leur œsophage.

Les Ophidiens sont répandus dans toutes les parties du monde; leur taille varie beaucoup selon les groupes; mais c'est dans les régions intertropicales qu'ils acquièrent leurs plus grandes dimensions. Leur nourriture est tout animale : les insectes, les vers, les mollusques, quelques amphibiens, certains poissons, etc., sont la proie des petites espèces; mais les mammifères n'échappent pas à la voracité des grandes espèces, qui dévorent parfois une proie plus grosse qu'elles-mêmes. La déglutition s'opère lentement toutefois; en outre, la digestion est très lente, de telle sorte que quand les Serpents se sont emparés d'une proie énorme, il arrive que la partie qui a atteint leur estomac est complètement dissoute lorsque l'autre est encore entière dans la gueule. Beaucoup de ces animaux, surtout dans les pays tempérés, s'engourdissent pendant l'hiver et restent dans un état d'immobilité parfaite. Ils ont à cette époque l'habitude de se réunir dans des trous plus ou moins profonds, dans lesquels ils se pelotonnent les uns sur les autres pour se soustraire à l'action du froid. Leur accroissement est très lent; mais comme ils vivent très longtemps, ils atteignent parfois des dimensions très considérables.

« A toutes les époques, les Ophidiens ont fixé l'attention de l'homme, et dans toutes les mythologies quelques-uns d'entre eux ont joué des rôles plus ou moins importants. La défiance naturelle que ces animaux inspirent, leurs allures singulières, le danger que l'on court en touchant certains d'entre eux, sont autant de causes qui expliquent les nombreux récits que l'on a faits à leur sujet, et qui montrent pourquoi les espèces innocentes, souvent difficiles à distinguer des espèces venimeuses, sont, comme celles qui nuisent, en état de suspicion continuelle. Et cependant, quelque défiance que l'on ait pour ces animaux, on les mange dans presque toutes les parties du monde, aussi bien chez les peuples civilisés que chez les peuples sauvages ; les Serpents à sonnettes eux-mêmes sont recherchés dans quelques parties de l'Amérique et passent pour un excellent manger. »

Les Ophidiens forment donc deux grandes tribus naturelles : 1° ceux qui ne sont pas venimeux ; 2° ceux qui sont venimeux.

Ophidiens non venimeux. Ce sont les Serpents qui manquent de venin et de crochets à la mâchoire supérieure, ou de dents en gouttière destinées à conduire le venin. On y a établi deux familles :

Les *Amphisbéniens*, qui forment le passage des Sauriens apodes ou Orvets aux véritables Ophidiens ; ils ont un véritable sternum sur lequel les côtes s'appuient inférieurement ; leur corps, tout d'une venue et ayant la forme d'un rouleau, est terminé brusquement à ses deux extrémités. — V. *Amphisbène*.

Les *Colubériens*, qui commencent la série des vrais Serpents, c'est-à-dire des Reptiles sans membres et sans sternum. Leur bouche est organisée comme il a été dit plus haut ; elle n'offre pas de crochets mobiles ; mais les branches de la mâchoire supérieure sont, comme l'inférieure, garnies d'une rangée de petites dents aiguës ; il en existe également deux rangées sur les arcades palatines. — Cette famille comprend deux grands genres qui ont été érigés en familles et partagés en plusieurs sous-genres : 1° les *Boas*, les plus grandes espèces connues, dont la queue est prenante, et qui portent un appendice corné de chaque côté du cloaque, rudiments aussi incomplets que possible des membres postérieurs. — 2° Les *Couleuvres*, serpents non venimeux de nos contrées, dont la queue est fort longue, non prenante, et qui n'ont pas d'appendices cornés sur les côtés du cloaque. On en trouve un grand nombre d'espèces.

OPHIOGLOSSE (du gr. *ophis*, serpent ; *glossa*, langue). Genre de Fougères, dont voici les caractères : feuilles au nombre de deux, soudées entre elles dans la partie inférieure de leur rachis, l'une extérieure stérile, foliacée, non enroulée en crosse pendant la perfoliaison, l'autre fertile réduite au rachis ; sporanges sessiles, disposés en un épi linéaire distique à la partie supérieure d'une feuille dont le limbe s'est déformé ou contracté : indusium nul, etc.

L'Ophioglosse vulgaire (*O. vulgatum*) ou *Langue-de-Serpent, herbe sans couture*, est une plante de 10 à 30 cent. , entourée à sa base d'écailles membraneuses brunâtres ; feuille stérile ovale, entière, assez ample, à nervures très fines ramifiées en réseau ; feuille fertile terminée par un épi simple linéaire aigu , beaucoup plus court que la partie du rachis supérieure à la soudure des deux feuilles.

La Langue-de-Serpent croît dans les terres humides et les marais. Sa souche est fibreuse et passe pour vulnéraire.

OPHIOLITHE. Roche composée de divers silicates de magnésie, généralement tenace, mais tendre. Ses couleurs sont le vert, le brun, le noirâtre, le rougeâtre et le jaunâtre ; elles paraissent unies ou bigarrées. L'Ophiolithe forme des filons, des amas, etc. Elle offre une texture compacte, lamellaire, granitoïde, porphyroïde ou bréchiforme.

Indépendamment des diverses substances qui entrent dans la composition intime de la base des Ophiolithes, et dans laquelle il faut compter le silicate de fer qui s'y trouve presque toujours , et parfois en quantité considérable , ces roches renferment beaucoup de minéraux mélangés mécaniquement, parmi lesquels on peut citer le diallage, le bronzite, le calcaire, le grenat, le quartz, la grammatite, etc.

Les Ophiolithes sont assez abondants dans la nature et se rapportent aux terrains plutoniques, qui se sont fait jour à différentes époques à travers d'autres terrains préexistants.

On se sert de certaines variétés polissables d'Ophiolithe pour fabriquer des vases et divers objets de décoration.

OPHION (*Ophion*). Genre d'Hyménoptères térébrants, de la famille des Pupivores, tribu des Ichneumons, dont les caractères sont : tarière courte, mais saillante ; extrémité des mandibules très distinctement bidentée ; antennes sétacées ; bouche non avancée en manière de bec ; abdomen très comprimé, plus ou moins arqué en faucille, tronqué au bout.

Les mœurs de ces insectes sont analogues à celles des Ichneumons ; leur tarière étant courte, observe Latreille , ils doivent déposer leurs œufs dans le corps des chenilles et chrysalides qui sont en plein air ou dans des retraites peu profondes.

L'Ophion jaune (*O. luteus*) est long de deux centim., d'un jaune roussâtre, avec les yeux verts.

La femelle dépose ses œufs sur la peau de quelques chenilles , particulièrement sur celle qu'on a nommée la Queue fourchue. Ils y sont fixés au moyen d'un pédoncule long et délié. Les larves y vivent ayant l'extrémité postérieure de leur corps engagée dans les pellicules des œufs d'où elles sont sorties , y croissent , sans empêcher la chenille de faire la coque ; mais elles finissent par la tuer, en consument toute la substance intérieure, se filent des coques oblongues les unes auprès des autres, et en sortent sous la forme d'Ichneumon, ainsi que l'enveloppe commune. Cette espèce se trouve aux environs de Paris.

L'Ophion de la Dosithée (*O. Dositheæ*) a la tète, les antennes, le thorax, d'un noir mat, les ailes hyalines ; tarière courte sortant de l'abdomen, qui s'élargit et s'aplatit chez les femelles vers son extrémité. — Son nom lui a été donné par Audouin, en suite des observations qu'il a faites sur les métamorphoses d'une Chenille du genre *Dosithée* et sur les habitudes d'une larve d'Ichneumon qui vit à ses dépens. Voici ce que raconte cet entomologiste : « Je fus bien détrompé le 9 juin au matin (c'était en 1830), en observant auprès de l'une de mes chenilles un très petit ver qui était occupé à la dévorer. Il tenait sa tête enfoncée dans l'intérieur du corps de la chenille, et la suçait ainsi à loisir. Je venais d'être éclairé sur le motif qui avait empêché la chenille d'achever son développement, dévorée qu'elle était par un hôte ennemi, qui, après avoir vécu grassement dans son corps, devait lui percer le flanc pour en sortir, et continuer encore après de se nourrir à ses dépens. Le lendemain je trouvai mes autres chenilles dans le même état : toutes deux avaient auprès d'elles une petite larve qui était très activement occupée à les dévorer. L'inspection à la loupe de cette petite larve parasite me fit juger qu'elle devait appartenir à quelque insecte hyménoptère, et probablement à ce genre Ichneumon, le plus puissant auxiliaire que la nature nous ait donné pour arriver sinon à l'anéantissement complet, au moins à la diminution bien marquée d'une foule de chenilles dévastatrices. J'eus donc soin de la conserver pour vérifier cette présomption. Un petit ver blanc et mou comme celui que j'avais sous les yeux ne pouvait rester longtemps à découvert, exposé comme il l'était à tant de chances de destruction. Je m'attendais donc à le voir se construire un abri ; c'est en effet ce qu'il fit bientôt ; mais les faits dont je fus témoin pendant cinq heures que je ne cessai de l'observer me parurent des plus curieux. D'abord je ne fus pas peu surpris de remarquer que, tandis que notre ver était occupé à dévorer sa chenille, de la manière que je l'ai dit, celle-ci continuait de vivre, et ne paraissait pas en proie à de bien grandes souffrances ; elle restait immobile, et se contentait seulement, à des intervalles assez éloignés, de tourner brusquement la partie antérieure de son corps à droite et à gauche, comme si elle eût voulu simplement chasser quelque chose qui lui aurait été incommode ; mais la malheureuse chenille n'en paraissait pas capable ; car, bien qu'elle eût continué à prendre de la nourriture, à la digérer, et même à grandir pendant qu'elle était rongée intérieurement par son hôte parasite, on conçoit qu'elle devait se trouver très affaiblie par cette sorte de gestation, et plus encore par l'ouverture qu'en dernier lieu le ver lui avait pratiquée au flanc pour sortir de son corps ; mais, comme si tant de souffrances n'eussent pas encore suffi pour lui ôter ses forces et pour l'empêcher de lui échapper, le petit ver, aussitôt sa sortie, et même avant de sortir complétement de son corps, avait eu soin d'allonger son cou et de fixer au sol quelques brins de soie qui, se prolongeant par leur autre bout, sur l'extrémité du corps de sa victime, devenaient autant de liens très solides dont il était impossible à celle-ci de se débarrasser ; ainsi cette malheureuse, comme un autre Prométhée, était condamnée à se voir dévorer toute vive, sans posséder aucun moyen d'échapper au supplice. On conçoit dans quel but le petit ver avait pris cette précaution : devant continuer à manger la chenille après être sorti de son corps, il n'aurait pu y réussir, si, de son côté, celle-ci avait eu sur lui l'avantage de pouvoir marcher ; car c'est ici le cas de faire observer que notre petite larve parasite est apode, c'est-à-dire entièrement privée de pattes, et incapable de se déplacer. Ce procédé ingénieux qu'elle avait mis en usage sous nos yeux trouvait donc facilement une explication ; mais j'étais loin de croire qu'en dévorant ainsi sur place la chenille, ce petit ver avait encore un autre but que celui de se nourrir grassement avant de subir ses métamorphoses. En effet, jusqu'ici je ne l'avais jugé que très vorace ; mais il va maintenant se montrer prévoyant, industrieux. J'avais été surpris de voir comment il parvenait à ronger toutes les parties charnues de la chenille, sans entamer sa peau ; il semblait mettre beaucoup de soin à la ménager, et arriva enfin à la vider bien plus adroitement que nous ne le faisons lorsque, voulant conserver ces animaux par le procédé de l'insufflation, nous retirons tous les viscères de leur corps. Je ne fus pas longtemps à comprendre le but de cette nouvelle manœuvre ; car, dès que l'opération fut achevée, et avant que cette peau eût pu se dessécher, le petit ver s'empressa de fixer sur elle quelques fils au moyen desquels il la tint parfaitement distendue ; puis, sans perdre de temps, il se mit en devoir de filer une petite coque, et fit entrer très adroitement dans sa confection cette peau desséchée. Elle en occupait exactement toute la longueur, et se trouvait appliquée sur elle, qu'on me passe la comparaison, comme le galon d'une livrée qu'on aurait cousu sur la couture dorsale et médiane d'un habit ; seulement on devrait supposer ce galon presque aussi large que l'habit lui-même ; mais comme la peau de la chenille qui avait été employée par le petit ver était de beaucoup plus longue que sa petite coque, il s'était contenté d'en laisser déborder en avant et en arrière les deux extrémités ; le petit ver a donc su mettre à profit la dépouille de sa victime, et il s'en est servi, non-seulement pour renforcer sa coque, mais encore pour la masquer aux yeux de ses ennemis ; car la peau de la chenille est d'une couleur plus foncée que la soie dont est construite sa coque, et comme cette coque est collée sur de petites tiges de bois mort, elle se confond alors aussi bien avec ces brins de bois que la chenille elle-même, pendant qu'elle était encore vivante. Quatorze jours après qu'il eut filé cette coque, notre petit ver se métamorphosa en un insecte qui, ainsi que je l'avais présumé, se

trouva être un Ichneumonide, appartenant au genre Ophion. »

OPHISAURE (*Ophisaurus*). Genre de Sauriens, de la famille des Chalcidiens, mais Sauriens tout à fait apodes. Leur corps, serpentiforme, est en

Fig. 970. — Ophisaure ventral.

effet sans nul vestige de membres à l'extérieur, tandis que les Chalcides en ont quatre, ou deux seulement, et les Bipèdes deux rudimentaires situés vers l'anus.

Les Ophisaures marquent encore davantage le passage des Lézards aux Ophidiens : leur tête est semblable à celle des premiers, leur corps est tout à fait pareil à celui des seconds ; aussi Cuvier les a-t-il placés dans la première famille des Ophidiens.

La seule espèce de ce genre est l'O. VENTRAL (*O. ventralis*) ou *Serpent de verre*, de plusieurs anciens auteurs, que Linné rangea parmi les Orvets, parce qu'en effet, comme ceux-ci, il peut se briser en plusieurs morceaux. — Il est commun dans l'Amérique du Sud ; sa longueur est de 0^m,40.

OPHISURE (*Ophisurus*). Genre de Poissons très voisin des Anguilles, dont il diffère en ce

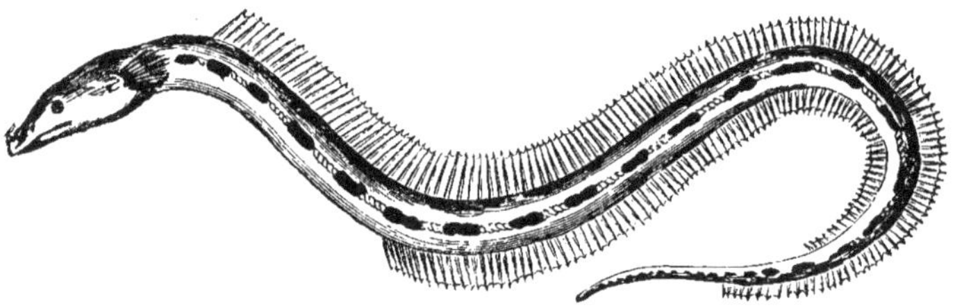

Fig. 971. — Ophisaure Serpent de mer.

que la dorsale et l'anale se terminent avant d'arriver au bout de la queue, qui se trouve aussi dépourvue de nageoire et finit comme un poinçon ; l'orifice postérieur des narines s'ouvre au bord même de la lèvre supérieure ; les pectorales, de grandeur ordinaire chez quelques espèces, peuvent devenir très petites et presque disparaître.

L'OPHISURE SERPENT DE MER est parmi les espèces assez nombreuses de ce genre celle qui mérite le plus d'être mentionnée. C'est un poisson anguilliforme, long de 1 m. 70 à 2 m, de la grosseur du bras, brun en dessus, argenté en-dessous, à museau grêle et pointu, etc., qui habite la Méditerranée.

OPHRYS (*Ophrys*). Genre de Plantes de la famille des Orchidacées, dont les caractères sont ainsi exposés : racines formées de 2-4 tubercules arrondis ; tige herbacée, simple, cylindrique, garnie de feuilles entières, engaînantes, d'un très beau vert ; fleur en épi terminal : périanthe à divisions extérieures étalées, les deux intérieures beaucoup plus petites, dressées ; labelle épais, non prolongé en éperon, dirigé en bas, étalé ou concave en arrière, présentant souvent à la base deux bosses saillantes, entier ou 3-lobé, à lobe moyen plus grand ; étamines intimement soudées avec le style et le stigmate, ce corps étant couronné par l'anthère dressée ; lobes non séparés par un appendice charnu; masses polliniques à rétinacles libres renfermés dans 2 bursicules distinctes ; ovaire non contourné.

Les Ophrys offrent, dans leurs fleurs, l'aspect le plus singulier; ils présentent avec certains insectes la plus grande ressemblance : on croit voir reposer sur le labelle tantôt une araignée , un brillant coléoptère ou un taon, etc. : l'illusion est telle que la main redoute de s'en approcher. Ces plantes singulières se trouvent sous toutes les latitudes ; elles habitent les prés humides et les bois couverts de la France; elles abondent dans le bassin de la Méditerranée , mais surtout dans les contrées équatoriales.

Fig 972. — Ophrys-Abeille.

(Fleur de grandeur naturelle; — 2, étamines et pistil; — 3, masse de pollen.)

Ophrys Mouche (*O. myodes*). Tige grêle, haute de 30 à 35 centim., partant du centre de l'un des deux bulbes de la racine , munie dans sa partie inférieure de quelques feuilles ovales-lancéolées; fleurs peu nombreuses, en épi lâche, avec longues bractées : divisions extérieures du périanthe ovales-lancéolées, verdâtres, les deux intérieures linéaires filiformes d'un pourpre noirâtre; labelle velouté, rouge-brun , avec large tache d'un blanc bleuâtre, figurant une espèce de mouche.

Cette plante se trouve abondamment aux environs de Paris, fleurissant en mai-juin; elle paraît mieux venir , abandonnée à elle-même , qu'étant l'objet de soins particuliers. On la place sur les pelouses des jardins paysagers et dans les gazons.

L'**Ophrys Abeille** (*O. apifera*), que nous figurons, offre avec la précédente de très grands rap-

ports. De l'un de ses deux bulbes sphériques part une tige haute de 16 à 28 centim., au bas de laquelle sont étalées des feuilles ovales, aiguës ; d'autres feuilles s'appliquent contre elle dans sa partie supérieure. Fleurs distantes, plus grandes que dans l'Ophrys mouche, étalant en mai-juin le rose sillonné par 3 lignes vertes de leurs pétales extérieurs et le pourpre ferrugineux rayé de jaune de leur labelle que termine un lobe pointu placé dans une échancrure.

L'**Ophrys Araignée** (*O. aranifera*) est de la même taille, mais donne seulement de 4 à 6 fleurs rapprochées et garnies de longues bractées. — Cette espèce fleurit depuis le mois de mai jusqu'en août dans diverses parties de l'Europe. Sa ressemblance avec une araignée est frappante; ce qui vient compléter l'illusion de la partie contenant les étamines et s'avançant des deux côtés de la tête de l'insecte, ce sont des petits corps ronds, d'un vert très clair, simulant les yeux , que l'on aperçoit de chaque côté.

Nous ne pouvons nous occuper des nombreuses autres espèces, dont les principales sont : l'*O. ombiliqué*, l'*O. jaune*, l'*O. des Alpes*, etc. Ajoutons seulement que les bulbes de toutes ont été recommandés dans diverses maladies, et principalement vantés pour leurs propriétés aphrodisiaques. comme ceux de l'Orchis, d'après une analogie de forme que nous ne spécifierons pas. Ces tubercules contiennent de la fécule et sont nutritifs. — V. *Orchidées*.

OPIUM. — V. *Pavot*.

OPUNTIA (*Opuntia*). Genre d'Arbrisseaux de la famille des Cactacées, à tronc et à rameaux cylindriques, ou à tiges composées d'articulations comprimées, ovales ou oblongues , munies de faisceaux d'épines ou de soies, disposés en quinconce ou en spirale ; à feuilles subulées , très caduques, situées sous chaque jeune faisceau; à fleurs jaunes, rouges ou blanches, sortant du bord des articles : périanthe à nombreuses divisions pétaliformes colorées , disposées en rose; étamines à filaments ténus, irritables au toucher; style à 3-8 stigmates dressés. — V. *Rhipsalis*.

OR (*Aurum*). Corps simple, métallique, d'une couleur jaune et brillante; il est quelquefois d'un jaune plus pâle, passant au grisâtre, au verdâtre. Ces différences proviennent de son alliage avec l'argent, ou avec quelque autre métal. Il cristallise en cubes et en octaèdres. Il est extrêmement malléable et ductile, très tenace , puisqu'un fil d'Or de deux millimètres de diamètre peut supporter un poids de plus de 68 kil. 216 ; assez tendre, d'une texture entièrement compacte, sans indice de structure, non clivable, susceptible d'un très beau poli.

La pesanteur spécifique est de 19,3. L'Or est entièrement inaltérable à l'air. Il est fusible au chalumeau, volatil, inattaquable par les acides, à l'exception de l'eau régale , ou acide nitro-muriatique, qui le dissout. Le chlorure d'étain forme, dans cette dissolution, un précipité pourpre , désigné sous le nom de *pourpre de Cassius*, et qui est un mélange d'Or métallique et d'oxyde d'étain.

L'Or offre plusieurs variétés.

1° L'Or se trouve quelquefois en très petits cristaux, qui tous appartiennent au cube ou en sont des dérivés;

2° Sous forme de dendrites plus ou moins ramifiés ;

3° En lames plus ou moins étendues au milieu de leur gangue;

4° En grains plus ou moins volumineux : quand leur volume est assez considérable, on leur donne le nom de *pépites* ;

5° Enfin, en paillettes menues et légères.

L'Or est peut-être , après le fer, la substance métallique la plus universellement répandue à la surface du globe. En effet, il est peu de contrées qui ne possèdent de l'Or, mais partout il y est en très faible quantité.

On trouve l'Or dans les terrains primitifs , dans les terrains de transition , et dans les terrains évidemment d'origine ignée , comme les trapps et les trachytes. Il forme bien rarement à lui seul des filons ; le plus souvent il est sous la forme de lames , de cristaux, ou en petites masses disséminées.

« Dans beaucoup de localités, l'Or est mêlé accidentellement à d'autres minerais métallifères , et alors il est en particules disséminées et invisibles, soit dans la gangue , soit dans le minerai lui-même. Mais quelle que soit la faible quantité de ce métal qui existe ainsi dans ces minerais, on l'en retire constamment tant que son produit compense les dépenses de son exploitation. Dans certaines mines du Harz, où l'Or ne forme guère que la cinq-millionième partie en poids du minerai où il se trouve, on peut cependant encore l'exploiter avec profit. Les minerais qui accompagnent le plus souvent l'Or sont le fer et le cuivre pyriteux, la blende, ou sulfure de zinc; le mispikel, où fer arsenical.

« On ne connaît pas d'Or dans les terrains véritablement sédimenteux. Il est au contraire excessivement répandu dans les terrains d'alluvion anciens, il y est disséminé sous la forme de paillettes , dans des sables le plus souvent ferrugineux, soit dans le lit d'un grand nombre de rivières, dans toutes les parties du monde, soit même dans les terrains meubles des plaines, d'où elles sont ensuite entraînées par les pluies dans le lit des rivières. On a cru longtemps que ces paillettes d'Or, charriées par un si grand nombre de rivières , avaient été arrachées par les eaux de filons ou d'amas métalliques existant dans le sein de la terre ou des montagnes où ces eaux avaient leur source; mais aujourd'hui on sait qu'il n'en est pas ainsi, car très souvent l'Or est plus abondant dans les parties basses de la rivière que plus près de sa source, et l'on a souvent remarqué que la quantité en augmentait quand il avait beaucoup plu dans les plaines que ces rivières traversent. Cet Or, fourni par les terrains d'alluvion, est plus pur que l'Or provenant de roches ou de filons. Presque tout celui qui est versé dans le commerce provient ainsi du lavage des terrains et des sables aurifères. »

Les usages de l'Or sont on ne peut plus variés. Il sert d'abord à la fabrication des monnaies, uni à 10e de cuivre , qui lui donne la dureté nécessaire ; ensuite à l'orfévrerie, la bijouterie, la dorure, etc. Sa ductilité est telle qu'on peut le réduire en feuilles d'un 900 millièmes de mètre : avec 65 milligrammes d'Or, on pourrait couvrir une surface de 368 mètres carrés ; enfin 2 grammes suffisent pour couvrir un fil d'argent de 200 myriamètres de longueur. Ce métal était connu de toute antiquité. Les anciens , frappés de ses propriétés précieuses, le regardèrent comme le roi des métaux, et les alchimistes le désignèrent sous le nom de soleil. On exploite l'Or au Brésil, au Chili , en Colombie , au Mexique, en Sibérie, en Californie, dans l'Oural, etc. Plusieurs combinaisons de l'Or sont employées en médecine , surtout le chlorure d'Or, stimulant général à petite dose utilisé dans les scrofules, goîtres, etc., et poison corrosif très violent à haute dose.

ORAGE. Nous pourrions nous contenter de renvoyer le lecteur aux mots *Foudre* et *Tonnerre*; néanmoins on nous saura gré de consigner ici un historique intéressant, que nous empruntons au *Dictionnaire classique d'histoire naturelle.*

« Comme tout le monde le sait , c'est à Franklin que l'on doit cette précieuse découverte, que la foudre n'est qu'une étincelle électrique. Cependant il est juste de dire qu'avant lui on avait déjà quelques soupçons de cette grande vérité. Ainsi, par exemple , l'illustre inventeur de la machine pneumatique, l'ingénieux Otto de Guericke, bourguemestre de Magdebourg, est le premier qui reconnut dans la foudre quelque apparence d'étincelle électrique. Un autre savant, le docteur Wall , vivant à peu près à la même époque que Guericke, rapporte dans un mémoire que, dans une expérience électrique faite sur un grand cylindre d'ambre, il en tira une grande étincelle, qui en partant fit tant de bruit, qu'immédiatement il compara ce résultat à l'éclair de la foudre et au bruit du tonnerre. On discourait donc beaucoup dans notre vieille Europe sur l'étincelle électrique et sur sa ressemblance avec la foudre , quand Franklin eut l'idée de reconnaître exactement ce qu'était au juste ce phénomène naturel, et pour cela il voulut aller chercher la foudre dans les cieux et l'amener sur la terre à sa disposition. Les nombreuses expériences qu'il avait déjà faites sur la bouteille de Leyde et sur les propriétés des pointes, lui donnaient un vif désir de voir terminer promptement un clocher très élevé qu'on bâtissait à Philadelphie ; mais comme les travaux avançaient lentement, et que sa savante impatience le tourmentait trop vivement pour qu'il pût attendre plus longtemps, il résolut de se passer du clocher et d'user d'autres moyens. Il se rappela un jeu de son enfance, et armé d'un cerf-volant fait en étoffe de soie, il se dirigea dans une plaine écartée, sans autre compagnie que son fils, n'ignorant pas, dit-il, le sourire moqueur qui accueille de pareilles expériences, lorsqu'elles ne réussissent point. Voilà donc le cerf-volant lancé; le ciel orageux promettait une bonne récolte, et cependant deux nuages avaient déjà enveloppé de leurs vapeurs le jouet d'enfant, élevé à la dignité d'instrument de physique, sans offrir aucun signe qui indiquât la présence de l'électricité. Un troisième nuage arrive et produit quelque effet. La ficelle du cerf-volant fut agitée à plusieurs reprises. Enfin, à une quatrième épreuve, Franklin porte l'extrémité du doigt au bout de la ficelle; il en jaillit une étincelle : la foudre était donc descendue sur la terre à l'appel d'un homme qui maintenant allait la diriger à son gré.

« Il n'est pas besoin de répéter ici que cette fameuse expérience, qui eut lieu en juin 1752, fut répétée dans tout le monde savant aussitôt qu'elle fut connue. Mais ce qu'il importe de dire ici à l'honneur de la France, c'est qu'un magistrat français, de Romans, assesseur au présidial de Nérac, qui avait eu connaissance des propriétés reconnues aux pointes par Franklin, avait imaginé comme lui de se servir du cerf-volant, et même il avait eu l'heureuse idée de mettre un fil de métal dans toute la longueur de la ficelle : par ce moyen, il avait obtenu un excellent conducteur qui lui fournissait des étincelles d'une très grande dimension. Écoutons-le parler lui-même : « Imagi« nez-vous de voir des lames de feu de huit à « dix pieds de longueur et d'un pouce de gros« seur qui faisaient autant et plus de bruit qu'un « coup de pistolet. En moins d'une heure, j'eus « certainement trente lames de cette dimension, « sans compter mille autres de sept pieds et au« dessous. » La décharge électrique fut même une fois si puissante que notre habile expérimentateur fut jeté sur le côté.

« Ainsi donc, sans ôter à Franklin tout l'honneur d'une pareille découverte, qu'il nous soit permis à nous autres Français d'en distraire une partie pour la reporter sur un compatriote, qui, sans avoir connaissance de l'idée de Franklin sur le cerf-volant, usa vers la même époque du même moyen, et même le perfectionna de prime abord, en rendant plus parfait le conducteur dont il voulait se servir.

« La foudre n'était donc plus qu'une étincelle électrique; c'était là un résultat que personne ne pouvait plus nier.

« Maintenant, comment cette électricité est-elle répandue dans les nuages? La question est assez difficile à résoudre : jusqu'à présent même on ne peut en donner la solution, parce que nous ignorons entièrement la constitution électrique des nuages, c'est-à-dire de quelle manière l'électri-

cité y est répandue; tout ce que nous pouvons affirmer dès aujourd'hui, c'est que les nuages orageux ne sont pas tous électrisés, et que, parmi ceux qui le sont, les uns subissent l'influence de l'électricité vitrée, les autres de l'électricité résineuse : dans un Orage, le vent n'est donc plus le seul mobile qui fasse agir les nuages; les deux espèces d'électricité, qui, comme chacun sait, donnent aux corps la propriété de s'attirer ou de se repousser, suivant qu'ils sont de même électricité ou d'électricité contraire, viennent apporter ici leur puissance et aider aux vents contraires. De là ces effets si opposés dont on ne se rend pas bien compte lorsqu'on n'admet que l'action mécanique du vent : de là ces nuages qui se précipitent l'un sur l'autre comme des combattants furieux, et qui se repoussent tout à coup avec une puissance incroyable : de là ces tournoiements si rapides qui enveloppent les nuages comme dans un vaste tourbillon. »

ORANG (*Satyrus*). Genre de Quadrumanes de l'ancien continent, que l'on confondait quelquefois avec les Troglodytes ou Chimpanzés et même avec les Gibbons, tous Singes à formes presque humaines, et que l'on a désignés sous les noms de *Primates* et d'*Anthropomorphes*. — V. *Singes*.

A première vue, on remarque que les Chimpanzés se distinguent des Orangs et des Gibbons par des proportions plus convenables dans leurs membres antérieurs et postérieurs. Cette disposition leur permet quelque temps l'allure bipède; tandis que la longueur des bras condamne pour ainsi dire les Orangs et les Gibbons à marcher à quatre pattes, alors même qu'ils font tous leurs efforts pour essayer de marcher debout.

Quoi qu'il en soit, voici les caractères du genre Orang : corps gros et trapu; museau proéminent, protubérances adipeuses aux joues des vieux mâles; oreilles moyennes et bien bordées; bras longs et descendant jusque près des malléoles; point de queue; pas d'abajoues; point de callosités aux fesses; pelage assez fourni, excepté aux parties internes et antérieures du corps.

Le squelette des Orangs se modifie selon l'âge : les clavicules sont fort longues; le thorax est large; côtes fortes et bien attachées; os du bassin longs et étroits, ce qui rend la marche bipède difficile et oblique. Le crâne, lisse et arrondi dans le jeune âge, ne tarde pas à augmenter son diamètre antéro-postérieur; le bord orbitaire du frontal produit une énorme saillie; les arcades zygomatiques s'écartent et élargissent la face; plusieurs crêtes osseuses se développent sur la surface du crâne, et se réunissent en prenant des proportions qui font oublier les rapports frappants que la tête des jeunes individus pouvait présenter avec celle de l'Homme. L'intelligence suit la dégradation de l'angle facial, et avec l'âge la docilité fait place aux instincts sauvages de la brute.

On a décrit plusieurs espèces d'Orangs, mais on n'est point encore définitivement fixé sur la valeur spécifique et la constance des caractères différentiels. M. Isid. Geoffroy Saint-Hilaire admet deux espèces assez distinctes pour être définitivement reconnues : l'Orang Outang et l'Orang bicolore.

ORANG-OUTANG (*Satyrus rufus*). vulg. *Homme des bois*. Ses caractères spécifiques sont : pelage roux ou brun foncé ; peau d'un bleu ardoisé ; nez très aplati et museau proéminent ; barbe longue et épaisse ; poils de la tête touffus ; taille : 1 m. 60 cent. à 1,90. Lorsque l'animal est debout, ses bras descendent jusqu'au milieu des jambes. Ses poils sont roux, longs, légèrement crépus ; ceux de la tête, depuis sa partie postérieure jusqu'au front, se dirigent d'arrière en avant, et ceux des avant-bras remontent du poignet vers le coude. La face, les oreilles, les mains et les organes reproducteurs sont nus. Toute la peau a une teinte gris d'ardoise, excepté le tour des yeux, de la bouche, où le gris fait place à la couleur de chair, et sa surface est couverte de petites rides et comme chagrinée. La peau de la

Fig. 973. — Orang-Outang.

gorge est extrêmement flasque et pend comme un goître, lorsque l'animal est couché sur le côté. Les ongles sont noirs. La voix est assez variée : dans la peur, elle ressemble à un grognement ; dans les besoins, elle se rapproche des pleurs d'un chien ; et dans la colère elle devient très aiguë ; alors la gorge se gonfle considérablement, ce qui s'explique par la présence d'une poche placée au-dessus du sternum et qui, communiquant avec le larynx, se remplit d'air et donne à la voix un retentissement considérable.

L'Orang-Outang habite Bornéo et Sumatra ; mais son espèce y est peu nombreuse. Dans ces îles, on le trouve seulement là où s'étendent d'immenses terres basses, humides et couvertes de sombres et vastes forêts, souvent submergées par les rivières qui les parcourent, et par conséquent peu habitées par la race humaine. Il ne vit jamais dans les bois montueux, où son apparition n'est qu'accidentelle. Il ne se tient debout qu'en s'aidant de ses membres antérieurs, et alors son corps reste oblique ; dans la marche, ses membres inférieurs ne sont pas droits et ses longs doigts sont à moitié fermés, les plus extérieurs portant à terre par la face supérieure, en même temps que le talon et une partie de la paume.

La nature n'a donné aux Orangs-Outangs qu'assez peu de moyens de défense. Après l'homme, c'est peut-être l'animal qui trouve dans son organisation les plus faibles ressources contre les dangers; mais il a de plus que nous une extrême facilité à monter aux arbres et à fuir ainsi les ennemis qu'il ne peut combattre. La ruse et la prudence, tels sont ses principaux moyens de défense, aidés d'une certaine intelligence et de quelque jugement. Les forêts sauvages servent de retraite à ces animaux, qui, pendant le jour, parcourent la cime des arbres. Il est rare qu'ils en descendent pour attaquer les hommes qui les poursuivent; mais cependant on cite plusieurs exemples de naturels terrassés et même tués par eux, parce que leur force musculaire est prodigieuse. Vers le déclin du jour, ils passent dans l'épaisseur du feuillage pour se mettre à l'abri du froid et du vent, et leur gîte pendant la nuit est la partie fourrée ou la cime peu élevée de quelque arbre, tel que le palmier nibong ou *pandani*; souvent aussi ils se cachent dans quelque grosse touffe des orchidées qui croissent sur ces arbres gigantesques. En quelque lieu qu'ils passent la nuit, ils disposent leur gîte en forme d'aire, le garnissent de feuilles et le recouvrent de branches et de feuilles d'orchidées. C'est là, à 8 mètres environ au-dessus du sol, que les Orangs se retirent.

La nourriture de ces Singes consiste essentiellement en fruits; aussi les lieux qu'ils choisissent pour demeure sont-ils ceux où ils trouvent une subsistance plus abondante et plus facile; c'est-à-dire qu'ils se montrent dans les parties méridionales de l'intérieur de Bornéo, pendant les mois d'avril et de mai, époque de la maturité des fruits du *Ficus infectoria*, mais que, passé cette époque, on ne les voit plus dans ces contrées. Ils mangent aussi les bourgeons, les feuilles et les fleurs de certains arbres ou arbustes.

Les Malais chassent les Orangs-Outangs avec des flèches empoisonnées; ils les poursuivent jusqu'à ce que, saisis de convulsions par la force du poison, ils se laissent tomber à terre; alors ils les achèvent avec de longues piques. Quelques peuplades de Bornéo se nourrissent de leur chair.

Les Orangs adultes supportent moins facilement la captivité que les jeunes, différant en cela des Singes ordinaires. Comme il est d'ailleurs très difficile de les prendre en vie, tant à cause de leur agilité que de leur circonspection, de leur force et de leur méchanceté qu'il faut redouter, on n'en a possédé qu'un très petit nombre ayant dépassé le premier âge. Lorsque les chasseurs de Sumatra ou de Bornéo découvrent dans les forêts une femelle avec son nourrisson, ils tâchent de tuer la mère afin de se rendre maîtres du jeune animal, qu'ils conservent assez facilement en vie au moyen du riz bouilli, des bananes, etc.

« L'Orang qui a vécu à Paris en 1836, et dont la présence attira pendant plusieurs mois un si grand concours de visiteurs, était un de ces jeunes individus que les Malais se procurent en tuant les femelles mères. Il était originaire de Sumatra. M. de Blainville ayant eu connaissance, par un de ses anciens élèves, M. le D. Marion de Procé,

de l'arrivée de ce curieux Singe à Nantes, le fit aussitôt acheter pour le Muséum de Paris. Voici quelques renseignements qui furent alors publiés sur cet animal. Le capitaine Vanisghen, qui avait lui-même amené son Orang au Muséum, s'était adressé, pour l'avoir, à quelques chasseurs de l'île de Sumatra. Ceux-ci s'étant mis aussitôt en recherche, rencontrèrent une femelle portant son petit encore fort jeune. Cette femelle, poursuivie avec ardeur, se réfugia sur un arbre dont toutes les branches furent successivement abattues. Une seule branche restait encore, celle qui supportait l'animal. Celui-ci, se voyant cerné de toutes parts, allait s'élancer sur un arbre voisin, lorsqu'un homme de la troupe lui coupa d'un coup de hache une de ses mains de devant. La mère saisit alors son petit de l'autre main; mais comme il lui devint impossible de se soutenir, elle ne tarda pas à tomber au pouvoir de ses agresseurs. Elle fut aussitôt emmenée, ainsi que son petit; mais les fatigues du voyage et la chaleur extrême augmentèrent la gravité de sa blessure, et une dégénérescence gangréneuse la fit bientôt périr.

« Le petit survécut. Son âge fut approximativement évalué à six semaines; il était entièrement nu, et ce ne fut que plus tard que des poils recouvrirent son corps. Ceux du dos parurent les premiers, puis ceux du ventre et des parties inférieures. Néanmoins ce jeune Orang avait déjà fait ses dents incisives. Les quatre canines et les molaires, au nombre de huit lorsqu'il vint à Paris, se montrèrent plus tard, mais sans occasionner aucun malaise appréciable. Il fut en partie nourri avec de la bouillie, qu'on était obligé de lui donner comme on la donne à un enfant. Il était très faible et encore peu intelligent; depuis, il est devenu très actif, doux de caractère et sensible aux caresses. Il affectionnait surtout son maître, mais il était familier avec tout le monde, prenait la main des visiteurs et s'accrochait à leurs jambes ou leur montait sur les épaules. C'était en lui donnant des soufflets et même des coups de corde que M. Vanisghen le corrigeait quand il était trop turbulent. L'animal s'asseyait alors dans un coin, se cachait la figure dans les bras, et, dit-on, se mettait parfois à pleurer. Dans ce dernier cas, il portait ses mains sur ses yeux comme pour les essuyer. Cet Orang a vécu six mois à Paris. Son intelligence, autant que sa ressemblance extérieure avec l'espèce humaine, lui firent bientôt une immense réputation, et la foule accourait chaque jour pour le voir.

« On a conservé le souvenir de quelques-unes de ses actions les plus remarquables. Le trait suivant m'a été communiqué par M. de Blainville. Après être passé des mains de son maître dans celles du gardien auquel l'avait confié M. Geoffroy-Saint-Hilaire, directeur de la Ménagerie du Muséum, le jeune animal semblait avoir oublié celui qui l'avait ramené de si loin et avec qui il avait passé un temps assez long; mais, ayant pu le revoir après plusieurs mois de séparation, il le regarda d'abord avec attention, s'élança bientôt dans ses bras, et lui témoigna par mille caresses la joie qu'il éprouvait à le retrouver. Il aimait beaucoup la société, et pourvu qu'on voulût bien jouer avec lui, le rouler à terre, le balancer ou le laisser grimper quelque part, il s'inquiétait assez peu si les personnes au milieu desquelles il se trouvait lui étaient connues ou non; et pendant tout le temps qu'on a pu l'étudier, soit à bord du bâtiment qui l'a conduit en France, soit à Paris, il a toujours montré les mêmes dispositions. A la Ménagerie, il vivait familièrement avec les enfants de son gardien, qui formaient sa société la plus habituelle. Il avait pour eux tous les égards que leur faiblesse aurait pu attendre d'une personne raisonnable, et il montrait les mêmes dispositions bienveillantes dans ses rapports avec tous les autres enfants; il n'avait pas toujours les mêmes ménagements pour les grandes personnes. Peu difficile sur le choix de la nourriture, cet Orang était devenu le commensal de son gardien, et il mangeait de tout comme lui et sa famille. Il aimait assez les choses sucrées, et lorsque certains mets avaient besoin d'être mangés avec précaution, il savait parfaitement s'en tirer. Il prenait les uns après les autres les grains des grappes de raisin qu'on lui donnait, buvait avec un verre, se servait assez adroitement d'une cuiller, etc. Si c'était du pain avec des confitures qui lui avait été remis, il imitait les enfants, qui commencent par les confitures et font ensuite fi du pain. Un jour qu'on lui avait donné de la salade trop vinaigrée, nous l'avons vu éponger entre deux plis de la couverture sur laquelle il reposait les feuilles trop acidulées, et les reporter ensuite à sa bouche; il les mangeait alors après les avoir goûtées de nouveau. Cet Orang ne tarda pas à tomber malade. Malgré les soins qu'on lui prodigua, et qui furent dirigés par plusieurs savants médecins de l'hôpital qui avoisine le Jardin des Plantes, malgré les médicaments qu'on lui fit prendre de plusieurs manières et quelquefois bien malgré lui, il ne tarda pas à succomber. »

Après l'époque de l'accouplement, les vieux mâles vivent complétement isolés; ceux qui ne sont pas adultes et les vieilles femelles se réunissent rarement en nombre au-dessus de 3 ou 4; les femelles pleines et celles qui allaitent s'isolent également. Le jeune reste longtemps auprès de sa mère, dont les soins lui sont nécessaires, vu la lenteur de son accroissement; il l'accompagne dans tous ses mouvements, étant constamment soutenu contre sa poitrine et se cramponnant à son pelage. On ne sait pas encore à quel âge l'Orang entre en puberté, ni combien de temps dure la gestation, ni quel peutêtre le terme moyen de la vie chez ces Singes. Prenant pour base la croissance très lente des individus captifs, on est porté à croire que ce n'est guère avant 10 ou 15 ans qu'ils ont leur développement complet, et alors le terme moyen de leur vie serait de 40 à 45 ans.

Orang bicolore (*S. bicolor*). Pelage roux su-
périeurement et au milieu du ventre, fauve blanchâtre sur le bas-ventre, les flancs, les aisselles, la portion interne des cuisses et le tour de la bouche; taille indéterminée, car on ne connaît que le jeune âge. — Habite Sumatra.

• Cette espèce est établie par M. Isidore Geoffroy-Saint-Hilaire sur un jeune individu mâle venu de Sumatra. Une partie de la face antérieure du corps, des membres et de la face, est d'un fauve blanchâtre, tandis que les parties postérieures sont couvertes de poils roux. Mais ce n'est pas seulement sur cette différence dans la coloration du pelage que le savant professeur du Muséum se fonde pour former une espèce confondue jusqu'ici avec l'Orang-Outang. Il trouve de bons caractères dans la forme des cavités orbitaires.

• Le *Satyrus rufus*, à tous les âges, a les orbites très rapprochés l'un de l'autre; ils sont ovalaires et ont le diamètre transversal plus petit. Les os du nez ne forment, après leur soudure précoce, qu'une languette fort étroite.

• Le *Satyrus bicolor*, au contraire, a les orbites remarquablement quadrangulaires et à peine plus longs que larges. Les os du nez, réunis, sont médiocrement larges.

« M. de Blainville fait une communication intéressante à l'Institut au sujet de ce singe (1). • M. le capitaine Vanisghen, qui a lui-même amené son jeune Orang au Muséum, a bien voulu nous dire son histoire; elle intéressera bien certainement nos lecteurs. Il s'adressa, pour avoir un Orang, à quelques chasseurs de l'île de Sumatra, où cet animal est du reste très rare; les chasseurs s'étant mis aussitôt en recherche, rencontrèrent une femelle portant son petit encore fort jeune. Cette femelle, poursuivie avec ardeur, se réfugia sur un arbre dont toutes les branches furent successivement abattues par les chasseurs. Une seule restait encore et supportait l'animal; celui-ci, se voyant cerné de toutes parts, allait s'élancer sur un arbre voisin, lorsqu'un homme de la troupe lui coupa d'un coup de hache une main de devant. La mère saisit alors son petit avec la main qui lui restait; mais, comme il lui fut dès lors impossible de se soutenir, elle ne tarda pas à tomber au pouvoir de ses agresseurs.

• Elle fut alors amenée ainsi que son petit; mais les fatigues du voyage et la chaleur extrême s'ajoutant à la gravité de sa blessure, une dégénérescence gangréneuse la fit bientôt périr. Le petit survécut : son âge fut approximativement évalué à six semaines; cet animal était entièrement nu, et ce ne fut que plus tard que les poils, qui couvrent aujourd'hui son corps, commencèrent à se développer. Ceux du dos parurent d'abord, puis ceux du ventre et des parties inférieures. Néanmoins l'animal avait déjà fait ses

---

(1) Cette relation, qui est la même que celle qui précède, a été insérée ici par erreur. Nous nous en apercevons au moment du tirage, mais nous la conservons aussi parce que certains détails diffèrent.

dents incisives et les canines ; ses molaires , aujourd'hui au nombre de trois de chaque côté et à chaque mâchoire , se montrèrent plus tard , mais sans occasionner aucun malaise appréciable.

« Le jeune Orang fut nourri, en partie, avec de la bouillie, qu'on était obligé de lui donner comme on la donne à un enfant ; il était alors très faible et très peu intelligent ; maintenant il est très actif, doux de caractère et sensible aux caresses. Il affectionne surtout M. Vanisghen , mais il est familier avec tout le monde ; il prend la main , s'accroche aux jambes de ses visiteurs et monte jusque sur leurs épaules. C'est en lui donnant des soufflets , et même des coups de corde , que le capitaine le corrige, quand il est trop turbulent : il s'assied alors dans un coin , se cache la figure dans ses bras, et pleure parfois ; dans ce dernier cas, il porte ses mains sur ses yeux comme pour les essuyer.

« Il joue avec les enfants, et il prend avec eux beaucoup plus de ménagements qu'avec les grandes personnes. Il est aussi quelques animaux avec lesquels il sympathise, mais il ne peut souffrir les chats ; il n'aime pas non plus les autres singes ; il affectionne les chiens d'une manière toute particulière, et le capitaine recommande de mettre dans sa loge un jeune animal de cette espèce pour lui tenir compagnie. Il paraît, en effet, aimer beaucoup la société , et il entre en colère dès qu'il se trouve seul , brise alors et déchire tout ce qui est à sa portée. On peut, au contraire, faire de lui ce que l'on veut en le mettant au milieu de quelques personnes ; il joue avec elles , et aime surtout qu'on le bouscule, qu'on le roule de toutes les façons.

« On n'avait jusqu'ici possédé, en France, qu'un seul Orang vivant, encore ce singe était-il très malade et presque mourant lorsqu'il y est arrivé ; il n'a vécu que quelques semaines à la ménagerie de la Malmaison. Celui que l'on doit à M. Vanisghen est en parfaite santé ; on remarque tout d'abord le volume de son ventre, sa manière lente de marcher comme un cul-de-jatte, et, au contraire, sa légèreté à grimper et son intelligence.

« Nous l'avons vu , à la fenêtre de sa loge, tenant, avec une main de derrière, un verre d'eau sucrée , et, avec l'une des mains de devant, un biscuit, qu'il trempait dans la liqueur chaque fois qu'il voulait en prendre une bouchée. »

ORANGER (*Citrus aurantium*). Espèce du genre Citronnier, qui, dans les pays chauds, s'élève à la hauteur de 7 à 10 mètres ; rameaux réunis en une cime touffue un peu arrondie ; feuilles alternes, persistantes, pétiolées , glabres-luisantes, parsemées de petites vésicules résineuses et transparentes. Les fleurs sont blanches , très odorantes ; les filets staminaux sont réunis à leur base en une membrane, qui ensuite se déchire en plusieurs lanières , chargées chacune d'un certain nombre d'étamines. Fruit sphérique d'un jaune doré à l'extérieur, divisé en plusieurs loges en dedans , par des cloisons membraneuses et diaphanes , renfermant chacune plusieurs semences dépourvues d'épisperme.

L'Oranger croît spontanément sur la côte de Barbarie, en Portugal, en Espagne, en Italie, etc.; mais il paraît que, originaire de la Chine ou des îles de la Sonde, il n'a été introduit en Europe qu'entre le 10e et le 13e siècle, par les Génois , tandis que le Citronnier est beaucoup plus ancien, puisqu'il était cultivé du temps des Romains. « En nommant l'Oranger , l'imagination se transporte aussitôt dans les jardins des Hespérides : elle se promène au milieu de ces belles forêts composées d'arbres élégants, dont les feuilles nombreuses et touffues conservent leur brillante verdure dans toutes les saisons de l'année. Là , des bosquets de fleurs s'épanouissent et parfument l'air d'une odeur suave et balsamique : des fruits teints d'une belle couleur d'or leur succèdent , et contrastent agréablement avec le vert foncé du feuillage. »

Ce bel arbre est encore plus utile qu'agréable à la vue. Ses feuilles ont une saveur chaude et amère et exhalent une odeur fragrante agréable due à l'huile volatile renfermée dans leurs pores ; elles agissent , en infusion, comme toniques , antispasmodiques, emménagogues, anti-flatulentes ; leur emploi est très souvent indiqué dans les affections nerveuses, l'hystérie, la dyspepsie, etc. Les fleurs d'Oranger, remarquables par l'exquise suavité de leur odeur , fournissent, en abandonnant leur huile essentielle , une eau distillée dont chacun connaît les usages dans la parfumerie , l'art culinaire et la pharmacie. Les fruits bien mûrs donnent un suc acidulé d'un goût agréable, avec lequel on prépare une limonade rafraîchissante , tempérante ; leur écorce , parsemée d'une grande quantité de petites vésicules remplies d'huile volatile inflammable, a une odeur aromatique agréable et une saveur chaude et amère : elle active la digestion et favorise la plupart des fonctions organiques en agissant comme tonique. Cette écorce sert surtout à la préparation des liqueurs de table et des ratafias.

ORBE. — V. *Diodon*.

ORCANETTE. Nom vulgaire de deux plantes de la famille des Borraginées : 1° la *Buglosse des teinturiers* ou *Grémil tinctorial* (*Lithospermum*) ; 2° l'*Onosme vipérine* (*Echium*).

On donne aussi ce nom à la couleur qu'on tire de ces deux plantes et qui s'extrait de leurs racines.

ORCHIDACÉES ou *Orchidées* (du genre type *Orchis*). Famille de Plantes monocotylédones, renfermant près de 3,000 espèces , toutes remarquables par la beauté et surtout la bizarrerie de leurs fleurs. Nous empruntons à A. Richard la description de cette famille :

« Plantes vivaces, quelquefois parasites sur les

autres végétaux , ayant une racine composée de fibres simples et cylindriques , souvent accompagnée d'un ou de deux tubercules charnus, ovoïdes ou globuleux, entiers ou digités. Les feuilles sont toujours simples , alternes , engaînantes. Elles naissent immédiatement de la tige ou de rameaux courts, renflés, charnus, nommés *pseudobulbes*, qu'on n'observe que dans les espèces exotiques et parasites. Les fleurs, souvent très grandes et d'une forme particulière , sont solitaires , fasciculées, en épis ou en panicule. Leur calice est à six divisions profondes, dont trois intérieures et trois externes. Celles-ci, assez souvent semblables entre elles, sont étalées, ou rapprochées les unes contre les autres à la partie supérieure de la fleur où elles forment une sorte de casque (*calyx galeatus*). Des trois divisions internes deux sont latérales , supérieures et semblables entre elles : l'une est inférieure , d'une figure toute particulière , et porte le nom de *labelle* ou *tablier* ; il présente quelquefois à sa base un prolongement creux nommé éperon (*labellum calcaratum*). Du centre de la fleur, s'élève sur le sommet de l'ovaire une sorte de colonne nommée *gynostème*, qui est formée par le style et les trois filets staminaux soudés, et qui porte à sa face antérieure et supérieure une fossette glanduleuse qui est le stigmate, et à son sommet une anthère à deux loges, s'ouvrant soit par deux sutures longitudinales, soit par un opercule, qui en forme toute la partie supérieure. Le pollen, contenu dans chaque loge de l'anthère , est réuni en une ou plusieurs masses ayant la même forme que la cavité qui les renferme. Au sommet du gynostème, sur les parties latérales de l'anthère, on trouve deux petits tubercules qui sont deux étamines avortées , et qu'on nomme *staminodes*. Ces deux étamines sont développées au contraire dans le genre *Cypripedium* , tandis que celle du milieu avorte. Ainsi c'est l'étamine, placée dans un sens diamétralement opposé au labelle, qui se développe dans tous les genres de cette famille , moins le genre *Cypripedium*. Le fruit est une capsule à une seule loge, plus rarement un peu charnue , s'ouvrant dans le premier cas en trois valves, qui, semblables à des panneaux, s'élèvent en laissant les trois trophospermes unis et rapprochés au sommet et à la base, et formant une sorte de châssis, contenant un très grand nombre de graines très petites, attachées à trois trophospermes pariétaux, saillants et bifurqués du côté interne. Ces graines ont leur tégument extérieur formé d'un réseau léger, et se composent d'un embryon ovoïde très renflé, offrant une petite fossette , dans laquelle se trouve placée la gemmule qui est presque nue. La masse de l'embryon a été considérée à tort par beaucoup d'auteurs comme un endosperme , et la gemmule comme étant l'embryon.

Cette famille, qui peut être regardée comme une des plus naturelles du règne végétal, offre des particularités si remarquables dans l'organisation de sa fleur, qu'elle ne peut être confondue avec nulle autre. La soudure des étamines avec le style et le stigmate , et surtout l'organisation du pollen réuni en masse (caractère qui ne s'observe que dans les Asclépiadées et dans quelques Mimeuses parmi les Dicotylédones), sont les caractères distinctifs les plus saillants de cette famille. Les masses polliniques (*pollinia*) offrent dans leur composition des modifications qui ont servi à établir trois tribus principales dans la famille des Orchidées. Tantôt elles sont formées de granules assez gros, cohérents entre eux au moyen d'une matière visqueuse qui, lorsqu'on tend à les séparer , s'allonge sous forme de filaments élas-

Fig. 974. — Orchidée (Sophronite).

(1, Labelle. — 2, Labelle vu en dedans. — 3, Gynostème vu de profil. — 4, le même vu de face. — 5, Clinandre montrant les loges. — 6, Masse pollinique.

tiques : on donne à ces masses polliniques le nom de masses *sectiles*. Tantôt les masses polliniques sont *pulvérulentes*, c'est-à-dire formées d'une matière comme pultacée ou de granules qu'on isole facilement les uns des autres , ce qui s'observe dans les genres *Limodorum* , *Epipactis*, etc. Enfin, chaque masse pollinique peut être formée de granules tellement cohérents et confondus entre eux , qu'elle semble composée de cire ; on dit qu'elle est *solide*.

Les masses polliniques se prolongent quelquefois à leur partie inférieure en un appendice nommé *caudicule*, qui souvent se termine par une glande visqueuse de forme variée, et qu'on nomme *rétinacle*. Le nombre de ces masses polliniques varie d'un à quatre pour chaque loge de l'anthère. Celle-ci est tantôt placée à la face antérieure et supérieure du gynostème, dont elle n'est pas dis-

tincte, comme dans la tribu des Ophrydées; tantôt
elle est placée dans une espèce de fossette qui
termine le gynostème à son sommet, et qu'on
nomme *clinandre*, et elle s'ouvre et s'enlève
comme une sorte d'opercule (*anthera operculi-
formis*), comme dans presque tous les genres
des Épidendrées, des Malaxidées.

Dans son grand travail sur les Orchidées,
M. Lindley groupe les genres nombreux de cette
famille en huit tribus : 1º Malaxidées; 2º Épidendrées; 3º Vandées; 4º Ophrydées; 5º Gastrodiées;
6º Aréthusées ; 7º Néottiées ; 8º Cypripédiées.
Nous pensons qu'on pourrait sans inconvénient
réduire ces tribus de la manière suivante :

1ʳᵉ tribu. MALAXIDÉES, masses polliniques solides , sans caudicule ni rétinacle; espèces ordinairement épidendres : *Malaxis, Pleurothallis,
Octomeria, Stelis.*

2ᵉ tribu. ÉPIDENDRÉES, masses polliniques pul-
véracées, offrant une caudicule également pulvé-
racée repliée en dessous ; espèces épidendres :
*Epidendrum , Isochilus , Brassavola , Lælia ,
Cattleya.*

3ᵉ tribu. VANDÉES, masses polliniques solides,
munies d'une caudicule et d'un rétinacle; espèces
parasites : *Maxillaria , Govenia , Catasetum ,
Peristeria.*

4ᵉ tribu. OPHRYDÉES , masses polliniques sectiles ; caudicule et rétinacle; espèces terrestres :
*Orchis , Ophrys , Habenaria , Aceras , Ana-
camptis , Gymnadenia , Horminium , Sera-
pias.*

5ᵉ tribu. NÉOTTIÉES, masses polliniques pulvé-
rulentes ou granuleuses; espèces terrestres :
*Limodorum , Spiranthes , Neottia , Listera ,
Goodyera.*

6ᵉ tribu. CYPRIPÉDIÉES, deux étamines fertiles :
Cypripedium.

ORCHIS (*Orchis*). Genre type de la famille des
Orchidacées, tribu des Ophrydées. Racines composées de fibres simples partant de deux bulbes
dont la forme, qui simule deux testicules, a valu
à la plante le nom d'*Orchis*, nom grec de ces organes. Le bulbe qui donne naissance à la tige actuelle devient flasque dès le printemps, se ride
et se détruit; l'autre reste ferme, plein de force,
parce qu'il renferme les rudiments de la tige qui
se développera l'année prochaine. Tige herbacée ,
droite , cylindrique ; feuilles alternes , simples ,
entières , parfois réunies en rosette à la base;
fleurs en longs épis, accompagnées de bractées :
calice dont les trois divisions rapprochées forment une sorte de casque pointu ou déprimé ; corolle de trois pétales inégaux, partagés en deux
lèvres , les deux supérieurs à peu près égaux et
plus ou moins connivents; le troisième ou labelle,
plus grand que les autres, est étalé, pendant, prolongé à sa base en un éperon dont la longueur
varie; une seule étamine placée au sommet du
style, munie de deux anthères dressées, dont les
deux loges rapprochées, mais distinctes, contien-

nent chacune une masse pollinique granuleuse,
agglutinée, et portent à leur base une glande réti-
naculifère. (Les modernes ne voient ici qu'une
seule anthère, Linné en voit deux, et je partage
absolument son sentiment.) Ovaire infère , triangulaire , presque toujours tordu, surmonté d'un
style membraneux , convexe en dessus , concave
et comme creusé en nacelle dans sa partie interne;
capsule allongée, uniloculaire, à trois côtes, s'ouvrant par ses angles et renfermant des graines
nombreuses , brunes , d'une finesse extraordinaire.

Les Orchis croissent dans les prairies et les
terrains humides, dans les bois et sur les collines de la majeure partie de nos départements,
surtout ceux situés au voisinage de nos quatre

Fig. 975. — Orchis mâle.

grands fleuves. Leur végétation se manifeste à nos
yeux dès le mois d'avril ; l'élégance et la belle
couleur, assez généralement purpurine , de leurs
fleurs , brillent au-dessus de toutes les corolles
épanouies en mai. Ces plantes ne sont pas seulement singulières et jolies , elles sont aussi utiles.
Ainsi leurs bulbes, qui contiennent de l'amidon
et de la bassorine , ont, dans plus d'une circonstance, offert un supplément efficace pour la nourriture de l'homme. Recueillis avant la floraison et
bouillis dans l'eau , ils peuvent se conserver très
longtemps , et, pour s'en servir, on les réduit en
poudre fine que l'on cuit au lait, au beurre, etc.
Marsillac tenta , en 1791 , d'employer en grand
les Orchis abondants du Puy-de-Dôme, du Can-
tal, de la Corrèze , etc., pour en faire un salep
indigène.

Les Orchis ont eu la réputation d'être des aphrodisiaques puissants : pourquoi ? parce que leurs
bulbes ont de la ressemblance avec une partie de
l'organe mâle des animaux. Il est inutile de relever ce préjugé , non plus que celui qui faisait
croire que le tubercule de l'année précédente ,

mangé par un homme, devait lui faire engendrer des enfants mâles.

La France possède une grande partie des espèces du genre Orchis. On les distribue en trois catégories, suivant que les bulbes sont arrondis, palmés ou digités.

ORCHIS MALE (*O. mascula*). Bulbes arrondis; feuilles oblongues lancéolées, souvent marquées de taches irrégulières, noires; fleurs purpurines, rarement blanches, ou épis longs de 8 centim. — Cette plante n'est point rare dans nos bois et nos pâturages où elle montre ses fleurs en avril et mai. C'est cette espèce qu'il convient de choisir pour avoir de beaux bulbes bien gros, bien nourris et riches de fécule amylacée.

L'*Orchis pyramidal*, ainsi nommé de la disposition de son épi floral, court, dense, et couvert de corolles purpurines, munies d'un éperon grêle très long, — se trouve en fleurs au mois de juillet dans les prés secs et sur les pâturages des montagnes. — Citons encore l'*O. à 2 feuilles*, aux fleurs d'un blanc jaunâtre un peu écartées, répandant au loin une odeur très suave; — l'*O. puant*, à odeur de punaise repoussante; — l'*O. singe*, dont les 4 découpures profondes du labelle représentent la figure d'un petit singe pendu.

ORCHIS ODORANT (*O. odoratissima*), espèces à bulbes palmés, des collines de nos départements du midi. — Dans cette catégorie on peut citer l'*O. à long éperon*, à fleurs blanches très odoriférantes; — l'*O. maculé*; — l'*O. noir*, qui a les fleurs d'un pourpre foncé et se montre presque toujours solitaire.

L'ORCHIS A FEUILLES LARGES (*O. latifolia*), espèce à bulbes digités; tige feuillée dans toute sa longueur, haute de 40 à 50 cent.; épi de fleurs purpurines, parfois blanches, accompagnées de grandes bractées. — Commun dans les prés humides.

ORÉAS (*Antilope oreas*). Espèce du genre Antilope, qui atteint de grandes dimensions; ses cornes sont droites et parcourues, dans une partie de leur longueur, par un bourrelet spiral; elle a un véritable fanon. — On distingue l'*Oreas Canna*, qu'on a souvent appelé *Élan du Cap*, et l'*Oreas de Derby*. On doit à M. Gray des notions assez précises sur ces ruminants rares de l'Afrique méridionale.

OREILLARD (*Plecotus*). Genre de Chéiroptères, de la famille des Vespertilions, auxquels ils ressemblent beaucoup, sauf le développement extraordinaire de leurs oreilles, qui sont unies l'une à l'autre par un prolongement du bord interne traversant le front vers son milieu, et dans le cornet desquelles on voit de grands oreillons.

L'OREILLARD (*P. auritus*) est une Chauve-Souris de petite taille (30 centim. d envergure) qui se trouve en France, où elle est assez rare toutefois, et dans plusieurs autres parties de l'Europe. Il aime les jardins, les lieux peu habités, et paraît vivre isolé. Il a d'ailleurs les mêmes habitudes que les Vespertilions, dont il ne constitue qu'une espèce pour beaucoup de naturalistes.

On trouve des Oreillards dans toutes les parties du monde.

Fig. 976. — Oreillard.

OREILLE. — V. *Audition*.

ORGANES. On donne ce nom soit à des subdivisions des appareils, dont chacune a sa conformation spéciale et est divisible immédiatement en parties diverses qu'on appelle *organes primaires* (V. *Tissus*); soit à une partie du corps formée par la réunion intime de parties primaires constituant un tout unique de conformation spéciale. Les organes primaires forment par leur ensemble les systèmes, et les organes d'espèces diverses, en se réunissant, forment les appareils.

Les organes et appareils ont été divisés en trois catégories, selon qu'ils concourent à l'exécution des fonctions de *Relation*, de *Nutrition* ou de *Reproduction*. — V. ces mots.

ORGANISATION. Anatomiquement, état de dissolution et d'union complexe que présentent les matières demi-solides, quelquefois liquides ou solides, formées de *principes immédiats* d'ordres divers (V. *Matière organisée*), et provenant d'un être qui a eu ou a une existence séparée. Il suffit de cet état de dissolution et d'union réciproque et complexe que présentent les principes immédiats, pour qu'on puisse dire qu'il y a organisation de la substance qui offre cet état, et qui est dite alors *substance organisée*. C'est là le degré d'organisation le plus simple, le plus élémentaire : la cellule végétale ou animale, ou tout autre élément ayant forme de fibre, de tube, etc., sont organisés et par conséquent peuvent vivre; puis les tissus, les organes, etc., présentent un plus haut degré d'organisation, une organisation plus compliquée; et si, dans les premiers, on ne trouve que les caractères de la vie les plus simples, tels que la propriété d'excitabilité et la propriété de nutrition, les plus générales de toutes, dans les autres il se développe un caractère d'ordre organique qui leur est propre et en même temps un attribut dynamique, physiologique ou vital correspondant. — V. *Corps*, *Matière*, *Tissus*, *Organes*, *Vie*.

ORGE (*Hordeum*). Genre de la famille des

Graminées, dont le caractère commun à toutes les espèces est d'avoir les fleurs réunies 3 par 3 sur chaque dent de l'axe commun (les deux latérales quelquefois mâles et pédicellées , celle du milieu hermaphrodite sessile) ; chacun de ces épillets est muni d'un involucre à 6 folioles linéaires , subulées , disposées par paires, servant de calice bivalve à chaque fleur. Celle-ci est ainsi composée : corolle bivalve, dont la valve supérieure est surmontée d'une longue arête dentée des deux côtés ; 3 étamines ; style bifide ; 2 stigmates velus ; semence oblongue renfermée dans les valves de la corolle.

ORGE COMMUNE (*H. vulgare*). Cette plante s'élève à la hauteur de 60 cent. à 1 mètre et plus , sur une tige droite, glabre, articulée ; feuilles longues, aiguës, d'un vert clair, rudes à leurs deux faces, glabres sur leur gaîne ; fleurs en épi un peu comprimé, presque à 4 faces, composées comme il vient d'être dit.

Le pays natal de l'Orge commune et de ses variétés n'est pas plus connu que celui du froment et de la plupart des autres plantes céréales. Livrée à la culture depuis un très grand nombre de siècles , il est possible que son caractère primitif se soit insensiblement altéré , et que nous ne puissions plus la reconnaître dans aucune des espèces sauvages assez communes en Europe. Les semences de cette graminée sont également recommandables par leurs propriétés médicales et alimentaires. Sous une enveloppe corticale dure elles renferment une substance farineuse composée de mucilage et d'une grande quantité de fécule amylacée, soluble dans l'eau, avec laquelle elle est susceptible de former une véritable gelée.

L'Orge est douée de vertus nourrissantes, émollientes, adoucissantes, relâchantes, etc., selon les différentes formes auxquelles on la soumet, et qui sont : l'*Orge mondé*, semences dépouillées de leur enveloppe corticale; l'*Orge perlé*, semences privées de leur écorce et rendues sphériques; l'*Orge grué* ou *gruau*, semences réduites en farine grossière et séchée au four ; la *crème d'orge* ou *orgeat*, décoction convenablement épaissie et réduite à la consistance de gelée ; le *malt*, Orge germée soumise à la torréfaction et réduite ensuite en farine.

La décoction d'Orge est employée dans une foule de circonstances morbides que nous ne pouvons énumérer ; édulcorée avec la réglisse , elle constitue la tisane commune des hôpitaux , tisane qui doit avoir la préférence sur une foule d'autres, même dans les palais ; additionnée de miel rosat, avec ou sans alun, elle donne un gargarisme résolutif très utile dans les maux de gorge. La farine d'Orge est une des quatre farines résolutives.

Les variétés de la céréale en question sont les suivantes : l'*Orge céleste*, distinguée en ce que ses semences se dépouillent naturellement des valves de la corolle.—L'*Orge carrée* ou *Escourgeon*, a l'épi plus court, plus épais, à 6 rangs égaux. —L'*Orge à deux rangs* ou *Pamelle* a son épi comprimé, plus allongé, à 2 rangs ; des 3 fleurs situées à chaque dent de l'axe , celle du milieu est seule hermaphrodite, les 2 latérales mâles et sans barbe. — L'*Orge pyramidale* ou *de Russie* diffère de la *Pamelle* par ses épis plus courts , plus larges à leur base qu'à leur sommet. — On trouve partout, le long des chemins et des murs, l'*Hordeum murinum*, et dans les prés l'*H. secalinum*.

ORGUES GÉOLOGIQUES. Espèces de puits naturels que l'on trouve surtout aux environs de Maëstricht et dans les vastes carrières qui pénètrent sous Paris. Assez exactement cylindriques, ces trous percent toutes les couches calcaires, en affectant la forme de tuyaux d'orgue. Les Orgues géologiques paraissent dues à l'infiltration des eaux et à l'action de torrents souterrains. Ces puits peuvent donner lieu à des éboulements : aussi les carriers évitent-ils avec soin de les entamer quand ils en rencontrent.

ORIGAN (*Origanum*). Genre de Plantes de la famille des Labiées, auquel on trouve pour caractères : calice tubuleux à 10 ou 13 nervures et 5 dents, anneau de poils à la gorge; corolle tubuleuse, bilabiée, à lèvre supérieure droite, l'inférieure étalée et à 3 lobes égaux ; étamines 4, distantes, divergentes, dont les inférieures sont un peu plus longues.

Le genre Origan est très voisin du Thym, dont il se distingue par son calice régulier ; il se compose d'une vingtaine d'espèces, toutes herbacées, communes dans les contrées méridionales de l'Europe, etc.

Fig. 977. — Origan.

ORIGAN COMMUN (*O. vulgare*). Souche traçante; tige de 50 à 80 centim., dressée, raide, rameuse supérieurement, pubescente, souvent rougeâtre; feuilles pubescentes ou velues surtout en dessous, pétiolées, ovales, denticulées , bractées colorées en rouge pourpre. Les fleurs sont petites, roses, munies de bractées; disposées en épillets compactes rapprochés en corymbes terminaux et formant par l'ensemble une panicule terminale feuillée.

L'Origan est une plante vivace qui croît communément dans les clairières des bois, dans les pâturages secs, les haies et les buissons, et qui fleurit en juillet-septembre. Froissées entre les doigts, ses feuilles répandent une odeur agréable; on les a préconisées comme stomachiques, sudorifiques, emménagogues, expectorantes, de même que la plupart des labiées; mais ce médicament est aujourd'hui dans le discrédit. Scopoli rapporte qu'un évêque italien, grand consommateur de champignons, se garantissait de l'effet délétère de ceux-ci en buvant une infusion théiforme de feuilles d'Origan.

ORIGAN-MARJOLAINE (*O. marjorana*), vulg. *Marjolaine, Grand-Origan*. Plante vivace, à tiges dressées, fermes, grêles, très rameuses, anguleuses, pubescentes; feuilles petites, velues, d'un vert blanchâtre; fleurs blanches ou rougeâtres, petites, dont le calice est à 2 divisions, etc.

La Marjolaine a une odeur aromatique très prononcée, une saveur chaude un peu âcre. Elle a joui d'une grande réputation dans le traitement des maladies du système nerveux, telles que l'apoplexie, la paralysie, l'épilepsie et les vertiges. Aujourd'hui fort peu usitée.

ORIGAN-DICTAMNE (*O. dictamnus*), vulg. *Dictamne de Crète*. Plante vivace, de 30 à 40 cent. de haut; à tiges rougeâtres, branchues et cotonneuses; feuilles pétiolées en bas, sessiles en haut, toujours vertes, épaisses et cassantes; fleurs purpurines.

Le Dictamne est originaire des montagnes de l'île de Crète, et cultivé depuis longtemps dans nos jardins botaniques. Cette plante merveilleuse, selon la fable, fermait à l'instant les blessures les plus dangereuses; aussi les dieux et les héros s'en étaient-ils réservé seuls la connaissance. On lit dans l'Énéide que Vénus cueillit du Dictamne sur le mont Ida pour panser les blessures de son fils Énée.

ORME (*Ulmus*). Genre de Plantes de la famille des Urticacées, tribu des Ulmacées; arbres qui offrent pour caractères botaniques, quant aux espèces indigènes à l'Europe : fleurs hermaphrodites; calice membraneux, campanulé ou turbiné, à 5 plus rarement 4-8 lobes; étamines 5, plus rarement 4-8; ovaire ovoïde comprimé, à 2 loges uni-ovulées; styles 2, divergents; fruit sec, comprimé, largement membraneux (Samare), indéhiscent, etc.

ORME COMMUN (*U. campestris*). Arbre élevé, à feuilles pétiolées, alternes, dentées; fleurs rougeâtres, paraissant avant les feuilles, disposées en fascicules latéraux sessiles, brièvement pédicellées; fruits subsessiles, glabres, membraneux, blanchâtres.

L'Orme est spontané au sol de la France; il n'y a point été apporté comme on l'a dit; on en trouve même des fragments considérables dans les tourbières et les forêts sous-marines, ce qui prouve qu'il existait déjà avant les temps historiques. On sait qu'il orne nos forêts, et qu'il orne communément les grandes routes, les avenues, les places publiques. Cet arbre de première grandeur croît rapidement, et sa fécondité est merveilleuse. Ses racines sont douées d'une si forte succion, qu'on les voit quelquefois s'allonger à travers un mauvais terrain et l'outre-passer pour aller au-delà chercher une nourriture plus substantielle.

Cette espèce offre plusieurs variétés; les unes à larges feuilles : *Orme Ypréau*, très peu connu; *O. teille*, *O. maculé*; d'autres à feuilles moyennes : *O. franc*, *O. tortillard*; d'autres enfin à petites feuilles : *O. pyramidal*, *O. glabre*.

ORME LIÉGE (*U. suberosa*). Il n'a que 3 étamines, très rarement 4; son écorce est épaisse, boursouflée, se gerçant et se relevant des deux côtés en saillies semblables à du liége. Il aime les lieux frais.

ORME PÉDONCULÉ (*U. pedunculata*). Fleurs pédonculées, disposées en bouquets sous forme d'ombelles; 6 à 8 étamines.—Très commun dans toutes les forêts de la Russie; il se trouve aussi en France.

ORME NAIN (*U. pumila*). Rameaux étalés; feuilles petites bordées de dentelures pointues.—Bois dur; racine recherchée pour les ouvrages du tour.

L'Orme se lie à l'histoire des mœurs et usages de nos aïeux, qui se livraient sous son ombrage au chant, à la danse et à la poésie. Les Celtes et les Gaulois rendaient la justice sous les Ormes. Ces arbres acquièrent des dimensions énormes; il en existe encore plusieurs en France très remarquables sous ce rapport, et dont l'existence remonte à plusieurs siècles. Vivants ou morts, ils nous procurent des avantages : ils protégent les habitations rurales, les côtes battues par les eaux, donnent des tuteurs à la vigne, se prêtent à la composition des haies; leurs feuilles font les délices des moutons, des chèvres et des cochons; leur bois est dur, compacte, propre à la marine, à la charpente, au charronnage, etc.

En médecine, on emploie l'écorce intérieure des jeunes rameaux de l'Orme commun et surtout de l'Orme pyramidal en décoction (60 à 90 gram. pour 1 kil. d'eau) dans le traitement des maladies chroniques de la peau, du scorbut et des scrofules.

ORNITHODELPHES. Famille de l'ordre des *Édentés* (V. ce mot), qui semble établir le passage entre les Mammifères et les Vertébrés-Ovipares, en raison de ce que l'intestin débouche dans un cloaque commun, au lieu de s'ouvrir directement au dehors, etc. — V. *Échidné* et *Ornithorhynque*.

ORNITHOGALE (*Ornithogalum*). Genre de la famille des Liliacées, renfermant des plantes bulbeuses, à feuilles radicales, à fleurs jaunes, blanches et verdâtres, toujours disposées en corymbe ou en épi; périanthe coloré, à 6 folioles étalées; 6 étamines hypogynes; ovaire à 3 loges, surmonté d'un style à 3 angles que termine un stigmate obtus, trigone; le fruit est une capsule membraneuse à 3 loges.

On connaît plus de 80 espèces de ce genre, dont six environ croissent naturellement en France. Les plus connues sont :

L'ORNITHOGALE OMBELLÉ, vulg. *Dame d'onze heures*, parce que sa fleur s'ouvre à onze heures du matin ; — l'O. JAUNE, commun dans les jardins et les lieux cultivés; l'*O. pyramidal*, vulg. *Épi de lait*, *Épi de la Vierge*, à fleurs nombreuses en épi conique et d'un blanc de lait, etc.

ORNITHOLITHE (du gr. *ornis*, oiseau; *lithos*, pierre). On donne ce nom aux ossements fossiles d'Oiseaux. Au dix-huitième siècle, on a découvert aux environs de Liége des débris fossiles de Canard, d'Oie, de Perdrix, de Coq, de Pigeon, de Corbeau, etc. On a trouvé aussi des Canards fossiles dans le calcaire marneux de Clermont-Ferrand. Cuvier a signalé des fossiles qui se rapprochent de la Bécasse, de la Chouette, de l'Alouette de mer, du Balbuzard, du Pélican et du Corlieu.

ORNITHOLOGIE (du gr. *ornis*, oiseau ; *logos*, discours). Partie de la Zoologie qui traite des *Oiseaux*. — V. ce mot.

ORNITHOPE (*Ornithopus*). Genre de la famille des Légumineuses, tribu des Papilionacées; plantes annuelles, caractérisées ainsi : calice tubuleux campanulé, à 5 dents ; corolle à carène obtuse ; étamines diadelphes ; légume linéaire, arqué, à articles oblongs comprimés.

ORNITHOPE NAINE (*O. perpusillus*), vulg. *Pied-d'Oiseau*. Tiges de 50 à 130 cent., étalées, très pubescentes ; feuilles à folioles nombreuses, petites, oblongues; stipules très petites; fleurs d'un blanc mêlé de rose et de jaune; légume pubescent, terminé par un bec court presque droit.

Cette plante est commune dans les terrains sablonneux, aux bords des chemins, dans les pelouses sèches, et fleurit tout l'été. Il paraît que dans quelques parties de l'Europe, en Portugal par exemple, elle est cultivée comme pâturage artificiel.

ORNITHORHYNQUE (*Ornithorhynchus*). Nom d'un genre de Mammifères que nous avons classé parmi les Édentés (V. ce mot), mais qui, suivant plusieurs naturalistes, fait partie d'un ordre distinct, celui des Monotrèmes, lequel ne comprend que ces animaux et les Échidnés. Cet ordre des Monotrèmes est caractérisé de la manière suivante : 4 extrémités onguiculées, servant à la

Fig. 978. — Ornithorhynque.

locomotion ordinaire et à fouir ou à nager; lèvres cornées ; pas de conques auditives; orifices des organes de la reproduction, de l'urination et de la défécation versant leur produit au dehors par un seul et même orifice qui constitue un véritable cloaque comparable à celui des Oiseaux; mamelles sans tétines; os de l'épaule plus semblables à ceux des Oiseaux ou des reptiles Sauriens qu'à ceux des autres Mammifères; bassin pourvu d'os marsupiaux, comme celui des Didelphes ; pas d'utérus proprement dit ; ovules plus volumineux que ceux des autres mammifères; le fœtus, quoique dépourvu de placenta, se développe dans les oviductes, ce qui rend leur génération très peu différente de celle des vertébrés Ovovivipares.

On comprend que, présentant ces caractères, l'Ornithorhynque (mot qui veut dire *bec d'oiseau*) ait dû singulièrement embarrasser les classificateurs, à ce point que quelques-uns, avec Geoffroy St-Hilaire, en ont fait une classe qui se place entre les Mammifères et les Oiseaux; Cuvier l'a réuni aux Édentés, avec l'Échidné, dont il diffère par la forme de sa tête, par ses pieds propres à la natation, par sa queue large et déprimée, outre que son corps n'est pas recouvert de piquants et que son bec est élargi et largement ouvert. Ce bec a été comparé non sans raison à celui d'un Canard ; les pieds ont 5 doigts, dont les ongles sont forts, et les doigts sont réunis par une membrane qui passe devant ces ongles aux membres antérieurs.

ORNITHORHYNQUE PARADOXAL (*O. paradoxus*). Tel est le nom de l'unique espèce de ce genre, nom qui rappelle la singulière combinaison des caractères anatomiques de cet animal. — L'Ornithorhynque est aquatique; il se tient dans les lacs et dans les rivières de la Nouvelle-Hollande et de la Tasmanie ; il nage avec facilité ; vient assez souvent à terre; niche sur le bord des eaux, dans des terriers qu'il sait se creuser. Il fait sa principale nourriture de larves aquatiques, de mollusques ou de vers.

Je puis affirmer, dit M. J. Verreaux, que l'Ornithorhynque n'est pas entièrement nocturne, comme on l'avait supposé. Dans nos chasses, j'en ai observé plusieurs nageant par les plus fortes chaleurs ; je dois dire cependant que ce fait n'a lieu que lorsque l'animal a des petits, et que, néanmoins, il semble prendre plus de vivacité lorsque la nuit survient; rien n'égale alors sa vitesse, soit dans l'eau, soit sur terre. Dans l'eau, il nage comme un poisson, et sur terre il se meut avec une agilité remarquable... M. Verreaux a aussi examiné quelle pouvait être la fonction de l'ergot ou éperon corné dont le talon des Monotrèmes est armé; et il a constaté que cet organe sert à faciliter l'accouplement. On avait cru que la sécrétion qui en émane était venimeuse, il n'en est rien ; la glande qui produit cette liqueur est située le long de la cuisse chez l'Ornithorhynque, et dans la région poplitée chez l'Echidné, où elle est beaucoup plus petite. Un conduit excréteur sous-cutané, large et à parois épaisses, s'étend le long de la jambe en arrière, et aboutit à l'éperon, vers lequel il s'élargit en une vésicule servant de poche de dépôt à l'humeur sécrétée; puis il se rétrécit et se termine dans une fente dont l'éperon est pourvu. Les femelles jeunes ont un rudiment de cet organe, mais il disparaît bientôt.

L'opinion qui regardait les Monotrèmes comme Ovipares n'a plus aujourd'hui aucun partisan. Les petits naissent vivants, comme ceux des Mammifères, après avoir rompu leurs enveloppes fœtales, qui sont molles de même que celles des animaux de la même classe, et non calcaires, comme chez les Oiseaux. Les Monotrèmes ne sont pas dépourvus de mamelles, comme on l'a cru longtemps ; ils ont sur les flancs un grand nombre de tubes sous-cutanés dont les orifices viennent s'ouvrir de chaque côté, dans une surface peu étendue, et qui sont les canaux sécréteurs du lait. Il résulte des observations de M. Verreaux, que les jeunes Ornithorhynques hument le lait que leur mère répand autour d'elle et qui surnage facilement; cette manœuvre, dit-il, est

d'autant plus facile à distinguer, qu'on voit alors le bec de ces jeunes animaux se mouvoir avec une grande célérité.

OROBANCHACÉES. Famille de Plantes dicotylédones monopétales, tantôt parasites sur la racine d'autres plantes, tantôt terrestres; tige quelquefois dépourvue de feuilles qui sont remplacées par des écailles ; fleurs terminales, solitaires ou en épis ; calice tubuleux, divisé jusqu'à sa base en sépales distincts; corolle monosépale irrégulière, souvent à 2 lèvres ; étamines généralement didynames ; ovaire appliqué sur un disque hypogyne, adhérent avec le calice; capsule uniloculaire, bivalve. — Le genre type est l'Orobanche, qui est d'Europe; les autres genres sont exotiques.

OROBANCHE (*Orobanches*). Genre de Plantes vivaces, rarement annuelles, parasites sur les racines des autres végétaux ; à tiges simples; à fleurs en grappe terminale, jaunàtres, rougeâtres ou bleuâtres : calice à 2 pièces latérales bifides, rarement entières; corolle bilabiée; la lèvre supérieure bifide ou échancrée, l'inférieure étalée 3-fide.

OROBANCHE MAJEURE (*O. major*). Tige renflée à la base en un bulbe écailleux, robuste, poilue ; fleurs en épi compacte, d'un rose jaune. — Cette plante est commune dans les bois, les bruyères, les lieux incultes, et vit en parasite sur le genêt à balais, le Ciste Hélianthème et autres légumineuses ligneuses. Elle fleurit en mai-juin.

Nous bornons là les descriptions, quoiqu'on compte une douzaine d'espèces qu'il importe au cultivateur de connaître. Disons seulement en terminant qu'elles affectent de préférence les lieux ou végètent le trèfle, le lin, le chanvre, les carottes, le serpolet, le genêt à balais, etc.

OROBE (*Orobus*). Genre de Légumineuses ayant tous les caractères des Pois, Gesses et Vesces, sauf qu'elles se font remarquer par leur port élevé, par leurs stipules semi-sagittées, par le petit nombre des feuilles ailées sans impaires et terminées par un filet droit, court, simple et non roulé. Leurs fleurs, d'un assez joli aspect, sont disposées en grappes simples sur des pédoncules axillaires. — On compte un assez grand nombre d'espèces, parmi lesquelles nous citerons l'*O. tubéreux*, l'*O. sauvage*, l'*O. noirâtre*, l'*O. jaune*, l'*O. blanc*, etc.

Quand on considère que les Orobes sont mangés avec plaisir par tous les animaux de la ferme, principalement par les chevaux; quand on sait qu'ils rapportent au moins autant que le trèfle, que plusieurs d'entre eux sont alimentaires pour l'homme, et que, mêlés à peu d'eau et de levain, on en obtient une boisson saine et très rafraîchissante, on a tout lieu d'être surpris de l'indifférence que l'on a pour eux.

ORONGE. Nom vulgaire de l'*Amanite*.—V. ce mot.

Nous figurons ici l'AMANITE ORONGE (*A. aurantiaca*. Ce champignon, comme nous l'avons dit et comme son nom l'indique, a le chapeau d'un rouge orangé ; il est comestible.

Les Oronges sont nombreuses en espèces. Elles sont d'une forme ordinairement régulière, et ornées de couleurs vives et décidées ; elles répandent une odeur communément vireuse et exaltée ; leur substance est molle et tend à se corrompre plus promptement.

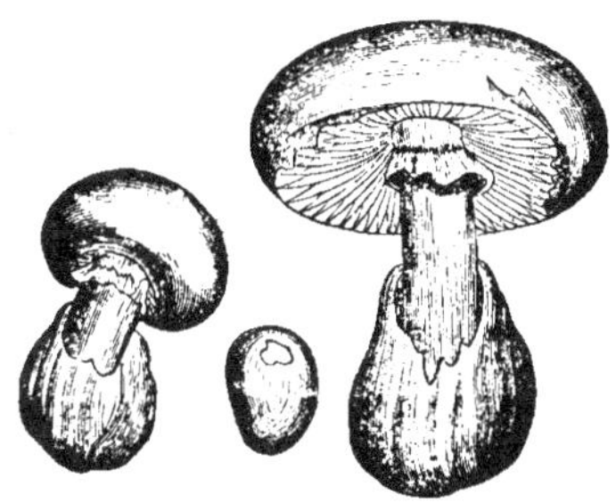

Fig. 979. — Oronge.

Outre les espèces que nous avons indiquées, Paulet en a signalé plusieurs autres encore mal connues. Telles sont l'*Oronge-Croix de Malte*, dont le chapeau se fend en plusieurs lobes rayonnants : ce n'est qu'une simple variété de l'A. vénéneuse ; — l'*O. souris*; — l'*O. dartreuse* ou maculée ; — l'*O. blanche*, etc.

En Toscane, où toutes les Oronges sont très abondantes, les bonnes au milieu des mauvaises, on les sert indistinctement sur les tables. C'est à faire trembler ceux qui connaissent les propriétés délétères de la plupart de ces champignons. Mais on les assaisonne de manière à neutraliser leur principe vénéneux. — « On les met d'abord macérer dans une eau fraîche et limpide sur laquelle on a jeté une forte poignée de sel marin, et mis un ognon blanc pelé ; puis on renouvelle l'eau que l'on place alors sur le feu pour recevoir une légère cuisson ; enfin on porte sur la table, on sert en même temps une sauce blanche appelée *mostarda bianca*, et l'on mange sans crainte aucune. »

ORPHIE (*Belone*). Genre de Poissons de la famille des Esoces. Corps allongé, revêtu d'écailles peu apparentes, excepté une rangée longitudinale carénée de chaque côté, près du bord inférieur ; intermaxillaires formant tout le bord de la mâchoire supérieure, qui se prolonge, ainsi que l'inférieure, en un long museau ; des dents aux deux mâchoires, mais pas aux autres parties de la bouche : celles du pharynx en pavé ; intestins assez semblables à ceux des Brochets.

Ces Poissons, qui ne sont très probablement pas les *Beloné* des anciens, sont remarquables par leur corps anguilliforme, assez long ; par leur tête très allongée, et surtout par leurs os qui sont d'une couleur d'un beau vert. Les espèces sont au nombre d'une trentaine, très répandues : on en connaît dans notre grand Océan septentrional et dans la Méditerranée. On dit que l'une des espèces parvient jusqu'à près de 3 mètres de longueur, et que sa morsure est dangereuse.

L'ORPHIE VULGAIRE (*Esox belone*), qui habite près de nos côtes, est longue de 66 centim., verte en dessus, blanche en dessous.—Elle donne un bon manger, malgré la prévention qu'inspire la couleur verte de ses arêtes. On la prend pendant les nuits calmes et obscures, à l'aide d'une torche allumée qui l'attire, et par le moyen d'un instrument garni de longues pointes de fer.

ORPIMENT. Minéral composé d'arsenic et de soufre (Arsenic sulfuré jaune) ; il est tendre et d'un éclat nacré. On l'emploie en peinture, et les peintres ainsi que les marchands de couleur l'appellent *Orpin jaune*.

ORPIN (*Sedum*). Genre de Plantes de la famille des Crassulacées, tribu des Sempervivées ; elles sont annuelles, bisannuelles ou vivaces Feuilles éparses, très épaisses, succulentes, planes ou

Fig. 980. — Orpin.

(1 Fleur détachée ;—2 pétale avec étamine.)

cylindriques. Fleurs purpurines, roses, blanches ou jaunes : calice à 5, quelquefois 4, plus rarement 6-8 divisions ; corolle à pétales en même nombre ; étamines en nombre double de celui des pétales; écailles hypogynes, très courtes; carpelles 5, 4 ou 6-8. comme les pétales.

Les espèces sont au nombre de plus de cent, dont la majeure partie appartient à l'ancien monde. Elles se distinguent suffisamment des Joubarbes par leurs écailles entières et surtout par leur port. Les unes ont les feuilles planes, les autres les ont cylindriques ou ovoïdes; de là deux groupes basés sur ce caractère.

Orpin reprise (*S. telephium*), vulg. *Grassette, Joubarbe des vignes, Herbe aux coupures.* Souche épaisse, donnant naissance à des fibres renflées-charnues; tiges de 30-70 centim., feuillées, robustes, dressées, simples à la base, donnant supérieurement naissance aux rameaux de l'inflorescence. Feuilles sessiles, éparses, oblongues, planes, charnues, glabres; fleurs roses-purpurines, en glomérules compactes formant corymbe terminal compacte; pétales oblongs-aigus, étalés, recourbés en haut, soudés en bas avec le rang inférieur des étamines.

L'Orpin est commun dans les bois humides, les taillis, les vignes, les buissons, les lieux pierreux, où il fleurit en juillet-août. Ses racines et ses feuilles ont été regardées comme astringentes, rafraîchissantes, et douées d'une vertu spéciale pour cicatriser les plaies, étant appliquées sur celles-ci.

Le *Sedum anacampseros* est une variété des régions alpines, dont les fibres de la souche ne sont pas renflées, et dont les feuilles se prolongent en éperon au-dessous de leur insertion. Son nom, qui veut dire *faire revenir l'amour*, lui a été donné par Linné en souvenir de cette plante que les anciens nommaient ainsi, et que l'on prétend, à tort ou à raison, être une espèce d'Orpin employée par les sorcières ou les magiciens dans leurs philtres.

Orpin a fleurs blanches (*S. album*), vulg. *Trique-Madame, Petite-Joubarbe.* Racine menue, fibreuse, vivace; tiges radicantes à la base, les unes florifères, les autres stériles, courtes, à feuilles rapprochées. Les premières s'élèvent à 10-20 cent. de hauteur; elles sont simples, glabres, disposées en touffe; feuilles sessiles, oblongues, linéaires, vertes, glabres, très succulentes; fleurs blanches, parfois rosées, en corymbe dichotome; pétales oblongs lancéolés.

Cette espèce est très commune sur les vieux murs, les toits de chaume, les rochers, dans les champs pierreux en friche. Elle fleurit en juin-août. Elle jouit d'une saveur légèrement styptique et est regardée comme rafraîchissante et astringente. Dans quelques cantons on mange les feuilles en salade.

Orpin acre (*S. acre*), vulg. *Vermiculaire brûlante, Poivre de muraille.* Racine grêle, fibreuse, vivace; tiges nombreuses, glabres, ramassées en gazon, hautes de deux à quatre pouces, flexueuses, garnies de feuilles éparses, courtes, ovales, très succulentes, obtuses, un peu aplaties extérieurement, jaunâtres, et devenant rouges en vieillissant; fleurs jaunes, peu nombreuses, disposées au sommet des tiges, presque sans pédoncules.

Cette plante est très commune par toute l'Europe, dans les lieux secs et arides, sur les murs, les toits de chaume, sur les tuiles, etc. Elle fleurit en juin et juillet. Toutes les parties de cet Orpin ont une saveur piquante et assez caustique pour laisser sur la langue une impression de brûlure assez douloureuse. L'extrait de cette plante est, dit-on, émétique et purgatif; mais son emploi ne serait pas sans danger, en raison des accidents inflammatoires qu'il pourrait occasionner. Quelques médecins cependant le citent comme un excellent antiscorbutique, et rapportent beaucoup de cas de scorbut guéris par son moyen. Les uns ont vanté sa poudre comme efficace contre l'épilepsie, les autres contre les cancers; mais de nos jours, l'expérience n'a pas sanctionné ces vertus, et l'Orpin âcre est resté à peu près inusité en thérapeutique, et dans tous les cas les praticiens ne doivent l'employer qu'avec la plus grande circonspection.

ORQUE (*Orca*). Genre de Cétacés de la famille des Dauphins. — L'Orque épaulard (*O. gladiator*) répond au *Delphinius orca* de Linné. Ces animaux, les plus gros des Delphinidés, ont 7, 8, jusqu'à 10 mètres de longueur. Ils vivent au large; ils sont si agiles qu'on est le plus souvent obligé de les tuer à coup de fusil au lieu de chercher à les harponner. Ils fournissent une grande quantité d'huile.

ORSEILLE (*Rocella*). Genre de Lichens, qui se distingue par des tiges cylindriques, allongées, point fistuleuses, d'un aspect poudreux, d'une consistance un peu coriace, portant des paquets épars de poussière blanche, et des réceptacles ou tubercules hémisphériques entiers et sessiles.

L'Orseille tinctoriale (*R. tinctoria*) a des tiges ordinairement rameuses, fasciculées, presque cylindriques, présentant la forme d'un petit arbrisseau d'environ quatre centim. de haut, à ramifications aiguës en forme de cornes. Leur surface est d'un blanc cendré en bas, brune en haut; il règne le long des rameaux des scutelles ou tubercules épars, sessiles, alternes, hémisphériques, noirâtres ou blanchâtres et farineux.

L'Orseille croît sur les rochers, dans l'Auvergne, aux environs de Nice, dans les îles de l'Archipel, les Canaries, etc. Elle est inodore, d'une saveur salée et un peu amère. Il existe entre cette plante et le Lichen d'Islande une grande analogie de composition chimique, qui suppose celle de propriétés; mais elle a été très peu usitée en médecine. Suivant de Candolle, on s'en sert, à l'île de France, pour faire des bouillies alimentaires.

Mais l'Orseille renferme une matière colorante rouge, de nature résineuse, qui la rend extrêmement précieuse pour la teinture. Cette couleur pourpre, qu'on emploie pour teindre la laine, la soie et plusieurs étoffes, s'obtient par le procédé suivant : après avoir réduit la plante en poudre très fine, et avoir passé cette poudre au tamis, on l'arrose pendant quelque temps avec de l'urine de l'homme, à laquelle on ajoute de la potasse, et on la conserve ainsi dans des tonneaux. Dans cet état, cette matière, livrée au commerce sous les noms de *Pâte d'Orseille, Orseille préparée*, communique sa couleur pourpre à l'eau, par l'ébullition, et va servir à teindre en pourpre différents tissus.

ORTALIDÉES. Famille de Diptères, établie aux dépens des Muscides de Latreille : tête hémisphérique ; trompe épaisse ; bouche présentant une saillie plus ou moins distincte sous l'épistome ; face nue, ordinairement perpendiculaire, convexe ou carénée ; front à poils courts ; antennes inclinées ; troisième article ordinairement allongé, comprimé ; yeux ordinairement oblongs ; abdomen oblong, ordinairement de cinq segments distincts ; jambes intermédiaires terminées par deux pointes ; ailes vibrantes.

Cette tribu forme parmi les Diptères un groupe particulier qui se reconnaît plus facilement par les habitudes et l'instinct que par les caractères organiques. Le port relevé des ailes ordinairement bariolées, le mouvement de vibration de ces organes, et surtout le berceau que ces muscides choisissent pour leur progéniture dans les graines et les fruits, leur donnent un mode d'existence qui leur est propre. La nature paraît avoir assigné à chaque espèce un végétal particulier. La pulpe de la cerise, les ovaires des fleurs composées nourrissent les larves connues de ces Diptères.

À cette famille appartiennent les genres *Hérine, Ortalide, Céroxide, Amétyse, Platystome*, etc. Les espèces qui composent ce dernier genre paraissent dès le printemps sur les fleurs des aubépines et des prunellers.

ORTHOPTÈRES (du gr. *orthos*, droit ; *ptéron*, aile). Ordre de la classe des Insectes, dont voici les traits caractéristiques : corps généralement allongé, de consistance molle et charnue ; quatre ailes, dont les deux supérieures sont courtes et semi-coriaces, en forme d'élytres, et dont les inférieures sont membraneuses, très veinées et plissées sur leur longueur en droite ligne, etc.

Les Orthoptères ressemblent aux Coléoptères par la disposition générale des organes de la mastication, ainsi que par le nombre et la consistance de leurs ailes, mais s'en distinguent par le mode de plissement des ailes supérieures et par la nature de leurs métamorphoses. Les élytres sont moins durs que chez les Coléoptères, et les ailes membraneuses, lorsqu'elles sont dans le repos, ne se reploient pas transversalement, mais se plissent seulement dans le sens longitudinal, à la manière d'un éventail. Ils ne subissent pas non plus de métamorphoses, et la larve, ainsi que la

nymphe, ressemblent à l'insecte parfait, si ce n'est quant aux ailes.

Le corps se compose de la tête, du thorax et de l'abdomen. La tête varie beaucoup pour la forme ; les yeux en occupent les côtés et ils sont souvent très grands et à réseau. Les antennes sont

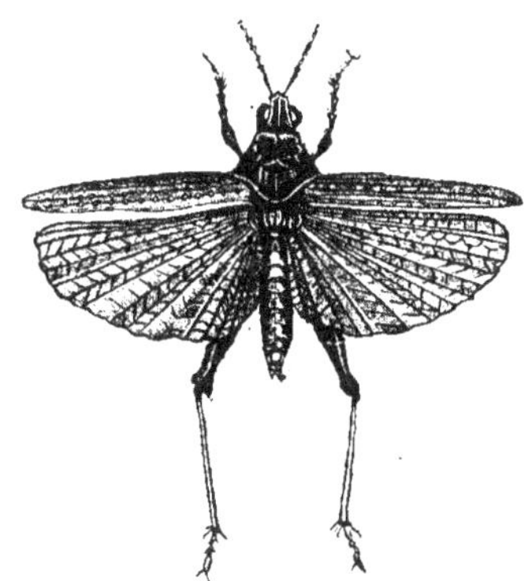

Fig. 981. — Orthoptère-Coureur (Sauterelle).

insérées ordinairement au devant des yeux, quelquefois au-dessous et entre eux, composées d'un plus ou moins grand nombre d'articles distincts. Le siége de l'odorat se trouverait, suivant Olivier, dans les palpes maxillaires externes, où se distribuerait le nerf olfactif. — Le prothorax, dont les formes sont variées, parfois très bizarres, donne attache aux pattes antérieures ; les autres segments du thorax donnent attache aux quatre pattes suivantes, aux élytres et aux ailes. Les pattes sont quelquefois toutes semblables, quelquefois les antérieures sont ravisseuses et armées d'épines ou de pointes propres à saisir la proie ; d'autres fois elles sont dilatées, comprimées ; le dernier article des tarses est terminé par deux crochets. Nous avons indiqué les caractères des élytres et des ailes. Quelques femelles, et même quelquefois les deux sexes sont privés de ces organes ; les élytres de plusieurs mâles sont aussi très courts et rudimentaires. Dans plusieurs mâles, une portion du bord interne des élytres ressemble à du talc ou parchemin, et présente de grosses nervures irrégulières. Le frottement réciproque de ces parties produit un bruit monotone ou une espèce de chant qu'on désigne sous le nom de *stridulation*. Quelques espèces produisent ce bruit en frottant leurs cuisses postérieures, qui agissent comme des archets sur leurs élytres. — L'abdomen est allongé, ovale, cylindrique ou conique, composé de 8 à 9 anneaux extérieurs et souvent terminé par des appendices saillants. Dans un grand nombre de femelles, son extrémité postérieure est armée d'une tarière ou oviducte, en forme de stylet, de sabre ou de couteau, composée de deux pièces appliquées l'une contre l'autre, et destinées à enfoncer leurs œufs dans la terre.

Passons aux fonctions de nutrition. Les Orthoptères ont les organes de la mastication conformés comme ceux des Coléoptères, c'est-à-dire composés de deux mâchoires et de deux mandibules distinctes, avec une lèvre et un labre. Ils ont un premier estomac membraneux ou jabot, suivi d'un gésier musculeux armé d'écailles ou de dents cornées à l'intérieur. — « Suivant Marcel de Serres, qui a fait une étude particulière de l'anatomie de ces animaux, les Orthoptères à antennes sétacées, tels que les Blattes, les Mantes, les Taupes-grillons, les Grillons et les Sauterelles, n'ont que des trachées élastiques et tubulaires, et qui sont de deux ordres : les unes artérielles et les autres pulmonaires. Celles-ci distribuent seules l'air dans tout le corps, après l'avoir reçu des premières. Dans les Orthoptères à antennes cylindriques ou prismatiques, comme les Criquets, les Tryxales, des trachées vésiculeuses remplacent les trachées pulmonaires. Elles sont mues par des cerceaux cartilagineux ou côtes mobiles, et reçoivent l'air au moyen des trachées tubulaires ou élastiques, venant des trachées artérielles. » Les stigmates sont placés sur les côtés de l'abdomen.

Quant à la reproduction, les Orthoptères « proviennent d'œufs qui sont pondus le plus ordinairement en masse ; la femelle les enferme dans la terre, les fixe sur la tige des plantes, ou les dépose même à la surface de la terre, selon la famille à laquelle elle appartient. Ces femelles sont, en général, très fécondes, et quelques espèces causent d'effrayants ravages par leur prodigieuse multiplication. Toutes les fois qu'il n'y a qu'un seul testicule, la femelle ne présente qu'un ovaire; tous ceux qui ont des trachées vésiculaires sont dans ce cas. Ceux qui n'ont que des trachées élastiques ou tubulaires ont deux testicules et deux ovaires. Les vessies destinées à lubrifier le canal spermatique commun sont doubles ou uniques, suivant qu'il y a deux ou un seul testicule. Les femelles ont aussi une vésicule lubrifiante à l'oviducte commun. Quand un jeune Orthoptère sort de l'œuf, il ressemble à l'insecte qui lui a donné naissance, si ce n'est qu'il n'a pas encore acquis les organes du vol ; à l'aide de plusieurs mues successives, il augmente de grosseur,

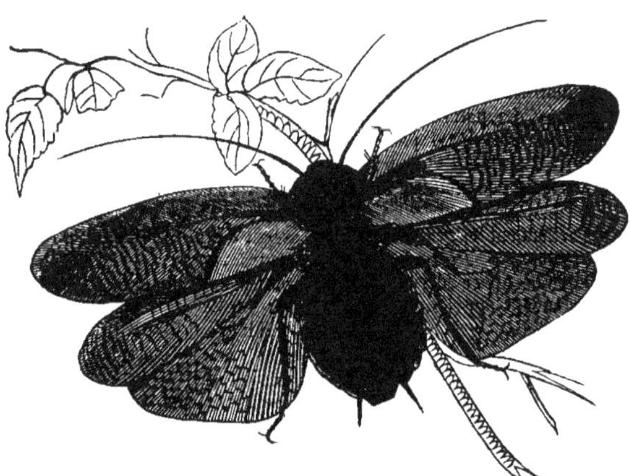

Fig. 982. — Orthoptère suceur (Blatte de Madère).

et les rudiments d'ailes et d'élytres se montrent à l'avant-dernière ; c'est alors qu'on le regarde comme nymphe. Un dernier changement de peau, c'est ordinairement le sixième, le fait passer à l'état parfait ; les organes du vol sont alors aussi développés qu'ils doivent l'être, et l'insecte peut s'accoupler. Nous ne retrouvons plus ici cet état de nymphe immobile, cette inévitable période d'engourdissement, par laquelle passent les Coléoptères; nous ne voyons plus également un premier état bien distinct sous lequel la larve diffère de l'instinct parfait, au point que l'observation seule a pu nous apprendre à quel insecte elle appartenait. Au contraire, l'accroissement des Orthoptères est plus analogue à celui des animaux élevés ; il a seulement conservé le caractère qui le distingue dans la classe des insectes : c'est de n'avoir lieu qu'au moyen de changements de peau.

« Presque tous les Orthoptères se nourrissent de végétaux ; la seule famille des Mantiens renferme des insectes carnassiers, dont les femelles s'en prennent même à leurs mâles, après avoir reçu leurs caresses. Ils ont tous des habitudes terrestres et sont ordinairement agiles, si l'on excepte toutefois quelques espèces de la famille des Phasmiens; on n'en connaît aucune espèce aquatique. Les pays chauds leur conviennent de préférence, et présentent quelquefois des preuves affligeantes de leur voracité. Quelques Acrydiens voyagent par bandes innombrables, causent des dégâts affreux en dépouillant des provinces entières de toute leur végétation. Des nuées de Sauterelles arrivent souvent des lieux éloignés, s'abattent sur les champs ensemencés, détruisent l'espoir de la récolte en peu d'heures, et souvent par le nombre prodigieux de leurs cadavres, occasionnent des maladies contagieuses dans les pays qu'ils ont dépouillés de toute production végétale. Cependant, quelques peuples sauvages s'en nourrissent avidement, et les Orientaux, en particulier, ont l'habitude de les manger rôtis. Les anciens ont donné à ce peuple le nom d'Acridiphages. C'est dans les pays chauds, en Afrique, en Asie et dans le midi de l'Europe, que ces insectes sont très abondants. »

Les Orthoptères ont été divisés en deux grandes tribus, suivant la proportion générale de leurs membres :

1° ORTHOPTÈRES COUREURS. Les six pieds sont à peu près égaux, et par conséquent bien distincts pour la marche. Les genres principaux sont : *Forficules, Blattes, Mantes*, etc.

2° ORTHOPTÈRES SUCEURS. Les deux membres postérieurs sont beaucoup plus longs, ce qui donne à ces insectes la facilité de sauter avec une grande force. Font partie de cette tribu les genres *Sauterelle, Criquet, Courtilière*.

ORTIE (*Urtica*). Genre de Plantes de la famille des Urticacées, herbacées, annuelles ou vivaces, hérissées de poils raides qui sécrètent un liquide très irritant; feuilles opposées, pétiolées dentées. Fleurs petites, verdâtres, en grappes ou axillaires, monoïques ou dioïques ; les mâles présentent : calice à 4 sépales presque égaux, soudés à la base, étalés après la floraison, concaves ; 4 étamines, dont les filets sont courbés avant la floraison. Les femelles ont : 4 sépales très inégaux ; ovaire uniloculaire, à stigmate sessile en pinceau; akène oblong, comprimé.

ORTIE DIOÏQUE (*U. dioïca*), vulg. *Grande Ortie*. Plante vivace, à tiges de plus d'un mètre quelquefois, dressées, rameuses; à feuilles ovales acuminées, cordées, fortement dentées; à fleurs sans corolle, dioïques, en grappes grêles axillaires, les grappes mâles dressées, les femelles fructifères pendantes.

Cette plante est extrêmement commune dans les villages, au pied des murs, dans les décombres, les lieux cultivés et incultes. Elle fleurit en juin-octobre, mais ses fleurs sont sans éclat, verdâtres; et, tant à cause des piqûres cuisantes que causent les poils, de son aspect triste, de son séjour parmi les décombres, elle est un objet de dédain et même de répulsion. Cependant elle n'est pas sans utilité. On l'emploie à l'état frais, pour la nourriture des vaches ; desséchée, elle peut être mêlée avec avantage au fourrage des bes-

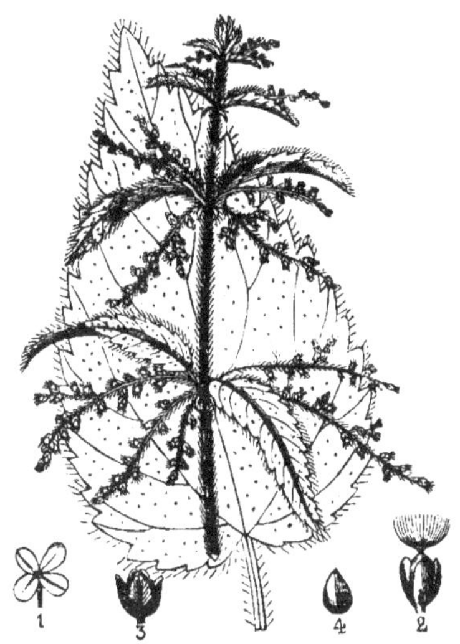

Fig. 983. — Grande-Ortie.

(1, Fleur mâle. — 2, Fleur femelle. — 3, Fruit mûr et calice. — 4, Fruit dépouillé de l'enveloppe calicinale.

tiaux ; fraîche, cuite et réduite en pâte, elle est bonne pour nourrir la volaille, les jeunes dindons en particulier. L'Ortie, plantée autour des ruches, aurait la propriété, selon Murray, d'éloigner les grenouilles dont le voisinage est, dit-on, un obstacle à la sortie des abeilles.

On a mis à profit la propriété qu'a l'Ortie de produire des piqûres dont l'effet est une cuisson brûlante accompagnée de la formation de papules caractéristiques, pour agir révulsivement dans certains cas de répercussions morbides. « On s'est également servi de l'*Urtication* pour favoriser le développement de la sensibilité et l'abord du sang dans les organes génitaux flétris par l'abus des jouissances; mais si des êtres avilis et corrompus ont pu tirer parti de cette pratique pour faire disparaître momentanément les signes d'une honteuse impuissance, des accidents très graves en ont été souvent le résultat. »

Le suc d'Ortie a été administré comme astringent dans les hémorrhagies, principalement dans celles de l'utérus. On a cru lui trouver de l'efficacité, comme on a cru, et l'on croit encore, que l'Ortie fraîche mangée par les vaches augmente et enrichit leur lait.

On retire des tiges de cette plante une substance filamenteuse qui fournit un fil qu'on peut employer à toutes sortes d'ouvrages. Quelques essais qu'on a peut-être eu tort de ne pas continuer, ont prouvé qu'on pouvait en fabriquer de bonne toile.

Ortie piquante (*U. urens*), vulg. *Ortie-Grièche, Petite-Ortie*. Plante annuelle de 20 à 50 cent., rameuse dès la base ordinairement ; feuilles profondément dentées, presque incisées ; fleurs monoïques, les mâles et les femelles réunies dans une même grappe, les femelles plus nombreuses. — Cette espèce est extrêmement commune dans les décombres, les lieux cultivés, et fleurit en mai-octobre.

L'Ortie romaine (*U. pilulifera*) est bisannuelle ou vivace ; ses fleurs sont monoïques, les mâles en grappes, les femelles en têtes globuleuses.— Cette espèce est très rare du reste.

La plante nommée *Ortie blanche* est le *Lamier*. — V. ce mot.

ORTIE DE MER. — V. *Actinie*.

ORTOLAN (*Emberiza hortulana*). Espèce du genre Bruant.—V. ce mot.—Cet oiseau est long de

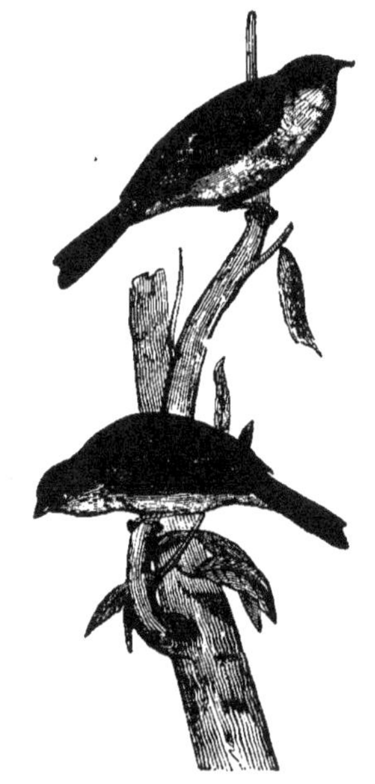

Fig. 984-985. — Ortolan (mâle et femelle).

16 centim. de l'extrémité du bec à celle de la queue; sommet de la tête et haut du cou d'un olivâtre cendré; dos mélangé de brun et de noirâtre;

tour des yeux et gorge d'un jaune de paille; etc.

L'Ortolan se trouve en tout temps dans les contrées méridionales de l'Europe, mais il n'habite le midi de la France que dans la belle saison. Il y arrive vers le mois de mai et en part en septembre. Il fréquente les vignes, les blés et les champs; fait son nid à terre comme les alouettes, et quelquefois sur des ceps de vigne. La femelle y pond, deux fois par an, 4 ou 5 œufs grisâtres. Les jeunes commencent à partir dès le mois d'août, tandis que les vieux restent jusqu'à la fin de septembre. C'est à leur passage d'automne que les Ortolans sont gras et recherchés des chasseurs. A leur arrivée, quoique maigres, ils sont l'objet des poursuites des oiseleurs, qui les prennent au filet d'alouette, et les engraissent dans des lieux obscurs, où ces oiseaux, mangeant continuellement et ne prenant aucun exercice, ne tardent pas à se charger de graisse.

ORVET (*Anguis*). Genre de Reptiles de l'ordre des Sauriens, formant une famille distincte, et que Cuvier avait placé en tête des Serpents. Il est vrai que, comme ceux-ci, les Orvets sont dépourvus de pieds visibles à l'extérieur; mais leur structure interne est véritablement celle des Lézards et non celle des Ophidiens. Voici leurs caractères : corps tout à fait serpentiforme, privé de membres; à flancs arrondis, à écailles lisses, élargies, et à queue cylindrique; museau conique, à plaques en dessus; langue en fer de flèche divisée en deux pointes à son extrémité, granuleuse, en partie veloutée; palais non denté ; dents longues, aiguës, couchées en arrière; ouvertures auriculaires extrêmement petites, cachées sous les écailles. La taille est petite, de 40 à 45 cent. de longueur.

Orvet fragile (*A. fragilis*). Les jeunes sont d'un gris blanchâtre en dessus, avec ou sans une ligne médiane noire, le dessous et les côtés d'un noir bleuâtre foncé. Les adultes varient pour la coloration : dessus du corps cuivreux, marron, fauve ou grisâtre, avec ou sans raie noire ; dessous et côtés d'un gris plombé.

C'est un petit animal cylindrique, allongé, ayant l'apparence extérieure des Ophidiens, mais dépourvu de leur souplesse ; son corps n'est pas long; mais sa queue, qui commence à l'anus, est considérable. Les muscles courts et comme verticillés qui meuvent cette dernière peuvent se détacher aisément de leur insertion, et la queue se casse aussi avec assez de facilité, soit par l'effet d'une faible traction, soit, assure-t-on, par la seule force de contraction de l'animal lorsqu'il se raidit; aussi l'a-t-on appelé *fragilis*, et vulgairement *Serpent de verre*. Dans les campagnes on le nomme aussi *Envoye* ou *Enveau*, et *Aveugle*, parce que l'on croyait jadis que les morceaux de ce reptile, lorsqu'il a été divisé, donnaient chacun naissance à un individu complet, mais que les tronçons où les yeux n'étaient pas restaient privés de ces organes.

L'Orvet se trouve dans les clairières des bois sablonneux de l'Europe. Il atteint, comme nous l'avons dit, 40 à 45 cent. et parvient à la grosseur du petit doigt. Ces reptiles sont timides et se cachent dès qu'on les approche ; ils sont tout à fait inoffensifs, bien que dans beaucoup de localités on les redoute à l'égal des serpents venimeux. Leur nourriture consiste en vers de terre, insectes, petits mollusques. Ces animaux sont ovovivipares; en naissant le petit à 5 à 6 centim. de long, et sa grosseur est celle d'une plume de corbeau.

Fig. 986. — Orvet.

ORYCTÉROPE (du gr. *orykter*, fouisseur ; *pous*, pied). Genre de Mammifères de l'ordre des Édentés, voisin des Fourmiliers et des Tatous, formé originairement pour une seule espèce.

O. Cochon de terre (*Orycteropus capensis*). Animal long de 1 m., haut de 50 cent., ayant la tête allongée, terminée par une sorte de boutoir; des espèces de dents, ce qui le distingue des Fourmiliers ; des oreilles membraneuses fort grandes; la queue renflée à la base; des membres courts, robustes, les postérieurs plantigrades à 5 doigts, les antérieurs digitigrades à 4 doigts, propres à fouir; la peau est dure et épaisse, couverte d'un poil gris roussâtre.

L'Oryctérope, que l'on n'avait d'abord rencontré que dans l'Afrique australe, se trouve aussi en Abyssinie et au Sénégal.

C'est un animal fouisseur et nocturne qui se creuse les terriers qui lui servent de demeure; sa nourriture ordinaire consiste en fourmis, ce qui donne à sa chair un goût très prononcé d'acide formique. « La terre, dit Kolbe, sert de demeure à cet animal; il s'y creuse une grotte, ouvrage qu'il fait avec beaucoup de vivacité et de promptitude, et s'il a seulement la tête et les pieds de devant dans la terre, il s'y cramponne si bien, que l'homme le plus robuste ne saurait l'en arracher. Lorsqu'il a faim, il va chercher une fourmilière. Dès qu'il a fait cette bonne trouvaille, il regarde tout autour de lui pour voir si tout est tranquille et s'il n'y a point de danger. Il ne mange jamais sans avoir pris cette précaution ; alors il se couche en plaçant son grouin tout près de la fourmilière, il tire la langue tant qu'il peut : les fourmis montent dessus en foule, et dès qu'elle en est bien couverte, il la retire et les gobe toutes : ce jeu recommence plusieurs fois et jusqu'à ce qu'il soit rassasié. Afin de lui procurer plus aisément cette nourriture, la nature, toute sage, a fait en sorte que la partie supérieure de cette langue qui doit recevoir les fourmis soit toujours couverte et comme enduite d'une matière visqueuse et gluante, qui empêche ces faibles animaux de s'en retourner lorsqu'une fois leurs jambes y sont empêtrées : c'est là sa manière de manger. Il a la chair de fort bon goût et très saine; les Européens et les Hottentots vont souvent à la chasse de ces animaux. Rien n'est plus facile que de les tuer. Il ne faut que leur donner un petit coup de bâton sur la tête. »

ORYX (*oryx*). Sous-genre d'Antilopes, comprenant de nombreuses espèces, grandes, à cornes très allongées, droites ou à peu près, pointues, annelées, mais sans arêtes ; quelquefois pas de larmiers, ni brosses, ni pores inguinaux; mufle plus ou moins incomplet; queue assez longue, terminée par un bouquet de poils plus ou moins considérable ; 2 mamelles. — On partage les Oryx en plusieurs groupes secondaires :

1° Les Sing-Sings : cornes allongées et plutôt droites que lyrées, n'existant que chez le mâle. — Le *Sing-Sing à croissant* est presque grand comme un cheval; il est timide et habite par petites troupes le bord des rivières de l'Afrique australe. — Le *Sing-Sing defassa*, animal de la Gambie et de l'Abyssinie, est plus petit, et ses cornes sont un peu divergentes.

2° Les Egocères ont les cornes grandes, fortes, pointues, à peine divergentes, annelées, et à simple courbure postérieure. — L'*Egocère leucophe*, aussi appelée *Antilope chevaline, bleue, du Sénégal*, est d'une taille qui dépasse celle des Sing-sings. Cet animal habite la Guinée, la Sénégambie, vit par petites troupes et court avec rapidité. — L'*Egocère noire* se trouve dans les régions australes de l'Afrique.

3° « Les Oryx proprement dits ont les cornes plus allongées et plus grêles, moins fortement annelées à leur base et se dirigeant directement en haut comme de longues piques, ou en arrière en suivant une courbe peu arquée. — L'*Oryx algazelle*, dit encore *Chamois du Cap*, est presque grand comme un cheval. »

7

Les anciens donnaient le nom d'*Oryx* à un animal d'Afrique qu'ils connaissaient fort peu, et dans lequel on a cru voir l'animal fabuleux appelé *Licorne*. — V. ce mot.

OS. — V. *Squelette*.

OSANE (*Antilope equina*). Espèce du genre Antilope, animal de la grandeur d'un petit cheval, remarquable par la longueur de ses oreilles. Son pelage est long et de couleur grise ou roussâtre; sa tête est brune; sur le cou est une crinière qui se prolonge vers le dos. Ses cornes sont grandes et annelées. — L'Osane habite l'Afrique centrale.

OSCABRION (*Chiton*). Genre de Mollusques gastéropodes nudibranches, famille des Cyclobranches : coquille elliptique, composée d'un grand nombre de valves transverses, imbriquées et réunies à leur extrémité par un ligament circulaire.

Les Oscabrions se trouvent dans presque toutes les mers; ils se fixent sur les rochers, et les coquilles y adhèrent avec une force prodigieuse. On en compte environ 80 espèces, dont les deux principales sont :

L'OSCABRION FASCICULAIRE, remarquable par sa coquille cendrée, lisse, avec 10 paires de faisceaux de soie blanche. — Il habite l'Afrique.

L'O. HÉRISSÉ a la coquille blanche tachetée de brun, à 8 valves.

OSCILLAIRE (*Oscillaria*). Genre de Cryptogames de la famille des Algues, voisin des Conferves et plus près encore de la limite qui sépare le règne animal du règne végétal. Suivant Vaucher, ce sont des agglomérations d'animalcules, consistant en filets simples et cloisonnés dont la réunion forme des tapis ou des flocons verts, soit au fond des eaux, soit à leur surface. Ces filets se meuvent en oscillant constamment de droite à gauche et de gauche à droite. Ils sont remplis d'une matière verte, et cette matière, qui recouvre la surface des eaux croupissantes et stagnantes, est regardée par Priestley comme intermédiaire entre les végétaux et les animaux. Bory Saint-Vincent a demandé pour les Oscillaires la création d'un nouveau règne mixte.

« On rencontre des Oscillaires, ainsi que nous l'avons déjà dit, dans les eaux froides croupissantes et stagnantes, sur la terre humide, dans les rues, sur les leviers; elles tapissent les parties basses des vieux murs exposés à l'ombre et à l'humidité; quelques-unes se plaisent au sein des eaux thermales dont la température est plus ou moins élevée; d'autres vivent aux sources des fontaines, dans le lit des ruisseaux, des canaux, des fossés, des étangs, où elles recouvrent les morceaux de bois à demi décomposés, les troncs d'arbre, les racines, les feuilles mortes et autres débris des végétaux, les pierres, les rochers, le fond terreux des bassins de nos jardins; ou bien,

s'étendant en rayonnant à la surface de l'onde pendant qu'elle est en repos parfait, y forment des étoiles ou rosettes filamenteuses très élégantes, de dimensions variées. »

OSCINE (*Oscinis*). Genre de Diptères athéricères, de la tribu des Muscides, dont les larves sont fort nuisibles à certains végétaux, notamment aux grains de l'orge.

OSEILLE (*Rumex*). Le mot *rumex* s'applique à tant d'espèces dont les appellations vulgaires sont si différentes, qu'il a été francisé et choisi pour désigner le genre. Ce genre se compose des *Patiences* (V. ce mot) et des *Oseilles*, toutes de la famille des Polygonacées.

Les Oseilles ont les fleurs dioïques ou polygames, petites, verdâtres; styles soudés avec les angles de l'ovaire; feuilles hastées ou sagittées, à saveur acide.

OSEILLE COMMUNE (*R. acetosa*). Tige de 60 cent. à 1 mètre, dressée, sillonnée, rameuse en haut; feuilles inférieures pétiolées, oblongues, sagittées, les supérieures plus étroites, sessiles, amplexicaules; fleurs dioïques, les femelles souvent stériles en partie : calice fructifère à valves débordant le fruit, etc.

L'Oseille croît dans les prairies, les pâturages, les clairières des bois; elle est vivace, fleurit en mai-juin et refleurit en automne. On sait qu'elle est généralement cultivée dans les jardins potagers. Ses feuilles ont une saveur aigrelette, due à l'oxalate de potasse qu'on sait en retirer pour les arts. Elles font partie des herbes antiscorbutiques; on en prépare des bouillons rafraîchissants et laxatifs et des cataplasmes maturatifs.

PETITE OSEILLE (*R. acetosella*), vulg. *Oseille de brebis*. Tiges de 10 à 40 cent., dressées, grêles, rameuses; feuilles pétiolées, oblongues-lancéolées, hastées; fleurs dioïques, ordinairement rougeâtres, les femelles quelquefois stériles en partie; calice fructifère à valves ne dépassant pas le fruit.

Cette espèce est extrêmement commune aux bords des chemins, dans les pâturages, les champs sablonneux, fleurissant aussi au printemps et à l'automne. On en distingue plusieurs variétés.

OSIER. Nom sous lequel les cultivateurs désignent plusieurs espèces du genre *Saule*, dont les jeunes rameaux très flexibles sont très employés dans les travaux de l'agriculture. On distingue l'*Osier blanc*, l'*O. brun*, l'*O. jaune*, l'*O. rouge*. — V. *Saule*.

OSMIE (*Osmia*). Genre d'Hyménoptères mellifères, de la tribu des Apiaires, qui avait été compris par Linné dans son grand genre Abeille. Corps épais, convexe, velu et pointillé; tête grosse; mandibules bidentées; palpes maxillaires de 3 articles; antennes filiformes, coudées; thorax globuleux; abdomen ovalaire, pattes épaisses.

Ce genre renferme un grand nombre d'espèces. Plusieurs sont maçonnes et ont sur le chaperon 2 ou 3 cornes qui leur servent pour la construction de leur nid, lequel est caché dans la terre, les fentes de murs, les trous des portes, quelquefois même dans les coquilles de colimaçons. « Ces nids sont toujours bâtis avec un mortier que l'Osmie femelle va chercher quelquefois très loin du lieu où elle les construit, et qu'elle humecte avec une liqueur gommeuse qu'elle rend par la bouche. D'autres Osmies coupent des pétales de fleurs et en font des cellules. Toutes placent au fond de leur cellule une quantité de pâtée suffisante pour la nourriture d'une larve, déposent leur œuf dessus et bouchent la cellule avec le même mortier qui a servi à le construire. La pâtée qu'elles mettent dans ces cellules est composée d'un mélange de pollen de fleurs et de miel. »

Latreille décrit ainsi l'industrie étonnante de l'Osmie du pavot ou *Andrène tapissière* d'Olivier : « Le premier travail de l'Abeille tapissière, dit-il, est de creuser dans la terre un trou perpendiculaire, qui m'a paru n'avoir que trois pouces de profondeur, quoique Réaumur lui en donne plus de sept, cylindrique à son entrée, bien évasé et ventru au fond, ressemblant à une espèce de bouteille. Le terrier une fois préparé, l'Abeille le consolide, pour éviter l'éboulement, avec des pièces en demi-ovale qu'elle a coupées, par le moyen de ses mandibules, sur des pétales de fleurs de coquelicots, et qu'elle a transportées à son habitation. Elle y fait entrer ces pièces en les pliant en deux, les développe, les étend le plus uniment possible, et les applique sur toutes les parois intérieures de la cavité, même avec une apparence de superfluité, puisque cette tapisserie en déborde l'ouverture de quelques lignes, et forme autour un ruban couleur de feu. La tenture achevée, une espèce de pâtée, composée de poussière d'étamines de fleurs de coquelicots, mêlée d'un peu de miel, est déposée avec l'œuf d'où naîtra la larve qui doit la consommer dans le fond de cette retraite. L'extrémité antérieure de la tapisserie qui débordait est repliée en dedans et refoulée; ce nid est fermé; un monticule terreux le recouvre, et à la faveur de cet ingénieux artifice, l'habitant solitaire de cette maison croîtra tranquillement jusqu'à ce qu'il quitte sa sombre demeure pour aller jouir de l'éclat du jour, et faire pour d'autres ce qu'on a fait pour lui. L'Abeille ne creuse pas toujours un trou pour chaque petit. J'ai vu qu'elle met très souvent un second nid sur le premier ou celui du fond, qui se raccourcit par cette pression, et n'a guère que cinq lignes de longueur. On trouve communément cette Osmie autour de Paris, sur les hauteurs de Gentilly et de Meudon. »

OSMIUM. Métal d'un gris foncé et assez brillant, découvert en 1803 par Tennant. Corps simple qui est très rare dans la nature, et qui se trouve dans les mines de platine. Il ne semble pas susceptible d'être attaqué par les acides et fond difficilement. Mais chauffé à l'air il s'oxyde facilement, et son oxyde exhale une odeur particulière très agréable.

OSMONDE (*Osmunda*). Genre de Fougères, dont l'espèce principale est l'Osmonde royale (*O. regalis*). Souche épaisse, rampante, donnant naissance aux feuilles qui sont toutes radicales, grandes, longues de 50 cent., bipinnées et à divisions opposées; folioles stériles allongées, alternes, étroites, glabres, marquées de nervures sur leur face inférieure; folioles fructifères disposées en panicule terminale, couvertes dans toute leur étendue par les sporanges rapprochés en groupes arrondis.

L'Osmonde habite les bois marécageux, les fossés des prairies bourbeuses, et montre ses organes fructigères en juin-septembre. Cette fougère a été considérée comme vulnéraire, astringente, diurétique; mais rien n'autorise à lui reconnaître de telles propriétés.

OSSEMENTS. — V. *Cavernes, Fossiles.*

OSTRACÉS. Famille de Mollusques acéphales testacés. — **V.** *Acéphales.*

OTARIE (*Otaria*). Genre de Carnivores de la famille des Amphibies, faisant partie du groupe des Phoques ou Phocidés, dont ils diffèrent par leur petite oreille externe que n'ont ni les Phoques ni les Morses. Les Otaries se distinguent encore des autres Amphibies par leurs poils en général plus fournis, par leurs membres moins empêtrés, ce qui leur permet des mouvements plus faciles à terre; par l'absence ou à peu près d'ongles, enfin par les prolongements en lanières de leurs palmatures au-delà des doigts, etc.

Ce sont des animaux marins ichthyophages, c'est-à-dire mangeurs de poissons. Ils sont propres aux mers australes, mais le grand océan Pacifique en nourrit jusqu'au Japon et à la mer de Berhing. Ils s'éloignent peu des côtes; quoiqu'ils soient plus agiles que les Phoques à terre, il est facile de les approcher, et c'est en général à coups de bâton qu'on les abat. Leur peau et leur huile les font également rechercher.

L'Otarie a crinière (*O. jubata*), vulg. *Lion marin*. Pelage de couleur fauve, en forme de crinière sur les parties antérieures du corps chez le mâle.

Ces animaux vivent par petites troupes, presque toutes composées de femelles et conduites par un mâle vigoureux qui dispute leur possession aux autres individus de son sexe. Ils fréquentent les grandes plages désertes de l'Amérique méridionale, depuis le Pérou jusqu'au cap Horn; ils passent beaucoup plus de temps hors de l'eau que les autres Phoques. Ils sont indolents, et on les dit susceptibles de s'attacher à l'homme.

Nous ne pouvons faire mention de toutes les espèces, qu'il est difficile d'ailleurs de distinguer les unes des autres, et qui même le plus souvent confondent leurs caractères avec ceux des Phoques, dont elles ont à peu près la taille et les mœurs.

Le genre ARCTOCÉPHALE ou OURS MARIN, dont nous pouvons faire une espèce d'Otarie, comme Linné en a fait un Phoque (*Phoca ursina*) , présente , par sa tête osseuse, comme les Otaries, une ressemblance avec les Ours , mais le museau est un peu plus allongé.

Fig. 987. — Otarie.

OUARINE. Buffon connaissait sous ce nom une espèce du genre Alouate ou Hurleur (V. ces mots), Singe que Et. Geoffroy a nommé *Stentor ursinus*, et qui habite principalement les bords de l'Orénoque, en Colombie, et plusieurs provinces du Brésil.

L'Ouarine n'a point d'abajoues, point de callosités sur les fesses; ses parties sont couvertes de poils comme le reste du corps; il a la queue prenante très longue, le poil noir et long, et dans la gorge un gros os concave qui donne à sa voix un retentissement extraordinaire ; il est de la grandeur d'un lévrier. Buffon distingue l'Ouarine et l'Alouate entre eux en ce que le premier a sous le cou un poil long qui forme une espèce de barbe longue, tandis que le second n'a point de barbe bien marquée.

Ces animaux sont au reste sauvages et méchants ; on ne peut les apprivoiser ni même les dompter ; ils mordent cruellement , et quoiqu'ils ne soient pas du nombre des animaux carnassiers et féroces , ils ne laissent pas d'inspirer de la crainte, tant par leur voix effroyable que par leur air d'impudence. Les femelles portent leurs petits sur le dos, et sautent avec cette charge de branches en branches et d'arbres en arbres; les petits embrassent avec les bras et les mains le corps de leur mère dans la partie la plus étroite, et s'y tiennent fermement attachés tant qu'elle est en mouvement.

OUIE. — V. *Audition.*

OUISTITI (*Hapale*). Genre de Quadrumanes qui constituent, avec les Tamarins, la tribu des Arctopithéciens ou Singes dont les ongles sont analogues à ceux des Ours. Ce sont de très petits singes du Nouveau-Monde auxquels, vu les analogies qu'ils présentent avec certains rongeurs, on donne le nom vulgaire de *Singes-Écureuils* en raison de certains détails d'organisation. Les Ouistitis s'éloignent des autres genres non-seulement par l'exiguité de leur taille, l'harmonie svelte et gracieuse de leurs formes, la vivacité des couleurs qui teignent leur pelage, mais encore par les traits les plus fondamentaux de l'organisation.

Les caractères génériques des Ouistitis sont : front peu avancé; dents au nombre de 32, au lieu de 36, comme dans tous les autres Quadrumanes : les incisives supérieures obliques en avant, inégales; les inférieures presque verticales; oreilles médiocres ; ongles comprimés, recourbés, crochus, imitant de véritables griffes ; pouce de la main peu mobile, présentant une véritable griffe ;

Fig. 988. — Ouarine.

membres postérieurs plus allongés que les antérieurs ; queue longue, non prenante, abondamment fournie de poils ; le plus souvent faisceau de longs poils inséré en avant des oreilles qu'il couvre ; pelage doux au toucher, formé de poils assez longs, excepté à la tête et aux mains.

Fig. 989. — Ouistiti à camail.

Les Ouistitis appartiennent à l'Amérique méridionale. Ils vivent sur les arbres, et, quoiqu'ils n'aient pas de 5ᵉ main dans leur queue non prenante, ni de callosités aux fesses, ils ont des ongles fort aigus, au moyen desquels ils s'accrochent et grimpent facilement. Leur intelligence est peu étendue et nullement en rapport avec le degré assez ouvert de leur angle facial. Ils ont des mouvements rapides, pleins de grâce et de gentillesse. En captivité, ils témoignent une grande aversion pour les chats et les guêpes. Peu susceptibles d'affection, même pour les personnes qui s'occupent d'eux et les soignent, ils montrent au contraire de l'irascibilité, et la moindre contrariété les irrite. Lorsque la crainte s'empare d'eux, ils cherchent à se cacher en jetant un petit cri sourd, mais pénétrant. Ils ont besoin de déposer souvent de l'urine, et ils le font toujours au même endroit et en s'accroupissant. Mais au surplus leurs mœurs, dans l'état de nature, sont peu connues.

OUISTITI VULGAIRE (*J. vulgaris*). Pelage présentant sur le dos des bandes alternativement brunes et blanches ; queue annelée des mêmes couleurs plus tranchées ; de longs poils blancs sur les côtés de la tête ; une tache blanche frontale; longueur du corps, 20 centimètres; la queue est un peu plus longue.

Ce petit Singe habite la Guyane et le Brésil. Sa face est très aplatie, nue, ainsi que les oreilles et les mains. Il est d'ailleurs gracieux et proportionné. Voici ce que raconte Frédéric Cuvier :

« Deux de ces petits Singes, dit Frédéric Cuvier, ayant été réunis vers la fin de septembre 1818, quoique assez imparfaitement apprivoisés, ne tardèrent pas à s'accoupler ; la femelle conçut et mit bas, le 27 avril 1819, trois petits, un mâle et deux femelles très bien portants ; mais il n'a pas été possible de fixer la durée de la gestation, parce que ces animaux s'accouplèrent presque jusqu'au moment de la naissance des petits. Ceux-ci, en venant au monde, avaient les yeux ouverts, et s'étaient revêtus d'un poil gris foncé, très ras, et à peine sensible sur la queue; ils s'attachèrent aussitôt à leur mère, en l'embrassant et se cachant dans ses poils ; mais, avant qu'ils tétassent, elle mangea la tête à l'un d'eux. Cependant, les autres prirent la mamelle, et, dès ce moment, la mère leur donna ses soins, que le père partagea bientôt. Tout ce qu'Edwards dit d'une paire de ces animaux qui produisirent en Portugal, j'ai pu l'observer sur ceux dont je parle. Lorsque la femelle était fatiguée de porter ses petits, elle s'approchait du mâle, jetait un petit son plaintif, et aussitôt celui-ci les prenait avec ses mains, les plaçait sous son ventre ou sur son dos, où ils se tenaient eux-mêmes, et il les transportait ainsi partout, jusqu'à ce que le besoin de téter les rendît inquiets ; alors il les remettait à leur mère, qui ne tardait pas à s'en débarrasser de nouveau. En général, le père était celui des deux qui en avait le plus soin. La mère ne montrait point pour eux cette affection vive, cette tendre sollicitude que la plupart des femelles ont pour leurs petits. Aussi le second mourut-il au bout d'un mois, et le troisième ne prolongea sa vie que jusqu'à la mi-juin ; depuis les premiers jours de ce mois, sa mère, ayant éprouvé de nouveau les besoins du rut, avait fini par perdre son lait.

La femelle était un peu plus grande que le mâle, mais elle lui ressemblait entièrement par les couleurs. Tous deux avaient la face couleur de chair, ainsi que la plante des pieds et la paume des mains, et un tubercule saillant se trouvait sur leur front entre les yeux. Leur tête était noire, ainsi que les côtés et le dessous du cou. Tout le reste du corps, le dos, les côtés, le ventre, la poitrine, la face extérieure et intérieure des membres, étaient d'un gris foncé jaunâtre, provenant de poils qui formaient, par leur disposition, comme des ondes sur toutes ces parties. La queue était couverte d'anneaux alternativement noirs et gris clair. Enfin toute l'oreille était entourée d'une touffe de poils blancs raides et longs, qui tranchaient fortement sur les poils noirs de la tête, et qui donnaient à l'animal, vu de face, une physionomie très particulière.

Le jeune Ouistiti différait des adultes par ses formes générales et par ses couleurs : sa tête était beaucoup plus grosse à proportion du corps, et surtout de la partie postérieure, restée fort petite; et tout son pelage était d'un gris presque noir très uniforme. On ne voyait encore aucune trace de poils blancs aux oreilles ; mais la queue déjà était couverte d'anneaux blancs et gris. Ce jeune animal n'a pas vécu assez longtemps pour donner lieu à de nombreuses observations : vers les derniers temps de sa vie, lorsque son père se trouvait fatigué de le porter, n'étant plus reçu par sa mère, il montait jusqu'au haut de sa cage ; arrivé là, ne pouvant plus descendre, il jetait un cri de détresse qui réveillait quelquefois la sollicitude de ses parents ; alors ils allaient à son secours, mais, le plus souvent, ils restaient sourds à ses plaintes ; et il aurait été forcé de se laisser tomber si on n'avait pas eu soin de prévenir sa chute en lui tendant une main secourable. Dès qu'il fut tout à fait abandonné, on essaya de l'allaiter artificiellement; il but, mais il lui fallait d'autres soins encore; sa santé s'altéra, et il mourut bientôt. »

OUISTITI A PINCEAU (*J. penicillatus*). Pinceau de longs poils noirs au devant de chaque oreille ; gorge et ventre roussâtres; tache blanche frontale plus grande.— Cette espèce ressemble beaucoup à la précédente, à part les différences signalées. Elle habite le Brésil.

OUISTITI A TÊTE BLANCHE (*J. leucocephalus*). Tête et gorge blanches ; un pinceau noir aux oreilles ; un camail noir ; face nue et couleur de chair.—Du Brésil.

Mentionnons encore le OUISTITI A CAMAIL, qui a le dos blanc à sa partie supérieure, de longs faisceaux de poils blancs sur les faces antérieure et postérieure des oreilles ; — le O. OREILLARD, au pelage d'un noir roussâtre, avec un petit pinceau de poils blancs de moyenne longueur en avant des oreilles. — Ces deux espèces sont aussi du Brésil.

OURAGAN. Vent furieux, le plus souvent accompagné de pluie, d'éclairs, de tonnerre, quelquefois de tremblements de terre, et toujours des circonstances les plus terribles, les plus destructives que les vents puissent rassembler. Tout à coup, au jour vif et brillant de la zone torride succède une nuit universelle et profonde; à la parure d'un printemps éternel, la nudité des plus tristes hivers. Des arbres aussi anciens que le monde sont déracinés et disparaissent. Les plus solides édifices n'offrent en un moment que des décombres. Où l'œil se plaisait à regarder des coteaux riches et verdoyants, on ne voit plus que des plantations bouleversées et des cavernes hideuses. Des malheureux, dépouillés de tout, pleurent sur des cadavres, ou cherchent leurs parents sous des ruines. Le bruit des eaux, des bois, de la foudre et des vents qui tombent et se brisent contre les rochers ébranlés et fracassés ; les cris et les hurlements des hommes et des animaux, pêle-mêle emportés dans un tourbillon de sable, de pierres et de débris; tout semble annoncer les dernières convulsions et l'agonie de la nature.

« On ne sait pourquoi il commence, et l'on ne peut assigner d'autre cause à sa fin que l'épuisement de ses forces. Les premiers habitants des Antilles prétendent avoir de sûrs pronostics de ce phénomène effrayant. Lorsqu'il doit arriver, disent-ils, l'air est trouble, le soleil rouge, et cependant le temps est calme et le sommet des montagnes est clair. On entend sous terre ou dans les citernes un bruit sourd, comme s'il y avait des vents enfermés. Le disque des étoiles semble obscurci d'une vapeur qui les fait paraître plus grandes. Le ciel est au nord-ouest d'un sombre menaçant. La mer rend une odeur forte et se soulève même au milieu du calme. Le vent tourne subitement de l'est à l'ouest, et souffle avec violence par des reprises qui durent deux heures chaque fois.

« On ne sait comment s'expliquer la cause de ce phénomène; la difficulté est de savoir comment l'air peut recevoir une pareille vitesse ; quelle puissance peut la lui imprimer ; une fois cela trouvé, le reste suit tout seul : la dilatation du gaz dans un canon ne lance-t-elle pas un boulet avec une prodigieuse rapidité, et la mine, artistement combinée, ne projette-t-elle pas au loin de monstrueux quartiers de rochers ? »

Ce n'est que dans les climats à haute température que l'Ouragan déploie toute son énergie et toutes ses rigueurs; chez nous, dans nos climats tempérés, il se montre plus rarement et avec moins de violence ; et, dans les régions polaires, il se réduit à un vent de tempête.

OUREBIE (*Ourebia*). Sous-genre d'Antilopes ; espèces ressemblant assez aux Grimms, mais elles sont plus grandes et atteignent la taille de notre Chevreuil. L'Ourebie est svelte et légère; son pelage est fauve en dessus, blanc en dessous; les cornes du mâle sont petites et droites. — Ces ruminants se trouvent en Afrique.

OURS (*Ursus*). Genre de Mammifères de l'ordre des Carnassiers, tribu des Carnivores plantigrades; animaux de grande taille, à formes épaisses, à pieds fortement plantigrades ; tête grosse, à museau plus ou moins prolongé et mobile; oreilles médiocrement grandes, velues des deux côtés; pattes épaisses, ayant toutes cinq doigts presque égaux et armés d'ongles très forts, très courbés; queue très courte; langue lisse; mamelles au nombre de six, 2 pectorales et 4 ventrales; pelage épais, long, lisse ou laineux ; dents au nombre de 42; les molaires sont peu tuberculeuses, mais non tranchantes, propres à écraser et à broyer des matières végétales.

A l'exception de quelques Chats et des Phoques, les Ours sont les plus grands Carnassiers. On connait leur physionomie générale ; bien que semblant annoncer un naturel grossier et sauvage, leur front large, leur museau fin, leur tête qu'ils portent habituellement haute, détruisent en partie l'impression qui résulte de leurs proportions générales : ils se distinguent par tout ce qui tient à l'intelligence; et, en effet, leur cerveau est volumineux et à circonvolutions nombreuses. Leur

Fig. 990. — Ours brun.

squelette indique une grande force et un degré de résistance remarquable ; les os sont durs, épais, consistants; le rachis se compose de 42 vertèbres, il est court néanmoins et hérissé de fortes apophyses. Le système musculaire indique, de son côté, une très grande puissance d'action; et cependant, doués d'une force à laquelle la plupart des autres animaux ne sauraient résister, les Ours sont peu dangereux et font rarement usage de leurs puissants moyens d'attaque, parce que l'organisation de leur appareil digestif les rend plutôt omnivores que carnivores. Toutefois, poussés par la faim, ils deviennent très carnassiers.

Voici ce que dit Buffon de l'Ours brun, et qui peut s'appliquer à toutes les espèces à peu près. « L'Ours est non-seulement sauvage, mais solitaire ; il fuit par instinct toute société; il s'éloigne des lieux où les hommes ont accès; il ne se trouve à son aise que dans les endroits qui appartiennent encore à la vieille nature ; une caverne antique dans des rochers inaccessibles, une grotte formée par le temps dans le tronc d'un vieux arbre, au milieu d'une épaisse forêt, lui servent de domicile ; il s'y retire seul, y passe une partie de l'hiver sans provisions, sans sortir pendant plusieurs semaines. Cependant il n'est point engourdi ni privé de sentiment, comme le Loir ou la Marmotte ; mais comme il est naturellement gras, et qu'il l'est excessivement sur la fin de l'automne, temps auquel il se recèle, cette abondance de graisse lui fait supporter l'abstinence, et il ne sort de sa bauge que lorsqu'il se sent affamé.

« La voix de l'Ours est un grondement, un gros murmure, souvent mêlé d'un frémissement de dents qu'il fait surtout entendre lorsqu'on l'irrite ; il est très susceptible de colère, et sa colère tient toujours de la fureur, et souvent du caprice : quoiqu'il paraisse doux pour son maître, et même obéissant lorsqu'il est apprivoisé, il faut toujours s'en défier, et le traiter avec circonspection, surtout ne le pas frapper au bout du nez. On lui apprend à se tenir debout, à gesticuler, à danser ; il semble même écouter le son des instruments, et suivre grossièrement la mesure ; mais pour lui donner cette espèce d'éducation, il faut le prendre jeune, et le contraindre pendant toute sa vie ; l'Ours qui a de l'âge ne s'apprivoise ni ne se contraint plus ; il est naturellement intrépide ; il est au moins indifférent au danger. L'Ours sauvage ne se détourne pas de son chemin, ne fuit pas à l'aspect de l'homme ; cependant on prétend que par un coup de sifflet on le surprend, on l'étonne au point qu'il s'arrête, et se lève sur les pieds de

Fig. 991. — Ours blanc ou Polaire.

derrière. C'est le temps qu'il faut prendre pour le tirer et tâcher de le tuer ; car s'il n'est que blessé, il vient de furie se jeter sur le chasseur, et, l'embrassant des pattes de devant, il l'étoufferait s'il n'était secouru. »

Les Ours habitent constamment les régions froides ; ils se retirent dans les lieux les plus inaccessibles pour fuir l'homme qui leur fait la chasse ; en France, c'est dans les Pyrénées et les Alpes.

Ils habitent les parties septentrionales du globe, dans l'ancien comme dans le nouveau Monde ; on en trouve en plus grande abondance dans les contrées polaires et dans les montagnes élevées, au voisinage des neiges. On n'en a pas rencontré dans la Nouvelle-Guinée ni dans la Nouvelle-Hollande.

F. Cuvier a écrit ce qui suit sur les mœurs de ces animaux. « C'est la prudence qui fait le caractère principal de l'Ours ; on ne porte pas plus loin que lui la circonspection ; il s'éloigne, lorsqu'il le peut, de tout ce qu'il ne connaît pas ; s'il est forcé de s'en approcher, il ne le fait que lentement et en s'aidant de tous ses moyens d'exploration, et il ne passe outre que quand il a bien cru s'assurer que l'objet de sa crainte est pour lui sans danger. Ce n'est cependant ni la résolution ni le courage qui lui manquent ; il paraît peu susceptible de peur ; on ne le voit point fuir ; confiant en lui-même, il résiste à la menace, oppose la force à la force, et sa fureur, comme ses efforts, peuvent devenir terribles si sa vie est menacée. Mais c'est surtout pour défendre leurs petits que les femelles déploient toutes les ressources de leur puissance musculaire et de leur courage ; elles se jettent avec fureur sur tous les êtres vivants qui leur causent quelques craintes, et ne cessent de combattre qu'en cessant de vivre. Ce qui ajoute en quelque sorte au mérite de leur prudence et de leur courage, c'est la singulière étendue de leur intelligence, qui semble ôter à toutes leurs autres qualités ce qu'elles pourraient avoir d'aveugle et de machinal. On connaît l'éducation que reçoivent les Ours de la part des hommes dont la profession consiste à conduire ces animaux de ville en ville, en les faisant danser grossièrement au son d'un flageolet et appuyés sur un bâton, et l'on sait que, par le moyen des châtiments et des récompenses, et en plaçant l'animal dans toutes les circonstances de ses actions, on parvient à les lui faire répéter au commandement. Ce sont de ces associations que l'on arrive toujours à former chez les animaux même les plus brutes. Mais nous avons pu voir l'éducation de plusieurs espèces d'Ours, faite librement, et par ces animaux eux-mêmes, nous présenter des résultats plus remarquables que l'éducation forcée dont nous les savions susceptibles. Elle nous a été offerte par les Ours qui vivent dans les fosses de la ménagerie du Muséum de Paris, sous la seule influence du public, qui leur parle et qui leur donne continuellement des gourmandises. A l'aide de ces deux uniques moyens, ces animaux ont appris à faire une foule d'exercices qu'ils répètent au simple commandement et par le seul espoir d'être récompensés par un gâteau ou par un fruit. Ainsi, à ces mots : *Monte à l'arbre*, ils montent au tronc dépouillé qui a été placé dans leur fosse. Si on leur dit : *Fais le beau*, ils savent qu'ils doivent se coucher sur le dos et réunir leurs quatre pattes. Au mot de : *Priez*, ils s'asseoient sur leur derrière et joignent leurs pieds de devant, etc. Ces actions sans doute peuvent finir par ne suivre ces commandements qu'au moyen d'une véritable association d'idées ; c'est ce que l'habitude produit même en nous ; mais les Ours qui nous les ont présentées ont dû les commencer librement, et, après plus ou moins d'hésitation et d'erreurs, comprendre le sens précis de ces mots, ou plutôt de ce signe : *Monte à l'arbre;* or, c'est là un des résultats les plus élevés auxquels puisse atteindre l'intelligence des brutes ; mais il est constant qu'ils arrivent à comprendre la valeur des signes artificiels sans les moyens qui forment immédiatement les associations. On conçoit tout ce que peut produire l'application des facultés d'où résulte ce fait général, qui explique les récits singuliers dont les Ours ont dû être l'objet ; aussi ne rapporterons-nous pas ces récits, qui peuvent amuser, mais non pas instruire, et, en les dépouillant des erreurs qu'ils renferment, ils perdraient leur principal intérêt, c'est-à-dire tout ce qu'ils ont de merveilleux. »

Les Ours entrent en rut, dans nos climats du moins, vers les mois de juin et de juillet : alors les mâles et les femelles se recherchent, mais ils se séparent bientôt pour reprendre leur vie isolée. La gestation dure sept mois, car les femelles mettent bas en décembre ou en janvier, et leur portée est de 2 à 5 ou 6 petits. La nécessité de l'allaitement les empêche sans doute de tomber dans leur sommeil hivernal ; mais, toutefois, cela n'a pas été constaté d'une manière complète. Les mères donnent de grands soins à leurs petits et s'en occupent longtemps ; elles les défendent avec courage. La durée de la vie de ces carnassiers est de 30 à 40 ans.

Leur fourrure est recherchée, et devient dans certains pays l'objet d'un assez grand commerce; ils sont d'ailleurs très utiles à l'homme. « Les Kamtschatdales font avec leur peau des couvertures, des gants, des bonnets, des harnais pour les traîneaux et des sandales pour marcher sur la glace, qui ont l'avantage de les empêcher de glisser; dans plusieurs contrées européennes, on s'en sert pour former la coiffure des militaires, ainsi que pour la confection des manchons communs, et, chaque année, la France importe pour ces usages trois à quatre mille peaux que l'on tire principalement de la Russie et de l'Amérique du Nord. Quelques peuplades de l'Asie septentrionale et de l'Amérique emploient la graisse des Ours dans la cuisine pour apprêter les aliments, et ces peuplades sauvages, pendant leurs excursions, sucent avec délice la moelle de leurs os. Un autre usage propre à nos pays civilisés consiste à former avec cette graisse une pommade qu'on a préconisée pour faire pousser les cheveux, et qui n'a qu'un seul avantage, celui d'être très fine. Les Kamtschatdales s'éclairent avec l'huile que l'on extrait de ces animaux, et les intestins sont employés par les femmes à la confection de masques qu'elles portent pour se garantir les yeux des rayons du soleil réfléchis par la neige ;

on se sert aussi de ces organes en guise de vitres pour garnir les fenêtres, et il n'y a pas jusqu'aux os dont on ne tire parti ; en effet, on transforme les omoplates en des sortes de faucilles pour moissonner les herbes. »

On chasse les Ours à la carabine armée de baïonnette, au piége et aux trappes, dans lesquels on les attire en s'adressant à leur odorat délicat et à leur gourmandise. Les peuples sauvages qui habitent les forêts de l'Amérique, où les Ours sont en assez grand nombre, font des battues, rassemblent ces animaux sur un même point et parviennent de la sorte à en tuer beaucoup ; mais c'est à l'époque de leur sommeil léthargique qu'ils sont le plus recherchés : on va les tuer dans leur retraite, quand elle a été découverte.

Ours ordinaire (*U. arctos*), vulg. *Ours brun d'Europe.* Front convexe ; museau diminuant brusquement de grosseur; pelage ordinairement brun ou brun-jaunâtre, quelquefois brun lisse à reflets presque argentés, parfois aussi fauve; longueur de la tête et du corps variant de 1 m. 29 à 1 m. 62 cent.

Cet Ours habite les montagnes, dans certaines grandes forêts de toute l'Europe; on le trouverait aussi en Asie, en Amérique et même en Afrique. Il mène une vie solitaire, ne quittant guère les forêts, où il se cache et hiverne dans des creux d'arbres séculaires, que poussé par la faim. Ses mœurs à l'état sauvage ne sont pas encore parfaitement connues. Il est carnassier, mais on peut le nourrir avec du pain seulement; il mange des faines, des graines, certains fruits, même des racines ; le miel fait ses délices. Ces aliments lui faisant défaut, il attaque les animaux. Quelquefois très bon nageur, il dévore des poissons. Malgré ses formes assez lourdes, il est doué d'agilité, il monte avec précaution sur les arbres. Il n'est pas dangereux pour l'homme, à moins qu'il ne soit attaqué. S'il rencontre un chasseur, il ne fuit pas à la vue de ses armes, il passe outre ; s'il est blessé, sa colère devient terrible, il court sur son agresseur, le saisit dans ses bras, et l'étouffe en lui dévorant le visage ou lui brisant le crâne. On rapporte que « s'il est harcelé par une meute de chiens courageux et appuyés par de nombreux piqueurs, il se retire, mais il ne fuit pas. Il gagne lentement sa retraite en se retournant, de temps à autre, pour faire face à ses nombreux ennemis, qui reculent aussitôt épouvantés. Enfin, harassé de fatigue, mortellement blessé par les balles des chasseurs, près de mourir, il s'apprête à faire payer chèrement la victoire à ses ennemis. Debout, le dos appuyé contre un arbre ou un rocher, il les attend, et tout ce qui est assez téméraire pour l'approcher tombe écrasé par sa terrible patte ou brisé par ses dents. »

Pris jeunes, ces animaux sont susceptibles d'une certaine éducation, vivent très bien en domesticité, et peuvent y reproduire leur espèce. Quoiqu'ils obéissent à leurs maîtres, ils ne le font qu'en grognant et en grinçant des dents; aussi les tient-on constamment muselés, et se défie-t-on beaucoup de leur colère, qui procède souvent d'un caprice et tourne toujours en fureur.

Les variétés de cette espèce sont l'*Ours blanc terrestre*, qui n'est blanc que par albinisme; l'*O. des Pyrénées*, l'*O. de Norwége*, l'*O. noir d'Europe*, l'*O. de Sibérie*.

Ours noir d'Amérique (*U. americanus*). Front plat, presque sur la même ligne que le museau; pelage noir, lisse, long, brillant, rarement entièrement fauve; plante des pieds et paumes des mains très courtes; taille de 1 m. 50 c.

Cette espèce est généralement regardée comme une simple variété de l'Ours ordinaire. Elle habite les parties septentrionales des Etats-Unis.

Ours blanc ou polaire (*U. maritimus*). Crâne aplati, formant une seule ligne arquée avec le chanfrein; museau fin, ayant un peu d'analogie avec celui des Martes; corps allongé, bombé sur le dos; jambes courtes; mais le cou, la tête, les pieds et les mains sont plus longs que dans les autres espèces; taille plus considérable aussi; ongles courts, peu recourbés; pelage blanc, long, soyeux, très touffu.

Cet Ours, qui ne semble pas avoir été connu des anciens, habite le cercle arctique, et principalement le Spitzberg, le Groënland, la Laponie et l'Islande. « En hiver, ces animaux sont sans cesse furetant à travers les glaçons sur le bord de la mer, et se nourrissent des cadavres que les vagues rejettent à la côte. Mais leur proie ordinaire consiste en phoques, en jeunes morses, et même en baleineaux, qu'ils osent aller attaquer à la nage à plus de deux kilomètres de la côte. Ils se réunissent cinq ou six pour cela; mais, malgré leur nombre, ils ne réussissent pas toujours, parce que la baleine accourt à la défense de son petit, et, avec sa queue, étourdit, assomme ou noie les agresseurs. Les phoques, malgré leurs fortes mâchoires, ne leur présentent guère de résistance, parce qu'ils s'approchent d'eux pendant leur sommeil, les saisissent derrière la tête, et leur brisent le crâne avant qu'ils n'aient pu opposer la moindre résistance.

« Il n'en est pas de même des morses, qui, plus défiants que les phoques, ne se laissent pas aussi facilement surprendre. Outre cette nourriture, abondante dans les pays qu'ils habitent, les Ours blancs dévorent un très grand nombre de Poissons et d'autres animaux marins de taille moyenne ou petite. Ils plongent facilement, et peuvent rester longtemps sous l'eau sans respirer. Ils nagent avec autant d'aisance que de rapidité, et peuvent faire ainsi un assez grand nombre de kilomètres sans se reposer. Mais quelquefois, si une course trop longue les fatigue, ils cherchent un glaçon entraîné par les eaux, y montent et s'y endorment, en s'abandonnant ainsi au hasard des flots et des vents, qui peuvent les conduire dans la pleine mer, où bientôt ils se trouvent réduits à mourir de faim. » C'est ainsi, dit M. Boitard, qu'en Islande et en Norwége on voit parfois arri-

ver, sur des glaçons flottants, des bandes d'Ours blancs affamés au point de se jeter sur tout ce qu'ils rencontrent. Alors ils sont terribles pour les hommes et pour les animaux, et cette circonstance, tout à fait accidentelle, mais qui se renouvelle presque chaque année, n'a pas peu contribué à leur faire une réputation de courage et de férocité. S'ils sont entraînés dans la haute mer, ils ne peuvent plus regagner la terre ni quitter leur île flottante. Dans ce cas, ils se dévorent les uns les autres, et celui qui reste finit par mourir de faim. »

«En été, les Ours blancs, retirés dans l'intérieur des terres, y errent solitairement dans les forêts, et mangent les graines, les fruits et les racines qu'ils peuvent trouver, tout en recherchant les cadavres et en attaquant les animaux qu'ils rencontrent. C'est dans les bois qu'ils font leurs petits et que les femelles les allaitent sur un lit de mousse et de lichen. Celles-ci portent sept mois, et mettent bas au mois de mars un ou deux petits, très rarement trois. Les mères sont très attachées à leurs petits, et Fr. Cuvier assure qu'elles les portent quelquefois sur leur dos en nageant. Ces animaux ont une voix qui ressemble, dit-on, à l'aboiement d'un Chien enroué plus qu'au murmure grave des autres espèces d'Ours. »

L'Ours blanc, pris jeune, peut être conservé en domesticité, mais il ne se montre guère susceptible d'éducation, ni de beaucoup d'attachement, restant constamment d'une sauvagerie brutale et stupide. Assez vif pendant l'hiver, il semble languissant et faible durant l'été dans nos climats.

Ours féroce (*U. ferox*). Tête proportionnellement plus large en arrière que celle de l'Ours d'Europe; jambes longues, ongles très longs, arqués et aigus; queue très courte; longueur de 3 à 4 mètres; pelage grisâtre.

L'Ours féroce habite les parties les plus élevées de la province de Missouri, etc. Il joint à la stupidité de l'Ours blanc la férocité du Jaguar, le courage du Tigre et la force du Lion. C'est, dit-on, le plus farouche et le plus terrible des animaux. Il vit solitaire dans les forêts. Endormi pendant le jour dans les profondes cavernes des montagnes, il se réveille au crépuscule, sort de sa retraite et tue les mammifères qu'il rencontre, surtout les daims et les argalis : les bisons, malgré leur force, ne peuvent lui résister. Il est la terreur des habitants nomades des contrées qu'il habite. On lui fait une chasse active mais fort dangereuse, que M. Boitard a décrite.

OURSIN (*Echinus*). Genre d'Echinodermes, famille des Echinides, zoophytes qui, considérés en général, offrent pour caractères : forme plus ou moins circulaire, ou ovale, déprimée; corps soutenu par un test solide, calcaire, composé de plaques polygones disposées radiairement sur 20 rangs égaux, ou alternativement et régulièrement inégaux, et qui portent sur des mamelons des épines raides, cassantes, de formes extrêmement variables ; ce test est, de plus, percé par des séries de pores, formant, par leur assemblage, des espèces d'ambulacres, s'irradiant plus ou moins régulièrement du sommet à la base et donnant issue à des cirrhes tentaculiformes ; ces trous sont ce qu'on nomme les ambulacres des Oursins. A la partie supérieure du corps et dans une étendue plus ou moins considérable de sa base , est un espace enfoncé, membraneux, non hérissé d'épines, au milieu duquel est percé l'orifice buccal du canal intestinal. A la face opposée existe un espace membraneux beaucoup plus petit, percé également d'un trou qui est l'anus ; sa position offre quelques variations ; enfin , à quelque dis-

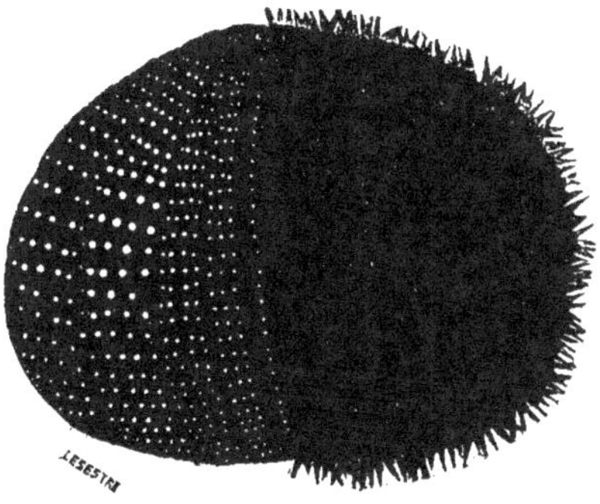

Fig. 992. — Oursin.

tance de l'anus et de même sur la face dorsale , est un cercle d'orifices qui servent de terminaison aux oviductes.

« La peau qui entoure la bouche est à peine rude ; on y remarque cependant des paires d'écailles suborbiculaires , un peu concaves et qui sont justement placées deux à deux dans la direction du rayon qui irait dans l'interstice des dents ; chacune est percée d'un orifice. L'appareil masticateur , qui se compose des mâchoires et des dents, est tout à fait remarquable. Les mâchoires, au nombre de cinq et bien semblables chez l'Oursin de l'espèce commune , sont disposées radiairement, et constituent, par leur réunion, une cage conique, dont la base est en haut et le sommet en bas. Chacune est elle-même composée de deux pièces triangulaires, placées en rayons autour de la masse buccale, et retenues à leur base supérieure par une sorte d'arc-boutant qui passe transversalement de l'une à l'autre. Les dents, au nombre de cinq, une pour chaque mâchoire, forment un corps subcylindrique allongé, pointu, aminci à l'extrémité supérieure, qui est molle et flexible, se solidifiant et s'épaississant inférieurement , où il se termine par une sorte de lame un peu arquée, à bords tranchants, coupés en biseau de chaque côté, de manière à produire une pointe tranchante

fort aiguë et résistante. Une autre partie de l'appareil du squelette des Oursins, si l'on peut employer cette expression, pour exprimer les parties solides et crétacées qui entrent dans leur composition, est celle qui leur a valu leur nom, puisqu'elle les a fait comparer à des corps épineux, à des hérissons, etc. »

Ces animaux sont tous marins ; ils se tiennent sur le littoral et sont surtout abondants et plus volumineux dans les parages intertropicaux. Leurs piquants sont mis en mouvement dans tous les sens par la lame externe de l'enveloppe cutanée , qui a par conséquent une organisation musculeuse. Ils emploient ces mouvements, aidés de ceux de leurs cirrhes tentaculaires, comme moyen de locomotion. On les dit très carnassiers, mais on a exagéré ce caractère ; leur système digestif est à la vérité assez complet.

Les Oursins paraissent unisexués ; tous les individus présentent des œufs, et on ne leur a point encore reconnu d'organes mâles. L'appareil femelle consiste en un nombre d'ovaires égal à celui des subdivisions du test, c'est-à-dire de cinq , qui sont situés autour de l'anus et appliqués , dans la position renversée de l'animal , au-dessus et autour de la cavité viscérale. Les œufs sont extrêmement nombreux et irrégulièrement entassés ; Olivier nous apprend qu'observés au microscope , ils montrent déjà le périmètre du test calcaire qui contient l'embryon, test qui est d'abord mou , puis osseux ou calcaire. C'est au printemps que les ovaires des Oursins sont gonflés d'œufs ; c'est aussi à cette époque que ces animaux sont recherchés pour être mangés, malgré l'aspect purulent des mucosités dont ils sont remplis ; leur goût a quelque chose de celui des écrevisses, et on les mange à la mouillette comme des œufs à la coque.

La famille des Échinides ou Oursins renferme un grand nombre de genres , partagés en trois catégories, selon que leur bouche est subterminale , subcentrale ou centrale. A la dernière appartient l'*Echinus*.

L'Oursin proprement dit , vulg. *Hérisson de mer*, *Châtaigne d'eau*, a le corps régulièrement circulaire , composé de 20 séries radiaires, alternativement inégales, de plaques polygonales hérissées d'épines diversiformes de deux sortes , et portées sur des tubercules mamelonnés non perforés , ambulacres constamment au nombre de cinq et complets ; bouche centrale, armée de 5 dents ; anus médian supérieur ou exactement opposé à la bouche.

OURS MARIN. — V. *Otarie.*

OUTARDE (*Otis*). Genre de Gallinacés, suivant les uns, d'Échassiers, selon d'autres, appelé Gallino-Gralle par de Blainville , comme participant des deux genres , parce qu'en effet les Outardes tiennent aux Gallinacés par leurs formes lourdes, et aux Gralles par la dénudation du haut de leurs tarses. Cuvier les place parmi les Échassiers pressirostres : bec de la longueur de la tête , droit, conique, comprimé ou légèrement déprimé à la base; mandibule supérieure un peu voûtée vers sa pointe ; narines ovales, ouvertes vers le milieu du bec ; pieds longs , nus au-dessus du genou ; 3 doigts de devant, courts , réunis à leur base et bordés par des membranes; ailes médiocres , obtuses. Les mâles diffèrent des femelles par des ornements extraordinaires et par un plumage plus bigarré ; les jeunes mâles ont le plumage des femelles.

Les Outardes appartiennent presque exclusive-

Fig. 993-994. — Outarde barbue (mâle et femelle).

ment à l'ancien continent. Elles vivent dans les plaines couvertes de verdure, ou frappées le moins possible de stérilité , par troupes plus ou moins nombreuses; se nourrissent d'herbes , d'insectes, de graines et de semences , suivant la saison. Ce sont des oiseaux pesants, plus propres à la locomotion terrestre qu'au vol. D'un naturel très farouche , ils fuient l'homme du plus loin qu'ils le voient et courent avec une vivacité extrême, ne prenant le vol pour raser rapidement la terre, que

Fig. 995-996 — Outarde canepetière (mâle et femelle).

lorsque la course ne leur est plus un moyen de salut. Plusieurs femelles passent le temps convenable pour la fécondation avec un seul mâle, puis elles se séparent pour les pontes. C'est dans un trou creusé en terre que les œufs sont ordinairement déposés.

Ce genre comprend une douzaine d'espèces qui forment deux groupes : 1° celles à mandibules comprimées à la base; 2° celles à mandibules déprimées.

OUTARDE BARBUE (*O. tarda*) ou *Grande Outarde*. Le plus grand des oiseaux d'Europe ; sa taille est de 100 à 130 centimètres. Son plumage est jaune, traversé sur le dos par des traits noirs, et grisâtre sur la tète, le cou et la poitrine. Le mâle a les plumes des oreilles allongées , et formant des deux côtés des espèces de moustaches. — L'Outarde habite l'est de l'Europe ; elle est de passage en Allemagne et en France. On la voit arriver, en hiver, dans les grandes plaines de la Provence et de la Champagne ; elle y vit par troupes de plusieurs milliers d'individus , et y demeure jusqu'au printemps, époque à laquelle les couples s'associent; les uns vont passer l'été dans des contrées moins chaudes , les autres restent parmi les blés et y font leur ponte, qui est de un à quatre œufs, d'un gris cendré olivâtre, tacheté de gris sombre : leur grand axe est de trentequatre lignes, le petit axe de vingt-cinq lignes. La femelle les dépose dans un petit trou qu'elle fait en grattant légèrement la terre , qui reste nue et battue tout autour. Si, pendant son absence on touche à ses œufs , elle les abandonne , quelque avancée que soit l'incubation.—Cette espèce est recherchée comme l'un de nos meilleurs gibiers.

L'OUTARDE CANEPETIÈRE (*Otis tetrax*) est de moitié plus petite que la précédente, beaucoup moins commune et beaucoup plus estimée. Le mâle est dépourvu de moustaches et porte en été un double collier noir et blanc. Cette espèce arrive chez nous au printemps, et s'en va en automne; on la rencontre dans la Beauce et dans le Berry; elle se tient ordinairement dans les champs d'Orge et d'Avoine : dans le midi de l'Europe, elle est sédentaire. Sa ponte est de trois ou quatre œufs bronzés, dont le grand axe est de vingt-une lignes, et le petit axe de quinze lignes.

OUTRE-DE-MER.—Nom vulgaire de l'*Ascidie*.

OVAIRE. Ce mot, dérivé d'*ovum*, œuf, désigne l'organe qui, chez les animaux, contient les ovules et chez les plantes les graines avant et pendant la période de floraison. L'ovaire doit donc être étudié dans les deux règnes animés.

OVAIRE DES ANIMAUX. Corps glanduleux placé près des reins des femelles de la plupart des animaux; communiquant avec la matrice et lui transmettant , sous la forme de globule, l'œuf ou ovule fécondé au moment de l'union sexuelle. — V. *Fécondation*.

Chez la femme , l'Ovaire représente un corps demi-ovale, aplati, long de 3 à 5 millim., situé de chaque côté de la matrice, communiquant avec celle-ci par un canal nommé *trompe de Fallope*. Il renferme, pendant tout le temps que la femme est apte à concevoir, un grand nombre de petits sacs membraneux, appelés *vésicules de Graaf* ou *ovariques*, qui, sous une enveloppe extérieure de tissu cellulaire, très vasculaire, offrent une tunique interne également très vasculaire , tapissée d'un épithélium au centre duquel se trouve l'*ovule*.

Les ovules sont en quelque sorte le produit des organes génitaux femelles (Ovaires) dont dérive directement l'embryon après la fécondation.

Ils ont de 1 à 2 dixièmes de millim. chez tous les Mammifères ; les différences qu'ils offrent à cet égard ne sont pas proportionnées à celles qui existent entre les animaux, eu égard à la taille. Vus au microscope, ils offrent un corps sphérique ainsi composé : une membrane assez épaisse, hyaline, transparente , amorphe, appelée *membrane vitelline* , qui renferme un corps obscur (*le vitellus*), entouré d'un assez large anneau clair formé par la membrane vitelline, et qu'on nomme *zone transparente*. Le vitellus est tantôt un liquide mêlé de grains arrondis, tantôt , comme

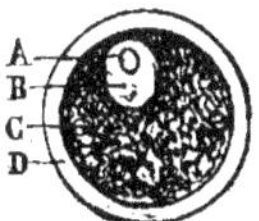

Fig. 997. — Ovule très grossi.

(A, tache germinative; — B, vésicule germinative; — C, vitellus; — D, zone transparente.

chez la femme, une masse cohérente , granulée, transparente et visqueuse ; il contient une cellule claire, la *vésicule germinative* (B), qui paraît se rapprocher de la périphérie à mesure que l'œuf mûrit, et qui offre sur un point de sa paroi un *noyau*, tache obscure et arrondie, improprement appelée *tache germinative* (A).

Dans les premiers temps de l'apparition des vésicules ovariques , l'ovule est au centre ; mais peu à peu il vient s'appliquer contre la paroi interne de cette vésicule.

Il y a dans l'ovaire d'une femme apte à procréer 15 à 20 vésicules visibles à l'œil nu ; mais le microscope en fait découvrir un très grand nombre qui sont très peu développées ; les plus grosses et les plus mûres occupent la surface de l'organe, où il leur arrive quelquefois des élévations, des bosselures.—Chez les Oiseaux, l'Ovaire est plissé, membraneux, et à sa surface font saillie des ovules à divers degrés de développement.

OVAIRE DES PLANTES. Partie la plus inférieure du pistil; il est plus ou moins renflé, d'une forme très variable d'ailleurs, et présente dans son intérieur un nombre de loges égales à celui des carpelles, et séparées par des cloisons : de là sa distinction en *uni*, *bi*, *tri-loculaire*. Chaque loge renferme un ou plusieurs ovules, et est dite par conséquent *uni*, *bi*, *tri* ou *pluriovulée*.

L'*ovule* est le corps qui, contenu dans la cavité de l'Ovaire et attaché au trophosperme, c'est-à-dire à la partie du péricarpe qui lui sert de support, se transforme en graine par suite des phénomènes de la fécondation. Sa partie centrale et primitive porte le nom de *nucelle*; la membrane la plus extérieure s'appelle la *primine*, et l'intérieure, appliquée immédiatement sur la nucelle, la *secondine*. La base de l'Ovule est fixée au tro-phosperme ou *placenta* par un petit filament cellulo-vasculaire appelé *funicule*, *cordon ombilical*, *podosperme*, et le point où il est fixé à l'ovule est le *hile* ou *ombilic*.

L'Ovaire, qui n'a aucune adhérence avec les enveloppes florales, lesquelles sont alors attachées au-dessous de lui sur le réceptacle, est *libre* ou *supère*; dans le cas contraire, c'est-à-dire lorsque le calice se soude avec l'ovaire et qu'il est placé au-dessous des enveloppes florales, il est appelé *adhérent* ou *infère*; quand il est attaché par sa base seulement à la face interne du tube calicinal, il porte le nom de *pariétal*.—V. *Pistil.*

OVIPARES. On donne ce nom, en Zoologie, à tous les animaux qui pondent des œufs, c'est-à-dire à tous ceux qui, sous des formes et des conditions quelconques, rejettent au dehors le produit de la génération, sans que ce produit se soit préalablement développé dans leur sein. — V. *Œuf.*

OVOLOGIE (du latin, *ovum*, œuf, et du grec *logos*, discours). Mot hybride qui signifie proprement histoire des œufs en général, mais dont les naturalistes modernes ont fait un terme synonyme d'*Embryogénie* ou à peu près, car sous ce nom c'est du développement de l'embryon et du fœtus qu'ils traitent plutôt que de l'histoire des *Œufs* et des *Ovules* — V. ces mots et *Ovulation.*

Harvey a émis cette proposition fameuse : *Omne vivum ex ovo.* Si tous les animaux naissent d'un Œuf, il n'y a point de génération spontanée (V. ce mot), dans le sens absolu de cette expression. Nous avons déjà dit combien cette question divisait les naturalistes et les savants, en indiquant sommairement les principaux faits sur lesquels s'appuient les opposants, sans prendre parti ni pour les uns ni pour les autres, parce que nous voulons conserver notre rôle d'historien. Toutefois, on a fait valoir des considérations d'un ordre philosophique et social que nous croyons devoir reproduire ici :

« Réduite à ces limites étroites, la question des générations spontanées ou de l'hétérogénie n'en est pas moins la question la plus vaste de l'histoire naturelle, et les conséquences que doit amener sa solution ne vont à rien moins qu'à intéresser les doctrines les plus élevées de l'ordre social. Il ne faut point se le dissimuler, l'homme de la société, quoi qu'en ait dit le philosophe de Genève, est toujours l'homme de la nature, et quand vous agitez une grande question naturelle, vous devez rencontrer nécessairement la société. Or voici où nous mène l'admission d'ailleurs incompréhensible des générations spontanées. S'il peut exister des êtres sans parents, qu'est-il besoin de rechercher s'il y a jamais eu un premier père, et cette question étant omise, il n'est plus nécessaire de reconnaître qu'il y a eu une création; il suffit de croire que tout est dans tout; que « l'uni-

« vers, l'ensemble des choses, la somme des phé-« nomènes, est la réalité phénoménalisée ; enfin « que la réalité agissante, l'existence absolue, la « force infinie, la véritable cause de l'univers, ce « qu'on a appelé *Natura naturans*, l'âme du « monde, est Dieu. » (Burdach, *Traité de physiologie*); d'où il faudrait conclure que le panthéisme est la plus rationnelle de toutes les doctrines relatives à la constitution et à la conservation de l'univers.

« Non, il n'y a rien de spontané dans le monde. Chaque événement a ses causes, chaque fait a son principe, comme il a ses conséquences pour lesquelles il est principe lui-même. Tout ce qui est n'existe qu'à titre de conséquence. Une seule cause a été et sera toujours : c'est la cause première, la cause universelle, la raison souveraine qui domine toutes les raisons, l'intelligence suprême dont l'intelligence de l'homme est un rayon, qui a lancé les mondes dans l'espace et qui préside à leurs révolutions, qui dirige le soleil dans sa course, qui régit la naissance de la plus simple monade aussi bien que l'organisation plus compliquée de l'individu humain. C'est à cette cause seule qu'il faut attribuer la spontanéité; car la spontanéité est son essence. Elle est, parce qu'elle est (*Ego sum qui sum*), parce qu'il faut qu'elle soit, parce que si elle n'était pas rien ne serait. Son existence ne se démontre pas; elle ne se prouve pas, elle est évidente; en un mot, c'est un axiome. »

Burdach et les physiologistes allemands, écoutant la raison scientifique qui, visant au positivisme, n'est que trop souvent obscure et bizarre, plutôt que la raison générale commune et si familière à toutes les intelligences, touchant la création, Burdach, disons-nous, a écrit le passage suivant, qui a au moins le mérite de la netteté et de la franchise : « Le seul moyen de concevoir comment notre planète a pu se peupler d'êtres vivants, est d'admettre que les corps organisés se sont développés des corps inorganiques, phénomène qui se passe encore aujourd'hui sous nos yeux dans l'hétérogénie (génération spontanée). Or, on peut admettre deux cas extrêmes, ou qu'il ne s'est formé qu'une seule espèce d'êtres organisés dont les circonstances ont tellement modifié l'organisation, qu'elle a fini par produire toutes les espèces actuellement vivantes ; ou que toutes les espèces qui vivent de nos jours se sont produites en même temps de la matière inorganique. Mais l'un et l'autre cas sont également improbables, et la vérité semble se trouver entre eux. En effet, l'hétérogénie (génération spontanée) nous apprend que d'une espèce d'Infusoires ne se développent point toutes les autres; que toutes les espèces ne naissent point non plus simultanément, mais que, de temps à autre, des espèces *affines* proviennent de celles qui subsistent déjà, ou paraissent à la même époque qu'elles. Nous devons donc présumer que toutes les espèces d'organismes entre lesquelles on aperçoit des différences essentielles,

sont provenues de la matière inorganique à des époques diverses, et qu'elles sont arrivées peu à peu à l'état dans lequel nous les voyons.

« Bien des choses n'arrivent plus maintenant, ajoute Burdach, qui ont dû avoir lieu jadis; tout annonce qu'à l'instar des corps organisés, la terre a possédé des forces différentes aux diverses époques de son existence, qu'elle a dépassé maintenant l'âge de la jeunesse, où la vie débordait pour ainsi dire, en elle de toutes parts, et où sa force plastique s'épanchait en une infinie diversité de produits; qu'aujourd'hui, enfin, à peine produit-elle encore quelque chose de nouveau, mais se borne à conserver ce qui a été produit, et que par conséquent elle a perdu en grande partie sa force procréatrice.... Nous et nos pères, depuis des milliers d'années, nous voyons la terre dans son âge de vieillesse, et de ce qu'elle n'a plus la faculté d'engendrer des hommes, nous ne devons pas conclure qu'elle ne l'a jamais possédée.... Il est plus que probable que les premiers hommes n'étaient point encore ce que l'homme est aujourd'hui ; car l'humanité ne se développe que peu à peu, et une prédisposition originaire quelconque ne se réalise complétement que dans le cours des siècles. »

Cuvier, qui vaut bien Burdach, s'exprime tout différemment : « La vie en général, disait-il, suppose l'organisation en général, et la vie propre de chaque être suppose l'organisation propre de cet être, comme la marche d'une horloge suppose l'horloge ; aussi ne voyons-nous la vie que dans des êtres tout organisés et faits pour en jouir; et tous les efforts des physiciens n'ont pu encore nous montrer la matière s'organisant, soit d'elle-même, soit par une cause extérieure quelconque. En effet, la vie exerçant sur les éléments qui font à chaque instant partie du corps vivant, et sur ceux qu'elle y attire, une action contraire à ce que produiraient les affinités chimiques ordinaires, il répugne qu'elle puisse être elle-même produite par ces affinités, et cependant l'on ne connaît dans la nature aucune autre force capable de réunir des molécules auparavant séparées.

« La naissance des êtres organisés est donc le plus grand mystère de l'économie organique et de toute la nature ; jusqu'à présent nous les voyons se développer, mais jamais se former; il y a plus : tous ceux à l'origine desquels on a pu remonter ont tenu d'abord à un corps de la même forme qu'eux, mais développé avant eux; en un mot, à un parent. Tant que le petit n'a point de vie propre, mais participe à celle de son parent, il s'appelle un germe.

« Le lieu où le germe est attaché, la cause occasionnelle qui le détache et lui donne une vie isolée, varient; *mais cette adhérence à un être semblable est une règle sans exception.* »

En science, dit un auteur, il faut observer, constater, et ne pas considérer si les conclusions légitimes auxquelles on peut être amené sont en contradiction avec d'autres conclusions tirées de faits d'un ordre différent, ou avec des opinions déjà arrêtées mais préconçues. Si le fait de la génération spontanée paraissait établi d'après des expériences positives, précises, il faudrait bien l'admettre, quelles qu'en pussent être les conséquences logiques. Mais quand on voit la division parmi les savants; quand des naturalistes éminents, d'ailleurs peu disposés à admettre le récit de Moïse comme l'expression de la véritable tradition touchant le commencement du monde, nient la génération spontanée, la saine raison commande de tout rattacher à l'œuf ou au germe préexistant. « Quant à vouloir expliquer comment a été formé le premier parent, celui qui a commencé l'existence de chaque espèce, il n'y faut pas songer, du point de vue de la science : l'univers est si ancien ! et notre science est toute moderne. On peut bâtir là-dessus toutes sortes d'hypothèses, on peut attribuer aux milieux une influence plus ou moins marquée sur la formation des espèces; mais ce dont il faut bien se garder, c'est de faire ce qu'on a appelé de la philosophie zoologique avec une équivoque, et de présenter, à l'aide de cette équivoque, l'homme comme le produit le plus élevé des transformations auxquelles le monde ait pu atteindre jusqu'à présent (1). La question des premiers parents doit donc être mise de côté et réservée aux théogonies. » — Nous avons exposé : que le lecteur juge.

OVOVIVIPARES. Animaux dont le mode de génération est ovipare, mais dont les œufs éclosent dans leur trajet à travers les voies utérines. Tels sont la Blennie, les Ornithorhynques et les Kanguroos.

OVULATION. Développement de l'œuf après la fécondation. Au mot *Œuf*, il a été donné l'histoire de l'Ovulation chez les Oiseaux; ici nous considérerons le développement de l'œuf chez les Mammifères et en particulier chez la Femme, depuis le moment de la *fécondation* (V. ce mot) jusqu'au moment où l'embryon prend le nom de Fœtus.

L'ovule, dès qu'il est sorti de la vésicule de Graaf, subit quelques changements, même avant d'avoir été fécondé. La vésicule germinative (V. *Ovaire* pour la composition de l'ovule) disparaît d'abord; cette disparition a lieu spontanément aussi dans l'œuf des femelles d'Oiseaux qui pon-

---

(1) Le livre de M. de Lamarck, intitulé *Philosophie zoologique*, est entièrement consacré à la question de la transformation des espèces. Ce naturaliste s'était persuadé que la vie a commencé sur le globe par des formations élémentaires, et que l'influence des divers milieux dans lesquels la terre s'est trouvée plongée dans la durée des siècles, a seule occasionné la métamorphose de ces formations, et a produit ainsi toutes les espèces d'êtres organisés qui peuplent actuellement le globe terrestre.

dent en l'absence du mâle. A mesure qu'il pro-
gresse dans la trompe, l'ovule s'entoure d'une
couche albumineuse, couche qui n'a qu'une faible
épaisseur chez les Mammifères, mais qui forme,
chez les Oiseaux, la masse épaisse du *blanc* de
l'œuf. Cette couche n'a qu'une existence éphé-

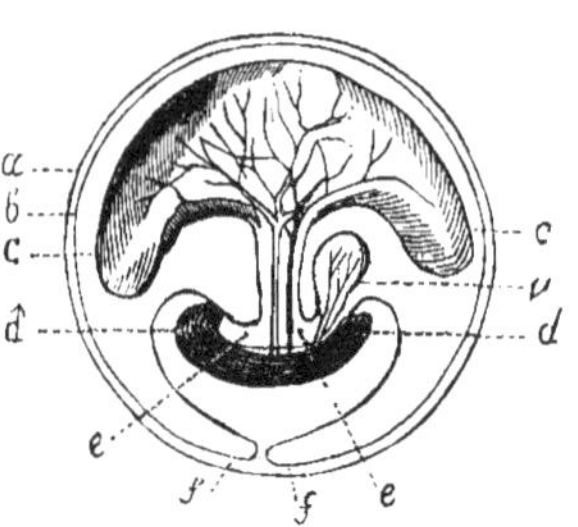

Fig. 998. — Ovulation (œuf de 25 jours).

a, Chorion ; — *b*, feuillet externe du blastoderme ; —
c, c, Vésicule ombilicale, portion extra-fœtale avec ses
vaisseaux ; — *d*, portion céphalique de l'embryon ; —
d' portion caudale du même ; — *e, e*, portion fœtale
de la vésicule ombilicale, premiers vestiges de l'intestin ; — *f, f*, feuillet externe du blastoderme qui va
former l'amnios.

mère ; car elle a à peu près complétement disparu
quand l'ovule arrive dans l'utérus, où il doit se
fixer. On pense qu'elle sert à retenir les sperma-
tozoaires, en même temps qu'elle sert au premier
développement de l'œuf.

Le premier phénomène de la fécondation se
manifeste dans l'œuf par la segmentation du vitellus ou jaune, qui est le prélude du développement embryonnaire. Au milieu de la masse vitelline devenue uniforme par la disparition de la
vésicule germinative, on voit apparaître un point
un peu plus clair, qui est un noyau pourvu d'un
nucléole, lequel agit sur la masse entière du jaune
comme une sorte de centre d'attraction ; le jaune
se resserre sur lui-même, laissant un espace clair
entre lui et la membrane vitelline. Bientôt le noyau
central se partage en deux, et les noyaux nouveaux agissent à leur tour comme centre d'attraction sur la masse du vitellus, qui se divise bientôt en deux masses juxtaposées. Les noyaux
contenus dans ces deux masses se divisent à leur
tour, et, les sphères de segmentation se groupant
autour des noyaux nouveaux, parviennent successivement au nombre de 4, 8, 16, 32, etc., qui
remplissent bientôt la cavité entière de l'œuf (*segmentation complète*). Dans l'œuf de l'Oiseau, il
n'y a qu'une partie du jaune (la cicatricule) qui se
segmente.

Les sphères de segmentation deviennent de véritables cellules ; les premières formées se rassemblent à la périphérie contre la face interne de

la membrane vitelline et y forment une nouvelle
membrane appelée *blastoderme*.

A peine le blastoderme a-t-il pris la forme de
membrane qu'il s'obscurcit sur un des points de
son étendue ; il y acquiert plus d'épaisseur, et ce
point est le premier vestige de l'embryon ; c'est
la *tache embryonnaire* ou *area germinativa*.

Pendant que s'accomplissent ces phénomènes,
l'œuf poursuit sa marche vers l'utérus, dans lequel
il arrive vers le 8e jour qui suit la fécondation,
avec son blastoderme plus visible et un volume 4
ou 5 fois plus gros qu'il n'était dans l'ovaire. Au
moment où il pénètre dans sa cavité par l'orifice
étroit de la trompe de Fallope, l'œuf rencontre la
muqueuse utérine qui s'est développée dès le moment de la fécondation ; il se fixe sur un point de
sa surface tomenteuse ; sa membrane vitelline développe des villosités qui s'y implantent, et cette
membrane utérine forme autour de l'œuf une sorte
de bourrelet circulaire qui, augmentant peu à peu
et s'accroissant sans cesse, finit par se rejoindre
au-dessus de lui et par l'emprisonner dans une
enveloppe complète.

La tache embryonnaire s'allonge, prend une
forme elliptique ; elle s'éclaircit vers le centre ; et
dans le milieu de la partie claire se dessine une
ligne, premier indice de la moelle épinière. A

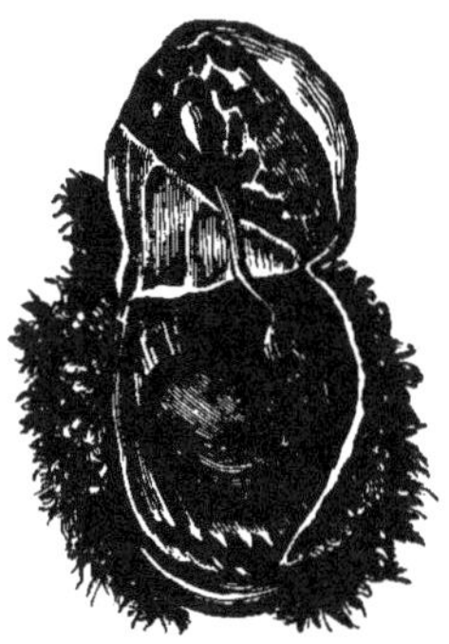

Fig. 999. — Œuf ou embryon de huit semaines.

(La paroi de l'œuf à laquelle adhère le placenta est séparée du reste par une incision perpendiculaire, et relevée de manière à faire voir le cordon ombilical qui
fait communiquer le fœtus avec le placenta.)

ce moment, le blastoderme se dédouble en deux
feuillets, et l'œuf est alors composé de trois tuniques, qui sont la membrane vitelline et les deux
feuillets du blastoderme. Ces derniers correspon-
dront plus tard, l'externe à la surface tégumentaire externe ou cutanée, l'interne à la surface tégumentaire interne ou muqueuse intestinale. Entre
les deux feuillets du blastoderme apparaît prompt-
tement le *blastème primitif*, au sein duquel se
développeront tous les organes du fœtus.

En effet, l'embryon, en se développant, fait saillie à la surface du feuillet externe du blastoderme; ses deux extrémités s'incurvent, et il ressemble à une petite nacelle dont la concavité regarde le côté du centre de l'œuf; l'une de ses extrémités se renfle beaucoup plus que l'autre, c'est le côté de la tête. La partie du feuillet externe du blastoderme qui avoisine les deux extrémités se soulève et forme, en se portant sur la partie convexe de l'embryon, deux replis appelés *capuchons*, qui marchent à la rencontre l'un de l'autre. Quant au feuillet interne, il subit, à mesure que le corps de l'embryon s'incurve en dedans, un étranglement qui correspond à l'ombilic, et sa cavité se trouve bientôt partagée en deux parties, l'une qui est enserrée dans l'embryon et qui formera plus tard la cavité intestinale, et l'autre qui forme en ce moment la plus grande partie intérieure du blastoderme, et qui sera *vésicule ombilicale*.

Ainsi, vers le douzième jour de son développement, l'œuf se compose du corps de l'embryon et de ses *annexes*. Ces annexes sont : 1° la membrane extérieure de l'œuf (membrane vitelline) qui prend désormais le nom de *chorion*; 2° les replis du feuillet externe du blastoderme qui, en se réunissant du côté de la partie dorsale du fœtus, formeront l'*amnios*; 3° la portion extra-fœtale du feuillet muqueux du blastoderme, qu'on désigne dès lors sous le nom de *vésicule ombilicale*. La vésicule ombilicale communique avec l'intestin; sur ses parois se développent des vaisseaux qui communiquent avec ceux du corps de l'embryon; mais elle disparaît bientôt, car elle est transitoire.

Vers le 12e ou 15e jour, au moment où la vésicule ombilicale se limite nettement par la formation de l'ombilic du fœtus, on voit naître sur la partie de cette vésicule qui correspond à la portion caudale de l'intestin, une autre vésicule, qui est l'*Allantoïde*, et dont le développement est très rapide. Cette allantoïde est divisée aussi en deux parties, l'une située dans l'abdomen du fœtus et qui formera plus tard la vessie urinaire, l'autre extérieure au fœtus, très riche en vaisseaux. Cette dernière s'accroît rapidement et s'étale bientôt sur toute la face interne de l'œuf, s'y soudant de toutes parts pour concourir à la formation du chorion et établir entre ce chorion, qui communique avec l'utérus par ses villosités (qui forment le *placenta*) et le fœtus, une communication au moyen des vaisseaux qui la recouvrent et qui forment bientôt le *cordon ombilical*, lequel est en rudiment dans le col allongé de la vésicule ombilicale et de l'allantoïde. — V. *Fœtus, Circulation fœtale*.

OVULE. — V. *Ovaire*.

OXALIDACÉES. Famille de Plantes dicotylédones, dont les caractères se trouvent suffisamment indiqués dans l'article suivant. Nous ferons remarquer seulement que le genre *Oxalis*, qui forme le type de cette petite famille, avait été placé primitivement parmi les Géraniacées, mais que plus tard on en a fait un groupe à part qui diffère de cette dernière famille par ses feuilles privées de stipules, par ses styles distincts et non soudés, par ses ovules nombreux dans chaque loge et par son embryon droit placé au centre d'un endosperme charnu.

OXALIDE (*Oxalis*). Genre de Plantes herbacées, annuelles ou vivaces, acaules ou caulescentes, ayant en général les feuilles trifoliées ou pinnées, des fleurs blanches ou jaunes : 5 sépales ; 5 pétales: 10 étamines, soudées à la base; 5 styles; capsule oblongue ou ovoïde à 5 lobes profonds.

OXALIDE BLANCHE (*O. acetosella*), vulg. *Alleluia, Surelle, Pain de Coucou*. Plante vivace, dont la tige est souterraine, rampante, avec renflements d'où partent des fibres qui sont les véritables racines: feuilles naissant de la souche même, au nombre de 5-6, longuement pétiolées, et

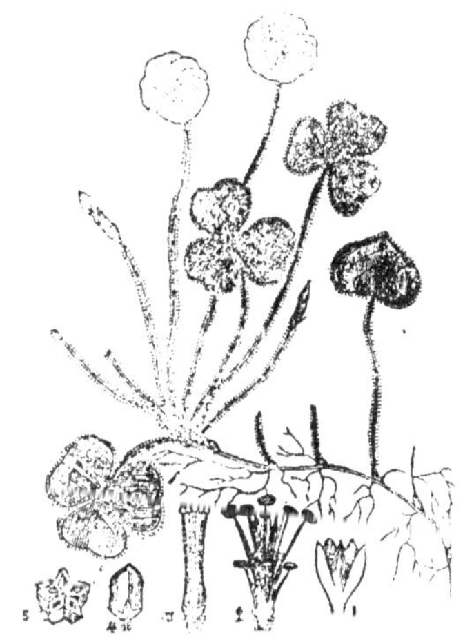

Fig. 1000. — Oxalide.

(1, Calice ; — 2, Pistil et étamines ; — 3, Pistil ; — 4, le fruit, — 5, le même coupé horizontalement.)

formant gazon, trifoliées, pubescentes, blanchâtres en dessous. Fleurs blanches, solitaires sur des pédoncules aussi longs que les pétioles : calice court; corolle campaniforme beaucoup plus longue: 5 pétales à préfloraison contournée ; 10 étamines dont 5 plus courtes; ovaire à 5 styles.

L'Oxalide est assez commune dans les bois montueux, les lieux couverts, le long des haies, principalement dans le nord de la France: elle montre ses fleurs au printemps (mars-avril). D'une saveur acide, agréable, elle est sans odeur. Toutes ses parties sont employées soit à l'intérieur en décoction, comme tempérant, antiscorbutique et antiputride, soit à l'extérieur en cataplasme pour hâter la suppuration des abcès froids. Comme certains calculs urinaires ont pour base l'oxalate de chaux, il convient de s'abstenir de son usage dans les affections calculeuses. On peut la manger en salade. En Suisse et en Allemagne on en extrait en grand le sel d'oseille.

L'OXALIDE CORNICULÉE (*O. corniculata*), qui se distingue à ses pédoncules plus courts que les pétioles, à ses pédicelles fructifères réfractés et à ses feuilles pourvues de stipules, remplace ordinairement la Surelle dans les officines. C'est une plante annuelle qui porte des fleurs jaunes, petites, s'épanouissant en été.

Un espèce du même genre, l'*Oxalis crenata*, qui est originaire des montagnes du Pérou, présente un intérêt tout particulier. Elle offre des tubercules charnus extrêmement nombreux, contenant 10 à 12 pour 100 de fécule. Les tubercules, de couleur jaunâtre et de la grosseur d'une noix à celle d'un œuf de poule, ont, quand ils sont cuits, une saveur agréable, légèrement aigrelette. On les cultive en France et en Angleterre, depuis quelques années, car c'est un bon légume.

OXYDATION, OXYGÉNATION. Ces deux mots se confondent souvent dans l'usage. Ils diffèrent toutefois en ce que l'*Oxygénation* comprend tous les cas dans lesquels l'oxygène se combine avec un corps quelconque, quel que soit d'ailleurs le produit qui en résulte, et que l'*Oxydation* est proprement l'acte chimique par lequel les corps simples se combinent avec l'oxygène en proportions déterminées, de manière à produire des oxydes. On appelle donc *Oxyde*, en chimie, tout composé qui renferme de l'oxygène, mais plus spécialement des combinaisons de l'oxygène avec les substances métalliques. En ce sens on oppose *oxyde* à *acide* ; et de même que l'on caractérise les *acides* par la propriété d'offrir une saveur aigre, de rougir la teinture de tournesol, on caractérise les *oxydes* par l'absence de ces propriétés ou par la présence des propriétés contraires, notamment par celle de ramener au bleu la teinture de tournesol rougie par un acide. L'Oxydation sous l'influence de la chaleur, de l'air humide, de l'électricité, par l'immersion des métaux dans des solutions alcalines, etc. L'Oxydation du fer à l'air humide donne lieu à cette poudre fine, de couleur rouge, plus ou moins foncée, qu'on nomme *rouille*, et qui est, en chimie, un peroxyde de fer hydraté.

OXYGÈNE (du gr. *oxys*, acide; *génos*, origine; créateur des acides). Corps simple, gazeux, incolore, sans odeur, ni saveur, extrêmement répandu dans la nature, et qui fait partie du plus grand nombre de composés. Il entre dans l'air pour un 5e et en forme la partie respirable ; il est l'agent de la respiration animale et de la combustion ; il entre dans la composition de l'eau, d'un grand nombre d'acides, des parties végétales, des terres, des pierres, etc. L'Oxygène manifeste une très

grande affinité pour tous les autres éléments, et lorsqu'il se combine avec eux, il se développe de la chaleur et souvent de la lumière : la flamme produite par la combustion du bois, du charbon et d'autres corps inflammables, est due à leur combinaison avec l'Oxygène de l'air. Dans l'Oxygène pur, cette combustion est bien plus vive; ainsi, une bougie éteinte, mais présentant encore quelques points d'ignition, s'enflamme de nouveau dans ce gaz ; un ressort de montre, auquel on a attaché un morceau d'amadou allumé, y prend feu instantanément : il brûle alors en projetant des globules lumineux du plus bel effet. Les animaux vivent plus longtemps au sein du gaz oxygène que dans l'air atmosphérique, à volume égal ; mais leur respiration devient plus laborieuse, par suite de la grande irritation que l'Oxygène pur produit dans les poumons.

Priestley parvint le premier, en 1774, à isoler le gaz oxygène, après avoir découvert, concurremment avec Schéele, que l'air atmosphérique est un mélange de deux gaz. Lavoisier reconnut, quelques années plus tard, que la combustion des corps à l'air consiste dans une combinaison de ces corps avec l'agent qu'il nomma *Oxygène*.

On obtient l'Oxygène en soumettant à l'action de la chaleur certains oxydes, tels que le bioxyde de mercure ou le peroxyde de manganèse. M. Boussaingault a proposé en 1850 un procédé fort simple pour obtenir de l'Oxygène en quantité indéfinie : il suffit pour cela de faire passer un courant d'air dans un tube de porcelaine renfermant de la baryte, qu'on chauffe fortement et qu'on refroidit alternativement : la baryte, portée au rouge blanc, s'empare de l'Oxygène ; elle l'abandonne ensuite par le refroidissement sans avoir subi aucune altération.

OXYURE (*Oxyurus*). Genre d'Entozoaires de l'ordre des Nématoïdes, dont voici les caractères : corps cylindrique, élastique, subulé à sa partie postérieure ; bouche orbiculaire à 3 lobes peu saillants ; sexes séparés sur deux individus; pénis simple, filiforme, dans une gaîne préputiale.

OXYURE VERMICULAIRE (*O. vermicularis*), vulg. *Ascaride*. Corps linéaire, blanc, très élastique, obtus à sa partie antérieure; extrémité postérieure un peu renflée et contournée en spirale; longueur de 3 à 4 millimètres seulement. Les femelles sont plus longues (8 à 10 millimètres); leur corps fusiforme se termine en une pointe extrêmement fine.

Ces vers sont fréquents chez les enfants, dans le gros intestin et surtout le rectum, où ils provoquent de fortes démangeaisons à l'anus. Des petits lavements d'eau salée les détruisent.

OZONE (du gr. *ozô*, sentir mauvais). Nom donné à l'odeur qui se développe sous l'influence des décharges électriques. L'*Ozône* n'est point un gaz odorant particulier, c'est purement un état tout spécial de l'oxygène électrisé : on l'appelle aussi *oxygène actif*, *oxygène ozoné*.

P

PACA (*Cœlogenus*). Genre de Rongeurs, de la famille des Caviens ou Cabiais, animaux assez bas sur jambes, ayant 4 doigts en avant, 5 en arrière, où le pouce est rudimentaire, avec des ongles comparables à de petits sabots; tête grosse; yeux et oreilles peu différents de ceux des Agoutis ; queue réduite à un simple tubercule ; présence d'une poche sur chaque joue, due à une rentrée dénudée de la peau qui se loge sous la grande expansion de l'arcade zygomatique, laquelle n'existe qu'au crâne de ces animaux. Les usages de cette poche sont inconnus.

Les Pacas sont, comme les Agoutis et les Caviens, exclusifs à l'Amérique ; ils vivent au Brésil, à la Guyane et au Paraguay, dans les lieux secs. Ils se creusent des terriers et mangent des substances végétales. Ils sont doux et assez lents. Ceux que l'on tient en captivité ne refusent pas la viande. La partie sexuelle principale du mâle est fort singulière ; elle est assez grosse et armée de crochets en forme de scie, au moyen desquels l'animal retient sa femelle pendant l'acte copulateur.

PACA BRUN (*C. subniger*). Pelage brun chocolat sur le corps et la face externe des membres ; taches arrondies, blanchâtres sur les flancs, formant 3 ou 4 séries de chaque côté; le dessous du corps est blanc, légèrement jaunâtre ; animal long de 40 à 50 centim. et haut de 30 environ.— On trouve ce Paca au Brésil et à la Guyane.

PACA FAUVE (*C. fulvus*). Fond du pelage fauve; du reste mêmes caractères que chez le précédent. — Il habite la Guyane.

Fig. 1001. — Squelette de l'Anoplothérium (Pachyderme fossile).

PACHYDERMES (du gr. *pakys*, épais; *derma*, peau). Ordre de Mammifères, ainsi nommé par Cuvier à cause de l'épaisseur du cuir. Ces animaux sont les plus grands quadrupèdes connus. Ils se distinguent des Mammifères qui leur sont voisins, en ce qu'ils ne ruminent pas, et que leurs doigts, immobiles dans des enveloppes cornées, appelées *Sabots*, ne peuvent pas se ployer autour des objets pour les saisir. Leur peau est épaisse, souvent nue, plus rarement couverte de poils; leur corps est plus ou moins trapu, bas sur jambes. Ils manquent constamment de clavicules ; leurs membres ne peuvent servir qu'à la progression, et celle-ci est lourde en général. Le Cheval échappe à la règle. Jamais de cornes, ni de bois à leur front; mais souvent ils sont armés de défenses qui en feraient les plus redoutables des animaux terrestres s'ils n'étaient d'un caractère pacifique. Les Pachydermes manquent quelquefois d'incisives à la mâchoire supérieure, souvent même de canines; il en est au contraire qui réunissent les trois sortes de dents. Les uns ont l'estomac simple, les autres l'ont partagé en plusieurs loges. Ces animaux sont par conséquent assez dissemblables entre eux.

Les lieux qui conviennent de préférence à leur peau dure et facile à se dessécher sont les endroits marécageux ou les forêts sombres et humides. Leur intelligence est fort obtuse et leur cerveau peu développé ; quelques-uns cependant ont l'intelligence très développée. Ils se nourrissent d'herbes , de feuilles , de racines , rarement de chair. Ils rendent de grands services à l'homme, comme bêtes de somme ou de trait , outre que quelques parties de leurs dépouilles , comme l'ivoire, sont très recherchées. La chair de quelques-uns est savoureuse et peut servir à notre nourriture.

Les Pachydermes forment deux tribus :

1° PROBOSCIDIENS (du gr. *proboskis* , trompe). Leur caractère essentiel est d'avoir le museau prolongé en une trompe d'une longueur considérable ; formes lourdes et épaisses ; membres courts et sans souplesse ; croupe monstrueuse , terminée par une queue petite; grosse tête et petits yeux , etc. Tels sont les *Éléphants* et les *Mastodontes* ou *Éléphants fossiles*.

2° PACHYDERMES SANS TROMPE. Ceux-ci se distinguent selon qu'ils ont les doigts distincts ou unis en sabot unique ; de là deux familles :

a. Les *Fissipèdes* , dont les uns ont quatre sabots à chaque extrémité, comme les *Hippopotames;* les autres en ont trois, comme les *Rhinocéros* et les *Damas ;* quelques-uns n'en ont que deux, comme les *Sangliers.*

b. Les *Solipèdes* sont essentiellement caractérisés par des extrémités terminées par un seul doigt, dont la dernière phalange est complètement engagée dans un *sabot* corné qui la recouvre de toutes parts. Tels sont le *Cheval,* l'*Ane,* le *Zèbre,* etc.

Plusieurs genres fort remarquables de Pachydermes ont disparu et ne sont connus que par leurs restes fossiles. Nous citerons, entre autres, l'*Anoptotherium* , le *Palæotherium* , le *Mastodonte,* le *Mammouth,* etc.

PAGEL (*Pagellus*). Genre de Poissons de la famille des Sparoïdes ; ils offrent les caractères que voici : molaires arrondies , mais dents antérieures toutes en arcades, plus ou moins fines , presque en velours, et non pas fortes et coniques comme celles des Pagres et des Daurades ; molaires beaucoup plus petites que dans ces deux groupes , souvent sur plus de deux rangs, celles des deux plus externes étant les plus grosses.

Les Pagels vont par petites troupes ; ils approchent des terres vers le printemps et y restent jusqu'à l'hiver; mais il en est qui séjournent toute l'année sur les côtes de la mer de Nice. Ils vivent de poissons et de mollusques à coquilles. — On en connaît une douzaine d'espèces , propres à toutes les mers, et dont cinq ou six sont particulières à l'Europe.

La plus commune est le PAGEL ORDINAIRE (*P. orythrinus*), vulg. *Pageau* , qui a le corps ovale, allongé , assez comprimé , un peu rétréci vers la queue, d'un brun rouge carmin sur le dos, passant au rose sur les côtés et prenant des reflets argentés sous le ventre; nageoires rosées.

Ce poisson est commun dans la Méditerranée et l'Océan. Sa longueur est de 30 à 40 centim. Il est d'une grande voracité , et il écrase facilement entre ses molaires la coquille des moules, la croûte des crustacés, etc. L'hiver, il reste caché dans la vase. Sa chair est blanche, agréable au goût et facile à digérer.

D'autres espèces sont le ROUSSEAU, l'ACARNE, le MORME, le BOGUERAVEL, etc., des mêmes parages.

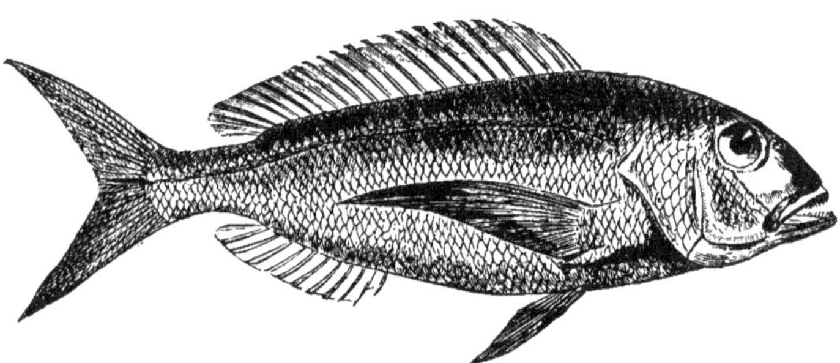

Fig. 1002. — Pagel.

PAGRE (*Pagrus*). Genre de Poissons de la amille des Sparoïdes , très voisin des Daurades, dont ils se distinguent par leurs molaires arrondies , placées seulement sur deux rangs, et par leur corps trapu et leur museau moins épais. Ils ont aussi une grande analogie avec les Pagels , dont ils diffèrent par la brièveté de leur museau. On a donné aux espèces qui composent ce genre, et dont le nombre se monte à douze, le nom vulgaire de *Gueules pavées* , parce qu'en effet leurs mâchoires sont garnies sur les côtés de dents rondes , placées sur deux rangs, les unes à côté des autres, comme des pavés.

Le PAGRE COMMUN (*P. vulgaris*) pèse jusqu'à 5 kilogr.; sa partie supérieure est argentée, teinte de rougeâtre sur l'épaule. Il abandonne les rivières et les fleuves lorsque l'hiver approche, pour se retirer dans la haute mer et s'enfoncer profondément dans la vase. Elien raconte que, de son temps, l'apparition de ce poisson dans le Nil causait une joie générale parmi le peuple, parce que son arrivée ne précédait que de peu de jours le débordement du fleuve.

PAGURE (*Pagurus*). Genre de Crustacés, de l'ordre des Décapodes macroures, de la tribu des Paguriens (V. ce mot). L'animal vit dans une coquille qui lui est étrangère; abdomen membraneux, contourné sur lui-même; pattes antérieures terminées en pince; carapace longue.

Les Pagures sont abondants dans toutes les mers. Pendant l'hiver ils s'éloignent de la côte.

Un grand nombre d'auteurs ont prétendu qu'ils naissaient avec leur coquille ; cette assertion est erronée, car on sait positivement aujourd'hui que ces crustacés sont privés de l'organe sécréteur que la nature a accordé aux mollusques pour former des coquilles. Tous les ans le Pagure, ayant grossi et se trouvant trop à l'étroit dans son domicile, se voit obligé d'en chercher un autre plus spacieux. On a assuré que lorsque, pressé de changer de logement, cet animal en rencontre un autre, possesseur d'une coquille qui paraît lui convenir, un combat s'engage, et que le plus faible est contraint de céder la place au plus fort. Les espèces du genre Birgue vivent habituellement sur la terre, quelquefois même très loin du rivage, dans les bois ; mais leur démarche est irrégulière, et la moindre éminence devient un obstacle qui les fait se heurter, trébucher et rouler avec leur coquille. Les poissons sont friands de la chair des Pagures et les guettent sans cesse.

M. Edwards a divisé les Pagures en trois sous-genres ; 1° les *Pagures ordinaires*, parmi lesquels se trouve le BERNARD l'HERMITE (*P. Bernardus*); 2° les *Pagures appendiculés* ; 3° les *Pagures armés*, auxquels appartient le DIOGÈNE.

Il faut aussi mentionner les CÉNOBITES, autre genre formé aux dépens des Pagures, mais dont les espèces appartiennent aux pays chauds; — les BIRGUES se trouvent dans la mer d'Asie.

PAGURIENS. Famille de Décapodes macroures, comprenant les genres *Pagure, Cénobite, Cancelle, Birgue* (V. *Pagure*). La plupart de ces Crustacés sont remarquables par leur abdomen mou, le défaut de symétrie dans les appendices de cette partie du corps, la brièveté des pattes des deux paires postérieures; l'abdomen est presque toujours menu, contourné sur lui-même; et pour le protéger, l'animal se loge dans l'intérieur de quelque coquille qu'il traîne toujours avec lui, et dans laquelle il s'accroche à l'aide de ses pattes postérieures. Leur carapace est divisée en plusieurs portions par des lignes plus ou moins membraneuses, dont une est dirigée transversalement.

Quelques auteurs ont avancé que les Paguriens donnaient la mort au propriétaire naturel de la coquille qu'ils convoitaient, mais cette croyance est fausse. Ces animaux ne s'emparent que des coquilles vides, de celles surtout qui finissent en spirale, parce qu'ils s'y cramponnent plus facilement. Une ou plusieurs fois par an ils sont obligés d'en chercher une plus grande, et cela au moment de la mue, où ils courent le danger d'être dévorés par leurs ennemis. La même espèce de Pagure se loge dans des coquilles différentes, pourvu qu'elles soient analogues pour la forme. Ces Crustacés se meuvent très bien au fond de la mer ; ils sortent quelquefois de l'eau, mais ils paraissent traîner difficilement leur coquille. Ils font deux pontes par an; leurs œufs sont attachés sous la queue à des petits filets barbus qui n'occupent qu'un seul rang d'un côté de l'abdomen.

Les Paguriens servent à la nourriture de l'homme; les habitants des côtes du Calvados les mangent. Les pêcheurs se servent de leur abdomen comme d'appât.

PAILLE-EN-QUEUE (*Phaeton*). Genre d'Oiseaux de l'ordre des Palmipèdes totipalmes, ainsi nommés parce que les deux pennes étroites et très allongées qu'ils portent à la queue ressemblent à deux pailles. Le nom de *Phaéton* leur a été donné par Linné, parce qu'ils semblent suivre le soleil, pour ainsi dire, en ne s'écartant pas des régions que cet astre éclaire le plus longtemps ; ils ont reçu celui d'*Oiseaux des tropiques*, à cause des régions qu'ils fréquentent et de ce qu'ils annoncent aux navigateurs le voisinage de cette zone.

« Les mœurs des Paille-en-queue sont comme celles de tous les oiseaux pélagiens. Condamnés, à cause de leur organisation, à ne pouvoir se reposer impunément à terre, leur nourriture d'ailleurs ne se trouvant qu'à la surface des mers, on les voit constamment, doués comme ils le sont d'un vol rapide et soutenu, on les voit, disons-nous, comme les Sternes, les Pétrels, les Fous, les Frégates, voltiger, presque sans relâche, au-dessus des eaux pour guetter les poissons volants, ou toute autre proie que les vagues ramènent à la surface. S'ils se reposent, ce n'est jamais sur une surface plane. L'impuissance ou la difficulté dans laquelle ils seraient de pouvoir prendre leur essor à cause de l'étendue de leurs ailes, relativement à la brièveté de leurs jambes, leur font toujours préférer des positions élevées, les rochers escarpés, par exemple. C'est même dans des positions pareilles qu'ils font leurs pontes et élèvent leurs petits. Lorsque parfois ils s'abattent sur les ondes pour y prendre du repos, ils attendent, pour reprendre leur vol, qu'une vague les soulève ; ils peuvent alors s'élever sans difficulté. »

On décrit le PAILLE-EN-QUEUE A BRINS ROUGES, dont le plumage est blanc, nuancé d'une légère teinte rosée, avec croissant de plumes noires autour de l'œil, et pennes caudales rouges.

— Il y a le P. A BRINS BLANCS et le P. A BEC NOIR.

PALÆOTHERIUM. — V. *Paléothérium.*

PALÉMON (*Palæmon*). Genre de Crustacés de l'ordre des Décapodes macroures, offrant les caractères que voici : corps recouvert d'un test et de plaques minces beaucoup moins solides que les téguments des autres animaux du même ordre ; il est comprimé, arqué, comme bossu, allongé et rétréci en arrière ; le test se termine de chaque côté, en devant, par deux dents aiguës. De la partie antérieure du milieu du dos, s'élève une carène qui se détache et s'avance ensuite à la manière d'un bec comprimé en forme de lame d'épée, dont la hanche est per-

pendiculaire, avec une arête ou dent de chaque côté, et les bords supérieurs et intérieurs aigus, ordinairement dentelés en scie et ciliés. Les yeux sont presque globuleux, portés sur un pédicule court ; ils sont assez gros, rapprochés, insérés de chaque côté à l'origine du bec, avancés et reçus, en partie, dans la concavité de la base du premier article du pédoncule des antennes intermédiaires. Les antennes latérales ou inférieures sont plus longues que le corps ; elles sont insérées sur un pédoncule court, de quatre articles, dont le second donne attache à une forte écaille ovale, allongée, pourvue à son extrémité et en dehors d'une dent bien prononcée. Les antennes intermédiaires sont formées de trois filets ; les deux plus longs sont sétacés, multi-articulés, et le troisième est très court.

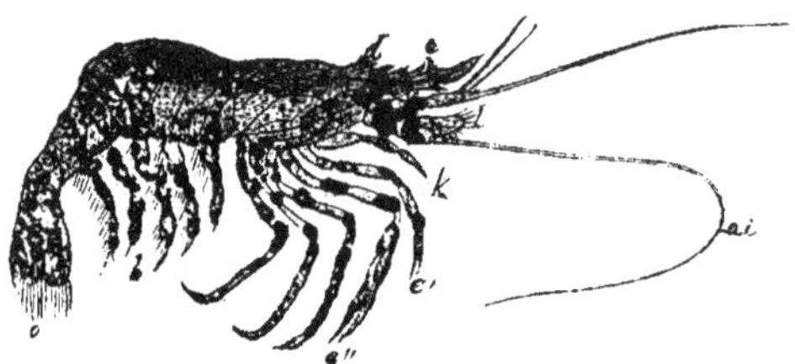

Fig. 1003. — Palémon.

Les Palémons sont des crustacés marins, dont quelques espèces vivent aussi dans les rivières. Ils se trouvent sur nos côtes, en plus grand nombre à l'embouchure des fleuves, et on en voit dans les marais salés et saumâtres. Ils nagent avec assez de célérité pour échapper assez sou-

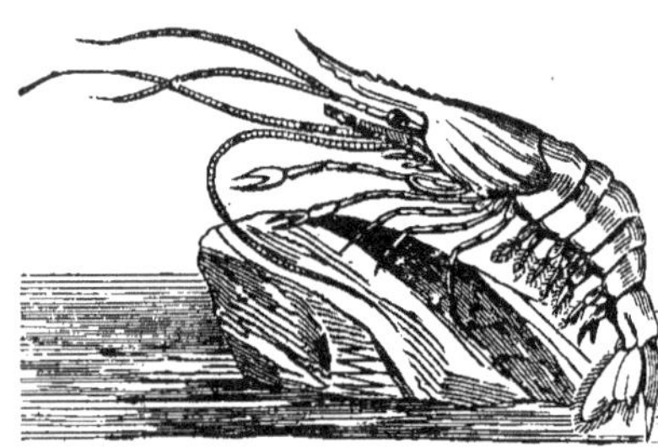

Fig. 1004. — Crevette.

vent aux poissons qui les poursuivent ; ils se portent en avant dans leur état naturel, en arrière quand ils sont menacés. Leur arrivée sur les côtes et aux embouchures des rivières est toujours suivie d'une infinité de poissons qui s'en

nourrissent et qui ne les avalent, selon Latreille, qu'en les introduisant à reculons dans leur estomac, à cause de la lame d'épée dont est armée leur rostre. Leur fécondité est si grande qu'elle défie tous les ennemis de l'espèce, même les pêcheurs, qui en prennent des quantités considérables au moyen de filets, en forme de sacs attachés carrément au bout d'une perche. On sait en effet que la chair des Palémons est estimée à l'égal de celle des Homards, des Langoustes et autres crustacés. Ces animaux ne vivent pas longtemps hors de leur élément ; et comme ils se corrompent assez promptement, on prend la précaution de les faire cuire au sortir de la mer. C'est dans cet état qu'on les trouve aux différents marchés. Leur couleur est blanche, jaune, bleue ou marbrée, mais toujours la cuisson leur donne la teinte rouge que prennent d'ailleurs tous les autres crustacés.

PALÉMON SCIE (*P. serratus*), vul. *Crevette.* Le rostre dépasse l'appendice lamelleux des antennes externes ; il est relevé vers le bout, bifide à son extrémité ; son bord supérieur est lisse dans sa moitié antérieure, mais armé, dans le reste de son étendue, de 7 à 8 dents. Cette espèce se trouve très communément sur les côtes de France et d'Angleterre ; on la vend à Paris pendant presque toute l'année.

Se trouvent encore sur nos côtes le P. SQUILLE, très voisin du précédent, sauf qu'il a le rostre moins large ; — le P. LONG-NEZ, qui a été trouvé à l'embouchure de la Garonne.

PALÉONTOLOGIE (du gr. *palaios*, ancien, *ôn*, être, et *logos*, étude). Science qui traite des animaux et des végétaux fossiles , et qui a eu pour fondateur G. Cuvier. — On nomme *fossiles* tous les restes de corps organisés qui sont enfouis dans l'écorce du globe, quelles que soient les traces de leur existence. On donne le nom de *Pétrification* à un corps dans lequel la matière organique a été remplacée par une substance inorganique , telle que la silice ou le calcaire. Les *Empreintes* sont les traces qu'offre sur une roche la représentation en creux de la surface extérieure d'un corps organisé. Les *Moules* sont les empreintes intérieures qu'ont laissées les corps organisés ; enfin lorsque les corps organisés ont été dissous et qu'une matière organique s'est moulée dans les vides , les moules qui se sont ainsi formés et qui présentent toujours l'extérieur des corps organisés, ont été appelés *Contre-empreintes*.

En examinant tous ces débris, qui sont comme des médailles servant à indiquer les âges des différentes couches de l'écorce terrestre et à éclairer l'histoire de notre planète, on remarque que plus on s'enfonce dans cette écorce , plus le changement de composition s'éloigne de la composition primitive des êtres enfouis, et plus les espèces diffèrent de celles qui existent maintenant; de manière que chaque système de couches est pour ainsi dire caractérisé par des fossiles particuliers, et que, si deux systèmes se trouvent posés l'un sur l'autre , sans indiquer l'effet d'un bouleversement ou d'un déplacement accidentel, les fossiles du système inférieur annoncent un ordre de choses moins semblable à l'état actuel que ceux du système supérieur. Dans les terrains les plus anciens les fossiles disparaissent complétement, ce qui démontre que la surface du globe n'a pas toujours nourri des plantes et des animaux; d'un autre côté, on n'a trouvé jusqu'ici des débris de l'homme et de son industrie que dans les terrains les plus superficiels ou les plus modernes, ce qui prouve que notre espèce est de date plus récente.

« Dans une étude complète des fossiles, on doit examiner le genre de fossilisation; ainsi il y a depuis les êtres tout à fait changés en pierre jusqu'à des êtres qui ont conservé leurs parties sans altération. Dans le premier cas , nous avons des fossiles spathisés, silicifiés, agatisés, changés en matière charbonneuse, en pyrite, en limonite, en cuivre gris ou carbonaté, en cinabre, en aragonite , en chaux fluatée , en célestine ou même en galène et en gypse. Il importe de tenir compte du gisement des fossiles en général et des particularités relatives à leur position , de la distribution de ces débris d'êtres organisés en groupes ou en espèces isolées , des niveaux qu'ils occupent , des rapports des fossiles végétaux et animaux terrestres, marins, d'eaux douces et fluvio-marins , des modes divers d'enfouissement des anciennes créations , enfin des relations qui existent entre les fossiles et les êtres organisés vivants. » — V. *Fossiles*, *Époques géologiques*, *Terrain*.

PALÉOTHERIUM (du gr. *palaios*, ancien; *thérion*, bête sauvage). Genre de Mammifères fossiles reconstruit par Cuvier , et qui appartient à l'ordre des Pachydermes. Il renferme des animaux voisins des Tapirs et des Rhinocéros. Ils portaient une trompe charnue, et vivaient sur les bords des lacs et dans les marais. C'est dans la pierre à plâtre qu'ont été reconnus leurs débris.

Le *P. magnum* était de la taille d'un cheval et de la forme d'un Tapir. — D'autres espèces étaient plus petites, de la taille d'un Mouton.

PALÉTUVIER (*Rhizophora*) ou MANGLIER. Genre d'Arbres des régions intertropicales, type de la famille des Rhizophoracées; leur caractère commun est d'avoir les racines baignées par les eaux de la mer.

Le PALÉTUVIER DE L'INDE est l'espèce la plus connue. C'est un arbre à tronc tortueux , à rameaux nombreux et inclinés vers la terre dans laquelle ils s'enracinent dès qu'ils l'atteignent; feuilles très grandes , vertes ; fleurs d'un jaune verdâtre , formant un long tube renflé vers le bout et se terminant en pointe. Cet arbre présente un phénomène assez singulier : dès que la semence contenue dans la capsule est parvenue à sa maturité, la germination se manifeste aussitôt, et commence dans le fruit sur l'arbre même.

Le bois du Palétuvier est dur, pesant, rougeâtre, d'une odeur forte, sulfureuse à l'état frais : il sert à la teinture; son écorce épaisse, brune, crevassée, contient beaucoup de tannin. Les Indiens pauvres mâchent les graines de cet arbre mêlées avec des feuilles de bétel.

PALISSANDRE ou PALIXANDRE. « Arbre de l'Amérique du Sud dont on ignore encore et le genre et la famille. Son bois, connu dans le commerce sous les deux noms de *Palixandre de Ste-Lucie* et de *Bois violet* , nous vient des possessions hollandaises de la Guyane; mais, soit jalousie de la part des exploitateurs , soit indifférence de la part des marchands , on ne vend que le bois débité, et jusqu'ici aucun voyageur n'a pensé à nous procurer ni l'écorce ni les branches , ni les feuilles , ni les fleurs de cet arbre , qui vit en forêts non loin des sources du fleuve Surinam. Ce bois est résineux , du moins c'est à présumer par l'odeur fort douce qu'il répand lorsqu'il est fraîchement employé et qu'on la ravive par le frottement; quand il est vieux, il perd totalement cette odeur. L'aubier du Palixandre est tendre et d'un gris sale; le bois parfait , au contraire , est fort dur ; on le recherche pour la marqueterie et pour les archets de violons ; on en fait aussi de fort jolis petits meubles. »

PALLADIUM. Métal blanc, dur, très malléable, ductile, difficile à fondre , inaltérable à l'air et presque inaltérable au feu, découvert par Wollaston dans la mine de platine. Il est inattaquable par beaucoup d'acides.

PALMIERS. Famille de Plantes monocotylédones, renfermant des arbres en général grands , à tige simple, cylindrique, nue (f. 1006), appelée *stipe* ou tige à colonne. A son sommet, ce stipe est couronné par un faisceau de feuilles très grandes , pétiolées, persistantes, digitées, pinnées, ou décomposées. Les fleurs sont hermaphrodites ou plus souvent unisexuées , dioïques ou polygames , formant des chatons ou une vaste grappe nommée *régime*, enveloppée avant son épanouissement dans une spathe coriace , quelquefois ligneuse. Périanthe à 6 divisions, dont 3 internes et 3 externes, de manière à simuler un calice et une corolle ; dans les mâles , les sépales ont la préfloraison ordinairement valvaire ; elle est au contraire imbriquée et tordue dans les fleurs femelles; étamines 6, rarement 3; pistil de 3 carpelles distincts ou soudés, 3 styles. Le fruit, sec

Fig. 1005. — Dattier.

(a, Régime de fruits; — b, Fleurs mâles ; — c, Fleurs femelles ; — d, Fleur mâle détachée ; — e, Fleur femelle détachée.).

ou charnu, est le plus souvent un drupe charnu ou fibreux, contenant un noyau osseux très dur.

Les Palmiers sont tous exotiques, à l'exception du Palmier éventail. (V. *Palmiste*.)—Ils croissen

surtout dans les régions intertropicales du nouveau et de l'ancien continent. Ces arbres ne sont pas seulement remarquables par l'élégance de leurs formes et la hauteur prodigieuse à laquelle plusieurs peuvent s'élever , ils sont aussi d'une

Fig. 1006. — Palmier-Arêquier.

très grande importance par les services nombreux qu'ils rendent aux habitants des contrées où ils croissent naturellement. Les fruits d'un grand nombre d'espèces, comme le Cocotier , le Dattier, le bourgeon terminal du Chou palmiste, sont des aliments pour les habitants de l'Afrique, de l'Amérique et de l'Inde. D'autres espèces fournissent une fécule amylacée nommée *Sagou*; d'autres, un principe astringent analogue au sang-dragon ; quelques-unes donnent une huile grasse, comme l'Avoira, qui fournit l'*huile de palme*.

Les principaux genres sont le *Dattier*, le *Cocotier*, le *Doum*, l'*Arec*, le *Sagoutier*, etc.

PALMISTE (*Chamærops*). Ce nom désigne plusieurs genres de Palmiers, mais le plus ordinairement le PALMIER-ÉVENTAIL (*C. humilis*), le seul de sa famille qui se multiplie facilement dans les contrées chaudes de l'Europe, où il se plait dans les fissures des rochers. « Là , quand il ne trouve plus de terre ni de passage pour enfoncer ses racines, il se forme une sorte d'étranglement plus ou moins considérable, le stipe monte assez haut et va demander à l'atmosphère ce que le sol lui refuse. En plaine, il demeure habituellement bas (de 30 à 120 cent.), son stipe est presque nul ; il croît alors moins par le sommet que par la base de la touffe.

« En Espagne, en Sicile, et particulièrement dans la Barbarie, qui paraît être son premier berceau, le Palmiste-Éventail atteint 2 mètres de haut, et les dépasse très rarement. Son stipe est un cylindre droit, de 16 cent. au plus de diamètre, très simple, le plus habituellement nu dans sa partie inférieure et couvert dans le reste de grandes écailles triangulaires. Ses feuilles profondément digitées et portées sur un pédoncule épineux, s'étalent en large éventail et tombent chaque année. Elles servent à divers usages domestiques et religieux ; on en fait des éventails, des parasols

Fig. 1007. — Palmier-Cocotier.

et des balais ; on tresse avec elles des corbeilles, des paniers et des nattes. A chacune des petites fleurs jaunâtres, peu apparentes, qui naissent en panicules dans l'aisselle des feuilles, succèdent trois drupes, dont la pulpe mielleuse se mange de même que les jeunes pousses, malgré leur légère veine d'amer. La racine est très grosse ; elle fournit une espèce de fécule blanchâtre, de saveur douce, appétissante et que l'on compare au Sagou. »

Aux Antilles on étend le mot *Palmiste* à plusieurs espèces du genre Arec ou Aréquier dont nous avons déjà parlé (V. *Arec*), et que nous figurons ici (fig. 1006).

PALMIPÈDES (c'est-à-dire *pieds palmés*). Ordre d'Oiseaux dont les pieds ont les doigts unis par des membranes robustes qui constituent de véritables rames, car ces volatiles sont en effet nageurs. Ils se distinguent en outre par leurs tarses courts et robustes ; leur tronc est ordinairement ramassé, bas sur jambes ; leur cou souvent assez long ; le bas de leur jambe n'est pas dénudé comme celui des Echassiers. Ils sont encore remarquables par les plumes extrêmement serrées, lustrées, qui couvrent leur corps flottant sur l'eau comme une nacelle dont il a la forme, et qui, étant enduites d'une matière huileuse, les empêchent d'être mouillés; leur duvet est abondant et forme une fourrure recherchée.

Les Palmipèdes sont tous aquatiques; ils recherchent les eaux fluviatiles et celles des lacs, ou bien ils passent leur vie à la surface de celle des mers. Quelques-uns volent avec peine, ou même sont tout à fait privés de la faculté de s'élever dans les airs, et leurs ailes sont alors trans-

Fig. 1008. — Guillemot.   Fig. 1010. — Cormoran.   Fig. 1012. — Frégate.
Fig. 1009. — Anhinga à ventre noir.   Fig. 1011. Gorfou Chrysocome.

formées en espèces de nageoires ; tel est surtout le cas des Manchots, dont l'ineptie à la surface du sol est bien connue ; d'autres ont, au contraire, les ailes bien développées et mues par des muscles puissants. Les Mouettes fendent l'espace avec une rapidité qui rappelle celle des Martinets, et les Frégates ne sont pas moins remarquables que ces derniers, par leur facilité à se tenir au milieu des airs pendant un temps fort long.

Cuvier a divisé les Palmipèdes en quatre familles :

1° BRACHYPTÈRES OU PLONGEURS. Leurs jambes sont implantées tout à fait à l'arrière du corps ; leurs ailes sont généralement courtes, quelquefois même nues et dépourvues de plumes. Ils nagent et plongent avec la plus grande facilité, mais volent peu ou point. On trouve dans cette famille les *Plongeons*, les *Guillemots*, les *Pingouins*, les *Manchots*, etc.

2° LONGIPENNES. La longueur extrême de leurs ailes forme un des caractères des oiseaux de cette seconde famille, et leur donne la facilité d'un vol étendu et rapide. Leur bec est long et sans dentelures, mais crochu à son extrémité ou simplement pointu. Tels se montrent les genres *Pétrel*, *Albatros*, *Goëland*, *Sterne*, *Bec-en-ciseaux*.

3° TOTIPALMES. Leurs quatre doigts y compris le pouce sont palmés jusqu'à leur extrémité, et néanmoins, circonstance assez rare parmi les Palmipèdes, ils jouissent de la faculté de se percher sur les arbres. Cette famille comprend les *Anhingas*, les *Cormorans*, les *Pélicans*, les *Paille-en-queue*.

4° LAMELLIROSTRES. Ceux-ci nous offrent un bec épais, revêtu d'une peau molle, au lieu d'être garni de corne, ayant les bords garnis de lames ou de dents. Leurs pieds sont tout à fait palmés et leurs ailes médiocres. Ici se rangent les *Canards*, les *Cygnes*, les *Oies*, les *Eiders*, les *Harles*.

PALPES. On nomme ainsi, chez les Crustacés, les Arachnides et les Insectes, ces petits filets articulés, mobiles, qui font saillie hors de la bouche et qui sont propres soit aux mâchoires (Palpes maxillaires) soit à la lèvre (Palpes labiaux).

PALUDINE (*Paludina*). Ce mot (qui dérive de *palus*, marais) désigne un genre de Mollusques de l'ordre des Gastéropodes pectinibranches, établi pour des coquilles univalves qu'on trouve au fond des rivières et des étangs d'eau douce, sur les plantes aquatiques, dont elles font leur principale nourriture. Cette coquille est conoïde, épidermée, à tours de spire arrondis; son ouverture est presque arrondie, un peu plus longue que large, à bords tranchants. « Les deux sexes sont séparés sur des individus différents, et tous deux présentent des dispositions singulières; l'organe mâle, très gros, cylindrique, est logé dans une cavité particulière, pratiquée dans le tentacule droit et d'où il sort par l'ouverture qui se montre à la base de ce même tentacule; l'appareil femelle, formé d'un ovaire volumineux auquel succède un long oviducte, et qui, avant de se terminer dans la cavité branchiale, présente un renflement des plus remarquables et de manière à former un utérus où nous verrons en effet les œufs éclore. » Car les petits sortent tout vivants du sein de leur mère; après leur naissance ils restent quelque temps sur la coquille de celle-ci, jusqu'à ce qu'ils aient acquis un peu plus de développement.

La **Paludine vivipare** est l'espèce la plus anciennement connue. Elle est très commune en France et dans toute l'Europe.

Les Paludines fossiles sont nombreuses.

PANAIS (*Pastinaca*). Genre d'Ombellifères; plantes herbacées, odorantes, à feuilles pinnatiséquées; à fleurs jaunes, dont les pétales, entiers, sont enroulés en dedans; involucre et involucelles nuls ou à 1-2 folioles.

Panais cultivé (*P. sativa*). Racine pivotante; tige de 50 à 90 centim., striée ou anguleuse, rameuse, pubescente-rude ou presque glabre; feuilles inférieures pinnatiséquées, à segments très amples, bi-trilobés; fleurs en ombelle; l'ombelle terminale, de 10-20 rayons, est longuement dépassée par les ombelles latérales.

Cette plante est bisannuelle, et cultivée comme alimentaire dans les jardins ou en plein champ. Sa racine est nourrissante et des plus faciles à digérer; sa saveur douce, sucrée, légèrement aromatique et un peu laiteuse la fait également rechercher par l'homme et les animaux domestiques.

Le **Panais sauvage** (*P. arvensis*) se fait remarquer par une odeur forte, un peu nauséabonde: Cette espèce possède un suc dont l'âcreté, due à une huile volatile particulière, détermine sur la peau des bras et des mains des sarcleurs chargés de l'enlever dans les champs qu'elle envahit aisément, des pustules qui excitent une forte démangeaison et se terminent par des croûtes.

PANCRÉAS. — V. *Sécrétions*.

PANDANUS. Genre type de la famille des Pandanées; arbrisseau de l'Inde, des îles de la mer du Sud, des plaines de l'Arabie, où ils croissent spontanément le long des chemins. L'aspect de ce végétal est celui d'un Ananas ou plutôt d'un Palmier : feuilles soudées à leur base, longues, linéaires, contenant dans leur faisceau central des fleurs qui sont mâles sur un individu, et femelles sur un autre. Ces fleurs sont d'un blanc jaunâtre et exhalent une odeur très agréable.

Les espèces ont reçu vulgairement les noms de *Baquois*, *Vaquois*. — Le **Baquois comestible**, de Madagascar, produit des fruits bons à manger. — Le **B. odorant** abonde dans l'Inde, d'où il a été apporté en Egypte. Ses feuilles, de même que celles des autres espèces, qui sont nombreuses, sont employées à tresser des nattes grossières sur lesquelles on met à sécher le café, et dont on fait aussi des sacs solides pour l'emballage de cette graine.

PANGOLIN (*Manis*). Genre de Mammifères de l'ordre des Edentés; animaux bizarres en ce que seuls, dans leur classe, ils sont couverts de nombreuses écailles cornées, implantées dans le derme à la manière de nos ongles et dont les séries sont imbriquées comme les tuiles ou les ardoises qui recouvrent les toits. Ces animaux manquent complétement de dents. Leur aspect extérieur rappelle celui de quelques Reptiles, et c'est pour cela qu'on les a nommés assez souvent *Lézards écailleux*.

Les Pangolins ne sont dépourvus d'écailles qu'aux parties supérieures du cou et du tronc; leurs yeux sont petits; leurs oreilles manquent de conque auditive; leurs membres, qui sont courts, ont des ongles allongés, surtout en avant, et les doigts y sont au nombre de cinq; la queue est longue et forte; pas de dents; mamelles au nombre de deux et pectorales; longueur qui varie, mais qui va jusqu'à un mètre depuis le museau jusqu'au bout de la queue. Ajoutons que leur colonne vertébrale se compose d'un plus grand nombre de vertèbres que celle des autres Mammifères, les Baleines exceptées.

Les Pangolins sont propres à l'ancien Monde; on ne les trouve que dans l'Afrique australe et intertropicale, ainsi que dans le midi de l'Asie, ou dans quelques-unes de ses îles. Ils se nourrissent principalement de fourmis. Ils se tiennent dans les forêts, creusent le sol avec leurs ongles pour s'y faire des tanières, ou bien se retirent dans le creux des arbres. Ces animaux sont inoffensifs; ils ne sont redoutables que pour les fourmilières, qu'ils bouleversent avec leurs ongles, et dont ils avalent les habitants en les portant à leur bouche au moyen de leur langue extensible et visqueuse à laquelle ils adhèrent. L'homme n'a rien à en redouter. Quand on les inquiète, ils se roulent en boule, et leurs écailles constituent leur principale défense. Ils grimpent quelquefois sur les arbres, néanmoins leurs mouvements sont lents.

On compte neuf espèces de ce genre, les unes ont la queue de la longueur du corps ou plus courte ; les autres l'ont plus longue.

Le Pangolin a queue longue (*M. longicauda*) est le Phatagin de Buffon. La Sénégambie est sa patrie. Les considérations ci-dessus lui sont applicables. Sa chair est bonne à manger. Il échappe aux carnivores les plus redoutables en se roulant en boule et en présentant ses écailles vulnérantes.

Fig. 1013. — Pangolin.

PANICAUT (*Eryngium*). Genre de Plantes de la famille des Ombellifères, presque toutes vivaces, grandes, herbacées, remarquables par la dichotomie constante de leurs rameaux. Les feuilles qui les décorent varient singulièrement de forme sur chaque individu, et rendent les espèces pour ainsi dire étrangères entre elles. Mais les fleurs les rapprochent : elles sont nombreuses, sessiles, disposées en un capitule sur un réceptacle cylindrique, capitule entouré à la base par un involucre de bractées épineuses, foliacées et souvent très colorées : calice à 5 lobes, épineux au sommet, adhérent à l'ovaire; corolle à 5 pétales pliés en dedans à leur partie supérieure ; 5 étamines ; ovaire infère ; 2 styles filiformes, etc.

Panicaut des champs (*E. campestre*), vulgair. *Chardon-Roland*. Tige de 40 à 60 cent., robuste, sillonnée, glabre, très rameuse, à rameaux étalés; feuilles d'un vert glauque, à nervures saillantes, les radicales pétiolées, pinnatipartites, à lobes épineux ; les caulinaires sessiles, amplexicaules ; capitules nombreux, en corymbes terminaux ; involucre dépassant le capitule, à folioles linéaires, épineuses à l'extrémité surtout.

Le Chardon-Roland est extrèmement commun au bord des chemins, dans les lieux pierreux, sur es coteaux arides. On le nomme vulgairement *Rouland*, parce que les vents d'automne, brisant sa tige, le roulent au loin et l'entassent contre les haies ou dans les creux et les ravins. Cette plante est sans usage ; et même elle abonde parfois dans les pâturages de manière à nuire aux bestiaux. Les cendres que l'on obtient de son incinération sont excellentes pour les lessives et fournissent beaucoup de potasse. Sa racine a pourtant joui un moment d'une fausse réputation de remède apéritif, diurétique, aphrodisiaque.

Nous croyons inutile de parler des autres espèces, tout aussi peu importantes, quoique quelques-unes figurent agréablement dans les jardins paysagers.

PANICULE. — V. *Inflorescence.*

PANIS ou **Panic** (*Panicum*). Genre de Graminées, composé d'un très grand nombre d'espèces, et dont on a distrait le Millet. — V. ce mot. — Plantes herbacées pour la plupart, annuelles ou vivaces, à fleurs tantôt en épis simples, géminés ou digités, tantôt en panicules plus ou moins lâches, rameuses et capillaires.

Panis commun (*P. miliaceum*). Plante originaire de l'Inde, cultivée en grand pour la nourriture de la jeune volaille et des oiseaux de volière. Avec ses graines réduites en farine on prépare d'assez bonnes bouillies ; les tiges servent à chauffer les fours. — Deux variétés : l'une à épis barbus, allongés, à fleurs d'un blanc jaunâtre variant jusqu'au pourpre et au vert foncé ; l'autre à épis courts, presque ovoïdes et nus.

Le P. vert (*Setaria viridis*), le P. glauque (*S. glauca*) et le P. verticillé (*S. verticillata*), sont communs dans les champs cultivés, et nuisent aux récoltes. Il en est de même du P. pied-de-coq (*P. crus galli*), très commun dans les rizières ; du P. sanguin, qui croit dans les champs, etc.

PANORPE (*Panorpa*). Genre d'Insectes de l'ordre des Névroptères, ainsi caractérisé : antennes filiformes; 4 palpes ; ailes au nombre de 4, égales, étroites et couchées horizontalement sur le corps ; yeux lisses ; abdomen des mâles terminé par une queue articulée avec une pince à l'extrémité ; celui des femelles se terminant en pointe et étant formé de 9 anneaux qui glissent et s'emboîtent les uns dans les autres, ce qui donne à l'insecte la facilité de s'allonger à volonté. La tête tient au corselet par un col très court et presque nul, et se prolonge inférieurement en une sorte de bec dur, presque corné.

Les Panorpes habitent les lieux frais des bois et des prairies, évitant la chaleur du soleil et se plaisant pendant le jour dans le repos. Elles volent peu et lourdement, et vivent de petits diptères, de teignes de pyroles et d'aleucites qui se trouvent à leur portée. Leurs larves sont inconnues. Des six espèces décrites, deux sont d'Europe.

Panorpe commune (*P. communis*), vulg. *Mouche-scorpion*. Elle est toute noire, avec les ailes transparentes offrant des nervures et des taches noires ; sa longueur est d'un cent. et demi. — Très commune aux environs de Paris, sur les haies et dans les bois.

PANTHÈRE (*Felis pardus*). Espèce du genre Chat, dont voici le signalement : pelage d'un jaune plus ou moins vif en dessus, d'un blanc pur en dessous, marqué d'un nombre considérable de taches noires, plus petites sur la tête, plus fortes au dos et aux flancs, où elles sont associées au nombre de 5-6 en rose.

Les animaux auxquels cette description conviennent plus ou moins nombreux dans les diverses

Fig. 1014. — Tête de Panthère vue de face.

contrées de l'Afrique et dans la plus grande partie de l'Asie. Il y a aussi des animaux de cette espèce à Java et à Sumatra. La *Panthère noire* de la première de ces îles n'est qu'une variété de l'espèce. Toutefois il n'est pas certain que les différents Chats que les naturalistes modernes réunissent sous le nom de *Panthères* ne constituent qu'une seule espèce : certaines différences observées dans leur coloration, dans leur teinte générale et le nombre de leurs taches, les ont fait distinguer en deux espèces différentes, qui seraient la Panthère vraie et le Léopard. Jusqu'à ce jour il a été

Fig. 1015. — Panthère.

difficile d'assigner au Léopard (V. ce mot) d'autre caractère que celui du plus grand nombre de taches en rose, ce qui paraîtra insuffisant, s'il est vrai qu'il existe des individus qui sont dans une condition intermédiaire au Léopard et aux véritables Panthères.

Aux articles *Chat* et *Lion* surtout, nous nous sommes étendu sur les caractères d'organisation et d'instinct des animaux qui appartiennent à la famille des Féliens. Il nous reste par conséquent peu de chose à ajouter ici. — Les Panthères ont le caractère cruel ; elles sont souples dans leurs mouvements, très irritables, et perfides dans leurs attaques. Quoiqu'elles aient les pupilles rondes,

leur genre de vie est principalement nocturne, et c'est pendant l'obscurité qu'elles viennent roder auprès des habitations ou dans les lieux où l'on tient les troupeaux. Leur chasse offre souvent plus de dangers que celle du Lion, à cause de la facilité avec laquelle elles grimpent aux arbres pour y poursuivre leurs ennemis.

Les Panthères reçoivent des fourreurs le nom de Tigre d'Afrique ; mais, à vrai dire, ce ne sont pas des Tigres, et ce nom, qui ne convient pas davantage aux Jaguars ou prétendus Tigres d'Amérique, doit être réservé à l'espèce asiatique, dont la peau est marquée de bandes noires, c'est-à-dire s'applique au *Felis Tigris* des naturalistes.

PAON (*Pavo*). Genre d'Oiseau de l'ordre des Gallinacés, offrant les caractères génériques que voici : bec de la longueur de la tête, robuste, assez épais, à mandibule supérieure voûtée et débordant l'inférieure ; ailes courtes, convexes ; 5ᵉ et 6ᵉ rémiges les plus longues ; queue composée de 18 pennes, accrues de très nombreuses couvertures étagées, et qui peuvent se redresser pour s'étaler en roue ; tarses robustes, écailleux, armés d'ergots prononcés. La tête est emplumée et surmontée d'une aigrette ; les joues sont en partie nues ; les grandes couvertures de la queue ont des barbes lâches et soyeuses, et sont terminées par un miroir en forme d'œils à leur extrémité.

L'Inde est le berceau du Paon ; tous les voyageurs qui ont visité l'Asie méridionale font mention de cet oiseau, qui y vit dans l'état de liberté. On ne saurait déterminer avec précision l'époque de sa domesticité, qui remonte à la plus haute antiquité. Pline le naturaliste nous apprend que l'orateur Hortensius fut le premier Romain qui fit tuer un Paon pour sa table lorsqu'il donna son repas de réception au collége des pontifes.

Le **Paon domestique** (*P. cristatus*), la seule espèce devenue indigène à nos climats, est un oiseau qui ne peut se décrire, tant l'éclat varié de son plumage surpasse les peintures les plus recherchèes ; on doit le voir, et non chercher, lorsqu'on l'a vu, à dire qu'elle est sa beauté. « Si l'empire appartenait à la beauté et non à la force, dit Buffon, le Paon serait sans contredit le roi des oiseaux ; car il n'en est point sur qui elle ait versé ses trésors avec autant de profusion. La taille grande, le port imposant, la démarche fière, la figure noble, les proportions du corps élégantes et sveltes, tout ce qui annonce un être de distinction lui a été donné. Une aigrette mobile et légère, peinte des plus riches couleurs, orne sa tête sans la charger : son incomparable plumage semble réunir tout ce qui flatte nos yeux dans le coloris tendre et frais des plus belles fleurs, tout ce qui éblouit dans les reflets pétillants des pierreries, tout ce qui les étonne dans l'éclat majestueux de l'arc-en-ciel ; non-seulement la nature a réuni sur le plumage du Paon toutes les couleurs du ciel et de la terre pour en faire le chef-d'œuvre de la magnificence, elle les a encore mêlées, assorties, nuancées, fondues de son inimitable pinceau, et en a fait un tableau unique, où elles tirent de leur mélange avec des nuances plus sombres, et de leurs oppositions entre elles, un nouveau lustre et des effets de lumière si sublime, que notre art ne peut ni les imiter ni les décrire. »

A cette description ajoutons les lignes suivantes de Guéneau de Montbeillard : « Tel paraît à nos yeux le plumage du Paon lorsqu'il se promène paisible et seul dans un beau jour de printemps ; mais si sa femelle vient tout à coup à paraître, si les feux de l'amour, se joignant aux sécrètes influences de la saison, le tirent de son repos, lui inspirent une nouvelle ardeur et de nouveaux désirs, alors toutes ses beautés se multiplient ; ses yeux s'animent et prennent de l'expression ; son aigrette s'agite sur sa tête et annonce l'émotion intérieure ; les longues plumes de sa queue déploient, en se relevant, leurs richesses éblouissantes ; sa tête et son cou, se renversant noblement en arrière, se dessinent avec grâce sur ce fond radieux, où la lumière du soleil se joue en mille manières, se perd et se reproduit sans cesse, et semble prendre un nouvel éclat plus doux et plus moelleux, de nouvelles couleurs plus variées et plus harmonieuses : chaque mouvement de l'Oiseau produit des milliers des nuances nouvelles, des gerbes de reflets ondoyants et fugitifs, sans cesse remplacés par d'autres reflets et d'autres nuances toujours diverses et toujours admirables. »

C'est une croyance générale que le Paon jouit des hommages rendus à la beauté. Cette croyance est née de notre tendance naturelle à voir dans les actes d'un animal aussi beau, aussi noble, quelque chose de distingué, de réfléchi et de conforme pour ainsi dire à notre propre nature. Mais ce n'en est pas moins une erreur. Le Paon est aussi insensible à l'admiration que le serait le mâle de la Dinde lorsqu'il étale, lui aussi, les plumes de sa queue, parce qu'il est tout aussi expressif dans ses mouvements. Une autre opinion veut que le Paon soit honteux de la perte de sa queue ; il craint, dit Buffon, de se faire voir dans cet état humiliant, et cherche les retraites les plus sombres pour s'y cacher à tous les yeux. Mais le Paon est, comme tous les oiseaux, triste, taciturne, maladif, pendant la mue, voilà tout.

La nourriture habituelle des Paons consiste en grains de toute sorte. Ils font, à ce qu'il paraît, des dégâts immenses aux céréales. Leur cri est bruyant et désagréable : on dit qu'il présage la pluie lorsqu'il est poussé durant la nuit. En général ces gallinacés aiment les lieux élevés, se plaisent sur les combles des maisons ou bien sur la cime des grands arbres qui sont à leur portée ; et quoiqu'ils aient beaucoup de peine à s'élever dans les airs, on en voit cependant qui prennent leur essor et parcourent des distances considérables.

Le mâle est vif, très ardent, et seul il peut suffire à 4 ou 5 femelles, dont la couvée est chez nous de 6 à 10 œufs, tandis qu'elle serait dans les pays qui leur sont naturels de 20 à 30, disent les voyageurs. Les œufs sont de la grosseur de ceux de la Dinde ; ils sont tachetés ou bruns sur un fond blanc. La durée de l'incubation est d'environ 30 jours. Les petits, en naissant, suivent leur mère et cherchent eux-mêmes leur nourriture ; on prétend qu'à un an ils sont un excellent manger. Le Paon était un mets recherché chez les Romains. Cet oiseau vit une trentaine d'années.

PAON. Plusieurs Papillons portent ce nom à cause des espèces d'yeux qui ornent leurs ailes et qui ressemblent plus ou moins à ceux qui ornent la queue du Paon. — V *Papillon*.

PAON-BLENNIE. Poisson du genre Blennie (V. ce mot); espèce que nous n'avons pas mentionnée, mais que nous figurons ici. Cette espèce est d'un vert foncé, tirant au jaunâtre à la gorge et au ventre, avec six taches ou demi bandes d'un vert noirâtre le long du dos , et s'étendant sur le bord de la dorsale ; le mâle a une crête bien marquée d'un bel orangé ; en outre , le corps est

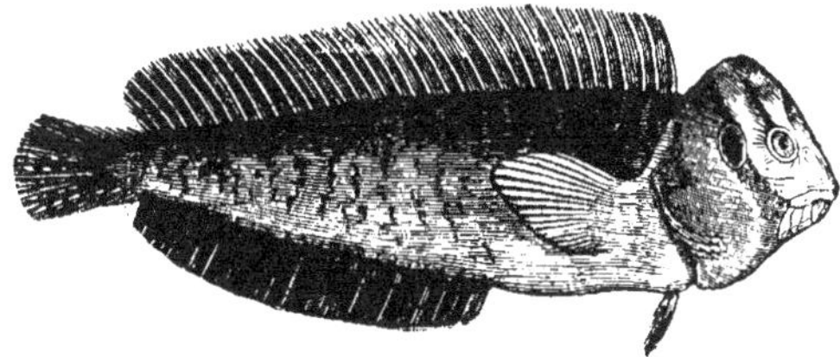

Fig. 1016. — Paon-Blennie.

taché d'une douzaine de lignes verticales d'un bleu clair argenté , et de petites taches de même couleur sont semées sur les flancs.

Ce poisson, commun dans plusieurs parties de la Méditerranée, se trouve également dans la mer noire sur les côtes de Crimée. Il est de très petite taille.

PAPILLON (*Papilio*). Genre de l'ordre des Lépidoptères et du groupe des Diurnes : Tête grosse; yeux grands, saillants ; palpes très courts, ne dé- passant pas les yeux, fortement appliqués sur le front, à articles très peu distincts ; le troisième entièrement invisible ; antennes assez allongées, renflées à leur extrémité en une massue arquée de bas en haut; abdomen assez gros , médiocrement allongé ; ailes assez robustes , à nervures saillantes; les inférieures ayant le bord abdominal replié en dessus, plus ou moins évidé, et laissant l'abdomen entièrement libre ; leur bord extérieur plus ou moins denté , et souvent terminé par une queue.

Fig. 1017. — Papillon diurne du genre Argine.

Ce genre est extrêmement nombreux en espèces répandues sur toute la surface du globe, l'ancien et le nouveau continent en possédant une quantité à peu près égale.

Les Chenilles sont épaisses, cylindroïdes ou amincies antérieurement , avec le premier anneau toujours pourvu d'un tentacule fourchu, rétractile et en forme d'Y ; tête assez petite, corps glabre , quelquefois munis de prolongements charnus plus ou moins allongés. Elles vivent le plus souvent solitairement , et des plantes fort différentes leur servent de nourriture.

« Le moyen que les Chenilles emploient pour se fixer, par l'extrémité du corps, est assez simple ; mais il n'en est pas de même de celui auquel elles ont recours pour assurer leur ceinture. Le premier temps de l'opération consiste à filer , à l'endroit où elles veulent se fixer, un petit tampon de soie, qui enveloppe les crochets de leurs pattes anales et les retient. Le second paraît entouré de plus de difficultés : fixées déjà par leur partie postérieure, ces Chenilles se tiennent seulement sur leurs pattes membraneuses ; elles élèvent leur tête et leur thorax en les redressant le plus possible ; elles portent alors leur tête vers le flanc droit, à la hauteur de la première paire de pattes membraneuses, cherchent, comme pour la première opération, un point où elles se fixent un fil, dont l'autre extrémité sera établie à la même hauteur sur un point correspondant du côté gauche ; mais pour donner à cet anneau le diamètre nécessaire, elles maintiennent le centre du fil sur leurs pattes antérieures jusqu'au moment où cette ceinture, par des additions successives de brins de soie, a acquis la solidité suffisante. Alors seulement elles engagent leur tête dans le lien demi-circulaire qu'elles ont filé, et parviennent, par des mouvements de contraction, à l'élever jusqu'au milieu de leur corps. Cet anneau, qui maintiendra la chrysalide, est assez souple pour ne pas gêner la transformation, et, de plus, est un point d'appui pour l'Insecte parfait lorsqu'il sort de sa chrysalide. »

Les Chrysalides sont sans taches métalliques, médiocrement anguleuses, tantôt presque droites, tantôt fortement arquées, avec les bords latéraux parallèles ou comprimés, et comme garnies de crêtes régulières ; quelques-unes cornées sur la partie dorsale ; tête tantôt carrée, tantôt bifide, et quelquefois tronquée.

Trois cents espèces environ composent aujourd'hui le genre *Papilio*; il comprend les Chevaliers que Linné divisait en Chevaliers troyens et Chevaliers grecs. Les premiers (*Equi testroes*) étaient caractérisés par leur couleur noire et les taches rouges du thorax : ils prenaient les noms d'*Hector*, *Pâris*, *Priam*, *Anténor*, *Achates*, *Anchyse*, *Astyanax*, *Énée*, *Hélène*, etc., etc. ; les seconds

Fig. 1018. — Papillon-Machaon.

Equites achivi) n'avaient point de taches rouges, mais portaient un œil ou une tache ocellée vers l'angle inférieur des secondes ailes ; tels étaient *Pyrrhus*, *Ulysse*, *Patrocle*, *Achille*, *Ménélas*, *Machaon*, *Nestor*, *Agamemnon*, etc., etc.

Ces divisions ont été depuis remplacées par une classification beaucoup plus naturelle, et qui repose sur des caractères présentés soit par la Chenille, soit par l'Insecte parfait. Comme représentant ce genre nous signalerons les espèces suivantes d'Europe :

Papillon Machaon (*P. Machaon*), vulg. *Papillon à queue de Fenouil*, *Grand-Porte-queue*. Envergure de 9 centimètres ; dessus des ailes jaunes, avec une bordure noire assez large, etc. La Chenille est d'un beau vert, avec des anneaux d'un noir de velours, alternativement ponctués de rouge fauve ; la chrysalide est tantôt d'une couleur grisâtre et tantôt verte, avec une bande latérale jaune. La Chenille se trouve en juin et en septembre, sur beaucoup d'ombellifères, particulièrement sur le fenouil (*anethum feniculum*), la carotte (*daucus carota*) ; l'Insecte parfait éclot en mai pour la première fois, et en juillet pour la seconde.

Papillon Alexanor (*P. alexanor*). Dessus des ailes d'un jaune d'ocre très pâle, avec une bordure noire assez large et quatre bandes transvers

de la même couleur, etc. La Chenille est d'un jaune verdâtre, avec chaque segment marqué d'une bande transversale noire, formée de petits traits longitudinaux pour la plupart confluents en avant, et dont les intervalles sont ponctués de jaune; la tête est noire, marquée d'un V et de deux petits points jaunes ; la chrysalide est d'un gris cendré uniforme, et passe l'automne et l'hiver fixée aux pierres et aux rochers, avec lesquels elle se confond par la couleur ; l'Insecte parfait éclot au mois de juin de l'année suivante. — Cette espèce est répandue en France, particulièrement dans les Hautes et Basses-Alpes.

Papillon Podalire (*P. podalirius*). Dessus des ailes d'un jaune pâle, avec des bandes noires transverses, dont 6 sur les supérieures, etc. La Chenille est lisse, très renflée en avant, et atténuée en arrière ; la couleur varie du vert gai au jaune roussâtre, avec les teintes intermédiaires ; la

Fig. 1019. — Chrysalide du Podalire.

chrysalide est roussâtre, un peu arquée, avec la tête un peu bifide; la Chenille vit sur les amandiers (*amygdalus*), les pruniers, l'aubépine (*cratægus axyacantha*), le *berberis* ; l'Insecte parfait éclot, pour la première époque, en mai, et, pour la seconde, en juillet et août. — Ce Papillon habite toute l'Europe tempérée et méridionale, ainsi que le nord de l'Afrique.

PAPION (*Cynocephalus papio*), Espèce de Singe du genre Cynocéphale, section des Babouins, qui

Fig. 1020. — Papion.

a pour caractère distinctif : pelage d'un brun jaunâtre ; face noire et favoris fauves ; cartilage des narines dépassant la mâchoire; longueur du corps, 70 centim. ; celle de la queue, 42.

Le Papion habite la côte occidentale d'Afrique, principalement la Guinée; on le trouve aussi au Cap. On le voit souvent dans les ménageries ambulantes. Ce Cynocéphale possède toutes les habitudes des autres espèces du même genre : il est plein d'intelligence, très doux dans son jeune âge, mais brutal dans la vieillesse. Ces singes se livrent seuls à des jouissances obscènes dès leur jeunesse ; ils ne sont pourtant adultes qu'à l'âge de six ans, ce qui peut faire supposer que la durée totale de leur vie est de cinquante ans environ.

PAPYRUS. Espèce du genre *Souchet* (V. ce mot) avec laquelle on fabrique le *Papier de Chine*.

PAQUERETTE (*Bellis*). Genre de Plantes de la famille des Composées, tribu des Radiées, herbacées vivaces, subacaules, à feuilles crénelées, en rosettes presque radicales ; fleurs en capitules solitaires et terminaux : réceptacle conique allongé, à 2 rangs de folioles ; fleurons de la circonférence ligulés (demi-fleurons), blancs ou rosés, femelles, fertiles ; fleurons du centre tubuleux, jaunes hermaphrodites.

La Pâquerette (*Petite-Marguerite*) est extrêmement commune dans les prairies, les pâturages, les pelouses, aux bords des chemins, ou presque sans tige (5 à 20 centim. de hauteur); elle montre ses fleurs réjouissantes dès le mois de mars et en novembre. Toutefois chaque hampe ne porte qu'un seul capitule. « Dis-nous, Pâquerette jolie, ce que sont devenues les heures d'une innocente indifférence, où mollement étendus sur la pelouse embaumée, nous nous amusions à te cueillir, à disposer en bouquets ta hampe nue, à suivre l'action qu'exercent sur toi l'aspect du soleil et les circonstances si variables de l'atmosphère, à te consulter, par l'enlèvement successif des rayons de ta fleur blanche et rosée, sur le degré actuel de l'affection des personnes aimées ? La belle saison nous paraissait alors cent fois plus belle, nous étions dans l'âge des douces illusions, la triste et lente expérience n'était point encore venue nous obliger à voir les hommes et les choses sous un jour plus grave, j'allais dire plus sombre, plus affligeant. Apprends-nous pourquoi chaque année, au retour du printemps, nous prenons cependant plaisir à te revoir toujours fraîche, toujours joyeuse, et à te redemander nos premières erreurs. »

Nous pourrions mentionner plusieurs variétés, entre autres la *Pâquerette naine*, ordinairement très velue et dont les capitules sont très petits ; — la *P. prolifère*, que l'on cultive fréquemment dans les jardins et dans laquelle les folioles de l'involucre donnent naissance à leur aisselle à de petits capitules pédicellés.

L'horticulteur est parvenu à obtenir de fort jolies variétés roses, rouges, pourpres, etc., et à doubler les rayons; toutes forment de charmantes bordures. Dans nos jardins, comme aux champs, les Pâquerettes sont météoriques : elles s'ouvrent aux rayons du soleil, et se ferment du moment que le ciel se charge de nuages. Elles sont aimées des chèvres et des moutons. Leurs feuilles peuvent se manger en salade.

PAQUETTE. Synonyme soit de la Pâquerette (*Bellis perennis*), soit de la Grande-Marguerite (*Chrysanthemum leucanthemum*).

PARADIS ou **PARADISIER** (*Paradisea*). Nom sous lequel on désigne les OISEAUX DE PARADIS. Ces Oiseaux forment un genre créé par Linné, que nous adopterons malgré que, depuis, on en ait fait une famille divisible en plusieurs coupes séparées. Ce genre appartient aux Passereaux conirostres; et, considéré d'une manière générale, il offre les caractères suivants : bec solide, moins long que la tête, qui est médiocre, sans huppe et sans nudité autour des yeux; mandibules échancrées à la pointe, l'inférieure très aiguë ; narines basales, fermées par une membrane recouverte de plumes très courtes, très denses, qui se continuent avec les plumes du front; ailes allongées, amples, dépassant tant soit peu le croupion; queue droite, médiocre et formée de 12 rectrices, dont 2, dans quelques cas, s'allongent considérablement en brins membranacés tortillés et rigides; jambes emplumées jusqu'aux tarses, qui sont robustes ; doigts armés d'ongles crochus et creusés en dessous; plumage remarquable par l'éclat de ses vives couleurs et par l'élégance de sa tenture et de ses formes ; taille variant depuis celle d'un Geai jusqu'aux proportions de l'Alouette.

« En général, les plumes du front et de la gorge, de même que celles qui recouvrent les membranes des narines, sont plus ou moins courtes, serrées et d'une nature tomenteuse, imitant, par la souplesse et la douceur, un tissu de velours. Les plumes des flancs s'allongent en panaches délicats et fragiles ou s'arrondissent en gemmes scintillants à leur sommet; parfois le manteau est ample, parfois la gorge chatoie comme une émeraude ou se recouvre de lames d'or. Des brins diversiformes partent de la queue ; quelquefois enfin ce plumage est uniformément et simplement velouté; mais toujours on le distingue par une certaine laxité des plumes, laxité que l'on retrouve chez tous les oiseaux de cette famille. La livrée de cette famille varie suivant les sexes et les âges. Les mâles, dans leur parure de noces, possèdent seuls cette admirable vestiture qui depuis longtemps les a rendus célèbres ; les femelles, au contraire, déshéritées de brillants atours, ont un plumage terne et sans éclat; de plus, elles ne présentent ni les brins de la queue, ni les faisceaux des flancs, ni l'ampleur du manteau. Il en est de même des jeunes mâles, qui, dans les trois premières années de leur existence, ressemblent aux femelles à s'y tromper, et ne commencent à prendre les brins de la queue qu'une année avant les parures dévolues à leur sexe par la période adulte. »

Les Paradisiers ont pour patrie la Nouvelle-Guinée, les terres situées entre la Malaisie et l'Australie, sous l'équateur. Ce sont des Oiseaux frugivores, qui se tiennent habituellement perchés dans les arbres, mais toutefois dont les habitudes naturelles ne sont pas encore parfaitement connues.

Il n'est pas d'Oiseaux sur lesquels on ait fait autant de contes erronés que sur les Oiseaux de Paradis : suivant les uns ils étaient sans pattes ;

Fig. 1021. — Grand-Émeraude.

ils habitaient le paradis terrestre ou nous venaient du ciel; ils étaient censés puiser leur seule nourriture dans l'eau condensée sur les feuilles ; suivant d'autres, la femelle déposait ses œufs dans une cavité que porte le mâle sur son dos, ou bien elle les plaçait sous son aile. Accosta assura que, privés de la faculté de se percher et de se reposer à terre, ils se suspendaient aux arbres avec leurs filets, etc. Le conte basé sur l'absence des pattes, inventé par le charlatanisme pour accroître la réputation d'Oiseaux déjà assez beaux par eux-mêmes, eut une grande vogue, que Linné lui-même sanctionna en donnant à l'Émeraude le nom trivial d'*Apoda*. « Ce qui avait puissamment contribué à faire adopter le merveilleux dont ces oiseaux ont été l'objet, c'est que leurs dépouilles, introduites en Europe par les navigateurs, n'offraient à l'examen aucune trace de pieds ; dès lors, de conjectures en conjectures, on arriva à affirmer que ces espèces en étaient privées, et, cette opinion admise, on crut à d'autres que nous allons faire connaître. Malgré le principe émis par Aristote, qu'il n'y avait point d'oiseaux sans pieds, on persista à croire que les Paradis faisaient exception. La cause qui avait donné lieu à l'erreur, fut aussi celle qui contribua à l'accréditer, et c'était naturel. Les marchands, pour leur donner plus de valeur, ajoutèrent aux fables qui avaient cours, et le merveilleux, pour lequel l'homme a une tendance si prononcée, tint lieu de la vérité. Mais c'est bien plus : des querelles s'élevèrent entre les écrivains d'alors, et Aldrovande, l'un de ceux qui soutenaient que les Oiseaux de Paradis n'avaient pas de pieds, maltraita, dit-on, Pigafette, de ce qu'il osait avancer le contraire. Pigafette, pourtant, avait apporté en Europe, comme preuve de son opinion, un Manucode sur lequel on constatait la présence de pieds. Mais l'erreur était enracinée, et il fallut que Jean de Laët, Marcgrave, Clusius, Wormius, Bontius, etc., vinssent confirmer, par de nouvelles preuves ou par de nouvelles affirmations, l'opinion de Pigafette, pour que l'on n'eût plus de doute à ce sujet, du moins dans le monde savant; car, parmi le peuple, l'erreur persista. »

Cuvier divisa les Paradisiers en quatre groupes, savoir :

1° Plumes des flancs effilées et allongées en panaches plus longs que le corps; deux filets ébarbés, adhérents au croupion, se prolongeant autant et plus que les plumes des flancs.

Fig. 1022. — Paradisier rouge.

2° Plumes des flancs ne dépassant pas la queue.

3° Plumes effilées mais courtes des flancs ; pas de filets au croupion.

4° Ni filets, ni prolongement aux plumes des flancs.

Grand-Émeraude (*P. apoda*), encore appelé vulgairement *Oiseau du Soleil*, *Oiseau de Dieu*. C'est l'espèce qui a été l'objet principalement des contes merveilleux dont nous venons de parler. Sa taille est celle du Merle : il a tout le dessus de la tête et du cou d'un jaune clair, le tour du bec et la gorge vert d'émeraude chatoyant. C'est au mâle de cette espèce que l'art emprunte les longs faisceaux de plumes jaunâtres qu'il porte sur les flancs, pour en composer ces panaches dont les femmes aiment à orner leur tête. Vieillot, dans sa Galerie des Oiseaux, s'exprime ainsi qu'il suit, au sujet de ce Paradisier.

« Cette espèce reste dans les îles d'Aron pendant la mousson sèche ou de l'ouest, et retourne à la Nouvelle-Guinée au commencement de la mousson pluvieuse ou d'est. Elle voyage en bandes composées de trente à quarante individus, sous la conduite d'un autre oiseau qui vole toujours au-dessus de la troupe. Ce chef est, dit Valentyn dans le Voyage de Forster, noir et tacheté de rouge; mais, jusqu'à présent, personne ne dit l'avoir vu en nature. Les Oiseaux de Paradis ne s'en séparent jamais, soit qu'ils volent, soit qu'ils se reposent; mais cet attachement pour leur guide cause quelquefois leur perte, quand il se repose à terre ; car ils ne peuvent s'envoler que difficilement, à cause de la forme et de la disposition particulière de leurs plumes. Ils se perchent sur les grands arbres, particulièrement sur le Waringa à petites feuilles et à fruits rouges, dont ils se nourrissent (*Ficus benjamina*, Forster). L'étendue, la quantité, la longueur, la souplesse de leurs plumes hypochondriales, leur permettent bien de s'élever fort haut, les aident à se soutenir dans l'air, à le fendre avec la légèreté et la vitesse de l'hirondelle, ce qui les a fait désigner par le nom d'*Hirondelles de Ternate;* mais si le vent devient contraire, ce luxe de plumes nuit à la direction du vol, et alors ils n'évitent le danger qu'en s'élevant perpendiculairement dans une région d'air plus favorable et ils continuent leur route. Quoiqu'ils prennent toujours leur vol contre la direction du vent, et qu'ils évitent les temps d'orage, ils sont quelquefois surpris d'une bourrasque ; c'est alors qu'ils courent les plus grands dangers : leurs plumes longues et flexibles se bouleversent, s'enchevêtrent, l'oiseau ne peut plus voler; ses cris répétés annoncent sa détresse; il lutte en vain contre l'orage; son embarras augmente; la frayeur redouble l'impuissance de ses efforts, il chancelle et tombe. Les Indiens, attirés par ses cris, le saisissent ou le tuent, ou il n'échappe à la mort qu'en gagnant promptement une élévation d'où il peut reprendre son vol.

La femelle a seulement les deux pennes intermédiaires de la queue plus courtes que celle du mâle.

Paradis rouge (*P. rubra*). Il appartient également à la première section. Cette seconde espèce, que quelques ornithologistes croyaient être la même que celle dont nous venons de parler, se distingue surtout par la couleur rouge des faisceaux de plumes dont les flancs sont ornés, et par les filets de la queue, plus larges et concaves d'un côté. En outre, un noir velouté entoure la base du bec, et les plumes du synciput assez allongées pour simuler une petite huppe; celles du dessous du cou et du haut de la gorge sont d'un vert doré ; le dessus du cou, le haut du dos, le croupion, les côtés de la gorge et de la poitrine offrent des teintes jaunes.

On ne sait pas précisément dans quelle partie de l'Inde vit cet oiseau.

MANUCODE ROYAL (*P. regia*). Cette espèce appartient à la deuxième section. Une belle couleur orangée et veloutée occupe le sommet de la tête ;

Fig. 1023. — Manucode royal.

le cou et la gorge sont d'un brun rougeâtre, brillant, satiné, mais plus foncé sur cette dernière partie, au bas de laquelle se trouve une raie transversale blanchâtre, suivie d'une large bande d'un vert d'émeraude, à reflets métalliques ; de larges plumes grises à leur base et dans la plus grande partie de leur longueur, traversées ensuite par deux lignes, l'une blanche, l'autre d'un beau roux, et toutes terminées par une belle couleur de vert doré, occupent les hypochondres. Le dos, les tectrices supérieures et les pennes alaires sont d'un rouge velouté ; les rectrices ont cette couleur ; les deux longs filets qui tiennent lieu des deux pennes intermédiaires de la queue, et dont l'extrémité, garnie de barbes assez longues, est repliée en dedans sur elle-même, de manière à former un rond dont le centre est vide, sont dans ce point d'un vert d'émeraude à reflets dorés.

Cet oiseau est un des plus beaux du genre ; il vit à la Nouvelle-Guinée, d'une manière sédentaire, apparié par couples et se tenant dans les arbres de moyenne taille. Les naturels des îles d'Aron, où ces oiseaux ne sont que de passage et où ils ne se reproduisent pas, les prennent avec des lacets ou avec la glu, et en placent les dépouilles sur leurs casques dans leurs costumes de cérémonie ou de guerre.

SIFILET A GORGE DORÉE (*P. sentacea*). Seule espèce de la troisième section. Le sommet de la tête est orné d'une sorte de huppe, formée par des plumes qui s'élèvent de la base du bec, et tellement mélangée de noir et de blanc, que l'ensemble de ces couleurs présente un ton gris de perle. Des plumes noires, à barbes désunies, naissent sur les côtés du ventre ; celles de la gorge, étroites à leur origine, larges à leur extrémité, sont d'un beau noir de velours dans le milieu, et de couleur d'or changeante en violet sur les côtés, avec des reflets de diverses nuances vertes. On remarque derrière la tête une sorte de collier pareil aux plumes de la gorge ; la queue est d'une nuance du velours noir le plus riche et le plus moelleux. Plusieurs de ses pennes ont des barbes longues, séparées et flottantes. Son nom de *Sifilet* lui a été donné à cause des filets qui partent, au nombre de trois, de chaque côté de la tête, en se dirigeant en arrière.

Cet Oiseau de Paradis habite également la Nouvelle-Guinée.

Le **SUPERBE** (*P. superba*), de la quatrième section, est une espèce très curieuse à cause de la direction qu'affectent quelques-unes de ses plumes. Celles de la partie inférieure de la gorge, d'un vert bronzé, à reflets violets, s'étendent sur la poitrine, et simulent en s'écartant sur les côtés du ventre, dont elles laissent le milieu à découvert, une queue d'Hirondelle ; le dos, le croupion, les ailes, les rectrices caudales et les tectrices offrent les mêmes nuances. De longues plumes qui ont l'éclat et le moelleux du velours, semblent sortir des épaules, se relèvent tantôt très haut, tantôt plus ou moins sur le dos, et s'inclinent en arrière en formant comme une espèce de mantelet, qui s'étend presque jusqu'au bout des ailes. Celles qu'on voit sur le dessus du bec et qui se présentent comme deux petites huppes, sont noires.

Les habitants de la Nouvelle-Guinée portent à Salawar cette espèce et les précédentes, dans des Bambous creux, après les avoir fait sécher à la fumée autour d'un bâton, et leur avoir ôté les entrailles, les ailes, la queue et les pieds.

L'**ASTRAPIE** OU **OISEAU DE PARADIS NOIR** (*P. nigra*), vulg. *Pie-Paradis*, que Cuvier classe dans le genre Merle, est remarquable par une queue très allongée. Nous avons déjà fait mention de ce magnifique Oiseau (V. *Astrapie*), et nous sommes heureux de pouvoir en donner ci-contre la figure. Il est très rare dans les collections, et son prix s'élève encore à la somme de 500 francs.

« Nous avons, dit Lesson, déposé au Muséum d'histoire naturelle de Paris le bel individu qu'on y remarque, et donné un second individu à la curieuse collection de M. Keraudren. Nous nous procurâmes ces deux magnifiques dépouilles à la Nouvelle-Guinée, par des échanges avec les Papous, et ce furent les seules que les Français se procurèrent dans les deux voyages de découvertes de la *Coquille* et de l'*Astrolabe*. »

PARADOXURE (*Paradoxurus*). Mammifères

dont le nom signifie qu'ils ont la queue singulière ou paradoxale, parce qu'elle a paru à F. Cuvier, qui l'a observée sur un exemplaire vivant, constamment enroulée et maintenue du même côté. Les Paradoxures sont gros comme des Chats à peu près, mais à corps et à museau allongés; ils sont très voisins des Civettes, dont de Blainville ne les sépare pas; comme elles, ils portent, entre l'anus et les organes reproducteurs, non pas une poche, mais un sillon odorant d'un développement beaucoup moindre. Ils ont les ongles crochus et à demi rétractiles; le pelage moucheté ou marqué de bandes longitudinales.

Ces Animaux vivent dans l'Inde et dans quelques-unes de ses îles. Ils grimpent sur les arbres, font la chasse aux quadrupèdes, mangent aussi

Fig. 1024. — Astrapie.

des substances végétales. — Ce genre comprend un assez grand nombre d'espèces, parmi lesquelles nous citerons seulement :

Le Paradoxure type (*P. typus*), appelé à Pondichéry *Pougouné , Marte de Palmiers.* Buffon en a figuré un exemplaire qu'il avait vu vivant à la foire de St-Germain, en 1772; mais par erreur la planche gravée qu'il en a publiée porte le titre de *Genette de France.* — Animal agile, grimpeur, qui fait la chasse aux petits quadrupèdes et aux oiseaux.

Le **Paradoxure Musanga** (*P. musanga*) est le *Putois rayé de l'Inde,* de Buffon, et le *Chat sauvage à bandes noires,* de Sonnerat. — Il est commun dans plusieurs îles de la Sonde. Le *Paradoxure préhensible,* de quelques auteurs, en est une variété, originaire de Java.

Le **Paradoxure Bondar,** décrit par de Blainville sous le nom de *Viverra Bondar,* est du Bengale et du Népaul.

PARASITES ou **Anoplures.** Ordre de la classe des Insectes, très peu nombreux en espèces qui, comme leur nom l'indique, vivent sur le corps d'autres animaux dont ils sucent les humeurs. Les Parasites sont toujours privés d'ailes; ils ont la bouche disposée pour la succion, et ils ne subissent point de métamorphoses. Le corps est déprimé et presque transparent; les pattes sont courtes, égales ou presque égales entre elles, et terminées par un tarse très fort, sous la forme d'une pince mobile, à l'aide de laquelle ces animaux s'attachent aux cheveux et aux poils. Les diverses pièces de la bouche sont réunies en une sorte de trompe ou de suçoir charnu et rétractile, très court, situé à l'extrémité antérieure de la tête. Les yeux sont petits et simples ; les antennes courtes et de 5 articles. Les femelles pondent une grande quantité d'œufs.

Cet ordre ne comprend que deux ordres : les *Poux* et les *Ricins*, encore ces derniers en sont-ils distraits par quelques entomologistes, à cause de l'organisation de la bouche qui diffère de celle des Poux.

On a donné le nom de *Parasites* : 1° à bon nombre de Crustacés qui vivent sur les habitants des eaux, comme les Argules, les Cyames, les Pandares, etc. ; 2° à un grand nombre de genres d'Arachnides dont les larves vivent sur les insectes, comme les Tiques, les Leptes, les Acarus ; 3° à une foule d'Insectes différents ; 4° en botanique, aux végétaux qui croissent et vivent sur d'autres corps organisés vivants ou morts.

PARESSEUX. — V. *Bradype.*

PARIÉTAIRE (*Parietaria*). Genre de Plantes de la famille des Urticacées, dont le nom vient de *paries*, muraille, parce que les vieux murs sont son berceau ; genre qui ne diffère des Orties, quant au caractère générique, que par des fleurs hermaphrodites mélangées avec des fleurs femelles, réunies dans une espèce d'involucre à plusieurs

Fig. 1025. — Pariétaire.

(Involucre polyphylle, contenant 4 fleurs hermaphrodites et une femelle au centre ; on voit une étamine déployée. — La fleur femelle est représentée détachée, avec le calice ouvert.)

folioles, outre que ses feuilles sont alternes et dépourvues de poils glanduleux et piquants.

PARIÉTAIRE OFFICINALE (*P. officinalis*), vulg. *Casse-pierre*, *Perce-muraille*. De ses racines blanchâtres et vivaces elle pousse des tiges droites, tendres, cylindriques, rameuses, parfois rougeâ-

tres, légèrement velues, hautes d'environ 60 centim. Feuilles alternes, pétiolées, ovales-lancéolées, aiguës, un peu luisantes en dessus, velues en dessous. Fleurs petites, axillaires, velues, d'un blanc verdâtre, réunies plusieurs ensemble par pelotons presque sessiles, le long des tiges et des rameaux ; elles sont renfermées dans un involucre commun qui contient plusieurs fleurs hermaphrodites et souvent une seule fertile au centre ; chaque fleur, excepté les femelles, offre 4 étamines très élastiques, qui, courbées ou reployées sur elles-mêmes, se redressent avec rapidité, dès qu'on les touche, à l'époque de la fécondation, et lancent le pollen sous forme de petit nuage de poussière.

La Pariétaire croît sur les décombres, dans les fentes des vieux murs, dans les lieux ombragés, le long des haies, etc. Elle est absolument inodore et d'une saveur herbacée. On lui a attribué des vertus diurétiques et lithontriptiques dès l'époque éloignée où l'on ne savait pas encore qu'elle contient du nitrate de potasse, mais par cette seule considération qu'elle pousse au milieu des pierres qu'elle semble briser, disjoindre. Cette plante est tout simplement émolliente, apéritive, et n'a aucune propriété plus marquée qu'une foule d'autres. Olivier de Serres nous apprend que nos aïeux l'appelaient encore *Perdrix*, de ce que les Perdrix en mangent volontiers le fruit. Le cultivateur n'en tire aucun parti, si ce n'est pour augmenter la masse des fumiers ; car elle pullule autour de lui. On prétend pourtant que, répandue sur les tas de blé, elle en écarte les charançons.

Dans nos départements du Midi croissent la PARIÉTAIRE DE JUDÉE, la P. DE CRÈTE, la P. DU PORTUGAL.

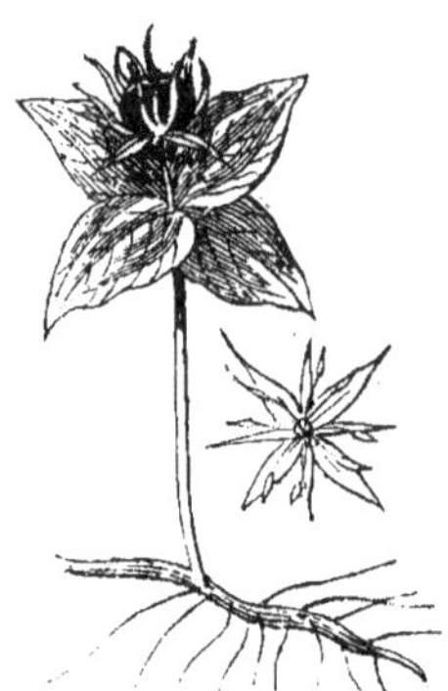

Fig. 1026. — Parisette.

PARISETTE (*Paris*). Genre de la famille des Asparaginées, comprenant une seule espèce :

La PARISETTE A QUATRE FEUILLES (*P. quadrifolia*), vulg. *Parisette.* Souche horizontale, traçante ; tige de 20 à 30 cent., feuillée seulement au sommet, par 4 feuilles disposées en rosette au-dessous de la fleur. Celle-ci est grande, verdâtre, pédicellée au centre de l'involucre constitué par le verticille de feuilles ; périanthe à 8 divisions libres, dont 4 extérieures lancéolées et 4 intérieures linéaires, étroites ; étamines 8, à filets soudés entre eux à la base ; ovaire d'un pourpre foncé à 4 loges ; styles 4, libres ; baies noires.

La Parisette se trouve dans les bois et les pâturages humides, ombragés, mais elle est assez rare. Elle fleurit en avril-mai. Elle a une odeur vireuse, et l'on prétend qu'elle constitue un poison pour certains animaux, notamment pour les chiens et les poules. Elle a paru utile dans les fievres intermittentes, l'épilepsie, etc. ; en tout cas, elle est totalement abandonnée aujourd'hui.

PARKIE (du nom de Park, célèbre voyageur). Genre d'arbres de la famille des Légumineuses, qui croissent en Afrique et dans l'Asie tropicale.

La PARKIE D'AFRIQUE est un arbre de 15 mètres de haut, à écorce couverte de cicatrices ; à rameaux forts et diffus ; à fleurs pourpres en capitules longuement pédiculés. Ses fruits renferment une pulpe jaunâtre et sucrée avec laquelle les nègres composent une boisson ; ses graines, torréfiées, s'emploient en guise de Café.

PARMELIE (*Parmelia*). Genre de Lichens qui croissent sur les rochers et sur l'écorce des plantes en décomposition, auxquels ils adhèrent fortement. — La PARMÉLIE DES ROCHERS (*P. saxatilis*, *Lichen saxatilis*) se présente sous forme de rosettes ou de bouclier (*parma*, bouclier), sur les vieux troncs d'arbres et sur les pierres.

La PARELLE (*L. parellus*), vulg. *Orseille de France* ou *de terre*, est une espèce de ce genre qu'on recueille en Auvergne pour l'usage de la teinture. — V. *Orseille*.

PARNASSIE (*Parnassia*). Genre de Plantes de la famille des Droséracées, dont une seule espèce est propre à l'Europe.

C'est la PARNASSIE DES MARAIS (*P. palustris*), plante vivace, herbacée, glabre, à tiges de 10-40 cent., dressées, simples ; feuilles ovales, cordées, les radicales à long pétiole, les caulinaires sessiles, amplexicaules ; fleurs blanches, assez grandes, solitaires, terminales : 5 sépales, 5 pétales ; 5 étamines ; 5 écailles nectarifères opposées aux pétales, divisées-laciniées ; capsule à 4 valves, etc.

Cette plante croît dans les prés humides, les lieux tourbeux, et fleurit en juin-septembre. Cordus l'ayant crue utile dans les maladies du foie, l'a surnommée *Hépatique blanche*, *Hépatique noble*.

PARNASSIEN (*Parnassius*). Genre de Lépidoptères, qui ressemble assez au genre Papillon, mais s'en distingue en ce que les palpes s'élèvent

sensiblement au-dessus du chaperon et vont en pointe. — Les Chenilles sont lisses, cylindroïdes, épaisses, munies de petits mamelons un peu velus, le premier anneau pourvu d'un tentacule charnu en forme d'Y, tête assez petite, arrondie. — Les Chrysalides sont enveloppées entre les feuilles, dans un léger tissu de soie, et maintenues par quelques fils transverses.

Fig. 1027. — Parnassien-Apollon.

Le PARNASSIEN APOLLON (*P. Apollo*) peut être considéré comme type de ce genre, qui ne comprend que sept espèces. — Il vit dans les montagnes alpines d'une grande partie de l'Europe et de la Sibérie. La Chenille se tient sur les saxifrages et les crossulacées.

PARNOPÈS. Genre d'Hyménoptères térébrants, famille des Pupivores. L'espèce type est le PARNOPÈS INCARNAT (*P. carnea*), dont l'abdomen est d'un rouge de chair avec le premier anneau vert.

. Cet Hyménoptère, qui est assez remarquable, se trouve dans les départements méridionaux de la France, en Espagne et en Italie ; on l'a trouvé aussi aux environs de Paris, au bois de Boulogne, dans les lieux secs et sablonneux ; c'est Latreille qui a découvert les métamorphoses de cette espèce. La femelle fait sa ponte dans les trous assez profonds que le Bembex à bec (*Rostrata*, Fabr.) femelle creuse dans les terres légères et sablonneuses, et au fond desquels il empile les cadavres des Syrphus, Taons, Bombilles, et autres Diptères destinés à nourrir ses larves. Le Parnopès épie l'instant où le Bembex est éloigné du nid qu'il a préparé à sa famille ; il y pénètre et y place ses œufs. Les larves auxquelles ils donnent naissance consomment probablement les provisions qu'elles y trouvent, et dévorent peut-être encore les larves du Bembex. Si celui-ci aperçoit l'ennemi de sa postérité, il fond sur lui avec impétuosité pour le percer de son aiguillon ; mais le Parnopès se met en boule comme les Tatous et les Hérissons, et oppose à son adversaire la peau dure qui recouvre son corps, comme un bouclier impénétrable.

Cet Hyménoptère a le vol court; il se pose souvent. »

PARTHÉNOPE. Genre type d'une tribu de Crustacés, les Parthénopiens, dont la carapace est ordinairement triangulaire, guère plus longue que large, à surface presque toujours bosselée et tuberculeuse; rostre en général petit et entier; yeux presque toujours rétractiles; l'article basilaire des antennes externes présente quelquefois la même disposition que chez les Maïas; mais dans la grande majorité des cas, il en est tout autrement; pinces brusquement recourbées en bas, de manière que leur axe forme un angle très marqué avec celui de la main; les pattes suivantes sont courtes; abdomen de 7 articles chez la femelle, en nombre qui varie chez les mâles. — On en trouve dans la Manche et la Méditerranée. Leurs mœurs sont à peine connues.

Le Parthénope horrible (*Cancer horridus* de Linné) a la carapace pentagonale, ayant l'aspect d'une pierre cariée, bosselée et tuberculeuse, armée d'épines aux bords latéro-antérieurs; pattes antérieures très grandes, d'inégale grosseur, couvertes de gros tubercules spinifères; pinces peu infléchies; autres pattes hérissées d'épines. Sa longueur est de 6 à 7 cent. environ. — Cette espèce se trouve dans l'océan Indien et Atlantique.

On a formé aux dépens des Parthénopes les genres *Eumédon*, *Eurynome*, *Lambre* et *Cryptopodie*.

PASAN. Espèce d'Antilope du sous-genre *Oryx*.

PAS-d'ANE. — V. *Tussilage*.

PASPALE (*Paspalum*). Genre de Graminées, très voisin du genre Panis qui n'en diffère que par ses épillets biflores. « Plantes herbacées annuelles ou vivaces, aux chaumes articulés, garnis de feuilles linéaires et de fleurs sessiles, disposés en épis simples, souvent unilatéraux, sur plusieurs rangées longitudinales. Les épillets sont uniformes, à deux valves membraneuses; quelquefois on remarque auprès d'elles le rudiment d'une troisième valve. Trois étamines à filaments capillaires; ovaire supère, terminé par deux styles, ayant chacun un stigmate pénicilliforme et coloré. Aux balles adhère une graine arrondie, convexe d'un côté, plate de l'autre. — Parmi les quatre-vingt-dix espèces de Paspales, presque toutes indigènes aux régions intertropicales, quatre habitent dans une grande partie de l'Europe et abondent en France, savoir :

« Le Paspale sanguin (*P. sanguinale*), que l'on rencontre tous les ans au milieu des champs cultivés et aux lieux sablonneux; — le Paspale cilié (*P. ciliatum*), que l'on crut particulier à la Chine jusqu'en 1818, et que Requien découvrit spontané sur les rives de la Durance aux environs d'Avignon; — le Paspale glabre (*P. glabrum*); — le Paspale dactyle (*P. dactylon*), vivaces dans nos champs. Les bestiaux mangent ce dernier quand on a le soin d'en briser les tiges sous le pilon et de le leur donner uni à de l'avoine. »

PASSERAGE (*Lepidium*). Genre de Plantes de la famille des Crucifères, annuelles, bisannuelles ou vivaces, glabres ou velues. Feuilles entières, dentées ou pinnatifides; fleurs petites, blanches : calice à sépale non gibbeux; étamines dépourvues d'appendices; silicule comprimée perpendiculairement à la cloison, terminée par le style persistant, à loges monospermes.

Les Passerages se placent « auprès des genres *Cochlearia*, *Coronopus*, *Iberis* et *Thlaspi*. Elles se distinguent : 1º des Cransons par leurs valves carénées, opposées à la cloison, assises sur le disque et non pas arrondies; 2º des Coronopes par ces mêmes valves qui sont déhiscentes; 3º des Ibérides par la forme régulière de leurs quatre pétales toujours égaux; 4º et des Tabourets par leur silicule ovale, entière au sommet et non échancrée. » — Autrefois on attribuait aux Passerages, particulièrement au *Lepidium latifolium*, la propriété de guérir la rage; de là leur nom, qui n'est nullement justifié. Presque tous les bestiaux mangent ces herbes.

Passerage des jardins (*L. sativum*). C'est le *Cresson-alénois*, espèce à tige dressée, rameuse, glabre; à feuilles radicales étalées en rosette, pétiolées, pinnatipartites, les supérieures sessiles, linéaires indivises. — On la croit originaire d'Asie. Elle est annuelle, et ses fleurs blanches en corymbe se montrent en juin-juillet. Fréquemment subspontanée dans le voisinage des habitations et des jardins, elle est cultivée pour ses feuilles alimentaires d'une saveur piquante qu'on mange en salade.

Passerage a larges feuilles (*L. latifolium*). Tige de plus d'un mètre quelquefois, robuste, dressée, rameuse en haut; feuilles glabres, un peu épaisses, les inférieures assez amples, dentées, pétiolées, les supérieures ovales lancéolées, entières, à peine pétiolées; fleurs en grappes, rapprochées en une panicule terminale. — Cette espèce croît aux lieux humides et ombragés, ainsi que sur le bord des rivières, et fleurit en juin-août. Dans quelques localités, on en ramasse les feuilles pour en exprimer le suc, le mêler avec du vinaigre et le faire servir à l'assaisonnement des viandes.

Passerage a feuilles étroites (*L. ruderale*). Tige de 10 à 30 cent., rameuse-étalée, légèrement pubescente; ses fleurs son très petites et quelquefois sans pétales. Cette espèce, annuelle, fleurit tout l'été dans les endroits pierreux, parmi les décombres, au pied des murs; mais elle est rare. On la dit précieuse dans les habitations infectées par les punaises de lit. « On en place la tige rameuse entre deux feuilles de papier pliées, que l'on met le soir sous un matelas, et le lendemain, en ouvrant le papier, on y trouve des essaims de punaises collés aux branches, aux feuilles et même aux silicules ; les œufs y sont mêlés aux insectes morts et à ceux qui ne sont qu'engourdis. Je connais des appartements qui, au moyen de cette Passerage, ont été purgés en très peu de temps et pour toujours quand de nouveaux locataires, aussi soigneux, n'apportaient point avec leurs meubles de ces insectes puants et incommodes.

PASSEREAUX (*Passeres*). Ordre d'Oiseaux, ordre multiple et très nombreux en familles, genres et espèces. Comme ils renferment presque les cinq septièmes des espèces ornithologiques, on comprend combien les Passereaux doivent varier de formes, de caractères et d'habitudes ; c'est par la conformation de leurs pieds principalement qu'ils diffèrent de tous les autres ordres. Ils ont pour caractères généraux : le doigt externe uni à celui du milieu dans une étendue plus ou moins considérable ; 4 doigts (rarement trois) ; ongles grêles, recourbés, mais non crochus et acérés.

Les Passereaux se distinguent des Rapaces, dont le bec est crochu et les ongles très acérés, quoiqu'ils soient liés à cet ordre par les Pies-Grièches ; ils se séparent des Gallinacés, en ce que ceux-ci ont la mandibule supérieure voûtée, et les trois doigts antérieurs unis à la base par une petite membrane ; ils ne peuvent être confondus avec les Échassiers dont les jambes sont dégarnies de plumes au-dessus de l'articulation tibiotarsienne ; ni avec les Palmipèdes, dont les doigts sont ou bordés de festons membraneux, ou entièrement réunis par une large membrane.

Les Passereaux varient par leurs mœurs comme par leur conformation ; les uns sont solitaires, les autres sont sociables ; tous sont monogames, à l'exception du Coucou. Ils se nourrissent p'her-

Fig. 1028. — Brève (Passereau Dentirostre).

bes, ou de graines, ou de baies, ou d'insectes, ou de vers, ou de poissons, ou d'oiseaux ; quelquefois même ils sont omnivores. La plupart sont de petite taille. Quelques-uns ont un chant agréa-

Fig. 1029. — Bengali (Passereau Conirostre).

ble, et la chair de beaucoup d'entre eux fournit à l'homme un aliment délicat.

D'après la forme qu'affectent les pieds des Passereaux, Cuvier a fait dans cet ordre deux divisions ou sous-ordres :

1° Les *Hémisyndactyles*, dont le doigt externe est réuni à l'interne par une ou deux phalanges seulement. — Ce groupe comprend quatre familles que l'on distingue surtout par la forme du bec, et qui sont désignées par les noms suivants :

Dentirostres. Ces Passereaux portent vers la pointe de leur bec une ou deux dents ; ce bec, un

peu crochu, établit en quelque sorte le passage
entre les Passereaux et les Rapaces. La plupart
se nourrissent d'insectes, quelquefois de fruits ; il
en est même qui attaquent les oiseaux les plus
faibles, comme les Pies-Grièches. Les principaux
genres de cette famille sont les *Pies-Grièches*, les
Gobe-Mouches, les *Merles*, les *Grives*, les *Loriots*, les *Bec-fins*, etc.

Fissirostres. Leur bec est court, plat, élargi à
sa base, sans échancrure à sa pointe et fendu
très profondément. Deux genres principaux : les
Hirondelles, les *Engoulevents*.

Conirostres. Bec conique, sans échancrures,
fort, plus ou moins allongé. — Ici se rangent les
Alouettes, les *Mésanges*, les *Bruants*, les *Moineaux*, les *Becs-Croisés*, les *Étourneaux*, les
Corbeaux, les *Pies*, les *Geais*, etc.

Ténuirostres. Ils ont le bec grêle, allongé,
sans échancrure, tantôt droit, tantôt plus ou
moins arqué. — Genres principaux : *Grimpereaux*, *Colibris*, *Oiseaux-Mouches*, etc.

2° Les *Syndactyles* se distinguent par le doigt
externe presque aussi long que celui du milieu
et soudé avec lui jusqu'à la dernière articulation. Ils forment une seule famille.

Les Syndactyles, qui comprennent les *Gué-
piers*, les *Martins-Pêcheurs*, etc.

PASSERINE (*Passerina*). Genre de Passereaux
conirostres qui entrait dans celui des Bruants ;
mais comme il manque du tubercule osseux qui,
chez ces derniers, se trouve à la face inférieure de
la mandibule supérieure, Vieillot l'en a séparé. Il
y a encore d'autres différences dans la conformation du bec, mais elles sont peu marquées.

Les Passerines appartiennent pour la plupart
à l'Amérique. Elles se trouvent les unes sur les
arbres, les autres à terre, et se nourrissent de
petites graines et d'insectes.

PASSERINE (*Passerina*). Genre de la famille
des Thimélées ; arbrisseaux ou même arbustes, à
feuilles sessiles, éparses, entières ; à fleurs axillaires, de médiocre grandeur et faiblement colorées. On les a souvent confondus avec les
Daphnés, avec lesquels ils ont les plus grands
rapports. — On en connaît plus de vingt espèces,
dont la plupart propres à l'Afrique méridionale,
au Cap, et sept au midi de la France.

Passerine dioïque (*P. dioica*). Arbrisseau de
plus d'un mètre de haut, divisé dès sa base en
rameaux nombreux, étalés, diffus, à écorce marquée d'une foule de cicatricules, formées par la
chute des anciennes feuilles ; celles-ci, nombreuses, imbriquées, oblongues, élargies vers le sommet, glabres des deux côtés, aiguës, tendres, serrées, ponctuées en dessous ; fleurs jaunes, très
glabres, axillaires, sessiles, souvent géminées,
rarement solitaires, plus longues que les feuilles,
dioïques ou hermaphrodites, sans bractées ; périanthe tubuleux, à lobes lancéolés. — Cette espèce
croit dans les Pyrénées, sur les rochers calcaires,

et même, dit-on, dans les vallées. Elle fleurit en
avril et en mai.

Passerine des neiges (*P. nivalis*). « Tiges tor-
tueuses, étalées, rameuses, peu ou point cicatri-
sées ; feuilles coriaces, luisantes, linéaires oblongues, obtuses, glabres, non élargies vers le
sommet, quelquefois hérissées de poils épars ;
fleurs d'un jaune verdâtre, dioïques ou hermaphrodites, axillaires, solitaires et munies de bractées ; périanthe tubuleux, à lobes ovales. — Se
trouve sur le sommet des Pyrénées, dans les pays
basques, vers les sources de la Garonne, etc. ;
elle fleurit en mai et en septembre. »

PASSE-VELOURS. Espèce du genre Amarante
(V. ce mot), qui forme, suivant certains auteurs, un
genre à part sous le nom de Célosie (*Celosia*),
lequel renferme une quarantaine d'espèces, à fleurs
très petites, en beaux épis très serrés, d'un grand
éclat; fleurs inodores, très sensibles au froid, et
cependant persistantes quand, cueillies en pleine
floraison, on les met à sécher avant la maturité
des graines.

Le Passe-Velours Crête de coq (*C. cristata*),
vul. *Amarante des jardiniers*, *Fleur de jalousie*, nous vient de l'Inde. Elle est annuelle. Sa
tige, qui atteint 30 à 50 cent., devient rameuse
supérieurement, et se garnit de feuilles alternes,
sessiles. Fleurs très nombreuses disposées en épis
oblongs, larges, très gros, se conservant durant
plus de deux mois, pour donner ensuite naissance
à une capsule polysperme qui s'ouvre en travers
et contient des graines fort menues, d'un beau
noir luisant. La couleur des fleurs de cette espèce,
le plus ordinairement d'un incarnat éclatant,
varie singulièrement et d'une manière fort agréable, du pourpre au blanc, et du jaune au panaché.
Ce dernier diffère, tantôt par la bigarrure de deux
nuances, tantôt par leur plus ou moins d'intensité.
Les fleurs varient encore dans leurs formes et
leurs plissures, comme aussi par la régularité ou
la bizarrerie de leurs crêtes, qui sont parfois
plumeuses.

Le Passe-velours écarlate, vulg. *Fleur des
amoureux*, est originaire de la Chine. Ses tiges
striées, hautes au plus de soixante-dix à cent centimètres, portent des feuilles dentées, des panicules terminales, dont les fleurs, toutes d'un très
beau rouge, sont à crêtes ou bien plumeuses.

PASSIFLORE (*Passiflora*). Genre de Plantes
exotiques, de la famille des Passiflorées, herbacées, sarmenteuses, grimpantes et pourvues de
vrilles axillaires. Leurs fleurs sont remarquables
par leur aspect singulier : calice à 5 divisions profondes, en forme de coupe; corolle à 5 pétales,
alternes, colorés ; triple couronne d'organes filamenteux, disposés en trois séries étagées de
manière que la plus extérieure dépasse en longueur celle intérieure, annelés de couleurs variées, blanches et bleues, rouges, jaunes, violettes ou bien empourprées. Cinq étamines dont

les filets, très divergents, sont distincts dans la partie supérieure, réunis et confondus au sommet du pédicule cylindrique qui s'élève du centre de la fleur et constitue le pistil. Anthères oblongues, vacillantes, biloculaires, quoique, chacune des deux loges se trouvant divisée longitudinalement par le connectif, elles paraissent quadriloculaires. Ovaire libre, ovoïde ou globuleux, à une seule loge contenant un grand nombre d'ovules, surmonté de trois styles épaissis vers le sommet, ayant chacun son stigmate renflé, claviforme. Fruits très variables dans la grosseur et la figure, mais le plus souvent semblables à un œuf,

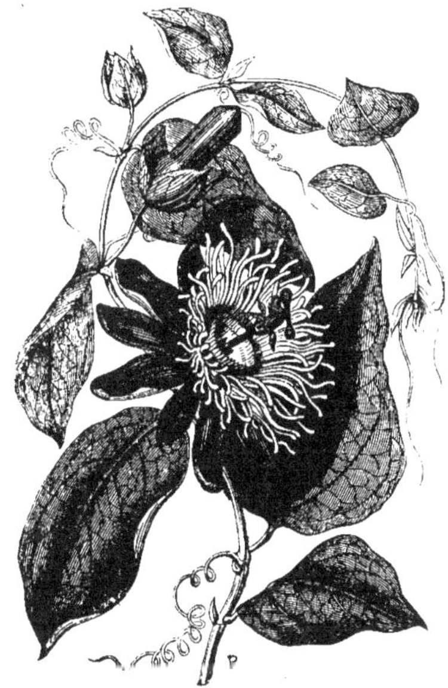

Fig. 1030. — Passiflore aimable.

offrant les plus vives couleurs, pendant aux branches entre les feuilles d'un beau vert tendre, et dont plusieurs sont remplis d'une pulpe sucrée, avec saveur acidulée. Graines nombreuses et comprimées, enveloppées d'une arille et attachées par trois filets à la paroi interne du fruit.

Les Passiflores, vulg. *Passionnaires*, sont ainsi nommées parce qu'on a cru trouver dans les organes floraux une ressemblance avec les instruments de la passion de J.-C. En effet, le cercle de filaments représente la *couronne d'épines*; le gynophore terminé par le pistil est la *lance*; les stigmates sont les *clous*, les vrilles le *fouet*.

Ce sont des plantes de l'Amérique tropicale, qui grimpent sur les buissons, les arbrisseaux et les grands arbres, et dont quelques-unes sont chez nous l'objet des soins des amateurs de serres

tempérées. Généralement leurs fruits sont un mets agréable.

La Passiflore bleue (*P. cærulea*) est l'espèce qui la première a reçu le nom de *Fleur de la Passion*. Quoique née au Brésil, elle vit très bien en plein air aux environs de Paris, lorsque ses tiges, devenues ligneuses, sont appuyées contre un mur tourné vers le soleil du midi, pourvu que, durant la rigoureuse saison, on couvre ses racines de terreau et qu'on abrite ses tiges de la gelée au moyen de quelques nattes en paille ou d'un canevas étendu droit devant elle à quelques centimètres de distance. Ses fleurs, très nombreuses et d'un bleu violet, commencent de s'épanouir en juin et continuent sans interruption jusqu'à la fin de l'automne; il leur succède des fruits de la grosseur d'un œuf, bons à manger et d'une couleur jaune orangée.

Nous ne mentionnerons les très nombreuses espèces de ce genre, dont les fleurs, chez presque toutes, se développent avec le jour en faisant entendre un bruit assez semblable au mouvement d'une montre; « les stigmates et les étamines se présentent successivement à mesure que les lanières de la couronne se séparent et leur livrent passage; chaque anthère, repliée en dedans, se rejette en dessus et semble acquérir tout à coup un accroissement de près de six millimètres. Lors du parfait développement, c'est-à-dire après dix minutes, le bruit cesse; tant que le soleil n'est pas au-dessus de l'horizon, le calice demeure recourbé en dehors; mais dès que l'astre vivificateur a frappé la plante de ses rayons, les divisions se dressent, la fleur prend la forme d'une coupe, les stigmates se rapprochent, les étamines forcent l'anthère à s'ouvrir, le pollen imprègne le pistil, le mystère de la reproduction est consommé; la fleur perd ensuite tout son éclat, se flétrit et tombe. »

PASSIFLORÉES. Famille de plantes dicotylédones grimpantes, etc., qui croissent généralement dans les forêts de l'Amérique tropicale, et dont les caractères sont indiqués à l'article précédent.

PASTEL (*Isatis*). Genre de Crucifères; plantes herbacées : 4 sépales étalés, non gibbeux; silicule uniloculaire, monosperme, oblongue, aplatie en forme d'ailes. — Ces plantes croissent sous toutes les températures et dans tous les terrains.

Pastel des teinturiers (*I. tinctoria*), vulg. *Guède, Vouède*. Plante bisannuelle de 40-80 cent., à tige dressée, rameuse supérieurement et dont les rameaux sont disposés en corymbe; feuilles radicales oblongues, entières, pétiolées; les caulinaires lancéolées sagittées, sessiles, embrassantes. Fleurs jaunes, petites, en grappes terminales.

Le Pastel croît dans les lieux arides, pierreux, parmi les vieux murs et les décombres, dans les carrières, etc. Il fleurit en mai et en juin. Ses feuilles sont riches en matière colorante bleue, qu'on obtient en les faisant d'abord fermenter et en les réduisant en une *pâte* dont on forme des pains ou boules qu'on livre au commerce. L'usage du Pastel comme plante tinctoriale remonte à une époque très reculée; avant que l'*indigo* fût connu, il devint un objet d'industrie et de commerce des plus importants.

Ces mêmes feuilles sont piquantes et âcres à la manière des autres crucifères; aussi les suppose-t-on antiscorbutiques.

PASTÈQUE. Espèce du genre *Courge.*— V. ce mot.

PATATE (*Convolvulus batatas*). Espèce du genre Liseron. Racine charnue, pivotante, rouge ou jaune à l'extérieur, blanche en dedans; tiges grêles, lisses, très longues, s'étendant à la surface du sol, et flexueuses; feuilles alternes, pétiolées, cordiformes, ou hastées, ou lobées, glabres; fleurs blanches à l'extérieur, rosées intérieurement, assez grandes, réunies en assez grand nombre sur un pédicule commun; leurs sépales sont acuminés au sommet.

La Patate est originaire de l'Inde, mais elle est cultivée dans presque toutes les contrées chaudes de l'ancien et du nouveau continent. Avec du soin, on peut aussi la cultiver avec succès en Italie, dans le midi de la France et même sous le climat de Paris.

Ce liseron fournit des tubercules plus ou moins gros, allongés, qui contiennent une fécule nourrissante et d'un goût agréable, dans laquelle abonde un sucre cristallisable. Ses feuilles et ses sommités peuvent se manger comme les épinards, les asperges et les petits pois. Toutes les parties sont recherchées par les bestiaux. Sous le rapport médical, la Patate est recommandée comme la nourriture la mieux appropriée aux enfants, aux vieillards et aux convalescents.— Les mulots, les souris et principalement les courtilières sont très friands des tubercules de cette plante. Avis aux cultivateurs.

PATELLE (*Patella.*) Genre de Mollusques de l'ordre des Gastéropodes cyclobranches, caractérisé par la disposition des branchies lamellaires en série tout autour du corps, sous le rebord du manteau, avec les orifices anal et génital au côté droit antérieur; la coquille est en cône surbaissé recouvrant entièrement le corps comme une écuelle (*patella*). Cette coquille est aussi appelée *Lépas.*

Les Patelles se trouvent dans toutes les mers; elles vivent attachées aux rochers des rivages où elles forment souvent des agrégations notables, toujours de manière à n'être pas constamment submergées ni trop longtemps hors de l'eau. Pour les détacher il faut user de certaines précautions, les surprendre pour ainsi dire, en introduisant brusquement un corps quelconque entre leur pied et la surface où elles adhèrent; si elles sont pré-

venues, elles déterminent par la contraction musculaire une adhérence telle que l'on casse la coquille plutôt que de détacher l'animal.

On ignore le mode de reproduction de ces mollusques, dont les espèces sont en nombre très considérable. Ils servent de nourriture presque partout à la classe pauvre, quoique leur chair soit coriace et craque sous la dent comme du cartilage. Quelques-uns servent d'appât pour prendre des poissons à la ligne.

PATIENCE (*Rumex patientia*). Espèce du genre Oseille; plante de 1. m. 50 environ de hauteur; racine très grosse, longue et pivotante; tige robuste, dressée, cannelée, jaunâtre, un peu rameuse supérieurement; feuilles ovales lancéolées, très grandes, minces, entières, ondulées, glabres, dont le foliole est fort et engaînant; fleurs petites, verdâtres, formant des sortes d'épis terminaux : périanthe à 6 divisions; 6 étamines; 3 styles capillaires; fruit triangulaire, recouvert par les folioles du calice.

La Patience croît en abondance dans les lieux humides; elle est cultivée dans les jardins, où elle

Fig. 1031. — Patience.

fleurit presque tout l'été. Sa racine, qui a une saveur amère et qui contient un peu de soufre, est tonique et diaphorétique : on l'emploie très fréquemment dans l'ictère, les engorgements, les débilités, les maladies de la peau. La dose est de 30 à 50 gram. en décoction dans un litre d'eau.

On trouve assez communément dans les champs ou sur le bord des eaux plusieurs autres espèces, telles que :

La Patience crépue (*R. crispus*), qui fleurit en juillet et septembre.—La Patience aquatique (*R. aquaticus*), vulg. *Parelle des marais, Oseille aquatique*, dont les racines sont fort grosses, jaunâtres à l'intérieur. — La Patience sanguine. — V. *Sang-dragon.*

PATURIN (*Poa*). Genre de Graminées, herbacées, annuelles ou vivaces, à feuilles longues, linéaires, engainantes à la base ; à fleurs vertes réunies en épillets nombreux, multiflores, formant des sortes de panicules. — On en connaît près de 200 espèces dont l'Europe en possède un assez grand nombre. Ce sont en général des plantes recherchées par les bestiaux, pour lesquels, réunies et cultivées en prairies, elles forment un excellent fourrage.

Le **Paturin annuel** (*P. annua*) a les tiges, de 30 à 50 centim., droites, renflées en bulbe à la base ; les feuilles sont à gaîne lisse, avec ligule oblongue aiguë; la panicule verdâtre ou violacée, presque unilatérale, etc. Fort commun dans les champs, les lieux cultivés, le long des chemins, des haies, il fleurit pendant presque toute l'année.

Le **Paturin des prés** (*P. pratensis*) est bisannuel, un peu plus grand, à tiges un peu comprimées à la base, à feuilles avec ligule courte, tronquée, panicule diffuse, etc. — Plante extrèmement commune dans les prairies, les pâturages, les lieux herbeux, aux bords des chemins. C'est une des meilleures graminées pour les bestiaux où il abonde, donnant un foin cher et recherché. Ce Paturin a produit un grand nombre de variétés que nous passerons sous silence.

Nous ne parlerons pas non plus du **Paturin des bois**, du **P. bulbueux**, qui sont aussi assez communs.

PAVÉ DES GÉANTS. Les terrains basaltiques, ont été partout constamment remarqués par suite de la tendance des roches principales à se diviser en longs prismes, dont les dispositions variées ont excité souvent l'admiration des curieux. Ici tous les prismes convergent au sommet d'une butte, qui se présente alors comme un *gerbier ;* là ils offrent des *colonnades* magnifiques, de l'aspect le plus pittoresque ; ailleurs toutes les colonnes, brisées sur un même niveau, présentent des *pavés* composés de pièces à pans régulièrement accolées, s'étendant sur un espace plus ou moins considérable, et quelquefois placés en amphithéâtre les uns au-dessus des autres. La grandeur, l'aspect imposant de ces pavés leur ont fait donner le nom de *pavés* ou *chaussées des Géants.*

Pendant longtemps on a cité l'Irlande pour ses immenses et pittoresques chaussées des Géants ; mais, sans sortir de France, le Vivarais nous présente des effets non moins admirables, surtout entre Vals et Entraigues, sur les bords de la petite rivière du Volant. Les colonnades de Chenevari, près de Rochemaure, les dikes qui sont près de cette ville, et une multitude d'accidents de toute espèce, ne sont pas moins dignes de captiver notre attention. Un voyage à travers le Vivarais, le Velay, si remarquable surtout aux environs du Puy, et l'Auvergne, est d'un attrait immense sous le simple rapport des curiosités naturelles.

PAVIER (*Pavia*). Genre de la famille des Æsculacées, établi aux dépens des Marronniers d'Inde pour des arbres de l'Amérique du Sud, à racines traçantes ; à tige peu élevée ; à feuilles digitées, et à fleurs irrégulières, jolies, disposées en panaches droits ; le fruit est une capsule pyriforme, coriace, épaisse, sans aiguillons à piquants, mais dont la semence est globuleuse et presque semblable à celle du Marronnier.

Ces arbres supportent assez bien la rigueur de nos climats et sont propres à la décoration de nos bosquets. Ils poussent très rapidement et se chargent de leurs beaux épis dès la quatrième ou cinquième année des semis.

Les principales espèces sont : le **Pavier jaune**, le **P. a fleurs blanches**, le **P. panaché**, le **P. rouge**, toutes cultivées en France.

PAVONIE (*Pavonia*). Genre de Lépidoptères diurnes, détaché du genre Morphon pour des espèces qui se distinguent par un corps un peu moins grêle, les antennes un peu plus fortes, les palpes plus longues et les ailes ayant leur cellule discoïdale ouverte. — Ces Papillons sont du Nouveau-Monde, particulièrement du Brésil.

PAVOT (*Papaver*). Genre de la famille des Papavéracées ; plantes en général herbacées, annuelles ou vivaces, dont voici les caractères botaniques : calice arrondi, à 2 sépales ovales, concaves, très caducs; corolle à 4 pétales plus grands que le calice, arrondis, plissés-chiffonnés ; étamines fort nombreuses, à filaments courts, inégaux ; ovaire supère, libre, ovoïde, à une seule loge contenant une grande quantité d'ovules très petits; point de style; stigmate en forme de disque, frangé et marqué de lignes disposées comme les rayons d'une roue, persistant; capsule oblongue, arrondie ou globuleuse, à une seule loge, s'ouvrant à son sommet au-dessous du stigmate, par autant de trous que celui-ci présente de lobes, divisée à l'intérieur par plusieurs placentas longitudinaux; graines extrèmement fines et nombreuses, tellement nombreuses que Linné en a compté jusqu'à 32 mille sur un seul pied.

Les Pavots sont des plantes à suc laiteux blanc; à feuilles sinuées, pinnatifides; à fleurs rouges, quelquefois d'un blanc violet ou panachées, grandes, solitaires à l'extrémité de pédoncules très longs, penchées avant la floraison, à anthères noirâtres. Les espèces sont nombreuses.

Pavot somnifère (*P. somniferum*), vulg. *Pavot blanc.* Tige de 30 à 95 centim. et plus, dressée, robuste, glabre et glauque, ainsi que les feuilles, qui sont crénelées, sinuées, ondulées, les caulinaires cordées amplexicaules ; sépales glabres ; capsule glabre, lisse, subglobuleuse.

On croit cette espèce type originaire de l'Orient, mais elle croît naturellement sur les rochers de l'Europe méridionale; fréquemment subspontanée dans les lieux cultivés, les terrains remués, les décombres, elle est l'objet d'une culture spéciale, soit pour l'ornement des jardins, soit pour son utilité comme plante oléagineuse ou médicinale.

Le Pavot a été introduit en France par Tournefort; c'est une des plantes les plus utiles en médecine. L'usage de ses capsules (têtes) est vulgaire en

Fig. 1032. — Pavot.

décoctions anodines et calmantes, qu'on emploie soit en lotions, soit en injections et lavements, etc. Ces têtes se récoltent surtout dans le Midi, où elles deviennent fort grosses. Le suc gommo-résineux que presque toutes les parties de la plante renferment, lui a surtout acquis une grande célébrité. Ce suc découle d'incisions faites aux capsules encore vertes et se vend dans le commerce sous forme de gâteaux ou masses aplaties et arrondies, et sous le nom d'*opium brut*.

Le *Pavot d'Orient*, qui est très vivace, diffère encore de notre espèce indigène par les poils qui hérissent toutes ses parties; il fournit le meilleur opium. La *Morphine*, substance d'une action très délétère, s'extrait de ce produit.—Nous ne décrirons pas les effets de l'opium, qu'il faut aller étudier dans les ouvrages de thérapeutique et de toxicologie; nous dirons seulement que si la propriété narcotique du Pavot fait un poison redoutable de ce végétal entre les mains des ignorants et des pervers, sa vertu hypnotique, sur laquelle s'accordent les médecins de tous les âges et de toutes les sectes, le rend, entre des mains habiles, le plus précieux peut-être de tous les médicaments que la nature nous offre pour combattre nos maladies et pour calmer la douleur. Nous dirons aussi, avec Sydenham, en ce qui nous regarde, que sans l'opium nous renoncerions à l'exercice de la médecine.

Dans le nord de notre France, on cultive le Pavot en grand pour ses semences dont on extrait une huile douce, appelée *huile d'œillette*, qui n'est que trop souvent employée à falsifier l'huile

d'olive, fraude qui se reconnaît à ce que cette huile ainsi altérée ne se concrète point par le froid, comme le fait l'huile d'olive pure. Ces semences n'ont aucune propriété narcotique; elles sont oléagineuses, adoucissantes, relâchantes, et peuvent servir à préparer des émulsions. Les anciens les employaient à divers usages alimentaires. La volaille s'en nourrit.

Pavot-Coquelicot (*P. rhœas*), ou simplement *Coquelicot*. Tige de 30-60 centim., dressée, rameuse, poilue; feuilles velues; sépales et pédoncules couverts de poils raides; pétales d'un rouge intense.

Cette plante est très commune dans les champs, les moissons, les terrains remués. Introduite dans les jardins, elle y double bientôt. Ses pétales entrent dans la composition des tisanes pectorales qu'ils rendent très légèrement calmantes.

Le Pavot hybride (*P. hybridum*) est remarquable par ses petites fleurs rouges, sur lesquelles se détachent les étamines violettes; sa capsule est hérissée de poils raides. — Il est commun dans nos champs.

Le Pavot Argemone. (*P. argemone*) produit des capsules grêles, oblongues, en forme de massue. — Toutes ces espèces sont annuelles et non employées.

PAVOT CORNU. — V. *Chélidoine.*

PÉCARI (*Dicotyles*). Genre séparé du Cochon. Ces animaux ont la queue rudimentaire, le corps couvert de soies assez rudes en parties annelées de deux couleurs; ils présentent un commencement de soudure réunissant la moitié supérieure des métatarsiens de leurs doigts principaux aux pieds de derrière, et qui tend à les faire ressembler au canon des Ruminants; l'on voit sur leur dos une glande odorante assez grosse, que plusieurs auteurs ont regardée, à tort, comme un second ombilic, et qui leur ont valu le nom *dicotyles*.

Les Pécaris se distinguent encore des Cochons, dont ils sont fort voisins, par leurs canines qui ne sortent pas de la bouche. « Ils sont communs dans l'Amérique méridionale où ils vivent par troupes souvent fort nombreuses. Ils n'ont pas été soumis en domesticité comme les Cochons; mais il est facile de les apprivoiser, et comme ils reproduisent en captivité, il ne serait pas difficile de soumettre complétement leur race si le besoin s'en faisait sentir. Lorsqu'on les prend jeunes, dit d'Azzara, on rapporte que leur chair est bonne et qu'elle serait meilleure si on châtrait ces animaux; mais qu'ils n'ont pas autant de graisse que le Porc; ce qui n'est point étrange, et parce qu'ils ne sont point engraissés, et parce qu'ils sont toujours couverts d'une infinité de tiques qui abondent dans les bois. »

On distingue deux espèces : le Pécari a lèvres blanches, qui n'a que 3 doigts aux pieds; — le P. a collier, qui répond au Tajassou de Linné;

ses pieds de derrière ont 4 doigts, comme ceux de tous les autres Porcins.

PÊCHER (*Amygdalus persica*). Espèce du genre Amandier, suivant Linné, quoique l'identité des deux fruits ne soit rien moins que prouvée. Arbrisseau ou très petit arbre à feuilles alternes, étroites, allongées ; fleurs en une sorte de thyrse : calice monophylle, caduc, à 5 lobes ; corolle à 5 pétales ; 20 à 30 étamines ; ovaire libre, etc., comme dans les Rosacées.

Le Pêcher est originaire de la Perse, abondamment cultivé en Europe. Ses fleurs roses s'épanouissent dès le printemps, avant l'apparition du feuillage, et tombent aussitôt après la fécondation. On connaît l'exquise saveur de son fruit, la *Pêche*, drupe sphérique, marqué sur l'un des côtés d'un sillon profond qui commence à l'attache du pédoncule et se continue jusqu'au point où se trouvait le style. — Nous y reviendrons.

Les fleurs et les feuilles de Pêcher sont usitées en médecine, à titre de laxatif, de purgatif, de diurétique, d'anthelminthique, de fébrifuge ; mais il ne faut pas oublier qu'elles contiennent un peu d'acide prussique, et que, prises en grande quantité, elles peuvent exercer une action toxique. Le *sirop de fleur de Pêcher* est un laxatif très employé dans la médecine des enfants.

La pêche est un des meilleurs **fruits**, mais assez peu digestible pour certains estomacs. On en distingue plusieurs variétés qui forment deux grandes sections : celles qui ont la peau couverte de duvet, et celles qui ont la peau lisse. Le lecteur n'attend pas de nous la nomenclature assez arbitraire de toutes ces espèces plus ou moins difficiles à distinguer les unes des autres. On cultive l'arbre en grand, pour son fruit, à Montreuil, près de Paris : cet arbre aime les sols légers, profonds, de bonne qualité ; il ne réussit pas dans les terrains argileux, compactes ou humides. On le place le plus ordinairement en espalier, à une bonne exposition, abrité du nord.

PECTINIBRANCHES. Ordre de Mollusques gastéropodes dont les branchies ont, chez la plupart, la forme de peignes. — V. *Gastéropodes*.

PÉDICULAIRE (*Pedicularis*). Genre de la famille des Scrophulariées ; plantes herbacées, vivaces, à feuilles ailées et pinnatifides, à fleurs blanches, rouges ou jaunes, en épis terminaux : périanthe double, l'extérieur ventru 5-fide, l'intérieur tubuleux, à 2 lèvres dont la supérieure en casque et l'inférieure plane 3-lobée ; 4 étamines dont 2 plus longues que les autres ; ovaire supère.

Les Pédiculaires appartiennent aux montagnes alpines les plus hautes ou aux climats froids. On en connaît près de 60 espèces, qu'on sépare d'abord en deux sections : 1° celles à feuilles verticillées ; 2° celles à feuilles éparses. Cette dernière section se subdivise ainsi : *a*, lèvre supérieure (casque) terminée en bec ; *b*, lèvre supérieure obtuse et tronquée, non terminée en bec.

Le nom de *Pédiculaires* aurait été donné à ces plantes, suivant G. Bauhain, parce que, mêlées aux herbes des pâturages, elles développaient la vermine chez les animaux qui y paissaient. Cette opinion est erronée, ce sont plutôt les pâturages de mauvaise qualité et insuffisants qui produisent cet effet. — Il ne faut pas confondre avec ces plantes la Staphisaigre, qui, appliquée en lotions sur la tête des enfants, détruit leurs poux, et qui a reçu, comme le Pied-de-Griffon (Hellébore), l'Aconit, etc., le nom de Pédiculaire.

PÉDIPALPES (*pes, pedis*, pied ; *palpus*, palpe). Famille d'Arachnides, dont les palpes sont très longues et ordinairement terminées par une pince analogue à celle des Crustacés, ou par une griffe mobile. Outre ce caractère distinctif, ces Arachnides ont l'abdomen souvent composé de segments articulés et manquant de ces tubes saillants ou filières qui se voient chez les fileuses. — Cette famille a pour type le genre *Scorpion*.

PÉGASE (*Pegasus*). Les Pégases sont des Poissons de l'ordre des Lophobranches, ainsi nommés parce que leurs nageoires pectorales sont assez larges, assez développées pour les soutenir pendant un certain temps dans l'air. Corps large, déprimé, couvert de plaques osseuses, comme dans les Hippocampes ; à museau saillant, terminé par une bouche excessivement petite, située à la partie inférieure de la tête et rappelant un peu celle de l'Esturgeon par sa protractilité ; nageoires ventrales remplacées par de simples filaments.

Ce sont de petits poissons de 12 cent. de longueur au plus, appartenant aux mers des Indes.

Le PÉGASE DRAGON (*P. draco*) est l'espèce type (V. fig. 1033). Il n'a guère que huit centim. de longueur. Son museau est saillant, son corps cuirassé, sa bouche petite, placée à la base de la tête. — Le Dragon mérite en effet, par ses petites manœuvres, le nom spécifique qui lui a été donné : il offre des habitudes très analogues à celles du Dactyloptère, de l'Exocet ; il joint à la singularité de sa forme la faculté de s'élancer hors des eaux en les frappant avec ses larges pectorales, et peut comme eux voltiger à leur surface pendant quelques instants. Il vit de frai et de petits vers.

PEIGNE (*Pecten*). Genre de Mollusques bivalves, de l'ordre des Lamellicornes subostracés, dont les coquilles offrent des sillons qui leur donnent quelque ressemblance avec un peigne. Linné rangeait ces Mollusques dans son genre Huîtres.

Les Peignes, appelés aussi *Pélerines* ou *Manteaux*, ressemblent aux Huîtres par la disposition de leur charnière. Leurs habitudes diffèrent peu de celles des Moules ; jamais ils ne s'enfoncent dans le sable, ils vivent au contraire au fond de la mer. Quelques espèces vivent attachées aux rochers, mais la plupart peuvent nager avec assez de facilité et vivre au fond de la mer. On mange les grandes espèces sur nos côtes, surtout le Peigne a cotes rondes. — On distingue aussi le Peigne manteau, le Peigne bigarré, le Peigne de Saint-Jacques, dont les pèlerins ornaient autrefois le collet de leur habit; le Peigne bénitier, etc.

PEIGNE DE VÉNUS. — V. *Scandix*.

PÉLAGIENS (du gr. *pelagos*, mer). Nom donné aux Oiseaux qui tiennent presque constamment la haute mer, et que Cuvier appelle *Grands-Voiliers*. Tels sont les Pétrels, les Albatros, les Mouettes, les Sternes, les Frégates, les Fous, etc., qui sont compris dans l'ordre des *Palmipèdes*. — V. ce mot.

PÉLARGONIER (*Pelargonium*). Grand genre de la famille des Géraniacées, comprenant des plantes herbacées ou des sous-arbrisseaux longtemps confondus avec les Géraniums, et qui ont des fleurs grandes et assez belles : calice à 5 divisions, dont la supérieure se termine en un tube

Fig. 1033. — Pégase-Dragon.

capillaire et nectarifère ; 5 pétales irréguliers ; 10 filets staminaux inégaux, dont 3 ou 5 stériles ; fruit à 5 capsules monospermes, prolongées en arêtes barbues en dedans et se roulant en spirale à l'état de maturité. C'est par allusion à la forme du fruit, dans laquelle on a cru voir quelque ressemblance avec le bec de la Cigogne, que ce genre a reçu son nom (du gr. *pelargos*, cigogne).

Les espèces sont nombreuses, toutes exotiques, pour la plupart originaires du Cap; mais elles sont généralement recherchées chez nous comme plantes d'ornement. On peut les conserver l'hiver dans la chambre, pourvu qu'elles soient bien sèches. — On remarque surtout le Pélargonier a grandes fleurs blanches ou roses, marquées de stries rouges de sang; — le P. noble, à fleurs d'un rose pâle; — le P. a zones, à feuilles marquées de zones brunâtres, etc. — Ces plantes contiennent une huile volatile qui leur donne une odeur très forte et quelquefois importune.

PÈLERIN (*Sleache*). Genre de Poissons chondroptérygiens, séparé des Squales par Cuvier, à cause de la grandeur des ouvertures des branchies (ouïes), qui entourent totalement le cou, d'où vient le nom de *Pèlerin*, sous lequel on connaît ces habitants de la mer. Ils ressemblent au Requin par la forme de leur corps allongé, par une queue grosse et charnue, par leur peau totalement privée d'écailles. — On n'en connaît qu'une seule espèce, nommée par Linné Squale très grand (*Squalus maximus*).

Ce poisson surpasse le Requin en grandeur ; il a le corps fusiforme, la tête petite et conique ; le museau court et obtus, relevé à son extrémité, lisse et percé d'un assez grand nombre de pores d'où suinte une humeur sanguinolente; les mâchoires sont garnies d'un très grand nombre de petites dents coniques.

Les Pèlerins ne se montrent dans nos mers qu'à la suite de grandes tempêtes, vers l'équinoxe d'automne, où ils abandonnent les mers du Nord. « Quant à la cause qui les détermine à les quitter, si l'on fait attention que l'on n'a point encore vu de femelles, et que les individus mâles que l'on a eu l'occasion d'examiner se sont toujours trouvés avoir les organes de la génération gorgés de liqueur séminale, il paraît que c'est à la poursuite, et peut-être mieux à la recherche des femelle que ces poissons, à l'époque du frai, se sont égarés dans nos mers. » Ils sont moins renommés que les Requins pour leur férocité ; néanmoins ils sont redoutables, parce qu'ils sont très agiles et d'une grande taille.

PÉLICAN (*Pelecanus*). Genre de Palmipèdes, que l'on peut caractériser de la manière suivante : bec très long et large , droit, aplati horizontalement, terminé par un onglet crochu et comprimé; la mandibule inférieure est flexible, formée de deux branches réunies seulement à la pointe, et donnant attache à une membrane dilatable ou sac volumineux; la face et la gorge sont dénudées , les jambes nues dans le bas, l'ongle médian sans dentelures, la queue arrondie.

Ce genre comprend quatre espèces , toutes d'une taille forte et d'un port lourd, qui fréquentent les fleuves, les lacs et les côtes maritimes, et font leur nourriture de poissons. Ils sont non moins bons voiliers que nageurs ; et comme les Anhingas, les Frégates et les Paille-en-queue, ils peuvent se percher sur les arbres, malgré la conformation de leurs pieds. — Nous ne parlerons que du

PÉLICAN BLANC (*P. onocrotalus*). C'est un Oiseau dont le corps est gros comme celui du Cygne; l'envergure va à 4 mètres; le bec seul a 45 cent. de longueur, et sa poche peut contenir plus de vingt pintes d'eau. Plumage d'un blanc légèrement rosé, selon l'âge; rémiges noires; tour des yeux nu, ainsi que la gorge.

Le Pélican se trouve dans les quatre parties du monde, au bord de la mer , des lacs et des rivières. Il se nourrit de poissons; il en remplit sa poche pour les avaler ensuite, à mesure que la digestion s'achève. Il vole très bien, quelquefois fort haut ; mais ordinairement il se balance audessus des vagues. Aperçoit-il un poisson à sa convenance , il tombe sur lui comme un plomb et s'enfonce dans l'eau qu'il fait jaillir très haut. Souvent les Pélicans se réunissent pour pêcher en commun : ils forment un demi-cercle ou croissant, s'approchant ainsi de la côte et resserrant les poissons dans un espace étroit, où ils deviennent leur proie. La pêche et le repas terminés, les convives vont s'accroupir sur les rochers et digérer en repos.

Le Pélican est nommé *Onocrotale* à cause de son cri qu'on a comparé à celui de l'Ane. Il peut devenir non-seulement familier , mais docile. Le P. Raimond dit en avoir vu un chez les sauvages si bien dressé, qu'il s'en allait à la pêche et rapportait à son maire sa poche pleine de poissons. La femelle fait son nid à terre, et pond de 2 à 4 œufs d'un blanc pur, très mat, à surface rude. Elle nourrit ses petits en dégorgeant devant eux des poissons qu'elle a laissé longtemps macérer dans sa poche. Elle leur apporte aussi de l'eau

de la même manière ; et comme elle presse son bec contre sa poitrine en cherchant à vider sa poche d'où sortent des matières souvent sanglantes, on conçoit l'origine de la croyance populaire, qui

Fig. 1034. — Pélican.

attribue à cet oiseau l'habitude de se percer la poitrine avec son bec pour alimenter ses petits.

PÉLIDNE (*Pelidna*). Genre d'Echassiers, qui diffère des Maubèches en ce que le bec est plus long que la tête. — Le PÉLIDNE CINCLE (*P. cinclus*), vulg. *Bécasseau , Brunette , Alouette de mer*, est d'un tiers moins grand que la Maubèche grise. Cet oiseau habite le nord de l'Europe et se répand en hiver dans les régions méridionales, fréquentant les lieux aquatiques. Sa ponte est de 3 ou 4 œufs d'un blanc verdâtre, pointillé de brun et tacheté de gris-roux.

PÉLOPÉE (*Pelopæus*). Genre d'Hyménoptères porte-aiguillons, qui se trouvent dans les pays chauds. — Leurs mœurs sont très remarquables. « Ces insectes construisent des nids de terre, qu'ils placent, comme les Hirondelles, dans les angles des murailles, au plafond des chambres et des greniers : ces nids sont arrondis, globuleux, ornés d'un cordon tournant en spirale , et présentant sur le côté inférieur deux ou trois rangées de trous, de manière que ce nid ressemble à un instrument connu sous le nom de sifflet de chaudronnier. Ces trous forment l'entrée d'autant de cellules, dans lesquelles l'insecte place une araignée, un diptère ou tout autre insecte, et un œuf; il bouche ensuite ce trou avec de la terre.

Quand l'œuf est éclos, la larve qui en naît dévore les insectes qui ont été déposés pour lui servir de nourriture, et se change ensuite en nymphe. L'insecte parfait ne tarde pas à briser le couvercle de sa loge et à s'échapper. »

PÉNÉLOPE (*Penelope*). Genre d'Oiseaux de l'ordre des Gallinacés, dont le bec est grêle, le tour des yeux nu, ainsi que tout le dessous de la gorge, qui est susceptible de se gonfler. — Ces Oiseaux peuvent être considérés, à cause de leur forme générale, comme les représentants des Faisans dans le Nouveau-Monde.

Le PÉNÉLOPE GUAN, nommé par Buffon *Yacou*, porte une huppe d'un vert roussâtre à reflets métalliques. Cette teinte est celle de tout son plumage, si l'on excepte le croupion et l'abdomen qui sont châtains, et les taches blanches qui ornent son cou et sa poitrine. Chez la femelle la huppe est très petite. — Cette espèce se trouve au Brésil, à la Guyane, au Mexique. Ses habitudes sont douces et timides.

PENNATULE (*Pennatula*). Genre de Polypes agrégés, dont le Polypier, au lieu d'être fixé au fond de la mer, est libre et flottant. Il se compose d'une partie commune et charnue contenant

Fig. 1035. — Pennatule.

dans son intérieur une tige calcaire. La forme générale du Polypier est celle d'une plume, de là son nom.

La PENNATULE PLUME, vulg. *Plume*, est l'espèce du genre la plus commune. — Elle se rencontre dans l'Océan et la Méditerranée.

PENNÉ ou PINNÉ. Epithète qualificative qui s'applique aux feuilles composées ou découpées. — V. *Feuilles*.

PENNES. — V. *Aile*, *Plumes*.

PENSÉE. — V. *Violette*.

PENTAGYNIE. Mot qui s'applique, dans le système de Linné, à toutes les plantes dont les fleurs ont 5 pistils ou 5 ovaires distincts. — V. *Classification végétale* et *Pistil*.

PENTAMÈRES. Tribu de l'ordre des *Coléoptères*. — V. ce mot.

PENTANDRIE. Classe de Végétaux qui ont cinq étamines distinctes. — V. *Classification végétale*.

PENTATOME (*Pentatoma*). Genre d'Hémiptères hétéroptères, famille des Géocorises, établi aux dépens du grand genre Punaise (*Cimex*). Corps assez déprimé en dessus; tête petite, reçue dans une échancrure placée au bord antérieur du corselet; yeux saillants et globuleux, 2 petits yeux lisses sur la partie postérieure de la tête; antennes plus courtes que le corps; corselet beaucoup plus large que long, rétréci en devant, dilaté en arrière; écusson très grand, triangulaire; abdomen composé de 6 segments, outre la partie anale. Les Pentatomes se distinguent des Scutellaires en ce que, chez ces derniers, l'écusson recouvre tout l'abdomen.

Les espèces de ce genre, connues vulgairement sous le nom de *Punaises des bois*, sont très nombreuses. On en trouve dans toutes les parties du monde et sous les climats les plus opposés par leur température. « Les larves des Pentatomes ne diffèrent de l'insecte parfait que parce qu'elles n'ont ni ailes ni élytres. Les nymphes ont des fourreaux dans lesquels sont renfermées ces parties. Les changements d'état de ces insectes sont accompagnés d'une mue générale. Sous leurs différents états, les Pentatomes se nourrissent de la sève des végétaux qu'elles pompent avec leur suçoir. Quelques espèces attaquent les insectes et même les espèces de leur propre genre, pour en sucer les parties molles. Presque toutes exhalent une odeur extrêmement désagréable, très pénétrante, et qui se communique aux objets que l'insecte a touchés. Les œufs des Pentatomes sont déposés sur les feuilles ou sur les tiges des végétaux; ils sont placés par plaques très régulières, réunis ensemble au moyen d'une liqueur muqueuse et très tenace. Ces œufs ont souvent des couleurs très agréables. »

Parmi les espèces qui se trouvent aux environs de Paris, citons la PENTATOME GRISE, dont il a été question au mot *Ocyptère*. « En pondant ses œufs, elle les dispose de manière à ce qu'ils soient contigus, mais jamais entassés; ils ont une couleur gris de perle, une forme ovalaire ou plutôt en court cylindre, dont le bout collé sur le support est tronqué, tandis que l'autre est arrondi en segment de sphère. Ce dernier, observé à la loupe, offre une ligne circulaire qui circonscrit un opercule en calotte. Celui-ci se détache lors de la naissance de la larve, et le limbe de l'ouverture est bordé de cils fort petits que le microscope met en évidence, et qui sont destinés à retenir le couvercle avant l'époque de la maturité de l'œuf. »

Le P. DES POTAGERS est la *Punaise verte* à raies et taches rouges ou blanches. — La P. DU GENÉVRIER se trouve, comme la précédente, aux environs de Paris.

PÉPLIDE (*Peplis*). Genre de la famille végétale des Lithrariées, famille peu nombreuse et peu importante dont nous avons cru pouvoir nous dispenser d'indiquer les caractères. Ces caractères sont d'ailleurs spécifiés dans ceux de l'espèce européenne que voici :

La PÉPLIDE POURPIÈRE (*P. portula*), vulg. *Pourpier sauvage*, est une plante couchée, radicante, herbacée, à tiges nombreuses, florifères dès la base; feuilles très glabres, opposées, très entières; fleurs solitaires, sessiles à l'aisselle des feuilles, apétales ou à corolle d'un rose pâle : calice à tube campanulé, court, à 12 divisions disposées sur 2 rangs alternes, les extérieures étalées, les intérieures plus grandes, dressées; pétales 6, insérés au sommet du tube du calice,

très petits, caducs, souvent nuls : étamines 6, insérés au sommet du tube; stigmate subsessile capité.

Le Pourpier sauvage est très commun dans les lieux inondés l'hiver, au bord des étangs sablonneux et des chemins humides.

PÉPONIDE. Fruit charnu, à une seule loge, contenant un très grand nombre de graines attachées à 3 trophospermes pariétaux épais et charnus, comme le Melon, le Potiron, le Concombre.

PÉPON. Espèce du genre *Courge*. — V. ce mot.

PÉRAMÈLE (*Perameles*). Genre de Marsupiaux, qui ont les 3 doigts intermédiaires des pattes de devant bien développés et fortement onguiculés. Leurs pieds de derrière en ont quatre, et ils se rapprochent des Kanguroos par leurs membres postérieurs.

Le PÉRAMÈLE A MUSEAU POINTU, espèce type de ce genre, est de la taille d'un Lapin. On le trouve à la Nouvelle-Hollande. — Toutes les espèces ont d'ailleurs une certaine analogie extérieure avec les Rats.

PERCE-NEIGE. — V. *Galanthe.*

PERCE OREILLE. — V. *Forficule.*

PERCHE (*Perca*). Genre de Poissons acanthop-

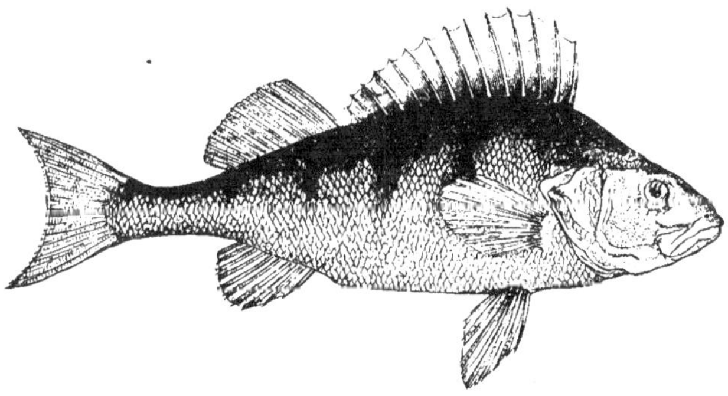

Fig. 1036. — Perche.

térygiens, de la famille des Percoïdes : corps oblong, couvert d'écailles dures et rudes au toucher; dents diversement disposées garnissant le palais; préopercule dentelé. — Ce genre, propre aux eaux douces des fleuves et des lacs, comprend une quinzaine d'espèces de taille moyenne ou assez grande, particulière à l'Europe, à l'Asie et à l'Amérique, etc.

PERCHE COMMUNE (*P. fluviatilis*). Corps un peu comprimé, museau en pointe mousse; queue presque cylindrique; ouïes à 7 rayons forts, arqués; première dorsale à 13 ou 15 rayons forts, pointus; deuxième dorsale à 13 rayons; anale composée de 2 rayons épineux et 6 mous; ventrale à 5 rayons mous et 1 épineux; couleur variant selon la nature des eaux; taille de 35 à 50 centim. de longueur.

La Perche est extrêmement commune dans nos

rivières, nos lacs , nos étangs. C'est un des plus
beaux et des meilleurs Poissons d'eau douce. Il
se plaît sur un fond herbeux, couvert d'une légère couche d'eau; en hiver , il se retire dans des
eaux plus profondes; ordinairement il remonte
les rivières jusque près de leurs sources et évite
avec soin l'eau salée. Les Perches sont très voraces, très carnassières, et se nourrissent de tous
les petits animaux qu'elles rencontrent : aussi
est-il facile de les prendre à l'hameçon. Leur chair
est ferme, blanche, facile à digérer et d'un goût
excellent ; c'est celle qu'on estime le plus, après
la Truite, en fait de poissons d'eau douce.

Dès l'âge de trois ans, quand elle a atteint
0 m. 15 à 0 m. 16, la Perche est en état de reproduire; elle fraye vers le mois d'avril; le nombre
des œufs , qui sont de la grosseur d'un grain de
pavot, déposés en longs cordons ayant parfois
plus de 2 m. et qui sont repliés sur eux-mêmes
de manière à former de petits pelotons, est véritablement prodigieux : il n'est pas rare de trouver
jusqu'à 250 gram. d'œufs dans une Perche d'un
kilogr. Sa fécondité est extraordinaire , et ce
poisson serait encore plus commun qu'il ne l'est,
s'il n'avait de nombreux ennemis, tels que les
plongeons, les harles et les canards. Rudolphi a
compté sept espèces de vers intestinaux qui vivent dans ses viscères; les gelées et le tonnerre
en font périr beaucoup.

En Laponie, les habitants préparent, avec la
peau de la Perche, une colle-forte que l'on dit
très solide.

PERCNOPTÈRE (*Vultur percnopterus*). Genre
de Rapaces, désigné par Savigny sous le nom de
Néophron. — Le Néophron percnoptère , vulg.
Petit Vautour, *Vilain*, etc., est de la taille d'un
gros Corbeau ; huppe de plumes longues et effilées à la nuque ; peau nue à la face et à la gorge
et d'un jaune safran ; bec long, grêle; cire et iris
d'un rouge orangé.

Cet Oiseau de proie abonde dans la Grèce, l'É-
gypte et l'Arabie. Les Égyptiens l'appelaient *Poule
de Pharaon*, et le vénéraient parce qu'il les dé-
barrassait des matières animales dont la putréfaction infecte l'air. Il vit donc principalement de
charognes et d'immondices; néanmoins il attaque
souvent les petits animaux. Cette espèce se montre dans le sud et dans le sud-est de la France
au commencement de la belle saison.

PERCOIDES. Famille de Poissons de l'ordre
des Acanthoptérygiens , dont les caractères principaux sont : corps oblong, couvert d'écailles
dures et âpres; opercule ou préopercule à bords
dentelés et épineux ; dents garnissant les mâchoires, la partie antérieure du vomer et souvent
les palatins.—Ce sont des poissons d'eaux douces
répandus sur presque toute la surface du globe,
et qui présentent habituellement de belles teintes.
Les espèces sont très nombreuses. Le genre type
de cette famille est la *Perche ;* les autres genres

se nomment *Variole, Bar, Centropome, Aprou
Ambasse, Serran, Vive, Mulle,* etc.

PERDRIX (*Perdix*). Genre d'Oiseaux de l'ordre des Gallinacés, qui , uni aux genres Lerwée ,
Bartavelle et Ptilopaque, donne lieu au groupe
des *Perdicinés*, qui a été élevé au rang de famille, caractérisée par : bec voûté; corps arrondi
et tête petite; queue très courte, arrondie, penchée vers le sol; ailes courtes et concaves , etc.

Les *Perdrix proprement dites* qui seules nous
occupent en ce moment , offrent les caractères
suivants : bec moitié de la longueur de la tête ,
large à la base, comprimé sur les côtés et arqué
vers la pointe , qui dépasse la mandibule inférieure; narines basales; ailes médiocres , arrondies; queue cachée par les couvertures supérieures;
tarse de la longueur du doigt médian , scutellés,
sans tubercule; doigts longs, unis par une membrane ; peau nue , rouge à côté des tempes, entre
l'œil et l'oreille.

Les Perdrix ont de commun « un vol bas, droit,
précipité, mais pénible; une marche facile, posée,
quand rien ne les inquiète, et une course rapide
lorsqu'elles sont poursuivies. Elles vivent , suivant la saison , de semences , de graines , de
plantes bulbeuses, d'insectes ou de vers. Toutes
fournissent à l'homme une chair délicate et recherchée; aussi leur fait-on une chasse assidue.
Il n'est pas de moyens qui n'aient été mis en
usage pour les capturer. Ces moyens, qui appartiennent à l'histoire des chasses, ne doivent point
nous occuper dans celle des Perdrix.

En général très multipliés , relativement à la
destruction énorme qu'on en fait tous les jours ,
ces oiseaux passent une grande partie de l'année
en familles, et vivent ordinairement par couples
durant la saison de la ponte. Rarement ils s'écartent des lieux qui les ont vus naître ; cependant
quelques espèces passent d'un pays dans un
autre , et entreprennent de fort longs voyages.
C'est à terre, dans une touffe d'herbe, contre une
pierre ou sous un buisson, qu'ils établissent leur
nid ; les œufs qu'ils y pondent sont nombreux ,
et le mâle ne soulage jamais sa femelle dans les
soins assidus de l'incubation; seulement, lorsque
les petits sont éclos , il se joint quelquefois à elle
pour les conduire et leur indiquer leur nourriture. Ceux-ci naissent couverts d'un épais duvet,
quittent le nid, et suivent leurs parents peu d'instants après avoir abandonné leur coquille. » Les
Perdrix ont le vol saccadé et bruyant, leur chant
est un cri guttural dur et sec ; leurs mœurs sont
celles des autres gallinacés.

Perdrix grise (*P. cinerea*). Cette espèce, que
nous ne décrirons point parce qu'elle est connue
de tout le monde , est sans contredit l'une des
plus répandues en Europe. Elle habite aussi l'A-
sie et l'Afrique; elle est commune en France.

Ces oiseaux se plaisent dans les pays de blé, et
surtout dans ceux où les terres sont bien cultivées et marnées. Ils sont sédentaires, en ce qu'ils

s'écartent le moins qu'ils peuvent du canton où ils ont passé leur jeunesse et qu'ils y reviennent toujours. Les Perdrix aiment la pleine campagne; elles ne se réfugient dans les taillis et les vignes que lorsqu'elles sont poursuivies par le chasseur ou par l'oiseau de proie ; mais jamais elles ne s'enfoncent dans les forêts; l'on dit aussi qu'elles ne passent jamais la nuit dans les buissons ni dans les vignes. Elles craignent beaucoup l'oiseau de proie: lorsqu'elles l'ont aperçu, elles se mettent en tas les unes contre les autres et se tiennent fermes, quoique le rapace, qui les voit aussi

Fig. 1037-1038. — Perdrix grise (mâle et femelle).

fort bien, les approche de très près en rasant la terre, pour tâcher d'en faire partir quelqu'une et de la prendre au vol. Au milieu de tant d'ennemis et de dangers, on sent bien qu'il en est peu de ces oiseaux qui vivent âge de Perdrix. Quelques naturalistes fixent la durée de leur vie à sept années, et prétendent que la force de l'âge et le temps de pleine ponte sont de deux à trois ans, mais qu'à six elles ne pondent plus. Olina dit qu'elles vivent douze ou quinze ans.

Les Perdrix ne s'accouplent guère , du moins en France, que sur la fin de mars, plus d'un mois après qu'elles ont commencé à s'apparier ; elles ne se mettent à pondre que dans le mois de mai, de juin même, lorsque l'hiver a été long. En général, elles font leurs nids sans beaucoup de soins et d'apprêts; un peu d'herbe et de paille grossièrement arrangées dans le pas d'un bœuf ou d'un cheval, quelquefois même celle qui s'y trouve naturellement, il ne leur en faut pas davantage : cependant on a remarqué que les femelles un peu âgées et déjà instruites par l'expérience des pontes précédentes apportaient plus de précautions que les toutes jeunes , soit pour garantir le nid des eaux qui pourraient le submerger, soit pour le mettre en sûreté contre leurs ennemis, en choisissant un endroit un peu élevé et défendu naturellement par des broussailles. Elles pondent ordinairement de quinze à vingt œufs, et quelquefois jusqu'à vingt-cinq ; mais les couvées des toutes jeunes et celles des vieilles sont beaucoup moins nombreuses , ainsi que les secondes couvées, que des Perdrix de bon âge recommencent lorsque la première n'a pas réussi, et qu'on appelle en certains pays des *recoquées*... La durée de l'incubation est d'environ trois semaines , un peu plus , un peu moins, suivant les degrés de chaleur.

« La femelle se charge seule de couver, et pendant ce temps elle éprouve une mue considérable, car presque toutes les plumes du ventre lui tombent; elle couve avec beaucoup d'assiduité, et on prétend qu'elle ne quitte jamais ses œufs sans les couvrir de feuilles. Le mâle se tient ordinairement à portée du nid, attentif à sa femelle, et toujours prêt à l'accompagner lorsqu'elle se lève pour aller chercher sa nourriture; et son attachement est si fidèle et si pur, qu'il préfère ces devoirs pénibles à des plaisirs faciles que lui annoncent les cris répétés des autres Perdrix, auxquels il répond quelquefois, mais qui ne lui font jamais abandonner sa femelle pour suivre l'étrangère. Au bout du temps marqué , lorsque la saison est favorable et que la couvée va bien, les petits percent leur coquille assez facilement, courent au moment même qu'ils éclosent, et souvent emportent avec eux une partie de leur coquille ; mais il arrive aussi quelquefois qu'ils ne peuvent forcer leur prison, et qu'ils meurent à la peine : dans ce cas, on trouve les plumes du jeune Oiseau collées contre les parois intérieures de l'œuf; et cela doit arriver nécessairement toutes les fois que l'œuf a éprouvé une chaleur trop forte...

Le mâle, qui n'a point pris de part au soin de couver les œufs, partage avec la mère celui d'élever les petits; ils les mènent en commun, les appellent sans cesse , leur montrent la nourriture qui leur convient, et leur apprennent à se la procurer en grattant la terre avec leurs ongles. Il n'est pas rare de les trouver accroupis l'un près de l'autre, et couvrant de leurs ailes leurs poussins, dont les têtes sortent de tous côtés avec des yeux

fort vifs; dans ce cas, le père et la mère se déterminent difficilement à partir, et un chasseur
qui aime la conservation du gibier se détermine
encore plus difficilement à les troubler dans une
fonction si intéressante; mais enfin, si un chien
s'emporte, et qu'il les approche de trop près,
c'est toujours le mâle qui part le premier, en
poussant des cris particuliers réservés pour cette
seule circonstance; il ne manque guère de se poser
à trente ou quarante pas; et on en a vu plusieurs
fois revenir sur le chien en battant des ailes, tant
l'amour paternel inspire de courage aux animaux les plus timides. Mais quelquefois il inspire
à ceux-ci une sorte de prudence et des moyens
combinés pour sauver leur couvée : on a vu le
mâle, après s'être présenté, prendre la fuite,
mais fuir pesamment et en traînant l'aile, comme
pour attirer l'ennemi par l'espérance d'une proie
facile, et fuyant toujours assez pour n'être point
pris, mais assez pour décourager le chasseur; il
l'écarte de plus en plus de la couvée : d'autre
côté, la femelle, qui part un instant après le
mâle, s'éloigne beaucoup plus et toujours dans
une autre direction; à peine s'est-elle abattue,
qu'elle revient sur-le-champ en courant le long
des sillons, et s'approche de ses petits, qui sont
blottis, chacun de son côté, dans les herbes et
dans les feuilles; elle les rassemble promptement;
et, avant que le chien qui s'est emporté après le
mâle ait eu le temps de revenir, elle les a déjà
emmenés fort loin, sans que le chasseur ait entendu le moindre bruit. C'est une remarque assez
généralement vraie parmi les animaux, que l'ardeur qu'ils éprouvent pour l'acte de la génération est la mesure des soins qu'ils prennent pour
le produit de cet acte : tout est conséquent dans la
nature, et la Perdrix en est un exemple ; car il y
a peu d'oiseaux aussi lascifs, comme il en est
peu qui soignent leurs petits avec une vigilance
plus assidue et plus courageuse. Cet amour de la
couvée dégénère quelquefois en fureur contre les
couvées étrangères que la mère poursuit souvent
et maltraite à grands coups de bec (GUÉNEAU DE
MONTBEILLARD). »

Les Perdrix couveuses sont tellement absorbées
dans leur tâche maternelle, qu'on en a vu se laisser
prendre sur leurs œufs, et qu'emportées avec eux
dans un chapeau, elles ont continué de couver
en domesticité. Un fermier, raconte-t-on, aperçoit
dans une prairie une Perdrix accroupie sur ses
œufs; il passe doucement, à plusieurs reprises,
la main sur le dos de l'oiseau immobile, qui se
laisse caresser sans remuer, sans donner une
marque de crainte. L'homme tâche-t-il d'arriver
aux œufs, soudain ses doigts sont vigoureuse-
ment attaqués par le bec de la mère, qui, pour
protéger sa famille, déploie une énergie qui manquait à sa propre défense.

La Perdrix grise a le vol moins élevé et moins
bruyant, le caractère moins sauvage que la Per-

Fig. 1039-1040-1041. — Perdrix.
(1, Perdrix rouge. — 2, Bichassière. — 3, Perdrix blanche.)

drix rouge; elle se familiarise plus aisément avec
l'homme, et l'on pourrait en faire un oiseau domestique. A ce sujet Gérardin raconte le fait suivant. « On apporta à un religieux de la Char-
treuse de Beauserville, près de Nancy, une couvée de Perdreaux qui n'étaient âgés que de quelques jours; il les éleva sans Poule, avec des précautions qu'à la vérité tout le monde n'aurait ni
le loisir ni la patience de prendre : il les tenait
chaudement dans une petite caisse, qu'il avait
garnie à cet effet d'une peau d'agneau ; il ne les
en faisait sortir, lors de leur première enfance,

que dans un endroit chaud où il avait répandu sur le plancher des larves que l'on nomme vulgairement œufs de fourmis, qu'il mêlait avec du terreau sec, afin de procurer à ces petits animaux le plaisir de le gratter avec leurs pieds pour y chercher leur nourriture.

« Devenus plus forts, et lorsque le temps n'était point nébuleux, il les sortait dans le petit jardin de sa cellule, et là, ces charmants petits hôtes passaient une partie de la journée; puis il les faisait rentrer dans leur caisse vers le déclin du jour; enfin il leur donna, dans un endroit à couvert de la pluie, une gerbe de blé, une d'orge et une autre d'avoine qui leur servaient de retraite et de pâture.

« Cette aimable famille devint si apprivoisée avec son père nourricier, que non-seulement elle le suivait comme le fait un chien, mais que lorsqu'il s'asseyait dans son jardin, aussitôt chaque individu se disputait le plaisir d'être un des premiers sur lui; ils ne craignaient et ne fuyaient pas même la vue des étrangers qui venaient fréquemment visiter ce religieux.

« Après l'hiver, le moment de la pariade arriva : des querelles s'élevèrent parmi les mâles; mais on remarqua que, l'éducation ayant adouci leurs mœurs, leurs combats étaient moins fréquents et moins opiniâtres. Quand les couples furent assortis, ce religieux les distribua à ses amis, et ne se réserva que celui dont le mâle lui avait constamment donné des preuves d'attachement.

« Pour faciliter la nichée de ce couple privilégié, il avait eu la précaution de semer un petit carré de blé où ces oiseaux pouvaient se retirer. La femelle y fait sa ponte, et pendant tout le temps de l'incubation, le mâle rôdait sans cesse autour de ce petit champ avec un air d'inquiétude; et lorsqu'on s'en approchait de trop près, fût-ce même son hôte hospitalier, il accourait d'un air menaçant, la tête haute, les ailes à demi étendues et le corps fort relevé. »

Une fois appariées les Perdrix ne se quittent plus et vivent dans une union et une fidélité à toute épreuve. Quelquefois, lorsqu'après la pariade il survient des froids un peu vifs, toutes ces paires se réunissent et se reforment en compagnie. Les jeunes, auxquels on donne le nom de *Perdreaux*, en naissant, suivent déjà leur mère; mais ils ne peuvent encore voler. A défaut de cette faculté qu'ils acquerront plus tard, ils savent, en courant et se cachant dans les murailles, entre les pierres, sous les buissons, éviter le danger qui les menace. A un signal de la mère, on les voit tantôt se blottir et tantôt fuir à pas précipités. La première nourriture des Perdreaux consiste en œufs de fourmis, petits insectes qu'ils trouvent sur la terre, et les herbes; ceux qu'on nourrit dans les maisons refusent la graine assez longtemps. Ce n'est qu'après trois mois passés qu'ils poussent le rouge à côté des tempes, entre l'œil et l'oreille. C'est un temps de crise pour eux, parce que c'est le moment du passage à la puberté. Avant ce temps, ils sont délicats, ont peu d'aile, et craignent beaucoup l'humidité; mais après qu'il est passé, ils deviennent robustes, commencent à avoir de l'aile, à partir tous ensemble, à ne se plus quitter, et, si on est parvenu à disperser la compagnie, ils savent se réunir malgré toutes les précautions du chasseur.

C'est en se rappelant, qu'ils se réunissent. Tout le monde connaît le chant des Perdrix, qui est fort peu agréable : c'est moins un chant ou un ramage qu'un cri aigre imitant assez bien le bruit d'une scie, et ce n'est pas sans intention que les mythologistes ont métamorphosé en Perdrix l'inventeur de cet instrument. Le chant du mâle ne diffère de celui de la femelle qu'en ce qu'il est plus fort et plus traînant; le mâle se distingue encore de la femelle par un éperon obtus qu'il a à chaque pied.

La chair de la Perdrix est connue depuis longtemps pour être une nourriture exquise et salutaire ; elle a deux qualités qui sont rarement unies, dit Gueneau de Montbeillard, c'est d'être succulente sans être grasse. — La Perdrix grise offre de nombreuses variétés.

PERDRIX ROUGE (*P. rubra*). Cette espèce n'a pas plus besoin d'être décrite que la précédente: disons seulement que son plumage est plus riche; que le bec, le tour des yeux et les pieds sont entièrement rouges, et qu'elle est plus grosse que la grise. La femelle se distingue, non-seulement par ses teintes moins prononcées, mais encore par l'absence, chez elle, d'un tubercule aux tarses. Cet attribut appartient exclusivement aux mâles. Comme avant la première mue il ne se montre point encore chez les jeunes, il est très difficile alors de distinguer les sexes, d'autant plus que les Perdreaux portent une livrée qui est commune à tous les individus. Cette livrée est remplacée par le plumage des adultes; mais dans cet état, les jeunes conservent encore un caractère qui les fait aisément reconnaître, et qu'on peut facilement constater lorsqu'on veut s'assurer si l'oiseau que l'on a sous les yeux est vieux ou jeune. Ce caractère consiste dans l'acuité de la première des pennes de l'aile et dans la teinte blanchâtre qui termine presque toutes ces pennes.

La Perdrix rouge est assez abondante dans nos départements méridionaux, mais devient plus rare à mesure qu'on s'avance vers le nord. Elle aime les lieux accidentés, et rarement elle s'égare dans la plaine; elle a d'ailleurs ses cantons de prédilection comme la Perdrix grise. La marche et la course sont les moyens qu'elle met en usage pour se transporter d'un endroit dans un autre; elle n'emploie le vol que pour franchir des distances assez grandes et lorsque la nécessité l'exige. Elle court pour fuir l'homme; mais aperçoit-elle l'oiseau de proie, elle se blottit sous une touffe d'herbe, contre une pierre. Si celui-ci s'apprête à fondre sur elle, il arrive quelquefois qu'elle se précipite dans le buisson voisin, dans une touffe d'arbres, où la frayeur la paralyse en quelque sorte, au point qu'elle se laisse prendre par le chasseur sans faire la moindre résistance. On a prétendu que le renard exerçait une fascination sur les oiseaux, particulièrement sur les Perdrix ; il est vrai que ce carnassier est, après l'homme, leur ennemi le plus redoutable : à sa vue elles se rassemblent et poussent un cri de détresse; elles se serrent, partent toutes en même temps, pour repartir encore. Si l'une d'elles s'égare, elle est perdue, à moins qu'elle ne trouve une retraite sûre, ou qu'elle ne se perche sur un arbre, comme cela lui arrive quelquefois contre son habitude.

La Perdrix rouge est moins sociable que la Grise; c'est du moins ce que l'on croit généralement, d'après cette considération que ces oiseaux se tiennent plus éloignés les uns des autres, qu'ils ne partent pas tous à la fois, qu'ils prennent souvent leur essor de différents côtés et qu'ils montrent beaucoup moins d'empressement à se rappeler Malgré leur naturel défiant, craintif et sauvage, ils se familiarisent aisément et paraissent regretter fort peu la perte de leur liberté.

Nous ne pouvons pousser plus loin l'étude des mœurs des Perdrix, mœurs qui offrent un grand intérêt aux chasseurs, pour lesquels nous serions toujours incomplet. Terminons par quelques mots sur les deux autres espèces.

Perdrix Bartavelle (*P. saxatilis*). Elle a de très grands rapports avec la Perdrix rouge. — Cette espèce est assez abondante dans les Alpes, le Tyrol, la Suisse, l'Italie et même la France. Elle se plaît sur les lieux élevés, arides et rocail-

Fig. 1042. — Francolin mâle.

leux, et ne descend de ces hauteurs que pendant l'époque de la ponte. Plus ardente en amour qu'aucun autre oiseau, elle a été prise par les Grecs pour le symbole de la lubricité. Les mâles se battent avec acharnement pour la possession des femelles; enivrés d'amour, ils donnent aveuglément dans le piége où les attire le chant d'une femelle. La chair de la Perdrix rouge est meilleure que celle de la Perdrix grise, mais la Bartavelle est encore plus estimée que la première.

Perdrix Francolin. Cette espèce est considérée comme type d'un genre distinct, le Francolin a collier (*P. francolinus*), qui se voit en France, en Sicile, en Sardaigne, en Espagne, etc.,

Fig. 1043. — Francolin femelle.

et dans le nord de l'Afrique. Il vit d'insectes et de semences, et ne niche que dans le midi.

Le Francolin diffère des Perdrix, outre ses couleurs, par la forme de son bec assez fort et assez allongé.

PÉRIANTHE (du gr. *péri*, autour; *anthos*, fleur). Expression créée par Linné pour désigner l'ensemble des enveloppes florales, qui sont le calice, lorsqu'il est seul, ou le calice et la corolle. — V. ces mots. — Le Périanthe était appelé *simple* dans le premier cas, *double* dans le second. Le Périanthe simple était un calice quand il était vert; une corolle, lorsqu'il était coloré et pétaloïde. De Candolle a proposé le nom de *périgone* pour désigner l'enveloppe unique (calice), qu'elle soit verte ou colorée.

PÉRIGYNE. Se dit des étamines et aussi du périanthe qui s'insère non pas au-dessous ni au-dessus de l'ovaire, mais autour. Le nom de *Périgynie* a été donné à une division des végétaux dans lesquels on remarque cette disposition des étamines s'insérant sur la paroi interne du périanthe, autour du pistil.

PÉRICARPE et **PÉRISPERME.** — V. *Graine.*

PERLE. Substance globuleuse, d'un blanc argentin et d'une grande dureté, qui se forme dans l'intérieur d'un assez grand nombre de coquilles fluviatiles et marines, notamment des Avicules et des Mulettes. La Coquille qu'on désigne vulgairement sous le nom de *Perlière* est connue des naturalistes sous celui d'*Avicule mère Perle* (*Avicula margaritifera*), et c'est d'elle que sortent les produtions animales connues sous le nom de *Perles*.

« Il résulte de nombreuses observations que l'animal qui habite les coquilles n'a pas d'autre but, en formant les Perles, que de boucher des ouvertures faites accidentellement à sa coquille, ou de se débarrasser du contact incommode d'un corps étranger et anguleux qu'il ne peut rejeter au dehors, et qui blesse sa peau fine et délicate :

aussi trouve-t-on presque toujours au centre des Perles isolées un petit corps étranger, et peut-on soupçonner d'avance qu'il y aura des excroissances de nacre, ou des Perles adhérentes dans l'intérieur d'une coquille dont le test présente extérieurement de profondes blessures ou des trous faits par des animaux qui rongent les coquilles. Pour dernière preuve, enfin, que telle est la véritable origine de la formation des Perles, c'est que l'on est parvenu à en faire produire à volonté, soit en introduisant de très petits grains de sable dans certaines coquilles, soit en perforant leur test de manière à mettre le corps du mollusque à nu sans le blesser autrement. »

Voici quelques détails sur la pêche des Perles, empruntés à l'Histoire des pêches de Ph. Laurent :

« La belle espèce de coquille appelée Avicule vit en bancs considérables, attachée par son byssus aux roches sous-marines, un peu comme les moules, et, à ce qu'il semble, constamment à d'assez grandes profondeurs. Il en existe plusieurs bancs dans le golfe de Manaar (île de Ceylan), etc. Le plus considérable occupe, dit-on, un espace de vingt milles. Pour ne pas détruire inutilement un grand nombre d'individus, le banc est, pour ainsi dire, partagé en coupes réglées, à peu près comme les bancs de corail sur la côte de Sicile, c'est-à-dire qu'on le sépare en sept parties qu'on exploite successivement chaque année, parce qu'on suppose que ces animaux, dans cet espace de temps, atteignent toute la grandeur dont ils sont susceptibles, et que, si on les laisse plus longtemps, les Perles deviennent incommodes à l'animal, au point qu'il finit par les expulser de sa coquille. Quoi qu'il en soit, au commencement de février, époque à laquelle commence la pêche, pour finir en avril, toutes les barques qui doivent y être employées, et qui en ont acheté le droit du gouvernement du pays, se rassemblent dans la baie où elles viennent de différents endroits du continent. A 10 heures du soir, au signal donné par le canon, les barques partent ensemble, de manière à être sur le banc où se fait la pêche à la pointe du jour. Chaque barque est montée par 20 hommes, outre le patron, dont 10 plongeurs et 10 rameurs. Ceux-ci, qui sont habitués à ce métier dès l'enfance, et dont les plus habiles viennent de Colang, sur la côte de Malabar, et de l'île Manaar, se partagent en deux bandes, de 5 chacune, qui plongent et se reposent alternativement. Chacun est pourvu d'un filet en forme de sac, pour y mettre les Perlières, d'une corde à laquelle est attachée une pierre, pour faciliter sa descente, et enfin d'une autre corde, dont une extrémité reste dans la barque, et pour indiquer quand il veut remonter.

« Chaque plongeur peut répéter, jusqu'à 50 fois par jour, la même opération, restant 3 et quelquefois jusqu'à 5 minutes dans l'eau et rapportant chaque fois une cinquantaine de coquilles.

« On cherche ensuite attentivement dans l'animal et dans sa coquille les Perles libres qui peuvent s'y trouver; elles sont choisies avec soin, nettoyées et même perforées et enfilées par des ouvriers nègres extrêmement adroits dans cette industrie. Quant aux Perles adhérentes, il faut auparavant les détacher et ensuite les arrondir, les polir à l'endroit de leur adhérence, ce qui est également fait dans ce pays, à l'aide d'une poudre fournie par les Perles elles-mêmes.

« Le commerce des Perles paraît être de la plus haute antiquité. L'histoire, en effet, nous apprend que, de temps immémorial, les princes et les princesses de l'Orient ont recherché ce genre d'ornement avec une sorte de passion, et l'employaient dans toutes les parties de leurs vêtements. Elles ont eu beaucoup de vogue en Europe à diverses reprises ; mais, plus que les diamants, elles sont sujettes aux caprices de la mode, ce qui vient de l'inconvénient qu'on leur a reconnu de perdre quelquefois leur éclat tout à coup. On est d'ailleurs parvenu à les imiter d'une manière si parfaite, que le prix en est considérablement tombé.

« Ces Perles naturelles sont toujours fort estimées quand elles possèdent toutes les qualités requises, ce qui est assez rare, c'est-à-dire une grande régularité dans la forme ronde, ovale ou même de poire ; une belle eau ou une teinte blanche, vive, à reflets brillants, semblables à ceux de l'opale, ce qu'on appelle un *bel orient*, et enfin une grosseur un peu considérable.

« Les Perles les plus grosses qu'on ait remarquées sont : celle qui fut présentée à Philippe II, en 1579, elle était de la grosseur d'un œuf de pigeon et venait de Panama. Sa forme était celle d'une poire. On l'estimait à cette époque 100,000 fr., ce qui équivaudrait aujourd'hui à près d'un million. Pline évalue la fameuse Perle que Cléopâtre fit dissoudre dans du vinaigre, dit-on, mais à tort, car la nacre ne se dissout pas dans du vinaigre, à une somme qui ferait près de 5 millions de notre monnaie. »

On fabrique des *Perles artificielles* ou *fausses Perles* avec de la nacre, ou avec des boules de verre remplies d'essence d'Orient, matière nacrée qui se compose avec des écailles d'Ablette (V. *Able*) : elles sont à Paris l'objet d'un commerce considérable.

PERNE (*Perna*). Genre de Mollusques acéphales, lamellibranches, dont la coquille est régulière, lamelleuse, très comprimée, bâillante à la partie antérieure du bord inférieur; charnière droite, sans dents. L'animal est extrêmement comprimé, ayant les bords du manteau libres dans toute sa circonférence, avec un byssus. — Toutes les espèces appartiennent aux mers des pays chauds.

PERROQUET (*Psittacus*). Dans la méthode de Cuvier, les Perroquets forment, dans l'ordre des Grimpeurs, un grand genre ou mieux une famille, les *Psittacidés*, dont les principaux caractères sont tirés du bec, qui est gros, dur, solide, arrondi, entouré à sa base d'une membrane où sont percées les narines ; et de la langue qui est épaisse, charnue , arrondie , quelquefois terminée par un faisceau de fibres cartilagineuses ou formée par un petit gland corné. La mandibule supérieure es articulée sur le front, en quelque sorte, et mobile plus que dans toute autre espèce, particularité anatomique qui, jointe à la forme du bec, à celle de la langue et à la structure du larynx, contribue à faciliter l'imitation de la voix humaine chez ces oiseaux intéressants. Les doigts, au nombre de 4, sont armés d'ongles forts et robustes, et opposés 2 à 2 , les antérieurs étant réunis à leur base par une membrane étroite, et les postérieurs entièrement libres.

Les Perroquets varient de forme et de *facies* à l'infini ; les uns, par le développement de leur tête, l'épaisseur de leur corps, la brièveté de leur cou et de leur queue, et ayant l'aspect on ne peut plus lourd et plus disgracieux; les autres, au contraire,

Fig. 1044-45. — Perroquet (mâle et femelle)

par l'allongement de plusieurs de ces diverses parties , surtout des ailes et de la queue , offrant , comme le dit M. Gerbes , un véritable type de finesse et d'élégance. Ce sont , parmi les Oiseaux privés de reflets métalliques , ceux dont le plumage revêt les plus éclatantes couleurs, qui ne varient, à très peu d'exceptions près, que du vert au bleu, et du jaune au rouge ; mais , en général , si bien et si agréablement distribuées, que, pour exprimer leur incroyable variété, ainsi que le brillant de leurs couleurs et toute leur beauté, il faudrait quitter la plume et prendre le pinceau. Et cependant leur système de plumage est le même que celui des Accipitres diurnes , en ce sens que leurs plumes sont rigides et parfaitement distinctes les unes des autres , et que leur peau est recouverte , au-dessous de ces plumes , d'un duvet presque aussi dense que celui de ces derniers oiseaux.

Les Perroquets, sans être des oiseaux éminemment Grimpeurs, ainsi qu'on le dit communément, par suite d'une fausse habitude , n'en sont pas moins les plus mauvais Marcheurs de tous les oiseaux , à part quelques familles à tarses un peu plus développés. On ne peut mieux, sous le rapport de cette imperfection , les comparer qu'aux Quadrumanes, ou Singes, comme l'a fait de Blainville.

Lorsque les Perroquets marchent à terre, c'est avec une lenteur qui est due au mouvement de balan-

cement de leur corps, occasionné par la brièveté et
l'écartement de leurs pattes, dont la base de susten-
tation est fort large. Il leur arrive alors de poser
fréquemment à terre la pointe ou le dessus de
leur bec, qui leur sert de point d'appui, mouvement exactement analogue à celui que font les
Singes en s'appuyant, quand ils marchent verticalement, sur leurs doigts ou sur le revers de leurs
mains antérieures. Quand ils grimpent, le crochet
que forme leur bec leur est encore très utile, et
aussi, quand ils tiennent quelque objet dans ce
bec, ils s'appuient sur les branches par le dessous
de leur mandibule inférieure. Quand ils descendent, ils se soutiennent sur celle de dessus. En
général, ils se posent rarement à terre, où ils ont
peu d'avantage, à cause de la conformation de leurs
pattes; mais ils se perchent sur les arbres, où ils
passent les nuits réunis en grand nombre; au lever de l'aurore, ils poussent tous ensemble des
gris aigus et perçants, car les Psittacidés ont, en
général, la voix haute, forte et aigre; ils prennent ensuite leur vol en commun pour chercher
les aliments qui leur conviennent, et, vers les
neuf à dix heures, quand la chaleur devient forte,
ils regagnent les arbres touffus, et passent sur
leurs branches, à l'ombre de leur feuillage, les
heures de la plus forte chaleur. On en voit qui
jouent, se tenant suspendus aux branches par le
bec ou par les pieds. Quelques heures avant le
coucher du soleil, ils retournent en bandes aux
endroits où ils trouvent l'espèce de nourriture qui
leur convient le mieux.

Les Perroquets étaient peu connus des anciens,
parce que les pays dans lesquels ils vivent n'é-
taient pas encore découverts ou conquis. Leur
habitat est en général la zone torride, tant de l'ancien que du nouveau continent, et dans l'Océanie.
L'Asie, l'Afrique et l'Amérique ont chacune leurs
espèces particulières. C'est des îles de l'archipel
Indien que nous viennent les plus belles et les plus
grandes espèces; on en rencontre en Afrique, mais
en moins grande quantité, depuis le Sénégal jusque dans les forêts qui avoisinent le Cap. C'est
sans contredit dans le Brésil et la Guiane, patrie
exclusive des Aras, que vit le plus grand nombre
de Perroquets, appartenant les uns à la division
des Perruches, les autres à celle des Perroquets
proprement dits, et d'autres enfin à celle des Psit-
tacules.

En général, les Perroquets sont sédentaires;
il en est pourtant qui émigrent et parcourent plusieurs centaines de lieues chaque année, comme
il en est d'autres qui ne sortent jamais de cantons fort restreints. Les fruits du bananier, du
goyavier, du caféier, du palmier, du limonier, font
leur nourriture favorite; et ce qu'ils recherchent
le plus dans ces fruits, c'est le noyau. La manière dont les Perroquets se servent de leurs pattes
et de leur bec pour manger n'est pas moins remarquable que dans l'action de marcher. Ainsi,
veulent-ils attaquer un noyau ou un corps dur
analogue renfermant une pulpe ou une amande,

dit M. Gerbes (1), ils se servent très adroitement
d'un de leurs pieds, soit pour faire prendre au
corps saisi par le bec une position convenable,
surtout lorsque ce corps a un certain volume,
soit pour retenir la masse alimentaire pendant
qu'ils triturent le fragment qu'ils viennent d'en
détacher; alors, posés sur un seul pied, l'autre
leur tient lieu de main, ils l'avancent à l'aide du
bec, le retirent, le ramènent de nouveau avec une

Fig. 1046. — Ara.

adresse et une facilité admirables, et de manière
à ce que l'objet saisi se présente de côté, pour
que le bec puisse le déchirer plus facilement.
Lorsque l'aliment est trop petit, l'un des pieds
devenant inutile, les mandibules seules fonctionnent.

« Les Perroquets sont monogames, et le couple
demeure constamment uni; du moins c'est ce qui
a lieu pour la plupart des espèces. Dans le plus
grand nombre des cas, les œufs sont déposés dans
des trous d'arbres pourris ou dans des cavités
de rochers, sur des détritus de bois vermoulu
ou des feuilles sèches, et d'autres fois ils sont

(1) *Dictionnaire Pittoresque d'Histoire naturelle.*

pondus dans un véritable nid grossièrement fait avec de petits rameaux à la bifurcation des grosses branches, souvent près du tronc et toujours à une certaine hauteur. Les pontes se renouvellent plusieurs fois dans l'année, et les œufs, de volume différent selon les espèces (1), mais généralement ovoïdes, courts, à pôles égaux et d'une seule couleur uniformément blanche, sont ordinairement de deux à quatre par couvée. Les petits en naissant sont complétement nus, et leur tête est alors si grosse, que le corps semble n'en être qu'une dépendance; c'est au point qu'ils sont longtemps sans avoir la force de la remuer. Peu à peu ils se couvrent de duvet, et ce n'est qu'au bout de trois mois qu'ils sont totalement revêtus de plumes; ils n'abandonnent leurs parents qu'à l'époque des pariades, ce qui a lieu pour eux à la fin de leur première mue. »

Quel que soit l'âge auquel on les prend, les Perroquets sont susceptibles de se familiariser; mais les jeunes pris au nid s'apprivoisent toujours plus aisément et s'attachent davantage. Les adultes, dont on s'empare par divers moyens que nous ne pouvons indiquer, sont d'ordinaire très farouches et méchants : cependant les naturels parviennent à les apprivoiser en fort peu de temps, soit en leur soufflant, par petites bouffées, de la fumée de tabac, ce qui les fait tomber en état d'ivresse, soit en les immergeant dans l'eau très froide; il paraît aussi que l'audace qu'on leur montre, le parler haut, leur impose singulièrement. On passe naturellement des châtiments aux récompenses, pour les rendre plus obéissants et plus doux.

La nourriture des Perroquets réduits en captivité consiste en semences de végétaux, et surtout en celle de chènevis; mais ils se montrent à peu près omnivores, aimant les amandes douces, les noix et noisettes, la viande cuite. Toutefois, l'on prétend que la nourriture animale leur fait contracter l'habitude de s'arracher les plumes pour en sucer la base. Le persil et les amandes amères sont pour ces oiseaux un poison violent. L'eau est leur boisson habituelle. On les habitue quelquefois à boire du vin, ce qui augmente leur babil et leur gaîté. Vivant dans des pays chauds, ils éprouvent une véritable jouissance à se rouler dans l'eau : plusieurs fois par jour ils se baignent; c'est pour eux un besoin tel que, dans nos climats et pendant l'hiver par une température très basse, ils cherchent encore à le satisfaire.

« L'on a dit qu'en général les mâles Perroquets s'attachent aux femmes de préférence; que, doux pour elles, ils sont méchants pour les hommes, et que c'est le contraire pour les femelles. Cette assertion est fondée, dit Vieillot; car j'en ai eu la preuve dans un Perroquet cendré mâle que je ne pouvais toucher sans m'être muni de gros gants de cuir, et qui obéissait en tous points, à ma femme, et l'accablait de caresses, tandis qu'une femelle de la même espèce avait pour moi le plus grand attachement. Mais Vieillot conclut fort prudemment que ce sont là des faits qu'on ne doit point généraliser; car d'autres personnes ont observé le contraire; toujours est-il que les Perroquets sont des oiseaux dont on doit se méfier. »

La vie du Perroquet est de longue durée : ce fait paraît bien établi; mais l'on ne peut en fixer le chiffre moyen, quoiqu'on ait prétendu qu'elle soit de quarante années environ. Les Perroquets que l'homme élève ne meurent pas toujours de vieillesse : l'épilepsie, la goutte, des aphthes les atteignent dans leur captivité et les font périr; la mue les incommode toujours plus ou moins, quelquefois même cause leur mort prématurée.

Un mot sur l'aptitude des Perroquets à apprendre, à imiter les bruits qu'ils entendent. Le miaulement du chat, l'aboiement du chien, etc., sont quelquefois répétés avec une fidélité surprenante; ils sifflent des airs, récitent des phrases dont on a chargé leur mémoire. Les Perroquets gris (V. *Jaco*) et les Perroquets amazones ou verts sont les plus remarquables sous ce rapport. Mais ce sont de purs imitateurs, privés d'une véritable intelligence, de l'idée de relation entre le mot qu'ils prononcent, le geste qu'ils font, et la chose que la parole ou le geste représentent. « Ce talent, dit Buffon, ne suppose dans le Perroquet aucune supériorité sur les autres oiseaux, sinon qu'ayant plus éminemment qu'aucun d'eux cette facilité d'imiter la parole, il doit avoir le sens de l'ouïe et les organes de la voix plus analogues à ceux de l'homme; et ce rapport de conformité, qui dans le Perroquet est au plus haut degré, se trouve, à quelque nuance près, dans plusieurs autres oiseaux dont la langue est grosse, arrondie, et de la même forme à peu près que celle du Perroquet. »

Cuvier a divisé les Perroquets en cinq sous-genres.

1º Aras. Longue queue étagée; joues dénuées de plumes; taille grande en général et plumage brillant. — V. *Ara.*

2º Perruches. Longue queue étagée, etc. — V. *Perruche.*

3º Kakatoes. Queue courte et égale; absence ou présence d'une huppe sur la tête, etc. Nous allons y revenir tout à l'heure.

4º Microglosses ou *Perroquets à trompe*, dont le bec est à mandibule supérieure énorme.

5º Pézopores ou *Perruches ingambes*, parce qu'elles ont l'habitude de se tenir à terre pour y chercher leur nourriture et de marcher plus qu'elles ne volent et ne grimpent; les ongles, au lieu d'être recourbés, sont presque droits.

Revenons maintenant à la troisième division. Elle comprend 1º les vrais Kakatoes des auteurs déjà décrits (tome II, page 265), dont la *tête est*

---

ornée d'une huppe de plumes longues, rangées sur deux lignes mobiles ; 2₀ les *espèces à huppe de plumes larges* et de longueur médiocre, huppe plus simple, moins mobile; 3° les *espèces à huppe de quelques plumes pendantes* et garnies seulement vers le bout de barbes effilées ; 4° les *espèces dont la tête est dépourvue de huppe*. C'est à cette dernière division qu'appartiennent les PERROQUETS PROPREMENT DITS, parmi lesquels se rencontrent ceux que l'on recherche particulièrement à cause de la grande facilité qu'ils ont à parler.

PERROQUET GRIS. Nous l'avons figuré et décrit au mot *Jaco*. C'est l'espèce à plumage où le gris domine.

PERROQUET AMAZONE (*P. amazonicus*). Plumage d'un vert brillant; région oculaire, joues, gorge et plumes des jambes jaunes; poignet, milieu des rémiges intermédiaires et barbes internes des rectrices rouges; la femelle a du jaune sur le devant de la tête et du vert au lieu de rouge au poignet.

L'Amazone se trouve dans une grande partie de l'Amérique méridionale ; il est surtout très commun à la Guiane et à Surinam où il cause de grands dégâts dans les plantations. Ce Perroquet est, avec le Jaco, celui qui montre le plus d'aptitude à apprendre et le plus de facilité à s'exprimer; c'est un de ceux que l'on amène en Europe en plus grand nombre : aussi le voit-on communément partout.

Les variétés de cette espèce se distinguent par le plus ou moins de jaune qui s'introduit dans le plumage. De ce nombre sont le *Perroquet jaune* de Buffon, le *P. à épaulettes* de Levaillant, etc.

PERROQUET LORI. Ce sous-genre comprend des espèces dont le fond du plumage est rouge et la queue un peu en coin, et qui se rapprochent des Perruches par quelques caractères.

Nous avons figuré le GRAND LORI (V. *Lori*) ; citons maintenant le *Lori unicolore*, rouge sur le dos, le croupion et la queue ; le *Lori à collier* qui a l'aile verte, le haut de la tête noir, un demi-collier jaune au bas du cou, etc. Un individu apporté en France, dit Aublet, répétait tout ce qu'il entendait pour la première fois. Il y a enfin le *Lori tricolore*, le *L. noir*, etc. — Tous ces oiseaux sont des Moluques.

PERRUCHE (*Psittacus*). Sous-genre de Perroquets (V. ce mot), à queue longue et étagée.

Ce sous-genre est divisé ainsi par Cuvier, d'après Levaillant : 1° *Perruches-Aras* : tour de l'œil nu; 2°*Perruches à queue en flèche* : les deux pennes caudales médianes beaucoup plus longues que les autres; 3° *Perruches à queue élargie vers le bout*; 4° *Perruches ordinaires* : queue étagée à peu près également.

La PERRUCHE-ARA PAVOUANE (du 1er groupe) habite la Guiane et les Antilles, vit par bandes et fait de grands dégâts dans les plantations. « D'une humeur babillarde et d'un caractère méchant, on la voit néanmoins attentive aux leçons qu'on lui donne. Levaillant en cite une qui récitait en entier le *Pater* en hollandais en se couchant sur le dos et joignant les doigts des deux pieds, comme nous joignons nos mains lorsque nous prions. »

La PERRUCHE A COLLIER (du 2e groupe) est d'un vert tendre uniforme par tout le corps ; le mâle

Fig. 1047. — Perruche à collier.

porte un collier rose sur la nuque et un trait noir sur la gorge, ce que ne présente pas la femelle.

Cette espèce se trouve au Sénégal, dans l'Inde, au Bengale; c'est celle que l'on apporte en plus grand nombre en Europe, parce qu'elle est plus docile, plus intelligente, plus facile à apprivoiser

Fig. 1048. — Perruche paléornis.

que les autres. Sa voix est douce, agréable, et les mots qu'elle répète sont très bien articulés.

La PERRUCHE D'ALEXANDRE, celle que le grand capitaine aurait rapportée des Indes et dont font particulièrement mention les auteurs anciens, est d'un vert plus intense sur le dos, avec une tache rouge foncé au haut de l'aile, un collier rose vif plus large, etc. La femelle ne diffère en rien du mâle.

Nous terminerons ici l'histoire des Perroquets

et des Perruches , quoique les espèces dont nous aurions à parler soient extrêmement nombreuses. Il suffit que les grandes divisions aient été établies et les principales espèces décrites.

PERSICAIRE (*Polygonum hydropiper*). Espèce du genre Renouée, famille des Polygonacées, nommée encore *Poivre d'eau* à cause de sa saveur âcre et brûlante. Tige de 30 à 90 cent., glabre, cylindrique, articulée, souvent rougeâtre, rameuse quelquefois dès la base ; feuilles simples, alternes, lancéolées-aiguës, glabres, accompagnées de stipules courtes. Les fleurs sont disposées en épis lâches et grêles, axillaires, garnis de bractées en écailles : calice blanchâtre, à 5 lobes, chargé de points globuleux ; étamines, 5 à 9.

La Persicaire est une plante annuelle qui croît dans les fossés, les lieux humides et marécageux, au bord des eaux, etc. Elle fleurit en juillet-octobre. Elle est dépourvue d'odeur; mais, ainsi que nous venons de le dire, elle est douée d'une saveur âcre et piquante, qu'elle perd d'ailleurs en

Fig. 1049. — Persicaire.

(1, Pistil. — 2, Corolle ouverte. — 3, Fleur entière détachée.)

grande partie par la dessiccation. Appliquée fraîche sur la peau, elle détermine de la rougeur et peut remplacer la moutarde. Sa décoction est souvent employée par les vétérinaires comme détersive des plaies sanieuses. On l'a essayée dans une foule d'autres cas, même à l'intérieur à faible dose, comme diurétique. Aujourd'hui la médecine humaine ne s'en sert aucunement.

Le *Polygonum hydropiper* (*Poivre d'eau*), qui est l'espèce dont il vient d'être question, n'est pas la même que le *Polygonum persicaria*, autre Persicaire qui, seule, devrait porter ce dernier

nom, pour éviter toute confusion. Le *Persicaria* diffère de l'*Hydropiper* par ses fleurs roses ordinairement assez grosses, disposées en épis oblongs cylindriques compactes; par l'absence de points glanduleux au calice. Il croît d'ailleurs aux mêmes lieux et jouit des mêmes propriétés.

PERSIL (*Apium petroselinum*). Espèce d'Ombellifère du genre Ache, dont les caractères botaniques ont déjà été indiqués. Il croît dans les lieux stériles du midi de la France, mais est cultivé dans tous les jardins comme plante potagère; ses usages sont généralement très connus.

En médecine, on emploie la racine, les feuilles et les semences de cette espèce dont l'odeur est fragrante, et la saveur chaude et piquante. Les racines font partie des 5 racines apéritives, administrées comme diurétique-apéritif; les semences sont réputées carminatives, à la manière de l'anis et du fenouil. Les feuilles sont d'un emploi plus fréquent, soit à l'extérieur, comme résolutif, soit à l'intérieur dans plusieurs cas mal déterminés. Les femmes du peuple se les appliquent pilées sur les seins, pour dissiper les engorgements laiteux, pratique qui peut avoir de grands inconvénients s'il y a disposition à l'inflammation de la partie, si commune en pareil cas.

Les Romains estimaient le Persil, qu'ils appelaient *Apium* ou propre à exalter l'imagination ; aussi les poètes entouraient-ils leurs têtes de ses tiges foliacées, afin que l'odeur forte et pénétrante sollicitât agréablement leur cerveau.

Nous ne dirons rien des variétés, qui sont : le *Persil à grandes feuilles*, le *P. frisé*, le *P. panaché*, le *P. à grosses racines*, le *P. fin*.

Le nom de *Persil* a été appliqué vulgairement à plusieurs plantes très différentes entre elles.

Le Persil ressemble beaucoup à la Ciguë, qui est éminemment vénéneuse : il importe donc de distinguer ces deux végétaux.

Persil. La racine est blanchâtre, bisannuelle, fusiforme, pivotante, ayant d'ordinaire 5 centim. de circonférence, mais quelquefois le double, plus rarement le triple; elle est en outre odorante, un peu âcre et très échauffante. Sa tige, rameuse, très striée, glabre et remplie de nœuds, monte à un mètre de haut, et porte des feuilles alternes, amplexicaules, deux fois ailées, etc., sans tache aucune, exhalant une odeur douce, aromatique, lorsqu'on les froisse entre les doigts.

Ciguë. Sa racine est également blanchâtre et fusiforme ; mais la tige est creuse, couverte, surtout dans sa partie inférieure, de maculatures irrégulières d'un pourpre livide; les feuilles sont d'un vert noir, avec taches brunes ; interrogées par les doigts et l'odorat, elles exhalent une odeur fétide. Tous les autres caractères sont ceux du Persil.

PERSONNÉES. Nom de la famille des Scrofulariacées ou Scrofularinées. — V. *Scrofulariacées.*

PERVENCHE (*Vinca*). Genre de Plantes de la famille des Apocynées, sous-frutescentes, vivaces, à rhizomes traçants ; feuilles opposées, entières, persistant pendant l'hiver; fleurs bleues, violettes, blanches ou panachées : calice 5-fide; corolle hypocratériforme, à 5 lobes obliquement tronqués, à tube pentagonal au-dessus de l'insertion des étamines, avec gorge fermée par des poils étalés et par les anthères conniventes, et couronnée par une membrane annulaire à 5 plis opposés aux lobes. Etamines 5, insérées au milieu de la hauteur du tube de la corolle, incluses, à anthères plus longues que le filet et dont le connectif élargi est terminé par un appendice membraneux, poilu; style long, indivis, renflé supérieurement, entouré au-dessous du sommet par un anneau stigmatifère, ce sommet étant terminé par une houppe ou une couronne de poils. — V. la fig. 104.

PETITE PERVENCHE (*V. minor*), vulg. *Violette des Sorciers, Pervenche*. Elle a des tiges grêles, ligneuses, rampantes, glabres, garnies de feuilles opposées, ovales-oblongues, coriaces, luisantes; très entières; fleurs solitaires, axillaires, dont les pédoncules sont plus longs que les feuilles, généralement d'un bleu d'azur et s'épanouissant au printemps.—Cette plante est assez commune dans les bois et les haies ; elle aime surtout à garnir les scissures des rochers, à vivre sur les plans inclinés et aux pieds des grands arbres qu'elle couvre d'un tapis vert luisant.

GRANDE PERVENCHE (*V. major*). Plus belle mais moins agréable que la précédente, cette espèce forme de grosses touffes dans les lieux ombragés et frais des haies, des buissons et des bois; elle est vivace, tantôt traînant sur le sol ses longs et sarmenteux rameaux qui s'y fixent de distance en distance par des racines, tantôt les dressant vers le ciel. Ses fleurs sont plus grandes, et elles se montrent un peu plus tard, en avril, mai et juin.

La PERVENCHE ROSE (*V. rosea*) est une fort jolie espèce de Madagascar, cultivée dans nos jardins.

Les Pervenches ont joui d'une grande réputation comme plantes médicinales : il est inutile de rappeler leurs prétendues propriétés, dont la plus en vogue était celle de faire cesser, chez les nourrices, la sécrétion du lait sans accident. Elles sont tout simplement un peu astringentes. Leur nom de *Violettes des Sorciers* rappelle des vertus mystérieuses encore ; celui de *Pucelage* qu'elles portèrent jusqu'à la fin du XVIe siècle, annonce qu'elles furent considérées comme le symbole de l'innocence, à moins que la disposition de l'entrée du tube de la corolle n'ait donné lieu à une comparaison aussi peu juste qu'elle est de mauvais goût. La Pervenche était la fleur de prédilection de J.-J. Rousseau.

PESANTEUR. Force en vertu de laquelle les corps tendent à se précipiter vers le centre de la terre. Elle rentre dans les lois de l'*Attraction*. — V. ce mot. — Il ne faut pas confondre la Pesanteur avec le poids : la Pesanteur se mesure par la vitesse d'un corps qui tombe librement sur la surface de la terre ; le poids d'un corps se mesure par l'effort qu'il faut faire pour le soutenir lorsqu'il tend à se précipiter vers le centre de la terre, et cet effort est toujours proportionnel à la masse.

Les corps terrestres, comme tous les corps de la nature, tendent les uns vers les autres avec une force variable, en raison directe des masses et en raison inverse du carré de la distance qui sépare leurs centres d'action. Les corps tombent, en outre, avec une vitesse accélérée : cette accélération de la chute provient de ce que la Pesanteur est une force sans cesse agissante, et qu'à chaque instant une nouvelle impulsion s'ajoute à celle que le corps a déjà reçue. Dans la chute des corps, l'espace parcouru par un corps qui tombe est proportionnel au carré du temps écoulé depuis le moment de son départ; les vitesses croissent proportionnellement au temps. L'espace parcouru par un corps qui tombe à la surface de la terre pendant la première seconde de sa chute est, à Paris, de 4^m,9044, environ 5 m.; la vitesse acquise par seconde est de 9^m,8088, très près de 10 mètres.

« Les observations de la durée des oscillations du pendule ont prouvé que la Pesanteur n'est pas la même sur toute la surface de la terre, et que l'intensité de cette force est moindre à l'équateur qu'aux pôles : chaque point de la surface de la terre décrivant un cercle dans le mouvement de rotation de notre globe autour de son axe, et ce cercle étant d'autant plus grand qu'il est plus près de l'équateur, les corps qui sont placés à la surface acquièrent une force centrifuge d'autant plus considérable qu'ils décrivent de plus grands cercles dans le même temps ; et, comme la force centrifuge agit en sens inverse de la force centrale de la Pesanteur, elle diminue nécessairement les effets de cette dernière.

« Galilée a le premier découvert les lois de la Pesanteur ; Newton a prouvé l'identité de la Pesanteur et de la force qui retient les planètes dans leurs orbites, et a reconnu que la Pesanteur doit diminuer à mesure qu'on s'éloigne du centre de la terre ; Bouguer et La Condamine ont confirmé expérimentalement cette vérité par leurs observations sur des oscillations du pendule. Quelques savants, Lesage surtout, ont cherché, mais inutilement jusqu'ici, à déterminer la cause de la Pesanteur. »

PESSE (*Hippuris*). Genre de la famille des Holoragéacées, ayant pour principale espèce la PESSE D'EAU (*H. vulgaris*), vulg. *Queue de cheval*. Plante aquatique, vivace, à rhizome rameux submergé ; à tiges aériennes simples, effilées, portant des feuilles disposées par 8-12 en verticilles rapprochés, et qui diminuent de circonférence en approchant de l'extrémité supérieure; fleurs très petites, rougeâtres, sessiles, solitaires à l'aisselle des feuilles, verticillées : calice à tube soudé avec l'ovaire, à partie libre presque nulle, entière; 1 étamine; style subulé; fruit uniloculaire, monosperme.

Cette plante, assez rare, habite les fossés aquatiques, les rivières peu rapides, les flaques d'eau des marais tourbeux. Elle ressemble un peu à la Prêle.

PÉTALE. Nom donné à chaque pièce dont se compose la corolle. Le Pétale (du gr. *petalon*, feuille) n'est qu'une feuille modifiée. Il est dit *onguiculé*, lorsqu'il est muni d'un onglet à sa partie inférieure (Chou, Œillet); *sessile*, lorsqu'il en est dépourvu (Roses). Toute fleur à un seul pétale est à corolle *monopétale;* à plusieurs pétales, etc., elle offre une corolle *polypétale.* Les pétales soudés seulement à leur base forment une corolle *partite*, lorsqu'ils sont soudés presque jusqu'au sommet, ils forment une corolle *dentée* ou *lobée.* — V. *Corolle, Périanthe.*

PÉTIOLE. Support de la feuille. — V. *Feuille.*

PETIT-CHÊNE. Espèce du genre *Germandrée.* — V. ce mot.

PETIT-HOUX. — V. *Fragon.*

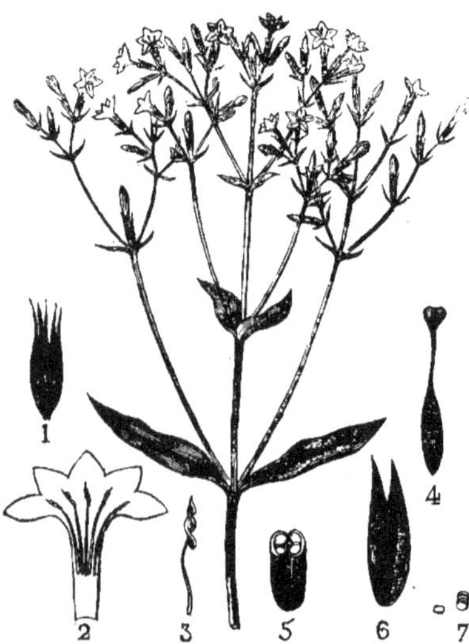

Fig. 1050. — Petite Centaurée.

(1, Calice. — 2, Corolle. — 3, Étamine. — 4, Ovaire. — 5 et 6, Fruit (Capsule).

PETITE - CENTAURÉE (*Erythræa centaurium*). Nous avons fait une courte histoire de cette plante au mot scientifique, mais peu employé, *Érythrée.* Ici nous en donnons la figure, quoique

cette Gentianée soit très commune et bien connue de tout le monde : c'est la réparation d'un oubli qui a été fait, et l'exécution d'une promesse.

PETITE-JOUBARBE. — V. *Vermiculaire.*

PÉTIVÈRE. — V. *Vétiver.*

PÉTONCLE (*Pectunculus*). Genre de Mollusques formé par de Lamarck aux dépens du genre *Arche* de Linné. Coquille bivalve, à forme orbiculaire, presque lenticulaire, équivalve, dont la charnière offre un grand nombre de dents rangées en séries. — On trouve ces mollusques vivants dans presque toutes les mers, à l'état fossile dans presque tous les pays.

PÉTREL (*Procellaria*). Genre d'Oiseaux de l'ordre des Palmipèdes : bec droit, arrondi en dessus, élargi à sa base, comprimé; son extrémité, qui semble faite d'une pièce articulée avec le reste, est renflée, convexe, recourbée et crochue, tandis que la mandibule inférieure est droite et tronquée à son extrémité; les 3 doigts antérieurs réunis par une membrane; le pouce représenté par un ongle pointu, implanté dans le talon; ailes longues, suraiguës.

Les Pétrels sont des Oiseaux antarctiques; on les voit néanmoins dans toutes les mers, se tenant constamment éloignés des terres. Leur vol résiste au vent; mais quand un ouragan approche, ils viennent se réfugier sur les vergues des navires, ce qui leur a valu le nom d'*Oiseaux des tempêtes.* Ils ne plongent pas et ne nagent que rarement; mais, dans leur vol rapide, ils effleurent les vagues et courent sur l'eau les ailes élevées. — Leur nom de *Pétrel* ou *Petit Pierre* fait allusion à cette habitude, qui les a fait comparer par les marins à saint Pierre, patron des pêcheurs, marchant sur la mer. Les Pétrels nichent dans les trous des rochers les plus escarpés; lorsqu'ils sont inquiétés, dit-on, ils lancent contre l'assaillant une liqueur huileuse dont ils ont toujours une provision dans l'estomac. Ce moyen de défense, employé à l'improviste, rend dangereuse la recherche des nids de ces oiseaux.

Pétrel géant (*P. gigantea*), vulg. *Briseur d'os.* La plus grande de toutes les espèces, sa taille dépasse celle de l'Oie. Son plumage est noirâtre. — Il vit, comme ses congénères, d'insectes, de mollusques et de la chair des poissons dont les cadavres flottent à la surface de la mer.

Pétrel damier (*P. capensis*), vulg. *Damier.* Il a la taille d'un petit canard; le manteau orné de grandes taches blanches, sur un fond noir; ventre blanc. — Il habite les mers du Sud.

Pétrel fulmar (*P. glacialis*). Grosseur d'un Canard; plumage blanc à manteau cendré; bec et pieds jaunes. — Il habite l'hémisphère boréal, et se montre quelquefois sur nos côtes. Les Groënlandais salent cet oiseau pour s'en nourrir, quoique sa chair soit d'un goût désagréable.

Les Pétrels ont été divisés en cinq sous-genres. Le 1er sous-genre comprend les THALASSIDROMES, espèces plus petites, connues sous le nom vulgaire d'*Oiseaux de tempéte*. — Vient ensuite le sous-genre PUFFIN, à mandibule inférieure se recourbant vers le bas à son extrémité, comme la supérieure ; — le sous-genre PRION, à bec très élargi à la base, garni intérieurement de lamelles droites, fines, serrées, comme dans les Canards.

PÉTRIFICATION (de *petra*, pierre ; *fieri*, devenir). En histoire naturelle, ce mot désigne les corps organisés dont les molécules détruites ont été remplacées par des molécules minérales, et qui, quoique se changeant en une véritable pierre, conservent leur forme première. C'est cette substitution qui distingue surtout les corps *pétrifiés* des *fossiles*, ces derniers conservant leurs molécules propres. — Les Pétrifications se rencontrent de préférence dans les terrains anciens : on les distingue en calcaires et en siliceuses, suivant la nature de la matière pétrifiante. La Pétrification siliceuse a principalement agi sur les végétaux ; rien n'est plus commun que de rencontrer des troncs d'arbres métamorphosés en silex. — V. *Paléonthologie*.

En exposant des corps tels que coquilles, végétaux, et même animaux, à des sources qui renferment du carbonate de chaux en dissolution, ils se recouvrent d'un sédiment calcaire qui en conserve plus ou moins fidèlement les formes : ce ne sont pas là des Pétrifications, mais des *Incrustations*.

PÉTROLE (de *petra*, pierre ; *oleum*, huile), vulg. *Huile de pierre*. Sorte de Naphte coloré en brun ou en noir par des matières goudronneuses, de consistance visqueuse, et qui brûle en répandant beaucoup d'odeur et de fumée. On en extrait par la dissolution le naphte pur, qui prend par là le nom d'*Huile de Pétrole*. La seule source de Pétrole connue en France est celle de Gabian, près de Pézénas, d'où le nom d'*Huile de Gabian*. Cette substance peut servir à l'éclairage. On l'emploie aussi en médecine comme vermifuge.

PÉTUNIE (*Petunia*). Genre de la famille de Solanées, tribu des Nicotianées, plantes exotiques, herbacées ; feuilles alternes, oblongues, quelquefois disposées par deux. Fleurs à périanthe double, l'externe à tube court à 5 divisions ; l'interne monophylle tubulé, à lymbe plissé 5-lobé. Étamines 5, incluses ; ovaire supère ; capsule bivalve à 2 loges plurispermes. — Les espèces, au nombre de 3 ou 4, sont de l'Amérique équatoriale, propres à la province de Buenos-Ayres.

Le *Petunia nyctaginiflora* présente, ainsi que son nom l'indique, des fleurs qui ressemblent à celles de la Belle-de-nuit, dont il offre d'ailleurs le port et l'aspect général. Ces fleurs sont blanches ; elles réussissent parfaitement en France où elles sont en vogue depuis quelques années.

Leurs corolles se ferment lorsque le temps est pluvieux et couvert. Il y a le *P. violacea* et le *P. meleagris* ou *Pintade*, dont nous ne parlons pas.

Fig. 1051-1052. — 1, Pétunia-Pintade ; 2, P. Van Volxem.

PEUCÉDANE (*Peucedanum*). Genre d'Ombellifères ; plantes vivaces à feuilles bi-tripinnatiséquées ; à fleurs blanches ou rosées, en ombelles terminales, dont les pétales sont infléchis seulement à la pointe, marginés ou presque entiers. — Ce genre, difficile à distinguer de ceux qui lui sont voisins (V. *Ombellifères*), renferme une quarantaine d'espèces.

La PEUCÉDANE OFFICINALE (*P. officinale*), vulg. *Fenouil de Porc*, *Queue de Cochon*, est la plus commune. Racine très grosse, couronnée par les nervures persistantes des feuilles détruites ; tige de 70 à 125 centim. de hauteur, cylindrique, rameuse, garnie de feuilles tripinnatiséquées, à folioles linéaires très allongées ; fleurs jaunes, en ombelles de 10-20 rayons inégaux ; involucre et involucelles.

Le Fenouil de Porc croît en Alsace, dans le midi de la France, en Italie, et même aux environs de Paris, sur la lisière des bois, dans les taillis. Il fleurit en juin-juillet. Sa racine a été vantée contre la paralysie, l'épilepsie, les maladies des nerfs ; mais elle est justement oubliée. Les Porcs, en revanche, la recherchent avidement.

PEUPLIER (*Populus*). Genre d'Arbres ordinairement très élevés, de la famille des Salicinées ; feuilles sinuées ou dentées, pétiolées et très mobiles ; bourgeons écailleux, enduits d'une matière gommo-résineuse. Fleurs dioïques, en chatons qui se développent fréquemment avant les feuilles ; les mâles ont un calice en tube coupé obliquement, avec 8 à 12 étamines ; les femelles ont un calice à peu près semblable ; ovaire à 1 loge, et à style court terminé par 2 stigmates ; le fruit est une capsule qui renferme des graines aigrettées.

Peuplier noir (*P. nigra*), vulg. *Peuplier franc*. Arbre très é'evé, branches étalées ; feuilles plus longues que larges, longuement pétiolées, dentées, glutineuses dans leur jeunesse, glabres plus tard. Chatons mâles grêles, allongés, cylindriques, à écailles laciniées ; chaque fleur est accompagnée d'une écaille caduque, dentée ou lacérée au sommet ; point de corolle ; 16 à 22 étamines ; chatons femelles plus longs, plus grêles et lâches, qui produisent des capsules courtes, ovales, à 2 valves, dont les bords rentrants semblent former deux loges ; semences chargées d'une houppe soyeuse très blanche.

Le Peuplier noir se trouve dans toute l'Europe, aimant les terres fraîches, les prairies humides, le bord des eaux, où il acquiert un développement très rapide et une hauteur de 20 mètres et plus. Il fleurit en mars-avril. Il surpasse en utilité toutes les autres espèces à peu près. Son bois, d'un blanc jaunâtre, tendre et doux, mais tenace et fibreux, est employé à différents usages. Les jeunes branches sont flexibles et peuvent remplacer l'osier pour les liens, etc. Comme combustible, le bois de Peuplier en général est de qualité très médiocre. Les feuilles et les jeunes pousses de cette espèce forment un bon fourrage ; l'é-

corce donne une teinture en jaune et sert au tannage.

En médecine les bourgeons ont été employés, soit en tisane dans une foule de maladies de poitrine, de peau, etc., soit en onguent. La substance gommo-résineuse et visqueuse qui les enduit forme la base de l'*Onguent popu'eum*, si emp'oyé contre les hémorrhoï les, les fissures à l'anus.

Le Peuplier blanc (*P. alba*) ou *Peuplier de Hollan le Ypréau*, se distingue par ses feuilles un peu lobées, d'un vert sombre en dessus, blanches et cotonneuses en dessous. — Le Peuplier pyramidal (*P. pyramidalis*), ou *P. d Italie*, est remarquable par son port. Ses rameaux droits, effilés, serrés contre la tige, lui donnent l'aspect d'une longue pyramide. Nous ne connaissons que l'individu mâle de cette espèce. — Le Peuplier tremble (*P. tremula*), ou *Tremble*, est ordinairement peu élevé, à écorce lisse, à branches étalées ; ses feuilles, longuement pétiolées, sont très mobiles. — Le P. de Virginie, ou *P. suisse*, est très é evé, à branches étalées ; feuilles longuement pétiolées, plus larges que longues ; chatons femelles lâches, très longs. — Fréquemment planté en avenues et au bord des champs.

PHACOCHÈRE (*Phacochærus*). Ce nom, qui signifie *Cochon à verrue*, s'applique à un genre très voisin du Sanglier, mais qui en diffère notablement : tête élargie, surtout à la région des yeux ; grosse caroncule verruqueuse sur chaque joue ; canines très fortes, dirigées latéralement en dehors et en haut, comme des cornes, et constituant des défenses redoutables.

Les Phacochères sont des animaux d'Afrique répandus dans ce continent depuis la Nubie et le

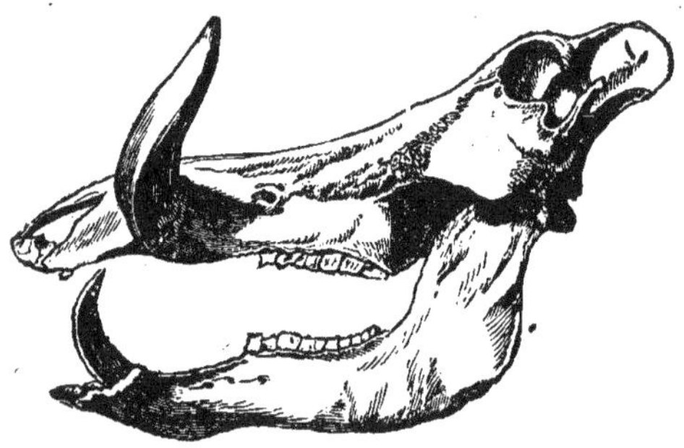

Fig. 1033. — Tête de Phacochère.

Sénégal jusqu'au cap de Bonne-Espérance. Leurs mœurs, d'ailleurs peu connues, sont brutales et farouches ; leurs énormes canines ajoutent à la crainte qu'ils inspirent. C'est d'eux plutôt que du Babiroussa qu'Élien a parlé sous le nom de

Sus tetrakores, signifiant *Cochon à quatre cornes*.

Le Phacochère africain approche de la taille du Cochon ; mais son corps, quoique en partie velu, montre une certaine ressemblance avec celui de l'Hippopotame ; sa tête, élargie aux yeux et à la région des canines, est rendue hideuse par les deux loupes qu'elle porte sur les joues; sa peau est d'un brun noirâtre, et quoique ses poils soient en général rares et courts, il y a sur son dos une espèce de crinière.—Cet animal se retire dans la solitude. Il vit de fruits et de racines. Il a un odorat si pénétrant qu'il reconnaît à une grande profondeur les racines propres à son alimentation.

Fig. 1054. — Phacochère.

PHALANGER (*Phalangista*). Genre de Mammifères de l'ordre des **Marsupiaux**, dont l'aspect rappelle à la fois celui des Lémuriens et celui des Sarigues ; animaux à queue longue et prenante, dont les membres ne soutiennent pas de membranes en forme d'ailes; pouce du pied de derrière opposable et onguiculé : queue velue à la base seulement, nue et écailleuse dans le reste de son étendue; oreilles courtes; pupille verticale.

La plupart des espèces appartiennent à l'Australie ; les îles Malaises en fournissent quelques-unes. Ce sont des animaux qui vivent sur les arbres et se nourrissent principalement de substances végétales ou d'insectes. Leurs mœurs sont nocturnes.

Le PHALANGER MACULÉ (*P. maculata*), espèce principale du genre, vit aux Moluques, particulièrement à Amboine, où il porte le nom de *Couscous*. Son pelage est blanchâtre, tacheté de brun et de noirâtre. Quand il aperçoit un homme, il se suspend par la queue sans oser bouger, et l'on parvient, en le regardant fixement, à le faire tomber de lassitude.

Nous ne parlons pas des *Phalangers volants*, espèces qui n'ont pas la queue prenante, mais qui sont pourvus d'une membrane s'étendant sur les flancs depuis les membres antérieurs jusqu'aux postérieurs. Cette disposition les a fait nommer *Acrobates*, parce qu'elle favorise le saut.

PHALAROPE (*Phalaropus*). Genre d'Oiseaux de l'ordre des Échassiers Bec droit, trigone à sa base, puis déprimé, rétréci et fléchi à sa pointe; demi-palmure aux doigts externes; les trois doigts bordés par une membrane lobée; ailes aiguës : queue courte.

Le PHALAROPE DENTELÉ est, en hiver, cendré en dessus, blanchâtre en dessous, avec une bande noire à la nuque : en été il devient noir, roussâtre inférieurement. — Cette espèce habite le cercle polaire arctique; elle est de passage irrégulier en France. Ce sont d'habiles nageurs, qui préfèrent les eaux salées aux eaux douces. Ils vont faire leur ponte dans les prairies à proximité de la mer.

Fig. 1055. — Phalène à miroir.

PHALÈNE (*Phalæna*) ou PHALÉNITES. Linné comprenait sous ce nom tous les Lépidoptères nocturnes ou Papillons de nuit, qui se distinguent des Crépusculaires par des antennes sétacées di-

minuant d'épaisseur de la base à la pointe. Il sub-
divisait ce groupe en six genres, d'après la disposition de leurs ailes : *Attacus, Bombyx, Noctua, Géomètres, Tortrices, Pyrales, Tinéa,
Alucites.* Aujourd'hui ce genre, de beaucoup
restreint par Latreille et Boisduval, n'existe plus
dans la science : il est devenu, sous le nom de
Phalénites, une tribu de la famille des Nocturnes,
ayant pour caractères : des antennes sétacées,
tantôt simples, tantôt pectinées ou ciliées ; un
corps grêle; des palpes très fortes, presque cylindriques ou coniques.

« Les Phalènes sont des Lépidoptères nocturnes
qui n'atteignent généralement que des petites et
moyennes tailles ; elles ressemblent à de petits
Bombyx à corps plus grêle et plus allongé. Le
plus grand nombre des espèces ne volent qu'a-
près le coucher du soleil : on les voit alors voltiger près des haies et dans les allées des bois ;
malheur à celle qui est rencontrée par quelque
Libellule ! elle est bientôt prise, car son vol lourd
lui interdit une fuite précipitée. C'est le plus souvent pendant le jour que les mâles vont à la recherche de leurs femelles : on voit cependant que
ce n'est pas la vue qui les dirige, car ils heur-
tent indistinctement tous les objets qu'ils rencontrent; cependant ils arrivent assez directement

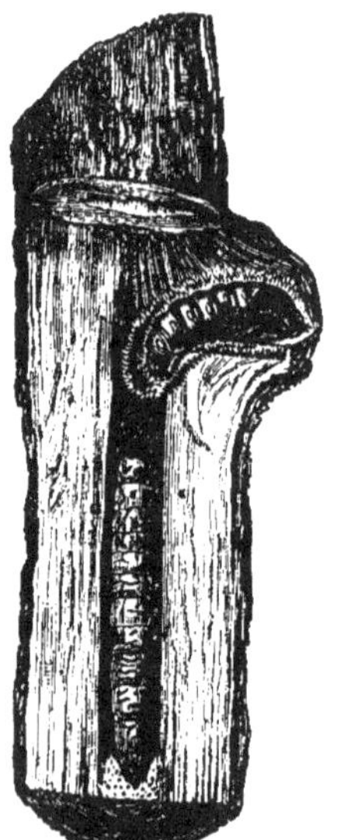

Fig. 1056-1057. — Chenille et chrysalide de la
Phalène tarière.

à leurs femelles, probablement guidés par l'odorat, qui est si fin chez quelques Lépidoptères
nocturnes, qu'ils viennent chercher leurs femelles

à des distances considérables, dirigés seulement
par ce sens. Il paraît aussi que les femelles des
Phalènes, ainsi que celles de plusieurs autres
Nocturnes, font sortir de leur corps des émanations qui guident les mâles. Ces émanations doivent cesser dès qu'elles sont fécondées; car on
ne voit plus arriver de mâles après que l'accouplement a eu lieu.

Les Chenilles des Phalènes ont dix pattes ; on
remarque en avant les six pattes écailleuses ; les
autres sont membraneuses et placées vers l'extrémité du corps. Ces Chenilles marchent d'une
manière très différente de celle à seize pattes.
Lorsqu'elles veulent changer de place, elles approchent leurs pattes intermédiaires des pattes
écailleuses, en élevant le milieu de leur corps;
de sorte que cette partie forme en l'air une espèce
de boucle. Quand les pattes de derrière sont fixées,
elles allongent leur corps, portent leur tête en
avant et fixent leurs pattes antérieures pour rapprocher d'elles la partie postérieure de leur corps
et faire un autre pas. Par ce mouvement, les Chenilles semblent mesurer le terrain qu'elles parcourent ; de là le nom d'*Arpenteuses* ou de *Géomètres* qu'on leur a donné. »

Presque toutes les Arpenteuses sont lisses,

Fig 1058. — Cocon de Phalène dispar.

au corps allongé, mince et cylindrique. Ces Chenilles sont très nombreuses aux mois de mai et de
juin; les chênes en nourrissent une grande variété d'espèces et en sont quelquefois tout rongés.
Elles filent continuellement une soie qui les tient
attachées à la plante sur laquelle elles vivent ; si
elles se laissent tomber, elles ont un fil tout prêt,
une sorte de corde à l'aide de laquelle elles remontent. La majeure partie des Arpenteuses
entre dans la terre pour se changer en chrysalides.

Les Phalènes ont donné lieu à 48 coupes génériques, d'après la méthode de Duponchel.

Les amateurs et les marchands appellent *Phalène à miroir* une belle espèce de Lépidoptères
nocturnes dont le nom propre est Atlas. Ce papillon, en effet, a sur le milieu de chaque aile
une grande tache triangulaire encadrée de noir,
sur un fond d'un rouge fauve. Nous avons représenté cette espèce (fig. 1055), qui se trouve principalement dans le midi de la Chine et aux îles
Moluques.

PHANÉROGAMES (du gr. *phaneros*, évident;

gamos, mariage). Végétaux pourvus d'organes sexuels apparents, et qui se reproduisent par suite de la fécondation des ovules. Expression opposée à *Cryptogames*.—V. ce mot.

Les Phanérogames sont les plus nombreux de tous les végétaux : ils se divisent en deux grandes classes, les *Monocotylédones* et les *Dicotylédones*.—V. *Classification végétale*.

PHARYNGIENS. Famille de Poissons acanthoptérygiens, dont les pharyngiens supérieurs sont

Fig. 1059. — Pharyngien (Anabas).

divisés en petits feuillets plus ou moins nombreux, irréguliers, interceptant des cellules dans lesquelles il peut demeurer de l'eau qui découle sur les branchies et les humecte pendant que le poisson est à sec, ce qui permet à ces animaux de se rendre à terre et d'y ramper à une distance souvent assez grande des ruisseaux et des étangs, qui sont leur séjour ordinaire.

Ces Poissons, qu'on nomme aussi *Labyrinthiformes*, sont de petite taille, propres aux eaux douces de l'Inde et de la Chine, excepté le Spirobranche, qui est du Cap. On n'en connaît qu'un nombre assez restreint d'espèces. Cuvier range cette famille entre les Squammipennes et les Scombéroïdes. Quelques espèces, les Ophicéphales, par exemple, semblent destinées, par plusieurs de leurs caractères, à établir le passage des Ophidiens aux Poissons.

PHASME (*Sphasma*). Ce mot, qui veut dire spectre en grec, désigne un genre d'Orthoptères de la famille des Mantes, auquel Lamarck a conservé le nom de *Spectre*.—Ce sont des insectes

de l'Amérique méridionale et des Indes orientales, nombreux en espèces formant plusieurs sous-genres.

PHELLANDRE. Espèce du genre *Ænanthe*.— V. ce mot.

PHÉNICOPTÈRE. — V. *Flamant*.

PHILADELPHÉES. Famille de plantes dont le Seringa, encore appelé *Philadelphe*, constitue le genre type. — V. *Seringa*.

PHILANTHE (*Philanthus*). Genre d'Hyménoptères de la section des Porte-aiguillons, famille des Fouisseurs : antennes insérées au milieu de la face antérieure de la tête ; chaperon bilobé ; abdomen non rétréci brusquement à sa base, à anneaux entiers et non rétrécis à leur base; 4 cellules cubitales complètes et sessiles.

Ces insectes se trouvent dans les lieux secs et sablonneux. Ils se tiennent aux environs des fleurs, où, attaquant d'autres insectes, principalement les abeilles, ils espèrent trouver une proie facile à saisir ; ils se nourrissent aussi du miel des fleurs. Les femelles creusent leur nid dans le sable, et y déposent des insectes qu'elles ont piqués avec leur aiguillon, et auxquels il reste encore un souffle de vie ; lorsque le nid est suffisamment pourvu, elles y pondent un œuf et ferment le trou : elles en font autant pour chaque œuf qu'elles ont à pondre. Les larves éclosent quelque temps après, et consomment en quelques jours la proie qui a été mise à leur portée ; puis elles se fabriquent une coque de la forme d'une bouteille à goulot fort court, et elles restent dans cet état jusqu'au moment où elles se changent en nymphes, vers la fin de l'hiver. Les mâles sont très ardents en amour ; on les voit se précipiter sur les femelles au moment où elles entrent dans leurs nids tenant péniblement dans leurs pattes un insecte qu'elles viennent de prendre.

Le PHILANTHE APIVORE (*P. apivorus*), *Guêpe à anneaux bordés de jaune*, de Geoffroy, est une des espèces les plus remarquables qui se trouvent aux environs de Paris. Le mâle est d'un quart plus petit que la femelle, qui a 12 à 15 millim. Cet insecte prend nos abeilles ouvrières pour garnir son nid, et en fait une assez grande consommation.

PHILÉDON (*Philedon*). Nom d'un genre de Passereaux dentirostres qui habitent l'Australie et les grandes Indes. Ces oiseaux sont vifs et courageux ; ils se nourrissent d'insectes, de miel et du suc de certaines fleurs.

PHILOSCIE (*Philoscia*). Genre de Crustacés isopodes, formé aux dépens des Cloportes, dont le genre type est la PHILOSCIE DES MOUSSES (*P. muscorum*), vulg. *Cloporte des mousses*, laquelle est très commune en France dans les lieux humides, sur les mousses, les feuilles tombées à terre.

PHLOX (*Phlox*). Genre de Plantes de la famille des Polémoniacées, formant des touffes de 30 à 40 cent. de hauteur; tiges droites; feuille opposées dans le bas, alternes vers le sommet, simples; fleurs élégantes, aux couleurs variées, formant des gerbes ou des corymbes paniculés : calice tubuleux, monophylle, à 5 divisions réunies par une membrane diaphane; corolle au long tube, s'évasant en 5 lobes obtus ; 5 étamines inégales ; ovaire supère trilobé ; capsule trigone, etc.

Les Phlox sont originaires de l'Amérique septentrionale. Leur nom, qui signifie *flamme* en grec, exprime la couleur vive des corolles de quelques espèces. Ces plantes sont cultivées dans nos jardins; elles ne craignent ni le froid ni le chaud, et se plaisent partout, quoiqu'elles préfèrent les terrains frais et argileux.

Les espèces les plus recherchées sont le PHLOX PANICULÉ (*P. paniculata*), dont les fleurs, de couleur lilas, s'épanouissent vers la fin de l'été ; — le PHLOX MACULÉ (*P. pendiflora*) à fleurs odorantes, purpurines ou lilas, etc.

PHOENIX. Synonyme du *Paradisier*.

PHOLADES (*Pholas*). Genre de Mollusques acéphales, type de la famille des Pholadaires. Coquilles bivalves dépourvues d'un fourreau tubulé, soit très bâillantes antérieurement, soit munies de pièces accessoires étrangères à leurs valves.

L'animal des Pholades a le corps épais, peu allongé ; le manteau forme en dessus un lobe qui déborde les sommets et dont l'ouverture antérieure laisse passer deux tubes qui sont le plus souvent réunis et entourés d'une peau commune; l'un de ces tubes sert à prendre l'eau , l'autre à la rejeter ; de l'ouverture postérieure de la coquille, qui est équivalve, mince, striée, ovale allongée, sort un pied court, très épais et aplati à son extrémité.

Les Pholades habitent en grande abondance sur les côtes de l'Océan, de la Manche et de la Méditerranée. Adanson assure qu'elles peuvent vivre dans l'eau douce. Elles sont constamment enfoncées dans des trous qu'elles se creusent dans la pierre, l'argile ou le vieux bois ; il n'est pas rare de rencontrer dans le voisinage de la mer de vastes rochers percés ainsi dans tous les sens par des animaux de ce genre , qui ne peuvent plus sortir de leur cellule, et qui se nourrissent de petits animaux amenés par l'eau dans leurs tubes. La manière dont ils se reproduisent nous est inconnue.

On est aussi en discussion sur la manière dont les Pholades creusent leurs trous : les uns veulent que ce soit par le jeu de leur coquille qui use mécaniquement les corps durs, d'autres pensent que c'est au moyen d'une sécrétion acide qui exerce une action dissolvante ou décomposante.

Les espèces de la Méditerranée sont très recherchées pour servir de nourriture ; les anciens, dit-on, les parquaient.— La PHOLADE DATTE (*P. dactylus*), très commune dans la Méditerranée, atteint jusqu'à 28 centim. de longueur.

PHOQUE (*Phoca*). Genre de Mammifères, de la

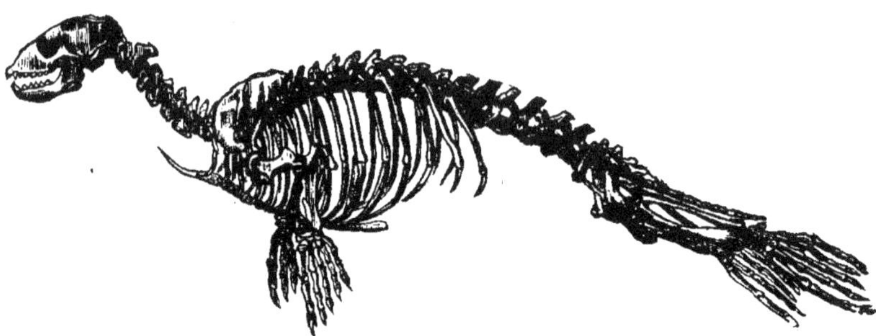

Fig. 1060. — Squelette de Phoque.

famille des Carnivores amphibies ; animaux marins connus des navigateurs sous les noms de *Lions, Bœufs, Veaux, Vaches, Éléphants marins*, selon les espèces et les rapports qu'on a cru leur reconnaître avec les quadrupèdes terrestres ainsi nommés. La partie antérieure du corps des Phoques ressemble à celle d'un Quadrupède ; la partie postérieure, qui se termine en pointe, est celle d'un poisson. Leur tête est ronde, garnie de moustaches longues et fortes ; ils ont les yeux grands et le regard expressif; leur crâne est vaste et leur cerveau présente des circonvolutions très développées. Ils manquent de défenses aux mâchoires; ils ont 5 doigts à tous les pieds, dont ceux de devant vont en décroissant du pouce au petit doigt, tandis qu'aux pieds de derrière le pouce et le petit doigt sont les plus longs. Les pieds de devant sont enveloppés dans la peau du corps jusqu'aux poignets, ceux de derrière jusqu'aux talons; la queue, qui est courte, est placée entre ceux-ci. Le pelage se compose de poils laineux et soyeux; ces derniers sont habituellement courts, durs et serrés les uns contre les autres.

La langue est douce; l'ouïe faible, et la conque auditive, quand elle existe, est toujours rudimentaire ; la vue est très bornée, les paupières sont courtes et peu mobiles; l'odorat est très fin; les

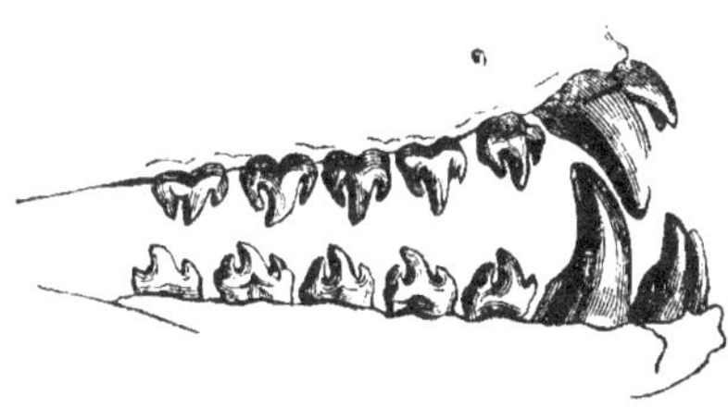

Fig. 1061.—Système dentaire du Phoque Sténorhynque.

moustaches paraissent être le siège d'un toucher très délicat.

Les Phoques habitent en troupes nombreuses les eaux de la mer; mais de temps en temps ils viennent sur le sol et peuvent même y rester quelque temps. Ils mangent toujours dans l'eau, et vivent de poissons. Ils peuvent, lorsqu'ils plon-gent, fermer leurs narines au moyen d'une valvule. Comme ils restent assez longtemps sous l'eau, on a cru que le trou de Botal restait ouvert chez eux comme dans le fœtus (V. *Circulation*) ; mais il n'en est rien. Toutefois, il y a un grand sinus veineux dans le foie qui doit les aider à plonger, en leur rendant la respiration moins nécessaire au mouvement du sang, qui est très noir et abondant. C'est en général à travers les écueils et les récifs qui bordent les mers, et jusque sur les glaces des pôles, qu'il faut aller chercher les grandes espèces. Un fait des plus singuliers, mais qui semble établi d'une manière certaine, est que ces animaux ont l'habitude constante, quand ils vont à l'eau, de se lester, comme on fait d'un navire, en avalant une certaine quantité de cailloux, qu'ils rejettent lorsqu'ils retournent sur le rivage. Il faut qu'ils choisissent une place convenable pour sortir de l'eau, car ils tirent avec assez de difficulté leur corps sur le sol, en s'accrochant avec les mains et les dents à toutes les aspérités qu'ils peuvent saisir. Ils se cramponnent avec adresse à un glaçon flottant et glissant, et parviennent à se hisser dessus pour se reposer et dormir. C'est pendant la tempête, dit M. Boitard, que les Phoques aiment à sortir de la mer pour aller prendre leurs ébats sur les grèves sablonneuses : par un ciel calme et beau, ils semblent ne vivre que pour dormir. Chaque famille, rapporte un voyageur, s'établit dans un espace plus ou moins grand que le chef sait faire respecter contre les envahissements des familles voisines.

Chaque mâle a ordinairement trois ou quatre femelles qu'il défend avec un grand courage. C'est surtout lorsqu'elles sont pleines, de novembre à

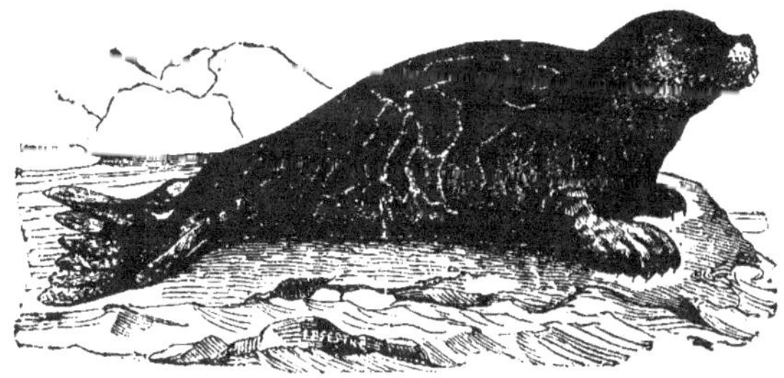

Fig. 1062. — Phoque commun.

janvier, qu'il redouble de soins et de tendresse pour elles ; l'accouplement a lieu en avril, et la femelle ne fait qu'un seul ou deux petits. C'est sur le sol, à quelque distance de la mer, et sur un lit d'algues ou d'autres plantes marines, que les femelles mettent bas. La mère ne va pas à l'eau tant que ses petits ne peuvent s'y traîner, ce qui a lieu une quinzaine de jours après leur naissance. Comment les femelles se nourrissent-elles pendant ce temps ? On ne le sait pas positivement, mais on suppose que le mâle porte alors de la nourriture à sa compagne. Quand le petit est arrivé à la mer, sa mère lui apprend à nager, et le surveille pendant qu'il se mêle aux troupeaux des autres Phoques; elle l'allaite, toujours hors de l'eau, pendant cinq ou six mois, le soigne très longtemps ; mais , aussitôt qu'il peut pourvoir seul à ses besoins, le père le chasse et le force à chercher un autre lieu pour s'établir.

« Lorsqu'un Phoque est pris jeune, il se prive parfaitement, s'attache à son maître , pour lequel il éprouve une affection aussi vive que le Chien. De même que ce dernier , on assure qu'il reconnaît sa voix, lui obéit, le caresse , etc. On en a vu auxquels des matelots ou des bateleurs avaient appris à faire différents tours , et qui les exécutaient au commandement avec assez d'adresse et beaucoup de bonne volonté. L'intelligence des Phocidés est assez grande ; ils sont affectueux , bons , patients ; mais, si on les tourmente trop , ils peuvent devenir dangereux. Pour les conserver longtemps en captivité et en bonne santé , il faut les tenir, pendant la plus grande partie du jour, et surtout lors de leurs repas, dans un cuvier à demi rempli d'eau ; la nuit, on les fait coucher sur la paille. Ainsi traités et nourris avec du Poisson , on peut les garder vivants pendant assez longtemps. Nos Ménageries en ont souvent

Fig. 1063. — Phoque à trompe.

possédé : et les montreurs d'animaux en font souvent voir dans nos grandes villes. »

On fait la chasse aux Phoques pour en obtenir la graisse ; on les tue facilement lorsqu'ils sont à terre. Les Américains et les Anglais emploient plus de 60 navires de 250 à 300 tonneaux à l'exploitation de cette branche de commerce. Les peaux de ces animaux servent à construire de très légères embarcations, de petites pirogues.

Les Carnivores Amphibies comprennent les *Phoques* , qui n'ont pas de conque externe ; les *Otaries* ou *Phoques à oreilles*, et les *Morses* qui se caractérisent par de longues défenses. — V. *Morse* et *Otarie*.

Les Phoques ont été répartis en neuf groupes : 1° Calocéphales ; 2° Halichores ; 3° Sténorhynques ; 4° Pélages ; 5° Stemmatopes ; 6° Macrorhins ; 7° Arctocéphales ; 8° Platyrhynques ; 9° Otaries. Les individus dont suit l'histoire appartiennent aux 1er, 4e, 6e, 7e et 8e groupes.

Phoque commun (*P. vitulina*), vulg. *Veau marin*. Il est d'un gris jaunâtre, couvert de taches noirâtres irrégulières ; sa couleur varie selon qu'il est encore humide ou sec ; longueur, 1 mètre. On en connaît une variété blanchâtre , couleur qui peut-être n'est qu'un effet de la vieillesse. — On trouve cette espèce sur les rivages de toutes les mers d'Europe, mais principalement dans le Nord. Il peut être facilement apprivoisé, et il s'attache à ceux qui le soignent. Dans l'état de nature , il s'accouple en septembre, et met bas un seul petit en juin.

Grand Phoque (*P. barbata*). Son pelage varie beaucoup ; il a plus de 3 mètres. La peau est presque nue chez les vieux. — Cet animal habite la haute mer près du pôle boréal , et se rend à terre au printemps. La femelle ne fait qu'un petit qu'elle met bas sur les glaces flottantes , vers le mois de mars. Les Groënlandais estiment beaucoup cette espèce pour sa chair, sa graisse et ses intestins, qu'ils regardent comme un mets excellent ; et pour sa peau dont ils s'habillent.

Phoque Moine (*P. monachus*). Sa longueur varie de 2 mètres 50 à 5 m. ; son pelage est ras, très court et très serré , entièrement noir en dessus, blanc sous le ventre. — Commun dans la mer Adriatique , il se trouve aussi probablement sur les côtes de la Sardaigne. Cet animal est très intelligent et s'apprivoise très bien ; il obéit au commandement de son maître comme pourrait le faire le chien le mieux dressé.

Phoque a trompe (*P. coxii*). « Cet animal, qui atteint de huit à dix mètres de longueur, sur une circonférence de quatre à cinq mètres , est vulgairement désigné sous les noms de *Lion marin*, *Éléphant marin*, *Phoque à museau ridé*, etc. Son pelage est ras, grisâtre ou d'un gris bleuâtre, parfois d'un brun noirâtre , rude et grossier ; ses yeux sont très grands et proéminents : les poils de ses moustaches sont rudes et contournés en spirales ; ses canines inférieures sont fortes, arquées et saillantes hors des lèvres ; les ongles de ses mains sont très petits ; sa queue est courte, mais très apparente. Les mâles adultes ont un prolongement du nez , en forme de trompe membraneuse et érectile , mou , élastique, ridé, long de près d'un demi-mètre; les femelles et les jeunes n'en ont point.

Cet animal se trouve sur les pelages de la plupart des îles désertes de l'hémisphère austral; il y vit en troupes de cent cinquante à deux cents individus, émigre régulièrement pour aller passer l'été dans le nord de la zone qu'il habite et l'hiver dans le sud; pendant les quatre premiers mois de l'année il ne quitte pas la mer et se nourrit de poissons, de mollusques et de crustacés : alors il devient excessivement gras; pendant le reste de l'année il va souvent à terre, et y cherche les bourbiers, dans lesquels il se vautre; on l'y trouve souvent endormi, et alors on comprend qu'il est très facile de l'approcher et de s'en emparer. Le rut a lieu dans les mois d'octobre, et les mâles se livrent alors des combats furieux pour s'approprier chacun le plus de femelles qu'il peut. Chaque femelle fait un ou deux petits, qu'elle allaite pendant deux ou trois mois. Ce Phoque étant le plus gras de tous produit aussi le plus d'huile; aussi est-ce celui de tous que l'on recherche avec le plus d'activité. •

Phoque oursin (*Ph. ursina*). C'est l'*Ours marin* de Buffon. D'une longueur d'un mètre et demi à deux mètres; son pelage est composé de deux sortes de poils : celui de dessous court, ras, doux satiné et d'une belle couleur rousse, celui de dessus plus long, brunâtre, tacheté de gris foncé; moustaches très grandes. Cet animal se plaît au milieu des rochers et des récifs, sur les côtes les plus exposées à la tempête. Ses mœurs sont très sauvages; la finesse de son odorat l'avertit, à une très grande distance, de l'approche des chasseurs, ce qui le rend très difficile à prendre; toutefois on le recherche beaucoup, parce que sa fourrure est assez estimée dans le commerce. Il habite les côtes du Kamschatka et des îles Aléoutiennes.

P. latyrhynque, Lion marin (*P. jubata*). Sa longueur varie entre trois et huit mètres; son pelage est jaune, ses moustaches sont noires; le mâle adulte porte sur le cou une crinière épaisse, qui lui descend jusque sur les épaules. Son caractère est doux et timide : il vit de poissons, d'oiseaux marins, et quelquefois d'herbes. La femelle, pour faire ses petits, se cache dans les roseaux, où elle les allaite : chaque jour elle va à la mer, et gagne sa retraite le soir. La chair de cet animal est mangeable; son huile est utile, et sa peau est excellente pour les ouvrages de sellerie. Il habite l'océan Pacifique boréal, le Kamschatka, les Kourilles, la Californie.

PHORMION [*Phormium*]. Genre de Plantes de la famille des Liliacées, tribu des Tulipacées; espèces textiles qui croissent à la Nouvelle-Zélande : racines tubéreuses; feuilles ensiformes, un peu épaisses, fermes, glabres; fleurs jaunes, fort grandes; calice monophylle, à 6 découpures; 6 étamines; capsule oblongue à 3 loges polyspermes. L'espèce principale est le Phormium tenace

(*Ph. tenax*) ou *Lin de la Nouvelle-Zélande*, plante vivace, poussant des touffes larges, comprimées et formant éventail. Quand on entaille les feuilles du Phormium, il en sort un suc inodore, insipide, transparent, couleur paille, presque semblable à la gomme arabique. On retire de ces feuilles, quand elles sont parfaitement mûres, un fil très délié avec lequel on peut faire des tissus; mais ce fil, assez solide tant que les fibres de la plante sont fraîches, offre trop peu de résistance lorsqu'elles sont sèches et prêtes à être employées : cette plante ne saurait donc, comme on l'avait espéré, remplacer entièrement le lin. Par l'action de l'acide nitrique, le Phormium se colore immédiatement en rouge, ce qui permet de constater facilement sa présence dans un tissu.

PHOSPHORE (du gr. *phos*, lumière, *pheró*, je porte, parce qu'il luit dans l'obscurité). Corps simple non métallique, jaunâtre et de l'aspect de la cire, ayant une densité de 1,22, fondant à 43°. A la température ordinaire, il répand dans l'air des vapeurs blanches d'une odeur d'ail, qui, dans l'obscurité, jettent une lueur blafarde; ce phénomène est dû à une combustion lente dont le produit consiste en *acide phosphoreux*. Le phosphore est très inflammable, et prend feu par le simple frottement; si on le tenait trop longtemps entre les doigts sans le refroidir par l'immersion dans l'eau, la chaleur de la main en déterminerait promptement l'inflammation : les brûlures qu'il fait sont fort difficiles à guérir. Il répand, en brûlant avec flamme, des vapeurs blanches d'*acide phosphorique*.

Le phosphore existe en combinaison dans l'urine, dans la matière du cerveau des mammifères, dans l'albumine et la fibrine du sang, dans la laitance des poissons et dans plusieurs minéraux. Il est surtout abondant à l'état de phosphate de chaux dans les os des animaux : on l'extrait de ce phosphate en transformant ce composé en phosphate de chaux acide, au moyen de l'acide sulfurique, et en distillant ensuite le phosphate acide avec du charbon.

La forme habituelle sous laquelle on le débite est le plus habituellement celle d'un cylindre, de la grosseur d'une plume à écrire, que l'on peut plier, couper facilement. C'est en cherchant la pierre philosophale que Brandt découvrit le Phosphore en 1669, époque où il ajoutait de l'extrait d'urine aux corps qu'il appelait *vils* et *imparfaits* pour les transformer en or et en argent.

Le Phosphore sert principalement à la fabrication des *allumettes chimiques*. Les médecins le prescrivent quelquefois, en dissolution dans l'huile ou la graisse, comme stimulant du système nerveux; mais c'est un remède fort dangereux, qui, même à des doses peu élevées, peut occasionner la mort. Les propriétés toxiques du Phosphore le font employer depuis quelque temps pour la fabrication d'une pâte destinée à détruire les rats et autres animaux nuisibles.

Il existe trois acides oxygénés de Phosphore : l'*acide hypophosphoreux*, l'*acide phosphoreux*, et l'*acide phosphorique*, lesquels forment avec les bases des *hypophosphites*, des *phosphites* et des *phosphates*. Avec l'hydrogène et avec les métaux, le Phosphore produit les *phosphures*.

PHOSPHORESCENCE. Propriété qu'ont certains corps de dégager, comme le phosphore, de la lumière dans l'obscurité, mais sans chaleur sensible et sans combustion. Plusieurs insectes, et notamment le *Ver luisant*, quantité de poissons et de mollusques sont phosphorescents; les poissons morts offrent aussi le même phénomène. On attribue la phosphorescence des flots de la mer soit aux débris de poissons morts, soit à des myriades de petits mollusques qui vivent suspendus à la surface des eaux. Beaucoup de substances minérales sont naturellement phosphorescentes ou le deviennent sous l'influence du frottement et de la chaleur : telles sont le diamant, l'escarboucle, le spath fluor, le spath calcaire, la chaux phosphatée, le sulfure de calcium, le sulfate de baryte ou pierre de Bologne, le plomb arséniaté, le mica, etc. Le sucre broyé dans l'obscurité est aussi lumineux. Quelques plantes, notamment le *Byssus phosphorea*, sont aussi phosphorescentes.

La combinaison du phosphore avec l'hydrogène produit des phosphures, dont l'un est gazeux, le second, liquide, le troisième, solide On obtient un phosphore gazeux, spontanément inflammable et très fétide, en faisant bouillir du phosphore avec une lessive de potasse; si l'on recueille le gaz sous l'eau ou sous le mercure, chaque bulle, en arrivant au contact de l'air, produit des éclairs ou des lames de feu d'une vive clarté. Les phosphures d'hydrogène se produisent spontanément dans les lieux où sont enfouies des matières animales, et surtout dans les marais et dans les cimetières humides; ils produisent les *feux follets*. → V. ce mot.

PHRAGMITE. On nomme ainsi un sous-genre de Fauvettes au plumage varié de taches oblongues et qui fréquentent les roseaux qui bordent les marais et les rivières. Ces oiseaux sont insectivores et granivores ; à l'époque de leurs migrations, on les rencontre dans les prairies et les champs.

La F. PHRAGMITE (*Sylvia phragmitis*), vulg. *Fauvette des joncs, Grasset*, habite toute l'Europe, la Sibérie et plusieurs parties de l'Afrique.

PHRÉNOLOGIE (du gr. *phren*, esprit; *logos*, discours). Cette expression, comme les mots *Crâniologie, Crânioscopie*, désignent une doctrine anatomo-psychologique qui a pour but, selon le docteur Gall, qui l'a inventée au commencement de ce siècle, « de démontrer : 1° Que le cerveau est composé d'un certain nombre de parties distinctes, qui sont, chacune, le siège, l'organe d'une faculté innée, spéciale ;

2° Que le pouvoir de manifester chacune de ces facultés dépend toujours du développement ou de l'activité de l'organe cérébral correspondant;

3° Qu'il est possible, pendant la vie, de déterminer le développement de chacun de ces organes par des saillies correspondantes à la surface du crâne.

De ces trois lois l'on peut déduire ces deux propositions fondamentales, qui constituent toute la doctrine phrénologique :

La première, que l'intelligence réside exclusivement dans le cerveau ;

La seconde, que chaque faculté particulière de l'intelligence a dans le cerveau un organe propre.

Gall ne reconnaissait que 27 facultés, mais Spurzheim, son élève, et ceux qui sont venus après lui, ont modifié profondément le système philosophique du maître. Au lieu de 27, c'est 35 facultés qui furent admises et localisées. Spurzheim, plus prudent que Gall, sut mieux éviter les accusations de fatalisme. Au lieu de donner aux organes les noms des vices et des vertus qu'amène leur extrême activité ; au lieu de dire, à l'exemple de Gall : *organe du vol, organe du meurtre* ou *de l'assassinat*, etc, Spurzheim dit : « Le *vol* n'est qu'une détérioration exceptionnelle de l'*organe de la propriété.* » On peut bien avoir de la propension à acquérir et à posséder sans pour cela être un voleur ; on peut de même être disposé à combattre, à verser même le sang d'autrui pour se défendre, sans être un criminel. Cette même propension à posséder, qui peut conduire au vol, peut aussi affermir l'état social, puisque l'amour de la propriété engendre l'esprit d'ordre et fortifie l'attachement pour la patrie. L'organe de la rixe et de la destruction renferme aussi les éléments du courage militaire et de l'indépendance civile. Même remarque pour la ruse, qui conduit à la discrétion : la dissimulation est en effet, en beaucoup de conjonctures, un élément de prudence. Ce fut en partant de ces idées que Spurzheim changea la plupart des dénominations adoptées par Gall.

Parmi les trente-cinq facultés primitives imaginées par Spurzheim, et adoptées par l'école phrénologique, les neuf premières sont des *penchants*, les douze suivantes des *sentiments*. Les vingt et une facultés que renferment ces deux premiers groupes sont nommées *affectives* par Spurzheim. Des quatorze suivantes les douze premières sont dites par lui *perceptives*, les deux autres *réflectives;* réunies, elles forment le groupe des *facultés intellectuelles.*

Nous allons examiner successivement ces trente-cinq facultés ou aptitudes.

1. *Amativité* ou *amour physique.* On regarde le cervelet comme l'organe ou le siège essentiel de ce penchant, dont on évalue la puissance par l'évasement de la nuque d'une oreille à l'autre.

2. *Philogéniture*, ou *attachement pour les enfants.* L'organe en est situé derrière la tête, au-dessus du précédent; c'est à sa prédominance

chez la femme qu'on attribue la forme si visible-
ment allongée de la tête en arrière, tandis que le
crâne de l'homme est comme tronqué à l'occipital,
tant il est coupé carrément.

3. *Concentrativité, habitativité.* C'est, selon
Gall, la faculté qui porte les animaux à fréquen-
ter les hauteurs, à habiter les lieux élevés, et qui
fait que les hommes aiment leur demeure, leur
patrie. Suivant Spurzheim, c'est le penchant à la
résidence, au séjour; l'on en trouve aussi l'organe très développé chez les écrivains et les ora-

teurs qui excellent à concentrer leur pensée, et
dont le style est nerveux. Gall confond ou du
moins rapporte cette faculté à *l'estime de soi* ou
l'orgueil. Ainsi c'est dans le même organe que
réside la faculté en vertu de laquelle les oiseaux
font leur nid ou se perchent au haut des arbres,
les chamois se tiennent suspendus au bord des
abîmes, les hommes sont orgueilleux, les orateurs énergiques, et les écrivains substantiels!!!
L'organe de la concentrativité est au-dessus du
précédent; il correspond au sommet de l'occiput.

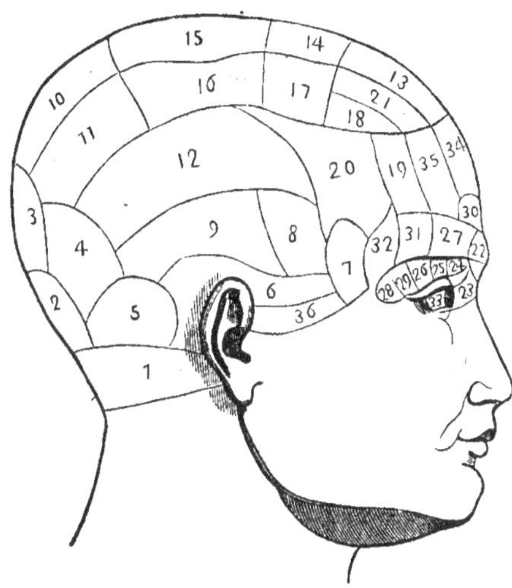

Fig. 1061. — Phrénologie.
(Localisation des facultés, d'après Spurzheim.)

4. *Affectionnivité,* ou *adhésivité, faculté de
l'amitié* ou *de l'attachement.* L'organe en occupe
les côtés de l'occipital, un peu au-dessus et tout
près de la *philogéniture.* Il est aussi, selon
Spurzheim, celui de la *sociabilité,* non-seulement chez les hommes, mais encore chez les animaux.

5. *Combativité; disposition à la dispute, à
la rixe, à la résistance et à l'attaque.* C'est le
principe du courage. L'organe de cette faculté est
situé au niveau de l'angle inférieur et postérieur
du pariétal, au-dessus de l'oreille et un peu en
arrière. Il existe et chez les guerriers et chez les
hommes qui se font remarquer dans les luttes politiques et sociales.

6. *Destructivité, penchant à la destruction, à
la cruauté.* L'organe s'en trouve au-dessus et dans
la direction du pavillon de l'oreille. Très prononcé
chez les animaux féroces, il ne l'est pas moins
chez les grands criminels, chez les meurtriers; il
est aussi très marqué chez les chasseurs de pro-

fession, chez les grands capitaines, chez les duel-
listes. Un phrénologiste écossais, G. Combes,
affirme toutefois que, contrebalancée par l'organe
de la bienveillance, la destructivité peut servir
efficacement les intérêts de la vertu, en raison
même de sa rigoureuse énergie.

7. *Sécrétivité,* ou *ruse, finesse, savoir-faire,
dissimulation; penchant à cacher, à maîtriser
ses émotions.* Cette faculté, qui commence par la
prudence et la discrétion, est une vertu, et devient
un vice quand elle est poussée jusqu'au mensonge,
à la duplicité et à la trahison. On la trouve chez
les diplomates, les romanciers, les acteurs. Unie
à la gaîté, elle produit l'ironie, le sarcasme et
ce que les Anglais appellent *humour.* L'organe en
est situé au-dessus de l'oreille, immédiatement
au-dessus du précédent.

8. *Acquisivité, convoitise, penchant à acquérir ou à posséder.* L'organe en est placé au-dessus
du précédent, entre la *circonspection,* qui est
plus en arrière, l'*idéalité,* qui est en avant, et la

ruse, qui se trouve au-dessous. Plus haut que lui sont les organes de la *conscience* et de l'*espérance*, ses modérateurs naturels. Très prononcée et sans contre-poids, cette faculté conduit au vol ceux qui n'o:t pas, et à l'avarice ceux qui ont.

9. *Constructivité*, ou *sens de la mécanique*. L'organe de cette faculté surmonte un peu l'angle externe de l'œil, et le dépasse en arrière. Très prononcé chez ceux qui aiment à bâtir ou qui excellent dans divers arts ingénieux, il se fait remarquer chez les oiseaux qui font des nids, chez le castor, de même que chez les ingénieurs, les sculpteurs, et, ajoute G.Combes, chez les modistes!

10. *Estime de soi*, *orgueil*. Confondue d'abord par Gall avec la prédilection qu'ont certains animaux pour les endroits élevés, cette faculté en a été séparée plus tard, et on en a reconnu le siège un peu plus en arrière et plus bas que le sinciput. Uni à l'*acquisivité*, le penchant à l'orgueil conduit à l'égoïsme.

11. *Approbativité*, ou *amour de l'approbation; principe de l'émulation, de la vanité*. Le siège en est situé aux deux côtés du précédent, et descend un peu plus bas ; on le trouve très prononcé chez ceux qui tiennent plus à *paraître* qu'à *être* réellement et qui attachent un extrême prix à l'opinion d'autrui.

12. *Circonspection*, *prudence*. L'organe de cette faculté est placé vers le milieu de la partie latérale du crâne, entre les organes de la *convoitise*, de la *ruse*, du *courage*, de la *vanité*, et celui de la *conscience*. La peur, la défiance de soi ou la timidité entrent pour beaucoup dans cette propension à la prudence.

13. *Bienveillance*, *bonté*. C'est le principe de la véritable charité et du dévoûment désintéressé, de la tendresse sans amour ni parenté. L'organe en est placé au devant de la tête, au-dessus du monticule qui surmonte le front.

14. *Vénération*, *respect*. Cette faculté est le principe de toute religion, du respect pour les vieillards, pour les supériorités intellectuelles ou sociales, de l'admiration, de l'humilité. On en trouve l'organe au sommet de la tête, entre ceux de la *bienveillance* et de la *fermeté*.

15. *Fermeté*, *caractère*. Poussée à l'excès, la fermeté devient de l'obstination, de l'entêtement, de la dureté. L'organe en est situé au sommet de la voûte du crâne; aussi dit-on des gens fermes et obstinés qu'ils sont *têtus*. L'organe de la *fermeté* a quelque connexité avec celui de l'*orgueil*.

16. *Conscienciosité*, *justice*. L'organe de cette faculté occupe un fort petit espace, au-dessus de celui de la *circonspection*, au-dessous de la *fermeté*, au devant de l'*approbation* et derrière l'*espérance*.

17. *Espérance*, *illusion*. Cette faculté, qui nous porte à patienter sans ennui, à attendre sans découragement, et dont la religion chrétienne a fait une vertu, a son siège voisin de celui de la *conscience*, plus en arrière que celui du *merveilleux*, et au-dessus de celui de la *convoitise*.

18. *Merveillosité*, *goût du surnaturel*. Ce penchant au grandiose, au surnaturel, ce sentiment de l'infini, conduit aux croyances pieuses, à la superstition, au sublime, au fantastique. L'organe s'en trouve latéralement, au-delà de l'angle du front, au-dessus de l'organe de l'*idéalité* et de celui de la *vénération*, qui est plus haut, entre ceux de l'*espérance* et de la *gaîté*.

19. *Idéalité*, *sens poétique*. L'organe de cette faculté essentielle de l'artiste, du poète, de l'orateur, de l'écrivain, est placé au-dessous et en dehors du précédent, entre l'organe de la *convoitise* et celui de la *musique*.

20. *Gaîté*, *esprit de saillie, de causticité*. Cette aptitude à considérer toutes les choses sous leur aspect plaisant a son siège sur les côtés du front, entre les organes du *merveilleux*, de l'*idéalité*, de l'*imitation*, de la *causalité*, de la *musique*.

21. *Imitation*. Très prononcé chez les grands acteurs et chez quelques peintres, cet organe, dans lequel réside la faculté d'imiter les gestes, la voix, la physionomie, etc., cet organe est situé aux deux côtés de celui de la *bienveillance; il est voisin de celui de la *merveillosité*.

22. *Individualité*, *sens des faits*. Goût de l'observation en détail, mémoire des choses et des faits. L'organe de cette faculté occupe le milieu de la partie inférieure du front, un peu au-dessus de la racine du nez et des sourcils.

23. *Configuration*, *forme*. Plus les yeux sont écartés, et plus cette faculté de se souvenir des figures et de saisir les ressemblances est prononcée; elle existe très marquée chez les peintres de portraits.

24. *Étendue*, *sentiment de la perspective*. Cette faculté, nécessaire au peintre, à l'ingénieur, au général d'armée, a son organe au côté interne de l'arcade orbitaire.

25. *Pesanteur* ou *résistance*. C'est la faculté d'apprécier le poids des corps, de les faire agir, de les équilibrer en conséquence. L'organe de cette aptitude correspond à l'arcade orbitaire, et se trouve entre ceux de l'*étendue* et du *coloris*. Il est très prononcé chez les danseurs, les marins, les bateleurs et les mécaniciens! Son absence et son exiguïté prédisposent au mal de mer.

26. *Coloris* ou *sens de la peinture*. Il existe à un égal degré chez certains peintres, ceux de l'école vénitienne et flamande, par exemple, et chez un grand nombre de femmes qui excellent dans l'art d'assortir les couleurs de leur toilette.

27 *Localité* ou *espace*. C'est le penchant à voyager, c'est la mémoire des lieux. L'organe en occupe le petit espace du front que surmonte la partie interne du sourcil ; il forme une forte saillie chez les grands voyageurs, les peintres de paysages et chez les oiseaux qui émigrent, l'hirondelle, par exemple. Il est bien moins prononcé chez les femmes, que leur organisation rend sédentaires.

28. *Calcul* ou *nombre*. L'organe du calcul existe à la partie externe de l'arcade orbitaire.

29. *Ordre* ou *arrangement*. Cette faculté des érudits, des collecteurs, des célibataires, et surtout des femmes, a son organe en dedans du précédent et sur la même ligne.

Le contour seul de l'orbite est le siége de six à sept facultés bien distinctes.

30. *Éventualité* ou *don des conjectures*. L'organe de l'éventualité, cette aptitude par excellence des physiologistes, des médecins, des politiques, des historiens, est situé au milieu du front.

31. *Temps* ou *durée*. La faculté de mesurer le temps et d'en évaluer les intervalles, cette aptitude aux études chronologiques, réside dans un organe situé au-dessus de la partie moyenne du sourcil.

32. *Tons* ou *mélodie*. Joint au précédent qu'il avoisine, cet organe constitue les grands musiciens; il occupe l'angle externe du front au-dessus du sourcil.

33. *Langage* ou *mémoire des mots*. Le signe de cette faculté, le premier que Gall ait découvert, est la proéminence des yeux; on remarque effectivement que ces organes sont saillants chez les philologues, les botanistes, les classificateurs de toute espèce, etc.

34. *Comparaison* ou *similitude*. Cette faculté se trouve chez les naturalistes, les poètes et les orateurs, qui ont recours aux analogies, aux comparaisons. L'organe en occupe le milieu du front, et se trouve au-dessus de celui de l'*individualité*.

35. *Causalité* ou *esprit philosophique*. L'organe du sens philosophique, source des systèmes et des hypothèses métaphysiques, est situé à la partie latérale du front, sur les côtés de l'organe de la *comparaison*.

A ces trente-cinq facultés établies par Spurzheim, les phrénologistes en ont, tout récemment, ajouté deux nouvelles, savoir :

Alimentivité, goût matériel. Ce penchant, qui préside au goût des aliments et à l'appétit, cette aptitude à la gourmandise et à la friandise, est éminente chez le gastronome. L'organe en est situé un peu au-dessus de l'arcade zygomatique, au devant de l'oreille, un peu plus bas et plus en avant que ceux de la *ruse* et de la *destructivité*.

Biophilie, amour de l'existence. L'organe de la biophilie ou de la conservation se trouve placé au niveau du précédent, mais derrière l'oreille, et au-dessous des organes du *courage* et de la *destruction*. Très prononcé chez les gens qui ont peur de mourir, il est complétement absent chez les individus qui se suicident.

Il y a, suivant Gall, autant de facultés que de parties cérébrales, constituant autant de petits cerveaux; il y a autant d'intelligences que de facultés, et comme l'intelligence comprend essentiellement l'attention, le jugement, la mémoire et l'imagination, il y a autant de sortes d'imagination, de mémoire, de jugement, qu'il y a de facultés différentes. « En effet, la mémoire, quant à son objet, varie d'individu à individu : l'un retient bien les mots, l'autre les faits, les lieux, les formes ou les nombres, etc. De même pour le jugement, tel raisonne bien, voit bien les rapports en peinture, qui déraisonne en mathématiques ; ce qui frappe l'attention d'un homme est vu par un autre sans être remarqué. Vaucanson, dit-on, devint mécanicien en voyant une pendule; bien d'autres ont vu des pendules sans y gagner ni le goût ni le talent de la mécanique; la pomme de Newton ne pouvait dévoiler qu'à lui le système du monde. Croit-on qu'un mathématicien, un savant, doit son génie à un livre tombé par hasard entre ses mains, comme on le raconte de plusieurs hommes illustres? Ces hommes avaient dans le cerveau l'organe pour lequel le livre n'a été qu'une occasion. L'attention d'un chien est excitée par un lapin, l'attention du lapin par une touffe de serpolet, etc. Ainsi l'attention, le jugement, la mémoire, l'imagination, sont des modes d'action de chaque faculté ou de chaque organe en particulier. »

La Phrénologie compte de nombreux et savants apôtres; mais ses contradicteurs ne sont ni moins savants ni moins nombreux. Pour tout le monde cependant le cerveau est réellement l'instrument des actes intellectuels et moraux de l'homme, il est l'appareil organique à l'aide duquel se manifestent les facultés de l'âme. Or, puisque le cerveau sert à quelque chose en tant qu'organe considéré dans son unité, pourquoi refuser à ses différentes parties des fonctions particulières? En les créant, l'auteur de toutes choses a voulu leur confier sans doute une mission particulière; car l'âme, principe indivisible, n'avait guère besoin de tant de détails anatomiques, de tant de parties délicates pour fonctionner. Sans doute la Phrénologie conduit à des détails et des distinctions que l'observation dément très souvent; mais faut-il nier le principe parce qu'on a exagéré ses conséquences? On reproche au système d'être favorable au matérialisme et au fatalisme, de compromettre l'unité du principe pensant et la liberté de l'âme. Mais cette accusation, que repoussent les phrénologues, tombe devant l'impuissance absolue des idéologues, aussi bien que des phrénologues, de rien expliquer sans l'intervention nécessaire d'un principe immatériel qui perçoit, coordonne les sensations, les compare entre elles, et en déduit des idées raisonnées, principe en vertu duquel nous nous replions en nous-mêmes et nous considérons, jugeons notre propre nature.

PHRYGANE (*Phryganea*). Genre de Névroptères, de la famille des Phryganides, à laquelle se rapportent plusieurs genres ayant la tête transversale, plus large que longue, les yeux grands et réticulés ; les ailes en toit, serrées contre le corps ; les antérieures demi-coriaces, colorées ; les inférieures transparentes, presque toujours plissées en longueur. Les Névroptères sont nombreux en Europe, dans le Nord plutôt que dans le Midi, volant principalement le soir, quelquefois en très grandes masses. Leurs larves sont aquatiques ; elles se font des étuis en soie qui se fendent pour laisser sortir l'insecte parfait.

Les Phryganes ressemblent, au premier coup d'œil, à de petits Lépidoptères ; cette ressemblance a engagé Réaumur à les appeler *Mouches papillonnées*. Leur tête est plus large que longue, les deux côtés sont les yeux, qui sont très grands, arrondis et saillants ; entre ces organes naissent les antennes en soie , plus minces à l'extrénité qu'à la base. Toutes les larves des Phryganes sont composées d'une tête , d'un thorax à 3 anneaux parfaitement distincts, et d'un abdomen qui en a 9. Les femelles pondent des œufs enveloppés et réunis en une masse par une sorte de gelée ; ce paquet tombe dans l'eau et se fixe sur quelque pierre ou feuille , où il se développe , et laisse apercevoir bientôt les œufs par transparence. Les bords des rivières sont quelquefois couverts de ces agglomérations d'œufs au point que le fond en prend une teinte verdâtre. La consistance de la gelée varie. Cette matière est vraisemblablement destinée à maintenir l'œuf humide quand il n'est pas dans l'eau ; ainsi les Phryganes pondent souvent des œufs sur des pierres qui, à sec en été, seraient couvertes d'eau dans le temps où les œufs éclosent. Cette circonstance peut en partie expliquer comment il arrive qu'il y ait des larves dans les fossés qui sont privés d'eau pendant tout l'été, fait qui devait étonner quand on pense à la courte durée de la vie de la Phrygane parfaite ; les petites larves naissent peu de temps après la ponte , et passent l'hiver à l'état de larve pour devenir insecte parfait dans la belle saison, à des époques qui varient suivant les espèces, mais qui sont assez constantes dans chacune ; elles éclosent dans la gelée et y vivent plusieurs jours ; elles sont à cette époque presque imperceptibles et semblables à des petites lignes noires ; les coques des œufs restent dans cette gelée qui se détruit peu à peu quand elle n'est plus nécessaire ; deux ou trois jours après la naissance, la jeune larve sort de la gelée où elle éclot et commence immédiatement à se fabriquer de très petits étuis , proportionnés à sa grandeur, employant déjà les matériaux caractéristiques de son espèce. »

Nous devons borner là nos considérations générales sur des Insectes dont les caractères varient beaucoup suivant les espèces, considérées tant à l'état d'insectes parfaits qu'à l'état de larves et de nymphes.

PHYLLADE. Schiste argileux, schiste ardoisé ; roche à l'espèce *pailletée* de laquelle appartient l'*Ardoise*.

PHYLLIE (*Phyllium*). Insectes de l'ordre des Névroptères, formant un genre séparé des Mantes, caractérisé ainsi : corps très aplati, membraneux, large ; élytres imitant des feuilles ; premier

segment du corselet cordiforme ; tête allongée ; yeux petits ; antennes longues chez les mâles , plus courtes que la tête chez les femelles ; abdomen large, ovale , déprimé, membraneux et comme vidé ; élytres et ailes, lorsqu'ils existent, couchés horizontalement sur le corps.

Les Phyllies habitent les contrées chaudes des Indes orientales ; leur forme extraordinaire les

Fig. 1065. — Phyllie feuille sèche.

fait remarquer de tous les voyageurs, et l'on assure que les habitants des îles Séchelles les élèvent pour les vendre aux amateurs ou marchands d'histoire naturelle. La forme aplatie de leur corps, et surtout la manière dont les élytres sont disposés, leur donnent l'apparence de feuilles ; placées sur un oranger ou un laurier, l'entomologiste le plus accoutumé à observer aura de la peine , au premier coup d'œil , à les découvrir, d'autant plus qu'elles sont toutes d'une belle couleur verte. — L'espèce la plus remarquable est la Phyllie feuille-sèche , que nous figurons. Sa longueur est de plus de 8 cent.

PHYLLOSOME (du gr. *phyllon*, feuille ; *soma*, corps). Genre de Crustacés malacostracés stomapodes, dont le corps est aplati comme une feuille et si transparent qu'on ne pourrait apercevoir ces animaux dans la mer, si leurs yeux bleus ne les décelaient. — On en a décrit un bon nombre d'espèces, presque toutes de la Nouvelle-Hollande et de la Nouvelle-Guinée.

PHYLLOSTOME (*Phyllostoma*). Genre de Chéiroptères, de la famille des Vespertilions ; Chauves-souris de grosse espèce, qui ont la feuille nasale en forme de lance, avec la partie basilaire bien développée ; tête médiocrement allongée ; membrane interfémorale grande et s'étendant comme un voile entre les cuisses et les jambes : rudiment de queue ; 20 dents mo'aires. — Leurs goûts sont sanguinaires.

Le PHYLLOSTOME FER DE LANCE (*P. hastatum*) est l'espèce du genre la mieux connue. Cet animal n'est autre que le grand Vespertilion (*V. maximus*) des auteurs du dernier siècle. Il vit au Pérou,

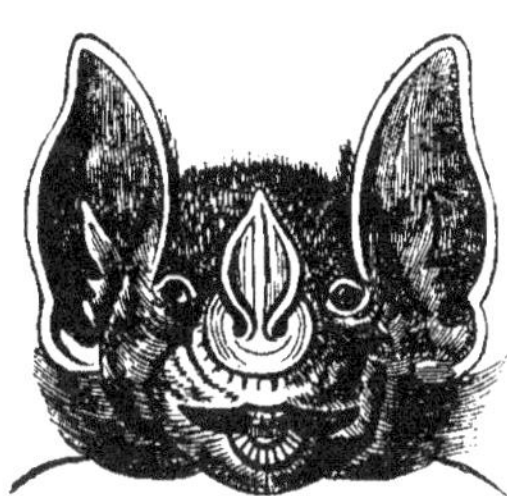

Fig. 1066. — Phyllostome fer de lance.

au Brésil et à la Guyane, où on le redoute parce qu'il attaque fréquemment les animaux domestiques, et parfois l'homme lui-même. — Nous compléterons l'histoire des mœurs carnassières de ce genre à l'article *Vampire*.

PHYSALIE (du gr. *physé*, vessie). Genre d'Acalèphes siphonophores : animaux marins extrêmement bizarres, dont la place qu'ils doivent occuper n'est pas encore bien fixée dans la série animale. On les nomme *Vessies de mer*, à cause de leur ressemblance avec une vessie ; les marins leur donnent encore le nom de *Galères*, *Frégates*, à cause de la manière élégante dont elles semblent voguer ; ils les appellent encore *Orties de mer*, parce qu'elles produisent sur la peau le même effet que les orties.

Il y a des Physalies dans la Méditerranée, mais elles sont surtout communes, au large, dans les mers des pays chauds. Leur corps est ovale, allongé ; l'une de ses deux extrémités se prolonge en une sorte de trompe. Sur l'un des côtés est une crête membraneuse, comme denticulée, dirigée obliquement de l'extrémité à l'autre. Ces animaux, sur l'organisation desquels on est d'ailleurs peu renseigné encore, sont variés de jolies couleurs bleues ou vertes ; ils atteignent quelquefois de grandes dimensions : M. Quoy parle d'un individu dont les tentacules n'avaient pas moins de 15 à 20 pieds de longueur. Ils viennent à la surface de la mer quand le temps est calme, et ils emploient leur crête comme un voile.

PHYSE (*Physa*). Genre de petits Mollusques à coquille univalve, enroulée à gauche, par conséquent en sens contraire de presque toutes les coquilles, ovale, oblongue, à ouverture longitudinale, etc. L'animal est assez semblable à celui des Limnées ; il respire par des poumons (*Pulmoné aquatique*). — Les Physes sont très petites : elles habitent les eaux douces et nagent avec une grande facilité.

La PHYSE DES FONTAINES (*P. fontinalis*) est un mollusque fluviatile et terrestre de France, à coquille ovale, ventrue, transparente, courte, de couleur jaune. — Les espèces fossiles sont rares.

PHYSIOLOGIE (du gr. *phusis*, nature ; *logos*, discours). Science qui traite de la vie, c'est-à-dire des fonctions ou actions organiques par lesquelles la vie se manifeste. Elle diffère de l'Anatomie, qui ne traite que de la structure des organes, abstraction faite du jeu de l'organisme.

La Physiologie est dite *animale* ou *végétale*, selon qu'elle a pour objet l'étude des animaux ou celle des végétaux à l'état de vie. On nomme *générale* la Physiologie qui traite d'une manière philosophique et abstraite des phénomènes de la vie ; *spéciale*, celle qui, prenant pour sujet d'étude un ordre distinct, décrit le mécanisme de la vie dans les êtres de cet ordre. La Physiologie se distingue encore en *humaine* et en *comparée*, suivant qu'elle soumet l'homme ou les animaux à ses investigations.

Les fonctions de la vie peuvent être rapportées à trois ordres principaux de phénomènes : 1° ceux de relation ; 2° ceux de nutrition ; 3° ceux de reproduction. Par conséquent, nous renvoyons le lecteur aux trois articles intitulés : *Relation*, *Nutrition* et *Reproduction*, où sont indiquées les autres divisions que comporte le sujet mis à l'étude. Mais comme l'exercice des fonctions suppose une force ou des propriétés vitales primitives qu'il importe de connaître, c'est au mot *Vie* que ces notions préliminaires seront exposées.

PHYSIQUE (du gr. *phusis*, nature). Science qui traite des propriétés actives de la matière, non moléculaires et n'exigeant pas une texture spéciale, envisagées, par conséquent, indépendamment de toute considération sur la nature des corps qui en jouissent. En disant *actives*, on la sépare de la mathématique qui considère les propriétés numériques, géométriques et mécaniques, et de l'astronomie, qui est l'application de la mécanique aux corps célestes, bien que, par la gravitation (V. ce mot), elle donne la main à la Physique. En disant *non moléculaires*, on la sépare de la chimie. En disant n'*exigeant pas une texture spéciale*, on la sépare des propriétés vitales ou règne organique.

La Physique comprend l'étude de la *pesanteur*, de la *consistance*, de l'*élasticité*, de la *chaleur*, de l'*électricité*, du *magnétisme*, de la *lumière*, de l'*odeur*, de la *saveur* et du son. — V. *Corps*, *Attraction*, *Gravitation*, *Sens*, etc.

PHYTOLAQUE (*Phytolacca*). Genre type de la famille des Phytolaccées, renfermant une dizaine d'espèces qui croissent dans les contrées chaudes des deux hémisphères. Ce sont des herbes dressées ou rarement volubiles, à racine fusiforme, épaisse ; à feuilles alternes, pétiolées, penninerves, très entières ; à fleurs en grappes ou en épis : point de corolle ; calice persistant, à 5 lobes, souvent coloré ; 10 étamines, autant de styles fort petits. Le fruit est une baie striée, d'un pourpre violet, à 10 ou 12 loges monospermes.

L'espèce principale est le Phytolaque a dix étamines (*Ph. decandra*), vulg. *Raisin d'Amérique, Épinard de Virginie, Méchoacan du Canada, Herbe à la laque* : il est originaire des États-Unis, et vient fort bien en Europe. Ses jeunes pousses et ses feuilles se mangent en guise d'épinards. Le suc des racines est drastique ; le jus des baies, d'un pourpre magnifique, sert à colorer les vins. Dans le Médoc on nourrit les volailles avec les baies du Phytolaque.

PIC (*Picus*). Genre d'Oiseaux de l'ordre des Grimpeurs, famille des Picidés, laquelle est caractérisée par : bec droit, conique, sillonné longitudinalement sur le côté ; cou gros et court, épaules étroites ; vol rapide et sinueux ; instincts farouches ; habitude de se cramponner aux troncs des arbres, dans une direction verticale et de bas en haut ; 2 doigts en devant, joints par une phalange commune, et 2 autres derrière.

Les Pics ont le bec long, robuste, droit, anguleux, et comprimé à son extrémité ; la langue est grêle, extensible, armée à sa pointe d'épines dirigées en arrière, et enduite d'une salive gluante dans laquelle se prennent les larves qui font leur principale nourriture ; queue assez longue et arrondie, composée de 10 pennes raides ; 4 doigts inégaux armés d'ongles forts ; plumage des parties supérieures généralement noir, taché ou rayé de blanc. Les mâles n'ont pas de bandes ou de moustache rouge près de la mandibule inférieure.

De tous les Grimpeurs, les Pics sont ceux qui jouissent au plus haut degré de la faculté de grimper : c'est par petits sauts brusques et saccadés qu'ils avancent, et non, comme font les Perroquets, en posant un pied après l'autre ; leur queue sert à la progression en s'arc-boutant contre le tronc de l'arbre et soutenant en partie le poids du corps, usage encore très utile pour servir de contre-poids au mouvement de la tête de l'oiseau lorsqu'il la relève brusquement pour frapper l'écorce à laquelle ses ongles le fixent. Ils frappent avec leur bec des coups redoublés, et si fort, que souvent on les entend de loin, au milieu du silence des forêts, car c'est là qu'est le séjour des Pics, qui, à très peu d'exceptions près, ne fréquentent ni les plaines, ni les taillis, et qui ne peuvent trouver leur nourriture (larves et insectes) que parmi les hautes futaies.

Ces oiseaux ont le vol court et rapide, les mouvements brusques, l'aspect farouche, la voix rauque, aiguë et perçante ; ils fuient la société, même celle de leurs semblables. Buffon a fait de leur condition, comme de celle de tous les chasseurs, un tableau plus émouvant que vrai. « De tous les oiseaux, dit-il, que la nature force à vivre de la grande ou de la petite chasse, il n'en est aucun dont elle ait rendu la vie plus laborieuse, plus dure que celle du Pic : elle l'a condamné au travail, et pour ainsi dire à la galère perpétuelle, tandis que les autres ont pour moyens la course, le vol, l'embuscade, l'attaque, exercices libres où le courage et l'adresse prévalent. Le Pic, assujetti à une tâche pénible, ne peut trouver sa nourriture qu'en perçant les écorces et la fibre dure des arbres qui la recèlent ; occupé sans relâche à ce travail de nécessité, il ne connaît ni délassement, ni repos ; souvent même il dort et passe la nuit dans l'attitude contrainte de la besogne du jour : il ne partage pas les doux ébats des autres habitants de l'air ; il n'entre point dans leurs concerts, et n'a que des cris sauvages, dont l'accent plaintif, en troublant le silence des bois, semble exprimer les efforts et la peine. »

Ce passage est une peinture charmante ; mais le Pic pourvoit à sa subsistance plus facilement qu'on ne pense. Les larves déposées sous l'écorce des arbres sont une proie qu'il atteint sans beaucoup de peine ; quant à celles plus profondément situées, il n'a qu'à découvrir l'orifice du trou qui les renferme et à y plonger sa langue dont la singulière organisation est très propre à arracher ces larves à leur demeure. S'il juge le ver trop enfoncé pour l'extensibilité de sa langue, il joue de ruse, il frappe l'arbre du côté opposé pour le faire avancer du côté de l'ouverture externe, puis il revient à celle-ci ; et ce manége, comme on voit, n'est qu'un jeu auprès de ce travail forcé, incessant, auquel on croyait qu'il se soumettait pendant des heures et des nuits, pour percer le bois. Il est un temps, à la vérité, où les Pics attaquent les arbres avec une action plus destructive, c'est lorsqu'ils songent à l'accouplement et à la construction de leur nid, qu'ils placent toujours dans des trous pratiqués au tronc, où ils déposent leurs œufs sur des débris de bois plus ou moins réduits en poussière.

Le genre Pic est très nombreux en espèces, parmi lesquelles huit appartiennent à l'Europe : on les a divisées en trois sections : les Pics à 4 doigts, les Pics à 3 doigts (Picoïdes), et ceux à bec légèrement arqué.

Pic noir (*P. marcius*). Entièrement d'un noir profond, avec le dessus de la tête d'un beau rouge ; la femelle n'a qu'une tache rouge à l'occiput. L'une des plus grandes espèces que possède l'Europe, presque de la taille d'une Corneille. — Cet oiseau vit dans les bois de sapins du Nord, qu'il endommage non-seulement en soulevant l'écorce pour y saisir sa proie, mais en creusant l'intérieur de l'arbre à coups de bec, afin d'y nicher. Il est très farouche, friand d'abeilles, de guêpes, de fourmis et de chenilles ; quelquefois il est frugivore. Son nid contient 3 ou 4 œufs d'un blanc lustré, sans taches.

Pic-vert (*P. viridis*), vulg. *Pivert*. Plumage d'un vert jaunâtre en dessus, d'un vert olivâtre clair en dessous; dessus de la tête rouge, joues noires; rémiges marquées de taches carrées blan-

Fig. 1067. — Pic-Vert.

ches; queue brunâtre, croupe jaune, etc.; taille d'une Tourterelle.

Cette espèce est l'un des plus beaux oiseaux d'Europe; elle habite les forêts peu épaisses et surtout les bois de Hêtres et d'Ormes. Son goût pour les insectes logés dans les arbres n'est pas exclusif: au printemps et en été, le Pic-vert se tient souvent à terre pour manger des fourmis. Son vol est par élans et par bonds; il plonge, se relève et trace en l'air des arcs ondulés. Il annonce son arrivée par un cri dur et aigre, *tiacacan, tiacacan*; d'autres fois il prononce *plieu, plieu*, cri plaintif et traîné qui annonce, dit-on, la pluie, d'où lui viennent les noms de *Plui-Plui*, d'*Oiseau pluvial*. Quand arrive la saison des œufs, le mâle et la femelle choisissent un arbre tendre, rarement un chêne, et travaillent de concert à y creuser un trou oblique et profond pour leur nid. La ponte est de 4 à 6 œufs blancs.

Pic épeiche ou Grand Pic varié (*P. major*), *Grand Epeiche*. Plumage généralement varié de noir, de rouge, de jaune et de blanc, toutes ces couleurs étant disposées par bandes ou par plaques.

L'Épeiche a les mêmes habitudes que le Pic-vert, comme lui il grimpe sans cesse contre les arbres; sa nourriture est aussi la même, mais son cri est différent: il semble prononcer *tre re re re re* d'un ton enroué; il frappe contre les arbres des coups plus vifs et plus secs, et montre plus de défiance. Si quelque chose lui porte ombrage, il ne s'enfuit pas, mais il se tient immobile derrière une grosse branche, toujours l'œil sur l'objet qui l'inquiète; si l'on tourne autour de l'arbre, il tourne de même autour de l'arbre, de la branche, de manière à demeurer toujours caché; aussi est-il très difficile de l'ajuster. L'on prétend que pour attirer cet oiseau sur un arbre quelconque de la forêt, il suffit de frapper sur la crosse de fusil avec une boule de bois creuse.

Ce Pic, que l'on rencontre dans toute l'Europe, fréquente les bois, les parcs, souvent les buissons et les vergers· fait son nid dans les creux naturels des arbres, et pond jusqu'à six œufs blancs.

Pic moyen épeiche (*P. medius*). Souvent confondu avec le précédent, ce Pic s'en distingue pourtant par un bec plus court, comprimé et pointu. — Il ne diffère en rien du Grand Épeiche sous le rapport des habitudes naturelles et du

Fig. 1068-1069. — Chloropic vert (mâle et femelle.).

genre de vie. Sa ponte n'est que de 4 œufs d'un blanc lustré. Il habite le midi de l'Europe.

Pic épeichette (*P. minor*). C'est la plus petite espèce de l'Europe. Sa taille est à peu près celle du Moineau domestique. Ce Pic est plus commun dans le Nord que dans le Midi: c'est celui de tous qu'on approche et qu'on surprend le moins difficilement. Rare en France.

Nous avons parlé des Pics à 3 doigts ou Picoïdes. Le type de cette section est le P. tridac-

TILE, qui habite les vastes forêts ou montagnes du nord de l'Europe, de l'Asie et de l'Amérique.

Les Pics à bec légèrement arqué, de la troisième section, ne sont point européens.

PICAREL (*Smaris*). Genre de Poissons acanthoptérygiens, voisin des Mendoles, mais sans dents au palais; cor s oblong, fusiforme, couvert d'écailles assez grandes, plus gros vers sa partie moyenne qu'aux extrémités. Leur forme est presque celle du Hareng.

Les Picarels vivent dans la vase et dans les herbes. La Méditerranée en fournit 5 espèces, dont la chair est bonne à manger. — Le P. ORDINAIRE (*S. vulgaris*) est long de 30 centim.; sa couleur est d'un gris argenté, avec des reflets dorés et des taches brunes, nuageuses et irrégulières.

PICUCULE ou **PIC GRIMPEREAU**. Genre de Passereaux ténuirostres d'Amérique, intermédiaires entre les Pics et les Grimpereaux. On répartit les nombreuses espèces en deux groupes : les *P. à bec arqué*, et les *P. à bec droit*.

PIE (*Pica*). Genre de Passereaux de la famille des Conirostres, faisant partie du groupe des Corvidés ou Corbeaux, caractérisé de la manière suivante : bec droit, convexe, à bords tranchants, garni à sa base de plumes sétacées; narines oblongues; ailes courtes ; queue très longue et étagée; tarses longs et forts.

Les Pies sont intermédiaires entre les Corbeaux et les Geais, pour la taille et les habitudes. Comme les premiers, elles fréquentent ordinairement les bois, les coteaux couverts d'arbres, vivent plutôt en familles que par grandes troupes ; mais comme les seconds, elles sont fréquemment à terre pour vaquer à la recherce de leur nourriture, qui consiste en baies, fruits, insectes, vers et petites graines. Rarement elles demeurent en repos; toujours sautant de branches en branches, on les entend ou crier d'une manière étourdissante, surtout lorsque quelque chose les affecte, ou caqueter tout doucement. Leur vol est assez pénible, horizontal et en ligne droite. Leur démarche est vive et sautillante. Les unes cachent leur nid avec beaucoup de soin, et les autres, comme notre Pie d'Europe, l'exposent à tous les regards en le fixant aux plus hautes cimes des arbres. Toujours il est construit avec art et solidité. La plupart ont l'instinct d'amasser des provisions dans un trou en terre, et quelques-unes peuvent imiter la voix de l'homme et celle de divers animaux.

Le genre Pie renferme un assez grand nombre d'espèces, répandues dans toutes les parties du globe.

PIE ORDINAIRE (*Corvus pica*). Plumage d'un noir soyeux, à reflets pourpres, bleus et dorés, à ventre blanc, avec une grande tache de même couleur sur l'aile ; bec, pieds et iris noirs; queue longue et étagée; longueur, 45 centim.

La Pie se tient de préférence à proximité des habitations, et vit toujours par couple, même en hiver. Elle est omnivore, fait des amas de provisions ; se nourrit de graines, de souris, de vers, d'insectes, de chairs corrompues; attaque même les petits poulets dans les basses-cours. Elle chasse les Oiseaux de proie de son voisinage, et lorsque, seule, elle ne peut y parvenir, elle appelle, par ses cris, les Pies des environs, qui se liguent contre l'ennemi commun. L'été elle détruit beaucoup de jeunes oiseaux dans leur nid. Son bavardage est passé en proverbe ainsi que son penchant au vol.

« En captivité, la Pie prend un certain plaisir à s'attaquer à tous les corps polis ou luisants qui s'offrent à sa vue. Si on lui jette une pièce de monnaie, elle la considère d'abord et fait entendre quelquefois un petit cri qui semble indiquer que ce corps l'affecte; puis elle tourne autour, le becquette, et si elle peut parvenir à le saisir dans son bec, elle se retire à l'écart et essaie de l'entamer. Ses efforts étant inutiles, alors comme elle a pour habitude de cacher ou de mettre en réserve tout ce dont elle ne peut tirer profit dans le moment, on la voit chercher un endroit un peu retiré où elle puisse déposer l'objet saisi. Il n'y a pas d'autre malice dans son acte, et si parfois elle choisit un trou pour cacher son butin (ce qu'elle fait également pour une noix ou pour tout autre corps dur, tel que noyaux, amandes, etc.), le plus souvent elle l'abandonne au hasard lorsqu'elle voit qu'il ne peut y avoir profit pour elle. Comme les Sansonnets, les Geais, les Corbeaux, etc., la Pie peut retenir et répéter quelques mots qu'on lui aura souvent fait entendre. *Margot* est celui qu'elle prononce le plus facilement; ce nom sert même à la désigner dans plusieurs départements. Pour augmenter la facilité qu'elle a d'articuler des sons, on lui coupe ordinairement la bride fibreuse qui assujettit la base de la langue (vulgairement le filet), et pour favoriser son naturel jaloux il est bon de la tenir en cage. »

« A l'état privé, la Pie aime à ramasser les objets brillants et à les cacher; on ne sait dans quel but. C'est un fait non encore expliqué; et chacun connaît le célèbre procès qui conduisit une malheureuse servante à l'échafaud pour avoir soi-disant volé un couvert d'argent à ses maîtres. On reconnut, mais trop tard, que la véritable voleuse était une Pie, car on retrouva le couvert parmi d'autres objets brillants qu'elle avait également cachés dans une place inaccessible à toute autre créature qu'à un oiseau. La fille était morte; mais on fonda la messe à la Pie pour le repos de son âme. »

La Pie niche sur les arbres les plus élevés, et quelquefois sur les édifices; son nid est composé, extérieurement, de bûchettes et de terre gâchée; intérieurement, de racines flexibles et de débris de végétaux; il est surmonté en outre d'un dôme à claire-voie, et placé au sommet des branches verticales les plus flexibles ; elle le construit pendant l'hiver. La ponte est de 3 à 6 ou 7 œufs verdâtres, tachetés de brun. Le mâle et la femelle se partagent le soin de l'incubation, qui est de 4 jours. Les petits naissent aveugles, et sont plusieurs jours sans voir ; leurs parents montrent pour eux une grande sollicitude.

Il n'est pas d'oiseau plus facile à élever qu'une jeune Pie prise au nid ; toute nourriture lui est bonne ; cependant on compose plus particulièrement pour elle une pâtée qui consiste tout simplement en du pain macéré dans l'eau, auquel on ajoute quelque peu de chènevis écrasé. On la nourrit également avec du lait caillé ou du fromage mou, que l'on appelle par cette raison *fromage à la Pie*. Elle apprend à parler mieux encore que le Corbeau, et se familiarise autant et plus que le Pigeon.

La Pie bleue, vulg. *Pie turdoïde*, habite l'Espagne et la Daourie. Elle a les ailes et la queue bleues, la taille plus petite. Ses mœurs sont semblables à celles de la Pie ordinaire.

PIE-GRIECHE (*Lanius*). Genre de Passereaux de la famille des Dentirostres, qui ont le bec fort, comprimé, très crochu, très denté, de hauteur médiocre ; les narines arrondies, ouvertes ; les ailes courtes, subaiguës ; la queue étagée ou carrée et peu arrondie, les tarses écussonnés et les doigts séparés. — Ces Oiseaux, dont on avait d'abord fait des Rapaces à cause de la dent dont leur bec est armé, sont à la tête des Passereaux, immédiatement avant les Gobe-Mouches.

Les Pies-Grièches se tiennent dans les bois pendant le printemps, et descendent dans les plaines et dans les vergers vers la fin de l'été. Ce sont des oiseaux vifs, courageux, querelleurs et même cruels, qui se nourrissent de gros insectes, et quelquefois de petits mammifères.

« Ces oiseaux, dit Buffon, quoique petits, quoique délicats de corps et de membres, doivent néanmoins, par leur courage, par leur large bec, fort et crochu, et par leur appétit pour la chair, être mis au rang des oiseaux de proie, même des plus fiers et des plus sanguinaires. On est toujours étonné de voir l'intrépidité avec laquelle une petite Pie-Grièche combat contre les pies, les corneilles, les cresserelles, tous oiseaux beaucoup plus grands et plus forts qu'elle : non-seulement elle combat pour se défendre, mais souvent elle attaque, et toujours avec avantage, surtout lorsque le couple se réunit pour éloigner de leurs petits les oiseaux de rapine. Elles n'attendent pas qu'ils approchent ; il suffit qu'ils passent à leur portée pour qu'elles aillent au-devant : elles les attaquent à grands cris, leur font des blessures cruelles, et les chassent avec tant de fureur, qu'ils fuient souvent sans oser revenir ; et, dans ce combat inégal contre d'aussi grands ennemis, il est rare de les voir succomber sous la force, ou se laisser emporter ; il arrive seulement qu'elles tombent quelquefois avec l'oiseau

contre lequel elles se sont accrochées avec tant d'acharnement, que le combat ne finit que par la chute et la mort de tous deux : aussi les oiseaux de proie les plus braves les respectent ; les milans, les buses, les corbeaux, paraissent les craindre et les fuir plutôt que les chercher. Rien dans la nature ne peint mieux la puissance et les droits du courage que de voir ce petit oiseau, qui n'est guère plus gros qu'une alouette, voler de pair avec les éperviers, les faucons, et tous les autres tyrans de l'air, sans les redouter, et chasser dans leur domaine sans craindre d'en être puni ; car, quoique les Pies-Grièches se nourrissent communément d'insectes, elles aiment la chair de préférence : elles poursuivent au vol tous les petits oiseaux ; on en a vu prendre des perdreaux et de jeunes levrauts ; les grives, les merles, et les autres oiseaux pris au lacet ou au piège, deviennent leur proie la plus ordinaire ; elles les saisissent avec les ongles, leur crèvent la tête avec le bec, leur serrent et déchiquettent le cou : et, après les avoir étranglés ou tués, elles les plument pour les manger, les dépecer à leur aise, et en emporter dans leur nid les débris en lambeaux. »

Cuvier divise les Pies Grièches en dix sous-genres. Nous allons dire quelque chose des principales espèces, des Pies-Grièches proprement dites.

Pie-Grieche grise (*L. excubitor*). C'est la plus

Fig. 1070. — Pie-grièche grise.

grande et la plus commune en Europe ; sa taille est celle d'une Grive : dessus de la tête, nuque, dos, d'un gris cendré clair ; ailes et queue noires ; toutes les parties inférieures blanches ; mais la femelle a le ventre un peu gris. — Cette espèce, dont la méchanceté est passée en proverbe, parce qu'il lui faut toujours des proies vivantes, est sédentaire en France. Elle est très courageuse et défend son nid contre les attaques du corbeau qu'elle finit par mettre en fuite. Elle perche au haut des arbres; et dès qu'elle aperçoit une proie, consistant en petits oiseaux, mulots, gre-

Fig. 1071. — Pie-grièche à poitrine rose.

nouilles, lézards, grands scarabées, etc., elle fond sur elle. Prise jeune, la Pie-Grièche s'apprivoise, devient douce, familière et apprend aisément à prononcer quelques mots. Jadis on l'a dressée à la fauconnerie: et Turnus dit que François 1er avait coutume de chasser avec une Pie-Grièche privée qui parlait et revenait sur le poing. Elle niche dans les embranchements des arbres voisins du tronc principal, et pond 6 œufs d'un blanc roussâtre, tachetés de gris et de brun clair.

Pie-Grièche rousse (*L. rufus*). Cette espèce, dont nous ne décrirons pas le plumage varié, est répandue dans toute l'Europe et est abondante en Afrique. Ses habitudes sont celles de la Pie-Grièche grise; elle possède l'art de contrefaire le cri et le ramage de plusieurs petits oiseaux, ce qui lui sert à les attirer dans le piège qu'elle leur tend. Elle nous revient au printemps; fait son nid dans les buissons et les baies, rarement dans les bois, et pond 5 ou 6 œufs d'un vert blanchâtre, où se distinguent de grandes et petites taches cendrées.

La Pie Grièche écorcheur (*L. collurio*) habite aussi l'Europe et arrive en France en été; elle détruit des oiseaux, des lézards, des grenouilles, des insectes, qu'elle enfile aux épines des buissons. Son nom d'*Écorcheur* lui vient de la ma-

nière dont elle dépèce ses victimes après les avoir accrochées. Elle contrefait le cri des oiseaux pour les attirer. Elle niche dans les buissons, et pond 5 ou 6 œufs d'un blanc sale, ponctué ou tacheté de rouge ou de brun.

Nous passons sous silence les espèces que nous n'avons pas occasion de voir en France. — Quant aux neuf autres sous-genres, ce sont les *Vangas*, les *Langrayens*, les *Cassicans*, les *Calybés*, les *Bécardes*, les *Choucaris*, les *Béthyles* et les *Falconelles*, tous oiseaux exotiques.

PIED-D'ALOUETTE. — V. *Dauphinelle.*

PIED-DE-VEAU. — V. *Gouet.*

PIÉRIDES. Famille de Lépidoptères de la tribu des Diurnes. Insecte parfait : tête de grandeur médiocre; palpes cylindriques ou comprimées, à articles distincts, hérissés de poils ou finement écailleux; antennes assez allongées, tronquées ou terminées en massue ; ailes inférieures sans concavité ni apparence d'échancrure au bord abdominal; abdomen reçu dans une gouttière plus ou moins prononcée. Chenille : légèrement pubescente, atténuée aux deux extrémités. Chrysalide : anguleuse, un peu comprimée, terminée en pointe à chaque extrémité.

Les Papillons de ce groupe ne composaient autrefois que le genre Piéride (*Pieris*), genre qui a été beaucoup subdivisé. Les Piérides proprement dits se distinguent des genres Papillon, Parnassien et Thaïs, en ce que ceux-ci ont le bord interne des ailes inférieures concave ou comme échancré et les crochets des tarses simples; le blanc domine en général chez les Piérides, dont les ailes ont le bord postérieur courbe ou arrondi, sans dentelures ni prolongement en forme de queue, les inférieures étant presque ron-

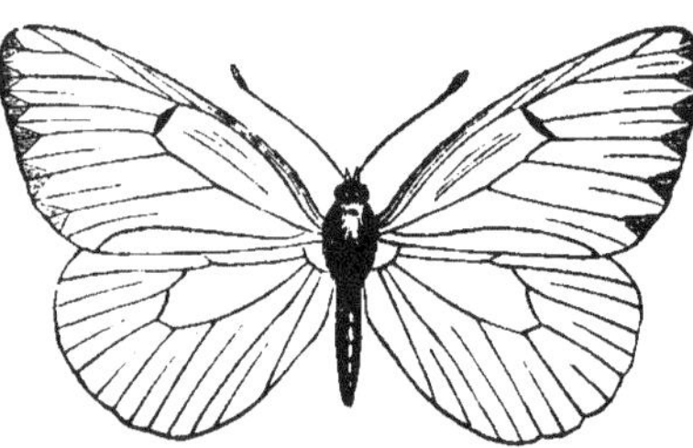

Fig. 1072. — Piéride de l'aubépine.

des. — Ces Papillons sont répandus sur presque toute la surface du globe, et quelques espèces de la Nouvelle-Hollande, des Indes, de l'Amérique, sont ornées de couleurs très vives.

Piéride de l'Aubépine (*P. cratægi*). Ailes arrondies, blanches, avec les nervures noires. La chenille, luisante, couverte de petits poils blanchâtres, avec le dos noir, marqué de 2 bandes longitudinales fauves, vit en famille sur l'aubépine, le prunier sauvage, le cerisier, et autres arbres fruitiers, auxquels elle fait beaucoup de mal dans certaines années.

PIÉRIDE DU NAVET (*P. napi*). C'est le *Papillon*

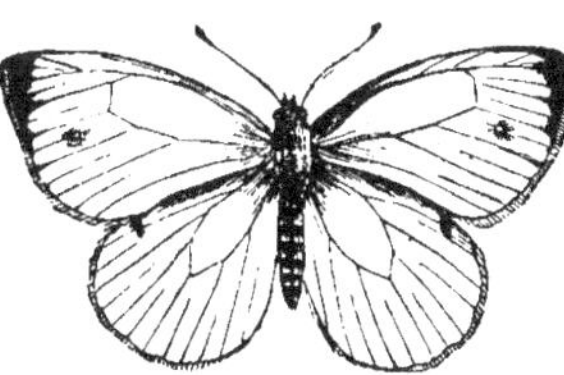

Fig. 1073. — Piéride du navet.

blanc veiné de vert. Espèce commune dans toute l'Europe, et qui présente plusieurs variétés.

PIÉRIDE DU CHOU (*P. brassica*), ou *Grand Papillon du Chou.* Cette espèce est très commune pendant toute la belle saison dans les jardins et les prairies de toute l'Europe. Elle habite aussi l'Égypte, la côte de Barbarie, la Sibérie, le Népaul, le Cachemire et le Japon. Cette espèce présente aussi quelques variétés. La chenille est d'un vert jaunâtre, avec trois raies jaunes longitudinales, séparées par de petits points noirs un peu tuberculeux, donnant naissance chacun à un poil blanchâtre. La tête est bleue, piquée de noir. Elle vit par groupes, dans les jardins sur les choux et une infinité d'autres crucifères: elle mange aussi les capucines et les câpriers. La chrysalide est d'un cendré blanchâtre, tacheté de noir et de jaunâtre.

PIERRE. Les Minéralogistes nomment *pierres* toutes les substances minérales autres que les sels, les métaux et les combustibles, qui se présentent sous la forme de corps durs, sans éclat métallique, plus pesants que l'eau et moins pesants que la plupart des métaux. La silice, l'acide carbonique et l'acide sulfurique, combinés avec la chaux, l'alumine et quelques autres oxydes, constituent la plupart des pierres : on y trouve aussi de la magnésie, de la potasse, de la lithine, des oxydes de fer, de chrome, etc. Les *Pierres calcaires* (carbonates et sulfate de chaux) sont les plus abondantes : elles embrassent toutes les variétés de pierre à bâtir, les marbres, le plâtre, etc. Ces pierres, qui constituent des amas considérables, s'exploitent soit à ciel ouvert, soit sous le sol : les lieux d'exploitation prennent le nom de *Carrières.* — Presque toutes les *Pierres* dites *précieuses*, *P. fines* ou *P. gemmes*, à l'exception du diamant, qui est du carbone pur et cristallisé, sont formées de silice pure (cristal de roche, améthyste, agate, jaspe, opale, etc.), ou de silicates (topaze, émeraude, saphir, grenat, hyacinthe, etc.);

il en est de même des *Pierres volcaniques* (granits, porphyres, etc.), des schistes, des argiles. On nomme :

PIERRE ABSORBANTE, la lave vitreuse, appelée *ponce*, et les différentes argiles qui servent à enlever les taches.

PIERRE LITHOGRAPHIQUE, le calcaire compacte du terrain jurassique.

PIERRE MEULIÈRE OU MOLAIRE, le silex molaire des environs de Paris et de Laferté-sous-Jouarre; les porphyres cellulaires et certains grès.

PIERRE ORIENTALE. On nomme ainsi les gemmes les plus estimées et les plus dures dans chaque espèce. Il ne faut pas croire pour cela qu'elles viennent toujours de l'Orient ; mais cette distinction, en usage chez les lapidaires, tient à ce que, dans les temps les plus reculés, les plus belles Pierres précieuses se tiraient de l'Inde. Cette distinction aurait dû cesser depuis que l'Amérique méridionale fournit plusieurs gemmes fort estimées.

PIERRE PONCE, roche volcanique, appelée aussi simplement *ponce* et *pumite.*

PIERRE A RASOIR, schiste coticule ou novaculaire des environs de Liège. Nous pensons que c'est la même substance que la Pierre à l'huile.

PIERRE DE TAILLE, Pierre à bâtir, Pierre d'appareil, en général, toutes les roches qui peuvent être employées aux constructions.

PIERRE DE TOUCHE, nom que les essayeurs d'or donnent encore à la roche appelée *phtanite* ou *silex schisteux*, à l'aphanite ou trappoir, et même au jaspe; enfin, à toute substance assez dure pour que l'or y laisse une trace lorsqu'on vient à la frotter avec le lingot qu'il s'agit d'essayer.

PIERRES PRÉCIEUSES. On donne ce nom à celles qui entrent dans la joaillerie. On en compte 10 espèces principales, qui, d'après le prix qu'on y attache, se rangent dans l'ordre suivant : 1. le diamant, 2. le rubis, 3. le saphir, 4. la topaze, 5. l'émeraude, 6. la chrysolithe, 7. l'améthyste, 8. le grenat, 9. l'hyacinthe, 10. le béryle ou l'aigue marine. Viennent ensuite la turquoise, la tourmaline, le péridot, le zircon, etc. — Le prix élevé des Pierres précieuses a porté à les imiter : l'industrie est parvenue à fabriquer des *Pierres artificielles* ou *Pierres fausses :* on a surtout réussi à imiter la topaze, l'émeraude, la chrysoprase : c'est au moyen du strass, que l'on colorie de diverses manières, que se fait le plus souvent cette imitation. Tout récemment, MM. Ebelmen et Sénarmont sont parvenus à faire de toutes pièces plusieurs des Pierres précieuses.

PIERROT. Nom vulgaire du *Moineau.* — V. ce mot.

PIGAMON (*Thalictrum*). Genre de Renonculacées; plantes vivaces, glabres, à feuilles alternes, bi-tripinnatiséquées; à fleurs jaunâtres disposées en une panicule terminale.

Le Pigamon jaune (*T. flavum*), *Pigamon, Rue des prés*, est une plante herbacée, à tige dressée, sillonnée, haute de 60 à 150 centim.; feuilles dont le pétiole est élargi à la base, à segments 2-3-lobés, les supérieures à segments linéaires, étroits; fleurs jaunâtres, dressées, en bouquets terminaux compactes : calice à 4 sépales colorés , caducs ; pas de corolle, étamines en grand nombre dépassant le calice ; carpelles 4-10 sur un réceptacle étroit.

Le Pigamon, appelé vulgairement *fausse Rhubarbe , Rhubarbe des pauvres*, croît dans les lieux humides et ombragés, les prés tourbeux, et fleurit en juin-juillet. Sa racine, qui est rampante, inodore, jaunâtre , un peu analogue à celle de la Rhubarbe , est également purgative ; ses feuilles sont laxatives; mais cette plante est tombée dans l'oubli , même sous le rapport de ses propriétés tinctoriales.

PIGEONS. On comprend sous ce nom et sous celui de Colombidés ou Colombidées plusieurs genres de Gallinacés , qui diffèrent cependant de ceux-ci par les mœurs aussi bien que par la structure. En effet, les Gallinacés sont polygames ; le mâle ne nourrit point sa femelle quand elle couve et ne partage point avec elle les soins de l'incubation. Ils volent mal , cherchent leur nourriture à terre, grattent sans cesse le sol et aiment à se vautrer dans la poussière ; ils ne nichent presque jamais sur les arbres ; leurs doigts antérieurs sont réunis à leur base par une courte membrane, et dentelés le long de leurs bords. Les Pigeons, au contraire , sont constamment monogames , c'est-à-dire que chacun d'eux n'a qu'une seule compagne; ils volent bien , et nichent pour la plupart sur les arbres ; leurs doigts sont entièrement libres, et leur queue est moins riche en pennes que celle des Gallinacés proprement dits.

Les mœurs des Pigeons sont douces et familières ; ils vivent par paires, et les deux époux se témoignent une tendresse et une constance remarquable : leur première alliance est ordinairement la seule qu'ils contractent dans le cours de leur vie. Le mâle aide sa femelle à construire son nid. La ponte ne se compose ordinairement que de deux œufs, mais elle se renouvelle plusieurs fois dans l'année ; les petits naissent aveugles et très faibles, incapables de marcher au sortir de la coquille , comme ceux des autres Gallinacés. Ils ne quittent leur nid que très garnis de plumes ; jusque-là leurs parents les nourrissent en dégorgeant dans leur bec des aliments réduits à l'état de bouillie. Le régime des Pigeons consiste en graines et en baies; quelquefois ils mangent des escargots ou des insectes, et lorsqu'ils boivent , c'est tout d'un trait , en plongeant la tête dans l'eau, tandis que les autres Gallinacés relèvent la tête à chaque gorgée. Leur vol est lourd et bruyant , mais il peut être soutenu longtemps. Quant à leur habitation , c'est surtout à la lisière des forêts et dans le voisinage des eaux qu'on les rencontre ; ils ne vont guère en troupes que dans leurs migrations.

Buffon a vu dans les Pigeons le modèle de presque toutes les vertus domestiques et sociales. « Tous , dit-il , ont des qualités qui leur sont communes, l'amour de la société, l'attachement à leurs semblables, la douceur des mœurs, la chasteté, c'est-à-dire la fidélité réciproque et l'amour sans partage du mâle et de la femelle, la propreté, le soin de soi-même qui suppose l'envie de plaire, l'art de se donner des grâces qui le suppose encore plus; les caresses tendres, les mouvements doux, les baisers timides qui ne deviennent intimes et pressants qu'au moment de jouir; ce moment même ramené quelques instants après par de nouveaux désirs , de nouvelles approches également nuancées , également senties; un feu toujours durable, un feu toujours constant, et, pour plus grand bien encore la puissance d'y satisfaire sans cesse; nulle humeur, nul dégoût, nulle querelle ; tout le temps de la vie employé au service de l'amour et au soin de ses fruits; toutes les fonctions pénibles également réparties ; le mâle aimant assez pour les partager et même pour se charger des soins maternels, couvant régulièrement à son tour et les œufs et les petits, pour en épargner la peine à sa compagne, pour mettre entre elle et lui cette égalité dont dépend le bonheur de toute maison durable : quels modèles pour l'homme , s'il pouvait ou savait les imiter ! »

Certainement rien n'est plus charmant que ce tableau par lequel on a voulu nous dépeindre les mœurs des Pigeons ; mais à l'élégance du style, au charme de la pensée, la vérité se trouve-t-elle unie? Ces oiseaux sont-ils réellement l'emblème de la fidélité? leur feu est-il toujours durable; et tout le temps de leur vie est-il consacré à la reproduction et aux soins de leur progéniture? Les Pigeons domestiques, pour lesquels cette page de notre illustre auteur paraît avoir été écrite, sont quelquefois bien loin de répondre à la haute opinion qu'on se fait soit de leur constance, soit de cet amour réciproque et durable qu'ils semblent se témoigner par des baisers timides mais lascifs. En effet, il arrive souvent, dit Boitard , qu'après avoir été plus ou moins long-temps accouplés, une femelle se dégoûte de son mâle; elle refuse d'abord ses caresses, puis quelques jours après , le fuit et l'abandonne pour se livrer au premier venu , sans que l'on puisse en trouver d'autres raisons que le caprice.

« Il arrive encore, continue-t-il, qu'un Pigeon, ce modèle de constance et de chasteté, non-seulement est infidèle à sa compagne, mais encore la force à vivre en commun avec une rivale préférée; il les veille toutes deux, et les force, en les battant, à lui rester fidèles, au moins en sa présence. » Ces faits, qu'il n'y avait pas lieu à citer encore, mais que l'occasion nous a pour ainsi dire forcé à consigner ici, prouvent au moins qu'on s'est permis quelquefois l'exagération à l'égard des Pigeons domestiques, lorsqu'on a voulu les prendre pour modèles dans l'histoire des mœurs qu'on avait à donner des Pigeons en général. Buffon n'est pas le seul auteur qui ait sacrifié la vérité à la poésie : la plupart de ses successeurs l'ont imité, et quelques-uns de ses devanciers avaient déjà introduit bien des fables dans leur histoire des Pigeons.

Selon nous, le vrai moyen d'éviter l'erreur, autant du moins qu'il est permis de le faire lorsqu'on analyse la nature, lorsqu'on la surprend dans ses actes, aurait été de s'attacher moins aux races domestiques qu'aux espèces vivant en liberté. L'on aurait pu voir alors que les poétiques emblèmes d'une constance à toute épreuve ont leur époque de bonheur et leurs jours d'indifférence (GERBES).

Les Pigeons, comme on vient de le voir, diffèrent notablement des Gallinacés. Certains ornithologistes, à l'exemple de Linné, ont cru devoir les placer parmi les Passereaux ; d'autres enfin, ne pouvant se contenter ni de l'un ni de l'autre rapprochement, ont créé pour eux un ordre à part qui trouve sa place entre les Passereaux et les Gallinacés.

Quoi qu'il en soit, les Pigeons ont été partagés en deux tribus, les *Colombidés* et les *Lophyriens*.

TABLEAU SYNOPTIQUE DES PIGEONS.

Colombiens : doigts moyens ou allongés.	Tarses en partie emplumés :	
	Bec robuste, comprimé. . .	COLOMBAR.
	Bec grêle.	COLOMBE.
	Tarses nus :	
	Bec robuste, comprimé. . .	NICOMBAR.
	Bec grêle.	COLOMBI-GALLINE.
Lophyriens :	Doigts courts.	LOPHYRE.

Il a été question des genres *Colombar, Colombe, Colombi-galline* et *Lophyre*.—V. ces mots.—Pour être complet, nous dirons que le NICOMBAR (*Calœnas*) appartient aux Moluques et à la Nouvelle-Zélande ; tout son plumage, à l'exception des rectrices qui sont blanches, sont d'un beau vert, à reflets pourpres. Les plumes du cou retombent en forme de Camail, comme celles du Coq.

Le LOPHYRE COURONNÉ est tout entier d'un bleu d'ardoise, avec du marron et du blanc à l'aile ; la tête porte une huppe verticale de longues plumes à barbes désunies et un peu frisées. — Cette espèce de Pigeon est domestique à Java, où on l'élève pour la saveur délicate de sa chair, mais elle n'a pu se naturaliser en Europe.

PILOSELLE. Plante du genre *Épervière*. — V. ce mot.

PILOTE (*Naucrates*). Genre de Poissons de la famille des Scombéroïdes, très voisin des Maquereaux par la forme du corps, qui est fusiforme et dont la queue est garnie sur les côtés d'une carène cartilagineuse ; la première dorsale a les rayons libres comme dans les Seiches, ce qui différencie les Pilotes des Maquereaux et des Thons.

Le PILOTE D'EUROPE (*N. ductor*) est l'espèce la plus commune et la plus célèbre ; elle est d'un gris bleuâtre argenté, plus foncé vers le dos, de larges bandes verticales, d'un bleu plus ou moins foncé, entourent son dos et ses flancs ; longueur 32 centim. environ. — Ce poisson est européen.

Le PILOTE se nomme ainsi parce qu'il a l'habitude de suivre continuellement les vaisseaux pour s'emparer des débris que les matelots jettent à l'eau. Le Requin a la même habitude, et si ces deux poissons, si différents par leur volume et leur force, voyagent de compagnie, c'est chacun pour soi, le Pilote espérant se repaître aussi des restes des victimes que le Requin immole.

« La Pêche du Pilote est un des principaux délassements des matelots pendant les longues traversées ; ils aiment à le prendre moins pour sa chair, qui du reste est assez agréable, que pour le voir tourner sans cesse autour de l'hameçon, et employer toutes sortes de précautions pour enlever l'appât au fer meurtrier, ce qu'il fait assez souvent avec une adresse remarquable. Ce poisson se trouve à peu près dans tous les parages de la Méditerranée ; c'est le *Fanfre* des matelots provençaux et le *Fanfré* de ceux de Nice. On le nomme *Pampana* à Messine, où l'on en prend beaucoup en automne. Risso assure, au contraire, qu'à Nice on n'en prend qu'au mois de septembre. »

PIMENT (*Capsicum*). Genre de Solanacées ; plantes herbacées et annuelles, ou ligneuses et volubiles : calice à 5 ou 6 divisions étalées, aiguës, persistantes ; corolle rotacée à 5-6 divisions ; 5-6 étamines, dressées, conniventes ; baie coriace, accompagnée à sa base par le calice. Les fleurs sont petites, généralement blanches. — Ce genre renferme une douzaine d'espèces, originaires de l'Inde ou de l'Amérique tropicale. Une seule s'est acclimatée en Europe, c'est le

PIMENT ANNUEL (*C. annuum*), vulgair. *Poivre long, Piment des jardins, Poivron*. Tige herbacée, dressée, cylindrique ; feuilles alternes, longuement pétiolées, ovales, lancéolées, aiguës, entières ; fleurs blanches, solitaires, latérales ; corolle à lobes aigus ; fruit globuleux, lisse, d'un rouge vif, varié dans sa forme et sa grandeur.

Cette espèce, originaire de l'Inde, est abondamment cultivée dans nos jardins, soit comme plante d'ornement, soit comme condiment. Ses fruits, comme ceux de presque toutes les autres espèces, ont une saveur extrêmement âcre et piquante. Dans les régions méridionales de l'Europe, particulièrement en Espagne, en Sicile, etc., et dans toutes les parties chaudes du globe, on en fait un usage très fréquent dans les préparations culinaires. C'est un des excitants les plus énergiques des fonctions digestives, utile dans les pays chauds où, en général, la digestion est souvent lente et pénible. En France, et particulièrement à Paris, on fait confire ces fruits, appelés *Poivres longs*, dans du vinaigre, afin de les employer comme condiment ; mais ils sont généralement fort peu usités, si ce n'est pour donner du piquant aux cornichons que l'on confit dans le vinaigre.

Le fruit du Piment encore petit, vert, n'ayant pas changé de couleur (*Poivron*), est quelquefois mangé crû ou confit, et préféré à l'ail dans les

Fig. 1074. — Piment annuel.

(1, Etamine ; — 2, Calice et ovaire ; — 3, Fruit coupé transversalement ; — 4, Fruit coupé longitudinalement.)

pays méridionaux. Le Poivron réduit en poudre est un violent sternutatoire. Les marchands peu scrupuleux sophistiquent le vinaigre, l'eau-de-vie, en jetant une certaine quantité de ce fruit dans les barriques pour augmenter la force de ces produits.

Les fruits du P. CERISE, du P. A GROS FRUITS, sont plus doux ; ceux du P. ARBRISSEAU, de Ceylan, sont les plus forts ; aussi leur a-t-on donné le nom de *Poivrons enragés*.

PIN (*Pinus*). Genre de Conifères, de la tribu des Abiétinées ; arbres élancés et d'une haute stature, à feuilles subulées, sortant plusieurs ensemble d'une même graine, persistantes ; fleurs monoïques, les mâles en chatons écailleux, ovoïdes, réunis et groupés de manière à former des espèces de grappes ; les femelles aussi en chatons écailleux, mais simples ; cône ou strobile formé d'écailles imbriquées, épaisses, ligneuses, anguleuses et ombiliquées au sommet.

Les Pins, ainsi que les Sapins et les Cèdres,

offrent les plus beaux arbres que l'on puisse imaginer ; leur taille majestueuse, leur port pyramidal et leur feuillage toujours vert, soit sous le soleil brûlant, soit sous les amas de neige, donnent au paysage qu'ils décorent un aspect et un caractère qui disparaissent toujours avec eux ; des montagnes sans Pins manquent de leur essentiel ornement : les glaciers, la neige et les Pins sont pour ainsi dire inséparables en Europe ; et si l'on reprochait au feuillage souvent assez sévère de ces plantes quelque chose de triste et de monotone, nous opposerions à ce défaut celui bien autrement désolant des arbres dépouillés en hiver et réduits à l'état de ballets pendant plus du quart de l'année. — Ces arbres produisent les matières résineuses connues sous les noms de *Térébenthine, Colophane, Goudron, Poix*, etc.

Les espèces, au nombre d'une trentaine, forment trois sections, selon le nombre de feuilles qui sortent de la gaine, c'est-à-dire selon que les feuilles sont géminées (*Pin sauvage*, etc.), ternées (*Pin hérissé*, etc.), ou quinées (*Pin cembro*, etc.). La première section est la plus importante.

PIN SAUVAGE (*P. sylvestris*), vulg. *Pin du Nord*, ou *de mâture, Pinasse*. Arbre très répandu en Europe et que l'on trouve en forêts plus ou moins considérables. Tige droite s'élevant de 26 à 35 mètres dans les endroits humides ; les branches, verticillées 2 à 4 ensemble, ou plus, sont étendues presque horizontalement, et leur disposition constante autour du tronc, qui est revêtu d'une écorce épaisse, crevassée, d'un gris jaunâtre, indique l'âge de l'arbre en comptant chaque entre-nœud pour une année. Les feuilles, géminées, longues de 27 à 50 millimètres, persistent durant 4 ans. Les fleurs mâles et les fleurs femelles sont placées sur des rameaux différents. Les premières forment des chatons jaunes, et les autres des chatons ovoïdes rougeâtres qui se changent en cônes longs presque cylindriques, qui mettent 2 ans à arriver à eur maturité. La poussière fécondante des chatons mâles est si abondante qu'elle couvre quelquefois toute la surface de la neige (neige rouge).

C'est l'arbre de la Suisse, de la Savoie, des Pyrénées, des Vosges, de l'Auvergne ; son bois blanc sert à plusieurs usages, son écorce contient du tannin et est employée au tannage.

Le PIN ROUGE ou D'ÉCOSSE (*P. rubra*) a la même taille et le même port que le précédent. Mais son bois est rouge comme celui du Mélèze. — Cet arbre est le plus grand de ceux indigènes à l'Écosse. Les Anglais s'en servent comme bois de mâture. Les Écossais s'éclairent avec ses racines résineuses.

PIN MARITIME (*P. maritima*), *Pin de Bordeaux*. Cet arbre s'élève très droit et forme une belle pyramide, parce que ses branches sont très régulièrement disposées et espacées à distances égales ; ses feuilles sont longues et jumelles, très raides et même un peu piquantes ; ses cônes sont pyramidaux, un peu camards, et leurs écailles sont terminées par quatre facettes très surbaissées. Cet arbre croît naturellement dans tout le midi de l'Europe et même dans les contrées de l'ouest, car non-seulement il abonde en Provence et dans les landes de Dax et de Bayonne, mais encore on le cultive avec succès dans les sables de la Bretagne et de la Sologne ; il commence à couvrir le sol aride et désolé de la Champagne Pouilleuse, quoique l'on remarque cependant qu'il réussit mieux dans les sablons que dans les sols calcaires et crayeux.

Son bois sert en Provence à fabriquer cette multitude de caisses à savons et à oranges que l'on expédie partout : aussi le débite-t-on aux environs de Fréjus avec des scies à eau en planches de neuf lignes. Dans les Landes, le principal produit de cet arbre est la matière résineuse que l'on en soutire par le moyen de grandes entailles faites à temps et avec art ; à un certain âge, et quand il est épuisé, on le coupe en bûches pour le chauffage. Cet arbre est très précieux.

Pin Pignon ou **Pinier** (*P. pinea*), vulgair. *Pin cultivé*, *P. d'Italie*, *P. parasol*. Ce dernier surnom indique assez exactement le port de ses rameaux et l'aspect de sa belle tête arrondie qui le fait reconnaître de loin ; ses feuilles jumelles sont très longues et très effilées.

Les graines du Pinier sont trois ans à mûrir, c'est-à-dire une année de plus que celles de toutes les autres espèces ; ses cônes, fort gros et tout couverts de protubérances pyramidales, renferment des amandes connues sous le nom de *pignes* ou *pignons doux*, dont on tire une huile très fine, qui ont à peu près le même goût que les noisettes, et dont on fait aussi des dragées.

Le bois de ce Pin s'emploie avec succès dans la menuiserie et dans la charpente ; en Turquie, il sert à la mâture, et il résiste assez bien aux alternatives de l'humidité et de la sécheresse pour que l'on en fasse des pompes, des gouttières et des bordages de navires. Le Pinier n'est pas originaire de France, car on ne le trouve qu'isolément et toujours dans le voisinage des habitations.

Pin cembro ou *Arol*. Cet arbre ne s'élève jamais qu'à la hauteur médiocre de 30 à 40 pieds ; ses feuilles, longues de 2 à 3 pouces, sont disposées en aigrettes d'un vert foncé un peu glauque ; ses cônes sont ovoïdes, de 2 à 3 pouces de long, rougeâtres et droits ; leurs écailles présentent une dépression à leur sommet, et les amandes qu'elles recouvrent sont aussi grosses que celles du *Pin pignon*.

Le Cembro croît dans les Alpes du Dauphiné, du Tyrol et de la Savoie, où il porte le nom d'*Arol*. C'est avec son bois que les habitants de la forêt Noire exécutent cette foule de petites figures d'animaux qui répandent une odeur assez agréable et dont le dessin n'est pas sans mérite.

PINCE (*Chelifer*). Genre d'Arachnides tra-

chéens, établi aux dépens du genre Faucheur de Linné : 2 yeux ; mandibules terminées par un stylet articulé ; thorax divisé transversalement par un sillon profond ; pattes allongées, de grosseur à peu près égale.

Ce genre renferme cinq ou six espèces, dont la plus curieuse est la **Pince cancroïde**, plus connue sous les noms vulgaires de *Faux-Scorpion*, de *Scorpion-Araignée*. Elle a le corps ovoïde et déprimé, revêtu d'un derme un peu coriace, presque glabre ou peu velu. — La Pince vit en général dans les lieux écartés et humides, dans les endroits peu fréquentés des maisons, sous les pierres et les pots à fleurs des jardins, dans les vieux livres et les herbiers. Ces Arachnides marchent assez vite en avant, de côté et à reculons. Ils se nourrissent de poux de bois, de mites, de petits insectes.

PINÇON. — V. *Pinson*.

PINGOUIN (*Alca*). Genre d'Oiseaux de l'ordre des Palmipèdes, très voisin des Guillemots et des Macareux. Leur bec est un peu plus long que celui des Macareux, conico-convexe, terminé en pointe recourbée et aiguë ; mandibule supérieure à moitié couverte de plumes, l'inférieure renflée en dessous, l'une et l'autre sillonnées de haut en bas ; ailes minces et très courtes ; queue aussi très courte.

Les Pingouins ont les mœurs des Guillemots, et habitent les mêmes contrées. Ils vivent et nichent à peu près comme eux ; leur ponte est aussi d'un seul œuf très gros. Il n'existe point de différence marquée dans les sexes. Quelques espèces volent très rapidement.

Le **Pingouin commun** (*A. torda*) est de la taille d'un Canard ; son plumage est noir en dessus, blanc en dessous, avec une ligne blanche sur l'aile ; bec noir, avec 3 rainur s sur chaque mandibule ; ailes propres au vol et aboutissant au croupion. — Cet oiseau habite les mers glaciales et passe sur les côtes maritimes du nord-ouest de la France. Il fait sa nourriture d'insectes, de crustacés, de poissons et particulièrement de jeunes harengs ; se reproduit en Normandie, nichant sur les îlots et dans les crevasses des rochers. Sa ponte est d'un seul œuf, oblong, d'un b anc grisâtre, tacheté et ponctué de brun, avec quelques larges mouchetures noirâtres.

Le **Grand Pingouin** (*A. impennis*) a la taille de l'Oie. Il habite toujours dans les régions couvertes de glaces, et vit habituellement sur les glaces flottantes. Tous ces oiseaux n'abandonnent la pleine mer, pour venir à terre, qu'à l'époque des pontes.

PINNATIFIDES. Se dit principalement des feuilles de végétaux qui présentent des découpures plus ou moins profondes. — V. *Feuilles*.

PINNE (*Pinna*). Genre de Mollusques conchifères dimyaires, de la famille des Mytilacés, renfermant des espèces acéphales dont le corps est triangulaire, allongé, souvent épais et enveloppé dans un manteau fermé en dessus, ouvert en dessous et surtout en arrière. La coquille en est fort grande, de nature nacrée, mais fibreuse et cassante; elle est toujours allongée, régulière, pointue antérieurement et tronquée postérieurement. — Les Pinnes se fixent aux rochers au moyen d'un *byssus* composé de filaments soyeux, très fins et très souples : on s'est servi de ce byssus pour faire des tissus remarquables par leur souplesse et leur chaleur. L'animal contenu dans la coquille est bon à manger.

La Pinne rouge (*P. rudis*) atteint un demi-mètre; sa couleur est d'un gris rougeâtre. — La P. écailleuse (*P. squamosa*) dépasse 60 cent.

PINNE MARINE ou Jambonneau. Nom vulgaire d'une coquille du genre Pinne, dont le test est extrêmement mince, demi-transparent, et qui sert d'habitation à un animal appelé par Réaumur *Ver à soie de mer*, qui, au moyen des filaments du byssus, assure la stabilité de sa demeure. Ce mollusque a été comparé à une limace, et à l'animal de la Moule.

Les Pinnes marines produisent des perles, et leur byssus a servi à préparer des étoffes. C'est une sorte de soie d'un vert luisant au sortir de l'eau, mais qui brunit ensuite, et qui se file à Tarente, à Reggio, là où on la pêche en grande quantité. Elles vivent au milieu d'une forêt de plantes sous-marines, par troupeaux entiers ou pour mieux dire en longs parcs. Pour les avoir avec tout leur byssus, il faut être un plongeur habile et réunir à la force des mains la faculté de rester assez longtemps sous l'eau, pour vaincre la résistance causée par l'adhérence de sa coquille et celle de ses filaments. D'ordinaire on se sert d'une sorte de râteau appelé *crampa*; mais avec cet instrument on perd beaucoup de byssus, il se casse très court et ses brins ont au plus 10 à 14 cent. de longueur.

PINNÉES ou Pennées. Se dit des feuilles composées. — V. *Feuilles*.

PINNOTHÈRE. Crustacés de l'ordre des Décapodes brachyures, les plus petits de cet ordre, qu'on peut rapprocher des Ocypodes, des Gécarcins, etc. — Ils vivent dans l'intérieur des coquilles bivalves; en hiver on les rencontre dans l'intérieur des moules; aussi a-t-on attribué à leur présence les accidents que ces coquillages déterminent chez certaines personnes qui en mangent.

Ce genre renferme 5 ou 6 espèces, parmi lesquelles nous mentionnerons le Pinnothère pois (*P. pinum*), qui se trouve assez communément dans les Moules, — et le P. des anciens (*P. veterum*, qui se trouve dans les Pinnes marines. Chez tous ces animaux les mâles sont plus petits que les femelles.

PINSON (*Fringilla*). Genre de Passereaux conirostres, très voisin des Moineaux, lesquels sont aussi désignés sous le nom de *Fringilla*. En voici les caractères propres : bec conique, droit, fort, assez allongé, nullement bombé à sa pointe; ongles très comprimés; ailes allongées; queue longue et fourchue.

Les Pinsons se rencontrent partout, même dans les villes; ils sont gais, confiants; leur vol est peu rapide et s'exécute par élans successifs; ils marchent plus qu'ils ne sautent, et souvent en marchant ils relèvent les plumes de la tête.

Pinson ordinaire (*F. cœlebs*). Il est brun en dessus : le dessous est roux vineux dans le mâle,

Fig. 1075-1076. — Pinson (mâle et femelle).

grisâtre dans la femelle; il a 2 bandes blanches sur l'aile, et du blanc aux deux côtés de la queue; taille, 16 cent. La femelle est plus petite que le mâle. — Cet Oiseau est généralement répandu dans tous les pays de l'Europe. Son naturel est vif, enjoué, d'où le proverbe *gai comme pinçon*. Il est facile à prendre et facile à élever en cage; son chant est musical et imitateur; on dit que ce chant varie suivant les contrées qu'habite l'oiseau. Dans certains pays on rend le Pinson aveugle pour obtenir un ramage plus souvent répété et mieux éduqué. En liberté, il se mêle l'hiver aux Friquets, aux Verdiers, aux Bruands, etc., et tous forment des compagnies innombrables que l'on voit dans les champs et les vignes, et qui viennent jusque devant nos granges, dans nos basses-cours, chercher leur nourriture lorsque la neige couvre les terres. Dans cette saison rigoureuse le Pinson est presque muet; il ne donne que cette syllabe *pinch*, *pinch*, *pinch* plusieurs fois répétée.

Aux premiers jours du printemps, les couples se forment et s'isolent. Alors la voix reprend de l'extension, chez les mâles surtout, qui préludent brusquement à leurs amours. D'un caractère jaloux, ces oiseaux ne souffrent pas de concurrents; ils veillent sur leur femelle, dont ils partagent les soins de l'incubation. La femelle seule travaille à la construction du nid, qu'elle pose sur les arbres touffus et dans lequel elle dépose 4 à 6 œufs d'un blanc verdâtre clairsemé de taches et de petites bandes d'un brun couleur de café. — On élève les jeunes en cage de la même manière que les serins ou tout autre oiseau granivore.

PINSON D'ARDENNES (*F. montifringilla*). Nous ne décrirons pas plus cette espèce que la précédente, parce qu'elles sont bien connues, et que leur plumage est trop variable selon la saison, l'âge et le sexe; outre que leurs variétés sont nombreuses. — « De passage dans presque toutes les contrées de l'Europe, le Pinson d'Ardennes arrive dans nos parages à l'automne, y passe l'hiver, et en repart au printemps. Il forme des troupes plus ou moins nombreuses, et se réunit aux Pin-

Fig. 1077-1078. — Pinson d'Ardennes (mâle et fem.).

sons communs et autres petits granivores, pour pâturer dans les champs. On distingue facilement ces Pinsons des autres, en ce qu'ils volent serrés, qu'ils se posent et partent de même, et jettent souvent un cri qui a du rapport avec celui du chat. On a renouvelé pour cette espèce ce qu'on a dit de l'autre, c'est-à-dire que les femelles seules voyageaient. Mais rien n'est moins certain, et l'erreur provient encore ici de ce que le plumage des deux sexes offre pendant l'hiver les plus grandes analogies.

« D'un naturel plus doux que notre Pinson commun, celui-ci se ploie aisément à la captivité et donne plus facilement dans les piéges. Son ramage est aussi plus faible et plus monotone; il consiste en un petit gazouillement qu'on n'entend que de très près. Il se retire pour nicher dans le nord de l'Europe. Il pose son nid sur les pins et

Fig. 1079-1080. — Pinson niverolle (mâle et fem.).

les sapins les plus élevés, y travaille vers la fin d'avril, le construit au dehors avec la longue mousse des arbres sur lesquels il s'établit, et le garnit en dedans de crins, de laine et de plumes. La ponte est de cinq œufs jaunâtres et tachetés. »

PINSON NIVEROLLE OU DE NEIGE (*F. nivalis*). Cette espèce habite les plus hautes montagnes de l'Europe; en hiver elle est de passage dans les pays montagneux, rarement dans les plaines. Cet oiseau se nourrit d'insectes, de semences de pin et de sapin; niche sur les rochers, dans les crevasses des rocs. Sa ponte est de 5 œufs d'un vert clair tacheté de cendré et de vert plus foncé.

PINTADE (*Numida*). Genre d'Oiseaux de l'ordre des Gallinacés, qui ont pour caractères : tête sans casque, nue ou emplumée; bec fort, court, la mandibule supérieure courbée, convexe, couverte d'une peau nue à la base; on remarque des nudités à la gorge et au cou, mais pas de barbillons ou caroncules; ailes courtes; queue courte, déprimée; tarse sans éperon.

Les espèces qui composent ce genre appartiennent exclusivement à l'Afrique; mais, transportées dans les autres parties du monde, elles s'y propagent avec une grande facilité, non toutefois à l'état sauvage, car on ne les y voit nulle part en Europe. Elles sont originaires de la Numidie, de là le nom de *Poules de la Numidie* qu'on leur a donné. D'après Niebuhr, les pintades sont si nombreuses dans les montagnes, près du Tahama, que les enfants les abattent à coups de pierre, les prennent et les vendent en ville, car leur chair a la réputation d'être un mets exquis, quoique toutefois bien moins recherché que le Faisan, chez nous du moins.

LA PINTADE PROPREMENT DITE (*N. meleagris*) est la seule espèce qui vive dans nos basses-cours, au milieu de nos autres oiseaux domestiques. Elle portait chez les Grecs le nom de *Méléagride*, parce que « les sœurs de Méléagre, fils d'OEnée et roi de Calydon, dit l'Histoire mythologique des Grecs, pleurèrent tant la mort de leur frère, qu'elles furent victimes de l'amitié fraternelle; mais Diane les changea en oiseaux et voulut que leur robe portât l'empreinte des larmes qu'elles avaient versées. » Le nom de *Pintade* viendrait, au dire de quelques auteurs, de ce que les taches de son plumage semblent, par la régularité de leur disposition, avoir été placées par la main d'un peintre. — V. la fig. 560, page 100, tome II.

Les Pintades et les Perdrix se rapprochent extrêmement par leurs habitudes naturelles : ce sont les mêmes allures, le même mode d'être. « Les personnes qui ont étudié les mœurs des Pintades sur des individus renfermés dans nos étroites basses-cours, loin des circonstances qui les rapprochent de l'état de nature, ne les ont vues que turbulentes, inquiètes, impatientes; elles n'ont été frappées que de leurs cris aigus et désagréables lorsqu'ils sont trop souvent répétés; elles les auront surprises dans leur moment de colère et de jalousie; les auront vues se battre entre elles et les autres oiseaux domestiques renfermés avec elles; mais autre chose est de les étudier presque à l'état de liberté, de les suivre dans les vastes parcs où quelques riches propriétaires les élèvent pour leurs plaisirs. Là elles ne sont plus contraintes, reprennent leur naturel, et si elles conservent leur humeur querelleuse, ce n'est plus pour l'exercer sur des Poules ou des Dindons, mais sur leurs semblables, encore ce caractère ne se manifeste-t-il qu'à l'époque des amours. Ordinairement elles vivent par troupes composées de plusieurs femelles pour un seul mâle ou deux au plus. Elles ont des heures marquées pendant lesquelles elles pourvoient à leur subsistance. C'est pour l'ordinaire le matin et le soir qu'on les voit courir dans les halliers, dans les buissons, pour chercher leur nourriture ou se rendre au lieu habituel dans lequel elles trouvent celle que la main de l'homme leur fournit. Si pendant qu'elles sont occupées à la recherche de leurs aliments, ce que, nous le répétons, elles font toujours de compagnie, un objet quelconque les effraie, elles font entendre à plusieurs reprises un petit cri rauque, lèvent la tête, restent quelques instants dans une immobilité complète, et si la cause de leur effroi s'est évanouie en même temps qu'elle a été produite, alors on les voit se livrer de nouveau à leur occupation; si au contraire elle persiste, soudain elles baissent la tête, penchent leur corps en avant et courent avec une vitesse extraordinaire. De temps à autre

elles interrompent brusquement leur course, s'arrêtent et regardent. D'autres fois, au lieu de courir, elles prennent leur essor toutes en masse et vont arrêter leur vol à une très petite distance du lieu d'où elles sont parties. Indépendamment du cri perçant et désagréable que le mâle fait entendre, soit pour rassembler ses femelles, soit pour exprimer la passion que l'époque des amours réveille en lui, les Pintades ont un autre cri bien moins bruyant qu'elles répètent fréquemment même dans le repos. Et maintenant si nous mettions à côté de ces habitudes celles des Perdrix et surtout de la Perdrix grise (*Perdix cinerea*), nous verrions qu'elles ne diffèrent presque en rien. On pourrait donc, avec raison, non seulement admettre une ressemblance entre les mœurs de ces dernières et des Pintades, mais encore, comme au reste l'ont fait Linné et Vieillot, rapprocher les genres que ces oiseaux forment. »

Les Pintades élevées en Europe conservent toujours un peu de leur naturel sauvage. Elles sont d'ordinaire très fécondes, beaucoup plus que dans l'état de nature; leurs œufs sont, comme ceux de la Poule, très bons à manger. La femelle couveuse est, paraît-il, impatiente et peu soucieuse de sa progéniture : aussi fait-on ordinairement élever par des Poules ou par des Dindes ses petits, qui sont d'ailleurs très délicats et dont la première nourriture consiste en de très petites graines et en œufs de fourmis.

Nous ne parlerons pas de la PINTADE MITRÉE, ainsi appelée à cause de la protubérance conique, relevée en forme de mitre, qu'elle porte au-dessus de sa tête; — ni de la PINTADE HUPPÉE, qui présente une huppe de plumes épaisses et un peu recourbées en avant, de couleur noire. — Ces trois espèces ont d'ailleurs une telle similitude de mœurs qu'on peut, sous ce rapport, les comprendre dans une histoire générale.

PINTADINE (*Meleagrina*). Nom d'une belle Coquille bivalve, célèbre par ses productions de nacre et de perles. C'est la P. MÈRE-PERLE (*M. margaritifera*), espèce la plus remarquable de ce genre, qui a été formé par Lamarck aux dépens des Avicules, parce qu'il est dépourvu, dans sa forme, de longs appendices, quoiqu'on trouve dans les Avicules des transitions insensibles pour arriver jusqu'aux Pintadines.

Les Pintadines ne se trouvent pas dans la Méditerranée, mais sont abondantes dans la mer Rouge, dans le golfe Persique et à Ceylan. La coquille de la *Mère-perle* (*Mater unionum* des anciens) est quelquefois très grande, et a plus de 32 cent. d'étendue. — Nous renvoyons pour les détails à l'article *Perle*.

PIPA (*Pipa*). Genre de Reptiles de l'ordre des Batraciens anoures, présentant les caractères suivants : tête courte, large, très aplatie, triangulaire; 4 doigts complétement libres, divisés en 4 petites branches à leur extrémité terminale;

5 orteils coniques, divisés à leur pointe et entièrement palmés; tympan caché; pas de parotides.
— La physionomie des Pipas est hideuse et bizarre; ils ont le corps nu, large, aplati, sans verrues ni écailles; les doigts non armés d'ongles;
ils manquent de langue et de dents; leurs yeux
sont d'une extrême petitesse, écartés; ces animaux offrent d'ailleurs des particularités anatomiques assez remarquables.

Le Pipa américain (*Rana pipa*, de Linné) est
la seule espèce admise. Sa longueur est de 16 centim. On le trouve à la Guyane et dans plusieurs
provinces du Brésil. Sa couleur est d'un olivâtre
sombre, parsemé de très petits tubercules roussâtres. Quelquefois ces Batraciens s'approchent
des maisons, et l'on dit que, dans certaines localités, les nègres s'en nourrissent. Ils n'abandonnent pas leurs œufs dans l'eau, comme font
les Crapauds. Cramponnés sur le dos des femelles, les mâles leur étalent sur le dos les œufs
qu'elles viennent de pondre, au nombre d'une cen-

Fig. 1081. — Pipa.

taine, et ils les fécondent; ensuite les femelles
gagnent les marais et s'y plongent. Bientôt la peau
de leur dos qui supporte les œufs éprouve une
sorte d'inflammation érysipélateuse, sorte d'irritation déterminée par la présence des œufs eux-
mêmes, y restent enfoncés comme dans autant de
petites alvéoles et s'y développent. Les petits Pipas restent dans ces espèces de poches jusqu'à
ce qu'ils aient pris un développement suffisant,
à la façon des petits des Didelphes dans la poche
de leurs mères. Lorsqu'ils en sortent, ils ont la
forme des adultes, et ce n'est qu'après s'être dé-
barrassée de sa progéniture que la femelle abandonne sa résidence aquatique.

PIPÉRACÉES. Famille de Plantes exotiques qui
a pour type le genre *Piper*. — Nous renvoyons
tout simplement au mot *Poivre* pour le résumé
de ses caractères, en ajoutant seulement que plusieurs auteurs considèrent les Pipéracées comme
formant une simple tribu de la famille des Urticacées; mais leurs fleurs en chatons et surtout
la présence d'un double endosperme distinguent
suffisamment les Pipéracées des Urticacées.

PIPIT ou Pipi (*Anthus*). Genre de Passereaux
dentirostres, du groupe nombreux de ces oiseaux
qui ont reçu le nom vulgaire de *Becs-fins*, et qui,
tenant le milieu entre les Bergeronnettes et les
Alouettes, hochent la queue comme les premières,
s'élèvent à une certaine hauteur et chantent en
volant comme les seconds. On serait tenté, dit
Temminck, de les ranger avec les Bergeronnettes,
si la forme des ongles, celle des ailes, ainsi que
la distribution des couleurs du plumage, n'offraient
des rapports avec les véritables Alouettes. — V.
l'article *Farlouse*.

La confusion règne dans la détermination des
espèces et de leur synonymie. Toutefois, comme
nous avons parlé des deux espèces principales,
il nous reste à mentionner les suivantes :

Le Pipit proprement dit (*A. arboreus*), vulg.
Farlouse des arbres, a l'ongle du pouce de la
longueur de ce doigt et très courbé; le bec est
fort et large à sa base; le fond du plumage roussâtre; taille 15 cent. — Cette espèce habite toute
l'Europe; elle niche sur les coteaux couverts et
dans les prairies; elle perche beaucoup plus que
les autres Farlouses, et ne va jamais par bandes.
La ponte est de 5 ou 6 œufs d'un blanc rougeâtre,
couverts de taches d'un rouge foncé. Le mâle
chante pendant la couvée sur un arbre voisin.

Cet oiseau arrive dans le midi de la France
vers la fin de l'été : on le nomme *Bec-figue*, *Vi-
nette;* c'est la *Pivote ortolane* des Provençaux.

Le Pipit Spinoncelle (*A. aquaticus*), vulgair.
P. Spipolette, a l'ongle du pouce beaucoup plus
long que le doigt; l'œil est surmonté d'un large
sourcil blanc. — Ce Pipit, que les Allemands appellent *Alouette des friches*, quitte nos contrées
et y revient en même temps que nos Pinsons. Il
niche dans les pays de montagne.

PIQUE-BŒUF (*Buphage*). Espèce de Passereau
conirostre, au bec droit, entier, presque quadran-
gulaire, un peu comprimé, à pointe renflée dessus et dessous, et obtuse; doigts totalement séparés, à ongles comprimés, arqués et aigus. —
Cet oiseau est africain. On le trouve au Sénégal,
vivant d'insectes, et principalement de ces larves
qui éclosent sur la peau des bœufs. Il doit, en
effet, son nom à l'habitude qu'il a de se cramponner sur le dos de ces ruminants, pour pincer
fortement leur peau avec son bec et en faire sortir les larves de Taons qui s'y logent, et qu'il
avale. Il reconnaît leur présence par les élévations du cuir. Le bœuf, qui sent qu'on le délivre

de ces hôtes parasites, se prête sans résistance aux opérations de l'oiseau.

Fig. 1082. — Pique-bœuf.

PIRIGARA (*Gustavia*), vulg. *Bois puant*. Genre de la famille des Myrtacées, renferme huit espèces, dont sept croissent à la Guyane et à l'île de Java. Ce sont des arbres élevés, à feuilles grandes, alternes, dentées ou très entières, glabres; à fleurs peu nombreuses, blanches, accompagnées de deux bractées et disposées en grappes terminales. — Le Pirigara a quatre pétales s'élève à environ 10 mètres sur un tronc mince, revêtu d'une écorce grisâtre, à bois blanc, souple et pliant; il répand une odeur infecte, qu'il conserve longtemps même après avoir été coupé.

PISE (*Pisa*). Genre de Crustacés décapodes, de la tribu des Maïens, dont la carapace se rétrécit graduellement dans ses trois quarts antérieurs, et dont les bords latéro-antérieurs se prolongent obliquement en ligne presque droite jusqu'à une petite distance de son bord postérieur; surface très bombée : yeux courtement pédonculés; 4 cornes frontales dirigées en avant, etc. Tout le corps de ces Crustacés est ordinairement couvert de poils, qui, souvent recourbés au bout, accrochent les corps qu'ils touchent, ce qui fait que ces animaux se montrent souvent couverts d'herbes marines et d'éponges.

La Pise tétraodon est longue de 5 à 7 cent., avec la carapace d'un quart plus longue que large, un peu bosselée en dessus, et 4 épines armant ses bords latéraux; mains renflées, pinces arrondies en dessus; tarse des pattes suivantes armé en dessous d'une rangée de dents spiniformes. — Ce Crustacé se trouve sur les côtes de France et d'Angleterre. On ne le mange pas.

PISSENLIT (*Taraxum*). Genre de Composées, de la tribu des Chicoracées; feuilles pinnatifides toutes radicales; hampes uniflores; fleurs jaunes : involucre à folioles nombreuses, inégales, imbriquées sur plusieurs rangs, toutes réfléchies à la maturité; réceptacle nu; akènes aigrettés.

Le Pissenlit commun (*T. dens leonis*, vulg. *Dent-de-lion*, est une plante vivace, herbacée, acaule, mais à pédoncules radicaux nus, fistuleux, très glabres, dressés ou couchés-ascendants; feuilles radicales, en rosette, roncinées, à lobes

dents-incisés inégaux; capitules terminaux, solitaires, à fleurons jaunes; fruits surmontés d'une aigrette stipitée. A l'époque de leur parfaite maturité, les folioles de l'involucre se rabattent, le réceptacle devient globuleux, les fruits s'écartent, leurs aigrettes se dilatent et forment une sorte de boule légère et plumeuse dont les diverses pièces ne tardent point à être entraînées par les vents : il ne reste plus alors qu'un réceptacle nu, à surface parsemée de petites alvéoles où chaque semence était logée par la base.

Le Pissenlit se trouve en fleur, pendant le printemps et l'été, dans toutes les pelouses sèches ou humides et les lieux incultes. Ces fleurs sont hygrométriques, elles s'étalent et se resserrent suivant le temps sec ou humide. Cette plante est un peu lactescente, et son suc laiteux est amer. On mange ses jeunes feuilles en salade; mais plus tard l'amertume augmente, et c'est alors qu'on récolte la racine et les feuilles pour l'usage médical. Le Pissenlit est tonique, désobstruant, diurétique sans doute, à en juger par son nom significatif.

Fig. 1083. — Pissenlit.

On donne son suc, son extrait, etc., dans les obstructions et les maladies de la peau.—Les bestiaux mangent la plante entière; les pourceaux aiment beaucoup ses racines.

PISTACHIER (*Pistacia*). Genre de la famille des Térébinthacées, tribu des Anacardiées, se composant d'arbrisseaux à feuilles trifoliées, imparipinnées, à fleurs petites et en grappes, dioïques. Dans les mâles, calice à 3 divisions linéaires très profondes, rarement 5; pas de corolle; 5 étamines. Dans les femelles, calice pareil, ovaire à une seule loge monosperme; 3 stigmates épais.

Le Pistachier franc (*P. vera*) est un arbrisseau dont la tige peut s'élever à 4 ou 5 mètres; dont les fleurs sont dioïques, petites, les mâles disposées en une sorte de grappe rameuse, les femelles en petits épis simples et triflores.—Cette espèce, originaire d'Orient, est cultivée et naturalisée dans toutes les parties méridionales de l'Europe. Son fruit (*Pistache*) est un drupe ovoïde, allongé, sec, dont l'amande est très agréable, et est employée par les confiseurs pour faire des dragées, des glaces et d'autres friandises. Ces amandes contiennent une assez grande quantité d'huile grasse, douce, verdâtre, qui se rancit

Fig. 1084. — Pistachier.

avec une grande facilité. On peut en préparer des émulsions comme l'on fait avec les amandes douces.

Le **Pistachier térébinthe** (*P. terebinthus*). Cette espèce est un peu plus petite que la précédente et en diffère par plusieurs caractères. — Elle croît spontanément en Orient, dans les îles de l'Archipel; elle est commune en Provence, dans les lieux pierreux et incultes. En pratiquant des incisions au tronc de cet arbrisseau, il s'en écoule un suc résineux épais, jaunâtre, d'une odeur suave et d'une odeur agréable, qui est la *Térébenthine de Chio*, ainsi nommée parce que c'est surtout dans cette île que l'on en fait la récolte.

Le **Pistachier lentisque** (*P. lentiscus*), encore plus petit que le précédent, croît dans les mêmes localités. Il fournit le *Mastic*, suc résineux qui découle d'incisions faites à l'écorce de l'arbrisseau. Cette substance se mâche pour parfumer les gencives, blanchir les dents et fortifier l'haleine. L'empire Ottoman en fait une grande consommation; la meilleure qualité est destinée au Sérail.

PISTIL. Partie de la fleur située au centre et qui consiste en une petite éminence de forme variable (ovaire), presque toujours surmontée d'une espèce de tige effilée (style), qui se termine par un petit évasement (stigmate). L'ensemble constitue l'organe sexuel femelle de la fleur. Cet ensemble est constitué par une ou plusieurs pièces soudées les unes aux autres, et qu'on nomme *carpelles*. Souvent chaque carpelle est désigné sous le nom de pistil, ce qui fait qu'on dit quelquefois les *pistils* d'une fleur, ou bien encore une fleur 1-2-3, etc., *pistillée.* — V. *Ovaire.* — Un carpelle n'a qu'une seule loge, qu'un seul style et qu'un stigmate : il en résulte que si l'ovaire est surmonté de plusieurs styles ou bien de plusieurs stigmates, ce qui se distingue mieux, cet ovaire appartient à plusieurs carpelles, lors même qu'il est uniloculaire.

PIVOINE (*Pæonia*). Genre de la famille des Renonculacées, dont les principaux caractères suivent : calice à 5 sépales persistants, inégaux; corolle de 5 à 10 pétales, très sujette à doubler; pétales grands, arrondis, ouverts, sans onglet; étamines au nombre de 100 à 300, à filaments courts et capillaires; 2 à 5 carpelles, entourés d'un disque charnu, et terminés par des stigmates

Fig. 1085. — Pivoine.

en forme de faux, épais, sessiles, colorés; 2 à 5 capsules uniloculaires, ovales-oblongues. — Voici les deux principales espèces :

La **Pivoine officinale** (*P. officinalis*), vulg. *Péone* ou *Pione*; c'est la Pivoine des jardins. Les racines tuberculeuses de cette plante produisent ordinairement une ou deux tiges de un à deux pieds de hauteur, peu rameuses, garnies de feuilles composées de folioles ovales, oblongues, entières ou découpées profondément, d'un très beau vert en dessus et quelquefois veinées de rougeâtre en dessous. Les fleurs de la Pivoine des jardins sont très volumineuses, très doubles, portées à l'extrémité des tiges, et pour l'ordinaire d'un très beau rouge cramoisi. Il en existe une variété à fleurs toutes blanches qui est rare.

« Cette même Pivoine simple croît naturellement dans les bois des Cévennes. On la multiplie dans les jardins en éclatant les vieux pieds à l'automne, mais on pourrait en semer les graines pour en obtenir des variétés. La Pivoine est une très belle plante d'ornement, qui croît dans tous les terrains et qui fleurit dans tout le courant du mois de mai. On lui accordait autrefois des propriétés médicinales fort extraordinaires.

« PIVOINE MOUTAN OU PIVOINE EN ARBRE. Cette magnifique plante, originaire de la Chine, est encore assez rare dans les jardins. Nous n'en possédons encore qu'une variété, tandis qu'à la Chine, où on la cultive depuis le quinzième siècle, on en possède de toutes les couleurs; celle que l'on cultive en France est un arbuste dont les tiges ligneuses ne s'élèvent pas au-delà de trois ou quatre pieds, tandis qu'à la Chine elle monte jusqu'à quinze. Les fleurs sont roses, solitaires et terminales. Elle craint la gelée, et il est prudent de la rentrer l'hiver. Cette belle plante, pour laquelle on dit que les Chinois ont fait des folies, se nomme chez eux *Mou-tan*, et paraît être sous la protection particulière de l'empereur, qui la nomme le *Roi des fleurs*. »

PLAGE. On désigne sous le nom de *Plage* la pente douce qui forme la séparation des terres et des mers; tandis qu'une *Falaise* est une côte terminée par des escarpements. Dans l'un et l'autre cas, on appelle *Côtes* les parties de terre qui avoisinent les mers. Lorsque des portions de terre qui s'élèvent au milieu des eaux sont trop petites pour être appelées îles, îlots, ou lorsque sans être tout à fait à découvert, elles approchent assez de la surface des eaux pour gêner la navigation, on leur donne le nom de *Bancs*, si elles sont formées de matières meubles sur lesquelles les embarcations pourraient échouer, et celui d'*Écueils* ou de *Récifs* si elles sont formées de matières cohérentes sur lesquelles les embarcations pourraient se briser. Cependant les écueils sont plus particulièrement des rochers au milieu des eaux, et les récifs des espèces de bandes qui se trouvent le long des terres, auxquelles ils tiennent ou bien dont ils ne sont séparés que par de petits bras de mer. On distingue enfin des *Plages de rochers*, des *Plages de galets*, des *Plages de sable* et des *Plages de vase*.

PLANAIRE (*Planaria*). Genre de Zoophytes de la classe des Entozoaires, renfermant des espèces de Vers aplatis, qui rampent à terre comme les limaces, et qui vivent également dans les eaux douces stagnantes et dans la mer; ils sont très voraces. Ils possèdent un système vasculaire très compliqué et une cavité digestive ramifiée, qui tantôt s'ouvre aux deux extrémités du corps, tantôt ne présente qu'une seule ouverture située sous le ventre. On remarque souvent chez eux des tentacules, et des points noirs qui sont probablement des yeux.

Le genre Planaire est subdivisé en 9 sous-genres : *Planocera*, *Stylochus*, *Eolidiceros*, *Proceros*, *Polycelis*, *Tricelis*, *Planaria*, *Geoplana*, et *Typhloplana*.

PLANÈTES (du gr. *planès*, errant). Nom donné à des corps célestes qui changent continuellement de situation dans le ciel, en décrivant autour du soleil des ellipses dont le centre de cet astre occupe l'un des foyers, et obéissant à une force qui agit en raison inverse du carré des distances de ce centre au leur. Les Planètes ne se meuvent pas toutes dans un même plan; leurs orbites sont inclinés les uns par rapport aux autres. Deux forces règlent tous les mouvements des Planètes : l'une, la *force centripète*, appelée aussi force d'attraction ou de gravitation, en vertu de laquelle tous les corps célestes s'attirent en raison directe des masses et en raison inverse du carré des distances; l'autre, la force *centrifuge* ou de *projection*, qui tend à faire mouvoir les Planètes en droite ligne, et qui, combinée avec la force d'attraction, leur fait décrire des ellipses dont le soleil occupe un des foyers.

Les anciens ne connaissaient que sept planètes : Saturne, Jupiter, Mars, le Soleil, Vénus, Mercure et la Lune. Ils croyaient la Terre stable et ne la comptaient point parmi les Planètes. Aujourd'hui le Soleil est regardé comme étoile, la Terre comme une Planète, la Lune comme un satellite de la Terre, et le nombre des Planètes s'augmente tous les ans. Les principales, après Mercure, Vénus, la Terre, Mars, Jupiter, Saturne, connues de toute antiquité, sont :

1. Uranus,	découverte par Herschell en	1781
2. Pallas,	— Olbers	1802
3. Junon,	— Harding	1804
4. Vesta,	— Olbers	1807
5. Neptune,	— Leverrier	1846

Toutes les analogies, a dit J.-J. Rousseau, sont pour la population des Planètes; il n'y a que l'orgueil humain qui soit contre.

PLANORBE (*Planorbis*). Genre de Coquilles d'eau douce, qui fut réuni d'abord aux Ammonites, plus tard aux Hélices par Linné, puis aux Lymnées par Cuvier, quant à l'anatomie de l'animal. Indiquons-en les caractères : coquille mince, discoïde, à spire aplatie et dont tous les tours sont apparents en dessus et en dessous; ouverture oblongue, point d'opercule. Animal conique, très allongé, fortement enroulé; manteau simple; pied ovale; tentacules filiformes et fort longs, ayant les yeux placés à leur base.

Toutes les espèces vivent dans les eaux douces des pays tempérés et froids.—Le PLANORBE CORNÉ (*P. corneus*) est l'espèce la plus grande ; cette coquille, qui a presque 3 centim. de long, est commune dans nos eaux douces. Sa couleur est d'un brun fauve, surtout en dessus, et d'un blanc jaunâtre en dessous. L'animal est d'un brun verdâtre.

PLANTAGINACÉES. Petite famille de Plantes herbacées, souvent acaules ; à feuilles souvent radicales, entières, dentées ou incisées. Fleurs hermaphrodites (unisexuées dans le genre *Littorella*), formant des épis simples, cylindriques, allongés ou globuleux: rarement fleurs solitaires. Calice à 4 sépales inégaux en forme d'écailles ; corolle tubuleuse à 4 divisions régulières : 4 étamines, naissant soit de la corolle (Plantain), soit du réceptacle (Littorelle) ; ovaire libre; style simple. Le fruit est une petite pyxide recouverte par la corolle qui persiste.

PLANTAIN (*Plantago*). Genre type de la famille des Plantaginées. Pas de tige ; feuilles radicales, étalées en rosette ; fleurs petites, réunies en épis très serrés au sommet d'un pédoncule plus ou moins long ; chaque fleur se montre, à l'aisselle d'une petite écaille, composée de bractées.

Les Plantains sont des végétaux herbacés, vivaces, quelquefois annuels, qui se multiplient considérablement dans les prairies épuisées, au bord des chemins, etc. Ils nuisent moins qu'on ne le pense : c'est à leur abondance sur les chaumes des Vosges et des Alpes que l'on doit la haute qualité du lait des vaches. Leurs graines sont mangées avec plaisir par les petits oiseaux. On a préconisé jadis la plante comme fébrifuge.

GRAND PLANTAIN (*P. major*). Plante vivace, acaule ; à feuilles étalées dressées, grandes, sinuées; pédoncules radicaux de 10 à 60 cent., dressés, cylindriques ; fleurs en épis cylindriques allongés. — Cette espèce est extrêmement commune aux bords des chemins, dans les décombres, les prairies, les villages. Elle fleurit tout l'été.

Le PLANTAIN MOYEN (*P. media*) a les feuilles plus grandes, appliquées sur la terre, ovales lancéolées ; pédoncules radicaux étalés-ascendants coudés ; fleurs en épis assez courts.—Il est assez commun dans les pelouses rases, les prairies, au bord des chemins.

Le PLANTAIN LANCÉOLÉ (*P. lanceolata*) a les feuilles plus aiguës, lancéolées; les pédoncules radicaux fortement anguleux ; les fleurs en épis courts compactes. — Espèce plus commune encore que la précédente.

PLANTAIN DES SABLES (*P. arenaria*) ou *Plantain psyllium*. Plante annuelle, pubescente, caulescente ; tige très feuillée, à feuilles opposées, linéaires aiguës, donnant souvent naissance, à leur aisselle, à des fascicules de feuilles ; pédoncules non radicaux mais axillaires, opposés, plus longs que les feuilles ; épis ovoïdes compactes. — Ce

Plantain croît aux lieux sablonneux, arides. Il porte des graines très riches en mucilage, que l'on emploie non-seulement en médecine comme émollientes, mais encore pour gommer les mousselines.

Le PLANTAIN CORNE DE CERF (*P. coronopus*) est une espèce annuelle, acaule, dont les feuilles sont pinnatipartites, étalées en rosette: pédoncules radicaux, longs de 5 à 20 centim., étalés ou ascendants, cylindriques, pubescents ; fleurs en épis linéaires oblongs; capsule à 3-4 loges, tandis

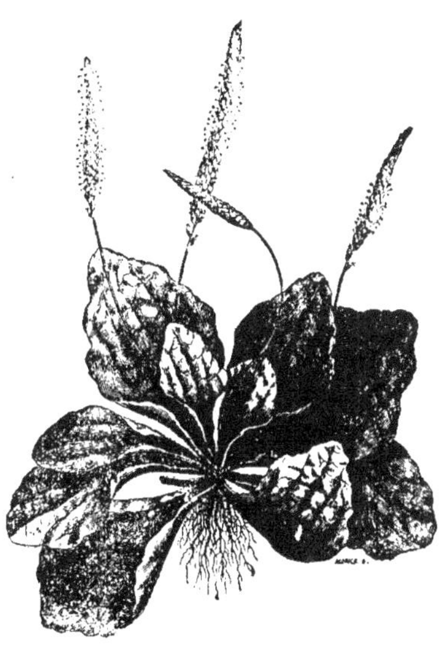

Fig. 1086. — Plantain à long épi.

qu'elle est à 2 loges dans toutes les espèces précédentes — On trouve ce Plantain dans les lieux secs, les pelouses des terrains sablonneux. On en mange les feuilles préparées en salade ou comme les épinards, dans certaines localités.—Il est encore d'autres espèces que nous passons sous silence.

PLANTAIN D'EAU (*Alisma plantago*). Cette plante, nommée vulgairement *Flûteau*, est l'espèce principale du genre Alisme, type de la famille des Alismacées. Elle est vivace ; sa tige lisse, nue, dressée, creuse, marquée de nœuds très espacés, s'élève jusqu'à 1 mètre, et donne naissance à sa partie supérieure à plusieurs verticilles de rameaux disposés en panicule rameuse; feuilles disposées en rosette radicale, ovales lancéolées; fleurs assez petites, hermaphrodites, d'un blanc rosé, verticillées; périanthe à 6 divisions dont 3 internes pétaloïdes; 6 étamines; carpelles nombreux disposés sur un seul rang en une tête déprimée.

Le Plantain d'eau est assez commun dans les fossés, les lieux marécageux, au bord des eaux, où il fleurit en été. On prétend qu'il est nuisible aux bestiaux.

PLANTAIN DE MOINE (*Littorella lacustris*). Nom vulgaire de la *Littorelle des étangs*, plante vivace, aquatique, de la famille des Plantaginacées; pas de tige; feuilles toutes radicales, linéaires aiguës, raides, épaisses, disposées en touffe; fleurs monoïques; pédoncules des fleurs mâles munis d'une bractée éloignée de la fleur; fleurs femelles cachées par la base des feuilles; filets des étamines 6-8 fois plus longs que le calice.—La Littorelle se développe sous l'eau et ne fleurit que dans les endroits desséchés, en juin-septembre. Ses rhizomes filiformes horizontaux donnent naissance, de distance en distance, à des individus isolés. Cette plante est assez rare du reste.

PLANTE. Corps organisé, dépourvu de sentiment et de mouvement volontaire, fixé au sol par des racines, naissant d'une semence, se développpant dans la terre, et montant à sa surface, au-dessus de laquelle il s'élève plus ou moins et produit ordinairement des feuilles, des fleurs et des fruits. Dans ce sens *Plante* est synonyme de *Végétal.* — V. *Corps.*

Les Plantes se distinguent en *annuelles, bisannuelles* et *vivaces*, selon qu'elles vivent une, deux ou plusieurs années. — Le nombre des Plantes connues aujourd'hui est de 44,000, dont environ 6,000 à organes sexuels cachés, ou *Agames*, et 38,000 à organes visibles, ou *Phanérogames*. Sur ce nombre on en attribue 7,000 à l'Europe, dont 3,645 phanérogames et 490 agames se trouvent en France, 6,000 à l'Asie, 5,000 à l'Océanie, 3,000 à l'Afrique, et 7,000 aux Amériques.

Le nombre des végétaux qui servent à l'alimentation de l'homme s'élève à plus de 8,000. M. Unger les divise en cinq catégories : 1° les féculents, *amylacea*, qui forment la base de toute nourriture végétale; 2° les oléifères, *oleosa;* 3° les saccharifères, *saccharina* seu *dulcia;* 4° les acidules, *acidula;* 5° les salins, *salina.* Sur une grande mappemonde, qui est jointe à son mémoire, il indique, par des signes conventionnels, la distribution géographique de ces catégories de Plantes alimentaires.

L'Étude botanique des Plantes repose sur leur *Classification* — V. ce mot.

PLANTIGRADES. Carnassiers qui, en marchant, appuient par terre toute la plante des pieds. — V. *Carnivores.*

PLANTULE. Embryon végétal à son premier développement. — V. *Graine, Germination.*

PLAQUEMINIER (*Diospyros*). Genre d'Arbres de la famille des Ebénacées, caractérisé par des fleurs incomplétement unisexuées : calice à 5 divisions profondes; corolle régulière, urcéolée, à 5 divisions étalées; 10 à 20 étamines, insérées à la base de la corolle; ovaire libre à 4-12 loges uniovulées; baie plurisperme, accompagnée par le calice étalé.

Le **Plaqueminier de Virginie** (*D. virginia*). Grand et bel arbre, à feuilles alternes, ovales, allongées; à fleurs d'une teinte brune, axillaires, courtement pédonculées; fruit globuleux, gros comme une cerise, charnu, d'abord rougeâtre, mais finissant par devenir noir, accompagné du calice persistant.

Cet arbre, qui atteint 20 mètres, est originaire de l'Amérique du Nord, mais parfaitement naturalisé dans nos parcs et jardins. Dans sa patrie on en tire un assez grand parti. Son bois est dur et sert à faire des manches d'outils et des bois de fusil; son écorce est amère et astringente : on l'emploie comme tonique et fébrifuge. Ses fruits ont une saveur douce, aigrelette et sucrée, qui les rend très agréables.

Le **Plaqueminier ébène** (*D. ebenum*), qui croît dans les Indes orientales et dans l'Afrique australe, est l'arbre auquel on rapporte le bois d'une belle teinte noire qu'on connaît sous le nom d'*Ebène.* Il est probable que plusieurs autres arbres à bois très foncé fournissent également un bois portant le nom d'ébène. Ce qui est fort remarquable, c'est que l'Aubier qui environne ce bois est au contraire d'un teint pâle. Tout le monde connaît les usages du *bois d'ébène*, si recherché dans les ouvrages de tour et la marqueterie.

PLATANE (*Platanus*). Genre d'Arbres dont la place n'est point fixée invariablement : on les plaçait parmi les Amentacées; d'autres pensent qu'on peut en faire une tribu des Urticacées, tandis que Lindley en a fait le genre type d'une petite famille, les Platanées, dont voici les caractères : fleurs monoïques, les mâles et les femelles sur des rameaux différents, disposées en chatons; involucre et calice nuls; étamines très nombreuses; ovaires très nombreux, rapprochés par paires; fruit petit, coriace.

Le **Platane oriental** (*P. orientalis*), ou mieux *Platane* tout simplement, est un arbre élevé, à épiderme se détachant par plaques; il s'élève à une grande hauteur et jette ses branches et ses rameaux dans tous les sens; ses feuilles sont très grandes, palmatilobées, alternes, à pétiole long, dilaté et creusé à la base pour recevoir le bourgeon; stipules caduques. Ses chatons paraissent avec les feuilles; ils sont espacés et sessiles sur de longs pédoncules pendants. — Cet arbre, originaire d'Orient, est planté en avenues et dans es promenades publiques.

Le **Platane d'Occident** (*P. occidentalis*), ou *Platane d'Amérique*, ressemb e beaucoup au précédent; seulement ses feuilles sont plus larges, présentent moins de découpures, sont plus dentées et plus anguleuses. — Il a été transporté de Pensylvanie en Europe vers le milieu du XVIIe siècle. Il aime le voisinage des lieux humides.

PLATINE (de *Platina*, mot espagnol dérivé de *plata*, argent). Métal d'un gris de plomb ou argentin, brillant, malléable, ductile, pesant 20,98, lorsqu'il a été purifié.

Il est complétement inaltérable à l'air, infusible au feu du chalumeau et par conséquent inoxydable, fusible par un feu soutenu, par le gaz oxygène ou par l'emploi du chalumeau de Brook. Le Platine est soluble dans l'eau régale, mais il faut que ce liquide marque 15 à 16° à l'aréomètre, sans quoi il n'attaque pas le Platine. Il se forme ainsi un hydrochlorate de platine qui précipite en jaune-serin par la potasse et l'ammoniaque. Le précipité est un sel double. Cette dissolution est, comme on sait, un excellent réactif pour distinguer la soude de la potasse, la première formant avec l'hydrochlorate de platine un sel double soluble. L'hydriodate de potasse très étendu lui donne une teinte jaune brunâtre, qui se fonce graduellement et devient d'un rouge vineux au bout d'un quart d'heure.

Le Platine se trouve dans la nature sous forme de petits grains aplatis; rarement ces grains ont la grosseur d'un pois ou d'une amande. Cependant on a trouvé des masses d'une livre et plus, et dans les monts Ourals, en Sibérie, on a découvert un morceau qui pesait près de neuf livres.

Le Platine n'est jamais pur. Il est toujours allié avec différents métaux, et particulièrement le rhodium, le palladium, l'iridium, l'osmium, le fer, le titane, la silice.

C'est une matière peu répandue à la surface du globe. Elle est disséminée dans des dépôts arénacés, entièrement semblables à ceux où l'on recueille le diamant et l'or. Partout où l'on trouve du Platine, on trouve également de l'or en paillettes. C'est donc par le lavage qu'on se procure ce métal.

C'est en 1741 qu'on a fait la découverte de ce métal dans la Colombie, provinces de Choco et de Barbacoas. Il existe aussi au Brésil, dans les provinces des Mines et de Mato-Grosso, à Saint-Domingue, en Sibérie, sur la pente occidentale de l'Oural. Vers la fin de 1833, MM. Gauthier de Claubry, Dargy et Michaud ont constaté l'existence du Platine dans certains minerais de galène.

La longueur et la difficulté des opérations auxquelles il faut soumettre le minerai de platine pour obtenir le métal font que celui-ci est assez cher. Mais son inaltérabilité le rendant très propre à une foule d'usages, on l'emploie dans beaucoup de circonstances : on en fait des chaudières, des alambics fort utiles dans les fabriques de produits chimiques, des creusets, des tubes et des capsules pour les laboratoires. On en fait en Russie des pièces de monnaie.

PLATRE (du gr. *plaster*, qui sert à modeler).

Sulfate de chaux calciné. On l'obtient sous forme de poudre blanche en calcinant le *gypse* ou *pierre à plâtre*. Les carrières de Montmartre, près de Paris, fournissent les meilleurs Plâtres pour la construction et le moulage; celles de Lagny (Seine-et-Marne) sont également renommées.

Employé comme amendement, le Plâtre a le triple avantage de donner de la vigueur à plusieurs plantes utiles, notamment aux légumineuses et aux luzernes, en diminuant les effets dissolvants de l'eau : d'arrêter le développement de beaucoup de végétaux nuisibles, comme les plantes marécageuses, et de fixer le carbonate d'ammoniaque des engrais en le convertissant en sulfate.

PLECTOGNATHES (du gr. *plektos*, entrelacé; *gnathos*, mâchoire). Ordre de Poissons osseux, dont la disposition des os qui forment la mâchoire supérieure constitue le caractère distinctif. Ainsi l'os maxillaire est soudé intimement avec l'inter-maxillaire, qui, à lui seul, constitue la mâchoire supérieure; et l'arcade palatine, réunie au crâne, n'a aucune mobilité. La cavité des branchies ne s'ouvre à l'extérieur que par une petite fente, les opercules étant cachés sous une peau épaisse. Les poissons de cet ordre établissent le passage des poissons ordinaires, auxquels ils appartiennent encore par leur structure générale, aux Cartilagineux ou Chondroptérygiens : leurs mâchoires ne sont pas aussi complètes que dans les poissons des premières familles, et leur squelette ne se durcit que tardivement. — On divise cet ordre en deux familles : les Gymnodontes et les Sclérodermes.

Gymnodontes (du gr. *gumnos*, nu; *gnathos*, mâchoire). Les dents sont remplacées par une substance d'ivoire qui a en quelque sorte la forme d'un bec de Perroquet. Ces poissons ont le corps plus ou moins arrondi et garni de piquants; ils peuvent, en avalant de l'air, se gonfler comme des ballons, et alors, ne pouvant plus se diriger, ils flottent à la surface de l'eau le ventre en dessus. On les a distingués, d'après le nombre des pièces éburnées qui garnissent leurs mâchoires, en *Diodons*, *Triodons* et *Tétradons*, selon qu'ils en ont deux, trois ou quatre qui représentent en quelque sorte les dents.

Sclérodermes (du gr. *scleros*, dur; *derma*, peau). Ils ont la peau dure et revêtue d'écailles rudes ; leur bouche se prolonge en un museau conique, et est armée de dents peu nombreuses, mais distinctes à chaque mâchoire. Ils ne se gonflent pas. Cette famille comprend les deux genres *Baliste* et *Coffre*. — Voir en outre les articles *Gymnodontes* et *Sclérodermes*.

PLÉSIOSAURE. Ce nom, qui signifie animal voisin du Lézard, a été donné à des animaux que l'on ne connaît que par les débris fossiles qu'ils ont laissés dans les couches des terrains secondaires. De Blainville les place entre les Chéloniens et les Crocodiles; il suppose qu'ils présentaient les caractères suivants : corps ovale, assez allongé, mou, au moins dans ses parties supérieures, pourvu en avant d'un très long cou, portant une très petite tête à mâchoires courtes, armée de dents en arrière ; une petite queue conique, et sur les côtés deux paires de membres entièrement penniformes, et formés de doigts non distincts sans ongles et entièrement cachés sous la peau. — Ces animaux étaient d'une taille variable suivant les espèces ; ils habitaient les eaux de la mer, offraient des caractères assez particuliers, et leur physionomie était certainement des plus curieuses. On trouve leurs débris en Angleterre et dans quelques provinces de France.

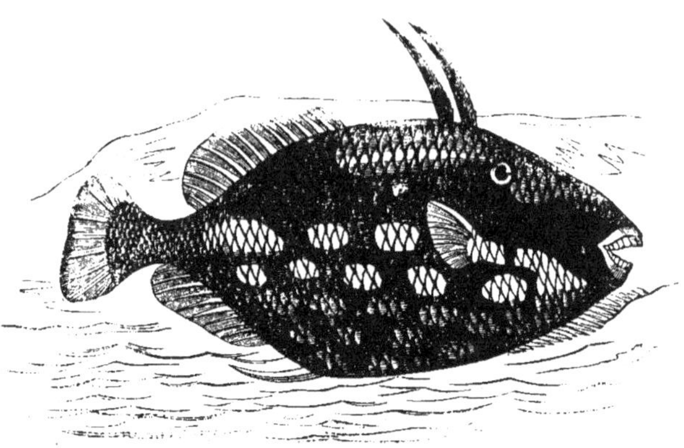

Fig. 1087. — Plectognathe (Baliste).

PLEUROBRANCHE (*Pleurobranchus*). Genre de Mollusques gastéropodes tectibranches, caractérisé par la position des branchies, situées d'un seul côté, entre le pied et le bord avancé du manteau. — Ces Mollusques sont de consistance très molle, leurs mouvements sont lents; on en trouve dans toutes les mers du globe, sur les côtes, sur des fonds de vase ou de gravier; ils semblent se nourrir de petits animalcules qui se tiennent sur les graviers; car on trouve souvent dans leur estomac de ces graviers qu'ils doivent rendre quand ils ont digéré les objets avec lesquels ils les ont avalés.

On décrit plusieurs espèces de Pleurobranches.

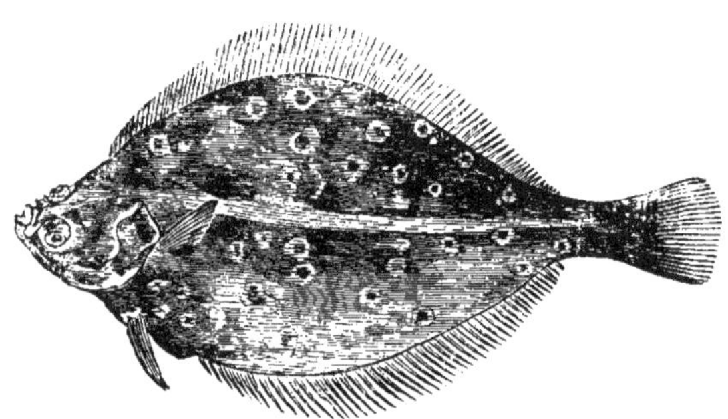

Fig. 1088. — Pleuronecte (Plie).

PLEURONECTES (du gr. *pleura*, côté ; *nektès*, nageur). Famille de Poissons de l'ordre des Malacoptérygiens subbrachiens, offrant un caractère très remarquable dans la disposition de leur corps, lequel, au lieu d'être symétrique, présente une disparité évidente entre leurs deux moitiés latérales. Ce sont des poissons plats, qui portent les deux yeux du même côté de la tête, tantôt à droite, tantôt à gauche ; bouche oblique ; nageoires impaires et déjetées d'un côté ou de l'autre, les pectorales étant l'une au-dessus du corps, l'autre au-dessous. — Ces poissons, qu'on surnomme *Poissons plats*, nagent assez mal et se tiennent habituellement cachés dans la vase, occupés à chercher leur nourriture. Les pêcheurs reconnaissent leur gîte à la saillie que le limon fait au-dessus de leur corps.

Les Pleuronectes renferment de nombreuses espèces, telles que les *Plies*, les *Flétans*, les *Turbots*, les *Soles*, les *Achires*, etc. — V. ces mots.

PLIE (*Platessa*). Genre de Malacoptérygiens subbrachiens, de la famille des Pleuronectes (V. ce mot), poissons plats, dont le corps, à forme rhomboïdale, est couvert de petites écailles molles, à peine visibles, ayant les yeux du côté droit, une rangée de dents à chaque mâchoire. — Il faut rapporter à ce genre la Plie franche ou *Carrelet* et la *Limande.* — V. ces mots.

PLOIÈRE (*Ploiaria*). Genre d'Hémiptères hétéroptères, voisin des Réduves. La forme allongée de ces insectes, ainsi que la structure de leurs pattes antérieures qui sont propres à saisir une proie, leur donnent de grands rapports avec les Mantes, lesquelles sont de l'ordre des Orthoptères. Les Ploières sont remarquables par la ténuité extrême de leurs pattes et de leurs antennes, dont le premier article est un peu plus gros à l'extrémité. La brièveté de leurs pattes antérieures fait prendre les antennes, au premier abord, pour les véritables pattes, dont elles remplacent même les usages. Elles se coudent, en effet, à partir de leur deuxième article, et servent, avec les quatre pattes de derrière, à soutenir le corps pendant la marche de l'insecte. Par ce moyen, les pattes antérieures restent libres ; elles sont aussi toujours prêtes à saisir les insectes qui se présentent à leur portée ; élevées sur leurs antennes et leurs longues pattes, les Ploières semblent montées sur des espèces d'échasses ; leur marche est lente, saccadée, mais elles prennent rapidement le vol lorsqu'on veut les saisir ; plusieurs ressemblent à des petites espèces de Diptères de la famille des Tipules. Elles vivent, à leur premier état, parmi les ordures des maisons, et s'y rencontrent plus rarement à l'état d'insecte parfait Leurs habitudes se rapprochent de celles de la Réduve masquée ; elles sont aussi, comme cette dernière, assez rares dans nos habitations.

PLOMB (*Plumbum*). Métal d'un gris bleuâtre, assez brillant dans une cassure récente, mais se ternissant rapidement, malléable, ductile, peu tenace ; un fil de deux millimètres de diamètre ne supporte qu'un poids de 8,818 kilog. Il est dense, ne présentant pas d'indice de clivage ; il n'est ni élastique ni sonore, et pèse 11,352. Il fond avant même de rougir, il n'est volatil qu'à une très

haute température. Chauffé avec le contact de l'air, il s'y oxyde facilement ; fondu, il cristallise par refroidissement en octaèdre.

Le Plomb peut se combiner avec les acides et former des sels qui pour la plupart sont insolubles. Ces sels se reconnaîtront aux caractères suivants : ils ont en général une saveur styptique et douceâtre ; ils précipitent en noir par l'acide hydrosulfurique, en blanc par la potasse, la soude et l'ammoniaque ; en jaune serin par le chromate de potasse ; en jaune orangé par l'hydriodate de potasse ; en blanc par l'acide sulfurique ; et, enfin, le Plomb métallique se dépose sur une lame de zinc placée dans une dissolution d'un sel de Plomb.

Le Plomb natif est fort rare dans la nature ; on ne l'a jamais trouvé qu'en grains ou en petites masses, et le plus souvent dans des laves, au Vésuve, à Madère, etc.

Le Plomb, à l'état métallique, est inusité en médecine, quoique en feuilles on l'ait substitué à la charpie dans le pansement des ulcères et des plaies atoniques. Les sels de Plomb sont très vénéneux ; néanmoins, l'*iodure de Plomb* est un stimulant et un résolutif qui a été conseillé dans les scrofules, les engorgements divers ; l'*acétate de Plomb*, les *oxydes de Plomb*, l'*extrait de saturne*, sont des astringents, des siccatifs, etc.

PLOMBAGINACÉES. Famille de Plantes dicotylédones monopétales, vivaces, parfois acaules, à feuilles toutes radicales ou alternes, entières ; à fleurs hermaphrodites disposées sur un réceptacle muni de paillettes ou rapprochées en un glomérule entouré d'un involucre, ou disposées en épis unilatéraux rapprochés en panicule : calice 5-denté, persistant ; corolle à 5 sépales soudés à la base, ou à limbe 5-partit, hypogyne, à préfloraison imbriquée-contournée : 5 étamines, opposées aux lobes pétaloïdes ; ovaire libre, à 5 carpelles uniloculaires et monospermes. Styles 3-5 à stigmates subulés. Le fruit est un akène enveloppé par le calice.

Les genres indigènes de cette petite famille sont la *Dentelaire* et le *Statice*.

PLOMBAGINE. — V. *Graphite*.

PLONGEON (*Colymbus*). Genre d'Oiseaux de l'ordre des Palmipèdes : bec lisse, droit, comprimé, pointu ; doigts antérieurs complétement palmés ; ailes aiguës ; queue arrondie. — Ce sont des oiseaux essentiellement aquatiques et maritimes, qui vivent de poissons, de mollusques, poursuivant leur proie jusqu'au fond de l'eau. On les rencontre sur le bord des rivières, des étangs, des marais, dans les climats froids et tempérés. Ils nagent avec une extrême facilité ; mais leur locomotion sur la terre est difficile, incertaine, à cause de la direction presque perpendiculaire de leur corps ; ils volent assez bien pour traverser une contrée et émigrer. Leur nichée a lieu sur les îlots, les caps, les promontoires. Les Plongeons passent quelquefois, en hiver, dans nos contrées septentrionales.

Le Plongeon Imbrim (*C. glacialis*) ou *Grand Plongeon* a la tête et le cou noir bleuâtre, avec un collier formé de traits blancs et de taches carrées blanches sur le dos et les scapulaires; le dessous du corps est blanc ; la taille est de 80 centim. environ. — Cet oiseau est abondant en Suède, en Norwége, aux Hébrides ; les jeunes sont de passage annuel sur les lacs de France. Il se nourrit particulièrement de harengs. Sa ponte est de 2 œufs d'un blanc isabelle marqué de grandes et petites taches d'un cendré pourpré.

Le Plongeon Cat-marin (*C. septentrionalis*), connu sur les côtes de la Picardie sous le nom de *Cat-Marin*, y arrive, dit Vieillot, « avec les Macreuses et se prend souvent dans les filets que les pêcheurs tendent à ces oiseaux; il s'en éloigne pendant l'été, et niche, au rapport des matelots, dans les Sorlingues sur des rochers. Ce grand destructeur de frai de poisson entre, avec la marée, dans les embouchures des rivières où il se nourrit de préférence de petits merlans, du frai de l'esturgeon et du congre; les jeunes, moins habiles, ne mangent que des crevettes. » Il pond 2 œufs d'un brun olivâtre marqué de taches brunes peu nombreuses.

Le Plongeon Lumme (*C. arcticus*) abonde aussi dans le Nord ; il émigre en hiver dans les pays tempérés de l'Europe. — Les Lapons se font des bonnets avec sa peau. C'est un crime, aux yeux des Norwégiens, de détruire cet oiseau, parce qu'il présage le beau temps ou la pluie par ses différents cris.

PLONGEURS ou Brachyptères. Famille de *Palmipèdes*. — V. ce mot. — Leurs jambes sont, plus que dans tous les autres oiseaux, implantées en arrière, d'où leur marche pénible et leur station presque verticale ; aussi mauvais voiliers que marcheurs, en général, ils sont en quelque sorte attachés à la surface des eaux, leur plumage est des plus serrés à cause de cela.

PLONGEUR ou Cincle plongeur. Nous revenons sur l'histoire de cet oiseau (V. *Cincle*) pour la compléter. « Il habite l'Europe, fréquente le bord des ruisseaux clairs et rapides pour y chercher les insectes aquatiques, les mollusques et les crevettes dont il se nourrit; mais ce qui donne à son histoire un intérêt tout particulier, c'est la singulière faculté qu'il possède de marcher au fond de l'eau. Les oiseaux nageurs ont les pieds palmés, les oiseaux à longues jambes ne s'enfoncent dans l'eau qu'autant que leur corps n'y trempe point: le Cincle, qui n'est ni palmipède ni échassier, y entre tout entier, s'y promène comme s'il était sur la terre, y marche à pas comptés, soit en suivant la pente du lit, soit en le traversant d'un bord à l'autre. Dès que l'eau est au-dessus de ses genoux, il déploie ses ailes, les laisse pendre,

et les agite par une sorte de tremblement, puis se submerge jusqu'au cou et ensuite par-dessus la tête, qu'il porte sur le même plan que s'il était en l'air, descend au fond, va et revient sur ses pas; le parcourt en tous sens, tout en gobant les crevettes et les insectes d'eau douce, dont il fait sa principale nourriture. » Ceci est très joli et non

Fig. 1089. — Cincle plongeur.

moins extraordinaire; mais est ce vrai ? Nous avons déjà dit que le Cincle ne marche pas au fond de l'eau comme l'ont pensé les amis du merveilleux.

Le chant de cet oiseau est très doux; il fait entendre en outre deux cris différents, l'un aigu, l'autre dur et crépitant. Il niche sur le bord des cascades; son nid est volumineux et ouvert sur le côté; il se compose de mousse et d'herbes entrelacées; la ponte est de 4 à 6 œufs, d'un blanc mat.

PLUIE. Eau qui tombe des nuages. Lorsque, par une cause quelconque, l'équilibre des vapeurs à l'état vésiculaire constituant les nuages se trouve rompu, ces vapeurs se condensent et tombent en gouttes. Plusieurs causes concourent à la condensation et à la précipitation des vapeurs dont se composent les nuages. Les principales sont : l'abaissement de la température ; un courant d'air froid ; le transport d'un nuage dans un courant d'air froid ; l'intervention du fluide électrique dans les Pluies d'orage. — V. *Nuage*.

Les pays montagneux sont ceux qui reçoivent la Pluie en plus grande quantité, parce que chaque sommet de montagne forme une pointe qui soutire le fluide électrique, et par ce trouble jeté dans les nuages, en modifie la constitution. C'est en conséquence de cela que les côtes orientales de la Norwége et de l'Ecosse reçoivent à leur surface une grande quantité de pluie atmosphérique;

tandis qu'aux environs de Lima et sur toute la côte du Pérou, où le tonnerre ne se fait jamais entendre, on ne connaît pas la pluie.

Les vocables populaires pluies de grenouilles, de sang, de soufre, doivent être expliqués.

Pluie de grenouilles. Le nombre des grenouilles n'est jamais plus considérable que dans les années chaudes et pluvieuses. Il n'est pas rare alors qu'un peu de sécheresse vienne sur la fin de l'été contraindre ces animaux à se cacher sous terre. S'il survient ensuite une forte Pluie d'orage qui inonde subitement leur retraite, on en voit sortir en quantité si prodigieuse, que le sol en est jonché, et que l'on dit qu'il y a eu une *Pluie de grenouilles :* dans ce cas, il y a erreur; mais il paraîtrait qu'il tombe quelquefois véritablement des grenouilles de l'atmosphère : elles ont alors été enlevées de terre par quelque coup de vent, ou attirées par une cause quelconque, et transportées à une distance considérable. — C'est la même explication qu'on doive donner des *Pluies de crapauds.*

Pluie de sang. Cette prétendue espèce de Pluie est due, soit à des gouttes de liqueur rouge déposées par des papillons au sortir de leur chrysalide, soit à diverses espèces de cryptogames, soit enfin à ces petits crustacés rouges appelés *Daphnies,* dont la fécondité est si prodigieuse, que, malgré leur extrême petitesse, ils forment quelquefois à la surface des eaux qu'ils habitent une couche de plusieurs millimètres d'épaisseur. C'est dans ces diverses explications qu'il faut rechercher l'origine des *neiges rouges* et des *grêles rouges.*

Pluie de soufre. Le Pollen de certaines plantes de la famille des conifères (pin, sapin, cèdre, if, etc.), en se répandant sur la surface de la terre des pays où ils croissent, produit une couleur jaune qui a fait croire, dans les temps d'ignorance, qu'il tombait réellement des *Pluies de soufre.*

Fig. 1090. — Plumatelle.

PLUMATELLE (*Plumatella*). Genre de Molluscoïdes, ou Tuniciers (V. ce mot), du groupe des Bryozoaires, rangés par Linné, Cuvier, parmi les Polypes, et ainsi nommés à cause du panache plumeux que forment leurs tentacules. — Ce sont des Bryozoaires (V. ce mot) d'eau douce, Zoophytes rétractiles dans des tubes membraneux de la nature du parchemin, lesquels se ramifient diversement. Ils ne sont pas rares dans nos marais.

PLUMES. Elles présentent dans leur structure toutes les conditions d'une grande légèreté unie à un certain degré de résistance. Elles sont remplies d'air, garnies de barbes plus ou moins fortes, selon qu'elles appartiennent aux ailes ou à la queue; étagées de manière qu'en se recouvrant en partie les unes les autres, elles sont impénétrables à l'air, et lui offrent une grande résistance, et que l'enduit plus ou moins huileux qui leur sert de vernis les rend impénétrables à l'eau. Les oiseaux aquatiques, qui par leur genre de vie ont un plus grand besoin d'entretenir cet enduit, sont munis d'un organe qui le sécrète en plus grande abondance que dans les autres oiseaux. Une glande placée à la partie postérieure du croupion le produit : ils la pressent avec le bec, et recouvrent d'une légère couche de cette humeur leurs Plumes, qu'ils affermissent ainsi en leur donnant un nouveau lustre.

Les couleurs irisées et changeantes qui donnent un si bel éclat au plumage de certains oiseaux, ne paraissent dues qu'à des accidents de lumière. Cependant un auteur prétend avoir découvert une sorte de *pigmentum* dans beaucoup de cas. — Les Plumes sont d'une remarquable inaltérabilité. G. Saint-Hilaire a rapporté d'Égypte un squelette de Busard dont le plumage, conservé depuis plus de 4,000 ans dans les catacombes de Thèbes, est d'une parfaite intégrité.

PLUVIER (*Charadrius*). Genre d'Oiseaux de l'ordre des Échassiers, famille des Pessirostres, dont voici les caractères : bec court, comprimé, renflé vers son extrémité, rendu faible par les ouvertures nasales qui occupent les 2 tiers de sa longueur de chaque côté; tarses grêles; pas de pouce, le doigt externe et le médius unis par une petite membrane, l'interne libre; ailes suraiguës; queue arrondie ou carrée.

Les Pluviers fréquentent les prairies, les bords de la mer et des fleuves. Ils aiment la société de leurs semblables et voyagent par troupes. Si tous n'ont pas les mêmes habitudes, tous se nourrissent d'insectes, de vers et de larves. Ils nichent à terre et leur ponte est peu nombreuse. — L'Europe possède cinq espèces de ce genre.

Le **Pluvier doré** (*C. pluvialis*) est un oiseau assez commun, dont le plumage est noirâtre, pointillé de jaune, avec la gorge et le ventre blancs. — On l'a nommé *Pluvier* parce qu'il passe chez nous à l'époque des pluies du printemps et de l'automne. Répandu sur presque toute la terre, il vit par troupes nombreuses sur les bords de la mer et des marais. Il pousse un petit cri fréquent, et bat le sable humide avec ses pieds pour en faire sortir les petits animaux dont il fait sa nourriture. C'est dans les régions boréales qu'il va nicher : sa ponte est de 3 à 5 œufs d'un jaune verdâtre, ponctué et tacheté de gris foncé. Le Plu-

Fig. 1091-1092. — Pluvier doré (mâle et femelle).

vier est un gibier recherché lorsqu'il est gras. Le PLUVIER GUIGNART (*C. morinellus*), dont nous ne décrirons pas le plumage variable suivant la saison, n'est que de passage en France et se tient

Fig. 1093-1094. — Pluvier guignart (mâle et fem.).

dans les lieux déserts et marécageux. On prétend que sa chair est plus délicate que celle du Pluvier doré. Elle est répandue dans toute l'Europe, mais plus dans le nord que dans nos contrées.

Fig. 1095-1096. — Pluvier à collier (mâle et fem.).

Ce Pluvier est indolent et stupide; aussi profite-t-on de son imbécilité pour lui tendre des piéges dans lesquels il donne sans la moindre défiance. — Il suffit, dit M. Degland, d'en avoir blessé un pour voir toute la troupe venir tournoyer au-dessus de lui, et se laisser fusiller avec une stupidité remarquable. On peut, quand on a l'habitude de la chasse, détruire en un instant la bande entière.

Nous passons sous silence le *Pl. à collier*, le *petit Pl. à collier* et le *Pl. à collier interrompu*.

PODARGE (*Podargus*). Genre d'Oiseaux dont les formes, la couleur et les habitudes sont les mêmes que celles des Engoulevents. — Ils appartiennent exclusivement aux îles d'Asie et à l'Australie.

Le Podarge cendré (*P. cinereus*) est un oiseau robuste, à plumage brun, varié de noir, de gris, de blanc et de roussâtre. — Cette espèce habite la Nouvelle-Hollande, où elle fréquente les grands bois. Oiseau nocturne, il se tient perché, immobile, le cou rentré, et ne quitte cette attitude endormie qu'au crépuscule, pour chasser la nuit les insectes et les petits oiseaux dans leurs nids. Dans la saison des amours, le mâle appelle sa fe-

Fig. 1097-1098. — Podarge (mâle et femelle).

melle en roucoulant comme un Pigeon ; s'il survient un rival, il pousse des espèces de rugissements, puis le combat s'engage et dure jusqu'à ce que l'un des combattants soit tué ou mis en fuite. Il paraît que, pendant les grands froids, le Podarge se tient immobile sur la même branche jusqu'au retour de la chaleur.

PODURE (*Podura*). Genre d'Insectes aptères de l'ordre des Thysanoures, ayant pour caractères : tête distincte ; 2 antennes droites de 4 articles ; abdomen allongé, presque linéaire, velu, terminé par une queue fourchue qui se replie sous le ven-

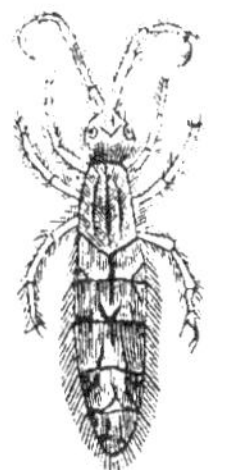

Fig. 1099. — Podure.

tre, sorte d'appendice qui leur sert comme d'un ressort tendu, pour sauter souvent avec plus de force. — Les Podures sont très petits et pullulent sous les pierres ou sur les feuilles de plantes qui vivent dans les eaux dormantes. Il y a d'ailleurs des espèces aquatiques et des espèces terrestres ; les premières ne peuvent vivre longtemps hors de l'eau. Plusieurs se tiennent en sociétés nombreuses sur la terre et les chemins sablonneux, ressemblant de loin à de petits tas de poudre à canon. Ces insectes sont ovipares et ne subissent aucune métamorphose ; en sortant de l'œuf, ils ont les formes qu'ils auront toute leur vie.

Le Podure aquatique (*P. aquatica*) est l'une des espèces les plus communes ; sa longueur est d'une demi-ligne ; sa forme est cylindrique, sa couleur noire. — Il vit en rassemblements nombreux sur les feuilles des plantes aquatiques et l'eau stagnante des marais.

Le P. porte-anneau (*P. arborea*) est une des espèces les plus grandes du genre (3 à 4 millim.). D'un noir lisse et brillant, avec la base des antennes et du thorax jaune ; pattes et appendices saltatoires blanchâtres. — Se trouve communément sur les troncs vermoulus dans les bois.

POECILOPODES ou **POECILOPES** (du gr. *poïkilos*, divers : *pous*, pied). Ordre de la classe des Crustacés, qui se distingue de tous ceux de la même classe par l'absence des mandibules et des mâchoires. Le corps de ces animaux est généralement recouvert d'un test en forme de bouclier, composé d'une ou deux pièces. Ils ont deux yeux au moins, qui souvent sont peu sensibles, et deux sortes de pieds, les uns préhenseurs et les autres natatoires et branchiaux : de là l'origine de leur nom de famille. — Ces Crustacés sont tous parasites, si l'on excepte toutefois les Limules. — Ils composent trois familles :

Les Xiphosures, qui n'ont pas les organes de

a manducation disposés en trompe, et dont le test concave se termine par un long appendice mobile en forme de stylet ou de sabre : *Limule;*

Les Siphonostomes, qui renferment les genres dont la bouche est disposée en siphon, tels que les *Argules,* les *Caliges,* les *Cécrops;*

Les *Lernéides,* dont il a été question déjà aux mots *Lernée* et *Lernéide.*

POIREAU ou Porreau *(Allium porrum).* Espèce du genre *Ail* (V. ce mot), dont le bulbe est allongé, la tige haute de 80 cent. à 1 m., garnie de feuilles planes, pliées en gouttière, etc. — Cette plante est cultivée dans tous les jardins pour l'usage des cuisines.

POIRÉE. Espèce du genre *Bette.* — V. ce mot.

POIRIER *(Pyrus).* Genre de la famille des Rosacées, tribu des Pomacées; arbres et arbrisseaux souvent épineux, à feuilles simples, entières ou dentées; à fleurs blanches, grandes, en corymbes simples ou rameux : calice à 5 lobes réfléchis; 5 pétales étalés, concaves; ovaire adhérent à 5 loges biovulées et à 5 styles; le fruit est pyriforme, non ombiliqué à la base comme celui du Pommier, et se nomme Poire.

Poirier commun *(P. communis).* Arbre plus ou moins élevé; feuilles longuement pétiolées, ovales-oblongues, finement dentées ou crénelées, un peu coriaces, luisantes; fleurs assez grandes, longuement pédicellées, etc.

Le Poirier est quelquefois spontané ou naturalisé dans les bois; mais cet arbre est cultivé partout et de temps immémorial. Aussi bien sa culture a donné naissance à d'innombrables variétés ou sous-variétés plus ou moins distinctes par la forme, la couleur et la saveur du fruit. Ce fruit, de saveur acerbe chez la plante sauvage, a une saveur plus ou moins sucrée chez la plante cultivée. Les *Poires* dites fondantes, les Doyennés, les Bergamottes, les Muscats, les Mouille-bouche, etc., sont les espèces les plus estimées. On les mange crues ou cuites, desséchées ou confites, etc. — Les Poires ne passent à la fermentation acide qu'après avoir subi un premier degré de fermentation, pendant lequel elles se ramollissent de l'intérieur à l'extérieur, en conservant une saveur sucrée. Les Pommes, au contraire, après la maturité, passent sans transition à la fermentation acide.

Quant au bois du Poirier, il est excellent pour le chauffage; l'ébénisterie le met à profit, ainsi que l'art du luthier.

POIS *(Pisum).* Genre de Légumineuses; plantes annuelles, grimpantes, généralement connues; leurs fleurs sont blanches ou rougeâtres, en grappes pauciflores : calice campanulé à 5 divisions foliacées presque égales, les 2 supérieures plus amples; étamines diadelphes. Le fruit est un légume oblong, polysperme, à graines globuleuses.

Pois cultivé *(P. sativum),* vulg. *Petit-Pois.* Tiges de 80 cent. à 1 m. 50, glabres; feuilles à folioles oblongues, sinuées ondulées, stipules foliacées plus amples que les folioles; fleurs blanches, par 2 ou plusieurs au sommet des pédoncules. — Cette plante bien connue est cultivée dans les potagers et en plein champ, pour ses graines qui se mangent en vert et qui sont très recherchées sous le nom de *Petits-Pois.* C'est, au surplus, un aliment délicat et fort sain. On en distingue, sur les marchés, beaucoup d'espèces qui sont plus ou moins estimées.

« Les cosses des Pois verts forment une fort bonne nourriture pour les vaches laitières; aussi les ramasse-t-on à pleines charretées, à Paris, pour les nourrisseurs qui tiennent d'excellentes vaches dont le lait se vend également à Paris.

« Les Pois sont susceptibles d'être attaqués par un petit insecte analogue au Charançon; mais bien qu'ils les perforent et qu'ils en mangent une partie, on peut encore les semer et ils lèvent fort bien; mais quand on veut les manger, il faut les échauder afin d'en chasser ces insectes. »

Pois des champs *(P. arvense),* vulg. *Pisaille, Pois gris.* Tiges de 30-80 cent., glabres; feuilles à folioles oblongues, stipulées; fleurs à ailes et à étendard d'un rouge violet, disposées 1-3 au sommet des pédoncules. — Cette espèce est cultivée en plein champ, quelquefois subspontanée dans les moissons. Ses graines sont globuleuses-déformées, tachées de brun. Elles ne sont guère employées que pour nourrir les pigeons. La plante entière se coupe quelquefois en vert comme fourrage; mais ordinairement on réserve la fane sèche pour la donner aux moutons pendant l'hiver, c'est ainsi que l'on cultive le Pois gris, en très grandes pièces, dans la Normandie.

A l'article *Gesse,* il est fait mention du *Pois carré,* du *Pois de senteur* et du *Pois chiche.*

POISSONS. Quatrième classe de Vertébrés; animaux aquatiques, ovipares, à circulation double, dont la respiration s'opère uniquement par l'intermédiaire de l'eau, non pas au moyen de poumons, mais de branchies. La forme extérieure des Poissons varie. Leur corps est tout d'une venue; leur tête, aussi grosse que le tronc, n'en est pas séparée par un rétrécissement ou cou; leur queue, par sa grosseur vers sa base, ne se distingue pas du reste du corps. Les membres sont excessivement réduits, parce qu'ils sont inutiles; les parties qui sont les analogues des os des bras et des jambes sont très raccourcies ou même entièrement cachées. La peau est quelquefois nue ou à peu près; mais presque toujours elle est recouverte d'écailles, et celles-ci ont la forme de grains rudes, de tubercules, de plaques, ou, plus souvent, de lamelles fort minces, se recouvrant comme des tuiles et enchâssées dans des replis du derme. Les couleurs dont les Poissons sont ornés étonnent par leur variété et leur éclat; la matière argentée qui leur donne souvent un éclat métallique si beau est sécrétée par le derme, et se compose d'une multitude de petites lames polies.

Reprenons l'étude des Poissons, en considérant successivement les trois grands systèmes organiques de Relation, de Nutrition et de Reproduction.

Organes et fonctions de relation. Le squelette des Poissons présente deux modifications essentielles : ou bien les os sont durs comme ceux des autres vertébrés, ou bien ils sont moins solides et comme cartilagineux : de là la division de ces animaux en *Osseux* et en *Chondroptérygiens*, sur laquelle nous reviendrons. Les os ne présentent jamais de canal médullaire, et les cartilages diffèrent de ceux des Mammifères et des Oiseaux en ce que, par l'ébullition, ils ne donnent pas de gélatine. La structure de la tête est très compliquée : on y distingue les analogues de l'occipital, des temporaux, des sphénoïdes, des pariétaux, du frontal, de l'ethmoïde et du vomer; mais la plupart de ces parties sont composées de plusieurs pièces qui ne se soudent jamais, comme cela arrive de bonne heure pour les Mammifères et les Oiseaux. La colonne vertébrale présente une portion dorsale et une portion caudale, car il

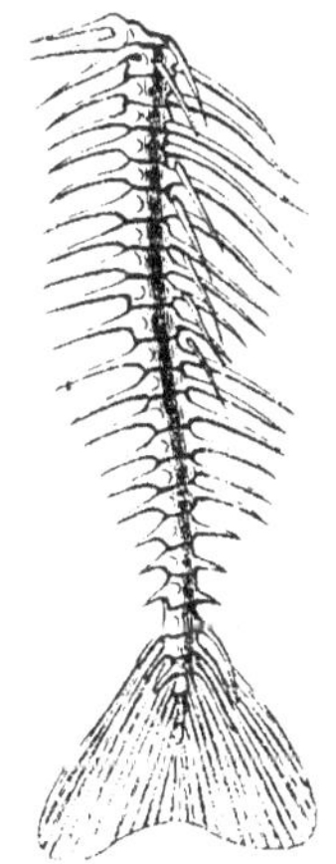

Fig. 1100. — Squelette de Poisson.

n'y a ni cou ni sacrum ; le corps des vertébrés a une forme particulière : l'anneau destiné au passage de la moelle épinière est surmonté d'une apophyse épineuse, et de chaque côté on voit en général une apophyse transverse plus ou moins distincte. Les côtes manquent quelquefois ; d'autres fois, au contraire, elles enceignent tout l'abdomen ; et, chez un petit nombre de Poissons, elles viennent se fixer à une série d'os impairs que l'on doit considérer comme un sternum ; souvent elles portent un ou deux stylets qui se dirigent en

dehors au milieu des chairs, ce qui multiplie les arêtes. On trouve encore, sur la ligne médiane du corps, un certain nombre d'os, nommés *interépineux* (fig. 1000) qui, en général, s'appuient contre le bout des apophyses épineuses des vertèbres, leurs extrémités supérieures formant des rayons *épineux* ou *mous* : ce dernier cas se présente toujours dans la nageoire caudale.

Les membres sont représentés par les nageoires, qui sont terminées par des rayons mous ou articulés, où l'on peut trouver les analogues des os du carpe et des phalanges. Aux nageoires pectorales, qui sont des sortes de membres antérieurs, on peut reconnaître les représentants des os du bras et de l'avant-bras, etc. — Mais nous n'avons que faire d'une étude anatomique si subtile. Le membre postérieur est moins compliqué : les rayons de la nageoire ventrale ne sont portés que par un seul os, en général triangulaire, qui souvent vient s'attacher en avant à la symphyse médiane de la ceinture osseuse du membre pectoral, et qui d'autres fois reste suspendu dans les chairs.

La plupart des Poissons nagent avec une grande rapidité : ils se meuvent en frappant latéralement l'eau par des flexions alternatives de la queue et du tronc; les nageoires médianes (caudale, dorsale et anale) servent à augmenter l'étendue de cette espèce de rames, mais les nageoires latérales (pectorales et ventrales) ont, en général, pour usage d'influer sur la direction de la course, et surtout de maintenir l'animal en équilibre. Chez un petit nombre de Poissons, les nageoires pectorales prennent un développement extrême et permettent à l'animal de se soutenir quelques instants dans l'air. Quelques rares espèces exécutent une sorte de reptation à terre (V. *Polyacanthe*), de grimpement sur des arbres, mais ces exemples sont bien rares.

La natation des Poissons est singulièrement favorisée par la *vessie natatoire*, qui est une espèce de poche remplie d'air, placée dans l'abdomen, sous l'épine dorsale. Cette poche communique souvent avec l'œsophage ou avec l'estomac par un canal à travers lequel l'air contenu dans son intérieur peut s'échapper; mais en général ce fluide ne paraît pas y pénétrer par cette voie : il est le produit d'une sécrétion ayant son siége dans une portion glandulaire des parois du réservoir lui-même, et quelquefois celui-ci est complètement fermé. Par les mouvements des côtes, cette vessie élastique est plus ou moins comprimée; et, suivant le volume qu'elle occupe, elle donne au corps du Poisson une pesanteur spécifique égale, supérieure ou inférieure à celle de l'eau, et le fait ainsi rester en équilibre, descendre ou monter dans ce liquide. On a remarqué qu'elle manque souvent, et que généralement elle est très petite dans les espèces destinées à nager au fond des eaux ou même à s'enfouir dans la vase, telles que les Raies, les Soles, les Turbots et les Anguilles ; quelquefois cette vessie natatoire est membraneuse et reçoit beaucoup de vaisseaux sanguins, de façon à ressembler à un poumon.

Les sens sont assez obtus. Les narines consistent en de simples fossettes creusées en cul-de-sac au bout du museau, presque toujours percées de deux trous, et tapissées d'une pituitaire plissée très régulièrement ; ni l'air ni l'eau ne les traversent. — Les yeux sont habituellement de grande dimension ; ils ont la forme sphéroïdale, sont placés ordinairement de chaque côté de la tête ; mais dans quelques cas, ils sont dirigés en haut et en arrière ; la cornée est très plate ; peu d'humeur aqueuse ; cristallin très dur et presque globuleux. — Le goût doit avoir peu d'énergie, puisque la langue est en grande partie membraneuse ou osseuse, souvent garnie de dents ou d'autres enveloppes dures. — L'organe de l'ouïe est des plus simples. — Le sens du toucher n'a presque aucun développement à cause de l'enveloppe écailleuse du corps. Les Poissons ne peuvent produire des sons, n'ont pas de voix. — Renvoyons, au reste, le lecteur aux articles *Olfaction, Vision, Audition, Gustation, Toucher* et *Encéphale*.

Organes et fonctions de nutrition. La bouche n'est entourée d'aucune glande salivaire : l'os intermaxillaire forme, dans le plus grand nombre de Poissons, le bord de la mâchoire supérieure ; il a derrière lui le maxillaire ; une arcade palatine fait, comme dans les Oiseaux et les Serpents, une sorte de mâchoire intérieure et fournit, en arrière, l'articulation à la mâchoire inférieure, qui a généralement deux os de chaque côté. Il peut y avoir des dents à l'intermaxillaire, au maxillaire, à la mâchoire inférieure, au vomer, aux palatins, à la langue, aux arceaux des branchies et jusque sur les os situés en arrière de ces arceaux et nommés os pharyngiens. L'œsophage est court ; l'estomac et les intestins varient pour la forme et les divisions. Le foie est généralement grand et d'un tissu mou ; pas de pancréas. La position de l'anus varie beaucoup : quelquefois il se trouve sous la gorge, d'autres fois à la base de la queue. Les Poissons sont très voraces : ils s'entre-dévorent les uns les autres ; les mollusques, les crustacés deviennent leur proie malgré leur enveloppe calcaire protectrice. La digestion paraît se faire très rapidement, et le chyle est absorbé par de nombreux vaisseaux lymphatiques qui aboutissent par plusieurs troncs dans le système veineux, près du cœur. — V. *Digestion*.

Ce serait le moment de parler de la *Circulation* des Poissons, si ce sujet n'avait été étudié déjà. — V. *Circulation*. — Leur sang, comme il a été dit déjà, est rouge. Le cœur, placé sous la gorge, se compose d'une oreillette et d'un ventricule, et correspond par ses fonctions à la moitié droite du même organe chez les Mammifères. Il ne reçoit en effet que du sang veineux, qui, poussé dans les branchies par le ventricule, se dirige par l'artère dorsale dans toutes les parties, pour revenir à l'oreillette par le système veineux. Le sang, en parcourant le cercle circulatoire, traverse en entier l'appareil de la respiration (les branchies), comme chez les Mammifères, mais ne passe qu'une seule fois dans le cœur, ce qui doit rendre sa marche plus lente.

Quant à la *Respiration*, son appareil se trouve au dessous de la tête, séparé de la bouche par les arcs qui le portent (les branchies). Celles-ci sont constituées par des filaments qui contiennent, à l'intérieur, une lamelle flexible mais cartilagineuse, laquelle flotte librement par le centre de ses extrémités, et à la surface de laquelle se répand une innombrable quantité de vaisseaux ; ces filaments sont disposés sur deux rangs et simulent les dents d'un peigne. C'est au bord interne de ces deux rangs que se trouvent les vaisseaux artériels, ceux qui viennent du cœur et qui transportent le sang qui n'a pas encore été soumis à l'acte de la respiration. Le nombre des arcs branchiaux est, dans la plupart des Poissons, de quatre de chaque côté ; mais il varie quelquefois, ainsi que la forme. L'acte de la respiration est d'ailleurs assez simple : l'eau entre dans la bouche, et, par un mouvement de déglutition, passe par les fentes que les arcs branchiaux laissent entre eux ; elle arrive de la sorte aux branchies, dont elle baigne la surface, en leur laissant son oxygène qu'elle tient en dissolution, puis elle s'échappe au dehors par les ouvertures des ouïes. On voit, en effet, l'animal ouvrir et soulever son opercule alternativement. Lorsque les branchies sont libres à leur bord extérieur, il suffit d'une seule de ces ouvertures de chaque côté : mais lorsque ces organes sont fixes, il faut, pour la sortie de l'eau, autant d'ouvertures qu'il y a d'espaces interbranchiaux, comme cela se voit chez le Requin, la Lamproie, etc. Les Poissons ne consomment qu'une quantité assez faible d'oxygène pour hématoser leur sang et ne produisent, par conséquent, que très peu de chaleur. Quelques-uns, cependant, viennent encore de temps en temps à la surface respirer l'air.

« Lorsque les Poissons demeurent hors de l'eau, ils périssent en général promptement par asphyxie ; non pas que l'oxygène leur manque, mais parce que les lamelles branchiales n'étant plus soutenues par l'eau, s'affaissent et ne se laissent pas traverser aussi facilement par le sang, et parce que ces organes, en se desséchant, deviennent impropres à remplir leurs fonctions : aussi les Poissons qui périssent le plus promptement par l'exposition à l'air ont-ils des ouïes très fendues, ce qui facilite l'évaporation à la surface des branchies ; tandis que ceux qui résistent le mieux ont ces ouvertures très étroites, ou possèdent même quelque réceptacle où ils peuvent conserver de l'eau pour humecter ces organes. Les divers poissons qui composent la famille des Pharyngiens labyrinthiformes sont très remarquables sous ce rapport, et doivent leur nom aux cellules aquifères placées au-dessus de leurs branchies.

« Ces cellules, renfermées sous l'opercule et

formées par des lamelles des os pharyngiens, servent effectivement à retenir une certaine quantité d'eau, laquelle maintient les branchies humides lorsque l'animal est à l'air, et lui permet d'y vivre assez longtemps : aussi ces Poissons ont-ils l'habitude de sortir des rivières et des étangs qui sont leur séjour ordinaire, et de se porter à d'assez grandes distances, en rampant dans l'herbe ou sur la terre. Ceux qui présentent cet appareil labyrinthiforme porté au plus haut degré de complication, et qui ont reçu le nom d'*Anabas*, non-seulement restent très longtemps hors de l'eau, mais encore, à ce que l'on assure, grimpent sur les arbres. La plupart des Poissons de cette famille habitent les Indes, la Chine et les Moluques. Une espèce, le *Gouramy*, qui est originaire de la Chine et qui est très estimé pour sa chair savoureuse, a été acclimatée dans les étangs de l'île de France et de Cayenne. » Quelques Poissons ont la singulière faculté de développer de l'électricité. Tels sont le Gymnote, la Torpille, le Silure.

Organes et fonctions de reproduction. Les Poissons sont ovipares. Les organes reproducteurs mâles consistent en deux énormes glandes, appelées *laites*, et les ovaires, ou organes femelles, en deux sacs à peu près correspondants aux laites pour la forme et la grandeur, et dans les replis internes desquels sont logés les œufs. La plupart des Poissons n'ont pas d'accouplement : la femelle pond ses œufs en nombre considérable et les abandonne à la merci des eaux, au sein desquelles le mâle les féconde en les arrosant de sa *laitance* et formant ce que l'on appelle vulgairement le frai. Quelques-uns, en petit nombre, peuvent s'accoupler et sont vivipares ; leurs petits éclosent dans l'ovaire. Les Sélaciens seuls ont, outre l'ovaire, de longs oviductes qui se rendent quelquefois dans une véritable matrice, et ils produisent ou des petits vivants ou des œufs enveloppés d'une substance cornée. La multiplication des Poissons serait effrayante, si tant de causes de destruction ne diminuaient le nombre des œufs et des petits. — V. *Fécondité, Génération.* — Tous ces animaux ignorent les soins de la paternité : le père ne connaît ni la femelle dont proviennent les œufs qu'il féconde, ni les petits qui lui doivent la vie. Pas d'amour chez ces êtres, sauf quelques exceptions, car les Saumons, mâle et femelle, se recherchent, s'excitent à l'émission des œufs et du frai ; car l'Épinoche nidifie, et, chez quelques espèces, les parents prennent soin de leurs petits. Les Poissons sont doués de l'instinct de ruse et d'association, si nécessaire au besoin de se nourrir, de se défendre ; la gloutonnerie est presque le seul mobile de leurs actions. Ils sont pourvus d'armes offensives et défensives pour la plupart. Leur vie semble considérablement longue ; il est certains d'entre eux qui peuvent, dit-on, vivre plusieurs centaines d'années. Aussi acquièrent-ils avec le temps une taille énorme, car la taille des Poissons peut augmenter pendant presque toute la vie. Néanmoins il y a des différences extrêmes sous ce rapport, suivant les genres et les espèces.

Avant de passer à la classification des Poissons, indiquons en quelques mots l'état de la science et de l'industrie à l'endroit de la *fécondation artificielle* de ces animaux. Cette opération consiste à récolter les œufs et la laitance en bon état de maturité, et à mettre les œufs en contact avec la laitance de manière à les féconder.

Pour faire les fécondations artificielles, il est indispensable que les œufs et la laitance soient bien mûrs et parfaitement sains. Le meilleur moyen d'avoir des Poissons réunissant ces conditions essentielles, c'est de les pêcher soit à l'époque de la fraie, soit sur les frayères mêmes ou à proximité de ces frayères, quand ils commencent à entrer en fraie ou quand ils ont commencé à frayer. A cette époque, l'anus de la femelle est gonflé et comme enflammé ; ses œufs coulent naturellement au moment où on la saisit, ou bien quand on lui presse légèrement le dessous du ventre.

Chez le *mâle*, la laitance est généralement bonne quand elle s'écoule en jets ou en gouttes semblables à du lait ou de la crème, soit naturellement, soit par une légère pression au ventre.

Quand on procède à des fécondations, il est indispensable que la laitance, au *moment où elle tombe et se divise dans l'eau*, soit mise *immédiatement* en contact avec les œufs ; car son pouvoir fécondant n'a qu'une très courte durée. Cette durée n'est chez la plupart des Poissons que d'une à deux minutes ; elle n'est même que d'une demi-minute environ chez les truites et autres salmonoïdes en général. On devra donc s'abstenir de faire tomber la laitance dans l'eau ou de préparer une eau laitancée, *avant d'y avoir introduit les œufs*. Le mode le plus rationnel, parce qu'il est le plus naturel, consiste à faire tomber la laitance dans l'eau au fur et à mesure de l'écoulement des œufs ou immédiatement après cet écoulement.

L'art de la *Pisciculture*, qui a ses règles particulières et qui exige des soins et des précautions hors de notre sujet, comprend encore la *Castration des Poissons*, opération qui consiste à enlever l'ovaire aux femelles ou les vaisseaux spermatiques aux mâles, dans le but de les faire grossir dans les bassins particuliers pour l'usage de la table. M. Ch. Mène a eu l'idée de cette pratique, qui a réussi entre ses mains habiles.

Les Poissons fossiles sont nombreux ; on peut dire que ce sont les premiers vertébrés dont nous trouvions les traces à l'époque primaire ; ils se mêlent aussi aux Reptiles à l'époque secondaire. On les retrouve encore à l'époque tertiaire, mais alors leurs espèces tendent de plus en plus à ressembler à celles qui existent actuellement.

La Classification des Poissons présente de grandes difficultés, aussi a-t-elle beaucoup varié. Nous emprunterons à Cuvier la division de ces animaux de l'extrême limite des vertébrés. Les

Poissons, dit ce savant, forment deux séries ou sous-classes, celle des *Osseux* et celle des *Cartilagineux*.

Poissons osseux. Ce sont ceux dont les os ont acquis une consistance plus solide, plus analogue à celle des autres animaux. Ce groupe est de beaucoup le plus nombreux en genres et en espèces ; il se compose de tous les Poissons ordinaires. On le subdivise, d'après des caractères en général peu importants, en six ordres, qui sont : les *Acanthoptérygiens*, les *Malacoptérygiens abdominaux*, les *Malacoptérygiens subbrachiens*, les *Malacoptérygiens apodes*, les *Lophobranches* et les *Plectognathes*. — V. chacun de ces mots.

Poissons cartilagineux ou Chondroptérygiens. Ils ont le squelette cartilagineux, quelquefois réduit à des parties membraneuses. Leur crâne est formé d'une seule pièce, sans sutures ; les mâchoires ne sont plus formées par les os intermaxillaires et maxillaires, qui sont tout à fait à l'état rudimentaire, mais par un développement considérable des palatins et du vomer. Tantôt les branchies sont libres à leur bord externe, comme chez les Poissons osseux ; tantôt au contraire elles sont attachées par ce bord, aussi bien que par leur bord interne, et cette différence sert de base à la division des Poissons cartilagineux en deux groupes ou ordres, savoir : les *Sturioniens* ou *Chondroptérygiens à branchies libres*, et les *Symphysobranches* ou *Chondroptérygiens à branchies fixes*.

TABLEAU SYNOPTIQUE DE LA CLASSE DES POISSONS.

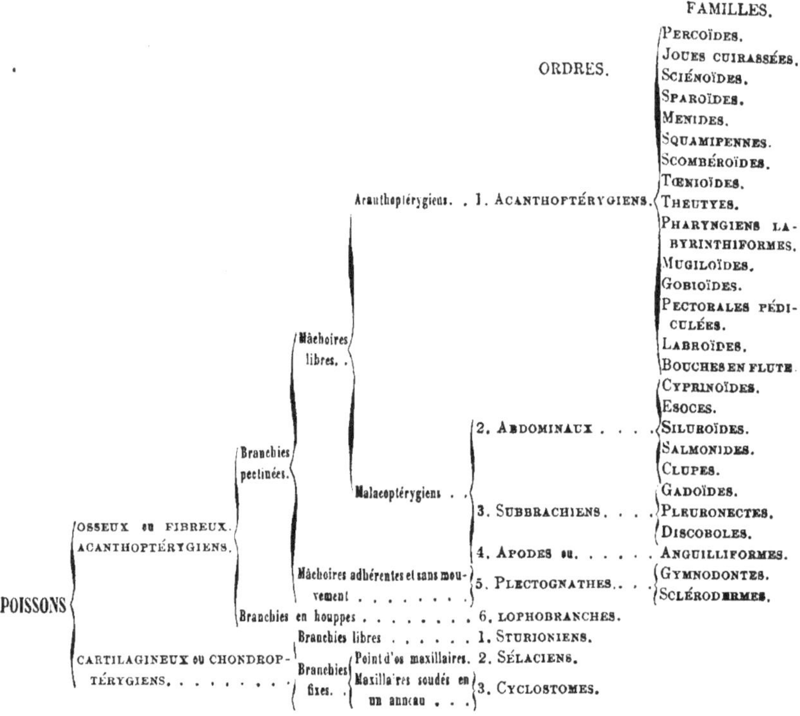

POITRINE. Nous avons dit ce qu'est l'Abdomen ; nous devons une définition de la Poitrine. C'est cette grande cavité, de forme conoïde, circonscrite par les vertèbres, les côtes, les clavicules et le diaphragme, qui contient les poumons et les principaux organes de la circulation (cœur et grosses artères). Les Mammifères ont seuls une *Poitrine proprement dite*, parce que seuls ils ont un véritable diaphragme, séparant cette cavité de la cavité abdominale.

POIVRE. Fruit du *Poivrier*. — V. ce mot.

Par extension, en raison d'une certaine analogie d'action, on a donné ce nom à plusieurs autres plantes. Ainsi on appelle : *Poivre à queue*, le Cubèbe; *Poivre long*, le Piment; *Poivre d'eau*, une Renouée; *Poivre de muraille*, l'Orpin brûlant, etc.

POIVRIER (*Piper*). Genre type de la famille des Pipéracées, caractérisé par des fleurs réunies en un chaton filiforme, privées de calice et de corolle : chaque fleur est munie de 2 étamines, à anthères opposées, presque sessile; ovaire supère, style à peine sensible à 3 stigmates sétacés. Baie arrondie, à 1 seule loge unisperme. — Ce genre renferme un grand nombre d'espèces d'Asie.

Poivre noir (*P. nigrum*). Arbrisseau à tiges lisses, spongieuses, articulées, dichotomes, rampantes et grimpantes selon le cas; feuilles alternes, épaisses, glabres ; fleurs en épis simples, grêles; fruits globuleux, petits, d'abord verdâtres, puis rouges, devenant noirs en mûrissant.

Cet arbrisseau croît dans les Indes orientales. Quoique ses racines et ses rameaux soient âcres et stimulants, on ne fait usage que de ses fruits. Inutile de les décrire tels qu'on les trouve dans le commerce, où ils portent le nom de *Poivre noir*. Si on leur enlève leur écorce, en les faisant macérer dans l'eau de la mer, on obtient la semence, qui est blanche et d'une saveur plus douce, et qu'on appelle *Poivre blanc*.

Le Poivre noir, celui par conséquent qui conserve la peau brune qui le recouvre, est le principal épice dont on se sert en Europe. Connu des peuples de l'antiquité, il n'a été transporté dans nos colonies que vers le milieu du siècle dernier. En Asie, la consommation de ce fruit est incomparablement plus grande qu'en Europe. Le Poivre est un médicament stimulant, échauffant, aphrodisiaque, qui ne convient nullement aux organes digestifs irritables. On l'a aussi employé à l'extérieur, dans la carie des dents, comme sternutatoire, rubéfiant, etc. — On prétend que les poules aiment beaucoup cette graine, qui les excite à pondre. La culture du Poivrier fait la richesse de Malacca, Java, Bornéo et surtout de Sumatra; le poivre est une grande source de revenu pour les Hollandais, qui en font un commerce considérable. La cupidité a trouvé moyen de le sophistiquer et d'en fabriquer avec des substances étrangères.

Poivrier cubèbe (*P. cubeba*). Cette espèce fournit le *Poivre cubèbe*; plus gros que le précédent, il est muni de son pédicelle qui lui adhère par de fortes nervures (*Poivre à queue*). — Le Cubèbe est très employé dans le traitement des blennorrhées; ses bons effets sont dus à l'action d'une résine analogue à celle du Copahu, qu'il contient associée à une matière extractive.

POLÉMOINE (*Polemonium*). Genre de Plantes herbacées, de la famille des Polémoniacées, dont voici les caractères : périanthe double, l'externe à 5 divisions persistantes, l'interne brièvement tubulé, évasé, régulier, à 5 lobes portant 5 étamines; ovaire supère, sur un disque hypogyne, à 3 loges pluriovulées; capsule triloculaire, etc.

Le Polémoine bleu (*P. cœruleum*) est la seule parmi les 12 à 15 espèces du genre qui croisse en Europe. On la nomme vulgairement *Valériane grecque*. Cette plante, vivace, à tiges dressées, simples en bas, rameuses en haut et garnies de feuilles ailées multifoliolées, porte des fleurs d'un beau bleu clair, quelquefois blanches ou panachées, formant corymbe d'un bel effet. — La Valériane grecque est l'une des plantes d'ornement les plus répandues. On la dit originaire des forêts du Nord et des montagnes de la Suisse.

POLÉMONIACÉES. Petite famille de Plantes dicotylédones monopétales, hypogynes, dont le genre type est le *Polémoine*, décrit ci-dessus.

POLISTE (*Polistes*). Genre d'Hyménoptères porte-aiguillons, ayant les plus grands rapports avec les Guêpes proprement dites. — La plupart des espèces vivent dans l'Afrique et dans l'Amérique méridionale.

La Poliste française est un peu plus petite

Fig. 1101. — L'Azalée.

(Ses fleurs communiquent au miel des propriétés vénéneuses.)

que la Guêpe commune. Elle fixe son nid contre les branches des arbres, dans une position verticale. Dans le nord de la France et aux environs de Paris, ces guêpiers ont au plus vingt à trente cellules, tandis que dans le midi, nous en avons vu qui étaient composés de plus de cent cellules; ils étaient le plus souvent attachés sous le rebord des toits des maisons, et alors dans une position horizontale. Ces Polistes piquent très fort quand on les irrite ; leurs nids sont faits de papier gris foncé.

La Poliste Lecheguana, du Brésil, suspend son nid aux branches de petits arbrisseaux, à environ 35 cent. du sol. Les gâteaux qui sont dans l'intérieur de ces guêpiers contiennent un miel excellent, ayant plus de consistance que le miel de nos Abeilles, mais possédant souvent une qualité délétère qui rend insensés et furieux ceux qui en ont mangé.

« Déjà Aristote, Pline et Dioscoride, avaient assuré qu'en un certain temps de l'année le miel des contrées voisines du Caucase rendait insensés ceux qui en mangeaient, et Xénophon raconte qu'aux approches de Trébizonde, des soldats de l'armée des dix mille furent très incommodés pour avoir goûté à du miel qu'ils trouvèrent dans la campagne. Ces récits avaient été confirmés par plusieurs modernes, par le P. Lambert, par Tournefort, surtout par Guldenstœdt, le compagnon de Pallas, et ces voyageurs ont reconnu que c'était les fleurs de l'*Azalea pontica*, et peut-être aussi celles du *Rhododendrum ponticum*, qui communiquaient au miel des propriétés délétères. Ce n'est pas seulement dans l'Asie-Mineure que l'on a trouvé du miel d'une qualité dangereuse. Seringe raconte l'histoire de deux pâtres suisses qui furent victimes d'un affreux empoisonnement causé par du miel que le Bourdon commun avait sucé sur les *Aconitum napellus*, et *Lycoctonum*. »

POLYACANTHE (*Polyacanthus*). Genre de Poissons, de la famille des Pharyngiens labyrinthiformes, ayant la plus grande analogie avec les Anabas et les Colisas. C'est à ces animaux qu'on a donné le nom de *Poissons grimpeurs*.

« Les Polyacanthes ont presque tous les caractères des Anabas, par leur forme et par leur genre de vie; comme ces derniers, ils ont le corps comprimé, le museau obtus et court, le corps couvert entièrement de larges écailles; mais ils se distinguent des Anabas par l'absence de dentelures aux pièces operculaires, et des Colisas par les cinq rayons mous de leurs ventrales, et leurs mâchoires armées de dents achèvent de les distinguer au premier coup d'œil des Hélostomes. Ces animaux ont été compris dans un genre particulier, auquel Cuvier et Valenciennes ont conservé le nom générique de Polyacanthe, pour désigner le grand nombre de rayons épineux de la dorsale et de l'anale, lequel forme un des caractères distinctifs de ce groupe. Outre leurs branchies ordinaires, ils sont pourvus encore de branchies surnuméraires, destinées à retenir l'eau en réserve ; aussi ces animaux ont-ils, dit-on, la faculté de se rendre à terre, et, à l'exemple des Anabas et de quelques Poissons à pharyngiens labyrinthiformes, d'y ramper à une distance assez grande des ruisseaux et des étangs, où ils font leur séjour ordinaire. »

POLYADELPHIE. Dans le système sexuel de Linné, Plantes dont les étamines forment plus de deux faisceaux par la soudure de leurs filets. — V. *Classification végétale*.

POLYANDRIE. Classe de Végétaux caractérisée par un grand nombre d'étamines hypogynes réunies dans la même fleur.

POLYDÊME (*Polydesmus*). Genre de Myriapodes, intermédiaire entre les Iules et les Glomeris. Ces animaux ont en effet la même disposition des organes de la manducation que les Iules; ils ont aussi leurs habitudes et, à peu de choses près, leur aspect extérieur. Néanmoins, ils s'en distinguent aisément, leurs pieds et les anneaux de leur corps étant moins nombreux, et les anneaux présentant sur les côtés une carène plus ou moins saillante.

On ne connaît encore que deux espèces de Polydêmes propres à l'Europe.

POLYGALACÉES. Famille de Plantes dicotylédones polypétales: herbes ou arbustes offrant les

Fig. 1102. — Polygala amer.

(1, Calice dont les 5 divisions sont étalées. — 2, Fleur ayant son calice et sa corolle : on ne voit pas les étamines qui sont cachées par le tube de la corolle. — 3, Fruit naissant, au centre du calice. — 4, Fruit développé, sur lequel sont appliquées les deux ailes du calice devenues membraneuses.)

caractères botaniques que voici : calice de 4 5 sépales, imbriqués latéralement avant l'épanouissement de la fleur, et dont 2 intérieurs (*ailes*) sont plus grands, pétaloïdes et colorés ; corolle de 5 pétales distincts, ou réunis par le moyen des filets staminaux qui forment un tube fendu d'un côté; pétales inégaux, dont un plus grand, concave, placé à la partie antérieure et représentant en quelque sorte la carène des papilionacées, recouvre les organes sexuels ; étamines 8, réunies en deux paquets, rarement 2 à 4 libres. Ovaire à 1 ou 2 loges biovulées; style long, à stigmate creux ; capsule ou drupe pour fruit.

Cette petite famille se rapproche, par la forme générale de sa fleur, des Légumineuses et des Fumariacées. — Le *Polygale* en est le genre type; les autres genres sont exotiques.

Fig. 1103. — Polygala vulgaire.

(1, Fleur vue de trois quarts. — 2, Fleur vue en dessous.)

POLYGALE (*Polygala*). Genre de Plantes vivaces, herbacées ou sous-frutescentes à la base, à tiges nombreuses disposées en touffes, glabres; feuilles lancéolées ou linéaires oblongues; fleurs bleues, roses ou blanches, penchées, disposées en grappes dressées souvent unilatérales ; la grappe terminale se développant la première : quant aux caractères botaniques, ils sont ceux indiqués ci-dessus à la famille. — Nous possédons plusieurs espèces.

POLYGALE AMER (*P. amara*). Tiges de 10 à 30 centim., couchées à la base, puis ascendantes, feuillées dans toute leur longueur, à rameaux florifères naissant à diverses hauteurs ; feuilles inférieures plus courtes que les supérieures, qui sont lancéolées. Les fleurs sont bleues ou roses, en grappes multiflores; 5 sépales, dont les ailes sont oblongues à 3 nervures.

Le Polygala, ainsi qu'on le nomme habituellement, est extrêmement commun dans les prairies sèches ou humides, les bois, les bruyères, les pelouses, et fleurit en mai-juillet. Il est sans odeur, mais sa saveur est amère et persistante dans la bouche : c'est donc une plante à propriétés toniques. L'écorce de sa racine paraît réunir au plus haut point ses vertus, qu'on a beaucoup trop exaltées dans le traitement de la phthisie , des catarrhes. A forte dose elle devient purgative. En résumé, c'est un tonique amer, utile pour réveiller l'appétit, solliciter les sécrétions, mais nuisible lorsque prédomine l'élément inflammatoire.

Le POLYGALE COMMUN (*P. vulgaris*), vulg. *Laitier*, *Herbe à lait*, est une variété du précédent, qui croît partout, sur les collines, dans les prés incultes, etc.

Le POLYGALA DE VIRGINIE (*P. senega*), originaire de la Caroline et de la Virginie, passe pour un puissant diurétique; sa racine est amère, ordinairement purgative, quelquefois émétique. En Amérique , cette racine récente jouit d'une très grande réputation dans le traitement de la morsure des serpents. Nous l'employons chez nous pour augmenter la sécrétion broncho-pulmonaire. Prise en poudre, elle serait anti-ophthalmique si l'on en croit le docteur Ammon.

POLYGONACÉES. Famille de Plantes dicotylédones apétales, herbacées, ou sous-frutescentes, ou même à l'état de grands arbres; feuilles alternes, engaînantes, à bords roulés en dessous pendant la préfloraison. Fleurs hermaphrodites ou unisexuées, en épis ou en grappes terminales : calice de 4 à 6 sépales, libres ou soudés par leur base, parfois bisériés; de 4 à 9 étamines, libres, bisériées, à anthères extrorses dans le rang interne, introrses dans l'externe. Ovaire libre, uniloculaire; 2 ou 3 styles et autant de stigmates. Fruit assez souvent triangulaire , sec, indéhiscent, etc.

Cette famille, qui se distingue des Chénopodiacées par la gaîne stipulaire de ses feuilles, par son ovule dressé et son embryon renversé , se compose des genres *Polygonum*, *Rumex*, *Rheum*, *Coccoloba*, etc.

POLYGONUM. Nom du genre type de la famille des Polygonacées, comprenant un très grand nombre d'espèces décrites sous les appellations vulgaires de *Bistorte, Renouée, Persicaire, Poivre d'eau, Traînasse, Vrillée.* — V. *Renouée.*

POLYOMMATE (*Polyommatus*). Genre de Lépidoptères, de la famille des Diurnes, créé par Latreille aux dépens du grand genre Papillon de Linné. « Palpes inférieures de longueur ordinaire, composées de trois articles distincts , et dont le dernier est presque nu ou peu fourni d'écailles. Crochets des tarses très petits ou à peine saillants ; six pieds semblables. Chenilles ovales ou en forme de Cloportes; chrysalides courtes, contractées , obtuses au bout; ailes inférieures presque aussi larges ou plus larges que longues, et dont les queues, lorsqu'elles existent, ne sont formées que par de simples prolongements des dents du bord postérieur. Ces Lépidoptères diffèrent de tous les genres de Diurnes par leurs chenilles. »

Le genre Polyommate renferme plus de 300 espèces, presque toutes d'assez petite taille. On les

Fig. 1104. — Polyommate.

divise en quatre principaux sous-genres ainsi nommés : *Thècle, Argus, Lycène, Polyommate.*

Le POLYOMMATE HYPPOTHOE est l'une des 12 espèces qui vivent en Europe. Le dessus du mâle est d'un fauve ponceau, avec une petite bordure noire, entière aux premières ailes, crénelée intérieurement aux secondes. Il y a en outre un trait noir près du milieu de chaque aile, et celui des inférieures est plus fin et courbé en dehors. La femelle a le dessus des premières ailes d'un fauve gai, avec les bords et des points noirs; le dessus des secondes ailes noirâtre, avec une bande fauve presque terminale, et échancrée à son côté externe. Le dessous des deux sexes est d'un cendré brunâtre, avec des points noirs cerclés de gris; les inférieures sont bleuâtres vers la base, et leur disque offre un trait noir. Se trouve dans la France occidentale et habite les prairies et les endroits marécageux.

POLYPES (du gr. *polys* , beaucoup : *pous*, pied, parce qu'on a pris leurs tentacules pour des pieds). L'embranchement des Zoophytes se divise en cinq classes : les Polypes forment la quatrième. On confond souvent sous ce nom les Bryozoaires (V. ce mot) et les Coralliaires ou Polypes proprement dits , qui ont une structure toute différente et bien moins complète. Ce sont des animaux dont le corps est toujours cylindrique ou conique, mou et percé à l'une de ses extrémités d'une ouverture centrale, qui est la bouche, entourée de tentacules plus ou moins nombreux et dépourvus de cils vibratiles. L'autre extrémité , l'inférieure, est disposée de façon à adhérer aux corps étrangers sur lesquels le zoophyte est destiné à vivre fixé. Sa peau se durcit, en général , en grande partie , de manière à lui constituer une enveloppe cornée ou calcaire analogue à celle que nous avons reconnue aux Bryozoaires.

L'organisation de ces êtres est trop simple

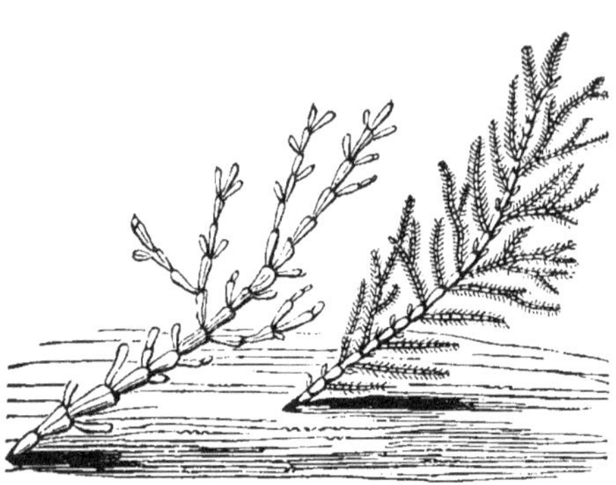

Fig. 1105. — Polypier (coralline).

pour que nous distinguions leurs organes, comme nous l'avons fait jusqu'ici, suivant qu'ils appartiennent à la relation, à la nutrition ou à la génération. Ils vivent cependant et se reproduisent; donc ils possèdent les éléments de ces modes d'existence; mais tout cela n'est qu'ébauché et incomplet. En effet, tantôt l'orifice buccal tient également lieu d'anus, tantôt l'ouverture anale est placée tout près de la bouche; l'estomac est souvent très renflé, l'intestin au contraire très grêle. — Chez quelques-uns on a cru apercevoir un sys-

Fig. 1106. — Polypes.

tème nerveux, consistant en trois petits corps ganglionnaires placés au voisinage de la bouche.

—On a vu aussi, et ces recherches appartiennent à M. de Nordmann, professeur à Odessa, que certains individus portent des organes mâles et d'autres des organes femelles. Ceux-ci ne diffèrent des mâles que par l'absence d'appendices vermiformes insérés près de la base des tentacules, et par la conformation intérieure des cellules qui les contiennent, cellules divisées intérieurement en un grand nombre de petits compartiments dirigés transversalement, qui lui donnent l'aspect d'un treillis en filigrane élégamment travaillé. Il n'y a que dans les cellules ainsi conformées qu'on observe des œufs. — La plupart des Polypes se reproduisent non-seulement par des œufs, mais aussi au moyen de bourgeons qui naissent sur diverses parties de la surface de leur corps et ne se séparent jamais; de sorte que les diverses générations restent greffées en quelque sorte les unes sur les autres, et forment des masses plus ou moins considérables dans lesquelles tous les individus d'une même race se tiennent et vivent, jusqu'à un certain point, d'une vie commune. Ces Polypes composés tiennent à un corps solide, à une sorte de réseau plus ou moins dur, à une tige rameuse, cornée ou pierreuse, qu'ils ont formée en commun par soudure de la portion en quelque sorte ossifiée de leur tunique tégumentaire, et ce corps solide qui leur sert de soutien se nomme *Polypier*.

Quelquefois chaque Polype possède un polypier distinct; mais d'ordinaire c'est la portion commune d'une masse de Polypes agrégés qui présente les caractères propres à ces corps, et il se

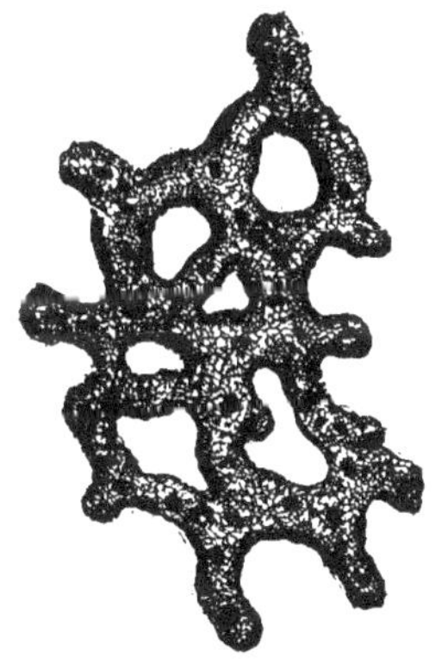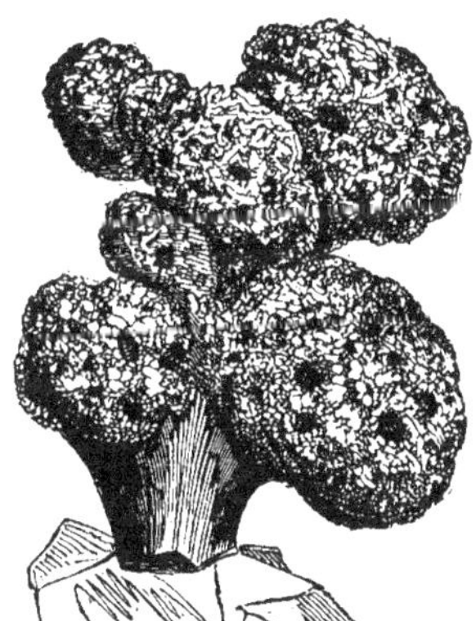

Fig. 1107. — Polypier (Éponges).

forme ainsi des polypiers agrégés dont le volume peut devenir extrêmement considérable, quoique chacune de ses parties constituantes n'ait que des dimensions fort petites. C'est de la sorte que des Polypes dont le corps n'a que quelques pouces de long élèvent dans les mers voisines des tropiques des récifs et des îles. Lorsqu'ils sont placés dans des circonstances favorables à leur développement, certains animaux de cette classe pullulent, au point de recouvrir des chaînes de rochers ou d'immenses bancs sous-marins, et de former avec des masses pierreuses de leurs polypiers amoncelés les uns au-dessus des autres, des amas dont l'étendue s'accroît sans cesse par la naissance de nouveaux individus au dessus de ceux déjà existants. La dépouille solide de chaque colonie de Polypes reste intacte après que ces frêles architectes ont péri, et sert de base pour le développement d'autres polypiers, jusqu'à ce que ces récifs vivants atteignent la surface de l'eau ; car alors ces animaux ne peuvent plus y vivre, et le sol formé par leurs débris cesse de s'élever. Mais bientôt la surface de ces amas de polypiers, exposée à l'action de l'atmosphère, devient le siège d'une nouvelle série de phénomènes : des graines déposées par les vents ou apportées par les vagues y germent et la couvrent d'une riche végétation,

jusqu'à ce qu'enfin ces vastes charniers de zoophytes presque microscopiques deviennent des îles habitables. Dans l'océan Pacifique, on rencontre une foule de récifs et d'îles qui n'ont pas d'autre origine. En général, ils semblent avoir pour base quelque cratère de volcan éteint, car presque toujours ils ont une forme circulaire, et présentent au centre une lagune communiquant au dehors par un seul chenal : on en connaît qui ont plus de dix lieues de diamètre. »

La conformation du canal digestif a servi de base pour la subdivision des Polypes en deux ordres primordiaux :

1° Les Bryozoaires, qui ont deux ouvertures distinctes, une bouche et un anus ;

2° Les Anthozoaires, chez lesquels il n'existe qu'une seule ouverture pour les organes de la digestion.

TABLEAU SYNOPTIQUE DES POLYPES.

POLYPES.	Une bouche et un anus. . . . . . . Bryozoaires.	Forme de croûtes ; polypier dur et pierreux. . . . . Eschares.
		Polypier mou ou corné, sous forme de lames flexibles très souvent . . . . Flustres.
	Une seule ouverture servant de bouche et d'anus . . . . Anthozoaires.	Apparence de fleurs plongées sous l'eau. Zoanthaires. { Actinies. Zoanthes, etc.
		Formes diverses ; 6 à 8 tentacules pinnés, polypier variable. . Alcyoniens . { Tubipores. Coraux, etc.

POLYPIER. — V. *Polypes.*

POLYPÉTALE. Polypétalie. État d'une corolle à plusieurs pétales ou d'une plante à fleurs polypétales.

POLYPHÈME. Genre de Crustacés microscopiques, très transparents, nageant sur le dos, dont le type est le P. des étangs, très abondant dans les étangs et les marais du Nord, où il forme, à ce qu'il paraît, des réunions considérables. — V. *Branchiopodes.*

POLYPODE (*Polypodium*). Genre de la famille des Fougères, tribu des Polypodiacées, caractérisé par des sores arrondis, nus (sans *indusium*), placés sur les veines des frondes, et formés par un nombre considérable de thèques ou capsules pédicellées.

Le Polypode commun (*P. vulgare*) a la souche horizontale, épaisse, charnue, brune et écailleuse à l'extérieur ; feuilles ou frondes longues de 20 à 40 cent., pétiolées, ovales-lancéolées, profondément pinnatifides, à découpures entières, lancéolées, parallèles, diminuant de longueur et de largeur en s'approchant du sommet. — Cette fougère croît sur les vieux murs, les vieux arbres, dans les décombres, etc. Sa racine est douce et sucrée ; elle a été employée en poudre comme absorbant à l'extérieur. Elle contient un peu d'huile grasse.

Le P. Calaguala est une espèce exotique des régions montueuses du royaume du Pérou. Sa racine est vantée comme un médicament excitant, dont l'action spéciale se porte sur le système exhalant.

POLYPORE (*Polyporus*). Genre de Champignons, de la tribu des Hyménomycètes, que Linné nommait *Bolet*. Chapeau de forme variée, avec ou sans pédicule, charnu ou subéreux ; tubes de même nature que le chapeau, intimement soudés entre eux, et confondus avec lui.

Le Polypore du Mélèze (*P. officinalis*), vulg. *Agaric blanc*, a la forme à peu près d'un sabot de cheval, parce qu'il est demi-circulaire et fixé par un de ses côtés. — Il croît sur le tronc des mélèzes, en Asie, dans l'Europe méridionale et dans les Alpes. Sa chair est blanche, coriace et épaisse : c'est un violent purgatif hydragogue ; on l'administre aussi pour modérer les sueurs nocturnes et excessives des phthisiques.

Le **Polypore Amadouvier** (*P. igniarius*), vulg.
Agaric de chêne, a la même forme que l'espèce
précédente; sa couleur est d'un brun ferrugineux;
sa chair, d'abord mollasse et filandreuse, acquiert bientôt la dureté du bois. — Ce Champignon vient communément sur le tronc du chêne,
du pommier, etc. Encore jeune, et coupé par tran-
ches qu'on trempe dans une solution de potasse,
puis qu'on sèche et bat convenablement, il constitue l'*Amadou*, si fréquemment employé en économie domestique, ainsi que l'*Agaric* dont on fait
usage en chirurgie pour arrêter les hémorrhagies
des petits vaisseaux.

POMME DE TERRE (*Solanum tuberosum*).
Genre de la famille des Solanacées, tribu des Solanées; plante annuelle, à souche rameuse, donnant naissance à des tubercules volumineux qu'on
nomme *Pommes de terre*. Tiges de 40-60 cent.,
rameuses, ascendantes, diffuses, anguleuses, fistuleuses; feuilles pinnatiséquées, pubescentes-ru-
des; fleurs assez grandes : calice poilu, à 5 divisions étroites; corolle blanche ou violette, à 5
lobes. Baies globuleuses, assez grosses, pendantes, d'un vert jaunâtre ou violacé.

La Solanée nommée Pomme de terre est originaire des contrées intertropicales du continent
américain. Avant de conquérir la faveur du monde
européen, elle a été dédaignée, repoussée, accusée même de contenir le poison le plus actif.
Ce n'est qu'en 1783 qu'elle commença à être cultivée en France; Parmentier brava les préjugés,
affronta les ridicules, usa de courage et de ruse
pour faire adopter le précieux tubercule, qui porta
le nom de *Parmentière*, et qui sauva plusieurs
fois la France des horreurs de la famine.

Aujourd'hui cette plante est cultivée partout en
plein champ et dans les jardins potagers. — Elle
fournit un grand nombre de variétés, qui diffèrent entre elles surtout par la grosseur, la couleur et les qualités alimentaires de leurs tubercules.

La Pomme de terre est trop connue pour qu'il
soit besoin de nous étendre davantage sur son
sujet. Toutes ses parties sont utiles; ses fanes se
donnent en vert aux bestiaux; ses fleurs offrent à
la teinture un jaune solide; ses tubercules fournissent une fécule très nourrissante; par la fermentation et la distillation, ils donnent de l'alcool et de l'eau-de-vie de bonne qualité.

POMMIER (*Malus*). Ce genre de Rosacées, de
la tribu des Pomacées, a la plus grande analogie
avec le Poirier; sa taille est moins élevée, son
port plus humble; ses feuilles plus dentées, plus
tendres, plus courtement pétiolées. Les fleurs
réunies en bouquets par 5-8, sont grandes, à pétales étalés teints en rose vif; les étamines, au
nombre de 20 et plus, ont leurs filets redressés et
velus, serrés les uns contre les autres à leur base;
le fruit appelé *Pomme* est plus sphérique, ombiliqué à la base, avec un pédoncule plus court.

Le Pommier est un arbre de moyenne grandeur, qui pousse une belle tête dont les rameaux
inférieurs retombent à quelques pieds du sol.
C'est un enfant du Nord, un fils de la Gaule. Il est
cultivé dans les jardins, les vergers. Son fruit est
rafraîchissant; il offre au cultivateur un aliment
agréable, sain, mangé cru, cuit ou réduit en mar-
melade. La Pomme n'a pas de ces concrétions
dures, cassantes, pierreuses, dont sont pourvus
presque toutes les poires, les coings et les nèfles.

Le bois du Pommier n'a pas la dureté de celui
du Poirier, il fournit cependant un feu vif et durable : il est propre aussi à l'ébénisterie et au
tour.

Le nombre des variétés de Pommiers est considérable : elles proviennent d'une douzaine d'espèces qui se sont mêlées, soit par la dissémination
des poussières fécondantes, soit par les gref-
fes, etc.

L'espèce type est le **Pommier commun**, qui habite et vit au sein de nos forêts où il fleurit en
mai et fructifie en automne. — Sauvage, il est
épineux, beaucoup plus robuste que celui qui est
soumis à la culture. Il produit des Pommes petites et âpres, qui se donnent aux porcs et aux
vaches qui les aiment beaucoup. Autrefois très
abondant dans les bois montagneux, il a presque
disparu aujourd'hui, et c'est dommage. Il donne
par la greffe d'espèces de plus en plus perfec-
tionnées les plus beaux et les meilleurs fruits.

POMPILE (*Pompilus*). Genre d'Hyménoptères
porte-aiguillons, dont le prothorax est transversal, une fois au moins plus large que long; l'abdomen ovoïde, sans rétrécissement, en forme de
long pédicule à sa base; les deux jambes postérieures offrant une brosse de poils à leur côté interne, etc. — Ces insectes, qui se rencontrent
dans toutes les parties du monde, vivent dans les
localités chaudes et sablonneuses. Ils varient
beaucoup pour la taille; ils sont très vifs, et les
femelles piquent très fort. Celles-ci creusent un
trou dans le sable et y placent leur nid. Quelques
espèces s'emparent des trous qu'elles trouvent
tout faits dans les bois.

On connaît plus de 60 espèces de ce genre, qui
se nourrissent du miel des fleurs, de diptères
et d'araignées qu'elles apportent dans leur trou,
pour servir de pâture aux larves qui doivent
naître des œufs qu'elles y déposent avec les cadavres.

Le **Pompile voyageur** (*P. viaticus*) est assez
commun aux environs de Paris. Il est noir, avec
les trois premiers anneaux de l'abdomen d'un rouge
ferrugineux, bordés de noir postérieurement.
Cette espèce est longue de 8 à 9 lignes; le mâle
est beaucoup plus petit que la femelle.

PORCELAINE (*Cypræa*). Genre de Mollusques,
de la famille des Buccinoïdes, à coquille ovale ou
oblongue, plus ou moins bombée, remarquable

par son poli ; spire extrêmement petite, à ouverture longitudinale, étroite et dentée de chaque côté. — Nous ne décrirons pas l'animal, qui a été étudié surtout par de Blainville et Quoy. — Ces Coquilles, qu'on nomme vulg. *Coquille de Vénus, Pucelages,* habitent sur les côtes et dans les excavations des rochers.

Les espèces les plus communes sur nos côtes sont la Porcelaine coccinelle (*P. costata*), à stries transverses et de couleur grisâtre, fauve ou rosée, avec ou sans taches. — La P. argus, ainsi nommée à cause de ses taches nombreuses, et dont on fait des tabatières.

Fig. 1108. — Porcellion Cloporte.

PORCELLION (*Porcellio*). Genre de Crustacés isopodes, de la famille des Clopordites, ne diffé-rant des Cloportes proprement dits que par le nombre des articles des antennes extérieures, les seules bien visibles, qui, dans les Porcellions, est de sept, tandis que dans les vrais Cloportes il est de huit. La ressemblance est si grande, du reste, que quelques-uns donnent le nom de *Porcellion* aux Cloportes eux-mêmes. — V. ce mot. — On en connaît un grand nombre d'espèces, vivant toutes dans les lieux humides et ombragés, dans les caves, sous les pierres, les écorces des arbres, etc.

PORC-ÉPIC (*Hystrix*). Genre de l'ordre des Rongeurs, dont les espèces forment, avec les genres Acanthion et Athérure, le groupe des Hystricidés, lequel est caractérisé surtout par des piquants ou épines plus ou moins longs, quelquefois entremêlés de poils, qui couvrent presque tout le corps.

Le genre Porc-Épic a pour caractères principaux : corps trapu, volumineux ; tête grosse et renflée dans sa région fronto-nasale ; queue rudimentaire ; piquants assez longs, ceux de la tête et du cou grêles, flexibles et disposés en crêtes ; ceux du dos très forts ; enfin, ceux de la queue moins longs et en forme de tubes, attachés à la

Fig. 1109. — Porc-Epic.

peau par un pédicule grêle. — Ce sont de gros Rongeurs, dont les allures sont fort singulières, et que leur physionomie rend plus bizarres en-core. Ils sont répandus dans le midi de l'Europe et de l'Asie. Ils vivent isolés, se creusent de grands terriers dans les lieux déserts, et ne sortent guère de leur retraite que pendant la nuit pour chercher leur nourriture qui est essentiellement végétale. Ceux des régions tempérées tombent dans une sorte d'engourdissement pendant les grands froids de l'hiver. Leur caractère est calme ; mais lorsqu'ils sont effrayés ou irrités, ils redressent leurs piquants, qui, battant les uns contre les autres, produisent un bruit particulier. C'est là leurs moyens de défense.

Ces singuliers animaux ont été l'objet de récits imaginaires de toutes sortes. On a dit qu'ils lançaient leurs piquants comme des espèces de javelots contre leurs agresseurs. Claudien prétend que le Porc-Épic est lui-même l'arc, le carquois et la flèche dont il se sert contre le chasseur ; à une époque plus récente et déjà éclairée par l'anatomie, on a avancé que les piquants les plus forts n'étant pas attachés à la peau aussi fortement que les autres, étaient ceux que l'animal lançait en se secouant comme font les chiens lorsqu'ils sortent de l'eau. La fable, dit Buffon à ce propos, est du domaine des poètes, et il n'y a pas de reproche à faire à Claudien ; mais les anatomistes de l'Académie ont eu tort d'adopter cette fable, car on voit par leur propre exposé que les piquants tombent lorsque le Porc-Épic se secoue, mais qu'ils ne sont point lancés. Pressé de trop près dans l'attaque, le Porc-Épic devient agresseur à son tour. Cet animal aime les fruits, mais il est faux que lorsqu'il en a une grande quantité à sa portée, il se roule au milieu d'eux pour en fixer le plus qu'il peut à l'extrémité de ses piquants.

Porc-Épic a crêtes ou d'Italie (*H. cristata*). Noirâtre sur toutes les parties couvertes de poils ; épines marquées d'anneaux alternativement blancs et noirs ; tubes de la queue blanchâtres ; hauteur au train de derrière, 40 à 50 cent. ; au train de devant, 30 cent.

Cet animal est singulier sous presque tous les rapports : il a le corps trapu, bas sur jambes ; le museau obtus, les narines grandes, la démarche lourde. On rapporte cette espèce à la région méditerranéenne ; elle paraît être en effet la même, à peu de différence près, que celles du reste de l'Europe et de l'Afrique septentrionale. Les considérations qui précèdent lui sont entièrement applicables. C'est au mois de mai que ces rongeurs s'accouplent, et au mois d'août que les petits naissent. Les jeunes sont déjà revêtus de courtes épines en venant au monde.

Les genres *Acanthion* et *Athérure*, déjà nommés plus haut, sont rares et encore peu connus. — L'*Eréthizon* en est voisin. — V. *Urson*.

PORPHYRE (du gr. *porphyra*, rouge). Les anciens donnaient ce nom à une roche d'origine ignée, d'un rouge foncé, parsemée de taches blanches, et qu'on tirait principalement de la haute Egypte : c'est le *Porphyre rouge antique*. Les artistes ont étendu le nom de *Porphyre* à toute espèce de pierre dure et polissable, présentant, au milieu d'une pâte d'une certaine couleur, des cristaux dissémi-

nés dont la teinte tranche nettement sur celle du fond. Depuis Werner, la plupart des minéralogistes réservent le nom de *Porphyres* aux roches feldspathiques qui présentent des cristaux épars au milieu d'une pâte homogène : cette pâte est ordinairement de l'albite ; les cristaux sont de l'orthose. La dureté et la finesse des Porphyres, aussi bien que la beauté de leur poli et de leurs couleurs, en font une des substances les plus estimées.

PORPITE (*Porpita*). Rayonnés qui, par leur organisation, se rapprochent des Méduses, mais dont le corps déprimé est soutenu dans son milieu par un disque cartilagineux ; ils sont aussi voisins des Vélelles. — Toutes les espèces sont habituellement de la haute mer.

PORRO. — V. *Poireau*.

PORTAX. Sous-genre d'Antilopes. — V. *Nyl-Gaut*.

PORTE-AIGUILLONS. Section de l'ordre des *Hyménoptères*. — V. ce mot.

PORTE-ÉCUELLE (*Lepadogaster*). Genre d Poissons de la famille des Discoboles, ainsi nommé à cause de la disposition de ses nageoires, qui forment un disque concave, qu'on a comparé à une assiette creuse ; de plus, ses pectorales sont réunies à peu près comme les ventrales, de sorte que la partie inférieure du corps présente un double disque.

On compte plusieurs espèces de ce genre, que l'on divise en deux petits sous-genres. Les *Porte-écuelles proprement dits* et les *Gobiésoces* ont tant de rapports entre eux par leur organisation et leurs habitudes, qu'un grand nombre de naturalistes les ont réunis en un seul genre ; d'ailleurs les différences qui les séparent sont si peu importantes et si peu tranchées, qu'il est presque impossible de les distinguer par des caractères bien constants.

Tous les Lépadogasters fréquentent les endroits sablonneux des bords de la mer, ou se tiennent fixés aux voûtes des rochers, sous lesquels ils trouvent une retraite contre les poissons voraces, qui les poursuivent avec acharnement ; mais, soit stupidité, soit crainte, ils se laissent approcher avec une sorte de sécurité, et s'attachent même à la main qui veut les saisir, par le moyen de leur disque ventral, qui agit comme une ventouse en faisant le vide.

PORTE-LAMBEAUX (*Dilophus*). Genre de Passereaux dentirostres, voisin du genre Étourneau ; oiseau (car on n'en connaît qu'une espèce) dont la tête est dégarnie de plumes, la face nue, avec une caroncule bifide redressée sur le front, et une autre inclinée à chaque côté de la gorge sous le bec.

Le Porte - Lambeaux a une longueur totale de 0 m. 26 à 0, 28. Il habite l'Afrique orientale. Il se rassemble en bandes nombreuses et bruyantes; se nourrit de baies, d'insectes, de vers. Levaillant, à qui l'on doit la connaissance de cet

Fig. 111). — Porte-Lambeaux.

oiseau, dit qu'il n'a jamais trouvé son nid, et qu'il ignore même s'il niche dans les contrées où il l'a rencontré, sur les bords du Gamtoos.

PORTE-SCIE. Famille d'*Hyménoptères*. — V. ce mot.

PORTULACÉES. Famille de Plantes dicotylédones polypétales, dont le Pourpier constitue le genre type et seul indigène. — V. *Pourpier*.

PORTUNE et PORTUNIENS. Les Portuniens sont une tribu de Crustacés de l'ordre des Décapodes brachyures, séparés du grand genre Crabe de Linné, principalement à cause des pattes antérieures, qui sont en général très allongées et des suivantes, qui sont quelquefois natatoires, ainsi que des postérieures, qui le sont toujours. — Ces animaux sont essentiellement nageurs, et vivent souvent en pleine mer.

Au genre type de cette tribu, PORTUNE, appartiennent les crustacés vulgairement appelés *Etrilles*, sur les côtes de Normandie, et qui sont fort bons à manger. Ils ne sont pas de pleine mer comme les Lupées, par exemple, et ils ne courent jamais sur la plage comme les Carcins.

POTAMOT (*Potamogeton*). Genre de Naïadées, composé de nombreuses espèces, toutes munies de racines vivaces, vivant dans les eaux, s'étendant à leur surface ou tapissant le fond des étangs, des rivières, des ruisseaux, des fontaines et même des fossés. — On remarque le POTAMOT LUISANT, ou *Epi d'eau*, dont la tige est longue, grêle; les

feuilles d'un vert foncé, luisant et veiné; les fleurs d'un blanc sale ou verdâtres, disposées en épi cylindrique; — et le POTAMOT NAGEANT, dont les rhizomes fournissent aux habitants de la Sibérie un aliment grossier. Dans nos pays, ces plantes ne servent guère qu'à augmenter la masse des fumiers.

POTASSIUM. Corps simple métallique qu'on extrait de la potasse. Il est de la couleur de l'argent, mou comme de la cire, plus léger que l'eau, (sa densité est de 0,86), volatil, et s'oxyde immédiatement au contact de l'air, en se changeant en potasse. Cette rapide transformation oblige de conserver le Potassium dans l'huile de naphte. Si on le jette sur l'eau, il la décompose et s'empare de l'oxygène, en produisant une belle flamme violacée, et en se transformant lui-même en potasse qui se dissout.

On obtient le Potassium en chauffant au rouge blanc, dans un vase distillatoire, un mélange de charbon et de carbonate de potasse. Ce corps a été isolé pour la première fois en 1807 par H. Davy, au moyen de l'action de la pile voltaïque sur la potasse.

La *Potasse*, ou *Alcali végétal*, est un corps solide, gris ou blanchâtre, friable, d'une saveur âcre et caustique, qui s'obtient en incinérant certaines plantes; les cendres sont soumises à des lavages, et le résidu obtenu par l'évaporation est le carbonate de potasse, qui a pour usages de blanchir le linge, parce qu'il possède la propriété de dissoudre les matières organiques; d'entrer dans la fabrication des savons, du verre, du nitre, de l'alun, de l'eau de javelle, etc. On s'en sert aussi en médecine.

Nous ne parlons pas des sels que la Potasse forme avec les acides, ni de la *Potasse caustique*, qui est un protoxyde de potassium.

POTENTILLE (*Potentilla*). Genre de la famille des Rosacées, comprenant des plantes vivaces, herbacées, parfois sous-frutescentes à la base, rarement annuelles. Feuilles pinnatiséquées, à folioles dentées ou incisées, avec stipules soudées au pétiole. Fleurs jaunes, disposées en cymes irrégulières, quelquefois solitaires : calice à 5 divisions, rarement 4, muni d'un calicule à 5 divisions; pétales 5, obovales, arrondis; carpelles disposés sur un réceptacle convexe, sec, persistant; styles latéraux.

POTENTILLE RAMPANTE (*P. reptans*), vulg. *Quintefeuille*, parce qu'elle a 5 feuilles sur le même pétiole. Souche épaisse, donnant naissance à une rosette de feuilles; tiges naissant au-dessous de celles-ci, très grêles et longues, couchées, radicantes au niveau des nœuds qui sont longuement espacés et qui portent des rosettes de feuilles à 5-7 lobes; fleurs solitaires : calice à 5 divisions, etc. — Cette espèce est commune aux bords des chemins herbeux, des fossés, dans les pâturages. On l'emploie en médecine comme astringente, fébrifuge.

Potentille tormentille (*P. tormentilla*). Souche épaisse, simple ; tiges nombreuses, de 10 à 40 cent., assez grêles, étalées, diffuses ou ascendantes; feuilles 3 folioles (rarement 5), pubescentes en dessous, à 4-5 dents profondes de chaque côté dans les deux tiers supérieurs ; les

Fig. 1111. — Potentille.

feuilles radicales sont pétiolées, souvent détruites lors de la floraison, les caulinaires sessiles. Fleurs assez petites : calice à 4 divisions, rarement 5 ; pétales 4 également, dépassant peu le calice.

La Tormentille croît dans les bois, les bruyères, les pâturages, mais n'est pas très commune. Elle fleurit en mai-juillet. On a jadis attribué à cette plante la vertu de guérir la colique, ce que rappelle son nom, dérivé de *tormen, tormina*, tranchées. C'est tout simplement un astringent comme l'Argentine. Les bestiaux en recherchent avidement les feuilles.

La **Potentille couchée** (*P. supina*) est plus rare encore. Ses tiges ne sont pas radicantes; ses feuilles sont à 5-9 folioles ; les pétales sont plus courts que le calice; les fleurs paraissent en juin-octobre. — Espèce annuelle qui aime les terrains sablonneux humides.

La **Potentille ansérine** a été étudiée sous le nom d'*Argentine*.

Il est un grand nombre d'autres espèces ou variétés que nous sommes obligé de passer sous silence.

POTIRON. — V. *Citrouille.*

POTOROO (*Potorous*). Genre de Mammifères, de l'ordre des Marsupiaux, intermédiaire entre les Phalangers et les Kanguroos. Ce sont de petites espèces de la taille du Lapin, ayant quelque chose du port des Kanguroos et différant des Pha-

langers en ce qu'ils n'ont pas de canines inférieures ni de pouces postérieurs.—Ces animaux vivent à la Nouvelle-Hollande. Leur queue est très forte et ils s'en servent pour sauter.

POU (*Pediculus*). Genre d'Insectes aptères, de l'ordre des Parasites, ainsi caractérisés : bouche tubulaire, située à l'extrémité antérieure de la tête et renfermant un suçoir; 2 antennes filiformes, courtes, de 5 articles ; 2 petits yeux ronds; 6 pattes courtes, armées d'un fort crochet arqué; corselet presque carré ; abdomen rond, ou ovale, ou oblong, lobé et incisé sur les côtés.

Les Poux, qui ne sont que trop connus des personnes malpropres, vivent de sang; les uns se nourrissent de celui de l'homme, les autres de celui des quadrupèdes; c'est avec leur trompe qu'ils sucent. Ces animaux sont ovipares. Les œufs, connus sous le nom de *lentes*, éclosent au bout de 5 à 6 jours. Les jeunes changent plusieurs fois de peau, mais leur croissance est très rapide : dans l'espace d'environ dix jours, ils arrivent à l'âge adulte. Ils pondent un nombre considérable d'œufs, et on a constaté que dans

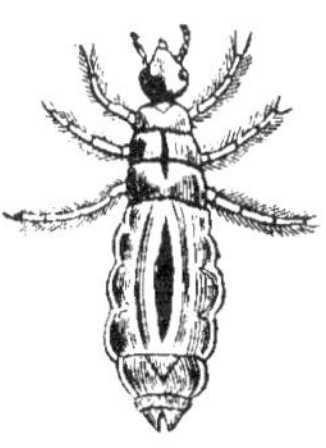

Fig. 1112. — Pou.

l'espace de deux mois deux Poux suffiraient pour produire 18,000 individus.

Trois espèces de ce genre sont propres à l'homme. La plus commune est le **Pou de tête**, qui a le thorax bien distinct de l'abdomen, et, latéralement, des taches brunes ou noirâtres sur un fond cendré. — On avait soupçonné les Poux d'hermaphrodisme; mais Leuwenhoeck a distingué des individus de chaque sexe. « Il a découvert dans les mâles un aiguillon recourbé, situé sous l'abdomen, et avec lequel, selon lui, ils peuvent piquer; il pense que c'est de la piqûre de cet aiguillon que provient la plus grande démangeaison qu'ils causent, parce qu'il a remarqué que l'introduction de leur trompe dans les chairs ne produit presque aucune sensation si elle ne touche pas à quelque nerf. Degéer a vu un aiguillon semblable placé au bout de l'abdomen de plusieurs Poux de l'homme ; ceux-ci qui, d'après Leuwenhoeck, sont des mâles, ont, suivant Degéer, le bout de l'abdomen arrondi, au lieu que les femelles, ou ceux à qui l'aiguillon manque, l'ont échancré. Latreille a vu très distinctement dans un grand nombre de Poux l'aiguillon et la pointe dont parlent ces auteurs. »

Le Pou du corps humain a la même forme que le précédent , mais il est d'un blanc sale, sans taches. Il pullule d'une manière effrayante dans quelques maladies, qui se compliquent alors de la maladie appelée *Phthiriase.*

Le Pou du pubis a le corps arrondi et le thorax presque confondu avec l'abdomen ; sa piqûre est très forte. On le connaît sous le nom vulgaire de *Morpion.*

On se débarrasse de tous ces hôtes incommodes au moyen de lotions faites avec des substances huileuses , avec une décoction de staphisaigre , de tabac , de pied d'alouette ou de toute autre plante âcre, ou bien encore au moyen de bains sulfureux. Le Pou du pubis ne cède quelquefois qu'aux frictions avec l'onguent mercuriel, soit simple , soit double. Les soins de propreté suffisent ensuite pour empêcher le retour de ces parasites. — Le Ricin (V. ce mot) est très voisin du Pou.

POUILLOT (*Sylvia*). Sous-genre de Fauvette , dont le bec est droit, petit , subulé , aigu; les narines oblongues, recouvertes par une membrane ; les tarses élevés , minces; les doigts grêles ; les ailes allongées, dépassant le milieu de la queue, qui est dilatée et échancrée à son extrémité.

Les Pouillots sont, après les Roitelets, les plus petits oiseaux d'Europe; leur plumage est verdâtre en dessus, jaune en dessous. Ils sont vifs , sociables , sans cesse en mouvement sur les arbres, dont ils visitent tous les rameaux. Ils vivent de larves et de menus insectes, jamais de graines ni de baies. Ils émigrent par petites troupes, souvent en compagnie des Roitelets et des Mésanges. Ils nichent toujours à terre, au pied d'un buisson ou dans une touffe d'herbes; leur nid est ovoïde ou sphérique, à ouverture latérale.

Les espèces principales sont: le **Pouillot Fitis** (*S. trochilus*), vulg. *Bec-fin Pouillot*, qui est répandu dans toute l'Europe, pondant 5 ou 6 œufs d'un blanc pointillé et tacheté de roux ; — le P. **véloce** (*S. rufa*) ou *Fauvette véloce*, *Bec-fin véloce*, de France, de Suisse , d'Allemagne, et dont les 4 ou 5 œufs sont blancs pointillés de noir; cette espèce vit sédentaire dans nos provinces du Midi, et passe l'hiver au bord des cours d'eaux garnis de broussailles, où on la voit voltiger par troupes à la surface de l'eau. — Le P. **sylvicole**, ou *Bec-fin siffleur*, habite l'Allemagne, l'Italie et la France ; sa ponte est de 5 ou 6 œufs courts, blancs ou grisâtres, pointillés de brun.

POULE (*Gallina*). Nom sous lequel on désigne la femelle du *Coq*. — V. ce mot.

Nous ne reviendrons pas sur les considérations précédemment émises et qui nous paraissent suffisantes : mais nous reproduirons le passage que Buffon a consacré à ce Gallinacé si utile.

« Cette mère qui a montré tant d'ardeur pour couver, qui a couvé avec tant d'assiduité, qui a soigné avec tant-d'intérêt des embryons qui n'existaient point encore pour elle, ne se refroidit pas lorsque ses poussins sont éclos: son attachement, fortifié par la vue de ces petits êtres qui lui doivent la naissance, s'accroît encore tous les jours par les nouveaux soins qu'exige leur faiblesse : sans cesse occupée d'eux, elle ne cherche de la nourriture que pour eux; si elle n'en trouve point, elle gratte la terre avec ses ongles pour lui arracher les aliments qu'elle recèle dans son sein, et elle s'en prive en leur faveur; elle les rappelle lorsqu'ils s'égarent, les met sous ses ailes à l'abri des intempéries, et les couve une seconde fois ; elle se livre à ces tendres soins avec tant d'ardeu_r et de souci, que sa constitution en est sensiblement altérée, et qu'il est facile de distinguer de toute autre poule une mère qui mène ses petits, soit à ses plumes hérissées et à ses ailes traînantes, soit au son enroué de sa voix, et à ses différentes inflexions toutes expressives, et ayant toutes une forte empreinte de sollicitude et d'affection maternelle.

Mais si elle s'oublie elle-même pour conserver ses petits, elle s'expose à tout pour les défendre : paraît-il un épervier dans l'air, cette mère si faible, si timide, et qui, en toute autre circonstance, chercherait son salut dans la fuite, devient intrépide par tendresse; elle s'élance au devant de la serre redoutable, et, par ses cris redoublés, ses battements d'ailes et son audace, elle en impose souvent à l'oiseau carnassier, qui, rebuté d'une résistance imprévue, s'éloigne et va chercher une proie plus facile. Elle paraît avoir toutes les qualités du bon cœur ; mais ce qui ne fait pas autant d'honneur au surplus de son instinct, c'est que, si par hasard on lui a donné à couver des œufs de Cane ou de tout autre oiseau de rivière, son affection n'est pas moindre pour ces étrangers qu'elle le serait pour ses propres poussins ; elle ne voit pas qu'elle n'est que leur nourrice ou leur *bonne*, et non pas leur mère; et lorsqu'ils vont, guidés par la nature, s'ébattre ou se plonger dans la rivière voisine, c'est un spectacle singulier de voir la surprise, les inquiétudes, les transes de cette pauvre nourrice qui se croit encore mère, et qui, pressée du désir de les suivre au milieu des eaux, mais retenue par une répugnance invincible pour cet élément, s'agite, incertaine, sur le rivage, tremble et se désole, voyant toute sa couvée dans un péril évident, sans oser lui donner de secours. »

POULE-D'EAU ou Gallinule (*Gallinula*). Échassier de la famille des Macrodactyles : bec aussi long que la tête, ou plus court, épais à son origine, un peu renflé en dessous vers la pointe ; l'arête de la mandibule supérieure se dilate sur le front en une plaque nue ; doigts antérieurs longs, libres, garnis d'une étroite bordure membraneuse sur les côtés ; ailes médiocres ; queue courte.

La Poule-d'eau ou Gallinule, à pieds verts jaunâtres (*G. chlooropus*), a le plumage brun foncé en dessus, et gris d'ardoise en dessous, avec du blanc aux cuisses, le long du bas-ventre et au bord extérieur de l'aile; taille de 32 à 35 cent. —

Répandu dans presque toute l'Europe, cet oiseau vit sur les eaux dormantes, se tenant caché parmi les roseaux, d'où il ne sort que le soir pour chercher sa nourriture, qui consiste en végétaux, vers, insectes, petits poissons, etc. Son vol n'est n

Fig. 1113-1114. — Poule-d'eau (mâle et fem.).

élevé, ni rapide, ni soutenu; mais il nage et surtout plonge très bien. La femelle fait trois pontes par an, de 6 à 8 œufs roux ou grisâtres, pointillés et tachetés de brun, dans un nid de joncs grossièrement entrelacés. Quand elle interrompt son incubation pour aller aux vivres, elle recouvre ses œufs avec des brins d'herbes.

POULE DES COUDRIERS. — V. *Tétras*.

POULE-SULTANE. Nom vulgaire du Télèphe hyacinthe, charmant Echassier très voisin de la Poule-d'eau. Oiseau aquatique, à couleurs éclatantes, originaire d'Afrique, que l'on a peu à peu naturalisé dans le midi de l'Europe, le long de la Méditerranée. — La Poule-Sultane habite les rivières et les bas-fonds inondés pendant l'hiver; elle court avec vitesse sur la terre. Ses mœurs sont d'ailleurs analogues à celles de la Gallinule; mais elle préfère au régime animal les graines de riz et de maïs, qu'elle porte à son bec avec un pied, en se tenant sur l'autre.

POULIOT. Espèce de genre *Menthe.* — V. ce mot.

POULPE (*Octopus*). Nom d'un genre de Mollusques, de la classe des Céphalopodes, qui fut longtemps confondu avec les Seiches, les Argonautes et les Calmars, et dont l'histoire est très compliquée. Corps plus ou moins globuleux, sans expansion natatoire ni corps protecteur dorsal, avec une tête fort grosse, pourvue autour de la bouche de 4 paires seulement d'appendices tentaculaires très considérables, garni de deux rangs de ventouses, dont le bord est constamment circulaire.

« Le manteau des Poulpes enveloppe tout le corps, et forme un sac musculeux, représentant une bourse ovale qui contient tous les viscères. Ce manteau est ouvert par le haut, et a de chaque côté une branchie très compliquée, en forme de feuille de fougère. Les Poulpes n'ont que deux petits grains coniques de substance cornée sur les deux côtés du dos. La tête sort avec le cou par l'ouverture du sac; elle est grosse, ronde et pourvue de deux yeux placés latéralement. Ces yeux sont formés de nombreuses membranes, et recouverts, quand l'animal le veut, d'une peau transparente. La tête est couronnée par huit bras ou pieds charnus, coniques, plus ou moins longs, susceptibles de fléchir dans tous les sens, et qui sont très vigoureux; ils sont armés à la surface de suçoirs ou ventouses, à l'aide desquels ils se cramponnent fortement aux corps qu'ils embrassent; ces pieds servent à l'animal pour saisir, pour marcher et pour nager. Il nage en arrière, et marche dans toutes les directions, mais toujours la tête en bas. La bouche, percée entre les bases des pieds, possède deux fortes mâchoires en corne tout à fait semblables à un bec de perroquet, et entre lesquelles est une langue hérissée de pointes cornées. » L'Anatomie des Poulpes a été très étudiée, mais nous ne pensons pas qu'il soit utile de nous étendre davantage sur ce sujet : ajoutons seulement que le système nerveux est assez développé ; qu'il y a un système veineux et un système artériel bien distincts, et que, pour respirer, l'animal reçoit l'eau par les deux trous latéraux de son manteau, lequel se dilate beaucoup, puis se contracte pour faire jaillir en un filet, qui porte assez loin, l'eau hors de l'entonnoir. Les sexes sont séparés, et il y a lieu de croire que la fécondation se fait par arrosement, comme dans la plupart des poissons.

Les Poulpes se rencontrent dans toutes les mers. Ils se tiennent ordinairement au fond de l'eau, près des rivages, se cachent dans le creux des rochers d'où ils sortent de temps en temps pour venir nager à la surface. Ils sont extrêmement nombreux sur les côtes au printemps. Très voraces, ils font une grande destruction de crustacés. On les mange, mais leur chair est ferme et a besoin d'être battue.

Le POULPE VULGAIRE (*O. vulgaris*) a 16 ou 20 centim. de diamètre, mais ses bras sont six fois aussi longs que son corps : ils sont garnis de 120 paires de ventouses et couvrent, dit-on, en s'étendant, jusqu'à douze pieds d'espace, et peuvent entourer un homme. Ce formidable animal habite toutes les côtes d'Europe ; il infeste surtout

Fig. 1115. — Poulpe.

celles de la Méditerranée et de la Grèce, où il est très dangereux pour les baigneurs : il vous saisit dans ses bras vigoureux, se cramponne à votre corps à l'aide de ses ventouses, et vous entraîne au fond de la mer, sans que vous puissiez vous débarrasser de ses étreintes. Cet animal a donné lieu à une foule de fables absurdes.

POURPIER (*Portulaca*). Plante annuelle, charnue, succulente, mucilagineuse ; à tige irrégulièrement dichotome, couchée, très glabre ; feuilles opposées, ou les supérieures éparses, très épaisses, souvent rougeâtres, sessiles, avec poils courts à leurs aisselles. Les fleurs sont terminales et latérales, solitaires ou groupées, entourées par les feuilles supérieures rapprochées en involucre. Elles sont jaunes : calice à 2 sépales soudés avec l'ovaire ; corolle à 5 pétales, libres ou soudés à la base, souvent inégaux, fugaces ; étamines 4-12, soudées à la base de la corolle ; ovaire de 5 carpelles ; style 5-fide, capsule polysperme, s'ouvrant circulairement par la chute de sa moitié supérieure.

Le POURPIER COMMUN (*P. oleracea*) fleurit en juin-octobre, dans les lieux cultivés, les jardins, les décombres. On le dit originaire des Indes ; on en cultive plusieurs variétés, dont on mange les feuilles cuites ou en salade.

L'une de ces variétés est le P. DORÉ (*P. sativa*), dont les feuilles sont assez grandes, ainsi que les fleurs d'un rouge pourpre.

Le Pourpier sert en médecine : le suc exprimé des feuilles calme la soif ardente et est antiscorbutique.

On donne le nom de *Petit Pourpier aquatique* à la MONTIE DE FONTAINE, plante annuelle, à tiges de 3-20 cent. couchées - dressées, un peu charnues, glabres, souvent rassemblées en touffe. Ses fleurs sont blanches, à corolle très petite. Cette plante, de la même famille que le Pourpier, est assez commune aux bords des ruisseaux, des mares, des étangs, où elle fleurit en mai-juin. Il y a une variété naine.

POURPRE (*Purpura*). Genre de Mollusques gastéropodes dioïques, voisin des Buccins et des Murex. L'animal de la Pourpre est semblable à celui des Buccins ; sa tête est large, munie d'une courte trompe ; ses deux tentacules sont coniques et oculés sur un renflement de leur partie moyenne extérieure ; la bouche est presque cachée par le pied ; celui-ci est assez grand, très avancé et comme bilobé en avant. Quant à la coquille des Pourpres proprement dites, elle est ovale, épaisse, à spire courte, ayant le dernier tour plus grand que tous les autres ensemble ; son ouverture est très dilatée, de forme ovale, terminée antérieurement par une échancrure oblique ; la columelle aplatie finit en pointe en avant ; le bord droit est tranchant, souvent épaissi et sillonné à l'intérieur, ou bien armé en avant d'une pointe conique. L'opercule des coquilles de ce genre est corné, demi-circulaire, et à sommet postérieur.

Les Pourpres sont marines ; elles vivent sur les rochers couverts de fucus, de corallines. Ces mollusques possèdent à un haut degré la propriété de sécréter une liqueur d'un rouge purpurescent ; mais cette propriété qui leur a valu leur nom ne leur est pas exclusive, car beaucoup de Murex en fournissent ; les Janthines et divers autres sont aussi dans ce cas. Il paraît même que les animaux dont les anciens retiraient la couleur Pourpre n'offrent pas des espèces de ce genre. L'un de ceux qu'ils signalent était sans doute le *Murex brandaris* ou le *M. truncatulus*, et l'autre est considéré comme un *Buccinum*, lequel est probablement différent du *B. lapillus*, appartenant aujourd'hui au genre Pourpre.

Les deux espèces principales sont la Pourpre antique, dont l'animal est de couleur foncée tirant sur le violet, — et la P. des teinturiers, dont l'animal est au contraire entièrement blanc.

PRÉFLORAISON ou Estivation. Se dit, en Botanique, de la manière d'être des différentes parties d'une fleur avant son épanouissement, des dispositions variées que ses diverses parties affectent dans le bouton. Les enveloppes florales (calice et corolle) et les organes sexuels (étamines, carpelles) peuvent être considérés comme quatre verticilles placés les uns au-dessus des autres sur une tige extrêmement courte. Chaque anneau floral forme un *verticille vrai* lorsque les parties qui le constituent s'insèrent à la même hauteur. Or, ou ces parties se superposent, s'imbriquent, et alors elles forment une *préfloraison tordue* ou *contournée*, ou elles se juxtaposent bords à bords, et dans ce cas il y a *préfloraison valvaire*. Il y a beaucoup de préfloraisons, mais ce n'est que dans les traités spéciaux qu'il faut les étudier.

PRÊLE (*Equisetum*). Genre type et unique de la famille des Équisétacées, laquelle est voisine des Fougères et des Lycopodes; ce sont des plantes vivaces, à rhizome traçant ; à tiges cylindriques, sillonnées ou cannelées, simples, articulées et munies, ou non, de rameaux verticillés au niveau des nœuds, avec gaîne membraneuse dentée, due à la soudure des feuilles. Chaque entre-nœud de la tige est creux, mais fermé au niveau des nœuds par un diaphragme; les rameaux sont dépourvus de cavité intérieure. Les organes de la reproduction consistent en des *sporanges* disposés en cercle par 6-9 à la face inférieure d'écailles peltées, qui sont verticillées en forme de cône ou d'épi, au sommet de la tige ou des rameaux; *spores* très nombreuses, munies de 4 appendices filiformes renflés au sommet, s'enroulant autour de la spore ou se déroulant suivant les alternatives de sécheresse et d'humidité.

Prêle des marais (*E. palustre*), vulg. *Queue de Cheval*. Tiges toutes semblables et fertiles, de 30-60 centim., vertes, persistant après la destruction de l'épi, dressées, sillonnées ; rameaux verticillés par 8-12, grêles, allongés, lisses, simples. — Cette espèce est très commune dans les champs humides, les lieux marécageux, aux bords des eaux.

Prêle des champs (*E. arvense*), vulg. *Queue de Rat*. Tiges les unes fertiles, les autres stériles; les premières de 10-20 centim., d'un brun rougeâtre, dépourvues de verticilles rameux, se

détruisant après la maturité de l'épi, qui est oblong cylindrique; les secondes, de 30-60 cent., dressées ou couchées, vertes, plus grêles, profondément sillonnées, nues à la base, mais portant en haut un grand nombre de verticilles rameux. — Très commune également dans les champs humides, sur les berges des rivières.

Il est plusieurs autres espèces, qui, comme celles-ci, sont très anciennes, et font partie de la première végétation dont on trouve des traces dans les couches du globe.

PRIMATES. Linné a donné ce nom à l'Homme, aux Singes et aux Makis, parce qu'il les considérait comme les Primats des animaux. L'Homme était le premier des Primates, et le Galéopithèque le dernier. — V. *Quadrumanes*.

PRIMEVÈRE (*Primula*). Genre type de la famille des Primulacées, comprenant des plantes vivaces, à rhizome épais tronqué ; feuilles toutes radicales, disposées en rosettes; fleurs jaunes, ou de couleurs variées, à pédicelles munis de bractées à la base, disposées en ombelle simple au sommet d'un pédoncule radical, ou paraissant

Fig. 1116. — Primevère.

(1. Corolle ouverte ; — 2 Fruit contenu dans le calice ; — 3. Le même tel qu'il s'ouvre en 10 parties, au sommet, au moment de la maturité; — 4. Corolle d'un autre individu.)

naître isolément de la souche par l'avortement du pédoncule : calice tubuleux 5-fide ; corolle infundibuliforme, à limbe dilaté; 5 étamines, incluses, insérées à la partie supérieure ou moyenne du tube de la corolle, etc.

La Primevère commune (*P. officinalis*), vulg. *Coucou*, joint aux caractères ci-dessus d'avoir un pédoncule florifère long de 10 à 30 centim., des fleurs jaunes penchées d'un même côté. — Elle est très commune dans les prairies, les pâturages, les lieux herbeux, où dès le mois de mars elle montre ses jolies fleurs qui nous reportent au temps des plaisirs innocents de notre enfance, alors que nous les tressions en guirlandes ou en couronnes, ou que nous les roulions en balles légères. Ces fleurs sont d'une odeur douce et suave; la racine fraîche exhale une odeur fragrante, comme anisée, qui l'a fait préconiser comme antispasmodique. Mais c'est déjà beaucoup que ces aimables plantes nous annoncent le printemps et charment nos regards et notre odorat, sans leur prêter des propriétés médicales qui les dépoétisent et qu'elles n'ont pas d'ailleurs. La Primevère est dédaignée des bestiaux ; mais c'est à tort qu'on l'accuse de nuire aux bonnes herbes.

Les espèces sont très nombreuses. Nous citerons : la Primevère élevée (*P. elatior*), dont la racine ne fournit qu'une ou deux hampes longues, uniflores, à la couleur jaune pâle uniforme, et un peu penchées; elle habite plus particulièrement les bois humides; — la Primevère a grande fleur (*P. grandiflora*), très remarquable par ses superbes touffes aux feuilles atténuées à la base, sans pétiole proprement dit, aux hampes nombreuses portant une seule fleur d'un beau jaune, avec une tache orangée à l'entrée du tube de la corolle. Linné la nommait *P. acaulis;* elle croit dans les bois frais sans être marécageux et fleurit en mai, c'est-à-dire un grand mois plus tard que les précédentes ; — la Primevère variable (*P. variabilis*), très distincte par les couleurs de ses corolles qui parcourent toutes les nuances d'un rouge agréablement mélangé de jaune et de blanc; elle se trouve dans les bois couverts et montueux.

Ces espèces, introduites dans nos jardins, ont donné quantité de variétés.

La Primevère auricule (*P. auricula*), vulg. *Oreille d'ours*, originaire des Alpes et de nos montagnes du Midi, s'est fait rechercher des amateurs par la douceur de son parfum, la durée de sa floraison, la force, la grandeur, l'éclat et la beauté de ses corolles, qui présentent les nuances les plus agréables du cramoisi, du violet, du brun, du vert-olive, du mordoré, du jaune, et sont susceptibles de prendre les panachures les plus variées. Ce fut à Lille que l'on cultiva les premières Auricules, et qu'elles devinrent pour les fleuristes un objet important de luxe et de richesses ; elles furent admises ensuite dans les jardins de Paris comme des nouveautés rares et précieuses.

PRIMULACÉES. Famille de Plantes dicotylédones monopétales supérovariées, annuelles ou vivaces, à feuilles opposées ou verticillées; fleurs disposées en épis, ou en grappes axillaires ou terminales, parfois solitaires ou diversement groupées : calice monosépale à 5 ou 4 divisions; corolle monopétale, régulière, tubuleuse ou profondément divisée en lanières; étamines 5, libres ou monadelphes, insérées au haut du tube ou à la base de ses divisions, opposées; ovaire libre uniloculaire pluriovulé ; style et stigmate simples. Le fruit est une capsule polysperme, 3-5 valvaire, ou une pyxide ; l'embryon est placé transversalement au hile. — Quatre tribus :

1° Primulées. Capsule; graines amphitropes : *Primevère, Cyclame, Soldanelle, Lysimaque*, etc.

2° Anagallidées. Pyxide ; graines amphitropes : *Mouron*, etc.

3° Hottoniées. Capsule ; graines anatropes : *Hottonie.*

4° Samolées. Capsule adhérente; graines anatropes : *Samole* ou *Mouron-d'eau.*

PRIODONTE (*Priodontes*). Genre de Mammifères de l'ordre des Édentés, très voisin des Ta-

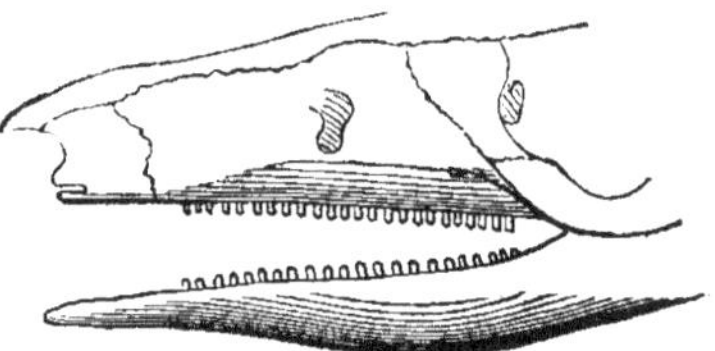

Fig. 1117. — Priodonte géant (système dentaire).

tous; leurs ongles sont très forts, leurs doigts très inégaux aux pieds de devant; le dos présente 12 ou 13 bandes mobiles entre les deux parties fixes de la carapace qui recouvrent le tronc en dessus ; queue égalant la moitié du corps en longueur. Les dents sont en plus grand nombre que chez les autres Édentés : on en compte 25 paires supérieurement, et 24 inférieurement; toutes sont petites, comprimées surtout en avant.

Le Priodonte géant (*P. gigas*) ou *Tatou géant*, de Buffon, a le corps long de 1 m., la queue de 0, 30. On le rencontre au Pérou et au Brésil. C'est le plus grand de tous les Tatous actuellement existants.

PRIONE (*Prionus*). Genre de Coléoptères longicornes, caractérisé de la manière suivante : antennes ayant plus de 12 articles, le 3e plus long que les deux précédents réunis; corselet en carré transversal, chaque bord latéral portant 3 épines pointues ; corps court ; toutes les jambes dépourvues d'épines internes; élytres courts, rebordés extérieurement, etc. — Les insectes qui composent ce genre se tiennent sur les troncs des arbres ou dans le tan qui se trouve souvent au pied des chênes vermoulus; ils ne volent guère que le soir ou dans la nuit.

Le **Prione corroyeur** (*P. coriarius*) est la seule espèce, parmi les *Prioniens*, tribu si nombreuse en genres, qui se trouve aux environs de Paris : il a 2 à 3 centim. de longueur.

PRISTIPOME (*Pristipoma*). Genre de Poissons acanthoptérygiens, de la famille des Sciénoïdes (V. *Sciène*), à museau plus bombé que chez les Rouges-Gueules, à bouche moins fendue; dorsale et anale sans écailles. — Ce genre est très nombreux en espèces, répandues dans les régions chaudes des deux Océans. — Nous figurons le

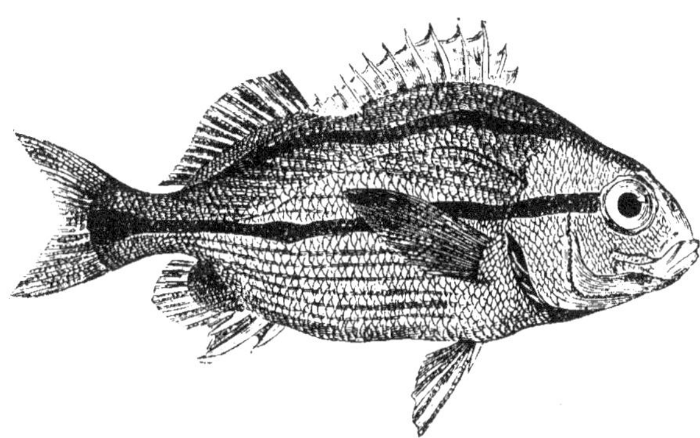

Fig. 1118. —Pristipome.

Pristipome a deux lignes (*P. bilineatum*), qui est d'un gris doré en dessus avec une teinte argentée aux sous-orbitaires, plus pâle en dessous. Ce Poisson est de la Martinique.

PROBOSCIDIENS (du gr. *proboskis*, trompe). Nom donné à une tribu de Pachydermes, caractérisés par un nez prolongé en une longue trompe. Animaux aux formes lourdes et épaisses, aux membres courts et sans souplesse, avec une grosse tête, des petits yeux, une mâchoire supérieure armée de deux incisives qui font saillie hors de la bouche. — Cette tribu comprend les *Éléphants* et les *Mastodontes*.

PROCRIS (*Procris*). Genre de Lépidoptères, de la famille des Crépusculaires, créé aux dépens du grand genre Sphinx de Linné : « palpes non velues, s'élevant à peine au-delà du chaperon: antennes bipectinées dans les mâles, simples ou garnies d'écailles peu allongées dans les femelles, toujours sans houppe à leur sommet; une langue en spirale; jambes postérieures n'ayant que de très petits ergots; ailes oblongues et ciliées; cellule sous-marginale des inférieures fermée en arrière par une nervure très anguleuse et d'où partent trois rameaux qui aboutissent au bord postérieur. Chenilles courtes, ramassées, peu garnies de poils. Chrysalide enfermée dans une coque. Ce genre renferme très peu d'espèces; on les trouve ordinairement dans les lieux secs des bois, dans les clairières. Elles se tiennent posées sur la tige ou les feuilles des herbes. »

Le **Procris de la statice** (*P. statices*), vulg.

La Turquoise, a tout le corps, le dessus des antennes et des ailes supérieures d'un vert doré, le dessous de ces parties d'un brun cendré. — Des environs de Paris. La chenille est verdâtre; elle vit sur la Patience des prés ou Oseille commune et sur la Globulaire.

La P. **de la globulaire** n'est pas la même espèce. Celle-ci a les premières ailes d'un bleu verdâtre en dessus. Aussi des environs de Paris. — La chenille présente des losanges noirs le long du dos, etc.

PROTÉE (*Proteus*). Genre de Reptiles de l'ordre des Batraciens-Urodèles; ils ont le corps fort allongé, presque cylindrique; la queue longue et comprimée; deux paires de membres très courts, offrant 3 doigts en avant et 2 en arrière; branchies persistantes. — Une seule espèce.

Le **Protée anguillard** (*P. anginus*) est un batracien dont la grosseur est celle du doigt et la longueur de 32 centim. Il a le corps lisse, blanchâtre ou couleur rosée, tout à fait dépourvu d'écailles et à surface muqueuse. Il paraît aveugle, car on n'aperçoit que deux points noirs sous la peau non percée, à la place que pourraient occuper les yeux. Il a trois houppes branchiales de chaque côté, frangées et subdivisées chacune en 4, 5 ou 6 branches supportées par un pédoncule commun; il les conserve toute sa vie; mais outre ses organes respiratoires extérieurs pour la vie aquatique, il a encore des poumons intérieurs pour la respiration aérienne.

Il faut distinguer les Protées des Crapauds, des Grenouilles et des Rainettes, lesquels n'ont pas de queue ; des Salamandres , qui n'ont pas de branchies à l'âge adulte ; enfin des Sirènes, qui n'ont que des pattes antérieures. Le squelette du Protée ressemble à celui de la Salamandre, mais il a 57 vertèbres au lieu de 40 , et sa tête, qui est osseuse, diffère de celle de la Salamandre pour se rapprocher de celle de la Sirène.

Le Protée habite les lacs souterrains de la basse Carniole ; on l'a trouvé aussi dans la grotte d'A-delberg. Ce reptile marche mal, mais il nage très bien. Il fait entendre un petit cri particulier. Il ne vit pas longtemps hors de l'eau. Le Muséum de Paris en a possédé plusieurs individus. « Nous tenions ces Protées, disent MM. Duméril , à la cave pendant l'hiver, et dans les jours très chauds de l'été , ils étaient contenus dans un compotier de porcelaine avec un couvercle de la même po-terie, mais de manière que l'air pouvait s'y re-nouveler et la lumière y pénétrer un peu. Nous devons faire remarquer cette dernière circon-stance , car les téguments prenaient alors une teinte grise assez prononcée. Quand nous les lais-sions à la cave, enfermés dans un grand vase de faïence épais , ces Protées reprenaient la teinte d'un jaune très pâle, et c'est ainsi que reste con-stamment celui que nous conservons encore (1847) dans un gros sceau de zinc. On avait soin de re-nouveler l'eau tous les 2 ou 3 jours , suivant qu'elle était plus ou moins salie par les déjections de l'animal , ce qu'on pouvait reconnaître par la diminution de longueur des branchies. Ces ani-maux ont grossi et grandi considérablement, mais ils n'ont jamais changé de forme , ce dont nous étions fort désireux de nous assurer. »

PROTÉES. Animalcules, connus dans la classe des Infusoires sous le nom d'*Amibes*.

PROTÈLE (*Proteles*). Nom donné par Is. Geof-froy-St-Hilaire à un nouveau genre de Carnas-siers digitigrades, qui a de grands rapports avec les Civettes et les Hyènes.

Le **Protèle hyénoïde**, que Cuvier a fait con-naître sous le nom de *Civette* ou *Genette hyé-noïde* , est la seule espèce connue. « Il a des Ci-vettes le même nombre de doigts aux membres antérieurs, et à peu près la même forme de tête ; des Hyènes et surtout de la *Hyène rayée*, il a le même système de coloration , les mêmes lignes transversales sur les côtés du corps et sur les jambes, la même brièveté apparente du train pos-térieur, ce qui, au premier aspect, pourrait le faire prendre pour un jeune de ce même animal. Sa taille est égale à celle du Chacal. Les membres du Protèle sont grêles et terminés en avant par cinq doigts , et quatre en arrière ; les postérieurs sont toujours fléchis, ce qui a fait dire qu'il les avait moins longs que les antérieurs ; sa tête est assez allongée, mince et terminée par un museau noir peu fourni de poils , et dont les moustaches sont formées de poils longs, durs et épais. » Corps couvert de poils laineux entremêlés de poils plus longs et plus durs ; crinière qui s'étend depuis la nuque jusqu'à la naissance de la queue, compo-sée de poils longs, rudes et annelés de noir et de gris blanchâtre.

Le Protèle habite l'Afrique australe, le cap de Bonne-Espérance. C'est un animal nocturne , qui se tient pendant tout le jour dans un terrier à plu-

Fig. 1119. — Protèle.

sieurs issues. Il fait la chasse aux jeunes rumi-nants , aux jeunes agneaux principalement. Man-quant de dents propres à la mastication , il avale sans mâcher : aussi recherche-t-il la chair tendre, la graisse qui entoure la queue des moutons afri-cains ; son système dentaire est en effet des plus simples, ses molaires sont presque rudimentaires.

PROYER (*Emberiza miliana*). Espèce du genre Bruant, au plumage gris brun, tacheté partout de brun foncé. — Cet oiseau vit sédentaire dans le midi de la France. Il a le vol rapide et bruyant. En automne, on en rencontre des bandes nombreu-ses , et ils volent rapprochés les uns des autres. Le Proyer établit son nid dans les guérets et les prairies. Il pond 4 à 6 œufs un peu allongés , d'un gris cendré, roussâtre ou violacé.

PRUNELLIER. — V. *Prunier*.

PRUNIER (*Prunus*). Genre de la famille des Rosacées , tribu des Drupacées ; arbres ou arbrisseaux à ramuscules parfois un peu épineux; feuilles roulées longitudinalement avant leur complet développement ; fleurs blanches , solitaires ou géminées; drupe globuleux, succulent, coloré, à noyau oblong, appelé *Prune*.

Prunier sauvage ou épineux (*P. spinosa*), vulg. *Prunellier*, *Épine-noire*. Nous commençons par cette espèce, considérée comme type et souche des nombreuses variétés. C'est un arbrisseau épineux, très rameux, formant buisson, très commun dans les haies. Il est généralement connu. Ses feuilles sont obovales oblongues, finement dentées. Bourgeons florifères uniflores ; fleurs ordinairement épanouies avant la naissance des feuilles; pédicelle fructifère plus court que le fruit appelé *Prunelle*, qui est dressé, noir, glauque, globuleux, plus petit qu'une cerise, d'une saveur très acerbe.

Prunier domestique (*P. domestica*). Arbre ou arbrisseau élevé , non épineux ; à feuilles oblongues aiguës , finement dentées, un peu pubescentes en dessous. Bourgeons florifères biflores ; fleurs naissant en même temps que les feuilles. Fruit (*Prune*) penché , assez gros, noir, violet, rougeâtre ou jaunâtre, d'une saveur douce. — Cette espèce, fréquemment subspontanée dans les haies et le voisinage des habitations , est cultivée de temps immémorial. Sa culture a donné naissance à de nombreuses variétés , distinctes par le volume, la couleur et la saveur du fruit.

Les ébénistes et les tourneurs emploient le bois bien sec du Prunier, qui est dur, serré et marqué de belles veines rouges. La gomme qui suinte de l'écorce de l'arbre pourrait remplacer, en cas de nécessité , la gomme arabique. Quant au fruit, il a des usages que tout le monde connaît. — Les nombreuses espèces de ce fruit ne peuvent être mentionnées dans un ouvrage tel que celui-ci.

PSÉLAPHIENS. Tribu de Coléoptères pentamères, famille des Brachélitres ; insectes de très petite taille , que l'on trouve dans les prés , sous l'écorce des arbres et sous les pierres, marchant avec rapidité, surtout le soir , et courant alors avec vitesse sur les tiges des graminées. Ils sont carnassiers. — Cette tribu renferme 13 genres.

L'un de ces genres, le *Clavigère* , offre des mœurs très curieuses. Ces coléoptères vivent dans les fourmilières , s'y accouplent et y déposent leurs œufs et leurs larves, et cela en recevant aide et protection de la part des fourmis. La cause de cette bonne intelligence, c'est que les Clavigères fournissent un liquide qui est un mets délicat pour les fourmis, liquide que celles-ci sucent au bouquet de poils jaunes qui s'élève de chaque côté des élytres. « En échange du liquide agréable qu'elles retirent de leurs hôtes, qui leur sont étrangers sous tous les rapports et qui appartiennent à un ordre d'insectes si différents, les fourmis leur fournissent non-seulement abri et protection, mais encore la nourriture, et une nourriture convenable, qu'elles leur donnent de leur propre bouche. C'est un fait dont j'ai pu tant de fois m'assurer par les occasions les plus favorables, qu'il est impossible que je m'y sois laissé tromper. » (Muller.)

PSOQUE (*Psoque*). Genre de Névroptères planipennes, rangé par Geoffroy à côté du Pou : corps court, ramassé, mou; tête grosse; abdomen court, sessile, pourvu dans les femelles d'une sorte de tarière; pattes assez longues, grêles; antennes sétacées, longues. — Ces insectes, petits et vifs, marchent très vite et exécutent des sauts assez prompts pour éviter le danger. Ils se tiennent sur les fleurs, dans les bois, sous les pierres, etc.

Le Pou du bois, de Geoffroy, est le *Psoque pulsatorius*, qui est le plus souvent sans ailes, d'un blanc jaunâtre, avec les yeux et de petites taches sur l'abdomen de couleur rousse. On avait cru qu'il produisait ce petit bruit, pareil au battement d'une montre, que l'on entend souvent dans les maisons, bruit qui appartient au genre Vrillette.

PSYCHÉ (*Psyche*). Genre de Lépidoptères nocturnes, dont les ailes sont en toit, presque transparentes, peu couvertes d'écailles; les femelles les ont fort courtes , quelques-unes même sont aptères. — Nous citerons , parmi les espèces, celle vulgairement appelée Teigne a fourreau (*P. graminelle*). Envergure de 2 centim. 1/2. Le mâle a les ailes arrondies, noires-brunes ; corps noirâtre, velu, blanchâtre en dessous. La femelle est aptère, d'un blanc jaunâtre, avec une tache noire sur le dos de chacun de ses 3 anneaux ; pattes courtes. Cette espèce se trouve principalement sur le coudrier des bois, dans le mois de juillet. La chenille est grise, marquée de points noirs ; son fourreau est couvert de feuilles imbriquées qu'entourent des brins d'herbe. La chrysalide est beaucoup plus longue chez les femelles que chez les mâles.

PTÉRIDE (*Pteris*). Genre de Fougères, à feuilles bi-tripinnatiséquées; sporanges naissant vers le bord de la face inférieure des feuilles, disposés en groupes linéaires formant une ligne qui borde chacun des segments.

L'espèce que nous nommons Grande-Fougère ou *Fougère commune* , est la *Pteris aquilina*, ainsi nommée (*Porte-Aigle*), parce que le pétiole présente , dans sa partie située dans le sol, un dessin formé par l'ensemble des faisceaux ligneux, rappelant la forme d'un aigle double. Ses feuilles sont très grandes, coriaces, ovales triangulaires dans leur circonscription, bi-tripinnatiséquées, à pétiole très long , robuste, dont la partie inférieure s'enfonce dans la terre ; leurs segments sont opposés, pétiolulés ; lobules entiers dont les bords se réfléchissent un peu en dessous. — Cette fougère est extrêmement commune dans les bois montueux, les champs sablonneux, les coteaux incultes. On l'utilise, soit comme engrais, soit comme litière. Son incinération donne une grande quantité de potasse. Sa racine contient une certaine quantité de fécule.

La *Pteris esculenta*, de la Nouvelle-Hollande, sert d'aliment aux indigènes par sa racine féculente.

PTÉROCARPE. Genre d'Arbres de la famille des Légumineuses, croissant dans l'Amérique du Sud, en Afrique et en Asie. — Une des espèces, le P. SANTAL, des montagnes de Ceylan, fournit une écorce qui contient un suc propre rougeâtre, servant à la teinture. C'est cette écorce que l'on désigne sous le nom de *Bois de Santal*.

PTÉRODACTYLE (*Pterodactylus*). Ce nom, qui signifie *doigts ailés*, désigne un genre de Reptiles fossiles des plus extraordinaires, ou mieux, un genre de Vertébrés de la catégorie des Ovipares pulmonés à sang-froid. Ces animaux, pense-t-on, auraient été, pour ainsi dire, les Chéiroptères des temps de la seconde période géologique. Ils étaient de taille moyenne ou même petite, variant entre celle d'une bécasse et d'un cormoran ; leur tête, allongée et ayant la structure générale des Ovipares, porte des dents aiguës à ses deux mâchoires, et leurs membres sont surtout remarquables par l'allongement du doigt externe des supérieurs, qui est grêle, composé de cinq pièces en comprenant le métacarpe, et à peu près aussi long que le corps, tandis que les autres doigts, qui ont leur phalange onguéale comprimée comme chez les Galéopithèques, semblent avoir supporté des ongles analogues à ceux de ces animaux, et qui leur servaient sans doute à grimper. L'opinion la plus générale est que le doigt externe allongé supportait une membrane aliforme, étendue entre les membres comme celle des Galéopithèques, ce qui aurait permis à ces animaux, sinon de voler aussi bien que les oiseaux et les chauves-souris, du moins de se soutenir quelque temps en l'air, et de se transporter à la manière des Galéopithèques d'un lieu à un autre.

C'est sourtout à Aichstadt et Solenhofen, dans le calcaire lithographique de la formation jurassique, que l'on a rencontré des restes des Ptérodactyles. Quoiqu'on possède d'assez nombreux échantillons de ces fossiles de l'ancien monde et même des squelettes presque entiers, la question de leur classification dans la série animale n'est pas encore complétement résolue : car ils ont quelque chose des Chéiroptères, des Galéopithèques, des Sauriens et des Chélonés même.

PTÉROGLOSSE. — V. *Toucan*.

PTÉROMYS (*Pteromys*). Genre de l'ordre des Rongeurs, avoisinant les Marmottes et les Écureuils ; ces animaux ont la tête de même forme que celle des Marmottes, les oreilles un peu plus grandes, le corps moins trapu, la queue plus longue et en panache. Une membrane s'étend sur les flancs entre les membres antérieurs et les postérieurs ; elle se prolonge en pointe saillante près du poignet. Taille de la Marmotte.

Les Ptéromys appartiennent à l'Asie méridionale et aux îles de l'Inde. Ils sont remarquables par la vivacité de leurs teintes. Leur agilité égale

Fig. 1120. — Ptéromys.

celle de l'Écureuil ; de plus, ils doivent à leurs membranes la possibilité de s'élancer à de grandes distances et comme en volant ; aussi ont-ils reçu les noms de *Marmottes volantes*, *Écureuils volants*. Leur genre de vie est nocturne. — On connaît plusieurs espèces de ce genre.

Le PTÉROMYS ÉCLATANT (*P. nitidus*) a le pelage marron foncé en dessus, roux en dessous. — On le trouve à Java et à Bornéo, où vivent d'autres espèces. — Le P. SIMPLE, que Jacquemond a pris dans le royaume de Cachemire, se nourrit de fruits sauvages, dort le jour dans les trous d'arbres. En hiver il s'engourdit. On fait des fourrures avec sa peau.

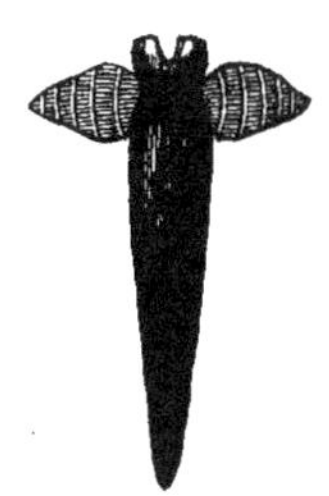

Fig. 1121. — Ptéropode (Clio).

PTÉROPODES (du gr. *pteron*, aile ; *pous*, pied). Classe de Mollusques, comprenant des animaux conformés pour flotter dans l'eau et y nager à l'aide de deux nageoires placées comme des ailes de chaque côté du cou. Ces mollusques, qui sont ou nus ou testacés, sont enveloppés d'un sac charnu d'où sort la tête, séparée par une sorte d'étranglement. Ce sac n'offre ni des tentacules, comme les Céphalopodes, ni pied, ni base élargie pour ramper sur le sol, comme dans les Gastéropodes; mais, nous le répétons, deux expansions latérales en forme d'ailes ou de nageoires; la tête est entièrement dépourvue de tentacules en forme de bras. Les Ptéropodes sont petits, hermaphrodites, d'une organisation beaucoup plus simple que celle des Céphalopodes. Ils vivent surtout dans les hautes mers, particulièrement dans le voisinage des pôles, et ce n'est qu'accidentellement qu'on les trouve sur nos côtes. Ils nagent avec une grande facilité, surtout à l'approche du coucher du soleil.

On les a divisés en deux tribus, suivant qu'ils sont nus ou renfermés dans une coquille.

PTÉROPODES NUS. Corps sans coquille; branchies extérieures nues, libres ou soudées avec les nageoires : *Clio, Psyché, Pneumoderme.*

PTÉROPODES TESTACÉS. Corps en partie contenu

Fig. 1122. — Ptéropode testacé (Hyale-de Forshal.)

dans une coquille univalve de forme variée; expansions membraneuses placées sur la partie du corps située au-dessus de la coquille; chez quelques-uns, bouche munie d'une trompe.

TABLEAU SYNOPTIQUE DES PTÉROPODES.

		Genres.
PTÉROPODES NUS.	Tête distincte; nageoires courtes; branchies adhérentes.	CLIO.
	Tête non distincte; nageoires très longues	PSYCHÉ.
	Branchies nues à la base du sac, distinctes des nageoires . . .	PNEUMODERME.
PTÉROPODES TESTACÉS.	Bouche sans trompe. Coquille roulée en spirale.	LIMACINE.
	Coquille en sabot à 3 pointes.	HYALE.
	Coquille pyramidale triangulaire	CLÉODORE.
	Coquille en calotte renversée.	EURYBIE.
	Coquille en forme d'étui cylindrique.	CUVIÉRIE.
	Bouche munie d'une trompe.	CYMBULIE.

PUCE (*Pulex*). Genre d'Insectes aptères, de l'ordre des Suceurs, commençant la série des insectes à métamorphoses, remarquable par la bouche, qui se compose d'une espèce de bec propre à la succion. — V. *Suceurs.*

Les Puces ont pour caractères : corps comprimé; thorax à 3 segments petits, ailes rudimentaires; pattes propres au saut, les postérieures très grandes; yeux lisses; point de queue; la bouche est inférieure, ayant la forme d'un rostre composé de pièces allongées. Les femelles sont beaucoup plus grosses que les mâles.

Les Puces vivent en parasites sur plusieurs mammifères et quelques oiseaux, tels que les pigeons, les poules, etc. Elles préfèrent la peau délicate des femmes et des enfants à celle des autres personnes; elles aiment aussi à se nicher dans la fourrure des chiens, chats et lièvres, etc., qui en sont très tourmentés en été et en automne. Ces insectes multiplient rapidement. L'accouplement des deux sexes a lieu face à face, et chacun d'eux tient l'autre embrassé avec les pattes. L'abdomen de la femelle se gonfle peu après par la grosseur plus que par la quantité des œufs qu'il contient. Ces œufs sont blancs, ovales, visqueux : ils tombent à terre et se trouvent ordinairement en nombre considérable dans les endroits où les chiens et les chats ont l'habitude de se coucher.

Les changements que les Puces éprouvent dans le jeune âge sont considérables. En sortant de l'œuf, elles sont privées de pieds et ont la forme de petits vers de couleur blanchâtre. Ces larves sont très vives et se roulent en cercle ou en spirale. Bientôt elles deviennent rouges, et, après

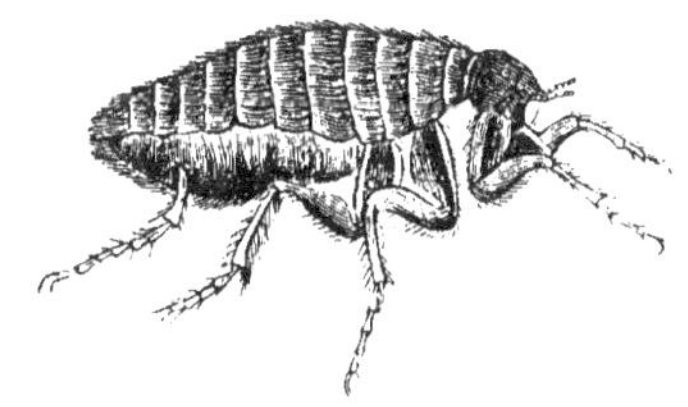

Fig. 1123. — Puce.

avoir vécu dans cet état pendant une douzaine de jours, elles se renferment dans une petite coque soyeuse, d'une finesse extrême, pour s'y transformer en nymphes; enfin, au bout d'environ 12 jours de réclusion, si le temps est chaud, elles sortent de leur enveloppe à l'état parfait.

La PUCE COMMUNE (*P. irritans*) est l'espèce

qui se nourrit du sang de l'homme et de plusieurs de nos animaux domestiques.—Mais il en est plusieurs autres qui vivent aussi sur divers quadrupèdes et oiseaux, et qui ne diffèrent que fort peu de la nôtre.

La Chique (*P. penetrans*) est une espèce d'A-

Fig. 1124. — Puce Chique.

mérique qui a le bec beaucoup plus long. La femelle s'introduit sous la peau du talon et sous les ongles du pied, et y acquiert bientôt le volume d'un pois, par suite du gonflement énorme d'un sac membraneux placé sous son ventre et renfermant les œufs. Nous représentons ici, très grossis, et l'insecte et son sac. — V. *Chique*.

PUCERON (*Aphis*). Genre d'Insectes, de l'ordre des Hémiptères, tribu des Homoptères, qui se distinguent spécialement des autres genres vivant sur les plantes, auxquels le vulgaire donne le nom de *Pucerons*, par leurs tarses à 2 articles et terminés par 2 crochets ; par les antennes longues et d'une grosseur uniforme dans toute leur étendue ; par leur tête courte et renflée, de couleur ordinairement verte ; antennes de 7 articles ; bec articulé ; ailes diaphanes ; l'abdomen offre à son extrémité 2 petits tuyaux en forme de cornes mobiles.

On trouve les Pucerons réunis en troupes nombreuses sur les feuilles du tilleul, du pommier, du pêcher, du rosier, du chou, etc. Immobiles à la même place, ils passent toute leur vie occupés à extraire avec leur trompe les sucs du végétal. C'est à leurs piqûres que sont dues ces excroissances si communes sur les feuilles de l'orme, du peuplier, etc. A les voir ainsi fixés et sans mouvements appréciables, on les prendrait plutôt pour des corps inertes que pour des animaux jouissant de toutes leurs facultés.

Mais le fait le plus curieux et le plus remarquable de l'histoire des *Pucerons*, c'est la manière dont ils se reproduisent : ils font toujours plusieurs pontes par an ; tant que les beaux jours durent, les femelles produisent des petits vivants qui, en sortant du sein de leur mère, se répandent sur les arbres, où ils se trouvent une nourriture facile et une température assez douce. Mais, à la fin de l'automne, comme les froids ne man-

queraient pas de faire périr ces êtres délicats, elles ne font plus que des œufs qu'elles mettent à l'abri des rigueurs de l'hiver, et qui se conservent jusqu'au printemps, époque à laquelle ils éclosent pour perpétuer leur race. Un autre fait très remarquable dans leur production, c'est que les femelles qui proviennent de ces œufs n'ont pas besoin d'être fécondées pour donner le jour à d'autres petits vivants de leur espèce.

Les Pucerons multiplient considérablement. On a calculé qu'une femelle peut donner naissance, à la dixième *génération*, à un quintillion d'individus. Cette incroyable pullulation explique et même nécessite peut-être les émigrations de ces insectes que M. Morren a signalées. En mai 1834, après un hiver extrêmement doux, M. Van-Mons prédit que tous les légumes seraient dévorés par les Pucerons, parce que, selon lui, la séve extravasée se serait surorganisée en ces animaux. Je ne suis pas, dit l'auteur de cette remarque, partisan des générations spontanées : je combattis son opinion ; mais, je dois l'avouer avec justice, jamais prévision d'horticulteur ne s'est mieux réalisée.

PUITS ARTÉSIEN ou **Puits foré**. Les puits artésiens, ainsi nommés, parce qu'on en trouve de très anciens dans l'Artois, sont des trous très profonds, de 2 à 3 décimètres de diamètre, que l'on creuse en terre au moyen d'une sonde qui consiste en une sorte de vis de formes diverses, emmanchée au bout de tiges rigides en fer, tiges que l'on allonge à mesure que l'on creuse. Ils ont pour but d'atteindre un amas d'eau ou une rivière souterraine, dont l'eau, venant d'un pays ou d'une montagne plus élevée, tend à remonter au même niveau par l'issue qu'on lui pratique.

On connaît depuis longtemps l'existence de véritables courants d'eau se mouvant, soit dans les fissures d'un terrain imperméable et qui empêche ainsi la filtration, soit dans les couches sédimenteuses perméables. Or, rencontrer ces terrains au moyen d'un trou pratiqué avec une sonde, à une profondeur suffisante, et faire jaillir l'eau dans cette excavation jusqu'à une hauteur qui varie avec le niveau de l'ouverture et celui du point de départ du courant, tel est l'objet des puits forés.

Il n'est pas nécessaire, comme on le croit, qu'il y ait des montagnes dans le voisinage pour établir un puits artésien ; l'eau se porte, par des voies souterraines, à des distances immenses du point où elle s'infiltre ; aussi peut-on en général essayer le forage en tout pays, pourvu qu'il existe sur le continent où il se trouve *quelque grande chaîne de montagnes plus élevées que l'endroit où l'on veut établir un puits.*

Le forage du Puits de Grenelle, à Paris, confié à MM. Mulot et Degouzée, a duré sept ans : l'eau sort de la profondeur de 547 mètres, et elle fournit 4,600 litres par minute.

PULMONAIRE (*Pulmonaria*). Genre de Plantes vivaces de la famille des Borraginées, dont les caractères botaniques sont : fleurs disposées en grappes courtes terminales ; calice tubuleux campanulé, 5-fide à 5 angles; corolle infundibuliforme à limbe 5-fide; gorge dépourvue d'appendices ; 5 étamines incluses, etc.

La **Pulmonaire officinale** (*P. officinalis*) se rencontre dans les bois arides et sur les pelouses sèches, où ses fleurs bleues et pourpres, quelquefois blanches, s'épanouissent dès les premiers jours du printemps. Ses feuilles ne sont point maculées de blanc lorsque la plante prend tout son développement à l'ombre; son aspect est assez agréable. Comme ses fleurs distillent beaucoup de miel, elles attirent une grande quantité d'abeilles. Dans certaines localités, particulièrement en Angleterre, on mange ses feuilles en guise d'épinards ; les moutons et les chèvres sont les seuls animaux qui les broutent.

La P. à feuilles étroites (*P. angustifolia*) est encore plus répandue dans les bois que la précédente, avec laquelle on la confond, mais dont elle diffère par ses feuilles radicales toujours lancéolées, et par celles de la tige, qui sont plus étroites. Dès le mois de mars on la voit en fleur; ses bouquets,

Fig. 1125. — Pulmonaire.

d'abord rouges, puis bleus, durent tout le mois d'avril et en mai.

Ces plantes, la première espèce surtout, ont été considérées pendant longtemps comme le spécifique de la phthisie pulmonaire. Cette réputation venait de la ressemblance des maculatures que portent souvent leurs feuilles avec la couleur et l'état du poumon attaqué. Ces feuilles sont les unes radicales, disposées en rosettes, pétiolées, ovales-oblongues, souvent plus longues que les tiges; les autres caulinaires, sessiles, semi-amplexicaules, oblongues lancéolées.

PULMONÉS ou **Pulmonaires**. Ordre d'*Arachnides*. — V. ce mot.

PULSATILLE. Espèce du genre *Anémone*. — V. ce mot.

PUNAISE (*Cimex*). Genre d'Insectes de l'ordre des Hémiptères, tribu des Hétéroptères, ainsi caractérisé : corps très déprimé, à peine plus long que large, ayant une forme tout à fait arrondie ; antennes sétacées, fort grêles, terminées par une longue soie très déliée ; bec court, ne dépassant pas la base des cuisses antérieures, courbé directement sous la poitrine, composé de trois articles : le premier et le second cylindriques, un peu déprimés, et le dernier un peu plus long que les autres ; corselet court, très échancré; écusson triangulaire, large à sa base ; élytres tout à fait rudimentaires, réduits à de simples moignons ; ailes entièrement ou le plus souvent nulles; pattes de longueur moyenne; tarses courts, de trois articles distincts : le premier court, le second conique, le dernier un peu plus court que le second, cylindrique, et muni de deux forts crochets ; abdomen grand, orbiculaire, déprimé.

Les Punaises, que l'on a dit à tort originaires de l'Amérique, sont communes partout, et elles suivent l'homme dans tous les lieux qu'il va habiter. On sait qu'elles se logent dans les moindres fissures des lits et des lieux qui les environnent. On sait aussi combien ces insectes sont avides de notre sang et combien il est difficile de se soustraire à leurs attaques; mais ils peuvent supporter une très longue abstinence. Quand on les irrite, ils répandent une odeur fétide très forte, qui semble être leur seul moyen d'éloigner l'ennemi ; cette odeur est encore plus nauséuse lorsqu'on les écrase.

Les Punaises multiplient d'une manière prodigieuse, surtout dans les endroits malpropres. Leurs œufs sont blancs, ovales et un peu courbés à l'une de leurs extrémités, où ils présentent un petit couvercle entouré d'une sorte de bourrelet. Quand les petites Punaises sortent de l'œuf, elles sont d'une très petite taille, ce qui leur permet d'échapper aisément à la vue : leur couleur est alors blanchâtre; mais, après quelques changements de peau, elles deviennent brunes ou rougeâtres : leur forme avant l'état parfait est un peu différente de ce qu'elle doit être plus tard ; elles ont les antennes de grosseur égale dans toute leur étendue, le corselet carré, moins long que large; leur tête offre une largeur égale à celle du corselet. L'état parfait se reconnaît à la présence de deux rudiments d'élytres qui couvrent le premier segment de l'abdomen.

La **Punaise des lits** (*C. lectularia*), espèce type, est longue de 6 millim.; son corps est d'un ferrugineux rougeâtre; son corselet finement granuleux, avec quelques poils brunâtres ; pattes et antennes de la couleur du corps. — Nous ne dirons rien des nombreux moyens qui ont été proposés pour détruire ces insectes.

On a donné le nom de Punaises terrestres aux *Géocorises*, et celui de Punaises d'eau aux *Hydro-*

corises. Les premières se partagent en *Punaises proprement dites*, dont il vient d'être parlé, et en *Punaises des bois* ou *Pentatomes.—*V. ce mot. —Parmi les secondes, nous signalerons le *Bélostome,* terrible Punaise que nous avons représentée au mot *Nèpe.*

PUPIPARES. Famille de *Diptères.* — V. ce mot.

PUTOIS (*Putorius*). Sous-genre de Martes, comprenant des Carnassiers digitigrades, d'une taille moindre que celle des Martes, mais plus sanguinaires encore. Genre voisin des Belettes.

Le Putois fétide (*P. fetidus*), le vrai Putois de Buffon, est brun, avec un peu de blanc au museau; son corps a 0^m,40 de long, sa queue 0.45. Il répand une odeur infecte, d'où son nom (de *putor,* puanteur). Il se tient dans les bois et y fait la chasse aux petits mammifères et aux oiseaux, ce qui ne l'empêche pas de s'introduire, à l'occasion, dans les poulaillers, où il met à

Fig. 1126. — Putois.

mort autant de pièces qu'il le peut, son habitude étant de se nourrir de sang. La femelle met bas 5 ou 6 petits.

Le Putois Vison (*P. vison*) est moins foncé que le Putois proprement dit, et il n'a pas de blanc à la lèvre supérieure. Le Vison est le représentant du Putois dans l'Amérique septentrionale. Sa fourrure est supérieure à celle du Putois; mais

Fig. 1127. — Belette.

ce que l'on appelle *Vison du Pérou* n'est que du Putois ordinaire. — V. *Furet et Hermine* pour ces deux espèces.

PYGARGUE (*Haliætus*). Genre d'Oiseaux de l'ordre des Rapaces, également connus sous le nom d'*Aigles-pécheurs.* C'est un sous-genre d'Aigles (V. ce mot) que caractérisent des ailes aussi longues que la queue, des tarses revêtus de plumes seulement à leur moitié supérieure et à demi écussonnés sur le reste. — Les Pygargues (du gr. *pugê,* croupe; *argos,* blanc, parce qu'ils ont pour la plupart la queue blanche) se tiennent près de la mer, des fleuves et des lacs, où ils se nourrissent de poissons, d'oiseaux aquatiques et de mammifères vivants ou morts.

Le **Pygargue Orfraie** (*H. nisus*), ou *Orfraie*, *Grand Aigle de mer*, a souvent donné lieu à de doubles emplois. A l'état tout à fait adulte, tout le plumage du corps et des ailes d'un brun sale ou brun cendré sans aucune tache; la tête et la partie supérieure du cou d'un cendré brun assez clair; la queue d'un blanc pur et le bec presque

Fig. 1128. — Pygargue.

blanc. Mais dans les premières années, il a le bec presque noir, la queue noirâtre, tachetée de blanchâtre, et le plumage brunâtre avec une flamme brun foncé sur le milieu de chaque plume. Dans cet état, c'est le *Falco ossifragus* des anciens auteurs. Il est prouvé actuellement que l'Orfraie n'est que le Pygargue jeune.

« Le Pygargue habite de préférence les forêts qui avoisinent la mer et les grands lacs ; on le rencontre communément pendant l'hiver sur les côtes de la Manche. Il vole moins haut et moins vite que les Aigles proprement dits. Il chasse de nuit aussi bien que de jour; il saisit les poissons en fondant dessus quand ils sont à fleur d'eau, ou même en plongeant, et se nourrit aussi de jeunes phoques, d'oiseaux de mer, de mammifères terrestres ; s'il voit un autre rapace, plus faible que lui, qui s'est emparé d'un poisson, il le poursuit avec acharnement, jusqu'à ce que ce concurrent malheureux lui abandonne son butin. Sa voracité lui est quelquefois funeste : il se jette, dit-on, sur les phoques avec tant d'acharnement, et se cramponne tellement sur leur dos, en y enfonçant ses griffes acérées, que souvent il ne peut plus les dégager, et se laisse entraîner par le phoque au fond de la mer.

« Le naturaliste Léopold de Buch, auteur d'un *Voyage en Norwége et en Laponie*, attribue à cet oiseau une industrie qui ferait supposer en lui une combinaison d'idées appartenant exclusivement aux animaux supérieurs. Il dit que le Pygargue attaque même les bœufs ; pour réussir dans son entreprise, il se plonge d'abord dans la mer, se relève tout mouillé et se roule sur le rivage, jusqu'à ce que ses plumes soient couvertes de sable et de gravier; en cet état, il fond sur sa victime, lui jetant du sable dans les yeux, et la frappant en même temps de son bec et de ses ailes. Le bœuf court çà et là pour éviter un ennemi qui l'atteint partout; il tombe enfin, épuisé de fatigue,

et devient alors la proie du Pygargue. Un habitant des îles de Loffoden venait de perdre un bœuf de cette manière, quand Léopold de Buch aborda dans ces contrées. »

Le **Pygargue a tête blanche** (*H. leucocephalus*), vulg. *Aigle à tête blanche*, habite l'Amérique septentrionale; il niche sur les rochers escarpés et les arbres à cime large et élevée. Sa taille est un peu plus petite que celle du précédent. C'est cette espèce qui est représentée sur l'étendard des États-Unis d'Amérique. Nul oiseau ne possède un vol plus puissant, nul n'a plus de force, d'adresse et de courage; mais son caractère est féroce et tyrannique.

« Voulez-vous, dit l'illustre Audubon, connaître la rapine de l'Aigle à tête blanche? Permettez-moi de vous transporter sur le Mississipi, vers la fin de l'automne, au moment où des milliers d'oiseaux fuient le Nord, et se rapprochent du soleil. Laissez votre barque effleurer les eaux du grand fleuve. Quand vous verrez deux arbres dont la cime dépasse toutes les autres cimes s'élever en face l'un de l'autre, sur les deux bords du fleuve, levez les yeux : l'Aigle est là, perché sur le faîte de l'un des arbres; son œil étincelle, et roule dans son orbite, comme un globe de feu. Il contemple attentivement la vaste étendue des eaux; souvent son regard se détourne et s'abaisse sur le sol; il observe, il attend; tous les bruits sont écoutés, recueillis par son oreille vigilante : le Daim qui effleure à peine les feuillages ne lui échappe pas. Sur l'arbre opposé, sa compagne est en sentinelle; de moment en moment, son cri semble exhorter le mâle à la patience. Il y répond par un battement d'ailes, par une inclination de tout son corps, et par un glapissement aigre et strident, qui ressemble au rire d'un maniaque ; puis il se redresse, immobile et silencieux comme une statue. Les Canards, les Poules d'eau, les Outardes, passent au-dessous de lui, en bataillons serrés que le cours du fleuve emporte vers le Sud; proies que l'Aigle dédaigne, et que ce mépris sauve de la mort. Enfin, un son lointain, que le vent fait voler sur le courant, arrive à l'ouïe des deux époux : ce bruit a le retentissement et la raucité d'un instrument de cuivre : c'est la voix du Cygne. La femelle avertit le mâle par un appel composé de deux notes : tout le corps de l'Aigle frémit; deux ou trois coups de bec, dont il frappe rapidement son plumage, le préparent à son expédition. Il va partir.

« Le Cygne vient, comme un vaisseau flottant dans l'air, son cou de neige étendu en avant, l'œil étincelant d'inquiétude. Le battement précipité de ses ailes suffit à peine à soutenir la masse de son corps, et ses pattes, qui se reploient sous sa queue, disparaissent à l'œil. Il approche lentement, victime dévouée. Un cri de guerre se fait entendre. L'Aigle part avec la rapidité de l'étoile qui file. Le Cygne a vu son bourreau; il abaisse son cou, décrit un demi-cercle, et manœuvre, dans l'agonie de sa terreur, pour échapper à la mort. Une seule chance de succès lui reste, c'est de plonger dans le courant ; mais l'Aigle a prévu ce stratagème : il force sa proie à rester dans l'air, en se tenant sans relâche au-dessous d'elle, et en menaçant de la frapper au ventre ou sous les ailes. Cette habile tactique, que l'homme envierait à l'oiseau, ne manque jamais d'atteindre son but. Le Cygne s'affaiblit, se lasse, et perd tout espoir de salut; mais alors son ennemi craint encore qu'il n'aille tomber dans l'eau du fleuve : un coup des serres de l'Aigle frappe la victime sous l'aile et la précipite obliquement sur le rivage.

« Tant de prudence, d'activité, d'adresse, ont achevé la conquête : vous ne verriez pas sans effroi le triomphe de l'Aigle; il danse sur le cadavre, il enfonce profondément ses armes d'airain dans le cœur du Cygne mourant; il bat des ailes, il hurle de joie; les dernières convulsions de l'oiseau semblent l'enivrer; il lève sa tête chenue vers le ciel, et ses yeux se colorent d'un pourpre enflammé. Sa femelle vient le rejoindre ; tous deux ils retournent le Cygne, percent sa poitrine de leur bec, et se gorgent du sang chaud qui en jaillit. »

Ce tableau ne fait-il pas frémir de terreur et de pitié? Et quelles pensées fait naître cette guerre de destruction entre les enfants de la nature, où la victoire reste toujours à la force !

PYRALE (*Pyralis*). Genre de Lépidoptères nocturnes, tribu des Tordeuses : ailes entières ou sans fissure, en toit plus ou moins écrasé dans l'état de repos; antennes filiformes; corselet ovale, lisse ; abdomen conico-cylindrique, terminé par une pointe chez les femelles et par une houppe de poils chez les mâles ; palpes de 3 articles ; trompe membraneuse très courte; pattes courtes. Les chenilles des Pyrales ont 16 pattes d'égale longueur et toutes propres à la marche; le corps ras ou garni de poils courts et isolés.

Ces insectes sont fort nuisibles aux arbres fruitiers, surtout à la vigne. Ils habitent pour la plupart dans les feuilles roulées en cornet, ou plissées sur leurs bords, ou réunies en paquets ; quelques-uns seulement vivent dans l'intérieur des tiges et des fruits à pepins et à noyaux, ou bien se nourrissent aux dépens des bourgeons de la vigne. M. V. Audouin a fait une étude approfondie de cet insecte. M. B. Raclet, vigneron de la Romanèche en Bourgogne, a trouvé en 1841 un moyen infaillible de détruire la Pyrale de la vigne : il suffit d'ébouillanter les souches ou les échalas pour empêcher l'éclosion des œufs de cet insecte.

PYRÈTHRE (*Pyrethrum*). Ce nom s'applique à un genre de Composées, comprenant des plantes annuelles ou vivaces, à feuilles pinnatiséquées, à fleurs en capitules solitaires à l'extrémité des tiges et des rameaux, parfois en corymbes : demi-fleurons blancs; fleurons jaunes au centre. — A ce genre se rapportent la *Matricaire*, la *Matri-*

caire camomille, et la *Marguerite-grande*, dont il a été question. Il est d'ailleurs certain que, suivant les auteurs, les espèces des genres *Anthemis*, *Pyrethrum*, *Chrysanthemum-Bellis*, sont reportées tantôt à l'un, tantôt à l'autre de ces genres.

PYRITE (du gr. *pyr*, feu, parce que la Pyrite fait feu au briquet). Nom sous lequel les minéralogistes désignent certaines combinaisons naturelles de soufre et de métal, et plus particulièrement le sulfure de fer. La *Pyrite de fer* se distingue en *jaune*, *blanche* et *magnétique*.

Les sulfures de fer sont abondants à la surface du globe, ils sont disséminés partout. C'est à la Pyrite que se rapportent le plus souvent les précieuses découvertes d'or dont le peuple se berce quelquefois. Autrefois on travaillait l'espèce non altérable ; et, sous le nom de *Marcassite*, on en faisait des boutons, des plaques à facettes brillantes. Les bijoux d'acier ont détruit cette industrie. On en a trouvé des plaques polies dans les tombeaux des anciens Péruviens, et l'on a supposé qu'elles leur servaient de miroirs; de là le nom de *Miroir des Incas*. A l'invention des armes à feu, on a employé la Pyrite au lieu de pierre à fusil dont on s'est servi ensuite : de là le nom de *Pierre d'Arquebuse*.

PYROLE (*Pyrola*). Plante de la famille des Éricacées, vivace, herbacée. Tige simple, nue; feuilles arrondies (*P. rotundifolia*), entières, coriaces, persistantes, disposées en rosette, longuement pétiolées; fleurs blanches ou d'un blanc rosé, en grappe dressée : calice à 5 divisions ; corolle à 5 pétales connivents ; 10 étamines penchées; style long, réfléchi ; capsule à 5 loges polyspermes.

Le Pyrole croît dans les endroits couverts des bois montueux, où il fleurit en juin-juillet. Sa saveur est amère, acerbe. Il passe pour astringent, et on le dit utile dans la diarrhée, les crachements de sang. Cette plante fait partie du *Vulnéraire suisse*.

PYROSOME (du gr. *pyr*, feu; *sôma*, corps). Genre de Mollusques acéphales sans coquille, voisins des Ascidies, gélatineux comme elles, et luisant d'un tel éclat qu'ils paraissent avoir un corps de feu. Cette lumière, qui projette la nuit sur les eaux les couleurs de l'arc-en-ciel, est due au phosphore que le Pyrosome dégage de son corps. Elle n'est du reste bien sensible que lorsqu'une grande quantité de ces mollusques se trouvent réunis.

PYRRHOSIDÉRITE. On a donné ce nom français, ainsi que les noms allemands d'*Eisenrahm* et de *Rubin glimmer*, à une variété de fer oligiste écailleux. Cette variété se présente en petites écailles rouges qui forment de petites masses légères dans les déjections de certains volcans, où il est souvent produit par la décomposition subite du chlorure de fer qui se dégage par les fumeroles et en tapisse les parois. On le trouve aussi dans les mines d'Eisanzacta , dans le pays de Marsan.

PYRULE (*Pyrula*). Le genre Pyrule a été séparé, par Lamarck , du genre Fuseau avec lequel on l'avait confondu. Il a été caractérisé de la manière suivante : animal inconnu ; coquille subpyriforme, canaliculée à sa base, ventrue dans la partie supérieure, sans bourrelets au dehors et ayant la spire courte, surbaissée quelquefois; columelle lisse ; bord droit sans échancrure. Les Pyrules n'ont pas seulement des rapports intimes avec les Fuseaux , elles en ont encore avec certaines espèces de Pleurotomes à spire très courte. Quelques espèces sublamelleuses ont aussi de la ressemblance avec les Murex foliacés. Lamarck compte vingt-huit espèces de Pyrules, sans compter les fossiles dont Defrance porte le nombre à quatorze.

Parmi les vingt-huit espèces de Lamarck, nous indiquerons seulement la PYRULE CANALICULÉE ; la PYRULE SINISTRALE; la PYRULE CHAUVE-SOURIS ; la PYRULE MELONGÈNE , espèce variable qui prend quelquefois une grande taille, 16 centim. environ; elle est épaisse, ovale, renflée, subpyriforme, à spire courte, aiguë, profondément canaliculée et plissée à la réunion des tours , dont le dernier est souvent hérissé de rangées de tubercules. Sa couleur est d'un glauque bleuâtre, ou brun rougeâtre , fasciée de blanc.—Elle est commune aux Antilles.

La PYRULE FIGUE a une forme plus ovalaire , elle est finement treillissée par des stries d'accroissement peu marquées , croisant , à angle droit , des stries décurrentes, plus grandes et très serrées. Sa spire est courte; sa couleur d'un gris bleuâtre marbrée de taches fauves ou violettes en dehors, toute violette en dedans. — Espèce des Moluques et de toutes les Grandes-Indes.

Au nombre des espèces fossiles il faut remarquer les Pyrules *tricarinata* , *clathrata* , *nexilis* de Lamarck; enfin les espèces *reticulata* et *geometra*.

PYTHON (*Python*). Genre de l'ordre des Ophidiens non venimeux , dont voici les caractères : corps allongé, cylindrique; tête offrant de grandes plaques jusqu'au bout du museau; mâchoires garnies de dents aiguës et recourbées en arrière, mais pas de crochets à venin ; dos couvert d'écailles nombreuses ; ventre garni de plaques entières; plaques sous-caudales entières et disposées sur deux rangs; queue longue , conique et sans grelots ; anus transversal, armé à chaque extrémité d'un éperon crochu.

« Les Pythons ressemblent beaucoup aux Boas et aux Couleuvres; mais tandis qu'ils se distinguent des Boas par leur double rangée de plaques sous-caudales , par la forme et par la longueur

Fig. 1129. — Python.

de leur queue , ils diffèrent des Couleuvres dont l'anus est dépourvu d'éperons. L'absence de crochets à venin les éloigne des Crotales , des Vipères et des autres Serpents venimeux.

« Ce genre ne renferme qu'un petit nombre d'espèces qui toutes proviennent de l'Inde; il paraîtrait, d'après l'observation de G. Cuvier , que le genre Python doit contenir tous les prétendus Boas de l'ancien continent. Les Pythons, qui portent dans l'Indoustan le nom de Serpents de rocher , ne sont pas venimeux ; les deux ergots qu'ils ont à la queue et qu'ils peuvent à volonté, au moyen de muscles particuliers , retirer sous les écailles, leur servent, dit-on, de défense ; ils ont entendre, lorsqu'on les excite , un sifflement assez fort. »

Le Python améthystine (*P. amethystinus*) ou *Grande Couleuvre de la Sonde*, est aussi grand que le Boa. — Il se trouve dans l'île de Java, au milieu des plantations de riz, auprès des rivières. Ce serpent n'est pas venimeux; mais il est dangereux à cause de sa force extraordinaire. Il se nourrit de rats, de souris , d'oiseaux ; mais lorsqu'il a atteint tout son développement , des animaux plus gros deviennent sa proie. Un grand squelette et plusieurs peaux de ce serpent se trouvent au Muséum de Paris.

Les autres espèces sont plus petites.

PYXIDE. Fruit qui a pour caractères deux valves superposées, et dont la supérieure représente une sorte de couvercle. Dans le langage vulgaire on l'appelle *Capsule* ou *Boîte à savonnette*.

Q

QUADRUMANES (qui ont quatre mains). On réunit sous cette dénomination les Singes et les Makis, en faisant allusion aux pouces opposables qui font de leurs quatre extrémités des mains comparables à celles de l'Homme, lequel est au contraire un *Bimane* — V. ce mot. — Toutefois cette dénomination est loin de s'appliquer à toutes les espèces qui l'ont reçue. Il y a des Quadrumanes, dans la division de Blumenbach et de Cuvier, qui n'ont pas quatre mains, dans le sens propre de ce mot, car ils manquent plus ou moins complétement de pouces aux membres supérieurs : tels sont les *Colobes*, les *Atèles*, les *Ériodes*. D'autres ont bien un pouce complet aux membres supérieurs, mais ce pouce suit la même direction que les autres doigts, et il n'est pas plus opposable que celui des Carnivores chez lesquels il acquiert le même degré de développement : ce sont les *Ouistitis*, nommés *Singes à mains d'Ours* (*Arctopithèques*), à cause de cette particularité ; plusieurs *Lémuriens* sont dans le même cas, et il en est de même des *Chéiromys*. Quant aux *Galéopithèques*, ils n'ont de pouces opposables ni aux membres antérieurs, ni aux postérieurs.

QUADRUPÈDES (qui ont quatre pieds). On donnait autrefois ce nom à tous les animaux pourvus de quatre pattes. On les divisait en Vivipares et en Ovipares. Les premiers sont généralement désignés sous le nom de *Mammifères*. Quant aux seconds, ils forment les ordres des *Chéloniens*, des *Sauriens* et des *Batraciens*.

QUAMOCLIT. — V. *Ipomée*.

QUARTZ ou QUARZ. Mot allemand par lequel on désigne la silice à peu près pure, qui se présente, dans le règne minéral, en grande abondance et constitue de nombreuses variétés, dont le caractère générique est d'être assez dur pour faire feu au briquet et d'être infusible. La principale espèce de quartz est le *Q. hyalin* ou *Cristal de roche*, ordinairement cristallisé, incolore et transparent; lorsque le quartz est coloré, il porte, suivant sa couleur, les différents noms d'*améthyste*, de *topaze de l'Inde*, etc., et est employé par les joailliers. Le cristal de roche incolore et bien transparent est quelquefois employé en optique : le plus souvent on le conserve par curiosité sous sa forme naturelle. On peut aussi le tailler ou le graver : on connaît quelques grands vases en cette matière qui sont des plus précieux, et que l'on conserve dans les cabinets ou les trésors : le miroir de toilette de Louis XIV était en cristal étamé comme une glace. C'est dans les Alpes, les Pyrénées et à Madagascar que l'on trouve le plus beau cristal de roche. — On distingue en outre : le *Quartz silex*, variété compacte qui fournit la pierre à fusil, ainsi que les silex des terrains de craie, employés comme matériaux de construction et comme matière première dans la fabrication du verre et des faïences fines, etc.; — le *Q. agate*, compacte, rubanné, offrant des couleurs très vives (V. *Agate*); — le *Q. jaspe*, variété rubannée, plus grossière que la précédente, et employée dans la décoration architecturale; — le *Q. opale*, variété demi-transparente, offrant souvent dans l'intérieur des couleurs irisées qui la font rechercher comme pierre précieuse; — le *Q. carié* ou *Silex molaire*, qui fournit les pierres meulières ainsi que d'excellents matériaux de construction ; — le *Q. terreux*, qui constitue les tufs siliceux, produits par les eaux thermales : il est poreux et d'un aspect terreux ; — le *Q. arénacé* ou *Grès*, variété qui constitue des roches très répandues à la surface du globe, et qui offre d'excellents matériaux pour les constructions, le pavage, etc. — V. *Grès*.

QUASSIE ou QUASSIER (*Quassia*). Genre de la famille des Rutacées, tribu des Simaroubées, ne comprenant que le

QUASSIER AMER (*Q. amara*). Arbrisseau de Surinam, dont la racine, d'une amertume intense et franche, est employée en médecine à titre d'amer et de fébrifuge. Notre Gentiane peut parfaitement remplacer, chez nous, ce médicament exotique.

QUENOUILLE. Nom vulgaire du *Typha*. — V. ce mot.

QUEUE-DE-CHEVAL. — V. *Prêle*.

QUINQUINA (*Cinchona*). Genre d'Arbres du Pérou, appartenant à la famille des Rubiacées, et dont voici les caractères : calice persistant, à 5 dents ; corolle tubulée-cylindrique à limbe 5-fide ; étamines 5, sur le milieu du tube de la corolle ; ovaire infère, à style filiforme terminé par un stigmate en tête. Capsule oblongue, bivalve, etc.

QUINQUINA OFFICINAL (*C. officinalis*). C'est le *Q. gris* des pharmacies. Arbre de 5 mètres d'élévation ; à rameaux opposés, couverts d'une écorce rude, marquée de cicatrices et de rides transverses. Feuilles opposées, ovales lancéolées, glabres, mais plus pâles en dessous, avec deux petites stipules caduques à la base du pétiole. Fleurs disposées en une panicule terminale, à rameaux trichotomes, avec pédoncules pubescents, munis, à leur base et vers leur milieu, de petites bractées opposées.

Le Quinquina a été découvert au Pérou par La

Fig. 1130. — Quinquina jaune.

(1, Fleur; — 2, Fleur coupée verticalement; — 3, Pistil; 4, Fruit; — 5, Graine.)

Condamine, vers l'an 1638. Aussi le désigne-t-on encore sous le nom de *Quinquina de la Condamine*. Il renferme, dans l'état frais, un suc jaunâtre, styptique et amer, qui découle de son écorce par incision, et que les indigènes emploient à différents usages. Cette écorce précieuse, desséchée, est roulée, de grosseur variable, recouverte d'un épiderme grisâtre et de rugosités nombreuses.

MM. Pelletier et Caventon ont fait connaître la composition chimique des Quinquinas. Ils contiennent du kinate de quinine, du kinate de cinchonine, du kinate de chaux, du rouge de cinchonique, des matières colorantes jaune et verte, de l'amidon et du ligneux. — En précipitant les sels de quinine par l'ammoniaque, on obtient la *quinine*, alcaloïde ou principe actif du Quinquina. Le *sulfate de quinine* est le sel de quinine presque exclusivement employé en médecine : on l'obtient en opérant sur le Quinquina en poudre.

Les préparations des Quinquinas, le sulfate de quinine, voilà les remèdes les plus puissants dont la médecine dispose. L'écorce péruvienne est tonique, corroborante : à petites doses, en poudre, elle active les fonctions digestives ; en plus grande quantité, elle agit comme antipériodique. Mais c'est le *sulfate de quinine* qui est le fébrifuge par excellence : quelques centigrammes produisent plus d'effet que 25 à 30 grammes d'écorce en poudre. Son action est aussi merveilleuse que sûre dans les fièvres intermittentes pernicieuses, qui sont si souvent mortelles au troisième accès, et que le sel quinique fait disparaître lorsqu'il est administré à temps et à dose suffisante (1 à 2 gram.). Le Quinquina s'administre en tisane, dans les fièvres graves, comme tonique antiseptique. Il est utile dans les débilités, les scrofules, la chlorose, les dyspepsies, et une foule de cas qu'il n'est pas de notre sujet d'énumérer.

Le Quinquina s'administre encore en extrait, en teinture et en sirop. Le vin de Quinquina est une préparation tonique très usitée pour relever, activer les forces digestives, combattre la constitution lymphatique.

Le genre Quinquina compte bien 50 espèces, dont l'étude est encore aujourd'hui une chose difficile. Nous citerons le Q. GRIS, celui dont il vient d'être question ; — le Q. JAUNE (*C. pubescens*), arbre de 6 à 8 mètres, dont l'écorce est jaune en dedans ; — le Q. ROUGE (*C. magnifolia*), qui atteint parfois 25 à 30 mètres.

Le Quinquina jaune, dit aussi *royal*, *calisaya*, celui dû surtout au *C. lancifolia*, est le fébrifuge par excellence. 1 kil. de ce Quinquina fournit 32 gram. de quinine.

QUINTEFEUILLE. C'est la *Potentilla reptans*, ainsi appelée parce qu'elle a 5 feuilles sur le même pétiole. — V. *Potentille*.

R

RACES. L'obscurité qui plane sur la première origine de l'Homme a produit les deux systèmes contradictoires de l'unité et de la pluralité de l'espèce, c'est-à-dire les *Races* constituant des *espèces*, ou bien l'*Espèce unique* se divisant en *variétés*. — Nous avons déjà touché à la grande question de l'unité de l'espèce humaine. Les uns prétendent que les Races ou espèces sont aussi variées, aussi nombreuses chez l'homme que chez le singe ; et lorsqu'à chaque découverte d'une île nouvelle, on se demande d'où sont venus les hommes qui l'habitent, ils ne craignent pas de dire, avec Voltaire : « Ils sont sortis de terre comme les plantes, comme les animaux, comme les moindres productions du sol natal. » « Si l'on ne s'étonne pas, dit Voltaire, qu'il y ait des mouches en Amérique, c'est une stupidité de s'étonner qu'il y ait des hommes. »

Buffon croit à l'unité de l'espèce humaine. Il démontre, en invoquant le témoignage de l'histoire, que les naturels du Nouveau-Monde ne forment qu'une seule race. Les Aborigènes, dit-il, sont des navigateurs téméraires qui ont abordé au nord-ouest de la Californie, d'où le froid les a chassés vers les régions méridionales ; d'autres peuplades errantes ont mis le pied au sol américain, après avoir traversé la mer de Baffin, le détroit de Davis, et plus aisément celui de Behring. Les îles Aléutiennes représentent une chaîne d'îlots brisée, interrompue, disposée en arc de cercle entre les deux continents. A l'époque des grands froids, une partie de la mer du détroit se prend, se gèle et forme avec les îlots un tout presque continu, et, en quelque sorte, un pont jeté par la nature, qui met en communication directe les habitants des deux mondes.

Ces grandes idées de Buffon ont été l'objet de critiques violentes. Mais c'en est fait, vraie ou fausse, cette explication, lorsque tant de difficultés, de contre-sens, de répugnances, viennent frapper le système de la pluralité des types, devait être la planche de salut des unitaires et faire primer leur doctrine.

On apporte encore à l'appui de l'unité de l'espèce humaine, ce fait, que l'enfant qui vient de naître a le corps remarquable par sa blancheur, dans toutes les races humaines. Mais la peau blanche ne tarde pas à prendre une teinte rougeâtre et jaunâtre, au contact de l'air ; puis en quelques jours survient le changement qui imprime le cachet de la Race : le nouvel être reste blanc en Europe, il noircit en Afrique, il jaunit en Asie, il brunit ou se bronze en Arabie, enfin il se cuivre en Amérique. On voit donc que la plus grande difficulté à résoudre, après l'explication de la présence de l'Homme en Amérique, réside dans la question de savoir si la coloration de la peau est due au climat ou est propre à la Race qu'elle spécifie. On cite, comme preuve de l'influence du climat, le peuple juif qui, fixé presque partout sur le globe, après avoir eu une origine commune, a la peau blanche en Europe, les yeux bleus et les cheveux blonds en Angleterre, les cheveux noirs et châtains en France, les cheveux roux en Allemagne, les yeux noirs et la peau basanée en Orient. La découverte du tissu pigmentaire et de ses métamorphoses a prouvé anatomiquement l'unité de l'espèce humaine en démontrant l'unité de structure de la peau. Cependant il reste une démonstration à donner, c'est celle qui consiste à dire que le nègre dérive du blanc, et qu'ils ont tous deux même origine. La difficulté est considérable ici, non pas du côté de la couleur, puisqu'au contraire nous venons d'en donner une explication satisfaisante, mais parce que le nègre n'a pas la tête conformée comme celle du blanc, ni l'intelligence, ni même les instincts propres à ce dernier. Il y a peut-être moins de différences entre le Loup et certaines Races de Chiens, qu'entre l'homme de la Race caucasienne le plus élevé en degrés et le nègre de l'échelon inférieur de la race éthiopienne. Nous savons bien ce qu'on réplique, et certes c'est péremptoire : que le nègre est homme, et que c'est parce qu'il pense et qu'il a conscience de l'examen volontaire qu'il fait de sa propre nature et de celle des autres êtres et de leurs rapports, qu'il est homme. On ne peut en dire autant de l'Orang, quelque perfection physique et morale qu'il présente.

Nous renvoyons à l'article *Homme*, pour de plus amples détails sur ce sujet obscur et difficile. Terminons par l'exposé du tableau de la méthode d'ethnologie que le docteur M.-H. Deschamps vient de publier dans ses *Études des Races humaines*.

TABLEAU SYNOPTIQUE.

I. HOMME ET FEMME. .	Êtres isolés, doués du libre arbitre, organisés sur un même plan général avec quelques modifications particulières, et différents de tous les êtres. *Unités de création*, ils se composent de substance et de forme.
II. ESPÈCE.	L'espèce, *unité scientifique*, est la *forme* tégumentaire généralisée, le *moule organique* des êtres.
III. GENRE.	La collection des races constitue le genre humain.
IV. CLASSE.	1re *Classe.* — *Pilifères*, hommes à cheveux soyeux. 2e *Classe.* — *Lanigères*, hommes à cheveux laineux.
V. RACES.	Pigment limité et combiné. . . . . . Race Européenne. Pigmentum général noir . . . . . . Race Africaine. *Idem.* jaune. . . . . Race Asiatique. *Idem.* brun-olivâtre . . Race Arabe. *Idem.* rouge-orangé . . Race Américaine.
VI. TYPE	Autant de *formes héréditaires* du *squelette*, en *concordance* avec l'un les *pigments*, autant de *types* humains. Il y a cinq types : l'Européen, l'Africain, l'Asiatique, l'Arabe et l'Américain.
VII. SOUS-RACE	Principale. — Elle *conserve* le *pigment* de la *race* et *change* les *signes ostéologiques* du *type*. Subordonnée. — *Diversité* de couleurs *noirâtres* et *diversité* de *types* osseux. Elle comprend les crâniens, les thoraciques, les abdominaux, les articulaires et les pédieux.
VIII. SOUS-TYPE	Il reçoit un *pigment* de substitution, *étranger* aux *races* dont il *dérive*, et de plus, il *retient* le *type* de l'*une* quelconque *de ces mêmes races :* c'est l'*hybride*.

RACINE. — V. *Souche.*

RADIAIRES. — V. *Zoophytes.*

RADIÉES. Nom donné par Tournefort à une classe de Plantes comprises aujourd'hui dans la famille des Composées, et caractérisées par des fleurs en partie composées de fleurons formant un disque, et de demi-fleurons couchés à plat et constituant autour du disque une couronne rayonnante, comme dans le Tournesol, les Chrysanthèmes, les Laiterons, etc.

RADIS (*Raphanus*). Genre de Crucifères; plantes annuelles ou bisannuelles, hispides, à feuilles inférieures lyrées-pinnatipartites, les supérieures oblongues dentées ; à fleurs jaunes, blanches ou violettes, marquées de veines plus foncées : sépales dressés, non gibbeux à la base ; silique indéhiscente partagée transversalement en plusieurs articles.

Le RADIS CULTIVÉ (*R. sativus*), vulg. *Petite Rave, Radis,* a la racine renflée, charnue; la tige dressée, rameuse, hérissée ; les fleurs blanches ou violettes, veinées de violet foncé. — Cette espèce est cultivée partout. Sa racine, charnue, globuleuse ou oblongue, blanche, rose ou rouge, selon la variété, est d'une saveur piquante, stimulante et antiscorbutique.

Le RADIS NOIR (*R. niger*) est lui-même une variété plutôt qu'une espèce. Sa racine est volumineuse, oblongue globuleuse, noire, à chair très ferme, d'une saveur très piquante. — V. *Raifort.*

RAFFLÉSIE. Plante singulière, de la singulière famille des Rafflésiacées ; elle a une tige extrêmement courte; pas de feuilles; elle porte une fleur gigantesque d'un mètre de diamètre, à 5 pétales rouge-brique, couverts de protubérances blanches et répandant une odeur de cadavre. — Cette plante vit en parasite sur la racine de quelques gros arbres de l'île de Java.

RAIE (*Raia*). Genre de Poissons de l'ordre des Cartilagineux symphysobranches, famille des Sélaciens : forme discoïdale et déprimée; tête entièrement confondue avec le reste du corps, portant supérieurement les yeux et les évents, tandis que la bouche, les narines et les ouvertures branchiales sont placées à la face inférieure ; nageoires pectorales très grandes, charnues, bordant le contour du corps; queue souvent très longue et très étroite; peau sans écailles, lisse ou recouverte d'aiguillons, gluante. Plusieurs particularités anatomiques sont à remarquer, mais ne peuvent être signalées ici.

Toutes les Raies habitent la mer; elles se tiennent le plus souvent cachées dans la vase, les yeux aux aguets pour épier leurs victimes, qui sont des poissons et des crustacés de toutes sortes. Leurs mouvements sont rapides, dus à l'action de leurs puissantes pectorales, car leur queue est trop faible pour produire un grand effet de natation. L'hiver elles se tiennent dans les profondeurs ; mais l'été elles se rapprochent des rivages pour y déposer leur frai ou mettre bas leurs petits ; car, parmi ces poissons, les uns sont vivipares, et les autres pondent leurs œufs au hasard le long des côtes.

Les Raies ne sont pas remarquables par leur fécondité, qui est au contraire restreinte. Elles pondent des œufs d'une forme singulière, et qui sont en petit nombre. Ces œufs, dans les espèces vivipares, se développent successivement dans les ovaires, et les plus rapprochés de l'ouverture de ceux-ci sont les premiers fécondés ; car le mâle,

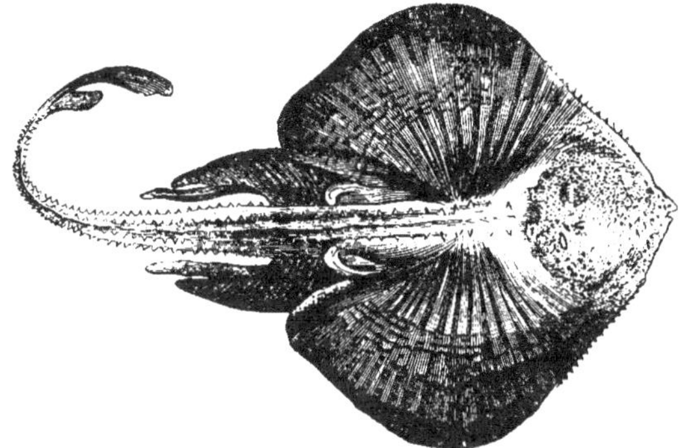

Fig. 1131. — Raie ronce (mâle).

saisissant la femelle avec ses nageoires et se collant en quelque sorte à son corps de façon que les côtés inférieurs se correspondent, réalise un véritable accouplement. Lorsque les fœtus renfermés dans les coques qui ont reçu du mâle le principe de vie sont parvenus au degré de force voulu pour leur libre existence, ils déchirent la coque et parviennent à la lumière tout formés.

La force et la ruse dont ces poissons sont doués, garantissent leur existence contre leurs ennemis des mers et contre les pêcheurs. — On a divisé les nombreuses espèces en plusieurs sous-genres.

Raies proprement dites (*Raia*). Disque de forme rhomboïdale ; queue mince, garnie en dessus, vers sa pointe, de deux petites dorsales et parfois d'un vestige de caudale. Leur chair se mange, mais elle a besoin d'être mortifiée pour être tendre. — Il y a la Raie bouclée, hérissée d'aiguillons sur ses deux faces ; — la Raie ronce, différant de l'espèce précédente par l'absence de tubercules aiguillonnés ; — la Raie blanche ou cendrée, qui a le dessus du corps âpre, mais sans aiguillons, etc.

Rhinobates. Rhomboïde aigu et pointu en avant, moindre à proportion que dans les Raies ordinaires ; queue grosse, charnue, à 2 dorsales et 1 caudale bien distinctes. Taille en général grande. — Une espèce est électrique et donne, dit-on, de violentes commotions à l'instar de la Torpille.

Céphaloptères, Mourines, torpilles.—V. ces mots.

RAIFORT (*Raphanus*). C'est une espèce du genre Radis, plutôt qu'un genre distinct. C'est le Radis noir à la racine plus volumineuse, plus compacte et plus âcre, et à la peau plus noire. — On le mange comme condiment au commencement des repas.

Fig. 1132. — Raifort.

Le Raifort sauvage (*R. raphanistrum*), vulg. *Ravenelle*, est extrêmement commun dans les champs de blé, d'orge et d'avoine. Sa racine est très grosse ; les bestiaux mangent ses feuilles.

RAINETTE ou **Raine** (*Hyla*). Genre de Batraciens anoures, détaché de celui des Grenouilles. Corps large et trapu ; pas de queue; quatre pattes, les antérieures à 4 doigts, les postérieures fort longues et à 5 doigts, tous les doigts terminés par des pelottes visqueuses, caractère distinctif et qui explique la faculté qu'a l'animal de monter sur les arbres.

Les Rainettes vivent pendant l'été sur les feuilles des arbres, dans les bois humides; de même que les Grenouilles, elles passent l'hiver au fond des eaux et n'en sortent, vers le mois de mai, qu'après s'y être accouplées et y avoir déposé leurs œufs. Elles peuvent se tenir solidement sur tous les corps où elles se posent, les plus verticaux comme les plus lisses et les plus mobiles, au moyen des pelottes dont leurs pattes sont munies, et qui ont la faculté de faire le vide. Elles se nourrissent de petits insectes, de vers, de mollusques nus, se placent à l'affût au même endroit des journées entières. Leur coassement, assez semblable à celui des Grenouilles, quoique moins aigre, peut assez bien se traduire par les syllabes *carac-carac*, prononcées du gosier. Ce cri se fait entendre principalement le soir et le matin; mais c'est surtout pendant la pluie et au milieu des belles nuits d'été que les bois retentissent des coassements des Rainettes. Leurs ennemis sont des oiseaux de proie, des oiseaux aquatiques, quelques mammifères et surtout quelques ophidiens.

Le genre Rainette comprend 34 espèces, dont une seule d'Europe, et les autres de l'Amérique et de l'Océanie.

La **Rainette verte** (*H. viridis*), vulg. *Raine Grasset*, *Grenouille d'arbre*. Dessus du corps entièrement d'un beau vert gai, présentant une ligne jaune et étroite, crénelée ou festonnée, formant un sinus sur les lombes et se terminant aux pattes postérieures ; une autre ligne de la même couleur, commençant sur la lèvre supérieure, se prolonge sur le côté des pattes antérieures ; dessous du corps et des cuisses tout granulé et d'une teinte pâle mêlée de jaune et de rouge ; doigts légèrement rougeâtres en dessous. Taille de 3 à 4 centim. —Cette espèce manque en Angleterre, dans certaines contrées du Nord , mais se trouve dans les parties de l'Asie et de l'Afrique qui avoisinent la Méditerranée. Elle s'éloigne plus des eaux que la Grenouille. On s'en sert quelquefois comme de baromètre : pour cela on la tient dans un bocal où l'on place une petite échelle; à l'approche de la pluie, la Rainette se plonge dans l'eau ; mais elle monte au contraire au sommet de l'échelle quand il doit faire beau.

Le mode de reproduction est le même que chez les Grenouilles.

RAIPONCE. — Espèce du genre *Campanule*. — V. ce mot.

RALE (*Rallus*). Genre d'Oiseaux de l'ordre des

Fig. 1133. — Râle d'eau.

Échassiers, famille de **Macrodactyles** : corps fortement comprimé par les côtés; bec plus long que la tête, très comprimé, sillonné; tarses allongés , robustes ; jambes nues dans un très court espace; doigts grêles, longs, lisses ; ailes médiocres, queue très courte.

On rencontre les Râles dans toutes les parties du monde. Ceux d'Europe sont sédentaires dans quelques localités , de passage dans d'autres. Timides et solitaires, ils se tiennent cachés dans les herbes au bord des eaux; leur vol est bas, lourd, peu soutenu, rectiligne; mais leur course est très rapide, et c'est le moyen qu'ils emploient le plus fréquemment pour échapper aux poursuites. En marchant ils relèvent la queue et l'étalent par de petits mouvements brusques. Ils nichent à terre dans les herbes. Leur ponte n'est pas très nombreuse. Les petits quittent le nid dès leur naissance, suivent leur mère et saisissent eux-mêmes la nourriture qu'elle leur indique.

Le **Rale d'eau** (*R. aquaticus*) a le bec long, de couleur rouge; le plumage brun fauve, tacheté de noirâtre en dessus, cendré bleuâtre en dessous, à flancs rayés de noir et de blanc. Taille, 24 centim. — Cet oiseau est commun en France ; il nage bien, court lestement sur les feuilles flottantes du nénuphar et des potamogetons. Il se nourrit de crevettes et d'insectes. Sa chair sent le marais ; elle est pourtant assez recherchée. Il niche parmi les joncs et les roseaux : 6 à 10 œufs jaunâtres, ponctués et tachetés de brun et de gris foncé.

Le Râle se plaît surtout sur les bords boisés des rivières. Soit qu'on le poursuive, ou que son

Fig. 1134. — Râle de genêts.

déplacement soit un effet de sa volonté, on le voit constamment suivre les petits sentiers qui d'ordinaire labourent les bords des rivières, sentiers qui sont pratiqués, comme on le sait. par les allées et les venues des rats d'eau. C'est même dans les trous creusés par ceux-ci que souvent ils cherchent un abri contre le chien qui les chasse. Quelques individus passent l'hiver dans nos contrées, mais pour l'ordinaire le plus grand nombre nous quittent à la fin de l'été.

RALE DE GENÊT. C'est pour les uns une es-

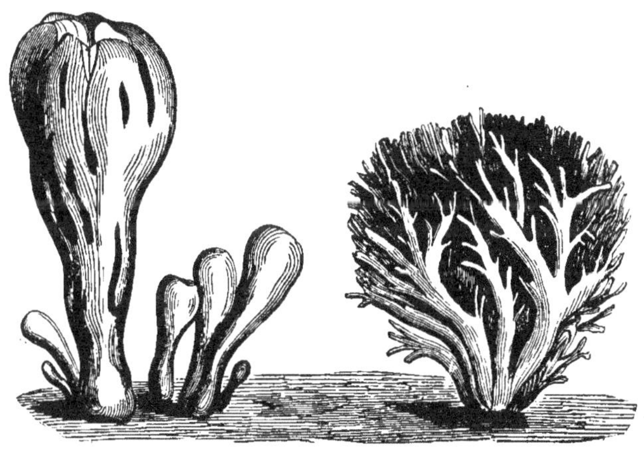

Fig. 1135-1136. — Ramaire et Clavaire.

pèce du genre Râle, pour d'autres le type du genre Crex. — Cet oiseau, vulg. connu sous les noms de *Roi des Cailles, Râle des prairies, des blés,* diffère du Râle d'eau par le bec plus court que la tête, à arête convexe. Son plumage est brun fauve tacheté de noirâtre en dessus, grisâtre en dessous ; ailes rousses ; flancs rayés de noirâtre.

Le Râle de Genêt habite une grande partie de l'Europe. Il se tient dans les champs, dans les hautes herbes des prairies humides, dans les genêts, les taillis, et fait entendre, à l'époque des amours, un cri qu'exprime le mot *crex*, dont Linné a fait son nom spécifique. Il part et arrive avec les Cailles ; un peu plus gros qu'elles, habitant les mêmes lieux, il a l'air de les conduire, d'où son surnom de *Roi des Cailles*. Il devient fort gras en automne, et sa chair est alors très délicate. La ponte est de 8 à 12 œufs gris verdâtres, tachetés de brun clair, déposés tout simplement sur la terre nue. La femelle les couve avec tant de constance qu'elle périt souvent par la faux du moissonneur plutôt que de les quitter.

Le R. Marouette vit de préférence sur les bords des étangs. Il court, nage et plonge très bien ; par conséquent il est habile à échapper à ses ennemis. Il vit solitaire, construit avec du jonc son nid en forme de gondole qu'il attache à des roseaux, et ce nid s'élève et s'abaisse avec les eaux sans jamais être submergé ni emporté par le courant.

RAMAIRE (*Ramaria*). Les Clavaires sont des Champignons dont la forme très variable les a fait diviser en deux sections, que l'on a appelées, l'une *Ramaria*, l'autre *Clavaria*. Ces Champignons sont charnus, simples, en massue ou à rameaux dressés, sans pédicule distinct. — Les *Ramaria* forment des sortes de buissons composés d'une tige à rameaux nombreux, comprimés, rapprochés et d'une égale longueur. (V. la fig. 1136.)

La meilleure espèce de cette section, qui en compte un très grand nombre toutes bonnes à manger, est la *Clavaire fauve*, dont la tige est blanchâtre, à peu près de la grosseur du pouce, et dont les rameaux, simples inférieurement, divisés supérieurement, égaux entre eux et fastigiés, forment une tête arrondie de 6 à 8 centim. de grosseur, et dont la couleur est d'un jaune plus ou moins foncé.

RAMIER. — V. *Pigeon.*

RANATRE (*Ranatra*). Genre d'Hémiptères hétéroptères, famille des Hydrochorises, créé par Fabricius aux dépens du genre Nèpe. Le corps est linéaire, tandis que dans les Nèpes et les Bélostomes il est large et aplati. — Ces insectes, qui ont reçu le nom vulgaire de *Scorpions aquatiques*, vivent dans les eaux dormantes ; quoique munis de longues pattes, ils nagent et marchent très lentement. Les femelles déposent leurs œufs, qui portent 2 fils ou poils à l'une de leurs extrémités, dans la tige de quelque plante aquatique. La larve ressemble à l'insecte parfait, mais elle manque d'ailes et d'élytres. Sous leurs trois états ces insectes sont très voraces.

RAPACES ou Oiseaux de proie, Accipitres. Premier ordre de la Classe des Oiseaux. On les distingue aux caractères que voici : bec crochu, garni à sa base d'une membrane nommée *Cire*, dans laquelle s'ouvrent les narines ; cuisses et jambes grosses et robustes; trois doigts en avant, un en arrière, flexibles et armés d'ongles ordinairement rétractiles et *acérés*, qu'on nomme *Serres;* ailes longues et vigoureuses.

Les Rapaces sont les carnassiers de cette classe; ils vivent de chair, de rapine et font la guerre aux oiseaux et aux mammifères moins puissants

Fig. 1137. — Rapace diurne (Épervier).

qu'eux ; quelques-uns même se nourrissent de cadavres putréfiés, d'autres attaquent les poissons, les insectes, les reptiles. Leur vol est d'une puissance extraordinaire et leur vue très perçante. En général ils fuient la société de leurs semblables, et les lieux qu'ils fréquentent sont déserts, inaccessibles. Tous sont monogames : ils nichent sur des pics, des rochers élevés ou sur de très hauts arbres. La femelle est toujours plus grande que le mâle. Sa ponte est rarement de plus de quatre œufs.

L'ordre des Rapaces se divise en deux sous-ordres ou familles :

1° Diurnes. Ce sont ceux qui se montrent pendant le jour. Bec enveloppé à sa base par une cire; yeux latéraux; ailes très étendues. — Ce sont les plus forts et les plus puissants de tous les Oiseaux. Ils sont essentiellement carnassiers. Ils s'élèvent à une hauteur prodigieuse dans l'atmosphère et planent pour apercevoir leur proie et se précipiter sur elle. Tels sont les *Vautours*, les *Aigles*, les *Autours*, les *Éperviers*, les *Buses*, les *Faucons*, etc.

2° Nocturnes. Ceux qui ne chassent que la nuit et qui se cachent pendant le jour. Bec non

Fig. 1138. — Rapace nocturne (Chouette).

enveloppé à sa base par une cire, court et très recourbé, peu puissant; yeux dirigés en avant, très grands et environnés d'un cercle de plumes; ailes moins longues; plumes soyeuses. — Ces oiseaux volent sans faire de bruit, ce qui leur permet de s'approcher plus facilement, dans la nuit, des petits animaux dont ils se nourrissent et qu'ils surprennent pendant leur sommeil. S'ils sortent de leur réduit au milieu du jour, ils sont l'objet des poursuites criardes de tous les passereaux. On trouve ici les *Hiboux*, les *Chouettes*, les *Effraies*, les *Ducs* et les *Chevêches*.

RAPETTE (*Asperugo*). Plante annuelle de la famille des Borraginacées, à tige chargée d'aiguillons réfléchis; fleurs par 2-4 au niveau de chaque paire de feuilles. — Elle croît dans les lieux pierreux, les décombres, les haies, etc., mais est peu commune. On s'en sert en Italie en guise de Bourrache.

RAT (*Mus*). Genre de Mammifères de l'ordre des Rongeurs claviculés, comprenant le Rat commun, la Souris et le Mulot. Caractères : 2 incisives à chaque mâchoire ; 3 molaires à tubercules mousses de chaque côté; pattes antérieures à quatre doigts, armées d'ongles crochus ; une verrue recouverte d'un ongle très obtus en place de pouce; pattes postérieures peu allongées, à cinq doigts onguiculés non palmés ; queue plus ou moins longue, presque nue, écailleuse, ronde à sa base et insensiblement conique jusqu'à la pointe, quelquefois floconneuse au bout; mamelles variant en nombre de quatre à douze; pelage formé de poils assez fins au milieu desquels se trouvent des poils longs et plats ou épineux. Leur taille varie depuis 3 pouces jusqu'à 32 cent.

« La queue des Rats, dont la longueur est souvent égale ou plus considérable que la tête et le corps réunis, est ronde à la base et insensiblement conique jusqu'à l'extrémité; elle est recouverte par des écailles très petites disposées par anneaux ou verticilles entre lesquels apparaissent des poils longs, raides et assez rares; sa forme et sa disposition distinguent facilement les Rats des Ondatras, chez lesquels la queue est comprimée latéralement ; des Castors, où elle est élargie et aplatie horizontalement; des Loirs, des Gerboises et des Campagnols, dont la queue est entièrement velue ; enfin des Hamsters, des Marmottes, des Limmings, chez lesquels elle est très courte; des Aspalax, qui en sont dépourvus, etc. Le pelage est ordinairement assez dur, ou plutôt, au milieu des poils fins qui recouvrent les parties supérieures de ces animaux, il y a beaucoup de poils plus longs, plats, et plus durs que les autres, et qui, chez quelques espèces, rappellent un peu les piquants des *Échimys*. »

Les Rats appartiennent, les uns à l'ancien continent, quelques-uns à l'Amérique ; d'autres sont cosmopolites. Ils sont omnivores, mais se nourrissent principalement de racines et de grains. Très voraces et essentiellement destructeurs, ils s'attaquent entre eux avec fureur en temps de disette, et les plus faibles deviennent la proie des plus forts, qui les dévorent avec avidité. Les voiries, les abattoirs et les boucheries renferment un grand nombre de ces animaux, dont la fécondité est prodigieuse. Les femelles font plusieurs portées dans l'année, et chaque portée se compose d'un nombre considérable de petits. Les mâles sont très lascifs, et se livrent des combats furieux à l'époque de la chaleur.

Les Rats sont en général nocturnes et recherchent l'obscurité; quelques espèces se creusent des terriers peu compliqués ; fort peu d'entre eux font des provisions d'hiver. Plusieurs se sont attachés aux pas de l'homme et le suivent partout : témoin la Souris.

Nous diviserons les Rats de la manière suivante : 1° Rats non épineux, c'est-à-dire dont le pelage est doux et sans épines; ils comprennent : a, les espèces de l'ancien continent : *Surmulot*, *Rat noir*, *Mulot*, *R. champêtre*, *R. des moissons*, *Souris*, etc.; b, les espèces du nouveau continent : *Rat angonya*, *Rat du Brésil*, etc., etc.

2° Rats épineux, c'est-à-dire qui ont des poils

piquants ; ils sont étrangers à l'Europe : *Rat perchal*, *Rat du Caire*, etc.

RAT SURMULOT (*M. decumanus*), vulg. *Surmulot, Pouc*. Pelage gris brun, roussâtre en dessus, moins foncé sur les flancs, blanchâtre en dessous ; queue offrant 200 anneaux écailleux ; longueur du corps et de la tête. 24 centim., celle de la queue est de 21 à 22 centim.

• Le Surmulot est très abondant dans tous les endroits où il y a des matières en putréfaction, te s que dans les voiries, les latrines, les égouts et les marchés ; on le trouve aussi en abondance dans les fermes, dans les granges, etc. La voirie de Montfaucon près Paris en contient d'innombrables troupes qui se jettent avec avidité sur les chevaux qu'on vient d'abattre, se cachent dans l'intérieur des cadavres en putréfaction ou dans les cavités osseuses. Ce Rat, aujourd'hui si abondant en Europe, a été transporté par des vaisseaux marchands de l'Inde en Angleterre en 1730 ; en 1750 il apparut en France et détruisit en grande partie le Rat noir, qui s'y trouvait alors communément ; depuis ce temps les navires en sont infestés ; il a été transporté en Amérique où il a considérablement pullulé. ✓

RAT NOIR OU DOMESTIQUE (*M. Rattus*). C'est le *Rat* de Buffon, celui qui habite nos granges, où il se nourrit principalement dé grain. Sa queue est plus longue que son corps et sa tête réunis, elle présente 150 anneaux écailleux. — Ce Rat n'était pas connu des anciens ; on ne sait à quelle époque il a été introduit en Europe, car on le croit originaire d'Amérique, pays dans lequel il est maintenant très abondant, tandis qu'en Europe il a été remplacé presque généralement par le Surmulot. Sa femelle ne fait qu'une portée de 5 à 6 petits par an, tandis que celle du Surmulot en fait trois, composées chacune d'une vingtaine de petits.

RAT MULOT (*M. sylvestris*). Le *Mulot* a la queue moins longue que le corps et la tête réunis, qui ont 0^m 12 de longueur ; pelage fauve teinté de noir en dessus, blanchâtre en dessous. — Il est non-seulement très répandu en Europe, mais il se trouve aussi en Amérique. Il habite les forêts, où il cause de grands ravages en creusant la terre pour rechercher des glands, et en mangeant les jeunes pousses des arbres ; il détruit également les moissons, en coupant les blés au bas de la tige. Il se propage beaucoup ; il fait des provisions qu'il enfouit au pied des arbres.

RAT CHAMPÊTRE (*M. campestris*). C'est le *Petit Mulot* de Buffon, qui diffère peu du précédent ; seulement sa queue est plus longue que la tête et le corps ensemble. — Il habite en Europe les champs et les villages, il se creuse un terrier.

RAT SOURIS (*M. musculus*), ou mieux *Souris*. C'est l'espèce la mieux connue, celle que les habitants des villes voient le plus souvent, avec le Surmulot et le Rat noir. — On trouve les Souris non-seulement dans les appartements, mais aussi dans les jardins, parfois jusque dans la campagne. Leur genre de vie est généralement connu. • Timide par sa nature, dit Buffon, en parlant de

Fig. 1139. — Rat surmulot.

la Souris, familière par nécessité, la peur ou le besoin font tous ses mouvements ; elle ne sort de son trou que pour chercher à vivre ; elle ne s'en écarte guère, y rentre à la première alerte, ne va pas, comme le Rat, de maisons en maisons, à moins qu'elle n'y soit forcée ; fait aussi beaucoup moins de dégâts ; elle a les mœurs plus douces et s'apprivoise jusqu'à un certain point, mais sans s'attacher. Ces petits animaux, loin d'être laids, ont l'air éveillé, alerte ; et l'espèce d'horreur qu'ils inspirent tout d'abord à certaines personnes fait bientôt place à la curiosité lorsqu'ils ont été pris dans quelque piége. Beaucoup de gens qu'une Souris grise effraie ou dégoûte, regardent avec intérêt ou même élèvent avec soin des Souris albinos. »

Les Souris portent 25 jours; chaque portée est de 4 à 6 petits, qui sont nus et aveugles au moment de leur naissance, et qui tettent pen-

Fig. 1140. — Rat mulot.

dant une quinzaine de jours. Les jeunes sont bientôt aptes à reproduire, et la multiplication de leur espèce est par conséquent très rapide.

Nous passerons sous silence les espèces étrangères à l'Europe, telles que le *Rat géant*, du Bengale; le *R. d'Alexandrie*, d'Égypte; le *R. strié*,

Fig. 1141. — Rat musqué.

des Indes, etc., ainsi que les espèces du nouveau continent, pour arriver aux Rats épineux, qui sont :

Le RAT PERCHAL, dont les poils du dos présentent une rigidité assez grande, et qui entre dans les maisons, à Pondichéry, sa patrie, où l'on mange sa chair.

Le RAT DU CAIRE a aussi des poils raides et vit en Égypte.

Le mot Rat, dans le langage vulgaire, se trouve

appliqué à une foule d'espèces animales différentes. Ainsi, on appelle : *Rat aquatique* ou *R. d'eau*, le Campagnol ; *R. Araignée*, la Musaraigne ; *R. des champs*, le Campagnol proprement dit ; *R. épineux*, l'Echimys ; *Rat-Taupe*, l'Oryctère et le Spalax, etc.

RAT MUSQUÉ. Espèce du genre *Desman* (V. ce mot), dont nous donnons le portrait.

RATEL (*Mellivora*). Carnivore plantigrade ayant les caractères du Glouton : corps épais et trapu ; poils rudes et longs, gris cendré en dessus, noirs en dessous, avec ligne longitudinale blanchâtre s'étendant de l'oreille à la queue ; 5 doigts garnis d'ongles très forts, propres à fouir ; langue garnie de papilles cornées comme celle des Chats ; organes des sens paraissant peu développés. — Cet animal, le seul de son genre, habite le cap de Bonne-Espérance. Il répand une odeur puante, d'où son nom vulgaire de *Blaireau puant*. Très friand de miel et de cire, il creuse la terre avec ses ongles pour découvrir les rayons des abeilles terrestres ; de là l'épithète *mellivora* attachée à son nom.

RATON (*Procyon*). Genre de Carnassiers plantigrades, formé aux dépens des Ours, mais différant de ce genre par l'aspect extérieur qui est beaucoup moins lourd ; tête large, à museau fin sans être allongé et mobile comme celui des Coatis ; oreilles externes assez petites ; pattes pentadactyles, beaucoup moins fortes que celles des Ours, le talon n'appuyant pas tout à fait sur le sol ; langue douce ; queue longue, poilue ; 6 mamelles ventrales.

Les Ratons se trouvent en Amérique et sont

Fig. 1142. — Rat laveur.

omnivores. Ils ont quelque analogie avec les Blaireaux dans leur genre de vie, mais ils ont les allures et les formes plus dégagées. Ils montent sur les arbres avec beaucoup plus d'agilité que les Ours. Ils sont faciles à apprivoiser ; une seule corde suffit pour les retenir, car ils ne sont ni farouches ni turbulents, et en général, ils se prêtent assez complaisamment aux volontés de leur maître aussi bien qu'à celles du public. — Deux espèces :

Le RATON LAVEUR (*P. lotor*), ainsi nommé parce qu'il a l'habitude de porter à l'eau, pour les laver ou les détremper, les objets qui servent à sa nourriture. De l'Amérique septentrionale ; le corps a 60 cent. de longueur et la queue 25. — On connaît trois variétés de cette espèce : le *R. fauve*, le *R. blanc* et le *R. à gorge brune*.

Le RATON CRABIER (*P. cancrivorus*) est un peu plus fort que le précédent et bien moins vêtu. Il appartient principalement à la Guyane et au Brésil, vivant au bord de la mer et près des lacs salés qui s'y rattachent, où il recherche les crabes et en fait sa principale nourriture.

RAVE (*Rapa*). Variété du Raifort cultivé qui affecte une forme ronde. On distingue plusieurs sous-variétés : *Rave commune*, d'un blanc sale ; — *R. hâtive*, d'un beau rouge ; — *R. jaune* ; — *R. noirâtre*, estimée la meilleure. — V. *Radis*.

RÉDUVE (*Reduvius*). Genre d'Hémiptères hétéroptères, de la tribu des Réduviens : tête ovoïde, yeux saillants, antennes de quatre articles, élytres presque membraneuses, corps velu. — Insectes très carnassiers et très agiles à la course, de couleurs variées et qui vivent tantôt sur les fleurs, tantôt dans nos habitations.

L'espèce type est le RÉDUVE MASQUÉ (*R. personatus*), ainsi appelé parce qu'il se couvre de poussière pour se dérober aux regards. Il habite nos maisons et s'attaque de préférence aux punaises et aux mouches ; malheureusement il n'est pas assez répandu pour en détruire un grand nombre. Sa piqûre est très douloureuse ; elle s'accompagne d'une cuisson que l'on a comparée à celle de l'envie (*reduvia*).

RÉDUVIENS. Tribu d'Hémiptères, dont le genre type est le Réduve, et qui comprend quatre familles : les *Saldides*, les *Hydromérites*, parmi lesquels on remarque l'*Araignée d'eau* (V. *Gerris*) ; les *Réduviens* et les *Aradides*.

RÉGLISSE (*Glycyrrhiza*). Genre de Légumineuses dont voici les caractères essentiels : calice tubulé à 2 lèvres ; la supérieure a 4 découpures inégales, l'inférieure simple et linéaire ; corolle papilionacée, la carène à 2 pétales distincts munis d'un long onglet ; 10 étamines diadelphes ; style subulé ; gousse polysperme.

La RÉGLISSE (*G. glabra*), vulg. *Bois doux*, a des racines longues, cylindriques, rameuses, jaunâtres en dedans, d'une saveur douce et sucrée ; tiges fermes, glabres, rameuses, hautes d'un mètre ; feuilles alternes, pétiolées, très glabres, ailées de 13-15 folioles, opposées, ovales entières ; fleurs petites rougeâtres, disposées en épis grêles, un peu lâches, axillaires, pédonculés.

La Réglisse croît et est cultivée dans le midi de l'Europe et de la France, dans les prés, les lieux humides, au bord des ruisseaux ; elle était connue des anciens, qui faisaient de ses racines douces (*glycyrrhiza*) le même usage que nous en faisons. Cette racine, parfaitement connue de tout le monde, a une saveur sucrée et mucilagineuse agréab.e quand on n'en pousse pas trop loin la mastication. On l'emploie en décoction pour tisa-

Fig. 1143. — Réglisse.

(1, Fleur entière; — 2, Parties d'une corolle; — 3, Pistil et étamines; — 4, Fruit; — 5, Morceau de racine.)

nes émollientes et rafraîchissantes, ou bien on l'ajoute à d'autres infusions ou décoctions, pour remplacer le sucre dans la médecine des pauvres. Elle fait partie d'une quantité innombrable de médicaments officinaux. On vend à Paris, l'été, une boisson appelée *Coco*, qui n'est autre chose qu'une macération de bois de Réglisse dans de l'eau. On en obtient un extrait (*Jus de Réglisse*) d'un usage banal dans les rhumes; cet extrait se fabrique en grand en Espagne, en Italie et dans le midi de la France: il demande à être purifié. Nous ne rappellerons pas les nombreuses propriétés qu'on a attribuées anciennement à la racine de Réglisse.

Nous ajouterons, en terminant, que tout porte à croire que les anciens ne connaissaient pas notre Réglisse actuelle, et qu'ils faisaient usage de la racine du *Glycyrrhiza echinata*, qui croît en abondance dans l'Orient.

RÈGNE. En histoire naturelle, ce nom s'applique à chacune des trois grandes divisions des corps de la nature. — V. *Animal*, *Végétal* et *Minéral*, et surtout l'article *Corps*.

REINE-MARGUERITE. — V. *Marguerite*.

RELATION. En physiologie, fonction multiple résultant de l'exercice des organes affectés à la vie animale proprement dite. — V. *Audition*, *Olfaction*, *Vision*, *Goût*, *Voix*, *Mouvements*, *Sensations*, *Intelligence*, etc.

RÉMORE ou **Remora**. — V. *Échénéide*.

RENARD (*Canis vulpes*). Espèce de Carnivore digitigrade du genre Chien, dont on a fait plutôt un sous-genre; il a la tête plus grosse que le Chien, le museau pointu, les incisives moins échancrées, la queue longue et touffue; ses pupilles sont en fente verticale comme celles du Chat domestique et de quelques autres espèces de Féliens, ce qui indique des habitudes nocturnes. Lisons Buffon :

« Le Renard est fameux par ses ruses et mérite

Fig. 1144. — Renard.

en partie sa réputation. Ce que le Loup ne fait que par la force, il le fait par adresse et réussit le plus souvent; sans chercher à combattre les chiens ni les bergers, sans attaquer les troupeaux, sans traîner les cadavres, il est plus sûr de vivre. Il emploie plus d'esprit que de mouvements; ses ressources semblent être en lui-même : ce sont, comme l'on sait, celles qui manquent le moins.

Fin autant que circonspect, ingénieux et prudent, même jusqu'à la patience, il varie sa conduite ; il a des moyens de réserve qu'il sait n'employer qu'à propos. Il veille de près à sa conservation ; quoiqu'aussi infatigable, et même plus léger que le Loup, il ne se fie pas entièrement à la vitesse de sa course ; il sait se mettre en sûreté en se pratiquant un asile où il se retire dans les dangers pressants, où il s'établit, où il élève ses petits : il n'est point animal vagabond, mais animal domicilié.

« Cette différence, qui se fait sentir même parmi les hommes, a de bien plus grands effets et suppose de bien plus grandes causes parmi les animaux. L'idée seule du domicile présuppose une attention singulière sur soi-même, ensuite le choix du lieu, l'art de faire son manoir, de le rendre commode, d'en dérober l'entrée, sont autant d'indices d'un sentiment supérieur. Le Renard en est doué, et tourne tout à son profit ; il se loge au bord des bois, à portée des hameaux ; il écoute le chant des coqs et le cri des volailles ; il les savoure de loin, il prend habilement son temps, cache son dessein et sa marche, se glisse, se traîne, arrive, et fait rarement des tentatives inutiles. S'il peut franchir les clôtures, ou passer par-dessous, il ne perd pas un instant, il ravage la basse-cour, il y met tout à mort, se retire ensuite lestement en emportant sa proie, qu'il cache sous la mousse ou porte à son terrier ; il revient quelques moments après en chercher une autre, qu'il emporte et cache de même, mais dans un autre endroit ; ensuite une troisième, une quatrième, etc., jusqu'à ce que le jour ou le mouvement dans la maison l'avertisse qu'il faut se retirer et ne plus revenir. Il fait la même manœuvre dans les pipées et dans les boquetaux où l'on prend les grives et les bécasses au lacet ; il devance le piqueur, va de très grand matin, et souvent plus d'une fois par jour, visiter les lacets, les gluaux, emporte successivement les oiseaux qui se sont empêtrés, les dépose tous en différents endroits, surtout au bord des chemins, dans les ornières, sous de la mousse, sous un genièvre, les y laisse quelquefois deux ou trois jours, et sait parfaitement les retrouver au besoin. Il chasse les jeunes levrauts en plaine, saisit quelquefois les lièvres au gîte, ne les manque jamais lorsqu'ils sont blessés, déterre les lapereaux dans les garennes, découvre les nids de perdrix, de cailles, prend la mère sur les œufs, et détruit une quantité prodigieuse de gibier. Le Loup nuit plus au paysan, le Renard nuit plus au gentilhomme.

« La chasse du Renard demande moins d'appareil que celle du Loup ; elle est plus facile et plus amusante. Tous les chiens ont de la répugnance pour le Loup, tous les chiens au contraire chassent le Renard volontiers, et même avec plaisir ; car, quoiqu'il ait l'odeur très forte, ils le préfèrent souvent au cerf, au chevreuil et au lièvre.

« Pour détruire les Renards, il est encore plus commode de tendre des piéges, où l'on met de la chair pour appât, un pigeon, une volaille vivante, etc. Je fis un jour suspendre à neuf pieds de hauteur, sur un arbre les débris d'une halte de chasse, de la viande, du pain, des os ; dès la première nuit, les Renards s'étaient si fort exercés à sauter, que le terrain autour de l'arbre était battu comme une aire de grange. Le Renard est aussi vorace que carnassier : il mange de tout avec une égale avidité, des œufs, du lait, du fromage, des fruits, et surtout des raisins : lorsque les levrauts et les perdrix lui manquent, il se rabat sur les rats, les mulots, les serpents, les lézards, les crapauds, etc. ; il en détruit un grand nombre : c'est là le seul bien qu'il procure. Il est très avide de miel : il attaque les abeilles sauvages, les guêpes, les frelons, qui d'abord tâchent de le mettre en fuite, en le perçant de mille coups d'aiguillon ; il se retire en effet, mais c'est en se roulant pour les écraser, et il revient si souvent à la charge, qu'il les oblige à abandonner le guêpier, alors il le déterre et en mange le miel et la cire. Il prend aussi les hérissons, les roule avec ses pieds, et les force à s'étendre. Enfin il mange du poisson, des écrevisses, des hannetons, des sauterelles, etc.

« Le Renard a les sens aussi bons que le Loup, le sentiment plus fin, et l'organe de la voix plus souple et plus parfait. Le Loup ne se fait entendre que par des hurlements affreux ; le Renard glapit, abole, et pousse un son triste, semblable au cri du paon ; il a des tons différents selon les sentiments différents dont il est affecté ; il a la voix de la chasse, l'accent du désir, le son du murmure, le ton plaintif de la tristesse, le cri de la douleur, qu'il ne fait jamais entendre qu'au moment où il reçoit un coup de feu qui lui casse quelque membre ; car il ne crie point pour toute autre blessure, et il se laisse tuer à coups de bâton, comme le Loup, sans se plaindre, mais toujours en se défendant avec courage. Il mord dangereusement, opiniâtrément, et l'on est obligé de se servir d'un ferrement ou d'un bâton pour le faire démordre. Son glapissement est une espèce d'aboiement qui se fait par des sons semblables et très précipités. C'est ordinairement à la fin du glapissement qu'il donne un coup de voix plus fort, plus élevé, et semblable au cri du paon. En hiver, surtout pendant la neige et la gelée, il ne cesse de donner de la voix, et il est au contraire presque muet en été. C'est dans cette saison que son poil tombe et se renouvelle ; l'on fait peu de cas de la peau des jeunes Renards, ou des Renards pris en été. La chair du Renard est moins mauvaise que celle du Loup ; les chiens et même les hommes en mangent en automne, surtout lorsqu'il s'est nourri et engraissé de raisins, et sa peau d'hiver fait de bonnes fourrures. Il a le sommeil profond ; on l'approche aisément sans l'éveiller. Lorsqu'il dort, il se met en rond comme les chiens ; mais lorsqu'il ne fait que se reposer, il étend les jambes de derrière et demeure étendu sur le ventre : c'est dans cette posture qu'il épie les oiseaux le long des baies. Ils ont pour lui une si grande antipathie, que dès qu'ils l'aperçoivent ils font un petit cri d'avertissement ; les geais, les merles surtout, le conduisent du haut des arbres, répètent souvent le petit cri d'avis et le suivent quelquefois à plus de deux ou trois cents pas. »

La femelle du Renard porte 9 semaines et met bas 7 ou 8 petits qui naissent aveugles et qui ne sont adultes qu'au bout de deux ans. Si le Renard avait eu des griffes, il eût été impossible aux habitants des campagnes de garantir leurs basses-cours de ses déprédations. C'est cette absence de griffes qui force le Renard à rentrer souvent à jeun dans son terrier, après avoir rôdé toute une nuit aux environs d'un poulailler.

Outre le *Renard commun*, on doit citer le *R. charbonnier*, le *R. turc*, le *R. croisé*, que plusieurs naturalistes considèrent comme de simples variétés ; le *R. corsac*, le *R. argenté*, le *R. bleu* ou *Isatis*, le *R. tricolore*, qui, à l'exception du *Charbornier* et du *Corsac*, vivent tous dans le Nord, où on les chasse pour leur fourrure.

RENNE (*Tarandus*). Animal de l'ordre des Ruminants, espèce du genre Cerf, dont il diffère par des jambes plus courtes et plus grosses ; par des bois sessiles, pourvus d'andouillers aplatis et dentelés. Le bois existe dans les deux sexes, seulement il est plus petit chez la femelle que chez le mâle.

« Le Renne, dit Buffon, est devenu domestique chez le dernier des peuples : les Lapons n'ont pas d'autre bétail. Dans ce climat glacé, qui ne reçoit du soleil que des rayons obliques, où la nuit a sa saison comme le jour, où la neige couvre la terre dès le commencement de l'automne jusqu'à la fin du printemps, où la ronce, le genièvre, et la mousse, font seuls la verdure

Fig. 1145. — Renne.

de l'été, l'homme pouvait-il espérer de nourrir des troupeaux ? Le cheval, le bœuf, la brebis, tous nos autres animaux utiles, ne pouvant y trouver leur subsistance, ni résister à la rigueur du froid, il a fallu chercher, parmi les hôtes des forêts, l'espèce la moins sauvage et la plus profitable ; les Lapons ont fait ce que nous ferions nous-mêmes si nous venions à perdre notre bétail : il faudrait bien alors, pour y suppléer, apprivoiser les cerfs, les chevreuils de nos bois, et les rendre animaux domestiques ; et je suis persuadé qu'on en viendrait à bout, et qu'on saurait bientôt en tirer autant d'utilité que les Lapons en tirent de leurs Rennes. Nous devons sentir par cet exemple jusqu'où s'étend pour nous la libéralité de la nature ; nous n'usons pas à beaucoup près de toutes les richesses qu'elle nous offre ; le fonds en est bien plus immense que nous ne l'imaginons : elle nous a donné le cheval, le bœuf, la brebis, tous nos autres animaux domestiques, pour nous servir, nous nourrir, nous vêtir ; et elle a encore des espèces de réserve qui pourraient suppléer à leur défaut, et qu'il ne tiendrait qu'à nous d'assujettir et de faire servir à nos besoins. L'homme ne sait pas assez ce que peut la nature, ni ce qu'il peut sur elle : au lieu de la rechercher dans ce qu'il ne connaît pas, il aime mieux en abuser dans tout ce qu'il en connaît.

« En comparant les avantages que les Lapons tirent du Renne apprivoisé avec ceux que nous retirons de nos animaux domestiques, on verra que cet animal en vaut seul deux ou trois ; on s'en sert, comme du cheval, pour tirer des traîneaux, des voitures ; il marche avec bien plus de diligence et de légèreté, fait aisément trente lieues par jour, et court avec autant d'assurance sur la neige gelée que sur une pelouse. La femelle donne du lait plus substantiel et plus nourrissant que celui de la vache ; la chair de cet animal est très bonne à manger : son poil fait une excellente fourrure, et la peau passée devient un cuir très souple et très durable ; ainsi le Renne donne seul tout ce que nous tirons du cheval, du bœuf et de la brebis.

« Le bois du Renne, beaucoup plus grand, plus étendu, et divisé en un bien plus grand nombre de rameaux que celui du Cerf, est une espèce de singularité admirable et monstrueuse. La nourriture de cet animal pendant l'hiver est une mousse blanche qu'il sait trouver sous les neiges épaisses en les fouillant avec son bois et les détournant avec ses pieds ; en été, il vit de boutons et de feuilles d'arbres, plutôt que d'herbes, que les rameaux de son bois avancés en avant ne lui permettent pas de brouter aisément : il court sur la neige, et enfonce peu à cause de la largeur de ses pieds.... Ces animaux sont doux ; on en fait des troupeaux qui rapportent beaucoup de profit à leur maître ; le lait, la peau, les nerfs, les os, les cornes des pieds, les bois, les poils, la chair, tout en est bon et utile. »

A l'état domestique, le Renne vit 15 à 16 ans. Attelé à un traîneau, il fait près de 150 kilom. par jour.

RENONCULACÉES. Famille de Plantes dicotylédones hypogynes, herbacées ou sous-frutescentes, à feuilles alternes embrassantes à leur base, opposées dans le genre Clématite. Fleurs variant beaucoup dans leur disposition : calice polysépale, souvent coloré et pétaloïde, rarement persistant ; corolle polypétale, quelquefois nulle, à pétales simples, plans ou irréguliers et creusés en cornet ou en éperon. Étamines en grand nombre en général, libres, à anthères continues aux filets. Carpelles tantôt réunis en tête, tantôt disposés circulairement ; très rarement ils sont soudés entre eux. Fruits monospermes indéhiscents, en capitule ou en épi, ou bien follicules uniloculaires polyspermes, agrégés ou distincts. — Quatre tribus :

ANÉMONÉES. Fruits monospermes indéhiscents ; périanthe simple : *Anémone, Clématite, Adonide, Hépatique*, etc.

RENONCULÉES. Fruits monospermes indéhiscents ; périanthe double : *Renoncule, Ficaire*.

HELLÉBORÉES. Fruits polyspermes déhiscents ;

pétales concaves irréguliers : *Hellébore, Nigelle, Aconit, Pied-d'Alouette*, etc.

PÆONIÉES. Fruits polyspermes déhiscents ; pétales plans : *Pæonie*.

Fig. 1146. — Renonculacée (Adonide).

(1. Fleur détachée ; — 2. Fruit ; — 3. Epi de fruits.)

RENONCULE (*Ranunculus*). Genre type de la famille des Renonculacées ; plantes vivaces, herbacées, pubescentes ou velues ; tiges rameuses, à feuilles entières, dentées, ou diversement divi-

Fig. 1147. — Renoncule âcre.

sées ; fleurs jaunes ou blanches : calice à 5 sépales colorés ou presque herbacés, caducs ; corolle à 5 pétales, munis au-dessus de leur court onglet d'une fossette nectarifère ; carpelles nombreux en capitules globuleux , prolongés en bec par le style persistant. — Ce genre renferme un grand nombre d'espèces, dont les unes sont aquatiques , les autres terrestres ou aquatiques , mais jamais nageantes, et toutes plus ou moins âcres, irritantes et vésicantes. Nous ne signalerons que les principales parmi ces dernières.

Renoncule acre (*R. acris*), vulg. *Clair-bassin*. Tige de 30 à 70 cent. , dressée , multiflore : feuilles radicales à long pétiole. 3-5-lobées dentées , les caulinaires à pétiole plus court , les supérieures subsessiles à 3-5 segments linéaires; calice peu étalé ; carpelles lisses à bec courbé au sommet. — Cette plante , vivace et velue , est très commune dans les prairies, les lieux humides, où elle est en fleur en mai-juillet. On cultive dans les jardins une belle variété dont les fleurs doubles portent le nom de *Bouton d'or*.

Toutes les parties de cette plante sont excessivement âcres, mais elles perdent une partie de cette âcreté par la décoction et la dessiccation. Son suc est un poison corrosif qui, appliqué sur la peau, détermine de la douleur , de la rougeur et une véritable vésication ; aussi s'en est-on servi comme de vésicatoire , ayant l'avantage de ne point irriter la vessie comme les Cantharides, mais l'inconvénient de déterminer de vives douleurs, des ulcérations rebelles que les mendiants se procurent quelquefois pour exciter la commisération publique. L'application de la Renoncule sur les poignets était un moyen, non sans danger et le plus souvent inefficace, de guérir la fièvre intermittente.

Renoncule Flammette (*R. flammula*) , vulg. *Petite Douve*. Tige de 20-80 cent. , couchée-ascendante, fistuleuse ; feuilles entières ou dentées, les inférieures à long pétiole , les supérieures subsessiles ; calice pubescent; corolle assez petite ; carpelles lisses à bec court. — Cette espèce est vivace, glabre, et habite les endroits humides; elle fleurit plus tard, en juin octobre. Les animaux ne la mangent pas plus que la Renoncule âcre, dont elle partage les propriétés, et l'on voit ces plantes s'élever intactes au sein des pâturages tondus par les bestiaux.

Renoncule scélérate (*R. sceleratus*). Cette espèce est annuelle et haute de 20 à 70 centim. Sa tige dressée, fistuleuse , à rameaux dressés , très multiflore, porte des feuilles inférieures longuement pétiolées , tandis que les supérieures sont subsessiles. Les fleurs sont petites, à calice réfracté ; pétales dépourvus d'écailles au-devant de la fossette nectarifère; carpelles très petits et nombreux, en capitule oblong spiciforme , à bec très court ou presque nul. — Cette plante est très commune au bord des eaux, des fossés, des étangs, où elle fleurit presque tout l'été (mai-août).

Renoncule Ficaire (*R. Ficaria*). On en a fait un genre à part, ainsi caractérisé : calice à 3 sépales presque herbacés, caducs; corolle à 6-9 pétales munis à leur face interne au-dessus de l'on-

glet d'une fossette nectarifère cachée par une écaille; carpelles nombreux, disposés en capitules globuleux, à bec presque nul.

La Ficaire (vulg. *Petite Chélidoine , Petite Éclaire*) est une plante vivace, herbacée, glabre, à tiges très courtes (10-20 centim.); à feuilles pétiolées, ovales cordées ou réniformes, crénelées; à fleurs jaunes , solitaires à l'extrémité de pédoncules axillaires allongés , d'un beau jaune, paraissant en avril-mai. Elle est extrêmement commune aux endroits humides ou ombragés , dans les bois et les buissons. Ses racines renflées ou comme granuleuses lui ont fait supposer, par comparaison, des propriétés antihémorrhoïdales : de là son surnom d'*Herbe aux hémorrhoïdes*.

Nous sommes obligé de passer sous silence bon nombre d'espèces moins communes ou étrangères, telles que la R. **Grande Douve** (*R. lingua*) aux grandes fleurs jaunes, l'ornement des eaux ; — la R. **bulbeuse** (*R. bulbosus*) extrêmement caustique , surtout dans sa racine arrondie et munie de nombreuses radicelles à sa base ; — la R. **rampante** (*R. repens*) ou *Pied de Poule* , qui fleurit en mai dans les pâturages et les terres cultivées; — la R. **des montagnes** (*R. thora*), qui fut si longtemps recherchée par les chasseurs des Alpes pour empoisonner leurs flèches; la R. **d'Asie**, des jardins , espèce aujourd'hui très répandue dans nos parterres , où elle double et donne, par les soins de la culture , une infinité de variétés.

RENOUÉE ou **Polygone** (*Polygonum*). Genre type de la famille des Polygonacées , comprenant des plantes annuelles ou vivaces, quelquefois volubiles , dont les fleurs sont hermaphrodites , petites, rouges, roses, blanches, disposées en épis ou en grappes : calice coloré, à 5 sépales (rarement 3-4) soudés inférieurement, presque égaux ; étamines 5-8, opposées 1 à 1 aux sépales; styles 2-3 , soudés plus ou moins , parfois très courts , à stigmates capités; fruit trigone, etc.

R. **Bistorte.** — V. *Bistorte*.

R. **Persicaire.** — V. *Persicaire*.

R. **Poivre d'eau** (*P. hydropiper*). Tige de 30 à 80 centim. , rameuse; feuilles oblongues lancéolées , à gaines ciliées ; fleurs d'un blanc rosé ou verdâtre , en épis grêles presque filiformes interrompus , arqués-pendants : calice chargé de points glanduleux, etc. — Cette plante , qui croît dans les fossés, les lieux humides, les marécages , au bord des eaux, fleurit en juillet-octobre et est annuelle. Sa saveur est âcre-poivrée. Ses graines remplacent celles du Poivrier, dans les campagnes.

R. **des Oiseaux** (*P. aviculare*), vulg. *Trainasse*. Tiges plus ou moins nombreuses, de 10-60 cent. , grêles, étalées ou appliquées sur la terre, plus rarement dressées, à rameaux feuillés jusqu'au sommet; feuilles oblongues, lancéolées, planes , subsessiles, glabres et un peu épaisses, à gaines scarieuses laciniées ; fleurs presque sessiles, solitaires ou disposées par 2-4 à l'aisselle des feuilles, etc. — Cette plante est extrêmement abondante sur le bord des chemins, dans les rues peu fréquentées, les lieux incultes, les jardins; elle fleurit en juin-octobre. La tige et les feuilles se donnent aux bestiaux : on les a appelées *Manne des animaux pâturants*. Les oiseaux et la volaille en aiment beaucoup les semences, ainsi que celles du *P. maculatum* et du *P. latifolium*.

R. FAUX-LISERON (*P. convolvulus*), vulg. *Vrillée-bâtarde*. Tiges d'un mètre au plus, presque filiformes, striées anguleuses, couchées sur la terre ou s'enroulant autour des plantes voisines; feuilles pétiolées, ovales-acuminées, cordées sagittées, glabres ou presque glabres, à gaines très courtes; fleurs blanchâtres, en grappes lâches axillaires : calice fructifère enveloppant étroitement le fruit non luisant. — La Vrillée est annuelle, assez commune dans les champs, les jardins incultes, les lieux cultivés. Les bestiaux mangent ses feuilles, et les oiseaux ses graines.

L'espèce qu'on nomme vulgairement GRANDE VRILLÉE BATARDE (*P. dumetorum*) a des tiges de 1 à 2 mètres, cylindriques, presque filiformes, s'enroulant autour des plantes voisines; des fleurs blanchâtres en grappes lâches terminales, etc. — Elle est assez commune dans les haies, les buissons et sur la lisière des bois; espèce annuelle, qui fleurit en juin-septembre.

REPRODUCTION. — V. *Génération.*

REPTILES (de *reptare*, ramper). Animaux de la troisième classe de Vertébrés, pourvus d'un squelette, mais dépourvus de diaphragme, ayant

Fig. 1148. — Reptile (Agame).

des poumons, mais le sang rouge et froid; étant ovipares, et n'ayant ni poils ni plumes. Ces animaux diffèrent des Mammifères par leur mode de génération, l'absence de mamelles et de poils; des

Oiseaux, par leur corps couvert d'écailles ou d'une peau nue; des Poissons, en ce qu'à l'état parfait ils sont toujours pourvus de poumons, tandis que ceux-ci respirent constamment par des branchies.

La forme des Reptiles est extrêmement variable; elle ne peut, comme celle des Mammifères

Fig. 1149. — Reptile (Caméléon).

et des Oiseaux, être rapportée à un même type. Quelle différence, en effet, entre un Serpent et un Lézard, entre une Grenouille et une Tortue! Quelques-uns, les Grenouilles par exemple, présentent, dans les différentes périodes de leur vie, des changements complets de forme et d'organisation, nommés *métamorphoses*. Dans les premiers temps, leur organisation est à peu près celle des Poissons; ils respirent au moyen de branchies, et leurs organes de mouvement sont des nageoires; mais plus tard, ils respireront avec des poumons, et ils auront de véritables membres également propres à la natation et à la progression terrestre.

La plupart des Reptiles sont terrestres; un certain nombre sont aquatiques; quelques-uns, comme les Dragons, peuvent s'élever dans l'air et s'y soutenir quelque temps au moyen de membranes disposées en parachutes; enfin il en est, comme les Amphisbènes, qui vivent dans les conduits qu'ils se creusent sous terre.

Les Iguanes montent aux arbres avec facilité ; les Serpents, qui sont tous dépourvus de pattes, ne peuvent que ramper par l'effet des sinuosités successives imprimées alternativement à droite et à gauche par des muscles forts et très contractiles, car leur colonne vertébrale est généralement très mobile. Il y a chez les Reptiles ou quatre membres (Grenouilles, Tortues), ou deux (Bipèdes), ou pas du tout (Serpents).

Le système nerveux se compose de l'encéphale (cerveau, cervelet et moelle allongée), de la moelle épinière et des nerfs provenant de ces diverses régions, enfin du système nerveux ganglionnaire. — V. *Encéphale.*

Les organes des sens présentent des différences bien marquées. Le *Toucher* est généralement peu développé : les doigts sont soudés ou unis par des membranes, la peau couverte d'écailles ou de diverses plaques cornées. — Le *Goût* est presque nul sans doute, car la proie est avalée sans être mâchée ; il faut excepter les Tortues, qui divisent leurs aliments. La langue offre de très nombreuses variétés dans sa forme, sa mobilité, sa texture.— L'*Odorat* est très peu développé : il se modifie selon la manière dont s'opère la déglutition et la respiration. — L'*Ouïe* est assez délicate, quoique l'oreille soit simplement constituée : pas de conque externe, tympan visible à l'œil nu ou interne ; limaçon et canaux demi-circulaires. — Les *yeux* sont organisés à peu près comme ceux des Ver-

tébrés plus élevés : ce sont les accessoires (paupières, voies lacrymales) qui sont le plus sujets à varier.

Nous ne faisons qu'effleurer le sujet important de la vie de *Relation* chez les Reptiles, parce que nous craignons de nous répéter. —V. *Locomotion, Toucher, Odorat, Ouïe, Sensations, Vision.* — Nous serons tout aussi laconique, et pour les mêmes raisons, sur la *Nutrition* et la *Génération* de ces animaux.

Digestion. L'appareil de cette fonction est très variable : la bouche est en général très largement fendue, parfois d'un petit calibre ; les dents n'existent pas constamment ; elles sont communément coniques ; dans certains genres (Vipères, Crotales), il y a des crochets à venin. Les Reptiles, en général, mangent et boivent fort peu ; ils ne peuvent rester très longtemps sans prendre de nourriture. Presque tous sont carnivores ; cependant les Tortues sont herbivores et ont l'intestin beaucoup plus long et plus sinueux que les autres. Le tube digestif se termine à un cloaque. Il y a un foie, une rate et un pancréas.

Circulation et *Respiration.* Le cœur des Reptiles est disposé de manière à ce qu'à chaque contraction il n'envoie dans le poumon qu'une portion du sang qu'il a reçu des diverses parties du corps, et que le reste de ce fluide retourne aux organes sans avoir passé par le poumon et sans avoir servi à l'acte de la respiration. On doit attri-

Fig. 1150. — Reptile (Tortue).

buer à cette cause les variations de la température de leur corps, qui se met presque constamment en équilibre avec le milieu dans lequel il est plongé. C'est en raison de leur respiration peu active que les Reptiles ont le sang froid, et que leurs mouvements sont beaucoup moins vifs que ceux des animaux dont la respiration est plus ac-

tive. En raison de la petitesse de leurs vaisseaux pulmonaires, ils peuvent suspendre quelque temps leur respiration et arrêter le cours de leur sang. Les espèces qui ont des poumons n'ont jamais de diaphragme distinct. Les poumons se retrouvent à l'état parfait dans tous les Batraciens ; mais dans leur jeune âge ils respirent par des branchies.

« Les côtes ne servent mécaniquement à l'acte de la respiration que dans les Lézards et les Serpents ; chez les Tortues, elles sont intimement soudées et ne peuvent se soulever ; enfin beaucoup de Batraciens n'ont pas de côtes, et parmi ceux qui en sont pourvus, leur peu de développement ne leur permet pas de venir en aide de la respiration. » — V. *Respiration comparée*.

Sécrétion urinaire. Tous les Reptiles ont deux reins de forme et de structure variées. L'urine, dans les Sauriens et les Ophidiens, est une sorte de bouillie blanche qui contient des sels à base de chaux ou d'ammoniaque, comme celle des Oiseaux.

Reproduction. Tous les Reptiles, à l'exception des Batraciens, ont un accouplement réel. Les organes sexuels mâles sont rarement apparents au dehors. Les Tortues et les Crocodiles ont un pénis protractile et rétractile dans le cloaque ; chez les Serpents et les Lézards, le rapprochement des individus est maintenu par deux appareils érectiles placés sur les parties latérales du cloaque du mâle ; pas d'apparence de pénis chez les Batraciens. Les Reptiles ont de véritables testicules, placés le long de l'échine. Chez les femelles, les ovaires sont volumineux, munis de deux oviductes dont l'extrémité externe aboutit au cloaque.

Les œufs sont déposés dans des lieux abrités ; ils ne peuvent être couvés, puisque les Reptiles ne développent pas de chaleur ; les petits qui en sortent sont agiles, aptes à se nourrir eux-mêmes, et ils ont la forme qu'ils doivent conserver toute leur vie, excepté chez les Batraciens. Quelques femelles ont une génération vivipare, comme les Vipères, les Orvets et les Salamandres.

Les Reptiles ont une vie plus dépendante du grand sympathique que de l'encéphale : ils peuvent vivre encore et exécuter des mouvements plusieurs heures après qu'on leur a enlevé le cerveau ou même retranché la tête en totalité. Chez certains d'entre eux, les Tritons, par exemple, un membre que l'on a retranché repousse complétement. Ce que ces animaux ont de commun, c'est l'espèce d'horreur qu'ils inspirent, et qui dépend autant de leurs formes insolites et souvent bizarres, de leur genre de vie souterraine et solitaire, que des accidents trop souvent mortels qui suivent la morsure de quelques-uns d'entre eux. Cependant un très grand nombre d'espèces sont tout à fait inoffensives, et la chair de quelques-unes peut servir d'aliment à l'homme.

La classe des Reptiles se divise en quatre ordres bien distincts : les *Chéloniens*, les *Sauriens*, les *Ophidiens* et les *Batraciens*. — V. ces mots.

TABLEAU SYNOPTIQUE DES QUATRE ORDRES DE REPTILES.

PEAU ÉCAILLEUSE	2 ou 4 membres	Corps renfermé dans une carapace	CHÉLONIENS.
		Corps sans carapace	SAURIENS.
	Pas de membres		OPHIDIENS.
PEAU NUE			BATRACIENS

RÉPUBLICAIN. — V. *Tisserin*.

REQUIN (*Carcharias*). Genre de Poissons de l'ordre des Cartilagineux, famille des Sélaciens, tribu des *Squales*, caractérisé par : dents tranchantes, pointues et le plus habituellement dentelées sur leurs bords ; première dorsale située bien avant les ventrales, la deuxième à peu près vis-à-vis de l'anale ; museau déprimé, ayant les narines sous son milieu ; derniers trous des branchies s'étendant sous les pectorales.

Toutes les espèces de Requins sont de grande taille et de la plupart des mers. Ce sont les plus carnassiers des poissons, également redoutables pour l'homme et les animaux. Le mot *requin* est formé, selon Roquefort, par corruption du latin *requiem*, parce que lorsqu'on est attaqué par ce poisson il n'y a plus qu'à chanter un *requiem* pour l'âme de la victime.

REQUIN ORDINAIRE OU REQUIEM (*Squalus Carcharias*). Le docteur Salacroux décrit ainsi ce redoutable animal :

« Une taille de vingt-cinq pieds, une force prodigieuse, une audace effrayante, une voracité insatiable, des mâchoires énormes et pourvues de plusieurs rangées de dents aiguës et dentelées, une peau dure et capable de repousser les balles, tout concourt à faire du *Requin* le tyran des mers. Il réunit à lui seul la férocité du tigre et la force du cachalot. Répandu dans toutes les mers du monde, il est partout l'effroi des animaux qui s'y trouvent habituellement ou par hasard. Il les attaque tous, les plus forts comme les plus faibles, et en fait une épouvantable destruction. L'homme surtout paraît être la victime qu'il recherche de préférence. Il se met à la suite des vaisseaux pour dévorer les cadavres qu'on jette à l'eau, ou les matelots que des accidents forcent à se jeter à la mer. Il ne les quitte jamais, surtout au moment d'une tempête, dans l'espoir que le naufrage lui livrera le corps de quelque malheureux. Mais c'est principalement dans les ténèbres de la nuit qu'il inspire le plus de frayeur ; l'éclat phosphorique qu'il répand à la surface des flots, et les mouvements rapides qu'il y exécute, glacent d'effroi les plus intrépides spectateurs. Sa gueule est si vaste que jamais il ne mâche sa proie ; il l'avale toujours tout entière, quelque grande qu'elle soit. L'homme, le cheval et même le bœuf peuvent, dit-on, être engloutis dans ce gouffre animé.

« Heureusement ce poisson a un ennemi redoutable dans le *Mular*, espèce de cachalot qui lui fait une guerre à mort. L'homme le poursuit aussi pour avoir sa chair qui est agréable quand il est jeune, son foie, qui fournit de l'huile bonne pour l'éclairage, et sa peau qui, par sa dureté, sert à faire des souliers, des harnais et même de petites nacelles chez les Groënlandais. »

REQUIN FAUX OU RENARD (*Squalus vulpes*). Dents en triangle isocèle, pointu aux deux mâchoires ;

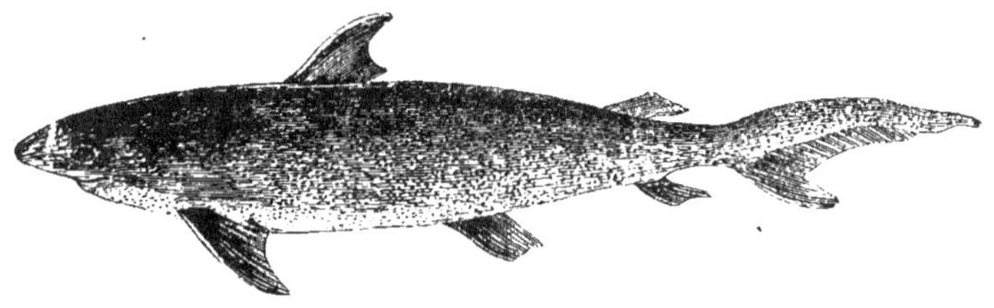

Fig. 1151. — Requin.

queue aussi longue que le corps ; seconde dorsale et anale extrêmement petites; longueur totale, 3 mètres. — Ce Squale se rencontre sur nos côtes océaniennes et méditerranéennes, quoique plus rarement que le précédent. — V. l'article *Squale*.

RÉSÉDA (*Reseda*). Genre type de la famille des Résédacées; plantes annuelles ou bisannuelles dont les caractères sont spécifiés à la famille.

Le RÉSÉDA ODORANT (*R. odorata*) est originaire de l'Égypte et de la Barbarie. Il est parfaitement connu de tout le monde, car on le cultive dans tous les jardins. Cette plante herbacée, qui n'a qu'une tige dont on retranche les fleurs blanchâtres de fort peu d'apparence et en épis, dès qu'elles sont passées, devient sous-ligneuse et forme un petit sous-arbrisseau dont le parfum s'exhale au loin.

Le RÉSÉDA DES TEINTURIERS (*R. luteola*), vulg. *Gaude*, a des tiges de 60-90 centim., dressées, raides, anguleuses, rameuses; des feuilles très entières, glabres; des fleurs d'un jaune verdâtre, en longues grappes effilées dressées : calice à 4 divisions très courtes appliquées sur les pétales. — Cette plante est bisannuelle ; elle fleurit en juin-août aux bords des chemins, dans les lieux arides, les décombres, etc.

Indigène à la France, la Gaude, dont la taille et l'aspect sont agréables, est cultivée pour l'usage de la teinture, usage qui remonte aux âges les plus reculés. Les Celtes et les Gaulois s'en servaient pour teindre en jaune leurs étoffes. Les teinturiers exigent que la racine accompagne la tige quoiqu'elle fournisse très peu de couleur. Les tiges gâtées ne sont point inutiles, elles peuvent servir à augmenter la masse des fumiers, ou bien, réduites en cendre, elles donnent de la potasse. La graine fournit une bonne huile à brûler.

Le RÉSÉDA JAUNE (*R. lutea*), qui croît partout, aux lieux secs, sur le revers des fossés, etc., est aussi employé pour teindre en jaune, mais cette couleur est inférieure à celle que l'on obtient de l'espèce précédente.

RÉSÉDACÉES. Voici les caractères de cette famille, dont le Réséda est le genre type : Fleurs hermaphrodites irrégulières : calice à 4-7 sépales inégaux, soudés inférieurement, persistants; corolle à 4-7 pétales très inégaux, les supérieurs palmatipartits, les latéraux bi-tripartits, les inférieurs très petits, entiers, caducs. Étamines 10-30, hypogynes, à filets libres arqués, s'insérant sur un disque charnu oblique presque unilatéral. Ovaire libre, à 3-5 carpelles soudés; stigmates 3-6, subsessiles. Fruit capsulaire.

Voici qui peut donner une idée plus claire de la forme de la fleur du Réséda odorant en particulier : Le calice présente de 4 à 6 sépales ; la corolle se compose d'un même nombre de pétales alternes avec les sépales. Ces pétales sont en général composés de deux parties : l'une inférieure, entière, l'autre supérieure, divisée en un nombre plus considérable de lanières ; les étamines sont généralement en nombre indéterminé (de 14 à 26); filaments libres et hypogynes, anthères à 2 loges, etc.

RESPIRATION. Fonction des corps organisés, au moyen de laquelle ils mettent l'air atmosphérique en contact avec le liquide chargé des principes nourriciers, afin d'imprimer à ce liquide des qualités nouvelles, propres à la réparation des tissus. — Cette définition s'applique : 1° à la *Respiration animale;* 2° à la *Respiration végétale.*

RESPIRATION DES ANIMAUX. Envisagé dans sa généralité, le phénomène de la Respiration consiste dans l'action de l'air exercée sur le sang ou sur le liquide qui en tient lieu : car dans les degrés inférieurs de l'échelle zoologique, le fluide nourricier diffère considérablement du sang des animaux supérieurs.

Nous étudierons la Respiration chez l'Homme ; puis, sous le sous-titre de *Respiration comparée,* nous l'examinerons très rapidement dans les autres classes d'animaux.

Donc, la Respiration est cette fonction de l'économie qui a pour but la transformation du sang veineux en sang artériel, au moyen de l'air introduit dans l'intérieur du poumon, où, rencontrant le sang veineux, il lui communique une partie de lui-même, lui enlève quelques principes et le rend apte à nourrir et à vivifier les organes. — Nous avons à considérer successivement dans cet article : 1° l'appareil respiratoire ; 2° l'air atmosphérique ; 3° le mécanisme de la fonction et les phénomènes chimiques et physiologiques auxquels elle donne lieu ; 4° la Respiration cutanée.

Appareil respiratoire. Cet appareil se compose des conduits de l'air (fosses nasales, larynx, trachée- artère, bronches) et des poumons ; plus, comme parties accessoires servant mécaniquement à la fonction, du diaphragme, des côtes et des muscles qui les font mouvoir.

Les *fosses nasales* et le *larynx* servent à des fonctions qui leur sont spéciales, comme l'olfaction et la phonation : nous renvoyons donc le lecteur à ces articles. — La *trachée-artère* est un tuyau cartilagineux en avant, membraneux en arrière, où il est en rapport avec l'œsophage, qui s'étend du larynx jusqu'au niveau de la 3° vertèbre dorsale ; — là il se bifurque pour former les *bronches*, qui descendent en formant un angle obtus, la bronche droite dans le poumon droit, la gauche dans le poumon de même nom, où elles se subdivisent à l'infini, de manière à envoyer un petit rameau à chaque vésicule pulmonaire. L'intérieur de la trachée-artère et des bronches est tapissé par une membrane muqueuse. — Les *poumons* sont deux masses molles, spongieuses, très compressibles et dilatables, qui remplissent, avec le cœur, la cavité pectorale. Ils se moulent sur les parois de la poitrine ; cependant le poumon droit n'est pas tout à fait semblable au gauche : il est plus court, plus large, et n'a que deux lobes au lieu de trois. L'état spongieux des poumons est dû à d'innombrables cellules qui criblent leur tissu, et qu'on nomme *vésicules pulmonaires ;* toutes communiquent les unes avec les autres et reçoivent les extrémités des ramifications bronchiques, d'une part, les extrémités de l'artère pulmonaire, d'autre part, ainsi que celles des veines pulmonaires, tous vaisseaux dont nous avons expliqué la disposition et les usages à l'article *Circulation.* — Les poumons sont enveloppés par les *plèvres*, membranes séreuses qui tapissent les parois de la poitrine et qui se réfléchissent sur le poumon, en formant une sorte de sac sans ouverture dont les parois internes sont en rapport avec elles-mêmes, lorsqu'elles ne sont pas écartées l'une de l'autre par un épanchement dans l'intérieur de leur cavité (cavité pleurale).

Si les poumons sont l'instrument spécial de l'acte respiratoire, les *côtes*, les *muscles intercostaux* et les *pectoraux*, les *muscles droits de l'abdomen*, le *diaphragme*, etc., jouent un rôle extrêmement important, puisqu'ils sont les agents de la dilatation et du rétrécissement de la cavité pectorale, c'est-à-dire les forces qui font exécuter à la poitrine un jeu de soufflet pour attirer et chasser l'air alternativement.

Air atmosphérique. Ce n'est pas ici le lieu de faire l'histoire de ce fluide. Une seule chose nous intéresse pour le moment, c'est sa composition. Or l'air est composé, sur 100 parties, de 79 d'azote et de 21 d'oxygène ; il contient en outre une très faible proportion de gaz acide carbonique et une quantité variable de vapeur d'eau. Il est pesant, et la pression qu'il exerce sur nous, et qu'on évalue à 16,000 kilogr. environ, nous tuerait bientôt si ce même fluide n'existait en nous et ne contrebalançait cette pression. Composé d'azote seulement, l'air atmosphérique serait impropre à l'Hématose ; s'il ne contenait que de l'oxygène, ce serait la même chose, quoique dans un sens diamétralement opposé ; mais la combinaison des deux gaz dans les proportions susénoncées constitue le fluide le plus propre à la Respiration.

Mécanisme de la Respiration. Ce mécanisme se renferme dans deux actes principaux, l'inspiration et l'expiration. — L'*inspiration* a pour but l'introduction de l'air dans le poumon. Elle s'opère : 1° par la *dilatation de la poitrine*, qui se fait, d'une part, par l'élévation des côtes au moyen de l'action combinée des muscles scalènes, sous-claviers, pectoraux ; d'autre part, par l'abaissement de la voûte du diaphragme, qui permet à la base de la poitrine de s'écarter davantage du centre de sa cavité ; 2° par l'*expansion des poumons*, expansion nécessitée par la dilatation pectorale et favorisée par la pénétration de l'air dans leur cavité. — L'*expiration* est le phénomène contraire de l'inspiration, puisqu'elle a pour but de chasser de la poitrine l'air qui vient d'y être introduit. Elle se fait presque sans effort, car elle résulte tout simplement et du relâchement des muscles inspirateurs, et de la voussure du diaphragme, favorisée par la pression des muscles abdominaux sur la masse intestinale, voussure qui, rapprochant les parois de la poitrine du centre de cette cavité, la rétrécit nécessairement et force le poumon à revenir sur lui même.

Phénomènes chimiques de la Respiration. L'air expiré n'est pas identique avec l'air inspiré : il a subi des modifications qu'il faut examiner ; d'un autre côté, la constitution du sang éprouve des changements non moins considérables qu'il importe encore plus de connaître. — L'air que nous expirons est moins riche en oxygène que l'air que nous avons inspiré ; d'un autre côté, il offre une quantité d'acide carbonique beaucoup plus considérable ; quant à l'azote, il varie peu. En moyenne, l'air expiré contient 4,87 d'oxygène en moins que l'air inspiré, et il contient 4,26 en plus d'acide carbonique. Ces quantités sont susceptibles de varier suivant une foule de circonstances qu'il serait trop long de passer en revue. L'air qui entre dans les poumons en sort avec une température supérieure à celle qu'il avait à son entrée, température qui ne s'éloigne guère en général de celle propre à l'individu. L'air expiré contient plus de vapeur d'eau que l'air inspiré; cette vapeur aqueuse enlève au corps, en moyenne, environ 1/2 kil. d'eau par 24 heures. Elle provient de la combustion de l'hydrogène des éléments combustibles par l'oxygène de l'air, mais surtout d'une simple vaporisation de l'eau qui entre dans l'économie sous forme de boisson, etc.

Examiné dans l'artère pulmonaire, c'est-à-dire avant d'être soumis à l'hématose, le sang est d'une couleur foncée, noir, contenant de l'hydrogène et du carbone en excès; considéré dans les veines pulmonaires, c'est-à-dire après l'héma-tose (V. *Circulation*), il est fibrineux, rouge vermeil, très coagulable et d'une température plus élevée. L'idée d'une combustion *locale* a été long-temps partagée par les physiologistes. Mais les faits ont démontré que la combustion des substances carbonées et hydrogénées de nos tissus et de nos humeurs a lieu dans toute l'étendue du cercle circulatoire. Le rôle spécial du poumon dans la Respiration se borne à des échanges gazeux au travers des fines parois des innombrables ramifications des bronches; l'oxygène de l'air atmosphérique entre dans le sang, tandis que l'acide carbonique en dissolution dans le sang sort de ce liquide au travers des membranes.

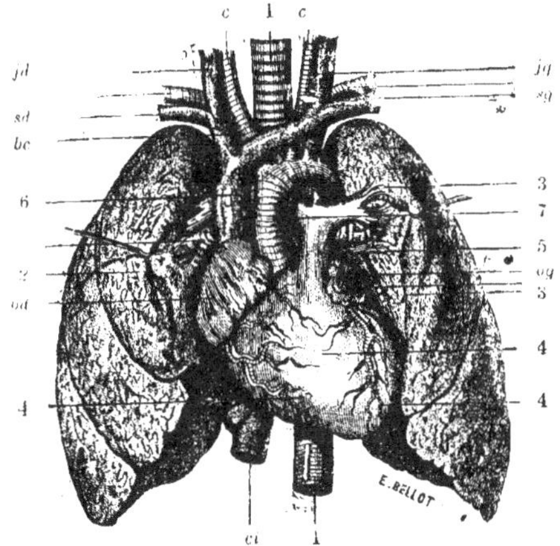

Fig. 1152. — Organes de la Respiration. (Poumons, Cœur et gros vaisseaux.)

Chaque poumon est relevé au moyen d'une érigne pour découvrir le cœur.

(1. Trachée-artère; — 2. Poumon droit; — 3. Poumon gauche; — 4. Cœur; — 5. Artère pulmonaire, envoyant aux poumons le sang veineux versé dans le ventricule droit par — 6. la Veine cave supérieure; — 7. Aorte, formant la crosse, passant derrière le cœur et reparaissant au-dessous, 8; — *cc*, Artères carotides, *id* et *jg*, Veines jugulaires droite et gauche, — *sd* et *sg*, Veines sous-clavières droite et gauche; — *od* et *og*, Oreillettes droite et gauche; — *ci*, Veine cave inférieure.)

L'acide carbonique qui circule avec le sang, ainsi que l'azote, sont les résultats gazeux de l'action définitive des métamorphoses successives de la nutrition. Le sang s'en débarrasse au contact de l'air atmosphérique, qui lui cède son oxygène; et l'oxygène est porté par le sang dans le système capillaire, où il exerce sur les principes avec lesquels il se trouve en présence des actions chimiques d'où résultent des produits variés, qui sont expulsés par les voies de sécrétion ou d'exhalation.

Phénomènes physiologiques de la Respiration. Ce chapitre comprend le bâillement, le soupir, le hoquet, l'essoufflement, l'éternuement, la toux, etc., etc., dont il nous est impossible de décrire le mécanisme sans sortir des limites que nous nous sommes tracées. Ce sont des modifications dans la durée de l'inspiration ou de l'expiration, dans leur mode d'action ou dans le jeu du diaphragme surtout. — Une bonne inspiration facilite la circulation en agrandissant la cavité pectorale et déterminant le dégorgement du cœur droit par un afflux de sang veineux plus facile au poumon, ce qui de proche en proche désemplit toutes les veines, celles de la tête, de la poitrine particulièrement. La suspension de la respiration produit un effet contraire, et même entraine promptement la mort.

Respiration cutanée. « La peau de l'homme, et celle des animaux qui ont, comme lui, la peau nue, offre certaines analogies avec le poumon. Comme dans le poumon, en effet, le sang circule dans un réseau vasculaire très riche, et ce sang, qui contient des gaz, se trouve en contact médiat avec l'atmosphère, au travers de la peau. La sortie de l'acide carbonique et celle de la vapeur d'eau, et d'autre part, l'entrée de l'oxygène, doivent se produire et se produisent en effet sur toutes les surfaces molles en contact avec l'atmosphère. Aussi y a-t-il chez l'homme, comme chez beaucoup d'animaux, une sorte de respiration supplémentaire très faible par la peau. La quantité d'acide carbonique exhalée par la peau est peu considérable chez l'homme ; la vapeur d'eau est au contraire très abondante et dépasse de beaucoup la quantité exhalée par le poumon. »

RESPIRATION COMPARÉE. « L'échange des gaz, qui constitue l'essence de la Respiration, s'opère dans toute la série animale. Dans tous les points où le fluide nutritif ne se trouve séparé de l'air atmosphérique que par des membranes ou des tissus peu épais, cet échange a lieu. Il consiste toujours essentiellement dans une exhalation d'acide carbonique et dans une absorption d'oxygène. Tantôt, comme chez les animaux supérieurs, l'échange des gaz est localisé dans des organes spéciaux traversés par la masse du sang, et entretenus dans un état d'humidité permanente (poumons, branchies); tantôt, comme aux degrés inférieurs de l'échelle animale, la respiration s'opère, à l'extérieur ou à l'intérieur de l'animal, sur les surfaces tégumentaires humides. »

Respiration des Mammifères. Leur poumon offre dans sa structure une très grande ressemblance avec celui de l'homme, et les phénomènes respiratoires ont chez eux une similitude à peu près parfaite avec ceux que nous offrons. Le mode d'agrandissement de la cage thoracique diffère seulement en raison des formes particulières des animaux. Un fait digne de remarque, c'est qu'il résulte des expériences de MM. Regnault et Reiset, que les animaux plus petits que l'Homme, tels que le Chien, le Lapin, les Oiseaux, consomment par la respiration, dans un temps donné, eu égard à leur poids, une quantité d'oxygène plus considérable que l'Homme. Ceci dépend de plusieurs causes ; mais ce qui est certain, c'est que la capacité du poumon est proportionnellement moindre chez l'Homme que chez la plupart des Quadrupèdes de petite taille. Mais la Respiration cutanée des Mammifères est plus faible que chez l'Homme, à cause de la fourrure qui couvre leur corps.

Respiration des Oiseaux. Le poumon des Oiseaux diffère de celui des Mammifères par son petit volume, qui n'occupe guère que la 7e ou 8e partie de la cavité pectorale, et par sa structure; les bronches communiquent non-seulement entre elles pour former le réseau de canaux parcourus par l'air, mais encore avec les sacs aériens, dont il a été parlé page 58. Les mouvements de l'inspiration s'opèrent chez les Oiseaux par l'élévation des côtes et du sternum, et par la contraction du diaphragme. La partie la plus vasculaire de l'appareil respiratoire de l'Oiseau est le poumon, et c'est là surtout que s'opèrent les échanges gazeux de la Respiration. Les sacs aériens et les canaux des os, beaucoup moins vasculaires que le poumon, sont surtout en rapport avec le mode de locomotion de l'Oiseau, et destinés principalement à diminuer sa pesanteur spécifique ; mais il s'opère aussi, dans leur intérieur, une respiration supplémentaire.

Respiration des Reptiles. Parmi les Reptiles, les uns respirent par des poumons, d'autres par des branchies. Parmi les premiers, il y en a qui ont des branchies dans les premiers temps de leur vie, comme les Têtards de grenouilles par exemple; il en est d'autres qui sont réellement amphibies, c'est-à-dire qui conservent toute leur vie des branchies et des poumons, comme les Protées, les Axolots, les Sirènes. — V. *Reptiles, Circulation.*

Chez les Reptiles à poumons dont la peau est nue (les Grenouilles, par exemple), la peau est aussi un organe important de respiration. La peau, envisagée comme organe de respiration, tient à la fois des poumons et des branchies; les échanges gazeux de la Respiration cutanée peuvent s'opérer, non-seulement aux dépens de l'air atmosphérique, mais encore aux dépens de l'air contenu dans l'eau, ainsi que les expériences l'ont depuis longtemps prouvé. Il est probable que chez les Reptiles, la respiration cutanée est, dans l'air, aussi active que la respiration pulmonaire. Les Batraciens inspirent l'air par une sorte de déglutition ; certains muscles dilatent activement la gorge ; l'air entre par les narines, remplit la dilatation de la gorge; puis les narines se ferment, la gorge se contracte en vertu de ses muscles propres, et chasse l'air, par refoulement, du côté des poumons. Le retrait élastique du poumon et la contraction des muscles de l'abdomen président à l'expiration.

Respiration des Poissons. Nous devons autant que possible éviter les répétitions ; c'est pourquoi nous renvoyons le lecteur au paragraphe de l'article *Poissons* qui a trait à la Respiration de ces animaux, où des détails suffisants sont donnés sur cette fonction. Un mot seulement. Les Poissons respirent, à l'aide de leurs branchies, l'air contenu dans l'eau; ils respirent encore pour la plupart l'air atmosphérique qu'ils viennent avaler à la surface du liquide. Ils empruntent à l'air dissous dans l'eau ou à l'air libre son oxygène, et ils expirent de l'acide carbonique. Lorsque les Poissons sont tirés hors de l'eau, ils périssent assez rapidement par asphyxie, par la raison que les lamelles branchiales n'étant plus soutenues par l'eau, s'affaissent promptement, se laissent difficilement traverser par le sang, se dessèchent peu à peu au contact de l'air, et rendent l'endosmose gazeuse de plus en plus imparfaite. On peut prolonger leur vie en leur humectant sans cesse les branchies avec de l'eau, ou en les plaçant dans un milieu saturé d'humidité.

Respiration des Mollusques. Elle est pulmonaire ou branchiale. Chez les *Céphalopodes*, qui sont aquatiques, les branchies sont constituées par des lamelles subdivisées sous forme arborescente et cachées par le manteau dans une cavité spéciale, à parois contractiles pour l'entrée et la sortie de l'eau. — Les *Gastéropodes* respirent dans l'air ou dans l'eau. Dans le premier cas, le poumon est constitué par une cavité, sur les parois de laquelle vient se ramifier l'artère pulmonaire : l'air y est amené par un pertuis percé dans la coquille ou par un canal placé entre le corps et la coquille ; dans le second cas, il y a des branchies, et tantôt l'animal est obligé de sortir son corps au dehors pour mettre l'organe branchial en contact avec l'eau (Toupies , Sabots), tantôt l'organe respiratoire est pourvu d'une sorte de canal ou siphon, et il peut respirer sans sortir de sa coquille (Nérites , Volutes, Buccins, etc.). — V. *Gastéropodes.*

Respiration des Insectes. L'organe respiratoire des Insectes est constitué par une multitude de canaux ou *trachées* qui s'ouvrent à l'extérieur, sur les côtés de l'animal, et se ramifient dans son intérieur. L'air se renouvelle dans les trachées par les contractions alternatives de l'abdomen. La Respiration des Insectes est assez active, et leur température s'élève quelquefois d'une manière remarquable.

Nous renvoyons aux articles *Arachnides, Annélides, Crustacés, Zoophytes*, pour la Respiration de ces animaux.

RESPIRATION VÉGÉTALE. La Respiration a pour but, chez les Animaux , de convertir le sang noir en sang rouge, par l'action de l'air sur ce liquide dans les poumons; dans les Plantes elle consiste dans la transformation de la sève ascendante , aqueuse, en sève plus riche de matériaux nutritifs. Les feuilles sont les organes spécialement chargés d'effectuer cette fonction , quoique les jeunes rameaux et toutes les parties vertes, herbacées, concourent à sa perfection.

La Respiration végétale a pour résultat complexe : 1° l'absorption de l'acide carbonique de l'air ; 2° l'absorption de l'oxygène de l'air par toutes les parties de la plante, et la combinaison de cet oxygène avec le carbone qu'elle lui fournit pour former de l'acide carbonique ; 3° la décomposition, par la lumière solaire , de cet acide carbonique ainsi formé, et de celui que le végétal a absorbé dans l'atmosphère et le sol ; 4° enfin la fixation du carbone et l'expiration de l'oxygène.

Quand la plante est dans l'obscurité, elle exhale de l'acide carbonique , gaz puisé dans le sol par les racines , et qui traverse le végétal comme à travers un crible sans être décomposé; mais aussitôt qu'un rayon de soleil se montre, les feuilles le décomposent pour retenir le carbone et exhaler l'oxygène.

Les cellules aériennes des feuilles sont encore le siége de phénomènes respiratoires, quand, après l'entier épanouissement de ces organes ,

les vaisseaux spiraux, ne contenant plus de sève, se remplissent d'air , lequel , pénétrant par les stomates et se répandant partout, devient le principe des composés qui se forment ou se modifient dans les diverses parties du végétal , en se dépouillant de son oxygène à mesure qu'il descend dans les cellules et s'éloigne des extrémités des rameaux.

C'est à la suite de ces réactions diverses que la sève se modifie dans les feuilles et qu'elle y acquiert les propriétés et la composition qui vont la rendre capable de fournir à la plante tous les éléments de sa nutrition. Elle devient alors véritablement le fluide nutritif , car la transpiration lui a enlevé l'excès d'eau qu'elle contenait, alors qu'elle s'élevait des racines vers les feuilles.

RÉTÉPORE (de *rete*, filet; *porus*, pore). Genre de Polypiers pierreux, établi par Lamarck aux dépens des Millépores : cellules disposées d'un seul côté, à la surface supérieure ou interne du polypier , dont les expansions aplaties se composent de rameaux quelquefois libres , le plus souvent anastomosés en réseau ou en filet. — L'espèce type est le R. DENTELLE DE MER (*Retepora cellulosa*), vulgairement *Manchette de Neptune* , qui se trouve dans la Méditerranée et dans l'océan Indien.

RHAMNACÉES. Famille de Plantes dicotylédones, composée d'arbres ou d'arbustes à feuilles alternes, stipulées, et dont les fleurs sont petites, diversement disposées : calice monosépale, tubuleux en bas , 4 ou 5-lobé ; corolle de 4-5 pétales très petits , onguiculés : étamines en même nombre que les pétales, qui souvent les embrassent dans leur concavité. Ovaire libre , ou adhérent, à 2-3 loges ; autant de styles que de loges, complétement soudés. Fruit charnu et indéhiscent à **3** nucules. — Le genre type de cette famille est le *Nerprun*. Les autres genres ne sont pas indigènes

RHAPONTIC. Espèce du genre *Rhubarbe.* — V. ce mot.

RHINANTHE (*Rhinanthus*). Genre de la famille des Scrophulariées; plantes annuelles, à feuilles opposées, dentées; à fleurs jaunes, subsessiles, opposées, en grappes terminales feuillées : calice renflé, ventru, à 4 dents par l'absence de la dent supérieure; corolle bilabiée, à lèvre supérieure en casque, l'inférieure plane 3-lobée; étamines 4, cachées sous le casque, à anthères velues ; capsule polysperme suborbiculaire, à 2 valves, etc.

Le R. VELU (*R. hirsuta*), vulg. *Crête-de-Coq*, atteint 120 centim.; sa tige est dressée, pubescente; feuilles sessiles lancéolées, très dentées, à bords un peu roulés en dessous; les florales sont très pubescentes, décolorées; calice velu : corolle jaune, etc. — Cette plante est annuelle, fleurit en mai-juin, et se montre communément dans les prés humides et les moissons. — Il y a une espèce glabre (*R. glabra*).

RHINOCÉROS (*Rhinoceros*). Genre de Mammifères de la tribu des Pachydermes sans trompe, comprenant des animaux à forme lourde et massive, qui ont la tête très forte, les yeux petits, les oreilles allongées, étroites, en cornet, la peau excessivement épaisse, sèche, rugueuse, à peu près nue, formant dans quelques espèces de gros replis persistants sur le cou, sur les épaules, sur la croupe et sur le haut des jambes ; ils ont 3 doigts en avant, plus rarement 4, et 3 en arrière ; leur région fronto-nasale est surmontée habituellement d'une ou deux cornes dans l'âge adulte ; ils ont sept paires de molaires supérieures et sept inférieures ; ces dents n'ont pas la

Fig. 1153-1154. — Rhinocéros (Adulte et Jeune).

même forme aux deux mâchoires, et elles présentent dans la série des espèces quelques différences caractéristiques.

Les Rhinocéros sont, après les Éléphants, les plus gros mammifères terrestres connus. Leur nom vient de deux mots grecs qu'on peut traduire par *corne sur le nez*. Quoiqu'on ait vu autrefois de ces animaux à Rome, du temps de Pompée et d'Auguste, ce n'est que depuis la fin du dernier siècle qu'on a commencé à bien distinguer les espèces les unes des autres. Des récits fabuleux ont souvent été attachés à leur histoire.

Les Rhinocéros habitent l'Afrique et l'Asie. Ils vivent de végétaux, et leur système dentaire est parfaitement assorti à ce genre de nourriture. Ils ont le cou si court et si peu flexible, qu'ils s'attachent beaucoup moins aux herbes qu'aux feuilles des rameaux qui sont à leur portée, et que leur lèvre supérieure, très mobile et terminée en pointe triangulaire, saisit très bien. Ce sont des animaux farouches, de mœurs peu intelligentes, et que leur brutalité peut rendre très dangereux. Cependant, suivant Chardin, les Abyssins sauraient dompter les Rhinocéros et les faire travailler comme des bœufs; mais cette assertion ne paraît pas très fondée. On tient en cage ceux des ménageries ambulantes, et dans les ménageries publiques, on donne à ces animaux un enclos pour se promener, sous la surveillance d'un homme spécial qui peut s'en faire obéir et reconnaître.

En Afrique comme dans l'Inde, on se livre avec ardeur à la chasse des Rhinocéros, chasse qui n'est pas sans danger. La plupart des chasseurs cherchent à les surprendre lorsqu'ils sont endormis; mais ils ne les poursuivent plus qu'en faisant usage des armes à feu. On tire parti de leur corne, de leur cuir, de leur chair et même de leur squelette, qui a encore une assez grande valeur pour les marchands naturalistes.

« Les Rhinocéros paraissent avoir été beaucoup

Fig. 1155. — Rhinocéros unicorne.

plus communs dans l'ancien monde qu'ils ne le sont aujourd'hui, car on en trouve de nombreux débris dans les alluvions les plus superficielles et même parmi les glaçons antiques de la Sibérie, où ils sont rassemblés pêle-mêle avec des Éléphants qui ont vécu jadis avec eux, et qui sont encore si bien conservés, que l'ivoire de leurs défenses peut se travailler, que l'on a pu juger de la couleur et de la consistance de la toison épaisse dont ces Éléphants du Nord étaient couverts, et que l'on a été forcé de dessécher au four la tête d'un de ces Rhinocéros pour s'opposer à la putréfaction des chairs et des téguments dont elle était encore couverte.

« Le genre Rhinocéros se compose aujourd'hui de quatre espèces vivantes et de quatre espèces fossiles, parmi lesquelles on en a découvert une qui ne devait pas être plus grosse que notre cochon domestique. Nous ne citerons que les Rhinocéros vivants, qui sont les uns à une corne, les autres à deux.

« Rhinocéros des Indes. C'est le plus grand de tous ; il n'a qu'*une corne* sur le nez ; sa peau, très épaisse et très ample, fait de grands plis sur ses épaules, derrière sa tête et sous son cou. Celui qui vécut à Versailles, et dont on voit la dépouille montée dans l'une des galeries du Muséum d'histoire naturelle de Paris, a cinq pieds de hauteur au garrot, environ neuf pieds du bout du museau à l'origine de la queue, enfin le dessous de son ventre n'est qu'à un pied deux pouces de terre, ce qui fait voir combien cet animal a les jambes courtes.

« Il paraît que ce Rhinocéros n'a pas été connu des auteurs de la haute antiquité ; Cuvier pensait que le premier qui ait paru en Europe fut celui qui figura aux jeux de Pompée ; plusieurs autres combattirent dans les cirques sous divers empereurs ; enfin, tout compte fait, on ne peut constater la présence que de six Rhinocéros qui aient vécu en Europe dans les temps modernes. Cette espèce se trouve dans l'Inde, au-delà du Gange, où elle est rare, attendu que la femelle porte neuf mois et ne fait qu'un petit à la fois.

« Rhinocéros d'Afrique. Il est à peu près de la même taille que celui des Indes ; mais il s'en distingue en ce qu'il a *deux cornes*, dont une, très petite, se trouve derrière la grande, et en ce que sa peau, beaucoup moins épaisse, ne présente aucun de ces plis profonds qui drapent si lourdement les Rhinocéros des bords du Gange. — Il habite les forêts et le bord des rivières des environs du cap de Bonne-Espérance, où il mange les branches de quelques arbustes qui ressemblent, dit-on, à notre genévrier d'Europe.

« Rhinocéros de Sumatra. Il est de la grosseur d'un petit bœuf ; porte *deux cornes* et a un très gros pli de la peau derrière les épaules.

Rhinocéros des iles de la Sonde. « Il n'a qu'*une corne*, et sa peau semble composée de pièces détachées analogues à la mosaïque. »

RHINOLOPHE (*Rhinolophus*). Genre de Chéiroptères dont les espèces ont reçu le nom vulgaire de *Fer à cheval*. Ils se distinguent à leur feuille nasale plus ou moins compliquée, composée de 2 parties, l'une basilaire en forme de fer à cheval, l'autre montante en lamelle découpée comme gau-

frée, feuille qui varie d'ailleurs suivant les espèces ; oreilles en cornet évasé, plissées, sans oreillon intérieur ; queue grande, comprise dans la membrane jusqu'à sa pointe. — Ces Chéiroptères

Fig. 1156. — Rhinolophe.

appartiennent à l'ancien continent ; ils vivent à la manière des Vespertilions. Les principales espèces sont de Java, de Sumatra et d'Amboine.

RHIPIPTÈRES (du gr. *rhipis*, éventail ; *pteron*, aile). Ordre de Diptères ; Insectes parasites à deux ailes grandes et membraneuses, offrant des nervures longitudinales et pliées, suivant leur longueur, à la manière d'un éventail. Leur bouche se compose de 4 pièces : deux plus courtes, formées chacune de deux articles ; deux plus longues, sous la forme de lames linéaires et pointues, se croisant à leur extrémité libre, sont analogues aux mandibules ; les antennes sont courtes, filiformes, et composées de 3 articles seulement.

Deux genres, les *Xénos* et les *Stylops*, composent cet ordre. Ils vivent à l'état de larves entre les écailles de l'abdomen de quelques espèces de guêpes et d'autres hyménoptères.

RHIZOME (du gr. *rhiza*, racine). En Botanique : 1° pivot d'une racine ; 2° tiges souterraines des Fougères, des Iridacées, etc., qui ont l'apparence des racines et qu'on appelle aussi *souches*; 3° radicules de la graine. — V. *Souche*.

RHODIUM. Corps simple métallique qui, pur, a la couleur de l'argent, et que Wollaston a découvert en 1803. Il est dur, cassant, d'une densité de 10,6. On le rencontre dans certains minerais de platine ; ses combinaisons offrent pour la plupart une couleur rose (*rhodon*, rose, d'où Rhodium).

RHODODENDRON (du gr. *rhodon*, rose ; *dendron*, arbre), vulg. *Rosage*. Genre de la famille des Éricacées ; arbres et arbrisseaux élégants, assez semblables aux Azalées ; ils ont les rameaux droits et cassants, à écorce jaunâtre ; les feuilles persistantes, alternes, entières, éparses, d'un vert foncé et luisant. Fleurs en corymbes, souvent très grandes, d'un aspect agréable, variant du blanc rose au rouge le plus vif. — Ces végétaux font l'ornement des jardins, car ils se cultivent en plein air, dans la terre de bruyère.

Les principales espèces de ce genre sont : le

Rh. ferrugineux (*Rh. ferrugineum*), vulgairement *Rose des Alpes*, arbrisseau à rameaux tortueux et diffus; à feuilles ovales, oblongues, persistantes, vertes en dessus, ponctuées, rousses ou ferrugineuses en dessous; à fleurs nombreuses, d'un très beau rouge, réunies en bouquets à l'extrémité des rameaux. Il croît naturellement dans toute la chaîne des Pyrénées et des Alpes; il fleurit à la fin du printemps; son écorce et ses feuilles passent pour astringentes; — le Rh. hérissé (*Rh. hirsutum*), plus petit que le précédent: ses feuilles sont hérissées sur les bords de longs cils épars; ses fleurs sont plus petites et d'un rouge plus pâle; il croît aux mêmes lieux, mais il est plus rare; — le Rh. du Pont (*Rh. ponticum*), très abondant le long des ruisseaux, sur les côtes de la mer Noire et aux environs de Trébizonde : cet arbrisseau a le port d'un Laurier-rose, mais il est bien moins élevé; il a des fleurs analogues; les feuilles sont fermes, oblongues, lancéolées, glabres, presque luisantes; le limbe de la corolle est partagé en 5 découpures profondes : c'est l'es-

Fig. 1157. — Rhododendron.

pèce la plus brillante de toutes celles qu'on cultive dans les jardins.— Presque toutes les variétés du commerce horticole sont obtenues par greffe sur le *Rh. ponticum* ou par des fécondations croisées avec le *Rh. canadiense* et le *Rh. maximum*, de l'Amérique septentrionale.

RHODORACÉES. Ce mot désignait une famille de Plantes qui, maintenant, fait partie, comme tribu, de la famille des Ericacées. — L'Arbousier en fait partie, et nous en donnons ici la figure, qui représente un rameau fructifère. — V. *Arbousier.*

Fig. 1158. — Rhodoracées (Arbousier).

RHUBARBE (*Rheum*). Genre de la famille des Polygonacées; grandes plantes herbacées, vivaces, dont les racines sont tubéreuses, les feuilles très grandes, et les fleurs groupées en panicules rameuses : calice à 5 ou 6 divisions profondes, donnant attache à 9 étamines; ovaire à 3 stigmates épais, peltés, simples; akène à 3 angles très saillants et membraneux, accompagné à sa base par le calice peu développé. Ce genre se distingue des *Rumex* par ses stigmates et son calice qui ne prend aucun accroissement. — Les espèces sont exotiques et indigènes; nous ne parlerons que de deux ou trois, en commençant par la Rhubarbe vraie.

Rhubarbe palmée (*R. palmatum*). Racine épaisse, perpendiculaire, rameuse, d'un jaune plus ou moins foncé, de la grosseur du bras; tige simple, dressée, cylindrique, haute de un mètre environ, paniculée et rameuse au sommet; feuilles pétiolées, engaînantes à leur base, à pétiole rougeâtre, à limbe très grand, 7-lobé, etc.; fleurs petites, jaunâtres, extrêmement nombreuses, pédicellées, etc.; ovaire supère, libre, à 3 stigmates glanduleux arrondis. — La Rhubarbe est une plante bisannuelle originaire de la Chine et de la Tartarie. La véritable Rhubarbe, dite de la Chine ou de Moscovie, est probablement la racine de cette espèce ; mais on n'a rien de sûr à cet égard, car les Chinois qui fournissent ce précieux médicament, dont ils font un grand commerce avec la Russie, en cachent avec soin l'origine. Quoi qu'il en soit, on trouve dans le commerce trois sortes de Rhubarbes, la *R. de Chine*, la *R. de Moscovie* et la *R. de Perse*. La plus estimée est celle de Moscovie. C'est un médicament purgatif et tonique, plus particulièrement l'un que l'autre, selon la dose plus ou moins forte. On l'administre sous plusieurs formes : en poudre, en infusion ou macération, en teinture, en sirop, etc.

Rhubarbe Rhapontic (*R. rhaponticum*), vulg. *Rhubarbe des pauvres*, *R. des moines*. Cette espèce est placée par certains botanistes dans le genre Oseille (*Rumex*). Racines grosses, épaisses, divisées en plusieurs portions, jaunes en dedans, rougeâtres en dehors ; tiges grosses, charnues, glabres, épaisses ; feuilles inférieures très amples, alternes, ovales en cœur ; les caulinaires plus petites et distantes ; fleurs petites, d'un blanc jaunâtre, en grappes nombreuses.

Cette plante, originaire d'Asie, a été souvent confondue avec la Rhubarbe. Elle croît sur les

Fig. 1159. — Rhubarbe.

bords du Volga, le long du Bosphore ; on prétend l'avoir trouvée, en France, dans les montagnes d'Auvergne, au Mont-Dore. Sa racine présente à peu près la même composition chimique que celle de la Rhubarbe palmée, et les mêmes propriétés. A petite dose, elle est tonique, stomachique ; à plus haute dose, purgative, tout en produisant une

action tonique consécutive. Elle peut être employée aussi comme astringente.

On vend souvent, dans les boutiques d'herboristerie et dans les officines de pharmaciens la racine de Rhapontic pour celle de la Rhubarbe

Fig. 1160. — Rhubarbe Rhapontic.

vraie, et plus fréquemment encore on substitue au Rhapontic diverses racines recueillies sur les Alpes, les Pyrénées, au Mont-Dore, dont la plupart appartiennent aux *Rumex*.

RHYNCHITE. Nom par lequel on a désigné un genre de Coléoptères formé aux dépens du genre Attelabe. Ce sont des insectes qui, dans l'état de larve, rongent l'intérieur des végétaux, des fruits ou des fleurs. Les Rhynchites roulent les feuilles et en rongent le parenchyme. Leur multiplication est souvent très grande.

Le R. Bacchus, qui est nommé dans quelques cantons de la France *Bêche* ou *Lisette*, n'est que trop connu des vignerons, car il attaque la vigne. — V. la fig. 1161.

RHYNCHOPHORES. Famille de Coléoptères tétramères, ayant pour caractères d'avoir la tête plus ou moins prolongée antérieurement en forme de museau avancé ; les antennes sont le plus souvent en massue, tantôt droites, tantôt coudées et insérées sur cette trompe ; corps plus étroit en avant, avec l'abdomen grand et recouvert par des élytres très durs. — Tous ces insectes se nourrissent de végétaux, et plusieurs sont très nuisibles, du moins dans leur premier état, celui de larve. Ces larves ressemblent à des vers blanchâtres, amincis vers les deux bouts, sans pattes, ou munis seulement en dessous d'un certain nombre de mamelons. Elles sont toujours cachées, les unes vivant dans l'intérieur des graines ou des

Fig. 1161. — Rhynchite Bacchus.

fruits, les autres rongeant le parenchyme des feuilles ; d'autres habitent les galles qu'elles ont produites, etc.

Les genres de cette famille sont très nombreux :

Fig. 1162. — Rhynchophore (Charançon).

les *Charançons*, les *Calandres*, les *Bruches*, les *Attelabes*, etc., en font partie.

RIBESIACÉES. Famille d'Arbrisseaux buis son neux, quelquefois épineux, dont le Groseillier (*Ribes*) forme le genre unique.

RICIN (*Ricinus*). Genre de la famille des Euphorbiacées : fleurs monoïques ; calice à 4-5 sépales soudés à la base ; étamines très nombreuses, à filets soudés en fascicules très rameux; anthères très petites ; stigmates 3, bipartits, velu-plumeux ; capsule subglobuleuse, hérissée d'épines, à 3 coques monospermes.

Ricin commun (*R. vulgaris*), vulg. *Ricin, Palme de Christ*. Tige robuste, glauque, un peu purpurine ; feuilles très amples, peltées, palmées, à lobes lancéolés dentés ; fleurs monoïques, sans corolle, disposées en une panicule terminale ; stigmate d'un beau rouge ; capsule et graines assez grosses.

Le Ricin, dans l'Orient et sur les côtes de Barbarie, est un arbre d'une grosseur médiocre ; cultivé dans les jardins de l'Europe, ce n'est plus qu'une très belle plante annuelle recherchée pour l'élégance de son port, la forme et la grandeur de ses feuilles. Cette plante ne paraît guère que dans le mois de juin, où elle pousse avec une telle rapidité, qu'on la voit, vers la fin de juillet, haute de 1 mètre 50 cent., et couverte de fleurs auxquelles succèdent peu à peu des fruits qui ont quelque ressemblance avec la Tique des chiens de chasse.

Les semences du Ricin sont de la grosseur d'un haricot, un peu aplaties d'un côté, convexes de l'autre. Leur odeur est nulle, mais leur saveur est

oléagineuse, douceâtre, nauséeuse, âcre et brûlante. Leurs qualités émulsives, huileuses et adoucissantes appartiennent au périsperme, tandis que
leur âcreté paraît résider uniquement dans l'embryon: aussi l'huile grasse qu'on en retire parti-

Fig. 1163. — Ricin (Plante).

cipe-t-elle de ces qualités, suivant qu'elle a été
fournie par le périsperme seul et séparé de son
embryon, ou bien par l'amande entière. Dans le
premier cas, elle est douce, émolliente, laxative,
et elle constitue un purgatif très fréquemment employé toutes les fois qu'il s'agit de déterminer des
garde-robe sans irriter les intestins.

L'*huile de ricin*, lorsqu'elle est exempte d'â-
creté, est donc employée dans un grand nombre
de cas, surtout quand on veut purger sans augmenter la phlegmasie du canal digestif; c'est aussi

Fig. 1164. — Ricin (Insecte).

un bon vermifuge. Les adultes en prennent de 20
à 50 grammes et plus, les enfants, de 8 à 12 ou 15
grammes.

RICIN (*Ricinus*). Genre de Parasites, très voisin des Poux; ils ont la bouche inférieure et composée, à l'extérieur, de deux lèvres et de deux
crochets. Il est une espèce qui vit sur le chien;
les autres se trouvent exclusivement sur les oiseaux et sont très nombreuses.

RIZ (*Oryza*). Genre de la famille des Graminées.
— Le RIZ CULTIVÉ se compose ainsi: racines touffues, capillaires, qui produisent plusieurs chaumes
épais, cannelés, glabres, articulés, hauts d'un
mètre au plus; feuilles fermes, larges, très
longues, semblables à celles de nos roseaux, à
gaine très longue, munie d'une large membrane à
son orifice. Fleurs en panicules longues, terminales, touffues; elles sont blanchâtres; chacune
d'elles est composée d'une balle calicinale fort petite, à 2 valves presque égales, uniflores; les valves

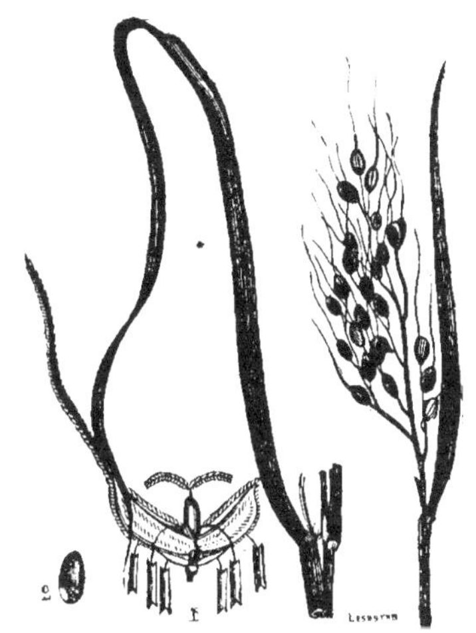

Fig. 1165. — Riz.

(1, Fleur entière un peu grossie; — 2, Graine.)

de la corolle sont naviculaires; 2 petites écailles à la
base de l'ovaire; 6 étamines; 2 styles; stigmates
plumeux, en massue; semences blanches très connues de tout le monde.

Originaire des Indes orientales, le Riz s'est répandu rapidement dans tous les pays où il a pu
être cultivé, car toute espèce de sol lui convient,
pourvu qu'il puisse retenir l'eau et qu'il soit disposé de manière à pouvoir s'assécher et s'inonder
à volonté. C'est, après le froment, la plante la plus
utile: il le remplace chez les Indiens, dont il constitue le principal aliment. Ces peuples, ainsi que
les Malais et les Chinois, se sont appliqués à la
culture de cette graminée dès la plus haute antiquité. En Piémont et en Lombardie, la culture du

Riz est pratiquée depuis assez longtemps ; mais cette culture a ses inconvénients : les fièvres intermittentes et malignes y sont presque endémiques, ce qui ne paraît pas avoir lieu hors de l'Europe : ce sont les exhalaisons délétères qui s'élèvent des rizières qui ont fait renoncer le plus souvent à la culture du Riz dans le midi de la France, notamment en Auvergne, dans le Roussillon, dans la Camargue, dans les Landes ; cependant, on obtient depuis quelques années d'excellents produits de cette céréale dans les Landes, grâce surtout aux efforts de la *Société des Rizières de la Teste*.

Il est une variété de Riz qui croît sans eau, dans les terrains secs ; et cette espèce devrait bien remplacer l'espèce aquatique, qui cause tant d'émanations malfaisantes par ses rizières.

Outre les usages domestiques et médicamenteux du Riz, qui sont généralement connus, cette céréale peut fournir, par la distillation, une espèce d'eau-de-vie aussi forte que celle de raisin. — Les tresses délicates dont se composent ces élégants chapeaux de paille, dont les femmes d'Europe ornent leur tête, sont construites avec la paille de Riz.

ROBINIER (*Robinia*). Genre de la famille des Légumineuses, sous-ordre des Mimosées ; arbres à feuilles ailées, avec une foliole impaire au bord du pétiole commun ; à fleurs en grappes pendantes et à gousse comprimée et remplie de plusieurs graines brunes, en forme de rein et comprimées.

Vespasien Robin, botaniste de Paris, cultiva le premier, en 1615, une belle espèce qu'il venait de recevoir de l'Amérique septentrionale ; il la fit connaître, la propagea, et bientôt furent introduites en Europe et décrites plusieurs autres espèces, dont on a formé deux groupes : les *Robinia* et les *Caragana*.

Robinier faux acacia (*R. pseudo-acacia*), vulg. *Acacia*. Type du genre, ce bel arbre s'élève de 14 à 20 mètres de haut. « Sur son feuillage léger, élégant, sur les grappes longues et pendantes de ses fleurs blanches ou roses, on repose agréablement les yeux, tandis qu'on aspire avec délices les parfums qu'elles exhalent ; elles sont épanouies à la fin du printemps, et rappellent l'odeur suave de la fleur d'Oranger. Le faux Acacia, ou, comme on le nomme encore, le Carouge des Américains, n'est pas seulement un arbre d'agrément, c'est une plante utile : il porte la fécondité dans les lieux incultes et sur les sables mouvants, qu'il fixe au moyen de ses racines traçantes ; son bois donne de fort jolis meubles ; avec ses jeunes branches on a des cercles préférables à ceux du Châtaignier ; de ses fibres corticales on obtient des tissus souples et solides ; la gousse est employée au Caire à la préparation des cuirs ; avec les fleurs on fait une liqueur de table et un sirop. Toutes ses parties peuvent servir à la teinture. La culture est très facile par la voie des graines ou des rejets fournis par les racines ; toutes les terres lui conviennent, mais il faut l'abriter contre les grands vents, car il est sujet à se rompre sous leur action impétueuse. Ses feuilles, ses fleurs et ses jeunes pousses sont mangées avec plaisir par tous les bestiaux. On le plante en haies : c'est un moyen d'en avoir de fort jolies, en même temps qu'elles sont impénétrables. »

Nous citerons le R. **visqueux** (*R. viscosa*), au feuillage vert foncé, aux grappes roses qui cou-

Fig. 1166. — Robinier.

vrent chaque rameau. Cette espèce vient très bien et vite ; ses fleurs produisent un bel effet, mais ne sont pas odorantes. — Le R. **sans épines** (*R. mitis*) forme d'épais et superbes buissons, laissant tomber ses feuilles en parasol. — Le R. **rose** (*R. hispida*), venu de la Caroline, est un charmant arbrisseau qui se couvre de fleurs roses du plus vif éclat, mais sans odeur.

ROCHE. On donne ce nom, en Géologie, « à toute association de parties minérales, soit de même espèce, soit d'espèces différentes, qui se trouvent dans l'écorce solide du globe en masses assez considérables pour être regardées comme parties essentielles de cette écorce. On donne même ce nom à des couches de sable et à des dépôts de débris organiques plus ou moins minéralisés. Le mode d'arrangement des parties qui composent une roche s'appelle *texture*. Il y a des roches à texture *cristalline*, *feuilletée*, *fibreuse*, *lamellaire*, etc. Sur environ 400 espèces distinctes de minéraux qu'on a reconnues dans l'écorce du globe, il n'y en a guère qu'une trentaine qui entrent comme éléments essentiels dans la composition des roches ; les autres espèces n'y figurent que comme parties accidentelles, disséminées en petite quantité sous diverses formes.

On nomme *Roches simples* ou *homogènes* celles

qui sont formées de substances de même nature, comme le calcaire saccharoïde, le gypse, le sel gemme, etc.; et *R. composées* ou *hétérogènes*, celles qui sont formées de substances de nature différente, comme le granite, la siénite, etc.

Considérées sous le rapport de l'adhérence plus ou moins grande de leurs parties, les roches se divisent en *solides* et en *meubles*. On distingue les Roches solides en *agrégats*, ou Roches dans lesquelles tous les éléments sont de même âge et liés sans ciment par la seule force de cohésion; et en *agglomérats*, ou Roches dans lesquelles les éléments ne sont pas contemporains, et qui consistent en débris plus ou moins volumineux enlevés à d'autres Roches de différents âges et réunis par un ciment. Les Roches meubles, comme les sables et les argiles, résultent presque toutes de la désagrégation ou de la décomposition de Roches originairement solides, et dont les éléments ont été altérés sur place ou transportés par l'action des eaux.

Sous le rapport de leur origine, on divise les Roches en *pyrogènes*, dites aussi *plutoniques* ou *vulcaniennes*, c'est-à-dire d'origine ignée, comme le granite, le porphyre, le basalte; et en Roches *neptuniennes*, à l'égard desquelles l'eau a servi de véhicule, comme le gypse, l'argile, les sables, les poudingues. Les Roches *pyro-neptuniennes* proviennent soit de matières volcaniques emportées par les eaux et déposées ensuite, soit de cendres ou d'autres déjections volcaniques rejetées dans les eaux.

La classification des Roches repose sur leur composition minéralogique; la plupart des géologues admettent, avec M. Cordier, les groupes naturels suivants :

Roches terreuses.

1. R. feldspathiques.	7. — R. diallagiques.
2. — pyroxéniques.	8. — talqueuses.
3. — amphiboliques.	9. — micacées.
4. — épidotiques.	10. — quartzeuses.
5. — grenatiques.	11. — vitreuses.
6. — hypersthéniques.	12. — argileuses.

Roches salines non métalliques.

13. R. calcaires.	16. R. à base de chlorure de sodium.
14. — gypseuses.	
15. — à base de sous-sulfate d'alumine.	17. — à base de carbonate de soude.

Roches métallifères.

18. R. à base de carbonate de zinc.	21. R. à base de silicate de fer hydraté.
19. — à base de carbonate de fer.	22. — à base d'idrate de fer.
	23. — A base de sesquioxyde de fer.
20. — à base d'oxyde de manganèse.	24. — A base de fer oxydulé.

Roches combustibles non métalliques.

25. R. à base de sulf. de fer.	29. R. graphiteuses.
26. — à base de soufre.	30. — anthraciteuses.
27. — à base de bitume gris.	31. — à base de houille.
28. — pissasphaltiques.	32. — à base de lignite.

Appendice.

33. — R. anomales.	34. — R. météoriques.

Les Roches sont *stratifiées* ou *non stratifiées*. Les roches stratifiées sont celles qui se divisent en couches plus ou moins épaisses qu'on appelle quelquefois *strates* : ces couches, de formes irrégulières et de nature différente, sont placées à côté ou au-dessus les unes des autres horizontalement, verticalement ou obliquement. Les Roches sont dites en *typhons*, lorsqu'elles ne sont pas stratifiées. »

ROCHER (*Murex*). Genre de Mollusques gastéropodes pectinibranches, fam. des Buccinoïdes, renferme des espèces à coquille univalve, qu'on distingue à la forme particulière de leur tube. Les tours de la spire de ces coquilles sont garnis, d'espace en espace, de tubercules mousses ou d'éminences pointues, particularité qui, jointe à la dureté de la coquille, rend l'animal inattaquable comme le rocher; d'où le nom du genre.

Les espèces se trouvent dans toutes les mers; elles sont plus grosses, plus rameuses dans les mers intertropicales que dans les nôtres, et sont comme chicoracées. On en compte plus de 170 vivantes et de 120 fossiles. Leurs formes variées leur ont valu des noms vulgaires très significatifs, tels que *Tête de Bécasse, de Scorpion, de Chicorée, de Feuille d'escarolle*, etc. — Parmi les espèces les plus remarquables, on cite le ROCHER CORNU, ou Grande massue d'Hercule, de la mer des Indes : 16 centim. de long; le R. DROITE-ÉPINE (*M. brandaris*), de la Méditerranée : 8 à 10 centim. ; le R. FORTE-ÉPINE (*M. crassi-pina*), ou Grande Bécasse épineuse : 12 centim.; le R. CHICORÉE RENFLÉE (*M. inflatus*), 12 à 14 centim.!; le R. PALME DE ROSIER (*M. palmarosæ*), etc.

Le Rocher est, à ce qu'on croit, un des coquillages qui fournissaient la pourpre des anciens. V. *Pourpre*.

ROCOUYER (*Bixa*). Arbrisseau des Antilles et de l'Amérique méridionale, de la famille des Liliacées, qui se cultive dans les terrains gras et frais, aux bords des fontaines et des ruisseaux, et qui fournit le *Rocou*, espèce de pâte obtenue de ses graines, laquelle sert à l'art du teinturier, pour donner une couleur brun rougeâtre. Avec l'écorce du Rocouyer, on prépare des toiles et des cordages; ses fruits sont employés à fabriquer une espèce de boisson.

ROI DES GOBE-MOUCHES, ou MÉGALOPHORE-ROI (*Megalophorus*). Genre de Passereaux dentirostres, qui ne repose que sur une seule espèce, caractérisée par sa belle couronne qu'elle porte sur la tête et qui est posée transversalement, au lieu que les huppes de tous les autres oiseaux sont posées longitudinalement. — Cet oiseau, originaire de Cayenne, n'est guère plus gros que le Gobe-Mouche d'Europe, dont il paraît rassembler les traits : son bec est disproportionné, très large, hérissé de soies qui s'étendent jusqu'à sa pointe un peu crochue. C'est une charmante espèce recherchée par les amateurs, dont la huppe toutefois n'aurait pas, sur l'oiseau vivant, la position que lui donnent les préparateurs. Le Roi des Gobe-Mouches est rare; il vit à la manière des Mouche-

Fig. 1167. — Roi des Gobe-Mouches.

rolles, s'enfonçant dans les buissons, les halliers, pour y chercher sa proie, et pénétrant dans les fourrés des forêts sans se percher au dehors.

ROITELET (*Regulus*). Genre de Passereaux dentirostres, les plus petits oiseaux d'Europe, confondus par les uns avec les Becs-fins, par

Fig. 1168-1169-1170. — Roitelets.

d'autres avec les Pouillots : bec très grêle, court, droit, subulé; narines ovales, recouvertes par deux petites plumes rigides, voûtées; pieds minces, doigt médian uni à sa base avec l'externe, le pos-

térieur étant le plus fort de tous; ailes moyennes; queue échancrée à 10 pennes.

Les Roitelets sont des petits oiseaux insectivores, très agiles et sans cesse en mouvement, comme les Mésanges; comme celles-ci encore ils vivent en famille. Ils paraissent affectionner plus particulièrement les sapins et les pins. Ils se suspendent aux rameaux pour surprendre les insectes; ils poursuivent et attrapent les moucherons au vol.

Le Roitelet huppé (*R. cristatus*) a la tête ornée d'une petite couronne aurore bordée de noir sur chaque côté, et dont les plumes peuvent se relever en huppe. — Ce joli petit oiseau, dont nous n'indiquons pas les nuances olivâtres en dessus, roussâtres et blanchâtres en dessous, se tient dans les bois taillis, où il est sans cesse en mouvement, faisant entendre un cri continuel : *zi*, *zi*, *zi*, *zi*. Il est peu méfiant et se laisse approcher de très près; l'on peut même, le soir, le prendre à la main. Son nid, artistement construit, est suspendu à la bifurcation des branches d'un hêtre ou d'un sapin; sa forme est celle d'une boule, et l'ouverture est dirigée de côté. La ponte est de 7 à 11 œufs, d'un blanc pur, parfois pointillé vers le gros bout.

Le Roitelet moustache (*R. ignicapillus*), vulg. *R. à triple bandeau*, se distingue de l'espèce précédente par les couleurs plus prononcées de son plumage; il est un peu plus petit; les plumes longues et effilées du vertex sont d'un rouge de feu très éclatant, etc. — Cette espèce est aussi commune en France que la première.

ROLLE. — V. *Rollier*.

ROLLIER (*Coracias*). Genre de Passereaux conirostres, de la famille des Corvidés : bec plus haut que large, comprimé sur toute sa longueur, droit, un peu crochu à la pointe; narines linéaires; ailes longues, aiguës; queue égale, à 12 rectrices. — Les Rolliers sont des oiseaux de l'ancien continent, aux couleurs généralement vives. Extrêmement farouches, ils s'écartent peu des bois touffus qu'ils ont choisis pour demeure. Ils sont essentiellement insectivores. Ils nichent ordinairement sur les arbres ou dans les trous qui sont pratiqués à leurs troncs. — On les divise en *Rolliers proprement dits* et en *Rolles*.

Rollier commun (*C. garrula*). Bec droit et partout plus haut que large; dessus de la tête et haut du cou d'un bleu clair à reflets verts; dos fauve; parties inférieures d'un bleu d'aigue-marine plus ou moins foncé. — Cet oiseau se nourrit de gros insectes, de vers et de limaces. On le trouve dans les grandes forêts de chênes et de bouleaux, plus communément en Allemagne que dans les autres parties de l'Europe. Il pond dans un trou d'arbre 4 à 7 œufs d'un blanc lustré.

Les Indes orientales possèdent le Rollier vert.

Quant aux Rolles (*Colaris*), ils ont le bec plus court, plus arqué, élargi à la base au point d'y être moins haut que large. — Ces oiseaux sont de la Malaisie.

ROMAINE. — V. *Laitue.*

Fig. 1171. — Rollier commun.

ROMARIN (*Rosmarinus*). Genre de Plantes de la famille des Labiées , ne comprenant que deux espèces. Une seule est spontanée aux parties méridionales de la France, c'est le

Romarin commun (*R. officinalis*), vulg. *Encensier.* Arbuste formant buisson par ses rameaux grêles et articulés, portant des feuilles linéaires, opposées, d'un vert noir en dessus , blanchâtres en dessous, roulées sur leurs bords ; fleurs d'un bleu pâle, en petits bouquets axillaires terminaux : calice comprimé, à 2 lèvres ; corolle labiée à lèvre supérieure bifide ; 2 étamines fertiles, à filets arqués.

Le Romarin a pour habitation favorite les plages maritimes, où il est fréquemment chargé de rosée, ce qui lui aurait valu son nom : *ros marinus.* Cette plante, qui fleurit dès le mois de janvier dans le Midi, dans les premiers jours de l'été dans le Nord, où elle est sujette à geler, exhale une odeur aromatique très prononcée qui , quoique très agréable, fatigue les nerfs. On l'emploie en médecine comme tonique et excitant, soit à l'intérieur en infusion, soit à l'extérieur bouillie dans du vin, pour fortifier les membres, y rappeler la sensibilité et le mouvement.

Les anciens avaient surnommé le Romarin *Herbe aux couronnes* , parce qu'on l'entrelaçait dans les couronnes avec le myrte et le laurier. Dans certains pays , on en plaçait une branche dans la main des morts ; ailleurs on le plantait sur les tombeaux. On forme avec cet arbuste , dans le midi de la France, de fort belles palissades. La bonté du miel de Narbonne et de Mahon est due au parfum des fleurs du Romarin, sur lequel butinent les abeilles. Cette plante rend, dit-on, plus savoureuse la chair des moutons qui la broutent.

Les cuisiniers se servent du Romarin pour aromatiser quelques mets. Les parfumeurs en font un grand usage. Il entre dans la fameuse *Eau de la reine de Hongrie.*

RONCE (*Rubus*). Genre de la famille des Rosacées ; sous-arbrisseaux à rameaux sarmenteux , armés d'aiguillons ; à feuilles palmatiséquées, dont le rachis est muni d'aiguillons , stipulées , etc.; fleurs blanches ou rosées, en panicules : calice à 5 divisions, dépourvu de calicule ; carpelles drupacés, succulents, groupés en un fruit bacciforme sur un réceptacle conique, charnu, persistant.

Ronce des haies (*R. fruticosus*), vulg. *Mûrier des buissons.* Tiges de 1-4 mètres, tombantes, arquées dans leur partie supérieure , anguleuses, à aiguillons crochus ou droits ; feuilles à 5-7 folioles , les supérieures à 3-5 folioles, celles-ci à face inférieure tomenteuse ; pétales étalés ; fruits glabres , noirs, luisants , d'une saveur douce (*Mûres*). — Cette plante, ligneuse et vivace pendant quelques années, est très commune dans les haies, les taillis, les coteaux arides, les lieux incultes, etc., et fleurit en juin-septembre. Ses fruits sont agréables à manger : on en retire de l'eau-de-vie, on en fait des confitures. Ses feuilles sont employées en décoction dans les maux de gorge.

On connaît un assez bon nombre de variétés de la Ronce sauvage ; mais nous sommes obligés de les passer sous silence.

La R. a fruits bleus (*R. cæsius*) est également très commune, surtout dans les terres en jachère tiges couchées et plus grêles que dans l'espèce précédente ; baies couvertes d'une poussière bleuâtre, et dont les grains se séparent naturellement à la maturité ; ses fruits sont aussi plus fades et moins abondants. — La R. faux murier (*R. chamæmorus*), plante herbacée à racines rampantes, croît dans les marais tourbeux de la Laponie, de la Suède, du Danemark, etc.; baies ovales d'un roux clair, d'une saveur aigrelette assez agréable ; elles sont bonnes à manger, rafraîchissantes ; les Lapons les conservent d'une année à l'autre en les couvrant de neige; en Suède, on en fait une limonade très agréable dans les chaleurs de l'été. — La R. des rochers (*R. saxatilis*), à tiges droites, à baies rougeâtres, d'une saveur aigrelette, se trouve sur les rochers des Alpes et dans les contrées du Nord. — Pour la Ronce du mont Ida (*Rubus Idæus*), V. *Framboisier.*

RONGEURS. Ordre de la classe des Mammifères, essentiellement caractérisé par le système dentaire ; en effet, deux longues dents occupent la place des incisives à chaque mâchoire ; un espace reste vide de chaque côté, à la place ordinaire des canines ; les molaires sont à couronne plane, marquée de lignes transversales, ou de tubercules mousses. L'extrémité libre de ces dents est taillée en biseau d'avant en arrière ; elles s'usent facilement, mais tendent sans cesse à s'accroître pour remplacer la portion qui s'use.

Les Rongeurs sont en général des animaux de petite taille, dont les membres postérieurs sont

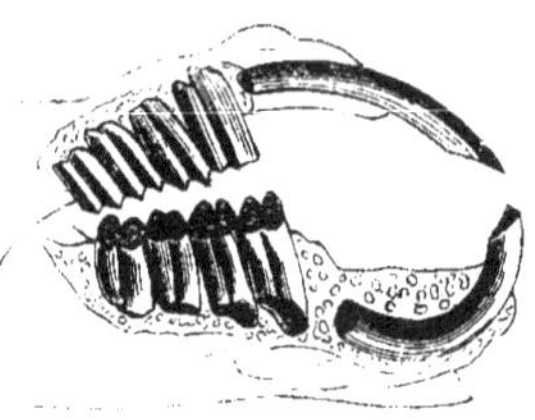

Fig. 1172. — Rongeur (système dentaire du Cochon d'Inde).

plus longs que les antérieurs; ils sont craintifs; leur système dentaire dénote l'usage d'une nourriture végétale, et surtout la faculté de couper, de *ronger* les substances avec leurs fortes dents anté-rieures. Tous leurs membres sont pourvus d'ongles.

L'organisation générale interne des Rongeurs est à peu de chose près celle des Mammifères. Mais ces animaux diffèrent entre eux par des caractères physiques et instinctifs qui se trouvent indiqués à l'histoire de chaque genre. Ainsi, comme il vient d'être dit, la plupart vivent de matières végétales, mais il en est, comme le Rat, qui sont omnivores. Si chez le plus grand nombre l'intelligence est peu développée, le Castor, par exception, montre une industrie merveilleuse. La queue est longue chez les Rats, courte chez les Marmottes, nulle chez le Spalax. Les membres postérieurs sont plus longs généralement que les antérieurs; cette disproportion est démesurée chez les Gerboises.

Les Rongeurs multiplient avec une grande fécondité. Les organes générateurs mâles ne sont très développés et très apparents qu'à l'époque sexuelle; les organes femelles sont simples. Le nombre des mamelles varie de deux à huit. Le nombre des petits n'est pas en rapport avec celui des mamelles, car le Cochon d'Inde, qui n'en a

Fig. 1173. — Rongeur claviculé (Écureuil).

que deux, a par portée huit ou dix petits. En général la pullulation est très grande chez les petites espèces.

Cuvier a partagé les genres nombreux de cet ordre en deux groupes, suivant qu'ils sont pourvus de clavicules, ou que cet os manque ou est à l'état rudimentaire.

Rongeurs claviculés. Ce sont les Rongeurs

qui ont des clavicules complètes, et qui peuvent se servir plus ou moins adroitement de leurs mains, soit pour porter leur nourriture à la bouche, soit pour grimper sur les arbres ou fouir la terre. Tels sont les *Ecureuils*, les *Marmottes*, les *Gerboises*, les *Castors*, les *Rats*, les *Loirs*, etc.

Rongeurs non claviculés. Ceux-ci n'ont pas de clavicules ou n'en ont que des vestiges ; par conséquent ils ne peuvent se servir de leurs membres

Fig. 1174. — Rongeur non claviculé (Cabiai).

de devant que comme moyen de support ou de locomotion. Les *Cabiais*, les *Lièvres*, les *Agoutis*, les *Cobayes*, etc., sont dans cette catégorie.

Fig. 1175. — Roquette.

ROQUETTE (*Brassica eruca*). Plante annuelle de la famille des Crucifères, genre voisin du Chou. Tige de 40 à 80 cent., dressée, cylindrique, rameuse, rude, velue en bas ; feuilles lyrées, pinnatipartites, glabres, un peu charnues, à lobe terminal très ample, denté ; fleurs d'un blanc bleuâtre ou jaunâtre, en grappes lâches, dressées : calice à 4 sépales droits, allongés, dont 2 plus courts ; 4 pétales en croix, à long onglet ; 6 étamines tétradynames ; silique dressée, bivalve.

La Roquette croît dans les champs incultes, les carrières, les décombres, principalement dans le midi de la France : elle fleurit en avril, mai et juin. Son odeur est forte, surtout lorsqu'on la froisse, sa saveur, piquante et âcre. C'est une plante antiscorbutique, comme la plupart des Crucifères. Elle a passé pour jouir de propriétés aphrodisiaques, qui n'ont jamais été bien démontrées par l'expérience.

RORQUAL. — V. *Baléinoptère*.

ROSACÉES. Cette grande famille de Plantes dicotylédones est composée de végétaux herbacés, d'arbustes ou d'arbres atteignant de très grandes dimensions. Leurs feuilles sont alternes, simples ou composées, accompagnées à leur base de deux stipules persistantes, quelquefois soudées avec le pétiole. Les fleurs offrent différents modes d'inflorescence ; elles se composent d'un calice gamosépale, à quatre ou cinq divisions, quelquefois accompagné extérieurement d'une sorte d'involucre ou calicule qui fait corps avec le calice, de manière que celui-ci parait à huit ou dix lobes. La corolle, qui manque rarement, est composée de quatre à cinq pétales régulièrement étalés et alternes avec les sépales et imbriqués. Les étamines sont généralement en grand nombre et distinctes. Le pistil présente plusieurs modifications : tantôt il est formé d'un ou plusieurs carpelles entièrement libres et distincts, placés dans un calice tubuleux ; tantôt ces carpelles adhèrent, par leur côté extérieur, avec le calice ; tantôt ils sont soudés non-seulement avec le calice, mais entre eux ; tantôt ils sont réunis en une sorte de capitule sur un réceptacle commun ou gynophore. Chacun de ces carpelles est uniloculaire, et contient un, deux ou un plus grand nombre d'ovules dont la position est très variée. Le style est toujours plus ou moins latéral et le stigmate simple. Le fruit est extrêmement polymorphe : tantôt c'est un véritable drupe, tantôt une mélonide ou pomme, tantôt un ou plusieurs akènes, ou une ou plusieurs capsules déhiscentes, ou enfin une réunion de petits akènes ou de petits drupes formant un capitule sur un gynophore qui dans quelques genres devient charnu. Les graines ont leur embryon homotrope et dépourvu d'endosperme. »

Cette famille a été divisée en un nombre variable de tribus, selon les auteurs. A. Richard, à qui nous empruntons cet article, la partage en huit tribus, dont quelques-unes ont été considérées par plusieurs auteurs comme des familles distinctes.

1° Pomacées. Plusieurs carpelles uniloculaires ; fruit charnu appelé Mélonide : *Pomme*, *Poire*, *Aubépine*.

2° Rosées. Calice tubuleux, urcéolé ; nombre variable de carpelles monospermes, attachés à la paroi interne du calice qui devient charnu et les recouvre : *Rose*.

3° Calycanthées. Calice turbiné à la base ; sépales et pétales nombreux ; carpelles distincts au fond du calice : *Calycanthe*.

4° Sanguisorbées. Fleurs ordinairement polygames et quelquefois sans corolle ; 1 ou 2 carpelles terminés par un style et un stigmate en forme de plume ou de pinceau : *Pimprenelle, Alchemille*.

5° Fragariacées. Calice étalé, souvent caliculé extérieur ; plusieurs carpelles monospermes, indéhiscents ; style latéral : *Potentille, Fraisier, Framboisier*, etc.

6° Spiréacées. Plusieurs ovaires libres ou légèrement soudés entre eux par leur côté interne ; style terminal : *Spirée, Filipendule*.

7° Drupacées. Ovaire unique, libre ; style filiforme terminal ; fruit drupacé : *Prunier, Amandier, Cerisier*.

8° Chrysobalanées. Ovaire unique, libre ; style filiforme, naissant presque de la base à l'ovaire, fleurs irrégulières : *Plantes exotiques*.

ROSAGE. — V. *Rhododendron*.

ROSE. — V. *Rosier*.

ROSEAU (*Arundo*). Le genre *Arundo* de Linné comprenait une foule de plantes herbacées ayant des racines vivaces, des chaumes articulés, des feuilles longues et assez larges, des fleurs disposées en panicule rameuse ; mais ce genre a été singulièrement réduit lorsqu'on en a séparé, et avec raison, la *Canne à sucre*, le *Calamagrostis*, le *Typha*, etc.

Aujourd'hui ce genre ne comprend plus qu'une seule espèce, de la famille des Graminées, connue sous le nom de :

Roseau a balais (*A. phragmites*), vulg. *Roseau aquatique* ou *des marais*. Cette plante « croît en abondance dans les étangs, sur le bord des rivières et des eaux stagnantes ou fangeuses. Appuyée sur des racines longues, rampantes, douces, qui passent pour être sudorifiques et diurétiques, elle fournit des chaumes droits, hauts de 1 à 2 mètres et même plus, avec lesquels on fait des couvertures de maisons, lesquelles durent un demi-siècle ; ils sont garnis de feuilles lancéolées, linéaires, planes ou pour mieux dire rubanées, coupantes, terminées par une pointe très allongée dans leur jeunesse (c'est une feuille non développée, enroulée sur elle-même) ; on les donne d'abord pour nourriture aux chèvres, aux chevaux et aux vaches ; ensuite, quand elles sont entièrement développées, on les jette sous leurs pieds pour litière et augmenter la masse des fumiers. Une panicule lâche, plumeuse, ample et touffue, composée de fleurs brunâtres, épanouies en août et septembre, termine le sommet du chaume. Quand on coupe cette panicule avant la floraison, elle sert de petits balais pour les appartements, sous la dénomination de *Balais de silence* ; quand on attend qu'elle soit en pleine floraison, les teinturiers en retirent une couleur verte assez jolie. »

On désigne souvent, sous le nom de Roseau, la *Massette*, le *Bambou*, le *Rotang*, le *Rubanier*.

ROSÉE. Vapeur humide et fraîche qui se dépose sur la terre et les plantes en gouttelettes très déliées. Lorsqu'elle se dépose le soir, elle prend le nom de *serein*. Après le coucher du soleil, par les nuits calmes et sans nuages, la terre et tous les corps dispersés à sa surface se refroidissent par l'effet du rayonnement vers les espaces célestes. L'air conserve mieux sa chaleur ; mais presque tous les corps deviennent plus froids que lui, suivant leur pouvoir rayonnant, leur conductibilité, l'aspect sous lequel ils peuvent voir le ciel, la manière dont ils sont exposés aux vents ou aux courants d'air. L'air chargé de vapeurs d'eau, venant alors en contact avec les corps plus froids que lui, y dépose une grande partie de l'eau qu'il contient, et celle-ci se condense naturellement en plus grande abondance sur les corps les plus froids, sur ceux qui rayonnent le plus : aussi voit-on la rosée se déposer de préférence sur la terre végétale, puis sur les plantes, puis sur les pierres, et en dernier lieu sur les métaux.

Lorsqu'il fait du vent, ces inégalités de refroidissement disparaissent plus ou moins, l'air ramenant les corps à sa propre température, à mesure qu'ils se refroidissent par le rayonnement. Elles ne se présentent pas non plus par un ciel couvert, parce qu'alors la chaleur diffuse des nuages, diversement absorbée par les différents corps, rend leurs pertes à peu près égales et analogues à celles de l'air.

Si le phénomène a lieu à une époque de l'année où la terre a été moins échauffée, où les nuits sont plus longues, et où par conséquent la durée du rayonnement est plus grande, le refroidissement peut aller jusqu'à la congélation de la rosée : cela s'appelle la *gelée blanche* ou le *givre*.

ROSIER (*Rosa*). Genre de Sous-Arbrisseaux type de la famille des Rosacées, dont voici les caractères : calice monophylle, persistant, tubulé, ventru dans le bas par la présence d'un disque jaunâtre, resserré à l'orifice, et divisé, à son limbe, en 5 découpures lancéolées et variables ; corolle à 5 pétales étalés, insérés sur le calice à l'orifice du limbe et alternant avec ses découpures ; étamines très nombreuses, beaucoup plus courtes que la corolle, à filaments libres, filiformes ; ovaires nombreux, ovoïdes et uniloculaires, placés au fond du calice, défendus par des poils raides, et chargés chacun d'un petit style à stigmate obtus. Chaque loge renferme un ovule pendant qui, lorsque le calice est devenu baie charnue, succulente, ovoïde ou globuleuse et colorée, donnera naissance à 20 ou 60 graines osseuses, irrégulièrement ovales, recouvertes d'un duvet soyeux.

Le genre Rosier est très nombreux en espèces, en variétés et sous-variétés indigènes à toutes les contrées du globe ; elles sont armées d'aiguillons ; leurs feuilles sont alternes, accompagnées de 2 stipules ; leurs fleurs, grandes, rosées, blanches, jaunes ou rouges, se montrent diversement disposées. Il y a des espèces à fleurs simples, qui se propagent naturellement par leurs graines ; des espèces à fleurs doubles, qui donnent très rarement des fruits, parce que leurs nombreux pétales sont le résultat d'une obésité excessive, acquise aux dépens des étamines par l'effet de la culture ; enfin, il y a des espèces à fleurs toutes pleines, qui ne donnent jamais de fruits, et dont la propagation se fait par rejets, boutures et marcottes, de même que par la voie de la greffe.

On appelle *sauvages* les espèces auxquelles les horticulteurs vont demander des sujets vigoureux pour greffer les espèces dites *jardinières*.

Parmi les Rosiers sauvages nous trouvons :

Le Rosier-Églantier (*R. eglanteria*), dont les fleurs sont grandes, d'un beau jaune doré, d'une odeur agréable, portées sur des pédoncules fort courts. On voit souvent se développer sur ses jeunes rameaux la galle rougeâtre, chevelue et très odorante que l'on nomme *bédéguar* ; avec ses fruits on prépare la *conserve de cynorrhodon*.

Le Rosier blanc (*R. alba*) est le plus commun de tous, car on le rencontre partout, dans les haies, au bord des bois, où il fleurit en mai-juin. — Citons le R. bouillé (*R. rubiginosa*), dont les feuilles sont parsemées de poils glanduleux, glutineux et roussâtres, et les fleurs de couleur incarnat ; le R. des montagnes (*R. alpina*), dont les tiges sont rougeâtres et les corolles rebelles à tous les efforts tendant à les faire doubler.

« Parmi les espèces jardinières qui produisent le plus de variétés, et dans les nuances les plus nombreuses, depuis le rouge le plus clair jusqu'au pourpre et au violet les plus foncés, il n'en est point qui puissent rivaliser avec le Rosier de France (*R. gallica*), auquel je crois devoir rapporter le Rosier a cent feuilles, *R. centifolia*, qu'on veut, selon les uns, originaire du Caucase,

Fig. 1176. — Rose de Provins.

selon les autres, apporté de Constantinople par Thiébaut de Champagne revenant de la Palestine, ou bien encore de la Perse, où l'on a coutume de dire que provient tout ce que nous cultivons de mieux. Ce qu'il y a de certain, c'est que ces deux Rosiers sont très semblables entre eux et qu'ils sont les plus répandus dans tous les jardins.

« Le Rosier de deux fois l'an (*R. bifera*) est nommé vulgairement, bien à tort, *Rosier des quatre saisons* ou *Rosier de tous les mois*, puisque ce n'est qu'au printemps et à l'automne qu'il donne des fleurs sur ses rameaux armés d'aiguillons nombreux, un peu recourbés, de même que sur ses tiges, formant un fort joli buisson. Le parfum qu'exhalent ses corolles roses, réunies deux et quatre ensemble, est le plus suave et le plus délicieux de toutes les autres espèces du genre. Il est indigène au midi de l'Europe, devient aisément semi-double, et même entièrement double ; aussi le regarde-t-on comme type d'un très grand nombre de variétés. Il en est de même du Rosier-Pimprenelle (*R. pimpinellifolia*). »

Que d'espèces nous pourrions citer encore ; que de conseils à donner aux amateurs de ces charmants végétaux, dont les fleurs ont, dans tous les âges, inspiré les poètes, embelli le front des jeunes filles, protégé le berceau de l'innocence ; à combien d'usages les roses ne servent pas, soit en parfumerie, en pharmacie ! etc.

Il y a plus de 600 Roses différentes qui se trouvent décrites, nommées ou figurées dans les catalogues et dans les ouvrages consacrés à ce magnifique et nombreux genre de fleurs. Voici quelques-unes de ces espèces :

1° La *Rose à cent feuilles*, la *Rose des peintres* et la *Rose de Hollande*, qui n'en sont que des variétés, qui, toutes les trois, rivalisent de fraîcheur, de volume, de parfum, et dont le type se trouve à l'état sauvage dans les forêts du Caucase oriental.

2° La *Mousseuse rose et blanche*, dont les tiges, les rameaux et les calices sont enrichis de fines découpures vertes qui ressemblent à de la mousse, et qui en font la plus élégante de toutes les Roses.

3° La *Rose blanche*, si pure, si virginale, qui accompagne la jeune fille à l'autel et au tombeau ; quelques variétés légèrement teintées de rose, comme les joues de la Vierge émue, et non pas comme des cuisses de nymphes que l'on n'a jamais vues.

4° La *Rose gauloise*, la *Rose de France* ou de *Provins*. Belle, épineuse et d'un rouge vif, pourpré, ponceau, double, semi-double, moyenne, grande, très grande, bordée, panachée, veloutée et toujours belle. Nous la figurons.

5° La *Rose de tous les mois*, fière de son parfum, est celle que l'on cultive pour en extraire l'eau parfumée et l'huile précieuse qu'elle recèle ; la gelée seule met un terme à ses bouquets, car elle fleurit pour ainsi dire en famille ; elle est semi-double et d'un rose tendre.

6° La *Rose capucine*. Toujours simple, quelquefois d'un jaune de citron et d'un jaune capucine sur le même buisson, sur le même pied ; elle s'épanouit le matin et tombe avec le jour.

7° La *Rose jaune*. Très double, mais avortant souvent ; quand elle s'épanouit sans accident, c'est une fort belle fleur, quoiqu'elle soit à peu près inodore ; sa teinte convient parfaitement aux femmes brunes, et des roses jaunes dans de beaux cheveux noirs font toujours très bien.

8° La *Rose du Bengale*, qui n'arriva en France que vers la fin du dix-huitième siècle, et dont nous avons obtenu tant de variétés, fleurit toute l'année et se prête à tous nos caprices ; son arbuste réussit également en haies, en buissons, en berceaux et en espaliers ; il prend par bouture, mais malheureusement sa rose n'a aucun parfum. La plus belle variété est grande, semi-double, couleur de nankin, et porte une odeur de thé qui se développe en flétrissant, et qui lui a mérité le nom

de *Rose thé*. La *Bengale amaranthe* se trouve aussi dans notre corbeille avec la *Rose bichonne*, qui lui ressemble beaucoup.

9° La *Rose sans épine*, à laquelle on sait gré d'avoir fait mentir le proverbe, est originaire des Alpes, des Pyrénées et des Vosges. Les grands jets droits et rougeâtres de ce Rosier portent des rameaux secondaires sur lesquels d'assez belles roses d'un rouge plus ou moins vif s'épanouissent au printemps. Cette rose est sans odeur, mais elle est assez jolie.

10° La *Rose noisette*, dont la reconnaissance a été la marraine, fut découverte, dans les Etats-Unis d'Amérique, par M. Noisette, l'un de nos premiers horticulteurs. Elle est blanche, teintée de rose, assez double, d'une odeur suave et légère ; elle fleurit par bouquets de dix à douze qui se succèdent jusqu'aux premières gelées, et qui font le plus joli effet possible, car elles sont si nombreuses qu'elles couvrent tout leur arbuste. Le Rosier reprend de bouture pendant tout l'été.

11° La *Rose musquée*, originaire d'Orient et naturalisée en France depuis près de trois cents ans, est blanche, ordinairement semi-double, et se distingue de toutes ses sœurs par une odeur musquée assez forte et par les grands panaches qu'elle forme, et qui se composent souvent de cinquante fleurs. A Tunis, le Rosier musqué devient un arbre de trente pieds ; mais chez nous il ne dépasse point la taille des grands buissons. C'est de cette rose surtout que les Orientaux tirent leur précieuse essence de rose, qui est toujours congelée.

12° La *Rose multiflore*, dont l'arbuste grimpe partout où on lui offre un tuteur, est originaire du Japon ; elle forme de jolies guirlandes roses et rouges, car cette fleur présente deux variétés ; elle n'est plus rare en France ; mais quoiqu'elle soit petite et peu odorante, on la plante toujours avec plaisir pour décorer les murs qui sont exposés au midi.

Enfin nous trouvons au fond de notre corbeille :

13° La *Rose pompon*, dont chaque rameau présente toujours des boutons encore clos, d'autres entr'ouverts et plusieurs épanouis. Rien de gracieux, de frais et d'enfantin comme cette charmante petite rose ; c'est la miniature de la Rose à cent feuilles, et l'on serait tenté de dire que la Rose pompon est à celle des peintres ce qu'une gentille petite fille est à une jolie femme.

14° La *Rose de l'Eglantier* n'est jolie que sur sa tige ; il ne faut pas la cueillir ; mais combien on aime à la rencontrer dans les haies et dans les buissons ! comme cette fleur est fraîche, comme ses rameaux courbés en arceaux se balancent avec grâce ! L'*Églantine*, c'est la rose sauvage, c'est le bouquet du village ; c'était la fleur de Clémence Isaure. (SALACROUX.)

ROSSIGNOL (*Sylvia luscinia*). Espèce la plus célèbre du genre Fauvette. Cet oiseau a les parties supérieures d'un brun roux, la gorge et le ventre blanchâtres, la poitrine et les flancs cendrés; sa taille est de 16 cent. « Le Rossignol est d'un naturel timide; il voyage, arrive et part seul. C'est au commencement d'avril qu'il paraît dans nos contrées; il n'attend pas sa femelle pour chanter, mais son chant redouble d'expression pendant la saison des œufs. Il place son nid dans un buisson, à une petite hauteur de terre, quelquefois même entre des racines; il le construit avec des herbes, des feuilles de chêne, du crin et de la bourre. Ce nid, très profond et peu solide, contient 4 ou 5 œufs arrondis, d'un brun verdâtre. Il chante la nuit comme le jour, durant l'incubation; mais dès que les petits sont éclos, ce qui arrive à la fin de mai, sa voix s'altère, et devient une sorte de croassement rauque comme celui de la grenouille. Il nourrit ses petits de vermisseaux et de larves d'insectes qu'il dégorge dans leur bec. Vers la fin de septembre il émigre pour aller chercher dans l'Égypte, la Syrie et l'Asie, la nourriture animale qu'il ne trouverait plus chez nous. »

Il y a dans Buffon une page admirable, où l'auteur, Guéneau de Montbelliard, s'est élevé à la hauteur de son sujet. On nous saura gré de la reproduire ici :

« Il n'est point d'homme bien organisé à qui ce nom ne rappelle quelqu'une de ces belles nuits

Fig. 1177. — Rossignol.

de printemps où, le ciel étant serein, l'air calme, toute la nature en silence, et, pour ainsi dire, attentive, il a écouté avec ravissement le ramage de ce chantre des forêts. On pourrait citer quelques autres oiseaux chanteurs, dont la voix le dispute, à certains égards, à celle du Rossignol: les alouettes, le serin, le pinson, les fauvettes, la linotte, le chardonneret, le merle commun, le

merle solitaire, le moqueur d'Amérique, se font écouter avec plaisir, lorsque le Rossignol se tait : les uns ont d'aussi beaux sons, les autres ont le timbre aussi pur et plus doux ; d'autres ont des tours de gosier aussi flatteurs; mais il n'en est pas un seul que le Rossignol n'efface par la réunion complète de ces talents divers, et par la prodigieuse variété de son ramage; en sorte que la chanson de chacun de ces oiseaux, prise dans toute son étendue, n'est qu'un couplet de celle du Rossignol.

« Le Rossignol charme toujours, et ne se répète jamais, du moins jamais servilement; s'il redit quelque passage, ce passage est animé d'un accent nouveau, embelli par de nouveaux agréments. Il réussit dans tous les genres, il rend toutes les expressions, il saisit tous les caractères ; et, de plus, il sait en augmenter l'effet par les contrastes. Ce coryphée du printemps se prépare-t-il à chanter l'hymne de la nature, il commence par un prélude timide, par des tons faibles, presque indécis, comme s'il voulait essayer son instrument et intéresser ceux qui l'écoutent ; mais ensuite, prenant de l'assurance, il s'anime par degrés, il s'échauffe, et bientôt il déploie dans leur plénitude toutes les ressources de son incomparable organe : coups de gosier éclatants, batteries vives et légères, fusées de chant où la netteté est égale à la volubilité, murmure intérieur et sourd qui n'est point appréciable à l'oreille, mais très propre à augmenter l'éclat des tons appréciables; roulades précipitées, brillantes et rapides, articulées avec force, et même avec une dureté de bon goût; accents plaintifs cadencés avec mollesse; sons filés sans art, mais enflés avec âme : sons enchanteurs et pénétrants, vrais soupirs d'amour et de volupté qui semblent sortir du cœur et font palpiter tous les cœurs, qui causent à tout ce qui est sensible une émotion si douce, une langueur si touchante. C'est dans ces tons passionnés que l'on reconnaît le langage du sentiment qu'un époux heureux adresse à une compagne chérie, et qu'elle seule peut lui inspirer; tandis que dans d'autres phrases plus étonnantes peut-être, mais moins expressives, on reconnaît le simple projet de l'amuser et de lui plaire, ou bien de disputer devant elle le prix du chant à des rivaux jaloux de sa gloire et de son bonheur.

« Ces différentes phrases sont entremêlées de silences, de ces silences qui, dans tout genre de mélodie, concourent si puissamment aux grands effets. On jouit des beaux sons que l'on vient d'entendre, et qui retentissent encore dans l'oreille; on en jouit mieux, parce que la jouissance est plus intime, plus recueillie, et n'est point troublée par des sensations nouvelles : bientôt on attend, on désire une autre reprise; on espère que ce sera celle qui plaît; si l'on est trompé, la beauté du morceau que l'on entend ne permet pas de regretter celui qui n'est que différé, et l'on conserve l'intérêt de l'espérance pour les reprises qui suivront. Au reste, une des raisons pour lesquelles le chant du Rossignol est plus remarqué et produit plus d'effet, c'est parce que chantant la nuit, qui est le temps le plus favorable, et chantant seul, sa voix a tout son éclat, et n'est offusquée par aucune autre voix : il efface tous les autres oiseaux par ses sons moelleux et flûtés, et par la durée non interrompue de son ramage, qu'il soutient quelquefois pendant vingt secondes. Un observateur a compté dans ce ramage seize reprises différentes, bien déterminées par leurs premières et dernières notes, et dont l'oiseau sait varier avec goût les notes intermédiaires ; enfin, il s'est assuré que la sphère que remplit la voix d'un Rossignol n'a pas moins d'un mille de diamètre, surtout lorsque l'air est calme, ce qui égale au moins la portée de la voix humaine. »

Le mâle Rossignol seul chante : il y a un signe auquel on le reconnaît, il consiste dans une saillie de 2 lignes environ de longueur que forme l'anus. Les femelles ont au contraire cette partie fort peu saillante. Les personnes qui veulent conserver longtemps ces oiseaux et les préserver des maladies auxquelles ils sont sujets, doivent varier leur nourriture le plus souvent possible, et leur donner de temps à autre plus de liberté que celle que leur offre une étroite cage.

ROTANG (*Calamus*). Genre de Palmiers, grêles, à tiges grimpantes, peu ou point feuillées, montant le long des arbres, passant d'une branche à l'autre et se prolongeant indéfiniment; leur longueur est quelquefois de 150 à 170 mètres. — On en fait des badines, des meubles treillissés et des cannes flexibles, luisantes, connues en Europe sous le nom de *Joncs*.

ROTIFÈRES. On donne ce nom aux Infusoires qui présentent les caractères suivants : êtres microscopiques fusiformes, pouvant se contracter en boule, et offrant à la partie antérieure de leur corps un double lobe cilié qui donne l'apparence de deux roues en mouvement ; toutefois cet appareil n'est pas toujours saillant et visible, l'animal peut en quelque sorte se contracter et le faire disparaître. Les Rotifères sont symétriques, avec un tégument distinct, flexible ; ils ont des mâchoires, un canal digestif presque droit, avec deux ouvertures ; la bouche est garnie de cils vibratiles sans cesse en mouvement, à la manière de roues. Ils ont des organes sexuels réunis sur le même individu et se reproduisent par des œufs. Il y a donc chez eux un degré d'organisation bien supérieur à celui des véritables Infusoires.

ROUGE-GORGE (*Motacilla rubecula*). Espèce du grand genre Fauvette, qui a le bec un peu plus étroit à la base que les Traquets ; plumage gris brun en dessus ; gorge et poitrine rousses, ventre noir. — On rencontre les Rouges-Gorges, en France, dans presque toutes les saisons. Ceux qui sont restés en hiver viennent, pendant les grands froids, se réfugier jusque dans les maisons. Au printemps, ils retournent dans les bois pour y construire leur nid sous les buissons, entre les racines. La ponte est de 4 à 7 œufs d'un blanc

Fig. 1178-1179-1180. — Rouge-gorge.

jaunâtre, pointillé de roux. Dès l'aurore le mâle, placé à quelque distance de la femelle qui couve, fait entendre son ramage doux et modulé.

ROUGE-QUEUE (*Motacilla phœniculus*). Espèce de Fauvette, nommée vulgairement *Rossignal de muraille*, *Bec-fin de muraille*, très répandu dans nos pays d'Europe, et qui niche dans les vieux murs, dans des trous d'arbres. Elle a le plumage brun, la gorge noire, la croupe et la queue d'un roux clair. Ponte de 6 à 8 œufs d'un bleu céleste. Le ramage du mâle est mélodieux, parfois empreint d'un accent de tristesse : on l'entend au printemps, surtout le soir et le matin.

On nomme aussi *Rouge-Queue* la *Fauvette Tithys* (*Sylvia Tithys*, *Motacilla erythacus*), qui est sédentaire en Provence, et qui pond dans un nid, placé dans les crevasses des rochers ou les trous de murailles, 5 ou 6 œufs d'un blanc pur.

ROUGET. — V. *Mulle*.

ROULEAU (*Tortrix*). Genre de Reptiles-Ophidiens, non venimeux, ayant pour caractères : corps allongé, cylindrique, presque également obtus aux deux extrémités ; bouche petite ; mâchoires peu dilatables ; queue extrêmement courte ; peau couverte d'écailles semblables entre elles ; sous la queue, ligne d'écailles plus grande que les autres. — Ces serpents sont propres à l'Asie insulaire et à l'Amérique méridionale, où ils passent toute leur vie à terre dans les herbes, se nourrissant de cécilies, de petits reptiles apodes. Leurs mouvements sont très lents.

Le Rouleau-ruban (*T. scytale*), espèce principale du genre, a 70 cent. de long ; il est blanc-jaunâtre, avec des bandes noires transversales, disposées en anneaux irréguliers. — Ce reptile est très commun à la Guyane, à Cayenne, à Surinam ; il se nourrit de chenilles, d'insectes et de vers.

Nous citerons pour mémoire le Serpent corail (*T. corallinus*), d'une belle couleur rouge corail ; — le R. maculé, du Paraguay, présentant 45 paires de taches jaunes ; — le Rouleau de Botta, rapporté de la Californie par M. Botta.

ROUSSEROLE (*Calamoherpe*, de *calamos*, roseau ; *erpo*, grimper). Sous-genre de Fauvettes, à plumage uniformément coloré, qui fréquentent les

Fig. 1181. — Rousserolle de roseaux.

lieux humides, grimpant avec agilité le long des branches des arbustes et des plantes aquatiques. Ce sont des oiseaux essentiellement insectivores, irascibles et querelleurs, dont le chant est généralement peu agréable.

ROUSSETTE (*Pteropus*). Genre de Chéiroptères, famille des Vespertiliens ou Chauves-souris frugivores (V. *Chéiroptères*, *Vespertilion*), comprenant les espèces qui offrent les caractères que voici : tête conique et allongée, ressemblant un peu à celle du chien, d'où l'ancienne appellation de *Chien-volant* donnée à ces animaux ; pas de feuilles nasales ; langue dure et couverte de papilles cornées ; oreilles de médiocre grandeur et manquant d'oreillons ; corps gros, charnu

couvert de poils clair-semés, courts et raides ; ailes moins larges et souvent moins longues que chez les Chauves-souris insectivores, s'insérant non sur les flancs, mais sur le dos, etc.

Les Roussettes sont les plus grandes Chauves-souris connues ; quelques-unes ont près de 1 m. 70 d'envergure, et les plus petites espèces sont d'une taille à peu près égale à celle des plus

Fig. 1182. — Tête de Roussette.

grosses espèces de Chauves-souris insectivores. Ce sont des animaux nocturnes, qui restent immobiles pendant le jour, accrochés par les ongles des pouces de leurs ailes, et le corps enveloppé de leurs membranes. Ils ne volent guère que le soir, pour aller chercher leur nourriture, laquelle est essentiellement végétale, comme l'indique leur système dentaire, qui les différencie des Chéiroptères insectivores. Aucune espèce ne se trouve ni en Europe ni en Amérique ; mais l'Inde, l'Égypte,

Fig. 1183. — Roussette.

le Sénégal, Madagascar, les Moluques, etc., présentent un grand nombre de Roussettes, qui vivent par troupes nombreuses, les unes sur les arbres les plus élevés, les autres dans des trous de vieux troncs d'arbres, quelques-unes enfin sur des rochers et de vieux édifices. Il n'y a rien de vrai dans les récits de ces voyageurs qui prétendent que ces animaux sucent le sang de l'homme et des animaux endormis sans leur causer assez de douleur pour les réveiller.

Les Roussettes se divisent en *espèces sans queue* et en *espèces à queue*. Toutes portent deux mamelles pectorales. — Parmi les premières, citons : la R. ÉDULE (*P. edulis*), l'une des plus grandes du genre (3 m. 47 de long ; 4,50 d'envergure), dont la chair tendre et délicate est très recherchée ; — la R. VULGAIRE (*P. vulgaris*), *Roussette* de Buffon, a 4 m. d'envergure, le pelage épais et grossier ; elle habite les îles de France et de Bourbon.

Les Roussettes à queue, moins connues, sont : la R. PAILLÉE, de Timor ; — la R. DE GEOFFROY, du Sénégal ; — la R. DE LESCHENAULT, des environs de Pondichéry.

Il est des espèces que l'on a élevées au rang de genres : telles sont les *Pachysomes*, qui sont de petite taille, et dont les formes sont lourdes, trapues, la tête grosse et courte ; — les *Macroglosses*, qui se distinguent des Roussettes proprement dites par leur museau très menu et allongé et par leur langue longue et protractile ; — les *Céphalotes*, dont la tête est fort grosse et se termine par un museau court et comme tronqué ; — les *Hypodermes*, dont les ailes s'insèrent sur la ligne médiane du dos.

ROUSSETTE (*Scyllium*). Genre de Poissons de la tribu des Squales, à museau court et obtus, à narines percées tout près de la bouche, prolongées en un sillon; dorsales situées très en arrière, queue allongée, etc. — Les Roussettes ont des évents. — La GRANDE ROUSSETTE atteint 4 m. à 4 m. 4/2 ; elle est très vorace et se jette, dit-on, sur les personnes qui se baignent dans la mer. Elle se tient dans la vase où elle se met en embuscade pour surprendre les animaux dont elle veut se nourrir. L'accouplement a lieu plusieurs fois pendant l'année ; les mâles retiennent les femelles, pendant cet acte, avec des crochets ou appendices placés près de l'anus. La chair de ce poisson est coriace et d'une odeur désagréable ; son foie est vénéneux, dit-on, mais il fournit de l'huile en abondance. La peau est recherchée pour couvrir des malles, polir des corps durs etc. ; elle est connue dans le commerce sous le nom de *peau de chien de mer*, *peau de chagrin*.

La PETITE ROUSSETTE, ou ROCHER, souvent confondue avec la précédente, a le museau un peu plus allongé, la queue un peu plus courte. — Elle se tient éloignée du rivage et aime à se tenir parmi les rochers. Sa chair est moins désagréable au goût que celle de la Grande Roussette.

RUBAN. Genre de Poissons. — V. *Cépole*.

RUBAN D'EAU ou RUBANIER. — V. *Sparganie*.

RUBIACÉES. Famille de Plantes dicotylédones, herbacées ou à l'état d'arbustes et même d'arbres d'une très grande hauteur. Feuilles opposées, stipulées ou verticillées. Fleurs axillaires ou terminales, quelquefois réunies en tête : calice adhérent, à limbe 4-5 lobé ; corolle monopétale régulière, épigyne, à 4-5 lobes ; étamines, 4-5, alternes; ovaire infère ; style simple ; stigmate à autant de lobes que l'ovaire présente de loges, c'est-à-dire 2, 4, 5 ou plus. Le fruit est très variable, toujours couronné à son sommet par le limbe du calice.

Les genres indigènes de cette famille sont : l'*Aspérule*, la *Garance*, le *Caille-lait*, la *Crucianelle*, etc. Le genre exotique le plus important est le *Quinquina*.

RUBIETTES. On donne ce nom à une division du grand genre *Fauvette*. — V. ce mot.

RUBIS. V. *Oiseaux-mouches*.

RUBIS. On a confondu sous ce nom plusieurs substances rouges et dures, très différentes par leur composition chimique : ainsi le Rubis balai est un SPINELLE, le Rubis du Brésil est une TOPAZE rose, et le Rubis oriental un CORINDON.

On a donné aussi le nom de *Rubis vert* à l'Emeraude, celui de *Rubis blanc* au Corindon hyalin incolore, celui de *Rubis de Bohême* au Grenat pyrope, celui de *Rubis de Hongrie* au Grenat rouge-violet des monts Karpathes, celui de *Rubis de Sibérie* à la Tourmaline d'un rouge cramoisi, et celui de *Rubis occidental* au Quartz hyalin rose. Ce sont les lapidaires qui ont ainsi compris sous la dénomination de Rubis, qui ne convient qu'au Spinelle, tant de substances différentes, probablement pour leur donner plus de prix aux yeux des amateurs de pierres fines.

RUCHE. Habitation destinée à un essaim d'abeilles, composée ordinairement d'une espèce de panier renversé, fait de paille de seigle, tordue et roulée en cylindre. La hauteur d'une Ruche est d'environ 80 cent. sur 50 à 60 de large.

Lorsqu'on veut enlever le miel et la cire que les abeilles y ont déposés, on enlève le *chapeau* ou *surtout*, espèce d'entonnoir de paille placé au sommet de la Ruche, après avoir chassé les abeilles avec de la fumée. Les Ruches composées sont formées de la réunion de plusieurs ruches, qui peuvent se séparer au besoin.

Une Ruche de 20 décimètres cubes peut contenir 10,000 abeilles; une de 40 décim. cubes, 20,000 abeilles, et ainsi de suite.

Le lieu où l'on place les Ruches pour les soustraire aux intempéries de l'atmosphère, se nomme *Rucher*. C'est généralement une espèce de hangar formé en avant-toit adossé contre un mur, exactement fermé, et percé seulement de fenêtres latérales pour faciliter la circulation de l'air.

Dans un ouvrage publié récemment par M. Auguste Lombard, cet habile fermier a traité avec beaucoup de détails ce qui se rattache aux Ruches et aux Ruchers.

RUE (*Ruta*). Genre type de la famille des Rutacées. — La **Rue** (*R. graveolens*) est un arbuste d'un mètre de haut environ, rameux dès la base; feuilles éparses, alternes, deux fois ailées, dont les folioles sont cunéiformes, un peu épaisses et charnues; fleurs jaunes, en corymbe rameux : 4 sépales aigus; 4 pétales (5 quelquefois) relevés en forme de cuiller : 8-10 étamines saillantes, insérées à la base d'un disque jaunâtre; ovaire en 4 5 parties, rugueux glanduleux à sa surface; capsule globuleuse à 4-5 côtes rugueuses.

La Rue se trouve dans les lieux montueux et arides des contrées méridionales de la France, où elle fleurit en juin-août. On la cultive dans les jardins. Cette plante est douée d'une odeur forte, stimulante, désagréable, et d'une saveur âcre et piquante. On l'a employée dès la plus haute antiquité dans l'aménorrhée, les affections nerveuses, et à l'extérieur pour détruire les poux. Les filles trompées, qui veulent cacher une faute par un crime, en prennent l'infusion concentrée ou celle de la Sabine. — V. ce mot. — Les propriétés abortives de la Rue étaient connues de Pline, car il en défendait expressément l'usage aux femmes enceintes.

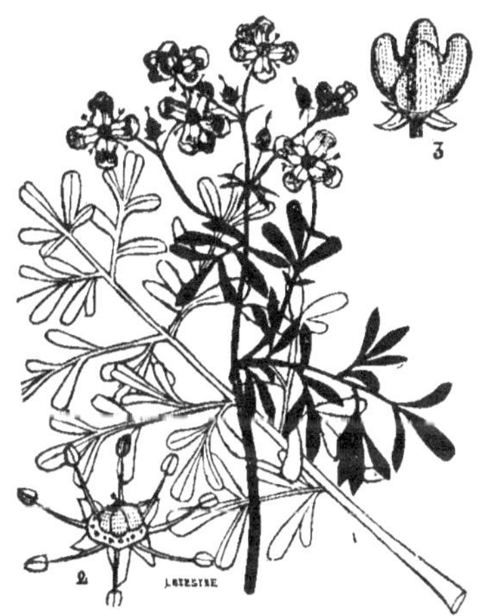

Fig. 1184. — Rue.

(1, Feuille inférieure, au trait; — 2, Fleur dont on a détaché les pétales; — 3, Fruit entier.)

RUMEX. Nom botanique des *Patiences* et *Oseilles*, qui sont des espèces d'un même genre.

RUMINANTS. Ordre de Mammifères, tirant son nom de la faculté que possèdent ces animaux de ramener leurs aliments dans la bouche après les avoir ingérés une première fois dans l'estomac,

pour les mâcher plus complétement. Les Ruminants ont les pieds terminés par deux sabots qui se touchent par leur face interne qui est plate, de telle sorte que le sabot semble unique et simplement fendu : de là le nom de *Pieds-fourchus* donné aux animaux de cet ordre. Plusieurs d'entre eux portent à l'angle interne de l'œil une cavité nommée *larmier*, tapissée par une membrane qui sécrète une humeur grasse (Antilopes, Cerfs). Un petit nombre n'ont pas de cornes; mais les autres en portent deux qui naissent des os frontaux. Ces cornes peuvent être pleines et caduques,

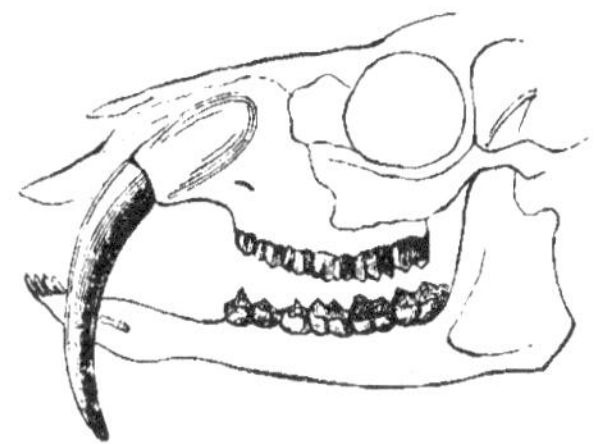

Fig. 1185. — Ruminant (système dentaire du Chevrotain).

ou creuses et persistantes, différence qui sert de base aux divisions de cet ordre.

Les Ruminants sont essentiellement herbivores; tous manquent d'incisives supérieures, à quelques exceptions près; le nombre des incisives inférieures est de 8; le plus souvent les molaires ont leur couronne marquée de deux doubles croissants. Leur estomac est multiloculaire, et composé de la

Fig. 1186. — Ruminant (système dentaire du Bœuf).

panse, du *bonnet*, du *feuillet* (celui-ci manque quelquefois), et enfin de la *caillette*. Tous jouissent de la propriété de ruminer. — V. *Digestion comparée*.

Les Ruminants ont le cerveau peu développé; les sens assez obtus; ils sont généralement paisibles, sans grande défense contre les carnivores, dont ils deviennent très souvent la proie. Ils sont polygames et multiplient beaucoup. Un grand nombre sont devenus domestiques et rendent des services à l'homme, qui se nourrit en outre de leur chair :

L'ordre des Ruminants se divise en quatre fa-milles, dont les caractères spéciaux se tirent des cornes, ainsi qu'il suit.

Caméliens. Pas de cornes ni bois : *Chameaux, Lamas, Chevrotains.*

Élaphiens. Cornes pleines et caduques (*bois*),

Fig. 1187. — Ruminant (Chamois).

s'observant tantôt dans les mâles seulement, tantôt, mais plus rarement, dans les deux sexes : *Cerfs, Élans, Daims, Rennes.*

Caméléopardaliens. Cornes ou excroissances des os frontaux persistantes et toujours recouvertes d'une peau garnie de poils : *Girafes.*

Tauriens. Cornes creuses, nues, composées d'une matière analogue aux ongles et aux poils, et ne tombant pas comme le *bois* des cerfs : *Bœufs, Moutons, Antilopes, Gazelles, Chèvres,* etc.

RUPICOLE (*Rupicola*). Ce mot (qui signifie *habiter les rochers, rupes colere*) désigne un genre de Passereaux syndactyles, voisin des Manakins, à bec médiocre, robuste, comprimé vers le bout; à mandibule supérieure échancrée et crochue à son extrémité; ailes moyennes; tarses courts et robustes. — Ces oiseaux portent sur la tête une double crête verticale de plumes disposées en éventail, d'où leur nom vulgaire de *Coqs de roche.* Ils habitent les grands bois de l'Amérique méridionale par petites troupes de 3 à 8 individus d'un seul sexe. Ils vivent de baies et de drupes, et sont très méfiants. Ils ne grattent pas le sol, se perchent, et ont le vol lourd. Leur nid est placé dans les anfractuosités des roches escarpées qui bordent les torrents. La ponte est de 2 œufs plus petits que ceux de la Poule, d'un blanc sale.

Le Rupicole orange habite la Guyane. — Le R. du Pérou se trouve au Mexique.

RUTACÉES. Grande famille d'Arbres, d'Arbustes, de Plantes herbacées ou frutescentes, à feuilles opposées ou alternes, avec ou sans stipules. Fleurs hermaphrodites : calice à 3-5 sépales soudés par la base; corolle de 5 pétales, parfois soudés ensemble, rarement nulle ; 5 ou 10 étamines, dont quelques-unes avortent quelquefois. Ovaire de 3 à 5 carpelles soudés, formant autant de côtes saillantes; styles libres ou soudés, semblant naître quelquefois d'une dépression très profonde de la partie centrale de l'ovaire, qui est appuyé sur un disque hypogyne. — Cette famille est divisée en 5 tribus, dont 4 à fleurs hermaphrodites (*Rutées, Diosmées, Simaroubées, Hygophyllées*), et 1 à fleurs unisexuées (*Zanthoxylées*).

S

SABAL. Le plus petit de tous les Palmiers ; il habite la Caroline et la Virginie. Son fruit est une baie noirâtre de la forme d'une olive ; on mange quelquefois ses jeunes pousses et ce fruit.

SABELLE (*Sabella*). Genre d'Annélides tubicoles ayant de grands rapports avec les Serpules : corps linéaire, droit, rétréci vers l'anus, composé de segments courts et nombreux qui constituent sous le ventre autant de plaques transverses, divisées par un sillon longitudinal, à l'exception des 8 à 9 premières, qui forment un thorax étroit, court, sans écusson membraneux ; pieds ambulatoires, avec rames ventrales munies de soies à crochets très courtes ; 2 branchies, portées par le premier segment, grandes, ascendantes, à divisions nombreuses en éventail, disposées sur le bord supérieur d'un pédicule commun ; pas de tentacules.

Les Sabelles se construisent un tube coriace ou gélatineux, fixé verticalement, ouvert à un seul bout, et généralement enduit à l'intérieur d'une couche de limon. Savigny a partagé les nombreuses espèces de ce genre en trois tribus :

BRANCHIES	Égales flabelliformes	Double rang de digitations se roulant en entonnoir.
		Simple rang de digitations se roulant en entonnoir.
	En peigne à un seul côté et à un seul rang contournant en spirales.	

SABINE (*Juniperus Sabina*). Espèce du genre Genévrier ; arbrisseau d'environ 4 m. de hauteur, à feuilles extrêmement petites, squamiformes, dressées-imbriquées sur la tige et les rameaux, opposées et non épineuses ; fleurs dioïques : chatons portés sur de petits pédoncules recourbés et écailleux. — V. *Genévrier*.

La Sabine croît naturellement aux lieux secs et pierreux du midi de la France. Elle contient beaucoup de résine et d'huile volatile, et rappelle la térébenthine par son odeur forte et aromatique. Cette plante est connue pour être abortive ; il est vrai qu'elle porte son action sur la matrice qu'elle congestionne, mais de là à produire l'avortement, il y a la distance d'une administration persistante à haute dose, ce qui pourrait produire des ravages sur la santé générale avant d'amener l'effet coupable désiré. La Sabine a été vantée contre la goutte, le rhumatisme, les fièvres intermittentes et vermineuses. Ce sont ses feuilles que l'on fait prendre en infusion. Elles sont âcres au point d'irriter fortement la peau lorsqu'on les tient appliquées sur cette membrane.

SABLE. Matière pierreuse pulvérulente, composée de grains plus ou moins fins, provenant de la désagrégation des roches siliceuses ou quartzeuses. Le Sable est généralement de couleur jaune ; on en trouve d'une entière blancheur ; il est quelquefois bleuâtre ou grisâtre, ou bien coloré en rouge par l'oxyde de fer.

Le Sable est très commun dans la nature ; il s'en est formé à toutes les époques géologiques. On le trouve ordinairement dans le lit et sur le bord des rivières ; au fond de la mer, où il forme souvent des *bancs* dangereux pour les navigateurs ; ou bien sur les côtes, où tantôt il constitue des plages parfaitement unies, tantôt il s'élève en monticules. On le trouve aussi à la surface de la terre, dont il couvre une partie considérable, et à l'intérieur, où il forme des couches épaisses : ces dépôts terrestres paraissent dus au séjour prolongé des eaux sur le sol, à une époque très éloignée de l'époque actuelle. Les déserts du centre de l'Afrique et de l'Arabie ne sont que de vastes plaines de Sable : on leur donne quelquefois le nom de *Mer de sable*. En France, on trouve de grands dépôts de Sable dans la Sologne et dans les Landes. — Les couches de Sable qui se trouvent dans le sol sont exploitées à la façon des carrières : on leur donne le nom de *Sablières*.

SABLIER (*Hura*). Arbre de l'Amérique équatoriale, de la famille des Euphorbiacées, tribu des Hippomanées, à fleurs dioïques. — Le SABLIER ÉLASTIQUE (*H. crepitans*), dit aussi *Arbre du diable*, est remarquable par ses fruits, dont les coques ligneuses sont rangées en rond autour de l'axe principal, et qui ont la propriété d'éclater avec fracas au moment de la maturité. Les colons mettent dans ces coques le *sable* dont ils se servent pour poudrer l'écriture : c'est de là que vient le nom de *Sablier* donné à l'arbre.

SABLINE (*Arenaria*). Genre de Plantes de la famille des Caryophyllées, herbacées, petites, à tiges rameuses étalées, de 16 à 20 cent. de haut ; feuilles opposées, ovales linéaires ; fleurs blanches ou d'un rose tendre, très petites, solitaires, ou en panicule ; capsule uniloculaire s'ouvrant par son sommet.

Ce sont de petites plantes qui forment gazon pour l'ordinaire, et qui se plaisent sur les murailles, les montagnes, dans les bois montueux et au milieu des sables ou des champs arénacés. Aucune des espèces n'est réellement utile.

SABOT DE VÉNUS ou Sabot des Vierges (*Cypripedium calceolus*). Espèce d'Orchidée des plus curieuses, et indigène à nos contrées. La tige est un peu sinuée; les fleurs, dont l'odeur est suave, ont leurs segments étalés, d'un pourpre foncé ; le *labelle*, ou segment inférieur et interne, est jaune, renflé, creux, ouvert par en haut, et représente un Sabot. — On cultive dans les serres plusieurs espèces de ce beau genre, originaires de l'Inde et de l'Amérique septentrionale.

SACCOMYS (*Saccomys*). Genre de Rongeurs claviculés, fondé par Cuvier pour un petit mammifère de l'Amérique septentrionale, qui a de fortes abajoues, des pieds offrant 5 doigts armés d'ongles fouisseurs, 16 molaires. — Le Saccomys est de la taille du Lérot ; son pelage est d'un brun fauve-clair ; le bout du museau, le dessous du corps et de la queue sont brun roussâtre.

SAFRAN (*Crocus*). Genre de Plantes de la famille des Iridacées, dont les caractères botaniques consistent dans une spathe membraneuse d'une seule pièce, tenant lieu de calice ; corolle régulière, longuement tubulée, à 6 divisions au limbe; 3 étamines insérées sur le tube de la corolle;

Fig. 1188. — Safran.

ovaire infère, style filiforme à 3 stigmates épais, colorés, roulés en cornet; capsule ovale, trigone, à 3 valves et loges polyspermes. — Le Safran croît en France, ainsi que dans les Alpes, les Pyrénées, l'Espagne, l'Italie. On voit plusieurs espèces de Safran, dont les unes fleurissent au printemps, d'autres en automne, et qui ont fourni, aux amateurs des jardins, de très jolies variétés par un mélange agréable de couleurs. Mais l'espèce dont nous voulons parler spécialement est le :

Safran cultivé (*C. sativus*). Plante bulbeuse, à bulbe de la grosseur d'une noisette, donnant naissance à plusieurs fibres allongées et profondément enfoncées dans la terre. Une gaine membraneuse enveloppe, à leur partie inférieure, des feuilles nombreuses, toutes radicales, étroites, creusées en gouttière. Du centre de ces feuilles sort une hampe très courte qui supporte une grande fleur assez semblable à celle du Colchique, d'un pourpre clair, munie d'un tube long, très grêle, évasé en un limbe campanulé à 6 divisions égales ; style divisé en 3 stigmates d'un rouge orangé, plus longs que les étamines.

Le Safran croît naturellement dans l'Orient, en Sicile, en Italie; mais on le cultive sur plusieurs points de la France et particulièrement en Gâtinais, pour récolter ses stigmates, qui sont employés comme principe colorant des substances alimentaires, comme aromate et comme médicament. Leur odeur est pénétrante, agréable au premier abord ; leur saveur est chaude, aromatique et amère; on en retire une huile volatile très odorante. Les émanations de cette substance agissent fortement sur le système nerveux ; aussi est-elle antispasmodique, anodine. Elle jouit surtout d'une grande réputation comme emménagogue; elle agirait encore comme diurétique, sudorifique, car on s'est plu à la combler d'éloges qui sont loin d'être mérités. On l'administre en poudre, en infusion et en extrait. Le Safran est d'un très grand usage en Espagne pour colorer les gâteaux, les riz, les sauces, etc. ; les confiseurs, les glaciers, les pâtissiers s'en servent fréquemment pour colorer les produits de leur industrie. Les teinturiers en composent des couleurs de très bon teint, et les peintres le font entrer dans plusieurs vernis.

SAGITTAIRE ou Fléchière (*Sagittaria*). Plante de la famille des Alismacées, vivace, à plusieurs rhizomes qui portent des écailles espacées et se renflent en un bulbe charnu; tige dressée, simple, dépourvue de feuilles; celles-ci sont radicales, longuement pétiolées, profondément sagittées, à lobes lancéolés; fleurs monoïques assez grandes, à pédicelles opposés, blanches, rosées à la base, les inférieures femelles ; carpelles disposés en têtes assez grosses, etc.

La Fléchière est vivace, très commune aux bords des eaux, dans les fossés, les lieux marécageux; elle fleurit en juin-août.

SAGOUIER ou Sagoutier (*Sagus*). Genre de Palmiers, dont toutes les espèces sont indigènes aux terres intertropicales, vivant aux lieux marécageux et s'élevant à la hauteur de 5 mètres environ, tandis que leurs racines s'étendent à de grandes distances et poussent des rejets nombreux.

Le **Sagouier** (*Cycas circinalis*) a le tronc simple, court, épais, écailleux, couronné par une belle touffe de feuilles ailées, longues de plus d'un mètre, composées de 2 rangs de folioles étroites, linéaires, très rapprochées, sessiles, aiguës; le pétiole de ces feuilles est armé, à sa partie inférieure, d'un grand nombre de petites épines très aiguës. Les fleurs sont dioïques, les mâles réunies en un chaton terminal, un peu conique, composé d'écailles charnues, imbriquées, terminées en pointe molle et chargées d'un grand nombre d'anthères; les femelles naissent entre les feuilles, sur des espèces de pédoncules aplatis, ensiformes, cotonneux, munis de crénelures entre lesquelles est situé un ovaire sessile. Le fruit consiste en une noix ovoïde, de la grosseur d'une petite orange, etc.

Ce Palmier, qui croît dans les Indes orientales, s'élève ordinairement peu. Son tronc renferme une moelle blanche, fongueuse, de nature farineuse, qui, par ses qualités éminemment nutritives, est un des dons les plus précieux dont la nature ait gratifié les habitants de l'Asie. Cette substance est le *Sagou*.

Les Indiens l'obtiennent de la manière suivante. Ils coupent l'arbre près de sa racine, le scient en tronçons de 1 à 2 mètres de long, fendent ceux-ci longitudinalement et en arrachent la moelle, qu'ils réduisent en poudre grossière et qu'ils passent, mêlée et agitée dans de l'eau, à travers un tamis. L'eau entraîne avec elle la fécule amy-

Fig. 1198. — Sagouier.

lacée qui se dépose bientôt au fond du vase, et qu'ils recueillent sous la forme d'une pâte blanche, laquelle, desséchée, se réduit en farine très douce. — Le Sagou n'a été introduit en France

qu'en 1740. Il a la forme de petits grains blancs, d'une saveur farineuse, d'une consistance très dure, friable, que l'humidité altère promptement. L'eau chaude le ramollit, le gonfle; sa décoction offre une consistance mucilagineuse, une saveur douce, et se prend par le refroidissement en une masse gélatineuse, à la manière de l'amidon.

Le Sagou est un aliment à propriétés adoucissantes et analeptiques. Il est d'un usage excellent dans les convalescences des maladies inflammatoires. On en prépare des potages, des pâtes, des crèmes, des gâteaux. Les Indiens en font des bouillies qui leur servent de nourriture journalière. — Les feuilles de l'arbre sont employées par les indigènes pour couvrir leurs habitations. Leurs nervures fournissent une sorte de chanvre grossier, employé pour la fabrication des cordes.

SAGOUIN ou **Sagoin** (*Saguinus*). Genre de Singes américains, voisin des Sapajous et des Ouistitis, ayant la queue non prenante, la tête arrondie, des yeux propres à la vision nocturne, des narines fortement ouvertes latéralement. — Ces Quadrumanes vivent dans les forêts, au milieu des broussailles ou dans les crevasses des rochers. Apprivoisés, ils se font remarquer par leur douceur et leur gentillesse. Quelques espèces sont avides d'insectes et surtout d'araignées.

Les Sagouins forment une tribu qui comprend les genres *Callitriche*, *Saki*, *Brachiure*, etc.

SAIGA (*Saïga*). Sous-genre d'Antilopes, dont les caractères sont les suivants : cornes en spirale, à double ou triple courbure, annelées, sans arête, n'existant que chez les mâles; pas de mufle; larmier; large fossette en avant du cercle orbitaire; pores inguinaux; 2 mamelles; queue courte et sans flocon. — On distingue le SAÏGA DE TARTARIE, qui est intermédiaire entre le Chevreuil et le Daim pour la taille, et qui, dit-on, lorsqu'il veut boire, plonge son museau dans l'eau et aspire celle-ci par les narines; — le SAÏGA DES INDES, qui habite le Thibet. Beaucoup d'autres espèces sont rapportées à ce genre, qui comprend les Antilopes proprement dits de Blainville.

SAIMIRI (*Saïmiris*). Genre de Singes très voisin des Callitriches, comprenant le Saïmiri de Buffon et 3 ou 4 autres espèces ou variétés. Ces quadrumanes sont plus petits et plus élancés que les Sapajous; ils sont aussi plus gracieux et ils passent pour plus intelligents. Leur caractère principal consiste dans le développement de leur crâne et leur cerveau, très considérable eu égard au volume de leur corps. Quelques auteurs ont même pensé que, sous ce rapport, les Saïmiris étaient supérieurs à tous les autres animaux, sans en excepter l'Homme. Mais le cerveau de ces jolis singes est bien inférieur au nôtre et même à celui des Atèles et des Sajous par sa conformation et le manque de circonvolutions.

Les Saïmiris appartiennent à l'Amérique. Ainsi que le dit Buffon, ce sont les plus jolis et les plus mignons de tous les Singes par la gentillesse de leurs mouvements, leur petite taille, la couleur brillante de leur robe, la grandeur et l'expression de leurs yeux et leur visage arrondi. Ils sont doux et très affectueux. Quand on leur parle pendant quelque temps, ils écoutent avec une grande attention, et bientôt ils portent les mains aux lèvres de la personne qui s'adresse à eux, comme s'ils

Fig. 1190. — Saïmiri.

voulaient essayer, dit de Humboldt, d'y surprendre les paroles à mesure qu'elles s'échappent. Ces animaux sont très recherchés, mais rares.

Le SAÏMIRI SCIURIN est de la Guyane et du Brésil; il a le pelage d'un gris olivâtre, avec le museau noirâtre, et les bras, ainsi que les jambes, d'un roux vif; sa tête et son tronc réunis sont longs de 30 cent. au plus; sa queue en a 34 à 35.

Le SAÏMIRI ENTOMOPHAGE est de la Bolivie et du Pérou. Ses formes sont grêles et gracieuses comme celles des autres, mais sa queue est un peu plus longue. Il voyage par grandes troupes et se nourrit principalement d'orthoptères et d'araignées.

SAINFOIN (*Hedysarum*). Genre de Légumineuses papilionacées, renfermant des Plantes fourragères, herbacées ou sous-frutescentes, qui habitent les parties tempérées et un peu froides de l'hémisphère septentrional : feuilles ailées avec une impaire dans les espèces européennes; fleurs assez grandes, purpurines, blanches ou d'un blanc jaunâtre, formant des épis ou grappes axillaires : calice à 5 divisions, carène assez grande, obtuse, aplatie; ailes courtes; gousses de plusieurs pièces, monospermes.

Les principales espèces sont : le SAINFOIN DES PRÉS, ou *Esparcette* (*H. honobrychis*), commun en France, à racine vivace, pivotante; à tiges droites, hautes de plus de 6 décimètres; à feuilles alternes, pennées; à fleurs rougeâtres, en épis, portées par de longs pédoncules: il donne un excellent fourrage; — le S. D'ESPAGNE OU A BOUQUETS (*H. coronarium*), à fleurs rouges : il est originaire d'Espagne et d'Italie, et cultivé dans ces pays comme fourrage, sous le nom de *scilla;* on l'a introduit dans les départements du midi de la France, où il est souvent confondu avec la Luzerne; — le S. ALHAGHI (*H. alhaghi*), l'*Agoul* des Arabes, indigène à l'Asie et à l'Afrique : c'est un buisson épineux et rabougri, qui exsude, durant les chaleurs de l'été, par ses branches et ses feuilles, un suc blanc concret, d'une saveur sucrée, dit *Manne de Perse;* les Asiatiques estiment beaucoup cette substance, qu'ils font entrer dans leurs aliments ; — le S. OSCILLANT (*H. gyrans*), originaire des bords du Gange : il est remarquable par l'oscillation perpétuelle des deux petites folioles qui, de chaque côté du pétiole, accompagnent la grande foliole impaire, et par la contraction de cette dernière, qui se baisse dès qu'elle ne reçoit plus les rayons solaires.

SAJOU. — V. *Sapajou.*

SAKI (*Pithecia*). Genre de Quadrumanes, de la division des Singes américains, très voisins des Brachyures, ayant beaucoup d'analogie avec les Sapajous, dont ils diffèrent essentiellement en ce que leur queue n'est nullement prenante ; se distinguant des Callitriches ou Sagouins proprement dits, par leur queue qui est couverte de longs poils touffus ; enfin ne différant des Brachyures qu'en ce que leur queue est le double en longueur de la leur

Les Sakis ont reçu les noms de *Singes à queue*, de *Renard* et de *Singes de nuit*. Ils sont presque

Fig. 1191. — Saki.

nocturnes et vivent dans les vastes forêts de la Guyane et du Brésil, où ils se nourrissent d'insectes et de fruits. Ils recherchent aussi avec ardeur les ruches des mouches à miel. — Les Sakis

forment deux sections : 1º les *Sakis proprement dits*, dont la queue est à peu près aussi longue que le corps ; — 2º les *Brachyures*, qui ont une queue courte (d'où leur est venu leur nom) et qui sont principalement remarquables par leur longue barbe et par leur chevelure épaisse et rabattue sur le front.

SALAMANDRE (*Salamandra*). Genre de Reptiles de l'ordre des Batraciens urodèles, dont voici les caractères : corps allongé et terminé par une longue queue ; 4 pattes latérales de même longueur, non palmées, munies de 4 doigts dépourvus d'ongles ; tête aplatie ; oreilles entièrement cachées sous les chairs et dépourvues de tympan ; mâchoires et palais armés de dents nombreuses et petites. — Les Salamandres constituent une famille (les *Salamandrites*) qui comprend : 1º les *Salamandres terrestres* ou proprement dites ; 2º les *Salamandres aquatiques* ou *Tritons*. — V. ce mot.

Les Salamandres proprement dites se distinguent des Tritons par leur queue qui est ronde ; elles ne se tiennent dans l'eau que pendant leur état de Têtard qui dure peu ; et quand elles veulent mettre bas, elles ont de chaque côté de l'occiput une glande analogue à celle des Crapauds. — La SALAMANDRE COMMUNE (*S. vulgaris*) est de la taille d'un Lézard. Elle passe sa vie sous terre ; on la voit souvent au pied des vieilles murailles, mais elle s'écarte peu de son trou. C'est pendant la pluie ou le soir seulement qu'elle sort de sa retraite pour aller chercher les vers et les autres petits animaux dont elle se nourrit. Elle

Fig. 1192. — Salamandre terrestre.

habite la France, l'Allemagne et les régions plus chaudes de l'Europe méridionale, et se trouve dans les bois touffus des hautes montagnes et dans les fossés. On la rencontre également sous les pierres et les racines des arbres, ainsi que dans les trous des vieilles murailles. Elle craint l'ardeur du soleil ; jetée dans l'eau, elle vient respirer à la surface à chaque instant et cherche à en sortir immédiatement. C'est d'ailleurs un être faible,

craintif, que l'on dit sourd et aveugle ; on ne lui a jamais entendu jeter un cri ; son allure est stupide, il marche toujours droit devant lui, quel que soit le danger qui le menace. Ce Batracien est ovovivipare ; il n'y a pas d'accouplement réel entre les deux sexes ; mais la liqueur fécondante pénètre dans les organes génitaux et les œufs éclosent intérieurement.

Les poëtes se sont emparés de la Salamandre

pour l'entourer de récits extraordinaires et en faire l'emblème de divers sentiments. Cependant elle est, à cause de son aspect muqueux, gluant, un objet de répulsion et de dégoût. Elle jouit de la faculté de faire sortir de la surface de son corps une humeur blanchâtre, d'une odeur forte, qui lui sert, dit-on, de défense contre ses ennemis. Lorsqu'on jette une Salamandre sur les charbons ardents, l'humeur qu'elle répand devient alors très abondante et semble la garantir de l'action du feu pendant quelques instants. De cette observation est née sans doute la fable qui nous représente cet animal comme incombustible. Mais la sécrétion cesse bientôt, et la Salamandre périt dans d'horribles convulsions.

Il est plusieurs autres espèces, qui, presque toutes, sont étrangères à l'Europe et appartiennent à l'Amérique.

SALANGANE. Espèce du genre Hirondelle, ou mieux genre distinct, à bec petit, bombé en dessus, concave en dessous ; ailes aiguës ; queue à peine échancrée, etc. — La Salangane comestible est cet oiseau de l'archipel des Indes qui attache aux parois des cavernes son nid que les Chinois regardent comme un aliment très substantiel et qu'ils vendent fort cher. Ce nid, dont les matériaux sont peu connus, se dissout dans l'eau comme de la gélatine et sert à préparer une sorte de consommé, d'un goût très agréable.

SALEP. Fécule fournie par les bulbes de plusieurs *Orchis*.

SALICACÉES. Famille de Plantes dicotylédones apétales, composée de grands arbres à feuilles alternes, simples, stipulées ; à fleurs unisexuées et disposées en chatons. Les fleurs mâles se composent de 2 à 20 étamines placées à l'aisselle d'une écaille ; les femelles consistent en un pistil fusiforme, terminé par 2 stigmates. Le fruit est une petite capsule allongée à 1 ou 2 loges, et bivalve. — Deux genres : *Saule* et *Peuplier*.

SALICOQUE. — Genre de Crustacés décapodes macroures, que l'on confond le plus souvent avec les *Crevettes* et les *Palémons.* — V. ces mots. — Toutefois le corps des Salicoques est plus mou, arqué et comme bossu.

SALMONÉS ou **SALMONIDES.** Famille de Poissons malacoptérygiens abdominaux, dont le *Saumon* (V. ce mot) est le genre type, et qui comprend encore l'*Éperlan*, le *Lodde*, l'*Ombre*, l'*Argentine*, etc. — Ces Poissons ont le corps oblong ; la première dorsale garnie de rayons mous, la deuxième adipeuse et sans rayons. Ils vivent généralement dans la mer ; mais, à l'époque du frai, ils remontent les rivières et vont, franchissant les cascades, les écluses, déposer leurs œufs jusque près de leurs sources, dans des trous qu'ils creusent exprès.

SALSEPAREILLE (*Salseparilla*, du nom d'un médecin espagnol qui aurait introduit cette plante en Europe). Genre de la famille des Smilacées ; racines très allongées, composées de fibres dé-

Fig. 1193. — Salsepareille.

liées, nombreuses et d'un blanc cendré ; des tiges sarmenteuses fort longues, ligneuses, anguleuses, roussâtres, portant des aiguillons droits et très aigus ; feuilles simples, alternes, découpées en cœur et munies de vrilles très fines ; fleurs blanches, très nombreuses et réunies en ombelles ; fruits globuleux, bleuâtres, renfermant une ou deux graines.

« C'est une plante qui croît naturellement dans les parties les plus chaudes de l'Amérique méridionale, au Mexique, au Pérou, au Brésil, et qui nous a été envoyée au quinzième siècle par les Espagnols, comme étant un remède faisant merveille en Amérique dans les affections par cause vénérienne. Oubliée pendant à peu près deux siècles, la Salsepareille se cacha dernièrement dans le fameux *Rob de Laffecteur*, dont elle était, dit-on, l'un des principaux ingrédients. Enfin, on sait ce que des pharmaciens de Paris ont dit et fait pour l'honneur de la Salsepareille. Le temps fera justice de ce qu'il peut y avoir d'exagéré et conservera ce qui est réellement bon, si toutefois il y a quelque chose de tel dans cette affaire, qui sent beaucoup plus la spéculation que l'art de guérir. »

SALSIFIS (*Tragopogon*). Genre de la famille des Composées, section des Chicoracées, se compose de plantes potagères bisannuelles que l'on cultive pour leurs racines : tige herbacée, fistuleuse, haute de 6 décim. ; feuilles alternes lancéolées, d'un vert glabre; fleurs en capitules portées sur un pédoncule : calice composé de 8 à 10 folioles, toutes égales, fort longues, placées sur un seul rang; semences prolongées en un long pédicule, qui soutient une aigrette plumeuse.

Le SALSIFIS DES PRÉS (*T. pratense*) est une grande et belle espèce, commune dans les contrées tempérées et septentrionales de l'Europe, au milieu des prés, où elle fleurit en mai et en juin : capitules d'un beau jaune, bruns en dessous; feuilles longues, étroites, aiguës, sessiles, creusées en gouttière vers leur base. Ce Salsifis passe pour apéritif : il est rempli d'un suc laiteux très doux. On en mange les jeunes pousses dans le Nord, ainsi que les feuilles et les racines; leur saveur se rapproche beaucoup de celle de la Scorsonère. Tous les bestiaux en sont avides, excepté les chèvres. — Le S. BLANC OU A FEUILLES DE POIREAU (*T. porrifolium*) se cultive dans les jardins pour ses racines, qui sont blanches tant en dedans qu'en dehors ; elles fournissent un aliment sain et léger, moins savoureux que la Scorsonère. Elles passent pour apéritives, diurétiques, pectorales. Ses fleurs sont d'un pourpre violet. — Le S. A GROS PÉDONCULES (*T. major*), à fleurs jaunes ; — le S. A FEUILLES DE SAFRAN (*T. crocifolius*), dont les fleurs sont bleues ou violettes ; — le S. DALECHAMP (*T. Dalechampii*), propre à orner nos parterres par ses grandes fleurs d'un beau jaune de soufre, un peu rougeâtres en dehors, sont des espèces peu employées.

SALTIGRADES ou SAUTEUSES. Tribu d'Arachnides pulmonaires, de la famille des Aranéides fileuses, renferme des araignées qui ont les pieds propres au saut, et qui marchent par saccades, s'arrêtant tout court après avoir fait quelques pas, et se haussant sur les pieds antérieurs. Elles s'élancent par bonds sur leur proie. — Cette tribu renferme les deux genres *Érise* et *Saltique* ou *Atte*.

SAMARE. On donne ce nom au fruit qui consiste en une capsule coriace et membraneuse comprimée, à 1 ou 2 loges, ne s'ouvrant point, et munie d'ailes sur les côtés ou terminée par une languette foliacée. Tel est le fruit de l'Orme, celui du Frêne, de l'Érable, etc.

SANDERLING (*Calidris*). Genre d'Échassiers, dont les caractères sont les mêmes que ceux des Maubèches, si ce n'est que le pouce est rudimentaire ou nul. — Le S. DES SABLES (*C. arenaria*) ou *S. variable* habite le nord du continent européen, et visite la France en automne et en hiver. Son plumage, variable, est grisâtre en dessus, blanc en dessous et au front, en hiver, avec les ailes noirâtres variées de blanc ; en été, le dos est tacheté de fauve et de noir, et la poitrine piquetée de noirâtre.

SANG. Le Sang est un liquide qui remplit le système entier des vaisseaux artériels et veineux : il est d'une couleur rouge, tantôt claire et vermeille (dans les artères et les vaisseaux capillaires), tantôt foncée et comme noire (dans les veines); il est assez épais, d'une saveur salée un peu nauséeuse et d'une odeur *sui generis*. Le sang est constitué par deux parties : l'une, liquide, transparente, appelée *plasma;* l'autre, constituée par une multitude de petites molécules microscopiques qui sont les *globules*.

Le *plasma* contient, à l'état de dissolution dans le sang, de la *fibrine*, matière incolore qui se coagule spontanément quand le liquide sanguin est extrait de ses vaisseaux ; en se coagulant, la fibrine emprisonne les globules dans les mailles de son tissu, et c'est à ce *coagulum*, qui contient à la fois et les globules et la fibrine, qu'on donne le nom de *caillot*. La partie liquide et non coagulable dans laquelle nage le caillot est le *sérum;* il contient, à l'état de dissolution, une quantité assez considérable d'*albumine*, ainsi que d'autres matières azotées ou non azotées, qu'on groupe généralement sous la désignation générale de *matières extractives*, *matières grasses* et *sels* divers. Nous ne croyons pas devoir énumérer toutes ces matières ni indiquer les procédés à l'aide desquels on les obtient : ce serait nous engager dans des considérations que ne comporte pas le but de cet ouvrage. Reprenons.

Les globules du sang sont de deux sortes : les rouges et les blancs. Les globules *rouges*, infiniment plus nombreux que les autres, sont constitués, chez l'Homme et chez la plupart des Mammifères, par de petits *disques aplatis*, un peu renflés sur leur circonférence : une enveloppe et un contenu coloré les constituent. L'enveloppe, ainsi que le liquide visqueux contenu dans l'intérieur des globules, sont constitués par une substance albuminoïde, qui offre toutes les propriétés chimiques des matières azotées neutres. Quant à la matière qui donne au contenu sa couleur, elle n'existe dans le globule qu'en quantité très faible : c'est l'*hématosine* ou matière colorante des globules ; elle renferme une petite quantité de sesqui-oxyde de fer. — Les globules *blancs*, peu nombreux, sont *sphériques* et *incolores;* ils ont la plus grande analogie avec les globules du chyle et de la lymphe, sinon une identité complète, car il est extrêmement probable que ces globules ne sont que ceux du chyle et de la lymphe, versés dans le torrent circulatoire par le canal thoracique, et qui n'ont pas encore disparu, d'autant plus que le nombre de ces globules est manifestement plus considérable dans le sang des animaux, à l'époque où se fait l'absorption, que dans toute autre période. On admet que les globules forment, dans le sang vivant, en moyenne, 50 p. 100 de la masse totale de ce liquide. Joignons à tous ces éléments une grande proportion d'eau, et nous aurons du sang une idée complète.

Ainsi, d'après les analyses de M. Dumas, le sang de l'homme, extrait des veines du bras, contient sur 1,000 parties : eau, 790 ; globules, 127 ; fibrine, 3 ; albumine , 70 ; matières extractives, matières grasses et sels divers, 10.

Ce n'est pas tout. Le sang contient encore des gaz à l'état de dissolution, à peu près comme l'air atmosphérique l'est dans l'eau : ces gaz sont l'*oxygène*, l'*azote* et l'*acide carbonique*. Leur origine ressort de l'examen des produits gazeux de l'expiration : l'oxygène vient de l'air atmosphérique ; l'acide carbonique et l'azote résultent des mutations et des combustions qui s'accomplissent dans l'économie. — V. *Respiration*.

Le sang veineux diffère du sang artériel. Le sang veineux, c'est-à-dire le sang qui arrive de toutes les parties du corps au poumon, est d'une couleur rouge-brun, contenant de l'hydrogène et du carbone en excès ; après l'hématose, c'est-à-dire après qu'il a reçu l'influence vivifiante de la respiration, il est d'un rouge vermeil, plus fibrineux et plus coagulable, phénomènes dus à l'absorption de l'oxygène de l'air. Mais la coloration du sang est intimement liée avec l'espèce des gaz qu'il tient en dissolution, et l'on doit s'attendre à trouver des différences entre le sang artériel et le sang veineux, eu égard à la proportion relative des gaz qu'ils contiennent, et qu'ils reçoivent dans les différentes parties du trajet circulatoire.

Le *sang, dans la série animale*, présente des différences très notables. Dans les quatre classes d'animaux vertébrés, les globules sont la partie colorante du sang, et ont une teinte rouge ; le plasma est incolore. Chez les invertébrés, le sang contient aussi des globules, mais incolores. Dans quelques Annélides et Mollusques, le plasma est coloré en rouge, en jaunâtre, en verdâtre, en bleuâtre. — V. *Circulation* et *Respiration*.

SANG-DRAGON. — V. *Dragonier*.

SANGLIER (*Sus scrofa*). Espèce type du genre Cochon ; se reconnaît à ses formes épaisses, à ses allures pesantes, à la longueur de sa tête, à la raideur de ses soies, à sa queue médiocre, ne faisant pas un tour sur elle-même comme celle du Cochon ; à ses canines saillantes, etc. — Les Sangliers sont assez communs dans tous les pays chauds et tempérés de l'ancien continent, excepté en Angleterre. Ils passent leurs journées dans les forêts, choisissant leur *bauge* dans les endroits les plus sombres et les lieux humides, et ne sortant que le soir pour aller chercher leur nourriture. Les champs et les vignes ne sont pas à l'abri de leurs dévastations : en une nuit, une récolte peut être détruite par ces animaux. Ils se nourrissent de fruits sauvages, de racines et de grains ; ils fouillent le sol, comme les Cochons, mais plus profondément. Pressés par la faim, ils dévorent lapins, lièvres et perdrix.

Les Sangliers ont un naturel farouche, des mœurs sauvages. Ils sont d'une grande hardiesse dans le danger ; mais, non inquiétés, ils sont paisibles, dormant le jour, se promenant la nuit.

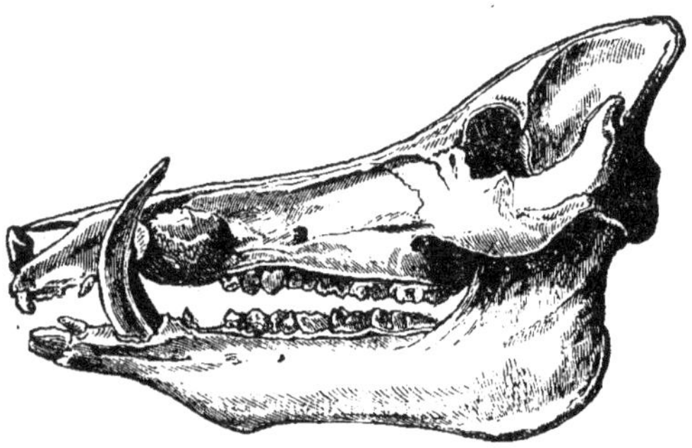

Fig. 1194. — Tête de Sanglier.

Ils vivent par petites troupes composées d'un mâle, d'une femelle ou *Laie*, et de quatre à dix petits, qui portent une livrée jusqu'à six mois, et qu'on nomme *Marcassins*. Dans le temps du rut, les mâles se livrent entre eux des combats terribles, qui ne se terminent le plus souvent que par la mort du plus faible. Pris jeune, le Sanglier, tout en conservant sa rudesse et sa brusquerie, est susceptible de s'apprivoiser et de reconnaître celui qui le soigne.

Le Sanglier doit être considéré comme la sou-che de nos races de Cochons domestiques. On en distingue trois espèces principales : le *Sanglier d'Europe*, d'où proviennent les races susdites et toutes leurs variétés ; — le *S. d'Éthiopie*, que sa tête aplatie et très élargie rend difforme ; — le *S. à masque*, qui est le *Phacochère*. — V. ce mot.

Le caractère vindicatif du Sanglier rend sa chasse dangereuse ; les meutes et les chasseurs eux-mêmes sont très exposés.

SANGSUE (*Hirudo*). Genre d'Annélides hirudinés, à corps allongé, rétréci, déprimé en avant, formé de 95 anneaux égaux, lisses ou granuleux; tête continue avec le corps ; bouche terminale bilabiale, lèvre supérieure prolongée , formant

Fig. 1195 — Sangsue.

ventouse avec l'inférieure ; trois mâchoires demi-circulaires, pourvues de deux séries marginales de dentelures fines et aiguës ; ventouse postérieure circulaire ; anus un peu dorsal.

Les Sangsues sont des animaux aquatiques que l'on trouve dans tous les pays du monde ; le plus grand nombre d'espèces habitent les eaux douces, les rivières, les marais , où elles nagent avec aisance en oscillant comme de petits serpents, ou bien rampant sur les surfaces qu'elles rencontrent au moyen de leurs ventouses. Ces annélides présentent plusieurs points oculaires, espèces d'yeux placés à la face supérieure des premiers anneaux du corps. Ils ont le tube digestif étendu dans toute la longueur du corps, le système nerveux ganglionnaire placé en dessous. Ils sont androgynes : chaque individu est muni d'un pénis qui sort entre le 24e et le 25e anneau, et d'une vulve placée entre le 29e et le 30e ; cependant la fécondation nécessite l'accouplement de deux individus qui donnent et reçoivent en même temps. Les œufs, au nombre de 6 à 24, sont contenus dans une masse gélatineuse que renferme un cocon corné, sécrété par deux petites glandes ouvertes sur le dos, un peu en arrière de l'orifice de la matrice, cocon que l'animal dépose dans un creux conique qu'il a préparé d'avance dans la vase.

Les espèces de Sangsues sont assez nombreuses : la plus intéressante est la Sangsue médici-

nale (*H. sanguisuga*), qui se fixe sur les animaux, les chevaux, l'homme même, lorsqu'ils pénètrent dans l'eau où elle se trouve, et dont l'emploi en thérapeutique est connu de tout le monde. Cette espèce présente des variétés , telles que la *S. grise*, la *S. verte*, la *S. noire*, qui sont toutes bonnes. Mais il est des espèces qui ne sucent jamais le sang des animaux supérieurs, elles font la chasse aux vers aquatiques , aux lombrics. Il n'y a pas de Sangsues venimeuses, c'est à tort que les anciens et le vulgaire en ont reconnu l'existence ; les petits accidents inflammatoires ou purulents qui succèdent aux piqûres de ces annélides doivent être rattachés à l'état particulier des malades. — Considérées sous le rapport de leur utilité en médecine, des soins qu'elles exigent avant, pendant et après leur emploi, les Sangsues demanderaient un long article qui sortirait des limites qui nous sont imposées.

SANGUINAIRE (*Sanguinaria*). Genre de la famille des Papavéracées, tribu des Argémonées, ainsi nommé à cause de la couleur rougeâtre du suc âcre et narcotique fourni par toutes ses parties. C'est une petite plante herbacée d'un aspect agréable , originaire du Canada, qu'on cultive dans nos jardins sous le nom de *Grande Célandine* : racine épaisse, traçante, cylindrique, d'où sort une feuille unique, radicale, presque ronde, d'un vert noirâtre en dessus, d'un blanc bleuâtre en dessous, traversée par des nervures très ramifiées et rouges ; hampe ou tige nue, grêle et longue, portant une fleur blanche assez grande, à pétales très ouverts et à étamines nombreuses. — La Sanguinaire s'emploie en médecine comme émétique. Elle sert aussi à teindre la soie et la mousseline en couleur orangée.

SANGUISORBE (*Sanguisorba*). Genre de Rosacées, plantes herbacées, fort souvent confondues avec les Pimprenelles. — Sur les six ou sept espèces du genre, deux au moins sont admises dans nos cultures . l'une, qui croît spontanément dans les pâturages de toute l'Europe, est la Sanguisorbe commune (*S. officinalis,*), où elle est descendue du haut des montagnes sous le nom vulgaire de Pimprenelle d'Italie; — l'autre, originaire du nord d'Amérique, est la Sanguisorbe du Canada (*S. Canadensis*); elle est plus haute que la précédente, et comme ses épis cylindriques de fleurs blanches produisent un assez bel effet pendant la floraison en juin, juillet et août, on lui donne place dans quelques jardins paysagers. Toutes deux plaisent aux bœufs, aux vaches et aux moutons ; toutes deux servent à la teinture, comme donnant, par la décoction de leurs fleurs, unie à de l'alun, un très beau gris sur la soie, la laine et le coton.

SANICLE (*Sanicula*). Genre d'Ombellifères ; tiges simples, grêles, nues ou ne portant que 1 ou 2 feuilles ; celles-ci sont radicales, en rosette, à long pétiole, palmées, glabres, lobes dentés incisés, dents terminées par une soie raide; fleurs blanches, petites, la plupart mâles, quoique avec mélanges de fleurs hermaphrodites : calice à 5 lobes foliacés; 5 pétales réfléchis; 5 étamines; 2 styles; fruit globuleux hérissé de pointes.

La Sanicle croît dans les lieux ombragés, montueux, dans les buissons et les bois. Elle montre ses fleurs en juin-juillet. Peu odorante, elle est douée au contraire d'une saveur acerbe, amère, surtout dans sa racine qui est grosse, noueuse et très brune. Cette plante a été excessivement vantée comme vulnéraire, cicatrisante, propre à guérir le cancer, les fractures, etc.; mais elle n'est qu'astringente et moins utile que beaucoup d'autres. On ne la trouve plus dans les officines.

SANSONNET. — V. *Étourneau.*

SANTAL (*Santalum*). Nom donné dans le commerce à trois sortes de bois qui nous sont apportées des Indes. On distingue le *Santal citrin*, le *S. blanc* et le *S. rouge.* Le *S. citrin* est un bois pesant, compacte, à fibres droites : sa couleur est

Fig. 1196. — Aralie (Faux-Santal).

d'un jaune fauve, sa saveur est amère et son odeur semble être un mélange de musc, de citron et de rose. On en extrait, par la distillation, une huile volatile d'une odeur très forte. Le *S. blanc* ne diffère du précédent que par sa couleur plus pâle

et son odeur plus faible. Le *S. rouge* est un bois solide, dense, pesant, à fibres tantôt droites, tantôt ondées et imitant les vestiges des nœuds; il n'a aucune odeur sensible; sa saveur est légèrement astringente et austère.

Les botanistes ne sont pas d'accord sur la nature des arbres qui produisent le Santal. L'opinion la plus commune est que le Santal blanc et le Santal citrin sont dus à deux espèces d'un même genre, dont on a fait le type de la famille des *Santalacées.* Quant au Santal rouge, il serait dû à une espèce de Ptérocarpe, le *Pterocarpus santalinus.*

Dans tout l'Orient le Santal est recherché comme parfum. On le brûle dans des cassolettes; réduit en poudre et mêlé à la colle de riz, il constitue les bougies parfumées des Chinois; ces derniers l'emploient aussi à la fabrication des cercueils. Les Indiens lui attribuent des propriétés sudorifiques et stimulantes. En Europe, on ne l'emploie guère qu'à la fabrication de coffrets, boîtes à parfums et aux menus ouvrages de tabletterie et de marqueterie.

Les Indiens appellent *Santal faux* l'écorce de l'Aralie à grappes, qui est substituée au véritable Santal, pour l'usage de la médecine.

SAPAJOU ou **Sajou** (*Cebus*). Genre de Mammifères de l'ordre des Quadrumanes, division des Singes américains, séparé des genres Alouate, Atèle et Ériode que Linné confondait. Ils sont plus petits que les Atèles, moins grêles dans leurs formes; leur tête est ronde, souvent recouverte d'une calotte de poils plus foncés en couleur que ceux du reste du corps; museau court, narines très écartées l'une de l'autre; queue médiocrement volubile; l'os hyoïde est de forme ordinaire.

Les Sapajous habitent la Colombie, la Guyane, le Brésil et le Pérou. Ils sont lestes, mais peu turbulents; ils vivent de fruits, de graines, d'insectes, d'œufs, etc. Ils se réunissent par troupes dans les forêts, où les Ocelots, les Chatis et d'autres carnivores leur font la chasse. Leur intelligence, leur douceur, leur familiarité curieuse les rendent agréables et les font rechercher. Ces animaux s'habituent facilement à la domesticité, et l'on en porte dans toutes les parties du monde. Les musiciens ambulants les promènent avec eux et leur font exécuter des tours souvent fort curieux, comme de saluer, de porter les armes, de monter à cheval sur le dos des chiens. Les personnes qui aiment les Singes préfèrent en général les Sajous à ceux de presque tous les autres genres, et surtout aux Pithéciens. On cite, comme trait d'intelligence de ces animaux, ce Sapajou qui, tenant une noix dans sa main, chercha à la briser en la frappant contre du bois, puis, ne réussissant pas, contre une barre de fer qu'il jugea être plus dure. — La nomenclature de ces petits Singes est fort difficile, leurs dents et leur crâne n'offrant pas de caractères distinctifs bien certains pour les séparer en espèces.

Le **Sapajou-Sajou** (*C. apella*), *Sajou brun* de Buffon, n'a guère plus de 35 cent. de long ; sa queue offre pareille longueur ; pelage généralement brun, plus clair en dessous. — C'est l'espèce de ce genre la plus anciennement connue, celle que l'on montre dans les rues des grandes villes, affublée de costumes et astreinte à faire des tours. Ce petit animal se trouve à la Guyane

Fig. 1197. — Sapajou ou Sajou.

française et à la Terre-Ferme. Silencieux d'ordinaire, il fait entendre de temps en temps un petit sifflement ; contrarié, sa voix devient forte et glapissante, et il prononce distinctement les syllabes *pi ca rou, pi ca rou*. Le Sajou est monogame ; il a quelquefois reproduit en France.

SAPHIR. — V. *Corindon*.

SAPIN (*Abies*). Genre d'arbres élevés, de la famille des Conifères, différant très peu des Pins, quant à l'organisation des fleurs, des strobiles et des graines, mais s'en éloignant incontestablement par leur aspect général, par les écailles de leurs strobiles qui sont amincies et arrondies en leur bord, par leurs chatons mâles simples, isolés et solitaires, leurs feuilles raides, éparses, toujours vertes ou caduques, un peu courtes et dépourvues de gaînes particulières à la base, ainsi que par leurs fruits, qui tous mûrissent dans l'espace d'une année.

Les Sapins croissent naturellement dans les pays froids ; ils ne paraissent témoigner aucune préférence pour un sol quelconque. Leur croissance, lente dans les premières années, devient plus rapide de 12 à 30 ans ; à cent ans, le Sapin est un arbre parfait. Il ne faut point élaguer les Sapins ; leurs branches inférieures se dessèchent naturellement, et il se forme à leur place un nœud qui se cicatrise assez promptement en se recouvrant d'écorce. La flèche du Sapin commun ne se reproduit jamais quand elle a été brisée acciden-

tellement ; la Pesse, au contraire, remplace cette perte par un autre rameau latéral, qui se redresse et la remplace. Les Sapins coupés ne fournissent jamais de rejets ; par conséquent, c'est par les semis seulement que l'on peut les multiplier.

Les Sapins supportent les plus grands froids de nos hivers ; mais ils craignent la sécheresse et l'ardeur du soleil. Deux espèces croissent naturellement en France, et ce sont les seules qui soient pour nous d'un véritable intérêt.

Sapin commun ou argenté (*A. pectinata*), vulg. *Sapin*. Grand arbre pyramidal dont la tige s'élance de cent à cent vingt pieds de haut, et qui acquiert à sa base jusqu'à neuf et dix pieds de tour ; ses branches, planes et horizontales, portent des feuilles linéaires, coriaces, plates, d'un vert luisant par-dessus, blanchâtres ou glauques en dessous, et ces mêmes branches sont disposées, par rapport au tronc, comme les bras d'un dévidoir ou les barres d'un cabestan ; les fleurs mâles et les fleurs femelles, car, dans les Sapins, les sexes sont séparés, quoique portés sur le même pied, forment des chatons qui, pour les femelles, sont remplacés par des cônes composés d'un grand nombre d'écailles entre lesquelles les graines sont cachées et tombent dans les premiers jours de novembre.

Le Sapin commun croît naturellement sur toutes les montagnes d'Europe, où on le confond souvent avec les différentes espèces de Pins au milieu desquels il s'élève ; mais il croît aussi, et d'une manière très rapide, dans quelques pays de plaine, tels que les environs de Laigle en Normandie.

Le bois du Sapin commun sert à la charpenterie et à la menuiserie, comme tous les bois blancs ; il sert aussi de bois de chauffage, mais il dégage peu de chaleur et pétille continuellement, ce qui en rend l'usage assez dangereux. Son charbon léger n'est pas fort estimé ; cependant on en prépare de grandes quantités pour le service des forges et des usages domestiques.

2° Le **Sapin élevé** ou *Sapin pesse*, appelé la *Pesse* ou *Picea*. Les différences entre cette espèce et la précédente, en ce qui tient à la disposition des rameaux et des feuilles, seraient difficiles à décrire. Ce sont l'un et l'autre de grands arbres pyramidaux, toujours verts, dont les branches sont disposées à peu près de la même manière ; mais, dans le *Sapin pesse*, les cônes sont pendants au lieu de se dresser vers le ciel, et cette seule différence suffit, après tout, pour faire distinguer ces deux arbres au premier aspect. Cependant, si l'on veut y regarder de plus près, on s'apercevra que les feuilles du Sapin commun sont plates, et que celles du Sapin élevé ou de la Pesse sont quadrangulaires, qu'elles sont placées tout autour des rameaux, tandis que celles du Sapin commun sont disposées sur deux rangs comme les barbes d'une plume.

Les forêts de Sapins bien aménagées se repeuplent d'elles-mêmes par les graines qui tombent des vieux arbres, et qui produisent tant de jeunes sujets que l'on est forcé de les éclaircir.

Le bois du Sapin pesse s'emploie à une foule d'usages ; et comme cet arbre abonde dans les Vosges, ainsi que le Sapin commun, on les confond dans les divers emplois que l'on en fait, soit pour la charpente, la menuiserie, la boissellerie et la bimbeloterie. On expédie jusque dans les colonies cette foule de vaisseaux cerclés et composés de douelles de Sapin. Toutes les petites boîtes rondes, plates ou ovales, dans lesquelles on enferme les dragées, les confitures sèches, les fruits de la Provence, les jouets d'enfants dits joujous d'Allemagne, les mèches de veilleuses et une foule d'autres marchandises, sont faites avec des lanières de Sapin que l'on plie et que l'on assujettit ensuite avec de petites attaches de fer-blanc. C'est avec le bois de Pesse que les luthiers font toutes les tables sonores et d'harmonie des violons, des basses, des harpes et des pianos ; et, dans cet état, on lui donne fort mal à propos le nom de *Sapin de Hollande*.

Les Sapins, comme les différentes espèces de Pins, fournissent des produits résineux plus ou moins précieux. La *térébenthine* et son *essence*, la *colophane*, la *poix blanche* et le *noir de fumée*, tous produits que nous avons déjà trouvés dans le Pin maritime, se retrouvent également dans les Sapins, et s'exploitent à peu près de la même manière, excepté la térébenthine cependant, qui, dans les Sapins, forme des espèces de loupes ou de vésicules sous l'épiderme de l'écorce à l'époque de l'ascension de la sève, et que l'on recueille au moyen de cornets dont le fond est clos et dont la pointe est ouverte et tranchante ; des hommes exercés à cette récolte montent sur les pins et crèvent les ampoules avec ces cornets dans lesquels la térébenthine s'écoule. (BRARD.)

SAPONAIRE (*Saponaria*). Genre de la famille des Caryophyllées ; plantes herbacées, vivaces ou annuelles, à tige glabre, à feuilles elliptiques ou lancéolées ; fleurs en cyme lâche ou en fascicules disposés en panicule : calice tubuleux, cylindrique ou anguleux, à 4-5 dents, dépourvu de calicule ; corolle à 5 pétales longuement onguiculés, munis ou non d'écailles au-dessus de l'onglet ; étamines 10 ; styles 2 ; capsule s'ouvrant au sommet par 4 valves.

SAPONAIRE OFFICINALE (*S. officinalis*). Souche rameuse, traçante ; tiges de 30-60 centim., dressées, rameuses ; feuilles ovales lancéolées ; fleurs roses ou d'un lilas pâle : calice herbacé, cylindrique, à 4 dents, presque bilabié ; pétales munis à la gorge d'écailles subulées dépassant le calice.

La Saponaire croît sur les berges des rivières, aux bords des chemins, et fleurit en juillet-septembre. Sa saveur est légèrement amère, et toutes ses parties, prises en décoction, sont employées comme résolutives, diurétiques et sudorifiques. Les bestiaux ne touchent point à cette plante, que le cultivateur a intérêt à récolter néanmoins,

soit pour brûler et en retirer des cendres riches en potasse, soit pour augmenter la masse des fumiers.

La S. A CINQ ANGLES (*S. vaccaria*), vulg. *Blé de vache*, se fait remarquer par ses feuilles lancéolées, ses fleurs d'un rouge vif épanouies en juillet, et par ses calices pyramidaux à 5 angles.— Cette espèce, qui vit au milieu de nos moissons, est recherchée avec avidité par les vaches.

Fig. 1198. — Saponaire officinale.

SAPOTILLIER ou *Sapotier* (*Sapota*). Genre d'arbres intertropicaux de l'Amérique, de la famille des Sapotacées, dont l'espèce type est le S. COMMUN (*S. achras*). Il exsude de son écorce fauve un suc résineux qui se condense et répand en brûlant une agréable odeur. Le fruit, dit *Sapotille* ou *Nèfle d'Amérique*, est une pomme arrondie ou ovale à peau brune et crevassée, à chair succulente, fondante et sucrée. Il est rafraîchissant et très sain. Ce fruit est divisé en 8 ou 10 loges contenant autant de graines oblongues, luisantes, recouvertes d'une peau noire. Les amandes de ses pépins donnent avec l'eau une émulsion qu'on administre contre les rétentions d'urine et les coliques néphrétiques. L'écorce est fébrifuge.

SARCELLE (*Querquedula*). Espèce du genre Canard, se distinguant des *Canards* proprement dits par sa taille plus petite et ses narines ovalaires situées près du front et rapprochées. — La SARCELLE ORDINAIRE (*Anas crena*), connue sous les noms vulgaires de *Racanette* ou *Mercanette*, est longue de 30 à 40 cent. Son plumage est maillé de noir sur un fond gris. Elle vit de vers, d'insectes et de mollusques, et voyage en troupes souvent nombreuses. Elle est commune en France au printemps et en automne, sur les étangs et les marais. — La SARCELLE D'HIVER, ou *Petite Sarcelle*, n'a guère que 35 centimètres de long, et reste toute l'année en France. Ces oiseaux sont un gibier très estimé.

SARCOPTE (*Sarcoptes*). Nom donné à l'Acarus de la Gale. — V. *Acare, Animalcule*.

SARCORAMPHE (*Sarcoramphus*). Genre de Rapaces, de la famille des Vautours : bec médiocre, recouvert de cire caronculée dans le premier tiers de sa longueur, fortement recourbé à la pointe qui est crochue ; tête, cou et front dénués de plumes et de duvet ; les narines, chez les mâles, surmontées en général de caroncules ; jambes emplumées jusqu'au genou, etc. — Ces oiseaux s'élèvent dans les airs à une hauteur si considérable, qu'on les perd de vue ; mais malgré une si grande élévation, ils découvrent aisément leur proie sur la terre. — Deux espèces seulement, de l'Amérique intertropicale.

SARCORAMPHE PAPA (*S. papa*. Connu depuis longtemps sous le nom de *Roi des Vautours*, ou *Vautour papa*, cet Oiseau est très remarquable par l'éclat et la vivacité des couleurs que revêtent les caroncules et les replis membraneux qui garnissent la base de son bec, sa tête et son cou : ces peaux étant violâtres sur la face, d'un orangé vif sur la tête et derrière les yeux, rouge de feu et jaune doré à la gorge. Du reste, le bec, noir à la base, est rouge dans le surplus de sa longueur ; l'œil à iris blanc est cerclé de rouge ; la crète qui le surmonte, charnue et denticulée, est de couleur orangée ; enfin le plumage, de couleur isabelle en dessus, est blanc de neige en dessous ; les tarses et les pattes sont bleuâtres.

Cet Oiseau habite une grande partie de l'Amérique méridionale, entre les deux tropiques, dont il dépasse un peu les limites, soit au nord, soit au sud. On le trouve communément à la Guyane, au Brésil, au Paraguay, au Mexique et au Pérou. Il se nourrit de reptiles, d'immondices et de charognes. En été, il mange les poissons morts, que les lacs desséchés par le soleil laissent à découvert. Sa chair exhale une odeur tellement fétide, que les sauvages n'ont jamais été tentés d'en manger.

SARCORAMPHE CONDOR. — V. *Condor*.

Fig. 1199-1200. — Sarcelles.

SARDINE (*Clupea sardina*). Poisson du genre Clupe (V. *Clupoïdes*), plus petit que le Hareng, célèbre par la délicatesse de sa chair. Il s'avance par troupes si nombreuses sur les côtes de Bretagne, que la pêche en est très abondante. Cette espèce se trouve non-seulement dans l'océan At-

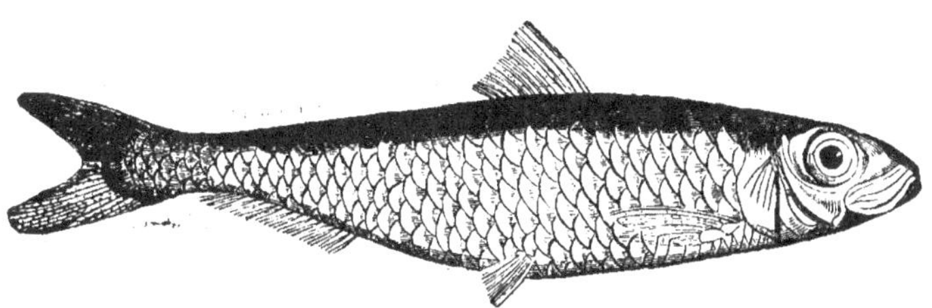

Fig. 1201. — Sardine.

lantique, mais encore dans la Méditerranée, où le Hareng commun n'est pas connu, particulièrement aux environs de la Sardaigne, dont elle tire son nom. Elle se tient dans les profondeurs, et s'approche pendant l'automne des côtes pour frayer. Sa fécondité, vraiment extraordinaire, défie l'énorme consommation que l'on fait de ces poissons à titre d'aliment ou de matière à fournir de l'huile à brûler. Dans ce dernier cas, le détritus de l'opération sert à engraisser la terre.

Les filets dont on se sert pour la pêche des Sardines sont ceux qu'on emploie pour prendre les Harengs, sauf que les mailles sont plus petites. On les jette dans les endroits où l'abondance de ces poissons est indiquée par la présence d'une substance huileuse qui surnage et qui, dit-on, répand, pendant une nuit sombre, une nappe lumineuse par phosphorescence. Nous ne parlerons pas des préparations qu'on fait subir à ces animaux, qui, étant susceptibles de se gâter rapidement après leur sortie de l'eau, exigent qu'on leur enlève tout d'abord les ouïes et les intestins. On mange les Sardines fraîches, salées ou fumées. On nous les expédie des côtes de Bretagne, rangées par lits dans des boîtes de fer-blanc.

SARIGUE (*Didelphis*). Genre de Mammifères, de l'ordre des Marsupiaux, famille des Didelphes; les mamelles sont enveloppées d'une poche abdominale; queue longue, écailleuse et prenante; pieds de derrière non palmés; les tubercules de leurs vraies molaires supérieures ne sont pas très saillants. Les Sarigues sont les plus grands des Didelphiens, quoique leur taille, dans les plus fortes espèces, n'excède pas celle d'un chat domestique. Elles appartiennent au nouveau continent. Elles sont nocturnes et se tiennent sur les arbres. Leur nourriture consiste en fruits, œufs, insectes, mollusques et autres petits animaux. Il y en a plusieurs espèces.

La Sarigue des Illinois (*D. virginiana*), l'une des plus grosses du genre, a 45 cent. de longueur, non compris la queue, qui en mesure autant; son pelage est assez grossier. — On la trouve dans une grande partie des États-Unis.

La S. Crabier (*D. cancrivora*), qui est de même taille à peu près, mais plus brune, vit dans l'Amérique méridionale, au Brésil, à la Guyane. Elle se nourrit surtout de Crabes.

SARRASIN (*Fagopyrum*). Genre de Plantes annuelles, herbacées, de la famille des Polygonacées. Fleurs hermaphrodites, petites, verdâtres, blanches ou rosées, en grappes axillaires et terminales : calice coloré à 5 sépales soudés à la base; étamines, 8, opposées par paires aux 2 sépales extérieurs, et 1 à 1 aux sépales intérieurs; styles 3, filiformes, à stigmates capités; fruit trigone entouré du calice marescent.

Le Sarrasin commun (*F. vulgare*), vulg. *Blé noir*, atteint de 40 à 80 centim. de hauteur; tige dressée, rameuse; feuilles longuement pétiolées, cordées-sagittées; fleurs blanches ou rosées; fruits lisses, trigones, à angles aigus entiers. — Cette plante est annuelle et cultivée en grand dans les terrains maigres, tant pour sa graine, qui contient une farine très blanche, que pour sa paille que les animaux mangent avec plaisir. Avec la farine de Sarrasin, on prépare une bouillie nourrissante, des crêpes excellentes, etc. Les graines sèches engraissent les porcs et la volaille. L'on retire de la fane beaucoup de potasse.

Le Sarrasin de Tartarie (*F. tartaricum*), vulg. *Sarrasin galeux*, est cultivé en grand dans les départements de la Seine-Inférieure et de l'Orne. Sa graine est munie de dents sur ses angles, au lieu d'être lisse. La tige est plus jaune que celle du *S. commun*, et ses bouquets de fleurs plus allongés.

SARRIETTE (*Satureia*). Genre de Labiées; plantes herbacées, indigènes de nos départements méditerranéens : calice campanulé, à 5 dents, tubulé et strié; lèvre supérieure de la corolle un peu échancrée; l'inférieure à 3 lobes; 4 étamines plus courtes que la corolle.

L'espèce principale, la Sarriette des jardins (*Satureia hortensis*) se trouve dans tous les potagers et jardins d'agrément, à cause de ses usages et de son agréable odeur; elle est surtout très commune sur les collines pierreuses du midi de la France : tige presque ligneuse, chargée d'un grand nombre de rameaux disposés en une touffe un peu arrondie; feuilles étroites, linéaires, lancéolées, aiguës; fleurs fort petites, rougeâtres, axillaires, réunies deux ensemble sur un pédoncule commun. — Cette plante est stomachique, diurétique et tonique : on conseille l'infusion des feuilles de ses jeunes rameaux pour fortifier l'estomac; mais son principal usage est de servir d'assaisonnement, surtout pour les fèves de marais. Les Allemands la mêlent à leur *sauerkraut;* elle entre dans la composition des sachets odorants.

La S. des montagnes (*S. montana*) a des fleurs purpurines; elle est rare en France et croît sur les montagnes du Levant et de la Barbarie; son odeur est aromatique et très suave.

SASSAFRAS (*Laurus sassafras*). Espèce du genre Laurier; bel arbre de la Floride et de la Caroline, haut de 12 à 14 mètres : tronc droit; branches très rameuses; feuilles alternes et pétiolées, variant de forme et de grandeur; fleurs petites, jaunâtres et disposées en panicules au sommet des rameaux; fruit drupacé, ovoïde, de la grosseur d'un pois.

Le bois du Sassafras nous arrive d'Amérique en bûches irrégulières, d'un gris de fer, recouvertes d'une écorce légère, cassante et rougeâtre. L'un et l'autre ont une saveur âcre, brûlante, et exhalent une odeur aromatique analogue à celle du fenouil; cette odeur est due à une huile volatile qui s'y trouve en très grande quantité. Le Sassafras est employé en médecine comme stomachique, mais surtout comme sudorifique contre les rhumatismes, les dartres et autres maladies constitutionnelles. On le prescrit aussi dans certaines hydropisies passives.

Le Sassafras réussit dans nos contrées, mais n'y atteint que 7 à 8 mètres.

SATELLITE. Nom donné, en Astronomie, aux planètes secondaires qui font leur révolution autour d'une planète principale, et qui l'accompagnent dans la révolution qu'elle fait elle-même autour du soleil. Les Satellites décrivent autour de leurs planètes principales, comme centre, des ellipses, en observant les mêmes lois que ces planètes principales dans leur mouvement autour du soleil. La *Lune* (V. ce mot) est le Satellite de la Terre. Mercure, Vénus et Mars, n'ont point de satellite; Jupiter en a 4; Saturne, 8; et Uranus, 6. On a aussi annoncé la découverte de Satellites de Neptune.

SATURNIE (*Saturnia*). Genre de Lépidoptères nocturnes, dont les principaux caractères sont : antennes pectinées, plus largement dans les mâles que dans les femelles; corps gros et laineux; trompe nulle. Les quatre ailes étendues presque latéralement, les supérieures laissant à découvert les inférieures. Chenilles glabres, cylindriques, garnies de tubercules surmontés d'un petit bouquet de poils divergents, dont celui du milieu est terminé par une petite massue dans certaines espèces. Chrysalides contenues dans une coque composée de soie grossière, lisse, et ayant ordinairement la forme d'une poire. — Ce genre renferme peu d'espèces, parmi elles nous citerons comme étant la plus remarquable :

La **Saturnie du Poirier** (*S. pyri*) ou *Grand Paon*, est le plus grand de tous les Papillons d'Europe, son envergure est de 14 centim. Ailes grises en dessus, avec l'extrémité d'un brun noirâtre, et une large bordure qui passe graduellement du blanc sale au brun jaunâtre clair; vers le milieu de chaque aile, dans un cercle noir, est un œil également noir embrassé du côté du corps par un arc blanc et un demi-cercle d'un rouge pourpre. Le corps est brun, avec le devant du corselet d'un blanc roussâtre et les anneaux de l'abdomen d'un gris cendré. — On trouve ce papillon en France. Sa chenille, qui vit sur les arbres fruitiers, est d'abord d'un brun foncé, puis verte; elle est garnie de tubercules surmontés d'un petit bouquet de poils. Sa coque est de la forme d'une poire; elle se compose d'une espèce de feutre très gommé de couleur brune, et recouvert de fils entremêlés aussi forts que des cheveux; mais ce qu'elle offre de plus curieux, c'est la manière dont sont disposés les fils du petit bout par lequel le papillon doit sortir. Réaumur compare cette disposition à celle des osiers qui composent les entourages d'une nasse, avec cette différence que ces entourages ferment au poisson le passage par où il est entré, tandis que les fils de la coque laissent librement sortir le papillon, et s'opposent au contraire à l'entrée de tout insecte ennemi. Pour se faire une idée de cette organisation, il faut partager une coque en deux dans toute sa longueur avec des ciseaux. La chrysalide est grosse et courte, d'un brun foncé.

L'insecte parfait éclot ordinairement au bout de neuf mois, c'est-à-dire à la fin d'avril, ou au commencement de mai. Mais, assez souvent, cette éclo-

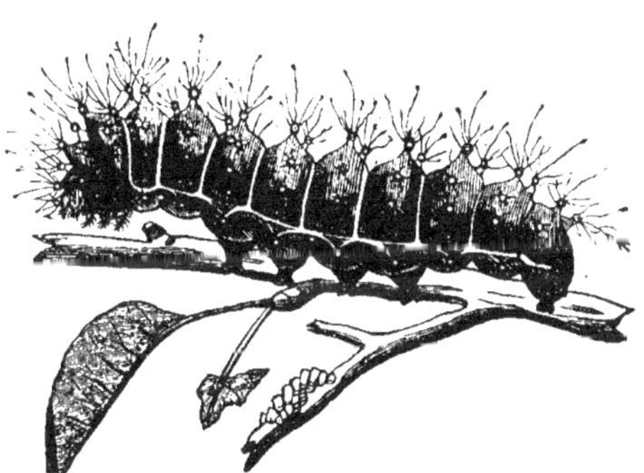

sion n'a lieu que la seconde année, et il arrive même quelquefois qu'elle ne s'opère qu'au bout de trois ans.

La **Saturnie Atlas** est l'espèce de Papillon la plus grande connue : elle se trouve en Chine, où on la désigne sous le nom de *Miroir de la Chine*. La coque de sa chenille, suspendue aux branches des arbres, a l'aspect d'un fruit.

SATYRE (*Satyrus*). Genre de Lépidoptères diurnes, type de la tribu des Satyrides, comprend plus de 200 espèces répandues par tout le globe : antennes terminées par un bouton court et pyriforme, ou par une massue grêle et presque fusiforme; yeux nombreux; teinte généralement sombre. Les chenilles sont atténuées postérieurement, et offrent de chaque côté de l'anus deux petites pointes coniques : le corps est tantôt lisse , tantôt pubescent ; la tête plus ou moins arrondie. — Ces insectes se trouvent surtout dans les lieux secs et arides ; ils volent vite et par saccades. Une espèce qui se trouve en Italie, dans le Piémont et les Cévennes, le SATYRE BRYCE, a une envergure de 7 centimètres ; elle est d'un brun presque noir.

La tribu des Satyrides comprend les genres *Satyre, Arge, Érébie, Chionobante.*

Fig. 1203. — Satyre Circé.

SAUGE (*Salvia*). Grand genre de Labiées ; plantes vivaces , à feuilles opposées , en général grandes, de forme variable ; fleurs de couleurs assez vives, bleues, bleuâtres, roses ou blanches,

Fig. 1204. — Sauge officinale.

disposées en glomérules formant épi : calice à 5 dents , presque bilabié, à gorge nue ; corolle à 2 lèvres, la supérieure en forme de casque, l'inférieure à 3 lobes ; 4 étamines , dont les 2 supérieures rudimentaires, etc. — Ce genre renferme près de 300 espèces , qui fleurissent presque toutes dans le courant de l'été. Elles sont aromatiques, à propriétés toniques, antispasmodiques, emménagogues.

SAUGE OFFICINALE (*S. officinalis*). Plante sous-frutescente, rameuse, pubescente , à fleurs d'un rose lilas ou violacées, en glomérules ou verticilles rapprochés et formant une sorte d'épi ; chaque fleur a une bractée cordiforme aiguë. — La Sauge croît naturellement dans les contrées méridionales de la France, mais on la cultive dans les jardins ; elle fleurit en juin-juillet. Elle est tonique, chaude, aromatique, et agit à la fois comme excitante, emménagogue, antispasmodique, cordiale, diaphorétique , selon les circonstances. Les anciens l'avaient en grande estime ; selon eux, elle chassait les maladies pestilentielles ou en préservait ceux qui en faisaient usage. On l'emploie avec avantage à l'extérieur comme détersif, cicatrisant, stimulant des ulcères atoniques, des plaies blafardes. Son nom lui vient de ses précieuses qualités, car il dérive de *salvare*, sauver.

Les espèces qui viennent ensuite sont la S. DES PRÉS, la S. ORVALE, la S. HORMIN, la S. DESBOIS, etc., dont les propriétés sont analogues, mais moins actives et plus négligées encore.

SAULE (*Salix*). Genre type de la famille des Salicacées ; arbres à feuilles simples et entières , munies à leur base de stipules caduques ; leurs fleurs, qui paraissent avant les feuilles, sont dioïques , les mâles et les femelles sur des individus différents ; mais leur fruit, qui contient des graines entourées de poils soyeux et longs, leur forme un caractère distinctif, important et bien tranché.

La principale espèce est le SAULE BLANC (*S.*

alba), qui s'élève à 10 m. de hauteur, dont le feuillage répand un éclat soyeux et argenté, et dont les fleurs sont recherchées par les abeilles. le bois se brûle, quoiqu'il fournisse peu de chaleur; les branches forment des cercles de tonneau, du charbon pour faire la poudre à canon, etc.; l'écorce est astringente, et employée dans la médecine des pauvres comme succédané du Quinquina.

« Le Saule-osier, *Osier jaune* ou tout simplement l'*Osier*, se distingue de tous les autres par la couleur jaune de ses rameaux. On le cultive très en grand dans certains pays marécageux, et, pour l'ordinaire, on ne lui laisse point pousser de tige; on forme sa tête rez de terre. Les *oseraies* sont d'un très grand rapport aux environs de Bordeaux, où elles utilisent des terrains humides qui ne pourraient pas rapporter d'autres récoltes. — On cultive aussi une autre espèce d'*Osier vert* dont les jets sont plus gros et plus forts, et qui servent à relier les très gros cercles et à clisser les grands *mannequins* et les grandes *banettes* dans lesquels on expédie certaines marchandises.

« Le Saule pourpre (*S. purpurea*) ou *Osier rouge*, se cultive en buisson comme l'Osier jaune, afin d'en obtenir le plus grand nombre possible de jeunes branches, parce qu'il est fort estimé des vanniers, attendu que ses rameaux rouges se fendent bien et qu'ils se prêtent parfaitement au travail du clissage. Il croit naturellement dans les lieux humides, et on le cultive dans les oseraies.

« Le Saule marceau (*S. capræa*), vulg. *Marceau*, devient assez grand; ses feuilles sont moins pointues que les autres; elles sont plissées, co-tonneuses en dessous et finement dentées; leur couleur est le vert bleuâtre. On le recommande pour les terrains crayeux, où il réussit assez bien.

« Le Saule pleureur (*S. babylonica*), connu sous le nom de *Saule de Babylone* ou de *parasol du grand-seigneur*, se fait remarquer par la finesse et la longueur de ses rameaux qui tombent jusqu'à terre, et qui sont garnis dans toute leur longueur par des feuilles pointues et allongées, d'un vert un peu jaunâtre. Ce Saule, originaire de l'Orient, se plaît au bord des eaux, dans lesquelles il trempe l'extrémité de ses branches; son port mélancolique l'a fait admettre au nombre des arbres funéraires.

« Le Saule odorant a les feuilles luisantes, ressemblant à celles du laurier et produisant une odeur agréable quand on les froisse; ses rameaux sont rouges et cassants.

« Le Saule viminal, vulg. *Osier blanc*, croit au bord des rivières et dans les îles qu'elles forment; on le cultive en buisson comme les autres Osiers; ses rameaux, très longs et d'un vert jaunâtre, sont employés dans la vannerie et la tonnellerie, mais résistent bien mieux quand on les fait dessécher un peu avant de les employer. Cet Osier doit nécessairement se confondre avec les autres dans les oseraies, où les espèces s'abâtardissent par le voisinage des fleurs. C'est même pour cette raison qu'il est devenu si difficile de donner une bonne monographie des Saules. »

SAUMON (*Salmo*). Genre de Poissons malacoptérygiens abdominaux, type de la famille des Salmonés. Corps en fuseau, couvert de petites écailles minces, comme perdues dans l'épaisseur de la

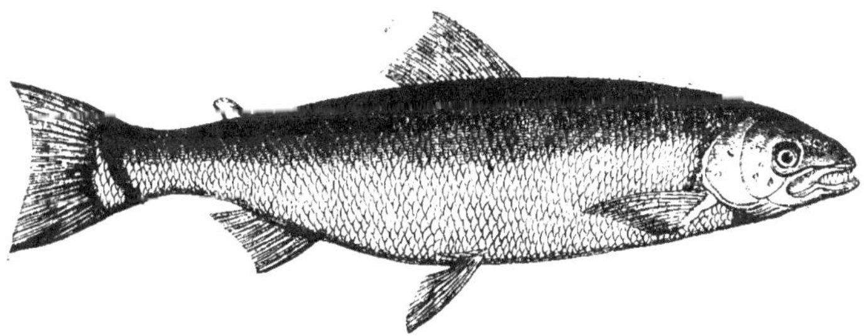

Fig. 1205. — Saumon.

peau de l'animal; tête assez grosse; bouche assez fendue, armée de fortes dents sur la plupart des os; dents fortes, coniques, sur un seul rang à la mâchoire inférieure. — Ce genre est assez nombreux en espèces, qui habitent les fleuves et les côtes de France, d'Angleterre, d'Allemagne, de Suisse, de Norwége, de Russie, etc.

Toutes sont très recherchées par la qualité de leur chair; aussi leur pêche est-elle très suivie.

Le Saumon commun (*S. salar*), dont la taille ordinaire est de 0,80 à 1 m., est l'une des espèces les plus communes. — « Ce poisson aime probablement à se retirer dans de grands trous creusés le long de la côte; mais, à l'époque du frai, c'est-à-dire du mois de juin à la fin de septembre, alors qu'il présente souvent sur le corps des taches rouges, il remonte en abondance dans les fleuves qui se jettent dans la mer, et va même assez loin, car on en a pêché dans la Seine jusqu'à Provins, et l'on en a même trouvé dans la Marne; la Loire en nourrit un grand nombre, et l'on en pêche beaucoup dans les fleuves et cours d'eau du centre et du nord de l'Europe. Cette migration instinctive des Saumons pour passer de la mer dans les fleuves leur fait franchir non-seulement les piéges qu'on leur tend, mais encore des chutes d'eau assez élevées; on cite parmi un assez grand nombre d'obstacles le *Saut du Saumon* dans le comté de Pembroke, où la rivière du Zing tombe perpendiculairement et de très haut dans la mer, et auprès duquel on peut voir la force et l'adresse avec lesquelles ces poissons franchissent la cataracte pour passer de la mer dans l'eau douce. Vers l'automne, les Saumons quittent les fleuves pour retourner passer l'hiver dans la mer, et, l'année suivante, ils s'acheminent vers les eaux douces: d'après Duhamel, il paraîtrait même qu'ils savent retrouver l'endroit où ils s'étaient précédemment établis. Les femelles, au moment de frayer, creusent des sillons dans le sable pour y déposer leurs œufs; elles ont même l'instinct de disposer des sortes de nids au milieu des pierres pour mettre à l'abri leurs œufs et surtout les petits qui doivent en sortir, et les mâles viennent alors dans ces mêmes endroits y déposer leur laitance. Les deux sexes paraissent tellement épuisés par la ponte, qu'ils se laissent en quelque sorte entraîner par le courant pour retourner vers la mer, et on les voit presque sans mouvements à la surface des eaux. La pêche du Saumon se fait sur quelques fleuves dans des pêcheries sédentaires; mais on emploie aussi très souvent la seine pour les prendre. On en pêche aussi un très grand nombre sur les côtes, et les marchés des grandes villes en sont abondamment pourvus pendant presque toute l'année. La chair de ce poisson est rouge, mais elle est très bonne, et conséquemment très recherchée. Dans les parties septentrionales de l'Europe, la pêche du Saumon est excessivement importante; on se sert d'un grand nombre de ces poissons pour l'alimentation, et on ne se borne pas à les manger frais, car on en sale et on en fume beaucoup. »

Nous citerons quelques autres espèces, telles que : le BÉCARD (*Salmo hamatus*), tacheté de rouge et de noir sur un fond blanchâtre, de nos rivières ; — le HUCH (*S. hucho*), presque aussi grand que le Saumon, à flancs semés de petites taches noires en forme de croissant sur un fond argenté, du Danube et de ses affluents ; — l'OMBRE CHEVALIER (*S. umbra*), verdâtre sur le dos, blanc sous le ventre, avec des taches noires manquant rarement, principalement du lac de Genève; le SALVELIN (*S. salvelinus*), des eaux de l'Allemagne.

SAURE (*Saurus*). Genre de Poissons de la famille des Salmonidés, facile à distinguer à son museau court et à sa gueule fendue jusque fort en arrière des yeux : mâchoires garnies d'un grand nombre de dents très pointues, aucune au vomer; nageoires dorsales amples; de grandes écailles sur le corps, les joues et les opercules ; couleurs riches et variées. — Les Saures sont des poissons de mer très voraces, que l'on trouve dans la Méditerranée. Les principales espèces sont le *Salmo saurus*, le *Salmo fœtens* et le *Salmo badi*.

SAURIENS (du gr. *sauros*, lézard). Ordre de la classe des Reptiles; animaux qui diffèrent assez notablement les uns des autres, mais qui, pour les espèces vivantes au moins, offrent l'ensemble des caractères suivants : corps allongé, couvert d'écailles ou d'une peau fortement chagrinée; le plus souvent 4 pattes, rarement 2, quelquefois point; doigts garnis d'ongles crochus ; mâchoires armées de dents enchâssées; paupières mobiles ; orifice du cloaque à fente transversale; présence de côtes et de sternum ; pas de métamorphoses.

« On peut, à l'aide de ces caractères, séparer les Sauriens des autres ordres de la classe des Reptiles. C'est ainsi que l'absence d'une carapace et la présence de dents les éloignent des Chéloniens ; leurs membres et leurs paupières mobiles les éloignent des Ophidiens ; le défaut de métamorphoses les sépare d'avec les Batraciens. Mais il ne faut pas croire cependant que les Sauriens soient, par les caractères que nous venons d'indiquer, parfaitement distingués des autres Reptiles; ils ont, au contraire, beaucoup de rapports avec les animaux des divers ordres de la même classe. C'est ainsi que la Tortue serpentine vient établir le passage des Chéloniens aux Sauriens; que les Scinques se rapprochent beaucoup des Ophidiens, et particulièrement des Orvets et des Amphisbènes, et que les Salamandres, ayant de nombreuses analogies avec quelques Lézards, tendent à lier les Batraciens aux Sauriens. On peut même ajouter que, quoique l'on ne trouve pas de branchies dans les Sauriens, quelques-uns d'entre eux, et particulièrement les Dragons, offrent des caractères assez semblables à ceux des animaux de la classe des Poissons. »

Les Sauriens habitent les pays les plus chauds du globe ; dans nos climats tempérés, nous n'avons que peu d'espèces du genre Lézard, et dans les pays froids ils disparaissent presque entièrement. Ces animaux sont, les uns aquatiques (Crocodile, Caïman); d'autres terrestres (Lézards); il en est (Dragons) qui peuvent se soutenir dans l'air au moyen de membranes remplissant les fonctions d'ailes. Toutes les sortes de mouvements se trouvent chez ces reptiles: marche lente, pénible; agilité; faculté du saut; vol. Nous l'avons déjà dit : les uns ont 4 pattes (Crocodiles, Lézards), d'autres n'en ont que deux (Bipèdes, Chirotes); il est enfin des Sauriens apodes (Chirote, Orvet). Leurs sens sont peu développés, sauf celui de la vision, dont les organes sont assez saillants, assez gros et mobiles. Malgré leur stupidité bien en rapport avec le peu de développement de leur cerveau, il paraît que des Crocodiles ont été élevés en domesticité par des prêtres de Memphis, qui s'en faisaient suivre dans les fêtes religieuses.

Les Sauriens se nourrissent exclusivement de chair vivante : ils ne boivent jamais; un repas

Fig. 1206. — Saurien (Grand-Améiva).

leur suffit pour plusieurs jours, mais il faut qu'il soit excessivement copieux. Ils ne mâchent pas leur nourriture, qui consiste en petits mammifères, oiseaux, mollusques, insectes : aussi digèrent-ils lentement. Leur température froide, le peu d'abondance de leur sang, la faiblesse de

Fig. 1207. — Saurien (Basilic).

leurs sens, la lenteur de leur circulation, viennent expliquer comment ces reptiles peuvent rester plusieurs mois dans un engourdissement parfait, et comment ils peuvent, sans mourir, supporter de longs jeûnes. On explique aussi par les mêmes causes comment ils ne perdent point la vie au moment même où on leur coupe la tête. Si on n'a pas attaqué une partie aussi importante que la tête, si on s'est borné à leur couper les pattes ou la queue, non-seulement ils n'en meurent pas, mais encore ces parties ont la faculté de se régénérer au bout d'un certain temps. Leur accroissement est très lent, conséquence du peu d'activité de leur vie et de l'engourdissement auquel ils sont sujets.

Nous ne voulons pas revenir ici sur la *Respiration* et la *Circulation des Reptiles :* nous renvoyons aux articles que représentent ces mots soulignés.

Le mode de Reproduction des Sauriens mérite d'être signalé. Chez le mâle, les testicules sont placés dans la cavité abdominale, collés en avant de la face inférieure des reins ; la plupart des mâles ont chacun deux pénis courts, cylindriques, hérissés d'épines ; le Crocodile n'en a qu'un seul ;

l'épididyme forme, principalement chez les Lézards, un corps gros, détaché, plus long que le testicule et composé des replis du canal déférent qui va s'ouvrir dans le cloaque ; il n'y a pas de vésicules séminales. Les femelles ont chacune deux ovaires ordinairement plus étendus que ceux des oiseaux, et où les œufs prennent un accroissement très grand ; elles n'ont pas de clitoris. Tous les Sauriens ont un accouplement réel. Ils produisent des œufs dont l'enveloppe est plus ou moins dure, et ils les déposent dans le sable ou dans la terre, où la chaleur du soleil les fait éclore ; jamais ils ne les couvent. Les petits qui sortent de ces œufs ont la forme qu'ils doivent conserver toute leur vie, car ils n'éprouvent pas diverses métamorphoses, comme les Batraciens.

Les Sauriens se partagent en huit familles comme l'indique sommairement le tableau suivant :

TABLEAU DE L'ORDRE DES SAURIENS.

Tête :

- à plaques carrées. Corps à écailles. . . . . .
  - imbriquées ; celles du ventre
    - semblables partout. . . . . . 7. Scincoïdiens.
    - carrées, plus grandes. . . . . . 5. Lacertiens.
  - verticillées, ou en anneaux. . . . . 6. Chalcidiens.
- sans plaques. Peau. . . .
  - presque lisse ou à tubercules isolés. A doigts. . . . .
    - réunis en 2 paquets. Corps comprimé. . . . . 2. Caméléoniens.
    - libres ; le plus souvent plats. Corps déprimé. . . . . 3. Geckotiens.
  - à lames, ou écailles cornées. Doigts postérieurs. . . .
    - demi-palmés. Dos à écusson ; queue crêtée 1. Crocodiliens.
    - libres à la base.
      - à tubercules enchâssés. . . . . 8. Varaniens.
    - Écailles du corps. .
      - libres, au moins en partie. . . . . . 4. Iguaniens.

SAUTERELLE ou Locuste (*Locusta*). Genre d'Insectes de l'ordre des Orthoptères, famille des Acridiens, offrant les caractères suivants : palpes maxillaires et labiales grêles ; 2 longues antennes ; tête grande, verticale ; corselet comprimé ; élytres et ailes en toit ; abdomen étroit, terminé par une tarière chez les femelles ; tarses sans pelote entre les crochets. Ces insectes sont de couleur vert-jaunâtre, reconnaissables surtout à leurs pattes postérieures beaucoup plus longues et plus fortes que les antérieures, ce qui leur permet de faire des sauts assez grands.

Les Sauterelles sont communes dans nos prairies ; elles sautent parfaitement, volent très loin et très haut. Très voraces sous leurs différentes formes, elles occasionnent de grands dégâts ; mais ici on confond souvent le Criquet avec la Sauterelle. Les deux sexes sont presque de même taille, et n'offrent pas ces disparates que l'on remarque dans certains Criquets. Le mâle fait entendre une sorte de chant produit par le frottement de ses cuisses contre les élytres. Après la fécondation, la femelle s'occupe de la ponte : pour les confier à la terre, qui doit les protéger, elle s'ap-

puie sur ses pattes antérieures, baisse la tête et relève le plus possible son abdomen, jusqu'à ce que sa tarière fasse avec lui un angle droit ; alors elle l'introduit en terre, ou profite d'une crevasse, et abandonne ses œufs, qui sont enfermés dans une membrane. — Le nombre des espèces connues est fort grand. Nous citerons :

La Sauterelle verte (*L. viridissima*), longue de 4 à 5 cent., verte, avec une ligne rousse sur le corselet. Commune partout. — La S. feuilles de lis (*L. lilifolia*), petite espèce entièrement verte, propre aux parties méridionales de l'Europe. — La S. porte-selle (*L. ephippiger*) se trouve, sur la fin de l'automne, dans les vignes des environs de Paris.

Nous l'avons déjà dit : ce qu'on raconte des innombrables légions de Sauterelles qui se sont abattues à différentes reprises dans certaines contrées dont elles ont ravagé les feuilles des arbres et leurs fruits, et où leurs cadavres ont engendré, par suite, des maladies pestilentielles, s'applique particulièrement aux Criquets. Pline parle de cette espèce de fléau ; l'Afrique, la Palestine, l'Italie, la France elle-même ont été plusieurs fois envalhies par ces légions ailées qui obscurcis-saient l'air par leurs myriades formant des nuées épaisses.

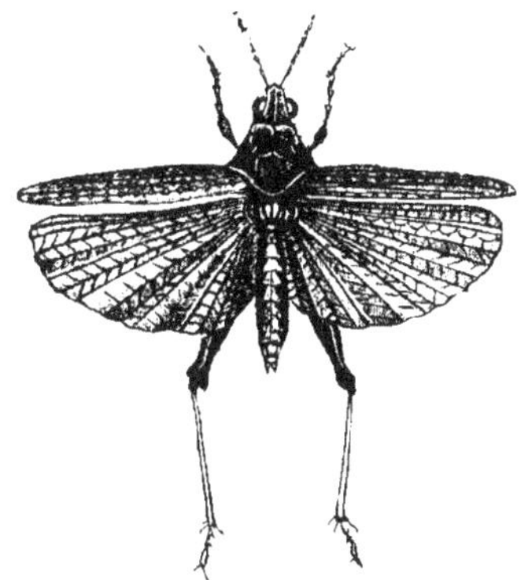

Fig. 1208. — Sauterelle.

SAXIFRAGACÉES. Famille de Plantes dicotylé-dones polypétales, herbacées, dont le genre type est la Saxifrage, à l'article duquel nous renvoyons pour les caractères de cette famille.

SAXIFRAGE (*Saxifraga*). Genre de Plantes annuelles ou vivaces, dont les feuilles sont al-ternes ou opposées, crénelées ou palmatilobées, sessiles ou pétiolées ; fleurs blanches disposées en cymes irrégulières : calice à tube soudé avec l'ovaire, rarement libre, à limbe 5-fide ; corolle à 5 pétales insérés sur un disque ; étamines 10 (8 dans le genre *Chrysosplenium*); styles 2 ; cap-sule biloculaire, terminée en 2 becs ; graines très nombreuses, etc.

Saxifrage granulée ou blanche (*S. granu-lata*). Racines composées de fibres roussâtres, très déliées, garnies d'un grand nombre de petits bulbes arrondis granuleux ; tiges cylindriques velues, peu feuillées ; feuilles radicales longuement pétiolées, réniformes, un peu velues , bordées de larges crénelures ; les supérieures petites, presque sessiles, incisées, presque palmées ; fleurs blan-ches, assez grandes ; pédoncules et calice chargés de poils glanduleux et visqueux.

La Saxifrage se rencontre assez communément dans les prés secs et sur le bord des bois. Elle est inodore, d'une saveur acidulée, piquante ; les petits tubercules farineux de sa racine sont amers. Cette plante, qui n'est que légèrement astrin-gente, a été considérée par les anciens comme propre à dissoudre les calculs urinaires : cette réputation imméritée lui est venue sans doute de cette considération qu'elle aime à croître entre les pierres. Elle est complétement tombée en désué-tude.

Saxifrage (*S. tridactylites*), vulg. *Perce-pierre,*

Casse-pierre. Plante annuelle ; tige de plus d'un mètre, dressée, souvent rameuse dès la base, pu-bescente-visqueuse ; feuilles un peu charnues, les radicales presque en rosette, les caulinaires al-ternes, sessiles, palmatilobées ; les supérieures linéaires, entières. Les fleurs sont assez petites, en cyme dichotome : calice soudé avec l'ovaire jusqu'à la base des divisions. — Cette plante est très commune sur les vieux murs, les toits de chaume et dans les champs pierreux ; elle fleurit au printemps.

On cultive dans les parterres la S. A feuilles charnues (*S. crassifolia*) : feuilles obovales très amples, obscurément dentées, épaisses, persistant pendant l'hiver ; fleurs assez grandes , ordinaire-ment d'un beau rose. — On emploie les feuilles de cette espèce pour le pansement des vésicatoires et des cautères : elles sont préférables, l'été sur-tout, aux feuilles de Poirée ou de Lierre.

Fig. 1209. — Saxifrage.

1, Racine et Feuille radicale ; — 2, Feuille caulinaire , — 3, Calice, Etamines et Pistil; — 4, Pistil ; — 5, Fruit ; — 6, Le même, coupé en travers ; — 7, Graine , — 8, Graine grossie.

SCABIEUSE (*Scabiosa*). Genre de Plantes her-bacées et vivaces , de la famille des Dipsacées, dont les fleurs, bleuâtres en général, forment des espèces de capitules, à réceptacle chargé de pail-lettes scarieuses et entouré d'un involucre de plu-sieurs folioles herbacées. Chaque fleur est pour-vue d'un double calice, l'extérieur membraneux ou scarieux sur ses bords, souvent élargi en une lame campaniforme, offrant 8 côtes ou plis à sa partie inférieure ; le calice interne se termine par un petit évasement calleux, d'où partent souvent

5 arêtes ouvertes en étoile; corolle tubulée, à 4 ou 5 lobes inégaux ; 4 ou 5 étamines attachées à la base du tube de la corolle ; ovaire renfermé dans le calice intérieur ; 1 style, etc.

SCABIEUSE DES CHAMPS (*S. arvensis*). Tiges droites, un peu fistuleuses, cylindriques, peu rameuses, longues de 60 centim.; feuilles opposées, pétiolées, les radicales presque entières, les autres ailées, toutes velues; fleurs d'un bleu rougeâtre, terminales, à longs pédoncules simples, velus; corolles à 4 lobes, celles de la circonférence plus grandes; réceptacle velu.

La Scabieuse est très commune le long des chemins, dans les champs et les prés, où elle fleurit en juin-août. Elle n'a pas d'odeur, mais sa saveur est un peu amère-astringente. C'est encore une de ces plantes qu'on s'est plu à décorer de toutes sortes de titres, en matière médicale. Elle était surtout préconisée contre les affections de la peau; de là son nom (de *sabies*, gale). Aujourd'hui elle est complétement délaissée.

La SCABIEUSE DES VEUVES (*S. atropurpurea*), cultivée dans nos jardins depuis plus de deux siècles, est originaire de l'Inde. Ses fleurs sont d'un pourpre foncé. — La S. DES ALPES (*S. alpina*) s'élève à 1 m. 50 cent., et ses fleurs sont d'un jaune pâle.

La SCABIEUSE SUCCISE (*S. succisa*), vulg. *Mors du Diable*, *Scabieuse des bois*, élève à 1 mètre ses tiges chargées de poils nombreux et raides, couvrant le sol de manière à ne laisser végéter aucune herbe autour d'elle. — Cette espèce jouissait jadis d'une grande réputation comme plante médicinale. Elle est sans usages; les bestiaux ne veulent de ses feuilles que quand elles sont jeunes. Ses fleurs desséchées teignent en jaune.

SCALAIRE (de *scala*, échelon, à cause des côtes de la coquille). Genre de Mollusques gastéropodes pectinibranches, de la famille des Turritellées : coquilles univalves, élancées, garnies de côtes ou lames longitudinales nombreuses. — La SCALAIRE PRÉCIEUSE (*Sc. pretiosa* ou *Turbo scalaris*) est conique, blanche, longue de 7 centimètres, large de 3 et demi; elle se trouve dans la mer des Indes et aussi, mais plus rarement, dans la Méditerranée. Elle est fort recherchée des amateurs, qui l'ont payée quelquefois des prix exorbitants.

SCAMMONÉE (*Convolvulus scammonia*). Espèce du genre Liseron : racines longues, épaisses, charnues, à suc laiteux; tiges grêles, grimpantes, un peu velues, longues de 1 m., 1,50; feuilles alternes, hastées, triangulaires, aiguës, glabres; fleurs à pédicelles longs, munis de 2 bractées subulées; calice persistant à 5 divisions profondes; corolle campaniforme plissée à son limbe; 5 étamines; ovaire supère; 1 style à 2 stigmates; capsule à 2 loges, etc.

Cette espèce de Liseron croît en Syrie, dans les campagnes de la Mysie, dans le Levant. Ses racines fournissent, par incision, un suc qui se concrète et qui est appelé *Scammonée*. C'est une substance qui agit violemment sur le canal intestinal et qu'on emploie assez fréquemment pour purger avec intensité, dans certaines hydropisies, la colique de plomb. Son mélange pharmaceutique avec d'autres substances porte le nom de *diagrède*.

On distingue deux variétés de Scammonée : la *S. d'Alep*, qui s'extrait de la plante dont il vient d'être question, et la *S. de Smyrne*, qui provient de diverses plantes de la famille des Apocynées. La première est la plus estimée.

On appelle *Scammonée d'Europe* ou *d'Allemagne* le suc du Liseron des haies; *S. d'Amérique*, celui du Liseron bryone ou Méchoacan; *S. de Montpellier*, celui qu'on tire des racines du Cynanque de Montpellier; *S. jaune*, la Gomme-gutte.

Fig. 1210. — Scammonée.

(1, Corolle ouverte; — 2, Calice; — 3, Pistil.)

SCARABÉE (*Scarabæus*). Genre de Coléoptères pentamères de la famille des Lamellicornes, type de la tribu des Scarabéides, renferme des insectes au corps ovoïde, convexe; à tête presque trigone, ayant un chaperon simple et muni d'une corne; antennes courtes de 6 articles; écusson distinct, triangulaire; élytres grands et recouvrant les ailes de l'abdomen; jambes fortes. — Les Scarabées courent sur la terre, ou volent d'un endroit à un autre. Ils sont de couleur noire ou brune; en général les mâles portent des cornes sur la tête, et des appendices plus ou moins larges et ramifiés sur le corselet, tandis que leurs femelles en sont dépourvues.

Généralement, on confond sous le nom de *Scarabées* la plupart des gros Coléoptères que l'on rencontre dans la campagne; mais le véritable re-présentant de ce genre en Europe est le Scarabée nasicorne, gros insecte de couleur marron, de la grosseur du pouce au moins, qui se fait remarquer par la corne assez allongée qu'il porte sur la tête, et que l'on trouve communément à l'état de larve, de nymphe ou d'insecte parfait dans les vieux fumiers ou dans la tannée des couches. La larve de cet insecte est très grosse, très vorace, et fait beaucoup de mal dans les jardins.

Dans le midi de la France, on trouve le Sc. ponctué, noir et très ponctué : il est long de 15 millim. Cayenne, le Brésil, le Sénégal, le cap de Bonne-Espérance, etc., produisent des Scarabées d'une très forte taille et des plus belles couleurs. L'un des plus gros insectes connus, l'*Actéon*, appartient à ce genre; l'*Hercule*, autre espèce de Scarabée de Cayenne, est aussi très remarquable par les deux cornes énormes qu'il présente.

Les Égyptiens, qui croyaient tous les Scarabées mâles, les sculptaient au bas des images des heros, pour exprimer la vertu mâle et guerrière, exempte de faiblesses. Ils faisaient aussi de cet insecte le symbole de l'immortalité et l'image du soleil.

On appelle vulgairement *Scarabées aquatiques* les Dytiques et les Hydrophiles; *Sc. à ressort*, les Taupins; *Sc. tortues* ou *hémisphériques*, les Coccinelles; *Sc. à trompes*, les Rhynchophores, etc.

SCARABÉIDES. Tribu de l'ordre des Coléoptères pentamères, famille des Lamellicornes, a pour type le Scarabée, et renferme les plus grands insectes de l'ordre. Les mâles présentent le plus souvent sur leur tête et le corselet des cornes de forme variable. En général, ces insectes ont des couleurs sombres; quelques-uns cependant brillent d'un éclat métallique. Ils vivent de substances végétales décomposées, de la substance même des arbres, etc. — Latreille divise cette tribu en 6 classes : *Coprophages, Arénicoles, Xylophiles, Phyllophages, Anthobies* et *Mélitophiles.* Principaux genres : *Scarabée, Ateuchus, Géotrupe, Bousier, Oryctes, Hanneton, Goliath* et *Cétoine.*

SCARE (*Scarus*). Genre de Poissons acanthoptérygiens, de la famille des Labroïdes, dont la conformation du museau suffit seule pour les caractériser : mâchoires osseuses, très dures et très saillantes, convexes à leur surface antérieure, concaves à l'intérieur, recouvertes par des lèvres

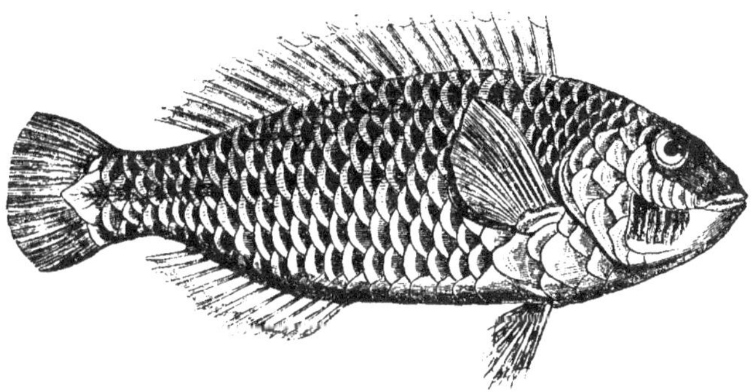

Fig. 1211. — Scare des Anciens.

charnues, mâchoires composées d'une seule pièce dans certaines espèces, formées de deux portions dans les autres, et toujours dénuées de dents proprement dites ; ces poissons ont la forme oblongue des Labres ; de grandes écailles recouvrent le corps, et la ligne latérale est interrompue.

Les Scares habitent presque exclusivement les mers intertropicales. Ils se nourrissent de crustacés, d'animaux à coquilles ou de plantes marines qu'ils peuvent couper à volonté, de même qu'ils se servent avec succès de leurs mâchoires pour réduire en pièces les enveloppes testacées des coquilles et des crustacés. Aussi les a-t-on nommés *Perroquets de mer.* Ces poissons sont parés de nuances vives et variées.

Le Scare de Crète (*S. creticus*) paraît être le Scare si célèbre des Romains, qu'Optatus alla chercher en Grèce pour le répandre dans la mer d'Italie. Ce poisson doit être compté parmi ceux dont la parure est la plus riche et la plus élégante. Sa chair est délicate et estimée.

SCEAU DE SALOMON (*Convallaria polygonatum*). Genre de la famille des Asparagacées, plantes herbacées, vivaces, à tige simple, arquée, munie de feuilles alternes et rejetées d'un même côté ; fleurs blanches, pendantes et rejetées du côté opposé aux feuilles : périanthe tubuleux à 6 dents dressées ; étamines 6, insérées sur le pé-

Fig. 1212. — Sceau de Salomon.

rianthe au milieu de sa hauteur, au lieu de l'être à sa base, comme dans le Muguet, qui est un genre très voisin ; ovaire à 3 loges bi-ovulées ; stigmate obtus, trigone.

Le Sceau de Salomon atteint de 30 à 50 centim. ; sa tige est anguleuse striée, munie à la base de gaînes membraneuses, et dans sa moitié supérieure, de feuilles sessiles amplexicaules, ovales, oblongues, glabres ; ses fleurs sont assez grandes ; son fruit est une baie d'un noir bleuâtre. — Cette plante est assez commune dans les forêts, les bois, taillis, les pâturages ombragés ; elle fleurit en avril-mai, pour porter ses fruits en août-septembre.

SCHISTE (du grec *skhizô*, fendre). Roche d'apparence homogène à texture feuilletée, se divisant fréquemment en polyèdres rhomboédriques et ne se délayant jamais dans l'eau. On donne, en général, le nom de *Roches schisteuses* à toutes les roches à texture feuilletée. Toutes les variétés de schistes sont des silicates d'alumine plus ou moins mélangés de fer. La plupart perdent leur cohérence par l'influence des agents atmosphériques et se transforment à la longue en argile.

Les Minéralogistes distinguent : 1° le Schiste argileux, ou *Phyllade*; 2° le S. tégulaire ou *Ardoisier*, qui ne mérite le nom d'*Ardoise* que lorsqu'il se divise en feuillets minces et planes ; 3° le S. coticule (diminutif du latin *cotes*, pierre à aiguiser), ou *Pierre à rasoirs*; 4° le S. bitumineux, plus ou moins imprégné de bitume et duquel on tire l'*Huile de schiste*, employée dans les arts ; 5° le S. marneux, qui contient de la marne.

SCIE (*Pristis*). Genre de Poissons chondroptérygiens, de la famille des Sélaciens, unissant à la forme allongée des Squales en général un corps aplati en avant, et des branchies percées en dessous comme dans les Raies ; museau déprimé en forme de lame d'épée, armé de chaque côté de fortes épines osseuses, pointues et tranchantes, implantées comme des dents (caractère essentiel); mâchoires armées de vraies dents en forme de petits pavés. — On a donné la description de 6 ou 7 espèces de ce genre, qui sont toutes remarquables par leur bec denté et prolongé, lequel est pour eux une arme puissante avec laquelle ils ne craignent pas d'attaquer les plus gros Cétacés.

La Scie des anciens (*P. antiquorum*) est le *Squalus priscus* de Linné. Cette espèce, type du genre, peut atteindre à une longueur de 4 à 5 mè-

Fig. 1213. — Scie.

tres ; elle est grise en dessus, plus claire sur les côtés, et blanchâtre en dessous ; sa peau est recouverte de très petits tubercules qui la rendent rude au toucher. « Les anciens naturalistes ont écrit, et quelques auteurs modernes ont répété depuis, que la Scie se mesure avec la Baleine, que chaque fois que ce Squale rencontre une Baleine, il lui livre un combat opiniâtre. La Baleine tâche en vain de frapper ce redoutable ennemi de sa queue, dont un seul coup, dit-on, suffirait pour le mettre à mort. Le Squale, réunissant l'agilité à la force, bondit, s'élance au-dessus de l'eau, échappe au coup, et, retombant sur la Baleine, lui enfonce dans le dos sa lame dentelée ; le cétacé, irrité de sa blessure, redouble d'efforts ; mais souvent la scie du Squale pénétrant très avant dans son corps, il perd la vie avant d'avoir pu parvenir à frapper mortellement un ennemi qui se dérobe trop rapidement à sa redoutable queue. On dit que ce Squale, jeté avec violence par la tempête contre un vaisseau, ou précipité par sa rage contre le corps d'une Baleine, y enfonce sa scie qui se brise; et une portion de cette lame dentelée reste attachée au bâtiment, pendant que l'animal s'éloigne avec son museau tronqué et raccourci. Cette espèce, qui atteint une longueur de 12 à 15 pieds, habite dans les deux hémisphères, et on la trouve dans presque toutes les mers. On la rencontre également auprès des côtes d'Afrique. »

SCIÈNE, Sciénoïdes. Le genre Sciène des anciens auteurs et quelques poissons qui en sont voisins, constituent la famille des *Sciénoïdes*, laquelle a de grands rapports avec les Percoïdes, notamment les dentelures du préopercule, les épines de l'opercule, le corps écailleux, la joue non cuirassée ; mais elle ne présente pas de dents au vomer ni au palais. Les Joues-Cuirassées semblent établir le passage des Percoïdes aux Sciénoïdes, et quelques-uns des genres qui y entrent les lient les uns aux autres.

Les Sciénoïdes ont à peu près les mêmes habitudes que les Percoïdes ; particularité remarquable, quelques-uns d'entre eux, principalement les Pogonias, qui pour cela ont reçu le nom vulgaire de *Tambours*, font entendre un bruit assez fort, semblable à celui de basses et de tambours, quand on les saisit et même quelquefois sous l'eau. On recherche beaucoup ces poissons, car presque toutes les espèces sont bonnes à manger, et plusieurs sont d'un goût exquis. — La *Sciène* ou *Maigre* (V. ce mot) est le genre type de la famille des Sciénoïdes, laquelle se divise en deux tribus :

1° Sciénoïdes a deux nageoires dorsales ou à nageoire dorsale profondément échancrée ; les uns n'ont *pas de barbillons sous la mâchoire inférieure*, ni de fortes canines (*Maigre*, *Corbs*, *Jonhins*, *Chevaliers*), ou sont pourvus de fortes canines (*Otholithes*, *Ancylodons*). — Les autres portent *un ou plusieurs barbillons sous la mâchoire inférieure* (*Ombrines*, *Tambours*, *Micropogons*).

2° Sciénoïdes a dorsale unique. Parmi les espèces, les unes ont *sept rayons aux ouïes* (*Rouges-Gueules*, *Pristipomes*, *Diagrammes*); les autres ont *moins de sept rayons aux ouïes*, ceux-ci avec ligne latérale continue jusqu'à la caudale (*Lobotes*, *Scolopsides*, *Microptères*); ceux-là avec ligne latérale interrompue sous la fin de la caudale (*Amphiprions*, *Premnodes*, *Pomacentres*), etc.

SCILLE (*Scilla*). Genre de la famille des Liliacées ; plantes bulbeuses, à tige simple; à fleurs bleues ou blanches, disposées en une grappe terminale : périanthe à 6 divisions libres et étalées ;

étamines 6, insérées à la base des divisions du périanthe; filets filiformes ; anthères insérées sur le filet par leur dos; style filiforme.

Cette espèce croît dans les pelouses arides, les clairières des bois montueux, où elle est assez commune, et montre ses fleurs en août-septembre.

Scille d'automne (*S. autumnalis*). Bulbe assez gros, produisant plusieurs feuilles linéaires très étroites qui ne paraissent qu'après la floraison ;

Fig. 1214. — Scille.

tiges solitaires ou peu nombreuses, de 10-30 cent., non feuillées (hampes), terminées par une grappe courte qui s'allonge après la floraison : fleurs petites, lilas ou bleu-lilas ; pédicelles ascendants.

Scille maritime (*S. maritima*) ou *Scille*, *Squille*. Bulbe quelquefois du volume de la tête d'un enfant, composé de plusieurs tuniques épaisses, charnues, garni en dessous de grosses fibres nombreuses. Il en sort des feuilles amples toutes radicales, étalées, ovales oblongues, glabres, entières, longues de 30 centim. environ. Du centre de ces feuilles s'élève une hampe épaisse, droite, simple, garnie dans presque la moitié de sa longueur de fleurs nombreuses, pédicellées, en grappe dense; périanthe à 6 divisions ouvertes en étoile.

La Scille, lorsqu'elle est ornée de ses longues et belles grappes de fleurs blanches, est un des plus beaux spectacles qui puissent frapper les regards du voyageur dans les plaines incultes, désertes et sablonneuses des côtes maritimes. Elle croît également en Syrie, en Sicile, en Espagne, et sur les bords de la mer dans la Bretagne et la Normandie. Cette plante est un des plus anciens médicaments que nous possédions. Selon Pline, Pythagore aurait écrit sur ses propriétés un livre qui ne nous serait pas parvenu. Le bulbe est la seule partie en usage : son odeur est piquante, analogue à celle de l'ognon; sa saveur, d'abord mucilagineuse, devient bientôt après amère, âcre et nauséabonde. On ne doit l'administrer qu'avec prudence et circonspection. Comment agit la Scille ? Elle porte son action stimulante sur l'estomac, mais bientôt la sécrétion urinaire est activée; ou bien, dans d'autres cas, l'excrétion muqueuse est rendue plus facile. Aussi l'emploie-t-on avec succès dans l'ascite, l'hydrothorax, les hydropisies essentielles, et dans les catarrhes suffocants ou chroniques des bronches, dans l'asthme humide. La Scille s'administre en poudre, en extrait, vin, sirop; la plus usitée et la plus agréable de ses préparations est l'*oxymel scillitique*, que l'on compose avec le vinaigre, le miel et la Scille. La teinture de Scille est très fréquemment employée en frictions sur les parties œdémateuses, comme tonique local et diurétique général. — L'ognon écrasé de la Scille d'automne, mêlé avec de la mie de pain, attire les rats et les détruit en peu de temps.

Nous ne parlons pas de la *S. en ombelle*, jolie petite espèce des montagnes, au petit corymbe de 4 à 10 fleurs d'un bleu très pâle; ni de la S. ROUGE d'Espagne, etc.

SCINQUE (*Scincus*). Genre de Reptiles-Sauriens, de la famille des *Scincoïdiens*, laquelle est caractérisée par: pieds courts, langue non extensible, écailles égales et imbriquées couvrant le corps et la queue, et comprend les genres *Seps*, *Bipède*, *Chalcide*, *Chirote* et *Scinque* proprement dit.

Les Scinques ont le museau cunéiforme tranchant, tronqué; la langue échancrée, squameuse; le palais denté; les flancs anguleux à leur région inférieure; la queue conique, pointue; ils ont le corps assez ramassé, les quatre pattes terminées chacune par 5 doigts presque égaux, aplatis, à bords en scie. — Les Scinques se distinguent particulièrement de tous les autres genres de Sauriens par leurs écailles assez semblables à celles que présentent les Carpes. Ils se rapprochent des Lézards par les plaques qu'ils portent sur la tête et par une rangée de pores qui se trouve sous les cuisses chez quelques espèces. Le genre Seps, avec lequel on pourrait aisément les confondre, en diffère principalement en ce que les Seps ont le corps plus allongé et parce que leurs membres postérieurs se trouvent plus éloignés des antérieurs que chez les Scinques. Par leur forme et leur organisation intérieure, les Scinques ont de très grands rapports avec les Orvets et ne s'en distinguent guère que par la présence de leurs pieds : c'est la grande analogie que l'on remarque entre ces deux genres qui a porté de Blainville à les réunir dans une même famille sous le nom de Scinques. Ces reptiles se trouvent répandus dans les climats chauds de l'ancien et du nouveau continent : l'Europe méridionale en nourrit quelques-uns.

Le SCINQUE (*Lacerta scincus*, de Linné), ou *Scinque des pharmaciens* (*S. officinalis*), est long de 16 à 20 centim.; son corps est couvert d'écailles disposées en rangées longitudinales; il est d'une teinte jaunâtre argentée, avec 7 ou 8 bandes transversales noires; museau pointu et un peu relevé; queue grosse à sa base, mince à l'extrémité, plus courte que le corps.

Fig. 1215. — Scinque.

Ce Scinque habite la Nubie, l'Abyssinie, l'Égypte, l'Arabie, et même dans certaines îles de l'Archipel et la Sicile. Les médecins arabes lui attribuent de grandes propriétés contre un grand nombre de maladies, ce qui fait qu'on le poursuit à outrance; mais l'animal est difficile à prendre : au moindre bruit il s'enfonce dans la terre avec une promptitude extraordinaire. Sa chair était préconisée comme aphrodisiaque; elle guérissait, croyait-on, les blessures faites par les flèches empoisonnées, l'éléphantiasis, les ophthalmies, etc.

SCIRPE (*Scirpus*). Genre de Cypéracées, comprenant un grand nombre d'espèces annuelles, plus souvent vivaces, à souche traçante ; à tiges simples, feuillées, ou dépourvues de feuilles, mais alors munies à leur base d'écailles engainantes ; épillets solitaires, ou en glomérules, ou en corymbes, l'inflorescence paraissant quelquefois latérale en raison d'une bractée qui continue la direction de la tige.

Le Scirpe des lacs (*S. lacustris*), vulg. *Jonc des tonneliers*, a une racine vivace, charnue, de laquelle partent des chaumes nus, s'élevant à la hauteur de 1 à 3 mètres, entourés à leur base de plusieurs gaines, offrant à leur extrémité 5 à 8 épis roussâtres. — Cette plante croît abondamment dans les lacs, les étangs vaseux. Elle sert de refuge aux oiseaux aquatiques durant les chaleurs de l'été. Les bestiaux n'y touchent point. Avec les vieux chaumes coupés à la fin de l'automne on tresse des paniers, des nattes, on couvre des chaises, des chaumières.

SCLÉRODERMES. Famille de Poissons de l'ordre des Plectognathes, qui se distinguent par leur museau conique, terminé par une petite bouche armée de dents distinctes en petit nombre à chaque mâchoire ; leur peau est revêtue d'écailles dures (*Baliste*) ou composée de plaques cornées (*Coffre*) ; leur vessie natatoire est ovale, grande et robuste. — On y trouve les *Balistes*, les *Monacanthes*, les *Alutères*, les *Coffres*, etc.

SCOLIE ou **Scholie** (*Scolia*). Genre d'Hyménoptères, de la tribu des Sphégiens, assez semblables aux Guêpes : mandibules tridentées chez les mâles, sans dents et fortement *arquées* chez les femelles ; palpes de 3 articles. — La Scolie des jardins (*Sc. hortorum*), commune dans le

midi de la France, est longue de 30 à 35 millim., noire, avec le front jaune, et l'abdomen traversé sur les deux premiers segments par une large bande jaune souvent interrompue. Elle vole sur les fleurs pendant la plus forte chaleur du jour.

SCOLOPENDRE (*Scolopendra*). Genre de Myriapodes, de la famille des Chilopodes, ainsi caractérisé : segments du corps comprimés, au nombre de 23, tête comprise ; yeux au nombre de 4 de chaque côté ; 20 pieds de chaque côté ; les postérieurs les plus longs, avec le premier article épineux ; antennes sétacées de 17 à 20 articles. — Les Cryptops, les Géophiles et les Lithobies se rapprochent singulièrement des Scolopendres ; mais les premiers ont les pattes postérieures de la même longueur que les autres ; les seconds, 14 articles aux antennes ; les troisièmes se distinguent par le nombre de leurs pieds et la forme des segments du corps.

Les Scolopendres se cachent sous les pierres, les vieilles poutres, la terre, le fumier humide, les écorces des arbres. Celles d'Europe n'ont guère que 5 à 7 centim. de long ; celles de l'Inde, au contraire, atteignent jusqu'à 20 et 25 centim. Ce sont des animaux carnassiers qui se nourrissent de vers de terre et d'insectes vivants. Ils ont été réputés venimeux par tous les auteurs, surtout par les voyageurs, parce qu'il survient une enflure à l'endroit qui a été mordu ; mais quoique la morsure des grandes Scolopendres exotiques soit beaucoup plus violente que celle du Scorpion, elle n'est cependant pas mortelle.

Scolopendre mordante (*S. mordicans*). Cette espèce est d'une couleur ferrugineuse verdâtre, avec les segments aplatis, carrés ; les articles composant les antennes sont au nombre de 18 à 20 ;

Fig. 1216. — Scolopendre.

les pieds postérieurs sont épais ; le premier article de ces derniers présente à sa face interne près de la supérieure cinq épines et deux à sa face inférieure.—Se trouve dans la France méridionale, dans l'Afrique septentrionale et dans l'Asie occidentale.

SCOLOPENDRE (*Scolopendrium*). Genre de Fougères, à feuilles entières, lancéolées-étroites, cordées à la base ; sporanges disposés en groupes linéaires parallèles entre eux et obliques à la nervure moyenne. — La Scolopendre officinale (*S. officinalis*), vulg. *Langue de Cerf*, a les

feuilles disposées en touffe, de 30 à 60 centim., avec long pétiole (fronde), munies de nervures déliées, fourchues.—Cette plante croît dans les lieux humides et ombragés, tels que les puits, les fentes des rochers. C'est un faible astringent, qui fait encore partie de quelques préparations pharmaceutiques.

SCOLYTE (*Scolytus*). Genre de Coléoptères pentamères, de la famille des Xylophages : corps presque cylindrique ; tête petite ; antennes à 10 articles ; mandibules fortes ; mâchoires coriaces ; élytres convexes, recouvrant les ailes et l'abdomen, qui est court, etc. — Les larves des Scolytes vivent dans le bois ; elles y subissent toutes leurs métamorphoses, et l'insecte parfait se trouve sur les troncs des arbres où il a vécu dans ses premiers états. — On en connaît peu d'espèces.

Le Scolyte destructeur (*S. destructor*) se trouve aux environs de Paris. Il est long de 5 à 6 millim.; corps noir brillant, ponctué ; antennes, élytres et pattes d'un roux marron. — C'est l'insecte dont les larves ont causé tant de dégâts aux arbres des Champs-Élysées, dans ces derniers temps, qu'il a fallu, pour les détruire, dépouiller ces arbres de leur écorce et les enduire d'une matière résineuse.

SCOMBÉROÏDES. Famille de Poissons acanthoptérygiens, dont le *Maquereau* est le genre type, et qui comprend les *Germons*, *Thons*, *Espadons*, *Pilotes*, *Liches*, *Notacanthes*, etc. — Tous ces poissons sont marins et vivent en troupes innombrables dans la profondeur des eaux ; ils ne se rapprochent du rivage que pour y frayer; il n'est même pas rare de les voir à cette époque s'engager dans les courants qui se jettent dans la mer, et les suivre jusque près de leur source; ils semblent aimer les voyages. Certaines espèces parcourent tous les ans plusieurs centaines de lieues, pour trouver un endroit propre à recevoir leur frai et à élever leurs petits. La pêche des Scombéroïdes fait l'objet d'un commerce considérable et avantageux.

SCOMBRE (*Scomber*). — V. *Maquereau*.

Fig. 1217. — Scops.

SCOPS (*Scops*). Ce nom, dérivé de deux mots grecs qui signifient *Se moquer*, fait allusion aux contorsions bizarres et aux claquements de bec des oiseaux nocturnes, et s'applique à un genre de Rapaces dont les caractères sont les mêmes que ceux du genre Duc (*Bubo*); ils en diffèrent par leurs doigts nus. Quoique nocturnes, ils voient pendant le jour mieux que les autres oiseaux de leur classe.

Le Scops d'Europe (*S. europæus*), vulg. *Petit-Duc*, est une jolie espèce, à peine grosse comme un Merle; son plumage est cendré, nuancé de fauve, varié de petites mèches longitudinales noires et étroites ; aigrettes à 6 ou 8 plumes. — Cet oiseau de proie habite toute l'Europe tempérée et méridionale, ainsi que le sud-est de la France; on le rencontre quelquefois aux environs de Paris. Il fait une guerre active aux mulots, qui causent tant de dommages aux cultivateurs; se nourrit aussi d'insectes, de chenilles et de coléoptères lamellicornes.

En même temps qu'il est utile à l'homme, le Scops s'accoutume et obéit à sa voix. Nourri en liberté, il revient fidèlement au lieu où l'on a fait son éducation. Mais, dès que l'époque de la migration est arrivée, il n'est plus possible de le retenir: ni la nourriture abondante, ni les soins, ni les caresses ne peuvent le déterminer à rester. Il faut alors l'enfermer, si on veut le conserver. Son départ a régulièrement lieu en septembre, et son retour au printemps. Il est probable qu'il passe l'hiver en Afrique et en Asie.

Le S. Asio est une espèce de l'Amérique septentrionale, qui montre une grande docilité lorsqu'on le saisit. C'est le plus doux et le plus apprivoisable des Rapaces. Son cri est plaintif, tremblotant.

SCORPÈNE (*Scorpæna*). Genre de Poissons acanthoptérygiens, de la famille des Joues-Cuirassées, remarquables par leur laideur : leur tête grosse et épineuse, et la peau molle et spongieuse qui les enveloppe le plus souvent, leur donnent une forme bizarre, un air hideux et dégoûtant, en même temps que leurs épines occasionnent des blessures dangereuses, en déchirant les téguments ; aussi les dénominations de *Scorpion*, de *Crapaud*, de *Diable de mer* et de *Truie*, leur ont été données aussi bien qu'aux espèces du genre Cotte ou Chabot. Elles vivent dans les roches, sur les côtes, et se cachent dans la vase. Leur chair est délicate, et les couleurs qui les parent sont très vives et très éclatantes.

Cuvier a divisé les espèces très différentes de ce genre en dix groupes : 1° tête épineuse et tuberculeuse, sans écailles; dents en velours; corps écailleux; lambeaux charnus, adhérents aux différentes parties du corps : Grande Scorpène rouge (*S. crofa*), longue de 60 cent. — Petite Scorpène (*S. porcus*), dite aussi *Rascasse*, plus petite et plus brune;

2° Tête moins hérissée, écailles sur toutes les parties du museau, à la joue, etc. : les Sébastes;

3° Tête écailleuse, comprimée; lambeaux cutanés, etc. : les Ptéroïs, des mers des Indes. — Nous nous arrêterons ici dans l'énumération de ces groupes, dans lesquels on trouve les genres : *Agriope, Apiste, Minous, Synancée.*

SCORPION (*Scorpio*). Genre d'Arachnides pulmonaires, de la famille des Pédipalpes, tribu des *Scorpionides*, laquelle est caractérisée par : corps allongé et terminé brusquement par une queue longue, composée de 6 nœuds, dont le dernier finit en pointe arquée aiguë, constituant une espèce de dard sous l'extrémité duquel sont deux petits trous servant d'issue à une liqueur vénéneuse contenue dans un réservoir intérieur; palpes très grandes, en forme de serres ; en dessous et près de la naissance du ventre sont situés deux organes singuliers, en forme de *peignes*, dont l'usage n'est pas connu.

Le genre Scorpion a 8 pieds égaux, 6 yeux, les palpes en forme de serres d'écrevisses, l'abdomen sessile, dont les 6 derniers anneaux forment une queue noueuse, le dernier finissant en pointe. Ces arachnides ont des espèces de poumons et des

Fig. 1218. — Scorpion.

stigmates; leur tube alimentaire est grêle et se porte directement, sans aucune inflexion, de la bouche à l'origine du dernier nœud de la queue, en traversant le foie, qui remplit presque toute la capacité de l'abdomen et du céphalothorax. Les organes sexuels sont, chez le mâle, 2 testicules, 2 vésicules spermatiques, 2 pénis ou armures, selon M. Dufour; chez la femelle, la vulve est unique, placée entre les deux peignes; les ovaires contiennent des œufs ronds.

Les Scorpions habitent les pays chauds des deux hémisphères; ils varient beaucoup pour la grandeur, selon les contrées. Ceux d'Europe n'ont guère plus de 2 cent. et demi de long, tandis que ceux d'Afrique et de l'Inde atteignent jusqu'à 12 et 16 centim. Ces animaux vivent à terre ou dans les lieux sablonneux, et se cachent sous les pierres, le plus souvent dans les masures, dans les lieux sombres et frais. Ils courent vite en recourbant leur queue en forme d'arc sur le dos; ils la dirigent aussi en tous sens, comme une arme

offensive et défensive. Et en effet, c'est par l'extrémité de sa queue que le Scorpion pique, tandis que c'est par les mandibules que les autres arachnides peuvent produire le même effet.

Les serres lui servent à saisir les insectes qui doivent faire sa nourriture, et qui sont des carabes, des charançons, des cloportes, des orthoptères, etc. ; il les pique avec l'aiguille venimeuse de sa queue, et les fait ensuite passer à sa bouche pour les dévorer.

Les Scorpions des pays chauds sont très venimeux : le Scorpion noir (*S. afer*), qui vit dans les fentes des rochers ou les creux d'arbres, est d'une assez grande taille : il peut causer la mort en moins de deux heures. Celui d'Europe, au contraire, ne peut faire mourir et n'occasionne que des accidents légers. Au commencement de l'automne toutes les femelles sont fécondées. La gestation de ces arachnides est beaucoup plus longue que celle des autres insectes : elle dure près d'un an. Les œufs éclosent dans l'intérieur du corps même de leur mère ; les petits en sortent tout formés, et ils sont portés sur le dos de leur mère pendant un mois après qu'ils sont éclos. Ces animaux sont peu sociables, très voraces: ils tuent et dévorent leurs petits dans quelques circonstances; ils se battent à mort et s'entredévorent, s'ils sont enfermés, jusqu'à ce qu'il n'en reste plus qu'un.

SCORSONÈRE (*Scorsonera*). Genre de Composées, tribu des Chicoracées; plantes herbacées, vivaces, à tiges simples ou rameuses; à feuilles lancéolées, entières, demi-embrassantes à la base; à fleurs en capitules terminaux solitaires : involucre composé d'écailles imbriquées, scarieuses à leurs bords; graines couronnées par une aigrette sessile et plumeuse.— L'espèce la plus importante et la plus cultivée est la Scorsonère d'Espagne (*S. hispanica*), vulg. *Salsifis noir* : racine longue, charnue, laiteuse, cylindrique, noire à l'extérieur; tige haute, rameuse vers le sommet, chargée de 5 à 6 fleurs jaunes; feuilles planes ou ondulées, les inférieures oblongues, rétrécies en pétiole, les supérieures lancéolées. — Elle est originaire d'Espagne ; on la trouve aussi en Provence et en Dauphiné, dans les pâturages des montagnes. Sa racine est un aliment très sain, léger, adoucissant : on la mange comme le Salsifis ; les bestiaux aiment beaucoup ses racines et ses feuilles : elle augmente le lait des vaches et des brebis.

La Sc. TUBÉREUSE (*Sc. tuberosa*) a une très grosse racine, que mangent les Turcs et les Kalmoucks. — La Sc. A FLEURS PURPURINES (*Sc. purpurea*) a de jolies fleurs d'un pourpre violet; elle croît en Allemagne, ainsi que sur les côtes de Barbarie. — La Sc. PETITE (*Sc. humilis*) a des fleurons jaunes, une racine grosse : elle croit dans les prés secs des contrées méridionales et tempérées de l'Europe. On peut manger ses jeunes pousses comme celles du Salsifis; elle est très recherchée des bestiaux, surtout des cochons.

SCROPHULARIÉES ou Scrophulariacées. Famille de Plantes dicotylédones monopétales, comprenant des herbes et des arbustes dont les fleurs présentent : calice persistant à 4 ou 5 divisions inégales ; corolle irrégulière, à 2 lèvres et souvent personnée ; étamines 2 à 4, didynames ; ovaire appliqué sur un disque hypogyne à 2 loges ; style simple ; capsule biloculaire, dont le mode de déhiscence est très variable. — Deux tribus :

Pédiculariées. Dans le fruit, chaque valve porte sur le milieu de sa face interne la moitié de sa cloison : *Pédiculaire, Mélampyre, Véronique, Euphraise,* etc.

Scrophulariées. Déhiscence s'opérant par des trous ou des valvules opposées à la cloison ; *Scrophulaire, Linaire, Digitale, Gratiole,* etc.

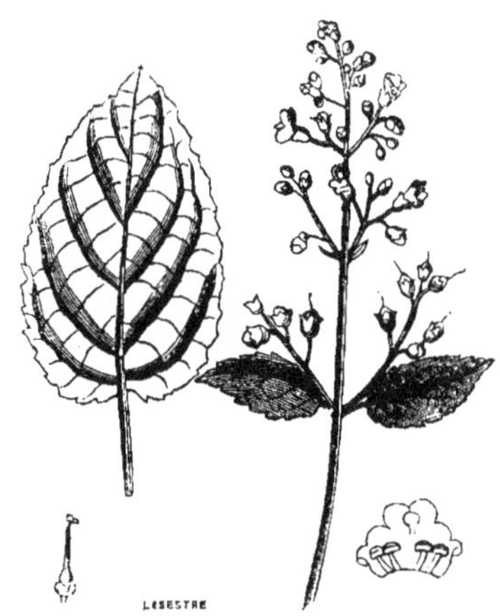

Fig. 1219. — Scrophulaire.

SCROPHULAIRE (*Scrophularia*). Genre de Scrophulariées, plantes vivaces, à feuilles opposées, crénelées, dentées ou pinnatiséquées ; fleurs d'un rouge brun ou noirâtre, plus rarement jaunes, en panicule terminale ; corolle à tube renflé subglobuleux et à limbe bilabié, la lèvre supérieure plus longue, bilobée ; la lèvre inférieure trilobée ; étamines 4, fertiles, cachées dans la corolle, etc.

Scrophulaire noueuse (*S. nodosa*), vulg. *Herbe aux hémorrhoïdes.* Souche renflée-noueuse ; tiges de 50 à 80 cent., raides, robustes, lisses, glabres, à 4 angles tranchants ; feuilles ovales aiguës, doublement et inégalement dentées, les supérieures un peu cordées ; fleurs d'un brun rougeâtre ou pourpre foncé, en une panicule non feuillée ; calice à 5 lobes herbacés ; 4 étamines ; une 5e existe à l'état de rudiment ou d'avortement.

La Scrophulaire n'est pas rare dans les lieux frais, les bois humides, les fossés, aux bords des rivières et des ruisseaux. On la voit fleurir en juin-août. Sa saveur est amère, son odeur forte et nauséeuse, et on l'a préconisée fortement contre les scrophules : on l'a surtout vantée contre les hémorrhoïdes. C'est sans doute l'analogie de forme existant entre les tubercules de sa racine et les tuméfactions particulières propres à ces deux genres de maladies, qui lui a fait supposer des propriétés que l'expérience n'a pas justifiées.

Scrophulaire aquatique (*S. aquatica*), vulg. *Bétoine d'eau.* Cette espèce est vivace et atteint jusqu'à un mètre ; ses tiges sont à 4 angles ailés ; feuilles oblongues ovales obtuses, un peu cordées à la base ; les dents inférieures sont les plus petites, tandis que c'est le contraire pour l'espèce précédente ; calice à lobes suborbiculaires membraneux, blanchâtres aux bords, etc. — Cette Scrophulaire fleurit en juin-août, dans les lieux aquatiques et marécageux. Ses propriétés sont analogues à celles de sa sœur. Il paraît qu'au siége de La Rochelle on en fit un grand usage pour guérir les plaies, d'où son nom vulgaire d'*Herbe du siége.*

La S. des chiens (*S. canina*) est ainsi appelée à cause de l'emploi qu'on en fait quelquefois, en frictions de la décoction de ses feuilles, pour guérir la gale des chiens ; elle est rare et se plaît sur les terrains secs et pierreux.

SCUTELLAIRE (*Scutellaria*). Ce nom, qui vient du latin *scutella*, coupe, à cause de la forme de l'appendice que les fleurs portent à leur lèvre supérieure, désigne un genre de la famille des Labiées, renfermant des plantes herbacées, annuelles ou vivaces, que l'on trouve sur les divers points du globe, et qui sont connues vulgairement sous le nom de *Toque.* — La Toque commune (*S. galericulata*), abondante en France, peut être employée à la teinture en noir. On fait encore usage des sommités de la plante comme fébrifuges. Les bestiaux les mangent avec plaisir. — La Scutellaire a grandes fleurs (*Sc. macrantha*), de la Chine, se cultive dans les parterres.

SCUTELLÈRE (*Scutellera*). Genre d'Hémiptères hétéroptères, formé aux dépens du genre *Pentatome*, ainsi désigné de *scutum*, écusson, parce que cette partie est très développée chez ces insectes. Les espèces, de taille assez grande pour quelques-unes, sont nombreuses et remarquables par l'éclat de leurs couleurs et la bizarrerie de leurs formes. — Ces Hémiptères sont carnassiers et très voraces. Ils ont la faculté d'exhiber à volonté une odeur fétide qui leur sert à repousser leurs ennemis. Ils se tiennent sur les plantes où ils vivent quelquefois en famille.

Dans l'accouplement, les deux sexes se placent bout-à-bout, et rien n'est plus ordinaire que de les trouver ainsi sur les feuilles, le mâle étant remorqué par la femelle, dont la volonté plus puissante, en raison de sa grosseur, impose un frein à celle du mâle qui doit en suivre la loi. Quand le moment de la ponte est venu, la femelle se place sur une feuille et laisse tomber ses œufs un à un, en les disposant d'une manière symétrique sur plusieurs rangées transversales ; ces œufs, au nombre de vingt et au-delà, sont fixés par une de leurs extrémités à l'aide du gluten qui les enveloppe.

Leur forme est ovalaire, en barillet, d'une structure digne d'intérêt, car leur extrémité libre est formée par un petit opercule, que la larve soulève comme une calotte quand elle veut sortir de sa prison. Les femelles gardent leurs petits avec une grande sollicitude et les défendent contre la voracité des mâles.

La Scutellère rayée (S. *signata*), longue de 9 à 10 millim., est rouge, avec le dessus rayé de noir dans toute sa longueur : on la trouve dans les environs de Paris et dans le midi de la France.

Les espèces des pays chauds sont plus grosses et plus belles : heureusement elles ne sont pas beaucoup plus odorantes et plus nuisibles.

SCUTIGÈRES (*Scutigera*). Genre de Myriapodes de la famille des Chilopodes, ayant les plus grands rapports avec les Scolopendres, mais en différant par leurs pattes, qui sont plus longues et inégales entre elles ; par leur corps moins déprimé, presque cylindrique ; ce corps est divisé, vu en dessous, en 15 anneaux portant chacun une paire de pieds, recouvert en dessus par 8 plaques en forme d'écussons. Yeux grands, avec une cornée à facettes.

Les Scutigères se tiennent pendant le jour dans les greniers ou les lieux peu fréquentés des maisons, le plus souvent entre les vieilles planches, les poutres et quelquefois sous les pierres ; ils ne se montrent que la nuit, et on les voit alors courir sur les murs avec une grande vitesse et y chercher des cloportes et des insectes dont ils font leur nourriture. Ils piquent ces petits animaux avec les crochets de leur bouche, et le venin qu'ils distillent dans la plaie agit très promptement sur eux. C'est principalement dans les temps pluvieux que les Scutigères paraissent en plus grand nombre. Les habitants de la Hongrie les redoutent beaucoup, au rapport d'Illiger. Leurs pattes se désarticulent au moindre contact, et conservent pendant plusieurs minutes, après avoir été séparées du corps, une contractilité singulière presque convulsive.

La Scutigère aranéoïde est regardée comme type du genre : sa longueur est de 4 à 5 centim. Elle se trouve en Europe et en Afrique.

SCYLLARE (*Scillarus*). Genre de Décapodes macroures, qui renferme des Crustacés appelés vulgairement *Cigales de mer*, sur les côtes méditerranéennes, où on les mange. — Le S. large, une des espèces les plus connues, atteint jusqu'à 32 centim. de long.

SCYPHOPHORE. Genre de la famille des Lichens, renfermant des plantes dont la tige est dilatée en forme d'entonnoir vers son sommet, ce qui les fait ressembler à certains verres à pied. — Une des espèces les plus communes est le Lichen a boîte, qui croît dans les lieux boisés.

SCYTALE (*Scytale*). Genre d'Ophidiens venimeux, se rapprochant des Vipères et des Crotales, mais n'ayant ni grelots à la queue, ni fossettes derrière les canines. Corps robuste, allongé, cylindrique ; queue courte, épaisse et également cylindrique ; le dos et la queue présentent des écailles carénées ; le ventre est garni de plaques transversales entières ; les plaques sous-caudales sont simples ; l'anus est transversal et simple.

Le Scytale zig-zag est long de 45 à 50 cent. ; il présente une rangée longitudinale de petites taches jaunâtres bordées de noir, et 150 bandes sous le ventre. — Ce serpent habite la côte de Coromandel, où on le regarde comme très dangereux.

Le S. des Pyramides, long de 45 cent., ayant de 178 à 180 bandes abdominales et 32 à 38 caudales, est commun en Égypte, aux environs des Pyramides, dans les lieux bas de la ville du Caire. Sa morsure est très dangereuse. « C'est surtout contre ce serpent qu'on emploie les Psylles, ces hommes qui, en imitant le sifflement des serpents, les font sortir des réduits les plus obscurs et savent les saisir aussitôt. Les Psylles débarrassent les habitants du Caire de leurs hôtes incommodes ; mais comme ils sont payés d'après le nombre des animaux qu'ils ont pris, ils commencent quelquefois leurs recherches en introduisant en cachette des serpents dont ils s'emparent bientôt publiquement. »

SCYTHYMÉNIE. Genre de Plantes byssoïdes ou confervoïdes de la famille des Algues.

SÉBESTIER (*Cordia*). Genre de Borraginacées, qui renferme des arbres et des arbrisseaux des contrées intertropicales des deux hémisphères, à feuilles d'un vert sombre, épaisses, coriaces ; à fleurs disposées de diverses manières au sommet des branches ou des tiges : calice tubuleux, denté ; corolle infundibuliforme ; fruit drupacé, monakène. On en connaît environ 75 espèces.

La plus commune est le Sébestier domestique (*C. myxa*), arbre à feuilles arrondies, amincies à la base, riches en nervures, dont le pétiole sort d'un nodule cupuliforme. Il croît dans l'Inde, en Arabie et en Égypte, où il est cultivé dès la plus haute antiquité : ses fruits, appelés *Sébestes*, ressemblent à une prune, et ont une saveur sucrée ; leur chair est très visqueuse : macérée, elle donne une glu blanche, dite *glu d'Alexandrie*, qui est employée à divers usages médicinaux ; sa racine passe pour laxative. Les Hindous font avec l'écorce des gargarismes astringents.

SÈCHE ou Seiche (*Sepia*). Genre de Mollusques céphalopodes ; animaux pairs, symétriques, qui ont beaucoup de ressemblance avec les Poulpes et les Calmars, et qui ont comme ces derniers 8 petits appendices garnis de suçoirs, plus deux autres qui sont plus longs et que l'on nomme bras ; mais ils en diffèrent par la forme de leurs nageoires, la structure de l'os dorsal, etc. ; tête aplatie, présentant sur les côtés 2 gros yeux sans paupières ; bouche placée au centre des appendices brachiaux, environnée d'une sorte de bourrelet circulaire, et garnie de mandibules cornées semblables à celles d'un bec de perroquet.

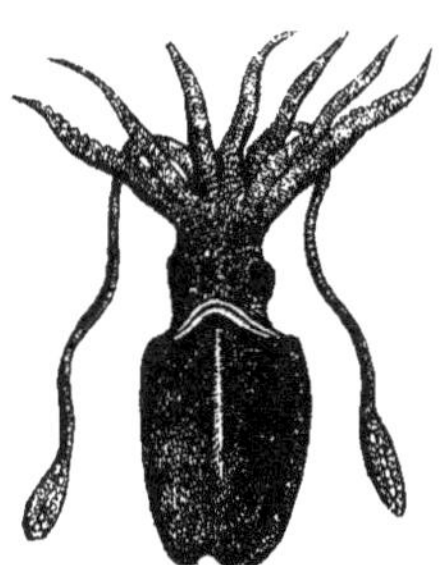

Fig. 1220. — Sèche.

Les Sèches vivent à quelque distance des côtes; elles sont très carnassières et font la chasse aux petits poissons, aux crustacés. Ces animaux possèdent, comme presque tous les Céphalopodes, la faculté de répandre au moment du danger une liqueur noire pour troubler l'eau. Cette espèce d'encre se nomme, dans le commerce, *sepia*, et l'on s'en sert souvent. On se sert aussi de leurs os : on en met dans les poudres dites de corail, qui servent à nettoyer les dents ; dans la cire que les modeleurs emploient; dans les cages des oiseaux granivores élevés en domesticité, probablement pour qu'ils puissent remplacer dans leur gésier les petits cailloux qu'ils ont l'habitude d'y introduire pour faciliter la trituration des graines, et aussi pour user l'extrémité de leur bec, qui sans cela pourrait acquérir une trop grande longueur qui leur serait nuisible ; les imprimeurs en taille-douce et en lithographie en font usage pour nettoyer le papier, etc.

Les Sèches ne sont pas hermaphrodites. On ignore la manière dont les sexes se mettent en rapport et dont les œufs sont fécondés. La femelle couve ses œufs dans les lieux où elle les a déposés; on ne sait combien il faut de temps aux petits pour se développer. Ces animaux ne vivent pas en troupe, encore moins en société ; mais il parait que le mâle porte une si grande amitié à la femelle, qu'il va jusqu'à la défendre lorsque celle-ci est harponnée; aussi les pêcheurs en profitent-ils, et surtout au moment des amours. Pour en prendre une assez grande quantité, ils attachent une femelle à une corde et la laissent ainsi quel-

que temps dans la mer ; le mâle accourt, soit pour la défendre, soit pour l'accouplement, s'attache à elle par ses ventouses ; alors le pêcheur, retirant sa corde, amène en même temps la femelle et le mâle.

SECRÉTAIRE. Genre de Rapaces voisin des Busards, caractérisé par un bec robuste, crochu et très fendu, des sourcils saillants, et surtout par des jambes démesurément longues et couvertes de plumes. Il porte à l'occiput une longue huppe raide qui lui donne quelque ressemblance avec les écrivains qui, dans les intervalles de leur travail, mettent leur plume sur l'oreille : ce qui lui a fait donner le nom qu'il porte.—Cet oiseau, qui est très beau, vit dans l'Afrique méridionale. Il se nourrit d'insectes, de petites tortues et de serpents qu'il combat à outrance : ce qui lui a valu aussi les noms de *Serpentarius*, *Reptilivorus*.

SÉCRÉTIONS. En Physiologie, on donne le nom de *Sécrétion* à une propriété d'ordre organique ou vital des tissus, en vertu de laquelle sortent de leur substance les molécules intérieures qui, suivant leur nature, sont rejetées au dehors ou réabsorbées (V. *Absorption*), ou même séjournant dans des cavités de l'organisme. Cette fonction se confond pour ainsi dire avec la Nutrition, du moins en ce qui concerne son côté le plus simple, là où l'on voit la sortie du sérum à travers les capillaires, son apparition aux surfaces des séreuses, etc. ; en sorte qu'une définition rigoureuse de la Sécrétion n'est pas facile à donner.

Mais les physiologistes admettent qu'il y a Sécrétion lorsqu'il existe certains tissus spéciaux interposés entre les vaisseaux sanguins apportant les matériaux du produit de sécrétion et ce produit lui-même, qui est presque toujours un liquide. Ces tissus, d'une simplicité d'organisation très grande, dans les Sécrétions les plus simples, comme les membranes séreuses, se compliquent, se perfectionnent de plus en plus, de manière à constituer des appareils dans lesquels on distingue : 1° une *glande*, organe sécréteur propre ; 2° un ou plusieurs *conduits déférents* qui charrient le liquide sécrété jusque dans 3° le *réservoir*, où ce liquide doit séjourner un temps plus ou moins long ; 4° un *canal excréteur*, ayant pour mission d'ouvrir une issue à ce produit de sécrétion, qui est dès lors un produit d'*excrétion*.

Nous allons parler des Sécrétions que nous appellerons *Folliculaires* ou *membraneuses* (sérosité, sueur, mucus, etc.), et des Sécrétions *Glandulaires* (salive, suc pancréatique, lait, larmes, bile, urine, sperme). Quand nous serons au bout de cette revue, qui nous conduira du simple au composé, nous dirons un mot des *Sécrétions considérées dans la série animale*, et des *Sécrétions dans les végétaux*.

Le sang est le liquide d'où procèdent toutes les Sécrétions ; mais, dans les glandes, pas plus que dans les autres tissus, les éléments figurés du sang (globules) ne pouvant traverser les parois des vaisseaux , c'est uniquement des parties liquides du sang que viennent les produits de Sécrétion. Les diverses glandes puisent à une source commune ; mais la *quantité* et la *qualité* des liquides sécrétés par chaque glande en particulier dépendent du tissu glandulaire lui-même. La quantité est en rapport avec la richesse vasculaire du tissu glandulaire et avec beaucoup d'autres causes physiques et physiologiques ; quant à ce qui concerne la qualité des produits, la science n'est pas en mesure de donner des éclaircissements satisfaisants. Quelques physiologistes pensent que toutes les substances qui entrent dans la composition des produits de Sécrétion existent dans le sang, et que le rôle des glandes consiste uniquement à laisser filtrer ces substances dissoutes au travers de leur tissu. Mais à supposer même que, dans l'avenir, la chimie démontre d'une manière positive que tous les éléments des Sécrétions existent dans le sang, il resterait encore à déterminer les causes de la diversité d'action des glandes, action qui est sous l'influence du système nerveux, comparable à la fonction chimique qu'exerce le courant galvanique. Il est vraisemblable toutefois que cette influence nerveuse est la même dans toutes les glandes, et que son rôle consiste à éveiller dans le tissu propre de la glande les propriétés spéciales que ce tissu possède.

Sécrétion séreuse et synoviale. Les membranes séreuses sont des toiles organiques d'une délicatesse extrême, polies, transparentes, qui, formant des espèces de sacs sans ouverture dont les deux surfaces internes sont appliquées l'une contre l'autre, enveloppent ainsi en totalité ou en partie certains organes importants , comme le cerveau, les poumons, les intestins, le cœur, ou tapissent les surfaces articulaires , etc. — Ces membranes sécrètent dans l'intérieur de leur cavité close de toutes parts un liquide séreux , appelé *sérosité*, dont l'usage est d'humecter leurs surfaces contiguës , de faciliter les glissements de l'une sur l'autre, et partant les mouvements et les fonctions des viscères qu'elles enveloppent. Les liquides séreux contiennent de l'eau, des sels et un peu d'albumine, sans traces notables de fibrine. Ils sont repris par l'absorption au fur et à mesure qu'ils sont formés; et quand l'équilibre est rompu entre ces deux fonctions, de manière à ce que la sécrétion l'emporte sur l'absorption, la sérosité s'accumule, et on dit alors qu'il y a hydropisie.

N'oublions pas de rappeler que la *sérosité* est moins le produit d'une Sécrétion que celui d'une exhalation , d'une sorte de perspiration, laquelle donne lieu à la *lymphe* dans le tissu cellulaire; à la *sueur*, à la surface de la peau ; à la *synovie*, dans les membranes synoviales qui tapissent l'intérieur des articulations; à l'*humeur aqueuse* , dans l'intérieur de la membrane hyaloïde de l'œil; à la *graisse* , dans les cellules du tissu adipeux.

Sécrétion muqueuse. Les membranes muqueuses sont des tissus minces, mous, lisses, comme fongueux, qui tapissent les cavités naturelles en communication plus ou moins proche ou éloignée avec l'extérieur, telles que la bouche et tout le canal intestinal, les fosses nasales et tous les organes respiratoires, l'urètre et toutes les cavités affectées à l'écoulement de l'urine; telles que le vagin, la matrice, les trompes, les ovaires ; telles que les conduits auditifs, les canaux lacrymaux, biliaires, spermatiques. Les muqueuses sont parsemées de *follicules mucipares* ou petites vésicules s'ouvrant par un petit goulot à la surface de la muqueuse. C'est dans l'intérieur de ces petites bouteilles que le mucus est sécrété.

Le *mucus* est un liquide incolore à l'état physiologique, visqueux, composé de globules particuliers, de cellules d'épithélium, d'eau et de sels divers. Il est versé à la surface des membranes muqueuses , pour en favoriser les fonctions, qui varient suivant la destination des organes dont elles tapissent l'intérieur. En effet, le mucus préserve la vessie du contact irritant de l'urine ; le gros intestin, de l'action putrescible des fèces ; il sert à l'odorat dans les fosses nasales; au goût, à la langue et au pharynx ; dans l'estomac , il contribue à former le suc gastrique; dans certains canaux étroits, comme ceux de la bile, du sperme , etc. , il facilite l'écoulement du produit de sécrétion du foie, du testicule, etc.

Les sécrétions dont il est question sont appelées *folliculaires ;* mais elles ne s'opèrent pas qu'aux muqueuses : la peau et d'autres parties encore ont des follicules particuliers analogues à ceux des cryptes muqueux. — Le produit de sécrétion des follicules sébacés de la peau se nomme *humeur sébacée;* il ne faut pas le confondre avec la *sueur*, qui est formée par un sorte d'exhalation ou de perspiration des glandes sudoripares, lesquelles sont formées par un petit tube terminé en cul-de-sac , enroulé et contourné en spirale. Ces glandes sudoripares sont très nombreuses (800 environ par centim. carré de surface à la paume de la main) ; tandis que les follicules sébacés sont rares en ces endroits, mais abondants au niveau des ouvertures naturelles. Leur produit forme à la surface de la peau une sorte de vernis gras. Et quant à la *sueur*, elle est plus ou moins odorante, chargée de sels, d'urée même, et offre quelque chose de spécial, suivant qu'elle appartient à l'homme , à la femme ou à l'enfant. On nomme *cérumen* le mucus sécrété par les follicules sébacés du conduit auditif externe ; *chassie,* celui fourni par les glandes Meïbomius aux paupières. Ce que nous nommons *tannes,* sont des follicules sébacés de la peau remplis de matière sécrétée , concrète , que le contact de la poussière a noircie à l'entrée du goulot. Les tannes sont assez communes sur le dos et le bout du nez, au voisinage des grandes lèvres, etc.

Sécrétion salivaire. L'appareil sécréteur de la salive se compose de 6 glandes : les *parotides* , situées au-dessous et au devant du pavillon de l'oreille ; les *sous-maxillaires* , à la face interne du corps de l'os maxil'aire inférieur, les *sublingual·s*, dans l'épaisseur de la paroi inférieure de la bouche. Ces glandes n'ont pas de r servoirs. Leurs conduits vont s'ouvrir dans la bouche. On nomme *canal de Sténon* celui de la parotide , il pénètre dans la bouche au niveau de la seconde dent molaire supérieure ; *canal de Warthon*, celui de la glande sous-maxillaire : il s'ouvre sur le côté du frein de la langue ; les *conduits des glandes sublinguales* n'ont pas de nom spécial : les uns s'ouvrent dans le canal de Warthon , les autres sur la partie latérale du frein de la langue.

La *salive* est un liquide alcalin, contenant de l'eau, du mucus, un certain nombre de sels. Elle est sécrétée non-seulement par les glandes salivaires , mais encore par une infinité de petites glandes disséminées dans la muqueuse buccale, sans compter les follicules de cette membrane ; de telle sorte que le liquide que l'on nomme *salive* provient de sources nombreuses et diverses.

Quant au mécanisme de la Sécrétion salivaire, il est à la fois mécanique et physiologique ; les glandes forment d'autant plus de liquide salivaire qu'elles sont excitées par les mouvements des mâchoires, par les pressions musculaires , par l'action des corps alimentaires sapides, par certaines affections de la bouche, par la simple pensée arrêtée sur des fruits acides, d'où l'expression : l'*eau en vient à la bouche.*—V. *Digestion.*

Sécrétion pancréatique. Le *pancréas* est une glande aplatie, située derrière l'estomac, entre le duodénum et la rate, couchée transversalement au devant de la colonne vertébrale, et embrassant par sa face postérieure la première vertèbre lombaire, dont elle est séparée par les piliers du diaphragme. Le conduit excréteur de cette glande, appelé *canal de Wirsung*, ou plutôt les conduits, car il y en a 2, s'ouvrent dans le duodénum ou bien dans le canal cholédoque (V. *Sécrétion biliaire*), qui aboutit au même intestin.

Le *suc pancréatique* coule lentement, mais assez abondamment dans le duodénum pendant le travail de la digestion ; pendant l'intervalle des digestions il ne s'en forme presque pas. C'est un liquide filant, incolore, qui, étant chauffé, se prend en une masse et se coagule. Les expériences de M. Cl. Bernard démontrent qu'il a la propriété d'*émulsionner* les corps gras, c'est-à-dire de rendre ces corps, non miscibles à l'eau, ni à la salive, ni au suc gastrique, dans un état de division te qu'ils puissent être absorbés. De plus, le suc pancréatique agit sur les aliments féculents, dans l'intestin , à la manière de la salive dans la bouche et l'estomac, en les transformant en dextrine, puis en glycose, partant en les rendant solubles.

Sécrétion laiteuse. Nous plaçons ici ce genre de Sécrétion, si éloigné des précédentes relatives à la digestion, parce que l'appareil sécréteur n'es pas encore complet. En effet, les canaux galactophores (excréteurs du lait) se rendent directement à l'extrémité du mamelon, où leurs orifices (au nombre de 15 à 18) versent le lait dans la bouche de l'enfant exerçant la succion. Toutefois, il y a ici une disposition qui rapproche cet appareil de ceux pourvus d'un réservoir : ces canaux , avant d'atteindre l'aréole du mamelon, offrent des dilatations nombreuses qui constituent des *réservoirs multiples* dans lesquels s'accumule le lait sécrété pendant les intervalles de l'excrétion. Quant à la glande mammaire , elle consiste dans le groupement de vésicules terminées par de petits conduits qui s'unissent entre eux et forment, par des réunions successives, 15 ou 18 canaux excréteurs. La Sécrétion laiteuse est périodique , soumise à l'état puerpéral : la succion ou la pression est nécessaire pour l'évacuation du produit sécrété.

Le *lait* est un produit qui, à cause de son importance comme aliment, a donné lieu à de très nombreuses recherches. Nous dirons seulement que ce liquide est ainsi composé : chez la femme, eau, 88,6; caséum, 3,9; beurre, 2,6; sucre de lait, etc., 4,9. Chez la vache : eau, 87,4; caséum, 3,6; beurre, 4,0; sucre de lait, etc., 5,0 ; que ce liquide, par conséquent résume les qualités d'un aliment complet, puisque l'élément azoté est représenté par le caséum , et l'élément non azoté par le beurre et le sucre de lait.

Sécrétion lacrymale. L'appareil sécréteur est complet. Il se compose des parties suivantes : 1° *glande lacrymale* : elle est petite, située à la partie supérieure externe de la cavité orbitaire ; 2° *conduits lacrymaux :* la glande fournit d'abord 7 ou 8 petits conduits d'une finesse extrême qui s'ouvrent sur la face interne de la paupière supérieure , pour verser le fluide lacrymal sur le globe oculaire. En outre, il y a pour débarrasser l'œil de ce fluide un double conduit lacrymal dans l'épaisseur des deux paupières, et ce conduit commence par une très petite ouverture béante, appelé *point lacrymal*, que l'on aperçoit près de la commissure interne palpébrale, sur le bord de la paupière ; 3° *sac lacrymal :* c'est le réservoir des larmes , il est situé dans le grand angle de l'œil, derrière l'apophyse montante du maxillaire supérieur. Cette espèce de poche mi-osseuse et membraneuse reçoit par sa partie supérieure les conduits lacrymaux , et donne naissance en bas au 4° *canal nasal*, qui est le conduit excréteur des larmes qu'il verse dans la narine.

Les *larmes* sont sécrétées par les glandes. Arrivées à l'angle interne de l'œil , elles sont étendues, distribuées sur cet organe par le clignement des paupières; ensuite elles passent dans les points lacrymaux, de là dans le sac lacrymal , puis dans le canal nasal, d'où elles s'introduisent enfin dans les fosses nasales. Leur quantité est susceptible d'augmenter considérablement sous l'influence des grandes émotions (douleur ou joie) : aussi, arrivant en abondance dans les narines , elles provoquent le mouchement, comme dans les moments pathétiques au théâtre.

Sécrétion biliaire. L'appareil sécréteur de la

bile offre à considérer : le foie (glande), les conduits hépatique et cystique (canaux déférents) , la vésicule biliaire (réservoir de la bile), le canal cholédoque (canal d'excrétion biliaire). Nous ne pouvons donner sur ce point important de physiologie les détails nécessaires à une parfaite intelligence du sujet ; nous renvoyons le lecteur à notre *Anthropologie*.

Cependant quelques mots pourront donner une idée grossière du mécanisme de la fonction. Le *foie* est l'organe sécréteur de la bile : c'est la plus volumineuse de toutes les glandes ; elle est située dans l'hypochondre droit , au-dessous du diaphragme ; son tissu se compose d'une masse de granulations enveloppées d'une membrane fibreuse commune qui envoie des prolongements dans l'intérieur du viscère. — Le *conduit* ou *canal hépatique* résulte de l'abouchement d'une foule de radicules vasculaires qui forment deux grosses branches, lesquelles se joignent , en se dégageant du tissu du foie, pour ne former qu'un seul conduit; ce conduit lui-même, après un court trajet, se confond avec le *conduit cystique*, qui part de la vésicule du fiel. — La *vésicule biliaire* ou du *fiel* est une espèce de poche membraneuse, pyriforme, à grosse extrémité regardant en avant et en bas, de couleur verdâtre; elle reçoit et garde en dépôt la bile. Le canal hépatique , qui perd son nom en rencontrant le canal cystique, lui apporte la bile ; le canal cystique est donc tout à la fois *déférent* et *excréteur*, selon que la bile arrive à la vésicule ou en sort. Quand elle en sort, elle suit le canal cystique, puis s'engage dans le *canal cholédoque*, lequel naît au point où les canaux hépatique et cystique se rencontrent, et va s'ouvrir dans l'intestin duodénum.

Il n'est aucune glande , aucun organe pourvu de vaisseaux aussi nombreux et aussi divers que le foie. En effet, le foie reçoit les divisions de l'*artère hépatique*, qui lui apporte le sang artériel destiné à sa nutrition propre et aussi à la formation de la bile; il reçoit les divisions de la *veineporte*, laquelle répand dans son tissu vasculaire le sang des veines qui pompent le chyle dans les intestins; outre ces vaisseaux afférents, le foie en présente de déférents, qui sont les *veines hépatiques*, destinées à conduire dans le système veineux général le sang qui a été reçu par le foie et qui a servi à l'élaboration de la bile; les ramifications naissantes du conduit hépatique; enfin le foie a ses vaisseaux lymphatiques comme tous les autres organes. — V. *Circulation*.

La *bile* est un liquide visqueux , brun-jaunâtre ou verdâtre, d'une composition assez complexe et encore imparfaitement indiquée , qui est destiné à exercer sur les aliments une action digestive et à contribuer à former les matières fécales qu'il colore. La bile est sécrétée par le foie , particulièrement aux dépens du sang de la veineporte. Elle s'écoule par le canal hépatique; mais arrivée à l'extrémité de ce canal, elle peut suivre deux voies différentes : ou elle arrive dans le duodénum par le canal cholédoque , ou elle remonte par le canal cystique dans la vésicule biliaire : l'un ou l'autre cas a lieu selon qu'il y a ou non travail de digestion ; car on sait que chez l'animal à jeun la vésicule est toujours distendue, tandis qu'elle est presque vide à une certaine époque de la période digestive.

Le foie ne sécrète pas seulement de la bile , il forme aussi du sucre ou glycose ; ce sucre ne sort pas du foie par le canal hépatique, il s'échappe de cet organe par la voie sanguine, par les veines sushépatiques qui le font passer dans la veine cave inférieure. D'où vient ce sucre ? est-il apporté par les vaisseaux afférents , par la veine-porte ? ou plutôt est-il réellement sécrété par le foie ? Ceci fait le sujet d'une longue et interminable discussion. Il est vrai que le sang de la veine porte contient un peu de glycose : mais on croit généralement, contre l'avis de M. Figuier, que ce glycose a été primitivement formé dans le foie , et qu'il n'a pas été détruit dans son passage au travers des capillaires sanguins. On a objecté aussi que le glycose pouvait provenir du régime végétal antérieur aux expériences ; mais des animaux nourris pendant plusieurs mois et exclusivement avec de la viande, montrent, par les expériences, qu'il y a du sucre dans leurs veines sus-hépatiques et qu'il n'y en a pas dans leur veine-porte.

Sécrétion urinaire. On trouve, composant l'appareil de cette fonction : 2 reins (glandes), 2 uretères (canaux déférents), la vessie (réservoir) et l'urètre (canal excréteur).

Les *reins*, appelés vulgairement *rognons*, sont deux corps glanduleux dont tout le monde connaît la forme pour avoir vu servis sur la table ceux de veau ou de mouton. Nous ne décrirons pas son tissu, qui est formé de deux substances, la corticale et la mamelonnée. Dans la partie échancrée du rein appelée *scissure* est le *bassinet*, espèce de réservoir auquel aboutissent les conduits urinaires appelés *calices*, et d'où part l'*uretère*, long et étroit canal membraneux qui va s'ouvrir dans la *vessie* à la partie postérieure et inférieure de cet organe. — La *vessie* constitue le véritable réservoir de l'urine : c'est une grande poche musculo-membraneuse située dans le bassin, derrière le pubis, qui communique au dehors par le *canal de l'urètre*, lequel parcourt la partie inférieure de la verge chez l'homme , mais il est beaucoup plus court chez la femme et d'une texture moins compliquée.

L'*urine* est sécrétée dans la substance corticale des reins ; elle arrive dans le bassinet par les tubes urinaires , et de là elle passe dans l'uretère, chemine dans ce canal et s'accumule goutte à goutte dans la vessie ; celle-ci, dès qu'elle est distendue à un certain degré, se contracte pour chasser le liquide par le canal de l'urètre.

L'urine est un liquide purement excrémentiel , qui débarrasse l'économie d'une certaine quantité d'eau tenant en dissolution divers principes salins, et des substances azotées provenant de la décomposition des tissus. Elle concourt, avec l'exhalation cutanée et pulmonaire et l'excrétion des fèces, à entretenir l'équilibre organique. Si les gaz et les vapeurs de l'exhalation pulmonaire et cutanée constituent surtout le dernier terme des aliments respiratoires (aliments féculents, gras et sucrés), l'urine est la voie par laquelle sont principalement évacués les aliments albuminoïdes métamorphosés. » L'urine contient 93 à 95 parties d'eau pour 100; les 5 à 7 parties de résidu contiennent des sels et des substances organiques. La partie essentielle de l'urine est l'*urée*, matière très azotée qui forme à elle seule la plus grande partie des matières organiques de l'urine évaporée. Le mode d'alimentation a une grande influence sur les proportions de l'urée : le régime animal en donne une proportion beaucoup plus forte que le régime végétal. Dans l'abstinence complète, l'urine renferme encore de l'urée, provenant de la décomposition des tissus azotés de l'économie, dans le mouvement de nutrition moléculaire. L'urine se charge aussi des substances impropres à l'alimentation et en débarrasse l'économie.

La *Sécrétion spermatique* a été étudiée au mot *Génération*.

Sécrétions comparées. La Sécrétion envisagée en elle-même est exactement semblable dans les Animaux et dans l'Homme : c'est du sang ou du liquide nourricier que procèdent ses divers produits, et le mécanisme de la fonction est tout aussi compliqué et enveloppé des mêmes obscurités. Nous ne pouvons entrer ici dans les développements du sujet sans sortir des limites que nous nous sommes imposées. Faisons remarquer d'ailleurs que le côté anatomique a été plus cultivé que le côté physiologique, et que les divers produits de Sécrétion n'ont pas été examinés dans la série animale avec le même soin que chez l'homme.

Si chez les Mollusques les organes de la Sécrétion salivaire offrent la structure folliculeuse qu'ils ont chez les Vertébrés, ils ne sont plus constitués chez les Insectes que par de simples culs-de-sac tubuleux. Dans les autres Articulés et dans les animaux placés plus bas dans l'échelle animale, les glandes salivaires n'existent plus d'une manière distincte.

Le pancréas paraît pour la première fois chez les Poissons, où il consiste généralement en tubes simples ou ramifiés appendus à l'intestin. Chez les Invertébrés, il n'y a pas d'organes qu'on puisse regarder comme les analogues de cette glande.

Le foie des Vertébrés est à peu près identique, pour la structure, à celui de l'Homme. Celui des Mollusques, qui est volumineux, présente aussi une grande analogie avec celui des Vertébrés. Les Insectes et les Crustacés ont un foie composé de cœcums libres ou groupés sous forme lobée. Les cœcums s'ouvrent dans l'intestin. Les cœcums biliaires tiennent également lieu de glandes urinaires ; on trouve souvent dans le liquide contenu

dans leur intérieur de l'acide urique : ce qui tend encore à prouver que la bile, indépendamment du rôle qu'elle joue dans la digestion, est en même temps une humeur excrémentitielle.

Chez les Oiseaux, l'uretère, qui reçoit l'urine sécrétée par le rein, ne verse point l'urine dans un réservoir de dépôt ; les Oiseaux manquent de vessie ; les organes urinaires n'ont point d'orifice distinct du canal intestinal ; l'urine arrive dans le cloaque et est évacuée avec les excréments qu'elle concourt à former. — Dans les Reptiles, qui n'ont de vessie qu'exceptionnellement, les canalicules du rein sont souvent disposés comme les barbes d'une plume sur leur tige commune ; les uretères se rendent au cloaque. — Les reins des Poissons, qui sont généralement très volumineux, sont constitués par des canalicules irrégulièrement contournés sur eux-mêmes, aboutissant à un canal commun ou uretère. Ces organes s'étendent de chaque côté de la colonne vertébrale, dans toute l'étendue de l'abdomen; l'uretère présente une dilatation ou sorte de vessie, dont l'orifice extérieur aboutit derrière celle de l'anus et des organes reproducteurs.

Chez les Insectes, la Sécrétion urinaire s'opère par des tubes annexés à la région pylorique de l'intestin. — Chez les Arachnides, on trouve aux environs de l'anus, et pénétrant jusque dans les segments supérieurs des pattes, des appendices ou cœcums, qui s'ouvrent aux environs de l'anus et qui sont sans doute des organes de Sécrétion urinaire. — L'organe sécréteur de l'encre des Céphalopodes peut être aussi rangé parmi les organes de Sécrétion urinaire ; cet organe, placé dans le voisinage du foie, débouche par son canal excréteur près de l'anus. La matière sécrétée (*sépia*) s'amasse dans les conduits excréteurs ; elle est souvent expulsée par l'animal, qui par là cherche à se dérober à la poursuite de son ennemi.

Quelques animaux offrent des organes de Sécrétion qui manquent dans l'espèce humaine. Le *castoréum*, le *musc*, la *cire*, la *matière soyeuse du cocon* du ver à soie, des *venins*, etc., sont des produits de Sécrétion fournis par certains organes glanduleux propres au Castor, au Chevrotain, à l'Abeille, au Bombyx, aux animaux venimeux, etc.

Sécrétions dans les végétaux. Leur produit est excrémentitiel. Les plantes se débarrassent des matières devenues inutiles à leur nutrition ou nuisibles, soit par transpiration ou exhalation, perspiration, soit par excrétion proprement dite.

L'*exhalation* ou transpiration est la fonction au moyen de laquelle la plante laisse échapper une certaine proportion d'eau à l'état de vapeur. Celle-ci est dissoute par l'atmosphère, ou bien se condense en gouttelettes épaisses qui apparaissent à la surface des feuilles particulièrement. Des expériences démontrent que ces gouttelettes ne sont pas dues à la rosée : ainsi, par exemple, si on recouvre d'une cloche de verre un pied de pavot, celui-ci présente le même phénomène, bien qu'il soit dans un milieu sans communication avec l'air.

La plante n'exhale guère que les deux tiers de l'eau qu'elle absorbe par les spongioles radicales; néanmoins il est des circonstances où les racines ne puisent pas des matériaux en quantité suffisante, et alors cette plante languit, se fane, et ce dépérissement est d'autant plus prononcé et rapide que l'air atmosphérique est plus sec, plus chaud et plus agité.

L'*excrétion* est l'acte au moyen duquel beaucoup de végétaux rejettent, au moment de l'élaboration de la séve, diverses matières, telles que *résine, cire, huile volatile, substances mielleuses, sucrées, gommeuses*, etc.

SÉGESTRIE (*Segestria*). Genre d'Arachnides pulmonées : pattes fortes, allongées, les 2 paires antérieures les plus longues ; 6 yeux presque égaux entre eux, rapprochés sur deux lignes sur le devant du céphalothorax. Les mâles ont les pattes beaucoup plus longues que les femelles; leurs organes sexuels sont placés dans un corps ayant la forme d'une petite bouteille et qui est attaché tout près de l'origine du 5ᵉ article des palpes. — Ces Araignées, qui sont nocturnes et dont l'habitation se trouve dans quelque fente de vieux mur, construisent des tubes allongés, très étroits, où elles se tiennent en embuscade ; leurs six pattes sont posées sur autant de fils qui divergent et viennent se rendre au tube comme à un centre commun, auquel ils communiquent la petite secousse que le malheureux diptère qui s'y est laissé prendre leur imprime.

La **SÉGESTRIE PERFIDE** (*S. perfida*) se trouve communément dans les maisons de Paris. Son corps est velu, noirâtre, avec une suite de taches triangulaires noires le long du milieu du dos et de l'abdomen. Elle se file un tube de soie blanche, renflé au milieu, dans lequel elle se tient à une grande distance de l'orifice, guettant les insectes qui osent approcher de sa retraite. On ne voit jamais le mâle dans ces tubes, mais il rôde souvent aux environs des lieux habités par la femelle.

SEICHE. — V. *Sèche*.

SEIGLE (*Secale*). Genre de Graminées : épillets solitaires sur les dents de l'axe, biflores ; l'épicène à 2 valves lancéolées ; glume à 2 paillettes, dont l'inférieure est terminée par une soie, la supérieure sans pointe ; styles extrêmement courts ; fruit (cariopse) enveloppé dans la glume.

Le **SEIGLE CULTIVÉ** (*S. cereale*), la seule espèce importante, a l'épi long, comprimé, chargé de très longues arêtes rudes. — Cette céréale se cultive particulièrement dans le nord de l'Europe : elle sert de nourriture aux hommes et aux animaux. Sa farine donne un pain plus rafraîchissant que celui du froment, mais un peu moins nutritif; mélangée en petite quantité avec celle du froment (*Méteil*), elle tient le pain frais, lui donne un peu plus de saveur, mais elle le rend un peu pesant. On en fait des galettes très dures qui se

conservent toute l'année. — Le *pain d'épice* est un mélange de seigle, d'orge et de miel. Les grains de Seigle rôtis sont quelquefois mêlés à ceux du café. Lorsque le Seigle ne mûrit pas, on le sèche au four et on le mange en hiver, préparé comme des petits pois. Semé de bonne heure, on peut le faucher pour fourrage avant que la tige ne monte; il repousse ensuite sans que la récolte en souffre. Si on le destine uniquement pour les bestiaux, il peut être coupé deux fois en avril, et pâturé ensuite, sans nuire aux cultures subséquentes de pommes de terre, de haricots, de vesce, de chanvre, etc. La paille du Seigle est longue, flexible ; soignée dans le battage, elle sert à faire des liens pour attacher la vigne et les jeunes arbres ; elle sert aussi à remplir des paillasses, à empailler des chaises, à couvrir des habitations rustiques, etc.

Le Seigle est sujet à une maladie qui consiste en une excroissance en forme de corne un peu recourbée, qu'on appelle *ergot*, et qui, à ce que l'on croit, n'est autre chose qu'un champignon : on appelle *S. ergoté* le Seigle qui est atteint de cette maladie. Le pain fait avec ce Seigle est très malfaisant. Cependant on emploie le Seigle ergoté en médecine. Ce médicament jouit de la propriété remarquable de provoquer les contractions de l'utérus. Aussi est-il d'un grand secours dans les accouchements, lorsque, le col étant suffisamment dilaté, l'utérus est dans une sorte d'inertie et que les douleurs manquent. Dans ces cas assez communs, 1 ou 2 gram. de poudre récente de Seigle ergoté, donnée dans un peu d'eau, suffisent pour ranimer les contractions suspendues et terminer en une demi-heure un travail qui aurait duré 24 heures peut-être. — On a attribué d'autres vertus à cette substance, comme aussi on l'a accusée de causer quelquefois la mort du fœtus. C'est un médicament très actif dont l'innocuité ou le danger dépend de l'opportunité de son emploi.

SELS. Composés formés, soit d'un acide et d'une base, soit d'un corps non métallique et d'un métal. Lorsque les parties constituantes sont dans un rapport tel qu'elles n'altèrent en rien les couleurs bleues végétales, on dit que la combinaison est neutre. Si elles les rougissent, il y a excès d'acide, et l'on dit qu'elle est acide ; enfin, si l'acide n'est pas en quantité suffisante, on dit qu'il est avec excès de base. Tout cela était, dans le principe, conforme aux idées qu'on se faisait à cet égard ; mais il est constaté aujourd'hui qu'il existe des Sels qui ne contiennent ni acide ni alcali.

Les Sels sont en général solubles dans l'eau ; mais le degré de solubilité à différentes températures et les quantités d'eau nécessaires ne sont pas encore exactement déterminés.

SÉLACIENS (du grec *selakhos*, cartilagineux). Famille de Poissons cartilagineux ou Chondroptérygiens, qui correspond aux Plagiostomes de Duméril, et se divise en deux tribus : les *Squales* et les *Raies*. — V. ces mots.

Les Sélaciens sont, dans quelques cas, les plus grands poissons connus, rarement ils sont de petite taille. Les mâles se reconnaissent facilement à certains appendices souvent très grands et très compliqués, placés au bord interne des nageoires ventrales et dont l'usage n'est pas encore bien connu. Il se fait une intromission réelle de la semence du mâle; les femelles ont des oviductes bien organisés qui tiennent lieu de matrice à celles dont les petits éclosent dans le corps; les autres font des œufs revêtus d'une coque dure et cornée, à la production de laquelle con-tribue une grosse glande qui entoure chaque oviducte.

SEMEN-CONTRA. Dans les livres de botanique et de matière médicale, on entend désigner sous cette vieille dénomination, les sommités des ramifications supérieures, les capitules fleuris et les graines de trois espèces d'Armoises, l'*Artemisia contra* de l'Éthiopie, l'*A. judaïca* de la Palestine, et l'*A. santonica* de Perse, employés comme puissants vermifuges dans la médecine humaine et dans la médecine vétérinaire. Dernièrement on a prétendu prouver que ces parties proviennent seulement de l'Armoise ramassée de

Fig. 1221. — Semnopithèque Douc.

Barbarie, *Artemisia glomerulata* de Siéber : c'est une espèce à ajouter aux trois premières, voilà le fait le plus certain.

SEMNOPITHÈQUE (*Semnopithecus*). Genre de Singes de la tribu des Singes de l'ancien conti-nent, voisin des Guenons et des Gibbons, entre lesquels ils tiennent le milieu. Voici leurs caractères : face courte, oreilles arrondies ; corps grêle et élancé ; bras longs ; queue plus longue que chez tous les autres Singes. Leurs molaires ont les tubercules de la couronne disposés en collines transversales, ce qui indique un régime plus exclusivement végétal et concorde avec la forme de l'estomac, qui, au lieu d'être simple et plus ou moins analogue à celui de l'Homme et des autres Singes, est remarquable par son grand allongement et présente des boursouflures tout à fait comparables à celles du gros intestin. Tous les Semnopithèques ont l'estomac conformé de cette façon et manquent d'abajoues.

Ces Singes habitent le continent indien (Semnopithèques) et l'Afrique (Colobes). Leurs mœurs paraissent peu différentes de celles des Guenons, qui sont d'Afrique également. Ils sont moins brusques toutefois, leurs passions sont moins vives : ils se font remarquer par leur intelligence et par la douceur de leur caractère. Jeunes, ils s'apprivoisent facilement ; mais lorsqu'ils sont vieux ils deviennent tristes et quelquefois méchants.

Considérés comme tribu, les Semnopithèques comprennent deux genres : les *Colobes*, dont il a été parlé déjà, et les *Semnopithèques* proprement dits ; ces derniers renferment plusieurs espèces, dont deux le *Nasique* et le *Presbyte*, ont paru mériter une distinction générique.

Semnopithèque douc (*S. nemœus*). Corps, dessus de la tête et bras gris-tiqueté de noir ; cuisses, doigts et parties voisines noirs ; jambes et tarses d'un roux vif ; avant-bras, gorge, bas des jambes, fesses et queue d'un blanc pur ; gorge blanche, entourée d'un cercle plus ou moins complet de poils colorés en roux vif. — Ce singe habite la Cochinchine ; c'est la plus belle espèce du genre ; sa peau ferait une très jolie fourrure. Ces animaux ne sont pas farouches, mais à la condition qu'on ne les inquiète pas (fig. 1222).

S. Entelle (*S. entellus*). Visage noir, ainsi que les mains ; le reste du corps est d'un blanc jaunâtre, un peu plus foncé sur le dos ; les poils de ses sourcils et de la base de son front forment une sorte de toupet saillant ; la mâchoire inférieure porte une barbe assez allongée et dirigée en avant. — L'Entelle vit dans l'Inde, principalement au Bengale, où il est respecté par les Bengalis, qui voient en lui un des héros célèbres par sa force, son esprit et son agilité, héros métamorphosé en Singe pour avoir dérobé la Mangue au fameux géant établi à Ceylan. — Auprès de l'Entelle, il faut placer deux espèces nouvelles : le *S. de Dussumier* et le *S. à capuchon*.

Le Nasique (*S. nasalis*) est le plus curieux des Semnopithèques : il offre un allongement du nez qui fait ressembler cet organe à celui de l'Homme : les narines sont inférieures et leur cloison n'a qu'une faible épaisseur, caractère commun d'ailleurs à tous les Singes de l'ancien continent. Le Nasique se trouve à Bornéo et en Cochinchine. Il est le plus grand des Semnopithèques ; sa hauteur totale approche d'un mètre et demi lorsqu'il est debout. Cet animal se tient sur les arbres, aux environs des rivières ; il y forme des troupes nombreuses. Il est difficile à dompter, et ses habitudes sont malfaisantes.

SÉNÉ. On nomme ainsi les feuilles de plusieurs espèces du genre Cassie (*Cassia*), petits arbustes de la famille des Légumineuses qui croissent dans la Haute-Égypte, l'Arabie et la Syrie ; une espèce, le *C. obovata*, est cultivée en Italie et en Espagne. Tout le Séné du commerce nous vient de l'Égypte. Au Caire, où en est établi le dépôt gé-

Fig. 1222. — Séné.

(1, Pétale inférieur ; — 2, Pétale supérieur, — 3, Fruit dont on a enlevé la moitié d'une valve, pour faire voir la disposition des graines.)

néral, on le monde soigneusement, car il contient souvent des ramuscules ligneux, des pédoncules, etc. ; on sépare les follicules pour les vendre à part. Alors on a le *Séné de la palthe*, en feuilles, et les *follicules de Séné* qui sont des gousses.

Le Séné est un des purgatifs les plus fréquemment employés. Souvent il est falsifié avec les feuilles du Redoul, qui sont vénéneuses. Ces feuilles diffèrent de celles du Séné en ce qu'elles présentent deux nervures divergentes, saillantes en dessus, creuses en dessous, tandis que celles du Séné ont plusieurs nervures parallèles, saillantes en dessus et en dessous.

SÉNEÇON (*Senecio*). Genre d'Herbes de la famille des Composées, tribu des Radiées, dont on compte plus de 120 espèces se rapportant à trois types : le *S. commun*, le *S. élégant* et le *S. des bois*.

Le Séneçon commun (*S. communis*) est l'espèce la plus connue et la plus fréquente de beaucoup. C'est une petite plante herbacée assez succulente, dont les tiges creuses, hautes d'un pied tout au plus, sont garnies de feuilles découpées et dentées dans leurs contours, et portant à leur sommet de petites fleurs jaunes qui composent une espèce de corymbe lâche et irrégulier ; à ces fleurs, qui n'ont rien de remarquable, succèdent de petites boules blanches composées des aigrettes soyeuses dont les graines sont couronnées.

Le Séneçon commun abonde dans les jardins et dans les champs dont il est fort difficile de l'extirper, attendu qu'il se ressème de lui-même et qu'il repousse à peu près dans tous les temps. Celui qui provient des sarclages est mangé par les chèvres et par les cochons ; mais les moutons et les chevaux le refusent. C'est par conséquent une très mauvaise herbe à propager dans les prés. Les oiseaux des petites volières épluchent le Séneçon avec assez d'empressement, et l'on en couvre souvent leurs cages.

Plusieurs Séneçons étrangers se cultivent comme plantes d'agrément, et plusieurs autres sont connus sous différents noms, mais ne sont d'aucune utilité : tels sont le *Séneçon jacobée*, l'*Herbe de Saint-Jacques*, etc.

SÉNEVÉ. Nom donné à la graine de *Moutarde*.

SENS (*Sensus*). Appareil qui met un animal en rapport avec les objets du dehors, par le moyen des impressions que ces objets font directement sur lui. On compte cinq sens chez l'homme et les animaux élevés dans la série zoologique. — V. *Olfaction, Audition, Vision, Gustation* et *Toucher*. — Ces cinq sens sont appelés *externes*, par opposition au sens interne, qui est la faculté qu'a le cerveau de percevoir une foule de modifications produites, dans l'intérieur même de l'organisme, par le jeu plus ou moins régulier des viscères. — V. *Sensation*.

SENSATION. Action de sentir. Cette action est dévolue à certaines parties du système nerveux, tant de la vie animale ou extérieure que de la vie végétative. — V. *Innervation*.

Les sensations sont de bien des sortes : on les distingue en : *S. externes* et en *S. internes*. — V. *Sens*.

Les *Sensations externes* se divisent elles-mêmes : 1° en *spéciales* (les cinq sens), qui nous font percevoir chacune spécialement différentes qualités des corps environnants, comme la lumière et les couleurs, les vibrations sonores, les émanations odorantes ; qui se perçoivent à distance, comme les qualités moléculaires ou intimes, les qualités de consistance, de température, etc. ; 2° en sensations *générales* ou de sensibilité tactile générale, etc.

Les *Sensations internes* sont celles que nous éprouvons sans que les agents extérieurs interviennent, et dans lesquelles l'*impression* est causée par l'état où les organes mêmes se trouvent placés, par suite des actes de nutrition ou par suite de leur propre activité. Les sensations internes sont transmises au centre de perception, le cerveau, par les nerfs du grand sympathique :

elles reçoivent le nom de *besoins* et quelquefois de *sentiments*. Elles sont de trois ordres : 1° relatives aux appareils de la vie animale (besoins d'exercice, instincts, désirs, passions) ; 2° relatives aux besoins d'exercer les fonctions intellectuelles de conception, d'expression et d'exécution des idées conçues ; 3° relatives au besoin d'exercer les muscles, lequel a pour point de départ l'état dans lequel l'inaction prolongée au-delà de certaines limites amène le tissu musculaire et ceux des articulations dans les appareils qui ne fonctionnent pas continuellement ; 4° relatives aux besoins de reproduction ; 5° relatives aux appareils de nutrition, etc. — L'étude des sensations, des passions, des instincts, ne peut être qu'indiquée ici ; c'est dans les traités de physiologie qu'elle reçoit les développements qu'elle comporte.

SENSIBILITÉ. Propriété qu'ont toutes les parties vivantes de recevoir des impressions, c'est-à-dire de sentir. — V. *Sensations*.

SENSITIVE (*Mimosa pudica*). Plante de la famille des Légumineuses, tribu des Mimosées, originaire de l'Amérique méridionale, mais cultivée en serre chaude dans nos climats. Elle a 60 cent. de haut ; ses rameaux portent des feuilles composées de folioles délicates, élégantes, au nombre de 30. — Cette plante, qu'on appelle encore *Acacie pudique, Herbe* ou *Arbrisseau sensible*, doit ses noms à ce qu'au moindre attouchement on voit ses rameaux articulés fléchir, se rapprocher de leurs tiges, et toutes ses folioles se coucher les unes contre les autres et s'éloigner comme par pudeur de l'objet qui les a touchées. Vers le soir, ou même quand le ciel se couvre et s'obscurcit, la Sensitive plie ses rameaux, ses feuilles, et semble endormie, puis elle se relève et s'épanouit avec le retour du jour.

Par extension, on a donné le nom de *Sensitive* à plusieurs plantes chez lesquelles on remarque un semblable phénomène d'irritabilité : tels sont les *Rossolis*, l'*Oxalide*, etc.

SENTIMENT. Ce mot signifie proprement *ce que l'on sent* ; il est par conséquent, dans beaucoup de cas, synonyme de Sensation. Mais il s'applique particulièrement aux sensations internes (V. *Sensations*), aux modifications perceptibles de nos organes intérieurs : on dit le *Sentiment de la faim, de la douleur, de la fatigue*.

Dans un sens psychologique, on entend par *Sentiments* les affections de l'âme, les penchants bons et mauvais, les passions, ou bien des vices de l'esprit propres à nous déterminer dans l'appréciation des choses, dans les jugements que nous portons. — V. *Instinct, Intelligence*.

SÉPALE. Nom donné à chaque pièce dont se compose le calice. — V. ce mot. — On se sert aussi du mot *phylle* pour indiquer ces mêmes pièces, qui sont des folioles ordinairement vertes. — V. *Périanthe*, *Fleur*.

SEPS (*Seps*). Genre de Reptiles de l'ordre des Sauriens, ayant beaucoup de rapport avec les Scinques et les Orvets. Ces animaux viennent lier intimement ensemble ces deux genres et établir d'une manière insensible le passage des Sauriens aux Ophidiens. Leur corps, tout à fait semblable à celui d'un Orvet, ne diffère de celui des Scinques qu'en ce qu'il est encore plus allongé. Les Seps se distinguent particulièrement des Orvets en ce qu'ils sont pourvus de pattes, encore doit-on remarquer que leurs membres sont presque rudimentaires e incomplets quant au nombre des doigts ; ils ont deux paires de pattes comme les Scinques, mais leurs pieds sont encore plus petits et les deux paires sont plus éloignées l'une de l'autre. On a longtemps varié sur la place que les Seps devaient occuper dans la série zoologique : tantôt on les a regardés comme des Serpents à pieds, tantôt comme des Lézards à forme de Serpents : c'est ainsi que Linné avait placé le Seps pentadactyle dans son genre Anguis ou Orvet, et que, peu après, Gmelin le mit dans le genre Lézard. Citons parmi les espèces :

Le Seps pentadactyle (*Anguis quadrupes*, de Linné). Corps long, droit, cylindrique ; pieds très distincts l'un de l'autre, tous à 5 doigts courts, armés d'ongles crochus ; longueur, 17 à 18 centim. — Cet animal habite l'Afrique, la Barbarie. Il rampe à la manière des Serpents. C'est à tort qu'on regarde sa morsure comme venimeuse.

Le Seps chalcide (*Lacerta chalcides*) est long de 32 à 40 centim.; son corps est long, semblable à celui d'un Serpent; queue terminée par une pointe aiguë; yeux très petits; pieds très petits, terminés par trois doigts courts. — Ce Reptile se rencontre dans le midi de la France, en Italie, en Espagne, sur les côtes de Barbarie. Aux approches de l'hiver il se cache dans des trous, sous la terre, et il n'en sort qu'au printemps pour se répandre dans les endroits garnis d'herbes, marécageux, où il se nourrit d'araignées, de petits limaçons et d'insectes. Les anciens le regardaient comme très venimeux; mais Sauvages a démontré qu'il n'était pas dangereux.

Le Seps, encore appelé *Cécella, Seps à 3 doigts*, est vivipare, si l'on en croit Columna, qui trouva, en disséquant une femelle, 15 fœtus vivants dont les uns étaient déjà sortis de leurs membranes.

Il existe une espèce monodactyle, des environs du cap de Bonne-Espérance.

SERIN (*Serinus*). Genre d'Oiseau de l'ordre des Passereaux, famille des Fringilles, très voisin des Linottes, et dont les caractères sont : bec gros, court, bombé ; tarses médiocres; ailes en pointe, atteignant le milieu de la queue, qui est de moyenne largeur et fortement échancrée. — Écoutons d'abord Buffon :

« Si le Rossignol est le chantre des bois, le

Serin est le musicien de la chambre : le premier tient tout de la nature ; le second participe à nos arts. Avec moins de force d'organe, moins d'étendue dans la voix, moins de variété dans les sons, le Serin a plus d'oreille, plus de facilité d'imitation, plus de mémoire ; et comme la différence du caractère (surtout dans les animaux)

Fig. 1223-1224. — Serin Cini (mâle et femelle).

tient de très près à celle qui se trouve entre leurs sens, le Serin, dont l'ouïe est plus attentive, plus susceptible de recevoir et de conserver les impressions étrangères, devient aussi plus sociable, plus doux, plus familier ; il est capable de reconnaissance et même d'attachement; ses caresses sont aimables, ses petits dépits innocents, et sa colère ne blesse ni n'offense. Ses habitudes naturelles le rapprochent encore de nous : il se nourrit de graines, comme nos autres oiseaux domestiques; on l'élève plus aisément que le Rossignol, qui ne vit que de chair ou d'insectes, et qu'on ne peut nourrir que de mets préparés. Son éducation plus facile est aussi plus heureuse; on l'élève avec plaisir, parce qu'on l'instruit avec succès ; il quitte la mélodie de son chant naturel pour se prêter à l'harmonie de nos voix et de nos instruments: il applaudit, il accompagne, et nous rend au-delà de ce qu'on peut lui donner. Le Rossignol, plus fier de son talent, semble vouloir le conserver dans toute sa pureté; au moins paraît-il faire assez peu de cas des nôtres: ce n'est qu'avec peine qu'on lui apprend à répéter quelques-unes de nos chansons. Le Serin peut parler et siffler ; le Rossignol méprise la parole autant que le sifflet, et revient sans cesse à son brillant ramage. Son gosier, toujours nouveau, est un chef-d'œuvre de la nature, auquel l'art humain ne peut rien changer, rien ajouter; celui du Serin est un modèle de grâces d'une trempe moins ferme, que nous pouvons modifier. L'un a donc bien plus de part que l'autre aux agréments de la société : le Serin chante en tout temps, il nous récrée dans les jours les plus sombres, il contribue même à notre bonheur, car il fait l'amusement de toutes les jeunes personnes, les délices des recluses; il charme au moins les ennuis du cloître, et porte de la gaîté dans les âmes innocentes et captives.

« C'est dans le climat heureux des Hespérides que cet oiseau charmant semble avoir pris naissance, ou du moins avoir acquis toutes ses perfections; car nous connaissons en Italie une espèce de Serin plus petite que celle des Canaries, et en Provence une autre espèce presque aussi grande, toutes deux plus agrestes, et qu'on peut regarder comme les tiges sauvages d'une race civilisée. »

Deux espèces de Serins méritent de fixer notre attention. C'est d'abord :

Le Serin vert de Provence ou Cini (*Fringilla Serinus*). Cet oiseau est susceptible de prendre une belle teinte jaune, mais ordinairement cette couleur se montre seulement à la tête, à l'occiput, à la gorge et au croupion ; le reste du plumage est verdâtre, rayé longitudinalement de brun. La femelle a très peu de jaune.

Ce Serin, qui se propage dans la Provence, est un des oiseaux chanteurs que nous possédons dont la voix a le plus de force. Son chant consiste en un cri aigu, fort, continu, mais modulé. C'est surtout pendant l'époque des amours que sa voix a le plus de développement. Il niche sur les genêts, les chênes verts, les arbres fruitiers, et pond quatre ou cinq œufs blancs, marqués au gros bout d'un cercle de points et de taches brunes et rougeâtres. Sa nourriture consiste en petites graines telles que celles du séneçon, du plantain, etc.

Le Serin des Canaries (*F. canaria*) est celui auquel Buffon a consacré le beau passage qu'on vient de lire. La femelle est ordinairement muette. Elle fait 4 à 5 pontes par an de 5 ou 6 œufs à la fois. Mais la fureur d'accoupler les Serins avec d'autres oiseaux du même genre va tellement loin, que l'on voit tous les jours sur nos places des métis qui ne signifient rien du tout. Pour un qui a conservé un chant et revêtu des couleurs encore agréables, il en est dix qui réunissent des qualités opposées. Ils sont tantôt noirs, ou rouges, ou verts, etc., et jaunes, selon qu'ils proviennent d'un Chardonneret, d'un Linot, d'un Cini, etc., et d'un Serin. Outre ces variétés accidentelles, il en est d'autres que l'on peut appeler naturelles et dont le nombre est excessivement grand. Le sexe, dans les jeunes, est très difficile à déterminer; toutefois il paraît que les mâles ont la tête plus grosse, les couleurs moins pâles que les femelles, et surtout une flamme au-dessous du bec, plus longue et d'un plus beau jaune. Les maladies auxquelles ils sont le plus fréquemment sujets sont l'épilepsie, la gale et le bouton, qu'il faut percer à temps.

Buffon compte 29 variétés du Serin domestique : parmi les plus recherchées, on cite : le *Serin plein*, entièrement couleur jonquille; le *S. huppé*, le *S. panaché*, le *S. hollandais* ou à *longues pattes*, un des plus recherchés.

SERINGAT ou Syringa (du gr. *Syrigx*, chalumeau, tuyau; parce que ses rameaux sont creux). Nom donné par Tournefort à l'arbuste qu'on appelle vulgairement *Seringat*, et que Linné appelle *Philadelphus*. Ce genre, qui est le type de la famille des Philadelphées, se compose d'arbrisseaux à feuilles opposées et dentelées, à fleurs blanches et élégantes, le plus souvent odorantes.

L'espèce principale est le Syringa odorant (*Coronarius*), qui orne et embaume les bosquets de nos jardins : c'est un joli arbrisseau, très rameux, qui s'élève à 1 ou 2 mètres : feuilles opposées, ovales, acuminées, un peu dentées; calice à 4, 5 ou 6 divisions, persistant; autant de pétales; étamines nombreuses; un style à 4 stigmates; capsules à 4 loges, renfermant plusieurs graines. Ses belles fleurs blanches sont réunies en bouquet ; elles exhalent une suave odeur de fleur d'oranger. Cette espèce croît naturellement dans les Alpes, le Piémont, le Dauphiné, etc.; elle s'accommode de tous les terrains, de toutes les expositions, même de l'ombre. On la multiplie de drageons, de boutures et de graines. — Il en existe une variété à fleurs inodores, le *Philadelphus inodorus*, qui a les fleurs beaucoup plus grandes, presque solitaires. Elle est originaire de la Caroline.

SERPENTS. Ordre de la classe des Reptiles, étudié sous le nom d'*Ophidiens*. — V. ce mot.

Devons-nous ajouter à leur histoire l'exposé d'une opinion que nous n'osons ni affirmer ni contredire :

« Par un moyen quelconque, dit-on, par des émanations spéciales, par l'épouvante qu'ils inspirent, ou même par une sorte de pouvoir magnétique, les Serpents ont la faculté de stupéfier, de fasciner, de charmer la proie dont ils veulent s'emparer. On dit que, regardés fixement par un Serpent qui siffle en dardant sa langue hors de sa bouche, les écureuils sont comme contraints à tomber du haut des arbres dans la gorge du reptile, qui les engloutit. Dans les steppes de l'Amérique, à l'aspect des Serpents, les lièvres, les rats, les grenouilles et d'autres animaux sont pétrifiés de terreur, et, loin de chercher à fuir, paraissent se précipiter au devant du sort qui les attend; ils sont stupéfiés à distance et d'une manière presque surnaturelle. »

« Les Serpents passent l'hiver dans un engourdissement léthargique, cachés dans des retraites obscures, isolées, ou entrelacés les uns avec les autres. C'est dans les contrées méridionales que ces reptiles sont presque exclusivement répandus : on n'en trouve point dans la zone glaciale. Sous les tropiques, quelques-uns acquièrent un volume énorme. Les Serpents grandissant pendant toute leur vie, ce fait explique la taille monstrueuse de quelques individus qui vivaient dans des cavernes, qui étaient devenus la terreur de la contrée qu'ils habitaient, et que de preux chevaliers entreprenaient de délivrer en allant bravement attaquer ces monstres dans leurs retraites : la civilisation l'augmentation de la population et les défrichements ont rendu ces vieux Serpents très rares.

« On compte plus de 300 espèces de Serpents, dont 45 vivent dans l'Amérique méridionale, cette terre humide et chaude à la fois, où ces animaux pondent deux fois par an, et où ils sont tellement

Fig. 1225. — Serpent à sonnettes.

bien établis, qu'au moment où les indigènes mettent le feu aux broussailles, il en sort des *armées formidables* de Serpents qui s'échappent dans toutes les directions par rangs pressés au nombre de 30 à 40 mille, mettant tout en fuite devant eux. »

SERPENT D'EAU. — V. *Couleuvre.*

SERPENT A SONNETTES. — V. *Crotal.*

SERPENT DE VERRE. — V. *Orvet.*

SERPENTAIRE. Plante du genre Aristoloche (*Arist. serpentaria*), vulg. *Serpentaire de Virginie,* dont la racine est rampante, vivace, à fibres allongées; tige grêle, de 20 à 25 cent. de hauteur, presque simple ; feuilles pétiolées, cordiformes, alternes, entières; fleurs petites, d'un rouge brunâtre, situées à la partie la plus inférieure de la tige, et semblant en quelque sorte sortir de terre, etc. — Cette espèce d'Aristoloche croît dans les lieux montueux de l'Amérique du Nord, dans la Caroline, la Virginie. Elle fleurit dans les mois de juin et de juillet. Sa racine, qui répand une odeur aromatique forte et camphrée, est employée en médecine comme stimulant, dans les fièvres adynamiques et atoxiques. — Plusieurs autres espèces jouissent en Amérique de vertus alexipharmaques.

SERPENTAIRE. — V. *Secrétaire.*

SERPOLET. Espèce du genre *Thym.* — V. ce mot.

SERPULE (*Serpula*). Genre d'Annélides de l'ordre des Tubicoles, auxquels Savigny assigne pour caractères : bouche exactement terminale; deux branchies libres, flabelliformes ou pectiniformes, à divisions garnies sur un de leurs côtés d'un double rang de barbes; les divisions postérieures imberbes, presque toujours dissemblables; rames ventrales portant des soies à crochets jusqu'à la sixième paire inclusivement; les sept premières paires de pieds disposées sur un écusson membraneux. Les Serpules ressemblent assez aux Sabelles, elles ont un moins grand nombre de pieds. Suivant Savigny, les Serpules ont le corps allongé, rétréci d'avant en arrière, formé de segments nombreux, moins distincts en dessus qu'en dessous, et serrés de plus en plus jusqu'à la partie anale, qui est petite et peu saillante. Le premier segment est tronqué obliquement pour l'insertion des branchies, mince et dilaté à son bord antérieur; il compose avec les sept anneaux suivants une sorte de thorax revêtu en dessous d'un écusson dont les bords ondulés se replient librement vers le dos, et dont la face présente les sept premières paires de pieds qui ont aussi leurs soies tubulées, repliées vers le dos ; les pieds de la première paire sont plus écartés. Le premier segment porte les branchies ; les pieds ou appendices de ce segment sont nuls, ceux du second et de tous les suivants, ambulatoires et de trois sortes. Toutes les espèces de ce genre habitent des tubes calcaires construits par elles et ouverts à un seul bout. — V. la fig. 98.

Les Serpules habitent le littoral des mers. Elles sont enfoncées dans le sable et logées dans des tubes ou des fourreaux qu'elles ne quittent jamais. Savigny partage les espèces en trois tribus, basées surtout sur la disposition des branchies, qui sont flabelliformes, pectiniformes ou contournées en spirale d'un côté.

SERRAN (*Serranus*). Genre de Poissons acanthoptérygiens, de la famille des Percoïdes : dents canines longues et aiguës, mêlées en plus ou moins grand nombre parmi les dents en velours des mâchoires ; préopercule dentelé ; opercule écailleux comme le crâne, osseux, terminé par une ou plusieurs pointes. Cette dernière particularité a probablement fait donner à ces poissons le nom qu'ils portent (du latin *serra*, scie, dentelure). — Nos mers européennes et surtout la Méditerranée possèdent 5 ou 6 espèces de Serrans, et les mers des autres pays en ont un plus grand nombre. Les Serrans proprement dits ont reçu le nom vulgaire de *Perches de mer* : leurs deux mâchoires n'ont pas d'écailles apparentes.

L'espèce la plus connue est le SERRAN COMMUN (*Perca cabrilla*, de Linné), d'un gris jaunâtre avec des teintes bleuâtres ; pas de traits sur la tête ; 3 ou 4 bandes brunes obliques sur la joue et l'opercule; 9 ou 10 bandes verticales sur le corps. — La taille de ce poisson ne dépasse pas 12 cent. Il habite la Méditerranée.

Le SERRAN ÉCRITURE (*Perca scriba*, de L.) présente quelques traits irréguliers sur la tête.

Ces deux espèces passaient, chez les anciens, pour n'avoir que des individus femelles. Cavalini assure que tous ceux qu'il a observés avaient des ovaires, et, vers le bas, une partie blanchâtre qui pouvait être regardée comme de la laitance; il les croit hermaphrodites, opinion que G. Cuvier, d'après ses propres observations, n'est pas loin d'approuver, et qui demande encore à être confirmée ou rejetée par des recherches nouvelles.

SERRATULE (*Serratula*), vulg. *Sarrette*. Plante de la famille des Labiées, vivace; à tige non ailée, rameuse; feuilles finement dentées, pinnatipartites; fleurs en capitules disposés en un corymbe terminal, fleurons purpurins. — La SARRETTE DES TEINTURIERS, comme on la nomme, habite nos bois argileux et fleurit au milieu de l'été.

Les tiges de cette plante ainsi que les feuilles fournissent à l'art du teinturier une couleur jaune qu'on fixe au moyen de l'alun; elle est aussi belle que celles de la Gaude et du Genêt; mêlée à du sulfate d'indigo, l'on en retire un beau vert de Saxe très solide sur la laine. Sous ce dernier point de vue, la Serratule teinturière a longtemps joui d'une bonne réputation, et déterminé à la

cultiver avec profit. De nos jours, on lui préfère la Gaude, parce que, coupée avant sa maturité, elle donne la même nuance, et que sa culture est plus répandue. On s'est servi de la Sarrette comme vulnéraire et détersif.

SERRICORNES. Famille de Coléoptères pentamères. — V. *Coléoptères*.

SERVAL (*Felis serval*). Carnassier du grand genre Chat : oreilles grandes, rayées de noir et de blanc ; pelage d'un fauve clair, blanchâtre aux parties inférieures, avec mouchetures noires sur le front et les joues ; 4 raies noires le long du cou, 2 bandes noires à la face interne du bras, taches isolées sur tout le reste du pelage; queue annelée de noir. La longueur de la tête et du corps est de 75 centim. ; celle de la queue de 0 m. 24.

Cet animal est le *Chat du cap* de Forster, le *Chat-Tigre* des fourreurs, le *Chat-Pard* des anciens académiciens de Paris, le *Serval* de Buffon. A. G. Desmarest a reconnu trois espèces ou variétés dans ce sous-genre : 1° le SERVAL F. serval) dont la queue descend jusqu'aux talons et est annelée seulement à son extrémité ; oreilles sans pinceaux. Habitat : l'Inde ? — 2° le CHAT-PARD (*F. galeopardus*), à queue annelée dans toute son étendue, oreilles marquées d'une bande blanchâtre transversale sur leur face externe. Patrie incon-

Fig. 1226. — Serval.

nue. — Le CHAT DU CAP (*F. Capensis*), queue dépassant les jarrets, annelée, oreilles très larges sans pinceaux.

Ce Serval se trouve dans les forêts de toute la partie méridionale de l'Afrique, principalement dans celles du Cap de Bonne-Espérance. Il grimpe sur les arbres pour donner la chasse aux oiseaux et aux singes. Son caractère reste farouche dans la captivité; il est impossible de l'apprivoiser. Sa fourrure est recherchée et d'une assez grande valeur.

SÉSAME (*Sesamum*). Genre de la famille des Bignoniacées; plantes oléagineuses propres à l'Asie méridionale et à l'Italie. — Le SÉSAME D'ORIENT ou *de l'Inde* (*Sesamum orientale*), vulgairement *Jugeoline*, a une tige haute d'un mètre, droite, herbacée, très branchue; des feuilles ovales-oblongues; des fleurs blanches ou roses, solitaires, de peu de durée et assez semblables à celles de la Digitale pourprée; les fruits sont des capsules allongées, renfermant des graines ou semences nombreuses, petites, ovoïdes, brunes. Ces graines, que le commerce tire surtout d'Égypte, fournissent une huile excellente, aussi bonne que celle d'olive, et qui ne se fige jamais. Elle sert aux préparations alimentaires et cosmétiques, ainsi qu'à l'éclairage; elle est éminemment propre à la saponification. On a essayé, mais sans beaucoup de succès, d'acclimater le Sésame en France.

SÉSÉLI. Genre d'Ombellifères, plantes de l'Europe méridionale, bisannuelles ou vivaces, à tige verte haute de 90 cent. environ; à feuilles alternes presque filiformes; à fleurs d'abord rougeâtres, puis blanchâtres. — Le SÉSÉLI OFFICINAL OU DE MARSEILLE (*S. tortuosum*) donne des fruits aromatiques dont l'odeur approche de celle de l'anis : on en fait une liqueur de table; ces fruits entraient aussi autrefois dans la thériaque et autres préparations pharmaceutiques : on les regardait comme diurétiques, anthelminthiques, cordiaux, etc. — Le S. DE MONTAGNE (*S. montanum*), ou *Livêche*, est commun dans les lieux secs.

SÉSIE (*Sesia*). Genre de Lépidoptères crépusculaires, détaché du Sphinx : ailes allongées, étroites, transparentes; abdomen presque cylindrique, garni à son extrémité d'une brosse plus ou moins épaisse. — Les Sésies volent pendant

Fig. 1227. — Sésie apiforme.

la chaleur du jour et se nourrissent du suc des fleurs. Leurs chenilles habitent l'intérieur des tiges ou des racines des végétaux.

La **SÉSIE APIFORME** (*S. apiformis*) a une envergure de près de 5 centimètres, la tête jaune, le corselet d'un noir brun, l'abdomen jaune, les ailes transparentes. On la trouve sur les saules et les peupliers. — Parmi les autres espèces, on remarque la *Sesia mutilæformis*, la *S. monadæformis*, la *S. vespiformis*, etc.

SÈVE (de *sapa*, suc, sirop). Humeur qui sert à la nutrition du végétal et que les racines puisent dans le sein de la terre. C'est un liquide incolore qui contient en dissolution ou en suspension des principes nutritifs des végétaux, et qui les dépose dans l'intérieur de la plante. La Sève, pour circuler dans les différentes parties de la plante, obéit à deux mouvements en sens inverse : l'un qui l'élève des racines vers les feuilles; l'autre qui la ramène des feuilles aux racines. Le premier forme la *Sève ascendante*, le second la *Sève descendante*.

SÈVE ASCENDANTE. Au retour du printemps, quand le soleil vient réchauffer l'atmosphère, il se manifeste dans les végétaux une excitation générale qui, réveillant l'action absorbante des racines, détermine la Sève à s'élever vers les parties supérieures : c'est là la *Sève ascendante*. Dans cette première période de la végétation la Sève est un liquide essentiellement aqueux, provenant de l'humidité du sol et de l'atmosphère, contenant des traces de principes immédiats, gomme, sucre, albumine, glutine et quelques sels en dissolution. Mais par les progrès de la végétation la proportion de ces matières y augmente, et la Sève parvenue aux sommités de la plante contient beaucoup plus de principes organiques que celle que l'on recueillerait dans le voisinage de la racine.

C'est la Sève ascendante qui, en affluant dans les rameaux chargés de bourgeons, gonfle ceux-ci et leur fournit une partie des fluides nécessaires pour leur développement, car l'ascension de la Sève au printemps précède toujours l'évolution des bourgeons. Tout le monde sait qu'on taille la vigne vers les mois de mars et d'avril, à une époque où les bourgeons sont encore à l'état de repos. Et chacun a pu voir sortir des rameaux que l'on retranche un liquide aqueux et abondant constituant ce que l'on nomme vulgairement les *pleurs de la vigne*. Ce liquide, qui monte avec une force si grande, comme le montre l'expérience de Hales, n'est rien autre chose que la Sève ascendante puisée par les racines dans le sein de la terre. Dans cette première période de la végétation, l'ascension de la Sève est uniquement occasionnée par la force de succion des racines; mais plus tard, quand les bourgeons se sont développés, quand la jeune branche qu'ils renferment s'est élancée du sein des écailles qui la protègent, quand enfin les feuilles ont étalé leurs deux surfaces dans l'atmosphère, ces derniers organes aident puissamment à l'ascension de la Sève par l'évaporation qui se fait à leur surface.

La Sève monte dans les arbres dicotylédonés par les couches ligneuses de la tige. Dans les arbres jeunes et vigoureux, c'est par toute l'épaisseur des couches ligneuses, mais plus particulièrement par celles qui occupent la partie intérieure. Une expérience bien simple peut le démontrer. Si au printemps on perce la tige d'un orme ou d'un peuplier, par exemple, au moyen d'une tarière, on voit que les fragments qui proviennent des couches ligneuses extérieures sont presque secs. Mais à mesure que la tarière entame des couches plus rapprochées du centre, on reconnaît qu'ils sont de plus en plus imprégnés d'humidité, et bientôt on voit s'écouler au dehors la Sève qui s'échappe des tissus de la tige coupés par l'instrument, en faisant entendre un bruissement occasionné par des bulles de gaz qui s'échappent en même temps. C'est à travers tous les tissus qui constituent les couches ligneuses que se fait le transport de la Sève ascendante, c'est-à-dire à la fois par les tubes fibreux et les fausses trachées disposées au milieu de ces derniers. Il est certain qu'au printemps, quand l'afflux de la Sève est très considérable, les vaisseaux en contiennent toujours. Mais ce qui n'est pas moins réel, c'est qu'au bout d'un certain temps les vaisseaux se vident, deviennent des canaux aériens, et concourent spécialement à la *respiration végétale.* — V. ce mot.

SÉVE DESCENDANTE. Après avoir dissous, en s'élevant de la racine vers les feuilles, toutes les matières que la nutrition y accumule, après avoir subi dans les feuilles l'élaboration qui lui est nécessaire pour se convertir en fluide nutritif, la Sève redescend des feuilles vers les racines, en suivant une marche inverse de celle qui l'a amenée vers les sommités de la tige ; elle constitue alors la *Sève ascendante* .C'est par l'écorce que la Sève redescend vers la base de la plante. Une expérience bien simple peut le démontrer. Si au printemps on fait à la tige d'un jeune arbre, d'un peuplier, par exemple, une ligature circulaire exactement serrée, on voit, au bout d'un an ou deux, et mieux encore après un temps plus long, un bourrelet circulaire se former immédiatement au-dessus de la ligature. Ce bourrelet est évidemment produit par les sucs qui, descendant dans l'épaisseur de l'écorce des sommités de la tige, et trouvant un obstacle qu'ils ne peuvent franchir, s'accumulent au-dessus de cet obstacle.

La Sève descendante est essentiellement destinée à fournir au végétal les matériaux nécessaires à sa nutrition et à son accroissement. Elle circule, en effet, là où doivent se réunir les matériaux nécessaires à la production des organes nouveaux. Elle descend à travers tous les tissus qui constituent l'écorce, c'est-à-dire le tissu utriculaire et les tubes fibreux formant les feuillets du liber. En se répandant avec abondance à la face interne de l'écorce, elle y donne naissance à cette couche de tissu utriculaire à l'état naissant, qui bientôt s'organisera en une nouvelle couche ligneuse et en un nouveau feuillet d'écorce, et que nous avons désignée sous les noms d'*endoderme* ou de *couche génératrice.*

SEXE (*Sexus*). Différence physique du mâle et de la femelle dans les êtres organisés : *Animaux, Végétaux.* Dans les plantes, l'*étamine* est la partie mâle de la reproduction ; le pistil est la partie femelle ; c'est là le fondement du système in-génieux de Linné. Leurs fonctions sont les mêmes que celles des organes des animaux, dit ce grand observateur. Dans l'*étamine*, le filet représente les vaisseaux spermatiques ; les *anthères* sont les testicules épuratoires, le *pollen* est la liqueur prolifique. — Dans le *pistil*, le stigmate devient la vulve ; son style, le vagin ; l'ovaire est l'utérus ; le fruit et la graine sont l'enfant vivifié et donné par la nature. S'il est des plantes auxquelles on ne peut faire l'application de ces belles comparaisons, Linné les renvoie dans sa classe des *noces cachées* (Cryptogames), jusqu'à ce qu'un plus savant observateur l'ait contredit, ce qui n'arrivera jamais.

SILEX (mot italien signifiant *cailloux*). Pierre du genre Quartz, composée de silice, répandant une odeur particulière, faisant feu sous le briquet, et servant à faire les pierres à fusil, des brunissoirs, des molettes, etc.

SILÈNE (*Silene*). Genre de la famille des Caryophyllées, type de la tribu des Silénées, renferme des plantes annuelles ou vivaces qui habitent les régions septentrionales de l'Asie, de l'Europe et de l'Amérique, ainsi que les rivages de la Méditerranée : tiges visqueuses, hautes de 20 à 40 cent.; feuilles opposées, entières et allongées ; fleurs délicates et élégantes, de couleur blanche ou rouge; fruit capsulaire, ovoïde ou globuleux. — Le SILÈNE GAULOIS (*S. gallica*) se trouve dans les champs sablonneux, parmi les céréales ; — le S. PENCHÉ, qui habite les prés montagneux, a des fleurs blanches disposées en panicules : les chèvres et les moutons le mangent avec plaisir. — On cultive le S. A BOUQUETS (*S. armeria*), le S. A CINQ TACHES (*S. quinque vulnera*), le S. ATTRAPE-MOUCHE (*S. muscipula*), le S. DE VIRGINIE, etc.

SILICULE. Petite silique courte et plus élargie que longue. — V. *Silique.* — Fruit siliculeux se dit pour Silicule.

SILIQUE (de *siliqua*, gousse). Fruit sec, déhiscent, allongé, à deux valves et à deux sutures longitudinales opposées, ayant ses graines attachées alternativement à l'une et à l'autre suture. Elle est presque toujours partagée à l'intérieur en deux loges par une cloison dont le plan est parallèle à celui des valves. La *Silique* est toujours plus longue que large, et contient ordinairement beaucoup de graines (*Giroflée*). La *Silicule* est plus large que longue, et ne contient souvent qu'une ou deux graines. — La Silique et la Silicule caractérisent particulièrement la famille des Crucifères, que Linné avait désignée sous le nom de *Siliqueuses.*

SILURES et SILUROÏDES (du gr. *silouros*, espèce d'esturgeon). La famille des Siluroïdes appartient à l'ordre des Malacoptérygiens abdominaux. Les poissons qui en font partie se distinguent des autres Abdominaux en ce qu'ils n'ont jamais de véritables écailles, mais seulement une peau nue ou de grandes plaques osseuses qui enveloppent tout le corps ou seulement les lignes latérales. Les Siluroïdes sont surtout remarquables par quelques particularités de leur anatomie : dénués de plusieurs pièces qui ne manquent ordinairement à aucuns des poissons osseux, ils sont sans scapulaire, sans coracoïdiens, sans sous-opercule ; ils offrent surtout dans leur ostéologie beaucoup de caractères importants, soit par l'absence totale de certains os, soit par l'extraordinaire développement que prennent quelques autres. Ce sujet, que nous ne pouvons poursuivre, a donné lieu à de célèbres discussions entre Cuvier et Geoffroy-Saint-Hilaire.

Les formes des Siluroïdes sont excessivement variables, et l'on remarque aussi beaucoup de changements dans la position ou même dans l'absence de certaines nageoires. On en connaît un grand nombre d'espèces, qui habitent les eaux douces, surtout dans les pays chauds, et c'est parmi elles que l'on rencontre les poissons propres aux plus hautes régions du globe. On les divise en trois tribus :

1º Les Silures. Peau entièrement nue : forte épine formant le 1er rayon de la nageoire pectorale, et que l'animal redresse ou abaisse à volonté ; elle constitue une arme redoutable.

2º Les Asprèdes. Il n'ont rien de mobile à l'opercule, et les 3 pièces operculaires sont réduites à de simples vestiges, entièrement soudés au préopercule, en sorte que la dilatation et la contraction de leurs ouïes ne dépendent que de l'arcade palato-ptérygoïdienne. Très peu d'espèces rentrent dans cette tribu, qui diffère essentiellement de tous les autres groupes. — Les Asprèdes vivent dans les rivières de la Guyane.

3º Les Loricaires. Dans ceux-ci, la peau comprend des plaques anguleuses et dures qui cuirassent entièrement le corps. Toutes ces espèces sont de l'Amérique du Sud.

4º Les Malaptérures. Peau lisse sur la tête et le corps ; pas de nageoire rayonnée sur le dos ; pectorales à rayons entièrement mous. — Une seule espèce, qui est le célèbre *Silure électrique* des grands fleuves d'Afrique, ou *Tonnerre des Arabes*, partageant avec la Torpille et le Gymnote le pouvoir de donner des commotions électriques.

Le genre Silure proprement dit (*Silurus*) comprend des Poissons de taille grande ou moyenne : nageoire dorsale petite, sans épines sensibles, située sur le devant du dos ; nageoire anale, au contraire, très longue, occupant tout le ventre et semblant quelquefois se confondre avec la nageoire caudale, dents en cardes aux deux mâchoires, garnissant une bande vomérienne derrière celle des intermaxillaires. — Les Silures sont peu agiles, et obligés, pour se procurer leur nourriture, de se tenir cachés au milieu des plantes aquatiques et d'y rester immobiles jusqu'à ce qu'ils soient à portée de saisir les poissons dont ils veulent se nourrir. On dit qu'en faisant jouer les rayons dont leur tête est pourvue, ils attirent

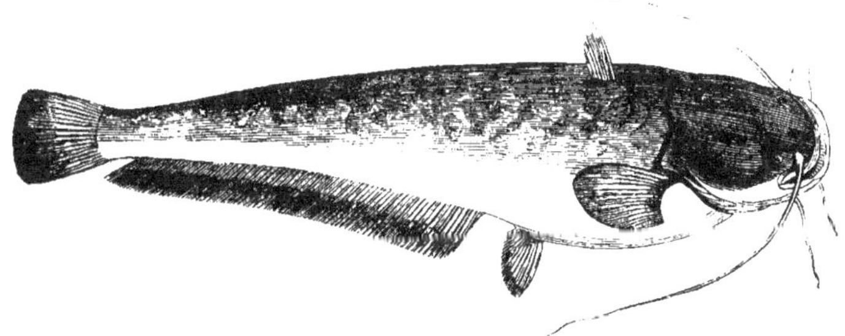

Fig. 1228. — Silure d'Europe.

les petits animaux, qui prennent ces rayons pour des vers et ne tardent pas à devenir victimes de leur imprudence. On croit qu'ils ont aussi un régime végétal.

Le Silure d'Europe, vulg. *Baleine des rivières*, est le plus grand de nos poissons d'eau douce, car sa taille atteint quelquefois 1 m. 35 à 2 m. de long, et son poids est, dit-on, de 15 kilogrammes. Répandu dans la plupart des grandes rivières du Nord, il est commun surtout en Allemagne et en Hongrie ; on le prend quelquefois dans le lac de Neuchâtel en Suisse ; mais il ne s'est pas établi, malgré les essais faits, en deçà du Rhin ni au midi des Alpes. La chair du Silure, sur le mérite de laquelle on varie beaucoup comme aliment, ce qui tient peut-être à la saison où on le prend, est blanche, grasse, douce, agréable au goût, mais mollasse et visqueuse ; on la vend sur les marchés, surtout à cause de sa graisse, qu'on emploie dans quelques pays comme celle du porc, et aussi pour l'alimentation de l'homme. On fait avec sa vessie natatoire une colle assez bonne ; enfin, sur le bord du Danube, sa peau, séchée au soleil, sert, dit-on, de lard aux habitants peu fortunés.

« Aristote rapporte avec soin des détails sur l'instinct merveilleux que les mâles auraient pour les œufs des femelles : selon lui, les grands Silures déposent les œufs dans les eaux profondes ; les moindres, entre les racines des saules et des autres arbres, entre les roseaux ou même dans la mousse; la femelle, après avoir pondu, abandonne ses œufs, mais le mâle les garde et les défend, et, comme ces œufs sont longtemps à éclore, il continue ce soin pendant quarante ou cinquante jours. Dans ce récit, il y a probablement exagération; mais pouvons-nous le rejeter entièrement quand nous voyons l'Épinoche agir à peu près de la même manière? Quoi qu'on en ait dit, il est très vorace; on assure que de tous les poissons il n'épargne que la Perche, à cause de ses épines ; il détruit beaucoup d'oiseaux aquatiques ; on assure même qu'il attaque l'espèce humaine : on rapporte, en effet, qu'en 1700, un paysan en prit un auprès de Thora qui avait un enfant dans l'estomac; on parle aussi, en Hongrie, d'enfants et de jeunes filles dévorés en allant puiser de l'eau, et l'on raconte que, sur les frontières de la Turquie, un pêcheur en prit un jour un qui avait dans l'estomac le corps d'une femme, sa bourse pleine d'or et son anneau. Gmelin lui attribue l'instinct de secouer avec sa queue, lors des inondations, les arbustes sur lesquels se sont réfugiés des animaux terrestres, de les faire tomber, ainsi que les petits oiseaux encore dans les nids. Les insectes sont le meilleur appât pour les jeunes. Dans les étangs, on peut leur donner du pain, de la viande, des grenouilles, des poissons, des graines, etc. On décrit plus de douze espèces de Silures étrangères à l'Europe; une seule provient de l'Afrique, où elle habite le Nil, et a quelquefois été rangée dans le genre Schibbé, dont elle offre quelques-uns des caractères, tout en se rapportant plus particulièrement aux Silures proprement dits : c'est l'Oued denné (*Silurus auritus*), d'E. Geoffroy, ainsi nommé parce que, dans son attitude ordinaire, le dos en dessous, ses deux pectorales se présentent comme si elles formaient à la tête deux grandes oreilles; toutes les autres espèces sont asiatiques et assez analogues à celles d'Europe par leur museau arrondi transversalement et même par leurs teintes plus ou moins vertes.

SIMAROUBA (*Simarouba*). Genre type des Simaroubées, tribu des Rutacées ; grands arbres, garnis de feuilles alternes, pinnées, d'un beau vert luisant, et ornés de fleurs petites, verdâtres ou blanchâtres, avec une panachure d'un rouge vif sur le bord de leurs 5 pétales. — Ces arbres sont originaires des régions intertropicales du Nouveau-Monde. On en connaît quatre espèces offrant toutes dans leurs feuilles, dans la contexture de leur bois, dans leurs racines et surtout dans l'écorce qui les recouvre, un principe amer d'une haute puissance, estimé supérieur et plus héroïque

encore que celui des Quassiers. Aublet, en décrivant ces deux genres de plantes, avait montré la ligne qui les sépare.

SIMOSAURIENS. On comprend sous le nom de *Simosauriens*, P. Gervais, et de *Chéliosauriens*, Laurillard, une famille ou plutôt un ordre particulier de Reptiles fossiles dont les débris se trouvent généralement dans le muschelkack de Lunéville et d'Allemagne, et qui, par la composition de leur tête ainsi que par quelques autres particularités, offrent un mélange des caractères propres aux Tortues et aux Sauriens, et plus particulièrement encore aux Crocodiles ; en effet, ils ont, comme les premiers, les narines ouvertes sous la partie antérieure du palais, et, comme les seconds, des dents implantées dans des alvéoles aux deux mâchoires.

SINGES. Mammifères de l'ordre des Quadrumanes, animaux les plus rapprochés de l'Homme, tant par leur conformation générale, leur organisation intérieure, leur système dentaire composé de 32 ou 36 dents, leurs mamelles pectorales, leurs pouces ordinairement séparés et presque constamment opposables aux autres doigts, leurs ongles plats, que par l'expression de leur physionomie, où se peignent avec énergie les passions qui agitent ces êtres.

Tout le corps des Singes est recouvert de poils de couleur variable, excepté la face, les mains et les pieds. Leur tête est plus globuleuse que celle de l'Homme ; leur cerveau est relativement très développé ; le museau est plus ou moins allongé, le nez en général déprimé ; l'angle facial varie de 30 à 65°. La proportion des quatre membres n'est pas la même dans les diverses espèces : de là des modifications dans la marche, les mouvements et les allures. Ces animaux peuvent se tenir debout, la plupart peuvent marcher à la manière de l'Homme, mais ces attitudes ne sont que momentanées, et la plante des pieds n'appuie pas sur le sol par toute sa surface inférieure, les doigts et le pouce étant fléchis en dessous. Les Singes sont organisés pour grimper sur les arbres ; en effet, non-seulement leurs quatre extrémités sont merveilleusement propres à saisir les branches, mais encore plusieurs espèces du Nouveau-Monde sont pourvues d'une longue queue qui s'enroule par son extrémité sur les branches et que l'on nomme *prenante;* la queue prenante est une sorte de cinquième membre.

Les organes de relation, de nutrition et de génération sont conformés comme ceux de l'Homme. Certains Singes portent, en dedans de leur bouche, des espèces de poches musculeuses dilatables, connues sous le nom d'*abajoues*. — V. ce mot. — Ces animaux se nourrissent de fruits, de graines, d'œufs d'oiseaux, etc. Les femelles sont sujettes à l'écoulement menstruel ; elles portent environ sept mois, et mettent au monde un seul petit, très rarement deux, qu'elles tiennent dans leurs bras pour l'allaiter.

Les Singes méritent qu'on les étudie sous le rapport de l'intelligence et des instincts. L'intelligence de ces animaux est assez développée, surtout chez ceux dont le crâne est plus développé; tandis que ceux dont le museau s'allonge et le fond s'aplatit, se font remarquer par la prédominance de leurs instincts. Toutefois l'intelligence des Singes ne va pas au-delà d'une attention rapide et d'un besoin d'imitation que ne semble nullement gouverner la réflexion. Les Singes sont généralement vifs, pétulants; quelques-uns au contraire ont les mouvements assez lents. Leurs instincts de

Fig. 1229-1232. — Singes.

Cercopithèque-Werner.   Cercopithèque rouge.
Mone.   Maki-Varis.

taquinerie, de rapine, de gloutonnerie et de lubricité sont remarquables. Sous ce dernier rapport, ce sont les Macaques, et surtout les Cynocéphales, qui éprouvent avec le plus de violence ces besoins d'accouplement; il paraît même que ces derniers Singes, dans l'égarement de leur passion, pourraient devenir dangereux pour les femmes. Ce qui est certain, c'est qu'ils les distinguent très bien des hommes; on ne peut en douter aux signes nombreux qu'ils en donnent. Et comment font-ils cette distinction dans une espèce si différente de la leur, et sur des individus couverts de vêtements au milieu desquels on ne peut apercevoir qu'une partie du visage? Quoi qu'il en soit, le Mandrill est un des Singes qui, dans ses désirs d'amour, montre le moins d'éloignement pour l'espèce humaine. Voici ce qu'un observateur dit du Mandrill qu'il a décrit dans la ménagerie du Muséum d'histoire naturelle : « Nous avons déjà eu occasion de parler de l'amour des Singes pour les femmes : aucune espèce n'en donne des marques plus vives que celle-ci. L'individu que nous décrivons entrait dans des accès de frénésie à l'aspect de quelques-unes, mais il s'en fallait bien que toutes eussent le pouvoir de l'exciter à ce point ; on voyait clairement qu'il choisissait celles sur lesquelles il voulait porter son imagination, et il ne manquait pas de donner la préférence aux plus jeunes. Il les distinguait dans la foule ; il les appelait de la voix et du geste ; et on ne pouvait douter que, s'il eût été libre, il ne se fût porté à des violences. Ces faits bien constatés, observés par mille témoins éclairés, rendent très digne de foi tout ce que les voyageurs rapportent sur les dangers que les négresses courent de la part des grands Singes qui habitent leur pays. On a attribué à l'Orang-Outang, ou plutôt au Chimpanzé, plusieurs traits de ce genre qui appartiennent vraisemblablement au Mandrill. »

Les Singes possèdent un talent d'imitation bien surprenant. En domesticité, ils copient quelquefois toutes les actions que l'homme exécute. On peut dresser les jeunes sujets en leur donnant de quoi satisfaire leur gourmandise et en leur appliquant des châtiments lorsqu'ils ne font pas ce qu'on veut. Mais plus âgés, ils deviennent d'une indocilité parfois insurmontable ; quelques-uns même, comme le Pongo, sont féroces dans leur vieillesse.

Quelques naturalistes ont conclu, des analo-

Fig. 1233. — Singe Cynopithèque (Cynocéphale Amadrias).

gies que présentent les Singes les plus parfaits avec l'Homme, que ces êtres doivent être compris dans la même division zoologique ; il en est même qui ont prétendu que les Singes étaient des Hommes dégénérés. Nous ne reviendrons pas ici sur les raisons alléguées contre cette grave erreur : il suffit de faire remarquer que l'Homme a la peau nue, que sa station est toujours et complétement

Fig. 1234. — Singe Cébien à queue non prenante (Callitrix).

bipède ; il suffit encore de montrer la perfection de sa main, l'étendue et la profondeur de son intelligence, laquelle, quoi qu'on en ait dit, est encore plus développée chez le dernier des Humains que chez le premier des Singes.

La plupart des Singes appartiennent aux régions intertropicales; ils se trouvent ordinairement dans les lieux boisés, sur les bords des rivières où la végétation est très active et les fruits abondants. Ceux que l'on transporte dans les contrées septentrionales et même en France ne tardent pas à périr de phthisie pulmonaire.

Depuis Buffon, on divise les Singes en ceux de l'Ancien-Monde (*cartarhiniens*), et en ceux du Nouveau-Monde (*platyrrhiniens*). Voici les caractères distinctifs de ces deux catégories :

Singes de l'Ancien-Monde.

Ils ont tous les narines séparées par une cloison fort mince et ouvertes inférieurement comme celles de l'Homme ; la plupart ont les fesses pelées, des

Fig. 1005. — Singe Cébien à queue prenante (Atèle).

callosités à ces parties, et sont munis d'abajoues ; ceux d'Afrique et d'Asie n'ont pas de queue, ou bien cet organe est rudimentaire.

Singes du Nouveau-Monde.

Ils présentent un large intervalle entre les narines, qui sont ouvertes latéralement ; ils n'ont ni callosités, ni abajoues ; ils sont pourvus d'une queue longue, tantôt velue, tantôt nue à son extrémité et *prenante*. — L'Amérique seule offre des Singes nocturnes et des Singes ayant des molaires garnies de tubercules aigus et les pattes armées de griffes, comme les *Ouistitis*.

M. Is. Geoffroy-Saint-Hilaire divise les Singes en quatre tribus, comme suit :

PITHÉCIENS. Singes de l'Inde ; forme se rapprochant de celle de l'Homme ; 32 dents, 5 molaires de chaque côté et à chaque mâchoire ; membres antérieurs plus longs que les postérieurs ; ongles courts. Voici les genres : *Chimpanzé*, *Gorille* (V. la fig. 800), *Orang*, *Gibbon*.

CYNOPITHÉCIENS. Singes de l'Ancien-Monde ; allure franchement quadrumane, 32 dents ; membres postérieurs plus longs que les antérieurs ; ongles courts. Genres : *Semnopithèque*, *Colobe*, *Guenon*, *Macaque*, *Cynocéphale* (fig. 1200) ou *Babouin*, et les groupes formés aux dépens de ce dernier genre.

HAPALIENS. Singes d'Amérique ; 32 dents, 6 molaires de chaque côté et à chaque mâchoire ; ongles transformés en griffes. Tel est le genre

Ouistiti, qui, par quelques-uns de leurs caractères, viennent se lier aux *Makis*, seconde division des Quadrumanes.

Cébiens. Singes de l'Amérique ; 36 dents : 6 molaires de chaque côté et à chaque mâchoire ; ongles courts. Les uns ont la queue prenante, tels sont : l'*Alouate*, l'*Atèle* (fig. 1201), l'*Eriode*, le *Lagotriche*, le *Sapajou*; les autres ont la queue non prenante : ce sont : le *Callitrix* (fig. 1202) ou *Sagouin*, le *Saïmiris*, le *Douroucoulis*, le *Saki*.

SIPHONIE. Genre d'Euphorbiacées qui fournit le caoutchouc. C'est le même que le *Caoutchouquier*. — V. ce mot.

SIPONCLE (*Sipunculus*). Genre de Zoophytes longtemps rangé dans la classe des Échinodermes pédicellés et aujourd'hui compris dans celle des Vers cylindracés, comprend des animaux au corps cylindrique, plus ou moins allongé, nu, terminé en avant par une sorte de col. — Le Siponcle nu (*S. lævis*), d'Europe, d'un blanc jaunâtre, a 40 centim. de long, et est armé d'une petite trompe garnie de papilles charnues. — Le S. comestible (*S. edulis*), de la mer des Indes, est regardé par les Chinois comme un mets délicat.

Fig. 1236. — Sirex Géant.

SIRÈCE (*Sirex*). Genre d'Hyménoptères térébrants, de la famille des Porte-scie, très voisins des Tenthrèdes. — Les larves de ces insectes se développent dans les tiges des graminées. Nous représentons le *Sirex géant*.

SIRÈNE (*Siren*). Genre de Batraciens analogues aux Protées : corps allongé et anguilliforme, terminé par une queue comprimée en nageoire ; tête déprimée, museau obtus ; yeux petits, ronds et sans paupières ; absence de membres postérieurs, membres antérieurs assez courts, complets et terminés par 3 ou 4 doigts; mâchoire inférieure garnie de dents. Les Sirènes respirent à la fois au moyen de poumons et de branchies. On les trouve dans les eaux douces de l'Amérique du Nord. — La Sirène lacertine parvient à la longueur d'un mètre. Elle est noirâtre, et se nourrit de petits animaux aquatiques, de mollusques, d'insectes, etc.

On a aussi donné quelquefois le nom de *Sirènes* à certains Cétacés, surtout aux *Lamantins*, dont le corps, comme celui de la Sirène de la Fable, offre par le haut quelque analogie avec la femme, et se termine en queue de poisson.

« Quelques navigateurs, dit Bory de Saint-Vincent, ayant poussé leurs excursions au-delà des côtes de Guinée, et trouvant des Lamantins sur ces bords inconnus, rapportèrent qu'ils y avaient rencontré des femmes marines. Les premiers explorateurs du Nouveau-Monde ayant également vu de ces animaux autour des Antilles, ne manquèrent pas de les prendre aussi pour des femmes, et dès lors les relations furent remplies de détails extraordinaires sur ces créatures merveilleuses. Les Espagnols les appelèrent d'abord *Manati*, c'est-à-dire *ayant des mains*, nom auquel, dans leur jargon devenu le créole, les aventuriers qui s'établirent en Amérique ajoutaient communément un article féminin qui en fit *lamanati*, d'où *Lamantin*. C'était dans la Méditerranée seulement que les héros chantés par Homère ou par Virgile avaient rencontré des Sirènes. Les femmes marines se répandirent d'une extrémité à l'autre de l'Océan : ce ne fut pas seulement le poète Camoëns qui les introduisit dans l'amalgame qu'il fit, avant le poète Parny, de l'Olympe et du Paradis; il est question de femmes marines jusque dans les chroniques assez modernes de certaines provinces maritimes, particulièrement de Hollande, où il est dit que, vers le quinzième siècle, des inondations laissèrent en se retirant, dans une partie de la Frise, une de ces Sirènes modernes, qui fut conduite à Amsterdam, où elle fut soigneusement élevée, et instruite même dans la véritable religion. Elle ne chantait pas, comme ses devancières, mais elle apprit à filer en perfection; on la tenait dans un grand baquet d'eau de mer. »

Fig. 1237. — Sirène lacertine.

SISYMBRE (*Sisymbrium*). Genre de Crucifères; plantes herbacées pubescentes ou velues, à feuilles entières, dentées, pinnatifides ; à fleurs jaunes ou blanches. — Les espèces et variétés sont nombreuses.

Le Sisymbre officinal (*S. officinale*), vulg.

Herbe aux chantres, *Vélar*, a une tige de 30 à 80 centim., raide, rameuse, à rameaux étalés, rude, velue; feuilles rudes, pubescentes, pétiolées; fleurs petites jaunes, se montrant tout l'été.

Cette espèce est commune au bord des chemins, aux lieux incultes, dans les décombres, etc. On lui a attribué la propriété de dissiper l'enrouement et de ramener la voix. Annuelle.

Le SISYMBRE SOPHIE (*S. Sophia*), vulg. *Sagesse des chirurgiens*, est moins élevé; ses feuilles sont mollement pubescentes, bitripinnatiséquées, à segments linéaires. — Il est très commun dans les décombres, les carrières, au bord des chemins. Plante annuelle.

Le *Cresson*, l'*Alliaire*, l'*Arabette*, etc., appartiennent aux Sisymbriées.

SITTELLE (*Sitta*). Genre de Passereaux ténuirostres, de la famille des Grimpereaux : bec droit, pointu et recouvert d'une corne très dure ; doigts des pieds très longs et armés d'ongles grands et aigus; ailes moyennes, queue médiocrement longue, égale. - Ces oiseaux grimpent le long des troncs des arbres et vivent d'insectes, de fruits et de graines. Leur caractère est doux et taciturne. La SITTELLE TORCHEPOT (*S. europæa*), dite aussi *Percepot* ou *Picmaçon*, doit son nom à l'habitude qu'elle a de rétrécir, avec de la boue ou des excréments de quadrupèdes, l'ouverture des trous d'arbres où elle fait son nid. Elle est d'un cendré bleuâtre en dessus; elle a la gorge blanche, le devant du cou, la poitrine et le ventre d'un roux jaunâtre, les flancs et les cuisses, d'un roux marron ; le bec est bleuâtre. Cet oiseau vit dans les grands bois d'Europe. — La S. SYRIAQUE se trouve en Syrie, dans tout le Levant et la Dalmatie. — La S. SOYEUSE, dans le Caucase et la Sibérie. Il existe encore plusieurs autres espèces propres à l'Amérique et à l'Océanie.

SIZERIN. Espèce du genre Linotte, nommée aussi *Cabaret*, *Petite Linotte;* oiseau assez commun en France, voisin du Tarin, dont il se distingue par sa couleur brune, tachetée de noir en dessus, blanchâtre en dessous. Il niche dans le Nord et est de passage dans notre pays.

SMÉRINTHE (*Smerinthus*). Genre de Lépidoptères crépusculaires de la tribu des Sphingides, renfermant des insectes voisins des Sphinx, et dont quatre espèces se trouvent en Europe. — Le SMÉRINTHE DEMI-PAON (*S. ocellata*) a de 8 à 9 centim. d'envergure : ses premières ailes sont d'un gris rougeâtre, les secondes d'un rouge carmin plus ou moins nuancé; le milieu est marqué d'un grand œil bleu à prunelle et à iris noirs; l'abdomen est brun-grisâtre; les pattes sont brunes, les antennes d'un blanc jaunâtre : on trouve cet insecte sur les arbres fruitiers. — On connait encore le *S. du peuplier*, le *S. du tilleul* et le *S. du chêne.*

SMILACE (*Smilax*). Genre de la famille des Asparaginées, dont l'espèce la plus utile est la *Salsepareille.* — V. ce mot.

SODIUM. Corps simple métallique contenu dans la soude, le borax, le sel de Glauber, et beaucoup d'autres combinaisons. Il est blanc, mou comme de la cire, et s'oxyde promptement à l'air, ce qui oblige de le conserver dans l'huile de naphte. Il décompose l'eau à la manière du potassium, en se transformant en soude caustique. On l'obtient en chauffant au rouge blanc un mélange de charbon et de carbonate de soude. Il forme des combinaisons très importantes, notamment la soude et ses sels, le sel commun ou chlorure de sodium, etc.

Le Sodium a été isolé, pour la première fois, en 1807, par H. Davy, au moyen de la pile voltaïque.

SOLANACÉES. Famille de Plantes dicotylédones monopétales, à l'état d'herbes, d'arbustes ou même d'arbrisseaux élevés; feuilles simples ou découpées, sans stipules ; fleurs souvent très grandes, extra-axillaires, ou formant des épis ou des grappes. Calice monosépale persistant, à 5 divisions ; corolle régulière, à 5 lobes plissés sur eux-mêmes ; étamines 5, à filets libres ; ovaire assis sur un disque hypogyne, à 2 loges, rarement à 3 ou 4. Capsule à 2 ou 4 loges polyspermes, s'ouvrant en 2 ou 4 valves, ou baie à 2 ou 3 loges. — Cinq tribus :

NICOTIANÉES. Capsule biloculaire loculicide : *Petunia*, *Tabac*, etc.

DATURÉES. Capsule ou baie incomplétement 4-loculaire : *Datura stramonium*, etc.

HYOSCIAMÉES. Capsule s'ouvrant par un opercule : *Jusquiame.*

SOLANÉES. Baie à 2 ou plusieurs loges ; quelquefois fruit sec indéhiscent : *Coqueret*, *Lyciet*, *Pomme de terre*, *Mandragore*, *Belladone*, etc.

CESTRINÉES. Baie biloculaire : *Cestreau.*

SOLDANELLE (*Convolvulus Soldanella*). Espèce du genre Liseron, plante vivace, rameuse-étalée, à tiges longues de 25 centim.; à feuilles alternes, longuement pétiolées, un peu réniformes, cordées à la base, épaisses, succulentes, glabres ; fleurs grandes, solitaires, d'un rose un peu foncé, à longs pédoncules axillaires terminés par 2 bractées qui embrassent le calice.

La Soldanelle, vulg. *Chou marin*, ne croît que sur les côtes et dans les plages maritimes. Elle n'a pas d'odeur, mais sa saveur est âcre, amère et salée. Il paraît, d'après les expériences de Loiseleur-Deslongchamps, qu'elle peut remplacer le Jalap comme purgatif.

SOLE (de *solea*, semelle, à cause de sa forme plate). Genre de Poissons malacoptérygiens subbrachiens, famille des Pleuronectes ; poissons plats, oblongs, de forme presque ovale, dont les deux côtés ne se ressemblent pas : le côté droit que l'on serait tenté de prendre pour le dos, est brun, couvert d'écailles tenaces et raboteuses, et porte les deux yeux ; le côté gauche, qui semble-rait être le ventre, est blanchâtre et couvert d'une peau douce. Les Soles ont la bouche contournée et comme monstrueuse, située du côté opposé aux yeux, et garnie de dents fines, en velours ; le mu-

seau rond et avancé ; leurs nageoires dorsale et anale règnent depuis la bouche jusqu'à la cau-dale. — La Sole commune (*Pleuronecta Solea*) est un poisson de fort bon goût, dont la chair est déli-cate et recherchée : on l'a surnommée *Perdrix de mer*. Elle se trouve dans presque toutes les mers, et n'atteint jamais une grande taille.

Fig. 1238. — Solanée (Belladone).

SOLEIL. Corps sphérique, lumineux par lui-même, qui est le centre de notre système plané-taire et le régulateur du mouvement de la terre et des autres planètes. Cet astre est le plus considé-rable de tous les corps célestes que la science a pu mesurer : il est 1,407,124 fois plus gros que la Terre ; sa distance de celle-ci est d'environ 152 millions de kilom. (38 millions de lieues); sa lumière nous vient en 8 minutes et demie. On attri-bue au Soleil un noyau solide et obscur entouré d'une atmosphère lumineuse. Son disque présente des taches noires qui changent de place, s'appro-chent de plus en plus du bord de ce disque, pour disparaître et revenir plus tard à l'autre bord, fait qui démontre que le Soleil opère un mouvement de rotation sur lui-même. Ce mouvement de rota-tion s'exécute en 25 jours et 5 heures, d'occident en orient. On explique les taches noires que pré-

sente le disque solaire par le déchirement de l'atmosphère, qui permet à l'œil armé du télescope de voir le noyau solide et obscur de l'astre. Les dimensions de ces taches sont tellement puissan-tes, qu'une seule d'entre elles suffirait pour con-tenir dans sa cavité deux masses globulaires qui auraient les dimensions de la Terre.

Le Soleil est, pour notre système, la source principale de la chaleur et de la lumière, et, comme tel, le principe vivifiant de tous les êtres organi-sés. On n'a pu expliquer jusqu'ici comment cette immense conflagration pouvait être alimentée. L'hypothèse la plus plausible est celle qui admet la génération indéfinie de la chaleur par le frotte-ment.

Les anciens faisaient tourner le Soleil avec tout le ciel autour de la Terre et le comprenaient parmi les planètes ; on sait depuis Copernic que c'est la terre qui tourne (V. *Terre*), et on range le Soleil parmi les étoiles fixes. Un mot d'explication à ce sujet. « Il suffit d'observer l'aspect du ciel pendant quelques nuits consécutives, pour distinguer à simple vue, et dans le mouvement commun qui les emporte du lever au coucher, deux sortes d'astres. Les uns, en multitude innombrable, se lèvent et se couchent constamment aux mêmes points de l'horizon; les autres, mobiles par rapport à ceux-là, paraissent et disparaissent, d'une nuit à l'autre, vers les régions différentes, comme le Soleil, dont les levers et les couchers se déplacent graduellement, suivant une marche régulière que tout le monde a observée. Les premiers de ces astres sont les *Étoiles;* elles semblent, ainsi que les anciens le croyaient, fixées comme des points brillants à une sphère céleste dont la terre occupe le centre, et qui les emporte, dans un mouvement de rotation, d'orient en occident. Les autres, placés aussi sur cette route dont ils suivent les révolutions répétées, semblent, en outre, avoir un mouvement propre en vertu duquel ils se déplacent sur sa surface. Ces astres (nous faisons abstraction de ceux qui ne nous offrent que des apparitions accidentelles) sont les *Planètes* et leurs *Satellites.* »—V. ces mots.—Les cinq planètes des anciens, ainsi que les plus récentes, Cérès, Junon, Pallas et Vesta, ont été reconnues par leur mouvement propre, mais Uranus ne fut déclaré planète que lorsque Herschell découvrit son mouvement, qui avait été méconnu par ses devanciers. Uranus présentait des inégalités dans sa marche, avec phases d'accroissement et de diminution très lentes et continues; quelle était la cause de ces inégalités? Une planète, pensa M. Leverrier. De là des recherches, des calculs, des efforts immenses pour déterminer le point céleste occupé par cette planète supposée, qui fut découverte par M. Galle, de Berlin, guidé dans ses recherches par les indications de M. Leverrier.

SOLEIL. — V. *Hélianthe.*

Fig. 1239. — Solipède.

SOLEN (mot grec qui signifie *tuyau*). Genre de Mollusques acéphales de la famille des *Solénacés* (V. *Acéphales*), à coquille bivalve, longue et étroite, ouverte aux deux extrémités, et qu'on a assimilé à un tuyau. Animal cylindrique, allongé, les deux bords du manteau réunis dans toute leur longueur et couverts d'un épiderme épais; manteau ouvert aux deux extrémités, l'antérieure donnant passage à un pied cylindroïde terminé par un épatement, la postérieure terminée par deux siphons réunis. — Les Solens sont des animaux littoraux qui vivent enfoncés dans le sable à des profondeurs assez variables; on a vu des trous de ces animaux qui avaient jusqu'à un pied et demi de profondeur; leurs mouvements se bornent à une ascension ou une descente dans leur trou; ce mouvement est sans doute produit par l'action du pied qui taraude le sable, en s'atténuant à son extrémité pour descendre, ou qui, en s'élargissant, en s'épatant, prend un point d'appui sur lui, pour monter et faire que leur tube et même une partie de la coquille dépassent l'orifice du trou à la surface du sable, et s'élève plus ou moins dans l'eau qui le recouvre. Les pêcheurs se nourrissent de ces animaux et les emploient comme appât.

Le nombre des espèces de ce genre est assez considérable : citons le S. GAINE, le S. TRANSPARENT, le S. COUTEAU, etc.

SOLFATARE. Ce nom s'applique à d'anciens terrains volcaniques d'où s'exhalent des vapeurs sulfureuses qui déposent du soufre sur les parois des fissures qui leur livrent passage. Une partie de ces vapeurs passe à l'état d'acide sulfurique par l'action de l'air, et, réagissant sur l'alumine des roches qu'elles traversent, elles donnent naissance à de la pierre d'alun. Les plus célèbres Solfatares sont celles de Pouzzoles, près de Naples, connues de toute antiquité, et le volcan de la Soufrière, à la Guadeloupe.

SOLIDAGO. — V. *Verge d'or.*

SOLIPÈDES. Famille de Pachydermes, caractérisée par ses extrémités qui sont terminées par un seul doigt, dont la dernière phalange est complétement engagée dans un *sabot corné*; pas de trompe. — Elle comprend le *Cheval*, l'*Ane*, le *Zèbre* et autres espèces analogues.

SOMMEIL. Repos des organes des sens externes et internes, et de ceux qui accomplissent les mouvements prescrits par la volonté. Les fonctions de la vie végétative ne sommeillent jamais ; au contraire, il est remarquable que les sécrétions et la digestion sont plus actives pendant le repos des organes de la vie animale. Les fonctions du cerveau cessent pendant le Sommeil, à l'exception de la mémoire, qui reste en éveil quelquefois, et à l'action de laquelle on doit les rêves et toutes leurs images fantasques, que le réveil dissipe, parce qu'il ramène le jugement et la comparaison des idées. On comprend par conséquent que les rêves roulent sur les actes ou les idées qui nous ont le plus impressionné dans la journée. — Les animaux rêvent-ils? On ne saurait douter toutefois que le chien de chasse ne s'occupe en songe de la poursuite du gibier, lorsqu'on l'entend donner de la voix tout en dormant.

Le Sommeil dans lequel le rêve est accompagné de mouvements de l'appareil locomoteur se nomme *somnambulisme* : ces mouvements sont commandés par l'idée sous l'empire de laquelle se trouve le somnambule, qui ne voit ni n'entend, et qui pourtant écrit sans lumière, comme aussi il peut sauter par la fenêtre croyant enjamber une porte. — Nous ne dirons rien du *somnambulisme magnétique.*

Ce que l'on nomme *Sommeil des plantes* est la disposition particulière que certains organes des végétaux, les feuilles principalement, prennent pendant la nuit.

SON (*Sonus*). Mouvement vibratoire communiqué par un corps sonore ou élastique au fluide qui l'environne, et transmis ainsi à l'organe de l'ouïe. — Voici l'explication de quelques phénomènes d'acoustique :

1º Aucun Son ne se produit dans le vide, le corps qui produit le Son et l'oreille qui le perçoit devant être dans deux milieux et en contact. Si l'on fait le vide dans une machine pneumatique sous laquelle on aura placé un réveil-matin, on n'entendra nullement le marteau qui frappera sur le timbre ;

2º Les corps solides propagent mieux les Sons que les autres corps : en appliquant l'oreille contre terre, on peut entendre des coups de canon tirés à 15 lieues de distance ;

3º Le Son résulte toujours des vibrations d'un corps : la fente d'une cloche affaiblit ses vibrations, et une clef de fer posée par une de ses échancrures sur le chevalet d'un violon fait l'effet d'une sourdine, c'est-à-dire affaiblit les vibrations du chevalet, et par conséquent celle de l'instrument et du Son qu'il doit produire ;

4º Le Son parcourt dans l'air 340 mètres par seconde, et 1,600 dans l'eau. On peut ainsi déterminer approximativement la distance à laquelle se fait une explosion. — V. *Tonnerre.*

5º La gravité du Son est en rapport avec le nombre des ondes sonores qu'il produit dans un certain temps : le Son le plus grave résulte de 32 vibrations, et le plus aigu de 8,432. On a constaté ces faits au moyen d'une roue dont les dents heurtaient une carte, et à laquelle on imprimait un mouvement de rotation qui produisait dans chaque seconde un nombre plus ou moins grand de chocs ;

6º Les ondes sonores qui rencontrent un obstacle sont réfléchies et font, avec la perpendiculaire à la surface, des angles égaux à ceux des rayons correspondants de l'onde incidente ; c'est ce qui donne naissance aux *échos.* — V. ce mot.

SORBIER (*Sorbus*). Genre de la famille des Rosacées, renfermant des arbres et des arbrisseaux cultivés surtout pour l'ornement des jardins. Leur feuillage est élégant, touffu, léger, d'un beau vert; fleurs blanches disposées en larges bouquets, auxquels succèdent des fruits en paquets ressemblant à de petites pommes rouges de feu : ces fruits restent sur l'arbre une partie de l'hiver.

L'espèce la plus commune et celle qu'on cultive le plus, est le SORBIER DES OISEAUX, autrefois célèbre dans les mystères des Druides.

En 1852, M. Pelouze a extrait des baies du Sorbier une matière blanche, transparente, ressemblant au sucre par sa saveur, mais en différant en ce qu'elle ne se transforme pas en alcool et en acide carbonique par la fermentation.

Le S. **domestique**, ou *Cormier*, monte à 25 mètres de hauteur. Sa croissance est très longue. Son bois, très dur et rougeâtre, est recherché par les ébénistes, les charrons, les menuisiers. Ses fruits, appelés *Cormes* et *Sorbes*, sont ronds et rougeâtres ou pyriformes, et de couleur grise. Une fois ramollis sur la paille, ils se mangent.

SORGHO (*Holcus*). Genre de la famille des Graminées, renfermant des plantes originaires de l'Inde et de l'Afrique, qui jouent un rôle important parmi les espèces alimentaires exotiques : leurs graines, chez plusieurs peuples de l'Asie, font la base de l'alimentation. En 1850, M. de Montigny envoya à la Société de géographie des grains d'une espèce de ce genre appelée le *Sorgho sucré*, sur lequel M. Vilmorin s'est livré à des expériences (1854) qui lui permettent de considérer cette plante comme un végétal industriel de premier ordre.

Le **Sorgho sucré**, auquel Linné avait donné le nom d'*Holcus saccharolus*, est une plante annuelle; mais ses tiges, qui ont une certaine analogie avec celles de la canne à sucre, s'élèvent jusqu'à 2 et 3 mètres de hauteur. Celles obtenues sous le climat de Paris, par M. Louis Vilmorin, avaient une élévation plus grande encore. Le produit que cette plante fournit consiste dans le jus contenu en abondance dans la moelle, et qui peut donner : 1º du sucre; 2º de l'alcool ; 3º une boisson fermentée analogue au cidre.

Ce jus, obtenu avec soin par le moyen de la pression, est presque incolore, sa densité varie, et la proportion de sucre qu'il renferme est de 10 à 16 0|0. Ce résultat permet donc de concevoir de grandes espérances de son introduction dans les contrées du Midi, et surtout en Algérie. Cultivé à Philippeville, le Sorgho sucré a donné un produit en sucre qui ne laisse rien à désirer.

Indépendamment du sucre cristallisable et extractible que je viens de mentionner, le Sorgho sucré contient du sucre incristallisable que l'on peut transformer facilement en alcool. D'après les essais que vient de faire M. Vilmorin, on peut obtenir, en distillant le jus que donnent les tiges que produit un hectare, 1,700 litres d'alcool absolu. Ce remarquable résultat s'identifie complétement avec les faits constatés dans les expériences faites en grand, l'automne dernier, dans le midi et le nord de la France.

Enfin le jus, par la fermentation, donne une boisson qui a la plus grande analogie avec du cidre de pommes douces à couteau. Ce résultat est dû au sucre que le jus renferme. C'est aussi cette substance qui permet aux naturels du pays de Bambouk, quoique mahométans, de fabriquer avec le Sorgho sucré une liqueur très enivrante qu'ils aiment beaucoup.

La culture du Sorgho est facile. Elle s'identifie complétement avec celle du maïs et elle peut être pratiquée dans le Nord avec autant de facilité que dans les provinces du Midi, puisqu'il n'est pas nécessaire, quand le Sorgho est considéré comme plante à sucre ou à alcool, que ses graines arrivent à maturité. Quoi qu'il en soit, il est incontestable que les contrées méridionales lui seront toujours plus favorables que celles du Nord.

SOUCHE et **Racine**. Pour les uns, toute la partie du végétal qui s'enfonce dans le sol se nomme *racine*; pour d'autres, au contraire, il faut distinguer : 1º la *Souche*, c'est-à-dire la continuation de la tige dans la terre : 2º les *Racines* ou les parties appendiculaires de la Souche. Cette distinction n'est pas généralement admise, et le mot *Racine* est souvent employé pour *Souche*.

La Souche se nomme plus spécialement *Rhi-*

Fig. 1240. — Souche (Ellébore).

zome, lorsqu'elle rampe ou s'étale horizontalement en terre, comme celle de l'Iris, par exemple.

La Racine se compose de trois parties : le *collet*, léger rétrécissement qui la sépare de la tige ; le *corps* (Souche), partie moyenne et simple ; le *chevelu*, radicelles qui terminent la Souche et dont les extrémités sont pourvues de suçoirs et de spongioles, à l'aide desquels le végétal aspire la nourriture liquide qui lui est propre.

La structure des Racines est due à des faisceaux de fibres réunis entre eux, comme dans la tige. Mais souvent il se forme, au milieu de leur tissu, des dépôts de fécules qui prennent le nom de *tubercules*.

La Racine (*souche, racine*) est dite, selon sa forme, *arrondie, conique, fusiforme, noueuse*, etc.; selon sa direction, *perpendiculaire, horizontale, pivotante*, etc.

La Racine *charnue* est grosse et tendre (*Betterave*); on la dit *bulbeuse*, lorsqu'elle est formée d'écailles superposées constituant un bulbe (*Ognon*); *tuberculeuse*, si elle est renflée en tubercules plus ou moins volumineux et nombreux dont la forme varie (*Orchis, Pomme de terre*, etc.); *noueuse*, quand les fibrilles se renflent de distance en distance (*Filipendule*); *napiforme*, en forme de toupie (*Radis*); *simple* ou *rameuse* ;

annuelle, bisannuelle ou *vivace*, suivant qu'elle dure une, deux ou plusieurs années.

SOUCHET (*Cyperus*). Genre type de la famille des Cypéracées ; plantes annuelles ou vivaces à souche traçante, parfois accompagnée de tubercules qui, sous le nom vulgaire d'*Amandes de terre*, entrent dans les aliments de plusieurs peuples ; chaumes sans nœuds ; feuilles étroites engaînantes par le bas ; fleurs en épis multiflores diversement groupés, de couleur verte ou jaunâtre ; le fruit est un akène dépourvu de soies.

Le Souchet long ou odorant (*C. longus*) a les racines longues, rampantes, charnues, vivaces ; la tige ou chaume triangulaire, de 30 à 40 cent. de haut ; ses feuilles sont longues, droites, linéaires, carénées, striées, pointues ; à l'extrémité de la tige, 5 à 10 pédoncules inégaux forment une sorte de panicule ou ombelle d'épillets fort petits, bruns, réunis plusieurs ensemble sous l'aspect d'écailles très rapprochées les unes des autres ; cette ombelle est munie à sa base d'un involucre feuillé. — Cette plante habite les marais et les lieux humides, où elle est très commune et où les bestiaux vont la chercher pour s'en régaler. Ses racines ont une odeur agréable, une saveur aromatique piquante, et sont très recherchées par les porcs. C'était autrefois, en médecine, un tonique et fortifiant. Les parfumeurs en retirent une poudre odorante qu'ils emploient avec succès.

Fig. 1241. — Souchet.

(d, épi, — c, fleur grossie détachées.)

Le Souchet rond (*C. rotundus*) ressemble beaucoup à l'espèce précédente, mais en diffère par ses racines dont les fibres de la racine se renflent de distance en distance pour donner des tubérosités ovales et charnues d'une saveur âcre et amère. — Il croit dans le Midi de la France et de l'Europe.

Le Souchet comestible (*C. esculentus*) s'élève à 30, 32 cent.; ses feuilles sont toutes radicales, presque aussi longues que le chaume ; les fleurs, disposées en épillets d'un rouge ferrugineux, forment une ombelle assez serrée, munie à sa base d'un involucre de 4 à 5 feuilles. — Cette espèce vit dans les lieux marécageux de nos départements du Midi. Ses tubercules sont doux, agréables et se mangent comme la châtaigne ; l'huile qu'on en retire est très bonne ; leur récolte se fait en juillet.

Le Souchet papyrus (*C. papyrus*) est l'espèce dont les couches du rhizome, battues et collées, donnaient aux anciens le *papyrus*.

Fig. 1242. — Souci.

(Fleuron et demi-fleuron détachés.)

SOUCI (*Calendula*). Le mot Souci dérive de *solsequium*, qui suit le soleil ; *calendula* vient de *kalenda*, premier jour du mois, à cause des fleurs dont les espèces se décorent chaque mois. Genre de Composées : calice commun, composé de plusieurs folioles presque égales, ordinairement disposées sur un seul rang ; corolle radiée : fleurons du centre mâles et stériles, ceux qui les entourent hermaphrodites et fertiles, les demi-fleurons de la circonférence femelles et fertiles ; réceptacle nu ; semences irrégulières, dépourvues d'aigrette. — Il croît en France deux espèces de Souci, l'une à grandes fleurs, l'autre plus petite.

La première est le Souci des jardins (*C. officinalis*), dont les tiges sont assez fortes, épaisses, rameuses, longues de 30 à 40 centim.; les feuilles sont alternes, sessiles, charnues, entières, les inférieures spatulées et plus grandes que les supérieures, qui sont lancéolées aiguës; fleurs grandes, solitaires, terminales, d'une belle couleur jaune. — Cette plante produit un bel effet dans les parterres, où elle offre un grand nombre de variétés à corolles doubles, semi-doubles, odorantes ou inodores.

Le Souci des champs (*C. arvensis*). Assez semblable au précédent, est plus petit dans toutes ses parties; tiges grêles, striées; feuilles sessiles, non spatulées, lancéolées, moins entières que celles du Souci des jardins; fleurs petites, de couleur jaune. — Ces fleurs exhalent, dans l'état frais, une odeur forte particulière, comme narcotique; la saveur de la plante est modérément amère.

On a vanté les bons effets du Souci contre les vertiges, les fièvres intermittentes, l'aménorrhée, la chlorose, les scrofules, l'ophthalmie, la peste, les fièvres malignes, les éruptions lentes à se faire ou rentrées, etc. Malheureusement il n'y a presque rien de vrai dans tout cela; en tout cas, la plante doit être employée à l'état frais, car la dessiccation lui enlève odeur et saveur, et partant propriétés. — Les fleurs du Souci sont employées dans la teinture pour les couleurs jaunes. La plante est recherchée par les bestiaux; mais, très difficile à extirper, elle devient parfois un fléau pour le cultivateur, parce que ses graines se ressèment d'elles-mêmes tous les mois et qu'elles se conservent longtemps en terre sans germer.

SOUDE (*Salsosa*). Genre type de la famille des Chénopodiacées; plantes herbacées ou ligneuses, qui habitent le plus ordinairement le voisinage de la mer, et des cendres desquelles on retire la substance saline connue elle-même sous le nom de *Soude*. Leurs tiges souples, pliantes, cèdent facilement à l'action des flots sans se briser; leurs feuilles sont petites, glabres, charnues, serrées contre les tiges; les organes sexuels sont renfermés dans un calice épais, à 5 divisions concaves, persistantes sur la graine, qu'elles enveloppent. — Ces plantes végètent dans un sol sablonneux sans cesse humecté par les eaux; elles fixent les sables mobiles, et finissent par y élever une sorte de digue. Les troupeaux, surtout les moutons, en sont très avides. Aux environs de Narbonne, on donne les graines de la Soude en guise d'avoine aux bœufs de labour. Quelques personnes mangent les feuilles de cette plante. Les Soudes habitent aussi l'intérieur des terres, là où le sol est imprégné de sel marin; on en trouve dans le voisinage des salines, en Barbarie, sur le bord du désert, le long des lacs salés et des eaux saumâtres. C'est en réduisant les Soudes en cendres qu'on obtient le sel connu sous le nom d'*Alcali* ou de *Soude*, employé dans le commerce et les arts pour la fabrication du verre et du savon. On s'en sert également pour les lessives partout où les cendres de bois sont rares ou de mauvaise qualité. — Les principales espèces de Soude sont: la Soude épineuse (*Salsola tragus*), la S. kali (*S. kali*), la S. commune (*S. soda*), etc.

SOUFRE. « Corps simple, solide, de couleur jaune, sans saveur et sans odeur, d'une pesanteur spécifique double environ de celle de l'eau. Le frottement lui communique une légère odeur et le rend électrique; serré dans la main, un bâton de soufre fait entendre un petit craquement, qui est dû à ce qu'il se brise intérieurement par suite de l'inégale dilatation de ses parties. Le Soufre revêt des formes cristallines qui appartiennent à deux systèmes différents; refroidi lentement, il cristallise en aiguilles ayant la forme de prismes obliques à bases rhombes; dissous dans du sulfure de carbone, il offre des octaèdres allongés à bases rhombes : c'est sous cette seconde forme qu'on le trouve dans la nature. Le Soufre fond vers 110° et forme un liquide de couleur citrine; si on le chauffe jusqu'à 220°, il s'épaissit de plus en plus, de manière à perdre entièrement sa fluidité; si, dans cet état, on le refroidit subitement par l'immersion de l'eau, il reste mou, transparent et d'une couleur rouge; il est alors assez ductile pour qu'on puisse le tirer en fils aussi fins qu'un cheveu. Chauffé en vase clos, le Soufre entre en ébullition vers 400°, et se réduit en vapeurs de couleur orangée, qui se condensent par le contact d'un corps froid, sous la forme d'une poussière appelée *fleur de soufre*. Il prend feu dans l'air à la température de 150° environ, produit alors une flamme bleuâtre, et répand des vapeurs suffocantes, formées d'*acide sulfureux*.

« Le Soufre se présente dans la nature sous différents états; on le trouve dans la plupart des terrains qui constituent l'écorce du globe. Il est surtout abondant auprès des volcans en activité. Le Vésuve, l'Etna, les volcans de l'Islande, de Java, de la Guadeloupe, de l'Amérique méridionale, en vomissent constamment. Les environs des volcans sont souvent imprégnés de Soufre jusqu'à des profondeurs de 10 mètres et au-delà; on leur donne alors le nom de *solfatares* ou de *terres de soufre*. Ce sont particulièrement les solfatares de l'Etna qui fournissent le Soufre nécessaire aux besoins de l'industrie. On l'extrait en distillant la terre chargée de Soufre dans des espèces de pots exposés à la chaleur de longs fourneaux en briques, appelés *galères*; les vapeurs du Soufre sont condensées dans d'autres pots mis en communication avec les premiers, et placés en dehors du fourneau; le Soufre liquéfié s'écoule alors dans des baquets pleins d'eau, où il se fige en morceaux irréguliers, que l'on fond ensuite dans des moules pour leur donner différentes formes.

« Le Soufre existe aussi dans la nature sous forme de combinaison chimique : il entre dans la composition des pyrites, des galènes, des blendes, qu'on exploite pour les métaux qu'elles renferment. Uni à l'oxygène et aux bases, le Soufre forme le gypse ou plâtre (sulfate de chaux) et divers autres sulfates qu'on rencontre dans la plupart des sols cultivés. Enfin, il est contenu dans beaucoup de plantes, comme le raifort, le cresson, les radis, le cochléaria, les navets, la graine de moutarde, les ognons, et particulièrement dans certaines matières animales, comme les œufs, la fibre musculaire, le caillé du lait, la laine, les cheveux, les poils, les crins, la matière cérébrale, etc.

« Le Soufre est l'objet d'une immense consommation, notamment pour la fabrication des allumettes, de la poudre à canon et de la plupart des poudres d'artifice. On s'en sert souvent pour sceller le fer dans la pierre. Les médecins l'emploient pour combattre les maladies de la peau : dès le xiiie siècle, Albert le Grand signalait l'efficacité du Soufre dans le traitement de la gale ; il entre dans une multitude de préparations, *pastilles de soufre*, *pommade soufrée*, *cérat soufré*, etc. Les modeleurs et les graveurs se servent du Soufre fondu pour prendre de belles empreintes de médailles. »

SOURIS. Espèce du genre *Rat.* — V. ce mot.

SOUSOU. Espèce de Dauphin.

SPADICE. Pédoncule commun portant des fleurs unisexuées, apétales ; inflorescence propre aux Monocotylédones.

SPALAX (*Spalax*) ou RAT-TAUPE. Genre de Rongeurs claviculés ; animaux au corps assez robuste, allongé ; aux pattes très courtes, fortes, propres à fouir la terre, et divisées en cinq doigts terminés par des ongles forts, plats et obtus ; à tête très large, aplatie et terminée par un museau cartilagineux très obtus : yeux et oreilles très petits ; queue nulle. Les Spalax se creusent des galeries sous terre. Ils vivent de racines, et causent de grands dégâts à l'agriculture. — Le SPALAX ZEMNI (*S. microphthalmus*), un peu plus gros que notre Rat, habite l'Asie-Mineure et la Russie méridionale. Il vit en société comme les Taupes et se creuse des galeries souterraines peu profondes qui communiquent avec des cavités plus basses où il est à l'abri des eaux pluviales. Sa démarche est irrégulière et brusque. La femelle fait 2 ou 4 petits.

SPARE, SPAROÏDES. Les Sparoïdes sont une famille de Poissons acanthoptérygiens ainsi caractérisés : corps ovalaire, couvert de grandes écailles ; double nageoire dorsale, épineuse et indivise, non écailleuse ; museau non protractile. L'absence de dents palatines et le manque d'armure, soit sous forme d'épines, soit sous celle de dentelures aux pièces operculaires, les distinguent des Ménides ; leur opercule simple, l'absence de tout renflement au crâne, servent à les séparer des Sciénoïdes ; enfin, l'absence d'écailles sur les nageoires verticales les différencie des Squamipennes, et la grandeur des écailles du corps, des Scombéroïdes. — On connaît près de 200 Sparoïdes, répartis dans 15 genres. Ce sont des poissons de taille moyenne ou assez grande, ornés d'assez belles teintes, comestibles pour la

plupart, propres à presque toutes les mers, et dont un nombre assez restreint se pêche sur nos côtes. Les principaux genres sont : le *Pagel*, la *Dorade* (V. ces mots), le *Sargue*, le *Denté*, etc.

SPARGANIE (*Sparginum*), vulg. *Ruban d'eau.* Plante marécageuse de la famille des Typhacées ; vivace, à tige de 60 à 80 centim., robuste, dressée, rameuse dans sa partie florifère ; feuilles linéaires, très longues, coriaces ; fleurs en têtes disposées en un panicule composé d'épis euxmêmes composés de plusieurs têtes sessiles espacées : les 1-2 têtes inférieures de chaque épi femelles, grosses ; les supérieures assez nombreuses, mâles, petites, détruites à la maturité du fruit qui est anguleux, en pyramide renversée. — Cette plante se trouve au bord des eaux, des fossés, des étangs. Elle est en fleur en juin-août.

SPATHE. Involucre de forme particulière et de diverse substance, qui entoure une ou plusieurs fleurs, comme dans beaucoup de Monocotylédones: Spathe herbacée (*Arum vulgare*), ligneuse (*Dattier*), membraneuse (*Hydrocharis morsus ranæ*), colorée ou pélaloïde (*Butomus umbellatus*), etc.

Fig. 1243. — Spathe (Gouet).

SPATULE (*Platalea*). Genre d'Oiseaux de l'ordre des Échassiers, caractérisé par un bec long, plat, s'élargissant et s'aplatissant, surtout au bout, en disque arrondi comme celui d'une *Spatule*, d'où leur nom et aussi celui de *Pallette* qu'ils portent. Pour tous les autres caractères, les Spatules vivent ordinairement dans les marais boisés, non loin de l'embouchure des fleuves. Elles aiment la société de leurs semblables. Leur nourriture consiste en petits poissons, coquillages fluviatiles, jeunes reptiles et insectes aquatiques. La forme et la disposition de leur long bec ne leur permet pas de se nourrir de grosse proie. Elles nichent, suivant les localités, sur des arbres de haute futaie, sur les buissons ou dans les joncs. Selon Temminck, leur mue est simple et ordinaire, mais le jeune oiseau ne prend la livrée stable de l'adulte qu'à la troisième année, le bec se développe lentement et paraît couvert d'une membrane dans le jeune âge.

La Spatule blanche (*P. leucorodia*) se distingue par la huppe qu'elle a sur l'occiput ; elle est d'un blanc pur avec large plastron jaune roussâtre à la poitrine, plus faiblement indiqué chez la femelle. — Cet oiseau est d'un caractère doux, susceptible d'être apprivoisé ; il vit en bonne intelligence avec ses semblables, effectue ses migrations le long des côtes maritimes en même temps que les Cigognes, et quelquefois avec elles. Sa ponte est de 2 ou 3 œufs blancs.

La Spatule rose (*P. ajaja*) change de livrée selon l'âge : très jeune, elle est blanche ; plus tard elle passe au rose ; adulte, son plumage est totalement rouge ; pas de huppe. — Cette espèce appartient aux climats chauds de l'Amérique ; elle est assez farouche et se perche sur les arbres. Elle se sert avec beaucoup d'adresse de son bec pour pêcher.

SPECTRE. Genre de Chéiroptères. — V. *Vampire*. Genre de Lépidoptères. V. *Sphinx*. — Phénomène d'optique. — V. *Arc-en-ciel*.

SPÉCULAIRE (*Specularia*), vulg. *Miroir-de-Vénus*. Jolie petite plante herbacée, annuelle, de la famille des Campanulacées. Tige rameuse, divisée supérieurement en rameaux triflores ; fleurs d'un beau violet foncé, plus pâles en dehors ; calice à divisions linéaires, lancéolées , aussi long que la corolle. — Cette plante est commune dans les moissons ; ses fleurs ne s'ouvrent qu'au soleil. On la cultive pour l'ornement des parterres.

SPERGULE (*Spergula*). Genre de la famille des Caryophyllées , comprenant plusieurs espèces de plantes fourragères à racine pivotante ; tiges noueuses , articulées, presque simples ; feuilles linéaires , souvent réunies en verticilles ; fleurs blanches, disposées en une sorte de panicule ; calice à 5 sépales ; corolle à 5 pétales, de 5 à 10 étamines, 5 styles ; capsule s'ouvrant presque jusqu'à la base en 5 valves.

La Spergule commune ou des champs (*S. arvensis*), vulg. *Spargoutte, Espargoutte, Sporée*, entre dans les prairies artificielles et fournit un bon fourrage pour les vaches , les chèvres , les moutons et les chevaux ; elle procure aux vaches un lait abondant et excellent. On la sème dans les terrains de mauvaise qualité , les plaines sablonneuses, les roches granitiques en décomposition, qu'elle seule peut fertiliser. Sa multiplication et sa décomposition annuelles améliorent le sol. En la semant à la fin de l'hiver, on peut obtenir 3 ou 4 coupes dans l'année. Les Norwégiens mêlent , dit-on, la farine de ses graines avec celles des céréales. On donne aussi ces graines à la volaille.

La S. a cinq étamines (*Sp. pentandra*) ne diffère guère de la précédente que par le nombre des étamines.

SPHÆRIDIE (*Sphæridium*). Genre de Coléoptères pentamères détaché des Dermestes, petits de taille, habitant particulièrement les déjections excré-

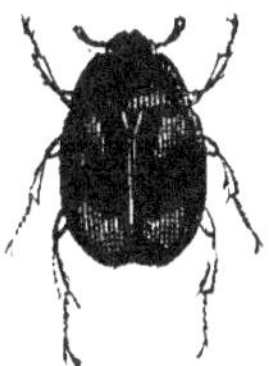

Fig. 1244. — Sphæridie.

mentitielles des Solipèdes et des Ruminants. Dans le milieu du jour et dans les soirées chaudes de l'été, ils volent par troupes nombreuses , et l'on voit alors sur l'enveloppe sèche qui recouvre les bouses une grande quantité de trous par lesquels ils entrent et sortent. Les métamorphoses de ces insectes sont peu connues.

SPHEROMIDES. Famille de Crustacés de l'ordre des Isopodes aquatiques, créée par Latreille, qui lui a donné pour caractères propres : dernier segment abdominal ayant de chaque côté une nageoire à 2 feuillets. Ce sont généralement de petits crustacés que Linné avait placés dans le genre

Fig. 1245. — Crustacé-Sphéromide (Ancine).

Cloporte (*Oniscus*), à cause sans doute de la propriété qu'ils ont de se contracter en boule comme certains Cloportes. Les Sphéromides ont 4 antennes insérées et rapprochées par paires sur le front, les 2 inférieures plus courtes ; corps ovale,

convexe en dessus, voûté en dessous, se contractant en boule dans le danger; il est composé
d'une tête et de 9 segments transversaux, à l'exception du dernier, dont les 7 antérieurs portent
chacun une paire de pattes; le dernier segment
est grand, tronqué obliquement de chaque côté,
triangulaire, etc.

Ces Crustacés habitent les bords de la mer,
vivant en général sous les pierres, les roches, les
tas de plantes marines. Dans l'eau ils nagent avec
vitesse, le ventre tourné en haut. — Nous figurons l'*Ancine* qui appartient à cette famille.

SPHINGIENS. Famille de Lépidoptères dont le
Sphinx est le genre type.

SPHINX (*Sphinx*). Grand genre de Lépidoptères, ainsi nommé de ce que la plus grande partie des chenilles tiennent, dans le repos, la partie
antérieure de leur corps élevé, ce qui les a fait com-

parer au Sphinx de la Fable. Ce genre, qui embras-
sait, dans la méthode de Linné, les Crépusculaires
de Latreille, les Macroglosses, les Déiléphiles, etc.,
est plus resserré aujourd'hui et offre les caractères suivants : chaperon large et proéminent;
yeux gros et brillants ; antennes légèrement
flexueuses, dentées en scie ou striées transversalement comme une râpe du côté interne. Palpes
épaisses, réunies à leurs extrémités et débordant
le chaperon ; trompe très longue et plus ou moins
grosse ; ailes supérieures entières et lancéolées;
l'angle anal des intérieures peu prononcé. Corselet large et bombé, avec les épaulettes ou ptéry-
godes très développées ; abdomen long, cylin-
drico-conique, marqué de raies et de bandes transversales ; pattes robustes et assez courtes, les
ergots des quatre jambes postérieures de médiocre
grandeur. Chenilles lisses, rayées obliquement
sur les côtés, avec la tête plate et ovalaire, et une
corne très aiguë, et courbée en arrière sur le on-

Fig. 1246. — Sphinx Atropos.

zième anneau ; se métamorphosant dans la terre
sous la forme de coque. Chrysalides allongées,
cylindrico-coniques, avec le fourreau de la trompe
plus ou moins séparé de la poitrine, et une pointe
anale très prononcée.

« Occupant naturellement le milieu de la série
des Lépidoptères, les Sphinx semblent être le point
de réunion ou la souche des Diurnes et des Nocturnes, et surpasser les uns et les autres par l'élégance de leurs formes. Le corps est robuste, avec
la tête allant un peu en pointe; le thorax uni, les ailes
disposées en toit, un peu inclinées, triangulaires;
l'abdomen conique, dessus qui est ordinairement
rayé et tacheté et offrant un mélange agréable de
couleurs.

« Peu d'insectes volent avec autant de rapidité ;

passant avec une extrême promptitude d'une fleur
à l'autre, ils s'arrêtent plus particulièrement au-
dessus de celles dont la corolle est tubulaire, y
plongent leur spiri-trompe, paraissant alors comme
suspendus en l'air et stationnaires; aussi l'épithète d'*Éperviers*, donnée par Geoffroy à ces insectes, leur convient assez bien. »

Le **SPHINX DU TROÈNE** (*S. ligustri*) a une envergure de 9 à 10 centim. ; ses ailes sont parées
de belles couleurs, le dessus de l'abdomen est
annelé de noir et de rose alternativement, offrant
dans son milieu une bande longitudinale brunâtre,
divisée par une ligne noire. La chenille est une
des plus belles du genre, celle en même temps
dont l'attitude rappelle avec plus de vérité le
Sphinx de la Fable. Elle est d'un vert pomme,

avec 7 raies obliques, violettes et blanches. Elle vit sur le troène, le lilas, le frêne, le lauréole. Elle n'emploie que de la terre dans la confection de sa coque. — On trouve encore en Europe le *S. convolvuli*, le *S. pinastri* (fig. 4248), et le *S. atropos*. Un mot sur ce dernier, bien qu'il en ait été parlé déjà. — V. *Achérontie*.

L'Atropos est le Brachyoglosse, de Boisduval, l'Achérontie, d'Ochsenheimer. Ce Sphinx a une envergure de 44 à 42 centim. La Chenille vit sur

Fig. 1217. — Chenille de Sphinx tête de mort.

les pommes de terre, la douce-amère, le stramoine, le coqueret, le lyciet, etc. Elle se compose une coque avec les grains de terre très aplatis en dedans et vernis au moyen d'une liqueur blanche qu'elle dégorge par la bouche. La chrysalide est d'un brun marron clair, et la houppe est cachée sous le masque. Le papillon éclot vers la fin de septembre ou dans le courant d'octobre. Les chenilles qui se sont métamorphosées tard restent en chrysalides jusqu'à la fin du même mois de l'année suivante.

Le Sphinx Atropos, ou *Tête de mort*, pénètre dans les ruches, extermine les abeilles et dévore le miel et les larves. Chez ce papillon, tout con-

Fig. 1218. — Sphinx pinastri.

court à inspirer des idées de mort en le voyant : figure sinistre représentée sur son thorax ; développement monstrueux de sa chenille ; préférence de celle-ci pour les plantes Solanées, qui sont souvent vénéneuses; espèce de bruit flûté ou plaintif rendu par le papillon sans qu'on sache bien comment il se produit.

SPIGÉLIE (*Spigelia*). Genre de Gentianacées ; plantes herbacées , rarement frutescentes, appartenant à l'Amérique. Ces plantes donnent de belles fleurs d'un rouge vif. — La Spigélie du Maryland est cultivée dans les jardins d'Europe. — La S. anthelmintique, qui croît au Brésil, a reçu le nom de *la Brinvillière*, à cause de ses propriétés vénéneuses. Cette espèce et plusieurs autres du même genre sont usitées en médecine comme antispasmodiques et vermifuges héroïques.

SPILANTHE (du gr. *spilos*, tache; *anthos*, fleur, parce que la fleur est tachée de noir sur un fond jaune). Genre de Composées des contrées chaudes de l'Amérique. Plantes herbacées, à feuilles opposées, entières; à fleurs jaunes en capitules rayonnés. — Le Spilanthe oléracé (*S. oleracea*), vul-

Fig. 1249. — Chrysalide du Sphinx du Liseron.

gairement *Cresson de Para*, dit aussi *Herbe de Malacca* ou *de Ternate*, possède des propriétés antiscorbutiques et antiodontalgiques ; il fait la base de la teinture dite *Paraguay-Roux*. Sa saveur est âcre et piquante. — Le Spilanthe acmelle s'emploie aux mêmes usages.

SPIRÉE (*Spiræa*). Genre de la famille des Rosacées ; plantes herbacées ou ligneuses , vivaces, à feuilles entières , dentées, lobées, pinnatipartites ou pinnatiséquées, à segments souvent très inégaux; stipules souvent très petites ou presque nulles; fleurs blanches ou rosées , disposées en corymbes multiflores , quelquefois en panicules spiciformes feuillés : calice à 5 divisions, dépourvu de calicule, etc.

Spirée-Filipendule (*S. filipendula*), ou tout simplement *Filipendule*. Souches à fibres radicales offrant des renflements ; tiges herbacées, de 30-60 centim., dressées, simples, rameuses en haut ; feuilles pinnatiséquées , glabres , à 15-20 paires de segments très iné aux , pinnatipartits

incisés, stipules dentées. Les fleurs sont blanches ou rougeâtres en dehors, odorantes, en corymbes multiflores terminaux : carpelles pubescents, non contournés en spirale, au nombre de 12 environ. Étamines nombreuses.

Fig. 1250. — Spirée Filipendule.

(Racines et fleur détachées)

La Filipendule est assez commune dans les clairières des bois, sur les coteaux secs et sablonneux ; elle est très abondante au bois de Boulogne. Ses fleurs s'épanouissent en juin-juillet. Les renflements de sa racine sont féculents : ils paraissent suspendus comme des poids par des fibres , d'où le nom de *filipendule*. Ils sont nutritifs , agréablement odorants à l'état frais. La racine de cette plante est légèrement astringente, mais sans usage en médecine maintenant.

La Spirée a feuilles de millepertuis (*S. hypericifolia*), vulg. *Petit-Mai*, est un sous-arbrisseau très rameux qui fournit de charmantes palissades, des murs de verdure fort agréables, comme ornement. Ses fleurs sont petites , blanches , ramassées en boules et épanouies dans les premiers jours de mai.

Il est plusieurs autres espèces de Spirée dont nous ne pouvons parler faute d'espace.

Spirée ulmaire. V. *Ulmaire*.

SPIZAÈTE (*Spizaetus*). Genre de Rapaces , qui ne diffèrent des Aigles-Autours que par leurs tarses nus et écussonnés. — Le S. urubitinga (*S. urubitinga*) est de la Guyane et du Brésil. Sa taille est de 65 centim. environ. Il se nourrit de petits mammifères , de reptiles , d'oiseaux morts ou blessés, de poissons , etc. Cette espèce affec-

tionne les pays entrecoupés de forêts , de marais
et de petites plaines. Éminemment sédentaire, il
ne quitte jamais le bord des eaux stagnantes. Il
veille perché sur la cime d'un arbre, et s'il avise
une proie , il descend rapidement , la dévore et
revient gravement à son poste. Cet oiseau s'apprivoise facilement ; il vient au logis prendre sa
nourriture et retourne ensuite se percher sur les
arbres du voisinage.

Le S. huppé (*S. cristatus*) ressemble beaucoup
à la Harpie, mais est plus petit. Il est très commun à la Guyane. Mauduyt l'a nommé *petit
Aigle de la Guyane.*

SPONDYLE (*Spondylus*). Genre de Mollusques
acéphales , de la famille des Ostracés, que Linné
plaça parmi les Huîtres sous la désignation d'*Hui-
tres épineuses*, et dont le nom, qui a été choisi
par Pline, signifie en grec vertèbre, à cause de
l'extrême solidité de la charnière de la coquille,
qui est bivalve, solide, épaisse , inéquivalve, généralement de grande taille, épineuse ou couverte
de côtes rayonnantes, d'aspérités, ornée de vives
couleurs.

Les Spondyles sont intermédiaires aux Huîtres
et aux Peignes ; l'animal est dépourvu de byssus ,
enveloppé dans un manteau non adhérent, garni
dans toute sa circonférence d'une double rangée
de cirrhes tentaculaires. Ces mollusques vivent
constamment fixés sur les rochers et les autres
corps sous-marins et le plus souvent fixés les uns
sur les autres. On les mange aussi comme les
Huîtres : mais il paraît que leur chair est moins
délicate et par conséquent moins estimée.

Le Spondyle pied-d'ane (*S. gœderopus*) est l'espèce la plus commune. Coquille ovale, convexe en
dessus, souvent irrégulière en dessous, hérissée
d'épines saillantes. Elle habite la Méditerranée et
l'Océan indien. On la trouve aussi à l'état fossile
dans les terrains tertiaires de l'Italie.

SPONGIAIRES. Sous-ordre de Zoophytes comprenant les *Éponges.* — V. ce mot.

SPONGILLE. Genre de Spongiaires d'eau douce,
de couleur verte au printemps , grisâtre en automne, se remplissant alors de corps reproducteurs globuleux et jaunâtres.—La *Spongille fluviale*
forme sur les pierres , au fond de l'eau courante,
des masses encroûtantes, molles, qui se ramifient
diversement en jets cylindroïdes. On la trouve partout. Elle répand une odeur de poisson assez intense.

SPORANGES, Spores, Sporidies, Sporules.
Organes reproducteurs des plantes cryptogames.
— V. *Mousses, Fougères, Cryptogames.*

SPOTTES-MARTIN. Phillip a donné ce nom au
Dasyure à queue longue, dont nous donnons ici
la figure. Nous renvoyons au mot *Dasyure* pour
les caractères du genre. Quant à l'espèce en ques-

Fig. 1251. — Spottes-Martin.

tion, elle a 50 cent. de long , sans compter la
queue qui mesure autant ; sa couleur est en dessus
d'un marron de même teinte que le pelage de la
Loutre, avec quelques taches blanches, et d'un
blanc pâle en dessous.

SQUALES. Tribu de la famille des Sélaciens.
Les Squales sont des Poissons cartilagineux, au
corps allongé, à la queue grosse et charnue, aux
pectorales de médiocre grandeur ; ouverture des
branchies répondant aux côtés du cou, et non au-
dessous du corps comme dans les Raies, qui forment la seconde tribu des Sélaciens ; côtes branchiales et costales petites, mais apparentes ; yeux

situés sur les côtés de la tête ; os de l'épaule suspendus dans les chairs en arrière des branchies,
et ne s'articulant ni au crâne ni à l'épine dorsale,
qui est composée de vertèbres distinctes.

La forme générale des Squales se rapproche de
celle des Poissons ordinaires ; leur canal intestinal est court, mais il est pourvu intérieurement
d'une lame en spirale qui y prolonge le séjour des
aliments. Ce sont les Poissons les plus voraces
des mers ; ils recherchent avec avidité les proies
vivantes. Ils ont un accouplement réel : plusieurs
d'entre eux sont vivipares, mais la plupart pro-

Fig. 1252. — Squale-Marteau.

duisent des œufs revêtus d'une coque jaune dont
les angles se prolongent en cordons cornés. Leur
chair est généralement coriace ; à cause de leur
peau rugueuse qui est employée dans les arts, on
leur a donné le nom vulgaire de *Chiens de mer*.

Les Squales peuvent être partagés en une douzaine de genres : *Requin, Roussette, Marteau,
Scie, Ange, Lamie, Aiguillat, Mélandre, Pèlerin, Humantin, Griset, Leiche.*—V. ces mots.

SQUAMIPENNES. Famille de Poissons acanthoptérygiens, ayant toutes les nageoires recouvertes d'écailles, ce qui rend difficile de distinguer
les nageoires de la masse du corps, lequel est
comprimé, élevé et écailleux. — Le genre *Chétodon* forme le type de cette famille, qui a été partagée en 16 sections, lesquelles formaient 9 genres
parmi les Chétodons de Linné. En voici les principaux : le *Chétodon* proprement dit (Voy.) ; les
Chelmons, à museau saillant, protractile, et qui
peuvent lancer des gouttes d'eau contre les insectes qu'ils veulent faire tomber pour s'en nourrir ; — les *Cochers*, dont les épines dorsales sont
très prolongées et forment comme un long fouet ;
— les *Chevaliers*, dont les épines dorsales s'é-
lèvent et se rabaissent, etc.

SQUELETTE. Ensemble des os du corps chez les
animaux Vertébrés. Les parties dures du corps des
Invertébrés sont appelées *Squelette extérieur* par
les anatomistes qui cherchent à les ramener à des
conditions qui leur soient communes avec celles
des animaux supérieurs. Chez les Végétaux, on
nomme *Squelette* le tissu réticulaire des feuilles.

Mais revenons aux Vertébrés, et parlons du
Squelette de l'Homme tout d'abord.

Les Os sont les parties solides et dures qui
forment la charpente du corps. Leur ensemble,
considéré comme vivant, constitue le *système osseux* ; envisagé comme moyen de soutien et moyen
mécanique, il est appelé *Squelette*. Les os se composent de deux tissus distincts, l'un *compacte*,
formant la surface externe de tous les os et le
centre des os longs ; l'autre *spongieux*, formant les
os courts et les extrémités des os longs. — V.
Tissus.—Ils donnent à l'analyse 32,17 de gélatine ;
1,13 de vaisseaux sanguins ; 53,04 de phosphate

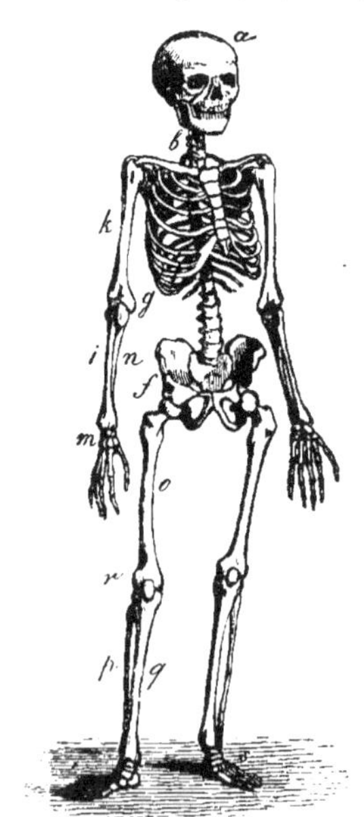

Fig. 1253. — Squelette d'Homme.

de chaux ; 11,30 de carbonate de chaux ; 0,20 de
fluate de chaux ; 1,16 de phosphate et de carbonate de magnésie ; 1,20 de carbonate de soude, de
chlorure de sodium et d'eau.

Le Squelette humain se compose de 251 à 253

pièces osseuses, dont 54 ou 55 pour la tête, 8 pour le cou, 38 ou 39 pour la poitrine, 5 pour les lombes, 7 pour le bassin, 74 pour les membres supérieurs, et 66 pour les membres inférieurs.

La partie fondamentale du Squelette est la *colonne vertébrale;* c'est une tige osseuse, creuse,

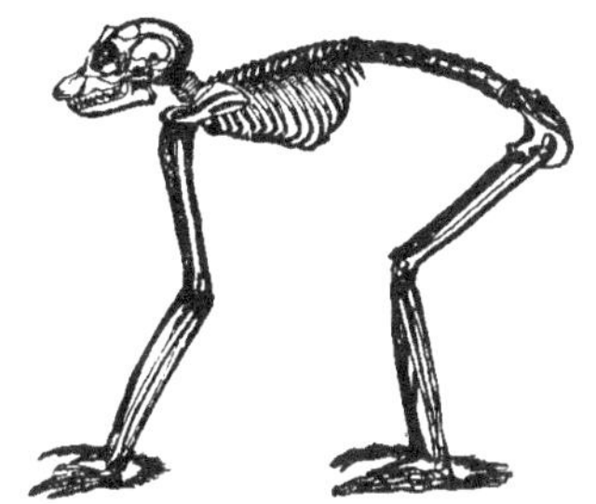

Fig. 1254. — Squelette de Lori.

flexible, située entre l'espace qui sépare le crâne du bassin. Formée de nombreux os superposés et percés d'une ouverture centrale, lesquels s'articulent les uns avec les autres, cette tige loge la moelle épinière, sert de soutien à presque tout l'édifice osseux. Elle offre trois régions : la *cervicale* (7 vertèbres), la *dorsale* (12 vertèbres) et la *lombaire* (5 vertèbres) ; toutes offrant plusieurs apophyses, dont la postérieure est appelée *apophyse épineuse* et est la plus développée.

La tête appuie sur la colonne vertébrale, qui, elle, est assise sur le sacrum, lequel est soudé avec les os coxaux qui forment le bassin. Les os coxaux offrent une cavité externe où se loge la tête du fémur ; ce dernier s'articule avec le tibia et le péroné, et le pied supporte le tout. Douze côtes et fausses côtes s'articulent avec les 12 vertèbres dorsales, et viennent arc-bouter directement ou indirectement avec le sternum, en avant, pour former la cavité thoracique.

Le membre supérieur se compose de l'*épaule* (clavicule et omoplate), du *bras* (humérus), de l'*avant-bras* (cubitus et radius) et de la *main*, qui comprend le *carpe*, le *métacarpe* et les *phalanges* ou *doigts*. La *clavicule* occupe la partie antérieure et supérieure du thorax; elle s'articule avec le sternum par son extrémité interne, et avec l'omoplate par son extrémité externe. L'*omoplate* n'est retenu que par des puissances musculaires ; la tête de l'humérus est reçue dans la cavité glénoïde que présente l'omoplate à son angle externe.

Le membre inférieur ou abdominal se divise aussi en quatre parties : la *hanche* (os coxal), la *cuisse* (fémur), la *jambe* (tibia et péroné) et le *pied*, qui lui-même est formé du *tarse*, du *métatarse* et des *phalanges* ou *orteils*.

L'étude du Squelette est la partie la plus aride de l'histoire naturelle animale, mais la plus indispensable. La *Squelettologie comparée* n'est pas moins utile que celle de l'Homme, car sans

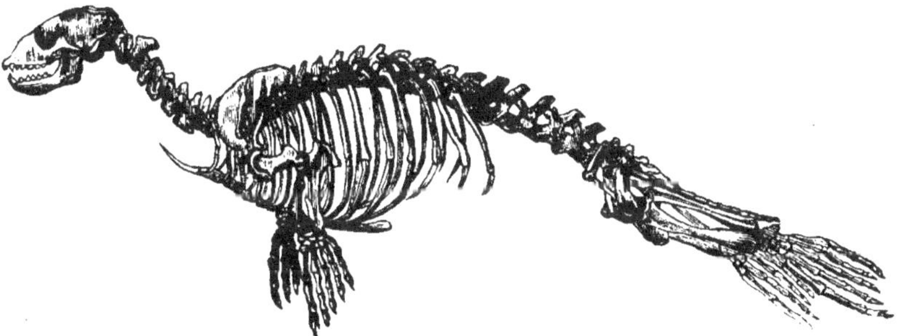

Fig. 1255. — Squelette de Phoque.

les connaissances qu'elle fournit, comment préciser la classe des Vertébrés à laquelle un os appartient, comment indiquer la région qu'il occupe, l'âge de l'individu auquel il appartient? De nombreuses différences existent entre le Squelette de l'Homme et ceux des différentes classes de Vertébrés, quoiqu'on remarque dans tous une exécution ou création basée sur un plan général, qui se modifie seulement en raison des habitudes de locomotion des mouvements propres aux différentes classes d'animaux. Ce sujet a été approfondi par un illustre naturaliste, G. Cuvier, qui a su reconstruire, on peut dire, des organisations perdues, par la comparaison de quelques os fossiles avec ceux des espèces vivantes — Le *Squelette des animaux* offre des différences notables avec celui de l'homme. Les clavicules manquent au cheval, au bœuf, à l'éléphant; elles sont doubles dans les oiseaux et dans quelques reptiles ; les 4 membres commencent à se déformer dans les phoques, et plus encore dans les Cétacés; ils deviennent méconnaissables dans les Poissons, et disparaissent avec beaucoup d'autres os dans les Serpents, au point que la tête et les vertèbres sont les seules parties du Squelette proprement dit qui ne disparaissent jamais. — Les animaux sans vertèbres n'ont plus de squelette.

SQUILLE (*Squilla*). Genre de Crustacés de la famille des Stomapodes unicuirassés : corps étroit, allongé, demi-cylindrique, recouvert d'un teste assez mince et composé de 12 segments; pattes ravisseuses très puissantes, terminées par une griffe en lame de faux dentelée; pattes des trois paires suivantes rapprochées vers la tête; branchies placées sur les 5 paires d'appendices natatoires qui existent à la face inférieure de la queue.

Les Squilles ont, pour la forme générale, de la ressemblance avec les Crevettes. Elles habitent les lieux sablonneux et fangeux sur les bords de la mer. Leur natation est à peu près celle des Écrevisses. Leur chair est d'un goût fort agréable. Les femelles se cachent sous les rochers lorsqu'elles veulent se débarrasser de leurs œufs,

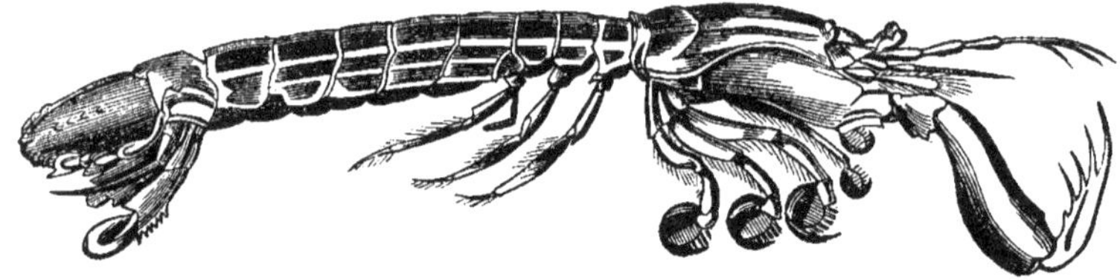

Fig. 1256. — Squille.

qu'elles portent sous les appendices de l'abdomen, comme les Langoustes. — La S. Mante est longue de 18 centim.; elle habite la Méditerranée.

Fig. 1257. — Squine.

Rameau portant 2 ombelles de fleurs mâles; — 1 fl. mâle et 1 fl. femelle grossies.)

SQUINE (*Smilax china*). Plante de la famille des Smilacées dont on distingue deux variétés, l'une de Chine, l'autre du Mexique. Feuilles entières, coriaces; fleurs nombreuses, en ombelle; racine grosse, noueuse.

« Des marchands chinois, dit Poiret, ont donné de la vogue à cette plante pour la première fois en 1535. Ils la vendaient alors sous le nom de *Fouling*, comme un spécifique contre les maladies vénériennes bien plus efficace que le Gaïac. Les Espagnols firent un si grand éloge de ses propriétés à l'empereur Charles-Quint, que ce prince en fit usage de son propre mouvement, à l'insu de ses médecins, pour se guérir de la goutte; et bientôt cette recette devint publique et en grande réputation. Mais aujourd'hui on en fait assez rarement usage. » On emploie la racine.

STACHIDE (*Stachys*). Genre de Labiées qu'on nomme vulgairement *Épiaires*, *Épis fleuris*, *Stachiques;* plantes à tiges carrées, à feuilles opposées, à fleurs en campanules plus ou moins rouges, et répandant, quand on les froisse, une odeur peu agréable. — La Stachide des marais (*S. palustris*), à fleurs purpurines, fournit une fécule amylacée; ses racines sont aimées des pourceaux. — La S. des bois (*S. sylvatica*), à fleurs lie de vin, donne une belle couleur jaune; ses fibres corticales peuvent fournir de bons cordages. — On cultive dans les jardins la *S. laineuse*, la *S. grecque*, la *S. épineuse* et la *S. écarlate*.

STALACTITES et stalagmites (du gr. *staluzô*, tomber goutte à goutte). « Concrétions calcaires qui se forment dans l'intérieur des grottes par l'infiltration lente et continue des eaux. Les *Stalactites* sont attachées au plafond; elles croissent de haut en bas, sont allongées, de forme conique.

Les *Stalagmites* se forment sur le sol perpendiculairement au-dessous des premières, et croissent de bas en haut : elles ont la forme de mamelons. Les Stalactites naissantes ont la forme et la grosseur d'un tuyau de plume ; leur centre est percé d'un canal qui ne tarde pas à se boucher, et dès lors l'accroissement se fait en dehors par le dépôt continuel et successif de nouvelles couches de matière calcaire apportée par les eaux qui suintent à travers le plafond. Les Stalagmites ne sont jamais percées d'un canal ; elles se forment à plat et à l'aide de couches juxtaposées les unes par-dessus les autres, et cela aux dépens de l'eau même qui a formé les Stalactites, et qui, après avoir augmenté la longueur et la grosseur de celles-ci, vient tomber sur le sol sans avoir déposé toutes les molécules calcaires qu'elle tenait en dissolution. Quelquefois ces deux genres de concrétions se réunissent et forment des piliers qui grossissent graduellement et finissent par combler les cavités qui les renferment. Les Stalactites présentent l'aspect le plus curieux et le plus bizarre, surtout lorsqu'on parcourt avec une torche allumée les grottes qui les renferment. Parmi les grottes à Stalactites, on cite celles d'Antiparos, dans l'Archipel, et en France, celles d'Auxelles et d'Arcy. On exploite les Stalactites de grande taille pour en faire une foule d'objets : taillées et polies, elles ressemblent à de l'albâtre. »

STAPHISAIGRE. Espèce du genre *Dauphinelle.* — V. ce mot.

STAPHYLIN (*Staphylinus*). Genre de Coléoptères pentamères, de la famille des Brachélytres, comprend une dizaine d'espèces : antennes droites, grenues ; palpes filiformes ; élytres courts ; tarses

Fig. 1258-1259. — Coléoptères-Staphylins (Autalie).

intermédiaires distants à la base ; pieds postérieurs cylindriques. Certaines espèces sont lisses et brillantes ; d'autres sont couvertes de poils et velues comme des bourdons ; la plupart vivent sur les charognes, les excréments et le fumier.

Citons, parmi elles, l'Émus odorant ou *Grand Staphylin noir*, qui se trouve très communément à Paris et dans ses environs. « Sa larve est essentiellement carnassière ; elle est souvent errante pour chercher sa proie, et ne se réfugie jamais que sous les pierres. Elle est très courageuse ; car, lorsqu'on la prend, loin de chercher à fuir, elle s'arrête, redresse sa tête et l'extrémité de son abdomen, ouvre ses larges mandibules, et cherche ainsi à pincer celui qui veut s'en emparer. Ces larves se dévorent quelquefois entre elles ; l'une attaque l'autre, la provoque et la saisit, non pas à telle ou telle partie du corps, mais toujours à la jonction de la tête avec le premier anneau, de manière que la victime ne puisse faire usage de ses défenses ; alors elle la perce de ses mandibules acérées, la suce ensuite, et ne laisse qu'une dépouille inanimée, pour revenir quelque temps après, et manger les parties les plus solides jusqu'à ce qu'il n'en reste plus aucun vestige. On rencontre ces larves très communément depuis le mois de novembre jusqu'à la fin de mai, époque à laquelle elles subissent leur transformation. Peu de temps avant cette époque, elles deviennent entièrement stationnaires, creusent sous une pierre un trou oblique, et placent la tête du côté de l'ouverture. Peu de jours après, elles se changent en nymphe, pour rester dans cet état quinze à seize jours : au bout de ce temps l'insecte est parfait ; mais, en sortant de son enveloppe, il est jaunâtre, et ne devient entièrement noir qu'au bout de vingt-quatre heures. »

STATICE (*Statice*). Genre de la famille des Plumbaginacées, herbes et sous-arbrisseaux, à feuilles radicales ; fleurs en épis unilatéraux sur les ramifications d'une tige ou hampe nue ; calice en entonnoir ; corolle à 5 pétales ; 5 étamines ovaire uniloculaire uniovulé. — Ces plantes sont vivaces et croissent sur les bords de la Méditerranée, dans les marais salants. On en connaît plusieurs espèces, dont la plus cultivée est :

La Statice gazon (*S. armeria*), vulg. *Gazon d'Olympe*, qui se distingue à ses feuilles linéaires, uninervées, assez molles, au sein desquelles s'élève une hampe 2-4 fois plus longue, nue, grêle, terminée par des fleurs rouges, blanches ou roses, formant capitule. — Elle forme dans nos parterres des tapis de verdure très denses et de jolies plates-bandes.

STELLAIRE (*Stellaria*). Genre de la famille des Caryophyllées, tribu des Alsinées, qui renferme des petites plantes herbacées, à tiges rameuses ; à feuilles étroites ; à fleurs blanches, ouvertes *en étoile* ; à fruits capsulaires, ovoïdes, renfermant plusieurs graines arrondies. Quelques espèces croissent en France, dans les bois, dans les haies, aux lieux montagneux et sur le bord des eaux stagnantes. — On connaît principalement la Stellaire des bois (*S. nemorum*) ; — la S. holostée (*S. holostea*), c'est-à-dire *tout os*, sans doute à cause de la dureté de son épiderme ; — la S. moyenne, ou *Alsine*, est plus connue sous le nom de *Mouron des oiseaux*.

STELLÉRIDES (de *Stella*, étoile). Lamarck a donné ce nom à une section de l'ordre des Échinodermes, comprenant les *Astéries* ou *Étoiles de mer*, dont nous représentons ici trois espèces.

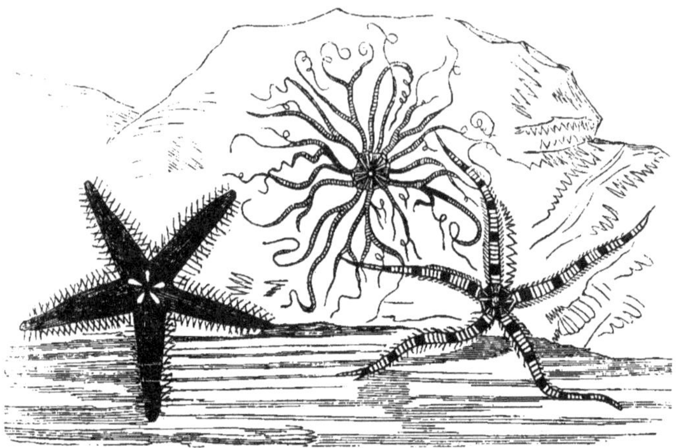

Fig. 1260-61-62. — Stellérides (Astéries).

STELLION (*Stellio*). Genre de Sauriens, voisin des Lézards, des Iguaniens, ayant pour caractères : corps un peu épais, couvert d'une peau lâche et garnie d'écailles nombreuses; tête allongée, aplatie; cou distinct; pieds allongés; pas de dents palatines. — Ces reptiles sont nombreux en espèces, présentant beaucoup de différences entre elles. Cuvier en a formé 4 divisions : 1° les *Cordyles*, qui ont de grandes écailles, des pores aux cuisses et qui habitent le cap de Bonne-Espérance; — 2° les *Stellions ordinaires*, qui ont des petites écailles, avec quelques-unes plus grandes ou épineuses, pas de pores aux cuisses; — 3° les *Queues-rudes*, espèces sans pores et sans épines, de l'Amérique méridionale; — 4° les *Fouette-queue*, à écailles petites, lisses et uniformes, excepté à la queue où elles sont plus grandes et plus épineuses que chez les Stellions ordinaires. Ils habitent les parties chaudes des deux continents. Une espèce est assez répandue dans la Haute-Égypte.

Le Stellion du Levant (*S. vulgaris*) a environ 32 centim. du bout du museau à l'extrémité de la queue, qui forme à peu près les trois cinquièmes de la longueur totale ; il est généralement d'un brun olivâtre ; ses pieds, divisés en cinq doigts, sont en dessous d'une couleur orangée. On rencontre ce Stellion dans les ruines des vieux édifices, dans les fentes des rochers et dans des espèces de terriers qu'il a l'art de se creuser. Il est très agile dans ses mouvements et se nourrit principalement d'insectes. On le rencontre très communément dans tout le Levant, et surtout en Égypte, en Syrie et dans les îles de l'Archipel : on dit l'avoir également trouvé au cap de Bonne-Espérance. Belon rapporte qu'en Égypte on recueille avec soin les excréments du Stellion du Levant pour les besoins de la pharmacie orientale ; et il paraîtrait que ces excréments, connus sous les noms de *Cordylea*, *Crocodilea* et de *Stercus lacerti*, anciennement en usage chez nous comme cosmétique, sont encore employés aujourd'hui par les Turcs. Quoi qu'il en soit, les mahométans poursuivent et tuent le Stellion, parce que, disent-ils, il se moque d'eux en baissant la tête comme quand ils font la prière.

L'animal nommé *Stellio* par les Latins était, selon toute apparence, le *Gecko des murailles*.

STERNE (*Sterna*). Genre d'Oiseaux de l'ordre des Palmipèdes longipennes, voisin des Mouettes. Bec pointu, comprimé, droit, sans saillie; narines médianes longitudinales ; pieds courts, minces, les trois doigts antérieurs unis par une membrane un peu échancrée au milieu de son bord libre, queue fourchue.

Les Sternes, nommés vulgairement *Hirondelles de mer*, à cause de leurs ailes longues et pointues et de leur queue fourchue, volent en tous sens et avec rapidité sur les mers et l'embouchure des fleuves, en jetant de grands cris ; ils enlèvent à la surface de l'eau les mollusques, petits poissons et insectes dont ils se nourrissent. Ils nichent en grandes bandes, et font chaque année de longs voyages.

Le Sterne Pierre-Garin (*S. hirundo*) est long de 36 centim. ; son envergure en a 60. Plumage blanc, manteau cendré clair, calotte noire , bec rouge à bout noir, pieds rouges. — Cette espèce est très commune sur les côtes maritimes de France, et s'avance quelquefois dans l'intérieur sur les lacs et les rivières. Sa ponte est de 2 ou 3 œufs d'un brun clair ou d'un roux sale, tacheté de brun.

Le Sterne arctique (*S. arctica*) a la même taille, le même plumage, sauf que le devant du cou, la poitrine et l'abdomen sont lavés d'un cendré bleuâtre. — Cette espèce habite les régions du cercle arctique et passe régulièrement sur les côtes maritimes du nord de la France. Elle niche sur les plages maritimes, pond 3 ou 4 œufs d'un gris bleuâtre, d'un jaune sale, quelquefois d'un roux clair ou foncé , irrégulièrement tacheté de noirâtre.

STIGMATE. En Botanique, c'est l'extrémité supérieure du Pistil, espèce de corps glanduleux , ordinairement lubrifié, destiné à retenir les grains du pollen versé par les anthères et qui doit féconder l'ovaire. Le Stigmate est le plus souvent supporté par un style ; lorsque celui-ci manque et qu'il est immédiatement fixé au sommet de l'ovaire, on dit qu'il est *sessile*, comme dans le Pavot, la Tulipe , etc. Quand les carpelles sont libres, distincts, il y a autant de Stigmates que de carpelles; quand les carpelles sont soudés, on distingue dans le Stigmate unique les lobes correspondant à chaque carpelle. Le Stigmate est *terminal*, *latéral*, etc. , selon qu'il est situé au sommet ou sur les côtes du style.

En Entomologie, on nomme *Stigmates* les petites ouvertures placées sur les côtés du corps de l'insecte , par lesquelles l'air s'introduit dans les trachées, et qui se montrent sous l'aspect de taches ordinairement colorées.

STIPE. Tige ligneuse des Monocotylédonés — V. *Tronc*. — Partie des champignons munie d'un chapeau qui supporte cette dernière expansion. — Le mot Stipe est employé quelquefois abusivement pour désigner , soit un pétiole, un pédoncule, un style : on dit souvent ovaire *stipité*, aigrette *stipitée* , etc. , mais c'est un tort , cela met de la confusion dans la science.

STIPULES. Petits appendices squamiformes ou foliacés qu'on rencontre au point d'origine des feuilles sur la tige : elles sont ordinairement au nombre de deux, une de chaque côté du pétiole (Charme , Tilleul) ; plus rarement elles sont solitaires , situées à l'aisselle ses feuilles. Dans le premier cas on les appelle *latérales*, et dans le second *axillaires*. En outre, elles varient de forme, de durée , de grandeur et de situation , et reçoivent des noms appropriés. — On appelle *stipelles* les petites Stipules qui accompagnent les olioles de certaines feuilles composées.

STOLONS. Petites tiges couchées, grêles, effilées, nues, stériles, traçantes , qui s'étalent à la surface du sol et poussent de distance en distance ou bien de leurs nœuds, des racines ou plutôt des rejetons enracinés. Le Fraisier , le Bouton d'or, la Bugle commune, l'agréable Saxifrage de la Chine, nous offrent des exemples de la première sorte ; les Graminées vivaces , entre autres l'Agrostide traçant, l'Élyme des sables, etc., fournissent des Stolons de leurs nœuds. — L'on nomme *Stolonifère* toute plante dont la tige souterraine pousse des racines latérales, comme l'Immortelle traçante. Les animaux aiment toutes les plantes stolonifères. Les cultivateurs emploient fréquemment les Stolons pour suppléer aux semis des espèces qui en sont pourvues, comme la Patate, certaines Potentilles ; mais ce moyen, de même que la voie des marcottes et des boutures, a l'inconvénient d'affaiblir le principe vital et de diminuer la quantité du fruit. Ce fait est très sensible chez le Fraisier, qu'on multiplie de la sorte jusqu'à huit et dix fois.

STOMAPODES. Ordre de Crustacés de la section des Malacostracés , animaux qui ressemblent beaucoup aux Décapodes macroures , tels que les Écrevisses, les Crevettes et les Homards, mais qui en diffèrent par deux caractères extérieurs faciles à apprécier : 1o indépendamment des pieds-mâchoires placés sous la bouche, comme dans l'ordre précédent , les deux premières paires de pattes au moins ont la même position, c'est-à-dire qu'elles concourent également par leur article inférieur à la mastication, et c'est de cette particularité qu'on a tiré le nom de Stomapodes (du gr. *stoma*, bouche ; *pous* , *podos*, pied) ; 2o par leurs branchies qui , au lieu d'être cachées sous les bords de la carapace, sont placées à nu sur les appendices articulés qui existent à la face inférieure de l'abdomen ; ces branchies sont en général sous la forme de filaments.

Les Stomapodes sont des crustacés marins et nageurs, qui ont les yeux portés sur un pédoncule mobile et le corps allongé ; l'extrémité antérieure de la tête présente une articulation qui sert de support à ces organes, ainsi qu'aux antennes intermédiaires. Leur peau est généralement plus mince et moins calcaire que celle des Décapodes. La carapace est tantôt formée de deux pièces, tantôt d'une seule, qui reste libre par derrière et laisse à nu les segments thoraciques portant les trois dernières paires de pattes : de là la division de cet ordre en deux familles, les Unicuirassés (*Squille*), et les Bicuirassés (*Phyllosome*).

STOMOXE (*Stomoxys*). Genre de Diptères athéricères, tribu des Muscides, confondu par Linné avec les Conops, lesquels offrent une trompe constamment saillante, avec un suçoir de deux pièces. Plusieurs espèces ont le corps étroit et allongé, l'abdomen en forme de massue, courb en dessous à son extrémité avec les organes sexuels saillants chez les mâles. — Le Stomoxe piquant est souvent confondu avec la Mouche ordinaire, et comme il pique beaucoup plus fort les animaux, surtout dans l'arrière-saison, on dit que les Mouches d'automne piquent. Ce Diptère est très commun dans toute l'Europe et l'un des insectes les plus incommodes par sa piqûre. Il s'attache principalement aux jambes, perce la peau avec facilité, et la plaie qu'il fait est telle, que le sang continue de couler pendant quelque temps. Les bœufs et les chevaux n'en sont pas garantis par l'épaisseur de leur cuir. C'est surtout en été et en automne, et particulièrement aux approches des orages, que ce Diptère nous harcelle et nous tourmente.

STRAMOINE (*Stramonium*). Le nom botanique de cette plante est *Datura*. Elle forme un genre de la famille des *Solanacées*. — Le *Datura stramonium*, vulg. *Pomme épineuse*, à cause de son fruit chargé d'épines, est une plante annuelle d'un mètre de haut, à tige forte, dressée, diffuse, creuse, rameuse et glabre; les feuilles sont alternes, pétiolées, assez grandes, molles, sinuées, anguleuses, à dents larges et aiguës; fleurs grandes, blanches ou violettes, axillaires solitaires: calice à long tube 5-denté; corolle infundibuliforme très allongée, à 5 plis longitudinaux, limbe

Fig. 1263. — Stramoine.

(1. Pistil; — 2. Corolle ouverte, étamines; — 3. Fruit coupé en travers.)

à 5 lobes; 5 étamines incluses; ovaire couvert de petites pointes qui deviennent épineuses à la maturité du fruit capsulaire à 4 loges.

La Stramoine croît dans les lieux incultes, dans les décombres, les villages, au bord des chemins,

et fleurit tout l'été (juin-septembre). D'une odeur forte et vireuse, d'une saveur nauséeuse un peu âcre, elle jouit de propriétés narcotiques analogues à celles de la Belladone, mais qui sont plus délétères encore. On l'a particulièrement préconisée contre les névralgies, le tic douloureux, certaines hallucinations, l'épilepsie, etc. Cette plante est célèbre dans l'histoire des empoisonnements, des philtres, des *endormeurs;* aussi a-t-elle été nommée *Herbe du Diable, Herbe aux sorciers.* Pour rendre son histoire plus curieuse encore, on a dit qu'elle excitait aux plaisirs de l'amour. Toutefois les médecins mettent peu d'empressement à employer un tel médicament, qui offre, à côté d'une action peu sûre, de véritables dangers.

Fig. 1264. — Strobile.

STRASS. Verre qui imite les pierres précieuses. On imite le *diamant* avec du Strass incolore; le *saphir*, avec du Strass coloré par l'oxyde de cobalt; l'*améthyste*, avec du Strass coloré par de l'oxyde de manganèse et du pourpre de Cassius ou oxyde d'or; l'*émeraude*, avec l'oxyde vert de cuivre et un peu d'oxyde de chrome; la *topaze*, avec le verre d'antimoine et l'oxyde d'or; l'*aigue-marine*, avec le verre d'antimoine et l'oxyde de cobalt; le *grenat*, avec le verre d'antimoine, le **pourpre de** Cassius et l'oxyde de manganèse, etc.

STREPSICÈRE. Sous-genre d'Antilopes à mufle nu ; cornes grandes, à triple courbure ; peau du bas du cou formant un fanon comme celui du bœuf. Le *Condoma* et l'*Oréas* lui appartiennent.

STROBILE. Fruit des vrais Conifères, formé par l'agrégation des écailles allongées depuis la floraison, oblongues, serrées, étroitement appliquées en spirales les unes sur les autres autour d'un axe commun, épaissies à leur sommet, qui est souvent ombiliqué sur le dos. A la base de ces écailles, et du côté intérieur, sont, dans deux enfoncements, deux noix monospermes, toujours closes, membraneuses dans le Thuya, ligneuses dans le Pin pignon, osseuses dans le Cyprès de la Louisiane, ailées au pourtour de l'Arbre de vie d'Occident, ailées à la base dans le Cèdre : l'aile est caduque dans le Sapin, etc. — Le Strobile est terminal sur le Pin sylvestre, axillaire chez le Mélèze, droit, c'est-à-dire la pointe en haut, dans le Sapin, renversé ou la pointe en bas pour l'Épicéa ; il se montre constamment ovoïde sur le Cèdre ; petit, ovale, dressé et composé d'écailles assez lâches dans le *Larix europæa* ; muni d'une bractée oblongue, terminée en pointe aiguë, chez le Sapin argenté des Vosges ; obrond sur le Cyprès pyramidal ; absolument sphérique dans le Genévrier.

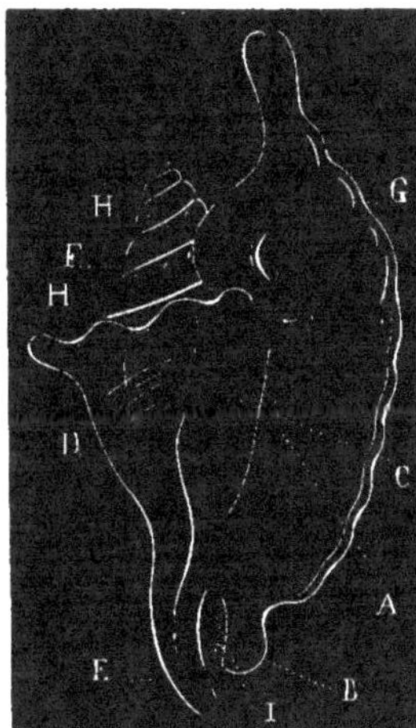

Fig. 1265. — Strombe.

(A, Bouche. — B, Base. — C, Ventre. — D, Dos. — E, Columelle. — F, Lèvre droite. — G, Lèvre gauche. — H, Tours de Spire.)

STROMBE (*Strombus*). Genre de Mollusques gastéropodes, ainsi caractérisé par Lamarck, qui l'a singulièrement réduit : coquille univalve, ventrue, terminée à sa base par un canal court, échancré ou tronqué ; bord droit, se dilatant avec l'âge en une aile simple, lobée ou crénelée supérieurement et ayant inférieurement un sinus séparé ou du canal ou de l'échancrure de sa base. Animal peu connu, probablement analogue à celui des Ptérocères, qui ont été confondus avec les Strombes par de Blainville.

« Les Strombes sont des animaux des mers des pays chauds. On ignore presque complétement leurs mœurs et leurs habitudes ; on sait cependant, d'après ce qu'Adanson en a dit, qu'elles ont beaucoup de rapports avec celles des Pourpres ; mais il est probable que ces Mollusques vivent fort longtemps, si on en juge d'après l'épaisseur et la pesanteur qu'acquiert la coquille lorsqu'elle est entière. Les espèces dans ce genre sont très nombreuses et très différentes par leur forme bizarre et par leur taille. Il y en a de si petites qu'elles n'atteignent que quelques lignes de long, et d'autres qui sont presque les géants de la conchiliologie. Les amateurs recherchent assez ces dernières pour servir d'ornement dans leur cabinet, non-seulement à cause de leur grande taille, mais encore par la fraîcheur, la beauté de la couleur rose incarnat qui se voit à l'intérieur.

Le STROMBE AILE D'AIGLE (*S. gigas*) est la plus grande espèce connue qui se trouve dans l'Océan des Antilles. Coquille turbinée, très ventrue, à spire très pointue, médiocre, hérissée d'une série décurrente de tubercules coniques, divergents, beaucoup plus longs sur le dernier tour ; bord droit très large, arrondi en dessus : sa couleur est blanche en dehors et d'un rose pourpré assez vif dans l'ouverture.

STRONGLE. Espèce d'Entozoaire caractérisé par sa tête obtuse et pourvue de 6 papilles ; corps très allongé, déprimé longitudinalement ; le mâle est plus long que la femelle. — Ce ver se rencontre dans les reins chez quelques animaux, rarement chez l'homme. — Le S. GÉANT a de 0 m. 50 à 2 de longueur, et 0 m. 005 à 0,015 de grosseur.

SRONTIUM. Métal qui, uni à l'oxygène, constitue la Strontiane. Ce métal, indiqué par Davy en 1807, est brillant, blanc, solide, plus pesant que l'eau qu'il décompose en lui enlevant son oxygène et se transformant en oxyde (Strontiane).

STRYCHNOS. Genre d'Arbres ou d'Arbrisseaux sarmenteux en forme de lianes, dont les feuilles sont opposées, entières, les fleurs assez petites, en cimes axillaires ou terminales : calice monosépale, à 4 ou 5 divisions ; corolle tubuleuse, à 4-5 découpures au limbe ; étamines en nombre égal aux divisions de la corolle, insérées au sommet du tube ; ovaire simple ; fruit globuleux, crustacé à l'extérieur, charnu à son intérieur, renfermant plusieurs graines dans une pulpe aqueuse. — Ces végétaux, de la famille des Loganiacées qu'ils caractérisent, croissent dans les régions chaudes de l'Inde et de l'Amérique méridionale. Ils sont tous redoutables par la violence de leur poison, qui est dû à la *Strychnine*, alcaloïde découvert par Pelletier et Caventou dans les Strychnos. Trois espèces se font surtout remarquer sous ce rapport:

Le S. NOIX VOMIQUE, dont les baies (*nux romica*) ont une saveur âcre et très amère et constituent un poison très actif. Ces semences font mourir très rapidement les espèces de la race canine : aussi l'emploie-t-on fréquemment pour empoisonner les chiens, les loups et les renards. Malgré cette redoutable énergie, on administre quelquefois la noix vomique aux paralytiques pour exciter le principe nerveux qui préside à la motilité.

Le S. TIEUTÉ est un arbrisseau sarmenteux dont, chose singulière, la séve contenue dans sa tige et même sa racine est douce, inoffensive, tandis que cette racine fournit par décoction l'*Upas tieuté*, poison violent, connu encore sous le nom de *curare*, et dont les sauvages se servent pour empoisonner leurs flèches.

Le S. FÈVE DE SAINT-IGNACE est un arbre dont les graines, nommées *Fèves de Saint-Ignace*, sont également vénéneuses, mais à un degré moindre que la noix vomique. Ces graines sont considérées, aux îles Philippines, comme un précieux remède à beaucoup de maladies. Aussi les Jésuites, qui nous les ont fait connaître, ont-ils cru devoir leur donner le nom de ce saint.

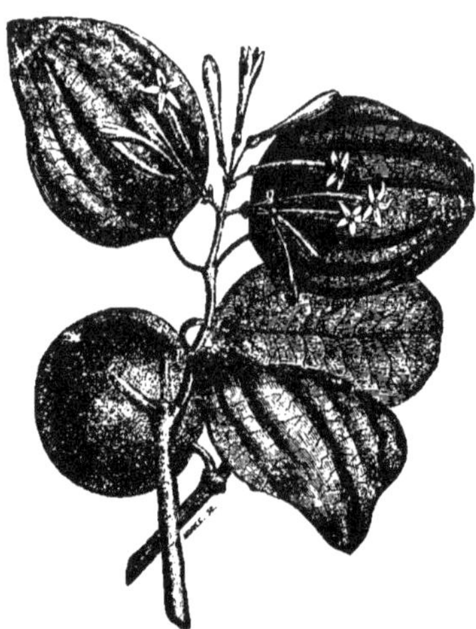

Fig. 1266. — Strychnos.

STYLE. Partie du pistil qui soutient le stigmate. — V. *Pistil, Stigmate.*

STYRACACÉES. Famille de Plantes monopétales, composée d'arbres ou d'arbrisseaux ayant des fleurs tantôt axillaires, tantôt terminales : calice monosépale à 4 ou 5 divisions; corolle régulière, à 4 ou 5 divisions très profondes et à préfloraison imbriquée; étamines en nombre double, triple ou même quadruple de celui des lobes de la corolle, insérées au tube. Ovaire libre ou adhérent. Le fruit est une sorte de drupe. — Cette petite famille a pour genre type le *Styrax*, dont nous avons parlé sous le titre d'*Aliboufier*. — V. ce mot.

SUCCIN ou **AMBRE JAUNE.** Substance bitumineuse d'une couleur jaune tirant sur l'orange, acquérant une odeur agréable par la trituration ou le frottement, passant à l'état électrique résineux par le frottement ; pesant 1,078. Le Succin est une résine fossile, d'origine organique, végétale probablement, qui se trouve dans les sables et argiles des terrains tertiaires inférieurs. Il donne à la distillation un acide particulier qu'on nomme *acide succinique*, et une substance huileuse empyreumatique connue sous le nom d'*huile de succin*. Cette huile, qui ressemble au Naphte, est employée comme antispasmodique et emménagogue. Le Succin, très employé autrefois en thérapeutique, n'entre plus aujourd'hui que dans quelques teintures. Mais on en fait des menus objets de luxe, tels que colliers, croix, chapelets, bagues, etc.

On a trouvé en 1854, en creusant la terre dans l'un des champs du domaine de Svinninge, situé près de Holbeck, un morceau d'Ambre jaune qui, sans contredit, est le plus grand que l'on ait encore découvert de cette substance ; il a près de 1 mètre de longueur, 50 cent. de largeur sur 45 d'épaisseur. Il est d'un jaune très clair et d'une grande pureté.

SUCEURS. Ordre d'Insectes aptères, qui ne se compose que du genre *Puce*. — V. ce mot.

SUCRE. En chimie, on réserve ce nom aux seules substances qui possèdent la propriété de fermenter, c'est-à-dire de se convertir en esprit-de-vin et en acide carbonique. On distingue, sous ce rapport, quatre espèces de sucre :

1° SUCRE ORDINAIRE. Il est répandu dans un grand nombre de plantes, surtout dans la tige de la canne à sucre et du maïs, dans la séve des érables et des bouleaux, dans les racines de betterave, de carotte, de navet, de guimauve; dans les châtaignes, les melons et les citrouilles ; dans les fruits du mangotier, du figuier, du bananier et autres arbres des tropiques. Le Sucre propre aux usages domestiques s'extrait presque exclusivement de la canne et de la betterave. Il cristallise en gros prismes transparents à 4 ou 6 faces : on peut l'obtenir sous cette forme par l'évaporation dans une étuve de sa solution aqueuse ; ces cristaux s'appellent vulgairement *Sucre candi*. La dissolution aqueuse du Sucre rapprochée jusqu'à 30° de l'aréomètre est visqueuse et constitue le

Sirop de Sucre, qui donne le *Sucre d'orge* (ainsi appelé parce qu'autrefois on faisait cuire le Sucre dans une décoction d'orge) lorsqu'on le fait cuire assez pour qu'il se prenne en masse par le refroidissement et qu'on le coule dans de petits cylindres. — V. *Canne à Sucre*.

2° SUCRE DE RAISIN, dit aussi *Glucose*. « Espèce particulière de Sucre qui existe dans les raisins, les groseilles et en général dans tous les fruits sucrés de nos climats qui présentent en même temps une saveur acide. Il constitue les grains de Sucre qu'on voit dans le raisin sec. Il se produit également par l'action que les acides étendus exercent sur le Sucre ordinaire, la fécule et le ligneux : il prend alors les noms de *Sucre de fécule, d'amidon, de bois*; il est contenu dans le foie de la plupart des animaux et dans l'urine des diabétiques. — Le Sucre de raisin ne cristallise pas comme le Sucre ordinaire en cristaux réguliers ; mais on l'obtient le plus souvent en grains mamelonnés, qui se groupent comme des têtes de choufleur. Sa saveur est fraîche et bien moins sucrée que celle du Sucre ordinaire; il est aussi moins soluble dans l'eau, et il faut 2 fois 1/2 autant de Sucre de raisin que de Sucre ordinaire pour sucrer la même quantité d'eau. »

3° SUCRE DE LAIT. « Matière sucrée contenue dans le lait des Mammifères. On l'en extrait en évaporant le petit-lait par la chaleur ; elle s'y dépose alors en cristaux blancs, durs, craquant sous la dent, et d'une texture feuilletée. Ces cristaux sont moins solubles dans l'eau que le Sucre ordinaire, et ne donnent pas de sirop; ils s'en distinguent aussi en ce qu'ils donnent, comme les gommes, de l'acide mucique quand on les traite par l'acide nitrique. Les acides dilués transforment la lactine en glucose ou Sucre de raisin, susceptible de donner de l'esprit-de-vin par la fermentation ; dans certaines circonstances, cet effet se produit dans le lait : ainsi les peuplades nomades de l'Asie préparent une boisson enivrante avec le lait de leurs juments. Au contact de l'air et en présence du caséum, la lactine se convertit en acide lactique. »

4° SUCRE INCRISTALLISABLE. Espèce particulière de Sucre qui existe dans tous les fruits franchement acides, ainsi que dans les pommes, les poires, le miel, le nectar des fleurs. Il forme un liquide épais qu'on ne parvient pas à transformer en Sucre ordinaire, solide; toutefois, à la longue, il se convertit en mamelons de Sucre de raisin. On le produit aussi artificiellement par l'action des acides sur le Sucre ordinaire; il constitue pour la plus grande partie la *mélasse* qu'on obtient dans le traitement des sucs de canne et de betterave.

La nature de cet ouvrage nous dispensait de parler d'un produit, qui n'est pas de la nature, mais de l'industrie, tel que le Sucre : c'est ce qui nous excusera d'avoir donné de si courtes notions sur ce sujet.

SUMAC (*Rhus*). Genre d'Arbres, d'Arbrisseaux et d'Arbustes, de la famille des Térébinthacées, à feuilles alternes, tantôt simples, tantôt ternées ou ailées, et chez lesquels les fleurs, disposées en grappes ou en panicules, sont très petites, quelquefois unisexuées, d'autres fois offrant les trois stigmates portés sur un style commun, donnent naissance à de petites baies au noyau globuleux ou comprimé, renfermant une seule graine. — Les Sumacs sont très nombreux en espèces, dont la plupart sont propres aux régions les plus chaudes de l'Amérique et de l'Afrique, et deux seulement appartiennent à l'Europe.

Tous se plaisent sur les bords des eaux, dans les bois humides; ils contiennent un suc propre, lactescent, de nature gommo-résineuse et plus ou moins âcre. Celui du Sumac au vernis est blanc, mais il noircit à l'air et fournit un vernis plus beau, nous dit Thunberg, que ceux de la Chine et de Siam ; celui du Sumac vénéneux, plus abondant à l'époque de la floraison que dans toute autre époque de l'année, noircit de même à l'air, mais il laisse sur une étoffe quelconque où on l'applique des taches noires, inaltérables même par l'acide muriatique oxygéné et les alcalis caustiques. Le simple contact des feuilles produit sur la peau l'effet d'un vésicatoire; cependant, il est des personnes sur qui cette propriété demeure nulle.

Le SUMAC VÉNÉNEUX (*R. toxicodendrum*). C'est un arbrisseau de l'Amérique qui contient un suc très âcre, vénéneux, et dont les émanations même sont dangereuses, surtout le soir. Ses feuilles fraîches, ainsi que celles du *R. radicans*, qui n'en est qu'une variété, ont été préconisées contre les dartres et les paralysies.

Le SUMAC DES CORROYEURS (*R. coraria*), vulg. *Redoul*, est un arbrisseau fort rustique qui croît dans le midi de la France, et dont on coupe les tiges pour les livrer, après une certaine préparation de séchage et de battage, aux corroyeurs, qui les emploient au tannage des cuirs.

Le SUMAC FUSTET (*R. cotinus*) est un arbrisseau touffu dont le bois, veiné de blanc, de jaune et de vert, est employé par les tourneurs, les luthiers, etc., et dont les feuilles sont recherchées par les teinturiers.

Le SUMAC VERNIS (*R. vernix*) fournit une huile employée au Japon à la fabrication des chandelles. — Une autre espèce donne le vernis appelé *copal*.

SUREAU (*Sambucus*). Genre de la famille des Caprifoliacées, tribu des Hédéracées ; arbustes, arbrisseaux et même arbres de troisième grandeur, à feuilles opposées, ailées, dentées en scie; à fleurs blanches disposées en corymbes ou en grappes à l'extrémité des rameaux : calice court, à 5 lobes, autant d'étamines ; ovaire infère, 3 stigmates sessiles ; baie à une seule loge renfermante, 3 ou 5 semences.

Le SUREAU A FRUITS NOIRS (*S. nigra*) est l'espèce la plus commune : elle croît dans tous les lieux frais, dans les bois, les haies et les buissons ; son écorce est cendrée; ses jeunes rameaux sont fistuleux, remplis d'une moelle abondante et blanche; ses feuilles, lancéolées, d'un vert foncé; ses fleurs, blanches, disposées en une large ombelle rameuse, d'une odeur aromatique plus ou moins agréable; ses baies, d'abord rouges, deviennent noirâtres à leur maturité.— Il y a plusieurs variétés de ce Sureau qu'on cultive comme plantes d'ornement : une à fruits blancs, une autre à feuilles panachées; la plus recherchée est le *Sureau à feuilles de persil*, à folioles laciniées.

Le Sureau a grappes (*S. racemosa*), moins grand que le Sureau noir, se cultive aussi comme plante d'ornement : ses fleurs sont en grappes ovales, un peu pendantes; ses baies sont nombreuses, et d'un rouge très vif. — Il croît dans les Alpes, dans la Provence, l'Alsace, la Pologne, etc.

Le Sureau hièble (*S. ebulus*) a les tiges herbacées, les feuilles de 5-11 segments finement dentés, avec stipules foliacées; fleurs en corymbe, blanches purpurines en dedans, à odeur d'amandes amères. — L'Hièble a une odeur vireuse plus prononcée que le Sureau; ses fleurs sont anodines; ses racines et son écorce sont purgatives. Les fleurs du Sureau sont réputées diaphorétiques, les baies purgatives à haute dose, ainsi que la racine et les feuilles.

SURELLE. — V. *Oxalide.*

SURMULOT. — Espèce du genre *Rat.* — V. ce mot.

SURNIE (*Surnia*). Genre de Rapaces nocturnes, dont la tête est dépourvue d'aigrettes, le disque facial incomplet, le bec court. — Les mœurs de ces oiseaux se rapprochent de celles des Rapaces diurnes. On les nomme vulgairement *Épervières.*

La Surnie caparacoch est l'espèce type du genre; elle habite les régions du cercle polaire arctique, et se montre rarement en Allemagne et en France. Elle se nourrit de rongeurs et d'insectes, niche sur les arbres, et pond 2 œufs de couleur blanche.

La Surnie harfang (*Strix nyctea*) a la taille du Grand-Duc, mais la tête plus petite. Elle habite le nord de l'Europe, de l'Asie et de l'Amérique. Elle chasse en plein jour. — Le Harfang se nourrit de hérons, de lièvres, de rats, etc., et sa voracité est telle qu'il enlève quelquefois, sous le nez du chasseur, le gibier que celui-ci vient d'abattre. Il niche sur les rochers escarpés, et pond 2 œufs blancs maculés de noir.

Fig. 1267. — Syngnate (Hippocampe).

SYCOMORE (*Ficus sycomorus*). Espèce de Figuier de l'Égypte et de l'Asie-Mineure; arbre qui peut acquérir des dimensions colossales et qui offre par son feuillage touffu une ombre favorable aux peuplades nomades ou aux caravanes, en même temps que ses fruits leur fournissent un aliment sain et abondant.

SYNALLAXE (*Synallaxis*). Genre de Passereaux ténuirostres, de la famille des Grimpereaux, remarquables par leur queue longue, toujours terminée en pointe, et par l'uniformité de leur plumage sans éclat. — Ces oiseaux appartiennent à l'Amérique méridionale; ils se tiennent dans les broussailles, et sont d'une mobilité extrême, d'où leur nom, qui veut dire en grec : échange.

SYNANTHÉRÉES. — V. *Composées.*

SYNDACTYLES. Sous-ordre de Passereaux, à doigt externe presque aussi long que celui du milieu et soudé jusqu'à la dernière articulation : tels sont les *Guêpiers*, les *Martins-pêcheurs*.

SYNGNATE. Genre de Poissons de l'ordre des Lophobranches, à branchies en forme de houppes rondes, disposées par paires le long des arcs branchiaux; le corps est très long, presque cylindrique, cuirassé d'une extrémité à l'autre par des écussons qui le rendent presque toujours anguleux, avec le museau tubuleux, formé par le prolongement de l'ethmoïde, du vomer, des tympaniques, des préopercules interopercules, sousopercules et ptérygoïdiens, et au bout duquel se trouve la bouche, fendue verticalement à son extrémité, et composée des intermaxillaires, maxillaires, palatins et mandibulaires.

Ces poissons, en outre, reconnaissables à l'absence totale des ventrales, au tronc respirateur situé près de la nuque, au dénûment complet des dents, à leur taille généralement petite, offrent dans leur génération une singulière anomalie : chez eux, au moment de la ponte, leurs œufs, au lieu de sortir, se glissent dans une poche formée par une boursouflure de la peau du ventre ou de la queue, et après un certain temps, l'éminence qu'ils produisent se fend pour mettre au jour les petits vivants.

Ces espèces, à cause de leur forme, ont été nommées *Aiguilles de mer* par les pêcheurs; elles se nourrissent principalement de vers et d'œufs de poissons. — Le S. VERT, long de 30 à 40 centim. et à peine épais de quelques millimètres, se trouve dans la Méditerranée.

On rattache à ce genre les Solénostomes et les *Hippocampes*, dont nous donnons une deuxième figure ci-contre (fig. 1267).

SYNTOMIDE (*Syntomis*). Genre de Lépidoptères de la famille des Crépusculaires, tribu des Zygénides, formé aux dépens du genre Sphinx de Linné : languette en spirale; antennes presque en fuseau, grossissant à peine et insensiblement près du milieu, leur extrémité ne portant point de houppe écailleuse; palpes cylindriques, obtuses, très courtes, ne s'élevant point au-delà du chaperon; ailes grandes, en toit dans le repos; les inférieures ayant leur cellule sous-marginale étroite, fermée en arrière par l'intersection des deux rameaux nerveux qui se prolongent jusqu'au bord postérieur; jambes postérieures n'ayant que deux épines très petites à leur extrémité; abdomen cylindrique, obtus. Les espèces de ce genre ont le même port que les Zygènes; mais outre qu'elles en diffèrent par la brièveté de leurs palpes et l'exiguïté de la massue des antennes, elles ont la cellule sous-marginale des secondes ailes plus étroite et fermée en arrière par l'intersection des deux rameaux nerveux qui se prolongent jusqu'à leur bord postérieur. Les chenilles sont diurnes et munies de faisceaux de poils; lorsqu'on les inquiète, elles se roulent sur elles-mêmes.

La SYNTOMIDE PHÉGÉA (*S. phœgea*), la seule espèce qui se trouve en Europe, a une envergure de seize à dix-huit lignes. Elle a les ailes d'un bleu ou d'un vert noirâtre de part et d'autre, avec six taches blanches un peu transparentes aux supérieures, et deux semblables aux inférieures; le

corps est de la couleur des ailes, avec le dessus du premier et du cinquième anneau, plus deux taches sur chaque côté de la poitrine d'un jaune d'ocre; les antennes sont noires depuis leur base jusqu'au-delà de leur milieu, ensuite blanchâtres jusqu'au bout; la femelle ressemble au mâle, mais elle a le corps plus gros. A cette espèce se rapportent comme variétés les Sphinx *Phegeus* et *Iphimedea* d'Espor : le premier n'a que quatre taches blanches aux ailes de devant et une seule à celles de derrière; le second, ou *Iphimedea*, est sans taches aux quatre ailes.

« La chenille ressemble à celle des Écailles ou Arcties, tant par les téguments extérieurs que par la manière de se rouler lorsqu'on y touche. Elle est garnie de faisceaux de poils bruns, et elle a les pattes et la tête rougeâtres. On la trouve sur la patience des prés, le plantain lancéolé, la scabieuse succise ou mors du diable, et le pissenlit. La chrysalide est d'un brun clair, avec les cellules de l'enveloppe des ailes, ainsi que le second anneau du ventre, jaunâtres. Se trouve dans nos départements qui avoisinent le Piémont. »

SYPHONOSTOMES. Latreille a créé, sous ce nom, un ordre de Crustacés généralement de très petite taille, présentant les caractères suivants : un siphon ou suçoir plus ou moins apparent, quelquefois caché ou peu distinct, formé, autant qu'il est possible d'en juger par quelques observations particulières, de quatre pièces correspondantes au labre, à la languette et aux mandibules des Crustacés édentés, compose exclusivement la bouche de ceux-ci; de tels organes indiquent que ces Crustacés doivent être des animaux suceurs, et c'est en effet sur des Poissons et quelques Reptiles aquatiques de l'ordre des Batraciens qu'ils se tiennent habituellement fixés, du moins à une époque de leur vie; car ils peuvent nager et errer dans l'eau avant de s'établir à demeure. Lorsqu'ils se multiplient beaucoup sur l'un de ces animaux, ils l'épuisent tellement qu'il finit par périr.

Un propriétaire de nos départements de l'Ouest, dit Latreille auquel nous empruntons ces observations, me consulta au sujet d'une perte considérable qu'il éprouvait à raison d'une mortalité extraordinaire des brochets de ses étangs, et m'envoya l'animal parasite auquel il l'attribuait, et que je reconnus pour être un Argule foliacé, crustacé de l'ordre des Syphonostomes. Ajoutons que, dans cet ordre, le nombre des pattes ne va jamais au-delà de quatorze, et que le test n'est jamais composé que d'une seule pièce, formant en devant une sorte de bouclier.

SYRPHIDES. Tribu de Diptères athéricères, comprenant des insectes qui ont été réunis par Linné, Geoffroy et Degéer, dans leur genre *Musca*; le dernier néanmoins avait bien observé que la composition du suçoir n'était pas identique dans les diverses espèces de ce groupe; mais ainsi que presque tous ses devanciers, il n'attachait pas une grande importance à ces différences organiques. Scopoli seul avait fondé sur la forme et la composition de la trompe les caractères des genres de l'ordre des Diptères, et ses Conops ainsi que ses Rhingies embrassent la tribu des Syrphides. Fabricius, en adoptant ces deux coupes, se borna à remplacer la dénomination de Conops par celle de Syrphus. — Les Syrphides ont généralement le port de nos Mouches ordinaires. Les deux pieds postérieurs ont, dans plusieurs, les cuisses renflées, avec les jambes arquées.

« Ces insectes vivent sur les fleurs, ont un vol rapide, souvent stationnaire, et font entendre un bourdonnement plus ou moins fort, selon qu'ils sont plus ou moins grands. On pourrait même à raison de ce bruissement, et des poils nombreux qui revêtent le corps et leur coloration, confondre certaines espèces avec les Bourdons, insectes de l'ordre des Hyménoptères ; un fait même très singulier, c'est que ces Syrphides déposent leurs œufs dans les nids de ces derniers insectes. Les larves des Syrphides ressemblent, ainsi que celles des autres Athéricères, à des vers de consistance molle, allongés, déprimés, tantôt amincis en devant et plus épais en arrière ; tantôt au contraire plus gros du côté de la tête et rétrécis ensuite, se terminant par une espèce de queue, ce qui les fait nommer Vers à queue de rat. Les ouvertures destinées à l'entrée de l'air sont situées à l'extrémité postérieure du corps, au nombre de deux ; quelques espèces en offrent aussi deux autres, mais plus petites et placées près de la jonction du second et du troisième anneau. Deux crochets écailleux sont presque les seuls organes de manducation que la nature a accordés à ces larves ; leur peau devient la coque qui les renferme, lorsqu'elles ont passé à l'état de nymphe. De même que les autres Athéricères, ces nymphes ont d'abord la figure d'une boule allongée ou d'une masse presque gélatineuse et confuse ; les parties extérieures ne se dessinent que peu à peu ; l'insecte parfait sort de sa coque, en faisant sauter une portion, en forme de calotte, de son extrémité la plus grosse. Les yeux des mâles sont plus étendus et plus rapprochés que ceux de l'autre sexe.

La tribu des Syrphides se compose de près de trente genres ; nous ne les mentionnerons pas tous ici, car plusieurs sont peu importants ; nous citerons seulement les *Volucelles*, *Éristales*, *Syrphes*, *Céries*, *Mérodons*, *Milésies* et *Rhingies*.

SYSTÈME. — V. *Classification*.

TABAC (*Nicotiana*). Genre de la famille des Solanacées, tribu des Nicotianées, qui comprend des plantes herbacées, presque ligueuses, dont voici les caractères spécifiques : calice persistant à 5 divisions; corolle infundibuliforme, à limbe divisé en 5 lobes; 5 étamines; ovaire supère; 1 style, stigmate échancré; capsule ovale à 2 loges et à 2 valves s'ouvrant au sommet. — On connaît plusieurs espèces de Tabacs, presque toutes originaires de l'Amérique du Sud. Deux seulement sont cultivées en Europe.

TABAC NICOTIANE (*N. tabacum*). Tiges cylindriques, assez fortes, un peu fistuleuses, légèrement pubescentes, ramifiées, glutineuses, hautes de 1 mètre 60; feuilles arrondies, molles, fort gran-

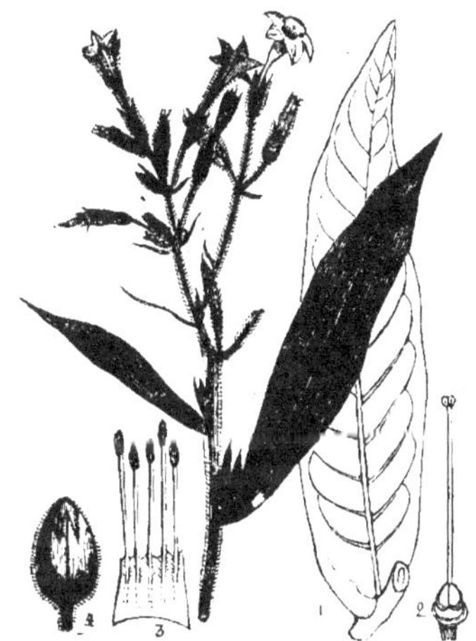

Fig. 1268. — Tabac.

(1, Feuille au trait; — 2, Pistil; — 3, Base d'une corolle avec insertion de 5 étamines; — 4, Fruit.)

des, sessiles, ovales-lancéolées, aiguës, très entières, vertes, glabres; fleurs d'un pourpre rougeâtre, en panicule terminal, dont la corolle est velue en dehors et une fois plus longue que le calice.

Le *Tabac* est ainsi nommé parce que les Espagnols l'ont découvert dans l'île de *Tabaco*: le nom de *Nicotiane* lui a été donné pour rappeler que c'est Nicot, ambassadeur de France à la cour de Portugal, qui l'introduisit dans notre pays et le présenta à Catherine de Médicis. Quoi qu'il en soit, ce n'était qu'une plante sauvage, ignorée dans quelques cantons de l'Amérique, avant que les Européens en eussent fait un objet de jouissances habituelles, et bien incompréhensibles pour ceux qui n'en usent pas.

Le Tabac exhale une odeur forte, piquante et vireuse; sa saveur est âcre, amère, nauséabonde, due à un principe très vénéneux, la *nicotine*, qui, à très faible dose, tue instantanément à la manière de l'acide prussique. Cette Solanée est elle-même vénéneuse : le célèbre Santeuil expira au milieu de douleurs atroces après avoir bu un verre de vin dans lequel on avait mis du Tabac d'Espagne. Murray rapporte l'histoire de trois enfants qui furent pris de vomissements, de vertiges, et moururent en vingt-quatre heures, au milieu des convulsions, pour avoir eu la tête frottée avec un liniment composé de tabac, dans l'espoir de les délivrer de la teigne. Les émanations de cette plante elles-mêmes ne sont pas sans danger; de sorte qu'on a lieu de s'étonner qu'elle soit en si grand honneur parmi ceux qui la prisent, la mâchent ou la fument, et même qu'elle soit employée quelquefois comme médicament.

On cultive partout en Europe le Tabac pour ses feuilles, dont il se fait une consommation immense. Voici comment on fabrique les Tabacs :

1° *Tabac à priser*. On mélange les feuilles, les débris des Tabacs de toutes provenances qui ne pourraient servir à la fabrication des cigares et des Tabacs à fumer; on les mouille avec de l'eau salée (*sauce*); on les soumet à l'action du *hachoir*. On entasse ensuite ces Tabacs en meules carrées pour les laisser fermenter pendant 130 jours environ; enfin, on les introduit dans des moulins à meules pour les réduire en poudre fine et les livrer au commerce;

2° *Tabac à mâcher*. Sa fabrication consiste à filer les feuilles avec un rouet analogue à celui des cordiers. Le plus gros se prépare avec du Tabac provenant de *Kentucky*, le plus menu (*menufilé*), avec du Virginie;

3° *Tabac à fumer*. On mêle des feuilles de Tabac de Kentucky, de Maryland, de Tabac indigène, avec de l'eau salée; on les écôte ensuite, c'est-à-dire qu'on enlève la nervure médiane, puis on les soumet à une machine à couper. Ce Tabac est ensuite épluché, séché, laissé en masse pendant un mois et livré à la consommation. Quant aux cigares, ils sont faits, pour la partie intérieure, avec de belles feuilles de Tabac d'Amérique, et pour l'extérieur (la *robe*), avec les plus belles feuilles de Tabac de Hongrie. C'est en 1624 que s'introduisit en France la culture du Tabac. Dès 1674, le gouvernement s'attribua le monopole de la fabrication et de la vente, qui, en 1790, valait déjà 32 millions. Du 24 février 1791 au 29 décembre 1810, ce monopole fut aboli; mais depuis cette époque il a été maintenu, et la dernière loi l'a prorogé jusqu'en 1863. Les Tabacs fabriqués en France sont répartis entre 10 manufactures, 357 entrepôts et 29,000 débits. De 1811 à 1814, ils donnaient 25 millions de bénéfices annuels à l'État. Depuis cette époque, ce produit a toujours augmenté : il s'est élevé en 1855 à plus de 100 millions!

Le tabac prisé affaiblit la finesse de l'odorat ; fumé avec excès, il émousse le goût et seul peut expliquer comment on a pu sophistiquer les substances élémentaires, les alcooliques surtout, sans que la classe ouvrière, qui en fait une consommation parallèle à celle du Tabac, s'aperçoive du double poison qui mine sa santé. Et dire que cent millions sortent de la poche de l'ouvrier, du prolétaire, du soldat, du fumeur en un mot, pour la satisfaction d'une habitude dégoûtante, qui infecte l'haleine, détériore la santé, nuit probablement au développement de l'intelligence ! — « O plante maudite! s'écrie Brard, que n'es-tu donc encore sauvage et délaissée dans les bois de Tabaco, du Mexique, d'où les Espagnols t'ont apportée ! Par quelle fatalité une herbe puante, âcre et repoussante, est-elle devenue tout à coup essentielle, indispensable à l'univers? Pourquoi les femmes ne se sont-elles pas opposées à cette invasion dégoûtante ? les dames seules pouvaient en faire justice, et c'est précisément une grande dame, Catherine de Médicis, qui se chargea de la propager. La tabatière devait naître et mourir dans une tabagie, et c'est du Louvre qu'on la vit sortir pour entrer tout d'abord dans la poche d'un ministre et d'un cardinal. Tout conspira pour faire la fortune du Tabac, car au lieu de tourner les priseurs en ridicule, on les persécuta, et il n'en fallut pas davantage pour lui donner de l'importance.

« On commença donc par se remplir le nez de Tabac en poudre; mais ce n'était pas assez de la prise et de la roupie qui en est la suite nécessaire, il fallut empoisonner les autres ; on apprit que les prêtres indiens s'introduisaient de la fumée de Tabac dans la bouche et dans les narines au moyen d'un long tube, et l'on voulut s'amuser à l'indienne : telle est l'origine de la pipe et des fumeurs, usage plus détestable encore que la tabatière, puisqu'il suffît d'un fumeur pour incommoder toute une assemblée.

« Mais ce n'était point encore assez de priser et de fumer, il fallait mâcher le Tabac, et l'on en vint là, quand les marins s'imaginèrent que cela les préserverait du scorbut. Heureusement que cette nouvelle horreur ne sortit pas des rangs des matelots et des soldats, à quelques exceptions près cependant, car il y a des personnes qui ne négligent rien pour ajouter aux tristes effets de l'âge et des infirmités.

« Quand les priseurs, les fumeurs et les chiqueurs eurent triomphé, quand la contagion se fut étendue sur toute l'Europe, les rois exploitèrent ce goût dépravé; ils se firent marchands de Tabac, exercèrent le monopole, et ils lèvent aujourd'hui sur cette marchandise un impôt véritablement énorme.

« Le mal est fait, la faute est irréparable, deux cents ans l'ont sanctionnée, et il ne reste plus qu'une seule recommandation à faire aux dames, qu'un seul avis à leur donner, qu'une seule prière à leur adresser, c'est de prendre du Tabac le plus tard possible, et de bien se persuader que la tabatière est une des trois choses qui les vieillissent de dix ans, du jour au lendemain. »

Le Tabac rustique (*N. rustica*) est une espèce velue et glutineuse comme la précédente, mais dont les feuilles n'entourent pas la tige ; elles sont au contraire pétiolées, obtuses et découpées légèrement en cœur; ses fleurs, d'un jaune verdâtre, sont très courtes, et leur limbe, qui est fort peu étendu, est creusé en soucoupe et à peine festonné. — Ces deux espèces ne donnent pas partout des produits de même qualité : le climat et le terroir influent beaucoup sur le goût et le parfum de la plante. Aussi, dans les manufactures de l'État, où l'on tient à livrer des qualités toujours égales, on a adopté un mélange des différents Tabacs qui ne varie pas.

TABANIENS. Famille de Diptères dont le Taon (V. ce mot) forme le genre type. Cette famille comprend treize genres : les principaux de ces genres portent les noms de *Pangonie*, *Taon*, *Acanthocère*, *Hæmatopote*, *Hexatome*, *Chrysops*, *Acanthomère*.

TABOURET. Nom vulgaire d'une espèce de *Thlaspi*. — V. ce mot.

TAGENAIRE. Latreille et de Walkenaër ont donné ce nom à l'Araignée domestique, qui est le type d'un genre très commun, ayant pour caractères : filières supérieures notablement plus grandes que les autres; 8 yeux disposés sur 2 lignes transverses, les 4 du milieu plus écartés entre eux dans la hauteur que ceux de l'extrémité des lignes. — V. *Araignée*.

Ce sont ces Araignées, très connues, et dont nous représentons un individu grossi, qui filent aux angles de nos murs, surtout près des plafonds, dans les greniers, etc., ces toiles triangulaires que l'on y remarque si souvent, toiles dont la forme peut varier suivant les lieux. Voici la manière dont l'Araignée s'y prend pour construire sa toile : « Quand elle a choisi l'emplacement qui lui convient et déterminé la grandeur que doit avoir la toile, elle part du point le plus éloigné de l'angle du mur, c'est-à-dire d'une des extrémités de la base du triangle que sa toile doit former, et, après avoir fait sortir de ses filières une goutte du liquide destiné à former un fil, elle la fixe au mur et rejoint l'autre extrémité de la base du triangle ; ce premier fil est tendu et fixé à la muraille; il va maintenant servir de point pour tendre tous les autres : l'Araignée en le parcourant conduit un nouveau fil parallèle, espacé d'environ une ligne du premier, et ainsi de suite jusqu'à ce qu'elle soit arrivée près de l'angle du mur : alors, prenant son ouvrage en sens contraire, elle le couvre de fils serrés qui font de la toile un tissu où l'on ne découvre aucun intervalle ; il reste à construire son logement; il consiste en un tube placé au sommet du triangle qui forme la toile,

s'ouvrant en dessus et se terminant en dessous : elle tend encore d'autres fils lâches sur sa toile, mais sans y être adhérents, et servant à arrêter les insectes qui y tombent ; quand cette toile est terminée, elle a une forme un peu concave tant par son propre poids que par la poussière qui avec le temps s'y amasse. L'Araignée se tient habituellement dans le tube qui lui sert de retraite, les yeux tournés vers sa toile ; là, immobile des semaines entières, elle attend patiemment qu'un insecte vienne s'y prendre ; à peine a-t-il touché les fils que l'Araignée s'élance sur lui ; s'il est petit, elle l'enlève sur-le-champ et l'emporte dans sa demeure pour le manger à son aise ; est-il gros, elle s'approche vivement, tire un fil de ses filières, et le dirigeant avec ses pattes postérieures sur l'insecte qui se débat, elle l'enlace de tous côtés, parvient à lui rendre ses mouvements impuissants,

Fig. 1269. — Tagenaire (Araignée domestique).

et le suce à son aise ; si l'insecte lui paraît trop fort pour elle, elle brise elle-même les fils de sa toile pour s'en débarrasser. »

TALC. Minéral composé de silice, de magnésie, de protoxyde de fer et de quelque trace d'alumine et d'eau. C'est un silicate de magnésie, substance verdâtre, blanchâtre ou grisâtre, le plus souvent feuilletée, assez analogue au mica, mais en différant en ce qu'elle est douce et onctueuse au toucher. Elle se raye facilement par l'ongle.

TALICTRON. — V. *Pigamon.*

TALITRE (*Talitrus*). Genre de Crustacés amphipodes, très voisin des Crevettes ; corps très comprimé latéralement ; queue à 5 articles dont le dernier est le plus petit; tête nue, prolongée en forme de bec; aucune des pattes terminée par un renflement ou dilatation en manière de main, avec un crochet ou doigt susceptible de se courber en dessous.

« Les Talitres, comme les Crevettes, nagent de côté sur les bords de la mer, et se traînent sur le sable : ils s'assemblent en grand nombre sur les corps morts que le flot rejette, pour s'en nourrir. Ils sautent très bien au moyen du mouvement de ressort qu'ils donnent à leur queue : leurs femelles qui, selon M. Risso, pondent plusieurs fois dans l'année, portent leurs œufs sous les écailles latérales de la poitrine. Les petits qui en naissent restent quelque temps placés sous l'abdomen de leur mère, attachés aux fausses pattes dont cette partie est pourvue. »

Le Talitre sauteur (*T. saltator*) est long de 13 millim. Il se trouve assez communément sur nos côtes.

TAMANDUA. — V. *Fourmilier*.

TAMANOIR. Mammifère du genre Fourmilier, ordre des Édentés, dont nous avons tracé déjà l'histoire (V. *Fourmilier*), mais que nous représentons ici pour rendre la description de cet animal plus intelligible.

Fig. 1270. — Tamanoir.

TAMARINIER (*Tamarindus*). Genre d'Arbres de la famille des Légumineuses, à feuilles pari-

Fig. 1271. — Tamarinier.

(1, Pétale inférieur; — 2, Pétale supérieur; — 3, Fruit; — 4, Graine.)

pinnées et à fleurs en grappes : calice turbiné à sa base, 4-lobé en haut; corolle à 3 pétales ondulés;

3 étamines monadelphes par leur base; gousse épaisse, allongée, pulpeuse intérieurement, pluriovulée.

Le Tamarinier de l'Inde (*T. indica*) est un grand arbre, à feuilles alternes, pinnées, sans impaire, composées de 10 à 15 paires de folioles opposées, petites, très entières; fleurs en grappes un peu pendantes, naissant du sommet des jeunes rameaux, et composées de 6 à 8 fleurs d'un jaune verdâtre. — Cet arbre est originaire de l'Égypte et des Indes orientales, d'où il a ensuite été transporté en Amérique. Ses gousses sont remplies intérieurement d'une pulpe rougeâtre acidule, dans laquelle sont nichées des graines noires, et qu'on nomme *Tamarin*. Le Tamarin du commerce est donc la pulpe du fruit de l'arbre en question; il contient de l'amidon, de la gomme, du sucre et des substances acides. On l'emploie en médecine, sous forme de décoction, comme rafraîchissant et purgatif. — Le bois de l'arbre est recherché pour les constructions. Les gousses sont mangées confites au sucre par les indigènes. L'industrie leur demande une base pour la teinture en noir.

TAMARIN. Espèce de Singe du genre Ouistiti, que l'on a élevé au rang de genre sous le titre de *Midas*. — Les Tamarins habitent le Brésil, la Guyane, etc.; ils ont les mêmes habitudes que les Ouistitis.

TAMARIS (*Tamarix*). Genre type de la famille des Tamaricacées, détachée de celle des Portulacées, renfermant des arbrisseaux garnis de feuilles alternes, très petites, disposées sous forme d'écailles, ou bien engaînantes, et de fleurs disposées en épis simples ou paniculés : calice à 5 divisions profondes, linéaires, persistantes ; 5 pétales, 5 étamines ; ovaire libre ; 3 styles ; capsule oblongue, triangulaire, à 3 valves, à une seule loge ; plusieurs semences.

Le T. FRANÇAIS ou *de Narbonne* (*T. gallica*) croît le long des rivières, dans un sol humide et sablonneux : c'est un arbrisseau fort élégant, qui s'élève à 5 ou 6 m.; au feuillage touffu, assez semblable à celui des cyprès ou des bruyères ; à rameaux nombreux, se terminant par de belles grappes de fleurs blanches, quelquefois un peu purpurines, horizontales ou pendantes. — Le Tamarix se plante dans les terrains sablonneux abandonnés par la mer, pour fixer le sable des dunes; on en fait aussi des clôtures. Les Danois en substituent les feuilles au houblon dans la fabrication de la bière. Ses fruits fournissent une teinture noire qui peut remplacer celle de la noix de galle. Ses cendres servent à faire de la soude.

Le T. D'ALLEMAGNE (*T. germanica*) s'élève moins que le précédent : en Alsace, on perce les rameaux avec un fer chaud et on en forme des tuyaux de pipe. — Le T. A MANNE (*T. mannifera*), de l'Arabie-Pétrée, donne une espèce de manne, qui n'est qu'une exsudation produite par la piqûre d'un insecte (*Coccus manniparus*), et formant des gouttes transparentes sur l'écorce des branches : ce pourrait être, a-t-on dit, l'arbre qui aurait fourni la manne que les Hébreux mangèrent dans le désert.

TAMATIA (*Tamatia*). Genre de Passereaux de l'Amérique. Bec allongé, comprimé, l'extrémité de la mandibule supérieure recourbée en dessous ; corps gros, épais, à formes lourdes , etc. — Le

Fig. 1272. — Tamatia.

TAMATIA A GORGE ROUSSE (*T. maculata*) a le plumage roux-brun en dessus , blanc rayé ou cerclé de noir en dessous. Le bec est noir. Cet oiseau habite la Guyane.

TAMIA (*Tamia*). Genre de Rongeurs claviculés, formé par Illiger aux dépens de l'ancien genre Écureuil. Ils sont pourvus de vastes abajoues. Ils sont fouisseurs, et ne présentent pas, comme les Écureuils, de disproportion dans la longueur de leurs membres antérieurs et postérieurs ; leur queue est aussi plus courte. — Ces animaux appartiennent à l'Amérique.

TAMIER ou **TAMINIER** (*Tamus*). Genre de la famille des Dioscoréacées, tribu des Tamées, dont voici les caractères botaniques : fleurs dioïques, calice campanulé à 6 divisions très profondes; fleurs mâles, à 6 étamines, plus courtes que le calice ; fleurs femelles ayant l'ovaire allongé et infère ; 1 style tripartit, dont chaque division est terminée par un stigmate bifide ; baie ovoïde à 3 loges.

Le TAMINIER COMMUN, vulg. *Sceau de la Vierge*, *Vigne noire*, etc., est une plante volubile, à racine tuberculeuse, grosse, charnue, noirâtre en dehors, blanche en dedans ; les tiges sont grêles, grimpantes, rameuses, longues de 2 à 3 mètres, se tordant et s'élevant sur les arbres voisins; feuilles alternes, cordiformes, pétiolées, molles , glabres et très luisantes en dessus ; les fleurs sont petites, verdâtres, en grappes grêles et axillaires.

Le Taminier est commun dans les bois, les haies, où il grimpe et s'entortille autour des corps voisins ; il fleurit en mai et juin. Sa racine est presque entièrement formée d'amidon, auquel se joint un principe âcre et amer; ses propriétés ont beaucoup d'analogie avec celles de la Bryone, c'est-à-dire qu'elle est purgative, mais comme telle tout à fait négligée. La grande quantité d'amidon contenue dans cette racine peut être utilisée en temps de disette, à la condition qu'on privera cette substance alimentaire du principe âcre qui l'accompagne par des lavages. Les fruits sont recherchés par les grives, les merles et autres oiseaux.

TANAISIE (*Tanacetum*). Plante vivace, qu forme un genre de la famille des Composées, voisin de l'Absinthe, et dont les caractères sont : involucre hémisphérique, à folioles imbriquées; réceptacle convexe, glabre ; fleurons tous tubuleux, ceux de la circonférence presque filiformes, ordinairement femelles, ceux du centre hermaphrodites, souvent stériles ; akène anguleux, etc.

La TANAISIE COMMUNE OU DES CHAMPS (*T. vulgaris*) s'élève à plus d'un mètre; ses tiges sont glabres, robustes, dressées, simples, donnant naissance supérieurement aux rameaux de l'inflorescence ; feuilles pinnatiséquées, à rachis ailé-lobé; capitules disposés en corymbes rameux compactes, d'un jaune brillant, etc. — Cette plante croît sur les berges des rivières , le bord des routes, aux lieux pierreux , etc., et est assez fréquemment cultivée dans les jardins et les vignes, où elle fleurit en juillet-septembre.

Toutes les parties de la plante répandent une odeur pénétrante, que les uns estiment agréable, tandis que les autres la fuient comme rebutante ; elles contiennent une huile âcre, volatile, jaunâtre,

Fig. 1273. — Tanaisie.

qui rend surtout les feuilles et les fleurs utiles sous le rapport médical, étant appliquées extérieurement ou réduites en décoction pour l'intérieur. Elles sont très puissantes contre les vers, les maladies de la peau, les rhumatismes chroniques, etc. Linné nous apprend que les Laponnes en font usage dans les bains de vapeur qu'elles prennent avant l'accouchement, à l'effet de dilater les voies que l'enfant doit franchir. Dans la Finlande, on retire des feuilles une teinture jaune-vert ; dans d'autres contrées également voisines du pôle arctique, on les mange comme assaisonnement, ou bien on en extrait le suc pour en mettre une petite quantité dans les gâteaux que l'on s'entredonne au printemps. Ce suc les rend, dit-on, plus agréables au goût et plus confortables pour l'estomac.

TANCHE (*Cyprinus tinca*). Genre de Poissons de la grande famille des Cyprinoïdes, qui se rapprochent beaucoup des Goujons, et ne s'en distinguent que par leur corps large et trapu, couvert de petites écailles, et par leurs deux barbillons très petits à l'angle de la bouche. — La Tanche que nous figurons est l'espèce unique de ce genre ; elle est courte et grosse, d'un brun jaunâtre, offrant quelquefois de belles teintes dorées. Elle est assez répandue dans toute l'Europe, et cependant Ausone est l'auteur le plus ancien qui en ait parlé : c'est le poisson qu'il désigne sous le nom de *Tincas*. La Tanche est recherchée pour l'alimentation.

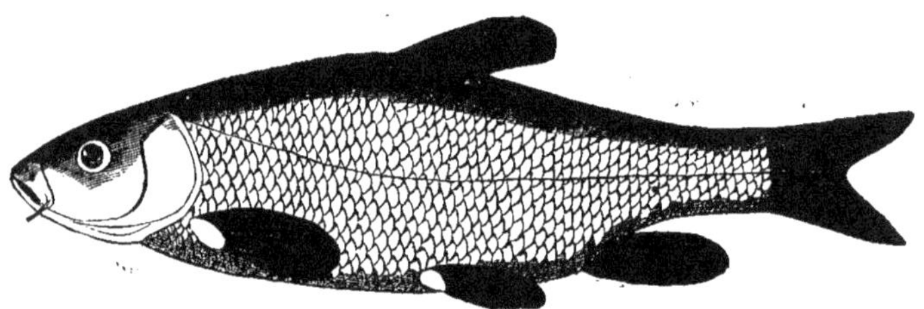

Fig. 1274. — Tanche.

TANGARA (*Tanagra*). Genre de Passereaux dentirostres, dont les habitudes rappellent celles des Moineaux, et qui vivent tous sous la zone torride en Amérique. Ils se nourrissent de baies, d'insectes, de graines. Leur vol est vif, leur naturel actif, et leurs mouvements sont brusques. Leur habitation favorite est la lisière des forêts, les broussailles ; rarement ils descendent à terre. — Cuvier a établi six subdivisions dans le genre Tangara : les *T. bouvreuils*, les *T. gros-becs*, les *T. proprement dits*, les *T. loriots*, les *T. cardinals*, enfin les *T. ramphocèles*.

TANREC. Genre de Mammifères de l'ordre des Insectivores, ayant une assez grande analogie avec les Hérissons et les Gymnures, mais qui en diffèrent surtout en ce que leur crâne manque d'arcade zygomatique ; ils ont le corps plus ou moins épineux ; la queue courte ou nulle ; la taille assez petite. — Ces animaux habitent Madagascar ; ils vivent à terre et se nourrissent d'insectes. On distingue les Tanrecs et les Tendracs, qui étaient considérés comme deux espèces du même genre, mais que Is. Geoffroy-Saint-Hilaire a séparés.

Les Tanrecs (*Centetes*) ont le corps plus long que les Hérissons ; les piquants moins raides et entremêlés de poils soyeux ; leur tête est plus effilée, et s'allonge comme celle des Sarigues et des Potoroos ; pas de queue. — Le T. soyeux (*C. setosus*) ne dépasse pas 30 cent. de longueur ; pelage médiocrement épineux en dessus, où il est fauve et plus ou moins tiqueté de blanc en dessus, composé de poils ordinaires en dessous.

Le Tanrec est originaire de Madagascar, mais on

le trouve aussi à Bourbon et à Maurice. Nocturne comme le Hérisson, il vit aussi comme lui d'insectes. Ses habitudes ne sont pas très bien connues, car tandis que Bruguière, cité par Buffon, affirme qu'il s'engourdit pendant les grandes chaleurs de l'été, M. Coquerel, chirurgien de marine, émet des doutes à cet égard, et Desjardin, sans nier le fait, assure que ce n'est pas pendant les chaleurs, mais au moment des froids que le Tanrec tombe en léthargie.

Le T. ÉPINEUX (*C. spinosus*) paraît être une espèce réellement différente; mais il est encore mal connu.

Les TENDRACS ou ÉRICULES (*Ericulus*) sont des animaux encore très semblables aux Hérissons par la forme de leur corps ainsi que par la nature de leurs piquants, pouvant aussi, comme eux, se rouler en boule. Ce sont les prétendus Hérissons de même espèce que les nôtres signalés à Madagascar par Buffon, sous le nom de *Sora*. — On ne connaît bien que le T. ÉPINEUX (*E. spinosus*), qui est une sorte de Hérisson d'un tiers moindre que le nôtre, très épineux. Il ne se rencontre qu'à Madagascar.

TANTALE (*Tantalus*). Genre d'Oiseaux de l'ordre des Échassiers, qui ont été confondus avec les Ibis, dont ils sont très voisins : bec très long, droit, un peu comprimé latéralement, à bords tranchants, courbé vers le bout, et obtus à son extrémité; mandibule supérieure voûtée; narines longitudinales situées près du front; tête en partie et quelquefois le cou dénués de plumes et couverts d'une peau rude et verruqueuse; tarses très longs, nus, réticulés; doigts antérieurs réunis à leur base par une membrane découpée.

« Les Tantales se plaisent, comme les Ibis, dans les lieux inondés. Là, ils cherchent leur nourriture qui consiste en poissons et en reptiles; mais une fois rassasiés, ils se retirent sur les arbres les plus élevés, s'y tiennent dans une attitude droite et reposent leur bec lourd sur leur poitrine. D'ordinaire peu farouches, et même stupides à ce qu'on prétend, ils se laissent approcher de très près, ce qui fait qu'on les tue avec beaucoup de facilité. Ils choisissent les grands et très hauts arbres pour y établir leur nid. Leur ponte est de deux ou trois œufs, et les petits sont longtemps nourris dans le nid avant de pouvoir prendre leur volée. » — Quatre espèces :

Le TANTALE D'AFRIQUE (*T. ibis*) a la face rouge, le bec jaune, les pieds rouges, les ailes noires en dessus et tout le reste du plumage d'un blanc roussâtre; — le T. DE CEYLAN ou *Jaunhill* (*T. leucocephalus*) a la tête blanche; — le T. LACTÉ (*T. lacteus*) habite Java; — le T. LOCULATOR [c'est-à-dire thésauriseur) se trouve en Amérique.

TANYSTOMES. Famille de Diptères, comprenant tous ceux dont la trompe saillante renferme 4 ou 6 soies ; cette trompe est coriace, allongée; lèvres peu distinctes; tête le plus souvent hémi-

sphérique, de la largeur du thorax; mais au surplus la forme du corps et les divers organes présentent un grand nombre de modifications. — Leurs mœurs sont analogues aux modifications organiques : les uns se font la guerre, d'autres vivent au sein des fleurs ; quelques-uns se réu-

Fig. 1275. — Tanystome (Atomosie).

nissent en troupes nombreuses dans les airs. Les larves sont peu connues, sauf celles des Asiliques.

Ces insectes se partagent en huit tribus : *Mydasiens, Asiliques, Hybotides, Empides, Vésiculeux, Némestrinides, Bombyliens, Anthraciens*.

TAON (*Tabanus*). Genre de l'ordre des Diptères, famille des Tabaniens, qui ne comprend aujourd'hui que les espèces dont les caractères sont ceux-ci : trompe guère plus longue que la tête, membraneuse, terminée par deux grandes lèvres ; palpes grandes, avancées renflées à leur extrémité dans les mâles, subulées dans les femelles, antennes de la longueur environ de la tête, dont le dernier article taillé en croissant, terminé en alène, divisé en cinq anneaux, dont le premier très grand, avec une dent supérieure; point d'yeux lisses.

Les Taons ressemblent à de grosses Mouches et en ont le port; leur corps est peu velu et généralement tacheté de blanc, de gris ou de noirâtre; leur tête est de la largeur du thorax, presque hémisphérique, occupée presque entièrement, surtout dans les mâles, par les yeux d'un vert doré; leur suçoir est composé de pièces nombreuses, comme celui des Cousins. Ces diptères sont répandus sur toute la terre, et partout leur instinct est le même : c'est-à-dire qu'ils sont avides du sang des animaux. « Le lion des déserts de la zone torride et le renne des Lapons les ont pour ennemis, comme nos bœufs et nos chevaux. Ces derniers sont quelquefois couverts de sang par l'effet de leurs piqûres. Au moment où l'insecte parvient à se fixer, malgré le mouvement adroitement dirigé de la crinière et de la queue de l'animal, la trompe perce le cuir le plus épais, et le sang coule à l'instant. Cependant les femelles seules éprouvent ce besoin ; les mâles vivent du suc des fleurs et sur les troncs d'arbres. Le plus souvent , disent Lepelletier de Saint-Fargeau et Audinet-Serville (Encycl. méthod.) , on les voit voler dans les allées des bois, y faisant en quelque sorte la navette , restant quelque temps suspendus à une même place , puis se transportant , par un mouvement brusque et presque direct, à l'autre bout de leur station aérienne pour y reprendre la même immobilité, et tournant la tête dans chacun de ces mouvements vers des côtés opposés. En cherchant à nous rendre compte de ces évolutions , nous nous sommes assurés qu'ils guettent alors le passage des femelles et tâchent de les saisir en se précipitant sur elles, puis s'enlèvent, lorsqu'ils ont réussi à s'en emparer, à une hauteur où l'œil ne peut les suivre. »

La larve du Taon est apode , formée de 12 anneaux ; elle vit dans la terre où elle subit ses autres transformations ; sa nourriture est inconnue.

On distingue le Taon aux jambes blanches (*T. albipes*), rare aux environs de Paris ; — le

T. des bœufs (*T. bovinus*), l'un des plus grands du genre, comme le précédent, et qui a les jambes d'un jaune pâle ; le T. automnal (*T. automnalis*), noirâtre avec raies longitudinales cendrées ; jambes blanchâtres.

TAPIOKA. Fécule retirée de la racine du *Manioc.* — V. ce mot.

TAPIR (*Tapirus*). Genre de Mammifères de l'ordre des Pachydermes, ayant pour caractères : nez prolongé en une petite trompe ; queue très courte ; 4 doigts en avant , 3 en arrière ; 2 mamelles inguinales ; yeux petits et latéraux ; oreilles assez longues et mobiles ; peau épaisse, couverte de poils soyeux assez rares ; système dentaire en rapport avec des habitudes herbivores.

On compare généralement le Tapir au Sanglier pour la forme générale extérieure, mais il approche bien plus du Cheval et de l'Ane : aussi a-t-il été nommé *Mulet sauvage, Cheval marin.* Cependant, en voyant ces animaux pour la première fois, on les prend pour de petits éléphants, quoique leur trompe soit rudimentaire et leurs oreilles dressées. Quant à leur taille , elle approche de celle d'un Ane ordinaire.

Fig. 1276. — Tapir de l'Inde.

« Les Tapirs tiennent, à plusieurs égards, des Cochons domestiques : comme eux, ils ont les formes lourdes et grossières, la démarche pesante , le corps arqué, la tête grosse et les oreilles dressées ; mais ils en diffèrent par la disposition de leurs doigts, qui sont en nombre impair, par leur peau presque nue et surtout par l'allongement de leur mâchoire supérieure, qui se termine par une espèce de trompe ; ce dernier caractère les distingue également de tous les autres pachydermes.

« Considérés sous le rapport des habitudes, ces animaux ressemblent aux Sangliers. Ils sont farouches et sauvages, dorment le jour, errent la nuit ; ils vivent par petites troupes tant qu'ils sont jeunes, et solitaires quand ils sont vieux. Ils fréquentent d'ordinaire les forêts désertes, dont les feuilles, les racines et les jeunes bourgeons servent à les nourrir; ils aiment surtout celles qu'avoisine quelque rivière ou quelque fleuve, parce que, nageant avec facilité, ils y trouvent un refuge quand ils sont attaqués. Leurs principaux ennemis sont les grands carnassiers, tels que le jaguar, la panthère, etc. Mais, malgré l'infériorité de leurs armes, ils savent se défendre avec vigueur, lorsque l'impossibilité de fuir les met dans la nécessité de combattre : il leur arrive même quelquefois de triompher. Il n'en est pas de même quand ils ont affaire à l'homme ; dans ce cas leur unique ressource est la fuite. Dès qu'ils l'aperçoivent, ils se précipitent vers le courant le plus prochain, et, longeant avec agilité, nagent longtemps entre deux eaux, et ne reparaissent qu'à une grande distance et hors de sa portée. Au reste, leur prise n'offre pas grand profit : leur chair est d'un goût fade; ils n'ont de précieux que leur peau, qui fournit un assez bon cuir. On les chasse par des temps pluvieux, parce qu'alors ils s'écartent davantage des rivières; par les temps secs, au contraire, ils s'en tiennent toujours à portée, et courent s'y jeter dès qu'ils voient approcher le chasseur. »

Tapir américain (*T. americanus*). Taille d'un petit âne; corps gros et terminé par une large croupe; oreilles mobiles; trompe musculeuse et très mobile et extensible; les femelles sont plus grandes que les mâles : ceux-ci présentent sur le cou une petite crinière composée de poils raides, qui se voit aussi souvent chez les premières. — Cet animal vit au Paraguay, dans le Brésil et les Guyanes, etc. Sa nourriture est toute végétale.

Le **Tapir de l'Inde** (*T. indicus*, ou *Maïba*, est plus grand que le précédent; la trompe est plus longue, le poil plus court; pas de crinière sur le cou; tête, cou, épaules, membres et queue d'une couleur noire assez foncée; dos, croupe, ventre, flancs, d'une couleur blanche. — Cette espèce habite les forêts de l'île de Sumatra et de la presqu'île de Malacca, où on le rencontre aussi communément que les éléphants et les rhinocéros.

On a observé en Europe, principalement en France, des débris de *Tapirs fossiles*. Ces animaux paraissent n'avoir pas été rares aux environs de Montpellier, du Puy-en-Velay, d'Issoire.

TARDIGRADES (du latin *tardus*, lent, et *gradiri*, marcher). Tribu de l'ordre des Édentés; mammifères caractérisés par leur face courte, leurs membres très grêles, dont les antérieurs sont plus longs que les postérieurs, ce qui rend leur marche lente et gauche. Ils ont des dents molaires, sont très lents dans leurs mouvements.

On les connaît sous le nom de *Bradypes* ou *Paresseux*, qui comprennent deux espèces principales : l'*Aï* et l'*Unau*.

TARENTULE (*Lycosa tarentula*). Espèce d'Aranéide du genre Lycose (V. ce mot), genre nombreux, qui a été divisé en trois sections ou familles : les *Corsaires*, les *Porte-queue* et les *Terricoles*. C'est à cette dernière qu'appartient l'Araignée dont il est question.

Pour compléter l'histoire des Lycoses, nous dirons qu'elles pondent des œufs sphériques, variant en nombre suivant les espèces. La mère renferme ces œufs dans un sac ou cocon qu'elle porte attaché sous son ventre, près des filières, au moyen d'un lien de soie; elle court avec célérité, malgré le fardeau de sa postérité future, et si on l'en sépare, elle ne le quitte qu'après avoir fait maintes recherches dans le lieu où elle l'a perdu; retrouve

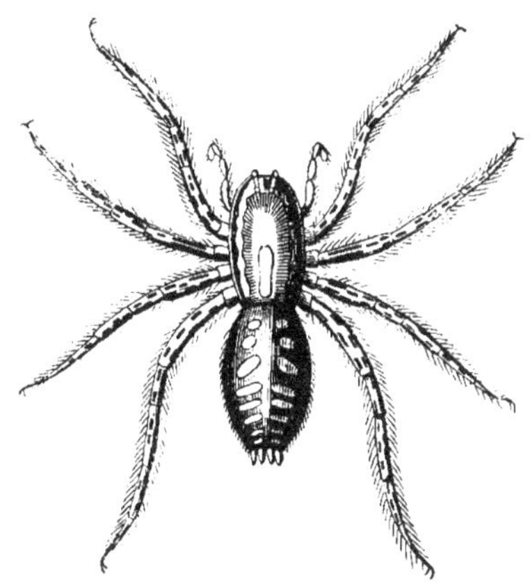

Fig. 1277. — Tarentule.

t-elle son cocon, elle le saisit avec ses mandibules et prend la fuite avec précipitation. Les œufs éclosent en juin-juillet; les petits restent encore longtemps dans leur coque générale, puis ils se cramponnent sur le dos de leur mère et s'y arrangent de manière à lui donner des formes extraordinaires et hideuses.

La Tarentule est une grosse araignée, longue de 2 cent. et demi environ, présentant sur le dessus de son céphalo-thorax un duvet grisâtre, les bords du tronc colorés d'un gris ocracé. Elle se trouve en Italie, en Espagne, dans le midi de l'Europe, habitant de préférence les lieux découverts, secs et arides. Elle se tient ordinairement dans des conduits souterrains, cylindriques, dont la direction, d'abord verticale, se fléchit en angle obtus, forme un coude horizontal, puis redevient perpendiculaire. C'est à l'origine de ce coude que la Lycose se met en sentinelle, ne perdant pas un instant de vue la porte de sa demeure pour épier sa proie. M. L. Dufour a parfaitement décrit les clapiers de la Tarentule, les moyens qu'il a employés pour lui faire la chasse et se la procurer, ainsi que ses expériences démontrant la possibilité de l'apprivoiser.

« Le 7 mars 1812, dit cet auteur, pendant mon séjour à Valence en Espagne, je pris, sans la blesser, une Tarentule mâle d'une belle taille, et je l'emprisonnai dans un bocal de verre clos par un couvercle de papier, au centre duquel j'avais pratiqué une ouverture à panneau. Dans le fond du vase, j'avais fixé le cornet de papier dans lequel je l'avais transportée, et qui devait lui servir de demeure habituelle. Je plaçai le bocal sur une table de ma chambre à coucher, afin de l'avoir souvent sous les yeux. Elle s'habitua promptement à sa réclusion, et finit par devenir si familière, qu'elle venait saisir au bout de mes doigts la mouche que je lui servais. Après avoir donné à sa victime le coup de la mort avec le crochet de ses mandibules, elle ne se contentait pas, comme la plupart des Araignées, de lui sucer la tête, elle broyait tout son corps en l'enfonçant successivement dans sa bouche au moyen de ses palpes; elle rejetait ensuite les téguments triturés et les balayait loin de son gîte. Après son repas, elle manquait rarement de faire sa toilette, qui consistait à brosser, avec les tarses de ses pattes antérieures, ses palpes et ses mandibules tant en dehors qu'en dedans, et après cela elle prenait son attitude de gravité immobile. Le soir et la nuit étaient pour elle le temps de la promenade; je l'entendais souvent gratter le papier du cornet. Ces habitudes nocturnes confirment l'opinion, déjà émise ailleurs par moi, que la plupart des Aranéides ont la faculté de voir pendant la nuit et le jour comme les Chats. »

La Tarentule est célèbre par ses formes hideuses et par l'action singulière de son venin. Selon les uns, ce venin produit des symptômes qui approchent de la fièvre maligne; selon d'autres, il ne procure que quelques taches érysipélateuses, et des crampes légères ou des fourmillements. La maladie que le vulgaire croit être produite par la morsure de la Tarentule a reçu le nom de *Tarentisme;* il croit que l'on ne peut la guérir que par les secours de la musique. Quelques auteurs ont poussé l'absurdité jusqu'à indiquer les airs qu'ils croient convenir le plus aux *Tarentolati :* c'est ainsi qu'ils appellent les malades. Samuel Hafenreffer, professeur d'Ulm, les a notés dans un traité des maladies de la peau; Baglivi a aussi écrit sur les Tarentules du midi de la France; mais on est bien revenu de la frayeur qu'elles inspiraient dans son temps, et aujourd'hui il est bien reconnu que le venin de ces aranéides n'est dangereux que pour les insectes dont la Tarentule fait sa nourriture.

Il existe dans le midi de la France une espèce de Lycose qui diffère très peu de celle que nous venons de décrire, et qu'Olivier a confondue avec elle : c'est la Lycose mélanogastre de Latreille (*Lycosa narbonensis*). Elle est un peu plus petite que la précédente, et en diffère surtout par un abdomen qui en dessous est entièrement noir, et dont les bords seulement sont rouges. Cette espèce se trouve à Nimes et dans les environs de Montpellier.

TARET (*Taredo*). Genre de Mollusques acéphales, de la famille des Solénacés, très voisin des Pholades par l'ensemble de l'organisation et des mœurs, mais ayant la coquille proportionnellement très petite, n'occupant guère que la 30e partie de la longueur du corps de l'animal. Cette coquille est équivalve, de forme annulaire, c'est-à-dire ouverte en avant et en arrière, peu épaisse, mais d'un tissu extrêmement dense; les bords de l'extrémité antérieure sont comme aiguisés, tranchants et denticulés, ayant, par suite d'une échancrure anguleuse, l'apparence d'une tarière propre à percer le bois. Quant à l'animal, il est allongé, vermiforme, à menton fort mince, tubuleux, ouvert seulement en avant pour la sortie d'un pied en mamelon. Au point de réunion du manteau et du tube est situé un anneau musculaire, d'où sort une paire d'appendices ou palettes simples ou articulés, jouant l'un vers l'autre.

Les Tarets vivent enfoncés verticalement, la bouche en bas, l'anus en haut, dans les pièces de bois constamment immergées dans l'eau salée, et quelquefois dans l'eau douce. Ces petits animaux attaquent les pilotis, les coques des navires, etc.; ils détruisent de cette manière beaucoup de constructions maritimes : la Hollande est à chaque instant menacée de voir ses digues minées et rompues par les dégâts qu'ils causent. On n'a pu encore s'expliquer comment les Tarets, dont le corps est mou, parviennent à percer des substances très dures. — V. *Pholade.* — Les Tarets sont recherchés comme un mets délicat sur les côtes de l'Océan. — Le genre Taret renferme 16 ou 17 espèces formant deux groupes : les Tarets a palettes simples (qui ont pour type le *Taredo navalis* de la Manche, de l'Océan et de la Méditerranée, et les Tarets a palettes articulées. — On trouve dans les bois pétrifiés beaucoup de Tarets fossiles.

TARIN (*Fringilla spinus*). Espèce du genre Chardonneret, du groupe des Fringillidés; petit oiseau voisin des Linottes et des Serins, ne se distinguant de ces derniers que par son bec long et aigu : tête noire; 2 bandes jaunes sur l'œil; gorge et ventre jaunes; dessus du corps olivâtre. — Le Tarin est originaire de la Russie; il est de passage en France en automne. Cet oiseau est vif, toujours en mouvement; il s'apprivoise facilement, mais son chant ne vaut pas celui du Chardonneret. Il niche sur les hauts sommets des Sapins; sa ponte est de 4 ou 5 œufs d'un blanc grisâtre tacheté de brun.

TARSIER (*Tarsius*). Genre de Quadrumanes de

la famille des Lémuriens, ainsi appelés à cause de l'extrême allongement du tarse de leurs membres postérieurs. Le Tarsier a la tête ronde, presque sphéroïdale et terminée par un museau très court; ses yeux sont grands et très rapprochés; ses oreilles grandes, arrondies, presque nues et membraneuses; ses jambes très grandes; sa queue est très longue; son pelage composé de poils longs et doux. Cet animal est nocturne et vit d'insectes. Il habite Madagascar. — Le Tarsier aux mains rousses (*T. spectrum*) est long de près de 20 cent. Sa couleur est d'un fauve plus ou moins foncé. Il a la tête cendrée, et, comme le dit son nom, les mains rousses.

Fig. 1278. — Gros-Bec-Tarin.

TATOU (*Dasypus*). Genre de Mammifères de l'ordre des Édentés, dont le caractère le plus re-marquable consiste dans l'espèce de cuirasse, composée de compartiments semblables à de petits pavés, qui recouvre la tête, le corps et souvent la queue. Le corps est épais, bas sur jambes; tête petite, terminée par un museau assez pointu; yeux petits; oreilles grandes, en cornet, mobiles; langue peu ou point extensible; 5 doigts aux pieds de derrière, 4 ou 5 à ceux de devant, tous épais et propres à fouir; 2 ou 4 mamelles; poils rares, longs et durs aux cuisses, aux jambes et au ventre. Le test osseux, formé d'écailles polygonales rangées par bandes transversales et sécrétées par la peau, consiste 1° en une plaque sur le front; 2° en un bouclier vaste et convexe sur les épaules; 3° en un second bouclier sur la croupe, semblable au premier; 4° en bandes mobiles transverses plus ou moins nombreuses, situées entre les deux boucliers, et 5° en anneaux d'écailles ou en tubercules rangés en quinconce sur la queue.

Les Tatous habitent les contrées chaudes et tempérées de l'Amérique méridionale. « Ils vivent en petites troupes dans les bois et dans les plaines; ils se nourrissent de cadavres d'animaux, de vers de terre, de limaçons, d'insectes, d'œufs et même de matières végétales, telles que des racines de manioc, de patates, de maïs, etc. La plupart d'entre eux sont des animaux nocturnes; presque tous se creusent des terriers. Lorsqu'ils sont poursuivis par leurs ennemis, qui sont en général les grandes espèces de Chats, ils tâchent de regagner au plus vite leurs terriers, et s'ils n'en ont pas le temps ils replient leur tête, leurs pieds et leur queue sous le ventre et se roulent en boule à peu près à la manière des Hérissons. Les femelles font un assez grand nombre de petits dans une seule portée. »

F. Cuvier a divisé les Tatous en trois groupes : 1° les *Tatous proprement dits*; 2° les *Tatusies*; 3° les *Priodontes*, qui constituent autant de genres distincts.

Fig. 1279. — Tatou Encoubert.

Le Tatou-Encoubert (*D. Encoubert*) est l'*Encoubert* de Buffon; sa longueur totale est de 50 centim. Il habite le Paraguay, est nocturne et se creuse des terriers.

Tatusie (*Tatusia*). On distingue des espèces à 4 doigts aux pieds de devant, et d'autres à 5 doigts. Les premières ont 2 ou 4 mamelles. Ce sont : la *Tatusie apar*, ou *Raton apar* de Buffon, qui n'a que 2 mamelles, 35 à 36 centim. de long, et qui se roule sur lui-même plus que ne le font les autres; — la *T. peba* ou *Cirquinçon* de Buffon, à cuirasse présentant 7, 8 et 9 bandes mobiles, etc.

Parmi les Tatusies à 5 doigts, nous citerons le *Kabassou* de Buffon, qui habite Cayenne et le Brésil, et dont la cuirasse est composée de 12 ou 13 bandes mobiles dont les plaques rectangles sont plus larges que longues.

Quant aux *Priodontes*, il en a été parlé à leur article propre.

TAUPE (*Talpa*). Genre de petits Mammifères de l'ordre des Carnassiers insectivores, dont l'espèce la plus intéressante et la mieux connue est notre TAUPE COMMUNE.

La Taupe a le corps trapu et comme cylindrique, couvert d'un poil court, fin, très doux au toucher, fort dense, soyeux et perpendiculaire à la peau. Le cou n'est pas distinct. La tête est allongée et terminée en pointe par une espèce de boutoir soutenu intérieurement par un petit os particulier : ce boutoir, dans lequel sont percées les narines et qui est employé ordinairement à la manière d'une tarière pour percer et soulever la terre, est aussi un organe de toucher et peut-être même de préhension. Pas de conques auditives; très petits yeux, si cachés qu'on a cru ces animaux aveugles; bouche très fendue, garnie d'un nombre considérable de dents destinées à broyer. Membres essentiellement constitués pour fouir; les antérieurs sont très courts, robustes. Les mains, qui sont terminées par 5 doigts à peine distincts et qui semblent sortir du corps, à cause de la brièveté des bras et de l'avant-bras, sont très larges et présentent un bord interne tranchant : la paume des mains, recouverte d'une peau rude et calleuse, est tournée en dehors ou en arrière, ce qui fait que lorsque la Taupe fouille, la terre se trouve rejetée de chaque côté de son corps et non pas lancée sous son ventre, comme cela arriverait si la main eût conservé sa direction naturelle. Les membres postérieurs, terminés par 5 doigts grêles, armés d'ongles allongés et propres à fouir la terre, sont plus faibles que les antérieurs. Le fémur est de forme ordinaire ; le péroné est soudé au tibia dans sa portion inférieure. La queue des Taupes, courte et presque nue, présente un épiderme plissé en petites lignes circulaires, analogues à celles qu'on remarque sur la queue des Rats.

L'intérieur de la Taupe n'est pas moins singulier : ses dents, tout son squelette, son canal intestinal, ses organes de reproduction et les parties profondes de ses organes des sens présentent des particularités tout à fait exceptionnelles. Ainsi, par exemple, il n'y a rien de commun, chez la femelle, entre la vulve et le méat urinaire; le clitoris est extérieur et semblable au pénis du mâle ; comme le bassin offre fort peu de largeur, la nature a remédié à ce défaut par la non-réunion des pubis.

Chez le mâle, les testicules sont gros et intérieurs; le pénis est pourvu à son extrémité d'un petit os pointu qui sert probablement à percer la membrane qui bouche l'orifice vaginal de la femelle vierge.

La Taupe commune habite toutes les contrées fertiles de l'Europe. On sait que ces animaux passent presque toute leur vie sous terre; qu'ils se tiennent dans les lieux sablonneux ou riches en humus, et qu'ils creusent eux-mêmes, et avec une grande facilité, les galeries dans lesquelles on les trouve. Autant ils sont mal à leur aise lorsqu'ils cheminent à la surface du sol, autant ils sont agiles dans leurs canaux souterrains. Ces habitudes, que tout le monde a pu observer, distinguent aussi les genres plus ou moins analogues auxquels on donne le nom de *Chrysochlores*, *Scalopes* et *Condylures*. Les Taupes vivent isolément, chacune d'elles ayant son système de galeries à part; ces galeries sont de longs tuyaux tortueux dont la profondeur varie suivant les saisons, et les *taupinières* ou petites buttes qu'on y remarque de distance en distance, proviennent de la terre qui obstruait l'intérieur de ces galeries qui ont plusieurs issues.

Les Taupes se nourrissent de tous les animaux qu'elles rencontrent, principalement d'insectes et de vers de terre. Elles ont un appétit extrême et une faim canine sans cesse renaissante : la faim, chez elles, dit Geoffroy-Saint-Hilaire, est un épuisement ressenti jusqu'à la frénésie. Si l'on place dans un lieu fermé deux Taupes de même sexe, la plus faible deviendra bientôt la proie de la plus forte.

« Les Taupes entrent en amour au commencement du printemps et au mois de juillet: les femelles mettent bas deux fois par an et sont accompagnées de petits depuis le mois de mars jusqu'en août. Chaque portée se compose ordinairement de quatre ou cinq petits, mais quelquefois d'un nombre moins considérable; les petits sont très gros; ils naissent tout nus et tout rouges après une gestation de peu de durée. La mère soigne ses enfants avec beaucoup de tendresse ; elle les dépose sur un lit de feuilles et d'herbes qui tapissent le sol d'une sorte de chambre assez grande, dont la voûte est supportée par des piliers de terre, et qui est située dans la partie la plus élevée et la plus sèche du terrier, de façon à être à l'abri des inondations. »

La TAUPE AVEUGLE est une espèce (variété selon quelques auteurs) plus petite que la précédente, et dont les yeux sont percés comme le ferait une piqûre d'épingle; elle habite l'Italie, les Apennins. — Aucune espèce ne se montre en Algérie.

TAUPIN (*Elater*). Genre de Coléoptères de la famille des Serricornes, ayant le corps ovale ou elliptique, la tête enfoncée jusqu'aux yeux dans le corselet, les antennes appliquées, dans le repos, sur les côtés inférieurs du corselet, qui a la figure d'un trapèze allongé; les élytres allongés, étroits, striés ; les pattes courtes, comprimées, sans épines, etc.

Les Taupins sont appelés vulgairement *Scarabés à ressort*, parce que, étant placés sur le dos, ils peuvent sauter en l'air comme par une espèce de ressort. Ils ont recours à cette manœuvre, parce que la brièveté de leurs pattes ne leur permet pas de se relever lorsqu'ils sont à la renverse; pour l'exécuter, ils contractent leurs pattes, et les serrant contre le dessous du corps, baissant inférieurement la tête et le corselet qui est très mobile de haut en bas, et rapprochant ensuite cette dernière partie de l'arrière-poitrine, ils poussent avec force la pointe du présternum contre le bord du trou situé en avant du mésosternum, où elle s'enfonce brusquement et comme par ressort. Le corselet, la tête, le dessus des élytres, heurtant avec force contre le plan de position, surtout s'il est ferme et uni, aident, par leur élasticité, à faire élever perpendiculairement le corps en l'air de manière qu'il puisse retomber sur ses pattes. Ces insectes se tiennent sur les fleurs, les plantes, et à terre, selon les espèces, qui sont très nombreuses. Il en est qui offrent une propriété phosphorescente : on les nomme aux Antilles *Mouches lumineuses*.

On distingue le TAUPIN FERRUGINEUX, l'une des espèces indigènes les plus grandes; — le T. SANGUIN, qui se trouve aussi dans nos environs; — le T. GERMANIQUE; — le T. CENDRÉ, qui est long de 7 à 8 centim. et qui habite le Sénégal.

Fig. 1280. — Buffle (Espèce de Taureau primitif).

TAUREAU (*Bos taurus*). C'est le mâle de la Vache. — V. *Bœuf*.

« D'après l'examen des crânes fossiles rencontrés au sein des terrains d'alluvion de l'Europe, on peut, jusqu'à un certain point, suppléer à l'insuffisance des naturalistes et des annalistes, et admettre qu'il a existé bien antérieurement aux temps historiques et même jusqu'au commencement du seizième siècle de l'ère vulgaire, deux espèces distinctes de Taureaux vivant à l'état sauvage, depuis les Alpes jusqu'aux grandes forêts de la Pologne et sans doute plus loin. Ces deux espèces sont le Tur ou le Zubr des peuples du Nord, c'est-à-dire le Bison européen ou Buffle (*Bos bubalus*); l'autre, l'Ur ou Aurochs et Wisant, le *Bos urus*, dont le descendant est notre Taureau actuel. Cuvier et Baër sont de ce sentiment; Bojanus et Jaroki, Pusch, Brinken et Eichwaldt estiment, au contraire, qu'il n'a existé qu'une seule espèce, et ils s'appuient, à cet effet, d'une multitude de témoignages tant des anciens auteurs que des écrivains du moyen âge. »

Le Taureau est un des animaux les plus robustes : il est dans toute sa vigueur à l'âge de 3 ou 4 ans. A 9 ans, il convient de le mettre à l'engrais. C'est, parmi les animaux domestiques, celui qui supporte le plus impatiemment le joug, et qui est le moins docile à la voix de l'homme : Il connaît bien, il est vrai, ceux qui le soignent, qui lui donnent la liberté et qui le ramènent à l'étable; mais il est beaucoup de Taureaux qui poursuivent les étrangers et que l'on est forcé d'enchaîner à la crèche; en général, la couleur rouge les offusque et les met en fureur.

TECKOU ou **TEK** (*Tectona*). Arbre exotique de la famille des Verbénacées, qui croît dans les forêts de l'Inde, dans les îles de Ceylan, de Java, de Manille, etc., et qui s'élève à une très grande hauteur. Son tronc droit et fort gros offre un bois solide, dur et serré, quoique léger; un suc vénéneux qui circule dans ses diverses parties le met à l'abri des insectes. Son bois, supérieur à celui du meilleur chêne, est employé aux Indes pour les constructions navales et pour la bâtisse des habitations. Dans le commerce, on désigne cet arbre par les noms de *Bois-puant* et de *Chêne de l'Inde*. Il y en a de blanc, de rouge et de veiné.

Les fleurs du Tek passent pour diurétiques ; ses feuilles sont astringentes et donnent une couleur rouge.

TÉGUMENT. — V. *Peau.*

TEIGNE — V. *Tinéites.*

TÉLÉPHORE (*Telephorus*). Ce nom, dérivé de deux mots grecs qui signifient ou *porte-mort* ou *portés au loin*, désigne un genre de Coléoptères pentamères, de la famille des Serricornes, qui, en effet, sont quelquefois transportés par l'air et ont donné l'explication de ces *pluies d'insectes* dont divers historiens ont fait mention. Corps déprimé, mou, ailé dans les deux sexes, non phosphorescent ; antennes filiformes et simples ; yeux ronds et très saillants, etc. — Ces insectes se tiennent habituellement sur les fleurs ou sur les feuilles ; cependant leurs habitudes sont carnassières, car on a vu des femelles dévorer même leurs larves.

Le **TÉLÉPHORE LIVIDE** (*T. lividus*) a la tête ornée d'un point noir, le corselet d'un jaune roussâtre, sans taches ; les élytres d'un jaune d'ocre, le bout des cuisses noir. — Cette espèce se trouve communément aux environs de Paris.

TELLINE (*Tellina*). Genre de Mollusques de l'ordre des Acéphales : coquille équivalve de forme un peu variable, en général mince, striée transversalement, très comprimée ; le côté antérieur presque toujours plus long et plus arrondi que le postérieur ; crochets fort peu marqués. L'animal a une grande analogie avec celui des Donaces.

Les Tellines se trouvent dans toutes les mers ; les plus grosses et les plus colorées, toutefois, viennent des pays chauds. Comme les Donaces, elles vivent enfoncées dans le sable sur les bords de la mer. Ayant les tubes extrêmement longs, séparés, il leur est possible d'aller chercher au-dessus de la couche de sable qui les recouvre l'eau nécessaire à leur nutrition et à leur respiration. — Les Tellines sont de fort jolies coquilles, ornées généralement de belles couleurs dont le rouge ou pourpre est la plus ordinaire ; elles sont à cause de cela très recherchées des amateurs.

On distingue : la T. **SOLEIL LEVANT**, des mers de l'Amérique ; — la T. **LANGUE DE CHAT**, de l'océan Indien ; — la T. **DE TIMOR**, etc.

TELLURE. Métal découvert, en 1782, par Müller de Reichenstein, dans les mines d'or de Transylvanie. Il est solide, d'un blanc bleuâtre, très volatil, pesant 6,115, oxydable par l'air et le calorique, et se volatilisant en fumée blanchâtre.

TELPHUSE. — V. *Thelphuse.*

TEMPÉRATURE. C'est « tantôt l'état sensible de l'air qui affecte nos organes, selon qu'il est froid ou chaud, sec ou humide ; tantôt le degré de chaleur qui se manifeste dans un lieu ou dans un corps. La Température moyenne d'un lieu constitue le *climat* de ce lieu : elle se mesure au moyen du thermomètre, du baromètre et de l'hygromètre : la Température moyenne de la France est de 12°. Les causes qui influent sur la Température sont, en première ligne, la latitude ; viennent ensuite l'altitude ou hauteur du lieu, la direction des vents dominants et des chaînes de montagnes, le voisinage de la mer, ou de marais considérables, de rivières, de forêts, l'exposition, etc. : c'est ce qui fait que les Températures ne sont presque jamais identiques, même dans les zones parallèles du même degré. M. de Humboldt a tenté le premier de tracer le parcours des différentes zones de Température. M. le D\u02B3 Boudin a, dans sa *Carte physique et météorologique du globe* (1851 et 1853), indiqué la distribution des diverses Températures sur le globe d'après les travaux les plus exacts et les plus récents. »

Pour la Température interne du globe terrestre, et pour celle du sang, V. *Terre, Sang.*

TENDRAC. — V. *Tanrec.*

TÉNÉBRION (*Tenebrio*). Genre de Coléoptères hétéromères, de la famille des Mélasomes, insectes ainsi nommés parce qu'ils fuient la lumière. Ils sont munis d'ailes, ce qui les distingue des autres Mélasomes ; corps allongé, droit, presque de la même largeur partout. — Citons les espèces indigènes suivantes :

Le **TÉNÉBRION DE LA FARINE** (*T. molitor*) est long de 13 à 15 millim., noir en dessus, marron en dessous ; sa larve, que l'on donne en nourriture aux rossignols, vit dans le son et la farine, où elle se transforme aussi en nymphe : elle est longue de 2 cent. et demi, d'un jaune d'ocre, luisante. — Ce Ténébrion se trouve fréquemment, surtout le soir, dans les lieux peu fréquentés de nos habitations, dans les boulangeries, les moulins à farine, sur les vieux murs. Ainsi que plusieurs autres insectes nocturnes, il est souvent attiré par la lumière. — Le T. **OBSCUR** n'est peut-être qu'une variété de l'espèce précédente.

La tribu des *Ténébrionites* se divise en trois sections comprenant un assez bon nombre de genres.

TÉNIA (*Tœnia*). Genre d'Entozoaires cestoïdes dont le corps, plat et composé d'un grand nombre d'anneaux articulés, a souvent plusieurs mètres de longueur. Il est terminé antérieurement par une tête très ténue, tuberculeuse, munie de 4 petits suçoirs, entre lesquels on observe une saillie entourée d'une couronne de crochets rétractiles (V. au mot *Vers intestinaux* la figure de cet entozoaire). — On connaît, chez l'homme, deux espèces : le **TÉNIA ARMÉ** (*T. solium*), et le T. **NON ARMÉ** ou large, qui est un *Bothrio-*

céphale. Ils portent le nom vulgaire de *Vers so-litaires*, parce qu'on croyait qu'il n'y avait jamais qu'un seul individu dans le canal intestinal d'un même animal, ce qui n'est point toujours vrai. Leur forme est extrêmement aplatie, et ils présentent l'aspect d'une bandelette, comme l'indique leur nom. Le cou, d'abord filiforme, s'élargit peu à peu et se continue ainsi avec le corps, dont la largeur varie depuis un demi-millimètre jusqu'à 7 ou 9 millimètres et plus. Ce sont les derniers fragments ou anneaux chargés d'œufs fécondés du Ténia qui, détachés du reste du vers et rendus isolément, constituent les *Cucurbitins*, vers dont on a fait à tort une espèce particulière.

Toutes les classes d'animaux vertébrés sont sujettes à être infestées de ces vers, qui se logent ordinairement dans l'intestin grêle, aux parois duquel ils s'attachent au moyen des crochets rétractiles de leur tête. Ils déterminent dans l'économie les mêmes phénomènes que le Bothriocéphale—V. ce mot.— Les portions qui sont expulsées avec les matières fécales décèlent tôt ou tard leur présence. C'est probablement par endosmose qu'ils absorbent les liquides et les transmettent à 2 tubes longitudinaux qui passent sans discontinuité d'un anneau à l'autre. Les articles sont plus longs que larges, pourvus d'un orifice sexuel placé au bord de l'article et non au milieu, comme chez les Bothriocéphales. On trouve, d'anneau en anneau, les orifices placés d'une manière alterne, l'un à gauche, l'autre à droite, et ainsi de suite. Les petits sortent des œufs à l'état complet dans toutes leurs parties : seulement les articulations, non apparentes d'abord, se dessinent plus tard. On n'est pas sûr toutefois que le nombre de ces articulations soit fixe. Ces animaux n'ont des sens que le toucher ; ils n'ont pas de digestion proprement dite, car ils absorbent par toute leur enveloppe ; il n'y a pas non plus de circulation à proprement parler, encore moins de respiration ; leur organisation est donc extrêmement simple.

Le Ténia se rencontre surtout en Suisse, en Angleterre, en France, en Hollande, en Allemagne, en Italie et en Orient, ou sur les individus qui en viennent. Il détermine dans l'économie les mêmes phénomènes que les autres vers intestinaux ; mais on a beaucoup exagéré les désordres que sa présence peut causer : un grand nombre d'individus qui étaient affectés du Ténia ont vécu très longtemps et dans un état de santé parfaite. Quelquefois cependant le Ténia peut, à la longue, amener la fièvre lente, le marasme et la dyssenterie. Les portions expulsées avec les matières fécales décèlent tôt ou tard la présence de ce ver ; la pâleur du visage, l'amaigrissement, une faim insatiable, sont aussi des symptômes de cette affection. On se délivre du Ténia en prenant à jeun, soit la racine de fougère mâle en poudre, soit l'écorce de grenadier en décoction, soit la mousse de Corse, en poudre ou en décoction. Le *Remède de madame Noufer*, le *R. de Bourdin* furent quelque temps en vogue. On a recommandé récemment comme spécifiques le *Kousso* (V. ce mot) et l'écorce de musanna.

TENTHRÈDE et **Tenthrédines** (*Tenthredo*). Genre type de la famille des *Tenthridines*, qui sont des Hyménoptères térébrans de la tribu des Porte-scie, dont les larves ressemblent à des Chenilles, d'où leur nom de *Fausses-Chenilles*. Les formes et les téguments de ces fausses-chenilles varient beaucoup selon les espèces. Il en est surtout une très remarquable, et que nous devons d'autant plus mentionner qu'elle est très commune dans nos jardins, sur les feuilles du poirier et du cerisier : c'est celle que Degéer nomme *Fausse-Chenille-Limace*. Elle est presque conique, noire, gluante, et ressemble, au premier aspect, à un jeune individu du mollusque nommé ainsi. Quelques espèces ont cela de propre, que le dessous de leur corps est muni d'un certain nombre de petits mamelons rétractiles. Sous le rapport des attitudes, il y en a de singulières ; ainsi quelques-unes de ces larves se roulent en spirale, d'autres ont l'extrémité postérieure de leur corps élevé en arc. Celles des *Cimbex* peuvent seringuer par les côtés, et jusqu'à un pied de distance, des jets d'une liqueur verdâtre. Il en est qui conservent encore longtemps après être mises en coque leur forme primitive.

Le genre Tenthrède proprement dit offre les caractères suivants : antennes filiformes ou légèrement plus grosses vers le bout, de 9 articles, simples dans les deux sexes ; 2 cellules radiales et 4 cellules cubitales, dont la dernière formée par le bord postérieur de l'aile. Parmi les espèces, assez nombreuses de ce genre, nous citerons la Tenthrède-Guêpe ou *Mouche à scie à 4 bandes jaunes* de Geoffroy, très commune aux environs de Paris ; — et la T. de la scrofulaire, qui vit sur la plante qui porte ce nom.

Les Tenthrédines comprennent en outre les genres *Cephus, Lophyrus, Nematus, Hylotoma, Cymbex*, etc.

TÉPHRITE (de *téphra*, cendre, à cause de leur couleur cendrée). Genre de Diptères athéricères, de la tribu des Muscides, renferme de petites Mouches à ailes latérales, qu'elles remuent continuellement. Le corps des femelles est terminé par un tuyau écailleux qui leur sert à introduire leurs œufs dans diverses substances. Ces insectes habitent certaines plantes. — Le Téphrite du chardon est d'un noir luisant, avec l'écusson et les pattes jaunes ; la femelle dépose ses œufs dans les tiges du chardon ; — le T. cornu attaque les scabieuses ; il est gris, long de 7 à 8 millim. ; — le T. de la bardane est d'un vert jaunâtre, garni de poils gris.

TÉRASPIC. — V. *Thlaspi*.

TÉRÉBINTHACÉES. Famille de Plantes dicotylédones, composée d'Arbrisseaux ou de **grands**

Arbres ayant les feuilles alternes généralement
trifoliées ou pinnées, rarement simples ; les fleurs
petites, en grappes rameuses, tantôt hermaphrodites, tantôt unisexuées, monoïques ou dioïques.
Le calice est à 3 ou 5 divisions profondes ; corolle régulière, se composant de 3 à 5 pétales,

Fig. 1281. — Anacardier.

ou manquant entièrement ; étamines en nombre
égal ou double des pétales, insérées, ainsi que
ceux-ci, en dehors d'un disque périgyne qui,
dans les fleurs hermaphrodites, environne l'o-
vaire et forme un bourrelet circulaire, et qui,
dans les fleurs mâles, occupe la place du pistil,
formant un mamelon plus ou moins irrégulier.
Carpelles 4 à 3, tantôt libres, tantôt soudés en
un pistil unique, chacun d'eux uniloculaire ;
style et stigmate simples dans les carpelles simples ; styles soudés et stigmates distincts lorsque
les carpelles sont unis. Pour fruit, drupe sec ou
succulent, parfois sorte de capsule indéhiscente.

On a partagé la famille des Térébinthacées en
deux tribus :

Anacardiées. Un seul carpelle, etc. *Pistachier,
Anacardier, Manguier*, etc.

Burséracées. Carpelles plus ou moins soudés
intimement, etc. : *Sumac, Bursère, Baumier*, etc.

TÉRÉBRATULE (*Terebratula*). Genre de Mollusques de l'ordre des Brachiopodes, à coquille
inéquivalve, régulière, la plus grande valve ayant
un crochet avancé, souvent courbé ou tronqué,
percé à son sommet d'un trou qui donne passage
à un pédicule court, tendineux, propre à fixer
cette coquille aux corps marins. Le corps de l'a-
nimal, qui est ovale, épais, avec les bords du
manteau très minces, n'est pas placé dans sa coquille, comme cela a lieu dans les Acéphales : le
ventre correspond à la petite valve, et le dos est
contenu dans la grande, laquelle est toujours
percée à son sommet. Les bras, d'où sont tirés le
nom et le principal caractère de la classe des
Brachiopodes, forment un faisceau considérable
de chaque côté de la masse abdominale, naissant
latéralement près de la bouche ; ils sont roulés
en une spirale plus ou moins régulière en avant
de celle-ci, lorsque l'animal est au repos.

Les Térébratules sont des coquilles régulières,
symétriques, à valve inférieure plus grande,
ayant le crochet saillant et toujours percé d'un
trou plus ou moins grand. C'est un genre très
nombreux en espèces, surtout à l'état fossile ;
car les espèces vivantes se rencontrent assez rarement, peut-être à cause de la profondeur où
elles vivent. Il en existe cependant dans toutes
les mers. Leurs mœurs sont peu connues. — La
T. vitrée est une coquille obronde, renflée,
lisse, mince, demi-transparente et toute blanche,
qui se trouve dans l'océan Indien et la Méditerranée.

TERMÈS. — V. *Termite*.

TERMINALIER. — V. *Badamier*.

TERMITE (*Termes*). Genre d'Insectes de l'ordre des Névroptères planipennes, très petits de
taille, ayant : 4 articles à tous les tarses ; ailes
couchées horizontalement sur le corps, très
grandes ; 3 yeux lisses, dont 1 sur le front, 2 près
du bord interne des yeux ordinaires ; 2 petits appendices coniques et biarticulés au bout de l'abdomen ; tête arrondie, corps déprimé.

Les Termites sont originaires de l'Inde, mais
les navigateurs les ont disséminés dans toutes les
parties du monde. Ils ont beaucoup de rapports
avec les Fourmis ; comme elles, ils construisent
des nids, et vivent en sociétés composées de trois
sortes d'individus, les uns à état de *larves*, d'autres qui sont des *ouvriers*, d'autres enfin, pareil-
lement sans ailes, mais à tête et mandibules plus
grandes, chargés de la défense de l'habitation, et
connus sous le nom de *soldats*. Comme les
Fourmis, ils sont omnivores, d'une activité extraordinaire, ont 4 ailes dans un certain temps
de leur vie et fondent des colonies. Selon Sparmann, chaque communauté est composée d'un
mâle, d'une femelle et d'ouvriers ; les mâles et les
femelles n'acquièrent des ailes que peu de temps
avant d'être propres à reproduire leur espèce.
Dans les nids du Termite belliqueux, dit notre
auteur, on trouve sept travailleurs pour un soldat, et celui-ci ne diffère de ceux-là que parce

qu'il est rapproché d'un degré de l'état parfait. L'insecte, après son entier développement, est pourvu d'ailes, a deux yeux très saillants qui manquent aux soldats, et est d'une taille plus grande (16 à 17 millim.). L'abdomen des femelles est extrêmement volumineux au moment de la gestation.

Les nids des Termites sont encore bien plus extraordinaires que ceux des Fourmis ; la plupart sont sur la superficie de la terre, quelques-uns sur les arbres, etc.; ces insectes en sortent par des passages souterrains ou des galeries ouvertes, quand la nécessité les y oblige, et de là ils vont faire leurs excursions dévastatrices, car ils causent des ravages aussi prompts qu'immenses dans la propriété de l'homme. Linné les a regardés comme le plus grand fléau des deux Indes. Ils pénètrent parfois dans les poteaux qui soutiennent les bâtiments et les vident intérieurement; ils détruisent tout ce qu'ils trouvent à leur convenance. Ils attendent quelques ondées de pluie pour sortir de leurs nids ; alors la surface du sol qui avoisine leur résidence est couverte de leurs légions ou bien de leurs ailes, celles-ci n'étant faites que pour quelques heures seulement ; alors aussi leurs ennemis, qui sont certaines espèces de fourmis, des oiseaux, des reptiles, leur font la guerre, si bien que de plusieurs millions qui voltigeaient dans les airs, il en reste à peine quelques couples pour les fondements d'une nouvelle république.

Après sa métamorphose, le Termite, lui naguère si ardent, si laborieux, si farouche même, devient indolent et poltron ; il se laisse entraîner par les Fourmis sans faire la moindre résistance. Mais si ses frères les Travailleurs ou Soldats s'aperçoivent de sa détresse, ils viennent à son secours, et le délivrent. « Les Travailleurs qui sauvent un mâle et une femelle des dents de leurs ennemis les mettent aussitôt à l'abri de tous dangers, et ensuite les renferment dans une petite chambre d'argile proportionnée à leur grandeur. Ils n'y laissent d'abord qu'une petite ouverture capable de donner passage seulement à eux et aux Soldats; ils pourvoient aux besoins de ce couple, et par la suite aux petits auxquels il donne naissance, et le défendent jusqu'à ce que ces petits soient en état de partager cette tâche avec eux. Sparmann, qui n'a jamais vu l'accouplement de ces insectes, croit que c'est alors qu'il a lieu. Peu de temps après la clôture du mâle et de la femelle, le ventre de celle-ci s'étend par degrés, et s'élargit à un point que, dans une vieille femelle, il est quinze cents fois ou deux mille fois plus volumineux que le reste de son corps. Sparmann présume que, quand il a la longueur de trois pouces, la femelle doit être âgée de plus de deux ans. Elle pousse sans relâche ses œufs au dehors, jusqu'au nombre de soixante dans une minute, et notre auteur a vu de vieilles femelles en pondre quatre-vingt mille et plus dans vingt-quatre heures. Si Sparmann ne s'est pas trompé dans ce calcul, quelle étonnante fécondité ! » Les Travailleurs emportent les œufs et les placent dans des logements séparés de celui de la mère; les petits qui en sortent sont, par leurs soins, pourvus de tout. Il est permis, d'après les observations et l'induction par analogie, de tirer les conclusions suivantes : 1º les individus aptères, à tête ronde, à mandibules courtes et détirées, sont des larves; 2º les individus semblables par la forme, mais ayant des appendices aliformes, sont des nymphes; 3º les individus figurés encore de même, mais ayant de grandes ailes, sont l'insecte arrivé à son dernier terme, doué de la faculté de se reproduire ; les individus de cette sorte, mais privés d'ailes, que l'on rencontre plus tard dans ces termitières, sont des femelles dont les ailes sont tombées, et qui ont pondu leurs œufs ; 4º les individus aptères, à tête cylindrique, à mandibules saillantes, et qui répondent aux Soldats de Smeathman, forment dans la société un ordre particulier. Ces insectes ont toujours la même forme, n'acquièrent jamais d'ailes, et ne contribuent point à la propagation de l'espèce ; ils ne sont chargés, à ce qu'il paraît, que de défendre la république. Il y a lieu aussi de présumer que le développement entier des métamorphoses de ces insectes ne s'effectue que dans le cours de deux ans, puisque, lorsque les individus ailés paraissent, on trouve dans les nids une grande quantité de larves, que ces larves doivent appartenir à une génération antérieure, et qu'elles ne prendront des ailes, au plus tôt, que l'année d'après.

Le TERMITE BELLIQUEUX ou du CAP (*T. capensis*) est l'espèce la plus grande; son nid, fait avec du gravier et de l'argile, a la forme d'un petit mont conique ou en pain de sucre ; l'extérieur est une calotte très solide qui protége les appartements nombreux, où il y a la *chambre royale*, c'est-à-dire celle du mâle et de la femelle ; des galeries aboutissant sous terre, dans les étages inférieurs; des provisions sont accumulées dans les pièces dites nourricières. — Le T. FLAVICOLLE se trouve sur la côte de Barbarie et dans l'Europe méridionale. On rapporte qu'il nuit beaucoup aux oliviers, surtout en Espagne. — Le T. LUCIFUGE s'est introduit à Rochefort dans les magasins de la marine, où il cause quelquefois de grands ravages.

Sparmann a beaucoup observé les Termites ; voici ce qu'il raconte des *T. voyageurs*, espèce beaucoup plus grosse et plus rare que les *T. belliqueux* :

« Un jour, ayant fait une excursion avec mon fusil le long de la rivière Camarankoes, en remontant, à mon retour, à travers l'épaisse forêt, tandis que je marchais sans bruit dans l'espoir de trouver quelque gibier, j'entendis tout à coup un sifflement, chose alarmante dans ce pays où il y a beaucoup de serpents. Un second pas que je fis causa une répétition du même bruit. Je le reconnus alors ; mais je fus surpris de ne voir ni chemins couverts ni monticules. Le bruit, cependant, me conduisit à quelques pas du sentier, où, avec autant de plaisir que de surprise, je vis une armée de Termès sortant d'un trou dans la terre, qui n'avait pas plus de quatre à cinq pouces de diamètre. Ils sortaient en très grand nombre, se mouvant en avant avec toute la vitesse dont ils semblaient être capables. A moins de trois pieds de cet endroit, ils se divisaient en deux corps ou colonnes, composés principalement du premier ordre que j'appelle ouvriers. Ils étaient douze à quinze de front et marchaient aussi serrés qu'un troupeau de moutons, décrivant une ligne droite, sans s'écarter d'aucun côté. On voyait çà et là, parmi eux, un Soldat trottant de la même manière sans s'arrêter ni se tourner, et comme il paraissait porter avec difficulté son énorme tête, je me figurais un très gros bœuf au milieu d'un troupeau de brebis. Tandis que ceux-ci poursuivaient leur route, un grand nombre de Soldats étaient répandus de part et d'autre de la ligne, quelques-uns jusqu'à un pied ou deux de distance, postés en sentinelle, ou rôdant comme des patrouilles pour veiller à ce qu'il ne vînt pas d'ennemis contre les ouvriers ; mais la circonstance la plus extraordinaire de cette marche, c'était la conduite de quelques autres Soldats qui, montant sur les plantes qui croissent çà et là dans le fort du bois, se plaçaient sur la pointe des feuilles à douze ou quinze pouces du sol, et restaient suspendus au-dessus de l'armée en marche. De temps en temps, l'un ou l'autre battait de ses pieds sur la feuille et faisait le même bruit ou cliquetis que j'avais si souvent observé de la part du Soldat qui fait l'office d'inspecteur, lorsque les Ouvriers travaillent à réparer une brèche dans l'édifice du Termès belliqueux. Ce signal, chez les Termès voyageurs, produisait un effet analogue ; car toutes les fois qu'il était donné, l'armée entière répondait par un sifflement, et obéissait à l'ordre en doublant le pas avec la plus grande ardeur. Les Soldats qui s'étaient perchés, et qui donnaient ce signal, demeuraient tranquilles dans les intervalles. Ils tournaient seulement un peu la tête de temps en temps et semblaient aussi attachés à leurs postes que les sentinelles de troupes réglées. Les deux colonnes de l'armée se rejoignaient à environ douze à quinze pas de leur séparation, n'ayant jamais été à plus de neuf pieds de distance l'une de l'autre, et ensuite descendaient dans la terre par deux ou trois trous. Elles continuèrent de marcher ainsi sous mes yeux pendant plus d'une heure que je passai à les admirer, et ne parurent ni augmenter ni diminuer de nombre, à l'exception des Soldats, qui quittaient la ligne de marche et se plaçaient à différentes distances de chaque côté des deux colonnes ; car ils paraissaient beaucoup plus nombreux avant que je me retirasse. Les Travailleurs sont au moins un tiers plus gros que les autres et pourvus de deux yeux. Leurs bâtiments doivent être encore plus étonnants que ceux des autres Termès. Le mâle et la femelle de cette espèce de Termès voyageur sont inconnus. »

TERRAIN. En Géologie, se dit des fractions plus ou moins grandes de l'écorce terrestre, considérées par rapport à l'époque et au mode de leur formation : c'est la réunion d'un certain nombre de formations qui ont entre elles assez de rapports pour qu'on puisse les considérer comme produites pendant une des grandes périodes de tranquillité de notre planète. Les Terrains se composent de *roches* d'origine diverse, soit ignée, comme les granites, les porphyres, les basaltes, etc., soit aqueuse, comme les calcaires, les argiles, les grès, etc., et qui se sont formées à des époques différentes et successives.

« Dès les premiers temps de l'étude des dépôts qui composent la croûte du globe, dit M. Beudant, on a reconnu que les uns renfermaient des débris organiques et des cailloux roulés ; tandis que les autres, tels que granites, porphyres, etc., n'en offraient aucun indice. On a vu en beaucoup de lieux les premiers reposer sur les seconds, et l'on a cru que c'était là la règle générale. Dès lors ceux-ci ont été regardés comme les premiers membres de la création, comme ayant été faits, par voie de cristallisation aqueuse, avant l'apparition de tous les êtres organisés qui ont ensuite peuplé les mers. On leur a donné le nom de *Terrains primitifs*, et, par opposition, les autres ont été nommés *Terrains secondaires*. Plus tard, on s'aperçut qu'en certains lieux les roches qu'on avait remarquées dans les Terrains primitifs ne cessaient pas brusquement d'exister, et qu'à la jonction des Terrains secondaires elles alternaient avec des couches arénacées, avec des dépôts coquilliers. On en a conclu que là se trouvaient la fin d'un certain ordre de choses et le commencement d'un autre, et l'on a conçu l'idée d'une *époque* particulière de formation durant laquelle il s'est produit un *Terrain intermédiaire*, ou *Terrain de transition*. Plus tard, remarquant qu'à la fin de la série secondaire il se trouvait des dépôts où les débris organiques rappelaient beaucoup plus les êtres actuels que les débris des dépôts précédents, on a adopté une quatrième division, qu'on a nommée *Terrain tertiaire*. On a même imaginé une division de *Terrains quaternaires*, d'un côté pour les faluns de Touraine, supérieurs aux dépôts parisiens, de l'autre, pour les dépôts subapennins, enfin, pour des sédiments plus modernes dans lesquels on a trouvé des traces de l'industrie humaine. Ces divisions n'ont jamais eu rien de bien fixe ; on ne savait trop où commençait le Terrain de transition, ni où il finissait pour faire place au Terrain secondaire. Pour les Terrains tertiaires, on est convenu généralement de les faire commencer après la craie, mais il n'y a rien de fixe pour les Terrains quaternaires. »

Cette division n'est plus l'expression de l'état actuel de la science ; mais elle est passée dans les habitudes du langage lorsqu'il s'agit de généraliser. Actuellement, bien qu'on ne voie que deux sortes de produits dans la partie solide du globe soumise à notre observation, les uns formés par sédiment (sables, limons, cailloux roulés), les autres formés par fusion à l'intérieur du globe et expulsés au dehors (granites, porphyres, silicates, roches , etc.), on distingue généralement trois grandes classes de Terrains, eu égard au mode et à l'époque de leur formation.

La première se compose du *Terrain primitif* ou *T. de cristallisation stratiforme*, formé autour de la masse terrestre, encore fluide et incandescente; la deuxième embrasse tous les *T. sédimentaires*, résultant, soit d'une précipitation mécanique ou chimique, soit d'un transport, Terrains dont la structure, les fragments roulés et les débris organiques qu'ils contiennent dénotent l'action des eaux ; la troisième comprend les *T. plutoniques*, produits d'épanchements et d'éruptions : ce sont les roches de cristallisation comme celles de la première classe, mais qui se sont formées à toutes les époques géologiques, et le plus souvent sans stratification apparente.

I. Terrain primitif. Il constitue la masse essentielle de la partie connue de l'écorce consolidée du globe et forme l'assiette de tous les Terrains sédimentaires; il se montre sur une grande partie de la surface terrestre. Il diffère des Terrains sédimentaires en ce qu'il est toujours composé de roches à éléments cristallins agrégés , et qu'il ne contient ni sables, ni cailloux roulés, ni fossiles : il est antérieur à toute création organique. On le divise en trois *étages*, qui sont, en allant du centre à la surface, suivant l'ordre de formation :

1° Le *gneiss*, qui forme environ le quart ou le cinquième de l'écorce consolidée; Terrain stérile pour l'agriculteur, mais l'un des plus riches pour le mineur par les nombreux filons métallifères qu'on y trouve ;

2° Le *micaschiste* ;

3° Le *talcschiste*, placé immédiatement au-dessous des Terrains sédimentaires.

II. Terrains sédimentaires ou neptuniens. Les plus anciens dépôts de sédiment remontent à une époque extrêmement reculée · il a dû s'en former dès le moment où l'eau a pu rester liquide à la surface du globe, et les premiers ont dû se placer sur la pellicule refroidie et disloquée audessus de la matière en fusion. Entre les plus anciens dépôts, qui se confondent avec le Terrain dit primitif, et les plus modernes qui se continuent de nos jours, on observe distinctement un certain nombre de dépôts sédimentaires superposés les uns aux autres dans un ordre constant, où l'on voit 27 étages appartenant aux 14 principaux, dont voici les assises, en allant de la superficie au centre : alluvions modernes; diluvium ; Terrain subapennin ; Terrain de molasse ; Terrain parisien; Terrain crétacé supérieur ; Terrain crétacé inférieur ; Terrain jurassique ; Terrain de trias ; Terrain pénéen ; Terrain dévonien ; Terrain silurien ; Terrain cumbrien ; matières inconnues, primitives. Mais cette série ne se voit jamais tout entière; les escarpements que nous rencontrons n'en offrent toujours qu'une très petite portion,

tantôt dans une partie de son épaisseur, tantôt dans une autre. Ce n'est qu'en combinant les observations recueillies en différents lieux qu'on est parvenu à l'établir telle que nous la connaissons aujourd'hui.

On nomme *stratification* l'arrangement par couches successives des différents dépôts sédimentaires qui se sont formés les uns après les autres ; les stratifications sont plus ou moins horizontales , ou inclinées par suite de soulèvements survenus à diverses époques : de là concordance ou discordance des diverses couches entre elles. Pour se reconnaître au milieu des couches successives, on a égard aux restes organiques qui y sont très nombreux en général, attendu que certains débris fossiles sont particuliers à tel ou tel sédiment. Les Terrains sédimentaires se composent en très grande partie de dépôts calcaires qui présentent un assez grand nombre de variétés compactes, terreuses ou sableuses et argileuses, etc. — Disons un mot maintenant de chaque couche, en commençant par l'inférieure ou profonde.

Terrain de sédiments anciens. C'est le Terrain primitif des uns ; pour d'autres géologues, ce sont les premiers dépôts de sédiment, lesquels sont à l'état de *schiste argileux*, de *micaschistes* et même de *gneiss*. On n'a trouvé dans ces dépôts aucune trace de corps organisés fossiles.

Terrain cumbrien (du nom de la province de Cumberland, où il se montre à découvert sur une grande étendue). Il est composé de schistes argileux ardoisiers , alternant avec des grauwackes, des grès, etc. C'est dans ce Terrain que commencent à paraître les premiers vestiges d'organisation végétale, des fucus, des pennatules fossiles.

Terrain silurien (du nom des Silures, peuplade celtique qui habitait le pays de Galles). Composé de dépôts arénacés, principalement de schistes ardoises, de calcaires divers; il est fort abondant en Bretagne, en Normandie, et constitue le Terrain ardoisier des Ardennes , etc. Il est riche en fossiles , tels que polypiers, coquilles (trilobites, lituites, etc.).

Terrain dévonien (du nom de Devonshire, où il a été étudié). Il est caractérisé par des grès de différente nature : ce sont les premiers dépôts qu'on nomme en Angleterre *vieux grès rouge* , et qui renferment des débris de roches siluriennes; on y trouve aussi des grès schisteux, des calcaires divers, au milieu desquels existent des couches d'anthracite, qui nous offrent les plus anciens combustibles charbonneux que nous connaissions aujourd'hui. Cette couche renferme déjà des fougères, des calamites, des coquilles (calcéole, clyménie, térébratule). Très répandue dans la nature, elle existe en Bretagne , dans la Mayenne, la Sarthe, les Pyrénées, etc. Dans quelques endroits, en Derbyshire, par exemple, elle renferme de grandes richesses minérales.

Terrain houiller ou *carbonifère*. Il est nettement caractérisé par l'anthracite et surtout par la grande quantité de houille qu'il contient dans sa partie supérieure; la partie inférieure se compose d'un calcaire compacte et bitumineux, qui fournit au commerce des marbres de Flandre et de Belgique connus sous le nom de *marbres écaussines* ou *petit granite*, ainsi que le marbre de Namur et de Dinan, exploité sous le nom de *marbre de Sainte-Anne*. Outre la houille, formée par une accumulation de végétaux décomposés, dont, au microscope, on reconnaît les débris, les dépôts houillers présentent un grand nombre de plantes qui ont conservé leurs caractères : ce sont des tiges et des troncs d'arbres disséminés dans les grès, des feuilles diverses qui ont laissé leurs empreintes dans les schistes et les argiles. Ces débris se rapportent aux fougères, aux équisétacées, aux lycopodiacées, aux conifères, et à divers genres de plantes, entièrement perdus, qui se rapprochent de la famille des cycadées. On connaît aussi quelques poissons dans les bassins houillers continentaux qui appartiennent à des genres voisins de l'esturgeon. Mais les coquilles marines y sont rares. — « Les Terrains houillers ne peuvent se montrer au jour qu'à la surface ou sur les bords des terrains mis à sec, et formés dès lors par les dépôts dévonien, silurien, cumbrien, ou ceux qui les ont précédés. S'il en existe au-delà de cette limite, ils sont nécessairement cachés par toutes les matières postérieurement formées, et sous lesquelles on va quelquefois à grands frais chercher le combustible. De là il résulte que le Terrain houiller occupe en général peu de place à la surface du globe. En France, tous les dépôts connus ne paraissent guère former que 1/200 de la superficie de notre territoire. En Belgique, en Angleterre, ils sont relativement beaucoup plus étendus, beaucoup plus riches, car dans la première de ces contrées leur superficie est de 1/24 de celle du royaume, et dans la seconde, de 1/20. Les autres États de l'Europe sont au contraire beaucoup plus pauvres, et il en est même, comme la Suède, la Norvége, la Russie, l'Italie, la Grèce, qui sont presque entièrement privés de ces précieuses formations, bien qu'on puisse y trouver quelques dépôts qui appartiennent à l'anthracite des Terrains dévoniens. »

Terrain pénéen (c'est-à-dire pauvre, rare). Composé de grès et de calcaires, il se compose de plusieurs dépôts dont les plus bas offrent des grès généralement de couleur rouge, très abondants en Thuringe; il manque très souvent dans la série des Terrains. On y trouve pour la première fois des débris de reptiles sauriens, reconnus depuis longtemps dans les schistes cuivreux et de Zechstein, puis dans le calcaire magnésien de l'Angleterre ; ces fossiles sont voisins des genres vivants iguanes et monitor. On y trouve aussi des poissons analogues à ceux du terrain houiller, mais qu'on ne rencontre plus au-delà de la formation qui nous occupe.

Terrain de trias (ainsi appelé parce qu'il se compose de 3 dépôts très distincts). Dépôt de grès, dépôt de marnes, chacun très varié de couleur (*grès bigarrés* et *marnes irisées*), et entre ces deux matières se trouve interposé, dans certaines localités, mais pas partout, pas en Angleterre ni en France, un grand dépôt calcaire. Les marnes irisées renferment des débris nombreux de plantes qui paraissent pour la première fois et qui se rapportent aux cycadées ; les grès possèdent des espèces particulières de conifères. Il y a aussi dans ces Terrains plusieurs espèces de grands sauriens qu'on a trouvés, d'une part à Lunéville, de l'autre dans le Wurtemberg. On a trouvé sur le grès bigarré des empreintes de pas d'oiseaux et de batraciens.

Terrain jurassique (du nom des montagnes du Jura qui en sont formées). Il se compose de dépôts alternatifs d'argile plus ou moins sableuse et de calcaires de diverses sortes, fréquemment oolithiques, ce qui lui a valu aussi le nom de *Terrain oolithique*. Ses nombreuses assises sont partout concordantes, ce qui semble annoncer une longue période de tranquillité à la surface de l'Europe. Néanmoins, pour la facilité de l'étude, on peut, d'après divers caractères, diviser l'ensemble en deux systèmes, et chacun d'eux ensuite en plusieurs groupes.

Le *système du lias*, qui commence la série, peut être considéré comme composé de trois parties : 1° matières variées (*grès du lias*, dépôts métallifères, calcaires de diverses sortes); 2° calcaires compactes grisâtres ou bleuâtres, en couches peu épaisses, séparées par des lits de marnes feuilletées (*lias* proprement dit) ; 3° calcaires à bélemnites; ce qui forme un caractère très important de ces premiers dépôts jurassiques, c'est l'apparition des bélemnites, dont, jusqu'alors, on n'a pas trouvé de traces ; mais chaque couche, en outre, se distingue par quelques fossiles particuliers, qui sont le *pecten lugdunensis*, des vers échinides pour les assises inférieures, la griphée arquée, l'ammonite de Buckland, le plagiostome pour la couche moyenne; des bélemnites, des ammonites et des avicules pour la partie supérieure.

C'est aussi dans le *lias* que se trouvent pour la première fois ces singuliers sauriens dont l'ostéologie rappelle à la fois les lézards, les crocodiles, les poissons, les mammifères, et dont les pieds, en forme de rames, annoncent une habitation tout aquatique : tels sont les *ichthyosaures*, dont quelques-uns devaient avoir plus de 7 mètres de long ; les *plésiosaures*, dont quelques individus n'avaient pas moins de 4 mètres, et si remarquables par la longueur de leur cou, qui ressemble au corps d'un serpent par la forme et la structure. C'est également à cet étage de la série jurassique que se trouvent pour la première fois les ptérodactyles. Les sauriens voisins des crocodiles paraissent avoir été peu abondants à cette époque ; néanmoins le lias en présente des débris qui prouvent déjà leur existence, et surtout un grand développement de dimension. Celui qu'on a nommé *mégalosaure*, qui tient à la fois du crocodile et du monitor, devait avoir 15 à 20 mètres de longueur. Le lias contient des poches d'encre de seiches, et l'encre ou *sepia* qu'on peut en tirer est encore aussi bonne que celle qu'on prépare avec la seiche commune. Enfin le lias offre déjà quelques fruits de palmiers, mais surtout des fougères, des cycadées.

Le *système oolithique* du Terrain jurassique présente une série de couches calcaires, souvent très épaisses, qui offrent fréquemment le caractère oolithique, et qui sont entremêlées de couches de sable, d'argile et de marne plus ou moins considérables. Il peut se partager en plusieurs groupes qui se distinguent les uns des autres par leur position relative dans l'échelle de hauteur,

et bien plus encore par les fossiles divers qu'on y trouve : tous les débris caractéristiques des groupes précédents ont entièrement disparu. C'est d'abord le groupe de la *grande oolithe* (couches marneuses, oolithes ferrugineuses, bancs de calcaires compactes, argiles), qui présente des gryphées, des térébratules, des ammonites et les premiers mammifères fossiles de l'ordre des marsupiaux, l'un des plus imparfaits, des conifères, des fougères, des prêles. Ensuite vient le groupe *oxfordien*, qui présente de puissantes couches d'argile ; au-dessus, des sables et des calcaires, et dans lequel sont les dépôts de fer oolithique qu'on exploite dans la Bourgogne. Il est riche en fossiles, surtout en ammonites. Vient ensuite le groupe *corallien*, qui est presque entièrement calcaire ; puis le groupe *portlandien*, séparé du pré-

Fig. 1282-1283. — Ammonite.

cédent par de puissants dépôts d'argile, au-dessus desquels le Terrain jurassique se termine par des alternances de calcaires compactes, marneux, sableux ou oolithiques à très petits grains. On rapporte à ces parties supérieures des dépôts jurassiques, la pierre lithographique de Solenhofen en Bavière, dans laquelle on a trouvé une immense quantité de fossiles, de reptiles et surtout de ptérodactyles, de poissons, d'insectes, de plantes, etc.

Terrain crétacé. On le divise en couche inférieure et couche supérieure. Le *crétacé inférieur* présente divers étages (couches alternatives de calcaire, de sables ferrugineux et d'argile, grès vert, craie tuffeau, etc.) : on y trouve des paludines, des cyclades, des anodontes, plusieurs espèces de poissons et de tortues également d'eau douce, mêlées à des sauriens marins et terrestres. C'est dans ces terrains que commencent les vrais

squales, qui ont remplacé les poissons sauroïdes du calcaire carbonifère et les sauriens nageurs du lias. Leur taille a dû être considérable dans le principe, car dans nos espèces actuelles de 10 mètres de long, les dents n'ont pas plus de 4 à 5 centimètres de hauteur sur 5 à 6 de large à la base, et parmi les débris fossiles nous trouvons de ces organes qui ont jusqu'à 12 centimètres. On estime que l'animal qui les portait devait avoir de 20 à 25 mètres, et que la gueule ouverte devait présenter 3 mètres de diamètre. — Le *crétacé supérieur* se compose de dépôts souvent formés de l'espèce de calcaire terreux qui renferme une grande quantité de foraminifères, et qu'on nomme proprement *craie*. C'est dans la craie sableuse qui termine les dépôts crétacés supérieurs qu'on a trouvé l'énorme saurien, connu sous le nom d'*Animal de Maëstricht*, lequel n'avait pas moins de 8 mètres de long. La craie nous offre aussi des débris qui se rapportent aux lamentins et aux dauphins, les coquilles nommées *hippurites*, dont le nombre est souvent considérable. Au-dessus des couches à hippurites des Corbières, on trouve des dépôts puissants de calcaire presque entièrement formés de nummulites, coquilles qu'on avait coutume d'indiquer comme caractéristiques des dépôts par lesquels on commence les formations tertiaires.

Terrain parisien. Dépôts de sable, d'argile et de calcaire : les sables sont dominants autour de Bruxelles, les argiles aux environs de Londres, le calcaire autour de Paris. Au-dessus de la craie se trouve d'abord l'*argile plastique*, qui est blanche et très pure aux environs de Montereau; au-dessus de ces argiles se trouve çà et là une couche de sable, puis des dépôts calcaires très sableux, enfin des dépôts de calcaire grossier. Ces calcaires renferment une quantité prodigieuse de foraminifères : les coquilles qu'on y trouve ont beaucoup plus d'analogie avec celles que nous connaissons. Au-dessus de l'argile plastique se trouve le calcaire siliceux, le gypse, les meulières. Le gypse est au-dessus ou au-dessous du calcaire siliceux : dans le premier cas, on peut l'exploiter par des galeries horizontales, comme à Montmartre. C'est dans cette couche, dans la pierre à plâtre qu'ont été reconnus par Cuvier les nombreux débris des mammifères fossiles auxquels on a donné les noms d'*anoplothérium* et de *paléothérium*.

Terrain de molasse. « Au-dessus des gypses et des matières argileuses qui les accompagnent, se trouvent des dépôts de sables souvent d'une très grande épaisseur, les uns colorés par l'hydroxyde de fer, les autres blancs et purs. Ces sables forment souvent alors des masses de grès qui tantôt n'offrent aucun débris organique, ou seulement des coquilles roulées du calcaire grossier, tantôt, au contraire, renferment des coquilles qui ont assez souvent perdu leur test, et n'ont laissé que leurs empreintes. La forêt de Fontainebleau nous présente les grès purs qui servent au pavage de Paris; Montmartre et plusieurs points autour de la forêt de Montmorency, etc., nous offrent des grès coquilliers qui pourraient bien indiquer une autre formation. » Sur ces grès reposent des dépôts lacustres formant tantôt les meulières coquillières, tantôt des calcaires plus ou moins durs. C'est dans la molasse que se trouvent les débris de *mastodontes*, de *dinothérium*. On y reconnaît beaucoup de plantes dicotylédones; des dépôts d'oxyde de fer, par exemple, les minerais superficiels du Nivernais, du Berry, du Périgord.

Terrain subapennin. Au-dessus de la molasse se présentent encore d'autres dépôts, tantôt lacustres, tantôt marins, qui se trouvent avec elle en stratification discordante, et annoncent par cela même une nouvelle époque de formation. Les dépôts lacustres, qu'on observe particulièrement dans la Bresse, où commence un vaste bassin qui s'étend jusqu'à Valence, sont composés de dépôts alternatifs de galets plus ou moins volumineux, de sables et d'argile grossière, dont l'une ou l'autre domine suivant les localités, et au milieu desquels se trouvent çà et là des amas qui renferment des coquilles fluviatiles.

Terrains diluviens. « On a nommé *diluvium* des dépôts qui se sont formés après les terrains subapennins, et qui semblent avoir peu de rapport avec ce que nous voyons se faire aujourd'hui. Le nom qui leur a été donné tient à ce que, dans le principe, on les a regardés comme le résultat du déluge universel, dont le récit exposé dans la Bible se reconnaît même dans les traditions de tous les peuples ; mais il est à croire qu'ils n'ont rien de commun avec ce fait important; car nulle part on n'y a trouvé la moindre trace d'industrie, et il n'y existe pas de débris humains, qui s'y seraient sans doute aussi bien conservés que les ossements d'éléphants et de tous les autres animaux qu'on y rencontre. En Angleterre, on nomme particulièrement *drift* tout ce qui, dans ces dépôts, a paru résulter de l'action des courants, tant ceux des rivières que des mers. » Une grande partie de ces dépôts suivent la direction des vallées actuelles en bandes peu larges. Les dépôts diluviens présentent de nombreux débris d'éléphants, de rhinocéros, etc.

« Un des phénomènes les plus remarquables qui ont précédé ou accompagné la formation diluvienne est celui des roches arrondies, usées, polies, striées et cannelées, qui annoncent avec évidence le frottement des corps durs, en même temps qu'ils montrent la direction imprimée aux masses que la nature mettait en jeu. Depuis que Saussure a fait remarquer les sillons qui se trouvent sur les pentes du Salève, et les a considérés comme les ornières du char qui a transporté les cailloux et les blocs des environs de Genève, on a observé partout des phénomènes du même genre : dans le Jura, dans les Vosges, dans le Westmoreland et le Cumberland en Angleterre, en Suède, en Norvége, en Laponie, en Finlande, dans l'Amérique du Nord, etc. »

Terrain moderne. Ici se trouve rangé tout ce qui se fait de nos jours, tout ce dont la formation paraît se rattacher à l'état actuel du globe : l'établissement des cordons littoraux, le remplissage des lagunes qu'ils ont produites, et tout ce qui s'est fait dans les deltas ; la formation des dunes et leurs envahissements successifs ; le remplissage des lacs et des marais; enfin les dépôts qui se forment aujourd'hui dans les mers et tout ce qui en a été soulevé depuis l'ordre de choses actuel.

III. **Terrains plutoniques.** Ce sont ceux qui, par l'effet d'éruptions émanées du sein de la terre à l'état de fusion ignée, se trouvent intercalés dans les masses stratifiées de toutes les époques, particulièrement des époques anciennes. Ce sont : 1° le *T. granitoïde*, comprenant les granites, syénites, diorites, pegmatites, etc., qui remplissent de larges fissures, par lesquelles s'est épanchée la matière incandescente, dans la plupart des pays accidentés et montagneux, comme dans plusieurs parties des Alpes, des Pyrénées, de la Bretagne, des Vosges, de l'Auvergne, du Limousin, etc. ; les chaînes des montagnes sont souvent et très généralement d'une forme arrondie ; — 2° le *T. porphyroïde*, qui comprend différentes roches, parmi lesquelles dominent les porphyres ; — 3° le *T. trachyto-basaltique*, composé de roches feldspatiques (trachytes) et de roches pyroxéniques (basaltiques) : la plupart des volcans, éteints ou en activité, sont établis sur les trachytes, comme au centre de la France, aux îles du Cap-Vert, et surtout en Amérique, dans la grande chaîne des Andes ; — 4° le *T. volcanique* ou *T. lavique* (de *lave*), qui comprend les dépôts résultant des éruptions survenues depuis le commencement de l'époque historique jusqu'à nos jours.

TERRE. Planète. — Forcé de réduire cet article à une courte notice, nous emprunterons ce résumé au Dictionnaire des sciences et des arts de Bouillet.

« La Terre est située entre Vénus et Mars, et tient le milieu entre les planètes qu'on appelle, par rapport à elle, *P. supérieures*, et celles qui ont reçu le nom de *P. inférieures.*

La Terre est animée d'un mouvement de *translation* et d'un mouvement de *rotation*. Le premier s'effectue d'occident en orient dans un orbe elliptique dont le soleil occupe un des foyers, et

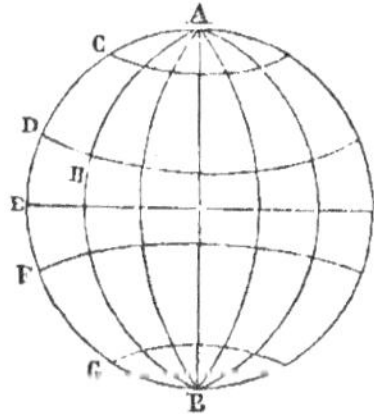

Fig. 1284. — Globe terrestre.

(A, Pôle arctique ; — B, Pôle antarctique ou Sud ; — C, Cercle polaire arctique ; — G, Cercle polaire antarctique ; — D, Tropique du Cancer ; — F, Tropique du Capricorne ; — E, Équateur.)

cet orbe est dans le plan de l'écliptique. La Terre fait sa révolution autour du soleil dans l'intervalle de 365 jours 5 heures 48' 51" ; c'est ce qu'on nomme l'*année sidérale*, qui surpasse d'environ 20 minutes l'*année tropique*, c'est-à-dire le temps que le soleil emploie dans son mouvement apparent à revenir à l'équinoxe du printemps. Le mouvement de la Terre dans son orbite donne naissance à un mouvement apparent du soleil dans l'écliptique. La rotation de la Terre s'effectue d'occident en orient, dans l'intervalle de 23 heures 56' 4". Cette rotation donne

lieu au mouvement apparent diurne du soleil et de tous les corps célestes d'orient en occident. — Le centre de la Terre ne quitte jamais le plan de l'écliptique, avec lequel son axe fait un angle de 20 degrés ; cette inclinaison est à peu près constante, de sorte que le soleil ne répond jamais perpendiculairement deux instants de suite au même point de la surface de la Terre ; c'est ce qui occasionne le changement des saisons. La distance moyenne de la Terre au soleil est d'environ 38 millions de lieues ou 152 millions de kilomètres ; sa masse est à celle du soleil dans le rapport de 1 à 354,936.

La figure de la Terre est à peu près celle d'un ellipsoïde ; elle est renflée vers l'équateur et aplatie aux pôles ; son diamètre équatorial est de 12,754,863 mètres ; son diamètre polaire, de 12,712,251 mètres.

La théorie de la Terre a préoccupé les savants dès la plus haute antiquité ; elle occupe la place principale dans toutes les Cosmogonies, soit religieuses, soit philosophiques. Les observations des Géologues ont démontré que la Terre n'était arrivée à son état actuel qu'après avoir subi, pendant un temps incalculable, de nombreuses révolutions dont on voit partout la trace. Trois principaux systèmes physiques ont été proposés pour expliquer ces révolutions : les *Hydrogéens* ou *Neptuniens*, à l'exemple de Thalès, font jouer le plus grand rôle à l'eau ; les *Pyrogéens* ou *Vulcaniens* supposent que la Terre a été originairement en combustion et semblable au soleil, et que, cette combustion ayant cessé, le globe s'est peu à peu refroidi ; parmi ceux-ci, quelques-uns, Buffon entre autres, prétendent que le globe est formé d'un fragment du soleil détaché de cet astre par le choc d'un astre quelconque et lancé dans l'espace ; les *Almogéens*, à la tête desquels sont Laplace et Herschell, supposent que l'atmosphère du soleil, en vertu d'une chaleur excessive, se serait étendue au-delà des orbes de toutes les planètes et s'y serait resserrée successivement jusqu'à ses limites actuelles : les planètes auraient été formées aux limites successives de cette atmosphère, par la condensation des gaz qu'elle aurait abandonnés dans le plan de son équateur, en se refroidissant et en se condensant à la surface de l'astre ; ces gaz refroidis auraient formé de petits globes qui se seraient unis les uns aux autres. — Tout tend à prouver que la Terre a été d'abord incandescente et qu'elle s'est refroidie graduellement : l'existence d'un foyer intérieur est démontrée par l'accroissement de chaleur que l'on constate dans les diverses couches du globe à mesure qu'elles sont plus profondément situées : cet accroissement est d'un degré centigrade environ pour 30 mètres de profondeur.

Quant à la figure de la Terre, les anciens la regardèrent longtemps comme une surface plate ; cependant Pythagore et les astronomes grecs ont admis qu'elle était ronde. Aristote rapporte déjà une estimation de la grandeur de la Terre. Les premières tentatives exécutées avec des moyens réellement scientifiques furent faites par les astronomes arabes qui, sous le calife Al-Mamoun, mesurèrent un degré du méridien. Cependant, jusqu'au commencement du xvie siècle, on demeura sans aucune mesure exacte de la Terre. En 1550, Fernel mesura un degré du méridien, de Paris à Amiens, en prenant pour mesure la circonférence d'une des roues de sa voiture, à laquelle était adapté un compteur mécanique qui notait le nombre des tours de roue. Dans le siècle suivant, Snellius imagina l'emploi d'une chaîne de triangles pour mesurer l'arc qui s'étend d'Alkmaër à Malines. En 1635, Norwood mesura la route de Londres à York. Ces tentatives diverses n'avaient fourni que des résultats très imparfaits, lorsque, en 1670, Louis XIV donna à l'Académie des sciences la mission de déterminer la forme de la Terre : c'est alors que Picard mesura avec précision l'espace d'un degré qui sépare Amiens de Malvoisine. En 1738, Bouguer et Lacondamine allèrent mesurer un degré au Pérou, et Maupertuis opéra en même temps en Laponie. Leurs résultats ne laissèrent plus de doute sur l'aplatissement des pôles. Dans les années suivantes, Lacaille, Dominique Cassini, Lahire, Boscovich, Beccaria et d'autres savants firent de nouvelles observations; ils avaient pour but non-seulement de mesurer l'aplatissement du globe, mais aussi d'arriver à la détermination d'une unité de mesure de longueur qui fût invariable comme la Terre elle-même. Les travaux exécutés pendant la Révolution par Delambre et Méchain complétèrent ces recherches et fixèrent la longueur du *mètre*.— V. *Terrain*.

Dans le langage ordinaire, le mot *Terre* désigne la partie superficielle du globe dans laquelle croissent et se développent les végétaux, la matière dont le sol semble être principalement formé. Ainsi comprise, la Terre était autrefois un des quatre éléments. Les philosophes de l'antiquité admettaient une *Terre élémentaire* ou *Terre primitive* qui existait, selon eux, dans tous les composés solides, et qu'on devait obtenir comme résidu après avoir épuisé sur ces composés tous les moyens de décomposition. Les Alchimistes firent de longues recherches pour trouver cette Terre, parce qu'ils s'imaginaient que, comme l'or est le plus pur des métaux, la Terre primitive devait faire partie de la composition de ce métal. — Dans le langage chimique moderne, on désigne encore sous le nom de *Terres* certains oxydes, tels que la chaux, la strontiane, le baryte, l'alumine, la zircone, la glucine, etc. Les trois premières portent plus particulièrement le nom de *Terres alcalines*. — Humphry Davy a le premier reconnu, en 1807, la nature composée de ces Terres.

En Agriculture, on distingue 3 sortes de Terres : la *Terre sableuse*, ou *sablonneuse*, où domine la silice ; la *T. argileuse*, où domine l'alumine ; la *T. crayeuse* ou *T. calcaire*, où domine la chaux. — La *T. végétale* est formée par les débris animaux et végétaux décomposés et mêlés à diverses substances huileuses et salines : elle constitue la couche la plus extérieure du globe. Sa couleur est noirâtre : c'est la plus favorable pour la végétation. »

TERNSTRÆMIACÉES. Famille de Plantes dont font partie le *Thé*, le *Camélia*, etc. — V. *Thé*.

TESTACÉS. Nom donné aux Mollusques à *test*, c'est-à-dire pourvus de coquille (V. *Coquille*), comme l'Huître, la Moule, l'Escargot ; on l'oppose à *Crustacés*. — Lorsqu'on étudie le Test des Mollusques, généralement connu sous le nom de Coquilles, on observe que le plus grand nombre de ces animaux en sont pourvus et que la coquille est le plus souvent externe, et seulement interne dans quelques groupes (Limaces, Spirules, Seiches), en partie interne et en partie externe dans d'autres (Aplysies), qu'on n'en trouve que des rudiments à l'intérieur (Arions), ou nul vestige dans tous les temps de la vie (Poulpes, Ascidies), ou que cette coquille n'existe que dans le très jeune âge (Nudibranches), d'après les observations de Sars.

TÉTARD. Nom donné aux jeunes Batraciens, tels que les Grenouilles, les Crapauds et les Salamandres, qui naissent avec des formes différentes de celles qu'ils auront à l'état adulte. Ces reptiles

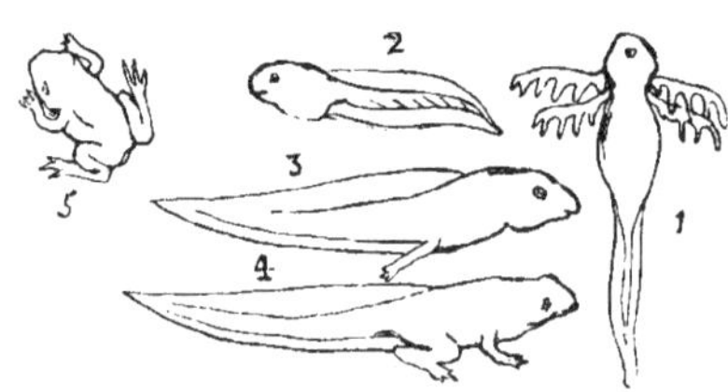

Fig. 1285-1286-1287-1288. — Têtards.

(1, Têtard, 1er état ; — 2, Têtard dont les panaches branchiaux ont disparu ; — 3, Têtard de grenouille dont les pattes postérieures sont déjà visibles ; — 4, Le même avec toutes les pattes ; — 5, Animal parfait. Mais avant d'en arriver là la queue s'est graduellement effacée.)

sont ainsi nommés parce que, dans cet état, ils ne semblent composés que d'une *tête* et d'une queue.

« En naissant, ils n'ont pas encore de pattes, et leur corps se continue en arrière en une longue queue aplatie qui leur sert de nageoire; enfin, ils portent de chaque côté du cou de grandes branchies en forme de panache, et leur squelette est cartilagineux.

Quelquefois les branchies extérieures persistent pendant toute la vie, et fonctionnent chez l'animal adulte de concert avec les poumons dont celui-ci est toujours pourvu: c'est le cas pour les protées, les axolotls et les sirènes. Mais chez la plupart des batraciens, ces panaches vasculaires ne tardent pas à se flétrir et à disparaître , sans que la respiration cesse d'être aquatique; car les Têtards possèdent , en outre , des branchies intérieures, comme les poissons. Ces derniers organes sont fixés sous le cou, le long de quatre cartilagineux appartenant à l'hyoïde et sont recouverts par la peau; l'eau y arrive par la cavité de la bouche, et s'échappe ensuite au dehors par un ou deux orifices situés sous le cou. Bientôt les pattes commencent à se montrer. Chez les Têtards de Grenouilles , ce sont les pattes postérieures qui se forment d'abord, et elles acquièrent une longueur assez considérable avant que les pattes antérieures soient devenues visibles ; celles-ci se développent sous la peau qu'elles percent plus tard. Chez les Salamandres, c'est l'inverse qui s'observe ; les pattes postérieures manquent encore lorsque celles de la première paire sont déjà assez développées ; enfin chez les Sirènes , ces dernières ne se forment jamais ; et pendant toute sa vie , l'animal demeure pourvu des deux pattes antérieures seulement. La queue du Têtard continue à grandir en même temps que le reste du corps chez les Salamandres, les Protées, etc. Mais chez les Grenouilles et beaucoup d'autres batraciens , cet appendice commence à se flétrir lorsque les pattes sont développées, et s'atrophie peu à peu de façon à disparaître complètement chez l'animal parfait. Vers la même époque , les poumons se développent et commencent à fonctionner, de sorte qu'à cette période de leur existence, les Batraciens méritent à tous égards le nom d'Amphibiens. Quelquefois, ainsi que nous l'avons déjà dit, ils conservent les branchies pendant toute la vie, et restent par conséquent toujours de véritables amphibies ; mais en général ces organes de respiration aquatique s'atrophient à mesure que les poumons se développent, et chez l'adulte il n'en reste plus de traces. »

TÉTRACÈRE. Sous-genre d'Antilopes, qui sont assez petites, et qui n'ont de cornes que dans les mâles; mais elles en ont deux paires au lieu d'une, ce qui leur donne 4 cornes : de là le nom de *Tétracère.*

Le T. Tchickara est une espèce de l'Inde, dont la taille est celle de la Dorcade à peu près, mais avec des proportions moins élégantes ; son pelage est de couleur baie, sauf aux parties intérieures qui sont blanchâtres.

TÉTRAGNATHE (*Tetragnatha*). Ce nom, qui veut dire *quatre mâchoires*, sert à désigner un genre d'Aranéides sédentaires qui a deux paires de mâchoires , le corps étroit et long , les pattes très allongées , très fines, dirigées en avant et en arrière longitudinalement. — Ces Araignées forment une toile à réseaux réguliers composés d'une spirale croisée par des rayons droits, lesquels partent d'un centre où ces animaux se tiennent immobiles, les pattes étendues longitudinalement.

La T. étendue est la seule espèce d'Europe.

Corps roussâtre, abdomen d'un vert jaunâtre doré. Elle forme sur les buissons, les plantes, près des ruisseaux et des mares , une toile verticale , au centre de laquelle elle se tient. Lister l'a vue s'accoupler, le 25 mai, vers le coucher du soleil. Les deux sexes sont suspendus en l'air et par le moyen d'un fil, sous la toile. Ils appliquent naturellement leur ventre l'un contre l'autre ; le mâle est en dessous, et son abdomen s'étend en ligne droite ; celui de la femelle est courbé , et son extrémité postérieure touche la base du ventre de l'autre individu. Leurs pattes et leurs chélicères sont entrelacées. Leur réunion s'opère, comme chez les autres Aranéides , par le jeu alternatif des palpes. Un tubercule que l'on observe à leur dernier article est le seul organe fécondateur que ce naturaliste ait bien connu. Le même observateur ayant renfermé dans une boîte deux femelles, l'une d'elles tua l'autre sur-le-champ, se mit à la sucer , et une secousse de la boîte l'ayant forcée d'abandonner sa proie, elle revint la chercher et la saisir.

Fig. 1289. — Coléoptère Tétramère (Aterpe).

TÉTRAMÈRES (de *tetra*, quatre ; *meros*, partie). Section de l'ordre des Coléoptères, à laquelle appartiennent ceux de ces insectes qui offrent seulement 4 articles à tous les tarses. — On y trouve les 5 familles suivantes : *Curculionites*, *Xylophages, Longicornes, Eupodes* et *Cycliques.*

TÉTRAS (*Tetrao*). Linné confondait sous ce nom les Perdrix, les Cailles, les Francolins, les Lagopèdes et les Tétras proprement dits. Actuellement ces derniers forment un genre distinct, caractérisé de la manière suivante : bec courbé dès la base, à mandibule supérieure plus longue et plus large que l'inférieure; bande verruqueuse plus ou moins rouge au-dessus des yeux ; pieds plus ou moins emplumés, les 3 doigts antérieurs nus, réunis à leur base par une membrane ; le pouce porte à terre par son extrémité; la queue est de 16 ou 18 pennes. — Ainsi défini, le genre

Tétras comprend aussi les *Gelinottes*, dont il a été parlé précédemment.

Les Tétras habitent les grandes forêts des contrées montagneuses ; ils sont solitaires et polygames; ils se tiennent à terre et montent sur les arbres. Leur vol est lourd, mais rapide; leur marche grave, et leur course légère. Ils se nourrissent de bourgeons de pins et de bouleaux, de baies et d'insectes.

Tétras urogalle (*T. urogallus*), vulg. *Grand*

Fig. 1290-1291. — Coq de bruyères (mâle et fem.).

Coq de bruyères. C'est la plus grande espèce des Gallinacés d'Europe ; elle a un mètre de longueur. Queue large, arrondie, de 18 pennes; plumage ardoisé, rayé finement en travers de noirâtre ; la femelle est fauve, à lignes transversales brunes. — Cet oiseau habite les forêts des hautes montagnes de l'Europe et du nord de l'Asie ; il se nourrit de bourgeons et de baies. Le mâle peut relever en aigrette les plumes de sa tête et faire la roue avec sa queue. Il est très défiant, mais, dans la saison des œufs, il se laisse approcher si l'on profite, pour avancer, du moment où il chante; du reste, on n'a pu parvenir à l'élever en domesticité. Il niche à terre, sous des broussailles; pond 6 à 15 œufs jaunâtres, tachetés de fauve, que la femelle couve seule, après s'être isolée du mâle qui, nous le répétons, est polygame. La chair de cet oiseau est excellente et recherchée.

Tétras gelinotte ou *Poule des Coudriers.* — V. *Gelinotte.*

Tétras a queue fourchue (*T. tetrix*), vulg. *Petit Coq de bruyères, Coq de bouleaux.* Queue fourchue, contournée sur les côtés, composée de 16 pennes, et dépassée au milieu par les sous-caudales. Taille moitié moindre que celle de l'espèce précédente. — Cet oiseau vit aussi dans les bois des grandes montagnes ; on le trouve en assez grand nombre en Allemagne et en France. La ponte est de 8 à 12 œufs d'un jaune terne, parsemé de grandes et de petites taches rousses.

Le Tétras Cupidon (*T. Cupido*) est une espèce du Nouveau-Monde très curieuse. Le mâle a de chaque côté du cou un faisceau de plumes noires qui reste pendant lorsque l'oiseau est en repos, mais qui se déploie en éventail lorsque quelque chose l'excite. En outre, il a, à peu près à la hauteur des faisceaux de plumes dont nous venons de parler, deux poches extraordinaires, grandes, lorsqu'elles sont bien développées, comme la moi-

Fig. 1292. — Tétras d'Écosse.

tié d'une orange ordinaire, composées d'une peau jaune et formées par la dilatation de l'œsophage ainsi que de la peau extérieure du cou. Vieillot a étudié les mœurs de ces oiseaux. « C'est en mars, dit-il, que ces Tétras se recherchent. Alors le chant du mâle a cela de particulier, qu'en gonflant sa gorge et son cou, comme le font à peu près quelques races de nos pigeons domestiques, tels que les Boulans, les Glousglous, etc., il se fait entendre à plusieurs milles de distance. L'espèce de son qu'il rend ressemble au bruit que font les ventriloques, et celui qui l'entendrait de près ne le percevrait pas assez nettement pour ne pas croire qu'il en est éloigné de plus d'une demi-lieue. Les Anglais expriment cette voix par le mot *tooting*, à cause du rapport qu'ils lui trouvent avec le son du cor entendu de fort loin. C'est par le moyen des deux poches dont nous avons parlé que le mâle Cupidon produit ce bruit extraordinaire qui, au dire de Vieillot, paraît composé de trois notes sur le même ton, fortement accentuées et semblables à celles du Chat-huant, mais beau-

Fig. 1293-1294. — Tétras à queue fourchue (mâle et femelle).

coup plus basses. Lorsque plusieurs de ces oiseaux roucoulent à la fois, il est impossible que l'oreille saisisse et distingue ces triples notes ; on n'entend plus qu'un bourdonnement continuel, désagréable et fatigant surtout, parce qu'il est difficile de saisir le point d'où il part et la distance qui en sépare. C'est en chantant ainsi que le mâle déploie toutes ses grâces ; il se pavane comme le Dindon, secoue le cou, hérisse les plumes qui le couvrent, et fait la roue en passant devant la femelle et près des autres mâles qu'il semble défier. De temps en temps, on entend quelques éclats assez semblables à ceux que ferait une personne que l'on chatouillerait vivement, en sorte que, dit Vieillot, par sympathie, on se sent disposé à rire. C'est pendant le combat que les mâles poussent ces grands éclats. Tout ce tapage commencé un peu avant le point du jour, finit vers les neuf heures du matin, les combattants étant alors plus pressés de pourvoir à leur nourriture que de continuer à rester l'un en face de l'autre pour, au fond, ne jamais se faire du mal. » — La chair du Cupidon est excellente.

TÉTRODON (*Tetraodon*). Genre de Poissons de l'ordre des Plectognates, famille des Gymnodontes: mâchoires divisées dans leur milieu par une suture, de manière à présenter l'apparence de 4 dents, 2 en dessus, 2 en dessous; peau n'étant garnie que de petites épines peu saillantes. — On connaît un assez grand nombre d'espèces qui, comme les Dindons, peuvent se gonfler à volonté en introduisant une énorme quantité d'air dans leur estomac, et qui font entendre un bruit particulier quand on les retire de l'eau ; toutes sont de petite taille, étrangères à l'Europe, propres aux eaux de la mer ou des fleuves ; quelques-unes passent pour être fortement vénéneuses.

Le TÉTRODON A LIGNES (*T. lineatus*) est long d'environ 33 centim.; dos et flancs rayés longitudinalement de brun et de blanchâtre. — Ce poisson, type du genre, est assez commun dans le Nil ; ce fleuve le rejette souvent sur les terres pendant les inondations, et il sert alors de jouet aux enfants, malgré la répugnance des parents, qui regardent ce poisson comme vénéneux.

THALASSITES. On donne ce nom aux Tortues de mer. — V. *Chélonés.*

THÉ (*Thea*). Genre de la famille des Ternstrœmiacées, tribu des Camelliées, renferme des arbres et des arbrisseaux exotiques, à rameaux brunâtres; à feuilles alternes, ovales, lancéolées, dentées sur leurs bords ; à fleurs blanches, d'une odeur agréable: calice à 5 folioles; corolle de 6 à 9 pétales; étamines nombreuses ; anthères incombantes ; ovaire à 3 loges, appliqué sur un disque jaune et surmonté d'un style simple; fruit en forme de capsules arrondies, à deux ou trois loges, contenant autant de graines.

L'espèce type est le THÉ DE CHINE (*Thea sinensis*), vulg. *Arbre à thé:* c'est un joli arbrisseau d'un à deux mètres de haut ; ses feuilles sont persistantes, d'un beau vert en dessus, d'un vert pâle en dessous ; ses fleurs ne paraissent qu'en automne. — A cette espèce se rattachent deux variétés importantes, que quelques Botanistes considèrent comme des espèces distinctes : le THÉ VERT (*Thea viridis*), d'une taille plus élevée, à feuilles plus étroites, à fleurs 9-pétalées ; et le **Thé bou** (*Thea bohea*), à feuilles un peu rugueuses, à fleurs de 6 pétales. On distingue encore le *Thé sesangua* ou *sasangua*, à rameaux sarmenteux ; à feuilles lancéolées, luisantes, arquées en arrière ; à fleurs blanches, dont les pétales sont plus longs que dans les espèces précédentes. Toutes les espèces se multiplient par graines, ou par boutures, rejetons et marcottes, qu'on fait au printemps, sous châssis.

« Le Thé est cultivé en Chine de temps immémorial, et c'est encore ce pays qui fournit au commerce les thés les plus recherchés. De la Chine,

Fig. 1295. — Thé de Chine.

la culture du thé a été importée dans l'Inde, où elle se fait en grand, surtout dans la province d'Assam ; au Brésil, où elle a très bien réussi ; aux îles de France et Bourbon, etc. On a même essayé d'acclimater le Thé en France, notamment aux environs d'Angers.

« Ce qui constitue le *Thé du commerce*, ce sont les plus jeunes feuilles de l'arbre à thé cueillies et desséchées. On les prépare avec les plus grandes précautions. Dès que les feuilles ont été récoltées et triées, des ouvriers les plongent dans l'eau bouillante, les y laissent une demi-minute, les retirent ensuite, les font égoutter et les jettent sur des plaques de fer chauffées. On les étend ensuite sur des nattes, où on les roule avec la paume de la main jusqu'à leur complet refroidissement. Elles se présentent alors en petits rouleaux ridés, de couleur verdâtre, brune ou grisâtre, d'une odeur aromatique et d'une saveur agréable, quoique amère et un peu styptique ; les Chinois les aromatisent par le mélange des fleurs odoriférantes de l'*Olea fragrans*, du *Camellia sasangua* et surtout des *Roses-thé*. Les Thés fins, destinés à l'exportation, sont mis dans des caisses de forme cubique, vernissées, doublées d'étain, de plomb, de feuilles sèches et de papier peint. On appelle *Thés de caravane* les thés envoyés en Russie par voie de terre : ils sont enfermés dans des caisses semblables à celles qui viennent d'être décrites, revêtues de nattes de bambous ou recouvertes en peau : ce sont en général les Thés les plus estimés.

« Toutes les variétés de Thés du commerce se divisent en deux groupes, qui paraissent ne différer guère que par les procédés de fabrication : les *Thés verts*, simplement desséchés et le plus souvent colorés au moyen d'une poudre faite avec du plâtre et de l'indigo : ils sont plus astringents et plus aromatiques ; et les *Thés noirs*, qui ont une couleur brune, due sans doute à ce qu'on leur fait subir une sorte de fermentation : ils sont plus doux. »

Il n'y a pas encore deux siècles que le Thé a pénétré en Europe, et aujourd'hui on en importe annuellement plus de 10 millions de kilogrammes. L'infusion de Thé fournit une boisson stomachique, un peu excitante, propriété due à un principe astringent, à une substance azotée particulière qu'on a nommée *Théine*, et surtout à une huile volatile, un peu narcotique, qui y existe en petite proportion. Quant à la *caséine*, matière éminemment nutritive contenue dans les feuilles, dont elle représente presque le tiers du poids, elle ne se dissout pas dans l'eau ; mais les peuples de l'Asie, après avoir bu l'infusion, mangent les feuilles bouillies, et y trouvent un aliment très substantiel. — Les personnes qui abusent du Thé en sont punies à la longue par de la dyspepsie et une énervation générale, la détérioration des dents, le ramollissement des chairs, etc. Cette liqueur produit une sourde excitation parfaitement en harmonie avec le climat et le goût anglais ; mais on s'étonne qu'en France, où le caractère des habitants est si bien en rapport avec le genre d'excitation procuré par les vins pétillants, le Thé ait acquis une si grande vogue comme boisson stimulante et cordiale, dans les soirées et les réunions joyeuses. Donne-t-elle de la gaîté sans ivresse, comme on le dit ? Elle ne procure ni l'une ni l'autre ; elle agit sur le système nerveux, réagit sur la peau, et sa place conséquemment doit être reléguée dans l'arsenal de la thérapeutique.

Ce qu'il y a de fort curieux, c'est que les Chinois sont aussi avides des feuilles de notre Sauge officinale que nous le sommes des feuilles de leur Thé vert. La Sauge, en effet, et 20 autres plantes indigènes de la même famille, convenablement desséchées, procurent une boisson non moins agréable et efficace que le Thé. — Mais le Thé nous vient du Japon, voilà la cause de son succès.

THÈCLE (*Thecla*). Genre de Lépidoptères diurnes, détaché des Polyommates ; petits papillons répandus dans les diverses parties du monde, dont les chenilles, en forme d'écusson aplati, large en avant, vivent généralement sur les arbres

Fig. 1296. — *Thecla betulæ.*

ou les plantes frutescentes. — La Chenille de *T. betulæ* vit sur le bouleau blanc, le prunier ; elle est verte, avec des raies jaunes. — Il y a le *T. prussi*, le *T. acacia*, le *T. æsculi*, le *T. quercus*, etc.

THELPHUSE. Genre de Crustacés décapodes brachyures : carapace beaucoup plus large que longue, rétrécie en arrière et légèrement bombée en dessus ; pattes antérieures beaucoup plus longues que celles de la 2e paire ; pattes suivantes toutes cannelées en dessus ; tarse quadrilatère et armé d'épines très fortes ; abdomen de 7 articles. — Les espèces de ce genre font leur séjour habituel dans les rivières ; aussi avaient-elles reçu d'abord le nom commun de *Potamophiles*.

La **THELPHUSE FLUVIATILE**, *Crabe fluviatile* de Belon, est longue de 6 centim. Elle se trouve dans le midi de l'Italie, en Grèce, en Égypte et en Syrie, et se tient ordinairement cachée sous les pierres, sur les bords des ruisseaux et des lacs.

Ce Crustacé a joui chez les anciens d'une grande célébrité, à raison des vertus médicales qu'ils lui attribuaient. Pline, Dioscoride, Avicenne et plusieurs autres auteurs anciens en ont fait mention. Il est représenté sur plusieurs médailles antiques, celles d'Agrigente en Sicile notamment. Au rapport d'Élien, le Crabe de rivière prévoit, ainsi que les Tortues et les Crocodiles, les débordements du Nil, et gagne environ un mois auparavant les hauteurs voisines. Il est très commun dans toutes les rivières, et particulièrement dans divers lacs de cratères d'anciens volcans.

THÉRIDION (*Théridion*, qui signifie en grec petite bête). Genre d'Araignées très petites ayant 8 yeux presque égaux entre eux, une lèvre courte de figure variable, des mâchoires inclinées sur la lèvre, allongées et étroites ; des pattes fines et allongées. — Le **THÉRIDION BIENFAISANT** (*T. benignum*), ou *petite Araignée de raisin*, est long de 4 millimètres, et d'un brun fauve. L'abdomen est ovale et globuleux. Cette espèce est très commune dans les jardins. Elle fait une petite toile irrégulière qui, quoique très fine, suffit pour préserver les raisins de la morsure des autres insectes : d'où son nom de *bénigne*. Il est rare que l'on serve de ces fruits en automne sans qu'il y ait plusieurs Théridions bienfaisants, et les personnes les plus dégoûtées en ont avalé bien des fois avec leur cocon sans s'en apercevoir.

THLASPI. Genre de la famille des Crucifères ; plantes annuelles ou bisannuelles, à feuilles entières ou sinuées-dentées ; à fleurs blanches, offrant : calice non gibbeux à 4 sépales dressés ; 4 pétales presque égaux ; étamines dépourvues d'appendices ; silicule suborbiculaire, comprimée perpendiculairement à la cloison, etc. — Les espèces de ce genre se rencontrent parfois en si grande abondance au milieu des champs sablonneux frais et ombragés, qu'on les croirait semées exprès. Tous les bestiaux les mangent avec plaisir.

Le **THLASPI DES CHAMPS** (*T. arvense*), vulg. *Monnoyère*, a une tige de 10 à 50 centim., dressée, rameuse, glabre : des feuilles exhalant une odeur alliacée par le froissement, etc. — Elle est annuelle, commune dans les vignes, les lieux cultivés et un peu humides, les décombres, les bords des chemins ; ses fleurs se montrent tout l'été. On dit que ses fanes donnent un mauvais goût à la chair du mouton, au lait, au fromage et au beurre des vaches qui s'en nourrissent quelque temps.

Le **THLASPI BOURSE A PASTEUR** (*T. bursa pastoris*), vulg. *Tabouret*, a la tige dressée, pubescente en bas, les feuilles radicales en rosette, pinnatifides, les supérieures entières ; fleurs blanches, petites ; fruit triangulaire, échancré par le haut, mais en cœur renversé. — Cette espèce croît dans les lieux cultivés et incultes, au bord des chemins, etc. Elle fleurit tout l'été, et l'on voit sur la même tige et en même temps des fruits et des fleurs. Elle est sans odeur ; sa saveur est légèrement acerbe. On donne le Tabouret en tisane dans le scorbut, la dyssenterie, l'hydropisie ; mais il est fort peu employé, et fort peu utile.

Les espèces *T. perfoliatum*, *T. sativum*, etc., se mangent quelquefois en salade. Toutes font le désespoir du Jardinier, qui parvient difficilement à les empêcher d'étouffer les semis.

Les horticulteurs appellent souvent *Thlaspi* ou *Téraspic* diverses espèces du genre Ibéride, admises comme plantes d'agrément. — Le **TÉRASPIC D'ÉTÉ** est l'*Iberis umbellata*, plante annuelle à fleurs ordinairement d'un rose lilas ; — le **TÉRASPIC D'HIVER** est l'*Iberis sempervirens*, qui est vivace, à fleurs blanches.

THON (*Thynnus*). Genre de la famille des Scombéroïdes, poisson très voisin du Maquereau, dont il se distingue par la première nageoire dorsale, qui s'étend jusqu'à la seconde, au lieu que dans le Maquereau elle laisse un intervalle entre elle et cette dernière. Écailles du thorax grandes, plus mates que les autres et formant une espèce de corselet qui se partage en arrière en plusieurs pointes; fausses nageoires nombreuses; la queue présente, outre les deux crêtes qu'on remarque chez les Maquereaux, une saillie longitudinale tranchante, en forme de carène; dents petites ou médiocres, serrées. — Les Thons sont propres à la Méditerranée, à l'Océan et aux mers d'Amérique. Le nombre des espèces est assez restreint; plusieurs sont recherchées et sont d'une grande utilité pour l'alimentation de l'homme.

Le Thon commun (*S. thynnus*) est beaucoup plus grand que le Maquereau : il peut atteindre jusqu'à 2 mètres de longueur; il est aussi plus gros et plus rond au thorax que lui; il est d'un noir bleuâtre en dessus, avec les écailles du corselet plus blanchâtres, ainsi que les côtés de la tête; ventre grisâtre, semé de taches d'un blanc d'argent.

« Comme le Maquereau, le Thon est un poisson voyageur; en été, on le rencontre surtout en abondance dans la Méditerranée, où il est certain qu'il fraie, où les petits éclosent et grandissent très promptement ; quelques auteurs pensent même que ces poissons passent parfois toute leur vie dans la Méditerranée, qu'ils y vivent, s'y développent, y reproduisent et y meurent, et que, l'hiver, si on ne les aperçoit pas, cela tient à ce qu'ils se réfugient dans quelques cavités, dans les profondeurs de la mer, etc. Aristote, Pline, Enthidème, Athénée, Ælien, Strabon et un grand nombre d'auteurs anciens parlent du Thon. La pêche de ces poissons remonte à la plus haute antiquité; les Phéniciens la faisaient déjà sur les côtes d'Espagne; mais c'était surtout aux deux extrémités de la Méditerranée qu'on en prenait le plus grand nombre, ainsi que dans la mer Noire, et on en faisait des salaisons : parmi celles-ci, celles d'Espagne, ainsi que de Sardaigne, passaient, du temps des Romains, pour être beaucoup plus tendres et d'un goût plus agréable que celles de Byzance ; cette industrie était excessivement importante.

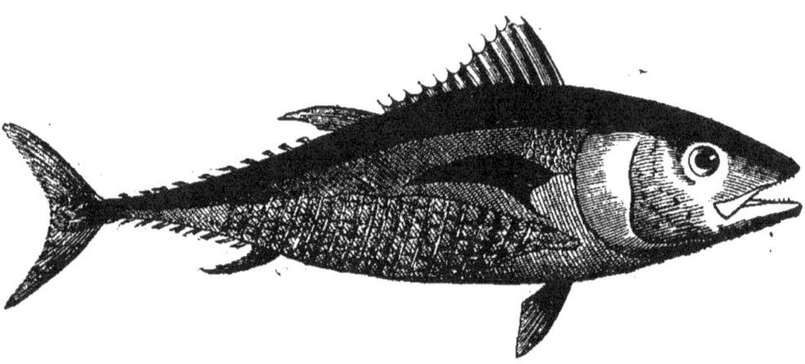

Fig. 1297. — Thon.

Dans les temps modernes, la pêche du Thon, sans avoir diminué de produit, s'est presque concentrée dans l'intérieur de la Méditerranée; on ne l'exerce plus en grand à Constantinople ni sur la mer Noire. Les pêcheries des côtes d'Espagne, en dehors du détroit, se sont maintenues plus longtemps : celles de Conil, près Cadix, et du château de Sara, près du cap Spartel, étaient surtout célèbres, et on y employait plus de cinq cents hommes. Aujourd'hui, c'est en Catalogne, en Provence, en Ligurie, en Sardaigne et en Sicile que cette pêche a le plus d'activité et donne les résultats les plus abondants : elle se fait principalement de deux manières, à la *thonaire* et à la *madrague*. »

Les Thons se mangent frais, mais l'on en conserve un nombre énorme soit marinés, soit salés, ou préparés de diverses manières, et ils sont très recherchés pour l'alimentation. On en recueille dans plusieurs mers, et, s'ils ne font pas de ces migrations énormes qu'on leur a attribuées, il n'en est pas moins vrai qu'ils font des voyages assez longs, et que, dans telle ou telle mer, ils apparaissent à des époques à peu près fixes en troupes parfois très nombreuses et souvent précédées par des bancs de sardines; c'est, comme nous l'avons dit, dans la Méditerranée où ils sont le plus nombreux.

THUYA (*Thuia*). Genre de la famille des Conifères; arbres très voisins des Cyprès et des Genévriers par leur fructification ; on les appelle *Arbres de vie*, parce qu'ils sont toujours verts; *Thuya* (de *thus*, encens), parce qu'en brûlant ils exhalent une odeur voisine de celle de l'encens. Ils diffèrent cependant des Cyprès par leurs cônes ovales ou à peu près, formés par l'agrégation de longues écailles épaissies à leur sommet, conniventes et munies d'un tubercule ou crochet un peu au-dessous de la sommité.

Le Thuya articulé (*T. articulata*) atteint 8 à 9 mètres de hauteur sur 1 mètre de circonférence : rameaux ouverts presque à angle droit; ramifications comprimées, fragiles, articulées; feuilles petites, inégales, mucronées au sommet, munies à leur base de fort petites glandes; fruit à quatre écailles, dont deux dépourvues de graines. — Cet arbre forme des forêts en Arabie et sur les montagnes de l'Algérie : c'est lui qui donne la résine connue sous le nom de *Sandaraque.*

Le THUYA DU CANADA (*T. occidentalis*), le *Cèdre blanc* des Américains, atteint de 8 à 10 mètres : rameaux d'un jaune rougeâtre en forme d'éventail, et s'élevant en pyramides; feuilles planes, courtes, imbriquées, un peu obtuses, d'un beau vert foncé, serrées contre les tiges; fleurs monoïques, les mâles situées à l'extrémité des rameaux, réunies en chatons ovales, écailleux; les femelles forment un cône ovale; leurs écailles sont longues, obtuses; les semences placées à la base des écailles, entourées d'une aile membraneuse échancrée aux extrémités.

Cet arbre croît aux lieux humides, sur les collines et le long des rivières. Il résiste aux froids les plus rigoureux. Son bois passe pour incorruptible, mais il a une odeur désagréable; il est très bon pour le chauffage. Les jeunes rameaux servent à faire des balais. On attribue aux feuilles de cette espèce une vertu sudorifique; les médecins homœopathes regardent le Thuya comme le spécifique de la *Sycose.* Cet arbre entre, avec les autres arbres verts, dans la composition des bosquets d'hiver; il forme des palissades et des abris qu'on tond au ciseau. Le premier pied de Thuya qui ait été planté en France le fut à Fontainebleau, sous François Ier.

Le THUYA DE LA CHINE (*T. orientalis*) ne s'élève qu'à 5 ou 6 mètres : rameaux redressés; feuilles épaisses, ovales, arrondies, un peu aiguës; cônes dont les écailles sont munies d'une forte pointe recourbée en hameçon; semences ovales, point membraneuses. — Ce Thuya est indigène de la Chine et du Japon; il entre aussi dans l'ornement des bosquets; il craint les fortes gelées.

THYM (*Thymus*). Genre de Plantes de la famille des Labiées, dont les caractères botaniques sont : calice tubuleux, strié, à 5 dents dont 3 supérieures et 2 inférieures, formant 2 lèvres; une rangée circulaire de poils en bouche l'entrée; tube de la corolle de la longueur du calice, à limbe bilabié, la lèvre inférieure à 3 lobes, la supérieure légèrement échancrée; étamines incluses.

Le THYM VULGAIRE (*T. vulgaris*) est un Sous-arbrisseau touffu, rameux, haut de 15 à 20 cent., dont toutes les parties sont recouvertes d'une poussière grisâtre, comme cendrée. Ses tiges, ligneuses à la base, sont presque cylindriques; feuilles très petites, ovales, lancéolées, à bords roulés en dessous, blanchâtres à leur face inférieure; fleurs roses ou presque blanches, axillaires par 3 aux feuilles supérieures, formant une sorte d'épi foliacé au sommet des ramifications de la tige.

Le Thym croît sur les coteaux secs et rocailleux, dans les régions méridionales; on le cultive dans les jardins. Tout le monde connaît l'odeur forte, pénétrante et agréable de cette plante ainsi que l'usage journalier qu'on en fait dans nos cuisines, comme condiment et aromate. Il entre dans beaucoup de médicaments composés, mais il n'est pas employé en infusion théiforme.

Le THYM SERPOLET (*T. serpillum*) est une petite plante étalée, à tiges sous-frutescentes à la base, rameuse, à rameaux de 12 à 15 centim., couchés-redressés, carrés, un peu velus; feuilles petites, opposées, ovales, entières, glabres, avec petits enfoncements glanduleux à la face inférieure; fleurs petites, purpurines, en verticilles plus ou moins rapprochés qui forment un épi presque globuleux à la partie supérieure. — Le Serpolet, vulg. *Thym bâtard*, est extrêmement commun dans les bois, dont il couvre les pelouses exposées au soleil; ses propriétés sont absolument les mêmes que celles du Thym ordinaire.

Le THYM CALAMENT (*T. calamintha*) a la tige herbacée, rameuse, dressée, velue; les feuilles cordiformes, arrondies, pétiolées, molles et velues; les fleurs purpurines, disposées en une petite panicule pédonculée à l'aisselle des feuilles supérieures; chaque fleur est elle-même pédicellée. — Le Calament croît dans les bois aux environs de Paris; son odeur agréable a beaucoup d'analogie avec celle de la Mélisse, aussi l'emploie-t-on aux mêmes usages que cette plante.

THYMÉLÉES. Cette famille de Plantes est la même que celle dont il a été question au mot *Daphnacées.*

THYRÉOPHORE. Genre de l'ordre des Diptères, famille des Muscides, dont l'organisation est singulière et la manière d'être étrange. — Le T. CYNOPHILE, type de ce genre, long de 3 lignes, et d'ailleurs très rare, se fait remarquer entre tous les Diptères par sa tête grande, convexe, saillante en pointe, d'un rouge vif, et phosphorescente dans les ténèbres, et par la grandeur de l'écusson, qui, dans les mâles, recouvre près de la moitié de l'abdomen. Il est d'ailleurs assez grand, d'une couleur bleue qui attire les regards. Les pieds postérieurs sont munis de tubercules et de crénelures, et les ailes ont la nervure médiastine simple. — Quant aux habitudes, elles sont fort lugubres, il ne recherche que les ténèbres et les cadavres desséchés. A la sombre lumière de sa tête phosphorique, il se jette sur les ossements décharnés, et se repait des derniers restes de l'animalité. Observé rarement, c'est sur les chiens morts qu'il se trouve.

THYRSE. Grappe de fleurs rameuse, à peu près pyramidale comme celle du Lilas. — V. *Inflorescence.*

THYSANOURES (du gr. *thysanos*, frange; *oura*, queue). Ordre de la classe des Insectes, section des Aptères, reconnaissables entre tous par des organes particuliers de mouvement qu'ils portent à l'extrémité de l'abdomen et au moyen desquels ils exécutent des sauts plus ou moins considérables. Ces insectes, du reste, varient beaucoup sous le rapport de la forme générale et de la composition de chaque organe en particulier. Chez les uns, le corps est allongé, pisciforme, couvert d'écailles qui s'enlèvent au moindre contact; les antennes sont longues, multi-articulées; abdomen terminé dans les deux sexes par 3 filets servant à sauter, et par une tarière dans les femelles; les 9 premiers segments du corps portent chacun une paire d'appendices lamelliformes; pattes grêles à hanches très grandes. Chez les autres, le corps est allongé sans être pisciforme, velu ou à petites écailles peu serrées, assez souvent globuleux; l'extrémité abdominale est dépourvue de filets, mais elle porte en dessous un appendice tantôt simple, tantôt fourchu, qui, logé dans une gouttière spéciale au repos, est susceptible de se débander comme un ressort et de lancer l'animal en l'air; les antennes sont plus courtes, de 4 articles.

Ces Insectes, qui forment deux familles, les *Lépismes* et les *Podures*, sont tous aptères et ne subissent point de métamorphoses. Ces circonstances, jointes à la présence des appendices latéraux imitant de fausses pattes dont les côtés de l'abdomen sont garnis (*Lépisme du sucre* par exemple), semblent faire de ces animaux le passage des **Myriapodes** aux véritables Insectes. Ils sont très agiles, et échappent, soit par une fuite prompte, soit en sautant, à la main qui cherche à les saisir. Les uns vivent dans l'intérieur des maisons, les autres se trouvent sous les pierres, sur le bois pourri, les matières végétales en décomposition, etc.

TICHODROME (*Tichodroma*). Genre d'Oiseaux de l'ordre des Passereaux, qui a fait partie des Grimpereaux, mais qui en a été distrait, et dont il diffère manifestement par la queue qui est arrondie, à baguettes faibles, tandis que dans les Grimpereaux proprement dits, les pennes caudales sont raides, acuminées et servent à la locomotion; bec très long, fortement arqué, grêle, triangulaire et déprimé à sa base; narines basales et nues, etc.

Fig. 1298 1299. — Tichodrome de muraille (mâle et femelle).

Les Tichodromes (du gr. *teikhos*, mur; *dromas*, qui court), appelés *Grimpereaux de murailles* par Cuvier, habitent les contrées méridionales. — Le TICHODROME ÉCHELETTE est l'un des plus beaux oiseaux d'Europe; il a le sommet de la tête d'un cendré foncé; la nuque, le dos et les scapulaires d'un cendré clair; la gorge et le devant du cou d'un noir profond; les parties inférieures d'un cendré noirâtre : les couvertures des ailes et la partie supérieure des barbes extérieures des pennes d'un rouge vif; l'extrémité des pennes alaires noire, avec deux grandes taches blanches disposées sur la barbe intérieure; la queue noire, terminée de blanc et de cendré.

On trouve ce Grimpereau de murailles sur les rochers les plus élevés, sur les Alpes suisses, en Espagne et en Italie. Il ne grimpe pas à la manière des vrais Grimpereaux. On le voit bien parcourir les pans verticaux des rochers ou les murailles des vieux édifices isolés, mais il le fait en se cramponnant, en s'assujettissant seulement le long des fentes et des crevasses qu'offrent les lieux qu'il habite. Sa nourriture consiste en insectes dont il mange aussi les larves et les cocons; mais il aime plus particulièrement les araignées. Il niche dans les fentes des rochers les plus escarpés et dans les crevasses des masures situées à une grande élévation.

TIERCELET. Nom donné à l'Autour mâle, ainsi qu'aux mâles des autres Rapaces dont la taille est d'un *tiers* moins grande que celle des femelles.

TIGE. Partie du végétal qui s'élève de terre et qui porte les feuilles et les fleurs; elle existe dans toutes les plantes, mais quelquefois elle est si peu développée qu'elle se distingue à peine de la racine ou souche, avec laquelle elle se confond au collet. — La Tige est *herbacée* dans les herbes, *ligneuse* dans les arbustes et les arbres; chez ces derniers elle prend le nom de *tronc*. — V. ce mot.

On appelle *chaume* la Tige herbacée ou ligneuse qui est simple, creuse et marquée de distance en distance de nœuds pleins d'où naissent des feuilles engaînantes (Orge, Blé, Bambou). — On donne le nom de *stipe* à la tige des végétaux Monocotylédonés. — La *hampe* est une sorte de pédoncule ressemblant à une tige, mais qui ne porte pas de feuilles (Primevère). Le stipe des Monocotylédones est aussi souvent appelé hampe; celle-ci est nue ou feuillée.

La Tige est dite *aplatie, anguleuse, cylindrique, quadrilatère*, etc., selon sa forme; — elle est *simple* ou sans ramification; *rameuse* ou se divisant en rameaux; *herbacée*, verte et tendre; *ligneuse*, à tissu serré et très dense; *grimpante*, si elle s'élève en s'appuyant sur les corps voisins; *volubile*, si elle s'enroule en spirale autour d'un support; *sarmenteuse*, si elle grimpe et se soutient au moyen de vrilles; *pubescente*, couverte de poils; *glabre*, non velue; *lisse*, glabre et sans aspérités; *raboteuse, striée, noueuse, velue, cotonneuse, épineuse*, etc.; on comprend la signification de ces épithètes; la tige *fistuleuse* est creuse et cylindrique; *dressée*, droite; *rampante*, couchée sur le sol et s'y fixant par des racines en jetant çà et là des radicules; *stolonifère*, qui offre des stolons; *dichotome*, qui se partage en deux rameaux et dont chaque rameau se divise lui-même en deux branches.

TIGRE (*Felis tigris*). Espèce du genre Chat. — V. *Chat* et *Lion*. — Ses caractères spécifiques sont : corps très allongé; tête petite; jambes courtes; queue très longue, marquée de 15 anneaux noirs sur un fond blanc jaunâtre; parties supérieures du corps d'un jaune fauve, parties inférieures d'un beau blanc; bandes noires transversales partant de la ligne médiane du dos et s'étendant parallèlement entre elles sur les flancs. Taille, 1 mètre 50 cent. depuis le bout du museau jusqu'à la naissance de la queue, celle-ci

ayant près de 1 mètre; hauteur moyenne, 70 cent. On connaît toutefois des individus qui dépassent ces dimensions. — La femelle ne diffère pas du mâle.

Nous avons nommé le Lion. Écoutons Buffon dans le parallèle qu'il fait de ces deux Carnassiers :

« Dans la classe des animaux carnassiers, le Lion est le premier, le Tigre est le second; et comme le premier, même dans un mauvais genre, est toujours le plus grand et souvent le meilleur, le second est ordinairement le plus méchant de tous. A la fierté, au courage, à la force, le Lion joint la noblesse, la clémence, la magnanimité; tandis que le Tigre est bassement féroce, cruel sans justice, c'est-à-dire sans nécessité. Il en est de même dans tout ordre de choses où les rangs sont donnés par la force; le premier, qui peut tout, est moins tyran que l'autre qui, ne pouvant jouir de la puissance plénière, s'en venge en abusant du pouvoir qu'il a pu s'arroger. Aussi le Tigre est-il plus à craindre que le Lion : celui-ci souvent oublie qu'il est le roi, c'est-à-dire le plus fort de tous les animaux; marchant d'un pas tranquille, il n'attaque jamais l'homme, à moins qu'il ne soit provoqué; il ne précipite ses pas, il ne court, il ne chasse que quand la faim le presse. Le Tigre, au contraire, quoique rassasié de chair, semble toujours être altéré de sang, sa fureur n'a d'autres intervalles que ceux du temps qu'il faut pour dresser des embûches; il saisit et déchire une nouvelle proie avec la même rage

Fig. 1300. — Tête de Tigre.

qu'il vient d'exercer, et non pas d'assouvir, en dévorant la première; il désole le pays qu'il habite, il ne craint ni l'aspect ni les armes de l'homme; il égorge, il dévaste les troupeaux d'animaux domestiques; met à mort toutes les bêtes sauvages, attaque les petits éléphants, les jeunes rhinocéros, et quelquefois même ose braver le lion.

« La forme du corps est ordinairement d'accord avec le naturel. Le Lion a l'air noble; la hauteur de ses jambes est proportionnée à la longueur de son corps; l'épaisse et grande crinière qui couvre ses épaules et ombrage sa face, son regard assuré, sa démarche grave, tout semble annoncer sa fière et majestueuse intrépidité. Le Tigre, trop long de corps, trop bas sur ses jambes , la tête nue, les yeux hagards , la langue couleur de sang, toujours hors de la gueule, n'a que les caractères de la basse méchanceté et de l'insatiable cruauté ; il n'a pour tout instinct qu'une rage constante, une fureur aveugle , qui ne connaît, qui ne distingue rien , et qui lui fait souvent dévorer ses propres enfants, et déchirer leur mère lorsqu'elle veut les défendre. Que ne l'eût-il à l'excès cette soif de son sang! ne pût-il l'éteindre qu'en détruisant dès leur naissance la race entière des monstres qu'il produit!

• Heureusement pour le reste de la nature, l'espèce n'en est pas nombreuse, et paraît confinée aux climats les plus chauds de l'Inde orientale. Elle se trouve au Malabar, à Siam , au Ben-

Fig. 1301 — Tigre royal.

gale, dans les mêmes contrées qu'habitent l'Éléphant et le Rhinocéros... Le Tigre y fréquente les bords des fleuves et des lacs ; car comme le sang ne fait que l'altérer , il a souvent besoin d'eau pour tempérer l'ardeur qui le consume , et d'ailleurs il attend près des eaux les animaux qui y arrivent , et que la chaleur du climat contraint d'y venir plusieurs fois chaque jour : c'est là qu'il choisit sa proie, ou plutôt qu'il multiplie ses massacres ; car souvent il abandonne les animaux qu'il vient de mettre à mort pour en égorger d'autres; il semble qu'il cherche à goûter de leur sang , il le savoure, il s'en enivre; et lorsqu'il leur fend et déchire le corps, c'est pour y plonger la tête, et pour sucer à longs traits le sang dont il vient d'ouvrir la source, qui tarit presque toujours avant que sa soif ne s'éteigne.

« Cependant quand il a mis à mort quelques gros animaux, comme un cheval, un buffle, il ne les éventre pas sur la place, s'il craint d'y être inquiété; pour les dépecer à son aise , il les emporte dans les bois, en les traînant avec tant de légèreté, que la vitesse de sa course paraît à peine ralentie par la masse énorme qu'il entraîne. Ceci seul suffirait pour faire juger de sa force ; mais pour en donner une idée plus juste, arrêtons-nous un instant sur les dimensions et les proportions du corps de cet animal terrible. Quelques voyageurs l'ont comparé, pour la grandeur, à un cheval, d'autres à un buffle, d'autres ont seulement dit qu'il était beaucoup plus grand que le Lion. Mais nous pouvons citer des témoignages plus récents et qui méritent une entière

confiance. M. de La Lande-Magon nous a fait assurer qu'il avait vu aux Indes orientales un Tigre de quinze pieds, en y comprenant sans doute la longueur de la queue ; si nous la supposons de quatre ou cinq pieds, ce Tigre avait au moins dix pieds de longueur. Il est vrai que celui dont nous avons la dépouille au cabinet du roi n'a qu'environ sept pieds de longueur depuis l'extrémité du museau jusqu'à l'origine de la queue; mais il avait été pris, amené tout jeune , et ensuite toujours enfermé dans une loge étroite à la Ménagerie , où le défaut du mouvement et le manque d'espace, l'ennui de la prison, la contrainte du corps, la nourriture peu convenable, ont abrégé sa vie et retardé le développement, ou même réduit l'accroissement du corps. Nous avons vu dans l'histoire du Cerf que ces animaux, pris jeunes et renfermés dans des parcs trop peu spacieux, non-seulement ne prennent pas leur croissance entière, mais même se déforment et deviennent rachitiques et bassets, avec des jambes torses. Nous savons d'ailleurs par les dissections que nous avons faites d'animaux de toute espèce élevés et nourris dans les ménageries, qu'ils ne parviennent jamais à leur grandeur entière; que leurs corps et leurs membres, qui ne peuvent s'exercer, restent au-dessous des dimensions de la nature. La seule différence du climat pourrait encore produire les mêmes effets que le manque d'exercice et la captivité.

• Il n'est donc pas étonnant que ce Tigre dont le squelette et la peau nous sont venus de la Ménagerie du roi, ne soit pas parvenu à sa juste grandeur ; cependant la seule vue de cette peau bourrée donne encore l'idée d'un animal formidable, et l'examen du squelette ne permet pas d'en douter. L'on voit sur les os des jambes des rugosités qui marquent des attaches de muscles encore plus fortes que celles du Lion; ces os sont aussi solides, mais plus courts; et , comme nous l'avons dit, la hauteur des jambes dans le Tigre n'est pas proportionnée à la grande longueur du corps. Ainsi cette vitesse terrible dont parle Pline, et que le nom même du Tigre paraît indiquer, ne doit pas s'entendre des mouvements ordinaires, de la démarche, ni même de la célérité des pas dans une course suivie; il est évident qu'ayant les jambes courtes, il ne peut marcher ni courir aussi vite que ceux qui les ont proportionnellement plus longues : mais cette vitesse terrible s'applique très bien aux bonds prodigieux qu'il doit faire sans efforts; car en lui supposant, proportion gardée, autant de force et de souplesse qu'au Chat, qui lui ressemble beaucoup par la conformation, et qui, dans l'instant d'un clin d'œil, fait un saut de plusieurs pieds d'étendue, on sentira que le Tigre , dont le corps est dix fois plus long, peut, dans un instant presque aussi court, faire un bond de plusieurs toises. Ce n'est donc point la célérité de sa course, mais la vitesse du saut que Pline a voulu désigner , et qui rend en effet cet animal terrible, parce qu'il n'est pas possible d'en éviter l'effet.

« Le Tigre est peut-être le seul de tous les animaux dont on ne puisse fléchir le naturel : ni la force, ni la contrainte, ni la violence, ne peuvent le dompter. Il s'irrite des bons comme des mauvais traitements; la douce habitude, qui peut tout, ne peut rien sur cette nature de fer ; le temps , loin de l'amollir en tempérant les humeurs féroces, ne fait qu'aigrir le fiel de sa rage ; il déchire la main qui le nourrit comme celle qui le frappe; il rugit à la vue de tout être vivant; chaque objet lui paraît une nouvelle proie, qu'il dévore d'avance de ses regards avides, qu'il menace par des frémissements affreux mêlés d'un grincement de dents , et vers lequel il s'élance souvent malgré les chaînes et les grilles qui brisent sa fureur sans pouvoir le calmer.

« L'espèce du Tigre a toujours été plus rare et beaucoup moins répandue que celle du Lion; cependant la Tigresse produit, comme la Lionne, quatre ou cinq petits; elle est furieuse en tout temps; mais sa rage devient extrême lorsqu'on les lui ravit : elle brave tous les périls, elle suit les ravisseurs, qui, se trouvant pressés, sont obligés de lui relâcher un de ses petits; elle s'arrête, le saisit, l'emporte pour le mettre à l'abri, revient quelques instants après, et les poursuit jusqu'aux portes des villes ou jusqu'à leurs vaisseaux, et lorsqu'elle a perdu tout espoir de recouvrer sa perte, des cris forcenés et lugubres, des hurlements affreux expriment sa douleur cruelle, et font encore frémir ceux qui les entendent de loin.

« Le Tigre fait mouvoir la peau de sa face, grince les dents, frémit, rugit comme fait le Lion; mais son rugissement est différent; quelques voyageurs l'ont comparé aux cris de certains grands oiseaux : *Tigrides indomitæ rancant rugiuntque Leones (autor Philomelæ).* Ce mot *rancant* n'a point d'équivalent en français; ne pourrions-nous pas lui en donner un, et dire les Tigres *rauquent* et les Lions rugissent ? car le son de la voix du Tigre est en effet très rauque. »

Influencé par le récit des anciens, Buffon a dépeint le Tigre comme un animal *bassement* féroce, *toujours* cruel sans justice et sans nécessité. Ce tableau n'est pas exact en tout point, pas plus que celui qu'il fait des qualités généreuses du Lion. « La force prodigieuse et les goûts sanguinaires du Tigre, dit Fr. Cuvier, en ont fait la terreur des pays qu'il habite. Excepté l'Éléphant, aucun animal ne peut lui résister. Il emporte un Bœuf dans sa gueule presque en fuyant, et l'éventre d'un coup de griffe. On ne saurait peindre avec des couleurs trop fortes sa férocité, les ravages qu'il cause, l'effroi qu'il inspire; mais tout ce qu'on a dit de son naturel intraitable, de la fureur qui l'agite sans cesse, du besoin insatiable qu'il a de répandre le sang, de son insensibilité aux bons traitements, de son ingratitude envers ceux qui le soignent, n'est qu'un tissu d'exagérations ou d'erreurs. Sous tous ces rapports, le Tigre ressemble aux autres Chats. En général, on l'apprivoise aussi aisément que le Lion ; il devient très familier avec ceux qui le nourrissent, et il les distingue de toutes les autres personnes; lorsqu'il n'a aucun besoin et qu'on ne l'effraie point, il reste très calme , et, dès qu'il est repu, il passe presque entièrement son temps à dormir; il aime à recevoir des caresses, et il y répond d'une manière très douce et très expressive : il ressemble beaucoup, dans ce cas, au Chat domestique; il voûte de même son dos, fait à peu près le même bruit, se frotte de la même manière; en un mot, a les mêmes dispositions naturelles. Notre Ménagerie du Muséum en a possédé plusieurs, et tous se ressemblaient par les mœurs , comme par les proportions du corps, la grandeur et le pelage. On a vu à Londres un Tigre mâle et un Tigre femelle s'accoupler et produire. La portée fut de cent et quelques jours. Le Tigre qui vivait à Paris en 1835 se promenait librement sur le pont du vaisseau qui l'amenait en France, et les mousses du bâtiment dormaient entre ses jambes, la tête appuyée sur ses flancs, qui leur servaient , en quelque sorte , de traversin. On a vu à Francfort un Tigre d'une rare beauté que son maître avait habitué à faire divers exercices, et tout Paris sait que M. Martin entrait dans la cage d'un de ces animaux, qu'il a montrés sur plusieurs théâtres , le caressait, le contrariait même, sans qu'il en soit jamais résulté le moindre accident. Chez les anciens, Héliogabale même se fit voir dans le cirque placé dans un char traîné par deux de ces Carnassiers. »

TILIACÉES. Famille de Plantes dicotylédones, dont le Tilleul est le genre type. Arbres, arbustes, ou plantes herbacées, à feuilles alternes, simples, stipulées ; à fleurs axillaires ou terminales : 4 à 5 sépales ; 4 à 5 pétales, alternes ; étamines nombreuses, insérées, ainsi que la corolle, sur un disque hypogyne ; ovaire simple, libre, sessile ; style simple, à stigmate 2-3 ou 5-lobé. Fruit sec ou charnu, à deux ou plusieurs loges, indéhiscent ou s'ouvrant en plusieurs valves. — Outre le Tilleul, cette famille renferme un bon nombre de plantes exotiques.

TILLEUL (*Tilia*). Genre de la famille des Tiliacées ; arbres à feuilles simples et cordiformes, ayant leurs pédoncules soudés avec la bractée qui les accompagne ; fleurs petites, blanches ou jaunâtres, dont le pédoncule s'insère vers le milieu de la bractée, qui est membraneuse, étroite, allongée, d'un blanc jaunâtre : calice caduc, à 5 divisions profondes ; corolle de 5 pétales ; étamines nombreuses et distinctes ; ovaire à 5 loges biovulées ; capsule globuleuse, indéhiscente, à 5 loges 1-2-spermes. — On distingue les espèces en celles d'Europe et en celles d'Amérique. Ces dernières présentent en face de chaque pétale une écaille colorée, et qui semble former un second pétale intérieur.

Tilleul d'Europe (*T. europæa*). On en distingue deux variétés, qui sont :

1° Le *Tilleul à larges feuilles ;* il s'élève jusqu'à soixante pieds. Sa tige, couverte d'une écorce épaisse et crevassée, se divise en rameaux nombreux garnis de feuilles qui ont à peu près la forme d'un cœur, bordées de dents aiguës et légèrement cotonneuses en dessous ; les fleurs de ce Tilleul sont d'un blanc jaunâtre, elles sont portées sur des pédoncules dilatés et membraneux. Ce Tilleul croît naturellement en France et dans le nord de l'Europe.

2° Le *Tilleul à petites feuilles*, surnommé *Tillet, Tillot* et *Tillier*. Il ne diffère du précédent, avec lequel il a beaucoup de ressemblance, que par ses feuilles, qui sont moitié moins grandes et non cotonneuses en dessous. On remarque à leur base, ainsi qu'aux aisselles et aux ramifications de leurs nervures, de petites touffes de poils roussâtres qui n'existent pas dans le Tilleul à grandes feuilles : les fruits de cette espèce sont globuleux et fragiles. Cet arbre croît, comme le premier, en France, en Suède, en Bohème, en Danemarck et en Russie.

Le bois de Tilleul est blanc et léger ; sa maille est fine ; il se travaille proprement, et sert à faire des caisses pour l'emballage des objets de mode, de petits barils, des ouvrages au tour, etc. La seconde écorce du Tilleul, préparée d'une manière convenable, sert à fabriquer des cordes dont on a fait usage à Paris et ailleurs pour tirer l'eau des puits domestiques. On est aussi parvenu, au moyen d'un rabot particulier, à convertir les bois de Tilleul en lanières ou rubans étroits avec lesquels on tresse des chapeaux de femme très blancs et très légers.

La fleur du Tilleul répand une odeur assez agréable, et produit une infusion colorée très parfumée et légèrement sudorifique, journellement employée dans les cas de spasmes, de coliques nerveuses, etc.; très calmante.

Le Tilleul, comme arbre d'agrément, mérite d'être cultivé ; il réussit bien en avenues, se taille en croissant, et dès la fin de février ses jeunes pousses se colorent d'un rouge vif qui annonce le retour du printemps. Le Tilleul croît naturellement en France, et on le multiplie de semis, de marcottes et même de boutures.

TINAMOU (*Tinamus*). Genre de Gallinacés, très voisin des Tétras et des Perdrix, exclusivement américain. — Ces oiseaux sont, au Paraguay, au Brésil, à la Guyane, les représentants des Perdrix de l'ancien continent. Ils sont frugivores; ils ramassent les fruits du balisier, du palmier, les cerises, les fèves sauvages, sur le sol qu'ils grattent comme les Poules ; ils recherchent aussi les insectes. Ils se perchent sur les branches les plus basses pour passer la nuit. Ils se réunissent en petites troupes, mais vont par paires dans la saison des amours.

On a divisé les Tinamous en : 1° espèces qui ont une petite queue cachée sous les plumes du croupion ; — 2° espèces qui n'ont point de queue du tout ; — 3° espèces dont le bec est plus fort, un peu arqué, avec les narines percées vers le bas.

TINÉITES, Teigne (*Tineites*). Les Tinéites forment une tribu de l'ordre des Lépidoptères, section des Nocturnes ; ces papillons, qui sont les pygmées de leur espèce, offrent pour caractères : « ailes soit roulées ou moulées sur le corps, soit très inclinées et appliquées sur les côtés, relevées postérieurement en manière de queue de coq dans plusieurs ; les supérieures étroites et allongées ; les inférieures larges, plissées, avec une frange de poils au bord postérieur ; corps (ces organes compris) ayant dans le repos une forme presque linéaire. Chenilles rases, munies

Fig. 1302. — Teigne des Tapissiers.

pour la plupart de seize pattes (deux de plus ou deux de moins dans quelques-unes), cachées tantôt sous une toile soyeuse, tantôt dans l'intérieur de diverses parties de végétaux dont elles se nourrissent ; mais se fabriquant le plus souvent avec les matières animales ou végétales qu'elles rongent, des fourreaux de soie leur servant de domicile, soit fixes, soit mobiles, où elles subissent leurs métamorphoses. » Les Teignes sont parées de jolies couleurs. Beaucoup de ces insectes, comme il vient d'être dit, nous sont très pernicieux ; leurs chenilles (nous parlons surtout de celles des Teignes proprement dites), qu'on nomme vulgairement *Vers*, coupent à l'aide de leurs mâchoires nos étoffes de laines, nos fourrures, les peaux, les plumes des animaux conservés dans les cabinets d'histoire naturelle, et se construisent, avec les débris, des fourreaux cylindriques ou coniques qui leur servent d'habitation et qu'elles savent modifier, agrandir selon leurs besoins. Elles y subissent leurs métamorphoses après en avoir fermé les ouvertures avec de la soie. — Il est d'autres espèces qui rongent le blé (V. *Alucite*), qui dévorent le miel, les feuilles, toujours à l'état de larves.

M. Duponchel a établi 32 genres dans la tribu des Tinéites.

Le genre Teigne, dont nous croyons inutile d'indiquer les caractères, offre principalement la TEIGNE DES PELLETERIES (*T. pellionella*), petits papillons d'un gris plombé, dont les ailes supérieures ont chacune 2 à 3 points noirs dans le milieu. La chenille a 16 pattes ; elle habite un fourreau portatif de forme cylindrique, creux dans son milieu, percé par les deux bouts. — Ces chenilles sont dévastatrices : elles ne paraissent pas au grand jour, mais se retirent dans des endroits obscurs et coupent, arrachent les poils pour s'en faire un logement et s'en nourrir. Leurs ravages sont très prompts et considérables.

La TEIGNE DES TAPISSIERS (*T. tapezella*) a les ailes supérieures brunes à la base, d'un blanc jaunâtre dans le reste de l'étendue. — On la voit voler en été ; elle cherche les étoffes de laine d'un tissu serré pour y déposer ses œufs. Les chenilles qui sortent de ceux-ci rongent le drap, le creusent et s'y tiennent à couvert, pour subir leur dernière métamorphose au printemps suivant.

TINGIS (*Tingis*). Genre d'Hémiptères, famille des Aradides ; très petits insectes qui offrent pour la plupart des couleurs peu variées, mais qui sont surtout remarquables par la réticulation singulière des nervules des élytres et des expansions du corselet ; par leur corps fortement aplati, etc. — La plupart de ces hémiptères vivent sur les plantes, en piquent les fleurs ou les feuilles et y produisent quelquefois de fausses galles.

Le TINGIS DU POIRIER (*T. pyri*), long d'une ligne, a le corps noir, le corselet blanchâtre, ayant latéralement des expansions membraneuses, etc. — Il se trouve sur les feuilles du poirier : les jardiniers l'appellent *Tigre*. Il s'y multiplie quelquefois en si grande abondance que tout le parenchyme de ces feuilles est détruit, et que le fruit étant trop à découvert ne parvient point à maturité.

Le TINGIS DU HOUBLON (*T. humuli*), légèrement plus long, a le corselet noir, dépourvu d'expansions membraneuses sur les côtés. — On le trouve dans la plus grande partie de l'Europe.

TIPULAIRES. Tribu d'Insectes de l'ordre des Diptères némocères, assez semblables aux Cousins : on en connaît un assez grand nombre de genres, formant trois groupes : les *Culiciformes*, les *Terricoles*, les *Fongicoles*, les *Gallicoles* et les *Florales*.

TIPULE (*Tipula*). Genre de Diptères némocères, ainsi caractérisé : corps étroit et allongé ; pattes longues et grêles ; tête ronde ; ailes longues et étroites ; abdomen allongé, cylindrique. Ces insectes, assez semblables aux Cousins, s'en distinguent par une trompe de longueur variable et un suçoir très court qui ne paraît composé que de deux soies. — Les Tipules ont reçu le nom vulgaire de *Tailleurs*, *Mouches couturières*. Elles sont inoffensives, très différentes en cela des Cousins, avec lesquels les petites sont presque toutes confondues. On les voit s'élever dans les airs et former de petites nuées qui s'agitent en tout sens, en faisant entendre un bourdonnement aigu. C'est en automne que ces insectes sont le plus communs.

« Pour faciliter l'accouplement, la femelle recourbe son derrière en haut, et le mâle, placé au devant d'elle, peut, en contournant son corps, accrocher en dessous le dernier anneau de l'abdomen de sa compagne. Celle-ci, au moment de la ponte, se tient et marche dans une situation verticale, s'aidant seulement de ses deux dernières pattes et de la pointe écailleuse terminant son abdomen ; elle lui sert à percer la terre et à introduire ses œufs dans les trous qu'elle y fait de distance en distance. C'est plus particulièrement au terreau et à la terre des marais qu'elle confie les germes de sa postérité. Les œufs sont très durs, d'un noir luisant et de figure oblongue, un peu contournés en manière de croissant. Les larves, d'après les observations de Réaumur qui nous fournit ces détails, ressemblent à des vers allongés, grisâtres, cylindriques, mais amincis aux deux bouts, lisses et sans pattes. » Ces larves se nourrissent uniquement de terre ; elles subissent dans ce milieu leur dernière métamorphose : la nymphe est allongée, a antérieurement deux tubes respiratoires en forme de cornes ; ses pattes sont repliées sur elles-mêmes ou contournées, présentant dans toute la longueur de l'abdomen des rangées annulaires et transverses de petites épines qui lui servent à s'élever à la surface du terrain, lorsqu'elle doit se dépouiller de sa peau et devenir insecte parfait.

TIQUE. Nom vulgaire de certaines Arachnides, très petits, qui s'attachent aux corps des animaux, particulièrement aux oreilles des chiens et des bœufs, et en sucent le sang. Tels sont les *Ixodes* et surtout le *Ricin*. — *Voy.* ces mots. — On donne aussi le nom de *Tique* à la *Puce pénétrante* ou *Chique*, à tous les *Acarides*, aux *Mites* et aux *Cirons*, etc.

TISSERIN (*Ploceus*). Genre d'Oiseaux de la famille des Fringillidés : bec robuste, dur, fort, conique, un peu droit, aigu ; narines situées près de la surface du bec et à sa base, ovoïdes et ouvertes. Les Tisserins doivent leur nom à l'art avec

Fig. 1303. — Tisserin Républicain.

lequel ils *tissent* leurs nids : ces nids sont tantôt de forme pyramidale, tantôt en alambic, ou roulés en spirale; les matériaux qu'ils y emploient sont des joncs, de la paille, des feuilles, de la laine, des brins d'herbe. — Ces oiseaux se réunissent en troupes nombreuses. Ils se nourrissent de céréales et de bourgeons. La plupart habitent l'Afrique et les Indes orientales.

Le Tisserin capmore (c'est-à-dire *Tête de nègre*), du Sénégal, a le corps jaune orangé, avec les ailes noires, ainsi que la tête et la gorge. — On distingue en outre le T. a tête rouge, de l'île de France; le T. nelicouroi, de l'Inde; le T. toucnamcouroi, ou *Gros-bec des Philippines* ; le Républicain. — V. ce mot.

TISSUS. En Anatomie, on désigne ainsi toutes les parties des corps organisés qui, dans l'arrangement des molécules dont ils sont composés, offrent une sorte de *texture*. On nomme *Histologie* (du gr. *histos*, toile,) la science des Tissus organiques.

Tissus des animaux. En examinant le corps d'un animal, soit celui de l'Homme, par exemple, qui est au summum de perfection, on y découvre des *Appareils*, c'est-à-dire des assemblages d'organes disposés de façon à assurer l'exécution d'une ou plusieurs fonctions plus ou moins complexes. — Par conséquent, en décomposant organiquement les appareils, on sépare, du moins par la

pensée, les *Organes*, qui sont des parties spéciales ayant pour attribut physiologique l'exécution d'un acte vital ou d'une fonction déterminée. — Les Organes, lorsqu'on les étudie le scalpel à la main ou mécaniquement, paraissent composés d'éléments plus simples auxquels on donne le nom de *Tissus*. — Et si l'on soumet les Tissus, soit la matière organisée, à l'épreuve chimique, on reconnaît qu'ils se composent d'un certain nombre de *Principes immédiats*, dans la composition desquels entrent plusieurs *Corps élémentaires*.— V. *Animal, Corps, Matière*.

On est loin d'être d'accord sur la nature des Tissus, du moins sur le nombre auquel on doit les fixer. On en va juger par ce qui suit :

Bichat distinguait 21 Tissus simples, savoir : le *cellulaire*, le *nerveux de la vie animale*, le *nerveux de la vie organique*, l'*artériel*, le *veineux*, celui *des exhalants*, celui des *absorbants*, l'*osseux*, le *médullaire*, le *cartilagineux*, le *fibreux*, le *fibro-cartilagineux*, le *musculaire de la vie animale*, le *musculaire de la vie organique*, le *muqueux*, le *séreux*, le *synovial*, le *glanduleux*, le *dermoïde*, l'*épidermoïde*, le *pileux*.

Richerand et Dupuytren ne reconnaissaient que 11 ou 12 Tissus principaux, dont quelques-uns se subdivisent en Tissus secondaires, savoir : le *cellulaire* ou *lamineux*, le *graisseux* ou *adipeux*, le *vasculaire* (artériel, veineux, lymphatique), le *nerveux* (cérébral, ganglionnaire), l'*osseux*, le *fibreux* (fibreux, fibro-cartilagineux, dermoïde), le *musculaire* (volontaire, involontaire), l'*érectile*, le *muqueux*, le *séreux*, le *corné* (pileux épidermique), le *parenchymateux* ou glandulaire.

A. Richard, dans ses *Éléments d'histoire naturelle médicale*, en reconnaît six : le *cellulaire*, le *fibreux*, le *musculaire*, le *nerveux*, l'*osseux* et le *cartilagineux*.

M. Milne Edwards n'en admet que quatre : le *musculaire*, le *nerveux*, le *vasculaire* et l'*utriculaire*. Les autres Tissus organiques qui concourent avec les précédents à former les diverses parties du corps des animaux (membranes *séreuses et muqueuses*, les variétés de *Tissu fibreux*, les cartilages, les os, etc.), ne sont, selon ce savant, que des modifications du Tissu utriculaire, qui tantôt s'étend en grandes lames minces et lisses, tantôt se charge de produits organiques particuliers.

Enfin, nous avons dit quelque part que tous les Tissus pouvaient, à la rigueur, se réduire à trois : le *cellulaire*, le *musculaire* et le *nerveux* ou *médullaire*. — V. *Animal*.

Quoi qu'il en soit, nous emprunterons à A. Richard la description des six sortes de Tissus qu'il donne dans son ouvrage :

1° Le Tissu cellulaire, ou *lamineux*, est celui qu'on trouve le plus abondamment dans l'organisation animale, soit comme base essentielle de la composition des parties, soit comme accessoire. Il se compose de fibres entre croisées en différents sens, ordinairement minces et transparentes, formant par leur réunion une masse aréolaire et spongieuse qui, en général, détermine la forme particulière des organes et la forme générale de l'animal. Ce Tissu, en se condensant, forme les *membranes celluleuses*. C'est dans ses aréoles que se dépose la graisse ou le *Tissu adipeux*. La gélatine est la base essentielle du Tissu cellulaire. Plusieurs anatomistes allemands désignent ce Tissu sous le nom de *Tissu conjonctif*, parce qu'en effet il sert le plus souvent de moyen d'union entre les organes qui constituent l'animal.

2° Quelques anatomistes ont distingué comme un Tissu particulier, sous le nom de *Tissu fibreux*, ces fibres blanches et nacrées, opaques, très résistantes, fort peu extensibles, dont se composent les *tendons* qui terminent les muscles, les *ligaments* qui maintiennent les articulations. Le Tissu cellulaire concourt cependant à leur formation; mais on y trouve, ainsi que dans plusieurs autres organes, des fibres particulières qui caractérisent le Tissu fibreux. Ce sont ces fibres qui, réunies et étendues en lames minces, forment les *aponévroses* et quelques autres membranes du corps, comme la *dure-mère*, la *sclérotique*, la *membrane albuginée* du testicule, etc. C'est encore la gélatine qui est le principe chimique dominant dans ce Tissu, qui n'est peut-être qu'une simple modification du Tissu cellulaire.

3° Des fibres rouges ou blanches, jouissant essentiellement de la propriété de se contracter, constituent le Tissu musculaire. Tous les organes qui ont besoin d'exécuter quelques mouvements sont essentiellement composés de ce Tissu. Les fibres musculaires, en se réunissant au moyen du Tissu cellulaire et du Tissu fibreux, forment des faisceaux plus ou moins volumineux, de formes variées qu'on appelle *muscles*, et qui sont les organes actifs des mouvements volontaires. Ils sont aussi la base d'un grand nombre d'organes qui, servant aux fonctions purement végétatives, sont soustraits à l'empire de la volonté : tels sont le cœur, les intestins, la vessie, etc. Dans le premier cas, les fibres musculaires reçoivent leurs nerfs de la moelle épinière; dans le second, c'est presque uniquement le grand sympathique qui les leur fournit.

La fibre musculaire se compose en très grande partie de fibrine; sa couleur est variable : elle est tantôt rouge, tantôt rosée, blanche ou même tout à fait incolore.

4° Le Tissu nerveux se présente dans le crâne sous l'aspect d'une pulpe ou bouillie épaisse, blanche, grisâtre ou rosée, composée de fibres et de granules particuliers extrèmement petits. C'est cette pulpe qui forme la masse encéphalique, c'est-à-dire le *cerveau*, le *cervelet* et la *moelle épinière*. Les *nerfs* ne sont que les prolongements des fibres qu'on trouve dans les organes précédents. Par elle-même, la pulpe encéphalique ne jouit d'aucuns mouvements apparents, ni même d'aucune sensibilité, et néanmoins c'est sous son influence que les mouvements s'exécutent, que les différentes sensations arrivent au *sensorium commune* et que la volonté se transmet aux organes qui doivent en exécuter les ordres. La composition chimique de la matière nerveuse est plus compliquée que celle des autres Tissus élémentaires. On y trouve entre autres de la matière grasse, du soufre, de l'albumine, du phosphore, etc.

5° Le Tissu osseux est formé d'une substance dure, amorphe, mais parsemée de corpuscules noirâtres particuliers et caractéristiques (*corpuscules osseux*) visibles seulement au microscope. Il est en outre creusé de canalicules réguliers, de grandeurs différentes, communiquant les uns avec les autres et destinés à loger les vaisseaux. Ce Tissu peut être disposé en lames épaisses (*Tissu compacte des os longs*) ou en lames et trabécules très minces, entre croisées de manière à circonscrire de petites loges ou aréoles (*Tissu spongieux des têtes osseuses et des os courts*); celles-ci sont remplies par de la graisse (*moelle des os*). Il est composé de gélatine et de phosphate de chaux.

6° Le Tissu cartilagineux se compose d'une substance amorphe, fondamentale, finement glanuleuse, transparente, présentant çà et là de petites excavations microscopiques, contenant de un à trois ou quatre noyaux de cellules, libres ou enveloppés par une cellule. Ce Tissu est constitué par de la *chondrine*, substance analogue à de la gélatine.

Tels sont les Tissus élémentaires principaux qui, en se modifiant et s'unissant, composent les diverses parties du corps des animaux. Leurs fonctions ne sont pas moins différentes que leur nature propre. Ainsi, le Tissu cellulaire, entrant presque sans exception dans la structure de tous les organes, peut être considéré comme la base de l'organisation. Il sert avec le Tissu fibreux de moyen d'union et d'attache entre les diverses parties, tandis que les Tissus osseux et cartilagineux leur donnent la solidité et la rigidité nécessaires au maintien de la forme et à la perfection des mouvements. Le musculaire exécute ces mouvements, et le nerveux sent et transmet l'ordre des mouvements aux muscles qui doivent les exécuter.

Indépendamment de ces Tissus, le sang ou le liquide nourricier fait également partie de la plupart des organes. On y trouve les principes dont les Tissus élémentaires se composent, savoir : la fibrine des muscles, la gélatine des fibres, l'albumine et la matière grasse de la fibre nerveuse et du Tissu adipeux ou graisseux.

Tissus des végétaux. On nomme ainsi les enveloppes internes et externes des plantes. Ces enveloppes sont de quatre sortes, savoir : 1° le *Tissu cellulaire*, que l'on nomme aussi utriculaire et vésiculaire, pulpe et parenchyme, se trouve constamment dans toutes les parties des végétaux; il est composé de vésicules transparentes, polygones, quelquefois très allongées, mais dont les parois ne sont point pourvues de pores apparents : il se produit de lui-même, et ne sert point, comme on le dit toujours, à transporter les fluides dans toutes les directions ; il les reçoit très lentement et les transmet de même.

2° Le *Tissu réticulaire* ou *rasiforme*, qui n'est, à proprement dire, qu'une modification du Tissu cellulaire, consiste en de petits cylindres tronqués, appliqués bout à bout, et formant des tubes s'anastomosant de diverses manières.

3° Le *Tissu vasculaire*, dont les cylindres à parois amincies vont en diminuant jusqu'à leurs extrémités, qui se contournent en spirales : leur fibre est extrêmement élastique.

4° Et le *Tissu membraneux*, qui est continu, blanchâtre ou sans couleur, plus ou moins transparent, et composé de petites lamelles disposées dans tous les sens, percées d'un grand nombre de pores, lesquels se montrent bordés de petits bourrelets glanduleux qui renvoient la lumière avec force dès qu'ils en reçoivent les rayons.

TITANE. Métal découvert en 1787 par William Grégor, dans le sable noir d'un ruisseau de la vallée de Menacan en Cornouailles, puis en 1794 par Klaproth, qui lui a donné le nom qu'il porte. Corps simple de couleur noire, l'un des métaux les plus infusibles. On le trouve toujours en combinaison avec d'autres corps : combiné avec l'azote et le charbon, il forme de petits grains cubiques, d'un rouge de cuivre, dans certaines scories des hauts-fourneaux : combiné avec l'oxygène (*acide titanique*), il forme plusieurs minéraux, notamment le *Rutile* et l'*Anatase*, qu'on rencontre à Moutiers, en Savoie, aux environs de Bourg-d'Oysans (Isère), etc.; en combinaison avec l'oxygène et le fer, il constitue le *Fer titané*.

TITHYMALE. — V. *Euphorbe.*

TODIER (*Todus*). Genre de Passereaux fissirostres : bec allongé, plus large que haut, entouré de longs poils à la base; pieds médiocres, à 4 doigts, dont 3 en avant, semi-palmés. — Ces oiseaux appartiennent à l'Amérique.

Le TODIER VERT (*T. viridis*) a le plumage vert en dessus, la gorge d'un rouge cramoisi. On le nomme *Perroquet de terre* à cause de sa belle couleur verte et de l'habitude qu'il a de se tenir sur le sol. — On le trouve à Saint-Domingue, aux Antilles, vivant sur le bord des rivières et se nourrissant de mouches et d'insectes qu'il attrape en volant. On l'élève facilement en captivité.

TOLU. — V. *Myroxyle.*

TOMATE (*Solanum lycopersicum*). Espèce du genre Morelle, qui a reçu les noms vulgaires de *Pomme d'amour* (pourquoi ?), de *Pomme d'or* (à cause du jaune de sa pulpe), et *Pomme du Pérou* (en raison de son originaire). Cette Solanée a les tiges velues, charnues, hautes de 1 à 2 mètres, en partie couchées : feuilles pinnées, incisées, d'un vert très foncé; fleurs réunies en grappes simples; fruits rouges, très gros, comprimés au sommet, comme plissés à la base, profondément sillonnés sur les côtes, et portés deux ensemble par des pétioles sortant de l'aisselle des feuilles supérieures.

La Tomate est une plante alimentaire et d'ornement que l'on cultive beaucoup dans les régions méridionales de l'Europe, et même dans les jardins de Paris, à une exposition favorable. Ses fruits sont remplis d'un suc légèrement acide, agréable au goût, mais ayant un peu l'odeur nauséeuse des autres Solanées. On exprime ce jus pour en faire des potages, des sauces, auxquels il donne la couleur des bisques d'écrevisses. Tandis qu'aux Antilles ces fruits sont employés contre l'ophthalmie et les maladies putrides, les Italiens les mangent crus et en salade. Nous autres Français, nous les faisons servir à l'assaisonnement des viandes, ou bien on les porte cuits sur les tables ou confits dans le vinaigre. C'est une sorte de régal pour les habitants des rives de la Méditerranée. — La greffe de la Tomate sur la Pomme de terre réussit parfaitement : ce qui permet d'obtenir à la fois une récolte de fruits et de tubercules.

TONNE (*Dolium*). Genre de Mollusques, très voisin des Buccins, ainsi caractérisé : animal grand. Coquille mince, légère, globuleuse, très ventrue, cerclée transversalement; spire très courte, le dernier tour beaucoup plus grand que tous les autres réunis; ouverture oblongue, très ample par la grande excavation du bord droit denté ou crénelé dans toute sa longueur, fortement échancré en avant ; la columelle tordue et canaliculée.

Les Tonnes sont des coquilles assez remarquables, qui atteignent souvent une grande taille. Toutes celles que l'on trouve dans les collections viennent des mers des pays chauds ; une seule espèce se trouve dans la Méditerranée. Denys de Montfort les a partagées en espèces ombiliquées et non ombiliquées. Les premières forment son genre Perdyx, et les autres les Tonnes proprement dites.

TONNERRE. C'est ce bruit éclatant et terrible qui se fait entendre dans les nuées et qui s'accompagne d'éclairs, souvent de pluie et de grêle, quelquefois enfin de *Foudre*. — V. ce mot.

Dans le langage vulgaire on confond ordinairement la Foudre avec le Tonnerre. La *Foudre*, encore une fois, est ce subtil et singulier sillonnement lumineux, analogue, identique avec celui que produisent des batteries électriques mises en jeu; l'un et l'autre phénomène allument les corps combustibles, échauffent, fondent et volatilisent les métaux. — V. *Électricité*. — Le *Tonnerre* est le bruit qui résulte de la vibration de l'air ébranlé par l'effet du passage de la foudre.

TOPAZE, COLIBRI TOPAZE (*Trochilus pella*).

Espèce type du genre *Topaza* de Gray; ce Colibri a les rectrices moyennes terminées en brins étroits et prolongés. — Il habite la Guyane; son plumage est rouge de rubis; la gorge est de couleur topaze chatoyant en or. — V. *Colibri*.

Fig. 1304. — Colibri Topaze.

TOPAZE. Pierre précieuse composée de beaucoup d'alumine, de silice, d'acide fluorique et de fer. Elle est transparente, brillante, d'une dureté assez grande pour rayer le quartz. Ses couleurs sont les différentes nuances du jaune, de plus le rosâtre, le bleu et le blanc. Les plus estimées sont d'un beau jaune pur, d'un jaune orangé, d'un rouge hyacinthe rosâtre. — On trouve ces pierres en Bohême, en Saxe, en Silésie, mais principalement au Brésil. Elles nous arrivent toutes taillées de ce dernier pays. On sait qu'elles sont très employées dans la joaillerie.

TOPINAMBOUR. Espèce du genre *Hélianthe* (l'*Hélianthe tuberculeux*).

TOQUE. Nom vulgaire de la *Scutellaire*. — V. ce mot.

TORCOL (*Yunx*). Genre de Passereaux, très voisin des Pics, ayant le bec droit, conique, presque rond, pointu, emplumé à sa base; les narines basales, nues, en partie fermées par une membrane; la langue est très extensible, mais dépourvue d'aiguillons; ailes médiocres, aiguës; queue arrondie, flexible, impropre à servir de point d'appui pour grimper; tarses courts, écailleux, pourvus de 4 doigts à ongles courts et arqués. — Les Torcols habitent l'ancien et le nouveau continent; quoique conformés comme les Pics, ils ne grimpent pas comme eux, mais se cramponnent aux arbres pour y chercher leur nourriture à l'aide de leur langue extensible. Ils ne se perchent guère que pour dormir.

Le Torcol verticille (*Y. torquilla*), ou *T. d'Europe*, est d'environ de la taille d'une Alouette; brun en dessus et marqué de petites ondes noirâtres et de mèches longitudinales fauves, il a le dessous blanchâtre avec des raies transversales noirâtres.

Le Torcol habite l'Europe, l'Asie et l'Afrique; son nom générique lui vient d'une habitude singulière : lorsqu'on le surprend ou qu'il aperçoit quelque objet nouveau, il tourne le col d'un mouvement lent et sinueux, de manière que sa tête se renverse en tous sens. Cet oiseau est très commun en France à son passage d'automne. Très friand d'œufs de fourmis, on le voit plonger sa langue glutineuse dans les fourmilières pour la retirer garnie de butin. Quoique très solitaire, il est peu défiant. Il niche dans les trous naturels des arbres ou dans ceux qui ont été creusés par les Pics. La ponte est de 6 à 8 œufs blancs, sans taches. Pendant l'incubation, le mâle pourvoit à la subsistance de la femelle.

Le Torcol s'habitue facilement à la captivité et devient très familier. Il sonde avec sa langue, pour chercher les insectes, toutes les fissures des crevasses de la chambre où il est renfermé. « Indépendamment de son joli plumage, il est difficile, dit Bechstein, de ne pas prendre plaisir à lui voir exécuter les mouvements qui lui ont attiré son nom : le cou s'allonge, et la tête se contourne, de façon que le bec se trouve dans la direction du dos. Son attitude ordinaire est de se tenir droit, les plumes de la tête et de la gorge dressées, et la queue étendue en éventail, faisant quantité de grandes et longues révérences. Si on l'irrite, ou même si l'on s'approche seulement du vase où est sa mangeaille, son corps se porte lentement en avant; les plumes de sa tête se hérissent; celles du cou s'appliquent fortement les unes sur les autres; ses yeux tournent, il s'incline, étale sa queue, murmure quelques sons creux dans sa gorge, prend enfin les postures les plus singulières, et fait les grimaces les plus comiques; son tempérament paraît d'ailleurs mélancolique; au printemps, il crie souvent à plein gosier : *gui, gui, gui, gui*, pour appeler sa femelle.

TORMENTILLE. Espèce du genre *Potentille*. — V. ce mot.

TORPILLE (*Torpedo*). Genre de Poissons cartilagineux symphysobranches, de la famille des Sélaciens, tribu des Raies, présentant les caractères suivants : disque du corps aplati et à peu près circulaire, complètement lisse, et dont le bord antérieur est formé par deux productions du museau qui atteignent les pectorales, très amples et charnues; yeux et évents situés à la face dorsale; bouche garnie de dents petites et aiguës; queue courte, grosse, charnue à sa base, munie en dessus de deux petites nageoires dorsales, et à l'extrémité d'une petite caudale divisée, pour ainsi dire, en deux lobes, dont le supérieur est le plus long. L'espace ou intervalle situé entre les nageoires pectorales, la tête et les branchies, est rempli de chaque côté par un appareil extraordinaire formé de petits tubes membraneux, serrés les uns contre les autres, subdivisés par des cloisons horizontales en petites cellules remplies de mucosité, et animés par une grande quantité de nerfs. C'est dans cet appareil que réside la vertu électrique ou galvanique qui a rendu ces poissons si célèbres et qui leur a valu leur nom.

Les Torpilles, dit Lacépède, sont des Poissons faibles, indolents, sans armes, et seraient livrées sans défense aux voraces habitants des mers dont elles peuplent les profondeurs; mais, indépendamment du soin qu'elles ont de se tenir presque toujours cachées sous le sable ou sous la vase, elles ont reçu de la nature une faculté particulière bien supérieure à la force des dents, des dards et des autres armes dont elles auraient pu être pourvues: elles possèdent la puissance remarquable et redoutable de lancer, pour ainsi dire, la foudre; elles accumulent dans leur corps et en font jaillir le fluide électrique avec la rapidité de l'éclair; elles impriment une commotion soudaine et para-lysante au bras le plus robuste qui s'avance pour les saisir, à l'animal qui veut les dévorer; elles engourdissent les poissons dont elles cherchent à se nourrir; elles frappent quelquefois leurs coups invisibles à une distance assez grande, et par cette action prompte, elles évitent les mouvements de ceux qui les attaquent et de ceux qui se défendent contre leurs efforts.

Les Torpilles se tiennent dans les fonds vaseux, et viennent aussi sur les bords de la mer se cacher dans le sable, et c'est alors même, assure-t-on, qu'elles ont le plus de vigueur. Selon plusieurs observateurs, les femelles produisent de plus fortes secousses que les mâles. Ces poissons ont la vie dure, et, dans un temps froid, ils ne meurent qu'au bout de vingt-quatre heures après avoir été retirés de l'eau de la mer; on les prend à l'hameçon ou aux filets; mais les pêcheurs craignent

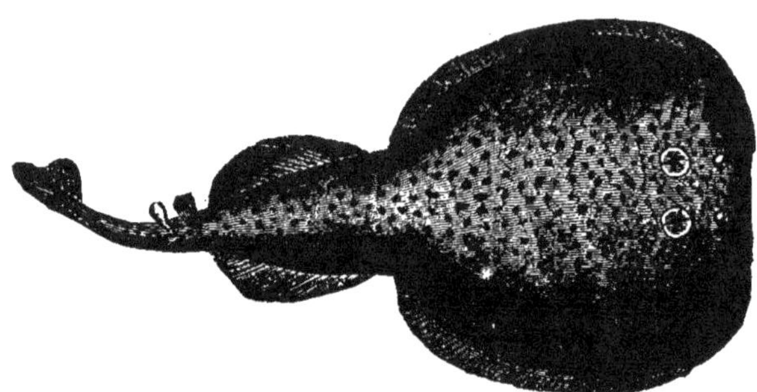

Fig. 1305. — Torpille marbrée.

beaucoup leurs commotions électriques. Leur chair est mollasse et limoneuse; cependant elle n'est pas malsaine comme on l'a dit, et l'on peut s'en nourrir. Les anciens ont attribué à la Torpille des propriétés médicales importantes, et les habitants de l'Abyssinie et de l'Éthiopie assurent encore aujourd'hui qu'en l'appliquant sur différentes parties du corps des personnes atteintes de la fièvre, on leur enlève promptement cette maladie.

Nous distinguerons la Torpille a taches œillées (*T. narke*), qui a de 4 à 5 taches brunes sur un fond blanchâtre et qui n'offre pas de dentelures charnues au bord de ses évents; — la T. galvanienne (*T. Galvanii*), qui a 7 dentelures charnues au bord des évents, et dont la teinte est fauve uniforme, marbrée, ponctuée et tachetée de noirâtre. — Ces deux espèces ont une taille qui ne dépasse pas 4 mètre de long. Elles sont propres à la Méditerranée.

Il y a encore la T. marbrée, la T. a une seule tache, également d'Europe.

TORTUE (*Testudo*). Genre de Chéloniens, de la famille des Chersites ou *Tortues terrestres*, caractérisé par : carapace très bombée; membres courts et égaux; pattes en mognons arrondis, calleux; doigts non distincts, onguiculés. La boîte osseuse des Chersites est généralement très bombée, quelquefois plus haute que large; la tête, les pattes et la queue peuvent se retirer et se protéger par elle, car elle est composée de pièces dont l'épaisseur et le poids relatif sont plus considérables que chez les autres Chéloniens. Il y a constamment 13 plaques cornées sur le disque de la carapace; les pièces du pourtour varient au nombre de 23 à 25. Les plaques sont polygones, rarement unies, offrant souvent à leur surface des stries concentriques.

Quant à l'animal, il a la tête courte, épaisse, à 4 pans, recouverte en dessus, depuis le bout du museau jusqu'en arrière des yeux, de plaques cornées; langue épaisse et papilleuse; mâchoires recouvertes d'étuis de cornes très solides, tranchants ou denticulés. Le cou et la tête peuvent toujours rentrer sous la carapace. Les pattes sont courtes et informes; il y a 5 ongles à celles de devant, excepté chez les Homopodes, qui n'en ont que 4 aux antérieures comme aux postérieures. La queue, très variable en grosseur, en forme et en longueur, est armée d'écailles tuberculeuses. Les mâles sont en général plus petits que les femelles; ils ont la queue plus épaisse à la base et plus longue.

Les Tortues terrestres se trouvent répandues sur toutes les parties du globe, à l'exception toutefois de la Nouvelle-Hollande. Elles vivent dans les bois et les lieux bien fournis d'herbes, où elles se creusent peu profondément des sortes de terriers pour y passer l'hiver engourdies. « Elles se nourrissent presque exclusivement de matières végétales ; cependant, elles mangent aussi quelquefois des matières animales, telles que des mollusques terrestres, des insectes, etc. Les espèces qu'on conserve dans les jardins préfèrent, en général, à toute autre nourriture les feuilles de salade, et principalement celles de laitue. Les Tortues n'ont besoin que de très peu de nourriture, et elles peuvent même passer des mois entiers sans manger. Elles vivent fort longtemps; Cetti en a vu une en Sardaigne qui avait soixante ans et qui ne paraissait pas plus vieille que la plupart des individus de même espèce qu'on prenait dans les campagnes. Elles sont très vivaces ; en effet, on en a vu se mouvoir sans tête pendant plusieurs semaines.

« Les sexes restent unis pendant plusieurs jours. Les femelles gardent pendant assez longtemps dans leur oviducte les œufs, qui ont, en général, une forme sphérique; ceux de quelques espèces, ce-pendant, sont allongés et presque cylindriques. Leur coque est assez solide, et de nature calcaire. Les femelles déposent leurs œufs dans des trous qu'elles creusent dans des lieux exposés aux rayons du soleil, et dès lors, elles n'en prennent plus aucun soin. Les petits qui en sortent sont loin de présenter la forme qu'ils doivent acquérir un jour; leur carapace est, en effet, toujours unie et de forme hémisphérique. »

TORTUE GRECQUE (*T. græca*). Carapace ovale, très bombée, entière, couverte de plaques très saillantes polygonales, chargées de stries parallèles à leurs côtés, et dont le centre est pointillé ; cette pièce principale de l'armure est noire, marbrée de jaune citron, et le plastron est composé de douze plaques plates et blanchâtres ; la tête, la queue et les pattes sont écailleuses ; la mâchoire supérieure se termine par un bec corné.

La Tortue grecque n'a jamais au-delà de 15 à 25 centim. de long, et ne pèse guère plus de 3 livres. On la trouve dans toutes les parties méridionales de l'Europe, et particulièrement dans les contrées qui ne sont pas éloignées de la mer; en Grèce et dans les îles de la Méditerranée, elle habite les bois, les lieux élevés, où elle se nourrit d'insectes, de limaçons et de racines qu'elle brise avec ses fortes mâchoires : aussi l'élève-t-on communément dans les jardins d'Italie, où elle fait la chasse à ces animaux.

Vers le mois d'octobre, elle s'enfonce à 2 pieds sous terre et ne reparaît au jour qu'en avril. En

Fig. 1306. — Tortue mauresque.

Sardaigne, où elle est assez commune, on a remarqué qu'elle pond vers la fin de juin quatre ou cinq œufs blancs, gros comme ceux de nos pigeons ; elle les dépose dans un trou qu'elle remplit de sable, et d'où les petits ne sortent que vers la fin de septembre, ce qui s'accorde peu avec l'habitude où sont les vieilles Tortues de s'enterrer en octobre.

La chair de la Tortue grecque passe pour faire des bouillons pectoraux préférables à tous ceux que l'on prépare avec les autres espèces de Tortues.

TORTUE MAURESQUE (*T. mauritanica*). La carapace est de forme ovale, bombée; le sternum est mobile derrière ; chaque cuisse présente un gros tubercule conique ; la queue est courte, inonguiculée. Le fond de la couleur de cette espèce présente une teinte olivâtre ; les plaques du disque sont marquées de taches noirâtres et quelquefois d'une bande de même couleur qui couvre leur pourtour en devant et sur les côtés seulement, etc. — Cette espèce se trouve communément aux environs d'Alger, et c'est de là que sont envoyées toutes celles qui se vendent depuis quelques années chez les marchands de comestibles. M. Mé-

nétries l'a trouvée en grand nombre dans les jardins fruitiers des environs de Bakou, ville située sur les bords de la mer Caspienne, dans la presqu'île d'Abahéran.

Tortue éléphantine (*T. elephantina*). C'est une des plus grandes du genre ; longueur de 1 mètre et plus. — Cette espèce habite les îles du canal

Fig. 1307. — Tortue franche.

Mozambique ; elle est connue à l'île Maurice pour sa grosseur extraordinaire : elle pèse jusqu'à 250 kilos. — La Tortue géante est considérée comme une variété de cette espèce.

Le nom de Tortue s'applique trop communément aux Chéloniens maritimes et fluviatiles pour que nous ne revenions pas ici sur les principales espèces.

Tortue franche (*Chelonia mydas*). Quoiqu'il en ait été question déjà (V. *Chélonée*), nous reviendrons sur son histoire pour la compléter. Cette espèce vit dans la mer ; elle porte une belle carapace couverte de pièces d'écaille verdâtres polygonales, mais beaucoup trop minces pour que l'on en puisse faire usage ; elle est ovale, en cœur, peu bombée, mais relevée en dos d'âne, et découpée sur les bords par vingt-cinq festons.

« Cette Tortue dépasse toutes les autres par sa taille et son poids ; on en cite de 7 à 8 pieds de long, et du poids de 800 livres. Elle abonde sur le littoral sablonneux des mers de la zone torride; on en prend, mais accidentellement, dans nos parages à l'embouchure de la Loire; l'on se souvient à Dieppe d'en avoir pêché une qui pesait neuf quintaux.

« Les femelles viennent à terre en avril, après le coucher du soleil, pour y faire leur ponte ; après avoir choisi une place qui soit au-dessus des plus hautes marées, elles y creusent un trou conique de 2 pieds de profondeur, et y déposent leurs

œufs, au nombre de 100, dans une seule nuit, et c'est dans ce moment que l'on s'empare de ces animaux dont la chair et la graisse sont excellentes, du moins aux Antilles et à la Jamaïque, où on les conserve dans des parcs d'où l'on en expédie tous les ans plusieurs vaisseaux chargés à Londres pour la confection des fameuses soupes à la Tortue, à l'usage des malades et des gourmands.

« Quand les grosses Tortues sont à terre, il suffit de les renverser à bras ou au moyen de leviers, et de les mettre sur le dos, pour leur ôter tout moyen de quitter la place où on les laisse : aussi peut-on les conserver ainsi fort longtemps en ayant soin de les arroser plusieurs fois par jour avec de l'eau de mer. On se sert dans les colonies de la carapace de ces grandes Tortues pour donner à manger aux bestiaux en manière d'auges et de baquets. »

Tortue fluviatile d'Europe (*Trionyx*). Carapace ovale, lisse, recouverte d'une peau molle, noirâtre, ornée de points jaunes disposés en rayons convergents ; sa taille est de 20 centim. de long sur 15 de large. — Elle se trouve dans le midi de l'Europe, en Orient, en Prusse. On la mange.

La Tortue bourbeuse est la *Cistule européenne*, espèce qui se trouve dans les lacs de la Silésie. On en prépare des bouillons.

TORTUE. Nom vulgaire de la Coccinelle. —

V. ce mot. — Nous figurons ici ce petit coléoptère, l'espèce 7-ponctuée, la plus commune de toutes dans notre pays.

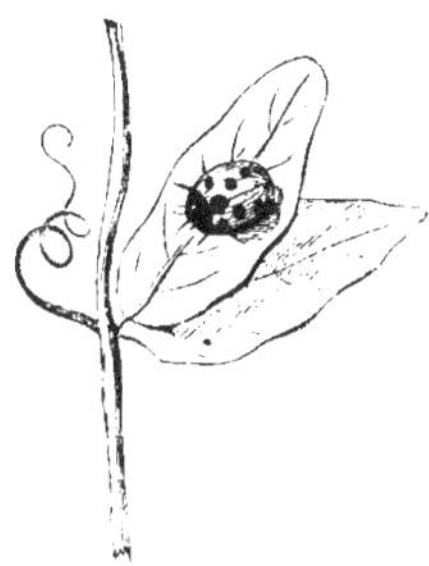

Fig. 1308. — Coccinelle ponctuée.

TOTIPALMES. Famille d'Oiseaux de l'ordre des *Palmipèdes.* — V. ce mot.

TOUCAN (*Ramphastos*). Genre d'Oiseaux de l'ordre des Grimpeurs, caractérisé par un énorme bec presque aussi gros et aussi long que le corps de l'oiseau, dentelé sur le bord de ses mandibules, arqué vers le bout, léger et celluleux intérieurement, et par une langue étroite, longue et garnie de chaque côté de barbes comme une plume. Le plumage est peint des couleurs les plus brillantes,

Fig. 1309. — Toucan à gorge jaune.

mais la disproportion du bec et l'expression fade des grands yeux donnent à ces oiseaux une physionomie triste et sérieuse qui contraste avec la vivacité de leurs mouvements. Ce bec volumineux semblerait, au premier abord, devoir gêner l'oiseau par son poids ; mais il est celluleux intérieurement, et sa légèreté ne lui permet pas d'être une arme offensive de quelque puissance.

« Les Toucans habitent les parties chaudes de l'Amérique, où ils vivent en petites troupes de six à dix individus ; leur vol est lourd et pénible, à cause de la brièveté de leurs ailes, de la longueur de leur bec et du peu de développement de leur sternum ; cependant ils s'élèvent jusqu'à la cime des plus hauts arbres, non pas en grimpant, mais en sautant de branche en branche ; ils sont très défiants et très vigilants. Sans opérer de migrations régulières, ils errent de canton en canton pour chercher leurs aliments ; quand ils ont saisi

Fig. 1310-1311. — Ptéroglosse Aracari (mâle et femelle).

leur nourriture avec leur bec, ils la jettent en l'air, afin de la faire arriver jusque dans leur gosier par les seules lois de la pesanteur. Cette nourriture consiste, selon la saison, en fruits, en bourgeons d'arbres, en insectes et en petits oiseaux ; ils attaquent les parents de ces derniers, les chassent de leur nid, et, en leur présence, mangent leurs œufs, leurs petits, qu'ils tirent des trous à l'aide de leur bec, ou qu'ils font tomber avec les nids. Azara dit qu'ils établissent leur nid dans les trous d'arbres, et que de leur ponte naissent deux petits, que le père et la mère nourrissent jusqu'à ce qu'ils volent la queue renversée sur le dos. Les Toucans sautillent obliquement, d'assez mauvaise grâce et les jambes très écartées. Quand ils dorment, leur tête est cachée entre les plumes de leur dos, et leur bec est étendu jusqu'à la queue, qui se relève et se rabat sur lui. » — Ce genre se divise en deux sous genres : 1° les *Toucans proprement dits,* dont le bec est plus gros que la tête ; 2° les *Aracarés*, dont le bec est moins gros que la tête.

Le Toucan du Brésil (*R. tucanus*) est d'un beau noir à reflets verdâtres; gorge d'un beau jaune orange; poitrine d'un rouge vif; bec noir verdâtre, à base jaune. Taille, 55 centim. — Autrefois les plumes de cet oiseau servaient à orner la toilette des dames indigènes et même européennes.

Le Toucan Aracari (*Pteroglossus*) forme un genre à part, suivant certains ornithologistes. Il a la tête, la gorge et le cou noirs; une petite tache marron sur les oreilles; le haut du dos, les plumes scapulaires et les couvertures des ailes, d'un vert obscur; le croupion et les couvertures supérieures de la queue, d'un rouge vif; le dessous du corps d'un jaune de soufre, mêlé d'un peu de rouge au haut de la poitrine, avec une bande transversale de la même teinte. — On rencontre ce Toucan au Brésil, de même qu'à la Guyane, où il est connu sous le nom de *Grigri*, d'après son cri aigu et bref.

TOUCHER ou **Tact**. L'un des cinq sens, celui qui nous fait connaître les qualités *palpables* des corps. Le *Tact* est l'impression tactile faite sur notre corps supposé à l'état passif; le *Toucher* est le tact prémédité, actif, raisonné. La surface cutanée, l'enveloppe extérieure, est l'organe du premier; le second, au contraire, n'appartient qu'à la main, aux doigts spécialement. Il est bien entendu que nous n'entendons, pour le moment, parler que du Toucher considéré chez l'Homme. Or, comme c'est toujours la peau qui reçoit l'impression tactile dans l'un et l'autre cas, c'est cette membrane que nous devons étudier tout d'abord, en faisant connaître ses communications avec le système nerveux périphérique et central.

La *peau* se compose de deux couches. La couche superficielle est l'*épiderme*, qui, dépourvu de vaisseaux et de nerfs, est tout à fait insensible et destiné seulement à recouvrir la couche profonde (le *derme*) sur laquelle elle se déploie. Le *derme* constitue le corps de la peau; il en forme presque toute l'épaisseur. On y distingue un grand nombre de faisceaux de fibres entrecroisées. Sa face externe, recouverte par l'épiderme, est parsemée d'un grand nombre de petites saillies rougeâtres (papilles) très sensibles, et qui forment, dans certaines parties du corps, telles que la paume des mains et l'extrémité des doigts, des séries régulières. Les *papilles* sont les véritables organes du Toucher. Ces petites saillies sont très riches en petits vaisseaux et nerfs. Elles sont très visibles à la langue, où l'épiderme leur forme une sorte d'étui et leur conserve ainsi leur indépendance; partout ailleurs elles sont couvertes plus ou moins par l'épiderme.

Mécanisme du Toucher. Ce mécanisme est des plus simples. En maintenant la distinction essentielle du Tact et du Toucher, nous dirons que le premier s'opère par simple contact de l'ob-

jet et de la peau; dans les points où celle-ci est le moins fine et le moins sensible, le Tact ne donne guère que la sensation de la température, sans pouvoir en déterminer le degré, et celle de la résistance et du poids; la notion de la forme ne lui est pas dévolue. — Le Toucher, au contraire, exercé par la main et les doigts, est le sens qui nous éclaire nettement sur la forme, la consistance, l'étendue, le nombre du ou des corps. Nous ne touchons guère les objets qu'avec les mains, quoique d'autres parties, telles que les lèvres, la langue, jouissent d'une sensibilité au moins égale à la leur, mais ces organes sont accommodés à d'autres fonctions. Il n'y a que les surfaces tégumentaires qui reçoivent des nerfs cérébro-spinaux (V. *Innervation*, *Nerfs*) qui soient le siège du Toucher; celles qui sont en communication avec le système ganglionnaire, comme les membranes muqueuses de l'intestin, de la vessie, des canaux excréteurs des glandes, les membranes internes des vaisseaux, etc., ne nous donnent jamais de véritables notions du Toucher. Toutefois, la peau ne peut exercer efficacement son action qu'autant que les impressions sont circonscrites dans certaines limites; lorsque ces limites sont dépassées, soit par les qualités de l'objet touché, soit par l'état morbide de l'organe du Toucher, comme par exemple la dénudation des papilles par un vésicatoire ou une brûlure, la sensation du Toucher devient une sensation de *douleur*, devant laquelle toutes les appréciations du Toucher disparaissent.

Du Toucher dans la série animale. Le Toucher est loin d'exister chez les Animaux avec la même perfection que chez l'Homme. Chez eux la sensibilité s'exerce la plupart du temps d'une manière passive. Les poils, les plumes, les enveloppes cornées ou calcaires qui recouvrent le corps de beaucoup d'animaux n'abolissent pas la sensibilité tactile autant qu'on pourrait le penser, car ces parties transmettent aux tissus sensibles sous-jacents les ébranlements qu'ils éprouvent, mais ils limitent singulièrement le nombre des notions que l'animal peut tirer du contact des corps.

Mammifères. Quelques-uns présentent certaines parties plus ou moins bien disposées pour le Toucher. Le *Singe* a ses quatre membres terminés par des mains, très imparfaites sans doute si on les compare à celles de l'homme, mais encore infiniment supérieures à tout ce que présentent les autres Mammifères pour le Toucher. Quelques-uns ont de plus une queue prenante, qui est comme un cinquième membre. — Les Solipèdes, les Ruminants, les Carnivores, dont l'extrémité des membres est terminée par un sabot ou par des griffes et une peau calleuse, n'ont, à l'aide du pied, qu'un Toucher très imparfait. Mais la sensibilité tactile réside plus particulièrement dans d'autres parties du corps, comme la trompe de l'Éléphant, les lèvres du Cheval et des Ruminants, le nez du Chien, les moustaches du Chat, du Rat, etc.

Oiseaux. Lorsque l'Oiseau veut toucher, c'est en général le bec qui lui sert à cet usage, car les plumes du corps, l'épiderme épais des pattes s'opposent à la sensibilité tactile. Le bec est insensible par lui-même ; mais implanté dans un derme riche en filets nerveux, il transmet les ébranlements qu'il reçoit à la manière de la corne du sabot du cheval et des enveloppes solides des articulés.

Reptiles. Ils n'ont point d'organe spécial du Toucher. Ceux qui sont recouverts d'une peau nue et humide, comme les *Batraciens*, paraissent dou s d'un Toucher plus délicat que ceux qui ont le corps revêtu d'écailles. Quelques Reptiles dont la langue est très protractile s'en servent, sans doute, non-seulement comme organe de préhension, mais aussi comme organe du Toucher. Chez les Serpents, le corps tout entier peut remplir un pareil office en s'enroulant autour des corps.

Poissons. Quelques-uns exercent une sorte de Toucher par leurs *barbillons*, qui reçoivent en effet des nerfs ; les nageoires peuvent aussi transmettre des impressions tactiles.

Articulés. Les *Insectes*, par leur test corné ; les *Crustacés*, par leur test calcaire, sentent les ébranlements du dehors; leurs antennes ou palpes jouissent d'un Toucher plus délicat.

Les *Mollusques* et les *Zoophytes*, dont la peau est généralement molle et humide, ont une sensibilité obtuse répandue sur toute la surface du corps. Quelques-uns d'entre eux présentent des prolongements très développés et souvent multiples (bras ou tentacules) qui paraissent doués d'une sensibilité plus vive que le reste du corps : tels sont les *Céphalopodes*, les *Polypes*, les *Hydres*, etc.

Du tact dans les végétaux. Quelques philosophes ont prétendu ramener tous les sens au seul phénomène tactile. Ainsi pour eux, la vue ne serait que le Toucher des rayons lumineux par le nerf optique ; l'ouïe, l'impression tactile du son sur le nerf auditif, etc. A ce point de vue, les Plantes, qui manifestent une préférence pour la lumière, vers laquelle elles tournent sans cesse leur feuillage, leurs fleurs, leur tige, témoigneraient une véritable sensibilité tactile, sensibilité végétative, tout à fait ignorée de l'individu, mais au fond réelle. Et ce qui le prouve, c'est que la Dionée-attrape-Mouche, la Sensitive, etc., manifestent des mouvements évidents et très remarquables au contact de certains corps, sous l'influence de certains agents impondérables, sans que ces manifestations de sensibilité tactile soient moins végétatives ou plus dépendantes d'une action volontaire.

TOURACO (*Turacus*). Genre de Grimpeurs, voisin des Toucans, dont le bec est court, gros

Fig. 1312. — Tête de Touracou persa.

et dentelé, la queue arrondie et étagée. Ce sont des oiseaux confiants et curieux, qui habitent l'Afrique et l'Amérique, nichent dans les troncs d'arbres, et se nourrissent de fruits; ils volent lourdement, mais sautent avec agilité de branche en branche.

Les principales espèces sont : le Touraco Loury (*T. persa*), dont le plumage est vert-pré, et qui porte une huppe verte, comprimée, bordée de blanc, etc.—Cet oiseau habite le cap de Bonne-Espérance. — Citons le Touraco géant, de l'Afrique, etc.

TOURBE. Matière d'un brun noirâtre, qui se forme sous les eaux par l'accumulation et l'altération de diverses plantes aquatiques, particulièrement des Sphaignes et des Conferves qui sont toujours submergées : il s'en produit journellement dans nos marais. La Tourbe est homogène et compacte dans les parties inférieures du dépôt

(*Tourbe limoneuse*), grossière et remplie de débris visibles d'herbes dans les parties supérieures (*T. fibreuse* ou *bousin*). Elle brûle facilement, avec ou sans flamme, en donnant une odeur particulière. A la distillation, il s'en dégage de l'eau chargée d'acide acétique, une matière huileuse et des gaz.

On appelle *Tourbières* les gisements de Tourbe. Ils occupent quelquefois des espaces immenses dans les parties basses de nos continents; souvent ces dépôts sont encore couverts d'eau, mais dans divers lieux ils sont à sec, et il s'est formé au-dessus d'eux des couches de sable et de limon qui ont suffi pour donner naissance a de belles prairies : la plupart des prairies de la Normandie sont sur de la Tourbe. Les plus grandes Tourbières de France sont celles de la vallée de la Somme, entre Amiens et Abbeville. Il y en a aussi de considérables dans les environs de Beauvais, dans la vallée de l'Ourcq, dans les environs de Dieuze; on en exploite également dans la vallée d'Essone, près de Paris. La Hollande, qui n'a presque pas d'autre combustible que la Tourbe, en renferme une grande quantité, ainsi que la Westphalie, le Hanovre, la Prusse et la Silésie. La Tourbe est un combustible précieux; mais elle a souvent l'inconvénient d'exhaler une mauvaise odeur. Elle donne un charbon plus durable que le charbon de bois, mais qui laisse beaucoup de cendre. »

Les terrains tourbeux sont sensiblement élastiques; quand on vient à sauter ou à frapper dessus, le choc met en mouvement des objets assez éloignés du point que l'on a frappé. Ces mêmes terrains ont encore la singulière propriété de repousser les pieux et tous les corps légers qu'ils renferment, et d'absorber, au contraire, les objets lourds, tels que des outils de fer que l'on oublierait à leur surface et qui, peu de jours après, seraient déjà cachés.

On cite des portions de tourbières qui sont venues flotter à la surface des eaux et qui forment ainsi de petites îles ambulantes que l'on est obligé d'amarrer pour s'en assurer la propriété. L'île flottante et tourbeuse du lac de Gerdau, en Prusse, nourrit un troupeau de cent têtes.

Les terrains tourbeux sont contemporains de l'espèce humaine; ce sont les seuls qui renferment les débris de l'homme ou de son industrie; en les exploitant, il n'est pas rare de trouver des armes de pierre ou de fer, des bijoux d'or, de grands travaux d'art, des chaussées, des bateaux antiques, et des débris d'animaux les compagnons de l'homme à cette époque, et qui sont devenus plus rares aujourd'hui dans ces mêmes contrées, des bois de Cerf, des têtes de Castor, etc.

TOURBILLON. — V. *Trombe.*

TOURMALINE. Minéral désigné encore sous le nom d'*Aimant de Ceylan*, *Schorl*, composé de silice, d'alumine et d'oxyde ferrique, avec des quantités variables d'acide borique, de potasse et de magnésie, se présente en cristaux prismatiques fort allongés appartenant au système rhomboédrique, d'une densité de 3,07, rayant le verre, et ordinairement noirs. Il en existe aussi des variétés rouges (*Rubellite*), bleues (*Indicolite*), vertes (*Emeraude du Brésil*), etc.

Les Tourmalines deviennent électriques quand on les frotte ou qu'on les échauffe : l'une de leurs extrémités présente alors l'électricité positive, tandis que l'autre extrémité est électrisée négativement. Elles polarisent la lumière : lorsqu'on reçoit un rayon de lumière à travers deux plaques de Tourmaline taillées parallèlement à l'axe et croisées à angle droit, la partie du croisement est obscure. Les Physiciens font usage de cette propriété pour étudier la nature de la double réfraction dans les cristaux. — On rencontre les Tourmalines particulièrement dans les terrains anciens, où elles sont disséminées dans le granite, le gneiss et le micaschiste; les cristaux les mieux déterminés viennent de l'île d'Elbe, et de Chursdorf, en Saxe. La Tourmaline est un des minéraux les plus anciennement connus.

TOURNE-PIERRE (*Strepsilas*). Genre d'Oiseaux de l'ordre des Echassiers, placé entre les Combattants et les Chevaliers : bec médiocre, dur à la pointe, fort, droit, en cône allongé, légèrement courbé en haut; pieds médiocres et nus, ayant trois doigts devant et un derrière; ongles courbés et pointus. Ils doivent leur nom à l'habitude qu'ils ont de retourner avec le bec les pierres et les galets pour découvrir les vers et les insectes dont ils se nourrissent. On les trouve sur les rivages de toutes les mers. — Le TOURNE-PIERRE A COLLIER (*S. collaris*), vulgairement *Coulonchaud*, a le plumage en grande partie d'un blanc pur, le sommet de la tête d'un blanc roussâtre rayé de noir, le haut du dos d'un roux marron parsemé de taches noires, et le reste brun.

TOURNESOL. Nom vulgaire donné, en général à toutes les fleurs qui paraissent se tourner toujours du côté du soleil et en suivre les mouvements, particulièrement à l'*Hélianthe à grandes fleurs*, à l'*Héliotrope.*

On nomme *Tournesol des teinturiers* une espèce du genre Croton (le *Croton tinctorium*), parce qu'elle est employée en teinture et que les rayons du soleil font éprouver des modifications à la couleur de son suc.

Commercialement parlant, le *Tournesol* est une matière colorante d'un bleu violet, que l'on retire du *Tournesol des teinturiers* et de certains Lichens, notamment du *Lichen rocella*. Le Tournesol se trouve sous deux états différents, *en drapeaux* et *en pain* : le *T. en drapeaux* est préparé à Montpellier avec le suc du Croton dans lequel on trempe des chiffons que l'on fait sécher et que l'on expose ensuite à la vapeur d'un mélange d'urine putréfiée et de chaux ; le *T. en pain* est préparé en Auvergne avec plusieurs espèces de Lichens auxquels on mêle moitié de leur poids de cendres gravelées et que l'on réduit en pâte en les arrosant de temps en temps avec de l'urine humaine.

On se sert de cette matière pour tracer des dessins sur la toile ou sur la soie que l'on veut broder, pour teindre le papier pâte, et pour préparer la *teinture de Tournesol*, que les chimistes emploient pour reconnaître la présence des acides : ce liquide, naturellement bleu, a en effet la propriété de rougir dès qu'on y verse un acide quelconque.

TOURTEAU. Espèce de *Crabe*. — V. ce mot.

TOURTERELLE. — V. *Pigeon*.

TOUTE-BONNE. Nom vulgaire de deux espèces de Sauge (*la S. des prés* et l'*Orvale*) et de l'*Ansérine sagittée*.

TRACHÉENNES. Ordre de la classe des Arachnides, ayant les organes respiratoires sous la forme de tubes ou trachées partant en rayonnant de deux ouvertures stigmatiques ; 2 yeux lisses ou 4 au plus. — Plusieurs de ces Arachnides sont parasites et réduites à une petitesse extrême.

Parmi les genres assez nombreux de cet ordre se trouvent les *Faucheurs*, les *Ixodes*, les *Mites*, le *Sarcopte de la gale*, etc.

TRACHÉLIDES. Famille de Coléoptères de la tribu des Hétéromères, composée d'insectes dont la tête, triangulaire ou en forme de cœur, est portée sur un pédicule ou rétrécie brusquement et en manière de cou postérieurement : cette tête étant aussi large ou plus large que l'extrémité antérieure du corselet au point où commence ce pédicule, elle ne peut rentrer dans la cavité de cette partie du corps. Le corps est souvent mou ou peu solide, avec les élytres flexibles, sans stries, et quelquefois très courts ; les mâchoires n'offrent jamais au côté interne d'ongles ou de dent écailleuse. — Cette famille comprend les genres *Cantharide, Méloë, Mylabre*, etc.

TRACHYTE. Roche agrégée, d'apparence homogène, composée de petits cristaux de ryacolithe (feldspath vitreux), et renfermant des particules de mica, amphibole, quartz, pyroxène ou de nigrine. On y voit aussi parfois de l'épidote, des grenats, etc. Le Trachyte est rude au toucher ; son aspect est terne ou vitreux ; sa texture compacte, grenue, quelquefois bulleuse ; il est fusible au chalumeau. Le Trachyte forme des amas, des filons et des couches. C'est une des roches les plus abondantes des terrains ignés ; elle fournit de bons matériaux de construction. — On distingue, parmi les variétés, le *Trachyte grisâtre*, le *T. rougeâtre* et le *T. terreux*, dit aussi

Domite, parce qu'il constitue en totalité le Puy-de-Dôme.

On nomme *Terrain trachytique* un terrain d'origine ignée, caractérisé par l'éclat vitreux d'une partie des roches qui le composent et par sa tendance à former des montagnes coniques, comme le Chimboraço, le Puy-de-Dôme, etc. Les roches qui le constituent sont des trachytes, des domites, des ponces, etc.

TRAGÉLAPHE (*Tragelaphus*). Sous-genre d'Antilopes ; cornes comprimées, en spirales, pourvues d'une arête saillante sur leur spire et n'existant que chez le mâle ; queue médiocre et garnie de poils assez longs non floconneux. — Ce groupe comprend un assez grand nombre d'espèces parmi lesquelles nous distinguerons :

L'Antilope Guib (*T. scriptus*). Gracieux animal de la taille du Daim, habitant la Sénégambie, où on le rencontre par grandes troupes. Il se distingue par son pelage fauve marron en dessus, marqué de bandes transversales de couleur blanche sur les flancs et de taches rondes sur les cuisses.

TRAINASSE. Nom vulgaire d'une espèce de *Renouée*. — V. ce mot.

TRANSPIRATION. Fonction des corps organisés, qui consiste en ce qu'ils laissent échapper de leurs corps des substances diverses à l'état de fluide aériforme ou de vapeur. — La Transpiration cutanée prend le nom de *Sueur*. — V. les mots *Exhalation* et *Sécrétion*. — En Physiologie comparée, on considère la Transpiration cutanée dans les animaux qui habitent les régions chaudes du globe comme un puissant moyen de rafraîchissement, en raison de ce que tout corps qui se vaporise enlève beaucoup de chaleur au corps dont il émane. La Transpiration cutanée est en raison inverse de la Transpiration pulmonaire ; celle-ci peut suppléer au défaut de l'autre. Ainsi, tandis que le Cheval, par exemple, transpire considérablement par la peau, le Chien, placé dans des conditions analogues, transpire davantage par la surface broncho-pulmonaire.

Transpiration végétale. Les Plantes, de même que les Animaux, ont toutes les parties extérieures de leur corps percées d'une multitude de pores destinés à laisser échapper constamment des gaz ou des liquides. Qui n'a rencontré, le matin, sur les feuilles des plantes qui transpirent abondamment, ces gouttelettes nombreuses appelées *rosée ?* En vain dirait-on que cette rosée provient de l'atmosphère : un végétal placé sous une cloche de verre qui ne contient pas la moindre humidité, laisse échapper ses gouttelettes en aussi grand nombre. Les racines, et surtout la tige et les feuilles, exhalent aussi des fluides plus ou moins épais qui se condensent à l'air, tels que les *gommes*, les *résines*, la *manne*, les *huiles fixes*, etc. — V. *Sécrétions dans les Végétaux*.

TRAQUET (*Saxicola*). Genre de Passereaux, du groupe nombreux des Becs-fins, voisin des Lavandières : bec droit, grêle, à base un peu plus large que haute, à arête s'avançant sur le front; narines basales, latérales, ovoïdes, à moitié fermées par une membrane ; pieds à tarses souvent très longs. — Ces Oiseaux vivent les uns dans les lieux incultes ou dans les terres labourées, les autres dans les prairies humides, sur les bords des ruisseaux et des rivières; il en est qui se tiennent de préférence dans les lieux pierreux, sur les montagnes arides : tous aiment à se percher sur des points culminants, soit d'un végétal, soit d'une roche. Ils sont insectivores et baccivores, et leur chair est exquise, surtout vers la fin de l'été.

TRAQUETMOTTEUX (*S. œnanthe*), vulg. *Cul-blanc*. Le croupion et la moitié des rectrices latérales sont blancs ; le mâle a le dessus cendré, le dessous blanc roussâtre ; l'aile et une bande sur l'œil, noires. La femelle est brunâtre en dessus, roussâtre en dessous. Longueur, 16 centim.

Le Motteux habite les régions tempérées de l'Europe. Il arrive en France au printemps et en part à l'automne; il se tient dans les champs qu'on laboure, place ordinairement son nid sous une pierre ou sous une motte, et y dépose 6 œufs très obtus, de couleur verdâtre clair.

« Il descend dans les plaines, et surtout dans celles qui sont fraîchement labourées, parce qu'elles lui livrent en bien plus grande quantité les insectes, les vers, les larves dont il fait sa nourriture. On ne l'y voit cependant point durant toute la journée. Il y arrive le matin au lever du jour, les abandonne vers les dix heures, et n'y retourne que vers les trois ou quatre heures pour les abandonner de nouveau après le coucher du soleil. Durant ses absences dans les plaines, on le rencontre sur les coteaux où il va chercher un abri contre les chaleurs de la journée et un lieu sûr pour passer la nuit. Il n'est pas rare pourtant de voir des Motteux dans les plaines au milieu de la journée; mais ils y sont inactifs, n'y font plus la chasse aux insectes et le plus souvent restent tapis contre une motte en attendant que le besoin les force de nouveau à pourvoir à leur subsistance. Rarement il reste en repos; on le voit toujours voler de tertre en tertre, de motte en motte, de buisson en buisson, et à chaque départ, à chaque pause, il agite violemment la queue et abaisse brusquement son corps en fléchissant ses pattes ; son vol est droit, brusque, bas et de courte durée. »

TRAQUET PATRE (*S. rubicola*). Petit oiseau brun, à poitrine rousse, à gorge noire, avec du blanc aux côtés du cou, sur l'aile et à la croupe. — Il habite l'Europe et l'Afrique. Sédentaire dans celle-ci, il nous arrive au printemps. On le voit sans cesse voltiger avec légèreté sur les buissons et les ronces, de là le nom spécifique de *Rubicola*; quant à son nom de *Traquet*, il lui vient du petit cri, semblable au tic-tac d'un moulin,

qu'il fait entendre, ou, selon quelques auteurs, de l'agitation continuelle de ses ailes et de sa queue. Il se nourrit d'insectes qu'il attrape en courant; il dispose son nid dans les souches des buissons et les crevasses des rochers.

TRÈFLE (*Trifolium*). Genre d'Herbes de la famille des Légumineuses, annuelles ou vivaces, à feuilles trifoliées, à fleurs purpurines, blanches, jaunes, etc. : calice campanulé ou tubuleux, subbilabié, à 5 divisions; corolle souvent monosépale, persistante; étamines diadelphes ; légume très petit, renfermé dans le calice ou le dépassant peu, etc. — Ce genre comprend plus de 120 espèces, qui abondent dans l'Europe tempérée, et offrent au cultivateur intelligent une ressource assurée pour la nourriture de ses bestiaux ; car tous les animaux aiment à brouter les diverses espèces de Trèfles.

Quelques espèces sont recherchées uniquement comme objets d'agrément : tels sont, entre autres, le TRÈFLE RAMPANT (*T. repens*), qui sert à former de jolis gazons toujours verts, ne craignant pas d'être piétinés par les promeneurs ; — le TRÈFLE ROUGE (*T. rubens*) est admis dans les jardins, non-seulement à cause de la vive couleur de ses corolles, disposées en épis gros et allongés, mais encore parce qu'il forme de belles touffes, dont la racine vivace n'est point attaquée par les gelées ordinaires ; — le TRÈFLE FRAISIER (*T. fragiferum*), dont la fleur rouge pâle, quand elle est fécondée, laisse voir son calice renflé, présentant l'aspect et la forme d'une fraise en pleine maturité. — Les Abeilles ne butinent point sur les corolles du TTRÈFLE DES PRÉS (*T. pratense*), parce que les pétales en sont soudés de manière à donner lieu à un trop long tube pour que le mellifère puisse introduire sa trompe jusqu'aux glandes nectarifères qui en occupent le fond. — Il n'en est pas ainsi pour le TRÈFLE BLANC (*T. album*), également commun dans nos prairies ; sa fleur est construite autrement, le tube y est plus court, et par conséquent donne plus de facilité à la trompe de l'insecte pour arriver au nectaire.

TREMBLE. Nom de deux espèces de *Peuplier*. — V. ce mot.

TREMBLEMENTS DE TERRE. Secousses violentes qu'éprouve à certaines époques et dans certains lieux la couche superficielle de la terre, et qui sont souvent assez fortes pour déplacer des masses énormes, former des exhaussements, creuser des abîmes, renverser des édifices et des villes entières. — Selon les Physiciens, les causes des Tremblements de terre sont les mêmes que celles des éruptions volcaniques ; *elles sont la suite, dit-on, des convulsions de ces montagnes*, surtout dans les pays où existent des volcans (V. ce mot) : cette explication sonne creux, et l'on ne s'en contente que faute de mieux. Quant aux Tremblements de terre qui se font sentir dans des pays for' éloignés des volcans, nous en attendons une explication présentable.

Homère, Zénon, Strabon, et un grand nombre d'auteurs anciens, croyaient que la terre était environnée d'eau de tous côtés. Thalès et ses disciples, qui partageaient cette opinion, prétendaient que les Tremblements de terre ne venaient *que de ce que la masse du globe*, flottant comme un vaisseau sur l'Océan, était de temps en temps ébranlée ou penchée par l'agitation des eaux. Plusieurs autres philosophes croyaient à l'existence de grandes mers souterraines dont les eaux, agitées par le souffle des vents, pouvaient causer les commotions les plus violentes. Quelques-uns, attribuant au feu les Tremblements de terre, prétendaient que ce feu, après avoir couvé sourdement, s'allumait et dévorait tous les corps voisins; que ces corps, ainsi consumés, s'écroulaient avec fracas, en communiquant une secousse aux parties supérieures qui, destituées de leur appui, tombaient, faute d'une nouvelle base pour les soutenir. Selon quelques autres, ces feux, allumés en plusieurs endroits, devaient rouler des flots embrasés qui, ne trouvant point d'issue, se jetaient sur l'air, qu'ils dilataient, et par leurs efforts redoublés renversaient en tous sens ce qui s'opposait à leur furie. Anaximène affirmait que la terre elle-même était la cause de ses Tremblements, sans aucune impulsion étrangère; il disait que dans ses cavités s'écroulaient de grandes portions de matières, soit par vétusté, soit détachées par l'eau, soit emportées par un souffle violent, etc., etc.

Arrivons aux opinions émises de nos jours. « L'électricité, dit Buffon, me paraît jouer un grand rôle dans les Tremblements de terre... Je me suis convaincu, par des raisons très solides, que *le fond de la matière électrique est la chaleur propre du globe terrestre*... Les émanations continuelles de cette chaleur produisent un feu très vif et de fortes explosions dès qu'elles sont détournées de leur direction, ou bien accumulées par le frottement des corps. Les cavités intérieures de la terre contenant du feu, de l'air et de l'eau, l'action de ce premier élément doit y produire des vents impétueux, des orages bruyants et des tonnerres souterrains, dont les effets peuvent être comparés à ceux de la foudre des airs; ces effets doivent être même plus violents et plus durables par la plus forte résistance que la solidité de la terre oppose de tous côtés à la force électrique de ces tonnerres souterrains. Le ressort d'un air mêlé de vapeurs denses et enflammées par l'électricité, l'effort de l'eau réduite en vapeurs élastiques par le feu, toutes les autres impulsions de cette puissance électrique soulèvent, entr'ouvrent la surface de la terre, ou du moins l'agitent par des Tremblements dont les secousses ne durent pas plus longtemps que le coup de la foudre intérieure qui les produit; et ces secousses se renouvellent jusqu'à ce que les vapeurs expansives se soient fait une issue par quelque ouverture à la surface de la terre ou dans le sein des mers. »

En un mot, on s'arrête actuellement à cette explication : que les Tremblements de terre dépendent de *l'action d'un feu central et des gaz qui peuvent s'y développer;* car, pour peu qu'on y réfléchisse, on comprendra l'énorme disproportion qui existe entre l'épaisseur de la croûte solide du globe et la masse de matière fondue qu'elle recouvre.

Parmi les Tremblements de terre les plus désastreux, citons avec quelques détails celui de Lisbonne, arrivé le 1er novembre 1755, à neuf heures vingt minutes du matin, et dont voici la description :

« Le lit du Tage s'entr'ouvrit, et ce fleuve disparut; mais l'abîme s'étant refermé presque aussitôt, les eaux, lancées à une hauteur prodigieuse, retombèrent dans leur ancien canal et reprirent leur cours après avoir causé des inondations considérables et désastreuses (1). Sur 20,000 maisons dont se composait la capitale du Portugal, à peine 3,000 furent épargnées. Le palais du souverain fut détruit, mais le château de Belem, qu'il habitait alors avec sa famille ne fut qu'ébranlé, et ce prince vint aussitôt se réfugier dans des baraques que l'on construisit au milieu de la plaine pour les habitants de toutes les classes qui avaient été épargnés. A ce désastre, se joignit celui d'un incendie général qui dévora la ville presque en même temps, et que les relations attribuent aux feux allumés dans les maisons, et alimentés par le grand nombre de matières combustibles dont la plupart étaient remplies. La perte en édifices détruits, en meubles, en argent monnayé, en diamants, vases sacrés, etc., fut évaluée à *deux milliards trois cents millions*. Les Anglais entrèrent dans cette perte pour 160 millions; les habitants de Hambourg pour 40 millions; l'Italie pour 25 millions; la Hollande pour 10 millions; la Suède pour 2 millions; l'Allemagne pour 2 millions; la France pour 4 millions. La valeur des diamants perdus par la couronne de Portugal fut estimée 30 millions. Au nombre des victimes de ce grand ébranlement, furent l'ambassadeur d'Espagne, écrasé par la chute du portail de son hôtel, et le ministre de Suède : 24,000 habitants périrent, au dire de l'architecte anglais Murphy, qui, en 1789, aperçut des traces encore existantes du désastre. Les scènes de désolation produites par ce terrible phénomène restèrent longtemps présentes à la mémoire de tous ceux qui en avaient été témoins : c'était de cette époque calamiteuse qu'ils dataient tous les événements contemporains. Murphy vit les habitants de Lisbonne encore frappés d'épouvante au moindre mouvement qui avait quelque rapport avec les secousses dont ils gardaient le douloureux souvenir. Il reconnut

---

(1) Voltaire a composé un poème philosophique à l'occasion de cet effroyable événement.

que diverses dispositions salutaires de police avaient été adoptées depuis l'événement, et il observa, à cette occasion, que les Portugais avaient profité de la terrible catastrophe, si funeste à leur capitale, de la même manière que ses compatriotes avaient fait de l'incendie arrivé à Londres en 1666. »

Les principaux Tremblements de terre dont on a aussi conservé le triste souvenir sont ceux de Lima, en 1746 ; de la Calabre, en 1783 ; de la province de Caracas, en 1812 ; d'Alep, en 1822 ; des provinces de Murcie et de Valence, en 1829 ; de la Guadeloupe, en 1843 ; enfin celui qui détruisit Chiraz, en Perse, en 1853.

TRICHOCÉPHALE (du gr. *trix*, cheveu ; *kephalé*, tête). Genre d'Entozoaires de l'ordre des Nématoïdes, dont une espèce se rencontre chez l'homme. Ce ver intestinal a le cou très long, capillaire ; le corps du mâle est recourbé en spirale, tandis que celui de la femelle est presque droit, un peu plus épais. L'extrémité caudale du mâle est obtuse ; longueur, 37 millimètres ; 43 pour la femelle. — Le Trichocéphale habite surtout le colon et le cœcum, où il forme quelquefois des masses assez grosses ; il est rare dans l'intestin grêle.

TRICHODE (*Trichodes*). Genre de Coléoptères dont on connaît une trentaine d'espèces qui se ressemblent beaucoup entre elles. Ce sont les plus élégants de nos coléoptères indigènes. Leur corps est toujours d'une teinte obscure, noire, violette, bleue ou verte, avec les élytres rouges ou

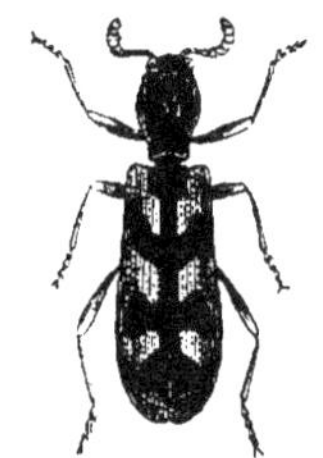

Fig. 1313. — Trichodes alvearius.

jaunes, et tachés ou fasciés de la teinte obscure générale, ou bien avec des élytres de la couleur du corps, tachés ou fasciés de rouge et de jaune. —Ces insectes, à leur état parfait, se trouvent constamment sur les fleurs.

Les deux espèces les plus connues sont : le *T. apiarius*, long de 13 à 14 millim., très velu, d'un beau violet ; élytres rouges, avec 2 bandes transversales et une tache à l'extrémité d'un noir violet ; — le *T. alvearius*, un peu plus petit et plus velu. Leurs larves se trouvent souvent dans les ruches d'Abeilles.

TRIDACNE (*Tridacna*). Genre de Mollusques

acéphales : coquille épaisse très solide, irrégulière, triangulaire, atteignant des dimensions supérieures à toutes les autres dans certaines espèces, placée sur le côté de l'animal de manière que son dos correspond au bord libre des valves, ce qui le met dans une position renversée relativement à la coquille. — Les Tridacnes vivent fixés aux rochers qui bordent les rivages, au moyen de leur byssus. Ils atteignent, nous le répétons, une taille considérable, si bien qu'on en fait des bénitiers : on dit qu'il y en a qui pèsent jusqu'à 250 kil. On n'en connaît pas beaucoup d'espèces, mais plusieurs sont remarquables par l'élégance de leur forme. — L'espèce la plus anciennement connue est le Bénitier (*T. gigas*), dont il a été parlé déjà. — V. *Bénitier*.

TRIDACTYLE. Genre d'Orthoptères de la tribu des Grylliens, renfermant des insectes de petite taille, qui se creusent des retraites dans le sable, sur le bord des rivières et des lacs. On les voit à certaines époques voler en grande quantité. Ils se nourrissent de végétaux et de petits insectes infusoires. Ils se trouvent dans le midi de l'Europe et l'Afrique. — Le T. varié (*T. variegatus*) est long de 6 millim., d'un noir bronzé, avec des taches blanches sur les ailes et les pattes, et l'abdomen jaune en dessous.

TRIGLE (*Trigla*). Genre de Poissons acanthoptérygiens, du groupe des Joues-cuirassées, qu'il ne faut pas confondre avec les Mulles, dont quelques espèces sont aussi nommées *Rougets*. Corps allongé, légèrement comprimé, gros dans sa partie antérieure, diminuant insensiblement vers la queue, et n'ayant que de petites écailles ; dents en velours, manquant au palais et sur la langue, etc. — Des neuf espèces que possède ce genre la plus commune est le Rouget commun (*T. pini*), vulg. *Grondin*, *Gronaud* (fig. 1314), qui dépasse rarement 35 centim. de long ; tête d'un rouge plus ou moins vif, répandu sur le corps, lequel est couvert de petites écailles, et cerclé en tout ou en partie de lignes formées par des plis de la peau qui avancent entre les écailles ; son museau est assez allongé ; ses pectorales de la longueur de la tête et de forme arrondie. On l'apporte à profusion sur nos marchés, aux mois de septembre et de décembre ; elle y est fort estimée, à cause de sa chair ferme et de son bon goût ; on en conserve même dans l'huile d'olive.

TRIGONOCÉPHALE (*Trigonocephalus*). Genre d'Ophidiens venimeux, placé à côté des Serpents à sonnettes, et dont voici les caractères : formes et apparence des Crotales, mais avec la queue pointue et sans grelots ; occiput très élargi par l'écartement des mâchoires ; crochets à venin, etc. Ces Serpents diffèrent des Couleuvres par leurs crochets venimeux, et des Vipères par leurs fossettes creusées derrière les narines.

Le Trigonocéphale jaune, ou *Serpent jaune*

des Antilles, *Vipère fer-de-lance*, atteint jusqu'à 2 et 2 1/2 mètres; il a le museau déprimé et coupé carrément; Lacépède l'a comparé à un fer de lance; sa couleur varie beaucoup, quoique le jaune soit celle qui se présente le plus généralement. — Ce Serpent se trouve dans les îles de la Martinique, de Ste-Lucie, de Bécoula. Il se nourrit de petits animaux tels que lézards, oiseaux, rats, etc. On le rencontre partout, mais principalement dans les champs de cannes à sucre, où les nègres, employés à la culture, en sont souvent les victimes, car les suites de la piqûre de ce reptile sont terribles. On a fait de grands efforts pour exterminer la race de ces dangereux reptiles, mais c'est en vain : ils sont d'ailleurs d'une grande fécondité, puisque Moreau de Jonnès a toujours trouvé de 50 à 60 petits dans le corps des femelles qu'il a eu occasion d'ouvrir.

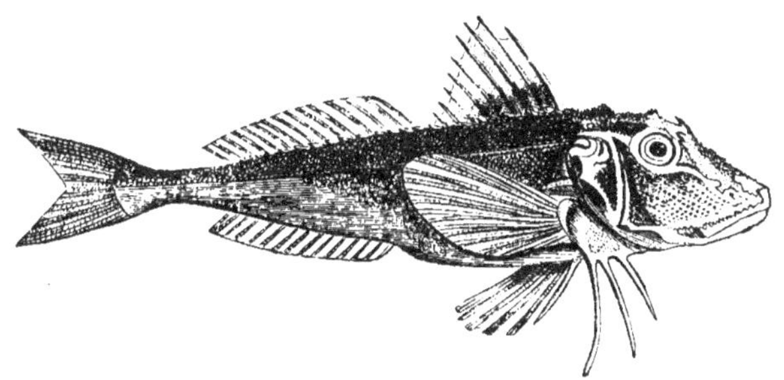

Fig. 1314. — Trigle Perlon.

TRILOBITES (c'est-à-dire à 3 *lobes*). Ce nom, comme celui d'*Entomolithes*, est donné à des Crustacés fossiles dont le corps est divisé en trois parties ou lobes plus ou moins distincts par deux sillons longitudinaux, et composé d'un certain nombre d'anneaux. Les Trilobites étaient des animaux marins : on retrouve leurs débris en grande quantité. M. Al. Brongniart est le premier qui ait donné une classification de ces Crustacés. M. Milne Edwards les divise en *Trilobites proprement dits* et *T. anomaux* ou *Battoïdes*.

TRIMÈRES. Section de l'ordre des *Coléoptères*. — V. ce mot.

TRIODON (*Triodon*). Genre de Poissons ayant la plus grande analogie de structure avec les Diodons et les Tétraodons, établissant, à quelques égards, le passage de ces Gymnodontes aux Moles. — Le *T. bursarius* a 46 centim. de long ; il a un énorme fanon presque aussi long que tout le corps et deux fois aussi haut, soutenu en avant par un très grand os qui représente le bassin ; corps légèrement comprimé, revêtu de petites épines.

TRIONYX, Tortue d'eau douce. — V. *Émyde*.

TRIPOLI. Substance minérale d'un aspect terreux, âpre au toucher, qui est presque entièrement composée de silice, colorée en jaune ou en rouge par du sesquioxyde de fer; elle se réduit facilement en une poussière très dure, et ne fait point pâte avec l'eau. On emploie le Tripoli pour polir le verre, les pierres dures, les métaux, surtout le cuivre et ses alliages. Le Tripoli dit *de Venise* est fort estimé; il vient de l'île de Corfou. On en tire aussi de Bohême, d'Auvergne (près de Riom) et de Bretagne (surtout de Poligné, près de Rennes). — Les Tripolis doivent leur origine à des argiles torréfiées par le feu des volcans ou des houillères, d'autres à des schistes altérés par la décomposition des pyrites qui les accompagnent; le plus souvent ils sont formés des dépouilles siliceuses d'animalcules infusoires.

TRITON (*Triton*) ou SALAMANDRE AQUATIQUE. Genre de Batraciens urodèles, de la famille des Salamandrites, différant des Salamandres terrestres ou proprement dites par les caractères que voici : corps allongé, lisse ou verruqueux; queue comprimée, à nageoires verticales, cutanées, au moins dans les mâles, surtout à l'époque de la fécondation; pas de parotides très saillantes. — V. *Salamandre*.

Les Tritons restent habituellement dans l'eau ; cependant, quand ils sont à terre et non engourdis par le froid, ils sont plus agiles que les Salamandres ; mais ils ne peuvent y vivre longtemps. Sur le sol, ils recherchent l'obscurité la plus grande, et ils craignent la chaleur et la sécheresse ; on les trouve alors sous les pierres, les écorces des arbres, la mousse, etc. ; ils sont très carnassiers, et n'épargnent même pas leurs propres espèces, et cependant peuvent supporter un jeûne de plusieurs mois. Les femelles pondent des œufs isolés, qu'elles fixent en dessous des feuilles aquatiques; les jeunes têtards, qui conservent longtemps leurs branchies, ne naissent qu'une quinzaine de jours après. Ces animaux font entendre un petit bruit qui leur est propre ; et lorsqu'on les touche, ils répandent une odeur tout à fait caractéristique. C'est surtout sur les Tritons qu'on a étudié la force de réintégration, la possibilité qu'ils ont d'être congelés sans en mourir, et quelques autres faits non moins curieux qui les ont rendus célèbres. La distinction des espèces est des plus difficiles à cause des changements de coloration qu'éprouve chaque individu suivant une foule de circonstances ; on en connaît une vingtaine, toutes

Fig. 1315. — Triton à crêtes.

de petite taille, et surtout propres à l'Europe, quoique se trouvant dans plusieurs autres pays ; mais la moitié à peine semblent certaines à MM. Du-méril et Bibron. — Citons le TRITON A CRÊTES qui se trouve en France, aux environs de Paris, et qui a la peau rugueuse, d'un brun verdâtre,

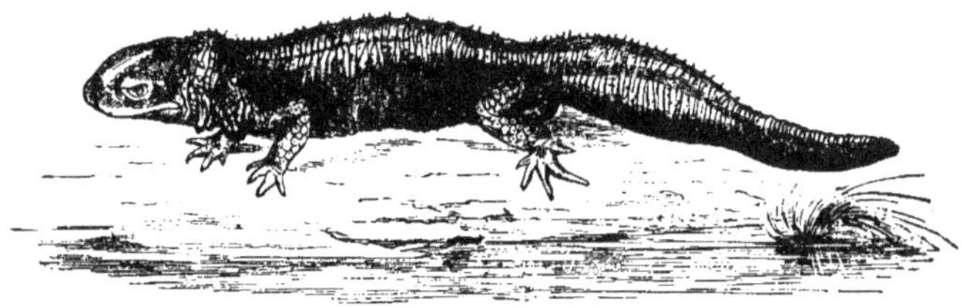

Fig. 1316. — Triton ponctué.

avec de grandes taches, etc. ; — le T. MARBRÉ, sans taches, plus rare en France ; — le T. PONC-TUÉ, la plus petite espèce du genre, très commun dans nos environs, etc.

TRITON. Ce genre de Mollusques gastéropodes pectinibranches, détaché des Murex, renferme des coquillages souvent très grands, qui se trouvent dans la plupart des mers. — Le TRITON ÉMAILLÉ OU VARIÉ (T. variegatus), vulgair. Trompette marine, Conque de Triton ou de Neptune, est une coquille allongée, conique, à spire fort longue, pointue au sommet, formée de huit à dix tours un peu convexes. L'ouverture est ovale et denticulée. L'extérieur est d'un brun foncé ou blanc jaunâtre semé de taches ; l'intérieur est blanc. Cette espèce, dont on se sert encore au-jourd'hui dans quelques pays comme de trom-pette, atteint jusqu'à 60 centimètres de long. — Le T. BAIGNOIRE (T. lotorium) est appelé vulgaire-ment Rhinocéros ou Gueule de lion ; — le T. GRIMAÇANT (T. anus) est connu sous celui de Gri-mace.

TROÈNE (Ligustrum). Genre d'Arbrisseaux de la famille des Jasminacées, dont le port est assez semblable à celui du Jasmin ; feuilles d'un vert gai, luisantes, persistantes ; fleurs d'une blan-cheur éclatante réunies en bouquets touffus ; les fruits consistent dans des baies noires, etc.

Le TROENE COMMUN (L. vulgare) offre plusieurs variétés remarquables : chez l'une, les feuilles sont panachées de vert, de jaune ou de blanc ; sur une autre elles se montrent divisées en deux lobes, ou ternées, ou bien encore munies de deux oreillettes. — Ces arbrisseaux sont communs dans les haies et les bois d'Europe, d'Asie et d'Amérique septentrionale. Ses fleurs ont une odeur pénétrante peu agréable; ses baies, qui demeurent sur la plante une grande partie de l'hiver, servent à la teinture. Le bois des Troènes est dur, bon pour le tour et pour le chauffage. Son charbon convient à la fabrication de la poudre à canon.

TROGLODYTE (du gr. *troglodutês*, qui pénètre dans les buissons). Genre de Passereaux dentirostres, très voisin du Roitelet, rangé par Degland parmi les Fauvettes fausses, après le Cisticole; il a le bec grêle, subulé, entier, allongé et très légèrement arqué; narines ovales, recouvertes d'une membrane; ailes courtes, arrondies, concaves; tarses longs, assez forts; doigt externe uni à sa base avec le médian; queue courte, égale ou arrondie. Le corps est ramassé, l'oiseau tient la queue relevée. — Les Troglodytes vivent cachés dans les endroits obscurs, les trous, les broussailles.

Le T. d'Europe, improprement appelé *Roitelet*, est long de 9 centim.; son plumage est brun, strié en travers de noirâtre; la queue est assez courte et relevée. — Il habite toute l'Europe, se plaît dans le voisinage des habitations et est sans cesse en mouvement pour chercher des insectes dans les branchages, parmi les fagots. Il va

Fig. 1317. — Troglodyte d'Europe.

et vient sans craindre l'homme. Le mâle a un ramage très agréable. Le nid, établi près de terre ou sous les toits des chaumières, est fait de mousse; les œufs sont d'un blanc pur piqueté de brun.

TROGON (*Trogon*) ou mieux Couroucou. Nous ne reviendrons pas sur les caractères de ce genre de Grimpeurs. — V. *Couroucou*. — Complétons seulement l'article concernant ce genre.

Les Couroucous habitent la zone intertropicale des deux continents. Ils sont solitaires et semblent fuir la lumière; leur port est lourd, disgra-

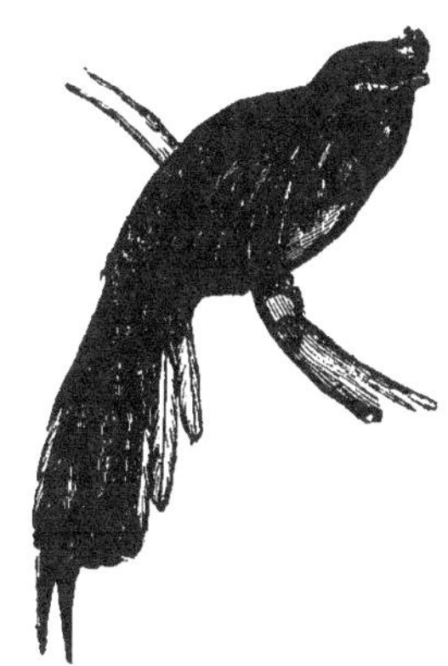

Fig. 1318. — Trogon resplendissant.

cieux, mais leur vol est rapide; leur plumage est doux, soyeux et orné des couleurs les plus brillantes, où dominent le vert glacé d'or, le noir bleuâtre bronze, le vert bleu; le dessous du corps est rouge, orange, jaune ou rose; la queue est communément noire ou rousse, etc.

Le Couroucou resplendissant a la tête surmontée d'une huppe comprimée, les grandes rectrices allongées en 4 rubans flottants et gracieux, d'un vert doré brillant. — Cette magnifique espèce habite le Brésil et le Mexique; elle était vénérée chez les anciens Mexicains; les filles des Caciques se paraient de son plumage, comme aujourd'hui s'en parent les dames créoles.

TROMBE (du gr. *Strombos*, *Tourbillon*). Colonne d'eau ou d'air électrisé, atteignant par son extrémité inférieure la surface de la terre ou de la mer, et par le haut un sombre nuage, ou se perdant dans les airs. Ce météore se meut avec vitesse, tournant sur lui-même avec une rapidité capable d'engloutir les vaisseaux, de déraciner les arbres, de renverser les édifices, d'entraîner des terres, des rochers, d'en disperser les matériaux de tous côtés et de les transporter à plusieurs centaines de mètres du lieu où ils étaient placés. L'intensité de ce phénomène est telle, qu'elle détruit les habitations, tue les hommes et les animaux; telle a été la Trombe qui a désolé la vallée de Monville, près de Rouen, en 1845 : les lieux qu'elle avait traversés semblaient avoir été dévorés par un vaste incendie. On attribue la formation des Trombes à une suite de phénomènes électriques; mais rien ne prouve qu'on soit dans le vrai.

TROMBIDION. Genre d'Arachnides, détaché des Acares, très petits insectes aptères qui vivent dans la campagne, sur les plantes, les arbres, sous les pierres ou même sur le corps de divers animaux. — Le Trombidion soyeux ou satiné

Fig. 1319. — Trombidion (Atax).

(*T. holosericeum*) est remarquable par sa teinte rouge et l'aspect velouté de sa robe.

L'Atax, dont nous donnons ici la figure, était le genre type des Hydrachnes, lesquels Fabricius avait réunis à ses Trombidions. Aujourd'hui les caractères propres à ces divers genres sont mieux dessinés, mais on voit qu'il y a peu de différence entre eux; et l'on conçoit que Müller ait confondu les Hydrachnes avec les Mites. Ces Arachnides se rapprochent des Araignées par l'insertion des pattes. Le nombre des yeux et les antennules les rapprochent des Tiques, mais l'insertion de la tête et des pattes moins marquée les en sépare. Ce qui leur est particulier, c'est que la tête et le corselet se confondent avec le ventre, et ne font qu'une seule pièce, de sorte que l'insecte ne paraît être composé que du ventre et des pattes. Leur corps est généralement ovale ou globuleux : celui de quelques mâles se rétrécit postérieurement d'une manière cylindrique, en forme de queue : leurs parties génitales sont placées à son extrémité; la femelle les a sous le ventre.

TRONC. Tige d'arbre formée de plusieurs couches concentriques semblables à des cônes ou cornets emboîtés les uns dans les autres et plus ou moins soudés ensemble. Il offre trois parties

distinctes : 1º le *canal médullaire*, espèce d'étui central qui renferme un tissu léger et spongieux nommé *moelle;* 2º les *couches ligneuses*, formées par les cônes concentriques, dont le nombre varie suivant l'âge du végétal, et dont la dureté est d'autant plus grande qu'on les examine plus près du canal médullaire; 3º l'*écorce*, qui ne diffère des parties précédentes que par une consistance moindre. — Il faut distinguer encore dans le tronc : le *bois*, constitué par les couches ligneuses centrales; l'*aubier*, dû aux couches plus tendres qui avoisinent l'écorce; le *liber*, constitué par les couches intérieures de l'écorce. — V. *Tige.*

Le Tronc des Monocotylédones à l'état d'arbre se nomme *Stipe.* Le stipe diffère du Tronc en ce qu'il est dépourvu du canal médullaire et que le corps ligneux est composé de faisceaux vasculaires épars dans une masse utriculaire, sans apparences de couches emboîtées les unes dans les autres. C'est une masse homogène dans laquelle semblent se confondre tous les tissus et la moelle.

Le Tronc des grands Acotylédones, tels que les Fougères, est une tige marquée à l'extérieur d'empreintes ou cicatrices de feuilles; coupée transversalement, elle offre des lignes noires formant des figures bizarres, régulièrement disposées, lesquelles constituent une couche circulaire vers la partie extérieure; ces lignes noires sont le *bois;* elles s'étendent du haut en bas de la tige.

TROUPIALE (*Icterus*). Genre de Passereaux détaché des Loriots, ainsi appelé parce que ces oiseaux vivent en troupes. — Ils habitent le Nouveau-Monde; ont les habitudes des Étourneaux; sont insectivores, baccivores et granivores. Ce sont, en général, des oiseaux vifs, défiants, d'un vol léger et facile. Leur chant est une sorte de sifflement. Lorsqu'ils marchent, ils tiennent le corps presque droit; au dire de d'Azara, ils n'aiment point se percher sur les arbres. Les Troupiales, de même que les Carouges, les Baltimores et les Cassiques, amassent sous l'œsophage la nourriture destinée à leurs petits, et la leur dégorgent dans le bec. Plusieurs sont susceptibles d'une certaine éducation; ils ont, comme les Sansonnets, la faculté d'imiter la voix articulée, et montrent en captivité beaucoup d'intelligence et de gentillesse.

Parmi les nombreuses espèces de ce genre, nous citerons : le *T.* versicolor, d'un noir violet, fréquentant les marais; — le *T.* commandeur, qui voyage en grandes troupes et occasionne de grands ravages dans les plantations de maïs. « Jadis les Commandeurs étaient très recherchés par le luxe des modes. Le goût des parures avec les épaulettes rouges de ce Troupiale était devenu l'objet d'un engouement général et l'objet d'un grand commerce. Les sauvages de l'Amérique, les premiers, se faisaient des parures avec ces plumes, et il paraît que, vers 1770, un nommé Lebeau, médecin à la Louisiane, rassembla, dans un seul hiver, environ quarante mille moignons, qu'il expédia en France par La Rochelle, et qui se vendirent pour faire des garnitures de robe. L'on trouve dans Daudin, qu'en 1775, le prix d'un millier d'épaulettes de Commandeurs était de 18 francs en province et de 12 à Paris. Le nom de Commandeur vient de l'espagnol *Comandador*, parce que les conquérants du Nouveau-Monde comparèrent la couleur rouge qui tranche sur le fond noir du plumage de cet oiseau à la plaque des chevaliers de Calatrava. »

Le Carouge, que nous figurons ici et qui est aussi un *Icterus*, suivant Brisson, diffère du Troupiale par le bec, tout à fait droit, et par ses nuances plus vives et plus variées. C'est le Baltimore, qui habite aussi l'Amérique, principalement la Louisiane, où il établit sa demeure sur les col-

Fig. 1320. — Carouge.

lines à pente douce et bâtit son nid merveilleux sur le Tulipier, dans les fleurs et le feuillage duquel il cherche les chenilles et les scarabées dont il fait sa nourriture. Son nid ne se compose que d'herbes espagnoles, et il est tissé de manière à laisser passer l'air à travers les mailles qui forment son réseau.

Mais le Troupiale est encore supérieur au Carouge sous le rapport de l'industrie architecturale.

TRUFFE (*Tuber*). Voici l'histoire succincte de cette production végétale singulière que nous empruntons au *Dictionnaire de Bouillet :*

« Genre de Plantes cryptogames, de la famille des Champignons thécasporés endothèques, tribu des Tubéracées. Les Truffes croissent, vivent et se reproduisent au sein de la terre : ce sont des masses informes, charnues, raboteuses, dont la grosseur varie depuis celle d'une noix jusqu'à celle d'un œuf, sans apparence de racine, et offrant à peine quelques signes extérieurs d'organisation; leur chair est ferme, traversée par des veines disposées en réseau et dirigées en tous sens. — L'espèce la plus importante est la Truffe comestible (*Tuber cibarium*), que l'on désigne ordinairement sous le nom de T. noire (*melanospernum*) : c'est la plus commune en France, et la plus estimée pour sa saveur et son parfum; quand elle est jeune,

son parenchyme est blanchâtre : elle constitue alors la *T. blanche*, qui est dure, insipide, inodore et très indigeste. Dans le commerce, la Truffe noire est souvent mélangée avec deux autres espèces, la T. d'été (*T. æstivum*) et la T. d'hiver (*T. brumale*), qui ont le même aspect, mais qui lui sont inférieures sous le rapport du goût. — La T. grise (*T. griseum*), dite aussi *T. blonde, T. de Piémont, T. à l'ail*, est ronde, allongée, aplatie, à surface lisse et de couleur rousse ou gris sale, douce et savonneuse au toucher ; son goût est excellent ; malheureusement, elle exhale une forte odeur d'ail ; aussi l'emploie-t-on plutôt comme condiment que comme aliment. — Parmi les autres espèces, on remarque la *T. rousse*, la *T. blanc de neige*, le *Terfez* des Arabes, la *T. musquée*, etc.

« Les Truffes se trouvent dans toutes les contrées du globe, en Asie, en Afrique et en Amérique, tout comme en Europe; la France et le Piémont sont les pays qui en produisent le plus. Le Dauphiné, la Provence, le Languedoc, le Quercy, la Bourgogne, mais surtout le Périgord et l'Angoumois, en fournissent en abondance. Les Truffes du Périgord sont particulièrement estimées : sur place, elles valent 4 fr. le kilogr.; à Paris, leur prix varie entre 10 et 12 fr.; il s'est élevé quelquefois à 24 et 30 fr. le kilogr.

« Pendant longtemps on a cru que la Truffe

provenait directement de ses spores, appelés *truffinelles*, et que celles-ci croissaient et se dilataient dans tous les sens; mais, aujourd'hui, il est reconnu que les Truffes ont, comme les autres Champignons, un *mycelium* (blanc de Champignon), qui, à une certaine époque de l'année, s'étend à travers le sol et donne naissance à de nouvelles Truffes. On ignore encore le moyen de les multiplier, et tous les essais qu'on a faits jusqu'à ce jour pour établir des *truffières* artificielles ont échoué. La recherche des Truffes est difficile quand on n'y est pas exercé: elle se fait au hasard, en piochant la terre dans les lieux où l'on croit qu'il s'en trouve ordinairement, c'est-à-dire dans les terrains argileux, mêlés de sable et humides, dans les forêts de chênes et de châtaigniers; on les rencontre à une profondeur de 15 à 25 centimètres. Le plus souvent on emploie à cette recherche les porcs, les truies ou les chiens, à cause de la finesse de leur odorat. Quand la truie approche d'une truffière, le chercheur observe avec soin la manière dont elle fouille la terre, et, au moment où elle va découvrir la Truffe pour la manger, il l'écarte avec le bâton et achève lui-même la fouille. On dresse aussi les chiens à cet exercice : à cet effet, on met dans leur pâtée des Truffes hachées ; on leur fait ensuite chercher cette pâtée dans la terre, puis on les conduit dans une truffière : il faut environ un ou deux mois pour dresser un chien.

« Les Truffes se conservent assez bien hors de terre pendant un mois, et même plus, pourvu qu'elles n'aient point été entamées, qu'elles soient tenues à l'abri de l'humidité et de la grande chaleur, dans de la terre ou du sable. Quand on veut les conserver longtemps, il faut les faire sécher au four.

« Les Truffes ont une odeur et un goût qui flattent le palais : elles excitent l'appétit, et entrent comme assaisonnement dans une foule de ragoûts; on en farcit les volailles; mais elles sont indigestes et échauffantes quand on en mange sans modération. On leur attribue des vertus aphrodisiaques.

« L'usage des Truffes était déjà connu des Romains : ils les faisaient venir particulièrement de Libye. »

TRUITE (*Salar*). Genre de Poissons de la famille et très voisin des Saumons; le corps du vomer porte deux rangées de dents, et il y a des dents en chevron sur le même os. Presque toutes les espèces présentent ce caractère commun et remarquable d'avoir le corps couvert de taches d'un beau rouge de vermillon qui devient très souvent le centre d'un ocelle gris, blanchâtre ou brun ; par ce caractère elles se ressemblent beaucoup, et la distinction spécifique des espèces difficile, du moins pour ce qui a trait aux Truites de nos contrées, car celles du nord de l'Europe et de l'Amérique sont bien distinctes.

Les Truites se rencontrent surtout en Europe, quelquefois dans l'Amérique. Elles ont les mêmes mœurs que les Saumons; mais elles habitent plus rarement la mer, et on les trouve abondamment dans un grand nombre de ruisseaux, de rivières et même de lacs des eaux douces, vives et courantes; elles pénètrent plus loin que les Saumons, et on en rencontre beaucoup dans les cours d'eau et les torrents des montagnes; elles sont très communes en Auvergne, où on les voit franchir des chutes d'eau considérables, et leur couleur argentée les fait facilement apercevoir au fond des eaux si claires qui proviennent des montagnes. Les Truites nagent presque toujours contre le courant; elles se nourrissent de petits animaux et surtout d'insectes. Elles aiment à s'établir dans les trous sur les berges des fleuves, et elles s'y tiennent tellement tranquilles, que l'on peut les y prendre avec la main ; l'espèce qui fraie dans nos rivières y croît assez vite pour atteindre une taille moyenne de 18 à 20 centimètres en peu de temps ; mais cependant la longueur totale des vieux individus ne dépasse guère 50 centimètres, et encore faut-il remarquer que les individus des montagnes sont beaucoup plus petits que ceux des plaines. Elles déposent leurs œufs dans des sortes de nids qu'elles forment sur le sable en se tournant et en se frottant plusieurs fois sur le gravier; elles ne pondent pas tous leurs œufs à la fois à la même place, et elles lâchent leur frai en plusieurs fois, et à huit ou dix jours de distance.

M. Valenciennes, vu la difficulté de différencier nos espèces d'Europe, n'admet que la TRUITE COMMUNE (*Salar Ansonii*). C'est un poisson habituellement petit, mais qui peut atteindre jusqu'à 50 centimètres, à taches brunes sur le dos, rouges sur les flancs, entourées d'un cercle clair, et variant à l'infini pour les teintes du fond, depuis le blanc et le jaune doré jusqu'au brun foncé ; à chair blanche. — Commune dans tous les ruisseaux et rivières dont l'eau est claire et vive, et se trouvant aussi bien dans les eaux des plaines de la Normandie que dans celles des parties élevées de l'Amérique, des Alpes, de la Suisse, de l'Allemagne, etc. — M. Valenciennes rejette la TRUITE POINTILLÉE et la T. MARBRÉE des lacs de Lombardie.

TUBERCULE. En Botanique, toute excroissance en forme de bosse qui survient à une partie quelconque d'une plante; mais plus particulièrement ces renflements plus ou moins volumineux que présente la portion souterraine de certaines plantes, et dans lesquels un développement extraordinaire de tissu cellulaire et de fécule a modifié profondément la nature normale du tissu végétal. Ce développement porte tantôt sur la racine proprement dite (certaines Asphodèles, Orchidées), tantôt sur des rhizômes (Patate, Igname, Topinambour), ou sur des branches souterraines (Pomme de terre). Les espèces qui offrent des Tubercules sont désignées sous le nom de *Plantes tubéreuses* ou *tuberculeuses*; beaucoup d'entre elles ont une grande importance comme plantes alimentaires. Dans l'usage, on applique plus particulièrement le nom de *Tubercule* à la *Pomme de terre* et à la *Truffe*.

TUBÉREUSE (*Polianthes*). Genre de la famille des Asphodélées : hampe droite s'élevant à plus de 1 mètre, garnie à sa base et dans sa longueur de feuilles alternes linéaires-lancéolées qui diminuent d'étendue à mesure qu'elles approchent du sommet, où les fleurs forment un superbe épi, composé de 15 à 25 corolles monopétales, infundibuliformes, blanches, quelquefois légèrement teintes en rose à l'extérieur, et douées d'une odeur très suave, nuisible aux personnes nerveuses. Les 6 étamines, insérées au haut du long tube corollaire, penchent leurs anthères linéaires et allongées sur le pistil que termine un stigmate trifide.

La Tubéreuse est originaire du Mexique ; elle s'est répandue dans l'Europe vers 1632. Dans le Midi, elle se multiplie d'ordinaire par le moyen des caïeux obtenus de son bulbe ovale-oblong, lequel est muni à sa base d'un plateau un peu épais, d'où sortent en dessous beaucoup de fibres ; la voie des semis n'a pas encore réussi. Dans nos contrées septentrionales, la plante vit rarement plus d'une année, et l'on est obligé d'y demander au commerce des bulbes nouveaux. On les met en terre, sous la zone de Paris, depuis le mois de février jusqu'en avril, afin de jouir plus longtemps des fleurs, qui paraissent en juin et se prolongent ainsi jusqu'en septembre. La Tubéreuse double nous est venue de Leyde. Sa fleur exhale un parfum très prononcé et dure plus d'un mois.

TUBICOLES. Groupe d'Annélides qui vivent dans des tuyaux. — V. *Annélides.*

TUBIPORES. (*Tubipora*). Genre de Polypiers : polypes simples, cylindriques, terminés supérieurement par une couronne, au centre de laquelle est la bouche, entourée de huit tentacules pinnés assez courts, contenus, sans communication les uns avec les autres, dans une enveloppe ou loge membraneuse doublant un tube calcaire cylindrique, vertical, dont l'orifice arrondi, simple, garni d'un rebord, en se réunissant avec d'autres, forme des espèces de cloisons transverses, et par suite une masse plus ou moins considérable, convexe, poreuse en dessus et composée de tuyaux comme articulés.

L'espèce type est le **TUBIPORE MUSIQUE**. L'animal est composé de deux parties, l'abdomen et la tête. Celle-ci forme une espèce de petit plateau circulaire au milieu duquel est l'orifice de la bouche et qui est entouré de 8 tentacules. C'est à l'endroit de l'union de l'abdomen et de la couronne tentaculaire que prend naissance la membrane qui constitue le tube ou la loge des polypes. Le tube, quand l'animal est rentré, forme une sorte de cavité, dont les bords doubles sont divisés en huit festons et forment la circonférence de

la loge ; au-delà vient le tube proprement dit, formé en dedans par une membrane très mince, et en dehors par un tube calcaire, composé de granules très fins, confondus ou adhérents l'un à l'autre en haut et se détachant d'autant plus qu'on les examine davantage à leur partie inférieure ; dans son état de perfection annuelle, ce tube présente à son orifice supérieur une sorte de rebord aplati, formé par la base des tentacules.

Cette espèce se trouve communément dans les mers de l'Inde, surtout dans la mer Rouge, quelquefois dans la Méditerranée. Elle est remarquable

Fig. 1321. — Tubipore musique.

par les belles couleurs de ses animaux qui sont d'un beau vert, contenus dans des tubes d'un rouge pourpre, et par les masses considérables qu'elle compose par la réunion de nombres souvent très grands d'individus accolés ensemble, adhérents par leur partie inférieure aux rochers sous-marins.

TUF. Substance blanchâtre et sèche, qui tient plus de la nature de la pierre que de celle de la terre, et qui se trouve immédiatement au-dessous de la terre meuble et de la terre végétale : cette terre est impropre à la végétation.

Dans une acception plus rigoureuse, le mot *Tuf* s'applique aux dépôts *calcaires* ou *marneux*, ordinairement poreux, que certaines eaux déposent de temps immémorial, et dont elles ne cessent d'augmenter journellement l'épaisseur. Ces Tufs sont plus ou moins fins, plus ou moins grossiers, plus ou moins tendres : les uns s'émiettent sous les doigts et contiennent des débris ou des empreintes de corps organisés ; les autres peuvent servir à faire des meules de moulin, et reçoivent le poli comme du marbre ; enfin il en est qui donnent une excellente pierre à bâtir qui devient plus dure et plus blanche lorsqu'elle est employée. — En Géologie, on appelle *terrain tufacé* celui dont la majeure partie est composée de Tuf ; terrain de formation moderne. — V. *Terrain.*

TULIPE (*Tulipa*). Genre de Liliacées, dont les espèces proviennent d'une bulbe solide, blanc à l'intérieur, recouvert à l'extérieur d'une tunique d'un rouge brun ou marron. Leur hampe simple, munie de deux à quatre feuilles lancéolées, alternes, amplexicaules, pliées en gouttière, d'un vert glauque, porte une et rarement deux fleurs grandes, penchées avant leur épanouissement, et dont la corolle à 6 pétales se panache de couleurs très variées.—La TULIPE SAUVAGE (*T. sylvestris*), que l'on trouve dans différentes contrées de l'Europe, dans plusieurs localités françaises, surtout dans les bois aux environs de Paris; la fleur est d'une belle couleur jaune un peu pâle.— La T. ŒIL DU SOLEIL (*T. oculus solis*), qui vit spontanée aux environs d'Agen et dans tout le midi de la France, est remarquable, en mars, par sa corolle droite, large de 17 centimètres, d'un rouge éclatant, offrant à la base interne de chaque pétale une grande tache oblongue d'un violet noirâtre, bordée d'une zone jaunâtre. — La TULIPE DES JARDINIERS (*T. gesneriana*), originaire des mêmes contrées, que Conrad Gesner fit le premier connaitre, en 1559, a donné naissance à plus de 600 variétés, à diverses bizarreries, et entraîné certains amateurs maniaques à des dépenses tellement folles, surtout chez les Hollandais et les Belges, que les autorités ont dû mettre un terme à un commerce extravagant qui compromettait, pour un seul bulbe, et pour un plaisir de dix à douze jours, l'existence des familles.

La *tulipomanie* ne fut pas tout à fait poussée jusqu'à cet excès en France ; l'épithète de *fou tulipier*, et le ridicule attaché à cette espèce de frénésie, arrêtèrent ceux qui se sentaient entraînés par l'exemple. D'un autre côté, les Tulipes soulevèrent contre elles des fanatiques ; le plus acharné de tous fut Évrard Vorstius, professeur de botanique à Leyde ; il abattait à coups de canne toutes celles qu'il rencontrait dans les jardins ou dans les bois. Dans la Perse, au contraire, elles sont pour ainsi dire un objet de culte : on y célèbre tous les ans, à l'époque de la floraison, la fête des Tulipes. On multiplie rarement ces plantes de graines ; on préfère la voie des caïeux, qui donnent des fleurs plus vite et perpétuent plus sûrement les couleurs recherchées par les enthousiastes. (*Dict. class. d'hist. naturelle.*)

TUNICIERS ou MOLLUSCOÏDES. Noms sous lesquels on désigne les Mollusques dépourvus de coquille. — V. *Acéphales.*— Ces Mollusques sont pourvus d'un manteau très grand et en forme de sac qui constitue, au devant de l'abdomen ou de la masse viscérale, une cavité respiratoire renfermant les branchies, dont la disposition varie : ils ont un cœur et des vaisseaux sanguins dans lesquels le liquide nourricier circule d'une manière très singulière, car le courant change de direction périodiquement, de façon que, dans l'espace de quelques minutes, le même canal remplit alternativement les fonctions d'une artère et d'une veine. On divise les Tuniciers en deux groupes : 1° les TUNICIERS PROPREMENT DITS, auxquels s'appli-

que plus spécialement ce qui vient d'être dit, et qui comprennent les genres *Biphore*, *Ascidie*, *Pyrosome*, etc. ; — 2° les BRYOZOAIRES, qui ont été confondus avec les Polypes les plus simples jusque dans ces dernières années : ils ont le manteau moins développé et les branchies à nu : êtres d'une petitesse presque microscopique, comme les *Plumatelles*, les *Alcyonelles*, et qui habitent les eaux douces; comme les *Flustres*, les *Rétépores* et les *Vésiculaires* des eaux salées.

TURBO (*Turbo*). Genre de Mollusques de l'ordre des Gastéropodes ; animaux marins qui vivent sur les rivages au milieu des rochers battus par les flots, et dont l'espèce type est

Le TURBO MARBRÉ (*T. marmoratus*). « C'est une coquille subglobuleuse, très ventrue, à spire conique et courbée, se terminant en pointe assez aiguë au sommet; elle est formée de six à sept tours arrondis, dont le dernier, très grand, est subcaréné à sa partie supérieure. L'ouverture est très grande, arrondie, d'une très belle nacre argentée à l'intérieur, et ayant le bord droit assez lisse, plus ou moins épais, selon l'âge et les individus. La columelle est régulièrement arquée en demicercle dans sa longueur, et terminée à sa base par un prolongement auriforme, très aplati de haut en bas, presque demi-circulaire, et formant une dépendance de l'extrémité du bord droit. La couleur de cette coquille est d'un vert brunâtre, plus ou moins foncé selon les individus, et elle est ornée de huit à dix zones transverses, étroites et régulières, de taches subarticulées blanches et brunes.

« Lorsque l'on décape, c'est-à-dire que l'on enlève la partie extérieure ou corticale de cette coquille, on la trouve formée d'une nacre blanche, mais avec des reflets brillants ; et c'est ainsi que, dépouillée et polie, on la voit, de même qu'une autre espèce connue dans le commerce sous le nom de *Veuve perlée*, et dans la science sous celui de TURBO MORDORÉ (*T. sarmaticus*), faire l'ornement des cabinets des amateurs. Le Turbo *marbré*, qui est assez commun dans les collections, vient de l'Océan des Indes. Le Turbo *mordoré*, plus rare que celui-ci, vient des mers du cap de Bonne-Espérance. »

TURBOT (*Rhombus*). Genre de Poissons malacoptérygiens subrachiens, de la famille des Pleuronectes, qui ont aux mâchoires et au pharynx, comme les Flétans, des dents en velours ou en carde, mais dont la dorsale s'avance jusque vers le bord de la mâchoire supérieure et règne, ainsi que l'anale, jusque tout près de la caudale ; la plupart ont les yeux à gauche. Comme presque tous les genres de Pleuronectes, les Turbots habitent l'océan Septentrional ; deux espèces se trouvent cependant plus particulièrement sur nos côtes, et sont très recherchées pour la table.

Le TURBOT (*P. maximus*), que nous représentons, a le corps rhomboïdal, aussi haut que long; il est grand, puisque sa circonférence mesure plus de 1 m. 35, hérissé de tubercules assez petits ; la mâchoire inférieure, qui est plus avancée que la supérieure, est garnie, comme cette dernière, de plusieurs rangées de petites dents ; le côté gauche ou supérieur est marbré de brun et de jaune, et le côté droit ou inférieur est blanc, avec des taches brunes ; les nageoires sont jaunâtres, avec des taches et des points bruns. Ce Poisson, aussi vanté par Apicius que par les gastronomes de nos jours, avait reçu anciennement le nom de

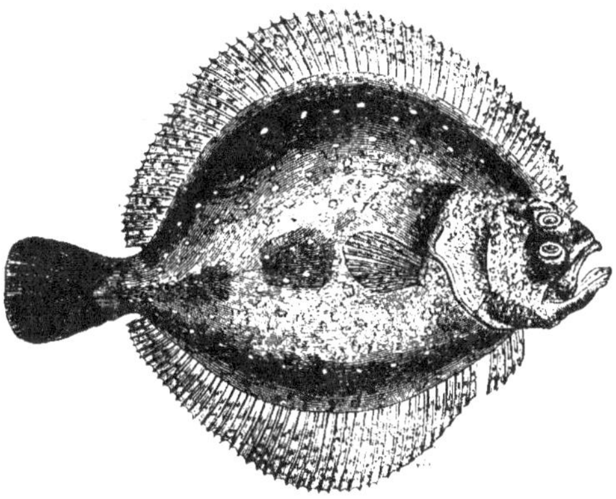

Fig. 1322. — Turbot.

Faisan de mer, à cause de l'excellence de sa chair. On le pêche sur nos côtes de l'Océan ; c'est aux embouchures de la Seine et de la Somme que l'on prend presque tous ceux que l'on consomme à Paris.

La Barbue (*P. rhombus*), à corps en losange, allongée, sans tubercules, se distingue, en outre, en ce que les premiers rayons de la dorsale sont à moitié libres, et qu'ils ont l'extrémité divisée en plusieurs lanières.

TURNIX (*Hemipodius*). Genre de Gallinacés qui ont de grands rapports avec les Cailles, dont ils diffèrent par l'absence du pouce. — Ils habitent les pays chauds de l'ancien continent et de l'Austra-

Fig. 1323-1324. — Turnix (mâle et femelle).

lie. Ils volent solitaires dans les plaines couvertes de hautes herbes ; ils sont très craintifs, et à la moindre alarme ils prennent la fuite en courant plutôt qu'en volant. Lorsqu'ils s'envolent, ils s'élèvent à peine au-dessus des hautes herbes, et s'abattent presque immédiatement, ensuite ils se blottissent et se laissent prendre plutôt que de fuir.

À Java, on élève une espèce, le T. combattant pour servir de spectacle, en combattant, comme le font les Coqs en Angleterre, et les Cailles dans quelques autres pays.

TURQUOISE. Pierre précieuse d'un bleu opaque qui est employée dans la joaillerie. On en distingue deux espèces: — l'une, la TURQUOISE DE VIEILLE ROCHE, dite aussi *T. pierreuse* ou *Calaïte*, est une pierre d'un beau bleu céleste qu'on trouve en rognons ou en petites veines dans des argiles ferrugineuses des environs de Mesched, entre Téhéran et Hérat, en Perse; elle se compose de phosphate d'alumine coloré par un peu d'oxyde de cuivre: — l'autre, dite T. DE NOUVELLE ROCHE, *T. osseuse* ou *Odontolithe*, provient des dents ou des os de mammifères enfouis dans le sein de la terre, et accidentellement colorés en bleu verdâtre; elle est beaucoup moins dure et moins estimée. On imite parfaitement la Turquoise par des émaux.

TUSSILAGE (*Tussilago*). Genre de Plantes de la famille des Composées, herbacées, vivaces; tiges chargées d'écailles paraissant avant les

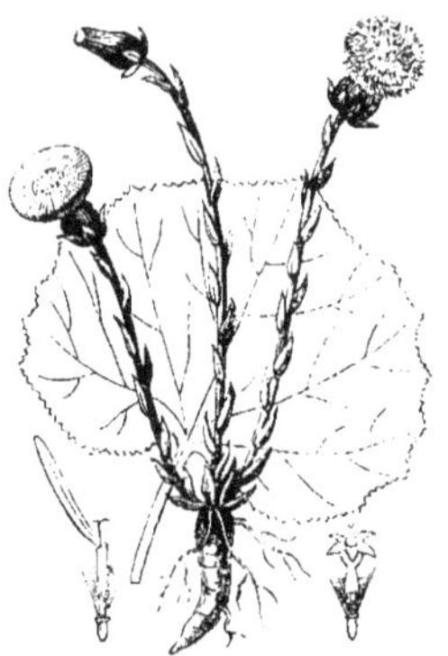

Fig. 1325. — Tussilage (Pas-d'Ane).

feuilles; celles-ci sont toutes radicales, très amples, suborbiculaires, cordées, sinuées, denticulées, tomenteuses ou pubescentes en dessous; capitules solitaires à fleurons jaunes (*Tussilago*), ou plusieurs sur la tige à fleurons rougeâtres (*Petasites*). — Ces plantes sont très communes en Europe dans les terrains humides et argileux et aux bords des rivières.

Le TUSSILAGE-PAS-D'ANE (*T. farfara*), vulg. *Taconnet*, a une souche épaisse, à rhizomes charnus traçants; des tiges florifères de 10-20 centim., s'allongeant beaucoup après la floraison, cotonneuses, à écailles rougeâtres glabres; feuilles ne paraissant qu'après la floraison, disposées en rosettes ou en fascicules radicaux, longuement pétiolées, atteignant souvent avec l'âge de grandes dimensions. — Cette plante aime les endroits humides et fleurit en mars-avril. — Son nom signifie *chasse toux* (*tussis ago*); celui de *Pas-d'âne* vient de la comparaison de ses feuilles avec le pas d'un âne; enfin l'épithète *farfara* dérive de *farfarus*,

nom d'un peuplier blanc aux feuilles duquel les Latins avaient comparé celles du Tussilage. Cette espèce est éminemment pectorale et adoucissante.

Le TUSSILAGE PÉTASITE (*T. petasites*), très commun sur le bord des ruisseaux, a des fleurs purpurines, mélangées de blanc, et réunies au printemps en un thyrse élégant; des feuilles grandes et larges, pubescentes en dessous; il possède les mêmes propriétés que l'espèce précédente; il passe pour guérir la teigne des enfants: d'où son nom vulgaire d'*Herbe aux teigneux*.

Le T. ODORANT (*T. fragrans*) est remarquable par l'odeur de vanille que répandent ses fleurs; l'apparition de ces fleurs en hiver lui a fait donner le nom d'*Héliotrope d'hiver*: tige presque nue, hérissée de poils; feuilles radicales; fleurs radiées, d'un blanc un peu rougeâtre, presque en corymbe. Il se cultive l'hiver dans les appartements.

TYRAN (*Tyrannus*). Genre d'Oiseaux que l'on plaçait parmi les Gobe-Mouches, les Moucherolles et les Pies-Grièches, et dont Cuvier fait une division de son grand genre Gobe-Mouches, en lui donnant pour caractères: bec droit, long, très fort; arête supérieure droite, mousse, à pointe subitement crochue. — Ces oiseaux, propres à l'Amérique, sont d'un caractère solitaire, peu sociable et querelleur, d'ailleurs pleins de courage, au point de ne pas craindre de se mesurer avec les Rapaces les plus forts lorsqu'il s'agit de défendre leur progéniture. Ils se nourrissent d'insectes, de petits oiseaux et de lézards.

Le TYRAN INTRÉPIDE (*T. intrepidus*), d'un cendré obscur, avec les parties inférieures du corps blanches, etc. — « Parmi les Tyrans, dit Vieillot, celui-ci est remarquable par son intrépidité; rien ne lui en impose lorsqu'il a ses petits à défendre; l'aigle lui-même fuit à son approche; il menace même l'homme par ses cris dès que sa présence lui porte ombrage; il ose même l'attaquer s'il cherche à lui enlever sa jeune famille. Son attachement pour elle est tel, qu'il ne balance pas à combattre les Corbeaux et d'autres oiseaux de proie, s'ils s'arrêtent près de son nid et même à une certaine distance de son domicile. Aussitôt qu'il les aperçoit, il vole à leur rencontre, les poursuit avec une audace et une intrépidité dignes d'être citées. Il déploie alors l'art de voler dans toutes ses combinaisons: si son adversaire évite sa fureur et l'impétuosité de son attaque par un vol sinueux ou ras de terre, cet oiseau, toujours maître du sien, en change la direction, et profite de la flexibilité de ses mouvements pour le frapper aux yeux. Si, au contraire, son antagoniste cherche au haut des airs un abri contre ses coups, il le pince sous les ailes, le harcelle de toute manière, et le fatigue par une lutte si violente, qu'il le force d'abandonner le champ de bataille et de s'enfuir au loin. La saison de la ponte est la seule où les grands oiseaux peuvent lui en imposer, car dès qu'il n'a plus de famille à défendre, il est presque aussi timide que les petits oiseaux. »

ULMAIRE. Espèce du genre Spirée (*S. ulmaria*), vulg. *Reine des prés*, *Ormière*. Souche vivace, à fibres radicales non renflées; tige herbacée de 1 mètre de haut, ferme, anguleuse, glabre, simple, donnant naissance en haut aux rameaux de l'inflorescence; feuilles grandes, vertes en dessus, blanchâtres pubescentes en dessous, à 5-9 paires de segments très inégaux et doublement dentés, le terminal plus ample, presque trilobé; petites folioles dentées entre les grandes. Les fleurs sont blanches, petites, disposées en corymbes multiflores terminaux; carpelles glabres, non contournés en spirale, au nombre de 5 à 8.

L'Ulmaire ou Reine des prés croit dans nos prairies humides qu'elle orne, ainsi que dans nos bois; on la cultive quelquefois dans nos parterres. Ses fleurs s'épanouissent en juin-juillet.

Fig. 1326. — Ulmaire (Reine des prés).

Elles ont une odeur douce et agréable, assez prononcée; mais la plante n'en a aucune; cette plante a une saveur acerbe-amère faible. On lui a fait dernièrement une réputation de médicament diurétique très avantageux dans le traitement de l'hydropisie, sur la recommandation d'un bon curé de campagne, M. Obriot, qui l'aurait plusieurs fois expérimentée.

ULOBORE (*Uloborus*). Genre d'Aranéides pulmonés, au corps allongé et presque cylindrique, dont l'espèce type est l'U. de Walcknaber, longue de 11 millimètres, d'un jaune noirâtre, couverte d'un duvet soyeux formant sur l'abdomen deux petits faisceaux. — Des bois des départements méridionaux.

Ces Aranéides se placent au centre de leur toile et portent en avant, et en ligne droite, leurs quatre pieds antérieurs, tandis que les deux postérieurs sont dirigés en sens opposés, et que les intermédiaires sont étendus latéralement. Dès qu'une mouche ou un autre insecte est empêtré dans leurs filets, elles l'emmaillotent en un instant et le sucent ensuite à leur aise. Leur cocon est allongé, étroit et anguleux sur les bords; elles le suspendent verticalement par un des bouts du réseau.

ULVE (*Ulva*). Genre d'Algues de la tribu des Ulvacées. — Les Ulves habitent les eaux salées ou douces, les lieux humides; plusieurs sont alimentaires.

On distingue surtout l'U. laitue de mer (*U. lactuca*), très abondante sur les rivages de l'Océan et que plusieurs peuples du Nord mangent après l'avoir dessalée; — l'U. boyau de Chat (*U. intestinalis*), qui appartient aux eaux douces, aux ruisseaux tranquilles, et que la médecine employait autrefois. Il est d'autres espèces qui sont nommées vulgairement *Beurre d'eau*, *Beurre de terre*, *Beurre de fourmi*.

UNAU. Espèce du genre *Bradype*.

UNIVERS. Cette expression est synonyme de Monde. L'Univers est tout ce qui existe; et tout ce qui existe constitue un ensemble de matière et de lois d'activité qui constituent la Vie dans ce que ce mot a de plus général et de plus *universel*. Notre esprit, ne pouvant comprendre l'essence des choses et des causes finales, admet, pour concevoir les phénomènes, des causes secondaires et des faits partiels : de là il passe à la recherche des théories et des lois.

Tout changement d'état, tout mouvement, se rattache à une force considérée comme cause. On distingue deux genres de forces, les *mécaniques* ou *physiques*, et les *vitales* ou *physiologiques*.

Parmi les *forces physiques*, les unes sont *naturelles*, telle est la cause qui fait retomber sur la terre un corps qui a été lancé en l'air; les autres sont artificielles, comme celles que produisent les machines à vapeur.

Le mouvement est absolu ou relatif. Quand un système de corps se meut de telle manière que ses différentes parties restent aux mêmes distances, ces parties sont en repos les unes relativement aux autres, mais le système possède un mouvement absolu. Si l'observateur participe au mouvement, et si les points réellement fixes se trouvent très éloignés de lui, le système lui paraît immobile; et lorsque quelques corps du système changent de distance, il ne juge que de leurs mouvements relatifs, puisque dans ce cas il fait abstraction du mouvement commun.

La matière est inerte de sa nature : elle ne peut changer par elle-même son état de repos ou de mouvement. Son état de repos absolu n'existe pas; a-t-il été, avant qu'une puissance divine ne l'eût fait cesser en animant l'Univers? Ceci doit être admis, comme conforme à la raison et au dogme religieux. Si un corps en repos ne peut prendre de lui-même du mouvement, une fois mis en mouvement il ne doit pas de lui-même rentrer dans le repos, à moins qu'il ne rencontre des obstacles, tels que le frottement, la résistance de l'air. On admet que les corps célestes sont plongés dans un milieu (l'éther) offrant, il est vrai, si peu de résistance que depuis des milliers d'années l'obstacle qu'il oppose aux planètes n'a produit aucune altération sensible dans leurs mouvements; mais il paraît que l'effet devient appréciable sur les comètes, dont la substance serait au moins aussi légère que le vide obtenu au moyen des machines pneumatiques. Quoi qu'il en soit, la persistance des lois astronomiques peut être considérée comme une preuve de l'inertie des corps en mouvement. Ces corps, se mouvant dans le vide, non-seulement doivent continuer à se mouvoir éternellement, mais encore conserveront la même vitesse et la même direction.

La direction des corps célestes est déterminée par l'attraction, par les forces qu'on nomme *centripète* et *centrifuge*. — V. *Attraction*.

On peut se faire une idée de la force centrifuge en considérant une petite boule attachée à l'extrémité d'un fil inextensible, à laquelle on donne une impulsion pour la faire tourner autour d'un point; il est clair que ce fil éprouve une certaine tension, car lorsqu'on le coupe à un instant donné, la boule ne se meut plus circulairement, elle suit au contraire en ligne droite la tangente sur laquelle elle se trouve : c'est la cause de cette tension du fil qu'on appelle *force centrifuge*, force neutralisée, dans les deux mouvements de la terre, par la force centripète.

En effet, la terre tourne sur elle-même et ce mouvement est tellement rapide, que les molécules matérielles qui forment sa masse circulent avec une vitesse de plus de 400 mètres par seconde: toutes ses molécules matérielles devraient donc être dispersées dans l'espace, si une autre force ne venait s'opposer avec avantage aux effets de la force centrifuge, en faisant tendre toutes les molécules matérielles vers ce même centre. Or, une pareille force est connue sous le nom de *force centripète*, c'est-à-dire tendant vers le centre. La force centrifuge est la plus grande possible à l'équateur; et quoiqu'on ne l'évalue qu'à 1/288e de la pesanteur ou force centripète (V. *Gravitation*), elle a produit l'aplatissement aux pôles, dans la supposition de la fluidité primitive du globe.

La terre tourne autour du soleil; comme la boule retenue dans son orbite par le fil, la terre est retenue dans le sien par l'attraction ou force centripète. Le caractère le plus important des planètes (outre leur mouvement de rotation) est de se mouvoir autour du soleil, en décrivant des orbites elliptiques très voisins de la figure circulaire, et dont le soleil occupe le centre. Il est excessivement probable que les lois de l'attraction universelle s'étendent à tous les systèmes d'astres que nous pouvons apprécier, à tout l'Univers même.

Les satellites diffèrent des planètes, parce qu'au lieu de se mouvoir directement autour du soleil, ils se meuvent autour d'une planète, en suivant d'ailleurs les mêmes lois que celles qui dirigent la marche de ces dernières. Néanmoins, comme les satellites sont entraînés, par la planète dont ils dépendent, dans le mouvement de celle-ci autour du soleil, leurs mouvements sont beaucoup plus compliqués que ceux des planètes, car ils ont aussi une rotation sur eux-mêmes, ainsi que les autres astres du système solaire.

« Il est probable que chaque étoile est le centre d'un système solaire plus ou moins analogue au nôtre; que tous ces systèmes obéissent à un centre commun, ou pour mieux dire, qu'ils s'harmonisent et forment un ensemble infini dont le point central est partout et la circonférence nulle part.

« Nous pouvons nous faire une idée, bien vague il est vrai, mais relative à l'étendue de notre conception, de l'immensité absolue de l'Univers et des parties incalculables de ce tout infini, en songeant au nombre prodigieux d'étoiles et d'autres corps qui nagent dans l'espace, à la grandeur et à la distance de certains d'entre eux, à la vitesse de la lumière, à celle des mouvements des cils des Infusoires et des vibrations de l'éther, dont cinq cents millions de millions au moins s'exécutent dans une seconde; à la ténuité des animaux microscopiques qui sont des mondes peut-être comparativement à d'autres; à la quantité surprenante de corps de toute espèce pour, en résultat, concourir au même but final. »

Les forces *vitales* ou *physiologiques* ont reçu le nom d'agents. On compte cinq agents, qui sont considérés par le physicien ne s'occupant pas de métaphysique, comme des causes premières : le *principe de la vie* des êtres organisés, l'*attraction*, le *calorique*, la *lumière* et l'*électricité*. — V. ces mots et *Vie*.

Les lois de la nature sont permanentes; rien

ne se consume, ne s'anéantit : tout change seulement de force, d'état, de manière d'impressionner nos sens.

UPAS. — V. *Strychnos.*

URANIUM. Corps simple, métallique, peu répandu dans la nature, n'existant qu'à l'état de combinaison. Il a été isolé en 1842 par M. Péligot. On s'en sert dans la peinture sur porcelaine.

URANUS. Nom de l'une des plus grandes planètes, la plus éloignée du soleil après Neptune. Sa distance au soleil est de 19 fois le rayon de l'écliptique, ou plus de 265 millions de myriamètres. Il lui faut près de 84 années pour accomplir sa révolution entière. L'inclinaison du plan de son orbite sur l'écliptique n'est que de $0^o,46'$, $28'',4$. Elle est 82 fois plus grosse que la terre ; cependant on ne peut guère la voir qu'avec une forte lunette. Six satellites (dont deux seulement, le 1e et le 4e, ont été revus) se meuvent autour de cette planète, dans des orbites presque circulaires et à peu près perpendiculaires au plan de l'écliptique. — Cette planète a été découverte en 1781, par l'astronome W. Herschell, dont elle porte quelquefois le nom ; elle avait été vue précédemment, mais on l'avait prise pour une étoile ou pour une comète.

URÉDINÉES. Famille de Cryptogames parasites ; petites plantes développées le plus souvent dans le tissu même ou à la surface des végétaux morts ou vivants, formées par des sporidies ou vésicules reproductrices, remplies de sporules ; ces sporules sont souvent libres, quelquefois portées par un pédicelle court, sans filaments distincts, caractère qui sépare les Urédinées des Mucédinées. Enfin, dans le plus grand nombre des cas, le tissu de la plante, dans lequel se développent les sporidies, se gonfle, se durcit et forme autour d'elles une sorte d'enveloppe ou base épaissie, à laquelle on donne le nom de *faux peridium*, ou *stroma*, quand cette même base sert à soulever les sporidies.

UREDO. Genre type des Uridinées ; espèces de Cryptogames très simples, qui naissent dans le tissu même des plantes et qui s'échappent ensuite au dehors.

La ROUILLE (*Uredo rubigo*) est une poussière qui attaque feuilles, tiges, graines dans les Graminées ; qui nuit plus à la paille qu'au grain, et qui envahit parfois tout un champ. Elle rend les fourrages nuisibles aux bestiaux.

Le CHARBON ou NIELLE (*Carbo*) est une poussière noire qui atrophie les ovaires des blés, les empêche de se développer, qui se manifeste également sur les glumes des graminées, notamment du seigle, de l'orge, du froment, du maïs, etc. Le Charbon est sans odeur ; il nuit beaucoup aux céréales, bien qu'il ne gâte pas les farines, à cause de la propriété qu'il a de se disperser avec facilité par le van.

La CARIE (*U. caries*), poussière brune ou noirâtre, fétide à l'état frais, difficilement séparable par le van, difficile à reconnaître sur le grain desséché, restant par conséquent dans les farines qu'elle ne rend pas malfaisantes, du moins d'après Cordier, qui en a pris jusqu'à trois gros dans un verre d'eau sans en avoir été incommodé. Mais est-ce bien avec la carie que les expériences ont été faites ?

URODÈLES (du gr. *oura*, queue ; *dèlos*, visible. Sous-ordre de Batraciens qui, par leur forme générale, ressemblent aux Sauriens ou Lézards ; mais leur peau est nue et non écailleuse, leurs doigts sont dépourvus d'ongles, ils ont deux poumons sacciformes, et leur cœur offre un seul ventricule et une seule oreillette. — Tels sont les *Salamandres*, les *Axolots*, les *Protées*, les *Sirènes*, les *Lépidosirènes*.

URSON. Buffon désigne, sous ce nom, le Rongeur auquel Fr. Cuvier a donné celui de Eréthizon, et qu'il a élevé au rang de genre, caractérisé par : tête offrant, vue de profil, presque une ligne droite ; os du nez courts ; arcades zygomatiques très saillantes ; pieds de devant à 4 doigts seulement, ceux de derrière à 5 doigts ; ongles longs, crochus ; queue arrondie, non prenante. — Les deux espèces de ce genre appartiennent à l'Amérique.

L'URSON (*Erethizon dorsatus*) a les poils épais, bruns, mélangés de quelques piquants, particulièrement sur la croupe et la queue, tandis que le corps est immédiatement recouvert d'un duvet gris-brun ; longueur du corps, 66 centim. — C'est un animal de l'Amérique du Nord, très lent dans ses mouvements, vivant dans les forêts de pins et de genièvres, dont il mange l'écorce ; se tenant sur les arbres, d'où il ne descend que rarement. Il fait sa bauge sous les racines des arbres creux ; il fuit l'eau et craint de se mouiller ; il dort beaucoup, et se nourrit de matières exclusivement végétales, telles que d'écorces, de fruits et de racines, qu'il recherche surtout pendant la nuit ; lorsqu'on l'attrape, il se roule en boule à la manière des Hérissons, et présente alors des piquants dans toutes les directions. La femelle met bas chaque année trois ou quatre petits par portée, et la durée de la gestation est, dit-on, de quarante jours. On rapporte que sa chair a le goût de celle du Cochon, et est mangée par les sauvages, qui se font une fourrure de sa peau après en avoir enlevé les piquants, dont ils se servent en guise d'épingles.

L'autre espèce est le COENDOU de Buffon (*E. Buffonii*), qui n'a été spécifiquement établie que sur une peau bourrée que l'on voit dans les galeries du Muséum d'histoire naturelle de Paris. — Sa patrie est inconnue.

URTICACÉES. Famille de Plantes dicotylédones, renfermant des arbres, des arbrisseaux et des herbes ; à feuilles alternes, accompagnées de stipules ; à fleurs rarement hermaphrodites, le plus souvent monoïques ou dioïques : calice à sépales tantôt distincts, tantôt soudés, plus rarement remplacé par une simple écaille à l'aisselle de laquelle sont placées les étamines ; celles-ci sont au nombre de 4 ou 5, alternes, parfois opposées. Les fleurs femelles, qui forment des épis globuleux, ont un ovaire libre, uniloculaire, ordinairement surmonté de 2 stigmates ; le fruit est une samare, un petit drupe ou un akène quelquefois accompagné du calice. — On peut diviser les genres de cette famille en tribus, comme il suit :

Urticées. Fleurs unisexuées, distinctes, non réunies dans un involucre commun ; graine à endosperme : *Mûrier, Chanvre, Pariétaire, Houblon Ortie*, etc.

Artocarpées. Fleurs unisexuées ; fruits soudés en un syncarpe sec ou charnu ; graine sous-endosperme : *Arbre à pain* ou *Rima, Jacquier, Arbre à lait.*

Ulmacées. Fleurs hermaphrodites ; fruits distincts, pas d'endosperme : *Orme*, etc.

Ficées. Fleurs unisexuées, réunies dans un involucre commun devenant charnu : *Figuier, Dorsténie.*

USNÉE (*Usnea*). Genre de Lichens très remarquable en ce que les espèces pendent généralement en masses filamenteuses plus ou moins touffues. — Ces cryptogames croissent ordinairement sur le tronc des vieux arbres.

Nous citerons l'Usnée fleurie et l'U. plissée, qui s'emploient en teinture et donnent, la première une couleur violette, la seconde une couleur verte. — Une espèce croît sur les os qui ont été longtemps exposés à l'air : l'U. du crane humain, recueillie sur le crâne des pendus, a joui autrefois d'une grande réputation médicinale et se vendait fort cher.

UTRICULAIRE (*Utricularia*). Genre de Plantes aquatiques surnageant au-dessus des eaux des marais profonds et des étangs. Les rameaux sont chargés de petites *utricules* transparentes qui les soutiennent sur l'eau. On en connaît aujourd'hui plus de 60 espèces, presque toutes exotiques. — On a fait de cette plante le type d'une famille de dicotylédones monopétales hypogynes, qui comprend, outre le genre *Utriculaire*, dit *Lenticularia* par Richard, les genres *Genlisea* et *Pinguicula*.

V

VACCINIACÉES, ou VACCINIÉES. Famille de Plantes comprenant des arbrisseaux d'un port élégant et très analogue à celui des Ericacées ; feuilles alternes, coriaces et persistantes, plus rarement caduques, toujours entières, simples ; fleurs assez petites, diversement groupées ou solitaires : calice monosépale, soudé avec l'ovaire qui est infère, à limbe 4-5-denté ; corolle monopétale régulière, tubuleuse, urcéolée, à 4 ou 5 lobes ; étamines en nombre double, filets libres, insérés à différentes hauteurs du tube de la corolle ; ovaire infère à 4 ou 5 loges ; style simple, allongé ; petites baies globuleuses, ombiliquées à leur sommet par les dents du calice. — Genre *Airelle*, *Oxycoccus*.

VACHE. Femelle du Taureau. Jeune, elle reçoit le nom de *Génisse*, surtout dans le style relevé. Elle peut produire dès l'âge de 18 mois ; mais, pour qu'elle donne de bon lait, il faut qu'elle ait 2 ou 3 ans. Elle porte 9 mois, comme la femme. La Vache peut vivre plus de 20 ans ; à 9 ans, il convient de la mettre à l'engrais. La chair des Vaches suffisamment engraissées est aussi bonne que celle du Bœuf. Le *lait de Vache* est celui qui se rapproche le plus du lait de la femme : il est liquide, opaque, blanc, plus pesant que l'eau, d'une saveur douce ; abandonné à lui-même, il fournit la *crème*, qui vient à sa surface ; le *caséum*, qui est au fond, et le *petit-lait*. On connaît les usages du lait. L'importance du lait de la Vache a, de tout temps, fait rechercher les signes à l'aide desquels on peut reconnaître à l'avance les individus capables de produire du lait en abondance et de bonne qualité : on trouvera à cet égard d'utiles indications dans le *Traité des Vaches laitières* de M. Guénon et dans celui de M. Magne.

Le cuir fait avec de la peau de Vache convenablement préparée, cuir qu'on appelle lui-même *vache*, sert à faire des harnais, des bottes, des souliers, ainsi que des malles, des *bâches* pour l'impériale des diligences, des soufflets, des cuirs de pompe et autres ouvrages qui n'ont besoin que de force et de souplesse : on estime, sous ce rapport, le cuir de vache d'Angleterre et celui de Russie. Enfin, c'est à la Vache que l'homme doit le meilleur préservatif de la petite-vérole, le *vaccin*.

Chez les différents peuples de l'antiquité, la Vache jouissait des plus grands égards ; on lui prodiguait tous les témoignages de la plus profonde vénération, on lui rendait même un culte public. Dans l'Inde, les Brames ont encore l'habitude, durant certains jours de l'année, de la couvrir de fleurs et de rubans aux mille couleurs, de lui peindre les cornes, et de la laisser vaguer en pleine liberté partout où elle veut ; personne n'ose s'opposer aux dégâts qu'elle est susceptible de commettre au milieu des champs cultivés, des plantations les plus précieuses, ou même dans les jardins.

VALÉRIANACÉES. Famille végétale dont le genre type est la *Valériane*. — V. ce mot.

Fig. 1327 — Valériane.

VALÉRIANE (*Valeriana*). Genre de Valérianacées, caractérisé par : calice à peine sensible, adhérent, dont le limbe roulé en dedans pendant la floraison se développe ensuite de manière à former une sorte d'aigrette qui couronne la semence ; corolle irrégulière, tubulée, à 5 lobes un peu inégaux, parfois en bosse à sa base ; étamines 3, insérées sur le tube de la corolle, quelquefois avortées ; 1 style. Le fruit est une capsule, etc.

VALÉRIANE OFFICINALE (*V. officinalis*), vulgair. *Valériane sauvage*. Racines blanchâtres, fibreuses ; tiges droites, cannelées, fistuleuses, glabres ou un peu velues, hautes de 1 m. 50 centim. ; feuilles opposées, pétiolées, distantes, ailées avec impaire, à folioles lancéolées aiguës, lâchement dentées ; fleurs rougeâtres, quelquefois blanches, formant d'amples bouquets odorants : limbe du calice roulé en dedans, formant un rebord épais ; corolle tubulée, à renflement latéral vers sa base et à limbe 5-lobé ; 3 étamines saillantes.

La Valériane est une belle plante vivace qui croît dans les lieux un peu humides, dans les bois, les prés. On la cultive souvent dans les jardins. La racine de la Valériane a une saveur amère, âcre, une odeur fétide et nauséabonde. On l'emploie en médecine comme tonique, fébrifuge, particulièrement comme antispasmodique, dans l'épilepsie, les névroses.

L'odeur de la racine de cette plante a infiniment d'attrait pour les chats, et c'est à un tel point, qu'il est fort difficile d'en conserver dans les jardins, parce que ces animaux ne cessent de gratter au pied et de se rouler dessus.

Valériane phu (*V. phu*), vulg. *Grande Valériane*, dont la tige a près d'un mètre. Ses fleurs sont d'un blanc rougeâtre et disposées en corymbes. Cette plante vivace croît en France, et se plaît assez dans les lieux montagneux. Comme la précédente, elle a des vertus médicinales et infiniment d'attrait pour les chats.

Valériane des montagnes et Valériane celtique. Ces deux espèces de Valérianes sont beaucoup moins hautes que les précédentes, et ne s'élèvent qu'à 16 à 20 centim. La racine de la Valériane celtique a une odeur aromatique et une saveur âcre et amère. L'une et l'autre croissent sur les montagnes, dans les Alpes de la Provence, de la Suisse et du Piémont.

VALÉRIANELLE (*Valerianella*). Genre de la famille des Valérianées, plantes annuelles, à tige dichotome ; feuilles caulinaires entières, les inférieures disposées en rosette ; fleurs blanches : calice à limbe irrégulier, non enroulé pendant la floraison ; tube de la corolle non prolongé en éperon et presque régulier.

La Mache (*V. olitoria*), vulg. *Doucette*, est une Valérianelle qui est très commune dans les lieux cultivés, les champs, les vignes. Elle se mange en salade, ainsi que chacun sait. Sa décoction est émolliente.

VALLISNÉRIE (*Vallisneria*). Genre de Plantes de la famille des Hydrocharidées, habitant les eaux tranquilles dans les régions tempérées des deux hémisphères. Fleurs ordinairement dioïques, incluses dans une spathe ; périanthe double, bisérié ; étamines 6 ou nombreuses ; ovaire 1 ou 6 ou 9 loges.

La V. spirale (*V. spiralis*) est une espèce submergée croissant dans les eaux stagnantes du midi de l'Europe. « La fleur femelle ou pistillée est portée sur un long pédoncule roulé en spirale ; les fleurs mâles ou staminées, placées dans son voisinage, sont fixées sur un pédoncule court et groupées autour d'un axe enveloppé d'une spathe. À l'époque de la fécondation, la Vallisnérie à pistil allonge sa spirale, et sa fleur vient s'épanouir à la surface de l'eau ; alors les fleurs à étamines, excitées par un instinct dont le secret est un mystère, rompent le pédoncule qui les attachait à l'axe, s'échappent de la spathe qui les emprisonnait, et jouissant enfin d'une liberté qui doit leur coûter la vie, viennent voguer autour de la Vallisnérie à pistil, qu'elles ne tardent pas à saupoudrer de leur pollen. Après cette fécondation merveilleuse, la fleur chargée de reproduire l'espèce referme son périanthe, raccourcit sa spirale et descend au fond des eaux, où doivent tranquillement mûrir les graines renfermées dans son sein. »

VALVE (de *valva*, battant de porte). En Conchyliologie, on a d'abord donné ce nom aux deux pièces d'une coquille bivalve, jouant l'une sur l'autre, comme les battants d'une porte, à l'aide du ligament qui les unit. Par la suite, il a été étendu, sans qu'il y ait similitude, à toute espèce de pièce solide qui revêt le corps d'un animal mollusque : d'où les dénominations d'*univalve*, de *bivalve* et de *multivalve*, données aux co-

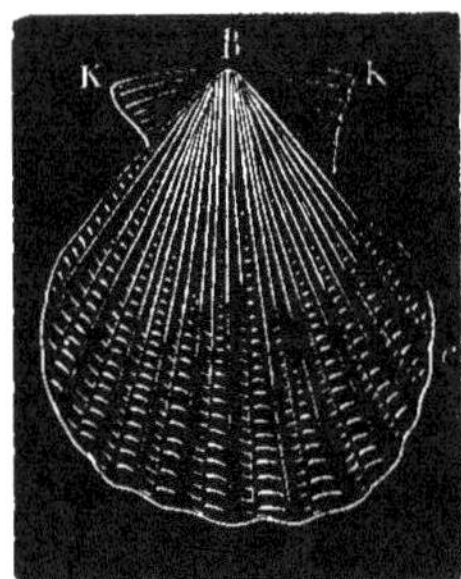

Fig. 1328. — Valve de coquille.

quilles d'une, de deux, de trois ou de plusieurs pièces. — V. *Coquille*.

En Botanique, on nomme *Valves* les pièces qui composent un fruit sec et qui s'ouvrent spontanément et sans déchirement apparent. Dans les *gousses*, les Valves sont toujours au nombre de deux. Dans certains fruits, les Valves forment les cloisons, comme dans le Lis, le Seringa, le Ciste, le Rhododendron, etc. ; dans d'autres, elles portent les graines, comme dans les Gentianées, les Orchidées, etc. Dans le Ricin, la Balsamine, etc., les Valves étant élastiques, se disjoignent subitement comme par l'effet d'un ressort et projettent les graines à quelque distance.

VAMPIRE (*Phyllostoma spectrum*). Espèce de Chéiroptères du genre Phyllostome, famille

des Vespertilions. Cet animal n'a pas moins de
65 centim. d'envergure ; son corps et sa tête sont
longs de 18 centim. ; tête allongée, dents fortes,
principalement les canines: pelage fauve.

Le Vampire , dans le domaine de la Fable, est
un être fantastique qui suce le sang des hommes

Fig. 1329. — Tête de vampire.

endormis. En histoire naturelle, c'est un Vespertilion , une Chauve-Souris américaine ayant les
caractères physiques et moraux déjà indiqués à
l'article *Chéiroptères* et *Phyllostomes*. Buffon n'a
connu qu'un très petit nombre de ces animaux,
mais il a fait de l'un d'eux , le Vampire, un portrait exagéré.

« Les Phyllostomes et les autres animaux de la
même famille sont fort redoutés par les habitants
de l'Amérique , et comme ceux de l'espèce à laquelle le nom de Vampire appartient en propre
sont les plus forts et les plus carnassiers, ce sont
aussi ceux dont on a le plus souvent parlé. Il en
est question dans les premiers écrits relatifs à
l'histoire naturelle du Nouveau-Monde. Pierre Mar-
tyr rapporte , ce qui est d'ailleurs exact , que ces
singulières Chauves-Souris sucent le sang des
hommes et des animaux pendant qu'ils dorment,
et il assure qu'ils les épuisent au point de les
faire mourir. Jumilla , don Antonio de Ulloa et
d'autres racontent les mêmes faits. La Condamine , qui visita l'Amérique pendant le siècle dernier , pour y faire des observations d'astronomie
et de géographie mathématique, rapporte aussi
que les Vampires inquiètent l'homme qu'ils tourmentent, et font même périr les animaux. Il a constaté que ces Chauves-Souris sucent le sang des
chevaux, des mulets et même des hommes, quand
on ne s'en garantit pas en dormant à l'abri sous
une tente. Il y en a, dit-il , de monstrueuses pour
la grosseur, et, en divers endroits , elles détrui-
sirent le gros bétail que les missionnaires espa-

gnols y avaient introduit et qui commençait à s'y
multiplier.

« Cependant il ne faudrait pas croire que l'action
de ces Chéiroptères , quelque méchants qu'ils
soient , aient été aussi funeste qu'on le suppose-
rait en lisant ces récits , et l'on trouve la preuve
du contraire dans la grande multiplication des
chevaux et des autres animaux d'origine domestique qui se sont acclimatés dans la plupart des
contrées chaudes de l'Amérique. Azara et d'autres
observateurs ont donné des détails moins effrayants
au sujet des blessures que font certains autres
Phyllostomidés. Ce que dit Azara s'applique aux
Chauves-Souris du genre Sténoderme, qui ont reçu
de E. Geoffroy le nom de *Stenoderma rotunda-
tum* , mais qui paraissent d'ailleurs être moins
redoutables que les Vampires et les vrais Phyllostomes. »

Fig. 1330. — Vanesse Grande-Tortue.

VANESSE (*Vanessa*). Genre de Lépidoptères
diurnes. Ces papillons ont les antennes aussi longues que le corps, rigides, terminées en massue ;
palpes fort longues, convergentes, velues; tête plus
étroite que le corselet ; abdomen plus court que

Fig. 1331. — Vanesse Paon du jour.

les ailes inférieures ; riches couleurs. — Chenilles
garnies d'épines plus ou moins longues , suivant
les espèces (le premier et le dernier anneau en
sont dépourvus) ; chrysalides plus ou moins an-

guleuses , bifides antérieurement, et garnies sur le dos de deux rangées de tubercules coniques et aigus , ornées presque toujours de taches métalliques. On trouve les nombreuses espèces de ce

Fig. 1332. — Vanesse Petite-Tortue.

genre dans toutes les contrées du monde ; beaucoup sont ornées des plus riches couleurs. Parmi celles qui se trouvent dans nos environs , nous citerons :

La Belle-dame (*V. cardui*), répandue dans toutes les parties du monde, et paraissant depuis le commencement du printemps jusqu'à la fin de l'été.

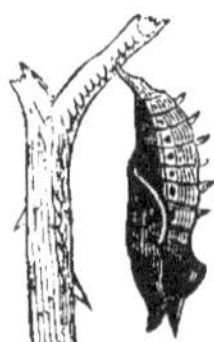

Fig. 1333. — Chrysalide de Vanesse.

Sa chenille vit sur plusieurs espèces de chardons. — Le Paon du jour (*V. Io*) est une fort belle espèce dont la chenille vit sur l'ortie. — Le Vulcain (*V. Atalanta*) vit aussi sur l'ortie à l'état de chenille.

La Petite tortue (*V. urtica*) a sa chenille épineuse, noirâtre , avec 4 lignes jaunâtres, dont

Fig. 1334. — Chrysalide de Vanesse Petite-Tortue.

deux le long du dos et une sur chacun des côtés. Elle vit en famille sur les orties. — La Grande Tortue (*V. polychloros*) vit à l'état de chenille sur le saule , sur l'orme et sur quelques arbres fruitiers, le cerisier particulièrement. Cette che-

nille est bleuâtre ou brunâtre, avec une ligne latérale orangée ; ses épines sont un peu branchues et jaunâtres. Dans le premier âge, elle vit en famille sous un abri soyeux qu'elle file ; mais elle se disperse après la première mue. Le papillon est commun dans toute l'Europe; il paraît au printemps, en juillet et souvent plus tard.

VANILLIER (*Vanilla*). Genre de la famille des Orchidacées : arbrisseaux grimpants et parasites des contrées tropicales de l'Amérique.

Vanillier officinal (*V. aromatica*) est un sous-arbrisseau sarmenteux, s'élevant à des hauteurs considérables, en grimpant et s'accrochant au tronc des arbres, au moyen de fibres radicales plus ou moins allongées. Ses feuilles sont alternes, sessiles , épaisses , charnues , un peu coriaces, lisses , légèrement ondulées sur les bords. Ses fleurs sont grandes , formant des espèces de bouquets composés de cinq à six fleurs purpurines

Fig. 1335. — Vanillier à larges feuilles.

et odorantes. Les cinq divisions supérieures du calice sont lancéolées, un peu ondulées dans leur contour et acuminées au sommet ; le labelle est obovale, creusé en gouttière , un peu sinueux sur ses bords, et offrant sur sa partie moyenne une ligne longitudinale saillante et nue.

Le fruit est long de 15 à 20 centimètres, presque cylindrique, brunâtre, rempli dans son intérieur d'une pulpe très odorante et fort agréable.

La Vanille croît dans différentes provinces de l'Amérique méridionale, au Mexique et dans les provinces de Rio de Janeiro et des Mines, au Brésil.

Cette espèce n'est pas la seule dont les fruits constituent la Vanille du commerce. L'espèce suivante paraît fournir une très grande partie de celle qu'on importe en Europe.

Le Vanillier a feuilles planes (*V. Planifolia*) a les tiges cylindriques et rameuses, pouvant s'élever à une hauteur considérable en s'enroulant sur les appuis qu'elles rencontrent. Les feuilles sont oblongues, lancéolées, planes, légèrement striées. Les fleurs sont grandes, allongées, vertes, formant des grappes composées de quatre à huit fleurs. Les trois sépales externes fermés et soudés à leur base, où ils forment un tube légèrement renflé à sa partie inférieure, sont lancéolés, dressés, un peu recourbés en dehors à leur sommet : les deux intérieurs, également lancéolés et aigus, sont un peu plus larges que les externes et de même longueur. Le labelle est soudé et confondu dans sa moitié inférieure avec le gynostème ; il est ensuite soudé par ses bords avec ceux du gynostème dans sa moitié supérieure ; là il est renflé et concave, son bord supérieur est libre et légèrement trilobé, à lobes peu saillants, très obtus, denticulés, roulés en dehors et ondulés : sa face interne présente plusieurs lamelles saillantes inégales placées en travers, comme imbriquées, et en arrière sur son milieu un gros bouquet de poils blancs, épais, glanduleux, dirigés en arrière. Le gynostème très long est presque blanc, soudé par ses bords avec le labelle ; sa face antérieure plane est couverte de poils glanduleux : l'anthère est operculiforme et renferme deux masses polliniques granuleuses et bilobées. Le fruit est cylindrique, marqué de trois côtes ou angles peu saillants, long d'un à deux décimètres, très pulpeux intérieurement.

Cette espèce est originaire de l'Amérique méridionale. On la cultive dans les Antilles, et depuis longtemps elle a été introduite dans les Indes orientales.

M. Ch. Morren, professeur de botanique à Liège, est parvenu, par le moyen de la fécondation artificielle, à faire fructifier la Vanille cultivée dans les serres du jardin de cette ville. Il a ainsi obtenu en grand nombre de fruits qui, par leur saveur, la suavité de leur arôme, rappellent tout à fait ceux que nous tirons d'Amérique. La Vanille peut donc être cultivée en Europe, comme l'Ananas et les autres plantes exotiques qui exigent beaucoup de chaleur.

Le fruit du Vanillier, la Vanille, est une capsule charnue, longue de 15 à 25 centimètres, de la grosseur du petit doigt, un peu arquée, composée de deux parties ou valves, qu'on peut comparer aux cosses du haricot, et renfermant un assez grand nombre de petites graines noires, enduites d'une pulpe assez molle. Son odeur balsamique est des plus agréables. Les gousses ou capsules de Vanille destinées au commerce sont cueillies un peu avant la maturité ; afin de les empêcher de s'ouvrir et de conserver à leur péricarpe une certaine mollesse, on les frotte d'huile. Ainsi préparées et séchées, elles prennent la forme de baguettes minces ou de petits bâtons, qu'on réunit par paquets de 50 à 60, et qu'on enveloppe soigneusement : c'est en cet état qu'on les livre au commerce. On distingue 3 sortes de Vanille : 1° la *V. pompona*, qui a des gousses plus grosses et une odeur plus prononcée que les deux autres ; 2° la *V. légitime* ou *de Ley*, la plus estimée des trois : son odeur est des plus suaves ; sa saveur est chaude et un peu piquante ; les gousses en sont minces : mais il est essentiel qu'elles soient bien pleines d'une liqueur noire, huileuse et balsamique, dans laquelle nagent les petites graines ; l'odeur de cette huile est si pénétrante qu'elle enivre ceux qui la respirent ; 3° la *V. bâtarde*, qui est peu estimée. Ces trois espèces viennent des contrées chaudes de l'Amérique du Sud : on les tire aussi de Java. — On sait l'usage que font journellement de la Vanille les cuisiniers, les confiseurs, les glaciers, les chocolatiers, les parfumeurs, etc. En médecine, elle s'emploie comme tonique et comme stimulant.

VANNEAU (*Vanellus*). Genre d'Oiseaux de l'ordre des Échassiers et de la famille des Pressirostres, caractérisé par un bec court, grêle, droit, comprimé, renflé à l'extrémité des deux mandibules ; des narines fendues en long dans la membrane du sillon nasal ; des tarses grêles, médiocres, ayant trois doigts devant et un pouce qui touche à peine à terre.

Les Vanneaux habitent toutes les parties du monde. Ils vivent par troupe dans les prairies humides et sur le bord des rivières ; comme les Pluviers, ils se nourrissent de vers, de lombrics, de frai de batraciens, et même de pousses d'herbes tendres. Les habitudes des espèces étrangères ne sont point encore parfaitement connues ; il n'en est pas de même de celles d'Europe.

Le Vanneau huppé (*V. cristatus*), espèce type du genre, est un des oiseaux les plus remarquables de nos contrées, et par son plumage et par la huppe élégante qui part de l'occiput et retombe sur le dos en se relevant vers son extrémité. Cette huppe, la tête et le devant du cou jusqu'à la poitrine, sont d'un noir brillant à reflets ; les parties supérieures sont d'un vert foncé à reflets éclatants ; les côtés du cou, le ventre, l'abdomen et la base de la queue d'un blanc pur. Le plumage de ce Vanneau varie accidentellement d'un blanc pur, d'un blanc jaunâtre, avec les couleurs faiblement indiquées.

« Les Vanneaux arrivent en France par grandes troupes qui s'abattent dans les prairies au commencement de mars ou dès la fin de février. Leur principale nourriture consiste en vers de terre qu'ils savent extraire avec la plus grande adresse. Lorsqu'ils sont repus, on les voit aller dans les fossés ou dans les mares, sur les bords sablonneux des fleuves, pour laver leur bec rempli de terre. Leurs mœurs sont très farouches; un rien les effraie et les détermine à prendre la fuite. Les mâles se disputent la possession des femelles avec acharnement.

« Le Vanneau ne s'élance jamais de terre pour prendre son vol sans pousser un petit cri sec dont

Fig. 1336-1337. — Vanneau huppé (mâle et fem.).

les syllabes *dix-huit* rendent assez bien le son. Son vol est vigoureux, de longue haleine, et s'exécute assez souvent à de grandes hauteurs. Lorsqu'il parcourt les prairies, il le fait en voletant ou en se portant d'un endroit à un autre par petits sauts.

« C'est un oiseau fort gai, dit Buffon; il est sans « cesse en mouvement, folâtre, et se joue de mille « façons en l'air; il s'y tient par instants dans « toutes les situations, même le ventre en haut ou « sur le côté, et les ailes dirigées perpendiculai- « rement, et aucun oiseau ne caracole et ne vol- « tige plus lestement. »

Le Vanneau place son nid sur une petite élévation dans les prairies, les herbes, les joncs, et y dépose 3 ou 4 œufs oblongs olivâtres, marqués de taches noires. En naissant les petits sont assez forts pour suivre leur mère.

Les espèces étrangères sont assez nombreuses.

VAREC ou VARECK. Nom vulgaire qu'on donne, su les côtes de l'Océan et surtout de la Manche, à toutes les plantes marines de la famille des Algues, et notamment au Fucus que la mer rejette sur le rivage, et qu'on recueille soit pour fumer les terres, soit pour fabriquer de la soude. La soude brute qu'on en obtient par l'incinération, et qui est connue sous le nom de *Soude de Varec*, est un composé de plusieurs sels de soude ou de potasse; mais le seul utile, celui qu'on recherche, le carbonate de soude, s'y trouve pour la plus grande proportion. On extrait aussi dse Varecs un sel impur avec lequel on falsifie le sel marin ordinaire.

VAUTOUR (*Vultur*). Le groupe des Vautours (Vulturidés ou Vautourins) est à la tête des Rapaces diurnes. Ce groupe a subi bien des modifications : d'abord Lacépède le sépara des *Griffons*; ensuite Duméril en sépara les *Sarcoramphes*; plus tard enfin Illiger y forma trois divisions : les *Gypaètes*, les *Cathartes* (V. ces mots) et les *Vautours* proprement dits.

Les Vautours ont pour caractères génériques des yeux à fleur de tête; des tarses réticulés, c'est-à-dire couverts de petites écailles; le bec allongé, recourbé seulement au bout, et une partie plus ou moins considérable de la tête ou même du cou dénudée de plumes.

Ils se distinguent des autres oiseaux de proie diurnes par leur corps massif, oblong, robuste et par leur port incliné, à demi horizontal; ils se tiennent ordinairement à terre, ont les ailes et la queue pendantes; leur vol est lourd; c'est même, selon Belon, ce qui leur a valu le nom qu'ils portent. « *Vultur*, dit-il, *a volatu tardo nominatus putatur.* » Ils ont, en effet, beaucoup de peine à prendre leur plein essor; enfin ce sont les seuls oiseaux de proie qui volent et vivent en troupes.

Les Vautours ne sont nulle part plus nombreux que dans les pays chauds; ils ont des représentants dans l'ancien et le nouveau continent; mais ils n'en ont aucun dans l'Australie. Ils vivent généralement en troupes et par bandes. Ce sont les

plus lâches et les plus voraces des oiseaux de
proie. Ils recherchent plus ordinairement les bêtes
mortes que celles vivantes : cette habitude, presque constante, leur donne même une odeur infecte.
Ils se servent plus du bec que de leurs serres,
véritablement réduites à de simples ongles pour
la plupart, pour dépecer leur proie, qu'ils déchirent toujours en la maintenant à terre avec leurs
pattes.

« Si les Aigles, dit Fréd. Cuvier, se nourrissent
de proie vivante, attaquent leur victime avec impétuosité, la déchirent et la dévorent toute palpi-
tante, et, confiants par instinct dans leur force,
ne paraissent connaître que très faiblement le
sentiment de la crainte, les Vautours, au contraire,
ne se nourrissent que de proie morte ; quelques
espèces, mais seulement quand elles sont pous-
sées par la faim, attaquent les animaux les plus
faibles, et toutes fuient à la moindre apparence
de danger. Ces différences de mœurs, associées
dans notre esprit aux différences de physionomie
qui caractérisent les oiseaux de ces deux familles,
font que les Aigles sont généralement devenus
pour nous les emblèmes de la force et du courage, tandis que les Vautours ne nous représen-

Fig. 1338. — Vautour arrian.

tent que la faiblesse et la lâcheté. Les Aigles, il
est vrai, sont portés par leur instinct à attaquer
les animaux vivants qui pourraient se défendre ;
mais ils sont tellement supérieurs à ces animaux
par leur force, ils courent si peu de dangers dans
la lutte que quelquefois ils peuvent avoir à soutenir, même quand ces dangers existeraient, ils
sont si peu capables de les prévoir, et, s'ils les
connaissent, si peu portés à les braver, que jamais
estime ne fut plus injustement acquise que celle
que nous leur accordons. Il est également vrai

que les Vautours vivent au milieu de tous les autres oiseaux sans jamais les attaquer ; mais c'est
par instinct qu'ils le font, parce qu'ils n'ont aucun
goût pour la chair vivante, et que c'est de la
chair morte surtout qu'il leur faut. Il n'y a donc
pas plus de lâcheté au Vautour brun, au Condor,
au Lemmergeyer, qui sont des oiseaux de dix à
quinze pieds d'envergure, à ne pas attaquer un
merle ou un lapin, qu'il n'y a de courage à un

Fig. 1339. — Caracara (Rapace de la division des
Vautours).

Aigle royal ou à une Harpie, armés de leur bec
crochu et de leurs griffes acérées, à se jeter sur
ces animaux. Les uns et les autres obéissent à
leur nature. Ils remplissent aveuglément leur destinée ; et les sentiments qui les animent ne ressemblent pas plus à ceux que nous éprouvons,
lorsque nous bravons ou que nous fuyons un
danger dont nous avons apprécié l'étendue, que
leurs facultés morales et intellectuelles ne ressemblent aux nôtres. »

Le goût des Vautours pour les immondices,
pour les cadavres de toute sorte tourne à l'avantage de l'homme, car ils contribuent puissamment,
dans les pays où l'incurie égale l'indolence, à débarrasser la terre des matières animales corrompues qui pourraient rendre ces pays inhabitables.
Les Vautours ont l'odorat extrêmement étendu :

avertis de très loin de l'existence d'un cadavre, par leur vue ou par leur odorat, et vivant en troupes, ils arrivent promptement et en grand nombre à la place qu'il occupe. Après la bataille de Pharsale, ces oiseaux passèrent d'Afrique et d'Asie en Europe pour y dévorer les cadavres sanglants. Il ne faut donc pas s'étonner de la protection que ces animaux ont trouvée chez tous les peuples; ils furent déifiés chez les Égyptiens; plusieurs nations punissent encore leur mort comme un crime, et partout ils vivent familièrement au milieu des hommes, qui leur rendent en bienveillance ce qu'ils en reçoivent en utilité.

« Les Vautours habitent toutes les parties du monde, mais ils sont cependant beaucoup plus répandus dans les régions méridionales que dans le nord; ils se tiennent dans les plaines et même souvent au milieu des villes. Quelques espèces abandonnent très rarement les chaînes des montagnes où elles construisent leur nid dans les lieux inaccessibles et au milieu des rochers. Bien que communs dans les pays septentrionaux, les Vautours redoutent cependant l'intensité des hivers et émigrent vers des climats plus doux. Chez nous, les Vautours habitent, durant la belle saison, nos montagnes les plus hautes, les plus désertes, les Alpes et les Pyrénées. Par suite de leur conformation ces oiseaux ne portent pas dans leurs serres la nourriture destinée à leurs petits, mais ils en remplissent leur jabot et la dégorgent dans leur bec. Leur ponte est ordinairement de deux ou quatre œufs au plus.

VAUTOUR FAUVE (*V. fulvus*). Ce rapace est le *Griffon* des auteurs; il a la tête et le cou garnis d'un duvet blanc, très court, la partie inférieure du cou entourée de plusieurs rangs de plumes effilées, d'un blanc roussâtre; le milieu de la poitrine garni d'un duvet blanc; tout le corps, les ailes et l'origine de la queue d'un brun fauve; les rémiges et les rectrices noirâtres.

Le Griffon est très commun sur la chaîne des Alpes et des Pyrénées, en Turquie, dans l'archipel Grec, dans les montagnes de la Silésie et du Tyrol, à Gibraltar, en Égypte et dans une grande partie de l'Afrique. Dans le Levant les Turcs et les Grecs en font grand cas, et se servent de sa graisse comme d'un excellent remède contre les douleurs rhumatismales. D'après M. Risso, il serait sédentaire sur les Alpes de Nice, où on le nomme *Tamifié*. Ce Vautour vit d'animaux morts, de charognes, de débris qu'il va chercher dans les voiries. Il niche sur les rochers les plus inaccessibles, et ses œufs sont d'un gris blanc, marqués de quelques taches d'un blanc rougeâtre.

VAUTOUR BRUN (*V. cinerus*). C'est le *Vautour arian*, le *Vautour noir*. Sa taille est, comme celle du précédent, de 1 m. 20. Il a la peau du cou dénudée de plumes, de couleur bleuâtre, les côtés de cette partie du corps garnis de plumes contournées, une touffe de longues plumes décomposées à l'insertion des ailes; tout le plumage d'un brun tirant au noir et quelquefois au fauve.

Le Vautour brun habite les hautes montagnes et les vastes forêts de la Hongrie, du Tyrol, de la Suisse, des Pyrénées, du midi de l'Espagne et de l'Italie. Partout ailleurs il ne paraît qu'accidentellement. Il a le même régime que le précédent. Il niche sur les rochers les plus escarpés; son aire, composée de branches et de bûchettes, est plate et a plus d'un mètre de largeur. La ponte est de 2 œufs à coquille assez épaisse, d'un blanc bleuâtre. Nous représentons ici, à titre d'oiseau de proie ignoble, ayant les habitudes du Vautour, quoique un peu plus courageux, le *Caracara*, dont il a été parlé dans le premier tome.

VÉGÉTAL. Être organisé et vivant qui, privé de la faculté de se mouvoir, puise dans le milieu où il est placé (air, sol ou eau) les matières nécessaires à l'entretien et à l'accroissement de ses organes : c'est un organisme qui se nourrit, se développe et se reproduit, mais qui n'est ni sensible ni contractile, comme l'Animal. Le Végétal accomplit son alimentation solide, liquide et gazeuse aux dépens du milieu inerte, c'est-à-dire minéral ou inorganique; l'animal, au contraire, accomplit son alimentation aux dépens d'êtres vivants ou qui ont vécu.

Les Végétaux diffèrent des Animaux par cinq caractères principaux : 1° par la quantité de liquides, toujours moins grande que dans les Animaux; 2° par leur composition chimique : le *carbone* domine chez eux, tandis que c'est l'*azote* dans les Animaux; 3° les Végétaux absorbent l'hydrogène et l'acide carbonique; les Animaux au contraire enlèvent l'oxygène à l'air; 4° les Végétaux manquent d'organes de locomotion; la grande majorité des Animaux en est pourvue; 5° les Végétaux manquent de canal digestif, tandis que les Animaux en possèdent un dans lequel s'opère l'acte de la digestion.

Toutefois le règne végétal se confond avec le règne animal dans certains cas, surtout lorsque les appareils organiques se simplifient extrêmement, comme dans les Zoophytes.

Les Végétaux paraissent être composés de deux éléments ou *tissus organiques* : le cellulaire et le fibreux. — Le *tissu cellulaire* est formé par la réunion de petites cavités ovales, oblongues ou hexagonales, qui forment la première trame du Végétal : il existe dans toutes les parties de la plante, jusque dans le bois; mais il est surtout abondant dans les parties tendres, vertes, comme les jeunes pousses, les feuilles, la moelle. — Le *tissu fibreux* consiste en un grand nombre de filets formés de petites cellules très allongées, à parois épaisses : elles ont pour but de donner de la solidité à la tige et de diriger, avec les vaisseaux, le fluide nourricier de la racine au sommet de la plante. Ce tissu n'existe pas dans tous les Végétaux. Il est remarquable que les Végétaux infusoires et les Animaux microscopiques ont une grande simplification de structure, et que les uns et les autres se réduisent à *un* élément anatomique, mais ils gardent les caractères propres à chacun d'eux. Il n'y a en aucune façon possibilité de dire : Cet être est autant animal que végétal, il est à la fois l'un et l'autre, il a les caractères de l'un et de l'autre ; mais on peut arriver rigoureusement à dire : Ces deux êtres, les plus simples de tous, sont aussi simples l'un que l'autre ; toutefois les caractères anatomiques et physiologiques de celui-là le distinguent de celui-ci : les spermatozoïdes végétaux et animaux sont de nature azotée, mais leur couleur, leur nombre et la disposition de leurs cils ou queues, la nature de leurs mouvements, peuvent le plus souvent les faire distinguer entre eux.

L'étude des Végétaux constitue la *Botanique*. — V. ce mot.

Le nombre des Végétaux est très considérable, et le chiffre de ceux qui sont connus augmente tous les jours avec une rapidité extraordinaire. En 1764, Linné en décrivait 6,000 ; en 1824, M. Steudel donnait la liste de 50,481 Végétaux décrits. Aujourd'hui les Botanistes ont décrit plus de 100,000 Végétaux ; l'immense herbier du Muséum de Paris en renferme de 115 à 120,000.

On se bornait autrefois à diviser les Végétaux en *Arbres*, *Arbrisseaux* et *Plantes herbacées*. Depuis, diverses classifications fondées sur des principes scientifiques ont été proposées par plusieurs Botanistes, notamment par Linné, Tournefort, de Jussieu, de Candolle, etc. — V. *Classification végétale*.

VEINE (*Vena*). Vaisseaux destinés à ramener au cœur le sang distribué par les artères à toutes les parties du corps. Les Veines ne contiennent que du sang impropre à l'entretien de la vie, excepté les Veines pulmonaires qui, improprement nommées, versent dans l'oreillette gauche du cœur le sang revivifié par la respiration. Leurs parois sont moins épaisses que celles des artères et au nombre de 3 : l'*externe*, celluleuse ; la *moyenne*, composée de fibres longitudinales ; l'*interne*, extensible, et formant des replis appelés *valvules* qui empêchent le sang de remonter dans les artères. Les Veines naissent dans le tissu des organes par les *vaisseaux capillaires veineux*, qui s'abouchent avec les capillaires artériels et servent à établir la communication entre elles et les artères. Elles grossissent peu à peu à mesure qu'elles s'éloignent de leur origine, et finissent par former des troncs dont les uns, profonds, suivent ordinairement le même trajet que les artères, et les autres sont superficiels. Enfin tous ces troncs se réunissent en deux gros vaisseaux, nommés *Veines caves* supérieure et inférieure, qui débouchent dans l'oreillette droite. La supérieure rapporte tout le sang de la tête et des parties thoraciques ; l'inférieure ramène celui des membres inférieurs et des organes abdominaux. — V. *Circulation*.

VÉLAR (*Erysimum*). Genre de Crucifères, plantes annuelles ou bisannuelles à fleurs jaunes,

ou d'un blanc jaunâtre, réputées antiscorbutiques et vermifuges. — Les espèces principales sont : le V. PRINTANIER (*E. procox*), vulg. *Roquette des Vignes, Cressonnette des jardins* ; — le V. DES CHARPENTIERS (*E. barbarea*), vulg. *Barbarée* (V. ce mot) ; — le V. ALLIAIRE (*E. alliaria*), vulg. *Alliaire* (V. ce mot) : — le V. TORTELLE (*E. officinale*), vulg. *Herbe aux chantres*, parce qu'il a été considéré dans tous les temps comme héroïque pour dissiper la toux, l'enrouement surtout.

VÉLELLE (*Velella*). Genre de Zoophytes acalèphes, renferme des animaux intermédiaires entre les Méduses et les Actinies : corps gélatineux, plus ou moins ovalaire, convexe et bombé en dessus, un peu concave en dessous, ayant au centre de sa partie supérieure une pièce cartilagineuse résistante, élevée et tranchante ; bouche entourée de filets nombreux. Les Vélelles se rencontrent dans toutes les mers ; elles sont phosphorescentes et causent des démangeaisons quand on les touche ; cependant les matelots les mangent frites. — L'espèce type, la V. A LIMBE NU, est d'une belle couleur bleue.

VENT. Mouvement plus ou moins rapide d'une masse d'air qui se transporte d'un lieu dans un autre, suivant une direction déterminée. Il y a mouvement, donc l'équilibre est rompu. Or, une des conditions essentielles de l'équilibre atmosphérique, c'est que toute couche de niveau de l'atmosphère ait la même densité dans tous les points ; si cette condition n'est pas satisfaite, les portions les plus denses refluent sous les moins denses, en sorte que celles qui présentent le moins de densité s'élèvent à la partie supérieure. Or, cette inégalité dans la densité d'une couche de niveau a lieu lorsque la chaleur est inégalement distribuée dans les différentes parties de cette couche. Là où la température est plus élevée, l'air se dilate, devient plus léger, et, comprimé par les couches voisines, qui sont restées à une température plus basse et sont douées par conséquent d'une densité plus grande, il s'élève vers les couches supérieures. Le résultat de cette action est un courant ascendant et des courants latéraux, partant des parties latérales et dirigés vers le lieu où la température est la plus élevée.

« L'Afrique méridionale est beaucoup plus fortement échauffée en été par les rayons solaires, tandis qu'en hiver la température des mers des Indes et d'Asie s'abaisse beaucoup. A chacune de ces différences de température inégales dans leurs durées et leur élévation, correspondent des courants atmosphériques particuliers, qui en sont la conséquence ; et la différence de température entre le jour et la nuit détermine les brises journalières, soit sur les côtes, ou à l'intérieur des continents, ou au pied des montagnes ; la différence de température entre les saisons extrêmes détermine les moussons, qu'on pourrait à juste titre appeler brises des saisons. La différence de température entre les tropiques et les pôles détermine les vents généraux ou réglés, les vents alisés, qui constituent comme la grande brise annuelle, et dont la constance est l'expression ou la résultante de l'inégalité permanente de distribution de la chaleur solaire entre les grandes régions atmosphériques de notre globe.

« Ces différences de température qui engendrent ces courants atmosphériques sont intimement liées

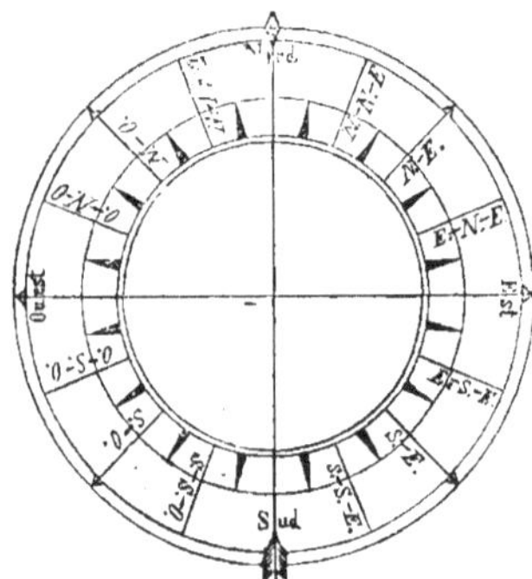

Fig. 1340. — Rose des Vents.

aux formes géographiques de notre globe. C'est la forme sphérique qui détermine l'inégale distribution des rayons solaires et amène la division en trois zones, torride, tempérée et glaciale.

« Le mouvement de la terre a également une grande influence sur les vents ; et c'est le mouvement rotatoire qui engendre les vents généraux. »

Rien de plus inconstant en apparence, de plus capricieux que les vents qui règnent dans notre atmosphère. Ils changent du jour au lendemain ; leur intensité comme leur direction est soumise à des variations dont la loi est trop complexe pour que nous puissions la saisir et la formuler. Ce n'est que lorsque nous nous avançons vers la mer Equinoxiale que nous rencontrons dans les vents une consistance, une régularité qui se prête à l'observation. Là, les vents soufflent toute l'année dans la même direction, et transportent doucement et sans violence les navires de la côte de l'ancien monde à celle du nouveau. Ce sont ces vents qui portent le nom de *vents généraux*, de *vents alisés* (en anglais *trade winds*, en allemand *passat wind*) ; vents qui remplissaient d'étonnement et d'inquiétude les compagnons de Christophe Colomb, car leur direction constante semblait leur barrer à jamais le retour. Dans la mer des Indes orientales ces vents soufflent six mois du nord-ouest et six mois du sud-est ; ce sont les *moussons*. Cette régularité des vents tropicaux dénote l'existence de causes permanentes, que l'on a pu jusqu'à un cer-

tain point définir et démontrer. Ces causes, ce sont les courants qui s'établissent dans l'atmosphère.

Si la cause principale des vents paraît résider dans les variations de densité produites dans les différents points de la masse atmosphérique par l'action de la chaleur solaire inégalement répartie sur la surface du globe, il faut y ajouter la pression exercée par les nuages, leur résolution en pluie, les orages, l'inflammation des météores, enfin l'attraction du soleil et de la lune et la rotation de la terre, qui influent surtout sur les vents réguliers et périodiques. Ainsi qu'on le voit, la théorie des vents est extrêmement complexe ; mais nous dirons avec M. Alfred Maury : « Les phénomènes les plus complexes sont ceux que l'homme est le plus longtemps enclin à attribuer au hasard ou à un agent surnaturel, capricieux et libre. Voilà pourquoi les changements atmosphériques sont encore attribués par un grand nombre à la volonté divine, que l'on suppose aussi capricieuse, aussi libre que celle de l'homme. Si l'on parvient jamais à démêler la loi de ces changements, on n'attribuera pas plus ces révolutions à l'intervention constante de la volonté divine qu'on ne lui attribue aujourd'hui les révolutions célestes, dont la loi a pu être plus facilement et plus vite saisie. On peut aussi dire qu'il en est de même des événements historiques, des actions humaines, dont les lois fort complexes n'ont point encore été découvertes. Un jour on reconnaîtra qu'elles sont assujetties à des règles aussi fixes que tous les autres phénomènes, lorsque la philosophie de l'histoire aura été fondée, à la suite de longues observations. Alors à la notion d'une Providence libre et arbitraire on sera forcé de substituer la notion scientifique de la loi nécessaire, qui se fait déjà jour à travers bien des faits. »

On est dans l'habitude d'établir, à l'égard des vents, 32 directions particulières ou 32 sortes de vents, qui forment ce que l'on nomme la *Rose des Vents* (fig. 1339). — Il y a beaucoup de variations dans l'intensité des vents, depuis celui qui parcourt 1800 mètres par heure et qui est à peine sensible, jusqu'à l'ouragan, qui fait un trajet de 162,000 mètres par heure, et qui renverse les édifices et déracine les arbres.

Nous ne parlerons pas des moyens de reconnaître la direction du vent : la girouette est le plus simple et le meilleur ; ni de l'influence qu'il exerce sur la santé, la végétation, la navigation, etc.

VENTURON. Espèce de Serin, vulg. *Serin d'Italie*, *Venturon de Provence*, qui a le front, le sommet de la tête, le tour des yeux, la gorge, le devant du cou, la poitrine et le milieu du ventre d'un vert jaunâtre ; l'occiput, la nuque, les côtés du cou et les flancs cendrés ; le dos, les scapulaires, les couvertures des ailes et une bande transversale sur celles-ci d'un vert jaunâtre foncé, nuancé de grisâtre ; le croupion d'un jaune verdâtre, et les pennes de la queue et des ailes noires. — Cet oiseau se rencontre dans le midi de l'Europe et de la France. Le mâle a un chant agréable et varié. Selon Vieillot, il s'accouple facilement avec la femelle du Serin, et il résulte de cette alliance des petits qui peuvent se reproduire jusqu'à la troisième génération.

VÉNUS (*Venus*). Genre de Mollusques acéphales, à coquille assez épaisse, régulière, équivalve, ornée de couleurs variées et de dessins élégants : c'est de sa beauté que la coquille a tiré son nom. — Les Vénus forment plus de 150 espèces; elles vivent dans le sable et se trouvent dans toutes les mers ; plusieurs sont rares et recherchées dans les collections pour leur beauté.

La Vénus croisée (*V. decussata*), vulgairement *Clovisse*, se trouve dans la Méditerranée et se sert à Marseille sur les meilleures tables : c'est une coquille de forme ovale, arrondie aux deux extrémités ; sa surface extérieure est sillonnée par des stries longitudinales et transverses; cette coquille est blanche ou jaune à l'intérieur, blanc cendré, roux ferrugineux ou brun foncé à l'extérieur. — La V. a verrues (*V. verrucosa*) est très abondante dans les mers d'Europe. — La V. chione ou *Cythérée fauve*, de couleur fauve marron, est une des plus grandes espèces. — Les terrains tertiaires renferment un très grand nombre de Vénus fossiles.

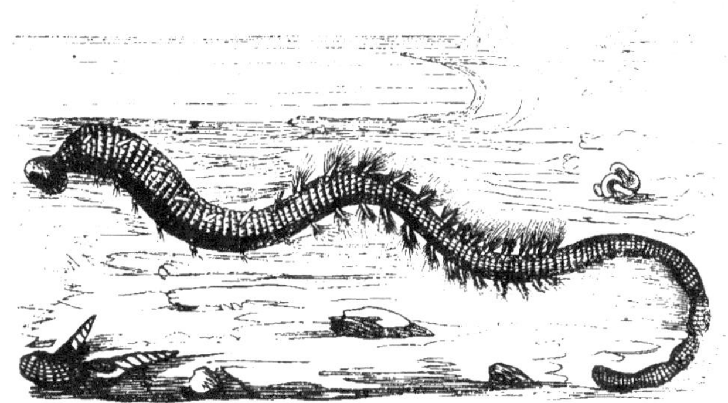

Fig. 1341. — Ver Annélide (Arénicole).

VER. Les naturalistes ne désignent sous le nom de *Vers* que deux groupes d'animaux vertébrés : les *Annélides* et les *Entozoaires*. — V. ces mots.

Dans le langage ordinaire, on comprend sous la dénomination de *Vers* tous les animaux rampants de forme allongée, sans vertèbres, sans membres articulés, et dont le corps est mou, contractile, la tête non distincte : tels sont les *Lombrics* ou *Vers de terre*, les *Dragonneaux*, les *Tarets*, etc. On donne même ce nom aux larves de certains insectes, aux *Asticots*, aux *Teignes*, à la *larve du Hanneton* (Ver blanc), à la *Chenille du Bombyx*, nommée *Ver à soie* (V. ce mot).

VER A SOIE. La Chenille du Bombyx du Mûrier (*B. mori*) est le *Ver à soie*. Le Papillon est d'un blanc grisâtre, avec les antennes plus foncées ; le mâle a en outre 4 bandes grisâtres, sinuées, transverses et une lunule sur les ailes supérieures, 2 bandes pareilles sur les inférieures. Quant à la Chenille, elle est rose blanchâtre, nuancée de gris, avec une corne sur la queue ; sa tête est un peu rétrécie et son col très gros et

rugueux. — Cette espèce, originaire de l'Asie, est devenue domestique dans notre pays, mais elle n'y vit pas encore à l'état sauvage. Le cocon qu'elle fabrique est ovale, formé d'un fil, soit blanc, soit vert-pomme, soit jaune-d'or. — Parlons de l'éducation des Vers à soie.

Les œufs du Bombyce du mûrier sont appelés *graine de Ver à soie*. Ces œufs bien choisis, bien triés, provenant de papillons vigoureux fournis par des cocons d'excellentes qualités, sont mis de côté d'une année à l'autre pour éclore à l'époque où la feuille du mûrier, leur seule nourriture, commence à pousser. La température la plus convenable à l'éclosion est de 24 à 25° : elle a lieu invariablement au lever du soleil, entre 6 et 9 heures du matin. A partir de ce moment, il faut au Ver de 28 à 30 jours pour croître entièrement et pouvoir commencer le filage de son cocon.

« Dans les grandes exploitations sont établis des appareils spéciaux de chauffage et d'éclosion nommés *couveuses*; chez quelques éducateurs ruraux du Midi, la graine est portée sur la peau, dans un sachet, afin de faciliter la naissance du

Ver par la chaleur naturelle du corps. Une once ou 31 grammes de graine contiennent de 30 à 40,000 germes , qui peuvent éclore en autant de Vers d'une grosseur microscopique, et qui atteignent par la suite une longueur de huit à dix centimètres. La différence de volume est telle que, d'abord, un mètre carré suffit aux 30 ou 40,000 habitants , et qu'ensuite , lorsque la limite de la croissance est atteinte , une surface 32 fois plus vaste devient nécessaire. Le développement des Chenilles peut être hâté par ce qu'on nomme éducation hâtive , c'est-à-dire en excitant leur appétit , en leur fournissant assez de feuilles pour y satisfaire, et en maintenant dans l'atelier une température plus élevée. Ce moyen fait gagner quelques jours, mais n'économise rien sur la nourriture; il ne présente donc point d'avantages sensibles, et porte en soi l'inconvénient grave d'engendrer les maladies qui abâtardissent les races. Il ne suffit pas de faire absorber à l'insecte une certaine quantité d'aliments , il faut que, comme tous les êtres animés, il les puisse digérer.

« Mille précautions hygiéniques sont nécessaires pour réussir seulement en partie dans les éducations des Vers. Une propreté complète, une ventilation douce et constante, un certain degré de fraîcheur doivent régner dans les magnaneries, afin d'éloigner du Ver les accidents naturels auxquels sa constitution l'expose, ainsi que les maladies épidémiques qui atteignent souvent des chambrées et même des contrées entières.

« Le magnanier doit nourrir régulièrement le Ver, proportionner avec l'âge le nombre des repas,

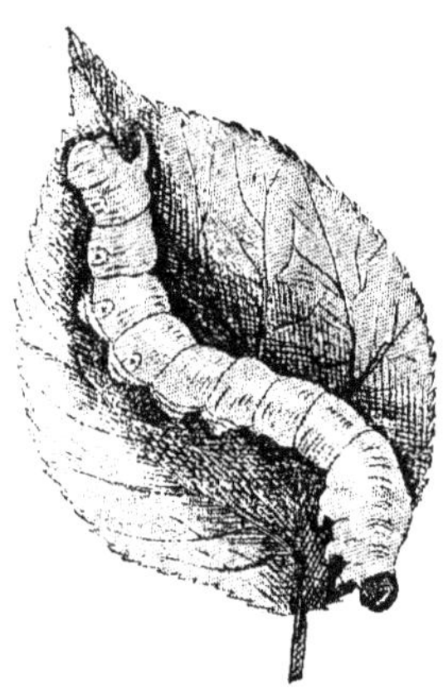

Fig. 1342. — Ver à Soie.

procéder au délitement , c'est-à-dire à l'enlèvement de la litière souillée, espacer convenablement les insectes, les surveiller, régler la tempé-

rature et la ventilation pour éviter la *touffe*, ou conséquence des temps orageux , qui détruit les exploitations de la plus belle espérance. Lorsque, par des soins de jour et de nuit , les Vers sont bien formés, on les voit bientôt impatients , fiévreux , s'agiter avec énergie ; c'est le moment où ils cherchent des points d'appui pour y attacher leur fil sous forme de coque soyeuse. Alors il faut procéder au boisement ou encabanage. On dresse des espèces de berceaux en branchages de bruyère, de colza, de bouleau, ou bien des coconnières en bois de sapin ; le Ver grimpe , en général , à la partie supérieure des voûtes ou dans l'intervalle des réglettes. Il commence par former avec le fil sécrété à travers la filière de sa bouche, un canevas ou toile grossière qu'il tapisse peu à peu avec du fil de plus en plus fin et par couches concentriques de plus en plus régulières. Cet habile ouvrier se repose quelquefois , mais sans rompre son fil qui est tout d'un bout. La longueur d'un seul cocon peut varier de 3 à 500 mètres, suivant le volume de l'enveloppe et la plus ou moins grande condensation des couches. La gomme qui recouvre la soie étant humide au moment de l'élaboration , les couches superposées concentriquement les unes aux autres adhèrent parfaitement lorsqu'elles sont sèches.

« En quelques jours, le Ver se métamorphose en nymphe ou chrysalide dans l'intérieur du cocon, d'où il cherche à se pratiquer une ouverture pour en sortir sous la forme d'un papillon gris bien connu. C'est à la petite quantité réservée pour la graine qu'on laisse la liberté de se transformer la plus grande part est étouffée dans la coque, soit par la chaleur du soleil, d'un four , d'un calorifère, ou par la vapeur. Cette précaution est nécessaire pour dévider les cocons sans solution de continuité, car l'endroit par où le Ver a frayé son passage étant , en quelque sorte , corrodé par la liqueur qui a servi à ramollir et à écarter les couches , manque de solidité et ne supporte pas le dévidage. Si le cocon n'est pas troué, des moyens spéciaux aident à former cette belle matière connue sous le nom de *soie grége jaune* ou *blanche*.

« Les 31 grammes de graines rapportent, selon la réussite , de 40 à 60 kilogrammes de cocons frais , lesquels fournissent de 4 à 6 kilogrammes de soie grége, valant en moyenne 75 fr. le kilogr.

« Ainsi, une exploitation peut considérablement varier dans ses rapports, quoique la consommation en feuilles de mûrier reste invariablement la même; on l'évalue, en général, à 1,000 kil. par 30 grammes. »

En 1855 , nous avons vu à l'exposition de la Société impériale et centrale d'horticulture plusieurs Vers à soie indiens du ricin ou palmachristi. Ces nouveaux Vers à soie sont étudiés actuellement dans diverses localités de la France, et particulièrement à la magnanerie de Ste-Tulle. Leur nourriture principale est le ricin , cultivé dans le Midi pour l'huile qu'on en retire; mais des essais faits dans divers pays permettent d'espérer qu'on pourra les nourrir facilement avec d'autres végétaux, tels que la laitue, la chicorée, le saule, etc.

Dans l'Inde, où ces insectes donnent 8 à 10 récoltes par an, leur soie habille des populations entières. Si l'on parvient à les introduire dans notre agriculture, en leur faisant consommer les feuilles des végétaux qui viennent presque spontanément, ce sera une nouvelle source de richesse pour l'industrie agricole.

VER INTESTINAL. — V. *Vers intestinaux.*

VÉRATRE (*Veratrum*). Genre de la famille des Colchicacées ; végétaux herbacés, à feuilles entières, alternes, s'engaînant à leur base, et dont la hampe présente à son sommet une panicule de fleurs aux couleurs variées. Leur nombre est peu considérable ; on les trouve également sur l'un comme sur l'autre hémisphère, où presque tous sont employés dans l'art de guérir et donnent cette substance active et même dangereuse que les chimistes ont nommée *Vératrine*.

Le VÉRATRE OFFICINAL (*V. officinale*), vulg. *Ellébore blanc*, *Tue-chien*, est considéré comme étant l'Ellébore des anciens. Il pullule sur nos montagnes, y donne ses fleurs blanches en juin et juillet, et fournit un purgatif très violent.

Le VÉRATRE NOIR (*V. nigrum*), qui n'est pas l'Ellébore noir, ne diffère du précédent que par ses fleurs noires, que l'on cultive pour l'ornement des jardins. Ces deux plantes fleurissent pendant l'été. Elles ont des propriétés énergiques et très redoutables ; quand les chèvres et les brebis en mangent les feuilles par mégarde, elles sont prises de violents vomissements, et finissent la plupart du temps par succomber ; leurs graines font périr les poules et autres volailles ; leurs racines ont une saveur qui, d'abord douceâtre, devient bientôt amère, puis âcre et corrosive, ce qu'elles doivent à un principe vénéneux qu'elles contiennent, la *vératrine*. C'est un vomitif et un purgatif drastique ; on ne l'emploie guère qu'à l'extérieur, dans les maladies pédiculaires et cutanées, et contre le rhumatisme articulaire.

La CÉVADILLE est le *V. sabadilla*, qui croît dans les bois humides du Mexique, aux Antilles ; c'est un poison assez violent, employé extérieurement par les indigènes pour détruire les animaux parasites.

VERBÉNACÉES. Famille de Plantes dicotylédones monopétales hypogynes ; herbes, plus souvent arbrisseaux, parfois arbres élevés, à tiges et à rameaux ordinairement tétragones ; à feuilles opposées, parfois verticillées, tantôt simples, entières, tantôt incisées, sans stipules ; à fleurs parfaites, ordinairement irrégulières, en épis ou en corymbes ; calice libre, gamosépale, persistant, tubuleux ; corolle gamopétale, tubuleuse, le plus souvent irrégulière et comme bilabiée ; étamines insérées au tube ou à la gorge de la corolle, rarement au nombre de 5, parfaites, didynames ; anthères biloculaires ; ovaire libre, à 2 ou 4 loges, quelquefois à une seule, formé de 2 carpelles à bords rentrants, simulant une double demi-cloison ; style terminé par un stigmate simple ou bifide. Le fruit est une baie ou un drupe, contenant un noyau à 2 ou 4 loges, souvent monospermes. — Trois tribus :

VERBÉNÉES. Fruit sec ou à peine charnu : *Verveine*, etc.

LANTANÉES. Fruit drupacé indéhiscent : *Lantane*, *Gattilier*.

ÆGIPHILÉES. Fruit charnu : *Ægiphile*, etc.

VERGE D'OR (*Solidago*). Genre de Composées ; plantes vivaces, à feuilles dentées ou presque entières ; capitules en grappes souvent unilatérales, disposées en panicule. Fleurons tous jaunes, ceux de la circonférence femelles, ligulés, disposés sur un seul rang ; ceux du centre hermaphrodites, tubuleux ; akènes à aigrette de soies disposées sur un seul rang.

Fig. 1313. — Verge d'or.

Soixante espèces de ce genre sont répandues dans les diverses parties du globe. — La VERGE D'OR (*S. virga aurea*), à feuilles elliptiques, dentées et velues, capitules de fleurs en épis droits, etc. Très commune dans nos bois, où elle fleurit à la fin de l'été ; elle est recherchée par les bestiaux, fait partie des plantes vendues sous le nom de vulnéraire suisse, et fournit ses feuilles et ses fleurs à la teinture en jaune.

Huit à dix autres espèces sont introduites dans les jardins, ce sont principalement le *S. canadensis*, très belle plante d'ornement pendant l'été et l'automne, dont on retire une bonne laque jaune, ses feuilles et ses fleurs étant macérées avec l'alun et la potasse ; le *S. sempervirens*, qui conserve sa parure estivale jusqu'aux fortes gelées ; le *S. odora*, remarquable par sa large panicule exhalant'un parfum agréable ; le *S. altissima*, formant de gros buissons, etc. On les place avec avantage dans les grands parterres, le long des masses d'eau : les fleurs ont beaucoup d'éclat et se plaisent au soleil.

VERGLAS. S'il vient à pleuvoir un peu quand la température du sol se trouve au-dessous de 0°, la pluie se congèle à la surface de tous les corps, et y forme un enduit de glace unie et transparente, qu'on désigne sous le nom de Verglas. Il faut, pour qu'il se produise du Verglas, que la pluie ne soit pas suffisante pour mouiller les corps, car la chaleur qu'elle communiquerait pourrait élever au-dessus du point de congélation de l'eau les parties qu'elle mouillerait.

VERMICULAIRE (*Sedum acre*). Espèce du genre Orpin ou *Sedum*, de la famille des Crassulacées ; plante vivace, à souche subcespiteuse, rameuse, émettant des tiges radicantes à la base ; tiges de 10 à 15 centim., nombreuses, glabres, ordinairement rapprochées en touffe, les florifères divisées au sommet en 2 ou 3 rameaux courts arqués ; feuilles ovales, sessiles, dressées, épaisses, vertes dans la jeunesse, blanchâtres ou rougeâtres en vieillissant, appliquées contre la tige. Les fleurs sont jaunes, presque sessiles, en 2-3 épis courts recourbés et disposés en corymbe terminal : calice

Fig. 1344. — Vermiculaire.

(1. Fruit. — 2. Capsule coupée dans sa longueur. — 3 Graine grossie.)

à 5 divisions, quelquefois 4 ou 6 ; corolle à 5 pétales lancéolés, ouverts ; carpelles 5 ; capsules polyspermes.

La Vermiculaire ou *Petite Joubarbe* croît abondamment sur les chaumières, les vieux toits, dans les bois, etc., et fleurit en juin juillet. Elle est sans odeur, mais sa saveur est piquante, poivrée, son suc âcre, irritant, caustique. Ce suc a été ordonné contre l'épilepsie, l'hydropisie, les scrofules et d'autres maladies cachectiques ; mais son usage n'offre pas des avantages qui compensent le danger de son administration, quand elle n'est pas dirigée avec prudence.—A l'extérieur, la Vermiculaire a été employée pour guérir les affections cancéreuses, les ulcères sanieux, les plaies gangréneuses.

Fig. 1345. — Véronique officinale.

(A. Calice et Bractée.— B. Corolle ouverte. — C. Fruit.)

VÉRONIQUE (*Veronica*). Genre de Plantes de la famille des Scrophulariacées, annuelles ou vivaces ; feuilles toutes opposées ou les supérieures alternes, toutes conformes, ou passant dans la partie supérieure de la plante à l'état de bractées, entières ou dentées, plus rarement incisées. Fleurs d'un beau bleu ou d'un bleu pâle, plus rarement blanchâtres ou rosées, axillaires, solitaires, espacées, ou disposées en grappes dressées : calice 4-partit, rarement 5-partit, à divisions souvent inégales, comprimé ; corolle rotacée, à tube très court, à limbe 4-partit, à divisions entières, la supérieure plus grande ; étamines 2, divergentes, saillantes, insérées à la base de la division supérieure ; le fruit consiste en une capsule biloculaire, plus ou moins comprimée, ovale ou en cœur renversé. — Les espèces de ce genre sont très nombreuses ; nous ne mentionnerons que les principales.

VÉRONIQUE OFFICINALE (*V. officinalis*), vulg. *Thé d'Europe*. Tiges plus ou moins nombreuses, de 10-30 cent., raides, couchées, souvent radicantes à la base, redressées au sommet, très velues, rameuses ; feuilles très pubescentes, opposées, ovales, atténuées en pétiole court, fluement dentées; fleurs petites, d'un bleu pâle, disposées ordinairement en **2** grappes latérales, axillaires, droites, pubescentes : calice à 4 divisions, velu; corolle à 4 divisions dépassant le calice, d'un bleu pâle ou d'un blanc rosé; pédicelles fructifères plus courts que la bractée, dressés; capsule pubescente, petite, triangulaire, obcordée, surmontée du style persistant.

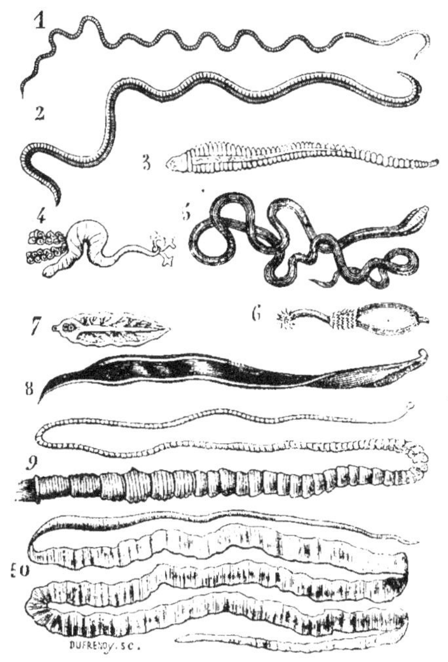

Fig. 1346 à 1356. — Vers intestinaux.

(1. Filaire grêle (Dragonneau. — 2. Ascaride lombricoïde. — 3. Linguatule tænioïde. — 4. Lernée branchiale. — 5. Hemerte de Borlose. — 6. Échinorhynque sphérocéphale. — 7. Douve du foie. — 8. Planaire terrestre. 9. Tænia de l'homme. — 10. Ligule.)

La Véronique croît sur les coteaux boisés, dans les pâturages, au bord des chemins ombragés; elle fleurit en mai-juillet. Peu odorante, mais d'une saveur amère un peu styptique, elle agit comme un léger tonique. Cependant on lui a attribué une foule de propriétés à cause de cela, et son nom serait une allusion à sainte Véronique. On peut l'employer dans les catarrhes chroniques du poumon comme expectorante.

Véronique beccabunga (*V. beccabunga*), vulg. *Beccabunga, Cresson de cheval.* Plante vivace, à tiges solitaires ou plus ou moins nombreuses, de 20-60 centim., robustes, succulentes, fistuleuses, cylindriques, couchées, ascendantes glabres, simples ou rameuses; feuilles glabres, charnues, opposées, pétiolées, ovales lâchement dentées : calice à 4 divisions, glabre, dépassant un peu la capsule; corolle à 4 divisions, dépassant un peu le calice, d'un beau bleu; pédicelles fructifères plus courts ou plus longs que la bractée, étalés; capsule glabre, renflée, etc.

Le Beccabunga croît dans les fossés, les lieux marécageux, les ruisseaux, et fleurit en mai-septembre. Le suc de cette plante est anti-scorbutique, d'une saveur un peu âcre et amère. On la substitue au Cresson ; ses jeunes pousses se mangent en salade ou cuites avec le cresson, les épinards, etc.

La **V. chamædrys** (*V. chamædrys*), vulg. *Petit Chêne, Chenette* (il ne faut pas la confondre avec la *Germandrée-Petit-Chêne*), est très commune dans les prés, le long des haies; ses belles fleurs bleues sont disposées en une longue grappe latérale. Elle jouit des mêmes propriétés que la Véronique officinale.

VERS INTESTINAUX. On doit entendre par cette expression les *Entozoaires* (V. ce mot), qui vivent dans les intestins de l'homme ou des animaux, et qui ont reçu plus particulièrement le nom d'*Helminthes*. — Les Vers intestinaux de l'homme sont nombreux : nous citerons : l'*Ascaride lombricoïde*, dans l'intestin grêle ; l'*Oxyure vermiculaire*, dans le rectum ; le *Distome*, dans l'intestin grêle en Égypte; le *Botriocéphale*, dans l'intestin grêle ; le *Tœnia*, dans l'intestin grêle; le *Tricocéphale*, dans le colon et le cœcum; le *Linguatule*, dans les intestins.

Les Vers qui habitent les autres organes des animaux, sont : le *Filaire de Médine* (*Dragonneau*), dans le tissu cellulaire; le *Filaire des bronches*, dans les ganglions bronchiques; le *Filaire de l'œil*, dans le cristallin; le *Tricocéphale dispar*, dans le cœcum; le *Spiroptère*, dans la vessie; le *Strongle*, dans les reins; le *Trichina spiralis*, dans les muscles; la *Douve du foie*, dans les conduits biliaires; le *Distome* de la veine porte; le *Cysticerque*, dans tous les tissus; l'*Echinoccus* de l'homme, dans les kystes du foie; le *Nemerte*, ver marin qui insinue son extrémité antérieure dans les mollusques, nommés Anomies, qu'il suce; le *Planaire*, qui est un genre de ver aquatique voisin de la Sangsue; le *Ligule*, genre de ver qui n'a été trouvé jusqu'ici que dans la cavité abdominale des poissons et dans le canal intestinal des oiseaux. Ces vers atteignent quelquefois une longueur de 1 m. 60.

VERTÉBRÉS. Animaux pourvus de vertèbres; premier embranchement dans la *Classification animale*. — V. ce mot. — Ainsi, ce qui distingue cette première division du règne animal, c'est que les êtres qui y sont rangés présentent une colonne vertébrale, c'est-à-dire la série de ces petits os épineux et percés d'un trou au milieu, qui, s'articulant l'un à la suite de l'autre, constituent le rachis, la colonne ou l'axe de la charpente osseuse, ainsi que cela se voit dans les Mammifères, les Oiseaux, les Reptiles et les Poissons.

Les Vertébrés sont les animaux dont l'organisation est la plus parfaite, la plus complète; toutefois, ils offrent de très grandes différences, selon la classe à laquelle ils appartiennent. Ils se distinguent des Invertébrés (V. ce mot) par le développement : 1° du *système nerveux*, qui se compose du cerveau, renfermé dans le crâne, lequel est toujours placé au-dessus du tube digestif; 2° de la *moelle épinière*, contenue dans le canal qui règne dans le corps des vertèbres (canal vertébral), et 3° des *nerfs*, qui naissent du cerveau et de la moelle épinière. — Tous ces animaux ont cinq sens. — Le canal digestif est plus ou moins allongé, et renflé de distance en distance. — Le cœur est double chez les uns, et sans communication directe des cavités droites avec les cavités gauches (Mammifères, Oiseaux); d'autres fois les deux côtés du cœur communiquent ensemble (Reptiles); enfin, chez les Poissons, le cœur est unique et ne contient que du sang veineux. — L'organe de la respiration consiste soit en poumons, soit

en branchies. Le sang est toujours rouge chez les Vertébrés, presque généralement chaud, excepté chez certains Reptiles et Poissons, dont la respiration est imparfaite. — Les membres sont au nombre de quatre au plus, ou de deux, ou bien ils manquent tout à fait (Serpents). — Les sexes sont toujours séparés. La reproduction est vivipare chez les uns (Mammifères, quelques Reptiles), ovipares chez les autres (Oiseaux, Reptiles, Poissons). — V. *Mammifères*, *Oiseaux*, *Reptiles*, *Poissons*.

VERVEINE (*Verbena*). Genre de la famille des Verbénacées; plantes herbacées ou sous-frutescentes, dont on distingue plus de 50 espèces.

La Verveine commune (*V. officinalis*) a les tiges droites, tétragones, dures, striées, un peu purpurines, simples ou à rameaux rares et opposés au sommet, très étalés ; feuilles opposées, pétiolées, ovales-oblongues, d'un vert sombre, profondément découpées en lobes inégaux, le terminal beaucoup plus grand. Les fleurs sont petites, sessiles, d'un blanc violet, disposées en épis longs et filiformes, accompagnées de bractées courtes aiguës : calice à 5 dents, pubescent; corolle courbée, à 5 lobes irréguliers; 4 étamines didynames,

Fig. 1357. — Verveine.

2 plus courtes, très souvent stériles; 1 style, 1 stigmate obtus : 4 semences oblongues, etc.

La Verveine est très commune dans les champs, le long des haies, sur le bord des chemins, où elle se montre en fleurs dans les mois de juin à octobre. Son nom (de *herba veneris*) rappelle les propriétés que les anciens lui attribuaient : ils la croyaient propre à rallumer les feux d'un amour près de s'éteindre. Les magiciens la faisaient entrer dans leurs enchantements : les Grecs en formaient des couronnes pour les hérauts d'armes chargés d'annoncer la paix ou la guerre. C'était avec cette plante que les prêtres nettoyaient les autels pour les sacrifices ; les druides la faisaient entrer dans l'eau lustrale, etc.

La Verveine est inodore, d'une saveur un peu astringente et très faiblement amère ; ce qui veut dire que ses propriétés sont au moins insignifiantes. Cependant on lui a accordé bien gratuitement, pendant fort longtemps, des vertus presque miraculeuses : on ne pouvait supposer qu'une plante que les anciens avaient eue presque en vénération , fût dénuée de propriétés médicales. Elle a donc traversé les siècles et est arrivée jusqu'à nous avec une réputation de végétal magique, dont le nom se trouve dans les charmes , les enchantements, les mystères ténébreux, mais qui ne mérite que l'indifférence et l'oubli, d'autant mieux qu'elle n'a ni élégance, ni couleurs vives, ni odeur attrayante.

Il n'en est pas de même de la V. ODORANTE (*V. triphylla*) qui fournit des tiges hautes de plus d'un mètre , garnies de rameaux grêles , diffus , jaunes , de feuilles vertes ordinairement verticillées trois ensemble , et de grappes légères aux fleurs petites, blanches en dessous, un peu violettes en dehors, et exhalant une odeur infiniment agréable, semblable à celle du citron. Elle reste en fleurs une grande partie de l'année, dans nos départements méridionaux, où elle forme des touffes, des massifs , des palissades du plus bel effet.

VESCE (*Vicia*). Genre de la famille des Légumineuses papilionacées, tribu des Viciées , renferme des plantes fourragères , très voisines du genre *Lathyrus*, et n'en différant guère que par leurs folioles , qui sont beaucoup plus nombreuses : style droit, filiforme, d'ordinaire velu vers le sommet.

La VESCE COMMUNE (*V. sativa*) a des tiges couchées ou grimpantes ; des feuilles alternes, composées de 5 à 7 paires de folioles ovales, tronquées, entières ou un peu échancrées, munies d'une petite arête : le pétiole terminé par une vrille rameuse, quelquefois simple ; les stipules dentées, en demi-fer de flèche ; des fleurs d'un pourpre assez vif, solitaires ou géminées, axillaires , presque sessiles; des gousses oblongues, comprimées, un peu velues dans leur jeunesse.—Elle croît dans les champs , parmi les moissons ; on la cultive pour la nourriture des bestiaux ; les graines servent particulièrement de nourriture aux pigeons ; ses tiges, lorsqu'elles ont été battues, sont encore très bonnes pour nourrir les moutons. On peut la semer avec l'avoine , et les couper toutes deux en vert. La Vesce sert aussi à fertiliser la terre ;

dans ce cas, on la renverse avec la charrue, lorsqu'elle est en fleurs.

La VESCE JAUNE (*V. lutea*), commune dans les moissons et le long des chemins , a des fleurs jaunes solitaires: on la cultive dans l'Italie et dans le Levant : elle peut fournir jusqu'à trois coupes dans un été , procurer un bon pâturage ou être enterrée comme engrais.

La VESCE PRINTANIÈRE (*V. lathyroïdes*) croît dans les plus mauvais terrains ; elle pousse au premier printemps , et fournit surtout aux moutons une bonne nourriture : elle est d'une grande ressource dans la Sologne pour nourrir les bestiaux à la fin de l'hiver.

On connaît encore la VESCE DES HAIES (*V. sepium*) , la V. A FLEURS NOMBREUSES ou *Cracque* (*V. cracca*) , la V. PISIFORME, etc., qui sont des espèces moins importantes. — La FÈVE DES MARAIS (*Vicia faba*) n'est qu'une espèce du genre Vesce dont on fait quelquefois un genre particulier. — V. *Fève*.

VESPERTILION (*Vespertilio*). Au mot *Chéiroptères*, nous avons parlé des Chauves-Souris en général, et en avons indiqué deux classifications. — Nous en exposerons ici une troisième , qui consiste à diviser les Chéiroptères, que Linné confondait dans un seul genre sous le nom de *Vespertilio*, en quatre groupes : les *Ptéropodés*, les *Phyllostomidés* , les *Rhinolophidés* et les *Vespertilionidés*.

Les *Ptéropodés* sont les Chéiroptères les plus élevés en organisation: ils sont généralement plus grands que les autres, ont la partie interfémorale de la membrane aliforme rudimentaire, et souvent ils manquent de queue : tels sont les *Roussettes*, les *Macroglosses*.

Les *Phyllostomidés* sont des Chauves-Souris américaines, dont les narines sont percées dans une espèce d'écusson membraneux, à peu près demi-circulaire, et surmontées d'une feuille en fer de lance : *Phyllostomes*, *Vampires*, *Glossophages*, *Sténodermes*, *Desmodes*.

Les *Rhinolophidés* ont une feuille nasale qui rappelle celle des Phyllostomidés , sans être cependant conformée de la même manière : ce sont les *Mégadermes*, les *Rhynolophes*, les *Nyctères*, les *Rhinopomes*, les *Nyctophiles*.

Enfin, les *Vespertilionidés* comprennent un grand nombre de Chéiroptères très différents des Roussettes par l'ensemble de leurs caractères, dépourvus de la feuille nasale qui caractérise les Phyllostomidés et les Rhinolophidés , et dont les ailes, la queue et le système dentaire ont une disposition plus ou moins analogue avec celle qu'ils ont chez ces derniers. Ils constituent plusieurs genres , dont les premiers ont la queue plus ou moins rudimentaire, tandis que les derniers l'ont plus longue que la membrane interfémorale : ce sont les genres *Taphien*, *Saccoptéryx*, *Diclidure*, *Noctilion*, *Molosse* et *Vespertilion*.

Le genre VESPERTILION comprend plusieurs espèces, qui constituent pour la plupart des sous-genres, et qui se reconnaissent en général à leur queue presque toujours longue et bordée jusqu'au bout par la membrane, ainsi qu'à leur système dentaire. Ils sont de dimension moyenne, se nourrissent d'insectes, sont très voraces, et ils s'engourdissent dès que la température baisse. La plupart vivent en société, se cachent le jour dans des réduits obscurs, tels que des creux d'arbres, des trous de murs, des dessous de tuile, des greniers, des combles de grands édifices, des cheminées où l'on ne fait pas de feu, des excavations

Fig. 1358. — Vespertilion.

de rochers, des cavernes, etc. On ne les trouve pas toujours au même lieu, et leurs retraites l'hiver ne sont pas les mêmes que celles où ils passent les journées et les heures les plus obscures de la nuit pendant la belle saison. Leurs cris aigus, quoique faibles, ou l'odeur musquée de leurs excréments ne tardent pas à faire découvrir ces Chauves-Souris, et si on les inquiète trop longtemps, on les voit bientôt prendre leur vol, même en plein jour, et tourner en l'air sans prendre d'abord une direction bien déterminée.

Le VESPERTILION NOCTULE (*V. noctula*) est une Chauve-Souris de nos pays ; envergure 32 cent.; pelage très doux et touffu ; membrane d'un brun noir. — Elle sort plutôt de sa retraite que la Sérotine et se montre vers le coucher du soleil; son vol est d'abord élevé, mais elle se rapproche de terre à mesure que l'obscurité devient plus pro-

Fig. 1359. — Vespertilion Kirivoula.

fonde. Le Noctule vit par petites troupes ; son odeur est fort désagréable. On trouve cette espèce en France et dans presque tout le reste de l'Europe.

Les espèces Molosse, Oreillard font le sujet d'articles spéciaux.

Le V. SÉROTINE (*V. serotinus*) a près de trois pouces de longueur ; son envergure a plus d'un pied. Son pelage est d'un brun foncé, uniforme, avec une légère teinte roussâtre: les parties inférieures sont plus roussâtres que les supérieures. Elle habite assez communément en France, le creux des arbres ; elle vit isolée et par paire : elle ne vole que lorsque la nuit est close, et fréquente le bord des eaux , où les insectes se trouvent en plus grande abondance.

Le V. Pipistrelle (*V. pipistrellus*) n'a qu'un pouce et demi de longueur : son envergure est de huit pouces. Son pelage est d'un brun foncé en dessus, d'un brun fauve en dessous ; la membrane est noirâtre. Elles vivent en commun dans les combles des habitations ; elles sont assez communes.

VÉSUVE. — V. *Volcan.*

VIBRION. Genre d'Infusoires, dont le corps est filiforme, plus ou moins distinctement articulé par suite d'une division spontanée imparfaite, susceptible d'un mouvement ondulatoire. Ces animaux microscopiques apparaissent des premiers dans toutes les infusions. Les mâles sont toujours plus petits que les femelles. Il y a accouplement, et les œufs éclosent dans l'intérieur de la mère. Quelques auteurs pensent que les Vibrions peuvent résulter aussi d'une *génération spontanée.*— V. ce mot) —Cette opinion a été réfutée par Blainville. Il paraît que ces animaux, après avoir passé hors de l'eau un temps assez considérable et avoir été entièrement desséchés, ont la faculté, étant remouillés, de recouvrer l'existence ; ce fait. observé déjà depuis longtemps, puisque Linné à cause de cela avait désigné le Vibrion de la pâte *Chaos redivivus*, a été reproduit et affirmé de nouveau par M. Bauer , qui assure que le Vibrion du blé peut supporter une dessiccation de trois années. Cependant quelques auteurs, tels que MM. Dugès et Bory de Saint-Vincent nient ce fait et affirment que si des auteurs ont cru faire revivre ces animaux en les remouillant, c'est qu'il était demeuré assez d'humidité autour d'eux pour qu'ils ne fussent pas morts tout de bon. Quelques observations démontrent que le froid empêche ces animaux de se développer , mais cependant qu'ils peuvent être congelés sans perdre la vie.

VICTORIA REGIA (dédié à la reine d'Angleterre). Genre de la famille des Nymphéacées, tribu des Euryalées, renfermant des plantes aquatiques de proportion gigantesque : les feuilles , de forme ronde, ont de 1 à 2 mètres de diamètre ; les fleurs ont 3 décimètres de large. — L'espèce type, la *Victoria regia*, est une plante de l'Amérique méridionale qui croît dans les grands fleuves du Brésil et de la Guyane : on est parvenu à faire fleurir cette plante en Europe, en la maintenant dans des bassins chauffés à 30° centigrades. Les graines, rôties comme celles du maïs, sont bonnes à manger : d'où le nom vulgaire de *Maïs d'eau* qu'on leur donne dans le pays.

VIE. D'après Bichat, la Vie est l'ensemble des fonctions qui résistent à la mort. Mais qu'entend-on par *fonction* et *mort* ?

Deux grandes classes d'êtres comprennent tous les corps de la nature : les corps inertes et les corps vivants. Les uns et les autres , malgré les différences qui les séparent , sont constitués par des éléments puisés à une source commune ; et cela doit être, puisqu'ils sont destinés à se transformer les uns dans les autres. Les Minéraux, les Plantes et les Animaux sont liés entre eux par une série de rapports où règne l'harmonie la plus saisissante. En effet, la plante emprunte tous les éléments de ses tissus au règne minéral ; l'animal, qui ne peut se développer qu'aux dépens de matières organiques , emprunte directement ces matières aux tissus des plantes, ou à ceux des animaux , suivant qu'il est herbivore ou carnivore. L'animal, à son tour, rend au règne minéral ce que les végétaux lui empruntent. Et ainsi se trouve établie et entretenue l'unité de composition entre les corps inertes et les corps organisés ; ainsi se manifeste un mouvement éternel qui est la *Vie*, considérée dans l'ensemble , Vie sans fin, qui se renouvelle toujours, et pour laquelle il n'y a pas de mort.

Mais ce n'est pas de la Nature que nous parlons, c'est des êtres organisés vivants — V. *Corps.* —Or, après avoir constaté que l'origine première des plantes et des animaux est couverte d'un voile impénétrable, on reste convaincu que ces êtres proviennent d'autres êtres organisés, que ceux-ci soient vivants ou qu'ils l'aient été : la matière organisée seule engendre la matière organisée. Cette matière , soit qu'on l'envisage à l'état de germe, d'accroissement ou de développement complet, elle jouit de la propriété de réagir sur les éléments qui l'entourent, d'associer ces éléments en combinaisons nouvelles, et de les transformer en sa propre substance ; mais cette propriété a besoin, pour s'exercer , d'un milieu et d'une température convenables, et cela aussi bien pour la graine et le tissu du végétal que pour l'œuf et le corps même de l'animal. On nomme *principe vital* la force en vertu de laquelle s'exerce ce pouvoir de la matière organisée. Les uns considèrent le principe vital comme la cause de ces phénomènes , les autres comme l'effet de l'organisme ; mais des deux côtés on cherche à expliquer des choses inexplicables. Le principe vital ou la *Vie* est inhérente à la matière organisée fonctionnant : elle commence avec elle et s'éteint avec la destruction des conditions matérielles de sa manifestation. La Vie est à l'organisme vivant ce que l'attraction est à la matière inerte.

Les êtres animés doivent, avant tout, se nourrir et se reproduire ; dans les plantes on ne trouve que ces deux ordres de fonctions : mais chez les animaux, d'autres besoins se manifestent , qui concourent d'ailleurs à la satisfaction des premiers , et chez l'homme à la satisfaction du désir de connaître et de préférer. De là les trois ordres de fonctions dont nous avons parlé déjà en maints endroits de cet ouvrage : les fonctions de nutrition, les fonctions de reproduction, et les fonctions de relation.

Bichat a appelé *Vie organique* l'ensemble des fonctions qui servent à la composition et à la décomposition, et *Vie animale* l'ensemble des fonctions qui mettent l'homme et les animaux en rapport avec les corps extérieurs. Les *propriétés vitales* du même physiologiste sont, les unes *végétatives*, c'est-à-dire relatives à la nutrition, au développement et à la reproduction ; les autres *animales*, ou relatives à l'innervation et à la contractilité.

La matière organisée a donc d'abord les propriétés ou le mode d'agir qu'offrent les corps bruts, puis elle offre en outre des *propriétés* ou un mode d'agir que n'ont pas ceux-ci. Il a fallu, par conséquent, un nom nouveau pour désigner ces propriétés, et c'est le terme de *vital* qu'on a choisi. Or, cela ne veut pas dire qu'il y a là une entité, un être imaginaire que chacun pourrait envisager à sa manière ; mais seulement qu'il s'agit de propriétés qui ne sont ni mécaniques, ni physiques, ni chimiques, mais d'un ordre différent et plus élevé, quant à la complexité de la matière qui les manifeste. Ce n'est pas toutefois ce que professe l'école de Montpellier, pour laquelle la *force vitale* est une chose distincte et indépendante qui gouverne la matière organisée et la tient sous sa dépendance absolue, nonobstant la *force spirituelle*, psychique, l'*âme*, qui a un rôle à jouer beaucoup plus important. Il est bien entendu que nous n'avons en vue que la première, l'*âme animale* si l'on veut, pour la différencier de l'*âme spirituelle*, celle-ci étant au-dessus et en dehors de toutes les méthodes expérimentales directes, et devant rester dans le domaine de la foi.

Maintenant, pour étudier les phénomènes de la Vie, nous devons nous reporter aux mots *Nutrition*, *Génération*, et *Relation*.

Durée de la Vie humaine.

Il paraît aujourd'hui constaté que chez tous les peuples et dans tous les temps la durée de la Vie humaine a été de 70 à 80 ans. Nous voulons bien accorder que, jusqu'au déluge, la durée de la Vie a pu être augmentée de *quelques années*, mais lui accorder près de mille ans d'existence, c'est ce qu'il n'est pas possible d'admettre. La durée de la Vie est plus longue chez la femme que chez l'homme. D'après les observations faites en divers pays, on a trouvé 178 femmes pour 100 hommes parmi les nonagénaires ; 133 femmes pour 100 hommes parmi les centenaires ; chose remarquable, néanmoins, les cas exceptionnels de longévité ne se rencontrent que dans le sexe masculin. On cite un Écossais, un Hongrois et un mulâtre de l'Amérique du Nord, qui atteignirent l'âge de 180 ans ; un Norvégien, un nègre de la Jamaïque, celui de 160 ans ; enfin, un Danois et quelques autres qui parvinrent jusqu'à 146 ans.

Pour notre compte, nous n'oserions garantir l'authenticité de ces exemples, surtout les premiers cités.

La mortalité dans notre espèce est établie par des calculs d'une exactitude rigoureuse ; ainsi :

La proportion des enfants morts-nés est de 1 sur 22 naissances.

Sur 1000 morts,	221 appartiennent	à la 1re année.
	77 —	à la 2e —
	39 —	à la 3e —

Total des décès : 337

C'est-à-dire plus du tiers de la mortalité pendant les trois premières années de la vie.

L'examen de la mortalité, relativement aux âges, montre que certaines époques de la Vie exposent plus ou moins à la mort accidentelle ; ainsi :

De 1 à 2 ans. il meurt 1 enfant sur	10
De 7 à 8 — — 1 — sur	68
De 13 à 14 — — 1 — sur	147
De 19 à 20 — — 1 — sur	100
De 20 à 50 — — 1 — sur	40
De 50 à 74 — — 1 — sur	10

Enfin, la mortalité est, à 90 ans, égale à la mortalité de la première année.

Voyons maintenant les tables de mortalité relativement aux populations des villes.

Il meurt dans les départements riches de la France..........	1 individu sur	46
Dans les départements pauvres.	1 —	33
Dans les villages......	1 —	40
Dans les petites villes....	1 —	32
Dans les grandes villes....	1 —	28
Dans les très grandes villes..	1 —	24
En 1780, en France....	1 —	29
En 1802, —	1 —	30
En 1820, —	1 —	39
En 1840, —	1 —	48
En 1850, —	1 —	50

Heureusement, l'observation a démontré que le nombre des naissances est un peu plus élevé que celui des décès, d'où il résulte que l'accroissement des populations tend constamment à s'augmenter et s'augmente malgré les épidémies, les maladies contagieuses et les guerres. La moyenne des naissances étant de 1 sur 30, et la moyenne des décès de 1 sur 25, la population double en 50 ans environ.

On donne le nom de *Macrobite* (de *makros*, long, et *bios*, vie) à tout individu qui vit un nombre extraordinaire d'années. — Jusqu'au déluge, la nature fut plus forte et plus vigoureuse ; aussi la longévité des premiers hommes s'explique-t-elle jusqu'à un certain point ; mais après cette époque, la terre fut chargée d'une humidité excessive, qui força les hommes à chercher dans les animaux une nourriture plus substantielle, capable de leur permettre de résister aux causes débilitantes de ce changement de température ; c'est aussi de cette époque que date le décroissement de la Vie humaine, qui du temps de David ne se prolongeait guère au-delà de 70 ans. Cependant quelques organisations privilégiées ont dépassé de beaucoup ce chiffre d'années, et l'histoire a conservé leurs noms, que nous regrettons de ne pouvoir consigner ici, parce que la liste en est longue.

Toutefois, un ouvrage anglais cite les exemples suivants de longévité avec l'indication de l'année de la mort et de l'âge auxquels sont parvenus ces individus :

	Mort en	Âgé de		Mort en	Âgé de
David Cameron	1793	130	Thomas Dobson	1766	139
Jean de Lasouel	1786	130	Marie Cameron	1785	139
George King	1766	130	William Leland	1752	140
John Taylor	1767	130	Comte de Desmond	1751	140
William Beattie	1778	130	James Sands	1770	140
John Watson	1777	130	Iwarling (nomie)	1773	142
Robert Macbride	1780	130	Charle W'Findley	1773	143
William Ellis	1780	130	John Effingham	1757	144
Elisabeth Taylor	1764	131	Evan Williams	1702	145
Peter Garden	1775	131	Thomas Winsloe	1766	146
Elir Merchant	1761	133	J.-C. Drakenberg	1772	146
Mrs. Keit	1772	134	William Mead	1752	148
Francis Ague	1767	134	Francis Consr.	1768	150
John Brookey	1777	134	Thomas Newman	1542	152
June Harrison	1744	135	Thomas Parr	1565	152
James Sherle	1750	136	James Bowles	1656	152
Catherine Noon	1768	136	Henri West	1656	152
Margaret Forster	1771	136	Thomas Damme	1648	154
John Morriat	1776	136	Un paysan polonais	1762	157
John Richardson	1772	137	Joseph Surrington	1797	160
John Roberts n	1793	137	William Edwards	1668	168
William Sharpley	1757	138	Henri Jenkins	1670	169
John M'Donough	1763	138	Louisa Truxo	1782	175
John Fairbrother	1770	138	Un mulâtre	1797	180
Mrs. Clum	1772	138			

En 1830, la France possédait 444 centenaires; les départements qui en offraient le plus étaient ceux du Gers, 11 ; de la Gironde, 7 ; des Landes, 6 ; de la Seine-Inférieure, 5 ; de Saône-et-Loire, 5 ; de la Loire, 5.

VIEUSSEUXIE (*Vieusseuxia*). Genre de Plantes de la famille des Iridacées, indigènes du cap de Bonne-Espérance, dont nous figurons l'espèce dite *V. à taches bleues* (n° 3, fig. 1359). — On peut voir aussi dans le bouquet où figure cette plante, les autres Iridées que voici : n° 1, la *Bermudienne à grandes fleurs*, de l'Amérique boréale ; — n° 2, la *Rigidelle à fleurs dressées*, du Mexique ; — n° 4, le *Sparaxis*, — et n° 5, l'*Ixia*.

VIGNE (*Vitis*). Genre type de la famille des Vitacées, comprenant des arbrisseaux à tiges ligneuses, munies de vrilles en spirale et qui poussent des jets grimpants appelés sarments. Les fleurs, disposées en grappes, sont excessivement petites, à corolle de 5 pétales qui se séparent par la base, mais adhérentes par le haut en forme de coiffe, et tombent tous ensemble.

Le nombre des espèces de Vignes connues est de vingt environ ; la moitié à peu près est originaire de l'ancien continent, tandis que les autres appartiennent aux deux Amériques. L'espèce qui nous intéresse le plus est la VIGNE CULTIVÉE, parce qu'elle est propre à notre climat, et parce que c'est elle qui peuple les vignobles de la France et des autres contrées de l'Europe. Sa tige atteint quelquefois la grosseur d'un petit arbre, et se divise en plusieurs rameaux sarmenteux, longs, souples, munis de nœuds de distance en distance, et s'attachant par des vrilles aux corps ou aux arbres qui sont dans leur voisinage, et qu'ils

finissent ainsi par surpasser en hauteur. Les vrilles, qui sont opposées aux feuilles, paraissent n'être que des pédoncules de fleurs avortées, à en juger par leur place, qui est toujours là où ordinairement se trouve le raisin. A chaque fleur succède une baie qui n'est que la graine de raisin. La forme, la grosseur ou la couleur de ces baies ou grains de raisin, dont la réunion forme la *grappe*, varient suivant la variété de Vigne à laquelle ils appartiennent.

Fig. 1359. — Plantes iridacées.

(1. Bermudienne. — 2. Rigidelle à fleurs dressées. — 3. Vieusseuxie. — 4. Sparaxis. — 5. Ixia.)

Il n'existe pas d'arbre fruitier qui réunisse autant de variétés que la Vigne : le nombre en est infini, et il serait bien difficile d'en faire une énumération un peu exacte. En France, on est parvenu à réunir près de deux cent soixante-dix variétés bien caractérisées dont la moitié environ rapportent du raisin rouge ou noir. Dans les départements du midi de la France, et dans le midi de l'Europe, il croît une espèce de Vigne sauvage qui ne diffère de la Vigne cultivée que par la dimension de ses grains de raisin, qui sont bien plus petits, et dont la saveur est moins douce et moins sucrée. Cette Vigne, dont les feuilles sont aussi moins grandes et plus cotonneuses, porte, en Provence, le nom de *lambrusca* ; elle y est très commune et croît avec beaucoup de vigueur, surtout dans l'île de la Camargue, où les habitants ramassent ses fruits pour en faire de la piquette ou du petit vin toujours assez âpre.

Il paraît que la multitude de variétés de la Vigne cultivée est due à l'ancienneté de sa culture, qui date des temps les plus reculés; les fruits ont dû être modifiés à l'infini, et comme chaque semis fait avec des graines d'une même variété produit toujours de nouvelles variétés, le nombre en serait encore probablement bien plus considérable, si on pratiquait plus souvent la méthode des semis. Malgré cette confusion apparente, chaque contrée, chaque vignoble a des variétés de Vigne ou de raisin qui lui sont propres et qui ne se rencontrent pas ailleurs. La France, l'Espagne, l'Italie, la Grèce, en possèdent qui leur sont particulières. La grosseur des grains, le volume des grappes, la fécondité de chaque cep et surtout les qualités du fruit, sont toujours subordonnés au climat dont l'influence sur la Vigne n'est pas moins grande que sur les autres végétaux. Dans le Midi, des grappes de raisin muscat dit *gros Guillaume* pèsent jusqu'à dix livres.

Il paraît certain que cette précieuse plante nous est venue de l'Asie, à laquelle nous sommes également redevables de plusieurs autres végétaux non moins utiles. Dans l'antiquité, la Vigne s'introduisit en Grèce, en Italie, en Espagne et dans les Gaules, et déjà du temps des Romains, les vins de quelques-unes de nos provinces avaient de la réputation.

Peu d'années après, un empereur romain croyant que cette culture pouvait en faire négliger de plus utiles, ordonna d'arracher toutes les Vignes cultivées dans les Gaules, et ce ne fut qu'environ deux cents ans après qu'un autre empereur romain, nommé Probus (en 281 de notre ère), permit aux Gaulois de replanter la Vigne, ce qui fut regardé comme un immense bienfait. De nombreux plants apportés de l'Italie, de la Grèce et de l'Afrique devinrent l'origine des vignobles de France.

Lorsqu'on s'occupe de la plantation d'une Vigne, on devrait surtout s'attacher à la composer de variétés de raisins qui ne soient pas plus hâtives les unes que les autres, parce que, sans cette précaution, vers l'époque des vendanges, une partie du raisin est mûre ou à demi pourrie, lorsque l'autre est encore loin de pouvoir être cueillie; une pareille Vigne doit nécessairement donner du mauvais vin. Dans les pays froids, ce sont les variétés hâtives qu'il faut choisir de préférence, parce qu'elles ont plus de chances de mûrir avant la saison des pluies. On sait que la méthode la plus généralement suivie pour former une nouvelle Vigne est de mettre en terre des boutures qui sont tout simplement des morceaux de sarment de 15 à 18 pouces de long, et que l'automne est la saison la plus favorable pour cette plantation.

Presque toujours les bons vins sont fournis par des variétés de Vigne qui produisent peu de raisin; c'est ce qui arrive dans les vignobles renommés de Bordeaux et de Bourgogne, par exemple, et presque toujours aussi les ceps dont le raisin produit du vin de médiocre qualité, donnent d'abondantes récoltes.

Histoire de la Vigne. « Les Phéniciens, qui voyagèrent de bonne heure sur toutes les côtes de la Méditerranée, portèrent la Vigne, originaire de l'Asie, dans la plupart des îles, et la répandirent dans l'ancien continent : elle réussit merveilleusement dans les îles de l'Archipel, et fut ensuite portée successivement en Grèce et en Italie.

« Pline était persuadé que les libations de lait, instituées par Romulus, et la défense faite par Numa d'honorer les morts en versant du vin sur leur bûcher, prouvaient que les Vignes étaient alors fort rares en Italie. Elles s'y multiplièrent dans les siècles suivants, et quelques Gaulois qui en avaient goûté la liqueur conçurent le dessein de s'établir dans le lieu où elles croissaient. Ils attirèrent bientôt d'au-delà des Alpes d'autres peuplades de Gaulois, auxquelles ils avaient envoyé plusieurs outres de vin; aussitôt, des armées de Berrichons, de Chartrains et d'Auvergnats renoncèrent aux glands de leurs forêts. Les Alpes ne purent les arrêter; nul péril ne les effraya, et ils allèrent conquérir les deux bords du Pô. Rendus maîtres de cette terre fortunée, ils s'appliquèrent à la culture du figuier, de l'olivier et surtout de la Vigne : tel fut le motif de leur entreprise belliqueuse contre l'Italie.

« C'est aux Gaulois établis le long du Pô que nous devons l'utile invention de conserver le vin dans des vaisseaux de bois exactement fermés, et de le contenir dans des liens malgré sa fougue. Depuis ce temps, la garde et le transport en devinrent plus aisés que lorsqu'on le conservait dans des vaisseaux de terre sujets à se briser, ou dans des sacs de peau susceptibles de se découdre. L'art de former des vignobles trouva dans la Bretagne et dans le nord de la Belgique des obstacles insurmontables du côté de la nature; mais dans tous les pays où la viniculture put être établie, on s'en occupa avec un soin tout particulier : c'est ainsi que la Bourgogne et la Champagne offrirent les plus beaux vignobles, parce que la nature des terrains seconda parfaitement le labeur des cultivateurs. Les Allemands essayèrent de défricher quelques cantons de la Forêt-Noire, et plantèrent des Vignes sur les bords du Rhin. La Hongrie eut aussi ses vignobles, et depuis que la Vigne s'est multipliée partout, les nations de l'Europe ont cessé de faire des émigrations. (VALMONT DE BOMARE.) »

VIGOGNE. Espèce de Mammifère ruminant du genre *Lama*, dont le port est gracieux, la taille celle d'une chèvre, et la physionomie très vive : sa laine est très fine et très douce. Cet animal est timide et bon, et habite les Cordillères de l'Amérique du Sud. On le chasse pour sa chair et sa peau.

VINETTIER. — V. *Berbéride.*

VINIFÈRES. — V. *Vitacées*.

VIOLACÉES. Famille de Plantes herbacées ou sous-frutescentes, polypétales hypogynes. Feuilles simples, opposées, rarement alternes, accompagnées à leur base de 2 stipules. Fleurs axillaires, tantôt droites, tantôt renversées au sommet du pédoncule; calice à 5 pétales, quelquefois prolongés au-dessous de leur point d'union; corolle irrégulière, à 5 pétales inégaux, dont l'inférieur, en général plus grand, se termine quelquefois à sa base par un éperon creux; quelquefois la corolle est irrégulière; en général elle est persistante et accompagne le fruit; étamines 5, alternes, insérées, ainsi que les pétales, au pourtour de la base de l'ovaire, qui est libre, simple, uniloculaire. Les filets des étamines sont généralement très courts; les anthères à 2 loges, terminées supérieurement par un appendice membraneux, sont rapprochées au centre de la fleur, contiguës par leurs côtés, et souvent forment un cône qui recouvre le pistil; les 2 anthères placées devant le pétale inférieur offrent à leur partie externe une corne plus ou moins allongée qui s'enfonce dans l'éperon de ce pétale, l'existence de cette corne étant subordonnée à celle de l'éperon; style droit ou recourbé en crochet. Le fruit est une capsule revêtue par le calice et par la corolle quand elle est persistante. — Le genre type de cette famille est la *Violette*.

VIOLETTE (*Viola*). Genre type des Violacées, dont les caractères botaniques se trouvent énoncés à la famille; genre qui comprend un grand nombre d'espèces appartenant aux climats tempérés et septentrionaux de l'un et de l'autre hémisphère.

La VIOLETTE ODORANTE (*V. odorata*), l'espèce la plus remarquable de nos contrées, est une plante sans tige, à rejets traçants partant du collet de la racine, ainsi que les feuilles et les fleurs. Sa corolle est d'un bleu violet, et c'est elle qui a donné son nom à la teinte qu'elle représente. — Cette plante herbacée croît naturellement dans les prés, les bois, le long des haies, où, cachée sous l'herbe, son parfum la trahit dès le premier printemps. La Violette se double par la culture et fournit des variétés remarquables, entre autres la *Violette de Parme*, dont la couleur tire sur le lilas, mais dont l'odeur est faible.

La Violette odorante n'est pas recherchée seulement pour son parfum délicieux: ses fleurs servent à faire une tisane excellente contre le rhume et un sirop avec lequel on aromatise plusieurs médicaments. En outre, elle fournit au teinturier une couleur bleue pourpre, et au chimiste un réactif puissant: les acides font passer instantanément cette couleur au rouge, et les alcalis au vert. — Elle a été de tout temps l'emblème de la modestie, de la pudeur et de l'innocence. Dans beaucoup de pays on en décore le cercueil des jeunes vierges. Dans le Langage des fleurs, la *Violette blanche* peint plus particulièrement l'in-nocence; la *Violette jaune*, la beauté passée; la *Violette double*, l'amitié réciproque; le *bouquet de Violettes entourées de feuilles*, l'amour caché.

Parmi les autres espèces, nous citerons la V. DE CHIEN (*V. canina*), assez semblable à la précédente, mais sans odeur; — la V. DES BOIS (*V. sylvestris*), qui n'est qu'une variété de la V. DE CHIEN: — la V. DES PRÉS (*V. pratensis*), qui a des fleurs blanches; — la V. DES MARAIS (*V. palustris*); — la V. DES MONTAGNES (*V. montana*) à fleurs solitaires d'un bleu pâle; — la V. A FEUILLES LACINIÉES (*V. pinnata*); la V. NUMMULAIRE (*V. nummularia*); la V. A DEUX FLEURS (*V. biflora*), à corolle jaune, qui se trouve dans les Alpes et les Pyrénées; — la V. DE ROUEN (*V. Rhotomagensis*), à fleurs violettes, à feuilles velues, hérissées; — la V. TRICOLORE, plus connue sous le nom de *Pensée*.

VIORNE (*Viburnum*). Genre de la famille des Caprifoliacées; arbrisseaux plus ou moins élevés; à feuilles opposées, pétiolées, dentées ou lobées-dentées, pourvues ou non de stipules. Fleurs blanches, disposées en corymbes rameux: calice à 5 lobes très petits; corolle rotacée ou campanulée rotacée, à limbe 5-partit; étamines 5; stigmates 3, sessiles: baie colorée, uniloculaire et monosperme par avortement. — Nombreuses espèces.

La VIORNE COMMUNE (*V. lantana*), vulg. *Viorne*, *Mantiane*, *Bardeau*, est un arbrisseau très commun, de 2 à 3 mètres de haut, de forme élégante, à rameaux qui, dans leur jeunesse, sont couverts d'une poussière blanche et farineuse; à feuilles blanches et cotonneuses en dessous; pédoncules tomenteux et disposés en corymbes: à fleurs blanches très belles; à baies rouges avant leur maturité, puis noires. — Les rameaux servent à faire des liens, des paniers, des corbeilles. Les fruits sont recherchés par les oiseaux. De l'écorce des racines on obtient de la glu.

La VIORNE OBIER (*V. opulus*) ou *Obier* croît dans les bois et les prés humides: bois blanc; feuilles un peu velues en dessous, divisées en 3 lobes aigus, incisés ou dentés: fleurs blanches, réunies en une vaste ombelle plane; le fruit est une baie globuleuse rouge, puis noirâtre, très recherchée par les oiseaux. La culture a produit une charmante variété, connue sous les noms de *Boule de neige* ou de *Rose de Gueldre*: toutes les fleurs, devenues très grandes, sont d'une blancheur éblouissante et d'un effet admirable, mais ces fleurs sont stériles; quelquefois les feuilles se panachent et forment une autre variété non moins belle.

VIPÈRE (*Vipera*). Genre de Reptiles-Ophidiens, du groupe des Serpents venimeux, que l'on peut caractériser de la manière suivante: tête déprimée, élargie en arrière, entièrement revêtue de petites écailles et non de plaques; présence de crochets venimeux placés au devant de la mâchoire supérieure, isolés, mobiles, fort aigus et percés d'un petit canal qui donne issue au venin sécrété par une glande placée à chacun des deux côtés de la mâchoire. — Anciennement les naturalistes plaçaient dans ce genre un grand nombre d'espèces; Duméril et Bibron n'y en rangent plus que trois seulement : deux européennes, dont l'une comprend un grand nombre de variétés, et une propre à l'Afrique. L'espèce type est la :

VIPÈRE COMMUNE (*V. aspis*), vulg. *Aspic*. Tête plate, couverte d'écailles fortement élargies en arrière; museau tronqué; corps d'un gris cendré ou noirâtre, avec une bande dorsale noire, flexueuse, continue ou formée de taches contiguës distinctes, arrondies ou rhomboïdales; dessous du corps variable, d'un gris d'acier ou rougeâtre, avec des taches blanches irrégulières. Longueur totale variant de 35 à 60 centim.

La Vipère se rencontre dans les cantons boisés, montueux et pierreux de l'Europe méridionale et tempérée, en France, en Italie, en Angleterre, en Allemagne, en Prusse, en Suède, en Pologne, etc.

Fig. 1361. — Vipère commune.

Auprès de Paris, elle habite les bois élevés et rocailleux de Fontainebleau et de Montmorency. Elle se nourrit de petits mammifères, d'insectes, de mollusques, de grenouilles, de crapauds, de taupes, etc. Elle peut, comme les autres serpents, jeûner pendant fort longtemps. Elle passe l'hiver et le commencement du printemps engourdie dans des lieux profonds et à l'abri du froid; souvent elles se réunissent plusieurs ensemble, s'enroulent et s'enlacent intimement les unes les autres, et s'engourdissent ainsi pendant toute la mauvaise saison.

Les Vipères s'accouplent vers le mois d'avril : le mâle et la femelle se replient l'un autour de l'autre avec force, et se serrent de si près qu'ils semblent ne former qu'un seul corps à deux têtes. Ces reptiles sont ovovivipares : les petits éclosent dans le sein maternel et naissent nus et vivants; de là même le nom de *Vipère* (*Viripara*, vivipare). La gestation dure environ huit mois, vers la fin desquels les petits rompent la membrane qui les enveloppe, et dont ils présentent quelques restes sous le ventre en naissant. Les Vipereaux sont tout de suite abandonnés par leur mère, qui, lorsque les chaleurs se prolongent dans l'arrière-saison, s'accouple de nouveau. La vie de ces ophidiens doit être considérable, car ils ne peuvent se reproduire qu'à trois ans et continuent leur développement pendant 6 à 7 ans. Ils muent tous les ans; ils sont difficiles à tuer et résistent à de graves blessures.

Nous avons parlé des crochets à venin de la Vipère. Ces crochets, toujours placés à la mâchoire supérieure, sont fort aigus, et percés d'un petit canal qui donne issue à une liqueur empoisonnée, sécrétée par une glande placée, chez toutes les espèces de Vipères et chez les autres serpents venimeux, sur les deux côtés de la mâchoire supérieure. Lorsque ces animaux ne veulent pas mordre, ces crochets ne sont pas apparents et sont cachés par la peau de la bouche. Derrière chaque crochet venimeux se trouvent plusieurs germes destinés à les remplacer lorsqu'ils viennent à se casser. La glande, qui est le réservoir du venin que les crochets de la Vipère versent dans la plaie qu'ils viennent de faire, est traversée par deux muscles, qui tout en servant à rapprocher la mâchoire supérieure de la mâchoire inférieure et à redresser les crochets, sont aussi chargés de comprimer cette glande, organe sécréteur du venin, pour transmettre celui-ci au canal intérieur de la dent, lorsque la Vipère veut s'en faire une arme terrible. En général, la morsure est peu douloureuse au moment où elle vient d'être faite; mais le plus souvent elle est presque instantanément suivie d'une douleur très aiguë. Les piqûres produites par les crochets du reptile sont peu apparentes, mais autour d'elles se montre bientôt une rougeur plus ou moins vive; la douleur augmente; la partie blessée et celles qui l'environnent se gonflent et acquièrent une teinte jaune, livide et rouge intense. Presque en même temps des symptômes généraux alarmants se développent : le blessé éprouve du malaise, des nausées, des vomissements, de la céphalalgie; les yeux deviennent rouges; ils se gonflent et deviennent larmoyants; si la main ou le pied a été blessés, le gonflement d'abord circonscrit autour de la plaie gagne de proche en proche et ne tarde pas à envahir la totalité du membre; alors les symptômes ont acquis toute leur intensité : fièvre d'aspect adynamique, sueurs froides, lipothymies, haleine fétide, mort; mais hâtons-nous de dire que cette terminaison fatale est l'exception. — Il faut se hâter de laver la blessure avec de l'eau simple, ou mieux, avec de l'eau salée : on applique des ventouses sur la plaie, ou bien on la cautérise avec un acide, avec le nitrate d'argent ou un fer incandescent. Il est bon d'appliquer une ligature circulaire au-dessus de la plaie pour empêcher l'absorption et la circulation du venin. Quant aux accidents généraux, on les combat par des boissons cordiales dans lesquelles entrent l'ammoniaque, l'éther, le sirop d'écorce d'orange, etc.

Outre la Vipère commune, on distingue les espèces ou variétés suivantes :

1° La Vipère a museau cornu (*V. ammodytes, V. illyrica*); la V. cornue (*V. Céraste*); la V. a panache (*V. lophophrys*), du cap de Bonne-Espérance : espèces qui toutes ont, comme la Vipère commune, la tête couverte de petites écailles granulées; — 2° la V. a courte queue (*V. brachyura*), dite vulgairement la *Minute*, à cause de l'action rapide de son venin; la V. ocellée (*V. ocellata*), plus connue sous le nom d'*Aspic* (V. ce mot), et la *V.* clotho, de la Caroline, qui n'ont sur la tête que des écailles imbriquées et carénées comme celles du dos; — 3° la Petite Vipère ou *V. rouge* (*V. chersea*), présentant sur le sommet de la tête trois plaques un peu plus grandes que les écailles qui les entourent, etc.

Le venin de la Vipère n'est point un poison pour tous les animaux; il ne tue ni les sangsues, ni l'aspic, ni les couleuvres, etc. Si l'on introduit ce venin dans le corps des moineaux et des pigeons, les premiers meurent en 5 ou 8 minutes, les seconds en 8 ou 12. Les oiseaux et les mammifères résistent d'autant plus à la mort qu'ils sont plus gros : l'expérience en a été faite sur des poules, des cochons d'Inde, des lapins, des chats, des chiens, etc. Ces animaux restent couchés dès qu'ils sont mordus; ils ne boivent ni ne mangent que lorsque la maladie diminue, et alors leur guérison (sans traitement) est assurée.

Fontana s'est assuré qu'une Vipère de grosseur moyenne pouvait tuer 5 ou 6 pigeons de suite, et que de plus grosses pouvaient en tuer jusqu'à 12. Plus la Vipère est irritée, plus elle contracte les

vésicules de son venin, et plus elle en distille dans la plaie qu'elle forme : l'animal meurt plus promptement s'il est mordu en deux endroits que s'il l'est en égal nombre de fois dans un seul.

Appliqué sur la peau légèrement écorchée aux cochons d'Inde et aux lapins, le venin de la Vipère n'est pas mortel pour ces animaux; la maladie est seulement circonscrite dans la peau atteinte du venin, et n'est pas très grave. Ce venin, appliqué seulement sur les fibres musculaires, est tout à fait inoffensif, mais ne perd pas ses propriétés meurtrières immédiatement après avoir empoisonné un animal. Il résulte de là que si l'on fait toucher à la morsure de la Vipère une blessure faite exprès à un autre animal, les deux animaux peuvent mourir. Ce venin tue également les animaux auxquels on le fait avaler.

Fontana s'est assuré que le venin de la Vipère n'était mortel ni pour elle-même ni pour son espèce; mais une recherche intéressante était de déterminer la quantité de venin qu'il faut pour causer la mort à un animal d'une grosseur donnée. Cet habile observateur est parvenu à ce but. Il résulte de ses expériences que 1/1,000 de grain (0 gr. 0005) de venin, introduit immédiatement dans un muscle, suffit pour tuer un moineau; qu'il en faut six fois plus pour tuer un pigeon; il en faudrait 16 centigrammes pour tuer un homme, et 60 centigrammes pour causer la mort d'un bœuf. Une Vipère de grosseur ordinaire contient dans ses vésicules environ 10 centigr. de venin : il faudrait donc que deux Vipères employassent presque tout leur venin pour donner la mort à un homme; mais comme il faut qu'elles mordent plusieurs fois pour épuiser leur vésicule, un homme pourrait recevoir la morsure de 5 ou 6 Vipères sans en mourir : cette seule assertion est capable de rassurer et de diminuer bien des craintes.

Nous qui avons fait aussi plusieurs expériences sur le venin de la Vipère, nous avons remarqué que sur plusieurs morsures successives faites par cet animal, il n'y avait que la première qui fût absolument mortelle pour de petits animaux; que le venin s'épuisait peu à peu par les morsures et devenait toujours moins nuisible, en sorte qu'il fallait que quelques jours d'intervalle se fussent écoulés pour que ce venin agît avec sa première activité. Ce fait était connu anciennement. Gesner (*de l'ip.*, p. 75) rapporte, d'après Gallien, que les Marses, qui se vantaient d'avoir un spécifique assuré contre la morsure des Vipères, n'employaient d'autre secret que celui de les forcer de mordre fréquemment de la chair qu'ils leur présentaient, jusqu'à ce que leur venin fût épuisé, après quoi ils se faisaient mordre eux-mêmes en public par ces reptiles, sans qu'il en résultât aucun accident. — En résumé, on voit que l'on a exagéré beaucoup les périls auxquels expose la morsure de la Vipère. Elle n'attaque jamais les hommes à moins qu'ils ne l'irritent ou ne la tourmentent. Naturellement paisible, elle ne devient cruelle que pour se défendre ou se venger, et s'il arrive parfois qu'elle morde une personne endormie à la campagne , il faut nécessairement que cette personne l'ait foulée et pressée par inadvertance.

VIPÉRINE (*Echium*). Cette plante, de la famille des Borraginées , est bisannuelle , haute de 30 à 60 cent. Sa tige est dressée , robuste , simple, chargée de poils raides, blancs, portés sur des petits tubercules blanchâtres. Feuilles entières, ovales, oblongues pointues , les radicales plus grandes , atténuées en pétiole , étalées sur le sol, très poilues ; les caulinaires plus étroites, semi-amplexicaules. Fleurs d'un bleu tendre en grappes

Fig. 1362. — Vipérine.

foliacées recourbées , formant un panicule : calice poilu ; corolle à gorge dépourvue d'appendices ; étamines saillantes, ainsi que le style.

Cette plante est nommée vulgairement *Herbe à la Vipère*, à cause de ses prétendues propriétés contre la morsure de ce reptile, lesquelles auront été supposées sans doute d'après l'analogie des taches de sa tige avec celles que présente la Vipère. Ses propriétés réelles sont, toutefois, insignifiantes ; elles rappellent celles de la Bourrache et de la Buglosse. — Nous passons sous silence les espèces exotiques.

VIS (*Terebra*). Genre de Gastéropodes ; mollusques à coquille remarquable par sa forme allongée très pointue au sommet, à tours nombreux, etc.; animal à spirale très élevée, à tentacules très petits et courts, etc. — La Vis TACHETÉE (*T. maculata*) est extrêmement commune dans l'Océan indien. La longueur est de 15 à 16 centimètres.

VISCACHE (*Viscacia*). Espèce de Chinchilla de la force d'un fort lapin, dont le poil est gris plombé, la queue en balai allongé ; 4 doigts aux pieds de devant, 3 à ceux de derrière. — Elle habite les pampas du sud de l'Amérique méridionale, se creuse des terriers, et vit en familles nombreuses. Le saut est la marche habituelle de ces animaux, dont les mœurs sont craintives et timides.

VISCÈRES (de *vesci*, se nourrir). Ce mot, pris dans son acception la plus étendue , désigne en général tous les organes plus ou moins compliqués logés dans les trois cavités splanchniques, la tête, le thorax, l'abdomen ; mais dans une acception plus restreinte , il s'entend spécialement des organes qui concourent à la digestion (*Viscera*).

La figure 1363 représente les organes principaux contenus dans la poitrine et l'abdomen :

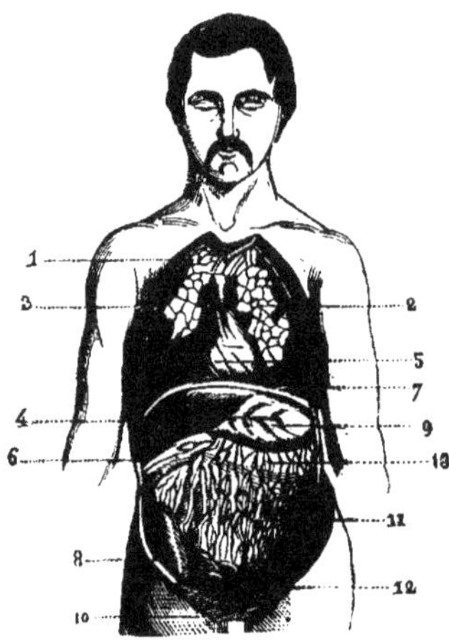

Fig. 1363. — Viscères de l'homme.

(1 Sommet du poumon droit. — 2. Poumon gauche, plus long et moins large que le droit. — 3. Poumon droit, plus court et plus large que le gauche : ces organes, de structure spongieuse, molle, flexible, compressible, dilatable, remplissent exactement la cavité de la poitrine, et sont séparés l'un de l'autre par le *médiastin* et le cœur. — 4. Foie, organe sécréteur de la bile, qui occupe presque tout l'espace connu sous le nom d'*hypochondre droit*, s'étend même un peu vers l'hypochondre gauche et recouvre en partie l'estomac. C'est la plus volumineuse de toutes les glandes ; son poids, assez variable, est ordinairement, chez l'homme, de près de deux kilogrammes. — 5. Cœur renfermé dans son enveloppe (le péricarde). — 6. Bord antérieur et inférieur du foie. — 7. Muscle diaphragme, qui sépare la poitrine de l'abdomen. — 8 et 12. Paquet intestinal. — 9. Estomac, organe principal de la digestion. — 10. Lambeau de la peau du ventre. — 11 et 13. Épiploon, repli du péritoine, situé en devant du péritoine.)

La figure 1364 représente le Canal intestinal.

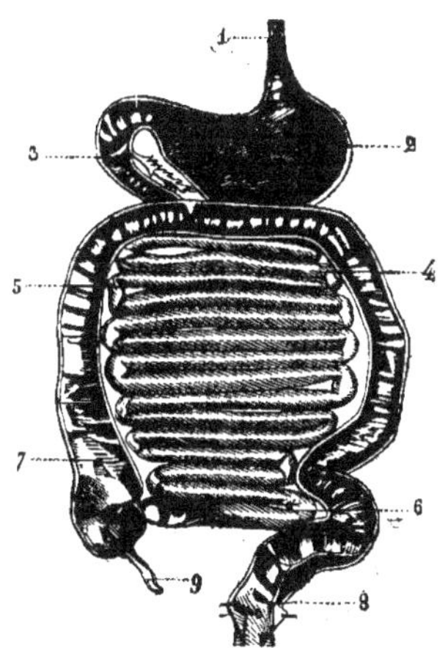

Fig. 1364. — Canal intestinal.

1. Œsophage, conduit musculo-membraneux qui s'étend de l'extrémité inférieure du pharynx ou gosier à l'orifice supérieur de l'estomac. — 2. Estomac, présentant deux orifices : le supérieur est nommé *cardia*, l'inférieur *pylore* (vue intérieure de l'estomac, du duodénum, du colon et du rectum.) — 3. Duodénum, partie de l'intestin grêle qui suit immédiatement l'estomac, et communique avec lui par le pylore. — 4, 5 et 6. Intestin, grêle. — 7. G os intestin, qui se divise en *colon iliaque droit, colon lombaire gauche, colon transverse* et *colon iliaque gauche* ou S du colon. — 8. Rectum, dernière portion du gros intestin qui reçoit les matières fécales avant qu'elles soient chassées par l'acte de la défécation. — 9. Appendice cœcal, communiquant avec le *cœcum*, première portion du gros intestin).

VISION. La Vision ou Vue est le Sens à l'aide duquel nous connaissons les corps lumineux, qu'ils soient lumineux par eux-mêmes ou par réflexion. Ce ne sont donc pas les objets qui impressionnent l'organe de la Vision, mais la lumière, véritable excitateur de l'œil, placé comme agent intermédiaire entre cet organe et le corps dont on apprécie ainsi, à distance, la couleur, la figure, le volume, l'état de repos ou de mouvement, etc. — Voici la première division que nous devons établir : 1° *Vision humaine;* 2° *Vision comparée.*

Vision humaine. Son étude comprend la connaissance de l'organe visuel (œil), celle de l'agent excitateur (lumière), enfin celle du mécanisme de a fonction.

Organe visuel. L'œil est formé de plusieurs membranes et parties dont nous allons indiquer la disposition et les rapports. Une membrane épaisse et résistante, la *sclérotique*, blanche, fibreuse,

donne au globe oculaire sa forme et sa solidité. Cette coque, opaque, présente en avant une ouverture circulaire dans laquelle vient s'enchâsser la *cornée transparente* qui est placée comme un verre de montre à l'entrée de l'œil. Contre la sclérotique sont appliquées deux autres membranes beaucoup plus fines ; ce sont : la *choroïde*, dans l'épaisseur de laquelle serpentent les vaisseaux qui pénètrent dans l'œil, et qui est appliquée sur la face interne de la sclérotique ; puis la *rétine*, membrane de nature nerveuse, qui peut être envisagée comme l'épanouissement du *nerf optique*, lequel traverse en arrière les deux membranes précédentes, dans le voisinage de l'axe antéro-postérieur du globe oculaire.

Qu'y a-t-il dans la cavité circonscrite par les membranes susdites dont l'interne est la rétine, et par la cornée ? « Au point où la cornée s'unit à la sclérotique et dans l'intérieur du globe de l'œil, deux replis s'étendent perpendiculairement à l'axe visuel. L'un, situé plus en avant que l'autre et qu'on peut apercevoir par transparence au travers de la cornée, porte le nom d'*iris :* c'est un diaphragme contractile, présentant au centre une ouverture nommée *pupille*, qui peut s'agrandir ou se rétrécir par la contraction de ses fibres. L'autre repli, placé derrière l'iris, et s'avançant beaucoup moins que lui vers l'axe central de l'œil, ne peut être aperçu que par la dissection du globe oculaire : c'est le *corps ciliaire* avec ses replis ou procès ciliaires : il se termine vers la circonférence du cristallin, auquel il sert en quelque sorte de chaton. Le *cristallin* est une lentille transparente contenue dans une capsule membraneuse également transparente ; il est placé de champ, en arrière et à une très petite distance de l'iris. Entre la face postérieure de la cornée et le cristallin existe un espace rempli par l'*humeur aqueuse*. Cet espace est divisé par l'iris en deux compartiments qui communiquent l'un avec l'autre par l'ouverture de la pupille. Ces deux compartiments forment la *chambre antérieure* et la *chambre postérieure de l'œil* (1). Enfin, entre la face postérieure du cristallin et la rétine existe une autre humeur transparente, remplissant la plus grande partie de la cavité du globe de l'œil. Cette humeur, contenue dans un réseau membraneux extrêmement fin et transparent, se présente dans son ensemble comme un corps demi-solide et porte le nom de *corps vitré.* »

Lumière. Nous avons parlé de ce fluide (V. *Lumière*), mais nous n'avons qu'indiqué la propriété la plus importante qu'elle présente sous le rapport de la Vision, la *réfraction.* Lorsque des rayons lumineux passent obliquement d'un milieu dans

---

(1) L'espace compris entre la face postérieure de l'iris et la surface antérieure du cristallin est extrêmement petit. On peut considérer l'iris et le cristallin comme *se touchant presque.*

un autre milieu, ils changent de direction, tout en restant dans le plan d'incidence. Ils se rapprochent de la perpendiculaire élevée au point d'incidence, quand le milieu dans lequel ils entrent est plus réfrangible que le milieu d'où ils sortent; ils s'en éloignent, au contraire, si le milieu dans lequel ils entrent est moins réfrangible que le milieu d'où ils sortent. Ce phénomène de déviation des rayons lumineux porte le nom de réfraction. La réfraction offre des modifications suivant que les surfaces du milieu sont parallèles, concaves ou convexes, etc.

Le milieu réfringent le plus propre à concentrer en un même point les divers rayons émanés d'un point lumineux situé en avant de lui, est celui compris entre deux surfaces sphériques convexes en sens opposé; telle est la *lentille*. Le point où le corps fait converger les rayons qui le traversent porte le nom de foyer. Or, l'œil peut être considéré comme une *lentille*, parce que le cristallin en offre toutes les conditions spéciales de réfraction.

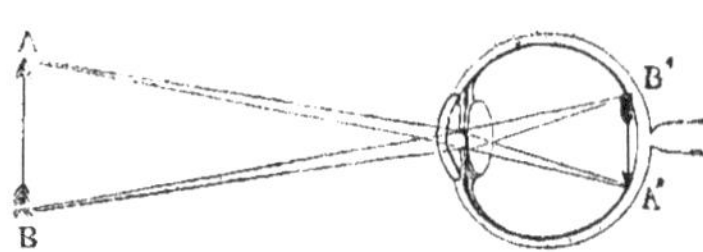

Fig. 1365. -- Vision.

Mécanisme de la Vision. La lumière émanant du corps qui doit porter son image au centre de perception a à traverser, pour arriver à la rétine, une succession de milieux transparents qui sont, à partir d'avant en arrière: la cornée transparente, l'humeur aqueuse, le cristallin et le corps vitré. Mais les rayons lumineux ne frappent pas la rétine sur le prolongement de la direction suivant laquelle ils arrivent à la surface du globe oculaire, parce que les différents milieux de l'œil ont une réfrangibilité supérieure à celle de l'air atmosphérique, et que les rayons lumineux viennent frapper la cornée, surface convexe, sous des incidences plus ou moins obliques. Or, voici le mécanisme aussi simplifié que possible. Les rayons lumineux, arrivant en ligne droite, traversent une première surface convexe et dense (la cornée), qui les réfracte; ils en rencontrent une autre encore plus réfringente à cause de sa forme lenticulaire et de sa plus grande densité (le cristallin), et ils sont encore davantage réfractés en la traversant. Ces deux actions principales ont donc pour but de faire converger les rayons de lumière et de rendre l'action de celle-ci plus intense lorsqu'elle arrive à la rétine. Pour mieux faire comprendre ce mécanisme et le fait du renversement de l'image des objets, dont nous avons déjà parlé, nous nous aiderons de la figure très simple que voici. Soit une flèche A B que l'on regarde. Les rayons partis du point A vont en divergeant tomber sur la cor-

née. En traversant les différents milieux de l'œil, ils sont réfractés et convergent de manière à se réunir en A' sur la rétine. Les rayons émanés du point B se comportent de même, et se réunissent en B' sur cette même rétine. Donc, nous le répétons, si les rayons émanant d'un point, comme A ou B, vont en divergeant sur la cornée, tous les rayons partis de l'objet A B forment une pyramide de lumière dont cet objet est la base. Remarquons ensuite que tous les rayons s'entrecroisent au centre optique du cristallin, de manière à former une autre pyramide dont la base, qui représente l'image de la première, est à la rétine; que cette image est renversée puisque les rayons partis du point inférieur B de l'objet se dessinent sur le point supérieur B' de la rétine, et que ceux du point A correspondent en A'. On peut se demander alors pourquoi nous ne voyons pas tous les corps renversés; mais il est facile de comprendre que l'habitude rectifie la vue, et que d'ailleurs la perception se faisant au cerveau, celui-ci ne reçoit qu'une seule et même impression qui n'a ni étendue ni figure.

La rétine étant la membrane sentante, celle sur laquelle doit se peindre l'image des objets, et le corps vitré étant appliqué contre la rétine, il en résulte : 1° que le foyer des rayons lumineux émanés des divers points de l'objet a eu lieu à la partie postérieure de l'appareil réfringent, sur cette surface postérieure elle-même, appliquée qu'elle est sur la surface de la rétine ; 2° qu'à quelque distance que soit placé l'objet sur lequel s'exerce la vision, le foyer ou l'image devant toujours se trouver sur la rétine, cela ne peut arriver que par des modifications intérieures de l'œil, c'est-à-dire par une accommodation des milieux réfringents eux-mêmes. Ces deux points exigeraient de longs développements explicatifs que le cadre de cet article ne peut admettre. Nous les examinerons dans leurs détails indispensables dans la cinquième édition de notre *Anthropologie* que nous préparons.

L'iris, en se contractant ou se dilatant, rétrécit ou agrandit l'ouverture de la pupille, selon que l'exige l'intensité ou la faiblesse trop prononcée de la lumière. Ce voile mobile a donc pour but de mesurer la quantité de ces mêmes rayons, afin de garantir l'organe visuel d'une impression trop vive et de favoriser la Vision. En effet, l'iris est organe de protection, car il ferme complètement la pupille et partant le passage à la lumière lorsqu'un rayon solaire frappe accidentellement la rétine ; 2° il influe sur la netteté des images qui se forment au fond de l'œil, en se rétrécissant comme pour restreindre le nombre des objets, lorsque ceux-ci sont très petits et regardés avec beaucoup d'attention ; 3° il assure la Vision à des distances différentes, car quand il s'agit de voir distinctement un objet éloigné ou peu éclairé, la pupille se dilate comme pour admettre un plus grand nombre de rayons et suppléer ainsi à leur faiblesse.

La choroïde sert à la Vision en absorbant dans la matière noire qui l'imprègne les rayons lumineux, après qu'ils ont impressionné la rétine. De cette façon, en effet, l'image est plus nette, plus régulière, et c'est parce que cette matière noire absorbante manque chez les albinos, que ces êtres ont la vue imparfaite.

La rétine a pour fonction, nous le savons, de recevoir l'impression produite par les rayons lumineux. Pour que cette impression se fasse convenablement, il faut que la lumière soit dans un degré d'intensité convenable : trop vive, elle éblouit; trop faible, l'image n'est point perçue. La rétine peut être rendue insensible par l'action prolongée ou trop intense et même par l'absence de son excitant. Une lumière qui frappe pendant un certain temps un même point de cette membrane nerveuse, rend ce point insensible, c'est ainsi que si l'on fixe longuement un point blanc dans un fond noir et que l'on porte ensuite ses regards sur un fond blanc, on croit voir un point noir sur celui-ci, parce que la rétine est devenue insensible à l'endroit qui a été fatigué par la lumière blanche. La connaissance du mode d'action de la rétine et du spectre solaire conduit à l'explication de divers phénomènes analogues, du suivant par exemple : Regardez une tache rouge pendant longtemps, portez ensuite vos regards sur un corps blanc, ce dernier vous paraîtra taché de vert. Pourquoi? parce que votre rétine est devenue insensible au rayon rouge du spectre solaire, et que la lumière donne la sensation du vert lorsqu'on en soustrait le rouge.

Le nerf optique (2e paire) transmet au centre de perception l'impression ressentie par la rétine. Il est l'agent spécial, nécessaire de la Vision, car lorsqu'on le coupe chez les animaux, on produit immédiatement la cécité. La 5e paire paraît avoir aussi une influence sur cette fonction, puisque sa section altère la vue, quoique son rôle spécial soit de donner la sensibilité générale à l'organe visuel. L'impression est transmise au cerveau, aux tubercules quadrijumeaux par les nerfs optiques, et est élaborée et convertie en perception par le principe immatériel.

Le globe de l'œil modifie la lumière suivant l'étendue de son axe et de ses diamètres, laquelle, bien que congéniale, est susceptible de variations pendant la vie. Lorsqu'il est très convexe, doué par conséquent d'une grande force réfringente, les rayons convergents se réunissent avant d'arriver à la rétine, et l'objet n'est point vu. Le mot *myopie* désigne cet état, qui reconnaît encore pour cause la surabondance des humeurs de l'œil, l'excès de densité et de convexité du cristallin, et auquel on remédie, soit par l'usage de lunettes à verres concaves, soit en rapprochant l'objet de l'œil, ce qui accroît la divergence des rayons et les empêche de se réunir en deçà de la rétine. Quand l'œil, par des conditions de structure opposées, est impuissant à rassembler les rayons lumineux, et que ceux-ci ne sont pas encore réu-

nis lorsqu'ils arrivent à la rétine, l'objet ne saurait encore être bien vu parce qu'il est trop rapproché: il faut le tenir à distance, et l'on nomme *presbytie* l'état de la vue qui nécessite cette précaution. On y obvie par l'usage de lunettes convexes. En d'autres termes, les corps que l'on veut voir doivent être placés à des distances variables suivant le foyer des milieux réfringents de l'œil, et de telle sorte que les rayons convergents se réunissent au moment où ils arrivent sur la rétine.

Vision comparée. « L'appareil de la Vision et les conditions optiques de l'œil sont à peu près les mêmes dans la classe des *Mammifères* que dans l'espèce humaine; il n'y a guère de différences que dans le volume relatif du globe oculaire, et dans l'ouverture pupillaire, qui, à l'état de resserrement, prend quelquefois une forme allongée, au lieu de la forme circulaire (1). Quelques animaux, qui passent la plus grande partie de leur vie sous terre, sont remarquables par la petitesse du globe de l'œil : telles sont les Taupes. Chez d'autres, qui vivent dans l'eau (Cétacés), le cristallin a de l'analogie avec celui des Poissons et se rapproche de la forme sphérique. La différence entre la réfrangibilité de l'eau dans laquelle vivent ces animaux et la réfrangibilité des milieux transparents de l'œil est, en effet, beaucoup moindre qu'entre celle de l'air atmosphérique et celle des humeurs de l'œil des animaux aériens. La convergence des rayons derrière la lentille cristalline eût été beaucoup amoindrie, chez les animaux aquatiques, si l'exagération des courbures du cristallin ne rétablissait l'équilibre.

La choroïde de l'œil des Mammifères offre souvent, dans le fond de l'œil et au-dessous de la rétine, une tache brillante à reflets métalliques, à laquelle on a donné le nom de *tapis*, et qui, réfléchissant en partie la lumière qui a traversé la rétine, donne aux yeux des animaux, envisagés sous certaines incidences, un éclat tout particulier. Le tapis est vert doré chez le bœuf, jaune doré chez le chat, bleu argenté chez le cheval, etc. Le tapis doit nuire à la netteté de la Vision des objets, mais il donne sans doute aux animaux une sensibilité plus vive à la lumière, la rétine étant *retraversée* en ce point par une partie de la lumière qui n'a point été absorbée par la choroïde. En vertu de cette disposition, les animaux peuvent sans doute se guider mieux que l'homme dans une demi-obscurité.

L'œil est placé chez les Mammifères dans des orbites dont la direction est telle que les yeux sont dirigés plus ou moins directement sur les côtés. Il n'y a guère que l'Homme, les Singes et

____

(1) Cette fente est allongée *transversalement* chez le cheval et chez la plupart des animaux domestiques. Elle est allongée *verticalement* chez le chat et chez la plupart des carnassiers nocturnes.

les Oiseaux de proie nocturnes dont les orbites sont disposés de manière à ce que la vue s'exerce en avant et simultanément avec les deux yeux. Quelques Poissons présentent cependant aussi les deux yeux sur le même côté du corps, soit à la partie dorsale, soit sur l'un des côtés.

Les *Oiseaux* ont le sens de la vue très développé. Les oiseaux qui planent à de grandes hauteurs dans l'atmosphère paraissent distinguer très nettement des objets de petit volume placés à la surface du sol. Les oiseaux présentent, dans le centre du globe oculaire, un repli rayonné qui s'avance du fond de l'œil vers la face postérieure du cristallin et auquel on donne le nom de *peigne*. Ce repli, infiltré de pigment choroïdien, est formé par un prolongement de la choroïde et recouvert à sa surface par une expansion de la rétine. Il augmente l'étendue de la surface sentante, mais on ignore de quelle manière il peut concourir à la Vision. Les Oiseaux de haut vol, qui aperçoivent les objets à de grandes distances, ont, en général, le cristallin peu bombé; ceux qui vivent ordinairement dans l'eau, et qui plongent pour poursuivre leur proie, ont un cristallin à surfaces plus convexes; il se rapproche de celui des Cétacés et des Poissons.

Les *Reptiles* ont souvent trois paupières : quelquefois cependant les paupières manquent complétement (Serpents) ; le globe oculaire est alors, comme chez les Poissons, recouvert seulement par une conjonctive transparente. Il y a chez la plupart d'entre eux des glandes lacrymales rudimentaires. Le cristallin a des formes variables ; les reptiles aquatiques l'ont beaucoup plus bombé que les reptiles terrestres. Chez quelques reptiles, on trouve aussi un vestige de peigne. Quelques reptiles inférieurs, tels que les Protées et les Cécilies, qui vivent dans les eaux des cavernes obscures et souterraines, ou qui se creusent des trous dans les lieux sombres et humides, ont des yeux rudimentaires, formés par une capsule remplie d'un liquide transparent, tapissée intérieurement par une expansion nerveuse, et recouverte de pigment à la surface extérieure : le point de la capsule dirigée à la surface en est seul dépourvu. Les yeux sont cachés sous les téguments, au milieu du tissu cellulaire sous-cutané : ces animaux n'ont qu'une vue très imparfaite.

Les *Poissons* manquent de paupières. Leurs yeux, continuellement baignés par le liquide ambiant, sont dépourvus d'appareil lacrymal. Les yeux des poissons sont grands, peu mobiles ; le cristallin est sphérique, leur cornée presque plate; l'iris très peu contractile. La rétine des poissons carnassiers, qui poursuivent leur proie et paraissent la distinguer à d'assez grandes distances, présente des plis rayonnés, qui rappellent le peigne des oiseaux. Les yeux des Myxines, comme ceux des Protées, sont placés sous les téguments et même sous les muscles; ils sont constitués également par une capsule, enduite extérieurement et dans une certaine étendue par un pigment foncé.

Les Myxines (1) distinguent probablement, seulement, la clarté du jour de l'obscurité de la nuit, comme d'autres animaux inférieurs. La peau et les muscles placés au-devant de l'œil ne sont pas des diaphragmes tout à fait opaques : il suffit, en effet, de placer sa main entre les yeux et la lumière du soleil ou d'une lampe pour en distinguer encore la lueur lumineuse.

Parmi les *Articulés*, les Insectes et les Crustacés ont des yeux d'une structure toute particulière. Leurs yeux, dits *composés* ou *à facettes*, sont constitués par l'agglomération d'un nombre considérable de petits tubes rayonnés ou de cônes divergents, dont l'ensemble vient se terminer à la surface suivant une courbe plus ou moins étendue. Ces cônes, terminés à leur base libre par de petites cornées à formes polygonales, renferment dans leur intérieur une humeur analogue au corps vitré, reçoivent un filet nerveux à leur extrémité profonde, et sont enduits à leur intérieur par un pigment foncé. Chacun des deux yeux, qui n'a que quelques millimètres de diamètre, renferme souvent de dix à vingt mille de ces petits tubes. La cornée qui ferme chacun de ces petits cônes est enduite elle-même de pigment sur la plus grande partie de son étendue, excepté au centre, où elle présente un point transparent que la lumière peut traverser.

Les yeux à facettes, quoique différant assez notablement des yeux des animaux supérieurs, donnent néanmoins aux insectes et aux crustacés des images assez exactes des objets extérieurs. Les cônes étant divergents, et disposés comme les rayons d'un segment de sphère, ne laissent parvenir à la terminaison nerveuse placée dans leur fond que les rayons dirigés *suivant leur axe*. Tous les autres rayons qui tombent plus ou moins obliquement sur les parois intérieures enduites de pigment, sont absorbés. La représentation de l'image se fait, par conséquent, sur des milliers de points, qui correspondent chacun à des points *isolés* de l'objet extérieur. L'image de cet objet se trouve en quelque sorte représentée par une mosaïque d'une extrême finesse, dont chaque segment microscopique correspond aux dimensions des éléments nerveux placés à l'extrémité profonde des cônes.

« Les Articulés n'ont pas tous des yeux à facettes. Quelques-uns, les Annélides en particulier, ont des yeux *simples*, et constitués par une rétine enduite extérieurement de pigment, un corps vitré et une cornée.

Dans beaucoup d'Insectes et dans quelques Crustacés, les deux espèces d'yeux coexistent en-

---

(1) Il y a, dans la plupart de nos cours d'eau, une myxine très commune, longue de 5 à 6 centimètres, et de la grosseur d'un ver de terre, à laquelle on donne vulgairement le nom de *chatouille*, et dont les pêcheurs se servent pour amorcer.

semble. Les yeux simples, au nombre de trois, ou plus, sont alors le plus souvent placés sur le sommet de la tête, entre les deux yeux à facettes. Il est probable que les yeux simples ne voient que de près, et sont surtout en rapport avec la vue de l'aliment, tandis que les autres yeux, donnant à l'animal la notion des corps éloignés, le dirigent dans son vol ou dans ses mouvements.

« Les yeux composés des Crustacés sont généralement portés sur un pédicule mobile, inséré au fond d'une fossette particulière. Ce pédicule peut, par ses mouvements, augmenter l'étendue du champ visuel.

« Les *Mollusques* céphalopodes ont des yeux analogues à ceux des animaux supérieurs. Les Poulpes et les Seiches ont deux gros yeux logés dans les parties latérales de la tête, composés d'une sclérotique, d'une choroïde, d'une rétine, d'une cornée, d'un corps vitré, d'un cristallin ; il y a quelquefois des rudiments de paupières. Les Gastéropodes (Limaçons, etc.) ont les yeux portés sur des pédoncules saillants, mais ces yeux sont moins parfaits que les précédents : ils ne consistent guère qu'en une vésicule, enduite de pigment, remplie d'une humeur vitrée, et présentant en avant un point transparent. Quelques mollusques Acéphales, et peut-être aussi quelques Animaux *Rayonnés*, présentent sur quelques points du corps des vésicules enduites de pigment, qu'on désigne quelquefois sous le nom de *points oculaires*, et qui leur donnent sans doute la faculté de distinguer la lumière du jour et l'obscurité de la nuit.

VISON (*Mustela vison*). Espèce du genre Mouffette, qui a de grands poils bruns, avec un duvet très doux et touffu; la queue peu touffue, de couleur noire; longueur de la tête et du corps, 40 cent. — Cet animal a pour patrie le Canada ; il vit sur les bords des eaux et habite sous terre. Sa nourriture consiste en poissons, oiseaux aquatiques, rats, souris, œufs de tortue, etc. Il a l'instinct carnassier de la Fouine, et commet les mêmes dégâts dans les basses-cours. La femelle produit de 3 à 6 petits par portée.

VITRINE (*Vitrina*). Genre de Gastéropodes pulmonés, petits mollusques dont la coquille est très petite, souvent insuffisante pour contenir l'animal, qui est limaciforme, avec une tête munie de 4 tentacules. — On ne compte qu'une douzaine d'espèces au plus, dont les coquilles, généralement petites, sont minces, verdâtres, déprimées et formées d'un et demi à trois tours de spire, selon les espèces.

Celle qui est la plus répandue dans nos environs et dans presque toute la France est la V. *pellucida*. Elle est mince, transparente, composée de trois tours, dont le dernier est très grand; sa surface extérieure est lisse, brillante et d'un vert pâle; l'animal est d'un gris foncé et beaucoup trop grand pour pouvoir rentrer complétement

dans sa coquille. On la trouve dans les lieux humides des bois, dans les mousses ou les herbes qui bordent les sources.

VIVE (*Trachinus*). Genre de Poissons du groupe des Percoïdes, caractérisé surtout par sa tête comprimée et par la forte épine de son opercule. Ce sont des poissons allongés, auxquels leurs yeux, rapprochés du bout d'un museau court, et leur gueule oblique, donnent une physionomie particulière, en même temps que les fortes épines de leurs opercules et la finesse des pointes de leur première nageoire les font beaucoup redouter des pêcheurs.

Malgré la position avancée de leurs ventrales, les Vives ont avec les Perches des rapports très sensibles, et l'on pourrait presque dire que ce sont des Perches dont une partie de la queue s'est allongée et renforcée aux dépens de la partie abdominale. Leur première dorsale est courte et n'a que peu de rayons, tandis que la seconde et l'anale sont très allongées ; elles conduisent aux Scorpènes et aux Trigles par la simplicité et la force des rayons inférieurs de leurs pectorales; mais ce sont de véritables Percoïdes, et leur joue est nue et non cuirassée. Elles se tiennent le plus souvent cachées dans le sable : on redoute beaucoup la piqûre des aiguillons de leur première dorsale. Leur chair est agréable.

La Méditerranée produit quatre espèces de Vives, qui sont recherchées pour leur chair ; parmi elles, quelques-unes se trouvent dans l'Océan. Le type est la V̄ɪᴠᴇ ᴄᴏᴍᴍᴜɴᴇ (*Trachinus draco*), d'une couleur gris roussâtre, plus brune vers le dos, plus pâle vers le ventre, avec des reflets bleus et jaunes : des taches nuageuses noirâtres y formant une marbrure dirigée dans le sens des lignes d'écailles; nageoires blanchâtres : la première dorsale avec une tache noire, la seconde une tache jonquille : caudale à rayons bruns : longueur totale, environ 35 centim. Cette espèce est répandue dans nos deux mers. — Les autres espèces sont celles de la Méditerranée, la ɢʀᴀɴᴅᴇ Vɪᴠᴇ ᴀ ᴛᴀᴄʜᴇs ɴᴏɪʀᴇs ou Vɪᴠᴇ-Aʀᴀɪɢɴᴇ́ᴇ (*T. araneus*); la Vɪᴠᴇ ᴀ ᴛᴇ̂ᴛᴇ ʀᴀʏᴏɴɴᴇ́ᴇ (*T. radiatus*); une espèce particulière au nord de l'Angleterre est la ᴘᴇᴛɪᴛᴇ Vɪᴠᴇ (*T. vipera*).

VIVIPARES. Animaux dont les petits naissent sans être enveloppés d'un œuf. — Le mot *Ovipares* désigne le contraire.

VOIX. Son que l'Homme, les Mammifères et les Oiseaux font entendre en chassant l'air de l'intérieur de leurs poumons. Mais l'Homme seul possède le privilége de la parole.

Dᴇ ʟᴀ Vᴏɪx ᴄʜᴇᴢ ʟ'Hᴏᴍᴍᴇ. — La fonction qui consiste dans la production du son vocal se nomme, en physiologie, *Phonation*. L'étude de cette fonction repose sur la connaissance : 1° du larynx et des parties qui le surmontent; 2° du son; 3° du mécanisme de la phonation.

Organes de la voix. L'ensemble de ces organes représente un instrument à anche. En effet, il se compose : 1° d'organes destinés à chasser l'air au travers du larynx (poumons) ; 2° du larynx, dans lequel l'air chassé par les poumons, qui font l'office de soufflets, vient résonner sur les ligaments appelés *cordes vocales ;* 3° du pharynx, de la bouche et des fosses nasales, qui constituent le *tuyau vocal* ou porte-son.

Le larynx est l'organe spécial, nécessaire de la voix. Il consiste en une charpente cartilagineuse composée de plusieurs pièces mobiles, réunies entre elles par des articulations et par des ligaments. Divers petits muscles animés par certains nerfs font mouvoir ces pièces mobiles, et ont pour effet surtout de mettre les *cordes vocales,* qui sont placées à l'intérieur du larynx, dans un état de tension ou de relâchement qui détermine la nature de son produit. Les replis intérieurs du larynx auxquels on donne le nom de cordes vocales sont au nombre de deux de chaque côté : les supérieures et les inférieures. Les *cordes vocales supérieures* font à peine saillie dans l'intérieur du larynx. Les *cordes vocales inférieures* sont beaucoup plus saillantes et beaucoup plus importantes que les précédentes. Quand on regarde le larynx par son orifice supérieur, on aperçoit la saillie qu'elles forment dans le larynx, tandis que celle des cordes supérieures, placées plus près de l'orifice, est à peine marquée. L'espace ou l'intervalle qui sépare les cordes vocales inférieures l'une de l'autre constitue la *glotte* ; celle-ci est la portion la plus rétrécie du larynx ; sa partie antérieure, qui est bordée par les deux cordes inférieures du larynx, est la seule qui serve à la voix ; sa partie postérieure est plus spécialement en rapport avec la respiration.

Outre les modifications de la glotte dépendantes de l'action des muscles du larynx, outre les mouvements qui s'accomplissent dans son intérieur, le larynx peut encore être élevé ou abaissé en totalité par des muscles extrinsèques.

Du son. Nous avons cherché déjà à établir les lois fondamentales de la production du son et du bruit. Nous savons que le son est le résultat d'oscillations imprimées aux molécules des corps élastiques, lorsque sous l'influence d'un choc ou d'un frottement ces molécules ont été dérangées de leur état d'équilibre, et que le son est perçu par l'effet de l'ébranlement de l'air qui, lui-même, intermédiaire entre le corps vibrant et l'organe de l'ouïe, transmet à celui-ci les oscillations moléculaires de condensation et de dilatation successives. — V. *Son, Audition.*

Le larynx a une grande analogie avec les instruments de musique à cordes et à vent. Dans les premiers, le son est produit par les vibrations de cordes tendues ; or, l'organe de la voix humaine est pourvu de parties vibrantes ou *cordes vocales,* dont la tension, la longueur, la densité et la grosseur peuvent varier sous l'influence de la contraction des muscles du larynx. Dans les instruments à vent à parois résistantes, on admet que le son est produit par la colonne d'air elle-même ; l'air renfermé dans les tuyaux de ces instruments n'est pas seulement le véhicule du son, il est le corps sonore lui-même : la hauteur du son dépend de la longueur et de la tension des masses d'air ébranlées, de la même manière que dans les vibrations longitudinales des verges solides.

Parmi les instruments à vent, quelques-uns se distinguent des autres par la nature de l'embouchure : tels sont le hautbois, le basson, la clarinette. Dans ces instruments, dits *à anche,* une ou deux languettes, fixées par une de leurs extrémités au corps de l'instrument, sont libres par l'autre extrémité engagée dans la bouche. Placées sur le passage du courant d'air, ces languettes peuvent exécuter de courtes oscillations, et l'on a disserté beaucoup pour savoir si leurs vibrations étaient cause ou effet du son. Mais quelle que soit la théorie à laquelle on se rattache, il n'en est pas moins certain que l'organe de la voix humaine, en tant du moins qu'organe formateur du son, a la plus grande analogie avec l'anche des instruments dont nous parlons. Soit que les lèvres de la glotte ne vibrent que parce que l'air leur communique ses vibrations initiales, soit qu'elles vibrent d'abord pour transmettre ensuite leurs vibrations aux couches d'air qui les environnent, cela importe peu, et c'est là, suivant nous, une question tout à fait oiseuse dans l'étude de la voix humaine. Ce qui est incontestable, c'est que les cordes vocales *vibrent* pendant que la voix se produit, et que les divers états de *tension* dans lesquels se trouvent ces cordes influent de la manière la moins équivoque sur la hauteur du son.

Mécanisme de la voix. — D'après ce qui vient d'être dit de l'analogie qui existe entre l'instrument vocal et les instruments à corde et à vent, ce mécanisme n'a plus besoin d'être expliqué en quelque sorte. L'air chassé de la poitrine met en vibration les cordes vocales, sa colonne elle-même, au moment où il traverse la glotte. Mais le son vocal n'est constitué avec tous ses caractères qu'à l'aide du concours des ventricules du larynx, qui sont des organes de renforcement du son, de celui des fosses nasales et de la cavité buccale, qui font l'office de *porte-son.*

La *parole* est la voix articulée. L'articulation des mots dépend, mécaniquement, de l'action du voile du palais, des joues, des lèvres, et particulièrement de la langue ; mais nonobstant la disposition favorable et exceptionnelle de ses organes vocaux, l'homme ne serait pas parvenu à se créer un alphabet complet, un langage articulé aussi parfait que celui dont il dispose, s'il n'avait été doué d'une intelligence supérieure et exceptionnelle dans la série des créatures vivantes.

Nous n'avons pu qu'effleurer ce sujet de physiologie humaine, comme tous les autres du reste, dans cet ouvrage destiné principalement à exposer les notions premières et fondamentales de l'histoire naturelle, et à ouvrir l'intelligence commune aux développements que donnent sur chaque sujet les traités spéciaux. Nous répétons à ce sujet que, pour ceux qui désirent connaître l'homme anatomiquement, physiologiquement et pathologiquement, nous ne pouvons mieux faire que les renvoyer à notre *Anthropologie*.

DE LA VOIX DANS LA SÉRIE ANIMALE. — Les Mammifères, les Oiseaux, quelques Reptiles ont un larynx disposé pour la production du son ; les Poissons manquent de cet organe et de voix parce qu'ils ont la respiration branchiale ; il en est de même des Insectes, des Mollusques, de tous les Invertébrés. Nous avons donné l'explication des sons très aigus que font entendre certains insectes, et dont le mécanisme est tout à fait différent de celui de la voix humaine.

« Les *Mammifères* peuvent produire des sons variés : le Cheval hennit, le Chien aboie, le Chat miaule, l'Ane brait, le Taureau mugit, le Cochon grogne, le Lion rugit, etc. Les modifications de la voix chez les Mammifères tiennent à la conformation particulière du larynx, et par-dessus tout à celle des cavités situées au-dessus de la glotte, c'est-à-dire à l'appareil de renforcement du son, appareil résonnant qui varie suivant la forme et la profondeur des fosses nasales, celle des sinus, celle des parties supérieures du pharynx, celle des ventricules du larynx, la conformation de la bouche, etc. Quant à la production du son lui-même, elle est tout à fait la même que chez l'Homme. Le son est produit par les vibrations des lèvres de la glotte. Les cordes vocales supérieures, déjà rudimentaires chez l'Homme, manquent chez un certain nombre de Mammifères, qui n'ont qu'une seule paire de cordes vocales correspondantes aux cordes vocales inférieures de l'homme.

« Beaucoup de Mammifères, tels que le Cerf, le Lapin, le Lièvre, etc., ont une voix, mais en font rarement usage. Les animaux qui hurlent et qui se font entendre la nuit à de grandes distances, ont généralement les ventricules du larynx développés. Quelques Singes du nouveau continent se distinguent surtout sous ce rapport. Les Alouates, ou Singes hurleurs, qui vivent en troupes à la Guyane, ont un os hyoïde terminé de chaque côté par un renflement osseux logé dans les apophyses montantes du maxillaire inférieur. Ce renflement osseux, qui est creux, communique avec les ventricules du larynx prolongés sous l'épiglotte et sous la membrane thyro-hyoïdienne, et donne à la voix un timbre tout particulier. »

Les *Oiseaux* ont deux larynx, l'un supérieur, l'autre inférieur. Le larynx *supérieur*, qui est placé à l'ouverture supérieure des voies respiratoires, ne sert à la voix que d'une manière accessoire. Le larynx *inférieur* est le véritable organe vocal des oiseaux : il est placé au point où la trachée se divise en bronche droite et bronche gauche. « Il se compose de plusieurs parties : 1° d'un renflement dont les parois sont en partie osseuses et en partie membraneuses, et qui correspond à la partie inférieure de la trachée. Ce renflement porte le nom de *tambour*. Le tambour est divisé, au point de jonction des bronches, par une traverse osseuse surmontée par une membrane mince, de forme semi-lunaire ; 2° au point où les deux orifices supérieurs des bronches communiquent avec le tambour, ils sont bordés chacun par deux lèvres ou cordes vocales, dont l'une est la plupart du temps plus développée que l'autre. Il y a, en outre, entre les divers anneaux du larynx inférieur des muscles plus ou moins nombreux, qui ont pour but de tendre les divers replis membraneux qu'ils soutiennent. Ces muscles existent à peine chez les Gallinacés ; il y en a une paire dans l'aigle, le vautour, la buse, le coucou, etc.; il y en a trois paires dans le perroquet ; il y en a cinq paires dans les oiseaux qui modulent le mieux leur chant, tels que le rossignol, la fauvette, le serin, le pinçon, etc. Ces muscles ont tous une insertion commune à la trachée, et ils se fixent d'autre part aux premiers anneaux de la bronche correspondante à chaque glotte. Indépendamment de ces muscles *intrinsèques*, il y a encore d'autres muscles chargés d'abaisser la trachée, et de diminuer ainsi la longueur du tuyau vocal. » La voix se produit, chez les Oiseaux comme chez les Mammifères, par les vibrations des lèvres glottiques.

Parmi les *Reptiles*, quelques-uns ont une véritable voix, tels sont les Grenouilles, les Crapauds et d'autres Batraciens. La cavité du larynx présente sur les côtés des replis membraneux, qui, partant de la base des cartilages aryténoïdes, méritent, à proprement parler, le nom de cordes vocales. C'est là que se produit le bruit du *coassement*. Les Grenouilles mâles présentent, en outre, de chaque côté du cou, sous l'oreille, un appareil de renforcement, consistant en une poche membraneuse élastique, qui s'ouvre dans la bouche sur les côtés de la langue, et qui se gonfle quand l'animal coasse.

VOLCAN (du latin *Vulcanus*, dieu du feu), montagne ou gouffre vomissant en certains temps de la fumée, des flammes, des cendres, des pierres, des torrents de matières en fusion nommées *laves*, par une ouverture appelée *cratère*. On a longtemps attribué la cause des éruptions volcaniques à l'embrasement du soufre, des pyrites, des bitumes et autres matières inflammables renfermées dans le sein de la terre. On les explique aujourd'hui, ainsi que les tremblements de terre, par l'action de la chaleur centrale : « L'écorce du globe, inégale en épaisseur et sujette par suite à des mouvements d'ondulation qui constituent les tremblements de terre, presse sur la masse en fusion qui remplit le centre de la terre et fait ainsi jaillir, par les fissures qu'offre sa surface, une partie de la masse interne, sous forme de lave, de gaz, d'eau bouillante, etc. »

Comme spectacle, une éruption volcanique est ce qu'il y a de plus grand et de plus majestueux, mais c'est aussi ce qu'il y a de plus terrible. Malheur à la contrée qui renferme un volcan. Autour de lui, et souvent à de grandes distances, tout peut être bouleversé, détruit, anéanti ! C'est surtout dans le Nouveau-Monde que se passent les grandes scènes volcaniques, scènes aussi majestueuses que funestes et dévastatrices. « C'est aussi dans ces contrées qu'elles paraissent plus intimement liées aux tremblements de terre, dont l'étonnante puissance peut, en quelques instants à peine appréciables, causer les plus grands désastres. Que de villes du Mexique, du Pérou, du Chili, doivent leur entière destruction à ces terribles phénomènes dont la vraie cause nous est encore inconnue, et qui sera, pour les savants, pendant bien longtemps encore, un des problèmes les plus difficiles à résoudre ! »

Polybe, Lucrèce, Diodore de Sicile, Strabon, Vitruve, Denis d'Halicarnasse, Sénèque, Pline, Plutarque, Suétone, Galien, Dion Cassius, Aurélius Victor, etc., ont successivement mentionné les éruptions du célèbre Vésuve, mais on doit à Pline le *Jeune* la première description détaillée qui ait été faite des circonstances qui ont accompagné, à certaines époques, ces événements calamiteux. Cet intéressant tableau se trouve dans la lettre que Pline adressa à l'historien Tacite sur la mort de son oncle, qui périt victime de son zèle pour la science dans l'éruption du Vésuve qui eut lieu le 23 août de l'année 79 de J.-C. Ce terrible événement fut précédé de quelques années par un violent tremblement de terre dont Sénèque a conservé le souvenir, et qui remplit de ruines et de désastres les principales villes voisines. La cime du Vésuve, rapporte Pline le *Jeune*, se couvrit, le 24 août, vers la septième heure du jour, d'une fumée épaisse qui s'éleva comme un nuage à peu près de la *forme d'un pin;* tantôt cette fumée s'éclaircissait, tantôt elle devenait plus obscure, selon qu'elle était chargée de cendre ou de terre. Les différentes couches de cendre, de terre et de sable de cette éruption se remarquent encore distinctement sur le sol qui couvre Herculanum. *Pompéia* et *Herculanum* furent engloutis sous des pluies de cendres et de pierres brûlantes: plus de 250,000 personnes périrent. Plusieurs jours auparavant, on avait éprouvé une secousse de tremblement de terre ; mais la nuit de l'éruption, et le matin même, il y en eut de si violentes, qu'il semblait que tout dût s'abîmer et que la mer fût chassée de ses bords. Ce fut alors que Pline le *Naturaliste*, amiral de la flotte romaine stationnée à Misène, vivement ému par l'espoir de transmettre exactement à la postérité les circonstances du grand phénomène dont le hasard le rendait témoin, ordonna de mettre une galère à flot, s'embarqua dans l'intention de porter en même temps quelques secours aux habitants de la côte voisine, et se fit mettre à terre malgré les représentations du pilote, qui le conjurait de lui laisser gagner la pleine mer. En vain une foule de malheureux, repoussés par le vent et par la mer, également contraires, fuyaient de tous côtés dans

l'obscurité la plus affreuse : rien ne put distraire le savant amiral de ses pensées ni de la contemplation des scènes extraordinaires qu'il avait sous les yeux : il reçut la mort sur le rivage, sans s'occuper en aucune manière du danger qui le menaçait. Il périt suffoqué, et trois jours après on trouva son corps entier, et dans la position plutôt d'un homme qui repose que dans celle d'un mort. Dion Cassius, qui a décrit aussi cette mémorable éruption, ajoute que la montagne se brisa, que le Volcan lança de grosses pierres, et que l'on distingua deux sortes de bruits : l'un souterrain, semblable au tonnerre, et un autre extérieur, produit, selon lui, par la violence avec laquelle l'air était écarté par la fumée. — Suétone rapporte, dans la *Vie de Titus*, que des jets de flamme prodigieux et une grande quantité de soufre sortirent, de son temps, de cette montagne. Un autre auteur prétend que les *mugissements du Vésuve furent entendus jusqu'en Égypte*. — Une éruption de ce Volcan, en 202, a été mentionnée par Dion et Galien ; d'autres eurent lieu en 272 et 472 : celle-ci ravagea toute la Campanie. Selon quelques anciens historiens, les vents portèrent les cendres de cette éruption jusqu'à Constantinople ; une procession annuelle, qui fut alors instituée dans cette capitale, dit Condillac, pour remercier Dieu de n'avoir pas permis qu'elle eût été consumée, donna lieu à de grands désordres en l'année 511. En 512, du temps de Théodoric, roi d'Italie, des torrents de sable enflammé sortirent du cratère du Vésuve et dévastèrent les campagnes voisines. Cassiodore rapporte aussi que le Volcan vomit des torrents enflammés de sable, et qu'une grande quantité de ce sable coula comme un ruisseau, du haut de la montagne dans les campagnes, jusqu'à la hauteur des arbres. — Éruptions très désastreuses en 985, 993, 1036, 1037, le Vésuve s'étant entr'ouvert, il en sortit des ruisseaux de lave ; 1043, 1048, 1049, 1136, 1500, 1506, 1536, 1538, 1539.

Le 16 décembre 1631 est l'époque de l'une des principales éruptions du Vésuve dans les temps modernes; une fumée très épaisse sortit du Volcan sous la forme d'un pin, et remplit les lieux voisins de sable et de cendre; la montagne lança au loin, avec un horrible fracas, de prodigieux blocs de pierre; la matière enflammée se partagea en sept branches, qui elles-mêmes se subdivisèrent en plusieurs canaux. De nombreux tremblements de terre eurent lieu jusqu'au milieu de janvier suivant ; le 20 décembre, les secousses se firent sentir à cinq reprises différentes; le dimanche, 28 du même mois, une grande quantité d'eau descendit du Vésuve, circonstance qui fit naître diverses conjectures : la plus vraisemblable les attribua à des amas ou à des réservoirs accidentels que le sable et les cendres avaient obstrués pendant quelque temps, et dont les eaux étaient parvenues enfin à se faire jour. Plusieurs coquilles marines trouvées aux environs du Volcan, et d'autres produits semblables recueillis dans le même lieu, mais en état de calcination, paraîtraient attester en effet des communications directes et immédiates du Volcan avec la mer. Le Vésuve ne se calma pas avant le 25 février 1632, et les tremblements de terre se prolongèrent même au-delà de cette époque. Cette éruption passe pour le treizième incendie principal qui ait été observé depuis celui de l'année 79, qui causa la mort du grand naturaliste romain ; il n'y en avait point encore eu depuis, suivant le père Marie Della-Torre, qui a écrit l'histoire de ce Volcan, « de plus mémorable, de plus terrible, et qui eût produit de plus funestes effets. »

L'éruption arrivée en juillet 1660 ne fut annoncée par aucun bruit ; la matière enflammée sortit par trois cavités ouvertes dans les flancs de la montagne ; aucune pluie de cendre ne fit présager l'éruption : mais une épaisse fumée, accompagnée de cendre et de sable, se répandit quelque temps après dans les environs et y causa beaucoup de dommage. Autre éruption le 11 mars 1669. Cent années après (en 1769), on jeta les fondements d'une maison de plaisance dans l'épaisseur de ces laves, à 50 pieds au-dessus de la mer ; avant l'éruption, les eaux couvraient ce même terrain à une hauteur de 50 pieds : ainsi, la masse des laves entassées ne pouvait pas avoir moins de 100 pieds. — Éruptions remarquables en 1682, 1694, 1698, 1701, 1704, 1707. En 1712, une pluie de cendre tomba pendant 20 jours avant l'éruption, qui éclata le 26 avril. Autres éruptions violentes en 1717, 1724, 1730, 1731. En 1737, l'éruption continua pendant 5 jours consécutifs ; une pluie très fine mêlée de cendres tomba dans les environs du Vésuve, dessécha et brûla jusqu'à la racine les arbres et les végétaux, surtout dans le pays situé entre le Volcan et la ville de Nole. La lave sortie du cratère avait 40 pas de largeur sur 6 pieds d'épaisseur : sa matière, au rapport du voyageur Richard Pococke, était d'un gris tacheté et susceptible d'un très beau poli. Le médecin italien, François Serrao, historien de cette éruption, rapporte qu'une apparition de fumée et de feu sur le Vésuve fit présager un prochain incendie ; que dans la nuit du 15 au 16 mai une matière enflammée, devenue bientôt un torrent, répandit au loin la terreur : qu'enfin, dans le même temps, la montagne lança des pierres d'une moyenne dimension, etc. L'éruption de 1737 dura vingt-deux jours ; la flamme qui sortait du Volcan jetait une lumière comparable à la clarté du soleil ; entre le sud et l'ouest, un torrent de lave se fit jour dans les flancs de la montagne. — Le 7 juin 1749, éruption pendant deux mois. Le physicien français Nollet remarqua alors sur le sol du Vésuve trois ouvertures d'où sortaient alternativement, et dans un ordre très régulier, des écumes enflammées, et une fumée très épaisse, qui produisait en l'air un bruit considérable. De concert avec le savant minime italien Garro, Nollet prit la hauteur du Vésuve, qu'à la suite de plusieurs vérifications il détermina à 3,216 pieds. Le 25 octobre 1751, divers jets de fumée, dont se couvrit

le Volcan, annoncèrent un incendie prochain : cette fumée sortit avec bruit de plusieurs parties de la montagne, et produisit un sifflement semblable, dit un historien de l'éruption, à celui que ferait *un métal fondu qui tomberait dans un canal humide.* Des coquilles de mer et du sel marin furent vomis par le cratère ; des ossements de baleine furent trouvés *incrustés dans de la poussolane.* — Éruption en 1754, 1755, 1757, 1760. — L'éruption de 1766, qui commença au mois d'août, dura neuf mois. Les matières nouvelles, vomies par ce Volcan, mirent en fusion d'anciens lits de laves, ce qui forma dans les environs un lac brûlant de 4 milles de longueur sur 2 de large. — Diverses circonstances ont rendu très remarquable, dans l'histoire du Vésuve, l'éruption du mois de mars 1767 : les pierres et les cendres vomies par le Volcan élevèrent ses bords d'environ 200 pieds ; les flammes brillèrent la nuit derrière les nuages de fumée amassés autour de la cime du volcan, et des pluies abondantes tombèrent le 13 et le 14 octobre. Dans la matinée du 19, les masses de fumée s'allongèrent sous la forme ordinaire d'un immense pin : diverses clartés brillèrent tout à coup comme des météores lumineux, et le cratère épancha des torrents de lave. Une si vive agitation eut lieu tout à coup dans l'atmosphère, que les portes et les fenêtres des habitations s'ouvrirent subitement d'elles-mêmes à plusieurs milles de distance. Les laves vomies s'étendirent à une distance de 7 milles sur une largeur inégale, comblèrent un vallon dont on évaluait la profondeur à 60 toises, et parcoururent près de 7 milles en une heure. Vers minuit, un bruit semblable à une forte canonnade retentit dans les entrailles de la montagne : à la suite eut lieu une éruption de lave. Le torrent principal produit par l'incendie cessa de couler dans la nuit du 21 au 22 octobre ; dans quelques endroits son épaisseur fut de 70 pieds, et sa superficie de 2,000. Le lendemain, après un bruit semblable aux détonations précédentes, une grêle abondante de feu, de cendres et de matières embrasées tomba pendant trois heures ; les cendres sorties du cratère le 25 furent portées jusqu'à Gaëte, c'est-à-dire à une distance de 30 milles. Les matières jetées par le Volcan durant cette éruption de l'année 1767 conservèrent si longtemps de la chaleur, que des morceaux de bois sec, jetés sur la lave vers la fin d'avril 1771, s'enflammèrent en un instant, quoique cette lave n'eût eu depuis ce temps aucune communication avec le foyer du Vésuve, et que l'endroit de l'expérience fût éloigné au moins de 4 milles de la bouche d'où la lave avait jailli.

Éruptions remarquables du Vésuve au mois d'août 1769 : des nuages de fumée sortirent du cratère durant les dix années suivantes. En 1779, nouvel incendie plus violent que les précédents ; on évalua que la colonne de feu monta à 11,482 pieds (plus de trois fois la hauteur de la montagne). L'énorme quantité de lave vomie dans cette dernière éruption fortifia beaucoup les parois de la cheminée du cratère; une épaisse vapeur, remarquable à plus d'un mille de distance, entoura la montagne durant plusieurs jours. Les sources voisines, notamment la principale fontaine de *Torre del Greco*, tarirent, ou diminuèrent sensiblement : des blocs de terre prodigieux furent lancés par le Volcan : un rocher pesant au moins 120 milliers tomba à la distance d'environ 2,000 pieds. Cette éruption détruisit la ville d'Ottojano. — Le 7 juin 1781, commença une éruption qui dura près de deux mois. Le Volcan s'embrasa de nouveau en 1785, 1787, 1794 : cette dernière éruption, qui éclata le 16 juin, fut annoncée à Naples par diverses secousses de tremblements de terre, que l'on avait ressenties les 12 et 15 du même mois; la montagne se couvrit de nuages noirs dans la matinée du 16, et des jets de lave coulèrent presque aussitôt. Une partie des matières embrasées s'ouvrit un passage au midi de la montagne, se dirigea vers la mer, et détruisit tout ce qui se trouva sur son passage. — Nouvelle éruption le 23 août 1803. Autre considérable le 5 octobre 1804 : des grêles de pierres ardentes et presque liquides, sorties du cratère du Vésuve, furent jetées à une très grande distance : quelques-uns de ces blocs rentraient dans le gouffre, mais la plupart tombaient obliquement. Un bruit semblable à la détonation de plusieurs pièces de canon tirées à la fois, annonçait presque toujours les jets de matières. Enfin, autres éruptions considérables en 1805, 1806, 1807, 1814, 1816, 1817, 1818, 1822, 1833, 1837, 1847, 1855.

Voici la liste des principaux Volcans et leur hauteur au-dessus du niveau de la mer :

EN ITALIE :

	Mètres.
Le Vésuve..	1,180
Le Stromboli..	200
Le Volcano.	800
L'Etna.	3,450

EN ISLANDE :

L'Hecla..	1,058
Le Snœfials-Jokull.	1,600

DANS LE KAMTSCHATKA :

L'Awatscha.	3,400
Le Kamtschatraja..	3,000

EN AFRIQUE :

Ténériffe.	3,800
Le volcan de l'île Bourbon.	3,700
Le Pic des Açores..	2,200

EN AMÉRIQUE :

MEXIQUE.

Le Popocatepelt..	5,600
Le Pic d'Orizaba.	5,500
Le Sorullo..	1,350

PROVINCE DE GRENADE.

Le Puracé.	4,600

PROVINCE DE QUITO.

Le Chimborazo.	6,700
L'Antisana..	6,000
Le Pichincha..	4,700
Le Sangay..	5,350

PÉROU.

Le Caxamarca.	2,800
Le Miouipampa.	3,900
La Solfatarre de la Guadeloupe.	1,600

VOLUTE (de *volvere*, tourner). Genre de Mollusques gastéropodes de la famille des *Buccinoïdes*, qui renferme de grandes et belles coquilles ovales, oblongues ou ventrues, à spire courte et à sommet obtus. — Les principales espèces sont : la VOLUTE GONDOLE, la VOLUTE PAVILLON ou *Volute orange*, la VOLUTE MUSIQUE, dont les taches sont disposées comme des notes de musique : on trouve cette dernière sur les côtes de l'Amérique.

VOLVOCE (*Volvox*). Genre d'Animalcules Infusoires, dont les espèces ont pour caractère commun d'être très simples, sphériques et transparentes, et d'exécuter de perpétuels mouvements de rotation : ce qui leur a valu leur nom, dérivé de *volvere*, tourner. · On les trouve dans les eaux douces et salées, rarement dans les infusions. Les Naturalistes sont loin d'être d'accord sur les caractères de ces êtres microscopiques.

VORTICELLE (*Vorticella*). « Müller a fondé sous ce nom un genre d'Infusoires dans lequel il plaçait plusieurs espèces qui en ont été enlevées, tandis que le genre lui-même était porté au rang de famille distincte. La forme du corps de ces animaux est très mobile et très variable : en général, on le décrit comme représentant une coupe ou un entonnoir à bords renversés, et garnie de cils qui, en s'épanouissant, excitent dans le liquide un tourbillon destiné à amener les aliments vers la bouche située dans le bord lui-même : cette forme est, en effet, celle que présentent le plus communément les Vorticelles lorsqu'ils sont fixés à l'extrémité de leur pédicule; mais ce n'est que la première phase de leur existence : dans la seconde, ces infusoires deviennent libres en retirant et en cachant leur couronne de cils, et en prenant une forme cylindrique plus ou moins allongée ou ovoïde; dans cet état, ils se contractent et se meuvent au moyen d'un cercle de cils qui se produisent près de l'extrémité postérieure. En outre, ces animaux auraient, d'après M. Ehrenberg, une organisation assez complexe : leur intestin est recourbé, et aboutit à un même orifice; ils ont un testicule, une vésicule séminale, des œufs, etc.

« Parmi les espèces assez nombreuses de ce genre qui se trouvent dans les eaux stagnantes, douces et salées, nous ne citerons que la *Vorti-*

cella polypina (Müller), qui se rencontre dans l'eau de mer sur les fucus et les corallines. »

VRILLÉE. — V. *Renouée.*

VRILLETTE (*Anobium*). Genre de Coléoptères pentamères, très communs dans nos habitations, où ils détériorent les boiseries, en y faisant de petits trous ronds, semblables à ceux que ferait une *vrille*. Ils font entendre quelquefois, surtout dans la saison des amours, un bruit singulier, analogue au tic-tac d'une pendule, au moyen duquel ils s'appellent : c'est en frappant vivement de la tête contre le bois, après s'être fortement attaché avec les pattes, que l'insecte produit ce bruit, qui est regardé par le vulgaire comme un signe de mauvais augure : ce qui lui a valu le nom d'*Horloge de la mort* ; on l'appelle encore *Scarabée pulsateur*, *Sonicéphale*, *Psocus* ou *Pou de bois*.

On trouve ces insectes en Europe; on en compte une quinzaine d'espèces, dont le type est la Vrillette marquetée (*A. tessellatum*). — La V. du pain se nourrit de matières farineuses. — La V. entêtée (*A. pertinax*) a reçu ce nom à cause de l'opiniâtreté avec laquelle elle reste immobile tant qu'elle redoute quelque danger.

VULPIN (*Alopecurus*). Genre de Graminées, à feuilles linéaires, légèrement velues ; épis droits nombreux, ressemblant à une queue de renard, d'où vient son nom. — Plusieurs espèces, abondantes au sein des prés et des champs humides de l'Europe, intéressent particulièrement le cultivateur, comme lui fournissant une nourriture excellente que tous les bestiaux, les chevaux plus spécialement, aiment avec passion.

De toutes les espèces indigènes, le Vulpin agreste (*A. agrestis*) est le moins prisé, parce qu'il est fort bas, quoique avidement recherché par les moutons. On place au premier rang le V. bulbeux (*A. bulbosus*), qui vient dans les marais et les prés bas du Midi ; — le V. genouillé (*A. geniculatus*) et le V. des prés (*V. pratensis*), qui rapportent beaucoup et se plaisent dans les localités où les autres plantes fourragères ne prospèrent point. On confond vulgairement ce dernier avec les Chiendents : l'on a grand tort de le traiter de même et de lui en donner parfois le nom. Les cochons sont très friands des bulbes du Vulpin vivace, qui en est muni.

VULVAIRE (*Chenopodium vulvaria*). Espèce du genre Ansérine ; plante de 20-50 centim., rameuse, diffuse, couchée ; à feuilles pétiolées, les supérieures opposées, ovales-entières; fleurs verdâtres, en grappes axillaires dressées, formant panicule au sommet de chaque rameau : calice de 5 sépales, enveloppant le fruit; 5 étamines ; 2 styles sessiles. — Cette plante se trouve dans les lieux cultivés, les villages, au pied des murs, etc. Toutes ses parties exhalent une odeur fétide ; froissée, elle sent le poisson putréfié. On l'a employée, comme antispasmodique, contre l'hystérie, l'épilepsie, la chorée, etc. Abandonnée aujourd'hui.

XANTHE (*Xantho*). Genre de Crustacés décapodes brachyures, tribu des Cancériens ou Crabes : carapace large, bosselée, d'un brun rougeâtre tirant sur le jaune ; pattes noires. — Ce crustacé, long de 5 à 6 centim., est commun sur les côtes de l'Océan et de la Méditerranée.

XANTHIE (*Xanthia*). Papillon nocturne ayant les ailes supérieures à fond jaune ou rougeâtre, marquées d'une tache réniforme de couleur noire. Chenille rose. — Des environs de Paris.

XANTHOXYLE (du gr. *xanthos*, jaune ; *xylon*, bois). Genre de la famille des Rutacées, type de la section des Xanthoxylées, renferme des arbres et des arbrisseaux propres à l'Amérique et à l'Afrique, à tige et à rameaux souvent épineux ; à feuilles alternes ou opposées, généralement pennées ; à fleurs petites, blanchâtres ou verdâtres, polygames par avortement, groupées en inflorescences très diverses. — On en compte un grand nombre d'espèces, parmi lesquelles : le X. MASSUE D'HERCULE, vulgairement *Bois jaune épineux*, qu'on emploie en Amérique comme sudorifique et. diurétique, et dont l'écorce renferme un principe amer et colorant qui a des propriétés astringentes et fébrifuges, et qu'on peut aussi employer pour teindre en jaune ; le X. A FEUILLES DE FRÊNE du Canada ; le X. DU SÉNÉGAL, dont le bois est propre à l'ébénisterie, etc. — Outre le genre type *Xanthoxylum*, la section des Xanthoxylées renferme les genres *Brucea* et *Ailantus* : ce dernier est plus connu sous le nom de *Vernis du Japon*.

XYLOCOPE (du gr. *xylon*, bois; *koptô*, couper). Genre d'Hyménoptères mellifères, de la section des Porte-aiguillons, renferme des insectes propres aux pays chauds, qui attaquent le bois. Ils sont de grande taille, de couleur noire ou violacée, à mandibules fortement unidentées, à tarses postérieurs velus. — L'espèce type est le XYLOCOPE VIOLETTE ou *Abeille perce-bois*, dont la femelle fait son nid dans les vieux bois ; elle creuse d'abord un tube vertical assez long qu'elle divise ensuite en plusieurs loges par des cloisons horizontales faites avec de la poussière de bois agglutinée.

XYLOPHAGES (du gr. *xylon*, bois ; *phagô*, manger). Famille de Coléoptères tétramères qui vivent dans le bois et à l'intérieur des champignons.

Le nom de *Xylophage* désigne aussi un genre de Diptères notacanthes, dont les larves vivent dans le tronc des bois pourris.

Y

YACK. Espéce du genre Bœuf ; animal de petite taille, qui se distingue de ses congénères par sa queue, garnie partout de longs poils comme celle du cheval, d'où son nom vulgaire de *Buffle à queue de cheval*; par sa voix qui n'est pas un mugissement, mais un grognement (*Vache grognante*). L'Yack tient du bœuf par sa tête, son encolure et la configuration générale de son corps ; il a du porc le son vocal, du cheval la conformation du garrot, du dos, des reins, de la croupe et de la queue ; de la chèvre la structure du pied, la vivacité et l'adresse dans ses courses au travers des lieux escarpés, des sentiers difficiles, des montagnes abruptes.

Ce singulier animal habite les montagnes du Thibet ; son caractère est irascible et farouche ; cependant on est parvenu à le réduire en domesticité. Les houppes dont les Chinois ornent leurs bonnets d'été sont faites avec des poils d'Yack, et c'est principalement avec la queue de cet animal que les Orientaux font des chasse-mouches. Jeune, il fournit une excellente fourrure ; on fait aussi du drap avec son poil.

« Les Yacks que nous possédons aujourd'hui en France sont de deux variétés. Les uns sont pourvus de cornes disposées en croissant absolument comme dans quelques-uns de nos bœufs choletais ; les autres sont sans cornes. Leur couleur varie aussi : les uns sont blancs et les autres sont noirs. Déjà le troupeau s'est accru de deux individus nés, l'un dans le Jura, l'autre au Muséum d'histoire naturelle de Paris ; et leur vivacité, leur état de santé font espérer que leur naturalisation dans nos climats sera facile.

« D'après les rapports de MM. Jacques Valserres, Cuenot et Jobez, les Yacks seraient doués, comme les animaux des montagnes en général, d'une grande sobriété, de beaucoup de rusticité, et ils seraient de plus d'un caractère doux, facile et très sociable. Ils font surtout preuve d'une grande vigueur dans leurs courses sur les montagnes escarpées. Ils sautent les barrières, les ravins, comme les chevaux ; ils ruent comme ces animaux quand ils veulent jouer ou se défendre ; ils grimpent et descendent les escarpements, dit M. Cuenot, *avec une sécurité de marche admirable, et comme la chèvre, ils sautent et s'arrêtent sur place de pied ferme*. Les mèmes faits ont été observés par M. Jacques Valserres. Il dit, en effet, dans son rapport, *que l'Yack franchit les fossés comme le coursier de chasse ; il s'élance du haut des précipices comme le chamois, et semblable*

Fig. 1366. — Yack.

au mouton southdown, il passe par-dessus les cloisons lorsqu'on veut l'enfermer.

« L'Yack est de la taille d'un bœuf de petite espèce, mais il est d'une conformation et d'une nature qui indiquent plus de force relative, plus de vigueur que nos races bovines. Son corps trapu, la grande capacité de sa poitrine, son système musculaire d'une grande densité, la vivacité de cet animal, indiquent qu'il paierait mieux, par le travail, sa nourriture, que nos bœufs. Du reste, sa sobriété est telle qu'on le nourrit bien avec cinq ou six kilos de fourrage. Les Yacks du Muséum d'histoire naturelle reçoivent cinq kilos environ de fourrage, et M. Cuenot les entretient parfaitement avec six kilos de foin de montagne pour le taureau, et quatre kilos pour la génisse; deux litres de son donnés à midi sont seulement ajoutés à la ration de foin, et ils boivent deux fois par jour. »

YÈBLE. Espèce de *Sureau.* — V. ce mot.

YPRÉAU. Nom vulgaire du *Peuplier blanc.*

YTTRIUM. Métal qui a été isolé par Wœhler de l'Yttria, terre blanche, insipide, inodore, considérée comme un oxyde d'Yttrium. L'Yttrium est sous forme de poudre brillante, d'un gris noisette, ne s'oxydant ni dans l'air ni dans l'eau, et qui, chauffée à l'air, brûle avec flamme et se convertit en Yttria.

YUCCA. « Genre de la famille des Liliacées, section des Aloïnées. Les Yuccas sont remarquables par la singularité de leur forme et de leur feuillage : ils ont une belle tige, quelquefois arborescente, en colonne, semblable à un tronc de palmier, dont la surface est couverte d'un grand nombre d'anneaux ; des feuilles longues, étroites, dures, persistantes, très rapprochées, terminées par une pointe acérée, et placées vers le sommet de la tige ; des fleurs très nombreuses, pendantes, disposées en panicule sur une hampe longue de près d'un mètre : périanthe à 6 divisions , dont 3 externes (formant le calice) et 3 internes (formant la corolle); 6 étamines ; stigmate sessile.

« L'espèce la plus généralement cultivée dans nos jardins est l'Yucca brillant (*Yucca gloriosa*) : il se conserve en pleine terre dans nos climats, et résiste aux hivers , pourvu qu'on ait soin de le couvrir lorsque le froid est rigoureux. On le distingue aisément par ses feuilles glauques et non dentées sur les bords. Ses fleurs, de la grandeur de celles d'une tulipe, sont blanches, souvent teintes, à l'extérieur, dans leur partie moyenne, d'une couleur violette. — On connaît aussi l'Yucca glauque, l'Y. a feuilles d'aloès, l'Y. filamenteux.

« Cette plante est originaire des parties chaudes de l'Amérique du Nord, de la Floride, de la Caroline, du Mexique. Elle est employée dans ce pays à former des haies d'une grande défense et d'un superbe effet, lorsqu'elle est en fleurs. »

Z

ZABRE (*Zabrus*). Genre de Coléoptères pentamères, tribu des Carabiques carnassiers : antennes minces, à articles presque cylindriques,
le premier gros, le second court, le troisième un
peu plus long que les autres; palpes assez courts,
le dernier article presque cylindrique et tronqué;
les trois premiers articles des tarses antérieurs
dilatés dans les mâles; menton avec une dent
simple; mandibules assez courtes, arquées, presque obtuses; tête assez grosse, presque triangulaire; corselet convexe, transversal, carré, trapé-
zoïdal ou arrondi sur les côtés; pattes courtes et
fortes. — Les espèces composant ce genre sont
assez nombreuses, de moyenne taille, peu agiles
et vivant sous les pierres.

Le *Zabrus curtus*, long de 13 à 14 millim. et
large de 6 à 7, est noir; labre, palpes et tarses

Fig. 1367. — Zabre.

d'un brun roussâtre; élytres sinués près de l'extrémité, à stries assez marquées et très légèrement ponctuées. — Se trouve aux environs de
Paris.

ZAMIE (*Zamia*). Genre de Cycadées, plantes
monocotylédones, qui sortent de souches épaisses,
plus ou moins grosses, brunes, ridées, parfois
munies de racines charnues, allongées et filamenteuses; d'autres fois couvertes d'un duvet très doux
au toucher, ou bien d'écailles imbriquées, vestiges
des anciennes feuilles. De ces souches s'élèvent
des feuilles nombreuses, amples, ailées, très
fermes, luisantes et coriaces, disposées en forme
de faisceau, portées sur un pétiole grêle, cannelé,
fistuleux, le plus souvent armé de pointes aiguës.
Au milieu de ces feuilles, un cône et quelquefois
un simulacre de stipe se charge de fleurs dioïques, disposées en chatons ; les mâles ont leurs
écailles renflées au sommet, comme peltées, portant à leur face inférieure des anthères unilocu-

laires, dispersées sans ordre et s'ouvrant par une
fente longitudinale; les chatons femelles montrent
à la face inférieure de leurs écailles deux fleurs
renversées, libres, distinctes l'une de l'autre, qui
donnent naissance à une sorte de noix ovoïde
allongée, irrégulière, cachant une amande bonne
à manger.

Les Zamies sont originaires de l'Afrique australe ; par leurs feuilles elles ressemblent aux
Palmiers; par leurs fruits aux Conifères. Elles
renferment une moelle amylacée ayant toutes les
qualités du Sagou. « Les Hottentots aiment la
souche, qu'ils cuisent; ils font aussi subir une
préparation culinaire à la moelle du cône, d'où
l'espèce qui les leur fournit est appelée *Zamia
cafra* par Gærtner. Les Hollandais du Cap recherchent les deux baies qui se trouvent sous
chaque écaille, pour en extraire la grande semence
ovale, presque globuleuse, qu'elles contiennent,
la manger grillée ou la faire servir à remplacer
la fève du Caféier. Les baies rouges de la *Zamia
media* ont la pulpe douce, savoureuse, aussi les
mange-t-on dans l'Inde.

Plusieurs espèces figurent dans les serres
chaudes de nos jardins; telles sont la *Zamia pumila* du Cap, dont le fruit est une amande douce ;
la *Z. spiralis* de la Nouvelle-Hollande, et la *Z. hor-
rida*, qui porte des folioles de couleur glauque,
chargées en leurs bords de plusieurs dents fortes,
très piquantes. Cette dernière nous est venue du
midi de l'Afrique. »

ZÈBRE. Mammifère de l'ordre des Solipèdes,
dont le corps est uniformément marqué de raies
transversales qui s'étendent non seulement sur le
tronc, mais encore sur les membres. Les anciens
le nommaient *Hippotigre* (Cheval-tigre).

Le Zèbre, dit Buffon, est peut-être de tous les
animaux quadrupèdes le mieux fait et le plus élégamment vêtu: il a la figure et les grâces du cheval, la légèreté du cerf, et la robe rayée de rubans noirs et blancs, disposés alternativement avec
tant de régularité et de symétrie, qu'il semble que
la nature ait employé la règle et le compas pour
le peindre. Ces bandes alternatives de noir et de
blanc sont d'autant plus singulières qu'elles sont
étroites, parallèles, et très exactement séparées,
comme dans une étoffe rayée, que, d'ailleurs, elles
s'étendent non-seulement sur le corps, mais sur
la tête, sur les cuisses et les jambes, et jusque
sur les oreilles et la queue; en sorte que de loin

cet animal paraît comme s'il était environné partout de bandelettes qu'on aurait pris plaisir à disposer régulièrement et avec beaucoup d'art sur toutes les parties de son corps ; elles en suivent les contours et en marquent si avantageusement la forme, qu'elles en dessinent les muscles en s'élargissant plus ou moins sur les parties plus ou moins charnues et plus ou moins arrondies. Dans la femelle, ces bandes sont alternativement noires et blanches ; dans le mâle, elles sont noires et jaunes, mais toujours d'une nuance vive et brillante sur un poil court fin et fourni , dont le lustre augmente

Fig. 1368. — Zèbre.

encore la beauté des couleurs. Le Zebre est en général plus petit que le cheval et plus grand que l'âne; et quoiqu'on l'ait souvent comparé à ces deux animaux, qu'on l'ait même appelé *cheval sauvage et âne rayé*, il n'est la copie ni de l'un ni de l'autre, et serait plutôt leur modèle , si dans la nature tout n'était pas également original, et si chaque espèce n'avait pas un droit égal à la création.

On trouve le Zèbre en Afrique, depuis l'Abyssinie jusqu'au cap de Bonne-Espérance. Il ne s'apprivoise que très difficilement, et jamais on n'a pu le dompter.

ZIBET. — V. *Civette.*

ZINC. « Corps simple métallique, d'un blanc bleuâtre, très brillant, mou et d'une texture lamelleuse; élevé à une température de 100 à 150° , il devient ductile, malléable, et se laisse alors laminer et tirer en fils assez minces. Il fond à 360°, et se volatilise au-dessus de cette température de manière qu'on peut le distiller. Sa densité est de 7,2. Fondu et projeté dans l'air , il brûle avec une flamme jaune bleuâtre, en répandant d'abondantes vapeurs blanches (*Oxyde de Zinc, Fleurs de Zinc ou Laine des philosophes,* des anciens chimistes).

Le Zinc n'existe dans la nature qu'à l'état de combinaison : ses minerais les plus répandus sont le sulfure appelé *blende* , le silicate et le carbonate que l'on confond sous le nom de *calamine*. On extrait le Zinc de ces minerais , en les calcinant avec du charbon , après les avoir grillés et réduits en poudre fine , dans des tuyaux de terre disposés de différentes manières dans des fourneaux à vent ; ramené ainsi à l'état métallique, le Zinc se réduit en vapeurs que l'on condense dans des bassins extérieurs. Les minerais de Zinc sont très abondants en Silésie, en Carinthie, en Angleterre (Derbyshire) ; on exploite en Belgique les mines de la Vieille-Montagne, et dans la Prusse rhénane celles de Stolberg; nous n'avons en France que la mine de Clairac et de Robiac, près d'Uzès (Gard) , et une autre près de Figeac (Lot). — Le Zinc du commerce n'est jamais parfaitement pur ; il contient toujours un peu de carbone, d'arsenic, de fer, de manganèse, et plus rarement de l'étain, du cuivre, du plomb, du cadmium et du soufre.

On emploie le Zinc, soit allié au cuivre , avec lequel il forme le *laiton* ou *cuivre jaune* (V. ces mots) , soit seul à l'état laminé : dans ce second état, il sert à faire des couvertures de toits, des gouttières, des tuyaux de conduite, des baignoires, des clous, du fil métallique; à doubler les coques des navires , etc. Les toitures en Zinc sont bien meilleur marché que les toitures en plomb ; mais elles ont l'inconvénient d'être combustibles : aussi ne doit-on pas les employer dans les édifices surmontés d'un comble en bois. On doit exclure des couvertures en Zinc l'usage des clous et des soudures extérieures; les feuilles métalliques doivent être seulement agrafées de manière à laisser parfaitement libres tous les mouvements de contraction et de dilatation commandés par les variations de température ; en outre , on s'exposerait à voir les feuilles du Zinc corrodées en très peu de temps dans toute leur épaisseur si l'on n'évitait avec soin le contact du métal avec le plâtre ou les mortiers calcaires. On emploie aussi le Zinc en couche mince pour garantir le fer de l'oxydation, ce qu'on appelle *Zingage* ou *Galvanisation*, pour doubler à l'intérieur les baignoires de cuivre, etc.

Inoxydable à l'air sec , le Zinc est un des métaux les plus attaquables par les acides , même les faibles, par exemple, par le vinaigre ou le jus de citron ; il se dissout dans presque tous , en formant des *sels* incolores , doués de propriétés vomitives et purgatives : on ne peut donc pas l'employer pour l'étamage des ustensiles de cuivre. Les sels de Zinc les plus importants sont le *Sulfate* ou *Vitriol blanc*, employé par les indienneurs, et le *Zinc carbonaté* ou *Blanc de Zinc* , employé en peinture. On emploie en médecine l'*oxyde de Zinc* , comme escarrotique, contre les affections cancéreuses.

ZINGIBÉRACÉES. Tribu de la famille des *Amomacées.*

ZIZANIE. En certaines localités, on donne encore ce nom, indicateur du trouble et du désordre, au grain vénéneux de l'Ivraie stupéfiante (*Lolium temulentum*); mais il est aujourd'hui réservé pour désigner un autre genre utile de la précieuse famille des Graminées, originaire du continent américain , où il est particulièrement connu sous la double dénomination vulgaire de *Folle-avoine* et de *Riz du Canada.* La Zizanie est annuelle , fournit des racines de seize à dix-huit centimètres de long et un chaume de deux à trois mètres, quand on la cultive sur des terres humides ou facilement irriguées. Ses feuilles, fort longues, sont alternes ou engaînantes; les fleurs, disposées en grandes panicules terminales, offrent les mâles à la partie inférieure sur des pédoncules rameux, perpendiculaires au chaume , et les femelles dans la partie supérieure placées sur des pédoncules claviformes, rapprochés du chaume. Il leur succède des semences qui mûrissent les unes après les autres , depuis le mois de septembre jusque vers le milieu et même la fin d'octobre. La récolte n'en est point facile dans les lieux marécageux, puisqu'il faut la faire dans l'eau, souvent jusqu'aux genoux, en portant d'une main une sorte de van pour recevoir la graine et avoir dans l'autre main une baguette

pour frapper les panicules et faire tomber le grain qui est mûr. Cette récolte produit ainsi par journée commune et par chaque ouvrier deux à trois kilogrammes de grains épurés, d'un brun noirâtre et luisant. La plante se ressème d'elle-même.

Ce genre, dont nous connaissons trois espèces, se plaît dans les lieux aquatiques, sur les terrains inondés. Les bestiaux sont très friands de cette plante, qu'on leur donne verte ou sèche ; verte, son chaume est rempli, comme celui du Maïs d'un suc fort doux. Le grain , qui a quatorze et dix-huit millimètres de long , est très savoureux , nourrissant , et s'accommode, de même que le riz, au gras et au maigre. Il remplace volontiers le Blé pour la panification. Les indigènes de l'Amérique du Nord le mangeaient cuit avec leurs viandes. Les oiseaux de basse-cour, de même que ceux jouissant de la plénitude de la liberté , le recherchent avidement.

On a tenté la culture de la Zizanie en France à diverses époques, sous le nom de Folle-avoine, mais elle a péri durant le rigoureux hiver de 1789, et quoique les essais faits en 1822 , tant à Paris que dans le département de la Loire-Inférieure, aux marais de Montoire, de l'Erdre, de la Vilaine et du lac de Grand-Lieu , eussent moins souffert en 1830, il est fort peu de propriétaires cependant qui aient continué cette culture importante.

ZOANTHE (*Zoantha*). Cuvier a établi, sous cette dénomination, une division pour les Actinies qui sont plus ou moins atténuées et comme pédiculées à leur partie inférieure , telles que les *Act. dianthus* (*Hydra dianthus*, Gm.), et qui sont placées par le même auteur , dans le règne animal, parmi les Polypiers charnus , entre les Actinies et les Lucernaires. Lamarck, dans son Système des Animaux sans vertèbres , fait entrer les Zoanthes dans l'ordre des Polypiers, après les Pédicellaires. Les caractères assignés à ce genre peuvent être exprimés ainsi : Corps charnu subcylindrique, grêle inférieurement, épaissi en massue à son sommet, et fixé constamment par sa base, le long d'un tube charnu et rampant qui lui donne naissance ; la bouche est terminale et entourée de tentacules en rayons et rétractiles, qui servent à l'animal pour arrêter sa proie et l'amener à sa bouche. — Ce genre n'est encore représenté que par un petit nombre d'espèces. Nous citerons seulement le ZOANTHE D'ELLIS (*Zoantha Ellisii*) qui vit dans les mers d'Amérique , et dont les individus attachés à leur tube pendent aux voûtes des rochers.

ZOOLOGIE (de *zoon*, animal; *logos*, traité). Branche de l'Histoire naturelle qui traite des animaux : elle se divise en *Zoologie générale*, comprenant l'Anatomie et la Physiologie comparées, et traitant toutes les grandes questions relatives aux bases de la classification zoologique , à l'unité ou à la diversité de composition, au rôle des animaux dans l'ensemble de la création, à leur distribution sur le globe, etc., et en *Zoologie descriptive* ou *Zoographie*, qui décrit tous les animaux et en donne une classification méthodique.

On a imposé des noms spéciaux aux grandes divisions de la Zoologie, qui correspondent aux divisions des animaux ; ainsi on appelle : *Mammalogie*, la partie de cette science qui traite des Mammifères ; *Ornithologie*, celle qui traite des Oiseaux; *Ichthyologie*, des Poissons; *Erpétologie*, des Serpents; *Malacologie*, des Mollusques; *Conchyliologie*, des Coquilles; *Entomologie* ou *Insectologie*, des Insectes, etc. (V. ces mots). La *Tératologie*, qui traite des monstruosités, en est devenue depuis quelques années un appendice important.

Créée par Aristote dans son *Histoire des Animaux*, la Zoologie, de même que les autres branches de l'histoire naturelle, n'eut chez les Romains d'autre interprète que Pline l'Ancien. Elle fut aussi longtemps négligée par les modernes. Ceux qui l'ont le plus avancée sont Conrad Gesner, Belon, Ray, Linné, Buffon, Blumenbach, Cuvier, Lacépède, Lamarck, Latreille, de Blainville, Duméril, les deux Geoffroy Saint-Hilaire : de ces derniers date une nouvelle ère, marquée par l'introduction des considérations philosophiques sur l'unité de composition organique qui existe dans la série animale. » V. les mots *Animal*, *Classification*.

ZOOPHYTES ou **Rayonnés**. Quatrième et dernier embranchement du règne animal. Les Zoophytes (du gr. *zoon*, animal ; *phyton*, plante) sont les êtres dans lesquels se présentent les derniers signes de l'animalité, et qui tiennent presque autant de la plante que de l'animal. En général, ainsi que l'indique leur nom d'*animaux rayonnés*, ils présentent leurs organes disposés en rayonnant autour d'un point commun, comme dans les *Actinies*, les *Astéries*, etc ; mais il en est un assez grand nombre dans lesquels on n'observe point cette disposition. Il est très difficile de donner une idée générale des Zoophytes, car il n'y a pas de classes, dans le règne animal, dont les divers individus aient entre eux aussi peu de ressemblance.

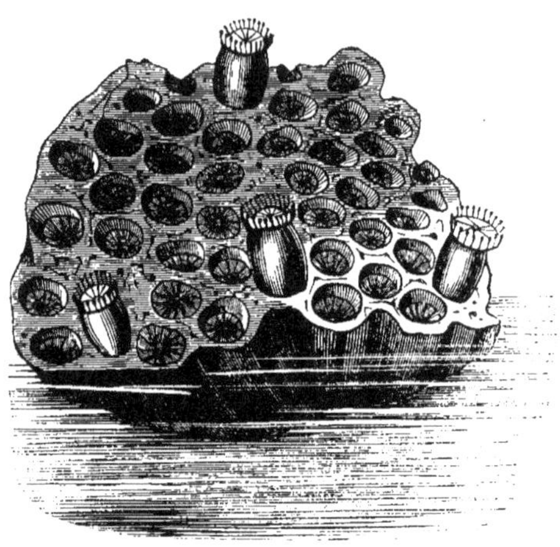

Fig. 1369. — Zoophytes (Astrée).

Aussi leur organisation varie-t-elle singulièrement dans les différents groupes qu'on y a établis.

Nous avons dit que les Zoophytes sont les animaux les moins complets, les plus inférieurs en organisation. En effet, quelques-uns n'ont ni cœur, ni vaisseaux sanguins, ni organes propres à la respiration, ni système nerveux, ou du moins ces organes échappent aux recherches des investigateurs ; ils semblent aussi privés des organes des sens, sauf le toucher, que quelques-uns exercent au moyen de leur peau nue ou de leurs appendices spéciaux qu'on nomme tentacules. Mais l'appareil digestif et l'appareil reproducteur sont mieux dessinés.

• Les *organes digestifs* varient aussi singulièrement. Dans quelques-uns, il y a un canal alimentaire assez complet, qui commence à la bouche et se termine à l'anus, en formant différents renflements, comme dans certains Entozoaires ; d'autres fois, il n'existe qu'une seule ouverture commune pour l'entrée des aliments dans une sorte de poche qui forme l'estomac, et pour la sortie des matières excrémentitielles. Enfin, dans les derniers ordres, on n'aperçoit aucune trace des organes de la digestion.

« Cependant chez un certain nombre de Zoophytes, les organes de la digestion semblent se compliquer davantage à mesure que ceux de la circulation et de la respiration se simplifient et même disparaissent. On voit alors naître du canal digestif différents appendices ordinairement en forme de tubes ou de vaisseaux ramifiés, qui se dirigent vers la surface extérieure et se rendent dans les lobes ou rayons dont le corps de ces animaux est souvent composé. Ces vaisseaux paraissent destinés à prendre dans les organes digestifs les sucs nutritifs qu'ils ont extraits des aliments, et à les porter à tous les organes et à la peau qui remplace les organes respiratoires.

« Les organes générateurs sont très distincts et séparés sur deux individus différents dans la plupart des Vers intestinaux. Dans les autres Zoophytes, quand ils existent, ils sont communément réunis sur le même individu, qui est hermaphrodite. Enfin ils manquent dans un grand nombre des animaux de cette classe. La plupart des Zoophytes pourvus d'organes générateurs sont ovipares. Mais nous trouvons aussi parmi eux un mode de reproduction dont nous n'avons observé aucun exemple dans les animaux que nous avons étudiés jusqu'à présent. C'est la multiplication par gemmes ou bourgeons qui se développent sur les différentes parties de l'animal et qui s'en détachent à une certaine époque pour reproduire de nouveaux individus. Ce mode de génération est, comme on le voit, tout à fait analogue à ce qui se passe dans les végétaux, où chaque bourgeon représente en quelque sorte un individu distinct.

« Parmi les Zoophytes, les uns sont libres, les autres sont adhérents à des corps étrangers, qui les empêchent de changer de place. Il en est qui sont agrégés, composés, c'est-à-dire qu'un nombre très considérable d'individus sont soudés, entre-greffés, de manière à former une individualité composée. C'est ce qu'on observe, par exemple, dans les Coraux, les Flustres, les Madrépores, et en général dans les Polypes à polypiers qui se forment un axe calcaire ou corné également composé, et qui s'offrent sous l'aspect d'une masse spongieuse plus ou moins volumineuse, ou de branches ramifiées tenant à un tronc commun, et qu'on a longtemps considérés comme des plantes marines. C'est par tous ces points d'analogie, et surtout par la simplicité d'organisation d'un grand nombre d'animaux de cette grande division, par la disparition successive des principaux organes qui caractérisent l'animal, qu'on les a désignés sous le nom de *Zoophytes* ou d'*Animaux-Plantes*.

« C'est ici, en effet, que ces deux grands embranchements des êtres organisés se rapprochent insensiblement l'un de l'autre pour se réunir en un point commun, puisque nous voyons qu'il y a certains animaux parmi les Infusoires qui semblent n'être formés que d'une simple molécule animée, tandis que les premières formes du règne végétal consistent fréquemment en une vésicule inerte. C'est donc avec justesse que l'on peut considérer l'ensemble des êtres organisés comme formant deux grandes pyramides qui se touchent par la pointe. Car il y a en quelque sorte un point de départ commun pour ces êtres, la vésicule organisée, qui s'anime pour commencer la série animale, et reste immobile pour servir de base à l'individualité végétale. C'est en se rapprochant de ce point commun qu'on voit augmenter les analogies qui existent entre les deux grands embranchements des êtres organisés, tandis qu'au contraire les différences qui les séparent s'accroissent à mesure qu'on s'éloigne de ce point. » (A. Richard.)

L'embranchement des Zoophytes a été divisé par Cuvier en cinq classes, qui sont : les *Echinodermes*, les *Entozoaires*, les *Acalèphes*, les *Polypes* et les *Infusoires*. — V. chacun de ces articles.

Fig. 1370. — Zorille du Cap.

ZOOSPERMES ou **Spermatozoïdes**. Mots adoptés pour désigner les éléments anatomiques du corps des animaux et de certains végétaux jouant le rôle de corpuscules fécondateurs et caractérisant le sexe mâle. — V. *Animalcules, Fécondation.*

ZORILLE (*Zorilla*). Genre de la division des Martes, voisin des Putois. Il joint à la formule dentaire et aux principaux caractères des Putois un mode de coloration différent. Le corps est noir et porte quelques taches blanches un peu allongées sur le dos, ainsi que des bandes longitudinales noires qui s'étendent en partie sur toute la longueur de la queue.

Le **Zorille varié** (*Viverra Zorilla* de Linné), vulg. *Putois du Cap, Blaireau puant*, est la seule espèce de ce genre que l'on connaisse bien. « Il est de la grosseur du Putois, élancé comme lui et semblable pour le naturel. On le signale au Cap, au Sénégal, dans une grande partie de l'Afrique orientale, et même en Asie-Mineure. C'est un animal fort élégant, à cause de sa coloration noire et blanche. »

ZOSTÈRE (*Zostera*). Genre de la famille des Naïadacées, tribu des Zostéracées; herbes qui croissent submergées sur les côtes de presque toutes les mers : tiges rampantes; feuilles linéaires, rubanées, assez larges. — Les feuilles de la **Zostère marine** (*Z. marina*) sont employées à une foule d'usages. Dans les pays maritimes elles servent à emballer les objets fragiles ; sous le nom de *Crin végétal*, elles servent à faire des matelas et des coussins, beaucoup plus mollets que ceux de paille ou de foin. Dans le Nord, on couvre avec ces plantes les toits rustiques. On les ramasse encore pour servir d'engrais et pour en retirer de la soude par la combustion.

ZYGÈNE (*Zygæna*). Genre de Lépidoptères crépusculaires : antennes très renflées au-delà du milieu, terminées en pointe obtuse, simples dans les deux sexes, et plus ou moins contournées en corne de bélier; ailes supérieures ordinairement d'un bleu brillant, tirant quelquefois sur le verdâtre, avec des taches rouges symétriques, rarement blanches ou jaunes ; les inférieures presque toujours rouges avec la bordure bleue, rarement de la couleur des supérieures. Chenilles courtes, pubescentes, atténuées aux deux extrémités, avec des anneaux profondément incisés : tête petite, rétractile ; démarche lente, paresseuse. — Chrysalides renfermées dans des coques fusiformes ou ovoïdes, de la consistance du parchemin ou de la coquille d'œuf.

Ce genre est très nombreux, et la plupart des espèces habitent l'Europe. Elles ont été divisées en trois groupes.

1° Ailes à demi transparentes, à bandes ou taches rouges confluentes ou mal arrêtées sur les bords : *Z. Erythrus*, *Z. Scabiosæ*, *Z. Cinaræ*, etc.

2° Ailes opaques, à taches rouges nettement circonscrites, mais non bordées de blanc ou de noir : *Z. trifolié*, *Z. loniceræ*, *Z. filipendulæ*, dont la chenille vit sur les trèfles et les petites légumineuses; *Z. lavandulæ*, l'une des plus jolies du genre.

3° Ailes opaques, à taches rouges, tantôt bordées de noir, tantôt bordées de blanc ou de jaunâtre; *Z. onobrychis*, qui se trouve sur le sainfoin, et plusieurs légumineuses, etc.

FIN DU TROISIÈME ET DERNIER VOLUME.

PARIS. — Imprimerie et Lithographie de Madame Veuve LACOUR, rue Soufflot, 18.

DU MÊME AUTEUR :

TRAITÉ

DES PLANTES MÉDICINALES INDIGÈNES

PRÉCÉDÉ D'UN

COURS DE BOTANIQUE

Un fort volume in-8,
avec un Atlas de 60 planches gravées sur acier,
représentant les organes des végétaux, les caractères de chaque famille,
et 270 types (en tout près de 1,100 figures).

PRIX : avec atlas noir, 13 fr. — Avec atlas colorié, 22 fr.

Réunir en un seul volume les *Éléments de Botanique* et un *Traité des plantes médicinales indigènes* ; faciliter cette double étude et la distinction des végétaux entre eux au moyen d'un grand nombre de figures coloriées, tout en établissant l'ouvrage à très bon marché, tel est le but de ce travail.

La première partie comprend l'Anatomie et la Physiologie végétales, la Taxonomie, les caractères des Familles, des Genres et des Espèces. C'est un Cours abrégé, mais complet, au point de vue spécial des notions élémentaires indispensables à quiconque s'occupe des usages des connaissances botaniques pures.

La seconde partie, essentiellement pratique et beaucoup plus étendue, se compose de l'histoire particulière de ces plantes, considérées une à une. On y trouve, pour chaque individu, le nom spécifique, la synonymie vulgaire, le lieu de naissance, la description technique, les propriétés alimentaires, médicamenteuses ou toxiques, les usages en médecine et dans les arts, le temps de la récolte, le mode de dessiccation et de conservation, les préparations pharmaceutiques, enfin les doses auxquelles on les administre.

—

Agenda - formulaire des médecins-praticiens, où l'on trouve :

1. PETIT DICTIONNAIRE *de médecine* et *de matière médicale* avec **450** *formules magistrales* empruntées aux meilleurs auteurs, et une foule de *préparations officielles.*
2. PRÉCIS D'OBSTÉTRIQUE, *ou Mécanisme et manœuvre des accouchements* naturels et contre nature ;
3. GUIDE AUX EAUX MINÉRALES, ou désignation des *sources les plus fréquentées pour chacune des affections* qui en réclament l'emploi.
4. RAPPORTS MÉDICO-LÉGAUX (modèles complets de) sur *l'infanticide, le viol, l'avortement, le suicide,* etc., pour servir de guide aux médecins requis par la justice.
5. ANNUAIRE DE THÉRAPEUTIQUE. Revue de *tout ce que les divers recueils de médecine ont publié de plus pratique* dans l'année expirée.
6. RENSEIGNEMENTS sur les *Facultés de médecine,* les *Écoles préparatoires,* les *Services médicaux,* les *adresses des médecins,* etc., etc. — Paraît tous les ans. — Relié et doré, 3 fr.

Anatomie descriptive du corps humain, suivie d'un *Précis d'anatomie des formes extérieures*, à l'usage des artistes et des gens du monde ; 1 vol. in-8 avec 20 planches gravées sur acier (texte et planches de l'Anthropologie, sauf 22 pages de description de formes). — Prix : 4 fr. 50 ; coloriée, 9 fr. 50 (*franco*).

Petit Dictionnaire de médecine usuelle, ou *Vade mecum des personnes charitables*, avec un formulaire à la fin (contenant près de 100 préparations numérotées, auxquelles le texte renvoie) ; brochure in-24. — Prix : 1 fr. (*franco*).

ANTHROPOLOGIE

ÉTUDE DES

ORGANES, FONCTIONS ET MALADIES

DE L'HOMME ET DE LA FEMME

COMPRENANT

L'Anatomie, la Physiologie, l'Hygiène, la Pathologie, la Thérapeutique et un précis de Médecine légale ;

Deux forts volumes in-8, avec Atlas séparé de 20 planches d'anatomie gravées sur acier, outre plusieurs figures intercalées dans le texte.

Cinquième édition, refondue et augmentée.

PRIX : Avec atlas noir, 15 fr. ; avec atlas colorié, 21 fr.

Le plus bel éloge qu'on puisse faire de cet ouvrage, c'est de dire tout simplement qu'il est parvenu à sa cinquième édition dans l'espace de dix années. Quiconque en a lu attentivement le titre doit comprendre de quelle utilité sera toujours un livre conçu sur ce plan, et écrit de telle sorte que chacun puisse suivre l'enchaînement des principes de la science de l'homme, considéré en santé et en maladie, avec un intérêt aussi attachant que s'il s'agissait des péripéties d'un récit dramatique.

L'Anthropologie est un exposé méthodique et substantiel d'anatomie, de physiologie, d'hygiène, de pathologie et de thérapeutique : c'est le savoir du médecin, enseigné à tous ceux qui cherchent à étudier sans fatigue et sans dégoût les merveilles et les infirmités de la nature humaine.

—

Nouveau Compendium médical à l'usage des médecins praticiens, comprenant : 1º la Pathologie générale ; 2º la Pathologie interne, avec des articles spéciaux relatifs aux maladies des enfants, à celles des femmes, des vieillards, aux maladies des yeux, de la peau, etc., avec les traitements formulés ; 3º un Dictionnaire de matière médicale. — 1 vol. in-12 de 770 pages. — DEUXIÈME ÉDITION (*deuxième tirage*), augmenté des acquisitions nouvelles de la science. — Prix : 7 fr. — Aux souscripteurs au *Dictionnaire d'Histoire naturelle*, 6 fr. *franco.*

—

L'Abeille médicale, *Revue clinique hebdomadaire*, fondée en 1844, paraissant tous les lundis, par feuille in-4 de 16 colonnes. — Rédacteur en chef-propriétaire, le docteur Antonin Bossu. — Paris, 7 fr. ; départements, 7 fr. 50.

Outre ses articles inédits, ce Recueil enregistre les meilleurs travaux qui paraissent dans les autres journaux. Il donne des comptes-rendus des travaux académiques ; publie des articles de déontologie et de critique médicales, ainsi que toutes les nouvelles, anecdotes, faits divers, qui peuvent intéresser la science ou la pratique.

PARIS. — Typ. Lacour, rue Soufflot, 18.

www.ingramcontent.com/pod-product-compliance
Lightning Source LLC
LaVergne TN
LVHW050827060726
842527LV00001BA/143